U0263382

王如松论文集

《王如松论文集》编写组

科学出版社

北京

内 容 简 介

本书精选了中国工程院院士、著名生态学家王如松研究员1980年以来以第一作者撰写的代表性学术论文以及数篇重要的媒体专访。内容涉及复合生态系统理论、城市生态学、产业生态学、生态工程学、生态文明和生态管理等领域。本书系统地反映了王如松院士学术思想的发展历程和完整体系，是一本珍贵的不可多得的参考文献。

本书可为城乡社会-经济-自然复合生态系统建设和可持续发展提供科学的方法论指导，对生态学和相关学科研究人员、高等院校师生，城乡生态环境规划、管理和建设工作者，以及各级决策人员提供重要的参考。

图书在版编目(CIP)数据

王如松论文集/《王如松论文集》编写组编. —北京：科学出版社，2017. 4

ISBN 978-7-03-049393-4

Ⅰ. 王… Ⅱ. 王… Ⅲ. 环境生态学-文集 Ⅳ. X171-53

中国版本图书馆CIP数据核字（2016）第160177号

责任编辑：李 敏/责任校对：彭 涛 邹慧卿

责任印制：肖 兴/封面设计：王 浩

科学出版社 出版

北京东黄城根北街16号

邮政编码:100717

http://www.sciencep.com

中国科学院印刷厂 印刷

科学出版社发行 各地新华书店经销

*

2017年4月第 一 版 开本：787×1092 1/16

2017年4月第一次印刷 印张：40 1/2 插页：2

字数：1000 000

定价：380.00元

（如有印装质量问题，我社负责调换）

生態之歌

王如松

藍天、天藍，
天是夢、是道、是神；
白雲、雲白，
雲是氣、是德、是能。
藍天深邃、浩瀚、豪爽、犀睿；
白雲自由，超脱、飄然、清純。

碧水、水碧，
水是源、是媒、是情；
綠地、地綠，
地是基、是母、是文。
碧水晶瑩、甘醇、執著、柔韌；
綠地青活、野趣、博大、精深。

水、土、氣、生、礦，
是天形之、育之、蓄之，
道法自然，物競天生；
綠、藍、紅、白、黄，
是人損之、益之、化之，
心隨文化、事共人成。

紅脉、脉紅，
脉是有、是紋、是青春；
清心、心清，
心是無、是鏡、是老成。
紅脉燃燒、開拓、涌動、奔騰；
清心淡泊、和善、包容、永恒。

生，出于土，而制于人；
態，歸于心，而萌于能。
爲學日益，
生態集哲學、科學、工學、美學之睿智；
爲道日損，
生態化物間，人間、時間、空間之隔層。

生之態，綠韵紅脉，
競生、共生、再生、自生，
生生不停；
態之生，經時緯空，
物態、事態、心態、智態，
態態恒更。

科學之精，
唯君有靈；
人文之氣，
于斯爲盛；
華夏之夢，
離爾無成。

——2008年于海南

生態之歌

王如松

藍天、天藍，
天是夢、是道、是神；
白雲、雲白，
雲是氣、是德、是能。
藍天深遽、浩瀚、豪爽、犀睿；
白雲自由，超脱、飄然、清純。

碧水、水碧，
水是源、是媒、是情；
緑地、地緑，
地是基、是母、是文。
碧水晶瑩、甘醇、執著、柔韌；
緑地青活、野趣、博大、精深。

水、土、氣、生、礦，
是天形之、育之、蓄之，
道法自然，物競天生；
緑、藍、紅、白、黄，
是人損之、益之、化之，
心隨文化、事共人成。

紅脉、脉紅，
脉是有、是紋、是青春；
清心、心清，
心是無、是鏡、是老成。
紅脉燃燒、開拓、涌動、奔騰；
清心淡泊、和善、包容、永恒。

生，出于土，而制于人；
態，歸于心，而萌于能。
爲學日益，
生態集哲學、科學、工學、美學之睿智；
爲道日損，
生態化物間，人間、時間、空間之隔層。

生之態，緑韵紅脉，
競生、共生、再生、自生，
生生不停；
態之生，經時緯空，
物態、事態、心態、智態，
態態恒更。

科學之精，
唯君有靈；
人文之氣，
于斯爲盛；
華夏之夢，
離爾無成。

——2008年于海南

前　言

王如松先生毕生致力于复合生态系统理论与可持续发展研究，为生态学发展和我国生态文明建设做出了杰出的贡献。他与导师马世骏先生共同创建了社会—经济—自然复合生态系统理论，开创了复合生态系统生态学新领域。他创立的泛目标生态规划方法，为认识人与自然的耦合关系提供了新方法，为推动我国可持续发展与生态文明建设奠定了理论基础。他率先开展的城市生态学与产业生态学研究，为生态学成为指导我国经济社会发展的科学基础发挥了引领作用。他提出了我国生态文明的内涵与建设途径，主持开展了第一个生态县、第一个生态省和首批生态市的规划研究，探索了我国生态县、生态市、生态省的可持续发展模式，为我国实施可持续发展战略与生态文明建设做出了重大贡献。

王如松先生的主要学术成就和贡献包括以下四个方面。

一、创建社会–经济–自然复合生态系统理论，为认识和调控人与自然的耦合关系提供了新方法

王如松先生与马世骏先生共同创建了社会—经济—自然复合生态系统理论。为协调人与自然的关系，推动我国可持续发展与生态文明建设奠定了理论基础。

早在1984年，马世骏与王如松先生针对当时生态环境问题日趋严重，人与自然的关系失调，长期以来对以人类活动为主导的城市和区域系统认识的方法论，已不能指导经济社会的可持续发展，在国际上首次提出了社会–经济–自然复合生态系统理论，并指出城市与区域是以人的行为为主导、自然环境为依托、资源流动为命脉、社会文化为经络的社会—经济—自然复合生态系统，“三个子系统既有各自运行规律，也是相互作用的整体”，复合生态系统中“人是最活跃的因素，也受自然生态规律制约”[1]。“自然子系统是由水、土、气、生、矿及其间的相互关系来构成的人类赖以生存、

〔1〕 马世骏，王如松．社会—经济—自然复合生态系统．生态学报，1984. 4（1）：1-9.

繁衍的生存环境；经济子系统是指人类主动地为自身生存和发展组织有目的的生产、流通、消费、还原和调控活动；社会生态子系统由人的观念、体制及文化构成”，这三个子系统是相生相克，相辅相成的。“三个子系统之间的生态耦合关系和相互作用机制决定了复合生态系统的发展与演替方向。复合生态系统理论的核心是生态整合，通过结构整合和功能整合，协调三个子系统及其内部组分的关系，使三个子系统的耦合关系和谐有序，实现人类社会、经济与环境间复合生态关系的可持续发展”〔2〕。

王如松先生阐明了复合生态系统发展与演化的动力学机制来源于自然和社会两种作用力。自然力的源泉是各种形式的太阳能，它们流经系统的结果导致各种物理、化学、生物过程和自然变迁。社会力的源泉有三：一是经济杠杆——资金；二是社会杠杆——权力；三是文化杠杆——精神。资金刺激竞争，权力诱导共生，而精神孕育自生。三者相辅相成构成社会系统的原动力〔3〕。自然力和社会力的耦合导致不同层次复合生态系统特殊的运动规律。他进一步指出复合生态系统不仅遵从自然界的“道理”，也遵从人类活动的“事理”和人类行为的“情理”。生态控制论不同于传统控制论的一大特点就是对“事”与“情”的调理，并提出了各类自然和人工生态系统的控制论原理，即胜汰原理、拓适原理、生克原理、反馈原理、乘补原理、瓶颈原理、循环原理、多样性和主导性原理、生态发展原理、机巧原理〔4〕。并特别指出“发展是一种渐近的有序的系统发育和功能完善过程。系统演替的目标在于功能的完善，而非结构或组分的增长；系统生产的目的在于对社会的服务功效，而非产品的数量或质量”〔5〕。

他以复合生态系统理论为基础，提出了“循环再生、协调共生、持续自生”的“三生”原则，从自然、经济、社会三个不同层次去调整资源利用效率，改善生态关系，拓宽生态位，增强复合系统的活力，促进城市与

〔2〕 王如松，欧阳志云. 社会—经济—自然复合生态系统与可持续发展. 中国科学院院刊，2012. 27（3）：337-345.

〔3〕 王如松. 城镇可持续发展的生态学方法. 科技导报，1996. 97（7）：55-58.

〔4〕 Wang Rusong, et al. Understanding eco- complexity: social- economic- natural complex ecosystem approach. Ecological Complexity, 2011. 8（1）：15-29.

〔5〕 王如松，欧阳志云. 生态整合——人类可持续发展的科学方法. 科学通报，1996. 41（增刊）：47-67.

区域可持续发展，进而解决人类生存和发展问题[6]。

为了调控复合生态系统，王如松先生创立了从量到序、从优化到进化、面向系统功能的泛目标生态规划，其原理是根据生态位因子的上下限，在现实生态位内不断改进和协调系统关系使系统功能的整体效益达到某一较理想的程度，实现系统机会和风险的平衡。局部决策运用数学模拟和规划的“硬”方法，而宏观决策则运用各种定性的、经验的、模糊的“软”方法[7][8]。

复合生态系统理论开创了人与自然耦合机制与调控方法研究的新思路，为我国可持续发展战略和生态县、生态城市、生态省的规划与建设，以及生态文明建设奠定了理论基础。

二、开创城市复合生态系统生态学的新领域

王如松先生在系统总结国际上城市生态学研究各种理论的基础上，以复合生态系统理论为指导，开创了我国城市生态学研究。他认为，城市是一类以人的行为为主导、自然环境为依托、资源流动为命脉、社会体制为经络的人工生态系统[7]。城市生态学目的是探索城市生态系统的动力学机制、控制论方法，辨识系统中各种局部与整体、眼前和长远、环境与发展、人与自然的矛盾冲突关系，寻找调和这些矛盾的技术手段、规划方法和管理工具[3]。

王如松先生深入论证了城市生态系统的结构、功能及其相互关系。他认为“城市社会、经济、自然三个子系统交织在一起，相辅相成，相生相克，导致了城市这个复合体复杂的矛盾运动”[9]。社会生态子系统以人口为中心，该系统以满足城市居民的就业、居住、交通、供应、文娱、医疗、教育及生活环境等需求为目标，为经济系统提供劳力和智力。经济生态子系统以资源为核心，由工业、农业、建筑、交通、贸易、金融、信息、科

---

〔6〕 王如松，赵景柱，赵秦涛．再生、共生、自生——生态调控三原则与持续发展．生态学杂志，1989. 8（5）：33-36.

〔7〕 王如松．高效．和谐——城市生态调控原理与方法．1988. 长沙：湖南教育出版社．

〔8〕 Wang Rusong，et，al. Pan-objective ecological programming（POEP）— application of mathematical programming to ecological research，in Korhonen P，et al. Multiple Criteria Decision Support，Lecture Notes in Economics and Mathematical Systems. Springer-Verlag，Berlin. 1989.（356）：321-330.

〔9〕 王如松．走向生态城——城市生态学及其发展策略．都市计划（中国台湾）. 1991. 18（1）：1-17.

教等组分组成，它以物资从分散向集中的高密度运转，能量从低质向高质的高强度集聚，信息从低序向高序的连续积累为特征。自然生态子系统以自然环境与生物为主线，包括植物、动物、微生物、人工设施和自然环境等，对城市人口与经济活动的支持、容纳、缓冲及净化为特征。城市生态系统有三种功能：一是生产，为社会提供丰富的物质和信息产品，城市生产活动的特点是：空间利用率高，能流、物流高强度密集，系统输入、输出量大，主要消耗不可再生性能源，且利用率低，系统对外界的依赖性较大。二是生活，为居民提供生活条件和栖息环境，即一方面满足居民基本的物质、能量和空间需求，保证人体新陈代谢的正常进行和人口的持续繁衍；另一方面满足居民丰富的精神、信息和时间需求，让人们从繁重的体力和脑力劳动中解放出来。三是还原，保证城乡自然资源的永续利用和社会、经济、环境的平衡发展。即一方面必须具备消除和缓冲自身发展给自然造成不良影响的能力；另一方面在自然界发生不良变化时，能尽快使其恢复到良好状态，包括自然净化和人工调节两类还原功能。城市生态系统的功能是靠其中连续的物流、能流、信息流、货币流及人口流来维持的。它们将城市的生产与生活，资源与环境，时间与空间，结构与功能，以人为中心串联起来。阐明了这些流的动力学机制和调控方法，就能基本掌握城市这个复合体复杂的生态关系〔7〕〔9〕。

他进一步阐明了城市问题的生态学实质是人与自然间系统关系的失调，一是“流”或过程的失调。城乡环境污染及区域资源耗竭的根源在于低的资源利用效率和不合理的资源开发行为，导致或者过多的物质能量释放到或滞留在环境中，或者投入少、产出多，自然生态系统得不到足够的补偿、缓冲和休养生息。二是“网”或结构的失调。城市是一个通过各种复杂的物理网络、经济网络和社会文化网络交织而成的时、空、量、序的复合系统。系统组分关系的不均衡耦合是目前城市发展中各种尖锐矛盾的系统根源之一。三是“序”或功能的失调。城市建设与管理只注重城市社会生产和生活功能，忽略资源、环境、自然的供给、接纳、缓冲及调控功能〔10〕。

他提出城市生态建设的目标是效率、公平性、可持续能力。城乡生态

〔10〕 王如松．现代化的挑战——中国大陆都市发展的人类生态过程及对策分析．城市发展研究（中国台湾），1994.（1）：30-35.

建设是依据生态控制论原理，调节城市内部各种不合理的生态关系，提高系统的自我调节能力，通过各种技术的、行政的和行为诱导的手段，因地制宜地实现环境与经济的协调持续发展[3]。他强调指出，“协调的生态功能包括持续的资源供给能力、环境容纳能力、自然缓冲能力、经济协调能力和社会组织能力”；“它有赖于政府的宏观调控行为、企业的协同共生行为及民众的监督自理行为，其中任何一方面能力的削弱都会导致系统功能的紊乱”，城市生态建设主要任务有生态工程建设、生态体制建设与生态文化建设[10]。

他提出了处理城市生态关系的生态控制论原理和共轭生态规划方法；并指出共轭生态规划是协调城市人与自然、资源与环境、生产与生活以及城市与乡村、外拓与内生之间共轭关系的复合生态系统规划，是平衡城市人与环境间开拓竞生、整合共生、循环再生、适应自生关系的规划，其核心理念是城市生态服务和生态建设。他还以北京总规修编的共轭生态规划为例，论述了城市九类共轭生态关系和北京共轭生态规划六个层次中的部分内容和方法[11]。

他阐明了城市生态管理目标与方法，指出城市生态管理旨在将单一的生物环节、物理环节、经济环节和社会环节组装成一个有强生命力的生态系统。方法是从技术革新、体制改革和行为诱导入手，调节7系统的结构与功能，促进城市物质、能量、信息的高效利用。城市生态管理必须体现生态学“天人合一”的系统观，“道法天然”的自然观，“巧夺天工”的经济观和“以人为本”的人文观，推进整合、适应、循环、自生型的生态调控。城市生态管理是通过对城市生态资产、生态代谢和生态服务的管理，提升城市自然环境对经济社会发展的支撑能力，保障城市生态安全与可持续发展[12][13]。

同时，他还提出了生态安全、生态卫生、生态景观、生态代谢和生态文化五层次城市生态调控体系，成为国际城市生态建设的基本框架[14]。

---

〔11〕 王如松．绿韵红脉的交响曲：城市共轭生态规划方法探讨．城市规划学刊，2008.（1）：8-17.

〔12〕 王如松，李锋．论城市生态管理．中国城市林业，2006.4（2）：8-413.

〔13〕 王如松，等．城市复合生态及生态空间管理．生态学报，2014.34（1）：1-11.

〔14〕 深圳商报．生态城市建设的深圳宣言．第五届国际生态城市大会，深圳．2002-08-12. http：//www. sina. com. cn.

三、开拓我国产业生态学研究，为我国实施可持续发展战略与生态文明建设的产业发展方向提供了科学基础

王如松先生是产业生态学研究的先行者，在国内率先开展生态学研究，他认为，“生态产业是一类按生态经济原理和知识经济规律组织起来的基于生态系统承载能力，具有完整的生命周期、高效的代谢过程及和谐的生态功能的网络型、进化型、复合型产业”[15]。它通过两个或两个以上的生产体系或环节之间的系统耦合，使物质、能量可多级利用、高效产出，资源环境可持续利用。

他还提出了生态产业设计的原则与方法，包括横向耦合、纵向闭合、区域耦合、社会整合、功能导向、结构柔化、能力组合、信息开放、人类生态等；并强调“社会整合”要求企业将社会的生产、流通、消费、回收、环境保育及能力建设功能融为一体，在提供生产功效的同时，培育一种新型的社区文化并提供正向的生态服务。“功能导向”要求企业对社会的服务功能而不是以产品或产值为经营目标，产品只是企业资产的一部分，通过其服务功能、社会信誉、更新程度的最优化来实现价值。“人类生态”要求劳动不只是一种成本，也是劳动者实现自身价值的一种享受。提高劳动生产率的结果是增加而不是减少就业机会，员工是产业过程自觉的设计者和调控者，而不是机器的奴隶。

他并提出了产业生态管理的主要途径，即面向产品环境管理的“生命周期评价”，面向绿色产品开发的“产品生态设计”，面向功能整合的“生态产业园规划”，面向生态产业开发的“生态产业孵化”，以及面向可持续发展的“生态管理”。

他进一步指出，从传统工业经济向以生态产业为基础的循环经济转型需要一场生产方式、消费模式和生态影响方式的产业生态革命，其理论基础是经济生态、人类生态、景观生态和复合生态。产业生态转型的实质是变产品经济为功能经济，变环境投入为生态产出，促进生态资产与经济资产、生态基础设施与生产基础设施、生态服务功能与社会服务功能的平衡

[15] 王如松，杨建新．产业生态学和生态产业转型．世界科技研究与发展，2000. 22（5）：24-32.

与协调发展[16]。

王如松先生还通过农业生态产业、工业生态产业、废弃物资源化生态产业的工程示范研究，将我国传统生态工程实践与现代产业技术结合，创造了肇东玉米生态产业模式、广汉城市垃圾综合管理模式、海南橡胶生态产业模式等[17][18]。

王如松先生在生态产业领域的开拓性工作，不仅推动了我国产业生态学的发展，还为我国环境保护从末端污染治理走向复合生态建设提供了系统方法和技术支撑，为我国实施可持续发展与生态文明建设指明的产业发展方向。

四、创建可持续发展生态建设模式，奠定了生态文明建设的科学基础

自 1987 年起，王如松先生主持开展了我国第一个生态县、第一个生态省和首批生态市的系统研究，通过大丰、马鞍山、扬州、日照、海南等地的实践，创建了不同层次政区生态建设模式和调控方法。

王如松先生主持大丰生态县规划和建设研究，建成以生态农业为基础的规模化农业循环经济、链网型生态工业、生态社区和能力建设体系。在全国生态县规划与建设中得到推广和应用。他主持扬州生态市规划与管理研究，开展生态产业、生态景观和生态文化三大领域多层次的生态建设研究，成为我国地级生态市建设的典范。他主持海南生态省规划与建设研究，与省政府合作编制的海南生态省建设规划，在全省实施并取得实质性进展，所创建的发展生态产业、建设宜居环境和培育生态文化的生态省建设模式在全国推广，并认为是我国“实施生态文明战略的最佳模式”。这些生态省、市、县的规划方法和建设模式已在全国得到广泛应用和推广，在国家生态文明建设奠定了科学基础与社会基础。

王如松先生在国内率先开展生态文明建设研究，提出了生态文明的内涵与建设途径，为国家确立生态文明战略奠定了科学基础。他强调生态文

〔16〕 王如松．循环经济建设的产业生态学方法．产业与环境，2003.（增刊）：48-52.

〔17〕 王如松，等．城市生活垃圾处理利用生态工程技术．农村生态环境，1999. 15（3）：1-5.

〔18〕 王如松，蒋菊生．从生态农业到生态产业——论中国农业的生态转型．中国农业科技导报，2001. 3（5）：7-12.

明是物质文明、精神文明与政治文明在自然与社会生态关系上的具体表现，是天—人关系的文明，涉及认知文明、体制文明、物态文明和心态文明。认知文明是指人类对在认识自然、改造环境、管理社会、品味生态过程中积累的知识、技术、经验和方法，包括生态哲学、生态科学、生态工学和生态美学。尤其强调生态美学在生态文明建设中的意义，生态学和美学的结合点在于人与自然关系的和谐，是对人类理性的必然性和功利性的挑战和超越。体制文明是指建立有利于协调人与自然关系的制度、政策、法规、机构与管理机制。物态文明是人类改造自然、适应环境的物质生产方式、生活方式及消费行为，以及有关自然和人文生态关系的物质产品的发展态势。心态文明是人对待和处理其自然生态和人文生态关系的精神境界、价值观和伦理观[19][20]。

他运用复合生态系统理论，系统地阐述了生态文明建设五位一体的生态整合方法。生态文明融入经济建设，就是要处理好经济建设中生产、流通、消费、还原、调控活动与资源、市场、环境、政策和科技的生态关系，将传统单目标的物态经济转为生态经济、利润经济转为福祉经济，促进生产方式和消费模式的根本转变。生态文明融入政治建设，就是要处理好制度建设中眼前和长远、局部和整体、效率与公平、分割与整合的生态关系，促进区域与区域、城市与乡村、社会与经济、绿韵与红脉的统筹，强化和完善生态物业管理、生态占用补偿、生态绩效问责、生态控制性详规和战略环境影响评价等法规政策。生态文明融入文化建设，就是要处理好价值观念、思想境界、道德情操、精神信仰、行为规范、生活方式、风俗习惯、学术思想、文学艺术、科学技术等领域人与自然、人与人以及局部与整体的认知文明和心态文明问题，引导生态文化的传承与创新、人与自然关系的功利、道德、信仰和天地境界的健康发展。生态文明融入社会建设，就是要处理好城乡建设中自然生态涵养、生态基础设施保障、人居生态建设和社会生态服务的系统关系，通过复合污染防治、清洁生产管理、产业生态建设、生态政区建设和生态文明品质提升一体化的规划、建设与管理，强化生态基础设施建设、推进生态服务功能的完善和城乡环境的净化、绿

---

〔19〕 王如松，林顺坤，欧阳志云．海南生态省建设的理论与实践．2004．北京：化学工业出版社．

〔20〕 王如松．略论生态文明建设．光明日报，2008-04-20.

化、活化和美化，建设融形态美、神态美、机制美、体制美和心灵美于一体的美丽家园[21]。

王如松先生治学严谨、学风正派、潜心科研，锐意创新，主持完成多项城市生态领域的国家重点、重大科技攻关项目和重要国际合作项目。他创建了中国科学院系统生态开放实验室，为城市与区域生态国家重点实验室的建设与发展奠定了坚实的基础。

王如松先生是我国自己培养的第一位生态学博士，于2011年当选中国工程院院士。他在国内外发表学术论文360多篇，论著、译著、编著40多部，培养硕士、博士60余人。担任《生态学报》主编、《城市环境与城市生态》副主编以及其他生态学、环境科学10余个国内外重要期刊的编委。王如松先生获国家科技进步奖二等奖2次、省部级科技奖12次。获得国际人类生态学会授予的“国际人类生态学突出贡献奖”、国务院颁发的“在科学技术事业中做出突出贡献的政府特殊津贴”“全国优秀科技工作者”、国务院学位委员会授予的“做出突出贡献的中国博士学位获得者”等10余项国际与国家级荣誉称号。他当选全国人大第十届、十一届和十二届代表，中国农工民主党第十三届和十四届中央委员会委员，北京市政协第九届和第十届委员，北京市人民政府参事等。由于他在系统生态、城市生态、生态工程与可持续发展科学领域的杰出贡献，先后当选中国生态学会理事长、国际科联环境问题科学委员会执委、第一副主席，国际人类生态学会副主席，国际生态城市建设理事会副主席、东亚生态学会主席、国际生态学会和国际生态工程学会执委等学术职务。王如松先生为生态学和环境科学的发展做出了卓越贡献，是享誉世界的生态学家。

王如松先生热爱祖国，具有强烈的使命感。在担任全国人大代表与北京市政协委员期间，完成有关生态文明建设、生态环境保护和生态建设的优秀提案共20余个，为推动我国可持续发展与生态文明建设发挥了重要作用。

王如松先生学术思想博大精深，尽管本人师从王如松先生20多年，文集中的许多学术思想与论文有幸在第一时间聆听与学习，但再次重新编辑

[21] 王如松．生态整合与文明发展．生态学报，2013. 33（1）：1-11.

学习经典文献，仍为王如松先生论文中充满深邃的生态智慧、深厚的文化修养、富于科学远见的学术创新所折服，更敬佩论文中字里行间所洋溢的爱国、爱民、爱科学的情怀。限于本人的生态学修养与才识，此前言仅仅是对王如松先生学术思想、学术贡献和精神风范的管中窥豹，希望此前言能为有志于生态学、城市生态、产业生态、可持续发展与生态文明建设及相关领域的读者进一步学习王如松先生的原文与原著有所帮助。

欧阳志云
2017年2月

目　录

第一篇　复合生态系统

第二篇　城 市 生 态

第三篇　产业生态与生态工程

第四篇　生态文明与生态管理

第五篇　媒体采访及撰文

附　　件

编 后 语

第一篇

复合生态系统

社会-经济-自然复合生态系统*

马世骏　王如松

（中国科学院生态环境研究中心，北京 100085）

摘要　当代若干重大社会问题，都直接或间接关系到社会体制、经济发展状况以及人类赖以生存的自然环境。社会、经济和自然是三个不同性质的系统，但其各自的生存和发展都受其他系统结构、功能的制约，必须当成一个复合系统来考虑，我们称其为社会-经济-自然复合生态系统。本文分析了该复合系统的生态特征，提出了衡量该复合系统的三个指标：①自然系统的合理性；②经济系统的利润；③社会系统的效益。指出复合生态系统的研究是一个多目标决策过程，应在经济生态学原则的指导下拟定具体的社会目标，经济目标和生态目标，使系统的综合效益最高，风险最小，存活机会最大。文中还提出了一些复合生态系统的研究方向和具体决策步骤，最后给出了三个复合系统的事例。

生态学理论被认为是人类寻求解决当代重大社会问题的科学基础之一。在当代若干重大社会问题中，无论是粮食、能源、人口还是工业建设所需要的自然资源及其相应的环境问题，都直接或间接关系到社会体制、经济发展状况以及人类赖以生存的自然环境。近年来，随着城市化的发展，城市与郊区环境的协调问题亦相应突出。虽然社会、经济和自然是三个不同性质的系统，都有各自的结构、功能及其发展规律，但它们各自的存在和发展，又受其他系统结构、功能的制约。此类复杂问题显然不能只单一地看成是社会问题、经济问题或自然生态学问题，而是若干系统相结合的复杂问题，我们称其为社会-经济-自然复合生态系统问题（马世骏，1981）。

从复合生态系统的观点出发，研究各亚系统之间纵横交错的相互关系：其间物质、能量、信息的变动规律，其效益、风险和机会之间的动态关系，应是一切社会、经济、生态学工作者以及规划、管理、决策部门的工作人员所面临的共同任务，也是解决当代重大社会问题的关键所在。

一、复合生态系统的特征

组成此复合系统的三个系统，均有各自的特性。社会系统受人口、政策及社会结构的制约，文化、科学水平和传统习惯都是分析社会组织和人类活动相互关系必须考虑的因素。价值高低通常是衡量经济系统结构与功能适宜与否的指标。在计划经济体系内，物质的输入输出，产品的供需平衡，以及影响扩大再生产的资金积累速率与利润，则是分析经济经营水平的依据。自然界为人类生产提供的资源，随着科学技术的

---

* 原载于：生态学报，1984，4（1）：1-9.

进步，在量与质方面，将不断有所扩大，但它是有限度的。矿产资源属于非再生资源，不可能永续利用。生物资源是再生资源，但在提高周转率和大量繁殖中，亦受到时空因素及开发方式的限制。生态学的基本规律要求系统在结构上要协调，在功能方面要在平衡基础上进行循环不已的代谢与再生。违背生态工艺的生产管理方式将给自然环境造成严重的负担和损害。

再则，稳定的经济发展需要持续的自然资源供给、良好的工作环境和不断的技术更新。大规模的经济活动必须通过高效的社会组织，合理的社会政策，方能取得相应的经济效果；反过来，经济振兴必然促进社会发展，增加积累，提高人类的物质和精神生活水平，促进社会对自然环境的保育和改善。自然社会与人类社会的此种互为因果的制约与互补关系，如图1所示。

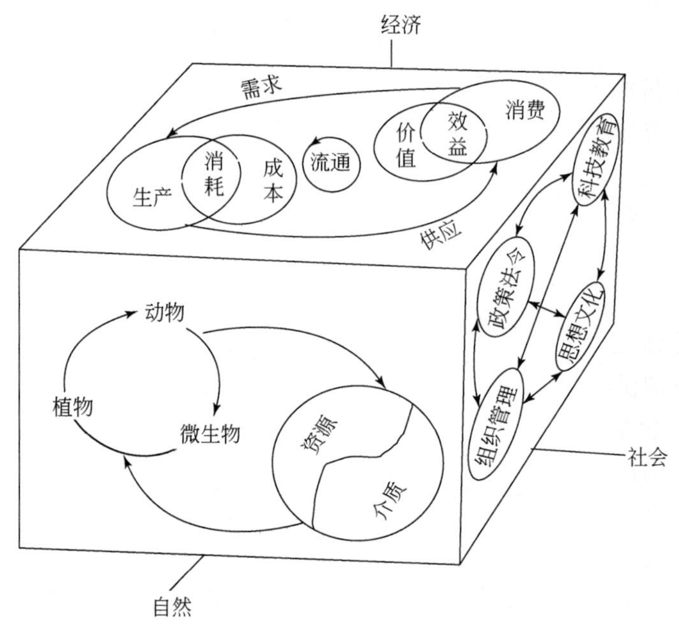

图1 社会-经济-自然复合生态系统示意图

人类社会的经济活动，涉及生产与加工、运输及供销。生产与加工所需的物质与能源仰赖自然环境供给，消费的剩余物质又还给自然界。通过自然环境中物理的、化学的与生物的再生过程，供给人类生产需要。人类生产与加工的产品数量受自然资源可能提供的数量的制约。此类产品数量是否能满足人类社会需要，做到供需平衡，而取得一定的经济效益，则决定于生产过程和消费过程的成本、有效性及利用率。显然，在此种循环不已的动态过程中，科学技术将发挥重要作用。因此，在成本核算和产品价值方面通常把科技投资及环境效益亦计算在内。

在此类复合系统中，最活跃的积极因素是人，最强烈的破坏因素也是人。因而它是一类特殊的人工生态系统，兼有复杂的社会属性和自然属性两方面的内容：一方面，人是社会经济活动的主人，以其特有的文明和智慧驱使大自然为自己服务，使其物质文化生活水平以正反馈为特征持续上升；另一方面，人毕竟属大自然的一员，其一切宏观性质的活动，都不能违背自然生态系统的基本规律，都受到自然条件的负反馈约束和调节。这两种力量间的基本冲突，正是复合生态系统的一个最基本特征。

二、衡量复合系统的指标

复合系统由相互制约的三个系统构成，因此，衡量此系统的标准，首先看其是否具有明显的整体观点，把三个系统作为亚系统来处理。这就要求：

(1) 社会科学和自然科学各个领域的学者打破学科界限，紧密配合，协同作战。未来的系统生态学家，应是既熟悉自然科学，又接受社会科学训练的多面手。

(2) 着眼于系统组分间关系的综合，而非组分细节的分析，重在探索系统的功能、趋势，而不仅在其数量的增长。

(3) 冲出传统的因果链关系和单目标决策办法的约束，进行多目标、多属性的决策分析。

(4) 针对系统中大量存在的不确定性因素，以及完备数据取得的艰巨性，需要突破决定性数学及统计数学的传统方法，采用宏观与微观相结合，确定性与模糊性相结合的方法开展研究。

一般来说，复合生态系统的研究是一个多维决策过程，是对系统组织性、相关性、有序性、目的性的综合评判、规划和协调。其目标集是由三个亚系统的指标结合衡量的，即：

(1) 自然系统是否合理。看其是否合乎于自然界物质循环不已、相互补偿的规律，能否达到自然资源供给永续不断，以及人类生活与工作环境是否适宜与稳定。

(2) 经济系统是否有利。看其是消耗抑或发展，是亏损抑或盈利，是平衡发展抑或失调，是否达到预定的效益。

(3) 社会系统是否有效。考虑各种社会职能机构的社会效益，看其是否行之有效，并有利于全社会的繁荣昌盛。从现有的物质条件（包括短期内可发掘的潜力），科学技术水平，以及社会的需求进行衡量，看政策、管理、社会公益、道德风尚是否为社会所满意。

综合上述三个目标，不难看出复合系统的指标，就是在经济生态学原则的指导下，拟定具体的社会目标、经济目标和生态目标，使系统的综合效益 B 最高，导致危机的风险 R 最小，存活进化的机会 O 最大，用数学规划的语言表示，可以写成：

$$\mathrm{Max}\{B(\boldsymbol{X},\boldsymbol{Y},\boldsymbol{Z}),-R(\boldsymbol{X},\boldsymbol{Y},\boldsymbol{Z}),O(\boldsymbol{X},\boldsymbol{Y},\boldsymbol{Z})\}$$
$$\mathrm{s.\,t.}\; G(\boldsymbol{X},\boldsymbol{Y},\boldsymbol{Z})\leqslant 0$$

式中，X、Y、Z 分别表示社会变量，经济变量和环境变量（向量形式）。

约束条件集 G 受所研究的地区及所研究的时间范围内具体的社会、经济、自然条件及规划者的具体目标所约束，它可以是物质的（如人口、资金、能量、资源等），亦可以是信息的（如政策、科技、文教、满意程度等），但须通过一定的数量化方法转换成标准值。

图 2 说明设计总体经济发展规划的依据、目标及约束条件与计划、政策间的相互关系。在一定政策指导下进行规划时，要以科学技术水平和经营管理水平为基础，根据自然资源、环境质量和人口生活水平，确定社会、经济、生态三目标，统筹安排农

业、工业、能源和住房等建设项目及其进度。

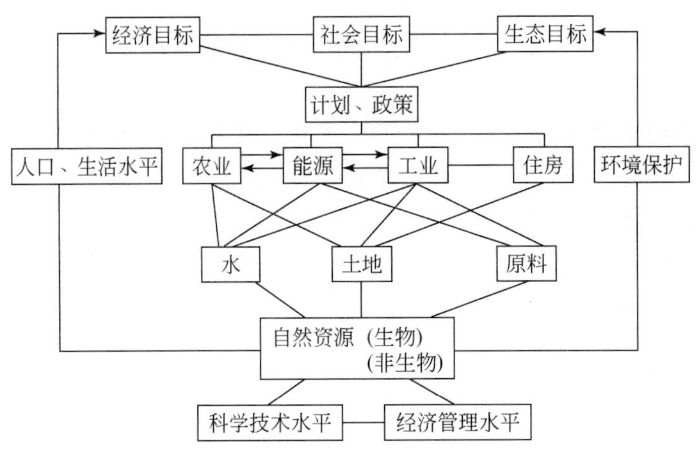

图2　计划经济有关因素相互关系示意图

三、复合系统的研究程序

尚待深入研究的问题及决策程序包括以下几个步骤：

1. 拟定指标

根据所研究对象的范围（空间、时间、问题的侧重点等），现有的人力、物力、政策、资料和其他条件拟定初步方案，确立要达到的基本目标（社会目标、经济目标、生态目标）的初步设想及松弛范围。

2. 本底调查

收集：①自然本底；②次生本底；③社会经济状况；④生态环境状况的资料。数据调查时要兼顾到社会生活的各个领域，要有基本的物理学类别（物质、能量、信息）、动态学类别（率变量、结构变量、时空动态）和控制论类别［主动的、被动的、具阈限值的、不可控的、具有正（负）反馈趋势的等］，从一大堆庞杂的数据中去粗取精，去伪存真，抽象出与研究项目有关、信息量尽量大而数目又尽量小的变量集或关键因子集来。

3. 系统分析及模拟

它包括建立模型、系统评价及决策分析等过程。模型是现实复杂系统的抽象、简化和模仿。模型通常有三类，即静态的描述性模型、动态的预测型模型及最优化的控制性模型。一般来说，构模过程一半是经验的思维、设计过程，一半是数学的模拟、调试过程，通过现实数据、基本理论和人的大脑之间不断的信息反馈，揭示出系统组分之间，以及各亚系统之间相互关系的基本规律。各亚系统之间的关系通常考虑以下几个方面：①土壤–植物–大气亚系统的物质循环；②资源开拓–经济发展–环境质量间的关系；③农业–工业–商业建设的协调比例；④生产–加工–消费的平衡系统；⑤废物回收–转化–再生数量的协调与分配等。

可以根据不同的系统评价目标，构造不同的模型。例如，影响指标模型（各变量之间的相互作用强度，即哪些是起关键作用的变量，哪些是起缓冲作用的变量，哪些是专门影响其他组分的“源”变量，哪些是只受其他组分影响的“汇”变量等)，流通量模型（各子系统间物质、能量的流动规律)，系统负担模型（由于各子系统间不合理的流通量给生态系统带来的潜在压力和不可逆性变化等)、敏感性模型（对外部及内部各环节及参数变化的灵敏度和恢复平衡的能力）反馈关系模型（正、负反馈的作用方向、强度及优势度）等。通过对这些模型定性定量输出的分析，可以对复合系统的行为特征和发展趋势有一生物控制论的评价。

系统模型提供了系统状态的静态和动态表述，这给决策分析提供了基础和依据。决策分析的目的是向决策、规划和管理部门提供各种不同情况下社会-经济-自然生态系统的综合对策，使得社会效益、经济效益、生态效益最高，系统恶化的风险最小，存活进化的机会最大。并通过政策模拟试验和灵敏度分析，确定不同方案下各种对策的“满意度”(各种效益、机会的模拟值与容许值之差）及“后悔值”（各种损失、风险的模拟值与容许值之差)，再结合规划、管理、决策部门的具体要求和偏向，选择一批满意度较高、后悔值较低的对策，并转换成经济生态学措施和管理决策的计算机软件包，作为制定政策的依据（图3)。

四、三个事例

1. 洪泽湖生产区

洪泽湖区是我国历史上水、旱、蝗三大自然灾害频繁发生的灾区，解决洪泽湖区蝗害必与水旱灾害同时考虑。以解决水旱工程设置为前提，稳定水旱面积的变化，把过去时涝时旱适合飞蝗繁殖的不稳定地带，改造成适合种植水旱作物的农田，杜绝飞蝗繁殖。将历年用于药杀飞蝗的费用，变为生产投资，提高当地人民生活水平，进一步发展水产、农业、芦苇及相应的加工工业，有计划地建立居民点及必要的生活及文化设施，提高人民的生活水平，进而有计划地完成洪泽县的社会建设（图4）（马世骏，1981)。

2. 工业城市建设规划：城市生态系统

城市作为人类经济和社会活动最集中的场所，是一类典型的社会-经济-自然复合生态系统。城市发展中最活跃的因素是工业生产和社会活动，它们决定了城市发展的模型。对于现代化城市的要求：①具有高效率的管理结构和畅通的物质运输系统，以便充分发挥城市的社会活动（政治、科技、文教等）中心和经济活动（工业、商业等）中心的作用，谋取高的社会经济效益；②充分满足居民的物质和文化生活需要，保持清洁，防止污染，为广大居民提供一个健康舒适的生活与工作环境。因此，一个理想城市不仅要有计划地发展工业，扩大绿地面积，还需要配置一定比例的郊区，协调城市物质供需及废物处理。

我国当前重要工商业城市的主要问题是：①人口拥挤，因而住宅紧张，交通拥挤，并出现社会基础设施不足等；②工业布局及工艺结构不合理，造成环境污染严重和工业扰民等情况；③能源、水等自然资源不足，形成城市经济-自然各系统之间严重失调。为了使此类城市的经济持续快速发展，并改善其社会自然环境，提高市民的人类

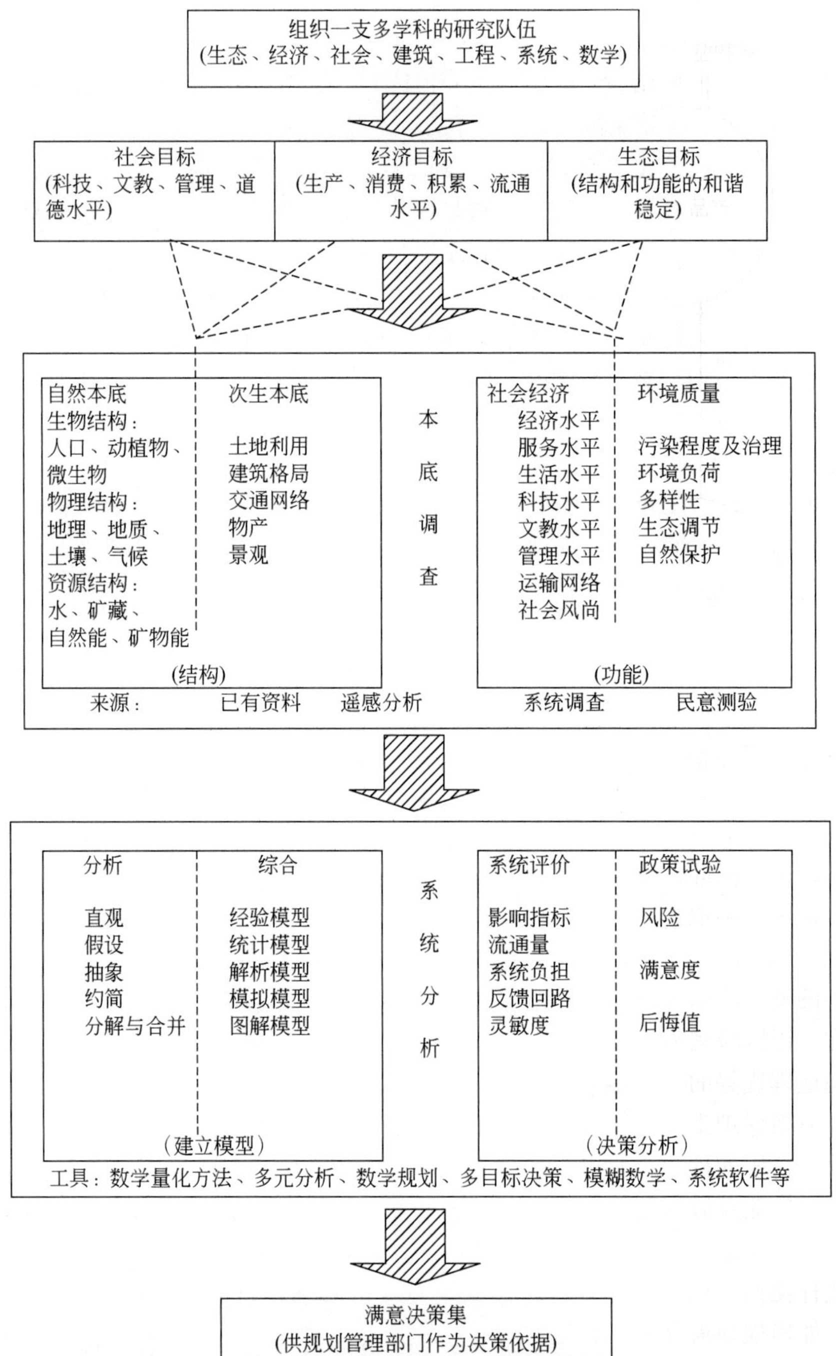

图3 社会–经济–自然复合生态系统研究过程示意图

生态学水平，需要一方面开拓远郊区和卫星城镇的新区建设，提高新区的经济生态吸引力，以适当疏散中心区超负荷的工业和人口；另一方面要认真改造旧区、通过关、迁、并、转等改造措施，调整工业布局，改革工艺流程，合理协调城郊比例以及绿化与建筑面积比例，能源、资源与经济发展的比例，内外物资供应、社会基础设施与人

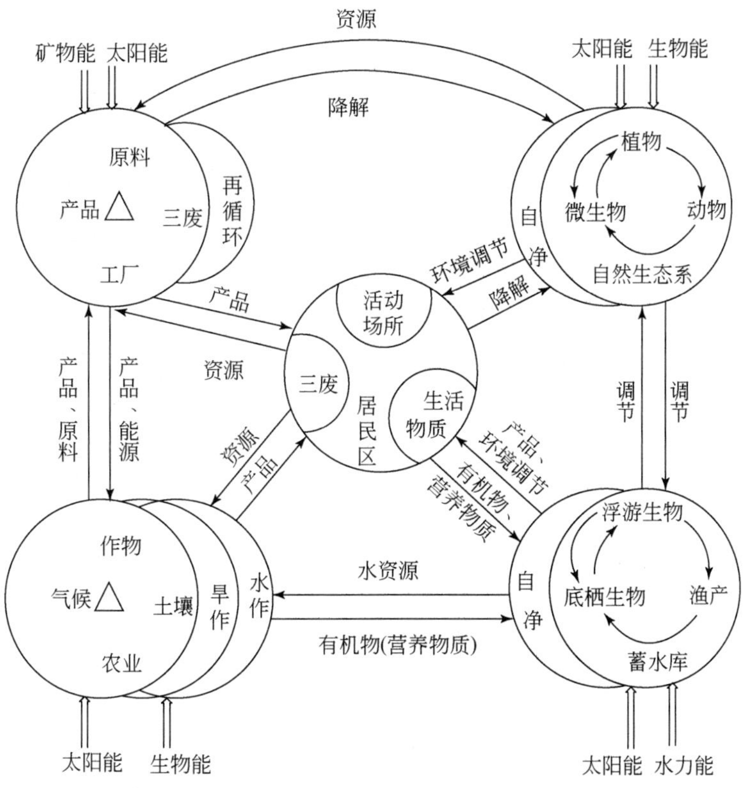

图4　洪泽湖区复合生态系统框图

口密度的比例。因此，需要大力开展综合性的社会-经济-自然复合生态系统研究，为此类工作提供科学依据（马世骏，1983）。

3. 区域建设规划

区域的划分应以综合自然地理区划为依据，并考虑原有的经济基础和可能发掘的资源潜力。以区域规划为基础的国土整治和区域建设，是科学地利用自然资源和发挥地区生态地理优势的必然趋势。它不仅在环境复杂的丘陵地带如此，在平原区亦应如此安排，方能保护土地等农业资源和保持良好的生态环境。在此基础上提高居民经济效益，建立良好的社会工作环境。区域建设的基本原则，是以区域为整体，因地制宜安排工业、农业及城市布局，使整个区域互相调节物质供需，构成一个范围更大的社会-经济-自然复合生态系统。我国建设项目中确定的京-津-唐建设，上海经济区等都应属于此种类型。在此等区域内不仅有稠密人口的城市群、农业区，还拥有工（矿）业基地，如何规划得合理，必须同时考虑社会、经济与生态三方面的效益。Jansson 等（1978）对瑞典 Gotland 岛经济、生态关系的研究即是这类区域性研究的一个成功例子。

图5是一个区域经济发展的实例。该图代表一个以农业生产为主体的区域规划设计，它以人口为目标，根据人口确定居民生产、生活所需能量、水量。增加生产后，相应扩大以农产品为原料的加工工业。在工农业发展的同时，必须安排能量和水量的协调使用，以保持供需平衡及环境质量。

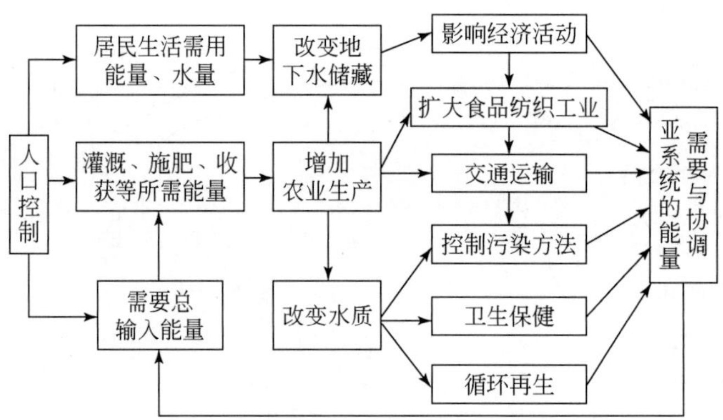

图5　区域能量、水质和经济发展的相互关系示意图

参 考 文 献

马世骏. 1981. 生态规律在环境中的作用. 环境科学学报, 1 (1): 95-100.

马世骏. 1983. 经济生态学原则在工农业建设中的应用. 生态学报, 3 (1): 1-4.

Jansson A M, Zucchetto J. 1978. Energy, economic and ecological relationships for Gotland, Sweden, a regional systems study, Ecol. Bull, 28: 154.

THE SOCIAL-ECONOMIC-NATURAL COMPLEX ECOSYSTEM

Ma Shijun　Wang Rusong

(Research Center for Eco-Environmental Sciences, Chinese Academy of Sciences, Beijing 100085, China)

Ecological theory has been considered as one of the scientific bases for solving the major social problems of the day looming large over the world. Among the major social problems, food, energy source, human population, and natural resources required in the industrial construction and its relevant environment are all concerned directly or indirectly with social organization, economic situation, and natural environment on which man relies. The problem how to coordinate the environments of urban areas and their surroundings is now more prominent with the rapid growth of urbanization in recent years. The social, economic and natural systems are different in their characters and have their own structures, functions and developmental rules, but the existence and development of each of them are conditioned by the structures and functions of the others, so it is obvious that the above complex problems can be regarded as neither social nor economic ones separately, but as ones of the social-economic-natural complex ecosystem. This complex system has become a form commonly present in man's economic society.

It should be a common task for all of sociologists, economists, ecologists, urban planners, managers and policy makers, and also a key to the major social problems of the day to study the crisscross relationships between these subsystems; the process of changes in the materials, energy and information between them; the tendency of their past, present and future succession; and the dynamic relationships between their benefit, risk and opportunity.

This paper deals with the characteristics of this complex ecosystem, and the crisscross relationships between these subsystems, such as thecycling of materials in the soil-plant-atmosphere subsystem; the coordination of the relationships between social infrastructure-economic development-environmental quality; the proportion in which agriculture, industry and commerce are developed; The equilibrium system of production, processing, and consumption of substances and the harmonization and allocation of the quantity of wastes recovered, transformed and regenerated. This paper also provides an index for measurement of the complex ecosystem. It is very important that the index must reflect a holological approach, in other words, it must be aimed at integrating the relationships between the components of the complex system rather than describing the components of that system in detail. Emphasis must be put on exploration not only of the growth of the quantity in the system but also of its function and developmental tendency. Therefore, the shackles of the traditional causalities and of the traditional methods for making mono objective policy must be smashed to analyse multiobjective and multiattribute policies which have been made. The objective set of the complex ecosystem is composed of the indexes of the three subsystems as follow:

1) Whether the normal circulation and regenerative function of materials can be maintained in the natural subsystem. 2) Whether the desired economic benefits can be achieved in the economic subsystem. 3) Whether the social subsystem has higher efficiency and is accessible to the people.

In addition, the decision procedures are discussed and some of the current cases in China are provided in this paper.

PAN-OBJECTIVE ECOLOGICAL PROGRAMMING (POEP) —APPLICATION OF MATHEMATICAL PROGRAMMING TO ECOLOGICAL RESEARCH*

Wang Rusong Yang Bangjie Lu Yonglong Chen Zhaoying

(Research Center for Eco-Environmental Sciences, Beijing, 100085, P. R. China)

POEP is a multiple criteria decision supporting method which aims at regulating the function of ill-structured system under a varying environment other than getting an optimal solution within a well defined set of parameters. It is a searching or learning process for improving the system relationship F within the ecological niche N along an optimization path. Its potential use is shown in a case study of Tianjin City.

The essence of traditional mathematical programming is to turn complex reality into a simpler mathematical framework and to optimize it according to some fixed rules. It is in fact a projection of system parameters to optimum results. Though it is a good method for well-defined physical system, it is not always suitable for human involved system, i. e. , the social, economic and ecological system, for the information is usually so rough, vague, incomplete and varied that the optimum results can't be easily accepted. Table 1 shows the differences between physical system and human involved system study. Here we are going to develop a new programming method to manage these ill-structured systems, which is called Pan-Objective Ecological Programming (POEP).

1 The characteristics of POEP

Tab. 1 The differences between physical system and human ecosystem optimization

	Physical System	Human Ecosystem
basic theory	physics	ecology
target	physical matter	ecological relation
dynamics	known	unknown
content	dynamics of matter	Relationship between man and envirbetween man and envir.
reasoning	cause-effect chain	interacting network

---

* 原载于：Korhonen P. , et al. Multiple Criteria Decision Support, Lecture Notes in Economics and Mathematical Systems. Springer-Verlag, Berlin, 1989 (356): 321-330.

续表

	Physical System	Human Ecosystem
emphasis	mechanical force	man's role
number of relationships	finite	infinite
inner structure	white box	black box, ill-structure
parameter	predictable, fixed	uncertain, varied
succession	entropy increase	entropy decrease
outer envir.	identifiable	uncertain
goal	single, compatible	multiple, conflict
evaluate criterion	objective	subjective
controled by	outer force	inner force
method	hard	soft and hard
research process	optimizing	learning
final objective	optimum control	reasonable regulation

POEP is an ecological decision supporting method aimed at regulating the function of an artificial ecosystem by use of ecological principles and MCDS techniques. Its main characteristics are as follows:

Programming = Planning + Programming

Here the "programming" has both the meaning of practical planning and mathematical programming. The reason why mathematical programming and practical planning rarely combined closely is that many parameters are often based on some unrealistic presumptions. Even if the presumptions are true, the parameters have changed before the research is over. Therefore, the results are often not satisfied by the decision-makers. Although most of the decision-makers make their decision not through optimizing but by means of simple trial and error method, the result chosen out from a big heap of schemes is often more feasible than that from a strict mathematical programming. We take advantage of both practical "planning" and mathematical "programming" to set up a group programming process joined by decision-makers, researchers and experts to embody human thinking into the MCDS.

Programming system functions according to the eco-principles

The basic idea of ecological programming is using the high efficiency and harmonious relationship principles in ecological cybernetics to regulate and improve function of the system.

The ecology here means the relationships between human activities and their environments including adaptation of mankind to the varying environments by raising the efficiency of resources utilization and reducing the environmental impacts, and reformation of environment to suit man's demands through expanding man's ecological niche.

The aims of the programming are not to obtain the optimum value of one or more indices of the system, but a reasonable regulation of the system relationships to make the whole process sustainable.

We pay more attention to the changes of those variables which have reached or will reach their thresholds in the process of optimization, and their relationships with other components and outer systems. These relationships determine the function and behavior of the whole system. While the absolute values of base variables are unimportant for decision-makers, as long as they are far from the upper and lower limits, their changes will produce little affects on the system dynamics.

From multiple objective to pan-objective

According to the principles of ecological cybernetics, we expand the multi-objective to pan-objective which has following three meanings:

(1) The objectives of the programming are extensive.

In POEP each of the structure variables, the relationship matrixes and the control vectors is possibly an objective at different stages of the programming. The optimization rules and indices may be varied through man-computer dialogue whenever necessary. The multi-objectives of the traditional programming are at most a vector, while the objectives in the ecological programming are a network which consists of the whole system relationships.

(2) The target of the programming is extensive.

The mathematical programming is usually suitable for those systems with definite and complete parameters. But POEP allows the data rough, incomplete and indefinite.

In the programming, we don't expect to predetermine all of the parameters, but treat them as variables, and leave full room to the programmers and decision-makers in order to get rid of the data indefiniteness. In order to manage the roughness of the data, it is needed to input only initial data which are required to have the relatively same level of statistical error among the data rather than their accuracy, because we are only interested in their relationships rather than their exact states. As for the incompleteness of the data, what we are going to do is not to control the whole system but to learn the dynamics which is caused by some main relationships (not all) among the system components. So it is enough for POEP to have some main data about the system.

(3) The programming results are diversified.

The outputs of the computer are not one or several optimal values, but a series of regulation strategies which not only come out at the final stage, but also at each step of POEP. Furthermore, the solution got from each iteration is always feasible but often not sole.

2 The mathematical description of POEP

PEOP is an ecological thinking and strategy searching process which aims at functional identification. Its ultimate goal is not to get an optimum panacea for a target system, but to ascertain the system's dynamics and the possible directions of improving it. The mathematical description of POEP can be expressed simply as follows:

$$\text{Opt. } F$$
$$\text{s. t. } F(x) \in N$$

where $X(T) = \{x_j(t)\}$, $j = 1, 2, \cdots, n$, is a structure vector of a target system. It is projected by the system relationship F into a new ecological niche vector of $Y(t) = F(x, t)$, within a certain realistic ecological niche of

$$N(t) = \{\underline{n}_i(t), \bar{n}_i(t)\}, i = 1, 2, \cdots, m$$

Here the $\tilde{n}_i(t)$ and $\underline{n}_i(t)$ are the upper and lower boundary of i-th ecological factor n_i respectively.

While F has the meanings of both ecological and mathematical function. From the ecological point of view, it has three functional meanings: the resource utilization relationships, the mutual promoting and restraining relationships among components and the relationships with outer environment and future opportunity. From the mathematical point of view, it contains three kinds of ecological characteristic matrixes: the efficiency matrix $E = \{e_{ij}\}$, the correlation matrix $C = \{c_{ij}\}$ and the vitality matrix $V = \{v_{ij}\}$, each of them is projected from X, but we can't usually find their explicit descriptions of projection. It is only through the procedure of POEP that we can continuously ascertain the system function F and steer it to a satisfied direction of high efficiency, harmonious relationship and robust vitality.

The basic idea of POEP is a combination of common optimization methods or hard methods and qualitative, fuzzy methods or soft methods in the whole decision process.

3 The procedure of POEP

We take the ecological strategy analysis of Tianjin Urban industrial development as an example to explain the procedure (Fig. 1).

Identification

Tianjin urban ecosystem is a high material-consuming ecosystem whose major production is industry. Its main problems are the inefficient utilization of resources, serious environmental pollution and unreasonable production structure and space distribution. The essence of the problems is the contradiction between economic development and environmental burden. Therefore, the emphasis is put on the resource consumption and environmental pollution.

Heuristic structure

The industrial system and subsystems are divided into many interrelated components according to sector, trade, management system, etc.

The state variables x_j, the relationship variables e_{ij} (the status of j-th state variable in the use of i-th ecological niche factor) and the control variable n_i, (the i-th ecological niche factor) are selected to measure the structure and function of the system.

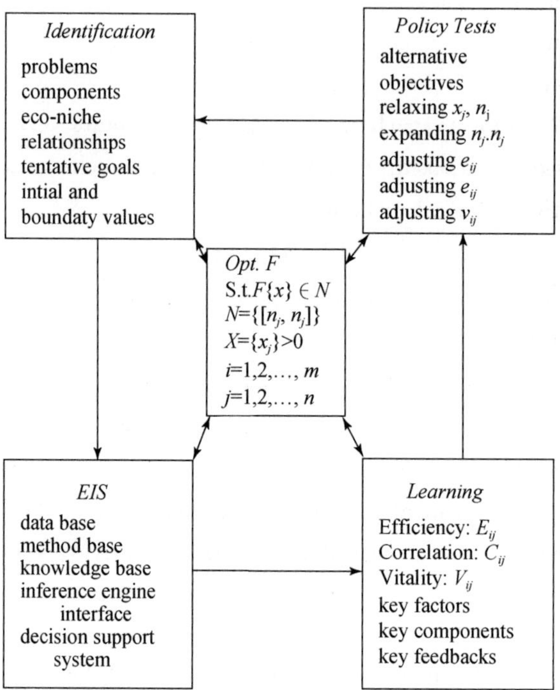

Fig. 1 The process of pan-objective ecological programming

Relationship setting

As most of the data of industrial development come from statistics which are usually associated with linear connection, we project the x_j with linear operator of multiplication into a new eco-vector. Our task is to

$$\text{Opt.} \quad F = \{F_{ij}\}$$

$$\text{s. t.} \quad \underline{n_i} \leqslant \sum_{j=1}^{n} f_{ij \times j} \leqslant \overline{n_i}$$

$$\underline{x_j} \leqslant x_j \leqslant \overline{x_j}$$

$$i = 1, 2, \cdots m$$

$$j = 1, 2, \cdots, n$$

Iteration

- Choosing goals for each iteration

At each step of optimization one or several ecological factors from the ecological niche are chosen to be single or multiple objectives according to the decision-makers' intents. As this kind of optimization is only a searching process which serves to probe the integrated countermeasures, the optimum result of each iteration has no much significance in practice.

• Determining initial and boundary values

The world is limited. For any ecological factor, too much or too little of the quantity is harmful to the whole system. So we have to predetermine the upper and lower limits for every factor of the system. We take the practical situation as an initial state of the system. These boundary and initial values ensure the feasibility of the final result in each iteration.

• Multiple objective programming

Having selected the present goals and initial values, we begin with the tentative optimization using ordinary techniques of MOP. And a tentative solution S^k will be obtained from the k-th iteration based on the k-th parameters of $E^{k,}$ N^k, X_o^k and optimizing rule f^k

$$S^k = f^k(E^k, N^k, X_0^k)$$

The final goal is not to get the optimum solution, but to trace the system dynamics, and to find the inefficiency, inharmony and risk of the system.

• Learning from each iteration

From each iteration we can get three kinds of ecological characteristic matrixes: efficiency matrix $E = \{e_{ij}\}$ shows the resource utilization efficiency or environmental impact intensity of different components; correlation matrix $C = \{c_{ij}\}$ shows the eco-niche occupating proportions of each component in the whole system, and the vitality matrix $V = \{v_{ij}\}$ shows the opportunity and risk of relaxing limiting factors, i. e. the effects of improving e_{ij}, n_j, for j-th limiting factor.

Relationship regulation

The ordinary iteration of optimization is only a start of the regulation process. A series of result can be obtained from further analysis.

• Key factor analysis

The optimal solutionS^k of each iteration is inevitably on the edge of the ecological niche. There must be one or several ecological niche factors which limit further optimization of the objective values, e. g. , n_1, n_2, in Fig. 2. We call them limiting factors, and put them in order according to limiting roles. Then we will have the following countermeasures:

If the decision-makers are satisfied with the present goals and the relationships, the parameters needn't be adjusted further, we may switch to other goals to start new iteration.

Otherwise we'll try to search a feasible way of either improving e_{ij} or expanding n_l (suppose factor l is the first limiting factor) . At this time we should first check the rationality and accuracy of e_{ij}, $\underline{n}_l$ and $\tilde{n}_l$, then collect additional data for searching the strategy of improving those inner and outer relationships connected with the l-th eco-niche factor, which is done by going into other sub-procedure of optimizing e_{il} and n_l. From this sub-optimization we can get improved initial values of $E^{k'}$ and $N^{k'}$, for (k+1) -th iteration:

$$E^{k+1} = E^{k'}$$

$$N^{k+1} = N^{k'}$$

The some new limiting factors will appear or the old one is still the limiting factor. We will repeat the above procedure together with decision-makers to expand eco-niche and reduce inner expenditure.

• Key components analysis

There are some key components in the system which have great effects on improving the present goal. We call them key components and suppose the first key component be X_k.

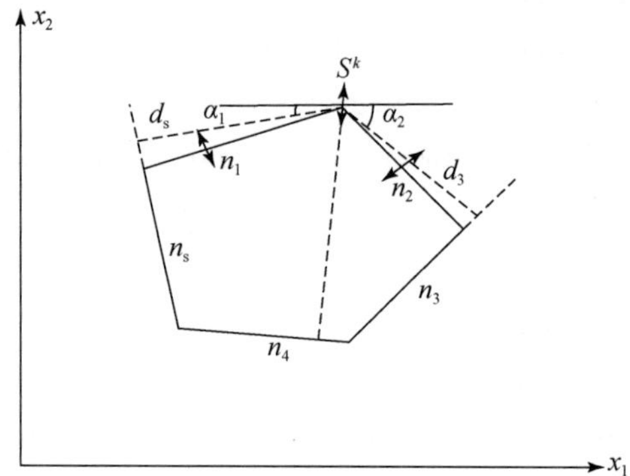

Fig. 2　The optima S^k is not on the vertex or edge in each iteration of POEP, and the present goal is to search the opportunity of moving n_1, n_2, S^k and to make full use of d_i

After rechecking the rationality and accuracy of e_{ik}, $\underline{x}_k$ and $\bar{x}^k$ supplementing relevant data, we will negotiate with decision-makers to search the possibility of improving e_{ik} and changing $\underline{x}_k$, $\bar{x}^k$ and then turn to another sub-programming to identify the cost-benefit of their changes. The e_{lk} which is connected with both limiting factor and key component should be given a special consideration, because a slight change of e_{ik} will exert a great influence on the system goals. So we call it sensitive variable.

To sum up, the basic technique of POEP is to ascertain the key relationas detail as possible and neglect the less important relations.

• Correlation analysis

A correlation matrix $C=\{c_{ij}\}$ outputs from each iteration in which each row stands for a component such as an industrial sector, while each column an ecological factor. The sum of the figures in each column is 100%. We can compare the contribution or burden proportions among different components in each column, and find out leading component (one with highest benefit) and burden component (one with heaviest burden) for each eco-factor. In each row we can compare the contribution and burden proportions of the same component, find its advantage and disadvantage. According to the benefit-cost ratio of each component calculated from the correlation matrix, we can order all components and find the best and worse one. People usually tend to reach a conclusion that the best one should be encouraged and worse one discouraged. But in practice we often have to develop the later and limit the former. After adding some social and ecological costs and benefits to them and recalculating them according to the varying situations, we can get some new interesting conclusions.

From the C matrix we can also get some derived qualitative matrixes according to different goals and preferences of decision-makers.

- Opportunity and risk analysis

There are two kinds of vitality matrix V_1 and V_2 which can be got from analysis of the system dynamics.

V_1 is the outer risk-opportunity matrix. Each v_{ij} of V_1 stands for the risk (intensity of limiting factors, e. g. in Fig. 2 $V_{61} = \alpha_1$, $V_{62} = \alpha_2$, the smaller the α_i is, the stronger the limiting role is) or opportunity (the distance from the threshold of each non-limiting factor, e. g. in Fig. 2, $V_{63} = d_3$, $V_{64} = d_4$, $V_{65} = d_5$, the bigger the d_i is, the larger the opportunity is) of *j-th* ecological factor if n_i is taken as the objective. We can search the strategy of reforming eco-niche by use of V_1.

V_2 is the inner opportunity and risk matrix, the v_{ij} of which stands for the contribution or impact of improving e_{ij} on i-th ecological factor. Through V_2 we can search the strategy of taping inner potentials.

4 Policy test

Learning from the different kinds of ecological characteristic matrixes, the decision-makers can do policy test, e. g., to alter objectives, expand eco-nich space, adjust boundaries of X and improve e_{ij}, c_{ij} and v_{ij} so as to find a satisfied path towards sustainable development by themselves.

Then the e_{ij}, c_{ij} and v_{ij} are adjusted to a level that the limiting intensities are not so high, the surplus eco-factors are reasonably used and the decision-makers are satisfied with the results, the essential goals could be considered to be realized and the iterations can be tentatively ceased.

5 Discussion

Traditional multiple objective programming is to do the compromising work among the different objectives and find a sole optimal solution. But in POEP, the optimal value is not at the vertex or edge of the polyhedron enclosed by all objectives within it. The exact position depends on the opinion of decision makers. POEP can't point out which position is absolutely best but only provide a learning tool to decision-makers to let them simultaneously regulate their system in practice.

The whole procedure of POEP is an intelligence-aided decision support process. The experts knowledge and various data are feeded and renewed in the Ecological Information System in each iteration.

In the study of Tianjin industrial development, the method and results were well accepted by the local decision makers and awarded the National Prize of Science and Technology.

References

Sharpe R. 1982. Optimizing Urban Futures. Environment and planning B, 9: 209-220.

Simon H A. 1982. The Sciences of the Artificial. The MIT Press, second edition.

Wang R, Ma S. 1985. Probing the Urban Ecological Programming. In: Xu D. Study on Chinese Ecological-Economic Problems. Zhejiang Peopled Press: 97-108.

Wang R. 1988. Towards High Efficiency and Harmonions Relationship, Principles and Methodology of Urban Ecological Regulation. Changsha: Hunan Educational Press: 276.

Zeleny M. 1982. Multiple Criteria Decision Making. Mcgraw-Hill Book Company.

再生、共生、自生——生态调控三原则与持续发展*

王如松　赵景柱　赵秦涛

（中国科学院生态环境研究中心，北京 100085）

发展是任何一个社会所面临的主题。人类社会正是在不断地改造自然和适应自然的过程中发展起来的。20 世纪上半叶以前，这种发展对大自然的改变和破坏是无足轻重的。今天，世界人口已超过 50 亿大关，迫切的经济发展需求和脆弱的生态环境之间强烈的反差，已使得当今世界特别是发展中国家陷入一种两难处境，B. Spooner 教授称其为生态悖论。

这一尖锐的生态悖论能解决吗？答案是肯定的。世界环境与发展委员会在《我们共同的未来》一书中所提出的“持续发展”（sustainable development）正是这样一种对策。

本文试图从生态控制论的循环再生、协调共生和持续自生三原则出发，分析发展中问题的生态学实质，探讨实现城乡经济持续发展的生态学手段。

一、生态控制论三原则

我们面临的是一个以自然为背景，受人的社会经济活动所支配的人工生态系统，即社会-经济-自然复合生态系统（马世骏等，1984）。该系统的社会和自然双重属性决定了它既服从自然生态规律又服从社会经济规律。现代技术水平还远远不能像设计一个宇宙飞船系统那样，尽如人意地去设计一个城市或农村复合生态系统，其中起决定作用的还是生态控制论。

1948 年维纳《控制论》一书出版，半个世纪以来，控制论的研究就一直没有脱离过生命系统与环境的关系这个主题。它经历了生物控制论、智能控制论、经济控制论和社会控制论等几个发展阶段，逐渐发展为对以人为中心的社会-经济-自然复合生态系统的调控规律的研究。我们称这种研究生态系统中信息的传递、变换、处理过程和调节控制规律的科学为生态控制论。生态控制论的原理很多，其中主要的原理可归纳为以下三条原则。

1. 循环再生原则

生物圈中的物质是有限的，原料、产品和废物的多重利用及循环再生是生态系统长期生存并不断发展的基本对策。为此，生态系统内部必须形成一套完善的生态工艺流程。其中每一组分既是下一组分的“源”，又是上一组分的“汇”。没有“因”和

* 原载于：生态学杂志，1989，8（5）：33-36.

“果”、“资源”和“废物”之分。物质在其中循环往复，充分利用。城市环境污染和资源短缺问题的内部原因就在于系统缺乏物质和产品的这种循环再生机制，而把资源和环境都当作无尽的源和无底的汇来处理，致使资源利用效率和环境效益都不理想。

循环论的思想也是认识论的一个重大突破。它要求我们既要抛弃传统的有始终、有因果和有源汇的单目标线性思维方法，又要抛弃人是宇宙的中心和进化的终极的观念。同时，它使我们认识到，必须把自己、把城市乃至整个人类社会放进一个更大的系统范围中去，因为我们只不过是这个更大的循环圈中的一部分而已。

2. 协调共生原则

协同学的创始人哈肯（Harmann Haken）指出，一个由大量子系统组成的系统在一定条件下，由于子系统间的相互作用和协作，这个系统会形成具有一定功能的自组织结构。

共生是不同种的有机体或子系统合作共存和互惠共利的现象。其结果，所有的共生者都大大节约了原材料、能量和运输，系统也获得了多重效益。共生者之间差异越大，系统的多样性越高，共生者从中受益也就越多。因此，单一功能性的土地利用，单一经营的产业，条条块块式的管理系统等，由于其内部多样性很低，共生关系薄弱，生态经济效益并不高。共生导致有序，这是生态控制论的基本原理之一。

共生原则还要求我们善于因势利导地将系统内外一切可以利用的力量和能量（包括自然的和人工的，合作的和对抗的）转到可利用的方向，以便为系统总体功能服务，而不是打消耗战、对抗战，用本身的能量去与这些驾驭力相抗衡。即变对抗为利用，变征服为驯服，变控制为调节，以退为进，化害为利，顺应自然，因位制宜。

3. 持续自生原则

自我调节能力的强弱是机械系统和生态系统的主要区别之一。复合生态系统是一类自组织系统具有自我调节和自我维持的稳生机制，其演替的目标在于整体功能的完善，而不是其组分结构的增长。在稳定的生态系统中，负反馈的作用总是大于正反馈。稳生原则要求一切组织增长都必须服从整体功能的需要，任何对整体功能无益的结构性增长都是系统所不允许的。一切生产部门其产品的生产只是第二位的，而其产品的功效或服务目的才是第一位的。比如玩具工厂，并不是玩具生产得越多越好，其根本目的是要生产出适应儿童需要的并能增进儿童身心健康的游乐和智力产品。只有这样，其产品的价值才能得以实现，它本身也才能得以生存和持续发展下去。因此，玩具工厂应该是一个儿童服务公司，它应和社会的儿童构成一个信息反馈系统，随着儿童的要求变化而调整生产。

二、发展中问题的生态学实质

城乡发展中所面临的各种问题，归根结底还是生态效率低下，生态关系失调和自我调节能力薄弱，集中表现在以下三个方面。

1. 生态滞竭

城市、乡村及工矿区等人工生态系统生态关系失调的关键是其物流、能流的渠道不畅通，产投比失调。一方面，输入的物质经过人的生产加工后，只有少数变成产品，绝大多数或者以废物的形式流失到周围的环境中，造成环境的污染，或者以成品、半成品的形式滞留或积压在系统内，导致生态平衡失调。这种现象称为生态滞留现象，当前我国绝大多数城镇及乡镇企业都存在这种现象。我们可以用每种物质的投入总量与最后产品中该物质的含量之比来测度滞留程度。该比值称为生态滞留系数。另一方面，对于森林，农田、湖泊或矿山来说却相反，人们投入的物质能量往往不多，取走的物质（农、林、牧、渔产品，矿石、石油等）却很多。造成资源枯竭、土地有机质下降，水土流失，植被破坏，土地塌陷等，我们称这种现象为生态耗竭现象，同样也用投入与产出的能量或物质之比来测度耗竭程度，称其为生态耗竭系数，我们将滞留系数和耗竭系数统称为生态滞竭指数。当生态滞竭指数远大于 1 时，说明生态滞留严重，这时应该采取措施改善生态工艺，加速物质循环与周转。当该指数远小于 1 时，说明生态耗竭严重，即我们只用了少量的投入代价，换取了高额的利润，占了自然资源的便宜，断了子孙后代的生计。比如煤矿开采，我们只给当地居民以适量的搬迁及土地补偿费，以廉价从农民手中买来土地，变其为塌陷区或矸石山，而不投资或很少投资于土地和生态系统的恢复。其实，土地资源是属于人类的，不只属于我们这一代，也属于我们的子子孙孙，只计算当代的损失是不公平的。所以这时必须采取措施，增加环境建设的投入，以减少生态耗竭，促进生态恢复。当生态滞竭指数接近于 1 时，说明生态循环功能正常，系统对物理环境影响不大。对于复合生态系统中的人流、资金流等也同样存在生态滞留和生态耗竭两种现象，必须采取措施，提高资金和人才的利用效率。

2. 生态失调

复合生态系统在千百年社会自然变迁过程中，形成了各自独特的产业结构、空间布局、文化习俗和其他各种系统关系。其中有些关系从微观的、局部的和历史的眼光来看是合理的，但从宏观、整体和发展的眼光来看却是不合理的。

现代社会的分工越来越细，越来越专，人们往往只和其上、下道工序间发生纵向联系。而农户之间、工厂之间、部门之间的横向联系却很薄弱。因此，人们往往习惯于直线思维而不是系统思维，习惯于传统的资源利用观念和方式，缺乏协调共生的生态学观念。由于受空间、时间、经历、文化背景和社会环境的限制，往往只看到眼前的、局部的利益，而不善于权衡长远和整体利益，看不到系统通过反馈关系环最终还是要作用于该行为主体本身。这种决策行为短期化、局部化和直线化的结果使得资源与环境、生产与生活、城市与乡村、眼前利益和长远代价之间的矛盾日益尖锐，生态关系日趋失调。

自我调节能力低下，重视产品数量而不重视服务功能，重视结构的增长而不重视功能的完善，人为控制而不是负反馈调节，对外部依赖性大，稳定性低，多样性差，生态意识低下，是我国城乡复合生态系统的通病。

复合生态系统自我调节能力的强弱，取决于其各个等级子系统人工信息反馈的灵敏度和决策部门的决策水平。当反馈信息失真，反馈强度不够，反馈相位延滞或决策手段跟不上时，系统处于正反馈控制状态，风险大，稳定性差。20 世纪 50 年代末“大跃进”的沉痛教训就是由于正常的信息反馈渠道的阻塞和虚假信道的畅通，导致浮夸成风，控制失灵，真实信息反馈到决策部门的时滞竟达三年之久，给系统造成了不应有的损失。而党的十一届三中全会以来，正是由于实行改革开放方针，增强了地方各子系统的自我调节能力，改善了其跨地区跨部门的共生关系，使得各地经济得到迅速增长。但是，从宏观上看，各子系统的自我调节能力仍然很弱，对外界的依赖性较大，正反馈超过负反馈。当前，我国基建投资规模过大，经济增长过速现象，正是这种正反馈现象的反映。由于各子系统缺乏自我调控的负反馈能力，不得不由中央政府出面来实行严格控制，这时子系统不得不付出的沉痛代价要远比从内部自我调控大得多。

三、实现持续发展的生态调控手段

持续发展包含两个相反相成的生态经济目标：一是高效，即高的经济效益和发展速度；二是和谐，即和谐的社会关系和生态稳定性。经济高效和社会和谐是相反相成的两个侧面，前者是正反馈过程，强调发展的速度；后者是负反馈过程，强调发展的稳定。二者既是矛盾的，又是统一的。生态调控的任务就是要运用再生、共生和自生原理去利用机会，提高效率，减少风险和改善功能，使社会、经济、环境得到协调发展。

1. 增强再生功能——生态工艺的设计与改造

根据自然生态最优化原理，设计和改造工农业生产和生活系统的工艺流程，疏浚物质能量流通渠道，开拓未被有效利用的生态位，以提高系统的经济、生态效益。其基本内容包括：①能源结构的改造（如太阳能、自然能和生物能的开发和利用，矿物能的有效利用）；②生物资源的利用（野生动植物、微生物的利用，食物、饲料结构的改造和替换）；③物质循环与再生（物质、能量的多层分级利用，废物再生，生物自净，无污染工艺等）；④共生结构的设计（多行业共生，城郊共生，工农联营，综合利用）；⑤资源开发管理对策（育大于采，原材料就地加工）；⑥化学生态工艺（重点污染行业的改造）以及景观生态设计等。

2. 增强共生功能——生态关系的规划与协调

生态关系规划，就是要利用现代系统科学和电子计算机的先进手段，以及生态学的原理和专家经验去重新规划、调节和改造各种复杂的系统关系，在现有的社会、经济和自然约束条件下，去寻找开拓机会，扩大效益和减少风险的可行性对策。它包括生态分析（辨识、模拟与规划）及系统管理（可行性分析、运行跟踪及效果评审等）两大步骤，最终结果应给有关部门提供简便、易行、有效的决策支持系统。

生态规划可分为单项规划和综合性规划两种。单项规划是对复合生态系统的物流、能流、信息流、人口流和资金流等所引起的生态关系的规划；而综合规划则是对某一区域、部门或社区的人口、资源和环境进行的整体规划。

3. 增强自我调节功能——生态意识的普及与提高

人是复合生态系统的主体，人的行为对功能的好坏起着支配作用。当今许多生态问题都是由于规划、决策、管理者及群众缺乏生态意识而引起的，必须从注重生态意识着手，提高系统的自我调节能力。包括向群众灌输生态系统观点、生态效率观点和生态演替等观点，宣传生态与经济的统一性，在决策者及群众中进行一场思想意识领域里的生态革命。这样，就可以打破传统的资源利用观念和方式，变因果链为关系网，变单功能为多功能，变对抗为共生，变自生为循环再生，变外援为内立，变控制为调节，变废物为资源，变阻塞为畅通。

四、结　束　语

人类正处于一种现代文明高度发达而生态危机却日益加剧的两难处境之中，这不仅是发展中国家面临的问题，也是发达国家面临的问题。从全球角度来看，发达国家的高物耗高能耗高消费文明，是以发展中国家的资源耗竭为代价的。人类已经认识到，生态危机不仅给我们这一代，更重要的是将给我们的后代带来极为沉重的负担和灾难。人们借用经济术语把这一境况称为“生态赤字”。虽然生态赤字与经济赤字本身的含义具有相似性，但生态赤字无论在强度上、范围上以及时间上都远远超过了经济赤字给人类带来的后果。经济赤字只能影响我们的今天，但生态赤字将主宰我们的未来。人类经过长期的反思，终于认识到持续稳定发展（有人称其为“生态发展”）是人类唯一正确的发展目标。

“三生”（循环再生、协调共生、持续自生）原则正是运用生态控制论原理解决人类生存和发展问题以及实现持续发展的重要手段。它们分别从自然、经济、社会三个不同层次去调整资源利用效率，改善生态关系，拓宽生态位，增强复合系统的活力。三者互相依存，缺一不可。以“三生”求资源、求高效，以“三生”求稳定、求和谐，这正是人类依靠自己力量走出困境、摆脱危机、利用机会、持续发展的一条根本出路。

参考文献（略）。

REGENERATION, SYMBIOSIS AND AUTOTROPHY-THE THREE PRINCIPLES OF ECO-CYBERNETICS AND SUSTAINABLE DEVELOPMENT.

Wang Rusong　Zhao Jingzhu　Zhao Qintao

(Research Center for Eco-Environmental Sciences, Chinese Academy of Sciences, Beijing, 100085)

Abstract　This paper interprets the three principles of eco-cybernetics, i. e. Regeneration, symbiosis and autotrophy, analyzes the ecological essence of problems caused by the conflicts between development and environment, and seeks the ecological means for the sustainable development of urban and rural economy.

Key words　eco-cybernetics principle, regeneration, symbiosis, autotrophy

生态县的科学内涵及其指标体系*

王如松　贾敬业　冯永源　曹明奎　窦贻俭　顾永年

（中国科学院生态环境研究中心，北京 100085）

摘要　本文探讨了发展中国家农村在投入有限的前提下，如何挖掘资源潜力，调整系统关系，促进环境、经济和社会协调持续发展的生态建设途径。作者根据多年来在江苏省大丰县开展生态县规划与建设的实践，从人类生态学角度探讨了生态县的内涵、指标体系及评价方法。

关键词　人类生态学　生态县　持续发展　生态建设

农村问题是发展中国家的首要问题。迫切的发展需求和脆弱的生态环境之间的尖锐矛盾是困扰各级决策者的一个两难问题，也是人类生态学家研究的一个中心议题。1989 年在英国爱丁堡召开的国际人类生态学会议的主要议题之一就是农村持续发展问题。

中国农村的资源环境尚具有一定的潜力，为促进农村的经济和环境的适度增长、协调发展，探索一条非常规的现代化道路，1986 年由江苏省大丰县人民政府和中国科学院生态环境研究中心共同开展了大丰生态县规划与建设的研究。

一、生态县的由来及发展

20 世纪 60 年代以来，随着世界性资源和环境危机的日益加剧，人们对工业革命给大自然带来的影响以及发达国家的经济发展模式进行了反思。一些生态学家开始探讨运用生态学原理来管理、控制和设计人工生态系统[1~3]。同时，一种利用生态学原理调整产业结构，设计食物链关系的生态农业也脱颖而出。美国各种类型的生态农场有 2 万多个。前联邦德国有 5000 多户农民从事有机农业。在发展中国家，迫切的发展需求和有限的资源储备间的矛盾迫使人们自发地转向以深度和广度开发利用本地资源为特征的传统生态工艺技术。菲律宾的马雅农场和我国农村的 1200 多家生态工程示范点都是这股“生态热”的产物。然而，这些生态工程的实践大多是在资源的合理利用和产业结构的合理调整两个层次（作物生态和经济生态）范围内进行的。在实践中人们逐渐发现：无论是生态工艺技术的引进还是生态系统结构的调整都涉及系统中人的行为、观念、体制和决策管理方法，即人类生态学问题。为此，生态学家马世骏教授提出了“社会-经济-自然”复合生态系统的概念，倡导开展城乡生态建设[3]。国内外也相继进行了一些生态村（ecoville）、生态城（ecopolis）的研究[4]。国际人与生物圈计划

---

* 原载于：生态学报，1991，1（2）：182-188.

（MAB）第57集报告中指出：生态村（城）规划就是要从自然生态和社会心理两方面去创造一种能充分融合技术和自然的人类活动的最优环境，诱发人的创造精神和生产力，提供高的物质和文化生活水平[5]。

二、生态县的内涵与目标

县是一种行政单元，指县域空间内所有的自然地理和社会经济组分。一般来说，县级并非是一个完整的自然生态系统，其边界有按分水岭、河流、海岸线等自然地理边界划分，也有按政治经济联系或历史文化渊源划分的。因而是一类异质的、开放的人工生态系统。我们将生态县规划的基本目标分为三个层次。其中最高层是持续发展[6]；第二层是资源的高效利用，社会的繁荣昌盛以及环境的和谐共生；第三层又分别从五大功能流、三大效益和三类控制论关系来实现（图1）。

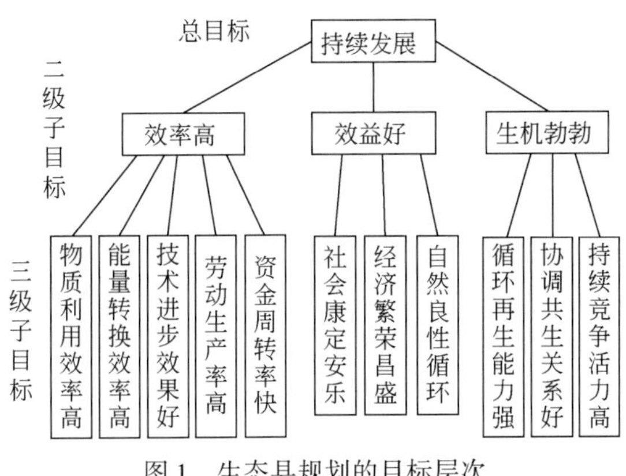

图1　生态县规划的目标层次

从上述目标不难看出：生态县规划不同于传统的经济规划或环境规划，它具有以下几个特点。

（1）强调经济的高效而不是高速。一个资源潜力未充分利用的高速发展的经济不是生态县经济，相反，一个县的经济发展的绝对指标虽不高，但若已达到地尽其力，物尽其用，人尽其能，则应是一种接近生态县目标的发展。

（2）强调自然的和谐而不是平衡。人在改造自然的过程中，总是要不断地破坏自然，建设自然。不平衡是绝对的，平衡是相对的。生态县建设的目标就是要追求总体关系的和谐和系统功能的协调，包括地区之间、部门之间以及资源与环境、生产与生活、人与自然之间事理意义上的谐调而不是物理意义上的平衡。

（3）强调社会的开放而不是封闭。生态县建设并不反对投入，相反，它要动员自身的竞争活力去争取尽可能多的有效投入。但却不依赖投入，强调系统的应变能力和多样性，即在外部环境变动的情况下仍能健康地发展，能有多重的发展机会和有效的替代资源。

三、生态县建设的内容和步骤

生态县建设是一种趋向理想状态的发展过程，一场人与大自然和睦相处、持续共生的运动。遵照“总体、协调、再生”的原则[7]，实现人对资源的巧取、巧用和巧管，即尽最大可能地索取各种直接或间接的太阳能、生物能和一切可以利用的再生资源，在尽可能争取到的人工投入下实现第一生产力的持续增长；改变传统的资源利用观念和方式，发展与当地资源、环境条件相匹配的生态工业；科学地管理和协调好系统内各种物理、事理和情理关系，增强自组织、自调节能力和活力。

为实现上述目标，生态县建设必须在以下三个层次同时进行。

(1) 生态工艺的设计与改造，即模拟自然生态原理去系统设计、规划和调控农、林、牧、副、渔各业的生产要素、工艺流程及耦合关系，建立一套合理的生态代谢链网。融传统的生态技术和先进的现代技术为一体，疏通物质能量流通渠道，提高资源转化效率和未被利用资源的利用率。

(2) 生态体制的规划与调节人在生产活动中形成了各种相生、相克、相容、相补的生态关系。其中有些关系从局部的、历史的眼光看是合理的，但从全局的、发展的观点看却是不合理的。通过合理的生态规划去调节各种产业结构、产品结构、时空布局和管理体制，促进部门间的优化组合和资源的优化分配，可以在不增加外部投入的情况下，扩大环境容量和资源承载能力。

(3) 生态行为的诱导和调控人的行为是实现系统自我调控和持续发展的关键，行为受观念所支配、受人的素质所影响，必须从普及生态意识、改变传统的价值观念，提高人的生态素质入手，辅以各种积极的生态诱导政策和法规，去规范和调控人的生态行为。

四、生态县评价的指标体系和评判方法

生态县评价和指标体系的建立在科学上属于复杂系统的多属性多标准评判问题。它不是一堆简单的物理量，而是一个包括物理因素、社会因素及心理因素在内的、由众多属性组成的多维多层向量。其难点在于各分量之间的综合评判方法。由于不同评判者对目标的理解、追求不同，评判方法、角度不同，因而其评判结果具有一定程度的主观性，对同一系统状态可能有不同的评判结果。它不应是系统状态的精确表述，而只是系统发展趋势的一种相对测度。但这种指标体系应具有一定程度的完备性（能覆盖和反映系统的主要性状）；层次性（根据不同的评价需要和详尽程度分层、分级）；独立性（同级指标之间相关程度小）；合理性（可测度、可比较、推广）和稳定性（在较长的时间内都适用）。

生态县评价的指标应包含三层内容：一是空余生态位的利用程度，用物质(m)、能量(e)、信息(i)、劳力(p)和资金(c)等资源潜力的发挥率或生态效率E来测度；二是发展目标的接近程度，用生产效果(g)、生活质量(s)和环境影响(n)的实际值或生态效益B与可望达到的目标值之间的相对距离来测度；三是发展过程的健康程度，

用系统的循环再生能力(r)，协调共生能力(h) 和持续竞争活力(v) 或生态成熟度 M 来测度。

在研究中，我们将生态县评价指标定义为

$$I = f\ (E,\ B,\ M)$$

其中，$E=f_1\ (m,\ e,\ i,\ p,\ c)$，$B=f_2\ (g,\ s,\ n)$，$M=f_3\ (r,\ h,\ v)$。$f_1$，$f_2$，$f_3$分别为各级指标中各分量间的组合关系或评判方法（表 1）。

表 1 大丰生态县规划评价的指标体系

Ⅰ级指标	Ⅱ级指标	Ⅲ级指标	Ⅳ级指标	1988 年现状值	近期可达值	实现值
生态县持续发展能力（Ⅰ）	生态效率（E）空余生态位利用程度	无能资源利用效率（m）（e）	1. 光温水土潜力发挥率（%）	40	0.80	0.50
			2. 国土资源利用率（%）	60	0.85	0.71
			3. 资源加工增值率（%）	37	0.75	0.49
		信息转换效率（i）	4. 技术进步贡献率（%）	8	0.30	0.27
		劳动效率（P）	5. 全员劳动生产率（元/人）	1021	30000	0.34
		资金利用率（c）	6. 固定资产产出率（%）	70	1.50	0.46
	生产效益（B）发展目标的接近程度	生产效果（g）	7. 土地产出率（元/亩）	245	386	0.63
			8. 人均社会总产值（元）	17140	5713	0.30
			9. 资金利润率（%）	20	0.28	0.71
		生活水平（s）	10. 人均收入（元/人）	640	1400	0.46
			11. 恩格尔系数	0.48	0.36	0.75
			12. 人均耗能（吨标煤）	0.33	1.20	0.28
			13. 人均寿命（岁）	71	73	0.97
			14. 服务水平	0.60	1.00	0.60
		环境影响（n）	15. 水环境质量	2 级	2 级	1.0
			16. 大气环境质量	2 级	2 级	1.0
			17. 森林覆盖率（%）	11	0.25	0.44
			18. 环境损失率（%）	0.04	0.02	0.50
	生态成熟度（M）发展过程的健康程度	循环再生能力（r）	19. 土壤有机质含量	1.20	1.36	0.88
			20. 生态滞竭指数	80	0.90	0.90
			21. 废弃物循环利用率（%）	60	0.90	0.67
			22. 可更新资源利用率（%）	10	0.20	0.50
			23. 资金积累率（%）	28	0.35	0.80
		开拓竞争活力（v）	24. 产品外效率（%）	0.22	0.40	0.55
			25. 资金、人才吸引力	0.65	0.95	0.68
			26. 技术人员比例（%）	8	0.02	0.40
			27. 劳动力文化素质	0.18	0.23	0.35

续表

Ⅰ级指标	Ⅱ级指标	Ⅲ级指标	Ⅳ级指标	1988 年现状值	近期可达值	实现值
生态县持续发展能力（Ⅰ）	生态成熟度（M）发展过程的健康程度	协调共生能力（h）	28. 产业结构合理性	0.75	1.00	0.75
			29. 多样性	0.30	0.50	0.60
			30. 对外开放度	0.25	0.52	0.48
			31. 管理体制合理性	0.10	0.80	0.13
			32. 决策水平	0.60	0.80	0.75

注：Ⅰ级指标——生态县，持续发展能力（I）。

近期可达值系指在生态县总体建设规划中，到 2000 年的目标值。

Ⅳ级指标及其计算方法解释如下（按序号列出），第 1 项为现实生产力与光、温、水、土四大生态要素所决定的本县农田最高生物生产潜力之比值。生产潜力值用 FAO 的 AEZ 模型计算①，第 3 项为农副产品加工附加价值与这些产品的总产值之比；第 4 项用“综合要素增长率的分解模型”所计算的技术进步对经济增长的贡献份额②，第 14 项为服务需求意愿的满足程度，其数值由生活质量的民意调查而来；第 18 项为环境污染所造成的社会损失（人体健康、生产成本提高）占国民收入的比例，通过费用-效益（cost-benefit evaluation）计算③；第 20 项是复合生态系统中，物质投入产出盈亏量占总流量的比例，物质无效积累和短缺都是一种损失，并会造成系统功能的损伤；第 27 项为达到中等教育程度，并具备一定技术素质的劳动力占总劳动力的比例；第 29 项为产业（行业）结构的多样性，各经济组分的香农指数；第 25 项、第 28 项、第 30 项、第 31 项、第 32 项均为不同阶层的群众，根据自己的知识、经验、要求和看法，对复合系统状况的定性评判，通过民意调查和专家评分相结合的方法确定。

复杂系统的多属性评判方法有多种。本研究中我们使用了以下几种方法：

（1）综合加权法：根据每个因子的不同重要性加权，得出一个综合指数，这是最常用也是决策者最喜欢用的一种方法。

（2）理想点法：为每一个因子定义一个理想值，从而确定出多维生态空间的一个理想点，再定义一种距离测度办法（如 $d = \sqrt[p]{\sum Xp_i}$ ），将实际点与理想点间的距离作为综合评价指标。

（3）向量排序法：不试图找出综合指标，而是采用多维的向量指标比较。将其每个分量按重要性程度进行排序，找出其中最重要的一个或几个关键分量作为评判的主要依据。

（4）神经元网络法：将前述各 f_i 均视为黑箱，根据专家的定性经验，通过计算机模拟人的神经活动进行推理和模糊评判。

（5）DSS 评判法：建立一套包括数据图形库、专家知识库和模型方法库在内的计算机决策支持系统（即 DSS）。通过定性和定量相结合的方法及灵敏的人机交互界面进行纵向比较（同历史发展过程及未来发展目标比）和横向比较（同其他地区、部门比），从中得出差距、评判优劣。DSS 评判法具有较强的直观性、灵活性等特点，并易自学、易操作、深受当地规划与决策人员的欢迎。

---

① 曹明奎，1989，大丰县自然资源性能及人口承载力研究，大丰县生态规划研究专题报告（上）。

② 张永光、赵景柱等，1989，大丰县技术，经济进步对经济增长影响的定量分析。大丰县生态规划研究专题报告（下）。

③ 胡涛、张永光等，1989，大丰县水环境同题的经济生态学分析初探。大丰县生态规划专题报告（下）。

生态县规划要在一系列相互冲突的目标间进行权衡和取舍：如社会-经济-环境效益的冲突；局部利益和整体利益、眼前利益和长远利益的冲突；研究者-规划者-决策者间的观点冲突等。其规划的实质是一种过程规划或“无终极目标”规划[8]。这种过程对不同地区、不同时期有不同的发展方式、发展目标和测度指标，但最终都是要促进社会、经济的持续增长和自然与人工环境的健康发展。

五、大丰县复合生态系统的辨识及发展对策探讨

大丰县位于苏北滨海地区，经济发展水平较苏南地区仍有一定差距，但具有独特的自然环境与丰富的水产资源，发展潜力很大。1986 年起对该县进行的全面生态规划目标是：超越常规的工业化发展途径，使资源得以高效再生利用，工农业协调增长。

1. 大丰县复合生态系统特征

大丰县级复合生态系统尚处于演替的初级阶段。2/3 的土地还处于演替的先锋期，资源潜在生产力的实现率为 56% 左右（表 1）。第二产业在经济发展中的主要作用尚未充分发挥。整个系统的自然和人工资源的开发利用潜力很大。以光、温、水、土生产为例，粮食、棉花单产潜力分别为 805.5 千克/亩（1 亩≈667 平方米）、104 千克/亩，分别为现实生产力的 1.8 倍和 1.4 倍，人口承载力为现实人口的 1.5 倍①。

由于受自然因素（土壤肥力低、资源品质差）、经济因素（交通不发达、远离大中城市）及社会因素（劳动力的文化素质和技术水平较低，技术人才比例仅为同类地区的 50%）的限制，在生产效果、生活质量方面短期内难以赶上苏南发达地区。因而目标值定得相对低些。其经济发展模式不可套用发达地区的模式。

系统的循环再生能力较差，土壤有机质的输出量大于输入量，资金积累率偏低；对外部的资金、人才吸引力不高，生产管理体制不尽合理、但领导和群众的生态意识和持续发展的积极性较高，因而有较强的竞争意识和生态活力，可望通过生态县规划与建设，在经济实力上成为苏北地区的先进县。

2. 大丰县生态系统发展的基本对策

强化与完善以第一性生产为启动，以第二性生产为纽带的产业结构，形成资源改善-第一产业增长-第二产业发展的良性循环体系。实现由粮棉向粮棉、饲料、牧草和林木多元结构转变，今后饲料、牧草和林木在第一性生产中应占 20% 以上。开发利用优势自然资源，把第一产业生产扩展到沿海滩涂。第二性生产结构要向畜禽水产等多元结构转变，建立饲料草生产基地以丰富的饲料资源支持第二产业的稳定增长。食品、纺织、皮毛加工仍是第二产业优先发展项目。以农副产品的深度加工为主要内容的第二产业支持和促进第一产业的增长，为本区域经济发展提供坚实基础。

该区第一产业的发展受自然资源条件的强烈制约，经济的持续增长最终取决于自然资源的改善。大丰县自然资源改造的中心内容是土壤改良水利设施建设和完善。土壤改良要以降低土壤含盐量为突破口，以增加土壤有机质为目标。并以工程和生物措

① 王珏、王如松，1998，基于神经元网络原理的一种生态评价方法，《城市人口规划的智能决策支持系统研究论文集》，中国科学院系统生态开放研究室。

施相结合，完善和加强水利工程，提高农田排灌能力，加速土壤脱盐过程。同时种植绿肥、增加有机肥，提高土壤肥力。

一个高度、持续发展的区域生态系统的形成，就必须有与之相适应的社会管理和控制机制。这就要摆脱部门分割的以产值增长为目标传统管理体制，建立统筹兼顾生态、经济和社会效益，集利益导向、政策法规约束和价值观念取向于一体的新管理模式，引导生态系统进入持续发展轨道。

参考文献

[1] 马世骏，李松华．中国的农业生态工程．北京：科学出版社，1987.

[2] 马世骏，王如松．1984. 社会-经济-自然复合生态系统．生态学报，4（1）：1-9.

[3] McHarg I. Design with Nature. Garden City，N Y：Natural History Press.

[4] Odum H T. Manin the ecosystem. In Proceedings lockwood Conference on the Suburban Forest and Ecology. Bull Conn Agric Station，1962，652：57-75.

[5] Simon H A. The Sciences of the Artificial. MIT Press，Second Edition，1981.

[6] UNESCO. Final Reprt. MAB Report Series，No. 57 Suzdal，1984.

[7] WCED. Our Common Future—From one earth to one world. Oxford：Oxford Unirersity Press. 1987.

[8] Yanitsky O N. Cities and Human Ecology. Moscow：Progress Publishers，1987.

生态整合——人类可持续发展的科学方法*

王如松　欧阳志云

（中国科学院生态环境研究中心，北京 100085）

关键词　可持续发展　人类生态学　生态控制论　复合生态系统　生态建设

1　可持续发展——人类社会的必由之路

20 世纪是人类历史上最惊心动魄的一个世纪。有史以来最长足的科技进步、最激烈的世界大战、最深刻的社会革命、最沉重的人口负担、最严峻的环境危机及空前的生态浩劫都发生在这 100 年中。经历了一个世纪的上下求索，人们终于意识到，我们所处的系统是一个社会、经济、自然复合生态体；单一的技术革命、社会革命或环境运动解决不了复杂的发展问题。世界正从自然经济的农业社会以及市场经济的城市社会向生态经济的可持续发展的社会过渡。可持续发展已成为世界各国共同的发展目标。

持续发展一词最初是由国际自然保护联盟于 1980 年提出来的。世界环境与发展委员会 1987 年在《我们共同的未来》一书（又称《布伦特兰德报告》）中将其解释为“既满足当代人的需要，又不对后代人满足其需要的能力构成危害的发展”[1]。该报告一针见血地指出：“在过去我们关心的是经济发展对环境带来的影响，而我们现在则迫切地感到生态的压力，如土壤、水、大气、森林的退化对我们经济发展所带来的影响。在不久以前我们感到国家之间在经济方面相互联系的重要性，而我们现在则感到在国家之间的生态学方面的相互依赖的重要性。生态与经济从来没有像现在这样互相紧密地联结在一个互为因果的网络之中。”

布伦特兰德报告最终导致了 1992 年里约热内卢“联合国环境与发展大会”，这是自斯德哥尔摩“联合国人类环境大会”举行 20 年以后又一次有关人类环境的大会。来自世界 183 个国家与地区以及 70 多个国际组织一致通过《环境与发展的里约热内卢宣言》与《21 世纪议程》等 5 个文件，这在联合国历史上是绝无仅有的。

从斯德哥尔摩的人类环境宣言到里约热内卢的 21 世纪议程，人类对自身命运的认识实现了一个从消极的环境保护到积极的生态建设，从线性思维到系统思维，从预警性的环境运动到自觉的社会行动的质的飞跃。可持续发展不仅是一种保护环境的口号，而且是一个跨世纪的政治、经济、技术、文化和社会发展的行动纲领，是对传统价值观和方法论的挑战。其内涵包括了经济的持续增长、资源的永续利用、体制的公平合

* 原载于：科学通报，1996，41（增刊）：47-67.

理、社会的和谐共生、传统文化的延续及自然活力的维系。旨在探讨一种跨世纪、跨国界、跨领域、跨行业、跨意识形态的先进适宜的生产力、生产关系、生活方式、生命素质及生态秩序，这是各国历代科学家、政治家及环境运动人士所梦寐追求的目标，也是人类社会发展的必然归宿。目前，可持续发展口号也已成为决策、规划、管理、科研部门和报刊文章常用的术语。但是，持续发展的动力学机制、控制论方法是什么？怎样去调控人类社会不同层次复杂的系统关系？

可持续发展的实质是时、空、量、序 4 层次上的系统发展。英文“Development”是指一种渐进的有序的系统发育和功能完善过程。其发展的对象是由人口、资源、环境组成的人类生态系统。其科学问题的实质可分 3 个层次：一是认识论层次，如何去把握系统的生态学实质，揭示其复杂的动力学机制与控制论规律；二是方法论层次，如何去辨识系统的结构、功能与过程，如何测度系统的复杂性、多样性和可持续性；三是技术管理层次，如何去组织、协调与建设可持续的生态技术、生态体制与生态文化。

本文拟从人类生态、系统生态及应用生态 3 个层次综述可持续发展领域的方法论进展，分析生态学这门最有潜力，同时又最有争议的颠覆性科学在可持续发展领域所面临的机会与挑战。

2 人类生态学——持续发展的科学基础

新的发展需要新的思维，新的思维需要新的科学，人类生态学正是这样一门持续发展的基础科学。当今世界上还没有哪一门科学能像人类生态学那样来源于如此众多的分支学科，吸引如此众多的自然与社会科学家，有能力解决如此纷繁的社会难题。人类对其环境关系的探讨，是一门既古老又年轻，既通俗又深奥的议题，自有人类以来，人就在其生存斗争中孜孜不倦地探索、学习和积累着人与自然关系的生态知识，并形成了一套朴素的人类生态观。但作为一门独立的科学——人类生态学，只是起步于 20 世纪 20 年代和 30 年代的城市生态学研究；复兴于 60 年代的环境和资源危机引起的系统生态学研究；繁荣于 80 年代和 90 年代的全球变化的持续发展研究。各类人类生态学的国际和区域组织如雨后春笋般在全世界兴起。生态二字目前已成为社会上家喻户晓的通俗词汇，但一般人都只是把它看作对生物栖息环境的自然保护，是与经济发展对立的“阳春白雪”，是与个人家庭利益相距遥远的学术问题。大不列颠百科全书在生态学条目的解释中给出两层含义：一是研究生物及其栖息环境之间的关系的科学，二是人们认识和改造自然的一种系统方法论。著名生态学家 Odum 在其《生态学基础》一书（第二版）的书名后面加了一个副标题：“连接自然科学与社会科学的纽带”[2]。的确，当今生态学的重心已逐渐从生物生态学向人类生态学过渡。其实，一个企业、一个部门、一个地区乃至一个家庭，为了其生存与发展，必须生产、消费、输入与输出，必须同各种各样的内外环境打交道，处理形形色色的人类生态学关系。人类文明史就是一部人与其自然环境、社会环境及心理环境竞争与共生、改造与适应的发展史或生态史。持续发展的目的就是要处理好眼前与长远、局部与整体、效益与效率、环境与发展、自然与社会间以及政府、企业、个人行为间复杂的生态冲突关系，实现一种经济高效、环境合理、系统和谐、行为合拍的持续、稳定、健康的综合发展。这里有技术问题、体制问题，也有认识、观念问题。其系统的复杂性、有机性、矛盾的冲突性及学科的交叉性，是任何一门自然科学、社会科学和系统科学所无法单独处理的。Wells 指出，生态学是经济学向整个世界的延伸，而经济学只是人类的生态学。可以说，人类生态学同源于经济学（其希腊词根 oikos）和社会学（芝加哥学派），复兴于人口学与环境学，繁荣于系统学与工程学。其研究内容为人与自然关系间各个不同层次（从个人、家庭到地区、国家、全球）的“流”或过程问题，“网”或结构问题，以及“序”或功能问题的动力学机制、控制论方法和工程学手段。它以其特有的异源性、综合性和实用性正向全世界展现其交叉科学的蓬勃生机和解决人类生存发展问题的巨大潜力。人类生态学就是要探索不同层次复合生态系统的动力学机制、控制论方法、辨识系统中各种局部与整体，探索眼前和长远、环境与发展、人与自然的矛盾冲突关系，寻找调和这些矛盾的技术手段、规划方法和管理工具。它与工业革命以来发展起来的传统自然科学不同，其研究重心是系统的事理关系和功能过程而不是组分的因果关联和物理结构，研究目的是系统辨识而非系统控制，研究方法是综合而不是还原，研究途径是人的学习过程而非物的优化过程。

作为 21 世纪持续发展理论基础的人类生态学，不仅研究人与自然相互作用的“道理”，也研究人类活动的“事理”和人类行为的“情理”。生态控制论不同于传统机械控制论的一大特点就是对“事”与“情”的调理，强调方案的可行性，即合理、合法、合情、合意。合理，指符合一般的物理规律；合法，指符合当时当地的法令法规；合情，指为人们的行为观念和习俗所接受；合意，指符合系统决策者及与系统利益相关者的意向[3]。

从理论上分，人类生态学基础理论包括生态动力学、生态控制论和生态系统学；从应用上分，有生态工程学、生态规划学和生态管理学；从层次等级分，有个体生态、家庭生态、企业生态、社区生态；从系统类型分，有农村生态、城市生态、工矿生态、交通生态；从学科领域分，有经济生态、文化生态、行为生态、医学生态、教育生态等。

2.1 生产、生活、生态——复合生态系统三功能

人类社会是一类以人的行为为主导，自然环境为依托，资源流动为命脉，社会体制为经络的人工生态系统。马世骏等称其为社会-经济-自然复合生态系统[4]。其结构可以理解为图 1 中人的栖息劳作环境（包括地理环境、生物环境和人工环境）、区域生态环境（包括物资供给的源、产品废物的汇以及调节缓冲的库）及文化社会环境（包括文化、组织、技术等）的耦合。其功能可用图 1 中的八面体来表示，其 6 个顶点分别表示系统的生产、生活、供给、接纳、控制和缓冲功能，它们相生相克，构成了错综复杂的人类生态关系，包括人与自然之间的促进、抑制、适应、改造关系，人对资源的开发、利用、储存、扬弃关系，以及人类生产、生活活动中的竞争、共生、隶属、乘补关系。图 1 中 HN、RE、PL 三条轴所代表的发展观念只是把人类社会的功能分为经济生产和社会生活两大类（即图 1 中上、下两半个八面体），而忽略了其资源、环境、人口、自然的供给、接纳、控制和缓冲功能。其实，复合生态系统的生产功能不

仅包括物质和精神产品的生产，还包括人的生产，不仅包括成品的生产，还包括废物的生产；复合生态系统的消费功能不仅包括商品的消费，基础设施的占用，还包括无劳动价值的资源与环境的消费、时间与空间的耗费、信息以及作为社会属性的人的心灵和感情的耗费。尤其重要的是，在人类生产和生活活动的后面，还有系统反馈在起作用，我们称其为生态调节功能，包括资源的持续供给能力、环境的持续容纳能力、自然的持续缓冲能力及人类社会的自组织自调节活力。正是由于这种调节功能，经济得以持续、社会得以安定、自然得以平衡（表1）。

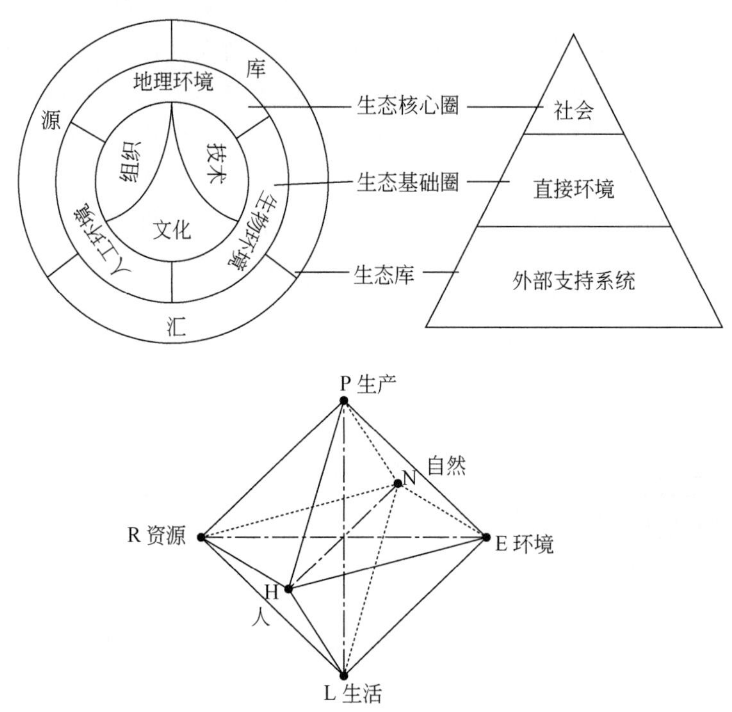

图1　复合生态系统的结构与功能示意图

表1　复合生态系统功能

	经济	社会	自然
生产	物质及精神产品生产	人的生产（劳力、智力、体制、文化）	可再生资源生产（淡水、生物…）
消费	商品的消费（生产资源及生活用品）	信息及文化环境的享有社会福利和基础设施的占用	资源及环境的耗竭时间空间的耗费
调节	供需平衡、市场稳定、资金融通	社会治安、法制、保障社会伦理、道德、信仰	自然缓冲、自净、再生、人工治理、保育、恢复

2.2　复合生态系统动力学机制

复合生态系统的动力学机制来源于自然和社会两种作用力。自然力的源泉是各种形式的太阳能，它们流经系统的结果导致各种物理、化学、生物过程和自然变迁。社会力的源泉有三：一是经济杠杆——资金；二是社会杠杆——权力；三是文化杠杆——精神。资金刺激竞争，权力诱导共生，而精神孕育自生。三者相辅相成构成社会系统的原动力。自然力和社会力的耦合导致不同层次复合生态系统特殊的运动规律(图2)。

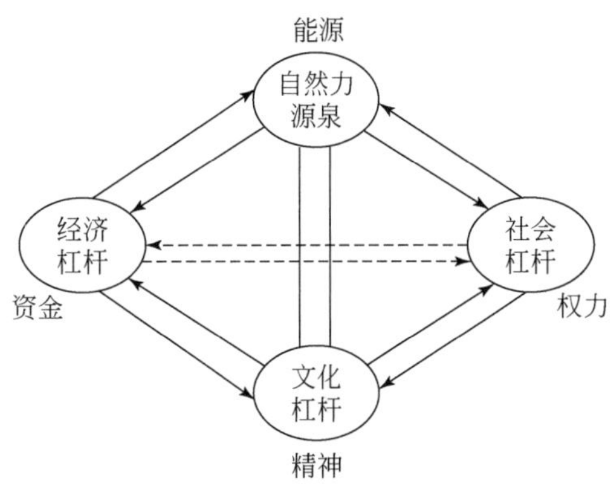

图2　复合生态系统的动力学机制

能量是地球上一切地质、地理、水文、气候乃至生命过程的基础，生态系统在其形成、发育、代谢、生产、消费及还原过程中，始终伴随着能量的流动与转化。能量流经生态系统的结果并不是简单的生死循环，而是一种信息积累过程，其中大多数能量虽以热的形式耗散了，却以质的形式储存下来，记下了生物与环境世代斗争的信息。围绕能量环境、能量代谢、能量生产及能量流动开展的生态能（ecological energy）及全球变化研究，自20世纪80年代以来，在世界上十分活跃。它是进化生态学、生理生态学和系统生态学研究的核心议题，也是污染生态学、经济生态学及城市生态学的热门议题。

货币是复合生态系统中一种奇妙的组合力。它是商品社会的产物。在自给自足的农业社会里，人们以土地为本，食物生产为纲，人与自然关系密切，货币的能动作用有限。工业革命以来的商品社会逐渐将人与自然分离，货币成为测度商品生产、消费效果以及全球性资产流通、支付和储藏的手段。产值、利润、税收、收入分别成为企业、政府及个人活动的主要目标。而对产品中凝聚的自然“劳动”或生态价值及其开发利用的公平性的忽视导致了当今全球资源枯竭、生态环境恶化、南北差距悬殊和世界贸易的不公平性。货币是调节复合生态系统生产、生活、生态功能的重要手段，怎样改革和完善一种包括劳动价值、生态价值及社会价值在内的价值体系，使其成为诱导全社会实现持续发展的积极动力，是当今生态经济学家所致力求索的重要目标。

无规矩不成方圆。权力是维持复合生态系统组织及功能有序度的必要工具。它通过组织管理、规章制度、政策计划及法律条令等形式体现群众的意志和系统的整体利益。权利的正确导向将导致生态关系的和谐及社会的发达昌盛。新加坡20世纪70年代以来的经济腾飞和生态建设是正确运用系统权力实施管理的成功例子。权力的运作一般是通过管理及阈值控制法来实现的。被管理者的行为超过一定的阈限允许范围，权力就会通过一定形式的强制手段，如行政的、经济的、法律的甚至军事的手段进行抑制，使其就范，并起到罚一儆百的效果。当权力的运作不能有效地促进系统的可持续发展，系统的无序程度超过一定的阈值时，系统就会产生结构的重组和权力的更迭，使新权力机构恢复系统应有的职能。传统的权力一般只限于政治、军事、家庭等涉及人与人之间关系的社会权力，而复合生态系统的权力还应包括处理人与自然关系的生态权力。执法者所代表的不仅是选民的社会权益，还应代表自然生态系统持续生存发展并服务于后代以及其他地区人们的生态权力。

同权力相反，精神是通过自觉的内在行为而不是外在的强制手段去诱导系统的自组织自调节的共生协和力，推动系统的持续发展。人的精神取决于特定时间、空间内的文化传统，人口素质和社会风尚。20 世纪 70 年代以来，国际上文化生态学、伦理生态学、环境伦理学等方兴未艾，其核心就是要增强人的生态责任感，诱导一种生态合理的生产观、消费观及环境共生观。

“能源、资金、权力、精神”的合理耦合和系统搭配是复合生态系统持续演替的关键，偏废其中任一方面都可能导致灾难性的后果。当然，这种灾难性的突变本身也是复合生态系统负反馈调节机制的一种，其结果必然促进人更明智地理解自己的系统，调整管理策略，但其代价是很大的。

2.3　复合生态系统控制论原理

复合生态系统不仅遵从自然界的“道理”，也遵从人类活动的“事理”和人类行为的“情理”。生态控制论不同于传统控制论的一大特点就是对“事”与“情”的调理，强调方案的可行性，即合理、合法、合情、合意。合理，指符合一般的物理规律；合法，指符合当时当地的法令、法规；合情，指为人们的行为观念并为习俗所能接受；合意，指符合系统决策者及与系统利益相关者的意向。

考察各类自然和人工生态系统，可以发现如下控制论原理：

（1）胜汰原理：系统的资源承载力、环境容纳总量在一定时空范围内是恒定的，但其分布是不均匀的。差异导致竞争，竞争促进发展。优胜劣汰是自然及人类社会发展的普遍规律。

（2）拓适原理：任一企业、地区或部门的发展都有其特定的资源生态位。成功的发展必须善于拓展资源生态位和调整需求生态位，以改造和适应环境。只开拓不适应缺乏发展的稳度和柔度；只适应不开拓缺乏发展的速度和力度。

（3）生克原理：任一系统都有某种利导因子主导其发展，都有某种限制因子抑制其发展；资源的稀缺性导致系统内的竞争和共生机制。这种相生相克作用是提高资源利用效率、增强系统自生活力、实现持续发展的必要条件，缺乏其中任何一种机制的系统都是没有生命力的系统。

（4）反馈原理：复合生态系统的发展受两种反馈机制所控制，一是作用和反作用彼此促进，相互放大的正反馈，导致系统的无止境增长或衰退；另一种是作用和反作用彼此抑制，相互抵消的负反馈，使系统维持在稳态附近。正反馈导致发展，负反馈维持稳定。系统发展的初期一般正反馈占优势，晚期负反馈占优势。持续发展的系统中正、负反馈机制相互平衡。

（5）乘补原理：当整体功能失调时，系统中某些组分会乘机膨胀成为主导组分，使系统歧变；而有些组分则能自动补偿或代替系统的原有功能，使整体功能趋于稳定。

系统调控中要特别注意这种相乘相补作用。要稳定一个系统时，使补胜于乘要改变一个系统时，使乘强于补。

(6) 瓶颈原理：复合生态系统的发展初期需要开拓与发展环境，速度较慢；继而最适应环境，呈指数式上升；最后受环境容量或瓶颈的限制，速度放慢，越接近某个阈值水平，其速度越慢系统 S 型增长。但人能改造环境，扩展瓶颈，系统又会出现新的 S 形增长，并出现新的限制因子或瓶颈。复合生态系统正是在这种不断逼近和扩展瓶颈的过程中波浪式前进，实现持续发展的。

(7) 循环原理：世间一切产品最终都要变成废物，世间任一“废物”必然是对生物圈中某一生态过程或生态过程有用的“原料”或缓冲剂；人类一切行为最终都要反馈到作用者本身。物资的循环再生和信息的反馈调节是复合生态系统持续发展的基本动因。

(8) 多样性和主导性原理：系统必须有优势种和拳头产品为主导，才会有发展的实力；必须有多元化的结构和多样化的产品为基础，才能分散风险，增强稳定性。主导性和多样性的合理匹配是实现持续发展的前提。

(9) 生态发展原理：发展是一种渐近的有序的系统发育和功能完善过程。系统演替的目标在于功能的完善，而非结构或组分的增长；系统生产的目的在于对社会的服务功效，而非产品的数量或质量。

(10) 机巧原理：系统发展的风险和机会是均衡的，大的机会往往伴随高的风险。强的生命系统要善于抓住一切适宜的机会，利用一切可以利用甚至对抗性、危害性的力量为系统服务，变害为利；善于利用半好对策避开风险、减缓危机、化险为夷。

3　系统生态学对传统方法论的挑战

系统生态学起源于 19 世纪末湖泊及海洋生物群落的研究，当 Tansley 于 1935 年首次提出生态系统[5]这一名词时，还只是注意到生物群落与其环境因素的相互作用，强调从系统的整体去研究与认识生物群落与种群的格局和动力学过程。其方法论的形成只是开始于美国耶鲁大学一个青年生态学家 Lindeman 的有关湖泊生态系统的营养动力学研究。他通过食物链的研究发现，生物群落与其非生物环境之间是不可分离的，生态系统应是生态学中的基本研究单位[6]。他的文章从方法上、问题导向上给了 20 世纪 40 ~ 70 年代的生态系统研究以深刻影响。

第二次世界大战以后，随着运筹学、控制论、信息论及电子计算机技术的蓬勃发展，系统生态学进入其发展旺盛时期，20 世纪 50 年代末叶，Odum、Golley 关于系统生态学的理论和实验研究[7,8]，开始了系统生态学中能流研究的新纪元。美国田纳西州橡树岭国家实验室（ORNL）系统生态研究组的工作，揭开了物流能流分析的帷幕。他们与其他生态学家一起，对生态系统中物质能量流动规律，如光合作用摄取能量的效率问题、营养物质在食物链中的转换效率问题、土壤结构中营养物质的循环再生问题等进行计算机模拟，建立了运用微分方程进行物流分析的分室模型[9]。他们不仅建立了一套系统生态分析的方法，而且培养了一代系统生态研究的栋梁，van Dyne、Patten、

Olson、O′neill、Shugart 等，其中一些人后来到各大学工作，培养了新一代的系统生态学家。他们与 Watt、Holling 及 Odum 兄弟等的研究成功引起了 60 年代中期开始的生态系统分析的繁荣和生态学研究领域的革命[7,10~12]。

20 世纪 70 年代以来出现的人口、资源、环境、能源和南北差距等世界性生态问题又一次刺激了系统生态的研究，增进了人类对复杂生态系统的理解，吸引了一大批自然科学和社会科学家投身于系统生态的综合研究。一些著名的科学家，如 Holling、Watt、Odum、Miller Ehrlich 等及一些著名的学术团体，如罗马俱乐部、国际应用系统分析研究所（IIASA）及兰德公司（RAND）等都纷纷加入对人口、资源、环境、交织在一起的世界性生态问题的研究的行列。但是，生态系统的复杂性和多变性远远超出了年轻的系统生态学所能及的范围。随着生态系统模型的泛滥，人们逐渐对其综合性、广角性和实用性的优点产生了怀疑，如系统生态学的研究对象是什么？它与其他兄弟学科如地理学、环境科学、生物学、系统科学等关系如何？什么是系统生态学所特有的研究方法？

这里，我们试图对其中一些问题阐述一些不成熟的看法，以期抛砖引玉，引起同行们的讨论与思辨。

3.1 生态系统与生态学系统

个体、种群、群落和生态系统是生态学研究的传统对象。近年来，其他生物组织层次，如基因、细胞、器官、景观、家庭、企业、社区、城镇、生物圈和整个地球，也都作为生态系统越来越受生态学工作者的重视和注意[2,4~13]。但是，生态系统并不只是生态学所特有的研究对象，现代地理学、环境科学、生物学等都无一不在研究生态系统。而且，生态系统的范围可大可小，内容无所不包，其中究竟哪些内容属于生态学研究的范畴，一直是人们关注的焦点。

其实，把生态系统当作生态学基本研究对象的思想是一种传统的物理学思想。这对于与外界相对独立的“岛屿”生态系统（如森林、湖泊、岛屿等）是比较合适的。但对于与外界环境有密切的物质、能量交换及生物迁徙关系的系统，如流域及城市生态系统等就不合适了。传统的生态系统定义以特定的空间范畴和物理实体为基础，集中注意的是其有形的物理量（物流、能流）和生物量（个体、种群、群落），而对无形的关系量（如信息、位势等），包括与外部环境的关系却涉及很少，而后者正是生态学中最活跃、最本质的东西。生态学本质上是一门关系学，生态系统是其研究对象，但不是区别地学、生物学和环境科学的特有的研究对象。其特有的研究对象应是其中生态关系的集合（ES），而生物（B）及环境（E）组分本身则应留给生物学家、地学家及环境学家去研究，即

$$ES = BUE - B - E$$

刘建国曾将从基因到整个地球的所具有一定生态学结构和功能的组织单元称为生态元（ecological unit）。据此，可以将生态学的研究对象理解为 3 类关系的集合：

（1）元–元关系：生态元与生态元之间的竞争、共生、依赖、支配关系；

（2）元–库关系：生态元与生态库之间的需求–供给，开拓–回复及改造–适应关系；

(3) 元-系关系：生态元与其更高层次的系统间在时、空、量、序上的生、克、乘、补、反馈、隶属关系。

这些关系是通过其生产和消费活动中和物质代谢、能量转换、信息交流、价值增减以及生物迁徙等5种功能流而结成的一个自组织系统的。这些流的动因则在于生物对生态位的趋适、开拓、竞争和平衡行为，不同生态位之间的差异形成生态势和生态场，它们决定了生态系统的演替过程和发展趋势。这些基本的生态关系［简称生态基(Fr)、生态流（FI)、生态场（Fi)］便构成了我们的研究对象。它与传统生态系统的区别在于它是开放的而不是封闭的，是多维的而不是三维的，是离散的而不是连续的，是事理系统而不是物理系统。它不求囊括系统的一切细节，而只是希望掌握其基本的动态特征。原则上讲，当其关系数与Fr个数逼近时，即可完全刻画出系统的全貌。但人们不可能也不必要去辨识这么多关系，而只要掌握其中一些主要关系就行了。生态学系统的研究主要集中在生态基、生态流和生态场的机理、规律和功效研究上。

3.2　生态平衡与过程稳定性

生态系统稳定性是系统生态学研究的一个重要理论问题。多年来人们对生态系统的破坏及其恢复平衡的过程、方式和途径进行了深入研究。但是，生态学家们的这些研究和对维持自然平衡的呼吁往往给人们造成了一种错觉，即生态学是一种保守、平衡、阻碍发展的科学，而生态学演替过程则是一种趋向平衡、维持平衡的过程。其实，生态系统的演替受多种生态因子所影响，其中主要有两类因子在起作用：一类是利导因子，另一类是限制因子。当利导因子起主要作用时，各物种竞相占用有利生态位，系统近乎指数式增长；但随着生态位的迅速被占用，一些短缺性生态因子逐渐成长为限制因子。优势种的发展受到抑制，系统趋于平稳，呈S形增长。但生态系统有其能动的适应环境、改造环境、突破限制因子束缚的趋向。通过改变优势种，调整内部结构或改善环境条件等措施，旧的限制因子又逐渐让给新的利导因子和限制因子，系统出现新的S形增长。整个系统就是在这种组合S形的交替增长中不断演替进化，不断打破旧的平衡，出现新的平衡（图3)。从稳定性的传统定义看，这种过程是发散、不稳定的。但从长期演替趋势看，它却可以视为一种发展过程的稳定性，它是对生态系统跟踪环境、适应环境、改造环境的发展过程的平稳程度的测度。它包括发展进化的速度和波动程度两方面含义。图3中系统Ⅰ只有平衡而无发展，是一种没有生命力的发展过程，迟早会被新的过程所取代；系统Ⅱ只有发展而无平衡机制，是一种不能持久的过程，迟早也会由于限制因子的作用受阻或崩溃。这两种系统都是稳定性较差的系统。系统Ⅲ具有持续的发展能力，又具备一定的自我调节功能，能自动跟踪其不断演变的生态环境，实现组合S形增长，因而其过程稳定性较好。过程稳定性可由发展速度、S形波动的振幅，与受限因子约束的滞留期等来测度。其动力学方程可用下式表述：

$$\frac{\mathrm{d}P}{\mathrm{d}t_i}=r_i\Big(P-\sum_{j-1}^{i-1}K_i\Big)\Big(\sum_{j-1}^{i}K_i-P\Big)/K_i,\ i=1,\ 2,\ \cdots,\ m.$$

3.3　生态环境与生态库

几十年来，生态学工作者一直把研究重心放在生态系统内部，而对其与外部环境

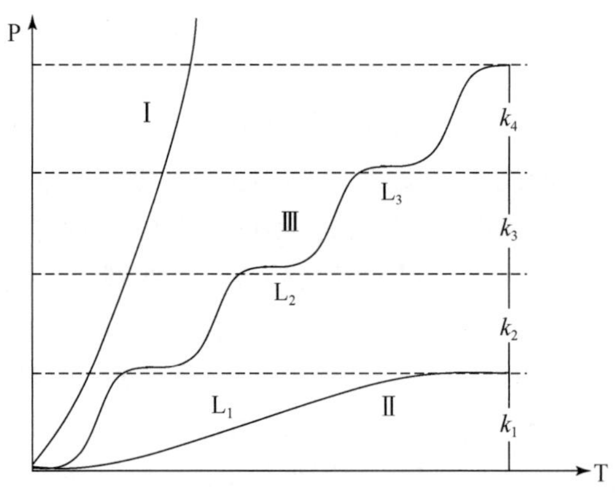

图3　复合生态系统的不同发展过程

之间的系统研究甚少。由于生态系统的开放性和生物（尤其是微生物、动物和人）的能动性，孤立型的生态系统边界常常很难确定。因此，在实际研究中，人们常常主观规定系统的边界，这往往会割断系统与外部环境的一些主要联系；往往将系统范围扩得很大，给研究工作带来诸多不便。

刘建国等提出了生态库概念，称能够为目标生态系统储存、提供或运输物质、能量或信息，并与其生存、发展和演替密切相关的系统，为该系统的生态库[14]。生态库与主体系统间的关系犹如细胞核与细胞质的关系，生态库只起着供养主体生态系统，接纳其代谢物的作用，系统功能由主体生态系统来完成。将整个系统简化成对主体生态系统及其与各种生态库的关系来研究，而不研究生态库的内部机理，这将大大减少生态系统的复杂性。

按照生态库对其主体生态系统的服务性质，可将生态库分为3类：源生态库、汇生态库和渠生态库。像太阳、水库、学校等起着“源”的作用，这种能向其主体生态系统提供物质、能量、信息、人才、货币等的生态库叫源生态库。它起着孕育、供养、支撑主体生态系统的作用，是主体生态系统产生、存活和发展的必要条件。汇生态库能够吸收、消化和降解主体生态系统的产品、副产品及废物等，如海洋、大气、市场、火葬场等，是主体生态系统与外界进行物质能量交换、发挥正常功能必不可少的条件，是维持主体生态系统与周围环境间生态平衡的缓冲因素。把其他系统的能量、信息、物质、人才、货币等输入主体生态系统，或把主体生态系统的产品、代谢物等输入其他系统的生态库被称为渠生态库，像河流、交通干线、电力网络、通信网络等都属渠生态库。它们在主体生态系统与其环境之间起着疏导、传递、运输及分配物能、信息等作用。

生态库对主体生态系统有孕育、促进、稳定和抑制等作用。在生态系统演替初期，生态库对主体生态系统的形成和发展起着孕育和滋养作用；在演替盛期，生态库对主体生态系统的行为起着促进和支持作用；而在演替的顶极期，生态库起着限制主体生态系统过度膨胀的稳定作用。

生态库提供储存和运送物质、能量和信息的能力是有限的，如果主体生态系统对生态库的作用达到或超过这种极限（即生态库的最大服务容量），生态库也会被过度利用而降低服务能力，其功能就得不到正常的发挥。因此，弄清生态库的服务容量，是保证主体生态系统发挥正常功能的前提[14]。

3.4　生态资源与生态价值

一切能被生物的生存、繁衍和发展所利用的物质、能量、信息、时间和空间，都可视为生物的生态资源。生态过程的实质就是对生态资源的攫取、分配、利用、加工、储存、再生及保护过程。

稳定的自然生态系统通过长期的生存竞争和自然选择，实现对生态资源的多层次利用和循环再生，生物的生产和消费之比接近于1，系统得以持续发展。

人工生态系统（如农田、草场、林区、城市）以人的最大经济利益为目标，生物的生产和维持量之比通常大于1。其生态资源的流动处于两种不平衡的极端之间：一是资源的开拓、投入较少，取出过多，使内部储存耗竭持续生产能力下降，这种现象可以称为生态耗竭。管理不善的农田生态系统、矿山及水土流失严重的黄土高原等都存在生态耗竭现象。二是投入较多，而产出较少，多数资源以废物形式滞留在环境中，造成一系列生态破坏问题，可定义其为生态滞留，如城市生态系统、富营养化的水体生态系统等。这两类现象都是由于人们不正确的资源利用方式以及系统的反馈机制薄弱造成的。

其实，自然界中任何生态资源都不是无限的，根据资源的紧缺程度，获得的难易度及付出的代价，生态资源具有一定的使用价值。它不仅应包括利用该资源所可能得到的效益，即正价值；也应包括储存这些资源时曾经付出过并且尚未得到补偿的代价，以及利用这些资源可能产生的消极环境影响，即负价值。

一切生态资源都有促进和抑制系统发展的双重作用，即都具有一定的正、负价值，但两者在时空耦合上不一定同步。有暂时的正价值和长远的负价值（如不适宜的毁林开荒、围湖造田等），也有暂时的负价值和长远的正价值（如植树造林、水源涵养地的保护等）；有一种生态资源的正价值以另一种生态资源的负价值为代价（如某些化工产品的正价值是以对自然生态系统的严重污染为代价的），也有一地的资源正价值是以另一地的资源负价值为代价的（如火力发电厂的电能是以煤矿的生态破坏为代价，城市的繁荣是以对腹地和交通用地的消极影响为代价）。因此，在计算产品的最终价值时，人类应将其生产过程中的负价值纳入成本，用以恢复被破坏的生态资源。

3.5　生态能质与生态序

生态系统的演替过程是一种从低级走向高级的信息积累或自优化过程。近一个世纪以来，科学家们对系统的优化机制提出了形形色色的假说，如 Boltzmann 指出，生物的生存斗争是为争取生物可以利用的生物能的斗争[15]。Prigogine 指出，生物演替过程是一种不可逆过程，遵从熵产生最小原则[16]；Margalef 等提出最大生物量原理[17,18]；Wilson 提出最大繁衍力原理[19]；Lotka 提出生物自然选择中使流经其中的有用能量最大的系统设计原理[20]；Odum 提出生态系统演替所遵从的生态效率最优原理，使得其有用能输出最大[7]。他还提出自然系统设计的自催化原理，即系统通过能量从输出向输入的正反馈使得其有效能得以加强[2]；他在 Juday 和 Lindeman 等对各类生态系统能量转换效率研究[21,6]的基础上，提出了能质和体现能的概念。指出流经食物链各个环节的能在量上逐次减少，而在质上却依次增加，他定义产生较高质能时所消耗的能为这些能的体现能，从而将生态系统研究从能的量的分析向质的分析方向转变。

这里所说的能质实际上是生物和环境斗争中世代积累的一种信息，一种序，生态演替的过程就是不断从无序走向有序的过程。可以表现为物种水平上的进化序，个体繁衍水平上的生命序和生存斗争的生活序。其中有两类基本过程：一类是对利导因子的争夺过程，旨在实现对可利用能量的最大攫取，通常表现为与生物环境的竞争及对非生物环境的开拓行为，简称为竞争序；另一类是对限制因子的妥协过程，旨在争取生物种群生存繁衍、持续发展的最大机会，通常表现为与其他生物的共生和对资源的循环再生行为，可称为共生序。这两种序的综合便是生态系统演替过程中实现自组织、自维持、自优化的生态序。

自然界中的生物从低级向高级的进步，人类社会从聚落向现代化城市的发展，以及科技发明、社会进步乃至灾害、战争等无一不是这两种序作用的结果。一般来说，竞争序导致系统发展，促进低质能向高质能转化；共生序导致系统稳定，保证高质能在优势种群中的有效积累。生态环境中的利导因子和限制因子便是生态演替的序因子，生态演替遵从优胜劣汰的自然选择原则，而不遵从任何伦理学标准。生态序的增加是对优势种而言的。例如，当今生物圈的生态序是最适合于人类发展的生态序。

Boltzman 曾说过："如果人们能用产生生物智能所消耗的物理能来测度智能的话，我们便可以建立一门人工智能学"[15]。这里的生物智能可以用生态序来测度。从宏观上说，生态序从低级向高级的每一步进化都是以一定的体现能为代价来实现的，但这种能质的转变并不遵从能量守恒定律，即足够量的低质能不一定能转化成高质能从而导致高的生态序，其转化过程还取决于特定的时、空、信息和物质等多维生态位。

4　智能综合——持续发展的系统生态学方法

如前所述，半个多世纪以来，数学方法在生态学研究中得到了广泛的运用，如统计学方法、动力学方法和数学规划方法等。它们对于推动生态关系（时空分布关系、代谢关系及结构关系）的定量研究，验证生态学的一些理论、假设起了重要的作用。但是，20 世纪 70 年代末期，人们逐渐感到"过分数学化"、"过分模型化"的危机。面对复杂的生态系统，现有的数学方法要么不实用，因所需假设太多而缺乏真实性；要么不够用，因用现有的数学方法难以描述处理；要么不敢用，因参数多，方法复杂，难以掌握且缺乏普遍性。有人甚至抱怨说：人们往往不是让模型去适应问题，而是让问题去适应模型，其实质不是解决问题，而是在做数学游戏。这种指责也许过于尖刻，但也确实反映了数学在生态系统应用中存在的问题。

其实，现代数学方法基本上是 17 世纪以来从 Galileo、Newton 的经典力学中发展起来的。其研究对象是物理系统，其组分间存在着一定的因果链关系和数量变动规律（显的或隐的、确定的或有一定随机分布规律的、线性的或非线性的）。传统物理学方法认为只要知道了系统关系 f 和初始条件，就能知道系统的现在和未来状态。其中：无论 x 和 y 怎样变化，因果关系 f 和常数 c 总是不变的。这种观念和生态学格格不入。生态系统本身虽然也是物理系统，可它却是一个自组织、自调节的主动系统、一个与环境协同进化的开放系统。研究者不可能获得足够的微观信息来完全确定它未来的状态，已有对因果关系链的数学描述，不管其怎样复杂和精致，都不足以解释发生在生态系统中复杂的相互作用。实际上，生态系统演替过程中，其参数（包括物理方程中的 c）在不断变化，关系（即物理方程中的 f）在不断变化，环境（即边界条件）在不断变化，因而问题也在不断变化，而且这种变化的随机规律一般是不容易找出来的。因此，要对一个生态系统列出具有普遍性的动力学方程是不可能的。

表2是物理系统与生态系统研究的一些不同点，从中可以看出，生态系统研究的目标是多维而不是一维的；环境是多变的而不是固定的；参数是粗糙、不完全、不确定的，而不是可辨识、可统计处理的。因此，随着研究对象的转变，我们的研究方向必须从物理学方法转向生态学方法，从机械思维走向生态思维。生态思维与物理思维的区别在于前者着眼于事体，着眼于生物与环境间的事理关系，在机理不清、信息不准、偏好不一的情形下，通过定性与定量相结合的各种软方法，去辨识问题，改善系统功能；而后者着眼于物以及物与物之间的关系，参数相对固定或按一定规律变化的前提下去定量研究其间的动力学规律。

表2　物理系统与生态系统研究区别

	物理系统	生态系统
基础理论	物理学	生态学
研究对象	物体	事体
研究内容	物质运动规律	生物与环境关系
思维方式	因果链	关系网
核心	力的作用	信息反馈
组分关系数	有限	无穷维
内部结构	白箱（清楚）可观、可控	黑箱（模糊）不客观、不可控
参数	可辨识、可预测、可统计处理	粗糙、不确定、不完全
演替方向	熵增、无序、确定的	熵减、有外部环境、多变的
目标	单目标或调和为单目标	多目标、相互冲突
调控方式	外部控制	自我调节
研究方法	硬方法	软方法
研究途径	求解模型、优化过程（optimizing）	探索对策、学习过程（learning）
研究过程	因果关系辨识 → 数学模型 → 解析优化（→ 返回因果关系辨识）→ 最优解 → 实施	反馈关系辨识 → 生态模型 → 辩证探方（→ 返回反馈关系辨识）→ 有效解 → 实施
研究结果	唯一或无解	多途径但逐步逼近目标
最终目的	整治结构	调理功能

当前，生态系统研究的方法论变革主要集中在以下几个方面。

4.1　从量化到序化

复合生态系统研究对象正从二元关系链转向多维关系网。其组分之间也不是泾渭分明的因果关系，而是多因多果、连锁反馈的网状关系。不同的研究对象需要不同的调理方法。其区别如同西医与中医的区别一样，中医不像西医那样把人体看成一个被动的因果实体，头痛医头，脚痛医脚，利用维生素、抗生素等药物及各种外科手术来消极治病，而是把人体看作一个功能实体，其五脏六腑相互滋生、相互制约，气血、津液、经络、筋骨浑然一体，身体的病变是由于六因七情的变化而引起的功能失调，通过望、闻、问、切等手段，运用八纲、脏腑、六因、六经及卫气营血等“辨证”方法辨识清楚人体的功能状况及主要矛盾，并根据审因论治、正治反治、标本缓急等原则，对病体进行系统的调理即施治，扶助人体内部的“正气”来压倒“邪气”，使系统恢复正常功能。中医对人体的组织结构及病变细节不一定如西医利用现代化手段掌握得那样清楚，但在许多场合却比西医更能解决实际问题。中医理论是我国劳动人民在长期生产和生活活动中总结出来的一套优秀的生态思维方法，在系统生态研究中值得认真总结和发扬。

黑箱之间的功能流分析已从物流能流的量转向质，从三维空间的物理流转向多维空间的生态流，研究信息在生态过程中的输入、转换、加工、累积、输出机理。由于信息的非消耗性和非守恒性，传统的流分析方法已不适应。为此，多年来人们一直在尝试打开有关生态及生命系统中信息传播机理的大门，如 Miller 的信息输入的过载原理[18]，Rapoport 等的信息加工网络的结构模型[22]，Odum 的最大有效能原理[2]，Mountcastle 能量输入输出的 Weber 函数[23]，Forrester 有关工业、城市和世界的系统动力学模型[24]，Prigogine 的自组织系统的动力学模型[16]，Leontief 关于区域、国家及世界社会、经济、资源系统的投入产出模型[25]，Lewis 对系统冲突性决策过程的模拟[26]，Marchetti 对社会系统中信息积累规律的发现[27]，Levins 有关生态系统定性研究的环分析方法[28]以及 Staw 等关于外部信息对系统应变能力的胁迫效应的研究[29]等都是有关信息研究的有益尝试。

系统特性评判已不再是对单属性或可转换成单属性的全序关系的评判，而是对多属性的偏序关系的评判。其评判标准也不再是纯客观的、唯一的，而是掺有主观偏好，因情形不同而异的。王珏等提出一种运用神经元网络原理进行生态评价的计算机评判方法，改进了传统的专家打分、加权的综合指数法[30]，其基本思路是一种智能辨识过程，通过计算机从人们对事物评判的一些案例中去学习、去模拟人的思维，对系统做出智能型评判，而不是严格的数学运算。

从追求数学推理的解析性、严谨性和完美性转向生态思维的灵活性、模糊性和实用性。针对生态系统的信息模糊性和结构不良性，其研究方法需从传统的硬方法转向软方法，研究对象从白箱转变为黑箱或灰箱。模糊数学、灰色系统理论为此开拓了一条好的思路，但方法论尚未突破传统数学的束缚，如模糊数学最终还是落入［0，1］区间的陷阱。

4.2　从优化到进化

生态系统的自组织特征决定了系统生态研究的重点不在于寻求外部的最优控制，而在于依靠生物的能动性去进行内部关系的自我调节。今天，人在生态系统中的作用已从外在的人变成内在的人。一切生态研究都要涉及人类的长远利益和系统发展的眼前利益的矛盾，涉及对多个相互冲突、不可调和的多元目标的协调。有人提出把系统从硬件、软件发展到心件（mindware），意指把人的行为作为内部组分、涉及组织管理的软方法，主要强调人在系统中的斡旋作用和自组织方法（图 4）。当前国内外发展迅速的决策支持系统（decision support system）就是这种研究的一部分。它包括管理型、逻辑型、解析型 3 类子系统，通过人机对话不断去观察、解释、诊断系统，探索、评价和选择对策，并在不断地执行跟踪中调整方案[31]，增进对系统过程的学习，了解和探索合理发展的途径。其结果不同于物理方法的一个显著特点是生态系统中没有最优可言，各目标之间不存在全序关系，其目标空间是一个超体积的球，球面上没有哪一个方向、哪一点是绝对最优，对其相对优劣的评判依赖于系统主导者的主客观情景。

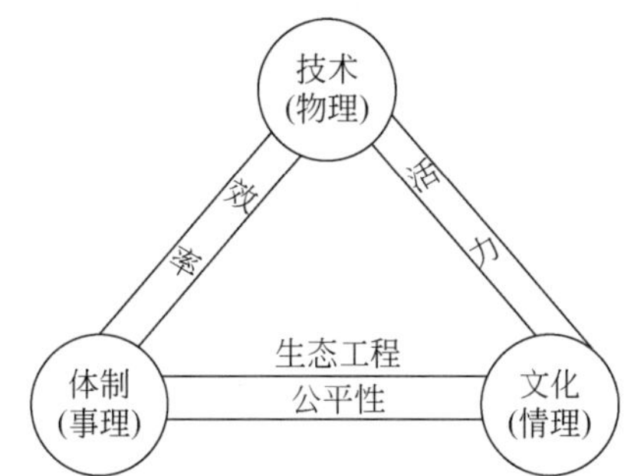

图 4　人类生态学：自然科学与社会科学的桥梁

Checkland 在对系统分析的反思一文中就提出了系统分析的最终目标不是优化，而是学习；不是解决问题，而是弄清问题；不是获取某种灵丹妙药，而是去组织一种辨识过程[32]。Simon 提出无最终目标规划的观点。他指出，人的认识能力是有限的，规划实施的每一步都产生着新情况，而新情况又为新的规划提供了出发点。这同绘画是很相似的，绘画过程是画家与画布之间相互反馈的过程，敷在画布上的每一新的色点都不断使画家产生新的灵感去创造新的画面，引导画家去涂上新的颜色，而逐渐变化的模式又不断改变着画家的构思……[33]生态学的研究也必须遵循这种进化式策略，与环境相互反馈，从中不断得到一些有益的启迪，而不是终极的结论。德国 Vester 等提出的法兰克福城市生态研究的灵敏度模型就是这种学习模式[34]。这里我们以泛目标生态规划为例来探索系统生态的一些新思路。传统线性规划问题

$$\max\ C^r x,$$
$$\text{s.t.}\ A_x < b,\ x > 0$$

的求解过程是在类似图 5 中的约束条件多边形 $A_1A_2\cdots A_n\ r$ 的顶点间选择一点，使通过该点的目标曲线 l 离原点距离最大。

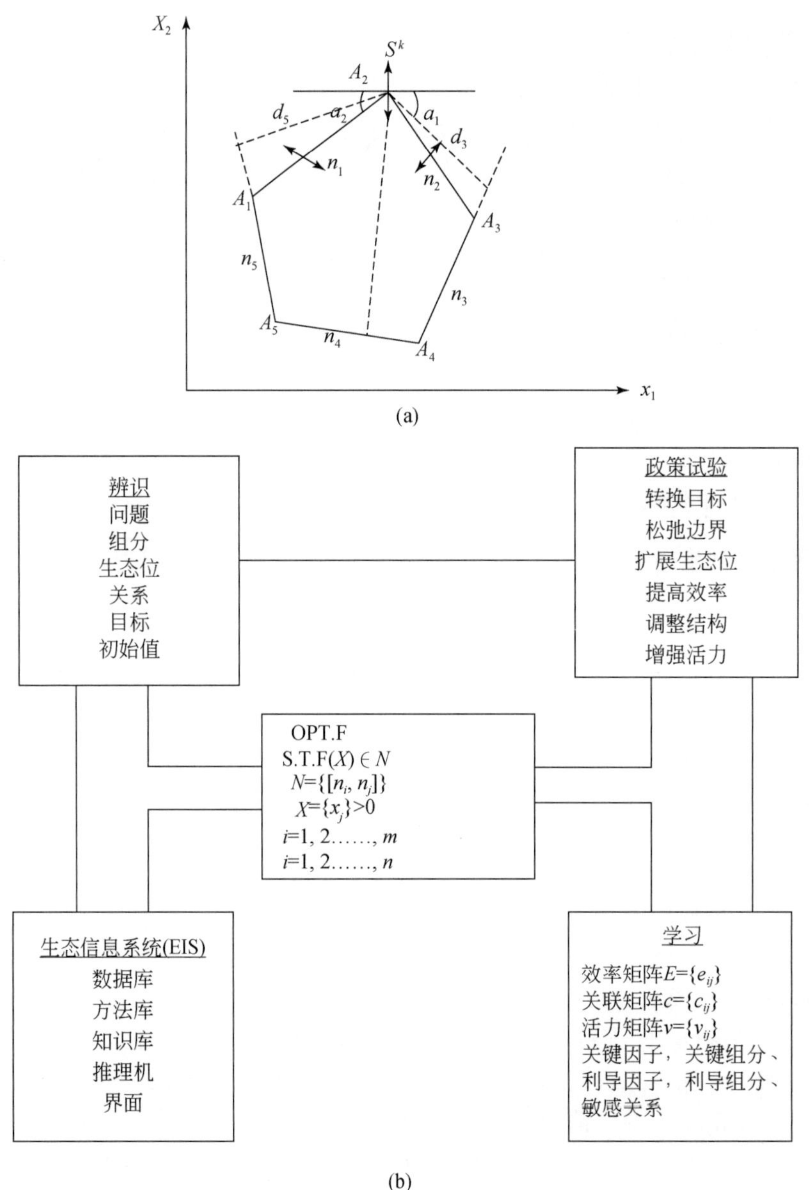

图 5　泛目标生态规划

（a）求解过程；（b）流程

从图 5 中容易看出，由于 A_1A_2 和 A_2A_3 的限制，目标函数只能在 A_2 点取最大值。但在实际生态系统中，a_{ij} 和 b_i、b_j 都是可变的，其数据甚至是粗糙的、不完全的，因此多边形的形状的位置是模糊的，所得出的最优点 A_2 也只具有参考价值。实际问题中，人们关心的往往不是最优点的确切位置，而是哪些因素影响了系统的调优过程（如图 5 中 A_1A_2，A_2A_3 的约束显然成为系统的限制因子）。换言之，我们关心的是系统内各因素间关系 a_{ij} 的动力态及其与环境因子 b_i 的关系，而不是 x_i 量值。从这个思路出发，文献［35］探讨了一种泛目标生态规划方法，这是一种着眼于系统功能辨识的生态思维和探索过程。

其中泛目标的“泛”字有规划目标广泛、规划对象广泛、规划结果广泛三层含义，其决策方法的数学表达式可简写为

$$\text{opt. } A,$$

$$\text{s. t. } \underline{b} < A * X < \bar{b}$$

其中，$A=\{a_{ij}|, i=l, 2, 3, \cdots, m; j=1, 2, 3, \cdots\}$，$n$ 为系统关系矩阵，X 为结构向量，$*$ 为某种算子，它将结构向量 x 通过某种关系 A 映射为一种新的生态位向量 $Y=A*X$，使得 Y 在某一现实生态位空间 $N=\{\underline{b}, \bar{b}\}$ 内，其中 $\underline{b}$，$\bar{b}$ 分别为生态位因子的上下限控制向量。这里 A 和 N 都是随时间而变化的，我们的目的就是要在现实生态位 N 内不断改进和协调系统关系 A 到某一较理想的程度：opt. A，使得其效益为决策者所满意，而又实现系统机会和风险的生态平衡。其方法论的基本原理是一种组合决策过程。局部决策运用各种成熟的数学模拟和规划的“硬”方法，而宏观决策则运用各种定性的、经验的、模糊的“软”方法。

4.3　从机器智能到生态智能

20 世纪 60 年代以来，以数字计算机为支撑体，以符号处理作为表现智能行为的载体。在 Turing 对机器智能思维活动研究的基础上，一门由计算机科学与脑科学联姻的人工智能技术迅速发展。特别是在电脑下棋系统战胜了国际特级棋师后，世人对机器智能表示了空前的热情，人工智能技术迅速在包括生态学及环境科学在内的各个学科扩展。但迄今为止，各类智能机器的应用研究都进展迟缓，效果甚微，特别是日本第五代智能计算机的研究结果使人不得不重新考虑机器智能的发展前景。

机器智能设计思想遵循的是一种传统物理学思维。著名人工智能大师 Minsky 说得好：“我们应该从生物学而不是物理学受到启示，因为所谓思维并不直接来源于几个像波函数那样规整漂亮规则的基本原理，精神活动也不是一类可以使用几个逻辑公理的运算就能描述的简单现象。相反，脑的功能是成千上万具有不同专门技能的子系统协同的结果，是数百万年生物进化的结果”[36]。其实，电脑的最大优点是其巨大的储存能力和运算速度。其逻辑思维能力完全取决于设计者对人脑思维机制的理解和抽象，而人在社会活动中处理事情的方式要远比二人对弈过程中的 if-then 的树状判断要复杂得多。机器智能开发的实质是要将人类复杂的生态智能简化压缩为机器智能而让电脑代替人脑去完成高速度大容量的智能劳动。可以说，这是一种与生态学原理背道而驰的技术导向。随着现代科学技术的发展，作为地球上最聪明物种的整体人（Homo Sapians）的生态素质日渐退化，人对自然的反应越来越迟钝。今天人们需要的是从个体生理智能向群体生态智能的整合与进化，而非个体智能向机器智能的退化。当然，在某些领域利用电脑的长处开发有某些特殊专长的机器智能是必要的，但它们只能像算盘一样作为人的工具而绝不可能替代人的思维。

生态智能的实质是生态综合，即按照生态控制论原理去辨识、学习和调控系统的结构、功能与过程，通过多学科、多层次、多专家的知识和经验交流使个体人变成群体人，生物人变成智能人，社会人变成生态人。这里，计算机辅助信息系统的开发是绝对必要的，但其主要的功能应是决策者学习知识获得信息的辅助工具而非规划管理

及决策优化的替代智囊（图 6）。

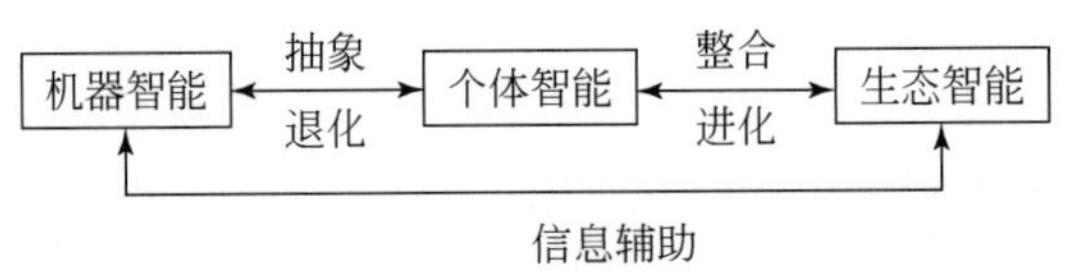

图 6　从机器智能到生态智能示意图

生态综合不同于传统科学分析方法之处在于：它将整体论与还原论、定量分析与定性分析、理性与悟性、客观评价与主观感受、纵向的链式调控与横向的网状协调、内禀的竞争潜力和系统的共生能力、硬方法与软方法相结合（图 7），强调物质、能量和信息 3 类关系的综合；竞争、共生和自生能力的综合；生产、消费与还原功能的协调；社会、经济与环境目标的耦合；时、空、量与序的统筹；科学、哲学与工程学方法的联姻。Miller、Ehrlich 和 Odum 等一直致力于运用社会科学和自然科学交叉学科的方法研究具体与抽象的生命及生态系统，试图建立进行综合定量分析的一般系统理论框架的方法论基础。Miller 将细胞、器官、个体、群体、组织、国家及跨国家系统等不同层次的生命系统，按物质、能量、信息的输入、输出、转换、储藏的不同功能分解成 19 个子系统[18]。通过对大量研究结果的分析，提出了一系列有关其组织和演替机制的假说。Odum 分析了从以自然为主到以人类活动为主生态系统中的各种相互作用的基本关系（累加、放大、缩小）、自催化作用、环关系、并联、串联关系及网络关系等，提出了一般生态系统的设计原理，发展了一套以符号及流图形式分析生态系统的方法论。

Spooner 在总结 MAB10 年研究中方法论的功过时指出，不存在一种万能的综合方法，每一种方法都只能从某一侧面去辨识系统，都有它的局限性和优越性[37]。他列举了社会科学中卓有成效的一些方法，如社会中心法、自然表现法、意识中法等，说明它们不能是其他任何一种方法所取代的。必须在自然科学家、社会科学家、规划人员、政治家、教育家和民主人士间进行对话，将各自的研究方法相互补充与融合，以逐步逼近对系统的真实认识。

1994 年 8 月在英国举行的以顺应环境变化的生态学进展为主题的第六届国际生态学大会上，生态学方法论进展是大会的一个主要议题。在这次生态学大会上，生态学家对生态学一般性的原理和预测方法的不成熟表现出极大的忧虑。这反映在 Peters 的《为了生态学的批判》一书所引起的与会代表的广泛争论上。Peters 在《为了生态学的批判》中对生态学的理论与方法进行了全面的反省[38]。他既否定了整体论，又否定了还原论，其中或许某些言词过于偏激，但反思的结果却可能孕育着生态学理论和方法的革命。在这次大会的许多有关方法论的专题讲座中，一些生态学家呼吁改变单一逻辑推理、历史解析和机械模型的传统生态学方法，将整体论与还原论、经验与理论、基础研究与应用研究、定量方法与定性方法相结合，发展出一套生态学本身特有的适合于不同尺度生态系统的科学方法论。

5　持续发展的生态建设手段

生态建设的最终目的就是要依据前述生态控制论原理去调节系统内部各种不合理

的生态关系，提高系统的自我调节能力，在外部投入有限的情况下，通过各种技术的、行政的和行为诱导的手段去实现因地制宜的持续发展[39]。

生态建设的目标有效率（EF）、公平性（EQ）、可持续性（SB），它们组合在一起，即构成复合生态系统的生态序（EO）：

$$EO = \{EF, EQ, SB\}$$

5.1　生态工程建设

根据生态控制论原理去系统地设计、规划和调控各类生态系统的结构要素、工艺流程、信息反馈关系及控制机构。融传统的生态技术和先进的现代技术为一体，疏浚物质能量流通渠道，提高资源转化效率，开发利用可再生资源，建立一套合理的生态代谢链网，以占领未被有效利用的生态位，提高系统的生态经济效率。

效率是18世纪工业革命的主要目标，人们通过先进的工业技术大大提高了物质能量和劳动力的利用效率，但这种效率是基于资源承载力无穷，环境容量无限的观念的产品投入产出效率。如果将资源的、环境的和区域的长期代价计入，则人们在考虑产品的投入产出效率的同时，还得考虑废弃物的投入产出以及资源开采过程中的生态恢复代价。生态效率（EF）包括物质（EM）、能量（EY）、资金（EC）、劳力（EH）和信息（EI）的利用效率：

$$EF = \{EM, EY, EC, EH, El\}$$

5.2　生态体制建设

按照生态控制论原理和系统科学方法去辨识、模拟和调控复合生态系统内各种生态关系，打破传统的条块分割、信息闭塞和决策失误的管理体制，健全各种法规。建立一个能综合调控经济生产、社会生活及自然生态功能，信息反馈灵敏、决策水平高的管理体制，其主要目标是促进系统内各种时、空、量、序关系的公平性。

公平性是一个世纪以来社会革命的主要目标，旨在改善人际间生产关系的社会公平性，而在世代间生存关系、时间公平性、区域资源分享的公平性、部门间协调共生的组织和谐性及生态过程的动态平衡等方面进展不大，而后者正是生态调控的第二大目标。生态公平性（EQ）是世代公平性（GE）、区域公平性（RE）、体制公平性（IE）及过程平稳性（PS）的组合：

$$EQ = \{GE, RE, IE, PS\}$$

其中，世代公平性包括人类活动的过去对现在的生产和生活环境的累积影响，以及现在的资源开发行为对未来子孙后代的潜在影响；区域公平性包括人类活动对当地的、区域的、资源产地和市场腹地直接或间接环境影响；体制公平性包括部门内各生产环节之间的纵向耦合，部门间横向共生关系以及外部的协调共生关系；过程稳定性包括正负反馈强度的匹配性，发展的速度与波动的幅度、主导性与多样性、依赖性与独立性之间的平衡等。

5.3　生态文化建设

从普及生态意识、改变传统的资源利用观念、环境价值观念和小农经济观念入手，去规范、调节和诱导决策、规划、管理人员和民众的决策行为、经营行为、环境行为、生育行为及生活方式。其核心是持续自生能力的建设。

持续自生能力（SB）是20世纪70年代以来兴起的环境保护运动的主要目标，旨在恢复自然生态系统本身的活力，主张人必须融入自然而非驾驭自然。其实，人类要发展就必然会改变自然，维持绝对的自然状态是不可能的。这里的持续能力应指人与自然复合生态系统的生存活力。它包括自然生态、经济生态及社会生态3个系统的综合能力：

$$SB=\{NV, EV, SV\}$$

其中，自然系统的活力（NV）包括水的流动性、气的畅通性、土壤的活性、植被的覆盖率及生物的多样性等；经济的活力（EV）包括可再生资源的利用率、市场竞争力、资金的周转率、技术进步的贡献率、生产工艺的可塑性和产品功能的多样性；社会活力（SV）包括决策者的生态成熟度、群众的生态意识、信息反馈的灵敏度和体制的灵活性等。

效率、公平性与持续自生能力组成生态系统的生态序，高的生态序是实现系统持续发展的充分必要条件。图7是复合生态系统的三维演替图，其3个轴分别为系统的效率、公平性和可持续性，分别以1为最优值，零为最劣值。

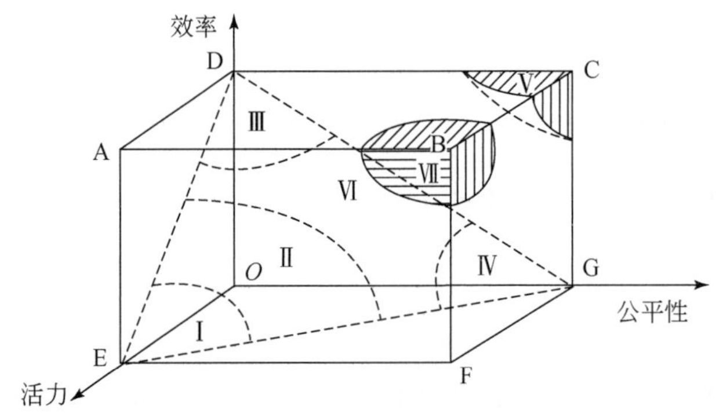

图7　复合生态系统演替的三维图

Ⅰ. 原始社会；Ⅱ. 封建社会；Ⅲ. 早期工业社会；Ⅳ. 功能失调的低效社会；Ⅴ. 后工业社会；Ⅵ. 发展中国家；Ⅶ. 持续发展国家

21世纪是一个生产、生活、生态功能协调发展，物质、能量、信息充分利用的时代，社会在注重效率和公平性的同时，将集中精力增强人与自然关系的可持续性，系统向B点挺进。

生态建设的整体目标就是要促进复合生态系统中：①物质、能量、信息的全代谢；②竞争、共生、自生的生态机制；③生产、生活、生态复合功能；④社会、经济、自然协调发展；⑤工、农、建、交、商相关产业的横向融合；⑥资源生产、加工与消费的整体循环；⑦时、空、量、序的系统调控；⑧财富、健康与文明目标综合；⑨技术、体制与行为手段相辅相成；⑩城-乡、贫-富、人-自然的和谐共生。

在大力发展市场经济的同时，如何加强企业的生态意识、政府的生态调控及民众的生态监督，探讨合理、合法、合情、合意的调控手段，是社会对科学工作者的要求和挑战。

参考文献

[1] WCED. Our Common Future. Oxford：Oxford University Press，1987.

[2] Odum E P. Basic Ecology. Philadelphia：Saunders College Publishing，1983.

[3] 王如松．自然科学与社会科学的桥梁——人类生态学研究进展．见：中国生态学发展战略研究．北京：中国经济出版社，1991：405-466.

[4] 马世骏，王如松．社会-经济-自然复合生态系统，生态学报，1984，4（1）：1-9.

[5] Tansley A G. The use and abuse of vegetational concepts and terms. Ecology，1935，16：284-307.

[6] Lindeman R L. The tropic dynamic aspect of ecology. Ecology，1942，23：399-418.

[7] Odum E P. Fundamentals of Ecology，3rd ed. Philadelphia：Saunders College Publishing，1971.

[8] Golley F B. Energy dynamics of a food chain of an old field community. Ecol Monogr，1960，30：187-206.

[9] Olson J S. Energy storage and the balance of producers and decomposers in ecological systems. Ecology，1963，44：322-331.

[10] Watt K E F. Systems Analysis in Ecology. New York：Academic Press，1996.

[11] Holling C S. Resilience and stability in ecological systems. Ann Rev Ecol Systems，1973，4：1-23.

[12] Odum H T. Systems Ecology：An Introduction. New York：John Wiley & Sons，1983.

[13] Lovelock J E. Gaia：A New Look at Life on the Earth，2nd ed. Oxford：Oxford Unversity Press，1987.

[14] 王如松，刘建国．生态库原理及其在城市生态学研究中的应用．城市环境与城市生态，1988，1（2）：20-25.

[15] Boltzman L. The Second Law Thermodynamics，Theoretical Physics and Philosophical Problems，Selected Writings of Boltsman L with Reidel D. Dordrecht：Kluwer，1905.

[16] Prigogine I. Study of Irreversible Processes，3rd ed. New York：Wiley，1947.

[17] Margalef R. Perspectives in Ecological Theory. Chicago：University of Chicago Press，1968.

[18] Wilson E O. The ergonomics of Caste in the Social insects. Am. Natur，1968，102：41-66.

[19] Miller J G. Living Systems. New York：McGraw HiU，1978Wilson E O. The ergonomics of caste in the social insects. Am Natur，1968，102：41-66.

[20] Lotka A J. Elements of Physical Biology. Baltimore：Williams and Wilkings，1926.

[21] Juday C. The annual energy budget of an inland lake. Ecology，1940，21（4）：448-450.

[22] Rapoport A. A study of a large sociogram. Behav Sci，1961，6：279-291.

[23] Mountcastle B. The natural replication of sensory events in the somatic afferent system. In：Eccles J C ed. Brain and Conscious Experience. New York：Spring-Verlag，1966. 88-115.

[24] Forrester J W. World Dynamics. Boston：Wright Allen Press，1977.

[25] Leontief W. The Future of the World Economy. New York：Oxford University Press，1977.

[26] Lewis L F. Conficting commands versus decision time：cross level experiment. Behav Sci，1981，26：79-84.

[27] Marchetti C. Society as a Learning Systems：Discovery，Invention and Innovation Cycles Revisited. Laxenburg，Austria：IIASA，RR81-29. 1981.

[28] Levins R. The qualitative analysis of partially specified systems，Ann N Y Acad Sci，1974，231：123-138.

[29] Staw B M T. Threat rigidity effects inorganizationai behavior：a multilevel analysis. Admin Sci 1 Quart，1981，26：501-524.

[30] 王珏，王如松．基于神经元网络原理的一种生态评价方法．见：城市人口规划的智能决策支持

系统研究论文汇编（第一集）. 上海：同济大学出版社，1988.

[31] Lewandowski A. Theory，software and testing example in decision support systems. IIASA，WP88073，1988.

[32] Checkland P. Rethinking a System Approach. In：Tomlison R ed. Rethinking the Process of Operational Research and Systems Analysis. New York：Pergamon Press，1984.

[33] Simon H A. The Sciences of the Artificial，2nd ed. Boston：The MIT Press，1982.

[34] Vester F，Hesler A V. Sensitivitatsmodell. Okologir und Plomung in Verdichfungsgebieten，UNESCO Man and BiosphereProject 11 Report. Frankfurt：Regionale Planungsgemeinwchait Untermain，1980.

[35] 王如松 . 高效. 和谐——城市生态调控原则与方法 . 长沙：湖南教育出版社，1988.

[36] Minsky M. Logical Versus Analogical or Symbolic Versus Connectionist or Neat Versus Scruffy. IAAI Magazine，1991.

[37] Spooner B. The MAB approach：problems，charifications and proposals. In：Dicastri F Baker F，Hadley M eds. Ecology in Practice. Dublin：Tycooly International Publishing，1984.

[38] Peters R H. A Critique for Ecology. London：Cambridge University Press，1992.

[39] Wang Rusong eds. Human Ecology in China. Beijing：China Science and Technology Press，1990：251.

[40] 马世骏 . 现代生态学透视 . 北京：科学出版社，1990.

社会发展综合实验区生态建设及科技引导途径*

王如松　欧阳志云

（中国科学院生态环境研究中心，北京 100085）

摘要　本文提出了社会发展综合实验区建设的实质就是协调好人口、资源与环境间的生态关系，为了促进社会–经济–自然复合生态系统的持续发展，探讨了科技引导实验区生态建设的途径。

关键词　社会发展综合实验区　生态建设

社会发展综合实验区是由人口、资源、环境组成的人类生态系统。对其进行可持续发展的研究可分为三个层次：一是认识论层次，揭示系统的动力学机制与控制论规律；二是方法论层次，去辨识系统的结构、功能与过程，测度系统的复杂性、多样性和可持续性；三是技术管理层次，去组织、协调与建设可持续的生态技术、生态体制与生态文化。

一、社会发展综合实验区可持续发展的生态建设

社会发展综合实验区的宗旨是以贯彻国家可持续发展战略为目标，通过科学技术的引导、管理机制的改革和能力建设，在生产力、生产关系、生活质量、人口素质和生态秩序五个方面开展综合规划、典型示范和生态建设，促进资源的综合利用，环境的综合整治和人的综合发展。实验区建设的最终目标就是要解决制约和影响社会、经济与环境协调发展的瓶颈问题，促进社会经济的快速、健康、可持续发展。

可持续发展是需要环境的。地理环境、生物环境、资源及市场环境、经济环境、政策环境、社会环境及文化环境态势直接影响着发展的质与量、快与慢、机会与风险或系统的持续能力。可持续发展需要投入，不仅需要资金、人力、技术等经济资产的投入，更需要土地、空气、水、能源、气候、生物等生态资产的投入。实验区建设的实质就是要协调好人口、资源和环境间的生态关系，促进社会–经济–自然复合生态系统的持续发展。

生态的实质是以人为主体的生命与其环境间的相互关系，包括物质代谢关系、能量转换关系及信息反馈关系以及结构、功能和过程的关系。这里的环境包括人的栖息劳作环境（地理环境、生物环境、建筑设施环境）、区域生态环境（包括原材料供给的源、产品和废弃物消纳的汇及缓冲调节的库）及文化环境（包括体制、组织、文化、技术等）。它们与作为主体的人一起构成社区。社区是“社会–经济–自然”复合生态系统，具有生

---

* 原载于：中国人口・资源与环境，1997，7（3）：11-14.

产、生活、供给、接纳、控制和缓冲功能，构成错综复杂的人类生态关系，包括人与自然之间的促进、抑制、适应、改造关系；人对资源的开发、利用、储存、扬弃关系，以及人类生产、生活中的竞争、共生、隶属、乘补关系。复合生态系统的生产功能不仅包括物质和精神产品的生产，还包括人的生产；不仅包括成品的生产，还包括废物的生产。其消费功能不仅包括商品的消费、基础设施的占用，还包括资源与环境、时间与空间的耗费。尤其重要的是，在人类生产和生活活动后面，还有一只看不见的手即系统反馈在起作用，我们称其为生态调节功能，包括资源的持续供给能力、环境的持续容纳能力、自然的持续缓冲能力及人类的自组织自调节能力。实验区建设的任务就是要增强社区的这种调节功能，使经济得以持续发展，社会得以稳定，自然得以平衡。

驱动城镇及人类活动密集区复合生态系统的动力机制来源于自然和社会两种作用力。自然力的源泉是各种形式的太阳能，它们流经系统的结果导致各种物理、化学、生物过程和自然变迁。生态系统在其形成、发育、代谢、生产、消费及还原过程中，始终伴随着能量的流动与转化。能量流经生态系统的结果是一种信息积累过程，其中大多数能量虽以热的形式耗散了，却以质的形式储存下来，记下了生物与环境世代斗争的信息。社会力的源泉有三：一是经济杠杆——资金；二是社会杠杆——权力；三是文化杠杆——精神。资金刺激竞争，是调节复合生态系统生产、生活、生态功能的重要手段。权力是维持复合生态系统组织及功能有序度的必要工具。它通过组织管理、规章制度、政策计划及法律条令等形式体现群众的意志和系统的整体利益。权力的正确导向将导致生态关系的和谐及社会的发达昌盛。复合生态系统的权力既表现在政治、经济等人与人之间的社会关系方面，还应包括处理人与自然生态关系的权力。执法者所代表的不仅是选民的社会权益，还应代表自然生态系统持续生存发展并服务于后代人及其他地区人的生态权益。精神是通过自觉的内在行为去诱导系统的自组织自调节的共生协和力，缓和各类不协调的生态关系，推动系统的持续发展。人的精神取决于特定时间、空间内的文化传统、人口素质和社会风尚，一般通过伦理道德、宗教信仰等方式所诱导，涉及人的自然、功利、道德和天地四种境界的不同耦合方式。生态文明建设的核心就是要诱导一种天人合一的世界观，增强人的生态责任感，诱导一种生态合理的生产观、消费观及环境共生观。

总之，自然力和社会力的耦合导致不同层次复合生态系统特殊的运动规律。生态控制论不同于传统控制论的一大特点就是对“事”与“情”的调理，强调方案的可行性，即合理、合法、合情、合意。合理指符合一般的物理规律；合法指符合当地的法令、法规；合情指为人们的行为观念和习俗所接受；合意指符合系统决策者及与系统利益相关者的意向。

二、科技引导社会可持续发展的生态综合方法

近年来，国家社会发展综合实验区建设取得了长足的进展，社会与经济建设相互促进，人的精神面貌显著改观，生态建设日新月异，引起许多国际组织、学术团体和国际友人的普遍关注。但是，也应该看到，实验区建设的发展是不平衡的。比如，在执行“政府推动、专家引导、社会兴办、群众参与”方针中，各级政府、企业和群众的推动、

兴办及参与很积极，但各级科技力量的引导和参与却不足；社会事业发展较快，而人的能力建设和生态建设发展相对滞后；一些实验区单项发展较快，综合规划建设与管理不同步。总之，实验区建设在科技引导可持续的综合方法上还有待进一步加强。

发挥科学技术的引导作用是社会发展综合实验区建设成功的关键。这里的科学技术包括自然科学（Physical science）、系统科学（Systems science）及生态科学（Ecological science）两个层次。其中，自然科学技术是实验区经济建设和改革开放的主要技术支柱，其引导实验区建设的中心任务是高新技术的引进和资源的持续利用。以运筹学为先导发展起来的系统科学及其工程体系，以系统组分间的耦合、反馈关系及其控制论机理为目标，探讨各类系统及事业的评价、规划、管理的优化方法，是各级组织制定改革开放政策，规划实施可持续发展战略的方法论基础，也是实验区建设、规划与管理的方法论核心。其中心任务在于制定一套经济高效、社会和谐、环境合理的综合规划及其相应的实施策略。生态科学以人类活动主导下的生态系统为研究对象，探讨人的意识、行为、观念、能力、素质对社会发展的动力机制及其与资源环境耦合关系和生态控制论方法，是社会发展综合实验区开展生态建设的方法论基础。

实验区的“综合”二字就体现在综合利用自然科学的硬件（Hardware）、系统科学的软件（Software）及生态科学的心件（Mindware），去调控社会的结构、功能与过程，通过多学科、多层次、多专家的知识和经验交流使个体人变成群体人，生物人变成智能人，社会人变成生态人。它将整体论与还原论、定量分析与定性分析、理论与悟性、客观评价与主观感受、纵向的链式调控与横向的网状协调、内禀的潜力和系统的共生能力、硬方法与软方法相结合，科学、哲学与工程学方法相联姻。实验区生态建设的关键就在于生态综合，其整体目标就是要诱导复合生态系统达到：①物质、能量、信息的全代谢；②竞争、共生、自生的演化机制；③生产、生活、生态和谐功能；④人口、资源、环境的协调发展；⑤工、农、建、交、商相关产业的横向融合；⑥资源生产、加工、消费与还原的闭路循环；⑦时、空、量、序指标的系统调控；⑧财富、健康与文明目标的综合；⑨技术、体制与行为手段的耦合；⑩城镇与乡村以及人与自然关系的和谐共生。

三、社会发展综合实验区生态建设的技术途径

实验区建设的总体目标，一是财富的持续增长；包括经济资产和生态资产的持续增长；二是社会成员良好的生命素质，包括人的生理和心理健康及生态系统服务功能与代谢过程的健康；三是高度的文明程度，包括物质文明、精神文明和生态文明，决策者、企业家和普通民众行为心态和价值取向是检验社会文明程度的试金石。这三者中，财富是形，健康是神，文明则是本。实验区的建设，必须从本抓起，促进形与神的统一。实现实验区生态建设的技术途径有以下几个方面。

（一）生态工程建设

根据生态控制论原理去系统地设计、规划和调控各类人工生态系统的结构要素、工艺流程，信息反馈关系及控制机构。融传统的系统技术和现代的高新技术为一体，疏浚物质能量流通渠道，提高资源转化效率，开发利用可再生资源，建立一套合理的生态代

谢链网，占领未被有效利用的生态位，提高系统的生态经济效率，形成一套一、二、三产业联姻的生态产业。如果将资源的、环境的和区域的长期代价计入，则人们在考虑产品的投入产出效率的同时，还应考虑废弃物的产出以及资源开采过程中的生态恢复代价。

生态工程的关键在于生态技术的系统开发与组装。它不同于传统技术与高新技术的地方，在于着眼于生态系统整体功能与效率而不是单个产品、部门、单种废弃物或单个问题的解决；强调当地资源和环境的有效开发以及外部条件的利用，而不是对外部高强度投入的依赖；强调技（技艺）与术（谋术）的结合、纵与横的交叉以及天与人的和谐。

（二）生态体制的建设

按照生态控制论原理和系统科学方法去辨识、模拟和调控复合生态系统内各种生态关系，建立一个能综合调控经济生产、社会生态及自然生态功能，信息反馈灵敏、决策水平高的管理体制，其主要目标是促进系统内各种时、空、量、构、序关系的公平性。公平性旨在改善人际间生产关系的社会公平性、世代间生存关系和时间公平性、区域资源分享的公平性、部门间协调共生的组织和谐及生态过程的动态平衡。生态公平性是世代公平性、区域公平性、体制公平性及过程平衡性的组合。其中世代公平性包括人类活动的过去对现在的生产和生活环境的累积影响，以及现在的资源开发行为对未来子孙后代的潜在影响。区域公平性包括人类活动对当地的、区域的、资源产地和市场腹地的直接或间接影响。体制公平性包括部门内各生产环节间的纵向耦合，部门间横向共生关系以及外部的协调共生关系。过程稳定性包括正负反馈强度的匹配性，发展的速度与波动的幅度，主导性与多样性，依赖性与独立性之间的平衡等。

（三）生态文化建设

从普及生态意识、改变传统的资源利用观念、环境价值观念和小农经济观念入手，去规范、调节和诱导决策管理人员和民众的决策行为、经营行为、环境行为、生育行为及生活方式，其核心是可持续自生能力的建设。旨在恢复自然生态系统本身的活力，人必须融入自然而非驾驭自然。这里的可自生能力应指人与自然复合生态系统的生态活力，包括自然生态、经济生态及社会生态三个子系统的综合活力。

CONSTRUCTION OF ECOLOGY AND THE WAYS GUIDED BY SCIENCE AND TECHNOLOGY IN COMPREHENSIVE EXPERIMENTAL COMMUNITY FOR SUSTAINABLE DEVELOPMENT

Wang Rusong　Ouyang Zhiyun

(Research Center for Eco-Environmental Sciences, Chinese Academy of Sciences, Beijing 100085)

Abstract This paper states that the essence of the construction of Comprehensive Experimoutal

Community for Sustainable Development is to coordinate the relation between population and resources and environment. To attain the sustainable development of the compound ecological system of society-economy-nature, this paper also discusses the ways of construction of ecology guided by science and technology.

Key words　comprehensive experimental community for sustainable development, construction of ecology

论复合生态系统与生态示范区*

王如松

（中国科学院生态环境研究中心，北京 100085）

世纪之交，国际社会经济格局正朝着全球化多元化、信息化和生态化方向演变。经历过一个世纪惊心动魄的政治动乱、军事纷争和经济危机，以及长足的科技进步、经济腾飞和社会发展，人类社会正面临着发展与环境问题的严峻挑战。尤其是迅速崛起的发展中国家，如东南亚国家及中国，强烈的现代化需求，密集的人类开发活动，大规模的基础设施建设和高物耗、高污染型的产业发展，给区域生态系统造成了强烈的生态胁迫效应。几乎所有早期工业化国家的环境污染和殖民地国家的生态破坏问题在这些转型期国家都不同程度地存在。1997 年开始的东南亚金融危机的深层原因之一就是这种自然与人类生态的强烈反差。其实质是资源代谢在时间、空间尺度上的滞留或耗竭，系统耦合在结构、功能关系上的错位和失谐，社会行为在经济和生态关系上的冲突和失调。

一、复合生态系统

可持续发展问题的实质是以人为主体的生命与其环境间相互关系的协调发展。包括物质代谢关系、能量转换关系及信息反馈关系，以及结构、功能和过程的关系。这里的环境包括人的栖息劳作环境（如地理环境、生物环境、构筑设施环境）、区域生态环境（包括原材料供给的源、产品和废弃物消纳的汇及缓冲调节的库）及文化环境（包括体制、组织、文化、技术等）。它们与作为主体的人一起被马世骏先生和笔者称为“社会-经济-自然”复合生态系统，具有生产、生活、供给、接纳、控制和缓冲功能，构成错综复杂的人类生态关系（马世骏和王如松，1993）。包括人与自然之间的促进、抑制、适应、改造关系；人对资源的开发、利用、储存、扬弃关系，以及人类生产和生活活动中的竞争、共生、隶属、乘补关系。发展问题的实质就是复合生态系统的功能代谢、结构耦合及控制行为的失调。

复合生态系统演替的动力学机制来源于自然和社会两种作用力。自然力的源泉是各种形式的太阳能，它们流经系统的结果导致各种物理、化学、生物过程和自然变迁，特别是从个体、种群、群落到生态系统等不同层次生物组织的系统变化。社会力的源泉包括：经济杠杆——资金；社会杠杆——权力；文化杠杆——精神。资金刺激竞争，权力推动共生，而精神孕育自生。三者相辅相成构成社会系统的原动力。自然力和社

---

* 原载于：科技导报，2000，(6)：6-9.

会力的耦合控制导致不同层次复合生态系统特殊的运动规律。

复合生态系统的行为遵循生态控制论规律。马世骏和笔者从我国几千年人类生态哲学中总结出 8 条生态控制论原理：开拓适应原理、竞争共生原理、连锁反馈原理、乘补协同原理、循环再生原理、多样性主导性原理、生态发育原理、最小风险原理（王如松和欧阳志云，1996）。这些原理可以归结为三类：对有效资源及可利用的生态位的竞争或效率原则；人与自然之间、不同人类活动间以及个体与整体间的共生或公平性原则；通过循环再生与自组织行为维持系统结构、功能和过程稳定性的自生或生命力原则。

竞争是促进生态系统演化的一种正反馈机制，在社会发展中就是市场经济机制。它强调发展的效率、力度和速度，强调资源的合理利用、潜力的充分发挥，倡导优胜劣汰，鼓励开拓进取。竞争是社会进化过程中的一种生命力和催化剂。

共生是维持生态系统稳定的一种负反馈机制。它强调发展的整体性、平稳性与和谐性，注意协调局部利益和整体利益、眼前利益和长远利益、经济建设与环境保护、物质文明和精神文明间的相互关系，强调体制、法规和规划的权威性，倡导合作共生，鼓励协同进化。共生是社会冲突的一种缓冲力和磨合剂。

自生是生物的生存本能，是生态系统应付环境变化的一种自我调节能力。早在 3000 多年前，中华民族就形成了一套鲜为人知的“观乎天文以察时变，观乎人文以化成天下”的人类生态理论体系，包括道理、事理、义理及情理。我国社会正是靠着这些天时、地利及人和关系的正确认识，靠着阴阳消长、五行相通、风水谐和、中庸辨证以及修身养性自我调节的生态观，维持着其 3000 多年相对稳定的生态关系和社会结构，养活了近 1/4 的世界人口，使中华民族在高强度的人类活动、频繁的自然灾害以及脆弱的生态环境胁迫下能得以自我维持、延绵至今。自生的基础是生态系统的承载能力、服务功能和可持续程度，而其动力则是天人合一的生态文化。

竞争、共生和自生机制的完美结合，应该成为我国国情条件下的可持续发展的特色。可以说，生态示范区就是要融传统文化与现代技术为一体，吸取东西方发展的经验与教训，综合历代产业革命、社会革命和环境革命所未完全实现的理想并以生态建设模式去实现一个有中国特色的社会主义市场经济下的可持续发展。其最终目标是促进一种环境合理、经济合算、行为合拍、系统和谐的协调发展，而这也是自然生态、人类生态和系统生态所追求的生态建设目标。

该理论的核心在于生态综合，它不同于传统科学分析方法之处，在于将整体论与还原论、定量分析与定性分析、理性与悟性、客观评价与主观感受、纵向的链式调控与横向的网状协调、内禀的竞争潜力和系统的共生能力、硬方法与软方法相结合，强调物质、能量和信息三类关系的综合；竞争、共生和自生能力的综合；生产、消费与还原功能的协调；社会、经济与环境目标的耦合；时、空、量、构与序（图 1）的统筹；科学、哲学与工程学方法的“联姻”。

二、生态示范区建设的内涵及目标

生态示范区建设旨在通过生态环境、生态产业和生态文化，建设和培育一类天蓝、

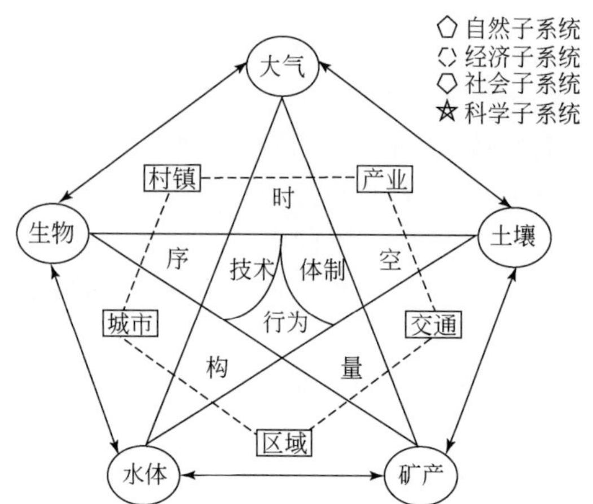

图1　社会-经济-自然复合生态系统关系研究示意图

水清、地绿、景美、生机勃勃、吸引力高的生态景观；诱导一种整体、协同、循环、自生的融传统文化与现代技术为一体的生态文明；孵化一批经济高效、环境和谐、社会适用的生态产业技术；建设一批人与自然和谐共生的富裕、健康、文明的生态社区。

生态示范区中的“生态”是人与环境间高效和谐的生态关系的简称，它既是一种竞争、共生和自生的生存发展机制，又是一种追求时间、空间、数量、结构和秩序持续与和谐的系统功能；既是一种着眼于富裕、健康、文明目标的高效开拓过程，也是一种整体、谐调、循环、自生的进化适应能力；既是保护生存环境、保护生产力、保育生命支持系统的长远战略举措，也是一场旨在发展生产力的技术、体制、文化领域的社会革命，是一种走向可持续发展的具体行动。生态示范区的“生态”不是回归自然的原始生态，也不是人间仙境式的理想生态，而是积极意义上的发展生态。

生态示范区是指在生态系统承载能力范围内运用生态经济学原理和系统工程方法去改变生产和消费方式、决策和管理方法，挖掘区域内外一切可以利用的资源潜力，建设一类经济发达、生态高效的产业，体制合理、社会和谐的文化，以及生态健康、景观适宜的环境，实现社会主义市场经济条件下的经济腾飞与环境保育、物质文明与精神文明、自然生态与人类生态的高度统一和可持续发展。

生态示范区建设的宗旨是通过技术更新、体制改革、观念转换和能力建设去促进社会、经济、自然的协调发展，物质、能量、信息的高效利用，技术和自然的充分融合，人的创造力和生产力得到最大限度的发挥，生命支持系统功能和居民的身心健康得到最大限度的保护，经济、生态和文化实现持续、健康的发展。

生态示范区建设的科学实质是通过生态规划、生态工程与生态管理，将各个单一的生物环节、物理环节、经济环节和社会环节组装成一个有强大生命力的生态经济系统，运用生态学的竞争、共生、再生和自生原理调节系统的主导性与多样性、开放性与自主性、灵活性与稳定性、发展的力度与稳度，使资源得以高效利用、人与自然和谐共生。

生态示范区的建设目标（图2）应包括：①促进传统农业经济向资源型、知识型和网络型高效持续生态经济的转型，以生态产业为龙头带动区域经济的腾飞；②促进城乡及区域生态环境向绿化、净化、美化、活化的可持续的生态系统演变，为社会经济发展建造良好的生态基础；③促进城乡居民传统生产、生活方式及价值观念向环境友好、资源高效、系统和谐、社会融洽的生态文化转型，培育一代有文化、有理想、高素质的生态社会建设者。

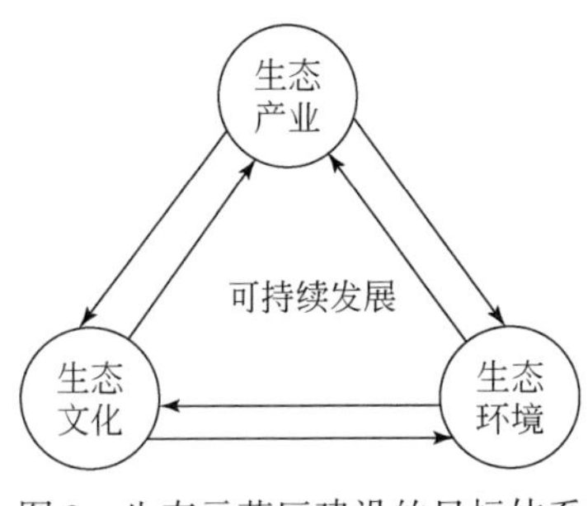

图2 生态示范区建设的目标体系

生态示范区建设规划应包括结构规划、空间规划、时间规划、功能规划和数量规划。

三、生态示范区建设的指标体系

根据科学性、综合性、完备性、简洁性及可操作性原则，我们初步确定了生态示范区建设的功能指标和评价指标体系。其中功能指标包括富足度、健康度及文明度，评价指标包括经济指数、健康指数、生态资产指数、人口指数、贫富差异指数、决策指数、资源利用指数及人居环境指数。其中大多数指标是可测的，部分指标可能从统计部门尚难获取，但却必不可少，且经过努力是可操作可测度的。

功能指标：①富足度。生产能力（力度与稳度、多样性与主导性、开放度与自主度）、生活质量（收入水平、居住水平、健康水平）及生态秩序（生物多样性、景观和谐度）等综合实力指标平稳增长。②健康度。市场竞争能力（市场信息的灵敏性、工艺和产品结构的灵活性、市场环境的适应性），外部共生能力（对外部人才、资金、技术的吸引力；对外部资源、环境、政策的高效利用率）及内部自生能力（环境自净能力、减灾防灾能力、自组织、自补偿、自调控能力）等综合实力强、软件功能建设卓有成效，长远发展潜力雄厚。③文明度。物质文明（生产生活方式的现代化程度、基础设施和社会福利的完善度），精神文明（价值观念、精神追求、伦理道德、社会风尚及责任感）及生态文明（环境伦理、生态意识、行为导向、奉献参与）发达，人口素质改善迅速，民风淳朴，社会和谐，成为融传统文化与现代生态学为一体的可持续发展的文明建设模式。

评价指标：①经济指数。人均国内生产总值、国内生产总值年增长率、生态型产业指数（企业ISO14000达标率）。②人口指数。人口自然增长率+人均受教育年限+高中、中专入学率。③健康指数。人均期望寿命+主要疾病（心血管疾病、癌症、传染病）发病率。④人居环境指数。卫生状况、方便程度、犯罪率。⑤生态资产盈亏率。土壤有机质含量、森林覆盖率及林木蓄积量、水土流失率、土地恢复率、环境污染指数。⑥资源利用指数。万元产值能耗+水耗。⑦贫富差异指数。（最富的 20% 人均收入 –最穷的 20% 人均收入）/人均收入。⑧决策科学化民主化指数。公务员平均文化程度、人大政协提案办案率、群众来信来访率。

四、示范区生态产业建设

生态产业是按生态经济原理和知识经济规律组织起来的基于生态系统承载能力、具有高效的经济过程及和谐的生态功能的网络型进化型产业。它通过两个或两个以上的生产体系或生产环节之间的系统耦合，使物质、能量可多级利用、高效产出；资源、环境能系统开发、持续利用；企业发展的多样性与优势度、开放度与自主度、力度与柔度、速度与稳度达到有机结合，污染负效益变为经济正效益。

生态产业与传统产业相比（表 1）有以下特点：①横向耦合。不同工艺流程间的横向耦合及资源共享，变污染负效益为资源正效益。②纵向闭合。从源到汇再到源的纵向耦合，集生产、流通、消费、回收、环保及能力建设于一体，第一、第二、第三产业在企业内部形成完备的功能组合。③区域耦合。厂内生产区与厂外相关的自然及人工环境构成产业生态系统或复合生态体，逐步实现有害污染物在系统内的全回收和

表 1　生态产业与传统产业的比较

类别	传统产业	生态产业
目标	单一利润、产品导向	综合效益、功能导向
结构	链式、刚性	网状、自适应型
规模化趋势	产业单一化、大型化	产业多样化、组合化
系统耦合关系	纵向、部门经济	横向，复合生态经济
功能	产品生产+环境影响	产品生产+社会服务+生态服务+能力建设
经济效益	局部效益高、整体效益低	长期效益高、整体效益大
废弃物	向环境排放、负效益	系统内资源化、正效益
调节机制	外部控制、正反馈为主	内部调节、工负反馈平衡
环境保护	末端治理、高投入、消耗型	过程控制、低投入、赢利型
社会效益	减少就业机会	增加就业机会
行为生态	被动、分工专门化、行为机械化	主动，一专多能，行为人性化
自然生态	厂内生产与厂外环境分离	与厂外相关环境构成复合生态体
稳定性	对外部依赖性高	抗外部干扰能力强
进化策略	更新换代难、代价大	协同进化快、代价小
可持续能力	低	高
决策管理机制	人治，自我调节能力弱	生态控制，自我调节能力强
研究与开发能力	低、封闭性	高、开放性
工业景观	灰色、破碎、反差大	绿色、和谐、生机勃勃

向系统外的零排放。④功能导向。以企业对社会的服务功能而不是以产品或利润为经营目标，谋求工艺流程和产品的多样化。⑤柔性结构。灵活多样、面向功能的结构与体制，随时根据资源、市场和外部环境的波动调整产品、产业结构及工艺流程。⑥软硬结合。配套的硬件、软件和心件研究与开发体系，配合默契的决策管理、工程技术和营销开发人员。⑦自我调节。以生态控制论为基础的自我调节的决策管理机制、进化策略和完善的风险防范对策。⑧增加就业。合理安排和充分利用劳力资源，增加就业机会。⑨人类生态。工人一专多能，是产业过程自觉的设计者和调控者而不是机器的奴隶。⑩信息网络。内外信息及技术网络的畅通性、灵敏性、前沿性和高覆盖度。

当前，我国市场需求量最大、前景最好的产业生态工程有：①生物质循环利用生态工程。将生活垃圾、秸秆、人畜粪便及各类食品工业的废弃物深层利用，循环再生，为社会提供生态合理的饲料、燃料、肥料和工业原料的系列服务。②废弃水分散治理、系统回用及节水生态工程。将雨水、污水、地表水、地下水、海水的合理开发利用形成一个系统工程，从源、流、汇的各个层次进行废弃水资源分散处理，系统回用及节水设施及工程的生态规划、设计、管理及建设。③清洁能源系统开发组合利用工程。将可利用的太阳能、生物能、风能及矿物能在不同用户尺度上组合利用、系统优化，为全社会提供能效高而环境影响小、可持续利用的能源服务，如热、电、气、冷四联供工程等。④生态复合肥料工程。发展一类可替代传统化肥的以有机肥为主体，复合以各类菌肥和适量无机肥的、速效与长效相结合而又不污染土壤和水体的专用和通用肥及相应的软硬件一条龙服务，实现土壤肥力的持续增长。⑤绿色化学工程。以丰富的资源为基础，研制和生产各种可自然降解、生态健康、生产过程对环境无害，且可循环利用的绿色化学品。⑥绿色食品工程。为城乡居民生产、加工各种无污染、低环境影响的粮食、肉类、瓜果、蔬菜、副食、饮料及其加工品等健康食物，并提供相应的软硬件服务。⑦生态交通工程。研制、开发、建设适合国情的低能耗、低污染、高效率、全便捷的交通工具、交通网络及相应的软硬件服务，如天然气、电或太阳能与汽油组合驱动汽车、用户共享合用的私人汽车等。⑧生态建筑及生态城镇建设工程。方便、舒适、和谐、经济的生态建筑及生态城镇的建设、规划与管理。⑨废弃地生态恢复工程及庄园式房地产业。在荒山、荒坡、滩涂、湿地及矿山废弃地等未被利用的退化生态系统，根据当地生态条件，利用生态技术恢复植被，造土还田，发展草业、牧业或林业及相应的庄园式房地产业，恢复其生态及经济服务功能。⑩生态旅游区建设及生态服务工程。生态旅馆、饭店、公园、游乐设施、服务业，生物多样性保护和持续利用工程。

五、示范区生态环境及人工景观建设

良好的生态环境是生态建设的基础。人们对“现代化”的发展期望往往集中于工程结构、经济过程及社会功效，而忽视生态资产的流失和生态服务功能的退化。而正是这些生态因素与状态，构成了人类社会可持续发展的机会与风险。生态示范区建设的一个重要内容就是生态资产的积累和生态服务功能的强化。良好的生态环境必须保持：土地或风水的整合性与和谐性；水体与大气的洁净度与流动性；植被多盖度和生物多样性；景观异质性与美学特征；土壤有机质及微生物的活力；水环境缓冲自净能力及生物丰度；物流能流的畅达性；对人与生物的安全性。城乡建设与人民生活质量关系最为密切，是生态示范区建设的重要方面，包括居住条件、社区环境、基础设施和服务设施等内容。

生态示范区对城乡建设的总体要求是：把人口增长和分布与就业、住房、土地利用、基础设施和服务设施等多种因素有机结合起来，突出体现土地资源利用的合理性、水资源的安全性、资源利用的节约性、城镇和社区规划布局的合理性、基础设施和服务设施的功能配套齐全性、生态环境的和谐性和友好性，为所有居民提供方便、健康、安全、殷实、舒适的生活和工作环境。

城乡建设的目标是：以中心城镇为依托、以生态文化为纽带、以生态示范村镇为生长点，建设成规划布局合理、基础设施配套齐全、生态和谐、居住条件舒适、与周边环境融洽的生态型社区，形成覆盖全区的生态城、镇、村网络体系。

六、示范区生态文化建设

东方“天人合一”的自然观、简朴和谐的消费方式，以及整体、协调、循环、自生的生态控制论手段，是发展中国家一种宝贵的生态财富。如果把这种生态观与现代科学技术相结合，摸索出一条非传统的现代化道路，将有可能脱离坠入生态荒漠的厄运。其关键就在于人类生态关系的诱导。其核心是如何影响人的价值取向、行为模式，启迪一种融合东方“天人合一”思想的生态境界，诱导一种健康、文明的生产消费方式即生态文化。

生态文化是人与环境和谐共处、持续生存、稳定发展的文化。这里的“文”指人（包括个体人与群体）与环境（包括自然、经济与社会环境）关系的纹理或规律；“化”指育化、教化或进化。自然的人化加上社会的自然化就是生态文化。从神本文化、人文文化到生态文化，是人类社会发展的必然结果。生态文化不同于传统文化之处在于其综合性、整体性、适应性、俭朴性和历史延续性（表2）。

表2　神本文化、人本文化与生态文化的区别

因素	神本文化	人本文化	生态文化
主宰力量	神	人	生态：人与自然
天人关系	天定胜人	人定胜天	天人合一
利益导向	环境利益至上	经济利益至上	生态经济综合发展
环境保护途径	自然封育 自然净化	环境工程 废弃物无害化	生态工程 废弃物资源化
宏观调控机制	顺天承运 信仰、伦理	市场调节 功利、法治	生态控制论 竞争、共生、自生
体制	网状，被动	链状，纵向	网状，主动
哲学	神秘论	还原论	整体论
未来观	悲观	乐观	谨慎乐观
历史	长	较长	悠久
理论基础	神学、古朴文化	物理学、经济学	生态学、系统学

生态文化建设包括以下领域：对天人关系的认知（哲学、科学、教育）；对人类行为的规范（道德、法规、宗教）；社会经济体制（制度、机构、组织）；生产消费行为（生产、生活方式、环境行为）；有关天人关系的物态产品（建筑、景观、产品）；有关天人关系的心态产品（文学、美术、声像）；社会精神面貌（意识、信仰、价值观、风俗、习惯）；生态保健方法（体育、健身、养生、医疗、卫生）。

生态文化不是返朴文化，它在扬弃当今工业文化弊病的同时也强调发展的力度、速度、资源利用的效率和效益；强调竞争、共生与自生机制，特别是自组织、自调节的活力；强调人类文明的连续性。这里关键就在于生态教育，包括学校教育、社会教育、职业教育；教育对象包括决策者、企业家、科技人员、普通民众和中小学生；教育方式包括课堂教育、实验启发、媒介宣传、野外体验、案例示范、公众参与等；教育内容包括生态系统、生态健康、生态安全、生态价值、生态哲学、生态伦理、生态工艺、生态标识、生态美学、生态文明等。行为主体包括政府、企业、学校、家庭、宣传出版部门、群众团体等。生态文化建设的总体目标：改革不合理的管理体制，培育可持续发展的运行机制，使生态文化在宏观上逐步影响和诱导决策管理行为和社会风尚，在微观上逐渐诱导人们的价值取向（从金钱、功利取向转向社会的富足、健康与文明）、生产方式（从产品导向转向功能导向，矿物能源转向可再生能源，资源掠夺型向保育再生型转变）和消费行为（从高能耗、高消费、负影响向低能耗、适度消费、正影响过度），促进全社会从物的现代化向天人关系的现代化转变，塑造一类新型的企业文化、社会文化和生态智人。

参考文献

马世骏，王如松. 1993. 复合生态系统与持续发展. 复杂性研究. 北京：科学出版社，239-250.

欧阳志云，王如松. 1995. 生态规划的回顾与展望. 自然资源学报，10（3）：203-215.

王如松，欧阳志云. 1996. 生态整合——人类可持续发展的科学方法. 科学通报，41（增刊）：47-67.

Graedel T E，Allenby B R. 1995. Industrial Ecology，Prentice Hall，Engilewood Cliffs，New Jersey.

Odum E P. 1997. Ecology：A Bridge between Science and Society，Sinauer Associate Inc.

WCED. 1987. Our Common Future. Oxford：Oxford University Press London.

生态健康的科学内涵和系统调理方法*

王如松

（中国科学院生态环境研究中心，北京 100085）

摘要 从复合生态系统生态学和人类健康科学的理论出发，阐述了生态健康的科学内涵、生态系统关联以及生态健康研究的3个层次：人体生理和心理健康，人居物理环境、生物环境和代谢环境（包括衣食住行玩、劳作、交流等的健康，以及产业和区域生态服务功能（包括水、土、气、生、矿和流域、区域、景观等）的健康；探讨了生态健康调理的系统方法；提出了生态健康建设的难点、重点、亮点和能力建设的切入点。

关键词 生态健康 内涵 系统调理

生存、发展、健康是现代化进程中的三件大事。过去的20世纪后半叶，我国人民基本解决了吃饭穿衣的温饱问题，迈上了社会经济快速发展的康庄大道。在中华民族总体上进入小康、生存和发展的量取得显著进步以后，作为生存和发展的质的测度指标——健康，包括人体和人群的生理、心理健康及其赖以生存的生态环境健康，就成为全社会关注的迫切问题，摆到议事日程上来了。

当社会物质生活水平处于较低水平时，人们只期望身体能够胜任工作和维持日常生活，健康的概念就是“不得病”。随着社会经济的发展和医学科技的进步，人们的健康需求发展为追求高寿命，将健康理解为“长寿”。其后人们又发现，延长了的生命如果伴随的是每天防不胜防的恶劣环境，一样不能幸福生活，因而开始追求高质量、低风险的自然和社会环境，追求生理上、心理上和社会适应上与环境的和谐关系和安全的生态服务。

一般人常认为：不生病、不虚弱就是健康；健康是肌体的事，与环境无关；健康是生理状态，与生态、心态无关；健康是个人的事，与社会无关。其实，每个人天天、处处都要和物理环境、生物环境、社会环境以及心理环境打交道，人的健康状态与人体内外的物理、生物、社会和心理环境的健康状态密切相关。按照世界卫生组织的定义，健康是指人在身体、精神和社会关系各方面都处在良好的状态，而不只是不生病或身体不虚弱[1,2]。

健康的生态关系包括人与各类自然及社会环境间良好的生理心理共生关系、互利的物质能量代谢过程及和谐的生态系统服务功能。

1 健康的生态学内涵和生态系统关联

地球上所有生命都依赖其周边环境而生存，需要从周围环境中获取其生活所需的

* 原载于：科技导报，2005，23（3）：4-7.

物质与能量。人类也是一种生命体，需要依赖生态环境才能存活。人类的衣食住行与娱乐休闲等所有生活所需的物质和能量，最终都是来自环境。一个地区生态环境是否健康、舒适、和谐与永续，是该地区人们关切的焦点。每一种生物之所以能演化、生存，且得以繁衍，取决于其适应环境的能力。历经千万年时间自然选择的生物大多可适应其自然生态环境。

生态学一条重要的生存原则是主体对环境变化的适应能力，它是生物应付环境变化、对付内部和外界的压力、维持人体内部生理和心理系统平衡的能力。影响适应能力的因素有年龄、紧张的生活事件的数量和持续时间以及生活方式等[3,4]。健康是人和环境互动的产物，健康是对环境适应能力的测度。人类在进化的过程中，需要适应其所在的环境。人类的生活环境包括自然环境和社会文化环境。所有群体都必须适应所在地的地理条件和气候条件，学会开发可以得到的资源，以满足自身的需要。所有群体还必须适应自己所创造并生活于其中的人造环境。

疾病也是人类环境的一部分。疾病由多种不同原因引起。无机环境、有机环境和行为的文化形态会影响疾病的传播以及人类对疾病的敏感性。一方面，疾病牵涉到病理学，它是一种生物医学问题；另一方面，自然环境因素和社会心理因素在诱发疾病、接受治疗和康复还原的过程中扮演着重要的角色，因此，它又是一种自然生态和社会生态现象。

当由高度密集的人群产生的污染物超过了生态系统的自然吸纳能力，在缺乏控制或控制不当的情况下，就会增加负面的健康影响。它包括：在环境中没能提供防止病原体扩散的隔离物时，传染病就会蔓延，人们的聚集程度越高、病原体引入量越大、带菌人群越多，风险越大；在毒素中暴露的有关非传染性疾病和伤残，城市拥挤的居住环境通常会加重这种灾害；由城市生活压力导致的心理健康，城市化过程对健康的影响并不仅仅是不同因素单独影响的简单的叠加，而是相互作用的。

人类不仅能适应自然环境，而且能开发利用自然资源、改造自然环境，使环境更加适合于人类生存。在人为活动影响下形成的环境，称为次生环境。工农业生产排放大量有毒有害污染物，严重污染大气、水、土壤等自然环境，破坏生态平衡，使人类生活环境的质量急剧恶化。人类生产和生活活动排入环境的各种污染物，特别是生产过程排放的污染物种类极多，而且随着科学技术和工业的发展，环境中污染物的种类和数量还在与日俱增。这些污染物随同空气、饮水和食物进入人体后，对人体健康产生各种有害影响。此外，人工环境和社会环境。如贫困、不平等性都会对人类健康造成一定的影响。

健康是一项复杂的系统工程，涉及人的生理、心理和物理环境，涉及城乡生产、生活与生态的代谢环境，也涉及认知、体制、文化等上层建筑领域的社会环境。文化形态可以改变人类与传染病病原体的关系；饮食、睡眠会影响到疾病的传播；定居形式、职业、工作任务和社会地位改变着不同疾病的发病率。例如：从前，英国农村房子的窗子很小，光线很暗，因此，农村儿童的佝偻病发病率较高；在英国工业革命的早期，工厂主一般雇用童工扫烟囱，这些童工的皮肤癌发病率较高。

中国医科院阜外医院的一项调查结果表明：10 年间我国冠心病的发病率，男性增加了 42.2%、女性增加 12.5%；动脉粥样硬化发病率年龄最小的为 16 岁，高分布人群年龄为 20 ~ 30 岁。资料显示，目前我国有 4. 25 亿人口生活在缺碘地区，30 个省份 1230 个县（市）的 2 亿多人口受地氟病威胁；15 个省份 321 个县（市）的 5000 万人口受克山病威胁；14 个省份 315 个县（市）3400 万人口受大骨节病的威胁；霍乱、病毒性肝炎、钩体病、腹泻病、血吸虫病、疟疾出血热、乙型脑炎等传染病仍在危害着人们的健康。这些健康问题的产生，与环境的恶化是密不可分的。

人类健康问题是多方面的，涉及物理环境、社会环境、经济环境、政治环境和技术环境的众多因素。这些问题相互耦合，是一类由自然问题（空气、水、土壤、食物）、经济问题（生产和消费模式）与社会问题（居住、交通）耦合而成的复合生态系统问题。荀子曰："金石有形而无气，水火有气而无生，草木有生而无知，禽兽有知而无义，人有形有气有生有知且有义，故最为天下贵也！"人类社会就是由有形、有气、有生、有知且有义的人群结合而成的社会-经济-自然复合生态系统（图 1）。其自然子系统由水（水资源和水环境）、土（土壤、土地和景观）、气（能和光、大气和气候）、生（植物、动物和微生物）、矿（矿物质和营养物）等相生相克的基本关系所组成，为人体健康提供了基本的生物、地球、化学的物质和能量的代谢渠道；其由生产、流通、消费、还原和调控 5 类功能环节耦合而成的经济子系统，决定了人的栖息环境、就业环境、交通环境和区域生态环境的基本结构和功能；其社会子系统由社会的科学（知识网）、政治（体制网）和文化（情理网）等 3 类功能实体间纵横交织的基本关系所组成，由体制网和信息流所主导。生态健康就是通过三个子系统内部和其间在一定的时空范围内的生态耦合关系来维持的。当不利因子占主导地位（如污染、灾害、瘟疫等），或生态服务功能下降时，人体和人群健康就会失调。

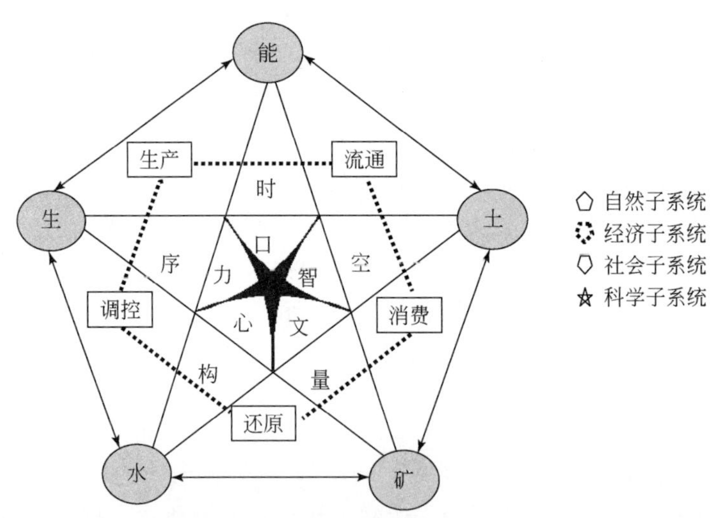

图 1　生态健康的复合生态系统基础

生态健康指人与环境关系的健康，是测度人的生产生活环境及其赖以生存的生命支持系统的代谢过程和服务功能完好程度的系统指标，包括人体和人群的生理和心理生态健康，人居物理环境、生物环境和代谢环境（衣食住行玩、劳作、交流等）的健康，以及产业和区域生态服务功能（水土气生矿和流域、区域、景观等）的健康（图 2）。

应当说，生态健康无处不在、无时不有，与人类行为和切身利益休戚相关。生态

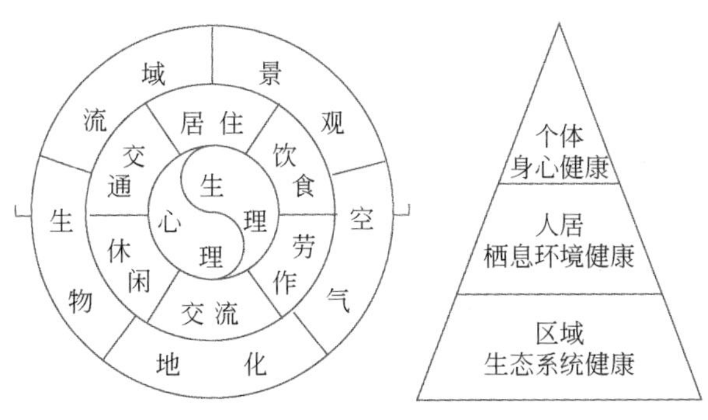

图2　生态健康的三层次

健康与物质、能量的生态代谢，人居环境的生态卫生以及人的行为方式、生活习惯和文化生态关系密切。生态健康失调到一定阈值就会危及生态安全。生态安全的破坏会殃及社会安全、经济安全和政治安全。要发动全社会的每一个人，通过生态关爱、保育、恢复和建设，去促进人、生物和环境相互依赖的整体、协同、循环、自生的系统关系。生态健康就是对这种相互依存关系的功能状态的测度（图3）。

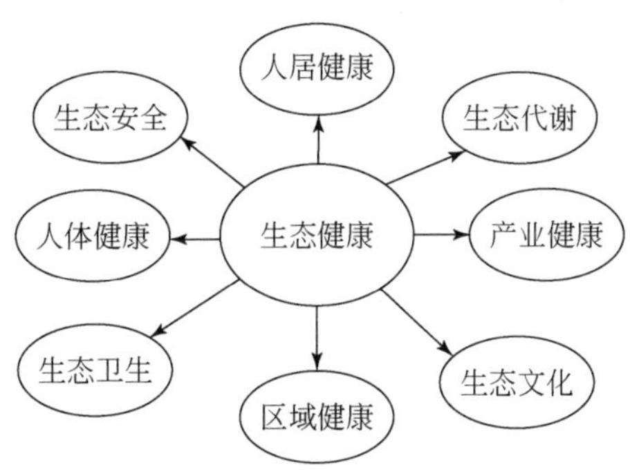

图3　生态健康的内涵

生态学是人类认识环境、改造自然的一门世界观和方法论或自然哲学，是包括人在内的生物与环境之间关系的一门系统科学，是人类塑造环境、模拟自然的一门工程学和美学。通俗地说，生态学是一种观念、一类方法、一门艺术，是科学与健康的桥梁。生态健康问题，首先涉及作为主体的人的感知、认识、适应和改造客观环境，以强化自身保健功能，达到人与天、形与神、内与外、堵与疏、阴与阳和谐统一的哲学视野和具有相应的处事能力；其次，涉及人类生产和生活活动中如何去系统规划、建设和管理人体、人群、人居和区域生态系统的结构、功能和过程，以减少生态环境的负面影响，建立强化生态服务的正向功能的系统方法；尤其重要的是，涉及如何模拟、移植自然生态系统整体、协同、循环、自生的免疫机制、自组织能力和生态工程技术，以达到谐而不均、适而不滞、乘而不竭、周而不始的美学境界[3~5]。

2　生态健康调理的系统方法和能力建设手段

生态环境是人类社会文明的永续根基。人与环境的生态耦合关系能否健康，虽其最终裁判权是属于自然（生态原则），但何去何从的选择权则是操纵在人类自己的手中（行为规范）。人类必须尊重生态学原则，才能有健康的心理和生理。保育策略即是将目前尚未开发（使用）的自然资源暂时保育下来；而对当前社会的需要，则应改以提升已开发资源的享用品质。

如前所述，生态健康既是一类硬件，即人的各级器官、组织、细胞、基因的结构、功能的完好程度；也是一类软件，即人与各类物理、生物、社会和自然环境的相生相克、开拓适应、滞留耗竭、协同进化关系；还是一类心件或文化，即人的物质文明、精神文明在天人关系上的具体体现，以及人的温饱、功利、道德、信仰、天地境界的综合表象[6]。

2.1　生态健康建设的难点、重点和亮点

生态健康建设的难点：体制条块分割、管理短期行为、生态意识低下、技术手段落后。

生态健康建设的重点：体制改革、人才培训、科学研究、能力建设。

生态健康建设的亮点：五个统筹的科学发展观、国家和社会对健康问题的日益重视、社会经济发展具备一定的实力、我国悠久的生态健康传统。

2.2　生态健康建设的切入点

2.2.1　生态健康的统筹规划与管理

现实的发展大多追求的是经济发展的数量和速度，把追求经济财富的积累、物质文明的增长和社会服务的改善视为硬道理，而把生态资产的增值、生态服务的保育和生态文明的建设视为软道理。在落实以人为本和全面、协调、可持续发展的科学发展观，推进五个统筹的工作中，必须把生态健康列入实施可持续发展的重要内容和各级政府、企业的绩效考核指标，要求经济资产和生态资产并重、社会服务和生态服务共轭，财富、健康、文明齐抓，在物质文明、精神文明和政治文明建设中加入生态文明建设的内涵。要在各级政府建立生态健康管理的专职部门，综合协调健康、环境、建设、能源和水、土、农、林、海洋、气象等相关部门的跨部门健康管理问题，考核和监督各级政府的生态健康发展业绩。

2.2.2　区域生态健康的共轭生态规划

传统城市规划强调城市和城镇体系的物理环境和社会经济服务的建设规划，而对区域和城市的生态服务功能和人类生态福祉却缺少整体规划。共轭生态规划是指协调人与自然、资源与环境、生产与生活间共轭关系的复合生态系统规划，旨在将自然的生态服务功能引入城市，将城市的社会服务功能引入乡村，促进城乡生态与经济的平衡发展。这里的共轭指矛盾的双方相反相成、协同共生，特别是人文生态服务和自然生态服务的平衡、经济基础设施建设和自然基础设施建设的平衡、空间生态关联与时间生态关联的协调、物态环境和心态环境的和谐；生态包括自然生态（水、土、气、生、矿等自然生态要素）、经济生态（生产、消费、流通、还原、调控等经济生态活动）和人文生态（认知、体制、文化等）三层含义（而规划则指从时间、空间、数量、结构、序理五方面去调控共轭组分间的整合、协同、循环和自生机制。共轭生态

规划包括生态脆弱结构保护和生态服务功能建设规划。一方面要保护生态系统组分不因开发而破坏，辨识和避开那些不宜建设的生态敏感用地或生态脆弱结构，克服或减缓生态限制因子的消极影响，将可能发生的生态风险减缓到最低程度；另一方面还要在城市建设过程中充分利用、有意营造和积极保育生态系统为人类活动可能提供的支持、孕育、供给、调节和流通等服务功能，诱导和强化生态利导因子的积极作用，保证城乡环境的净化、美化、活化和文化层面的进化[7]。

2.2.3　城市土地利用的复合生态管理

过去，我国城市土地政策左右摇摆：一松就乱、一紧就死。每次土地政策宽松的结果，都伴随着生态的破坏；每次土地政策紧缩的结果，都伴随着经济的紧缩，随之而来的是政策的松绑和更大的生态破坏，给城市发展和区域生态健康带来硬伤。要立即废止当前弊病很多的土地异地补偿、数量占补平衡的政策，代之以在生态功能区内就地挖潜、功能占补平衡的政策，变土地的单目标地籍管理为多目标的社会、经济、环境复合生态管理。鼓励开发商与当地政府和农民合作，按生态功能单元和生态健康目标对国土进行整体开发和管理。经营土地要以最小生态功能区为单元整体进行，开发商在确保强化或至少维持该功能区原有生物质生产量、原有生态服务功能、原住地农民的就业和生活权益并符合城市及区域规划要求的前提下可以自主安排区内的土地利用。组织包括第一、第二、第三产业在内的多功能生产，并把当地农民纳入园区统一安置，通过土地的开发促进城乡共生、工农联营，从根本上解决“三农”问题并保证工农业生产和城市建设及自然保护的用地、促进生态健康的可持续发展。

2.2.4　面向循环经济的城市产业转型

循环经济是对传统资源掠夺型和环境末端治理型线性经济发展模式的反思。传统工业经济本质上是一类掠夺式的竞争经济，它以不可更新能源和不可再生资源为基础，其高效率的经济产出是以当代和后代人赖以生存的生态资产的耗竭和自然对人类的报复和反馈为代价而获得的（如灾害、疾病等）。其弊端在于物质循环的断裂、能量利用的耗竭、信息反馈的滞后、资金融通的囤积、人力资源的断层以及时空关系的破碎。循环经济兼有工业经济的效率、知识经济的灵敏、田园经济的初性和自然生态的活力，其因可更新能源利用的比例大、不可再生资源的废弃量小、信息反馈灵敏而达到生态关系和谐。健康的生态企业应遵循以下生态转型原则：功能服务为导向而不是产品生产为导向；企业间及部门间食物网式的横向耦合；产品生命周期全过程的纵向耦合；工厂生产与周边农业生产及社会系统的区域耦合；具有多样性、灵活性和适应性的工艺和产品结构；企业软件、心件生产优于硬件生产，进化式的管理，增加研发和售后服务业的就业比例，实现增员增效而非减员增效，尊重人格和知识经济等[8]。

2.2.5　垃圾、废水、粪便的生态卫生保洁运动

我国 13 亿人口中 25% 没有自来水或充足的安全水源供应、62% 没有卫生厕所、90% 的垃圾是自然堆置。即使在城里，32% 的住户也没有合格的卫生厕所。每年产生 5 亿t 小便（含 500 万 t 氮、50 万 t 磷和 112 万 t 钾）和 3000 万 ~ 4000 万 t 大便（含 66 万t 氮、22 万 t 磷和 44 万 t 钾）。如果这些肥料都回归农田，每公顷农田可以得到 56kg 氮、7.2kg 磷和 15.6kg 钾。生态卫生是由技术和社会行为所控制、自然生命支持系统所维持、生态过程给予活力的人与自然相互作用的生态代谢系统。它由相互影响、

相互制约的人居环境系统、废物管理系统、卫生保健系统、农田生产系统共同组成。生态卫生系统的目标就是要实现垃圾、废水、粪便的无害化处理和循环利用，实现人体健康、居室健康、农田健康和环境健康。其功能包括：社会生态功能——健康、清洁、卫生、方便、私密、有利于减轻市政工程的处理负担；经济生态功能——低投入、低运行费、节水、节土、节能、节省资源；自然生态功能——使各类污染、土壤施肥、蚊虫和病毒、碳减排等最小化或零排放[9]。

2.2.6　饮水、食物、空气的生态安全保育运动

通过各种社会、经济、行政的手段动员全社会的力量开展一场由政府引导、科技催化、企业运作、民众参与、舆论烘托的全民生态安全保育运动，确保所有居民能获得清洁的空气、安全的饮水、洁净的食物、无污染的住房和低风险的交通，以及减灾防灾的可靠保障，包括对资源开发、生产加工、运输销售、消费使用和废弃物的回收利用等全过程的自我和相互监督、管理和问责。

2.2.7　城乡环境整治的低成本、高效率的生态工程建设

生态工程是近年来异军突起的一门着眼于生态系统可持续发展能力的整合工程技术。它根据整体、协调、循环、再生的生态控制论原理去系统设计、规划和调控人工生态系统的结构要素、工艺流程、信息反馈关系及控制机构，在系统范围内获取高的经济和生态效益。不同于传统末端治理的环境工程技术和单一部门内污染物最小化的清洁生产技术，生态工程强调资源的综合利用、技术的系统组合、学科的边缘交叉和产业的横向结合，注重常规、适用技术的系统组装，其投资少、周期短、技术和人员素质要求不必太高。例如，污水分散处理和就地回用的生态工程；垃圾分类处理、就地减量的无害化、资源化、社会化的生态工程；空调供暖的可更新能源——地热、太阳能开发和建筑节能的生态工程等。

3　结　　语

生态健康科学是一门人与环境的关系学，是与寻常百姓的生存、发展以及自然和社会环境状态密切相关的待人、接物、处事的生计学，是人的生存之道、生活之术、生命之魂。

让我们大家都来关爱生态健康、规划生态健康、保育生态健康、管理生态健康，通过生态健康事业促进民族的振兴、人民的康宁和社会的长治久安。

参 考 文 献

[1] Szeming Sze. From Small Beginnings. World Health Forum，1988，9（1）：19-34

[2] WHO. Our Planet，Our Health. Report of the WHO Commission on Health and Environment，Geneva：1992.

[3] Odum E P. Ecology：A Bridge between Science and Society. Sinauer Associate Inc.，1997.

[4] 马世骏，王如松．复合生态系统与持续发展，复杂性研究．北京：科学出版社，1993：239-250.

[5] 王如松，胡聃，王祥荣，唐礼俊．城市生态服务．北京：气象出版社，2004.

[6] Wang Rusong，Qi Ye. Human Ecology in China：Its Past，Present and prospect. In：Suzuki S et al. Human Ecology coming of age：An International Overview. Brussels：Free University Brussels Press，1991：183-200.

[7] 王如松，何永，Paulussen J. 北京共轭生态规划研究．中国科学院生态环境研究中心研究报告，2004.

[8] 王如松，杨建新．产业生态学：从褐色工业到绿色文明．上海：上海科学技术出版社，2002：162.

[9] Esrey S A，Gough J，Rapaport D，et al. Ecological sanitation. Stockholm：Dept for Natural Resources and the Environment，Sida，1998.

[10] Wang Rusong，Yan Jingsong. Integrating hardware，software and mindware for sustainable ecosystem development：principles and methods of ecological engineering in China. *Ecological* Engineer，1998，11：277-290.

THE SCIENTIFIC CONNOTATION OF ECOHEALTH AND ITS SYSTEM APPROACH

Wang Rusong

(Research Center for Eco-Environmental Sciences，Chinese Academy of Sciences，Beijing 100085)

Abstract　On the basis of the complex ecosystem and human health theory，the scientific connotation and the system contexts of eco-health were illustrated. Three levels of ecohealth research were investigated：individual physiological and psychological health，community health in human physical，biological and metabolism environment (including clothes，diet，residence，transport，recreation，work and communication，etc.)，the industrial and regional ecological service function (including water，soil，air，living organism，mineral flows and watershed，region，landscape，etc.). A system approach for health regulation was discussed with some hot issues；study focus，significant progress，and some viewpoints of building in eco-health development were put forward.

Key words　ecohealth，connotation，systemic regulation

生态环境内涵的回顾与思考*

王如松

（中国科学院生态环境研究中心，北京 100085）

摘要 本文回顾了近20年来生态环境一词在社会上和国内外的使用情况，讨论了其科学内涵。认为生态环境是由生态关系组成的环境，是生命有机体赖以生存、发展、繁衍、进化的各种生态因子和生态关系的总和。文章还论述了生态建设的含义及其在实施科学发展观、推进可持续发展中的重要作用。

关键词 生态环境 生态关系 生态建设

万千世界，熙熙攘攘，蜂拥蚁聚；物质进进出出，能量聚聚散散，生命生生不息。人们无时无处不在和周围环境中的物、事、人打交道。

荀子曰："水火有气而无生，草木有生而无知，禽兽有知而无义，人有气、有生、有知、且有义，故最为天下贵也！"水、火、草、木、禽、兽、天、地构成绚丽多彩的生态网络。加上人气、人生、人知、人义和人文便构成了我们生机盎然的生态环境。环境是相对主体而言的，环境在英文中只有一个词：environment，而在德语中却有两类：Umfeld 或 Umgebung，泛指一般的物理环境，Umwelt 特指人和生物的生态环境。

生态环境是包括人在内的生命有机体的环境，是生命有机体赖以生存、发展、繁衍、进化的各种生态因子和生态关系的总和。生态环境不同于单一的物理因子，它是主体与客体间的相互作用，是生命在有限的时空范围内所依存的各种生态关系的功能性整合，迄今只在地球表层有限的薄壳中存在。如果把自然环境和生物都当作一维单元的话，生态环境则是两者间的二维互动关系。

生态环境是有生物网络（个体、种群、群落）、有生命活力、有互动关系、有空间格局、有生态过程（代谢、繁衍、进化）、有人类影响、有自组织能力的环境，是人类及万物生灵得以生存、发展、繁衍、进化的必要条件。

生态环境是与特定主体相联系的相互作用关系空间，不等同于自然环境。一种自然环境如果和特定人群或生物没有直接或间接的作用关系，就不是这类人群或生物的生态环境。比如没有人烟和生物的戈壁沙漠是自然环境，但不是人类或绝大多数生物的生态环境；热带雨林不是北极熊的生态环境，冰川不是鱼类的生态环境。另外，生态环境也不等同于生态系统，它不包括作为主体的生物或人本身，在空间上不一定都是连续的，在形态上不一定都是物质的。其主要功能是为主体提供生态服务，涉及生态系统和人类福祉的关系，其中不光有自然因子，也包括部分社会因素特别是政策、体制、技术和行为因素及社会关系，是自然环境、经济环境和社会环境的交集。

---

* 原载于：科技术语研究，2005，7（2）：28-31.

社会上普遍使用的生态环境一词，是人类生态环境的俗称，指人类环境中与主体的生存发展最直接相关的那类环境。这里的主体是人，可以是一个人、一家人、一类人、一群人、一个地区的人、一个时段的人甚至整个人类；其客体可以是有形或无形的、静态或动态的、物态或事态的、自然或社会的、局部或整体的、双向或网状作用的各种关系。

人类生态环境是自然界水、土、气、生物、能源、矿物等生态因子和人类生产、流通、消费、还原和调控等活动的系统耦合体，遵循整体、协同、循环、自生的生态规律，也受技术、体制、文化等社会关系的支配。

根据从 GOOGLE 搜索引擎统计，在出现英文组合单词“ecological environment”的 66 800 篇文献中，与美国（USA）有关的有 10 400 篇，与英国（UK）有关的有 8240 篇，与欧洲（Europe）有关的有 10 300 篇，与印度（India）有关的 7950 篇，与俄罗斯（Russla）有关的有 5580 篇，与澳大利亚（Australia）有关的有 7720 篇，与日本（Japan）有关的有 12 700 篇，与德国（Germany）有关的有 8160 篇。这表明生态环境一词不只在大陆和台湾地区，在欧、美、日和世界各地都在不同程度地被使用。

为什么人们对社会环境、文化环境、经济环境、居住环境、发育环境、市场环境、物理环境、地理环境、历史环境等都没有异议，唯独对生态环境或非生态环境就引起歧义了呢？问题出在“生态”一词的内涵。

生态是生物与环境、生命个体与整体间的一种相互作用关系，在生物世界和人类社会中无处不在，无时不有。而生态学则是研究生物与环境关系的一门科学，只在生态学工作者圈子里使用。Darling 指出，生态学作为一门研究生物与其环境之间关系的科学，是一个超出初创者想象的，意义更为重大的思想[1]。英文中只有 ecology（生态学）和 ecological（生态的或生态学的）两单词，没有作为名词的“生态”一词。著名生态学家 Odum 教授 1988 年访问中科院生态环境研究中心时，我们曾讨论过此事。他认为 ecology 也可以表示生态，但最好像经济（economy）和经济学（economics）的区别一样，将 ecology 解释为生态，而另为生态学创造一个新词，比如 ecologic 以代替 ecology。希望科学术语工作者能对此做些研究，也许汉语能比英语更早为生态一词正名。

民间泛谈的生态是生命生存、发展、繁衍、进化所依存的各种必要条件和主客体间相互作用的关系而不是科学意义上的生态学。一个乞丐不懂生态学，但他知道晚上要有一个蜷伏歇息、躲避风雨的方寸之地，白天要到有人施舍的环境去乞讨，随身还要有一块御寒遮羞的衣被和接受施舍的行囊，他还会有意无意地学习怎样与施舍者交流以博取更多的同情、选择效果较好的场所去乞讨，这就是乞丐的自然和社会生态环境。既然生态环境中的生态是日常生活中人人都要碰到的一种关系，与科学研究是两码事，学术界就不必去管他们的科学性了。这也是生态学还不成熟的一种表现。比如在社会学已经成熟了的今天，谁也不会关注“社会环境”一词的歧义性，去追问社会一词本身就包括了人文环境，为什么还要加环境而同义重复的问题了。

为了避开环境研究中自然环境、经济环境和社会环境的割裂，马世骏先生 1986 年在解释中国科学院生态环境研究中心的所名时反复强调：生态环境不是生态学和环境学的加和而是融合，是传统污染环境研究向生态系统机理和复合生态关系研究的升华。

他指出生态环境一词中的生态是形容词，环境是名词，不是并列的堆置关系，与生态位（ecological niche）一词有些相近，但生态环境一词更大众化一些，容易被社会和决策部门所接受，直观上是直接的生存、发展环境，科学上却是一个多维的直接和间接、有形和无形相辅相成的生态空间[2]。

总之，生态环境一词既不是“生态和环境”，也不是“生态学的环境”，而是由“生态关系组成的环境”的简称，英文为“ecological environment”，其组词为偏正结构，类似于动物生态学中的 ecological niche 或 effective environment。这里 ecological 和 niche 虽然都有环境的含义，词义的功用却不同，前者是功能性的定语，后者为客体性的名词。

中文用词力求简洁，常把形容词和副词中的“的”和“地”省略而代之以名词，如“不科学”是指科学方法上不合理，“不经济”是指效益代价上不划算，“不生态”是指生态关系上不合理，都是民间沿袭下来的通俗用语，进而发展为诸如“科学种菜”、“打扫卫生”和“生态居住区”等用语，虽然在辞海上还找不到其科学解释，却是社会上普遍接受的一种约定俗成。

Adams 早在 1912 年就指出：如果你偶尔发现一位生物学家介入了哲学或政治领域，或插手于人类教育，你用不着为此着急。因为归根结底那是他领域的一部分，只不过曾经被故意放弃而已[3]。生态学是人类认识环境、改造环境的一门世界观和方法论或自然哲学；是包括人在内的生物与环境之间关系的一门系统科学；是人类塑造环境、模拟自然的一门工程美学；是自然科学与社会科学的桥梁，是天地生灵和人类福祉的纽带。交叉、综合及人的影响是其有别于传统自然科学的显著特征，生态环境是生态学研究的一个重要内容。生态环境一词将传统单一的结构性因子升华为双向的功能性关系，推动人们的思想方法从还原论（孤立的、个体的、静止的）走向整体论，从环境主义、人本主义走向天人和谐的科学发展观，从自然生态保育与物理环境保护的割裂走向基于复合生态系统理念的融合，应当说是处理人与环境关系上的一种进步。生态环境研究旨在将整体论与还原论、微观世界与宏观世界、软科学与硬技术、理化科学与生命科学、自然科学与人文科学相融合，科学目标与国家目标相结合，从时、空、量、构、序诸方面探讨人与自然关系的动力学机理和控制论方法，促进人类社会的全面、协调、可持续发展。

生态环境建设是指对各类生态关系的调控、规划、管理与重建，简称生态建设。英文可译为 ecological development。建设一词，中文有创立、发展、兴建、布置等多重含义，其中发展的含义指事物从小到大，由简到繁，由低级到高级，由旧质到新质的成长发育过程，与英文的 development 更贴近一些。如何处理人与自然关系，国际上有生态掠夺、生态建设和生态回归（其典型代表是绿色和平组织的观点）三大派：生态掠夺不可持续，生态回归过于保守，而面向循环经济与和谐社会的生态建设才是发展中国家环境保护的正确途径。

人类生态环境是人类影响（历史的、现实的、正面的、负面的）的产物，人既是生态环境的建设者、也是生态环境的破坏者。人类生态环境是脆弱的、多样的，可以维持、修复、创造和建设。美国生态学会 2004 年发表了由 20 多名顶级生态学家经过一年多研究完成的题为“拥挤地球可持续能力的生态科学”的有关 21 世纪前沿生态学展望和行动方略的战略报告（www. esa. org/ecovision），并在 *Science* 上发表了报告摘要[4]。报告指出：长期以来，生态学家一直热衷于对原生生态系统的研究，21 世纪的生态学研究将把重点转移到生态系统和人类的共存关系及可持续能力建设上，强调从生态系统角度发展生态服务科学，从人类活动角度发展生态设计科学；我们未来的环境由人类为主体的、人类有意或无意管理的生态系统所组成；一个可持续发展的未来将包括维持性、恢复性和创建性的综合生态系统；生态学注定会成为制定可持续发展规划与决策过程中的重要组成部分；为了更好地开展生态学研究和有效地利用生态学知识，科学家、政府、企业界和民众必须在区域以至全球范围内结成前所未有的合作关系；未来的发展要求生态学家不仅仅是一流的研究人员，而且是决策制定过程中生态信息的提供者。

生态建设包括保护、修复和创建三种手段，生态评价、生态规划、生态设计、生态工程和生态管理等几类软硬方法。生态建设不应只限制在狭义的自然生态系统建设，更应包括人工生态系统建设如产业系统和人居环境的建设。如我们与前国际生态学会主席宫胁昭利用其城市次生植被的快速营造方法在马鞍山开展的矿山植被快速恢复的合作研究就是一个成功的人工生态系统建设案例。浙江金华城镇屋顶人工绿地生态工程建设，广西南宁农村生态卫生系统建设，四川雅安等一些地方将自然恢复与生态经济建设紧密结合的成功的退耕还林等都是主动型生态建设的成功案例。

由于体制的条块分割、科学的还原论影响，当前我国的区域生态建设和城乡环境保护基本上是各司其职，功能相互分离。其实，建设和保护是相辅相成、密不可分的。区域生态建设应以环境为体、经济为用，建设和谐社会；而城乡环境保护更应以生态为纲、文化为常，发展循环经济。源头的生态建设和末端的环境保护不能代替生态环境的整体保育和系统建设。将功能性的生态与结构性的环境分离，实施二元化的并列管理不利于学科的交叉和社会的综合发展。近年来，一些省市成立了将水生态建设和水环境保护融为一体的水务局，是生态建设和环境保护工作联姻的一个良好开端。希望将来能成立类似的能源与大气综合协调的能务局，土地的生产、生态和社会服务功能整合管理的土务局，矿山开采、冶炼、制造与废弃物还原（静脉产业）综合调控的矿务局，林、草、园林、作物、生物多样性、生态安全和生态健康综合管理的生物局，真正做到合纵连横，将生态建设、环境保护、经济发展和社会公益事业融为一体。

过去几十年，生态环境保护和生态建设运动对于推动我国城乡可持续发展事业发挥了积极作用。科学在发展，社会也在发展，任何在社会上已经流行的通俗名词只要有明确的语义内涵，对社会的进步和学科发展无害，不管其来源如何，经过历史的考验后都应根据约定俗成的原则予以肯定。科学工作者应该顺应潮流去接受、适应和因势利导地引导它。

生态是谐和的，遵循整体协同、循环自生、物质不灭、能量守恒；生态是进取的，追求高效竞争、开放共生、优胜劣汰、协同进化；生态是辩证的，和谐而不均衡、开拓而不耗竭、适应而不保守，循环而不回归。生态联结你、我、它，和谐社会敬重生态、遵循生态、保育生态、建设生态。

参考文献

马世骏．马世骏文集．中国科学技术出版社，1995.

Darling F F. A wide environment of ecology and conservation. Daedalus, 1967, 96: 1003-19.
McIntosh R P. The background of Ecology: Theories and Concept. Cambridge University Poress, 1985.
Palmer, et al. Ecology for a Crowded Planet. Science, 2004, 304: 1251-1252.

RETHINKING THE CONCEPT OF ECOLOGICAL ENVIRONMENT

Wang Rusong
(Research Center for Eco-Envivonmental sciences, Chinese Acadenny of sciences, Beijing 100085)

Abstract The term of ecological environment used by the publics and academic world at home and abroad in recent decades is discussed. It is defined as the integration of various ecological factors and relationships upon which man or living organism are surviving, developing, reproducing and evolving. The concept of ecological development and its significance to sustainable development are also investigated.

Key words ecological environment, ecological relationship, ecological development

生态政区规划与建设的冷思考*

王如松

（中国科学院生态环境研究中心，北京 100085）

摘要 本文基于作者1987年以来与地方决策管理人员一起在生态县、生态市和生态省的理论探索、规划编制、能力建设、人才培养和典型工程示范中取得的经验，分析了当前创建生态政区的8个认识论误区。提出了生态政区建设的内涵、宗旨、机遇和挑战，介绍了包括生态概念规划，生态工程规划和生态管理规划在内的生态政区规划内容。

关键词 行政区 生态建设 地方决策

生态政区（Ecopolis）是人们对按生态学规律（包括自然生态、经济生态和人类生态）规划、建设和管理一个行政单元（可以是一个省、一个市、一个地区、一个县或一个乡镇）的简称，指在生态系统承载能力范围内运用生态经济学原理和系统工程方法去改变人们的生产和消费方式、决策和管理方法，挖掘区域内外一切可以利用的资源潜力，建设一类经济高效、生态和谐、社会文明的生态社区。

生态政区建设的宗旨是通过生态规划、生态工程与生态管理，将单一的生物环节、物理环节、经济环节和社会环节组装成一个有强生命力的生态系统，从技术革新、体制改革和行为诱导入手，调节系统的结构与功能，促进全市社会、经济、自然的协调发展，物质、能量、信息的高效利用，技术和自然的充分融合，人的创造力和生产力得到最大限度的发挥，生命支持系统功能和居民的身心健康得到最大限度的保护，经济、生态和文化得以持续、健康的发展，促进资源的综合利用，环境的综合整治及人的综合发展。

自1987年由当时的国家环保局和国家科委支持的江苏大丰全国第一个生态县规划开始以来，作为技术支持单位，中国科学院生态环境研究中心与当地政府生态政区建设办公室合作组织了一大批跨学科的研究人员先后开展和跟踪了大丰生态县、扬州、日照生态市和海南生态省等国家环保总局批准的典型生态政区规划、建设与管理以及相关课题的理论和应用研究。18年来，我们与当地的科研、决策和管理人员一起在理论探索、规划编制、能力建设、人才培养和典型工程示范中取得了一定的经验，也发现了一些挑战和机遇，在这里与大家磋商。

1 生态政区是社会经济发展的高级阶段、是富人“阳春白雪”的奢侈品吗？

生态政区的测度指标是过程的健康程度而不是目标的绝对数量，必须看趋势、看

---

* 原载于：环境保护，2005，(10)：28-33.

进步、看活力、看阈值（饱和度）、看公平性、看和谐度、看满意度。经济富裕的不一定都是生态合理的，发展滞后不一定生态落后。生态政区的目标是生态和谐而不是环境优美，自然条件较差地区也可以通过生态建设实现关系和谐。目前创建生态政区的过程中，人们过分看重生态政区评估的绝对指标而忽视相对指标，着重结构指标而忽视功能指标，着重静态指标而忽视动态指标，导致中西部欠发达地区创建生态政区的积极性不高。今后除国家级的评估考核指标要逐步完善、科研部门的重点要有所倾斜外、体制改革要相应配套外，各地区的思想解放、观念转型也十分重要。

生态政区的内涵远不是经济发达和环境优美，其根本宗旨在于引进统筹兼顾的系统观，天人合一的自然观，巧夺天工的经济观和以人为本的人文观，实现不同发展水平下城乡建设的系统化、自然化、经济化和人性化。

（1）系统化。针对传统城市建设中条块分割、学科分离、技术单干、行为割据的还原论趋势，引入生态学以及中国传统文化中的整体、协同、循环、自生的复合生态系统原理，重视景观整合性、代谢循环性、反馈灵敏性、技术交叉性、体制综合性和时空连续性。

（2）自然化。营造一种朴实无华、多样性高、适应性强、生命力活、能自我调节的人居环境，具有强的竞争、共生、自生的生存发展机制；强调水的流动性、风的畅通性、生物的活力、能源的自然性以及人对自然的适应性和低的风险。

（3）经济化。以尽可能小的物理空间容纳尽可能多的生态功能，以尽可能小的生态代价换取尽可能高的经济效益，以尽可能小的物理交通量换取尽可能大的生态交流量，实现资源利用效率的最优化。

（4）人性化。最大限度地满足居民身心健康的基本需求和交流、学习、健身、娱乐、美学及文化等社会需求，诱导和激发人们的自然境界、功利境界、道德境界、信仰境界和天地境界的融和与升华。

2　生态政区建设是物理环境和生物环境的建设，钱到渠成吗？

生态建设是各类自然、社会和经济生态关系的建设，需要从体制、技术、行为多方面全面规划、设计与管理，资金可以加速硬件环境的建设，而软件和心件环境的建设光靠资金是不行的，必须以认知文化和体制文化为切入点，通过观念转型、体制改革、科技创新强化完善生态规划、活化整合生态资产、催化孵化生态产业、优化升华文化品位来培育。才有可能引来项目、资金、技术、人才，改善硬件环境。

生态政区建设面临新旧体制的矛盾、条块分割的冲突、上下认识的差异、内外环境的匹配、近期和远期效益的权衡，以及局部与整体关系的处置。事实表明，成功的生态政区建设必须有一个革新的班子、一类先进的理念、一种统筹兼顾的机制，一套决策咨询、科技孵化、信息反馈的技术支撑体系，一支长期合作、相互信赖的科研队伍，以及一个人才培训、绩效考核、生态监测、社会参与和舆论监督的能力建设网络，缺一不可。

3　生态政区追求的是环境、经济双赢目标吗？

当前社会商流行一种观念，认为国内外经验表明，“先污染后治理”、“先规模后效益”、“先腐败后廉洁”是资本积累的必由之路，最终都能达到环境经济双赢。其实，早期工业化国家经过200多年的摸索实现的局部环境经济双赢，是以对全球生态资产的掠夺、全球环境的恶化、殖民地人民的贫困和牺牲子孙后代的利益为代价换来的。沿海一些经济发达但生态失调地区局部可以双赢，也是以牺牲区域利益、健康利益、农民利益和社会利益为代价（不健康、不公平、不文明）换来的。

发展是硬道理，包括经济的发展、人的发展和环境的发展。生态政区建设就是要在资源和环境容量高效利用的前提下，以生态为纲，拉动社会、经济的快速起步和环境的和谐发展，促进人与自然的富裕、健康和文明，实现社会、经济和环境效益的三赢而不是双赢，双赢不是可持续发展。生态省、市、县规划要在对传统双赢战略的反思中强调区域环境尺度上的生态整合，产业层次上物质生产方式的重组，文化层次上人的素质观念和体制耦合方式的升华，实现人、物、境三层次的全面、协调、持续发展。这里的生态不只是生物生态、景观生态，更重要的是有关人类行为的社会生态、物质利用方式的经济生态和复合生态系统尺度上的整合生态。

4　面向循环经济的生态产业是废弃物减量化，资源化和循环利用的环保产业吗？

面向循环经济的生态产业是生态政区的动脉。循环经济是针对传统线性生产、单向消费、线性思维型的传统工业经济而言的。资源合理利用和物质循环再生的3R（减量化、再利用、再循环）原则是循环经济的重要原则但不是全部原则。循环不是简单的周而复始或闭路循环，而是一种螺旋式的有机进化和系统发育过程，包括物质的循环利用和再生（将时空错置的废弃物资源重新纳入代谢循环中）；能源的清洁利用和永续更新；信息的灵敏反馈和知识创新；人力的繁育、繁衍和继往开来；资金的高效融通和增值；空间格局和过程的整合而非破碎，融通而非板结，平衡而非滞竭；过去、现在、未来的时间连贯性、代际公平性和过程平稳性；以及自组织、自适应、自调节的协同进化功能（进化而非优化，柔化而非刚化，人化而非物化）。循环经济导向的产业生态转型需要在技术、体制和文化领域开展一场深刻的革命。

循环经济不只是物质的闭路循环，而且是一场技术、体制、行为领域有关生产要素、生产关系和生产方式的革命和结构、功能的重组。与资源合理利用和物质循环再生的3R小循环相对应，当前我国循环经济转型的首要任务是促进观念转型、体制改革和功能重组的3R大循环。

观念转型（rethinking）：从还原论走向整体论，从掠夺型走向共生型。促进决策者、经营者、消费者、科技工作者和社会传媒在生产、消费、流通、还原和调控方面以信息反馈为核心的理念更新和观念转型。

体制改革（reform）：从基于产值与利润的物流型部门经济小循环走向面向社会与

自然的服务型区域经济大循环，引入催化、孵化机制，促进产业结构、产品结构、景观结构、管理体制和科技结构的横向、纵向、区域和社会耦合。

功能重组（re-function）：从谋生型被动受控行为到学习型自主自生行为，从物态、事态走向人类生态，促进从微观、中观和宏观等不同时、空、量、构、序尺度的功能整合和规划、建设、管理领域的技术更新，促进自然、经济和社会的功能健康型循环。

3R 大循环的核心是运用产业生态学方法，通过横向耦合、纵向闭合、区域耦合、社会整合、功能导向、结构柔化、能力组合、增加就业和人性化生产等手段促进传统产业的生态转型，变产品经济为功能经济，促进生态资产与经济资产、生态基础设施与生产基础设施、生态服务功能与社会服务功能的平衡与协调发展。

循环经济首先是一种市场经济，遵守竞争原则、效率原则和效用原则。现代循环经济既要求宏观尺度上资源利用的效率，又要求微观尺度上经济发展的效用，实现高效与和谐的辩证统一。我国整体上还处在工业化的初期，我们的建设既需要发展的稳度又需要发展的力度，如果只强调物质的闭路循环而忽视产业发展的力度，全面建设小康社会的进程会十分缓慢。循环经济依托于自然生态的大循环（水、土、气、生、矿从摇篮到坟墓再到摇篮的全代谢过程），社会生态的中循环（规划、管理、研究、教育、消费）和产业生态的小循环（研发、生产、营销、废弃物管理和培训）。未来循环经济的焦点正从运筹物态（优质畅销的物质产品）向事态（多功能的社会系统服务）、生态（无形的自然生态公益）和人态（企业和社区文化与人的能力建设）转型（图 1）。

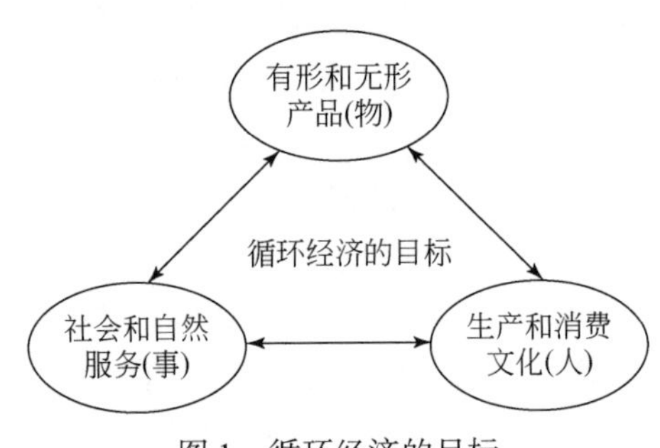

图 1　循环经济的目标

生态政区的产业不可能都是生态产业，而是面向循环经济的产业生态转型，包括传统产业的转型和新兴产业的孵化，要通过从产品经济走向服务经济的功能导向、从链式经济走向循环经济的纵向闭合、从竞争经济走向共生经济的横向联合、从厂区经济走向园区经济的区域耦合、从部门经济走向网络经济的社会复合、从自然经济走向知识经济的软硬磨合、从刚性生产走向柔性生产的自我调节、从减员增效（效率）走向增员增效（效率加效用）的就业结构调整以及从务工谋生走向生态乐生的价值观念转化，系统推进生态政区的产业革命，探索一种具有中国特色的社会主义市场经济条件下高效和谐发展地方经济的新型产业化模式。

5　生态文化是文物保护，景观塑造的物态文化吗？

天人合一、和谐共生的生态文化是生态政区的灵魂。生态文化是物质文明与精神文明在自然与社会生态关系上的具体表现，是天人关系的文化，涉及体制文化（管理人与自然、人与人、局部与整体关系的体制、制度、政策、法规、机构、组织等）；认知文化（对自然生态、人文生态以及天人关系的系统生态的认知，包括生态哲学、生态科学、生态技术、生态美学的教育和传播）；物态文化（人类改造自然、适应环境的物质生产方式和生活消费行为，以及有关自然和人文生态关系的物质产品，如建筑、景观、古迹、艺术产品等）；心态文化（人类行为及精神生活的规范，如道德、伦理、信仰、价值观等，以及有关自然和人文生态关系的精神产品如文学、音乐、美术、声像等）。其核心是改造人、增强人类种群利用资源、适应环境，与自然和谐共生、协同进化的能力，而不只是狭义的文物保护、景观塑造意义上的视觉文化。

6 生态政区建设规划就是行政区域的生态环境规划吗？

生态政区建设规划不同于政区生态环境规划，它是一类综合型的可持续发展规划，是包括生态环境、生态产业和生态文化以及三者相互关系在内的战略发展规划。“生态政区”中的生态不是简单的天蓝地绿、山清水秀，而是一种竞争、共生、自生的生存发展机制；一种具有开拓性、适应性和可持续性的活力结构；一种时间、空间、数量和秩序持续与和谐的服务功能；一种不断进化与完善的通向可持续发展的过程；一种发展生产力同时又保育生存环境的战略举措；一场技术、体制、文化领域的社会变革。其理论基础是作为自然哲学、系统科学和工艺美学的生态科学。生态是辩证的，和谐而不均衡、开拓而不耗竭、适应而不滞留、循环而不回归。

生态政区规划包括生态概念规划、生态工程规划和生态管理规划。其中，生态概念规划包括自然和人类生态因子规划、生态关系规划、生态功能规划、生态网络规划。

（1）自然生态因子规划。水（水量、水质、水生、水景、水灾）；火（太阳能、化石能、气候、大气）；土（土壤、土地、地质、地理、景观）；木（植被、作物、动物、微生物及其他生命有机体）；金（矿产、建材、营养物、废弃物）。

（2）人类生态因子规划。人口（数量、质量、结构、动态）；人力（劳力、智力、购买力）；人文（技术、体制、文化）；人心（价值、信仰、伦理、道德、风尚）；人气（集聚效应、环境影响）。

（3）生态关系规划。空间区域：流域、政域、城域、街区；时间：地质、地理、城建、经济、人文；数量：规模、速度、密度、容量、足迹；结构：人口、产业、景观、社会、基础设施；序理：竞争、共生、自生、再生、进化。

（4）生态功能规划。生产功能（物质和精神产品）；生活功能（就业、消费、居住、游息）；流通功能（人、财、物、信息）；还原功能（环境净化缓冲、废物循环再生、医疗保健、教育改造）；调节功能（人工管理和自然调节）。

（5）生态网络规划。物质代谢网络（输入、排出）；能源聚散网络（供需、耗散）；水代谢网络（量与质、自然与人工）；交通运输网络（人、物、信息）；城市景观肌理（风、水、形、神）；城市社会纹脉（商贾、人文、邻里）；城市管理体制（社会、经济、环境）；城市安全网络（治安、急救、防灾）。

生态概念规划是一种新思路、大手笔、粗线条的战略规划、目标规划和概念规划，它不是代替，而是引导、促进、补充、协调城市总体规划、环境规划和社会经济发展计划，为这些规划的制定和修编提供战略指导和生态协同方法。其功能在于指明方向、孕育机制、推荐方法、控制进程。主张一种逆向思维：不是怎样才能可持续发展，而是不这样发展就不可能持续。生态承载力 K（资源承载力、环境容量、市场潜力）、内禀增长率 R（技术、体制、行为）以及系统整合力 I（景观整合、产业整合、文化整合）的动态变化是生态政区调控的抓手，是生态规划的核心内容。

生态工程规划包括水生态工程、能源生态工程、景观生态工程、交通生态工程、建筑生态工程以及废弃资源利用的生态工程等的系统设计、规划与管理。

生态管理规划包括政区生态资产、生态服务、生态代谢、生态体制、生态文明的管理。其中城市生态资产指城市的生存、发展、进化所依赖的有形或无形的自然支持条件和环境耦合关系，它是城市生态系统赖以生存的基本条件，有形生态资产如太阳能、大气、水文、土地、生物、景观等自然生态资产和附加有人类劳动的水利、环保设施、道路、绿地等人工生态资产。无形生态资产包括生态区位、风水组合、气候组合等自然生态资产及交通、市场、文化等人工生态资产。生态资产审计、监测和管理是生态城市建设的重要环节。城市生态服务是指为维持城市的生产、消费、流通、还原和调控功能所需要的有形或无形的自然产品和环境公益。它是城市生态支持系统的一种产出和功效，如合成生物质，维持生物多样性，涵养水分与稳定水文，调节气候，保护土壤与维持土壤肥力，对环境污染的净化、与缓冲，储存必需的营养元素，促进元素循环，维持城市大气的平衡与稳定等。城市生态服务有时折合为生态足迹来计算。城市生态代谢是流人和流出城市的食物、原材料、产品、能流、水流及废弃物的生命周期全过程，具有正、负两方面的生态效益和生态影响。可以通过生命周期评价和投入产出分析来测度。城市生态代谢评价是城市产业发展和市政建设的基础和依据。

海南、扬州、日照等省市的生态规划中提出了通过生态产业的孵化、生态环境的培育和生态文化的诱导去弘扬一种高效的生态技术、和谐的管理体制和系统负责的社会行为，促进经济和环境协调发展的生态建设新模式，为各级可持续发展与生态建设示范区建设提供了方法。如扬州生态市规划的重点是：以水资源调控、水环境治理、水生境保育、水景观建设和水安全保障为核心的区域生态建设；以生物资源循环再生、生态卫生设施建设和生态工程整合为核心的乡村生态建设；以可再生能源利用、人居环境建设和生态文化延续为核心的城镇生态建设。

7　生态政区规划编制是规划单位的事、生态政区建设是环保部门的事吗?

生态政区规划不是一个职能部门或一个科研单位可以完成的，而首先应是主管领导的事，是各部门间综合协调的事。规划单位只能提供技术指导，其数据来源、关系调查、信息反馈和实施办法全靠各主管和职能部门承担。当前很多生态政区规划只是为完成任务，请一个规划单位，炒点概念，列点指标，写在纸上，挂在墙上而已。其实，政府部门要的不是本本，而是推进生态政区整体建设的具体方针、政策和符合区情的行动纲领和外引内联的技术途径，规划不能只是写在纸上，更重要的是落地落实。

科研单位，而是要连续跟踪、与当地各部门紧密配合，参与当地的能力建设和软硬技术的催化、鲜化和策划。不仅要告诉执行者哪些不能做（红线），还要告诉他们哪些能做（绿线）和怎么做。我们跟踪和参与大丰生态县建设18年、海南10年、扬州6年、日照5年等地的生态建设，帮助他们引进项目、培养人才、传播知识、更新规划、推进能力建设，取得了较好的效果。

生态政区建设不是单一环保部门可以组织和协调的。大丰1988年就成立了生态县建设领导小组和综合协调办公室，直属县政府领导，有编制、有经费、有计划、有检查。海南省由省政府主要领导挂帅、由计划厅和资源环境厅联合牵头成立了生态省建设联席会议和综合协调办公室，扬州、日照等市也都建立了生态市建设领导小组和综合协调办公室，在分管市长主持下协调各类超越环保部门权限的统筹兼顾事宜。我们也调查了一些正在开展生态政区建设的地区，凡是主要负责人不重视，没有建立部门间协调机制，没有落实人员编制、资金渠道和管理办法的，其生态规划都如同虚设，生态建设只是一个口号。

8　生态政区建设就是分部门指标的达标建设吗？

很多地区在争创生态政区时往往有一项或多项经济或环境指标差距较大，导致这些地区要么灰心丧气，可望而不可即，要么几年内分部门突击，“全面”达标。这些想法和做法都是片面的。

我国正处在从农业经济向工业经济、计划经济向市场经济、田园社会向城市社会、物耗社会向生态社会转型的关键时期，我们要在半个世纪左右的时间内完成发达国家经过两个多世纪完成的现代化进程，面临着新老体制的矛盾、传统观念的冲突、资源环境的约束和人才短缺的瓶颈。生态政区建设是一个长期、艰巨的历史任务和走向可持续发展的渐进过程，不能一蹴而就。面对多元化、全球化、城市化、生态化的世纪大潮，需经过长期的不懈努力才能逐步实现生态政区规划提出的各项任务，使可持续发展综合实力逼近理想水平。但不同时段可以有不同的阶段目标，其测度指标应是过程的健康程度而非发展的绝对水平。

其实，一个基础很好的地区，尽管一些绝对指标冒尖，如果丢掉整合、丢掉协调，集中精力治标，单个部门突击，结果这些指标虽然表面上上去了，由于机制没解决，脱离当地的实际，不久还会掉下来，而且往往会顾此失彼，使其他一些指标落后，违背了生态政区建设的本意。相反，一个基础较弱的地区，尽管绝对指标差距大，但若能明确目标，系统调理，奋起直追，有可能后来居上，在总体上实现生态政区的健康发展。整体大于部分之和，如果各个组分的生态关系统筹好了，系统可能会有意想不到的跨越式进展。创建生态政区是要创造一种高效、和谐、健康的生存发展机制，而不是一个“政绩卓著的名片”。

参考文献

马世骏，王如松．1984. 社会–经济–自然复合生态系统．生态学报，4（1）：1-9.

王如松，林顺坤，欧阳志云．2004. 海南生态省建设的理论与实践．北京：化学工业出版社，324.

王如松，欧阳志云 . 1996. 生态整合——人类可持续发展的科学方法 . 科学通报，41：47-67.

王如松，王祥荣，胡聃，等 . 2004. 城市生态服务功能 . 北京：气象出版社：254.

王如松，徐洪喜 . 2004. 扬州生态市规划方法研究 . 北京：中国科学技术出版社：232.

王如松，杨建新 . 2000. 产业生态学和生态产业转型 . 世界科技研究与发展，22（5）：24-32.

王如松，杨建新 . 2002. 产业生态学：从褐色工业到绿色文明 . 上海：上海科学技术出版社：162.

王如松 . 2003. 产业转型的生态学方法 . 见：金涌等 . 生态工业原理及应用 . 北京：清华大学出版社：77-102.

王如松 . 2005. 循环、整合、和谐 . 北京：中国科学技术出版社：400.

Wang R S，Simeone G. 2005. Circular Economy：Principles and Practices in Europe and China.

Wang R S，Yan J S. 1998. Integrating hardware，software and mind ware for sustainable ecosystem development：principles and methods of ecological engineering in China，Ecological Engineering，11（1998）：277-290.

生态政区建设的系统框架*

王如松

（中国科学院生态环境研究中心，北京 100085）

生态政区是人们对按生态学规律（包括自然生态、经济生态和人类生态）规划、建设和管理一个行政单元的简称。它是指在生态系统承载能力范围内运用生态经济学原理和系统工程方法去改变人们的生产和消费方式、决策和管理方法，挖掘区域内外一切可以利用的资源潜力，建设一类经济高效、社会和谐、生态安全的可持续发展社区。生态政区建设的生态学基础是环境为体、经济为用、生态为纲、文化为常。生态是辩证的，和谐而不均衡、开拓而不耗竭、适应而不滞留、循环而不回归。其可持续发展的 3 个支撑点是生态安全、循环经济与和谐社会（图 1）。

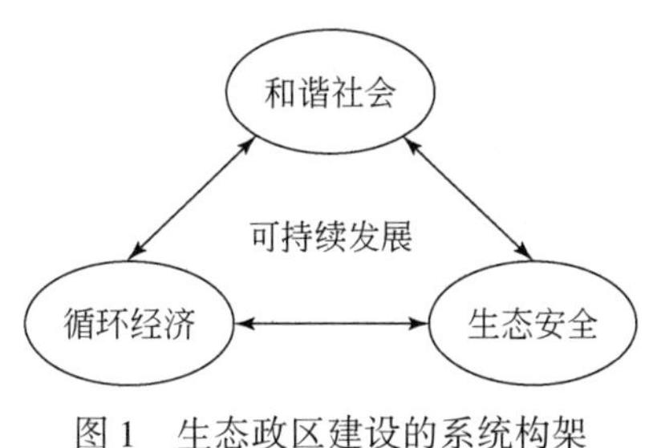

图 1　生态政区建设的系统构架

1　区域生态安全与生态系统管理

区域生态安全是对包括人在内的生物与环境关系稳定程度、生存和发展的风险和区域生态系统可持续支撑能力的测度，包括资源承载能力、环境容纳能力、灾害应变能力以及生态服务和建设能力。生态安全首先是自然子系统为人类活动提供的承载、缓冲、孕育、支持、供给能力的安全，主要是人与水、土、能、生物、地球化学循环 5 类生态因子相互耦合形成的生态过程的安全。包括环境容量是否溢出、战略性自然资源承载力是否超载、重大生态灾害是否得到防范等。其次是作为人类生存发展基础的经济子系统为人类提供的生产、流通、消费、还原和调控功能的安全。再次是社会生态关系的安全，涉及个体和群体的生理、心理、生殖、发育健康以及社会关系健康的人口生态安全。

区域生态安全是国家安全和社会可持续发展的基础。区域生态安全的客观属性有三个方面：生态风险、生态脆弱性、生态服务功能。

---

* 原载于：环境保护，2007，(3A)：44-47.

生态风险。指各种自然和人为灾害导致人居环境和人类赖以生存的生态支持系统（水文、土壤、空气、气候、生物、地质）及人群生态健康损害的连锁反应型风险。这种风险能跨越大的时间尺度（累积性）、空间尺度（区域性）、管理尺度（行业、部门），产生多种复合的生态效应（化学的、物理的、生物的、生理的、心理的、社会的、经济的）和多环节的链式反应，打破正常的生态平衡，最终导致生物和人的致病、致残、致畸、致癌，给区域、部门和行业的社会经济发展带来直接和间接的负面影响。生态脆弱性指一定社会政治、经济、文化背景下，某一系统对环境变化和自然灾害表现出的易于受到伤害和损失的性质，这种性质是系统自然环境与各种人类活动相互作用的综合产物。对于生态安全来说，生态风险表征了环境压力造成危害的概率和可能后果；通过脆弱性分析，可以知道生态安全的威胁因子和利导因子有哪些，它们是怎样起作用的，以及人类可以采取怎样的应对和适应战略。

生态服务功能。生态风险是对生态安全危及程度的逆向测度，包括资源承载风险、环境容纳风险、灾害危害风险。但生态安全不等同于生态风险，它还由正向测度、由自然进化和人工建设两部分结果组成，我们用生态服务来衡量。生态服务是自然生态系统为人类的生产、消费、流通和还原活动所提供的资源供给、生物质生产、水源涵养、环境净化、调节气候、保持生物多样性以及景观、休憩、旅游、历史文化承载、劳动和就业机会等功能。生态安全不仅需要防护，还可以建设。生态风险越小，生态服务功能越强，生态关系就越安全。

生态安全问题的科学实质是资源代谢在时间、空间尺度上的滞留和耗竭，系统耦合在结构、功能关系上的破碎和板结，社会行为在局部和整体关系上的短见和调控机制上的缺损。生态安全的动力学机制有客观和主观两方面，瘠薄脆弱的生态环境、僧多粥少的自然资源、积重难返的历史问题和违背生态规律的人类活动是生态安全失衡的客观原因；还原论的思想方法和科学技术、条块分割的管理体制和考核指标、资本积累早期的暴发投机心理和社会主义初级阶段的“口号文化”是生态风险经久不息的人文土壤。

生态系统管理是按生态学的整体、协同、循环、自生原理去系统规范和调节人类对其赖以生存的生态支持系统的各种开发、利用、保护和破坏活动，使复合生态系统的结构、功能、格局和水、土、气、生物、能源和地球化学循环的复合生态过程得以高效、和谐、持续运行的系统方法。生态安全管理涉及生态资产管理、生态服务功能管理、生态代谢过程管理、生态健康状态管理以及复合生态关系的综合管理。生态管理模式应遵循资产的正向积累、经济的持续增长、环境的稳步改善、体制的公平合理、社会的和谐共生、传统文化的延续及自然活力的维系。要处理好生态资产与经济资产、自然服务与社会服务、生存能力与发展能力、工程建设与生态建设、硬件开发与软件开发和心件管理的生态控制论关系。要特别注重自然支持能力（水、土、气、生、矿等生态基础设施的生产、保育、容纳及调节能力）、人工设施能力（能源、交通、网络、水利、环保等人工基础设施的支撑和服务能力）及社会创新能力（技术创新、体制创新、观念创新）的建设。

2　循环经济建设与产业生态转型

循环经济是基于系统生态原理和市场经济规律组织起来的、具有高效的资源代谢过程、完整的系统耦合结构及整体、协同、循环、自生功能的网络型、进化型的复合生态经济。它的循环不仅是废弃物循环，还包括社会生态的中循环和自然生态的大循环，包括水、土、气、生、矿等生态因子从摇篮到坟墓再到摇篮的全代谢过程。循环经济的循环是物质循环、能量更新、信息反馈、空间和谐、时间连贯、资金流通以及人力进化过程的生态循环。

生态循环不是简单的周而复始或闭路循环。资源合理利用和物质循环再生的3R原则（减量化、再利用、再循环）是循环经济的重要原则，但不是全部原则。推行循环经济的前提是促进社会和产业的观念更新、体制革新和技术创新，可称为循环经济建设的“三新”原则或大3R原则。

观念更新（Rethinking）从还原论走向整体论，从掠夺型走向共生型，从开环经济走向闭环经济，从资源经济走向知识经济，从产品导向走向功能导向，从外控型走向自生型。促进生产、消费、流通、还原和调控理念的更新，决策者、经营者、消费者、科技工作者和社会传媒的观念转型。

体制革新（Reform）从基于产值与利润的物流型部门经济小循环走向面向社会与自然的服务型区域经济大循环，引进催化、孵化机制，促进产业结构、产品结构、景观结构、管理体制和科技结构的横向、纵向、区域和社会耦合，完善区域统筹、城乡统筹、人与自然统筹、社会经济统筹、内生与外延统筹的规划、管理体制、法规和政策。

技术创新（Renovation）从工艺革新、产品革新走向功能革新、系统革新，从物态、事态、走向人态，强化规划与孵化、研究与开发、服务与培训的技术主导作用，软件和硬件的协同效应。促进从微观、中观到宏观等不同时、空、量、构、序尺度的功能整合和规划、建设、管理领域的技术更新。

面向循环经济的产业生态转型主要包括以下9类途径。

横向联合从竞争经济走向共生经济，不同工艺流程、生产环节和生产部门间的横向耦合、废弃物交易及资源共享，变污染负效益为资源正效益。

纵向闭合从链式经济走向循环经济，第一、第二、第三产业在企业内部形成完备的功能组合，产品和废弃物在其从摇篮到坟墓的生命周期全过程实施系统管理。

区域耦合从厂区经济走向园区经济，厂内生产区与厂外相关的自然及人工环境构成空间一体化的产业生态复合体，逐步实现有害污染物向区域外的零排放，保障区域生态资产的正向积累、国土生产功能和生态服务功效的正常发挥。

社会复合从部门经济走向网络经济，企业将社会的生产、流通、消费、生态服务和能力建设的功能融为一体，为辖地和周边居民提供就业机会和宜居环境，培育一种新型的企业和社区文化。

功能导向从产品经济走向服务经济。以企业对社会和自然的生态经济服务功效而不是以产品或利润为经营目标，谋求经济产品、社会服务和生态文化的多样化、进化式三维产出。

结构柔化从刚性生产走向柔性生产，灵活多样的柔性产品和产业结构、管理体制、进化策略和完善的风险防范对策，可随时根据资源、市场和外部环境的随机波动调整产品、产业结构及工艺流程。

增加就业从减员增效走向增员增效，一线生产的两头，即研究与开发，服务与培训环节的劳力和智力需求将大大增加。企业内第三产业的智力和劳力从业人员将急剧增加。提高劳动生产率的结果是增加而不是减少就业机会。

人性化生产从务工谋生走向生态乐生，劳动不只是一种成本，也是劳动者实现自身价值的一种享受，员工一专多能，是产业过程自觉的设计者、调控者和所有者，而不是机器的奴隶。

能力组合从自然经济走向知识经济，配套的硬件、软件和心件能力建设，决策管理、工程技术、研究开发和服务培训能力相匹配，学科的边缘交叉和技术的横向组合。企业信息及技术网络的畅通性、灵敏性、前沿性和开放性。

3 生态政区规划与和谐社会建设

生态政区的根本宗旨在于引进统筹兼顾的系统观，天人合一的自然观，巧夺天工的经济观和以人为本的人文观，实现不同发展水平下城乡和谐社会的建设。

和谐社会的内涵有 4 层：第一是人和自然环境的和谐，包括水、土、气、生、矿等自然生态因子、生态过程和生态服务功能的自然生态和谐；第二是人的社会生产、流通、消费、还原和调控方式的经济生态和谐；第三是人的温饱境界、功利境界、道德境界、信仰境界、天地境界等人类生态境界的和谐；第四是社会的技术、体制、文化在时、空、量、构、序层面的系统生态管理方法的和谐。

和谐社会的核心是人，即“以人为本”。要整合和平衡人和天、地、事、物之间的系统关系。天是指气候、天文、大气等空间环境，地指土地、土壤、地理等地表环境，事指事情组织运筹和行为规范诱导的社会过程，物是指物质循环、能量转换和生物新陈代谢的生态过程。要处理好自然与社会，结构与功能、局部与整体、机会与风险间的共轭关系。

和谐的核心是 4 个动词：一是开拓，开拓生态位，必须要有发展的力度；二是适应，适应环境，不能超越环境去发展；三是反馈，信息的正、负反馈和物质的循环再生；四是整合，结构、功能、格局、过程的多维生态整合。

生态政区中的物、事、人三者分别是由现代科技、政治和文化子系统来支撑的。科技推动经济发展，它是格物的，设计的是物理空间，主要强调物质文明；政治是主事的，是管理众人之事，调控的是事理空间，要创造一种政治文明；文化是育人的，化育的是心灵空间，要倡导一种精神文明；而和谐社会的目标则必须通过穿针引线，促进一种精神文明、物质文明和政治文明和谐的生态文明，它强调的是一种多维生态关系的统筹。

生态政区建设的宗旨是通过生态规划、生态工程与生态管理，从技术革新、体制改革和行为诱导入手，将单一的生物环节、物理环节、经济环节和社会环节组装成一个生命力强的生态系统，促进政区社会、经济、自然的协调发展，物质、能量、信息的高效利用，技术和自然的充分融合，人的创造力和生产力得到最大限度的发挥，生命支持系统功能和居民的身心健康得到最大限度的保护，实现资源的综合利用，环境的综合整治及人的综合发展。

生态政区的测度指标是过程的健康程度而不是目标的绝对数量，必须看趋势、看进步、看活力、看阈值（饱和度）、看公平性、看和谐度、看满意度。经济富裕的不一定都是生态合理的，发展滞后不一定是生态落后。生态政区的目标是生态和谐而不是环境优美，自然条件较差地区也可以通过生态建设实现关系和谐。目前创建生态政区的过程中，人们过分看重生态政区评估的绝对指标而忽视相对指标，着重结构指标而忽视功能指标，着重静态指标而忽视动态指标，导致中西部欠发达地区创建生态政区的积极性不高。今后除国家级的评估考核指标要逐步完善、科研部门的重点要有所倾斜外、体制改革要相应配套外，各地区的思想解放、观念转型十分重要。

生态政区建设包括各类自然、社会和经济生态关系的建设，需要从体制、技术、行为多方面全面规划、设计与管理，资金可以加速硬件环境的建设，但光靠资金是不行的，必须以认知文化和体制文化为切入点，通过观念转型、体制改革、科技创新强化完善生态规划、活化整合生态资产、催化孵化生态产业、优化升华文化品位来培育。

生态政区建设面临新旧体制的矛盾、条块分割的冲突、上下认识的差异、内外环境的匹配、近期和远期效益的权衡，以及局部与整体关系的处置。事实表明，成功的生态政区建设必须有一个革新的班子，一类先进的理念，一种统筹兼顾的机制，一套决策咨询、科技孵化、信息反馈的技术支撑体系，一支长期合作、相互信赖的科研队伍，以及一个人才培训、绩效考核、生态监测、社会参与和舆论监督的能力建设网络，缺一不可。

天人合一、和谐共生的生态文化是生态政区的灵魂。生态文化是物质文明与精神文明在自然与社会生态关系上的具体表现，是天人关系的文化，涉及体制文化（管理人与自然、人与人、局部与整体关系的体制、制度、政策、法规、机构、组织等）；认知文化（对自然生态、人文生态以及天人关系的系统生态的认知，包括生态哲学、生态科学、生态技术、生态美学的教育和传播）；物态文化（人类改造自然、适应环境的物质生产方式和生活消费行为，以及有关自然和人文生态关系的物质产品，如建筑、景观、古迹、艺术产品等）；心态文化（人类行为及精神生活的规范，如道德、伦理、信仰、价值观等，以及有关自然和人文生态关系的精神产品如文学、音乐、美术、声像等）。其核心是改造人，增强人类利用资源、适应环境，与自然和谐共生、协同进化的能力，而不只是狭义的文物保护、景观塑造意义上的视觉文化。

生态政区建设规划不同于政区生态环境规划，它是一类综合型的可持续发展规划，是包括生态环境、生态产业和生态文化以及三者相互关系在内的战略发展规划。其理论基础是作为自然哲学、系统科学和工艺美学的生态科学。生态政区规划不是一个职能部门或一个科研单位可以完成的，应由主管领导主抓，各部门间综合协调。规划单位只能提供技术指导，其数据来源、关系调查、信息反馈和实施办法全靠各主管和职能部门承担。政府部门要的不是“本本”，而是推进生态政区整体建设的具体方针、政策和符合区情的行动纲领和外引内联的技术途径，规划不仅要写在纸上，更要渗透到地上和心里。科研单位的职责也不只是编一个本本，而是要连续跟踪、与当地部门紧密配合，参与当地的能力建设和软硬技术的催化、孵化和策划，不仅告诉执行者哪些不能做，还要告诉他们哪些能做和怎么做。

世界生态高峰会与全球高峰生态学*

王如松

（中国科学院生态环境研究中心，北京 100085）

摘要 “第三届世界生态高峰会”于2007年5月22～27日在北京成功举行，主题为“生态复杂性与可持续发展：21世纪生态学的机遇和挑战”。1400余名世界生态界精英和30多个生态学相关国际组织的首脑参加了这次峰会，会议发表了《推进全球生态建设、弘扬可持续生态科学的北京生态宣言》，认为生态学是认识世界、改善环境、美化生活和决策管理的强力工具。峰会的极大成功标志着面向人与地球村可持续发展的世界生态学进入了一个崭新的历史阶段。

关键词 生态 高峰会 复杂性 可持续发展能力 北京生态宣言

1 第三届世界生态高峰会

地球正在遭遇自有人类历史以来最剧烈的环境变化。急剧加速的城市化、工业化、全球化和信息化在显著改善人类福祉的同时，对区域和全球环境以及人类健康和生存的负面影响已清楚地摆在人们面前。资源耗竭、环境污染、生境消失，以及全球气候变化、生态系统服务功能退化对人类和地球村的威胁正引起各国学术界、政界、产业界、媒体以及全社会的广泛关注。但是，无论对生态复杂性的科学机理和方法，还是对生态持续性的理论、技术、手段和方法的研究及应用都还远远跟不上时代的需求。

为此，一个由国际生态学会、国际科联环境问题科学委员会、国际城市和区域规划师协会、国际人类生态学会、国际景观生态学会、国际生态工程学会、国际生态城市建设理事会、全球水伙伴、英联邦国家人类生态学理事会、东亚地区生态学会联盟、欧洲生态学联盟、德语系国家生态联合会、中国生态学学会、美国生态学会、英国生态学会、中华海外生态学者协会等20多个国内外生态学相关领域的权威学术组织和团体共同发起，由中国生态学学会和Elsevier出版集团联合主办，中国可持续发展研究会、中国地理学会、中国自然资源学会、中国生态经济学会、中国城市科学研究会以及中国环境科学学会协办的“第三届世界生态高峰会（EcoSummit2007）”于2007年5月22～27日在北京举行。参加世界生态高峰会的来自世界70多个国家和地区以及20多个国际生态学理事会、东亚地区生态学会联盟、欧洲生态学联盟、德语系国家生态联合会、中国生态学学会、美国生态学会、英国生态学会、中华海外生态学者协会等20多个国内外生态学相关领域的权威学术组织和团体共同发起，由中国生态学学会和Elsevier出版集团联合主办，中国可持续发展研究会、中国地理学会、中国自然资源学

* 原载于：中国科学院院刊，2007，22（4）：330-333.

会、中国生态经济学会、中国城市科学研究会以及中国环境科学学会协办的“第三届世界生态高峰会（EcoSummit2007）”于 2007 年 5 月 22 ~ 27 日在北京举行。参加世界生态高峰会的来自世界 70 多个国家和地区以及 20 多个国际和地区学术团体的 1400 多位生态学工作者聚集北京，他们忧心忡忡、踌躇满志，呼吁世界各国政府和民众紧急行动起来，用自己的智慧和行动拯救生态、拯救自然、拯救人类。

峰会得到全国人大环境与资源保护委员会、中国科学技术协会、中国科学院、北京市人民政府等部门和相关学术团体的大力支持。全国人大常委会副委员长蒋正华、全国人大环境与资源保护委员会副主任冯之浚、国家环保总局副局长王玉庆、科技部副部长刘燕华、北京市副市长牛有成等有关领导参加了大会开幕式或相关学术活动。国家环保总局副局长潘岳，北京奥组委副主席、北京市副市长刘敬民的代表还在峰会上作了相关学术报告，受到代表们的高度赞赏。

本届峰会以“生态复杂性与可持续发展：21 世纪生态学的机遇和挑战”为主题，探讨了世界范围内生态关系的变化、生态理念的革新，交流了生态科学的理论进展和生态建设的实践案例。内容涉及生态复杂性、可持续发展科学、复合生态系统、生态健康、全球变化与生态效应、城市化与生态建设、循环经济与产业生态学、生态信息学、生态恢复、生物多样性保护、转基因植物和动物的生态安全、景观生态与土地可持续利用与管理等理论和应用的前沿议题。

峰会主要活动包括以下三大板块：

一是以生态复杂性与可持续发展为中心的学术交流活动。峰会特邀了 13 位生态学与可持续发展领域前沿的国际著名科学家和学科带头人作大会主题报告，内容涉及生态学的新理念、新方法、新技术、新视野，涵盖了从全球生态、景观生态、系统生态、人类生态、家庭生态、基因组生态到可持续发展的生态工程、生态产业、生态指标和生态交通的各个方面，受到与会代表的高度赞赏。大会共组织了 49 场专题学术讨论会、20 场口头学术报告分会、5 场专题学术墙报展示、2 个区域性学术会议（第三届东亚地区生态学会联盟学术年会，中国可持续发展论坛）、2 个卫星会议（北京国际城市生态修复论坛和南京国际湿地恢复与生态工程学术讨论会），以及会议前后各种相关的学术活动。

二是组织了可持续发展与生态建设实践论坛和可持续发展的生态技术、书刊和成果会展。峰会邀请了国内外可持续发展和生态建设领域的权威专家、决策者和企业界杰出人士作大会演讲，介绍各国可持续发展的典型案例，重点展示中国生态建设和可持续发展领域的理论方法及应用方面的研究成果。包括海南省、北京市、扬州市、雅安市、大丰市人民政府等 7 个政府决策管理部门及宝钢集团等 12 家企业在论坛上交流了生态建设的案例。30 个政府、企业、出版社和学术团体在展会上展示了各自可持续发展领域的生态技术及示范模式、生态学相关仪器设备及图书期刊等。近年来，世界各国十分关注中国经济的快速发展对区域和全球环境变化的影响，此次峰会宣传和交流了中国政府、科学界和民众落实科学发展观、推进可持续发展的具体行动，向全世界表明了中国不仅能快速发展经济，也能扎实改善生态、建设生态。

三是与生态相关的各国际学术团体和学术期刊的工作会议和各团体间的交流对话会议。如国际生态学会、国际人类生态学会、国际生态工程学会、国际生态城市建设理事会、东亚地区生态学会联盟等组织的理事扩大会，中华海外生态学者协会与中国生态学会联席会议，以及 Elsevier 出版集团的《生态模型》、《生态经济》、《生态复杂性》、《生态工程》、《生态信息》、《生态指标体系》等国际生态学领域的著名学术期刊主编的联席会议等。峰会期间，中国生态学会还特邀了当今世界 30 余位主要生态学相关国际学术团体的理事长或秘书长，举行了两个小时的早餐圆桌会议，就生态学领域一些重要问题以及国际组织间的合作意向，以及北京国际生态宣言的文稿达成了共识。

本次峰会既是全球可持续发展的生态学理论和应用研究领域的顶级科学家的学术峰会，是各国生态学学术团体领导人和学术期刊主编的工作峰会，也是对全球生态和环境领域难得的机遇与挑战及其解决方法和案例的审视和检阅的峰会，是国际生态学领域有史以来参办的国际组织、学术杂志和代表国家最多的一次大型、综合性、高层次的学术交流大会。这次生态峰会上，各国生态学与可持续发展领域的研究、建设和管理方面的最新理论、方法、技术和观念都在这个平台上得到集中展示、交流、切磋和升华。本次峰会特点有三：一是国际组织覆盖面广，几乎覆盖了生态学领域所有的全球性、地区性权威组织以及美、英、中等三个世界上最大的国家级生态学学术团体；二是学术期刊参与多，有 24 个国际知名期刊和 10 个国内核心期刊加盟，一大批国内外重要学术期刊参与了峰会并将于会后出版峰会论文专辑、专栏或择优选登会议论文；三是学科交叉多，参与踊跃，峰会得到世界各国的广泛关注和热烈响应，共收到来自 70 多个国家和地区的论文摘要 1300 多篇。

世界生态高峰会是世界生态学相关学科的研究、规划、决策、管理人员的学科交叉、组织交融、地区交流、人员交谊的国际生态盛会，每 4 年举办一次。第四届世界生态高峰会将于 2011 年在南半球举行。

2　生态：认识世界、改善环境、美化生活的强力工具

本次峰会讨论通过了推进全球生态建设、弘扬可持续生态科学的《北京生态宣言》，其副标题为："生态：认识世界、改善环境、美化生活的强力工具" 宣言指出，生态是人们日常关注问题的核心，生态学是解决人与自然系统关系问题的关键，是决策管理的重要工具。生态学能够帮助人们去设计、规划、管理及保护好环境，以确保世上所有人拥有健康的生命，让子孙后代拥有良好的生存环境。宣言号召全世界各类民间学术团体、各级政府，以及各类生态相关的科学家联合起来，把生态学原理应用到日常生活中去，防止地球生态的进一步退化，实现地球村的可持续发展[1]。

过去 140 年，现代生态学在从微观到宏观的不同层次、不同分支学科中都取得了长足的进展，生态学的多学科交叉及其与社会利益紧密相关的学科特点使其越来越受到世界各国学者以及决策、规划、管理人员和社会各界的广泛关注，成为当代最有潜力也最具挑战的可持续发展的支撑科学[2]。21 世纪的生态学，既是一种人类认识自然、改造环境的世界观和方法论或自然哲学，一门包括人在内的生物与环境之间关系的系统科学，一门人类塑造环境、模拟自然的工程技术，也是一门人类品味自然、感悟天工的自然美学。如何辨识、简化和调控生态关系，把生态关系的复杂性转化为人类社会的可持续性，已成为全球关注的焦点并列为本次峰会的主题[3]。

从基因到生物圈的地球生命系统各层次错综复杂的时空耦合关系及其人为干扰机理和复合生态效应已成为生态学及其相关学科乃至全社会关注、研究和管理的核心对象。生态学被认为是应对全球变化挑战、改善天人关系、惠荫人类福祉、推进地球可持续发展的重要理论和方法依据及规划、建设与管理的系统工具。

生态关系涉及复杂的生态因子、生态格局、生态功能、动力学过程和控制论机理，其时间的累积性、空间的交互性、尺度的多层性、行动主体的能动性以及科学方法的不成熟性决定了生态研究的复杂性。还原论的认知方法，因果链的处事手段，条块分割的管理体制，政治的短期和局地行为，使得地球生物圈的可持续能力岌岌可危。

认识、简化和转化复杂性的最终目的是要调控、保育和营造地球村的可持续性。环境问题的解决需要通过技术、体制、行为三层次上的生态整合，将复杂的生态关系简化和转化为社会–经济–自然协调的可持续发展能力。

变复杂性为可持续性，需要认识论领域一场天人生态关系的深刻变革：包括我们待人接物的哲学视野、资源代谢的生产方式、影响环境的消费行为的转型，以及以财富为中心的经济发展观向财富、健康、文明协调发展的生态发展观的更新。为推进线性思维、物理思维、还原论向系统思维、生态思维和整体论的观念更新，社会需要一种全新的生态哲学。

变复杂性为可持续性，需要生态研究与管理体制的革新：我们需要一座沟通人与自然、科学与社会的桥梁；一条联系生存和发展、穷国和富国、东方与西方以及传统文化和现代技术的科学纽带；一种融汇生物科学、环境科学、工程科学和自然科学各分支学科以及自然科学和社会科学的共同语言；一类能化繁杂为简单、理论为行动，规划、管理人员与研究和教学工作者共生的多元文化。生态科学将义不容辞地承担起这一艰巨的历史使命。

变复杂性为可持续性，需要生态研究、生态保育和生态建设方法和技术的创新；需要从测量到测序、寻优到寻适、整形到整神的方法论转型；需要辨识、模拟和调控好时间、空间、数量、结构、序理间复杂的生态动力学机制；需要运用生态控制论方法处理好个体和整体、眼前和长远、局地和区域间复杂的生态耦合关系，通过整合、适应、反馈与协同进化去系统推进局地、区域和全球的可持续发展。

生态不仅需要呵护，更需要建设。生态建设不但要从负面去控制、约束人的行为，依法保护环境，防治生态破坏；还要从正面去诱导人的良知，激励人的能力，按生态规律去孕育系统活力，设计、创建和管理人工生境。

生态学研究不仅要潜心理论、认识机理，更要锐意实践、改造环境。生态学研究成果不仅需要学术文章，更需要科普效果，要把生态文章运用到实际中、融入心里，变成决策、规划、管理人员自己的工作语言。生态建设和生态科普的社会效果是衡量生态研究业绩的重要内容。

欲穷千里目，更上一层楼，21 世纪的生态学必须走出经院、走出自然，影响经济、影响社会，必须充分发挥其交叉学科的桥梁、纽带、宣传队和播种机的作用，为我们这个拥挤、多变、脆弱的地球家园的持续发展、为达到联合国千年发展目标以及 60 多亿地球村村民的健康文明保驾护航[4]。

参考文献

[1] 中国生态学会．生态学未来之展望．2005. http：//www. esc. org. cn.

[2] Palmer Metal. Ecology of acrowded planet. Science 2004，304：1251-1252.

[3] Ecosummit，2007. Beijing Ecological Declairation. http：//www. ecosummit 2007. elsevier. com.

[4] 王如松，李文华，等．生态学研究回顾与展望．北京：气象出版社，2004：62-79.

UNDERSTANDING ECO-COMPLEXITY: SOCIAL-ECONOMIC-NATURAL COMPLEX ECOSYSTEM APPROACH*

Wang Rusong[1] Li Feng[1] Hu Dan[1] Li B. Larry[2]

(1. State Key Laboratory of Urban and Regional Ecology, Research Center for Eco-Environment Sciences, Chinese Academy of Sciences, Shuangqing Road 18, Haidian District, Beijing 100085;
2. Ecological Complexity and Modeling Laboratory, University of California, Riverside, CA 92521-0124, USA)

Abstract Human dominated landscape is a kind of Social-Economic-Natural Complex Ecosystem dominated by human behavior, sustained by natural life support system, and vitalized by ecological process' which is called ecoscape. Its natural subsystem consists of Chinese traditional five elements: metal (minerals), wood (living organism), water, fire (energy) and soil (nutrients and land). Its economic subsystem includes the components of production, consumption, reduction, transportation and regulation. While it's social subsystem includes technology, institution and culture steered by man. In dealing with this eco-complexity, the key issue is how to image the complicated interactions, how to simplify and integrate the diversified relationships, and how to develop a practical instrument for cultivating the sustainability in helping local people to help them. Based on ancient Chinese human ecological philosophy, the SENCE approach for eco-sustainability planning and management was explored, which requires holistic rethinking, institutional reform and technological renovation. A combinatory model consists of mechanism model, planning model, and regulation model has been developed through identification of its key factors, feedback and function, simulation of its partial problems, process and alternative policies, and inducing its technological, institutional and cultural innovation towards sustainability.

Key words landscape, ecoscape, social-economic-natural, complex cosystem eco-planning eco-complexity

1 Introduction

1.1 Understanding eco-coupling: a concept model of Social-Economic-Natural Complex Ecosystem

China has been experiencing large scale and high speed development of urbanization and industrialization since 1978 with annual GDP increase rate of 9.67% and urban population

* 原载于：Ecological Complexity, 2011, 8 (1): 15-29.

ratio from 18% in 1978 to 45.7% in 2008. The pace, depth, and magnitude of this transition, while beneficial to local people, has placed severe human ecological stresses on both local and regional life-support ecosystems. Sustainability can be only assured with an understanding of the complex interactions between environmental, economic, political, and socio-cultural factors and with careful planning and management grounded in ecological principles. The ecological complexity indicates the degree to which ecological systems comprising biological, social and physical components incorporate spatially explicit heterogeneity, organizational connectivity or structure, and historical contingency through time (Chen et al., 2010). In dealing with this complexity, the key issue is how to image the complicated interactions, how to simplify and integrate the diversified relationships, and how to develop a practical instrument for eco-sustainability planning and management.

1.1.1 Ancient China's human ecological approach

China is basically an inland country with more than two thirds of its territory as mountain or hilly areas and densely populated with one fourth of the world population. To survive from the marginal environment, people have to understand and efficiently use the eco-complex and take the strategy of accordance with rather than against nature. For thousands of years Chinese people has investigated the harmonious relationships among Tian (heaven or universe), Di (earth or resource) and Ren (people or society), which formed the bases of the Chinese human ecological thoughts. The most fruitful period was from Spring and Autumn Time (770-476 B. C.) to Warring States Time (475-221 B. C.), when various schools, including Confucianism, Taoism, Legalism, Yin-Yang, Logicianism, etc. are flourishing (Wang, 1991). The result is a systematic set of principles for managing the relationships between man and its landscape, including Dao-Li (natural relationship with the universe, geography, climate, etc.), Shi-Li (planning and management of human activities, such as agriculture, warfare, politics, family and others), and Qing-Li (ecological ethics, psychological feelings, motives and values towards the environment). The Yin and Yang theory (negative and positive forces play upon each other and formulate all ecological relationships), Wuxing theory (five fundamental elements and movements within any ecosystem promoted and restrained with each other), Zhong Yong (things should not go to their extremes but keep equal distance from them or take a moderate way) and Feng-Shui theory (Wind-Water theory expressing the geographical and ecological relationship between human settlements and their natural environment) are some of these principles. Ancient Chinese paintings, poems and literatures about landscape always bring together Jing (pictorial scene) and Qing (feeling, motivation), Wu (physical objects or living beings) and Shi (matters or events), and Xing (morphology, structure) and Shen (contexts, function) to express the human ecological integrity (Wang and Qi, 1991).

The theory of Yin-Yang and the five elements is the main theory about the structure and origin of the universe including the relationships of man and nature. Yin-Yang is a theory on the relationship and rules of things and phenomena. Yang originally referred to the sun or the heaven; while Yin refers to the moon or earth. Yang means male, positive, hot, bright, dry, hard, etc.; Yin represents female, negative, cold, dark, damp, soft, etc. The interaction between Yin and Yang produces all things and phenomena and maintains a specific balance. The interdependence and transformation between Yin and Yang result in the dynamics of nature and human society (Wang and Qi, 1991).

Wuxing theory (the five elements/movements) was used to explain the network relationships within nature, society and human body. All natural phenomena and human activities are in this network and connected with each other. Any component either too strong or too weak will put negative impacts on other components as well as on itself through feedbacks. For example, inappropriate behaviors towards nature will be punished by nature. Social change and dynasty succession are also related to the five elements. The holistic view implied in the theory of Yin-Yang and the five elements claims that man is nourished by nature, grows up as the seasons change, exchanges energy and materials with the environment and thereby is always affected by nature. Meanwhile, man is also able to adapt and reform the environment.

The principle of Zhong Yong, a common philosophy of Confucianism and Taoism, claimed that the contrary result would occur when a thing developed to an extreme. Therefore, it is recommended to be Chongho (appropriate, harmonious, neither too hurried nor too slow), Yongchang (taking things easy and moderate, adapting to nature), Mingcheng (showing good sense in natural laws and social activities). The great tolerance of Chinese people to difficult times was affected by the thought of Zhong Yong.

Feng-Shui theory, despite its superstition components, is a kind of human ecological theories for the planning and design of ecoscape. Its main idea is to encourage harmonious relationships between its inner and outer environment; between its physical, ecological and social process; between its structure and function; between its present and future development; and between the heaven, the earth and the man. It is dealing with the ecological integrity between five movements and between positive and negative feedback.

Based on the ancient human ecological philosophy in China and through observation and study of the dynamics of natural and human ecosystem, 10 cybernetical principles for urban ecological regulation have been summarized (Wang et al., 1991b). Among these principles, the holism, symbiosis, recycling and self-reliance were always emphasized in ancient China. An excellent example of the holistic view is traditional Chinese medicine in which human body is considered as a functional entity closely connected with its physical and social environment. Patients are cured ecologically through regulating the Yin and Yang relationship between the body and its environment and among the different functional units of the body.

1.1.2 From landscape to ecoscape

2300 years ago, Hsun Tsu, a famous Chinese philosopher said: rock and metal have shape but without Qi (a kind of energy); water and fire have Qi without life; weeds and trees have life without feeling; birds and beasts have feeling without ethics. Man has all of the characteristics and therefore is the most valuable. Landscape as a kind of human ecosystem consists of all these elements: rock and metal, water and fire, weeds and trees, birds and beasts and all these men and their created artifacts. And there are different men: animal man for foods and shields, economic man for fame and gain, ethical man for moralities and honesty, spiritual man for believing and ideology, and saint man for universe understanding and selfconsciousness.

Landscape, firstly recorded in 1598, was borrowed as a painters' term from Dutch during the 16th century, when Dutch artists were on the verge of becoming masters of the landscape genre. The Dutch word *landschap* had earlier meant simply "region, tract of land" but had acquired the artistic sense, which it brought over into English, of "a picture depicting scenery on land."

Landscape has been used for centuries to describe domesticated nature in British sense (district or region inhabited and worked by a particular society of people), untouched wild in American sense or a portion of land or territory which the eye can comprehend in a single view, including all the objects it contains in Europe sense. Landscapes may, and often do, include humans and man-made components as well. They are the product of the appearance, uses and perceptions of places that are part of the outdoor environment. The German biogeographer Troll coined the phrase "landscape ecology" in 1939 and defined landscape as " 'the total spatial and visual entity' of human living space, integrating the geosphere with the biosphere and its noospheric [of knowledge] man-made artifacts."

People every day is intentionally or unintentionally viewing, thinking and reforming his/her environment in different ways. Economists, for example, take it as resources; geographers call it landscape; biologists consider it as the habitat of living organisms; environmentalists treat it as the sink of pollutants discharge and pool for contamination purification; historians consider it as a series of temporal events; socialists think it as people and their organization; while the ecologists take it as the relationship between God and people.

An ecoscape is a multi-dimensional image of the eco-complex in man's mind based on ecological principles. It is the intangible contexts among tangible geographical landscape, living organism, economic metabolism, social organization and cultural heritage. It consists of water, fire (energy and climate), soil, wood (living organism), metal (minerals) together with the coexisted man, who engaged in the production, transportation, consumption, service, recycling, and their social creatures of institution, culture and technology.

Ecoscape is not only a physical, geographical or biological network, but a kind of natural and human ecological context. It connects individuals with the whole, objective entity with subjective feeling. While its tangible characteristics have been investigated by many scholars, the intangible essence can hardly be understood by modern science. Qi in Feng-Shui theory is identified as the key connection among them, which is a kind of ecological forces or energy to maintain the network's sustainability and cannot be explained by any physical science. Through the connection of Qi, an individual is in the whole and the whole is in every individuals. According to Li Dan (Lao Tze), a famous philosopher in ancient China in his book of "Truth and Nature", this intangible Qi "seems to issue from nowhere and yet it penetrates everywhere, it plays no time but exists forever. It is formless, shapeless, vague, indefinite, imperceptible and indescribable, always changing, and reverting to the state of nothingness" (Yang, 1968). This nothingness is a kind of accumulated emergy described by Odum (1997), a kind of steering force or QI in Chinese, a kind of higher hierarchy information or orderliness across time and space.

Fig. 1　The Eco-vision and Eco-mission of Ecoscape

One of the key words in ecoscape viewing is "ECO". It originated from a Greek word "oikos", means house, where man is living with all his necessary living conditions and surroundings. Ecology by definition has two meanings, one is a discipline about the relationships between organisms and their environments; another is the totality or pattern of relations between organisms and their environment. Human being is the dominating species on the earth. The term nowadays is widely used by decision makers, industries, mediums and even ordinary peoples. Most of them use the term as the second meaning, i. e. the relationships between human groups and their physical, economic and social environments. The term of "eco" in ecoscape viewing mainly means the relationship between green base (green land, blue sky, clean water and fertile soil) and "red" human networks (towns, villages, roads, industries, culture).

The process of ecoscape modeling is expressed in Fig. 1 by two processes of ecovision plus ecomission. Ecoscape viewing or ecovision is to image the five-element-based land, to project, simplify and integrate the geophysical, biological, economic, social and cultural landscape into one's mind so as to understand the metabolism process, service function and coupling structure. Ecoscape shaping or eco-mission is to reform, restore and regulate the ecoscape through eco-sustainability oriented hand to find an ecologically kind solution for land management. Hand here means human activity of ecologically kind exploitation, production, transportation, consumption and restoration through ecological planning, engineering, management and capacity building, while find is to identify, simulate and regulate the eco-dynamics and cybernetics.

1.1.3 Social-Economic-Natural Complex Ecosystem

The ecosystem concept, one of the key concepts in ecology, has been used for more than 70 years since Tansley defined it as the biome considered together with all the effective inorganic factors of its environment (Tansley, 1935). People are used to calling a biome and its physical environment in a specific area an ecosystem and pay more attention to its tangible physical and biological entities. Though this may be appropriate for the study of relatively isolated biome such as a lake or an island, it is difficult to deal with ecosystems that have more material and energy metabolism and information exchange and biological migration with outside.

Nowadays, nowhere on the earthhave no human impacts. E. P. Odum defined ecology as a "separate discipline that integrates the study of organisms, the physical environment, and human society", a "discipline that emphasizes a holistic study of both parts and wholes" (Odum, 1997). The result of this urban developmental trend is an increased vulnerability of the urban landscape to cope with the externalities of large-scale environmental change that arise from the process of urban development itself (Yue et al., 2003).

Unlike biological communities, human society is an artificial ecosystem dominated by human behavior, sustained by natural life-support systems, and given life by ecological processes. This artificial ecosystem was named by Ma and Wang a Social-Economic-Natural Complex Ecosystem (SENCE) (Ma and Wang, 1984). Its natural subsystem consists of the Chinese traditional five elements: metal (minerals), wood (living organism), water, fire (energy) and soil (nutrients and land). Its economic subsystem includes the components that plays role of production, consumption, reduction, transportation and regulation, respectively. While its social subsystem includes technological, institutional and cultural networks (Fig. 2). Its structure is expressed as an ecological complex between human being and its working and living settlement (including geographical, biological and artificial environs), its regional environment (including sources for material and energy, sinks for products and wastes, pools for buffering and maintaining) and its social networks. Its function includes production, consumption, supply, assimilation, steering and buffering. These fundamental interactions bring about five fundamental flows of material metabolism, energy transformation, information accumulating, currency exchange and population migration in the ecoscape, and result in its cybernetical behavior (Fig. 3). To ascertain and integrate the temporal, spatial, quantitative, structural and functional contexts among and within these three subsystems are the key tasks for sustainability studies in China (Wang and Ouyang, 1996).

1.1.3.1 Context model.

A SENCE consists of elements (physical, economic and social unit), morphology (visible state), hierarchy (from gene to biosphere), quantity (quantifiable characteristics and thresholds of the system development), biological vigor (the survival and development vitality for system evolution), ecological niche (all tangible and intangible conditions, roles and relationships of a living unit with its environment for its survival and development), devel-

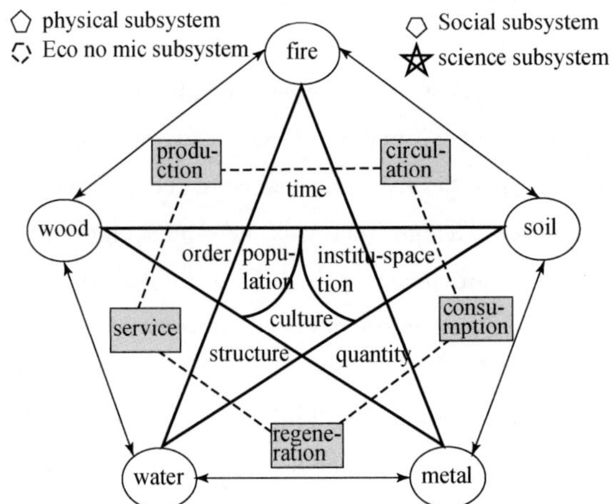

Fig. 2 Social-Economic-Natural Complex Ecosystem (SENCE). modified from Wang et al. (2004a, 2010)

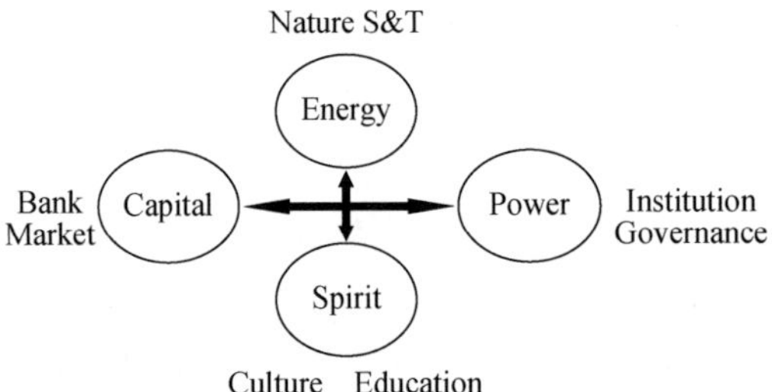

Fig. 3 The SENCE dynamics, modified from Wang et al. (2000)

opment potentials (the difference of the system's available resources, development tendencies and internal strengths for development compared with other systems), functional order (the system ability of competition, symbiosis, regeneration and resilience), and cybernetic integrity (integration ability in time, space, material and spirit to maintain the system's sustainability). The Context model is to deal with the structural, functional and process coupling relationship among these 9 indicators:

1) Structural coupling

• Hierarchy and networking: the human eco-complex is organized in an ecological order through both vertical and horizontal connections, forming different scales' eco-unit from individual, species, community to ecosystem;

• Dominance and diversity: having dominant and diversified components and loops, so as to enhance its productivity and maintain its stability;

• Openness and independence: open to outside will maximize its availability for external resources, and independent from outside will enable the ecosystem more self-reliant and keep away from outside risks;

• Robustness and flexibility: robust structure will enhance the ecosystem's fertile productivity, while flexible structure will enable the ecosystem easy to adapt to its changing environment.

2) Metabolism balancing

• Fire: energy concentration and dissipation, economic efficiency and ecological impacts, fossil and renewable energy use, global climate change and local meteorological fluctuation;

• Water: upper reach and lower reach, surface and ground water balance, water for human being and wildlife, quality and velocity;

• Soil: soil maturity and stability, productivity and contamination, land quantity and quality, landscape patterns and process, fragmentation and agglomeration;

• Wood: production and respiration, abundance and diversity, local and foreign species, economic value and ecological service, evolution and degradation;

• Metal: resource exhaustion and restoration, eutrophication and purification;

• Wastes stagnancy and regeneration, metabolism strength and ecological health.

3) Functional coupling

The contexts include tangible and intangible

• *Spatial order* that balance the geographical, atmospheric, hydrological, local and regional harmony;

• *Temporal order* that balance the past, present and future development to maintain its sustainability;

• *Process order* that keep balance between input and output, away from external and internal thresholds of development, and interlocking the positive and negative feedbacks;

• *Morphological order* that maintain 5 kinds of dual relationship in region-region, urban-rural, social-economic, conservation-exploitation, and internal-external to maintain its ecological integrity and esthetical harmony;

• *Functional order* that vitalizing ecological capability of competition, symbiosis, regeneration and resilience of the ecoscape to maintain its ecological wealth, health and faith.

1.1.3.2 Learning SENCE dynamics and cybernetics.

1) Four driving forces

An ecoscape is driven by two kinds of agents. One is the physical force originated from various kinds of solar energy and its storage in fossils. The energy flowing through the ecoscape results in various physical, chemical and biological changes in atmosphere and climate. Another comes from three social forces including money, the lever of economic incentives; power, the lever of social integration; and spirit, the lever of cultural regulation. Energy drives metabolism, money stimulates competition, power promotes symbiosis, and spirit induces selfresilience.

Energy: Energy is the essential agent of all geological, geographic, hydrological, meteorological, biological, and chemical processes. The birth, growth, aging, and death of any organism and the development, evolution, metabolism, production, consumption, and material recycling of ecosystems are always accompanied by energy transformation, either from solar energy, biomass, food to human wastes, or from fossil energy to industrial products, commodities, and wastes. The throughput of energy in ecosystems is not only a simple cycle from cradle to grave and back to cradle, but also a kind of information accumulation, where energy is not only dispersed in the form of higher entropy heat, but also transformed into ecological information recorded in the offspring's genes, so as to maintain the whole species/ sustainability.

Money: Money is a medium of exchange or a measure of value in surplus goods exchange. In self-reliant agricultural society, people were close to nature and relied mainly on their own land and local resources. As there were few exchange activities, money was not an active force in country life. The industrial revolution separated people from nature, and money as the only instrument of circulation, payment, and storage became an active force in combining production, consumption, and trade at regional and global scales. Banks and stock exchanges control the lives of the whole world. Gross national product, profit, interest, taxes, and income are becoming the development goals to which government, enterprise, and individuals strive. Since Karl Max revealed the essence of the surplus value of capital, the world has paid more attention to social equity with respect to the value of labor embodied in products, but little attention has been given to the spatial and regional equity of resource exploitation and the ecological value embodied in products. The ecological value encompasses the health state of a system, measured with ecological indicators such as diversity and integrity (de Groot et al., 2010). It is the long-term and large-scale cost that people have to pay for restoration of the degraded ecosystem. This is the very reason for ecosystem deterioration, contamination, and the widening of the gap between south and north. To create an appropriate role of money in sustainable development, efforts should be made to develop and improve value systems including the social, economic, and ecological value of human activities, and to establish a system for monitoring ecological assets.

Power: Power is an institutional, legislative, political, and military force for enhancing the coherence and integrity of human society. It works through administration or government, legislation and regulation, policy and planning. Appropriate use of power promotes social and economic prosperity, while the wrong execution of power causes disasters like that of Hitler in Nazi Germany. When power cannot control the whole course of development, and the disorder in the system reaches a certain threshold, there is a reorganization of power and succession in order to enhance governability. Governors used to be concerned with executing power rather for social and economic development than ecological integration for long-term and large-scale ecosystem survival and maintenance.

Spirit: Spirit is another kind of driving force to promote social and ecological coherence and to stabilize turbulence. In contrast with the above two social forces, this force is based on internal belief and motivation to induce conscious behavior, rather than on external pressure to secure obedience. A sustainable human society needs to animate people's moral and universal ideals, or inspire social cooperation and ecological integration. People's spirit results from their beliefs, cultural background, and social environment. Almost every religion has its own supernatural god and advises people to obey or sacrifice themselves to that god and to love each other. Most Chinese do not really believe in religion but do follow integrated doctrine of Confucianism, Daoism and Buddhism, which advocates human and nature to be one. Here "one" (or dao as it is sometimes called) means simply the supernatural or systematic force. According to Laozi, "Heaven, which by truth is clear. Earth, which by truth is secure. The gods, which by truth are divine. The watersheds, which by truth are capable of containing water. All animate creation, which by truth is alive. The rulers, which by truth are capable of rectifying the empire. Without the "truth", heaven stands the danger of disruption, earth stands in danger of depression, the gods stand in danger of impotence, the valley stands in danger of desiccation, all animate creation stands in danger of annihilation, and the rulers stand in danger of being overthrown. " This truth issues forth from nowhere and penetrates everywhere. It is in everybody's mind! From the truth issues the spiritual force. In present-day China, many people are increasingly worshipping money and power, and giving up the truth through blindly pursuing Western ways and things. This has caused both natural and social ecological disasters.

These four driving forces interact with each other driving the functional flow of material, energy, people, capital and information, maintaining the structural networking and pushing the functional succession. Any imbalance of these forces will cause troubles.

2) law of SENCE development

There are two dominant processes governing the course of development of an ecoscape.

One is driven by the intrinsic competence r, of the ecosystem itself, characterized by exponential growth when the carrying capacity of its environment is large enough. The other is restricted by the carrying capacity, K, of its external circumstances, characterized by a hyperbolic decrease when human influence is ignoble. These produce a sigmoid development curve (Wang, 1986) .

Any ecosystem will follow this course if its carrying capacity is kept constant. But, unlike a natural ecosystem, a human ecosystem has the ability to enlarge its carrying capacity K through changing its dominant species, altering its inner structure, and improving its environment conditions. As K is enlarged, the system will grow in a new sigmoid curve. In fact, the development of most real human ecosystems follows a combined sigmoid curve as in Fig. 4, where three different kinds of growth are shown: type Ⅰ has an exponential growth rate but weak sustainability; type Ⅱ has high stability but low growth rate; type Ⅲ has both the development potential and certain sustainability. Its dynamic equation of the combined sigmoid growth is:

$$\frac{\mathrm{d}P}{\mathrm{d}t_i}=\frac{r_{i(P-K_{i-1})(K_{i-1}-P)}}{K_i},\ \text{where } K_i=\sum_{j=1}^{i}K_j,\ K_0=0,\ i=1,\ 2,\ 3,\ \cdots,\ N$$

where P is the state variable of the system development, N is the total number of development phase, $\mathrm{d}P/\mathrm{d}t_i$ is the growth rate of ithphase, K_i is the external potentials of carrying capacity of all i phases, r_i and k_i are the intrinsic competence and the development potential in ith growth phase, respectively (Fig. 4).

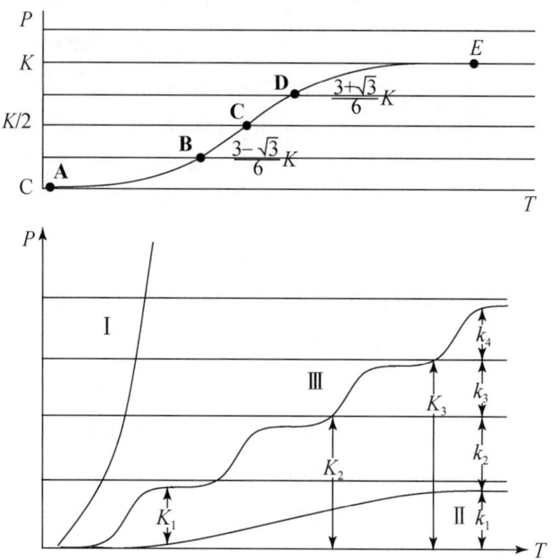

Fig. 4 SENCE development models; upper: single logistic growth; lower: combined sigmoid growth

Fig. 4 and Tabl. 1 show the 4 phases of any ecoscape development which is restricted by its external environmental carrying capacity K and intrinsic competence R. If K is fixed, the growth rate of the system will increase from 0 (point A in Fig. 3) to its maximum $rK/6$ (point B), where P is around 0.21 K, and continually increase to $rK/4$ (point C), where P is around 0.5 K, then turn to decrease to rK/6 again (point D), where P is around 0.78 K, then continually decrease to 0 (point E), while P is also down to 0. In Fig. 4, A-B represents initiation stage for developing countries with more than 78% of its available resource did not exploited, B-C represents increasing growth stage for transition countries, C-D represents stabilizing stage for developed countries with a stabilizing growth rate, D-E represents maturity stage for highly developed but depressing countries with more than 78% of its resource exploited and suffered from high risk of depressing. Here we consider 21% or 1/5 roughly as the development threshold ratio for less or over exploitation of the system's carrying capacity, B-D (from 0.21 K to 0.79 K) represents relatively sustainable development domain with a distance from both risks of less-development and over-exploitation longer than thethreshold. We call this 1/5 law of SENCE development.

We have classified 178 countries and regions into following 4 groups according to their UNDP Human Development Index in 2008, and fond that 33 high human development countries with SENCE growth depressing are at the section D-E, 42 medium-high human development countries with SENCE growth stabilizing in the section C-D, 77 medium human development countries with SENCE growth rate increasing at the section B-C, and 26 low human development countries in SENCE initiation stage at the section A-B. 58% of countries in the world are developing countries with low or medium HDI. 67% of countries in the world are transition countries with medium HDI.

Tab. 1　SENCE development stages and thresholds.

Node and section	P (development state measured by the carrying capacity)	$\frac{dp}{dt}=rP\left(1-\frac{P}{K}\right)$	$\frac{d^2p}{dt}=r^2P\left(1-\frac{P}{K}\right)\left(1-\frac{2P}{K}\right)$	Succession phase	Country classification
A	0	0	0	Initiation	Low human development and less developing countries
AB	$\left(0,\ \frac{3-\sqrt{3}}{6}K\right)$	Increasing	Increasing		Medium human development with fast transition countries
B	$\frac{3-\sqrt{3}}{6}K$	$\frac{rK}{6}$	$\frac{\sqrt{3}\,r^2K}{18}$(Max.)		
BC	$\left(\frac{3-\sqrt{3}}{6}K,\ 0.5K\right.$	Increasing	Decreasing		
				Heyday	
C	$0.5K$(Max.)	$\frac{rK}{4}$(Max.)	0		Maximized growth rate Medium-high human development Countries striving for stabilizing transition
CD	$(0.5K,\ \frac{3+\sqrt{3}}{6}K)$	Decreasing	Decreasing	Prosperity	
D	$\frac{3+\sqrt{3}}{6}K$	$\frac{rK}{6}$	$\frac{-\sqrt{3}\,r^2K}{18}$(Min.)		
DE	$(\frac{3+\sqrt{3}}{6}K,\ K)$	Decreasing	Increasing	Maturity	High human development and low growth countries
E	K	0	0		
				Termination	

D-E countries/regions: High human development and suffered from depressing with HDI in 2008 from 0.968 to 0.900, ranked 1st-33rd: Iceland, Norway, Canada, Australia, Ireland, Netherlands, Sweden, Japan, Luxembourg, Switzerland, France, Finland, Denmark, Austria, United States, Spain, Belgium, Greece, Italy, New Zealand, United Kingdom, Hong Kong/China, Germany, Israel, Korea, Rep. of Slovenia, Brunei Darussalam, Singapore, Kuwait, Cyprus, United Arab Emirates, Bahrain, and Portugal.

C-D countries: Medium-high human development striving for stabilizing transition and suffered from SENCE growth rate decreasing with HDI in 2008 from 0. 899 to 0. 802, ranked 34th-75th: Qatar, Czech Republic, Malta, Barbados, Hungary, Poland, Chile, Slovakia, Estonia, Lithuania, Latvia, Croatia, Argentina, Uruguay, Cuba, Bahamas, Costa Rica, Mexico, Libyan Arab Jamahiriya, Oman, Seychelles, Saudi Arabia, Bulgaria, Trinidad and Tobago, Panama, Antigua and Barbuda, Saint Kitts and Nevis, Venezuela, Rep. Bov. Romania, Malaysia, Montenegro, Serbia, Saint Lucia, Belarus, The former Yugoslav Republic of Macedonia, Albania, Brazil, Kazakhstan, Ecuador, Russian Federation, Mauritius, Bosnia and Herzegovina. *B-C countries*: Medium human development with fast transition and increasing growth rate with HDI in 2008 from 0. 798 to 0. 502, ranked 76th- 153th: Turkey, Dominica, Lebanon, Peru, Colombia, Thailand, Ukraine, Armenia, Iran, Islamic Rep. of Tonga, Grenada, Jamaica, Belize, Suriname, Jordan, Dominican Republic, Saint, Vincent and the Grenadines, Georgia, China, Tunisia, Samoa, Azerbaijan, Paraguay, Maldives, Algeria, El Salvador, Philippines, Fiji, Sri Lanka, Syrian Arab Republic, Occupied Palestinian Territories, Gabon, Turkmenistan, Indonesia, Guyana, Bolivia, Mongolia, Moldova, Viet Nam, Equatorial Guinea, Egypt, Honduras, Cape Verde, Uzbekistan, Nicaragua, Guatemala, Kyrgyzstan, Vanuatu, Tajikistan, South Africa, Botswana, Morocco, Sao Tome and Principe, Namibia, Congo, Bhutan, India, Lao People's Dem. Rep. , Solomon Islands, Myanmar, Cambodia, Comoros, Yemen, Pakistan, Mauritania, Swaziland, Ghana, Madagascar, Kenya, Nepal, Sudan, Bangladesh, Haiti, Papua New Guinea, Cameroon, Djibouti, Tanzania, and U. Rep. of Senegal.

A-B countries: Low human development and just in SENCE initiation stage with HDI in 2008 from 0. 499 to 0. 329, ranked 154th- 179th: Nigeria, Lesotho, Uganda, Angola, Timor-Leste, Togo, Gambia, Benin, Malawi, Zambia, Eritrea, Rwanda, Cote d'Ivoire, Guinea, Mali, Ethiopia, Chad, Guinea-Bissau, Burundi, Burkina Faso, Niger, Mozambique, Liberia, Congo Dem. Rep. , Central African Republic, and Sierra Leone.

3) Eight cybernetic principles

Through observation and study of the dynamics of natural and human ecosystems, the following cybernetics principles for SENCE development is summarized.

Exploitation and adaptation: All ecosystems have favorable factors to drive development, and limiting factors to restrain growth. The pressure of survival and resource shortage leads to exploitation through reform of the environment and enlargement of their carrying capacity on one hand, and adaptation through changing their eco-niche and suiting themselves to alternative available resources and alleviating the stress of limiting factors on the other hand. A successful development should be the one maximizing its resource availability and optimizing its life strategy in order to adapt itself to and make efficient use of its environment. This is the basic principle of natural selection.

Competition and symbiosis: All creatures living with others survive through competition for limited resources and favorable environment, and symbiosis in sharing the ecological niche. Competition stimulates high efficiency of resource use and symbiosis encourages sustainability of the habitat. Those species poor in either competition or symbiosis are weaker in vitality and will eventually be replaced. This principle exists in both natural and human ecosystems, and is the main attribute in all communities.

Interlocking positive and negative feedback: The evolution of an ecosystem is regulated through two kinds of feedbacks. One is positive feedback, through which action and reaction reinforce each other, leading to an unceasing exaggeration or growth and a departure from its initial status. The other is negative feedback, through which action and reaction counteract each other, leading to continuous buffering of initial change or decreasing so that the system maintains its current status. Positive feedback usually assumes a dominant role at the initial stage of an ecosystem to ensure its survival and development characterized by the ecosystem's intrinsic growth rate r; while negative feedback is dominant in the adult stages of development to ensure stability characterized by the ecosystem's carrying capacity K. The positive and negative feedback in a sustainable ecosystem should be in balance to ensure its favorable and sustainable development.

Proliferation and self-compensation: When an ecosystem is disturbed, some of its components might take the opportunity to expand or proliferate unusually, thereby dominating and disturbing the system's function. The locust breakthrough and cancer growth in animal bodies play precisely this role of proliferation. Other components when the system is disturbed, however, might make up the missing function or automatically replace the malfunctioning components so as to maintain the original function of the system. The self-purification of aquatic ecosystems under a certain threshold and immunization in human body play this compensatory role. An ecosystem may benefit or suffer from these proliferation and compensation mechanisms. To stabilize a system, compensation mechanisms should be encouraged, whereas to raise the productivity of a system, proliferation may play a key role.

When the function of an ecosystem is disturbed, some of its components might take the chance to expand or proliferate unusually so as to dominate the system. While other components might make up the missing function or substitute automatically the malfunctioned components so as to maintain the original function of the system. An ecosystem may benefit or suffer from these proliferation and compensation mechanisms. To stabilize an ecosystem, compensation mechanism should be encouraged, whereas to raise its productivity, proliferation may play a key role.

Exhaustion and stagnancy: Due to the resource exploitation, when the output from an ecosystemis much higher than the input into it, which is far away from the minimum cost for restoring its depleted function, an ecological exhaustion will happen. When the input into an ecosystem is much higher than the output from it with much materials and energy leaking into the environment, an ecological stagnancy will happen. In a totally functioning ecosystem, the I/O ratio is appropriately 1.

Any product created by humans or other living beings will inevitably eventually be turned into waste; yet all "waste" is bound to be a "resource," useful somewhere in the biosphere. Any action is bound to have some form of feedback or retribution that is either beneficial or detrimental in the short or long term. When the output (O) from an ecosystem is much higher than input (I) that is far from the minimum required to restore it, ecological exhaustion such as deforestation or soil erosion will eventuate. When input into an ecosystem is much higher than output, with a great deal of materials and energy leaking into the environment, ecological stagnation such as eutrophication or heat-island effect will eventuate. There is neither exhaustion nor stagnation in a totally circulating ecosystem with an I/O ratio approaching 1.

Diversity and dominance: The development of an ecosystem depends mainly on the behavior of its dominant components, like "keystone species" and the key favorable and limiting environmental factors, yet its stability depends mainly on the structural and functional diversity of its species and eco-niche. There are always one or two dominant components and favorable conditions that lead the development of the system; and the system is maintained in a certain state by a certain level of internal and external diversity and key limiting factors. In variable environments, the relationship between biodiversity and community persistence has turned out to be close (Borrvall and Ebenman, 2008). An ecological design should be facilitated through a reasonable compromise between dominance and diversity.

Structural growth and functional evolution: Ecological succession, "the better" or "keeping equal distance from both risk and opportunity" (Yang, 1968; Wang et al., 2000). The optimum development should be in the middle point of the sigmoid curve shown in Fig. 3. Intensive resource exploitation, extraordinarily fast development, and intense mass consumption are always discouraged to avoid the risks of survival and development.

These principles of eco-cybernetics may fall into three categories: competition for efficient resources and available econiche; symbiosis between humans and nature, among different groups of human beings, and between any human ecological unit and its upper/lower level ecosystem; and self-reliance to sustainstructural, functional, and process stability through self-organization and recycling. Any weakening of these mechanisms will cause a decline of the system's sustainability (Wang and Yan, 1998).

Above principles could be summarized as four dynamics:

Variation: resource exploitation; environment restoration; new eco-niche creation; coevolution through change and variation;

Adaptation: Adapt to physical, biological, technological, institutional, cultural and economic situation, strong resilience and coevolution;

Feedback: material recycling and regeneration; positive and negative information feedback;

Integration: temporal, spatial, structural and functional integration, multi-scale, institutional, technological and behavioral integration governed by holistic cybernetics.

2 Simplify eco-complexity: adaptive planning model

2.1 *Evolution of ecoscape approach*

Human ecosystem is completely different from mechanical or natural ecosystems due to its parameters and data are usually fuzzy, rough, and incomplete and often subject to rapid change, and lacking of First Principles in modeling. Ecological models are used to integrate and process knowledge from different parts of the system, and in doing so allow us to test system understanding and generate hypotheses about how the system will respond to particular actions via virtual experiments (Boschetti, 2008).

The essence of traditional mathematical programming is to turn a complex reality into a simpler mathematical framework and to optimize it according to some fixed rules and presumptions. As the initial and boundary condition of a SENCE is varying, the external environmental condition is changing, the internal coupling parameter is changing, and the objectives is varying, researchers can neither fully understand nor optimally control the whole SENCE in any scale.

Developed here is a multiple criteria decision supporting method under a varying environment called Pan-Objective Ecological Programming (POEP). It is a *sustainability* searching and learning process for improving the function of ill-structured system and making trade-offs among many contradictory goals with a case study in the Sino-German cooperative Tianjin urban ecosystem project.

The method developed here is to encourage a modeling revolution: from planning physical being to ecological becoming, from numerical quantification to relationship qualification; from mathematical optimizing to adaptive learning; from Chain link structuring to close loop interlocking; from fragmented regulation to network cultivation; from landscape morphology to ecoscape integrity (Wang et al., 1991a, b). It is rather an interactive and evolutionary learning process consists of partial learning of the key determinants, process oriented evolutionary optimization, and participants involved interactive planning.

Its main characteristics are as follows (Fig. 5)(Wang, 1989; Wang et al., 1991a, b):

Programming = Planning+ Programming

Here the "programming" has both the meaning of practical planning and mathematical programming. Traditional mathematical programming is often based on some unrealistic presumptions. Even if the presumptions are true, the parameters have changed before the research is over. Therefore, the results are often not satisfied by the decision-makers. We take advantage of both practical "planning" and mathematical "programming" to set up an interactive programming process joined by decision-makers, researchers and experts.

The ultimate goal of POEP is not to get an optimum panacea for a target system, but to ascertain the system's dynamics and the alternative directions of improving its sustainability. It

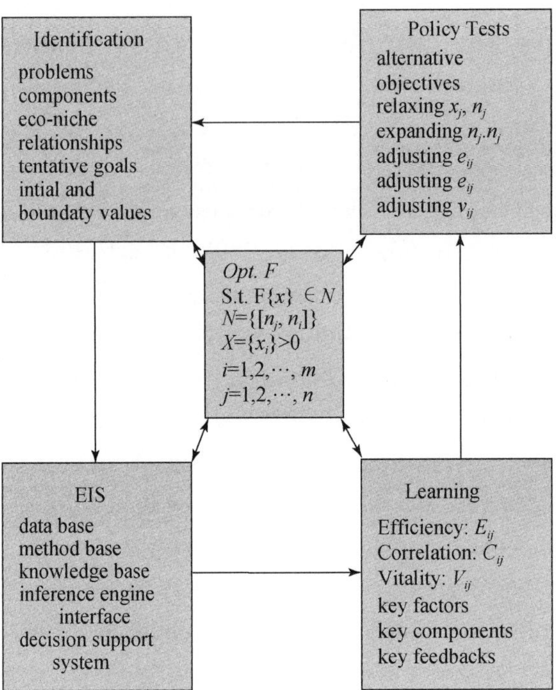

Fig. 5　Pan-objective ecological programming modified from Wang et al. (2000)

pays more attention to the changes of those variables that have reached or will reach their thresholds in the process of optimization, and their relationships with other components and environments. These relationships determine the function and behavior of the whole system, while the absolute values of these variables are unimportant for decision-makers. For their changes will produce little effect on the system dynamics as long as they are far from the upper and lower limits.

The objectives of POEP are extensive covering all relationships of the target system. In POEP each of the state variables, the relationship matrixes and the control vectors might be an objective at different stages of the programming. POEP allows data roughness, incompleteness and indefiniteness. In the programming, most of the parameters are not predetermined but taken as variables leaving rooms to programmers and decision-makers to treat. Rough initial data are reasonable as far as they have relatively same level of statistical error. As for the main goal is to learn the dynamics caused by some key relationships, data incompleteness is tolerable. The programming results are diversified. The outputs of the computer are not one or several optimal come out at the final stage, but a series of alternative strategies from each iteration step of POEP.

The whole POEP process includes 5 stages (Fig. 5): state identification (SI) to determine its problems, components, econiches, relationships, tentative goals, and initial and boundary values; information system (IS) to set up its data base, GIS/RS, method base, knowledge base, inference engine and interface; dynamics learning (DL) to learn its efficiency, correlation, vitality, key factors, key components, and sensitivity; policy tests (PT) to make scenarios while adjusting its objectives and functions, relaxing limits of its upper and lower limits of state variables and ecological niches, and optimization tools (OT) using any mathematical and ecological approaches. There is no beginning and end among these 5 stages. Start from and terminate at any stage, users can got appropriate dynamic information for their decision making. The mathematical description of POEP can be expressed as follows:

$$\text{Opt. F}$$

$$\text{s. t. } F\ (x)\ \in N$$

where $X=\{x_j\ (t)\}$, $j=1, 2, \cdots, n$, is a state vector of the target system with n ecological units coupled by the function $F=\{f_i\}$, $i=1, 2, \cdots, m$, and subject to constrains and services of the ecological niche $N(t)$. X is keeping adapting to and change of its ecological niche $N(t)$ through exploitation and symbiosis with its environment. $X(t)$ is projected by the system function $F(t)$ into a new state of $Y(t)=F(x, t)$, within a certain realistic ecological niche of

$$N(t)=\{\underline{n}_i\ (t);\ n^i\ (t)\},\ i-1;\ 2;\ \cdots;\ m$$

Here the $\underline{n}_i(t)$ and $n^i(t)$ are the upper and lower boundary of i-th ecological factor n_i, respectively.

While F has both meanings of ecological and mathematical function. It has three functional meanings of resource exploitation, competition/symbiosis among ecological units, and environmental adaptation. Its outcome is measured by three matrixes: the efficiency matrix $E=\{e_{ij}\}$, the correlation matrix $C=\{c_{ij}\}$ and the vitality matrix $V=\{v_{ij}\}$. Decision makers can continuously improve the system function F *through POEP towards* a sustainable state of high efficiency, harmonious relationship and robust vitality within the realistic ecological niche of $N\ (t)$. In the same time, to make a balance between risk and opportunity.

2.2 Key identification model of Tianjin urban ecosystem

Though there are nearly infinite number of eco-units and their connections in an human ecosystem,the number of key factors, components and connections that directly relate to the target problems and determine the dominating dynamics of the system, is usually finite. In practice we only need to identify its partial cybernetical relationships, and to simulate its dominating dynamics.

2.2.1 Task oriented and flexible boundary

It is difficult to define the boundary for a human ecosystem because its functional flows are usually not confined within a special area. In practice, the boundary is usually determined by different problems, processes and policies we are concerned with. Its boundary may be discontinuous in space or vary during the study process according to different goals.

It is difficult to define the boundary for an urban ecosystem because its functional flows are usually not confined within a special area. In our research, the boundary is determined by different problems, processes and policies we are concerned with. Its boundary may be discontinuous in space or vary during the study process according to different goals. In the Tianjin project, 5 different boundaries according to different purposes were identified:

Region I: The eco-economic region of the Haihe River watershed and economic hinterland in 6 provinces of north China, with a population about 120 million in nearly 1 million km^2, was taken as the target to study its regional, ecological and economic impacts and developing strategies.

Region II: The administrative region governed with a population of nearly 8 million and an area of 11, 660 km^2 for urban-rural interaction and regional ecosystem study.

Region III: The urbanization area, including 6 urban districts, 4 close suburban districts and 3 coastal districts with a population of 4. 86 million in an area of 3137 km^2 for investigating of the industrialization and urbanization strategies;

Region IV: The built up area with a population of 3. 8 million living in an area of 330 km^2 for investigating its land use-induced ecological problems and strategies for old town rehabilitation;

Region V: The Guangfudao neighborhood in downtown area with an area of 1. 06 km^2 and 37, 300 residents for urban renewal planning demonstration.

2. 2. 2 Key factors identification

For all ecosystems, there always exist some favorable environmental factors which promote or benefit its development, and some limiting factors which inhibit or stabilize its development, some buffering factors which are stabilizing its development process, and critical factors which are dominating the dynamics of the ecosystem. In Tianjin, the abundant land, the well developed transportation network, experienced technicians and geographical position are its key promoting factors; the water resource shortage and pollution, and some institutional limitations are its limiting factors; the wide spread wetlands and conservative tradition are its buffering factors; while the relationship with Beijing sharing the same watershed and socio-economic region is the critical factor having both promoting and limiting effects on its development.

2. 2. 3 Key components identification

Asustainable ecosystem has always its own dominating species or components which determine the main dynamics and governing its main process, while there are always some compensating components which can spontaneously enhance or compensate the weakening function of the system. In Tianjin city, the chemical industry, the coastal development district and the strong administrative power are the key dominating components influencing the city's development. For example, Mr. Li Ruihuan, the former mayor of the city, has initiated huge amount of urban infrastructure construction during the period of his governing, which dramatically accelerated the city's development.

2. 2. 4 Key metabolism flow identification

Water, energy, material, information, people and capital flows of the urban ecosystem have been investigated through spatial and time series analysis. 22 main categories of the material flows through the city have been investigated. The main streams of each material and main stagnant points of its flow in each production sector have been ascertained. The efficiency in 15 different industrial sectors was compared based on 40 years' data. Result shows that while the production increased significantly during the last 40 years, the material consuming coefficients have been simultaneously raised too, which is not an ecologically sound way of development.

2.2.5 Key feedback analysis

The relationships between population and urban construction, and between education level and production are on the key loops of positive feedback, while that of landuse density and quality of life and of industrial development and environmental quality are in the key loops of negative feedback; and the main risks are the regional ecosystem deterioration and being behind the other three main coastal economic centres: Guangzhou, Shanghai and Dalian. While the main opportunities are the potential collaboration with Beijing and the potential environmental carrying capacity in space and atmosphere for industrial development as well as some positive feedback, and negative feedback.

2.2.6 Leading function assessment

The economic production, social well being and natural buffering were investigated through comparative study with other 24 largest Chinese cities, and time series analysis of its 40 years' data. It shows that though the urban economy increased by more than two times and the urban infrastructure has been dramatically improved since 1978, the city economic development speed is slower than that of three other largest leading coastal cities: Guangzhou, Shanghai and Dalian, while its stability seems relatively higher than others. It shows that both the opportunity and risk are relatively low compared with the three coastal megacities.

Through investigation of 25 natural and social indicators, which influence citizens' life quality, and compared them with 40 years' data and with that of other 12 large cities, we found that its environment quality is staying at the same level as 8 years ago, while the quality of the social environment is quite improved, some quantitative indicators such as the per capita housing area, the total roads within the city and the gas and electricity supply are increased by about 50%. But generally speaking, the total quality of life in Tianjin is lower than that of middle cities in China.

Though the natural buffering function of the region is relatively strong, which assimilates all sewage discharged from Beijing and Tianjin, the 2nd and 3rd largest industrial city in China, the aquatic carrying capacity of the region is significantly overloaded especially in some rivers and suburb areas. The green area coverage ratio ranks the lowest among the 25 largest cities in China. It is an urgent task for Tianjin city to enhance and restore its ecosystem vitality.

2.2.7 Dominating dynamics analyses

Through key risk and opportunity identification from the variation of space, time, quantity, layout and order, we have got the following main findings:

The natural disaster, economic fluctuation and social turbulence during the past 2000 years were nearly consistent with each other; the geological, hydrological, transportation and social-economic edge effects caused the formulation and succession of the city;

The urban development stagnated before 1978 and has been thriving since then. The urban infrastructure has been greatly improved during last two decades;

A counter-urbanization takes place rather in the outskirts of the city than in coastal area or four satellite towns expected and planned originally by local decision makers, which depends on the attractiveness of its production and living niche rather than the administrative order;

The gravity of population distribution is consistent with that of built up area, surface water and the commercial activities;

The position of the third largest economic centre in China is being taken place by Guangzhou and Dalian or even other new industrial star cities like Shenzhen and Suzhou. The reasons are: the stronger restraining role of Beijing, the Capital, the lower diversity and openness of the urban system, the more rigid natural and hydrological conditions, the inactive institution, the unreasonable town distribution in the region and the losing hinterlands. This challenge could be changed by switch of its relationship with Beijing from competition to symbiosis.

2.3 Partial simulation model

Though it is difficult to simulate a whole urban ecosystem, we can start partial simulation from problem diagnosing, process tracing, and policy testing like the way a doctor treats its patient. In Tianjin project we had chosen the problems of housing shortage and irrational landuse, the processes of water from its source to sink, and built-up area expansion, and the policy of old town renewal and green space development respectively as our starting points of simulation and reached some useful results through collaboration with local decision makers.

2.3.1 Problem diagnosing

The high density of human activities and low quality of citizens' life in the down town area caused lots of urban problems, such as that of housing, traffic, noise and green space. Starting from diagnosing the old town rehabilitation and the housing problem at Hedong District, we ascertained at first different objective and subjective factors which caused or influenced the issues; then simulated their system interrelationships to find key factors, search the improving directions and alternatives, and test their effects and feasibility. In Hedong housing problem analysis, we investigated 110 different indicators in 18 neighborhoods and some statistics through 350 questionnaires. The gape of housing conditions among different neighborhoods, the potential demands and feasible solutions for improving the housing problem were identified through eco-niche and eco potential evaluation, and ecological-economics assessment.

2.3.2 Process tracing

All urban problems are connected with inappropriate ecological process. Through tracing quantitatively and qualitatively the spatial and temporal process of water and energy flows from source to sink by using different simulation techniques, we have found some integrative strategies for mitigation of water and air pollution, for taping alternative water and energy resources, and for reasonable production distribution and planning. The interaction pattern of Tianjin water flow was simulated through 33 alternative strategies and some technological, institutional and management recommendations were put forward to local decision makers.

2.3.3 Policy testing: scenarios

The common shortcoming in traditional policy making is its uncybernetical point of view. Decision makers are used to the cause-effect mono-thinking, which has caused many severe side problems in Tianjin. Taking the economic development strategy of Tanggu coastal district, the third largest port in China, and the Green belt construction policy analysis as examples, we developed a policy analysis method for local decision makers to test the alternative policies, evaluate its positive and negative, current and potential, and local and total effects and impacts by taking into consideration of some objective and subjective standards, quantitative and qualitative measures, and theoretical and experienced knowledge. After investigated 15 main industrial sectors and 28 key enterprises together with local EPA and government policy agency, 16 development measures were tested by checking their social, economic and natural benefit and cost through AHP and pan-objective ecological programming.

2.3.4 Sustainability evaluation of Tianjin urban ecosystem

Upon the analyses of the structure, function and flows of the whole city, we evaluated comprehensively the city's sustainability by following 5 indicators:

Production efficiency: Growth rate of economy, productivity (per capita GNP, profits and taxes, etc.), resource use efficiency (water, energy, main raw material and capital), wastes emission and regeneration (air, sewage, and solid wastes), potentials realized ratio;

Life quality: People's satisfactory with income, supply of housing, traffic, food, education, recreation and other basic conditions and facilities, life expectancy and health condition;

Institutional harmony: Compromise between dominance of the leading industry and products and diversity of various alternative opportunities; between self-reliance and openness to the outside system; and between the social regulation ability and individual or sectorial creativity ability;

Capability of people: The capability of decision makers (policy appropriateness, sensitivity of information feedback, ecological responsibility), entrepreneurs (creativity and vitality) and citizens (literacy, values and attitudes);

Ecological order: This includes social order (social mode, security and morality), economic order (sustainable resource supply, inflation rate, unemployment, etc.) and natural order (landscape, waterbody, atmosphere, biodiversity).

Through analysis of the city's data, we found that from 1978 to 1991, the comprehensive score of production efficiency, life quality, institutional harmony, capability of people and the natural and human ecological order are respectively increased annually by 2.5%, 8.3%,

2.6%, 4.0%, 3.5% and 2.9%, with the life quality increased most rapidly and the production efficiency and institutional structure improved slowly. Compared with Beijing and Shanghai, the social order in Tianjin is higher than the other two cities, while other five indicators are inferior, though compared with other 27 provinces, its comprehensive score ranks three. That is just an evident indicating that Tianjin is somewhat a conservative city with a relatively stable social life and economic activity. Its social turbulence is not as significant as in other cities during the past 15 years, and its economic growth is not as rapid as that of some other coastal cities, which, from long term point of view, might not be a bad thing for sustainable development. But the weaker capability of people and less active institutional structure will certainly block the future sustainable development of the city.

2.4 Conjugate ecological planning to fight the urban sprawling

According to the Zhongyong theory of ancient Chinese human ecological philosophy, an adaptivestrategy is to make a trade off between two extrem.

Land use change is one of the most important anthropogenic factors affecting terrestrial ecosystems, causing habitat loss, fragmentation, and interactions with other components of global change, such as biological invasions of non-native species (Syphard et al., 2005). Conjugate ecological landuse planning is a kind of adaptive approach to balance and compromise the relationship between environmental and economic development, social and natural service, physical and ecological infrastructure, local and regional development, historical and future contexts, tangible and intangible, positive and negative ecological impacts (Wang and Paulussen, 2009). It includes:

(1) Combine town planning with regional/watershed/hinterland planning to promote sustainable exploitation, use and maintenance of the 5 natural elements of water, fire, wood, soil and mineral;

(2) Combine restrictive control planning for ecologically sensitive, fragile and nature conservation areas with eco-servise inducement planning of the Feng-Shui (wind corridor and water artery), ecological web, urban agriculture, etc., such as red line control with green corridor cultivation, population quantity planning with life quality planning.

(3) Combine built up area (red space) planning with none-built up area planning (green, blue space and brown corridors and patches) to develop a comprehensive eco-service management business from urban agriculture, forestry, gardening, wetland to wastes regeneration;

(4) Switch two dimensional land use planning to three dimensional ecoscape planning including underground and aboveground physical space and ecological carrying capacity (water/ air/heat/green) planning;

(5) Combine water use for human consumption and production with water use for natural ecosystem maintenance; water pollutants treatment planning and hydro-engineering planning with water ecological engineering and productive wetland restoration;

(6) Combine intensive energy exploitation and utilization planning with extensive energy dissipation and renewal energy use planning; and pollution control and treatment planning with eco-service conservation and development to reduce heat island effects, pollution effects, greenhouse effects and citizen disturbance effects;

(7) Combine supply oriented urban metabolism and traffic planning with eco-artery planning for wastes recycling and regeneration and eco-sanitation planning;

(8) Combine cultural heritage conservation with ecological texture, social arteries and veins, and human ecological integrity;

(9) Switch traditional vertical and tree-shape institutional planning to eco-web, horizontal coupling, comprehensive decision making, system supervision, information feedback and capacity building planning.

The method was used in the ecological landuse planning of Beijing. The emphases was put on coordinating sustainable land use with Beijing-Tianjin regional development; the eco-fragile area control and eco-service functional development; the urban sprawl control and urban artery stretch; the urban gardening and urban agro-forests development; urban ground greening and vertical/facet greening; water for urban use and nature use; the heat island effects reducing and urban cooling bridge; tree-shape vertical management and horizontal networking management.

Three scenarios of urban sprawling were made: Scenario one is a sprawling one for "business as usual", which has biggest economic benefits but minimum ecological and social benefit with a comprehensive sustainability index (CSI) of 0. 290; Scenario two is a rigid one with strict land control according to the master plan, which has better social and ecological benefit at first, but minimum economic benefit and will be violated gradually with CSI of 0. 518; Scenario three is for flexible land use based on eco-service management with intensive land use and compact urban development along the urban artery stretching out to suburbs in a mode of so called "Tanghulu Chuan (a stick of fruits)" while strictly control development at areas away from the artery, which has better economic, social and ecological benefits and won a score of 0. 782. Some counter-sprawling measures were recommended from the research:

(1) Insert Green buffering wedge and reform brown corridors, break down heat island through insert green and blue corridors and wedges to enhance its ecological and economic benefits;

(2) Reduce inner city density and stretch along main city artery with a mode so called "string of haw apple (multi-functional towns separated by urban forests and agriculture) with a stick (express traffic line)";

(3) Vitalizing water and wind channels and optimizing traffic roads and nodes to reduce effects of heat island and pollution and enhance eco-service;

(4) Horizontal shrinking for land saving and vertical sprawling up to air and down to underground through greening and exploitation of the spatial carrying capacity.

3 Cultivating eco-sustainability: a participatory regulation model

Based on above cybernetics and dynamics models, a participatory regulation model was developed to cultivate eco-sustainability through technological innovation, institutional reform and behavioral inducement. Here the key is the integration of "hardware" (technological innovation and integrative design), "software" (institutional reform and system planning) and "mind-ware" (behavioral inducement and capacity building) through both bottom-up and top-down paths and interlocking negative and positive feedbacks (Wang and Yan, 1998) .

The ultimate goals of the participatory regulation are comprehensive wealth, health and faith. Wealth measures the structural state of the monetary assets, natural assets (mineral, water, forestry, soil, air and biodiversity), and human resource (man powers, intellects, institution, cultural heritage, etc.); health measures the functional state: human health (physical, psychological and social) and ecosystem health (local, regional and global); faith measures the material attitudes (values, life style, production mode and environmental consciousness) and spiritual relations (perceptions, concepts and believes towards the totality or supernatural forces) (Wang and Ouyang, 1996) .

3.1 Ecopolis model: five facets of participatory development

Grounded in ancient Chinese human ecological philosophy, a campaign of ecopolis development has been spread out in China since 1980s from both channels of bottom-up and top-down. Ecopolis is a kind of administrative unit having economically productive and ecologically efficient metabolism, structurally diversified and functionally sustainable landscape, and institutionally integrated and socially harmonious culture.

During the past decades, 40 experimental cities/counties towards sustainable development, 51 eco-agricultural counties, more than 3000 eco-villages, eco-farms and eco-factories have been set up through both top-down and bottom-up channels. 484 eco demonstration zones have been set up by local government. And 14 provinces are carrying on eco-province development. Evaluation indicators and procedures have been declared by management agencies. Government agencies, industries, citizens and mediums were encouraged to participate in the development process, and significant social, economic and environmental progress has been gained. While there are also lessons and challenges such as institutional barrier; behavioral bottleneck and technical malnutrition. Compared with foreign countries, China's ecocity development is rather top-down encouragement than bottom-up (Wang, 2004; Wang et al. , 2004a, b; Wang and Paulussen, 2009; Li et al. , 2009). Advantages of this way is that if the decision makers smart enough, the ecopolis plan will be strongly implemented, otherwise it will be just an oral promise or ideal utopian on paper.

City evolution is an adaptive process having both positive and negative impacts on ecosystem service and human well being. Ecopolis development is a process of adaptation to or learning from physical environmental change, technological innovation, economic fluctuation, institutional fragmentation, demographical mobility, behavioral pattern and data uncertainty. On the other hand, the local natural ecosystem under urbanization stress has also responded to human society through changing its physical and biological structure, function and process so that to adapt to people's interferences. To adapt to different conditions and different level's cities from less developed, fast transition to highly developed, ecopolis development is an step-by-step participatory approach for comprehensive planning and management with 5 stages of sustainability development towards (Fig. 6):

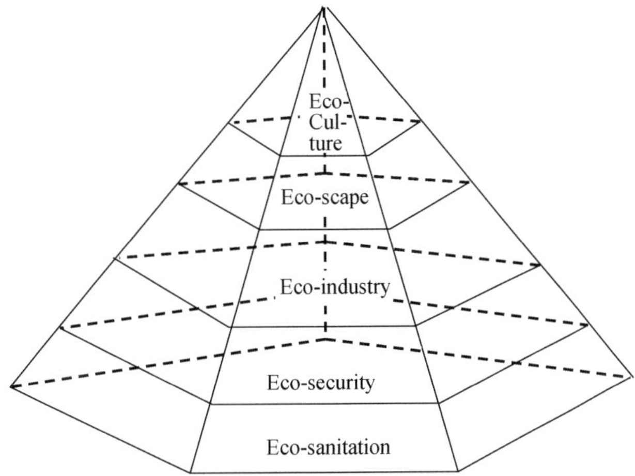

Fig. 6　The 5 Facets of ecopolis

Ecological sanitation—a set of ecologically efficient, cost-affordable and people-friendly technology, facilities, instruments and culture for discharge, collection, treatment, regeneration and management of human wastes through ecological design to provide citizens with a clean and health environment.

Ecological security—to provide all people with clean air, and safe, reliable water supplies, food, housing, mobility, municipal services and protection against disasters. Ecological security has become so important that it risks affecting both state security and the sustainability of social development (Solovjova, 1999; Gong et al., 2009).

Ecological metabolism—to conserve resources and reduce environmental degradation by promoting industry and consumption patterns that emphasize materials reuse, local production, renewable energy, efficient transportation, and meeting human needs rather than generating profits and producing unnecessary products.

Ecoscape (ecological-landscape) integrity—the design of buildings, open spaces such as parks and plazas, connector such as streets and bridges, and features such as watercourses and hilltops in a manner that maximizes the accessibility of the city for all its people while conserving energy and resources and avoiding problems such as traffic accidents and air pollution, with the goals of preventing damage to aquatic systems and reducing human impacts of the global climate.

Ecological awareness—to give people the opportunity to develop their culture and quality of life through an understanding of their own place in nature, their own responsibility for the environment, and their own ability to contribute to maintaining high quality urban ecosystems through applying holistic integrative ecological principles in their every day lives. By combining cultural and ecological traditions with modern eco-technologies, every city can enhance its own special and unique characteristics and its cultural and environmental identity.

In recent years, a quite few other cases of ambitious ecocity planning in China such as the Dongtan ecocity planning, in Chongming island of Shanghai and the Sino-Singapore ecocity planning in coastal area of Tianjin, show the publics a dream of future human habitat. To realize it, however, we need an adaptive process to local natural and human ecological condition, need to reshape our production mode, consumption behavior, development goal and life meaning, to reform the fragmented institution in legislation, organization, governance, decision making, planning and management, and to renovate the reductionism based and chain-linked technology.

3.2 Feng-Shui regulation: ecoscape integrity

A safe and sustainable ecoscape should be driven by balanced positive and negative forces to promote and sustain its development and designed by Feng-Shui (wind-water) principles formulated in ancient China (Wang and Hu, 1999):

Totality: geographical continuity, hydrological cycling, ecological integrity, and cultural consistency;

Harmony: between structure and function, internal and external environments, implicit and explicit layout, nature and man, objective being and subjective value, material and spiritual goals;

Mobility: constant flowing wind and water, vertical and horizontal flow, meandering streams, undulating and far reaching;

Vitality: luxuriant, flourishing and productive fauna, flora, soil and aquatic biomes;

Purity: clean and transparently clear water and air, quiet and secluded surroundings, carrying capacity never overloaded;

Safety: spacious, open, easy to disperse and defend, disaster resistant;

Diversity and heterogeneity of landscape, ecosystem, species, society and culture;

Sustainability: negative and positive interlocking feedbacks, selfreliance, self-maintaining, sufficiency and efficiency, appropriate exploitation and development.

Ecosacpe design required a livable, workable, walkable, affordable and sustainable human settlement with a goal of cleaning (clean, tidiness, quiet, safe), greening (structure, function, process), vitalizing (flowing water and air, fertile soil and biodiversity, resource regeneration), robust (richness, resilience, self-reliance) and beautification (identity, heritage, texture, aesthetics). There are four layers of ecoscape identity for a good human settlement and its environment.

Physical identity: a geographical, physical, hydrological and geochemical pattern and process; *Biological identity*: a productive, diversified and vigor living system with strong ability of competition, adaptation and self-organization; *Ethical identity*: an interactive reality connecting with past and future, with surrounding and other regions, symbiosis with other species and communities; *Cultural identity*: it is not only a shelter or producer for survival, but also an aesthetic reality, a super-organism between man and nature, a harmony between material and spiritual life for enjoyment, dedication and realization.

3.3 Circular economy: transformation of eco-industry to eco-industry

Traditional capital-driven industry is a kind of eco-industry characterized by metabolism blocking, ecosystem depletion, institutional fragmentation, short-sighted and self-concern behavior. Circular economy is to encourage a transition from this products and profits oriented eco-industry to function-oriented and loop-closed eco-industry through coupling of exploitation, production, consumption, transportation and regeneration. There are nine participatory transition paths:

Food web-based horizontal/parallel coupling: connecting the different production processes and to gain positive benefit from the negative environmental impacts through sharing unused resources;

Life cycle-oriented vertical/serial coupling: combining primary, secondary and tertiary industries, consumption and recycling sectors into one eco-industrial complex along the life cycle to let the production more systematically responsible;

Ecosystem-based regional coupling: integrating of neighbor environment, local community, dominant enterprises and other diversified sectors into one agro-industrial-service ecosystem in order to internalize environmental costs and pollutants could be assimilated and minimized within the system itself;

Flexible and adaptive structure: multiple production function, diversified products and easy-to-change process rather than rigid, unified and imitation one to adapt to the external change;

Functional service rather than products output oriented production: switching the production focus from products to service with three kinds of final outputs: goods (hardware), services (software) and life style changes (mindware); switching the mono-goal of production from profits to three dimensional niches of wealth (economic and ecological gains, market potentials and human resources), health (ofcompany, customers and ecosystems) and faith (values, awareness, enjoyment, realization);

Capacity building: enhancing the capacity of EI Training & Capacity building; EI Research & Demonstration; EI Dissemination & Cooperation; EI Incubation & Consultation; EI Operation & Management. R&D; I&C (incubation and consultation); M&T (service and training) sector, adaptive and comprehensive decision making, sensitive information feedback, effective networking of knowledge, experiences and experts;

Employment enhancement: increasing rather than decreasing working opportunity through creating more job in research and development, service and training within the industrial ecosystem, especially through creating labor-intensive services, though the processing work place might be reduced due to the automation;

Respecting human dignity: working is a learning and innovation process, a social interactive and self-enjoyment engagement, rather than slaved by machine and oriented mainly to earn one's salt. Human ecological gains at moral, believing and universe understanding are much more important than that of material life along;

Dynamic management: keeping technological innovation to raise efficiency; institutional reform compatible to the varying environment, and value change to cultivate vitality and self-sustainability;

Knowledge-based economy: eco-cybernetics based decision making, sensitive information feedback, effective networking of knowledge, experiences and experts, advanced research, development and dissemination capacity.

3.4 Harmonious society: capacity building for eco-culture

Ecologically speaking, the "modern" society is a somewhat inefficient, immoral, unhealthy, counter-cybernetical and less ecologically viable habitat. Its efficiency of resource using is much lower than that of a natural ecosystem. It over exploits fossil energy and mineral resources through degradation of hinterland ecosystem and imposes environmental impacts on its surroundings. Its people are estranged and competitive rather than intimate and cooperative. Its artificial living and working environment is far away from the real needs of human health. People more and more rely on electricity, tap water, car and chemicals to survive themselves. In order to jump out from this ecologically decaying culture, a refinement of people's concepts, thoughts, values, manners, emotions, tastes, customs and habits should be encouraged. And an eco-cultural revolution in production mode, life style and consumption behavior is necessary. Only when the human activities are harmonious with nature in metabolism process, structural pattern and functional development, and enhancing rather than depleting the life supporting system, that a sustainable development is expected to be realized (Wang et al., 1991b).

The eco-culture is an ecologically sound system of values, beliefs, awareness, consciousness, arts and institutions that shapes and influences man's perception and behavior towards its natural and social environment in the area of *cognition* (sustainability based philosophy, awareness, consciousness and aesthetics); *institution* (ecologically integrative legislation, governance, policy making, planning, management and participation); *materialized form* (environmentally friend production and consumption mode, and ecologically beautiful landscape, waterscape, energyscape, biodiversity, architecture and arts); and *spiritual norm* (ecologically harmonious believing, values, ethics and morality).

The capacity building of eco-civilization is to Rethink and reshape the development goal, production mode, life style and value system upgraded from material wealth to ecological wealth, functional health and spiritual faith; reform and integrate the institution in legislation, organization, governance, decision making, planning and management upgraded from chain-link to system-coupling; *renovate* and transform the reductionism based science and technology.

4 Conclusions

Human dominated landscape is a kind of Social-Economic-Natural Complex Ecosystem (SENCE) having complicated ecological dynamics and cybernetics. The key issue of SENCE approach is how to image the complicated interactions, how to simplify and integrate the diversified relationship, and how to develop a practical instrument for cultivating the sustainability in helping local people to help themselves. A combinatory model consists of mechanism learning model, adaptive planning model, and participatory regulation model has been developed through identification of its key factors, feedback and function, simulation of its partial problems, process and alternative policies, and inducing its technological, institutional and cultural innovation towards sustainability.

SENCE is an innovative thinking tank, an integrative and adaptive tool for understanding the relationship between human being and nature, its methodology is rooted in a new system approach to symlify the complicated contexts and cultivate sustainabilty. Traditional reductionism based mathematical, biological, geographical, economic and social approaches along can neither understand the eco-complexity nor manage the sustainability issues. Three ecopolis support legs are circular economy, harmonious society and safe ecology.

Acknowledgements

This research was financially supported by the Knowledge Innovation Project of the Chinese Academy of Sciences (KZCX2-YW-324; 422), the Key Supporting Project of Ministry of Science and Technology of P. R. China (2007BAC28B04; 2008BAJ10B05; 2009BADC2B03) and the National Natural Science Foundation of China (70803050) .

References

Borrvall C, Ebenman B. 2008. Biodiversity and persistence of ecological communities in variable environments. Ecol. Complex, 5 (2): 99-105.

Boschetti F. 2008. Mapping the complexity of ecological models. Ecol. Complex, 5 (1): 37-47.

Chen L, Wang R S, Yang J X, et al. 2010. Structural complexity analysis for industrial ecosystems: a case study on LuBei industrial ecosystem in China. Ecol. Complex, 7 (2): 179-187.

de Groot R S, Alkemade R, Braat L, et al. 2010. Challenges in integrating the concept of ecosystem services and values in landscape planning, management and decision making. Ecol. Complex, 7 (3): 260-272.

Gong J Z, Liu Y S, Xia B C, et al. 2009. Urban ecological security assessment and forecasting, based on a cellular automata model: a case study of Guangzhou, China. Ecol. Modell, 220: 3612-3620.

Li F, Liu X S, Hu D, et al. 2009. Measurement indicators and an evaluation approach for assessing sustainable urban development：a case study for China'sJining City. Landsc. Urban Plann，90：134-142.

Ma S J，Wang R S. 1984. Social-Economic-Natural Complex Ecosystem. Acta Ecol. Sinica，4（1）：1-9.

Odum E P. 1997. Ecology：A Bridge between Science and Society. SinauerAssociate Inc.

Solovjova N V. 1999. Synthesis of ecosystemic and ecoscreening modelling in solving problems of ecological safety. Ecol. Modell，124：1-10.

Syphard A D，Clarke K C，Franklin J. 2005. Using a cellular automaton model to forecast the effects of urban growth on habitat pattern in southern California. Ecol. Complex，2（2）：185-203.

Tansley A G. 1935. The use and abuse of vegetational concepts and terms. Ecology，16：284-307.

Wang R S，Hu D，Li F，et al. 2010. Management for Regional Urbanization. Beijing：China Meteorological Press：13.

Wang R S，Hu D，Wang X R，et al. 2004. Urban Eco-Service. Beijing：China Meteorological Press：20.

Wang R S，Hu D. 1999. Totality，mobility and vitality：Fengshui principles and their application to the blue network development of Yangtze delta. In：Land and Water：Integrated Planning for a Sustainable Future，IsoCaRP，Azores，Portugal：36-47.

Wang R S，Lin S K，Ouyang Z Y. 2004. The Theory and Practice of Hainan Ecoprovince Development. Beijing：Chemical Engineering Press.

Wang R S，Ouyang Z Y. 1996. Ecological integration：the methodology of human sustainable development. Chin. Sci. Bull，41：47-67（special issue）.

Wang R S，Paulussen J. 2009. Conjugate Ecological Planning. Beijing：China Meteorological Press.

Wang R S，Qi Y. 1991. Human ecology in China：its past，present and prospect. In：Suzuki S，et al. Human Ecology Coming of Age：An International Overview. Free University Brussels Press，Brussels：183-200.

Wang R S，Yan J S. 1998. Integrating hardware：software and mindware：ecological engineering in China. Ecol Eng，11：277-290.

Wang R S，Yang B J，Lu Y L. 1991. Pan-objective ecological programming and its application to ecological research. In：Korhonen P，Lewandowski A，Walle-nius J. Multiple Criteria Decision Support，Lecture Notes in Economics and Mathematical Systems，Berlin：Springer-Verlag，356：321-330.

Wang R S，Zhao J Z，Ouyang Z Y. 1991. Human Systems Ecology. Beijing：China Science and Technology Press：240.

Wang R S，Zhou Q X，Hu D. 2000. Approach for Urban Eco-Regulation. Beijing：China Meteorological Press：34，43.

Wang R S. 1986. High Efficiency and Harmonious Relationship—The Principles and Methodology of Urban Ecological Regulation. Changsha：Hunan Educational Press.

Wang R S. 1989. Pan-objective ecological programming and its application to ecological research. //Korhonen P，et al. Multiple Criteria Decision Support，Lecture Notes in Economics and Mathematical Systems，vol. 356. Berlin：Springer-Verlag：321-330.

Wang R S. 1991. Probing the nothingness—human ecological relationship analysis. In：Wang R S. Human Systems Ecology. Beijing：China Science and Technology Press（English version）：1-6.

Wang R S. 2004. Ecopolis Planning of Yangzhou. Beijing：China Science and Technology Press.

Yang J L. 1968. Truth and Nature. International Publishing Company，Hong Kong.

Yue T X，Liu J Y，Jorgensen S E，et al. 2003. Landscape change detection of the newly created wetland in Yellow River. Delta Ecol Modell，164：21-31.

社会-经济-自然复合生态系统与可持续发展*

王如松　欧阳志云

（中国科学院生态环境研究中心城市与区域生态国家重点实验室，北京 100085）

摘要　人类社会是一类以人的行为为主导、自然环境为依托、资源流动为命脉、社会文化为经络的社会-经济-自然复合生态系统，自然子系统是由水、土、气、生、矿及其间的相互关系来构成的人类赖以生存、繁衍的生存环境；经济子系统是指人类主动地为自身生存和发展组织有目的的生产、流通、消费、还原和调控活动；社会生态子系统由人的观念、体制及文化构成。这三个子系统是相生相克，相辅相成的。三个子系统之间在时间、空间、数量、结构、秩序方面的生态耦合关系和相互作用机制决定了复合生态系统的发展与演替方向。复合生态系统理论的核心是生态整合，通过结构整合和功能整合，协调三个子系统及其内部组分的关系，使三个子系统的耦合关系和谐有序，实现人类社会、经济与环境间复合生态关系的可持续发展。

关键词　复合生态系统　可持续发展　生态整合

1　文明演化的生态观

2007 年北京世界生态高峰会，来自世界 20 多个国际和地区与生态相关的学术团体、70 多个国家的 1400 余名代表忧心忡忡，呼吁世界各国政府和民众紧急行动起来，用人类的智慧和行动呵护自然、保育环境、绿化经济、拯救人类，发表了弘扬“生态”这一“认识世界、改善环境、美化生活的强力工具”的北京生态宣言。峰会上人们关注的焦点集中在以下三个尺度的生态问题上：以气候变化、经济振荡和社会冲突为标志的全球生态安全问题；以资源耗竭、环境污染和生态胁迫为特征的区域生态服务问题；以及以贫穷落后、过度消费和文化荒芜为诱因的人群身心健康和社会生态和谐问题。其核心都是时、空、量、构、序范畴上的可持续发展问题。

1.1　发展的生态观

自走出丛林以来，人类经历了原始文明、农耕文明、工商文明。原始文明以采摘狩猎为特征，以水火生态因子为依托，以发明用火和工具为标志，是一种自生式的社会形态；农耕文明以种植养殖为特征，以土地与生物生态为依托，以发明灌溉和施肥育种为标志，是一种再生式的社会形态；工商文明以市场经济为特征，以矿产与金融为依托，以大规模使用化石能源和机械化工产品为标志，是一种竞生式的社会形态。

* 原载于：中国科学院院刊，2012，27（3）：337-345.

社会文明分两阶段：其中社会主义是其初级阶段，以社会公平为目标，是一种共生式的社会形态；社会文明的高级阶段以可持续发展为特征，以知识经济和生态系统服务为依托，以高效的生态技术、和谐的生态体制、持续的生态服务及健康的社会生活为标志，集竞生、共生、再生、自生功能于一体的高级生态文明形态。

环境污染和生态退化是工业文明的副产品。随着大工业的发展，专业化分工越来越细，经济效益成为企业生产的唯一目标。企业从遍布全球的自然生态系统中无偿或低偿地索取资源，并将生产和消费过程中未被有效利用的大量副产品以污染物或废弃物的形式排出厂外，形成环境问题。其生态学实质是资源代谢在时空尺度上的滞留和耗竭，系统耦合在结构关系上的破碎和板结，生态功能在演化过程中的退化和灾变，社会管理在局整关系上的短视和匮缺。人们只看到产业的物理过程，而忽视其生态过程；只重视产品的社会服务功能，而忽视其生态服务功能；只注意企业的经济成本而无视其生态成本；只看到污染物质的环境负价值而忽视其资源可再生利用的正价值。社会的生产、生活与生态管理职能条块分割，以产量产值为主的政绩考核指标和短期行为，以还原论为主导的传统科技，以及生态意识低下、生态教育落后的国民素质，是整体环境持续恶化的根本原因。

发展应该是一种渐进有序的系统发育和功能完善的过程，包括经济、人口和环境的协调发展。发展自然就要改变环境、适应环境、积累资产、调节关系。可持续发展是向传统生产方式、价值观念和科学方法挑战的一场生态革命，其内涵包括了经济的持续增长、资源的永续利用、体制的公平合理、社会的和谐共生、传统文化的延续及自然活力的维系，其核心是调节人口、资源、环境间的生态关系。

1.2 发展的生态网

据统计，“生态”一词是近年来国内外报刊媒体、政府文件乃至街谈巷议中出现频率最高的一个与可持续发展密切相关的名词之一。这是由生态学的系统性和与人类活动密切的相关性所决定的。汉语里的生态是一个多义词，有耦合关系、整合学问与和谐状态三种内涵。

首先，生态是包括人在内的生物与环境、生命个体与整体间的一种相互作用关系，在生物世界和人类社会中无处不在，无时不有，每个人都要处理这些关系。民间泛谈的生态是生命生存、发展、繁衍、进化所依存的各种必要条件和主客体间相互作用的关系。

其次，生态是一种交叉学问和整合机理，是包括人在内的生物与环境之间关系的一门系统科学；是人们认识自然、改造环境的世界观和方法论或自然哲学；是人类塑造环境、模拟自然的一门工程技术；还是人类怡神悦目、修身养性、品味自然、感悟天工的一门自然美学。

最后，生态还是描述人类生存、发展环境的和谐或理想状态的形容词，表示生命和环境关系间的一种整体、协同、循环、自生的良好文脉、肌理、组织和秩序。比如生态城市、生态旅游、生态卫生等，实际上是偏正词组“生态合理的城市”，“生态和谐的旅游”、“生态良性循环的卫生”的简称，是约定俗成后被社会所公认的用语。

生态学自 1866 年 Haeckel 给出定义以来作为一门科学才一个多世纪，但生态学的系统思维、系统方法和系统技术却源远流长（Odum，1983）。早在3000多年前，中华民族就形成了一套“观乎天文以察时变，观乎人文以化成天下”的人类生态理论体系，包括道理（即自然规律，如天文、地理、物理、生物等），事理（即对人类活动的合理规划管理，如政事、农事、军事、家事等）和情理（即人的信仰及行为准则，如心理、伦理、道德、宗教等）。中国封建社会正是靠着这些天时、地利及人和关系的正确认识，靠着物质循环再生，社会协调共生和修身养性自我调节的生态观，维持着其数千年稳定的生态关系和社会结构，养活了近1/4的世界人口，形成了独特的华夏文明。

2　社会-经济-自然复合生态系统

荀子曰：“金石有形而无气，水火有气而无生，草木有生而无知，禽兽有知而无义，人有形、有气、有生、有知且有义，故最为天下贵也”。当然，从生态学角度，人只是地球上生物的一种，是不是“最为天下贵”值得商榷，但作为最有创造性和破坏性的高级动物却一点也不假。荀子在这里把整个生态系统从环境到生物到人都描述出来了：金、石、水、火、草、木、禽、兽、天、地构成绚丽多彩的生态景观，再加上人气、人生、人知、人义、人文就构成了生机盎然的生态社会。人类社会是一类以人的行为为主导、自然环境为依托、资源流动为命脉、社会文化为经络的社会-经济-自然复合生态系统，马世骏、王如松将其定义为社会-经济-自然复合生态系统（图1）。

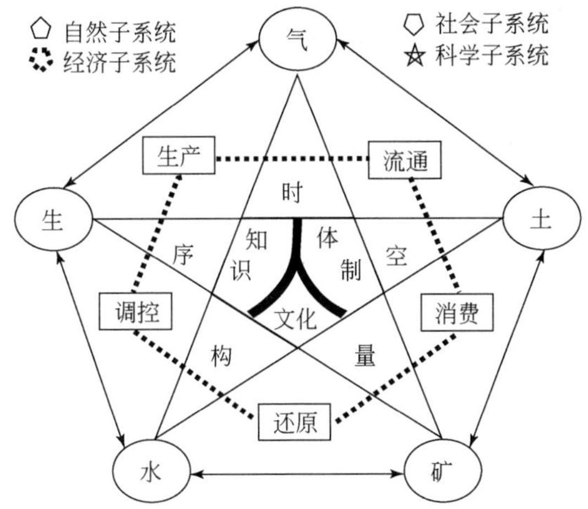

图1　社会-经济-自然复合生态系统示意图

2.1　复合生态系统结构与功能

人的生存环境，可以用水、土、气、生、矿及其间的相互关系来描述，是人类赖以生存、繁衍的自然子系统。第一是水，水资源、水环境、水生境、水景观和水安全，有利有弊，既能成灾，也能造福；第二是土，人类依靠土壤、土地、地形、地景、区位等提供食物、纤维，支持社会经济活动，土是人类生存之本；第三是气和能，人类活动需要利用太阳能以及太阳能转化成的化石能。由于能的驱动导致了一系列空气流动和气候变化，提供了生命生存的气候条件，也造成了各种气象灾害、环境灾害；第四是生物，即植物、动物、微生物，特别是我们赖以生存的农作物，还有灾害性生物，比如病虫害甚至流行病毒，与我们的生产和生活都戚戚相关；第五是矿，即生物地球化学循环，人类活动从地下、山里、海洋开采大量的建材、冶金、化工原料以及对生命活动至关重要的各种微量元素，但我们开采、加工、使用过程中只用了其中很少一部分，大都以废弃物的形式出现，产品用完了又都返回自然中，造成污染。这些生态因子数量的过多或过少都会发生问题，比如水多、水少、水浑、水脏就会发生水旱灾害和环境事故。

第二个子系统是以人类的物质能量代谢活动为主体的经济生态子系统。人类能主动地为自身生存和发展组织有目的的生产、流通、消费、还原和调控活动。人们将自然界的物质和能量变成人类所需要的产品，满足眼前和长远发展的需要，就形成了生产系统；生产规模大了，就会出现交换和流通，包括金融流通、商贸物质流通以及信息和人员流通，形成流通系统；接下来是消费系统，包括物质的消费，精神的享受，以及固定资产的耗费；再就是还原系统，城市和人类社会的物质总是不断地从有用的东西变成“没用”的东西，再还原到自然生态系统中进入生态循环，也包括我们生命的循环以及人的康复；最后是调控系统，调控有几种途径，包括政府的行政调控、市场的经济调控、自然调节以及人的行为调控。

社会的核心是人，人的观念、体制和文化构成复合生态系统的第三个子系统，即社会生态子系统。

一是人的认知系统，包括哲学、科学、技术等；二是体制，是由社会组织、法规、政策等形成的；三是文化，是人在长期进化过程中形成的观念、伦理、信仰和文脉等。三足鼎立，构成社会生态子系统中的核心控制系统。

这三个子系统相互之间是相生相克、相辅相成的。研究、规划和管理人员的职责就是要了解每一个子系统内部以及三个子系统之间在时间、空间、数量、结构、秩序方面的生态耦合关系。其中时间关系包括地质演化、地理变迁、生物进化、文化传承、城市建设和经济发展等不同尺度；空间关系包括大的区域、流域、政域直至小街区；数量关系包括规模、速度、密度、容量、足迹、承载力等量化关系；结构关系包括人口结构、产业结构、景观结构、资源结构、社会结构等；还有很重要的序，每个子系统都有它自己的序，包括竞争序、共生序、自生序、再生序和进化序。

2.2 复合生态动力学与控制论

复合生态系统的动力学机制来源于自然和社会两种作用力。自然力的源泉是太阳能，包括太阳能及其转化而成的化石能源，它们流经系统的结果导致各种物理、化学、生物过程和自然变迁。社会力的源泉有三：一是经济杠杆——资金；二是社会杠杆——权力；三是文化杠杆——精神。资金刺激竞争，权力诱导共生，而精神孕育自生。三者相辅相成，构成社会系统的原动力。自然力和社会力的耦合导致不同层次复合生态系统特殊的运动规律。

复合生态系统的演替受多种生态因子影响，其中主要有两类因子在起作用：

一类是利导因子，一类是限制因子。当利导因子起主要作用时，各物种竞相占用有利生态位，系统近乎指数式增长；但随着生态位的迅速被占用，一些短缺性生态因子逐渐成为限制因子。优势种的发展受到抑制，系统趋于平稳，呈 S 形增长。但生态系统有其能动的适应环境、改造环境、突破限制因子束缚的潜力。通过改变优势种、调整内部结构或改善环境条件等措施拓展生态位，系统旧的利导因子和限制因子逐渐让给新的利导因子和限制因子，出现新一轮的 S 形增长。复合生态系统就是在这种组合 S 形的交替增长中不断演替进化，不断打破旧的平衡，出现新的平衡（图 2）。

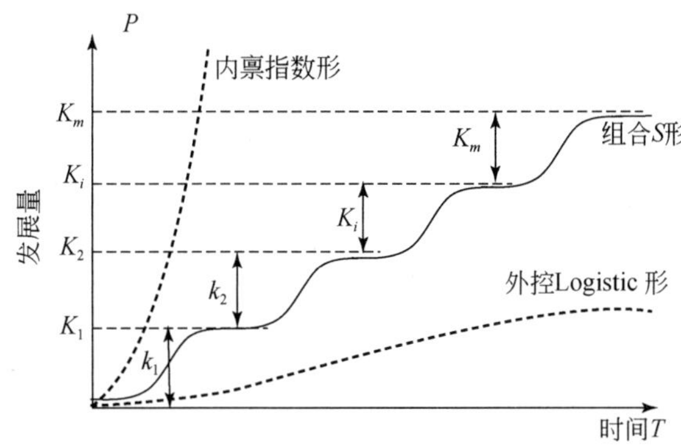

图 2　复合生态系统演替的不同方式比较

从稳定性的传统定义看，这种过程是发散、不稳定的。但从生态演替趋势看，它却可以视为一种发展过程的定向稳定性，是对生态系统跟踪环境、适应环境、改造环境发展过程的平稳程度的测度。它包括发展进化的速度和波动程度两方面的含义。图 2 中 logistic 增长型系统只有平衡而无发展，是一种没有生命力的发展过程，迟早会被新的过程所取代；指数增长型系统只有发展而无平衡机制，是一种不能持久的过程，迟早也会由于限制因子的作用受阻或崩溃。这两种系统都是可持续性较差的系统。组合 logistic 增长型系统具有持续的螺旋式发展能力，又具备一定的自我调节功能，能自动跟踪其不断演变着的生态环境，实现组合 S 形增长，因而其过程稳定性较好。其二维动力学方程可用下式表述：

$$\mathrm{d}P/\mathrm{d}t_i = r_i(P - K_{i-1})(k_i - P)/k_i,\ K_i = \sum_{j=1}^{i} k_j$$

$$\mathrm{d}r_i/\mathrm{d}t = r_i (i = 1, 2, \cdots, m)$$

$$I = \sqrt{\sum_{i=1}^{m} (k_i - \bar{k})^2/(m-1)} / \bar{k},\ \bar{k} = \sum_{i=1}^{m} k_i/m$$

内禀增长活力 R：包括生产竞争力、消费购买力、科技推动力、政策激励力。其功效是拉动系统快速增长，在环境约束很小的状态下呈指数增长，主要作用在图 2 中 logistic 曲线的中段。环境承载能力 K：包括自然生态的资源承载能力、环境容量、经济生态的资产存量、技术水平、融资能力、市场消纳能力；社会生态的人力资源、文化素质、社会关系、政策空间、体制包容性等；其功效是稳定系统，使其尽量避开风险，主要作用在图 2 中 logistic 曲线的前后两段，在发展启动期以利导因子为主导，正向拉动系统发展，在发展成熟期以限制因子为主，逆向抑制系统过度发展。

环境支持能力从 K_{i-1} 向 K_i 的扩展取决于新的利导因子的开发，老的限制因子的拓展，系统结构及其耦合关系的转型。其核心是系统协同进化能力 I 的强化。

系统协同进化能力 I：包括环境开拓适应能力（开发新的利导因子，拓宽老的限制因子、培育新兴优势组分的能力）和系统整合能力（体制整合力、科技整合力、产业整合力、景观整合力、文化整合力）。解决环境污染及其造成的生态破坏问题，需要技术、体制、行为和景观层次上的生态整合，包括循环疏浚的闭合能力、外引内联的整合能力以及斟时酌空的调和能力。R、K、I 的辨识、模拟和优化是系统能否持续发展的关键。

复合生态系统的生态控制论包括开拓适应原理、竞争共生原理、连锁反馈原理、乘补协同原理、循环再生原理、多样性主导性原理、功能发育原理、最小风险原理等，可以用 4 个字概括，就是拓、适、馈、整 4 类机理。这里的拓包括开拓、利用、营建和竞争一切可以利用的生态位，保持各种物理、化学、生物过程的持续运转、有机发育和协同进化；适即适应，包括生物改变自己以适应外部的生态条件，以及调节环境以适应内部的生存发展需求，推进与环境的协同共生；馈即反馈、循环，包括系统生产、流通、消费、还原整个生命周期过程的物质循环再生、可再生能源的永续利用，以及信息从行为主体经过环境再回到行为主体的灵敏反馈，即时间、空间、结构、功能范畴的有机复合、融合、综合与整合，包括结构整合、过程整合、功能整合和方法整合，以及对象复合、学科复合、体制复合与人才复合。

竞争、共生、再生和自生机制的结合、整合与复合，就是坚持有中国特色的社会主义市场经济条件下资源节约、环境友好、人口健康型的可持续发展。其中，中国特色是再生，社会主义是共生，市场经济是竞生，可持续发展是自生。

2.3　复合生态系统的整合框架

复合生态系统的整合框架包括一维基本原理、二维共轭关系、三维系统构架、四维动力学与控制论机制、五维耦合过程与能力建设五个层次，从而可以阐释复合生态系统的科学内涵与社会内涵，学术目标和国家目标（表 1）。

表 1　复合生态系统的科学与社会整合框架

维度	科学整合与学术目标	社会整合与应用目标
一维 基本目标	复杂性的生态辨识、模拟和调控	可持续能力的规划建设与管理
二维 基本任务	人与自然的共轭生态博弈： 局部与整体 分析与综合	环境与经济的共轭生态管理： 眼前与长远 效益与代价
三维 基础构架	自然-经济-社会生态关系的耦合关系辨识-过程模拟-系统调控 物（硬件）-事（软件）-人（心件）融合	循环经济-和谐社会-安全生态 生态规划-生态工程-生态管理 观念更新-体制革新-技术创新
四维 动力学与控制论	资源-资金-权法-精神 竞生-共生-再生-自生 开拓-适应-反馈-整合 胁迫-服务-响应-建设	自然环境-经济环境-体制环境-社会环境 身心健康-人居健康-产业健康-区域健康 横向联合-纵向闭合-区域整合-社会融合 认知文化-体制文化-物态文化-心态文化

续表

维度	科学整合与学术目标	社会整合与应用目标
五维 耦合方法与能力建设	水–土–气–生–矿 元–链–环–网–场 物质–能量–信息–人口–资金 时间–空间–数量–结构–功序 生产–流通–消费–还原–调控	净化、绿化、活化、美化、进化的景观生态 污染治理–清洁生产–生态产业–生态政区–生态文明 城乡统筹–区域统筹–人与自然–社会与经济–内涵与外延 生态服务–生态效率–生态安全–生态健康–生态福祉 温饱境界–功利境界–道德境界–信仰境界–天地境界

复合生态系统理论的核心在于生态整合，包括①结构整合：城乡各种自然生态因素，技术及物理因素和社会文化因素耦合体的等级性、异质性和多样性；②过程整合：城乡物质代谢、能量转换、信息反馈、生态演替和社会经济过程的畅达、健康程度；③功能整合：城市的生产、流通、消费、还原和调控功能的效率及和谐程度。复合生态系统理论的复合包括对象的复合、学科的复合、方法的复合、体制的复合、人员的复合，强调物质、能量和信息三类关系的综合，系统的时（届际、代际、世际）、空（地域、流域、区域）、量（各种物质、能量、人口、资金代谢过程）、构（产业、体制、文化）及序（竞争、共生与自生序）关系的统筹规划和系统关联是生态整合的精髓。

3　复合生态建设与适用性生态管理

复合生态系统理论在城乡建设上的应用就是要通过生态规划、生态工程与生态管理，将单一的生物环节、物理环节、经济环节和社会环节组装成一个具有生命力强的生态经济系统，运用系统生态学原理去调节系统的主导性与多样性，开放性与自主性，灵活性与稳定性，发展的力度与稳度，促进竞争、共生、再生和自生能力的综合；生产、消费与还原功能的协调；社会、经济与环境目标的耦合；使资源得以高效利用，人与自然和谐共生。

城乡建设是一个复杂的生态耦合体，其社会、经济、自然子系统间是相互耦合而非从属关系，虽功能不同，却缺一不可。一个走向可持续发展的社会应是市场竞争能力强，社会共生关系好，环境自生活力高的、和谐的、进化的社会。自20世纪80年代以来我们运用复合生态系统理论和适应性共轭生态管理方法，探讨了省市县等不同尺度行政区域的生态建设模式，开展了不同生态系统工程集成技术的实证研究，在创建有中国特色的可持续发展生态学，将传统生物生态研究拓展为人与自然复合生态关系研究中取得了一定的进展，为复合生态规划和城乡生态建设提供了系统方法和科技支撑。

3.1 城市复合生态规划与管理

规划的科学性在于系统化、定量化和最优化。我们从20世纪80年代初开始，研究和发展了一套定量与定性相结合、优化和模拟相结合，从测量到测序、从优化到进化，从柔化到刚化，面向系统功能的进化式泛目标生态规划和适应性共轭生态管理方法。泛目标生态规划方法于1988年在国际应用系统分析研究院（IIASA）报告和发表，开拓了IIASA适应性生态管理的新视野。利用泛目标生态规划方法，我们从时间、空间、阈值、结构和功能序5个方面对不同尺度、不同时段的天津城市复合生态系统的结构、功能、过程进行了辨识、模拟和政策实验，提出了由机理学习、过程模拟、政策调控、发展管理组成的复合生态系统组合模型。所提出的生态经济区划、城市经济重心东移、塘-汉-大滨海区统筹开发、哑铃状城市格局、水生态建设、老租界区改造、海河滨岸改造等研究建议都得到了实施并取得显著效益。利用复合生态管理方法，天津连续11年荣获全国城市环境综合定量考核十佳城市，全国唯一省域环保模范城市，为滨海区开发战略确立、天津城市发展和生态城建设奠定了科学基础。

共轭生态管理是指协调人与自然、资源与环境、生产与生活间共轭关系的复合生态系统管理。这里的共轭指矛盾的双方相反相成、协同共生，特别是社会经济发展和自然生态服务的平衡、人工基础设施建设和自然基础设施建设的平衡、空间生态关联与时间生态关联的协调、物态环境和心态环境的和谐；而管理则指从时间、空间、数量、结构、序理五方面去调控共轭组分间的整合、协同和循环机制、协调决策多边形中机会和风险、环境和经济、绿韵与红脉、产品服务和生态服务、眼前和长远的博弈关系，利用共轭生态管理方法，我们研究了北京城市生态建设中的建设用地和生态服务用地，生产生活用水和生态系统用水，人口承载力和生态服务关系，明确了西部生态涵养区的经济发展和东部经济发展区的生态建设战略，提出了破解“摊大饼”格局的生态工程措施和共轭生态管理对策。

3.2 区域生态建设示范模式

20世纪80年代以来，我们运用复合生态系统方法开展了我国第一个生态县大丰、第一个生态省海南、第一批地级生态市扬州的生态规划与建设的长期跟踪研究，创建了以发展生态产业、保育生态环境和建设生态文化为特征，融污染防治、清洁生产、产业生态、生态社区和生态文明“五位一体”的生态省、市、县建设模式（表2）。

表2　环境问题的复合生态调控技术与对策

项目	调控目标	调控方式	核心生态技术	发展趋势
环境防治	污染最小化	综合防治	总量控制和工程治理	从单因子走向复合污染防治
清洁生产	过程优化	节能减排	产品、工艺和环境的生态设计	从末端治理走向过程减排
产业生态整合	产业共生	合纵连横	产业生态转型与孵化	从链环、网络到园区
生态政区	区域统筹	系统优化	复合生态规划与管理	从产业、社区到区域
生态文明	文明提升	规范与激励	观念更新-体制革新-技术创新	从硬件、软件到心件

1987 年起，我们在大丰生态县规划和建设研究中，建立了以生态农业为基础的规模化农业循环经济、链网型生态工业、生态社区和能力建设体系。创建了县级行政区强化生态资产保育和生态经济建设，寓环境保护于复合生态建设之中的大丰生态县建设模式。其特色是以淤涨型滩涂的保护性开发和快速近自然演替；风、光、生物质等可再生能源的规模化开发；传承张謇屯垦文化，发展农工商复合生态产业；以麋鹿、丹顶鹤为基础的生态旅游拉动区域生态休闲产业；与上海、苏州等市资源优势互补、产业协同共生。大丰先后实施了生态农业、生态型工业，自然保护、资源综合利用等 22 项生态示范工程，从一个中等水平的农业县跨入国家百强县行列，环境质量好，自然生态保护地占全县面积的 28%，成为首批全国生态示范县。2004 年，我们系统总结了 15 年大丰生态县建设的经验和教训，编制了第二阶段的生态建设规划，先后完成了国家级麋鹿自然保护区、绿色食品基地县、可持续发展综合实验区、生态经济开发、生态环境监测等 108 项生态工程项目。获首批国家可持续发展先进示范区（2008）、国家卫生城市等 32 项国家级荣誉称号。

1999 年起，我们在扬州生态市规划与管理研究中，从区域水生态保育、乡村面源污染防治、城镇人居环境的生态改造和循环经济建设切入，形成生态绿地与河网湿地有机交融、疏密有致的组团式城市生态格局，构建规划区地表和下垫面的冷桥体系。创建了以生态基础设施和生态文化建设为突破口，通过能力建设去净化、绿化、活化、美化城乡生态环境，推进产业、自然和人文生态的渐进协调发展的扬州地级生态市建设模式。扬州古城的生态改造以生态基础设施的配套与生态活力、历史街区文脉肌理的生态整合性、旧厂坊的转塑开发与混合街区职能，住宅外风貌修复和内生态品质改造，便利安全、外畅内幽的生态交通，净化活化、谨慎节俭的生态复兴为宗旨，得到各界的好评，2006 年扬州市获联合国人居奖，在全省综合实力排名从第七位跃升第二位，所辖区县全部建成国家级生态示范区，成为我国地级生态市建设的典范。

山区重要生态功能区及四大水系流域生态系统管理研究切入，以胶-农-文-旅产业生态管理等为契机，创建了通过生态资产的优化、生态经济的整合和生态文明的提升，构建经济发展、社会进步和环境保护三赢的省级行政区可持续发展模式。博鳌亚洲论坛园区生态建设规划研究了园区基础设施建设与海岸带保护、人工构筑物与自然景观协调关系，提出万泉河口、岛屿生态建设和玉带滩保护、太阳能与地热利用等工程措施，编制土地利用、景观格局和生态建设规划，成为亚洲地区旅游园区生态建设的典范。

15 年来，海南环境质量在保持全国领先的基础上持续改善，人均 GDP 和人均收入分别增长了 3.7 倍和 2.6 倍，资源消耗和环境排放大幅度降低，自然生态服务功能稳步提升。2004 年国家环保总局专题调研报告指出：“海南生态省建设为现阶段我国实施可持续发展找到了一种最佳实现形式”。

3.3　生态系统工程技术集成

将复合生态系统方法用到城市生态建设中去，我们重点在城市生态基础设施、社区生活环境和厂区生产环境三方面规划设计和推进了一批复合生态系统工程的建设。垃圾问题是一类典型的复合生态系统管理问题，需要物理的、化学的、生物的、生态的、社会的、经济的联合手段和技术集成，以及适应性的管理体制。1996 年以来我们先后在广汉、北京、桐庐等地探索和试验基于复合生态系统的生活垃圾减量化、无害化、资源化、产业化和社会化的生态工程管理方法、技术集成体系、产业孵化途径和社会整合等方面的适应性管理研究。

广汉生活垃圾五化生态工程研究将生活垃圾单部门管理、单技术处理模式革新为社区减量化、堆肥资源化、焚烧填埋一体化的城市垃圾综合管理模式，由国家六部委召开现场会向全国推广。北京市主要领导在我们的建议上批示开展垃圾“五化”综合管理研究，国务院领导也对我们的工作给予了高度关注。两年来，通过与政府主管部门、大型企业、典型社区和拾荒民工的合作研究，取得了垃圾资源化和产业化关键参数，形成系统化的工程规划方案，北京2010年垃圾出现历史上首次负增长（-0.48%），垃圾分拣服务网络提供了1400个就业岗位，4个试点社区垃圾减量50%。在北京全面实施我们规划的“五化”工程，有望振兴北京的静脉产业，垃圾清运量减50%，提供就业机会21.9万个。

人类社会的发展史是一个人与自然关系从必然王国向自然王国过渡的生态进化史，这里的“自然”包括自由和必然两层含义。人类对其赖以生存和发展的生态环境和生态关系的认识是逐步深化又不可能穷尽的，永远达不到自由王国的国度。复合生态系统理论的建立为人类从还原论走向整体论，从纵向科学走向交叉科学，从经院科学走向官产研学结合的建设科学打下了基础。基于生态哲学、生态科学、生态工程和生态美学的复合生态系统生态学已成为人类社会可持续发展的理论基础和应用工具。可以预见，就像数学来源于物理学又推动物理学的发展那样，复合生态系统生态学来源于生物学、社会学、环境科学，又必然会推动相关学科的长足发展和科学的新突破。

参考文献

马世骏，王如松．1984. 社会-经济-自然复合生态系统．生态学报，4：1-9.

王如松，林顺坤，欧阳志云．2004. 海南生态省建设的理论与实践．北京：化学工业出版社：324.

王如松，欧阳志云．2007. 对我国生态安全的若干科学思考，中国科学院院刊，22（3）：223-229.

王如松，徐洪喜．2005. 扬州生态市规划方法研究．北京：中国科技出版社：232.

王如松．1988. 高效、和谐—城市生态调控原则与方法．长沙：湖南教育出版社．

王如松．1991. 中国生态学发展战略研究．北京：中国经济出版社：405-466.

王如松．2007. 世界生态高峰会与全球高峰生态学．中国科学院院刊，22（4）：330-333.

Odum E P. 1983. Basic Ecology. London：Saunders College Publishing.

Wang R S，Downton P，Douglas I. 2011. Towards Ecopolis，New technologies，new philosophies and new developments：In Ian Douglas，David Goode，Mike Houck，Rusong Wang. Handbook of Urban Ecology，London：Taylor & Francis Ltd：636-651.

Wang R S，Li F，Hu D. 2011. Understanding eco-complexity：Social-Economic-Natural Complex Ecosystem approach Source：Ecological Complexity，8：15-29.

Wang R S，Yang B J，Lu Y L. 1989. Pan-Objective Ecological Programming and Its Application to Ecological Research，Multiple Criteria Decision Support，Lecture Notes in Economics and Mathematical Systems.

SOCIAL-ECONOMIC-NATURAL COMPLEX ECOSYSTEM AND SUSTAINABILITY

Wang Rusong　Ouyang Zhiyun

(State Key Laboratory of Urban and Regional Ecology, Research Center for Eco-Environmental Sciences, CAS, Beijing 100085)

Abstract　Human society is a social-economic-natural complex ecosystem, which is dominated by human activities, supported by physical environment. In the complex ecosystem, resource flows are vital lifeline, culture is the channel and collaterals. The natural sub-system, the human-being survival and prosperous environment, is made up of water, soil, atmosphere, organisms and resources, and their inter-relationship. The economic sub-system consists of the human activities of production, circulation, consumption, and reduction for purposes of survival and development. The social sub-system includes human-being, institution, value and culture. The three sub-systems functionally act as a whole by complementarily, and promoting and constraining mutually as well. Their ecological interactions in time, space quantity, structure and order determine the succession trends of the complex ecosystems. The core of complex ecosystem integration is to coordinate the interaction between three subsystems and their components toward sustainability through adjusting their structure and function.

Key words　complex ecosystem, sustainable development, ecological concept

第二篇

城市生态

生态库原理及其在城市生态学研究中的作用*

王如松　刘建国

（中国科学院生态环境研究中心，北京 100085）

几十年来，生态学工作者一直把研究的重心放在生态系统内部结构和功能的辨识和调控上，很少注意生态系统与其外部环境之间的关系。由于生态系统的外部环境对生态系统至关重要，而且不同生态系统的外部环境具有许多相似或共同之处，为便于调控和研究生态系统与其外部环境的相互依赖关系，刘建国 1986 年提出了生态库（ecopool）的概念。本文将对生态库的概念进行拓广，并试图阐明生态库对其主体生态系统（target ecosystem）的作用机理及其所产生的效应以及生态库原理在城市生态学研究中的应用。

一、生态库的定义及特征

能够为生态系统储存、提供或运输物质、能量和信息，并与生态系统的生存、发展和演替密切相关的系统，我们称之为生态系统的生态库，而称前一种系统为主体生态系统。例如，太阳是生物圈的能量生态库，电力系统是城市生态系统的能量生态库，这两种生态库都能向其主体生态系统提供能源，以维持主体生态系统的生存和发展；由于郊区能够为城市生态系统提供蔬菜和副食品等，它们可以看作城市生态系统的物质生态库；为社会生态系统储存和提供各种信息的图书馆、电视台等是社会生态系统的信息生态库；学校能为社会培养和输送人才，是社会生态系统的人才生态库；银行是社会和经济生态系统的金融生态库。

虽然不同类型的生态库具有不同的结构和功能，但各种生态库具有一些共同或相似的性质，即：

（1）附属性：生态库是针对主体生态系统而言，为主体生态系统服务。

（2）关键性：生态库对主体生态系统的生存和发展起着关键作用，离开该生态库，主体生态系统的功能将会受到严重影响，甚至无法生存。

（3）延续性：一般来说，生态库对其主体生态系统的影响不是瞬时的，而是一个相对稳定的延续过程。

（4）对偶性：生态库与其主体生态系统相互作用，而形成一个反馈系统。如果生态库也是一个生态系统的话，则生态库与其主体生态系统互为生态库。

另外，生态库可以是空间连续的地理单元，也可能是空间非连续的物理系统、社

* 原载于：城市环境与城市生态，1988，（2）：20-25.

会系统或经济系统等。

虽然生态库可能比其主体生态系统更大或更复杂，但我们着重研究生态库与其主体生态系统之间的相互作用，而不是生态库内部变化的动态机理。

二、生态库的功能及其对主体生态系统的作用机理

按照生态库对其主体生态系统的服务性质可将生态库分为三类：源生态库、汇生态库及渠生态库。

像太阳、水库、学校等起着“源”的作用，能向其主体生态系统提供物质、能量、信息、人才、货币等，这类生态库叫源生态库。源生态库起着孕育、供养、支持主体生态系统的作用，它是主体生态系统产生、存活和发展的必备条件。

汇生态库能够吸收、消化和降解主体生态系统的产品、副产品及废物等，如海洋、大气、市场、火葬场等。汇生态库是主体生态系统与外界进行物质能量交换，发挥正常功能所必不可少的条件，是维持主体生态系统与周围环境间生态平衡的缓冲因素。

能把其他系统的能源、信息、物质、人才、货币等输入主体生态系统，或把主体生态系统的产品、代谢物等输入其他系统的生态库被称为渠生态库，像河流、交通干线、电力网络、通信网络等都属渠生态库。它们在主体生态系统与其环境之间起着疏导、传递、运输及分配物、能、信息等作用。当主体生态系统与其源和汇生态库之间相距遥远时，渠生态库在沟通二者渠道，保持主体生态系统的正常功能方面将起着重要作用。

生态库与主体生态系统之间通过各种物质流、能量流、信息流、资金流和人口流相联系，我们称这种流为生态流。生态流的大小是由主体生态系统与生态库之间的位势差来决定的，这种位势差越大，流的强度就越大。对于稳定的生态系统来说，物质流的输入与输出基本平衡。当输入与输出相差悬殊时，就发生生态系统的阻滞或生态库的耗竭现象，出现生态平衡失调。比如一个生态工艺落后的城市，其生产过程中大量物质以废物的形式“跑、冒、滴、漏”，流失到城市的水体、大气及垃圾堆中去，导致生态阻滞，造成城市环境的严重污染；又如工矿城市对于矿山，城市对于郊区都是大量攫取矿产资源和副产品，投入少而产出多，造成矿山及菜田的生态耗竭，导致生态平衡失调。

一般来说，每个生态系统都有着它自己的源和汇生态库，并常常通过渠生态库与其他系统相联系。由于主体生态系统与其生态库之间关系密切，人们常常把生态库与主体生态系统都当成同一生态系统来研究。由于生态库的范围很大，而且边界不易确定，这就增加了生态系统研究的复杂性。其实，它们之间的关系犹如细胞核与细胞质的关系，细胞的功能主要由细胞核来承担，而细胞质只承担供给细胞核养分，提供细胞核生长、繁殖、新陈代谢的营养环境。同样，生态库只起着供养主体生态系统，接纳其代谢物的作用，系统功能由主体生态系统来完成。我们将整个系统简化成对主体生态系统及其与各种生态库的关系来研究，将大大减少生态系统研究的复杂性。

生态库对主体生态系统的作用可分为孕育、促进、稳定和抑制等作用。在生态系统演替的初期，生态库对于主体生态系统的形成和发展起着孕育和滋养作用；在演替

盛期，生态库对于主体生态系统的行为起着促进和支持作用；而在演替的顶极期，生态库起着限制主体生态系统过度膨胀的稳定作用。为什么我国西部人烟稀少，东部人口稠密；为什么古代黄河流域比长江流域发达，而现代长江流域比黄河流域发达，这些都是与当地生态库的孕育、支持和抑制能力分不开的。

以农田生态系统为例，“天空”是它的一个主要水源生态库。由于“老天爷”的风调雨顺，使作物得以茁壮成长。但是，“老天爷”也是喜怒无常的，有时暴雨成灾，人或为鱼鳖；有时又赤日炎炎数月，禾草枯焦，颗粒无收。可见生态库既可能是哺育、滋润主体生态系统的“源泉”，又可能是抑制、为害主体生态系统的祸根。

生态库提供、储存和运送物质、能量和信息的能力是有限的，如果主体生态系统对生态库的需求达到或超过这种极限（即生态库的最大服务容量），生态库也会被过度利用而降低其服务能力，其功能就得不到正常的发挥。因此，弄清生态库的服务容量，是保证主体生态系统发挥正常功能的前提。

三、生态库原理在城市生态研究中的应用

城市生态系统是一类以人的产生和生活活动为主体的复合生态系统。多年来，城市生态系统边界的确定一直是个有争议的问题。若以建成区为界，不是一个完整的生态系统；若以管辖范围（包括近郊区）为界，其绝大部分物质能量也是从外系统引入或输入外系统，与其本底生态系统也并不重合，若包括城市、远郊和腹地在内，虽然是一个完整的生态系统，但范围过大，又不便研究。

引入生态库概念后，我们可以把一个完整的城市生态系统分为城市（主体生态系统）及其生态库两部分，其主要功能由其核心部分——市区来完成，而生态库只起孕育、支持、稳定城市的作用。这样就可以大大简化城市生态研究的复杂性。

利用城市生态库可以研究城市发生与发展，组合与分布的动因及确定城市发展的规模。城市的源生态库包括其可利用的资源、能源、水源、农副产品、资金、劳力等；渠生态库包括其交通网络、通信网络、河网水道等；汇生态库包括土地、大气、水域及市场等。这些城市生态库的服务能力决定了城市人类活动的规模。许多城市问题的产生都是由于城市的发展与其生态库的支持能力不相匹配而产生的。

上海是全国最大的工业城市和经济贸易中心，其腹地深远，市场广阔，生态库遍及全国并涉足海外。因此，得以迅速发展成为一个拥有1000多万人口，工业总产值突破1000亿元的超级城市，但其源与汇、源与渠、汇与渠之间不相匹配，劳力、智力库过剩，而交通及废物库薄弱，严重影响着城市功能的正常发展。

长江是我国的第一大河，也是孕育、滋养沿江几十座城市的天然生态库。我国有4条横贯南北的交通大动脉，京沪、京广、焦柳和川黔铁路分别在南京、武汉、宜昌（地区）及重庆与长江相交。其中南京、武汉、重庆均发展为200万人口以上的特大城市，而宜昌只有40万人。其原因之一就在于南京有苏南平原，武汉有江汉平原，重庆有四川盆地作为其生态库。这些生态库土地富饶、物产丰富、文化昌盛、历史悠久，分别成为三省重要的政治、经济、文化和交通中心；而宜昌则如历史上欧阳修贬作夷陵（宜昌）令时所描写的“青山四顾乱无涯，鸡犬萧条数百家，绕城江急舟难泊，蛮

乡言语不通华”。贫瘠的山、水及人文致使其生态库服务能力低下，腹地狭小，因此不可能发展成一个特大城市。20 世纪 70 年代以来，由于葛洲坝水库的建设，该市从 10 余万人口的小城市扩展为 41 万人的中等城市，但由于郊区并没有多大扩展，城市生态库支持能力有限，使其城市环境超载，问题成堆，潜力得不到充分发挥，如该市的蔬菜副食品价格一般比邻近城市要高出 20% 左右。宜昌市的汇生态库过去一直瞄准沿江城镇，但由于受东、西两翼的武汉、沙市和重庆的产品优势所压抑，在沿江城镇一直没有竞争优势。我们经过研究，发现宜昌市的市场应沿焦柳铁路南北扩展，面向“五西”（山西、豫西、鄂西、湘西、广西）。该市有关部门接受了我们的建议，1978 年主办了一次焦柳铁路沿线城市贸易洽谈会，成交额达两亿多元。可见，一个城市的发展取决于其周围生态库的支持能力。随着城市的扩展其生态库也要相应扩展，否则系统内外关系失调，不仅影响城市效益的正常发挥，还会导致一系列城市问题。

首都北京是全国的政治、文化、交通、旅游中心，也是各国人民所向往的文化古都。北京与其国内外人口生态库之间正常的人口流动是维持首都功能、促进北京发展的重要因素。但是，改革开放以来，出入北京的人口流越来越大，每年以高于 10% 的速度上升。1987 年夏天高峰期，仅北京火车站的客流量每天就达 33 万人次，以每人平均在北京逗留时间 7 天计算，仅火车运来的流动人口就达 115 万。这些流动人口加上各种暂住人口（仅郊区进京的建筑工人就有 30 万人之多）有人估计超过 200 万。如此高的人口流既给城市带来一定的社会经济效益，也给城市交通、住宿、供应和治安造成了巨大的压力。要疏导这股人口流，必须探讨它与其人口生态库间的相关规律：一方面，由于北京的政治、文化和旅游地位以及便利的交通，使得它具有远远高于国内其他城市的生态位势；另一方面，由于国内生活水平的提高和国际旅游业的发展，城乡人民对伟大祖国首都的向往正在变成来京旅游的实际行动；各国旅游者抱着“不到长城非好汉”的情趣也蜂拥而至，这是一股不可阻挡的潮流。规划管理部门应对此有清醒的认识和积极的引导，而不是一味消极地“控制”。我们要对首都生态库的人口输送潜力，人口流的动因及其服务要求等做科学的估计和分析。若以 10 年内接纳国内游客 2 亿人次，国外游客 1 亿人次计，每年需接待国外游客平均收入 300 美元计；年收入可达人民币 150 亿元；但日平均逗留人口将达 60 万 ~300 万人次，对于如此大的人口流，现有的城市基础设施是难以胜任的。因此，一方面要根据其生态库容量考虑加大城市容纳能力的可能性，另一方面要加大周围城市如天津、秦皇岛、承德、保定等城市的吸引力，还可以探讨将北京的文化旅游功能与其政治功能在空间上分离（如在远郊另建类似华盛顿的政治中心），把北京市区当成一个文化旅游中心来重点建设的可能性。

四、京津地区城市生态库研究

京津地区是我国仅次于长江三角洲的第二大经济区，在国民经济建设中起着举足轻重的作用。多年来，人们对这两个城市本身的问题注意较多，而对城市与其外部环境之间的关系，郊区生态库的作用（如孕育、供给和稳定等）以及由于城市密集的人类活动所造成的生态库的耗竭等注意较少，致使郊区生态库支持能力不强，区域中小城镇发展缓慢，与长江三角洲地区相比，其人均和单位面积工农业总产值分别是后者的 84% 和 74%（1980 年）。

1982 年以来，我们把京津地区约 34 000km^2 的郊区当作京津两市城市发展的生态库来研究（以下简称京津生态库），探讨了京津地区城市人类活动对生态库的影响和生态库对两市的作用，同时也探讨了调控京津生态库的一些基本对策。

（一）京津生态库对两市城市发展的影响

京津生态库不仅能够在两市生态系统的形成和代谢过程中为主体生态系统提供粮食、蔬菜、副食及其他农副产品、矿物、能源等，而且还能够接受和储存城市的商品和废物，为城市输入和输出物质、能量和信息。

北京市居民所需的蔬菜 55% 产于近郊，如朝阳区、丰台区、石景山区和海淀区等，河北省三河县和霸县也为北京提供部分蔬菜。天津市所需的蔬菜 42% 由东、西、南、北郊提供。粮食和油料作物主要在北京市和天津市管辖的 14 个县种植。

京津两大城市不但密切依赖于城郊和市辖县养护，而且尚要依赖兄弟省市的支援，如 1984 年天津市从外部调入农副产品总量为：粮食 145. 15 万 t，植物油 7. 71 万 t，肉 1. 64 万 t，蛋 2. 53 万 t，水产品 1. 48 万 t，鲜菜 5. 39 万 t，占了农副产品消耗量相当大的比例。

京津生态库拥有广袤的土地资源，有全国最发达的水陆空交通网络。有着悠久的历史、文化及雄厚的科学技术和工业基础；但其有限的水资源、能源和矿产以及半干旱的气候条件，却与两市现有的重化工比重大的工业以及耗水型的农业结构不相适应。

（二）京津生态库所存在的问题

京津生态库以其暖温半湿润的地理环境，众多的自然生态类型，以及扼据不同自然区域交接部位的重要战略地位，从而在自然、政治经济上拥有综合优势。但是，从自然生态环境来看，京津地区大规模的经济开发毕竟受到了一系列生态因子的制约，以及在历史上一再遇到的水源和粮食不足，洪旱涝灾频繁，河流经常淤积改道，滨海低洼盐碱平原难以充分开发利用等问题，迄今一直是影响城市发展的限制因素。

由于城市、工矿、交通用地的不断增加以及大规模的水利建设，京津生态库的土地、植被、水体都发生了巨大变化。全区耕地从 1952 年的 166. 7 万 hm^2，减少到 1983 年的 1. 7 万 hm^2。全区的天然河流大部分被闸、坝、堤防所控制，改变了地表水的自然分布状态，仅京、津两市就修建了大中小型水库 130 座，总库容量达到 92. 1 亿 m^3，控制了上游山区 80% 的面积。由于上游的层层拦蓄，下游平原河道来水减少，甚至近于干涸，历史上曾对社会经济发展起过重要作用的内河航运已全面衰退。另外，由于历史上的长期不合理开发利用，全区的原始天然植被早已无存，广大低山丘陵的植被已由森林退化为灌丛或草丛，甚至为岩石裸露的荒坡。与这种逆向演化相伴的则是环境的旱化、山坡土地质量下降以及水土大量流失。

水资源短缺和水环境污染是京津生态库面临的一个严重问题。目前，每年全区用水量为 81. 93 亿 m^3。平水年供需基本平衡，但在特别干旱或持续干旱年，每年缺 9 亿 ~23 亿 m^{3}的水。到 2000 年，所需水量将达到 143. 6 亿 m^3，这样，即使在平水年，也将缺 34 亿 ~45 亿 m^{3}的水。

水体污染也变得日趋严重，耗氧有机污染正在逐年加重，非点源污染日益突出，水体中难降解的有机毒物含量增加，京津地区年污水排放量为 11. 95 亿 t，其中京津两市占全区的98. 7%。区内 51 个河段中，不符合地面水环境质量标准污染河段有 18 个，占 35. 3%。每年城市垃圾总量为 364 万 t。

一次能源不足和用量过大（两市年耗 3700 万 t 标准煤，其中 70% 以上是煤炭直接燃烧）是造成京津地区大气污染严重（1970 ~ 1980 年烟雾日数增加 10 倍，大气能见度平均降低 6 ~ 10km），固体废弃物增加（主要是炉渣），交通运输紧张（2/3 的煤从区外运入）和秸秆不能还田是植被破坏、表土流失加剧的一个重要原因。

（三）京津生态库的调控对策

目前，京津生态库的服务能力远远低于两市发展的需求。随着两市建设的迅速发展，与生态库的矛盾还会日益尖锐。因此，必须加强京津生态库的建设，提高其服务能力，使两市的社会、经济、自然协调发展。其对策包括以下几方面。

1. 因“库”制宜，调整两市的产业结构和布局

如前所述，京津生态库有其自身的优势和劣势，要根据生态库的服务能力去确定城市的性质和规模，调整经济结构、布局和发展方向。比如，根据京津地区水资源、一次能源和矿产资源短缺的特点，京津两市（特别是北京市）重化工工业比重不宜过大，应由基础工业向精细工业和深度加工工业及技术密集型工业发展。该地区经济中心应向滨海靠拢，向天津集中。根据半干旱的气候条件及土地类型的多样性，不宜发展耗水型的农业及单一的种植业，应因地制宜，多种经营，发展旱作，提高农牧渔业比重。

2. 建立特区，实行对京津生态库的统一规划、建设和管理

京津生态库是一个统一的生态实体，它跨越两市一省。由于行政体制的限制，各自为政、重复建设、浪费资源、破坏环境的现象屡见不鲜。为便于生态库的统一管理，我们建议将自然地理（主要是水文和地形）及社会经济联系（主要是交通网络和商品流通关系）比较紧密的京津唐（山）秦（皇岛）承（德）张（家口）保（定）沧（州）地区划为京津特别行政区，实行对该地区资源、环境及人类活动进行统一规划、建设和管理，从较大的生态库范围进行配置，形成 9 个城市各具特色的工农业体系，使全区社会经济能够高速发展，而其生态库又能维持经久不衰。

3. 循环再生，加速生态工程建设

改革生态工艺，加速城乡生态工程建设，以提高京津生态库的资源利用率，是解决京津两市城市发展与资源（特别是水资源）短缺、环境污染尖锐矛盾的一个有希望的途径。以水循环为例，一方面要重视对水源涵养区的保护和管理，增加植被覆盖率，减少水土流失，以促进区域内自然水文大循环；另一方面，在调整产业结构，发展节水型产业的同时要改革生态工艺，使工厂排出的废水能以循环再生，或可通过自然降解用于花草养殖及农用等，促进水资源利用的人工循环。再如冶金、机械工业，如果考察从铁矿石、煤炭、生铁、钢、型材，一直到各种机械产品的整个物质能量流动过程，可以发现其中大量不合理的往返、重复、浪费现象，如果能从生态控制原理出发，在京津生态库范围内重新规划和改造各种产业的生态工艺流程，将在生态库现有的服务能力下，使经济效益大幅度甚至成倍地增长。

4. 提高生态意识，按客观规律建设

人是生态库管理和调节的关键因子，人类决策行为的短期化和直线化是导致生态库破坏、城市与其生态库关系失调的重要原因。因此，提高干部和群众的生态意识，是保护和建设京津生态库的当务之急。当前，特别需要普及系统意识、效益意识和功能意识，改革传统的资源利用观念和方式，灌输生态哲学思想（如变控制为调节，变因果链为关系网，变自生为共生等），并制定一系列诸如水土保持、土地管理、资源利用等生态法规，调整资源价格，制定相应的生态考核指标等，从而充分调动人的积极因素，建设保护好京津生态库。

参 考 文 献

马世骏 . 1985. 环境保护 . 12（4）：331-335.

王如松，等 . 1987. 长江三峡工程对生态环境影响论文集 . 北京：科学出版社 .

王如松 . 1988. 高效、和谐一城市生态调控原理与方法 . 长沙：湖南教育出版社 .

城市生态位势探讨*

王如松

（中国科学院生态环境研究中心，北京 100085）

生态位（Niche）一词又称生态龛，最早是 J. Grinne11917 年提出来的，指生物种群所占的基本生活单位，主要是指物理空间。1927 年，C. Elton 定义其为有机体在与环境的相互关系中所处的功能地位；1957 年，G. Hutchinson 将基础生态位定义为生物个体或物种可以在其中不受限制地生活下去的多维生态因子空间。1971 年，Odum 指出生态位决定于生物在哪里生活，如何生活（如何转变能量、如何行动、对其理化和生物环境如何反应、怎样改变这些环境条件），以及它们如何受到其他生物的约束等。总之，生态位是生物与环境之间关系的某种定性或定量表述。它有两层含义：一是对生物个体或种群来说，其生存所必需的或可被利用的各种生态因子或生态关系的集合；二是在生物实际生活的环境中，各种生态因子或生态因子间的关系对该种生物的适宜程度。这里，每一种生物在多维生态空间中都有其理想的生态位，而每一种环境因素都给生物提供了现实生态位。理想生态位与现实生态位之差就产生了生态位势，这种位势一方面使生物去寻求、占领和竞争良好的生态位，能动地去改造环境，另一方面也迫使生物不断地适应环境，调节自己的理想生态位，并通过自然选择，实现生物和环境关系的世代平衡，使现实生态位与理想生态位之差最小。

对于人类种群来说，生态位是一个很复杂的问题，因为人类已成为生物圈中的一个绝对优势种。今天，从南极到北极，从太平洋底到喜马拉雅山巅，以至地球表面的任何角落，人类借助于先进的技术手段都可以去征服、占领和利用。而且随着科学技术的进步，人们的价值观念也在不断地变化。因此要确定人类种群的最适生态位是不可能的。我们讨论的只是人类栖境给各种人类活动所提供的现实生态位。

定义：一个城市或任何一种人类栖境给人类活动所提供的生态位（以下简称城市生态位）是指它所提供给人们的或可被人们所利用的各种生态因子（如水、食物、能源、土地、气候、建筑、交通等）和生态关系（如生产力水平、环境容量、生活质量、与外部系统的关系等）的集合。

城市生态位不仅包括生活条件，也包括生产条件；不仅有物质、能量因素，还有文化、信息因素；不仅有空间概念，还有时间概念。它反映了一个城市（或其他人类栖境）的现状对于人类各种经济活动和生活活动的适宜程度，也反映了一个城市的性质、功能、地位和作用及其人口、资源、环境的优势和劣势，从而决定了它对不同类型的经济活动以及不同职业、年龄人群的吸引力和离心力。

---

* 原载于：城市环境与城市生态，1988，88（1）：20-24.

城市生态位可以用城市广义环境空间——E^n中的一个多维向量$\boldsymbol{X}$来表示：

$\boldsymbol{X}=\{X_{il}X_{ie}E^n,\ i=l,\ 2,\ \cdots,\ a\}$ 其中，$X_i=X_i(t)$ 为随时间 t 变化的随机变量，表示时刻 t 时第 i 个生态因子的状况（这里为简便起见，我们考虑其为均值函数，即 $X_i=E(X_i)$。n 为与城市人类活动关系密切的那些生态因子或生态因子之间关系的个数。

城市生态位大致可分为两类：一类是资源利用、生产条件生态位（以下简称生产位）；一类是环境质量、生活水平生态位（简称生活位）。其中生产位包括城市的经济水平（物质和信息生产及流通水平）、资源丰盛度（如土地、水、能源、原材料、资金、劳力、智力基础设施等）及环境约束条件（如纳污能力、运输能力、市场需求及政策因子等）；生活位包括社会环境（如物质生活和精神生活水平及社会服务水平等）及自然环境（物理环境质量、生物多样性、景观适宜度等）。

利用生态位观点不难解释城市人口的集聚、城市的膨胀、城市规模的控制及城市与外部关系调节的机理。它们分别是人类生产和生活活动对于城市生态位的趋适原则、开拓原则、竞争原则和平衡原则作用的结果。

一、趋 适 原 则

寻求良好的生态位，是人类生产和生活活动的共同特征，是人的生理和心理的本能需求。这种趋适行为的结果导致城市企业、资金、人口等的集聚。一个新区的开发，是因为那里具备较有利的生产位，吸引人们去利用。一个城市的发展，是因为组成其生态位的某些主要因子优于周围地区。城市与农村相比，往往生产和生活条件都比较优越，因而千百年来，形成了一个源源不断地从乡村涌向城市的人口流。生态位势越大的地区之间，人类活动从低生态位向高生态位流动的趋势就越大。这是生态系统内从无序走向有序的一种负熵流，是自组织系统的一大特征。流动的结果，生态位发生新的变化又形成新的势和新的流。趋适的实质是追求更适宜的生产位，以充分发挥企业和个人的潜力，并追求更舒适的生活位，以满足人的生理和心理需求。

二、开 拓 原 则

城市不只是外部企业、资金、人口等涌入后机械增长的结果，它本身也是一个可自我繁殖、自我增长的有机体。其内部的各个生产组分通过扩大再生产，不断地开拓和占领一切可以利用的空余生态位（如剩余的物资、技术、资金、土地、劳力等），结果使得城市土地不断延伸，资源利用半径不断加大，城市以正反馈为特征急剧膨胀。这种开拓和自我增值作用是获取城市高的生态经济效益的动力之一。

三、竞 争 原 则

城市资源是有限的，生态位开拓的结果，使一些短缺性资源就成为限制性因子（如我国大多数城市都存在的水资源短缺或交通拥挤、住房紧张等问题）。不同企业和单位对这些生态因子的竞争结果，彼此之间以及对外来者产生排斥和抑制作用，这种抑制在计划经济国家是通过计划调节来实现的，而在市场经济国家则通过企业间的相互吞并和排挤来实现的。这种竞争排斥作用是城市的一种负反馈调节机制，它有助于控制城市规模，防止城市恶性膨胀，不利之处是往往妨碍了一些空余生态位的有效利用和互利共生（如森林生态系统中各种乔木、灌木……直至地衣间对生态位的有效利用和互利共生，以达到物质能量充分利用，不留空余生态位那样），使得一些企业和单位自己不用或低效利用的生态位（如资源、技术、人才等）也不容易被别的单位所利用，导致经济、生态效率不高。

四、平衡原则

一个生态位势过高的社会是一种不稳定的社会。城市生态系统是朝着尽力减小生态位势的方向演替的。企业和人口向高生态位地区集聚的结果，资源被过度开拓和利用，环境容纳量下降，机会减少，风险增加，从而降低了其生产和生活位，使得生态位势减弱，甚至变为负值，出现企业、人口流的停滞或倒流。这种负反馈式的平衡作用保持了城乡之间、城市之间以及城市内部各社区之间人口流和物质流的相对稳定。各国城市经千百年的衰败起落仍得以保持相对稳定，就是这个原因。当然，这种平衡只是组成生态位多种因子间的一种综合平衡，而某些单因子间的差或势还是较大的，这也是进一步推动城市变革的动力。

对于不同职业、年龄、性别甚至不同性格的人群来说，有着各种不同的最适生活位，对于不同性质和规模的经济活动来说，也有着不同的最佳生产位。因此，对两个不同的城市或一个城市的两个不同地点之间的生态位优、劣势很难笼统进行比较，我们可以利用多属性决策方法将生态位向量 X 进行比较。本文中，我们建立了全国 266 个城市、65 项生活指标及 141 项经济指标的数据库，根据决策者的不同要求，我们可以随时根据某种判别法则或综合指数对这些城市的生态位优、劣势进行比较。

例如，我们可以用人口的机械变动率 R（迁入与迁出率之比，包括流动人口）、能量的产投比 E（产出与投入的能量之比，可用资金产出率及固定资产产出率代替）及依赖性指数 D（外界对城市的依赖性与城市对外界的依赖性之比，包括对物资、能量、信息、资金、劳力、智力等的现实和潜在的依赖性）的某种测度来比较不同城市或城市内不同地区、不同企事业单位生态位势的相对高低：

$$P=R*E*D \text{（这里的 } * \text{ 是自定义的某种运算符）}$$

这个指数从生产与生活等不同角度，反映了一个城市或任何一个人类生态系统生态经济效益的高低，对社会贡献或负担的大小及开发力和吸引力的强弱。

根据 P 指数的相对大小，可将城市分为三类：

1）增长型

$P \gg 1$，$R>1$，系统处于演替的青年期，其发展位于 logistic 曲线的中下部，生态位势较大，很有发展潜力，可积极开发。但系统生产不稳定，波动幅度大，要注意生态关系的协调发展，防止城市过度膨胀。近年来发展较快的深圳、常州、武汉、重庆等即属此类城市。

2）稳定型

$P>1$，但 $R\approx1$，系统处于生态演替的成熟期，其发展位于 logistic 曲线的中上部。人流、物流趋向平衡，生态位一般已被充分占用。系统生产稳定，效率较高，但要注意开拓新的生态位，保持城市动态平衡，防止系统衰落。上海、天津、成都、青岛等均属此类城市。

3）滞缓型

$P\ll1$，系统演替的老年期，其发展位于 logistic 曲线的顶端。城市生态效益低下、离心力大、对外界的依赖性高。若不开拓新的生态位，系统将衰落、退化。要认真分析生态位势低落的根本原因，对于确属资源和环境容量有限，发展潜力不大的城镇，如“文革”期间在边远山区兴建的一些三线生产和生活区，应进行认真的生态经济效益分析，将其迁至生态位势较高的地区去。

对于一些资源丰富，有发展潜力而目前开发能力不够，效益低下的城镇，如新疆、青海、西藏及西南山区的一些城镇，由于交通不发达，且国家在短期内也无力投资建设，需要因位制宜，制定短期和长期的城市开发对策，改善生态位，使系统回到演替的青年期去。

通过比较我们发现，大城市经济效益一般比中等城市高，中等城市比小城市高，沿海城市比内地城市高，沿江城市比内陆城市高（表 1 和表 2）。因而，多年来我国城乡经济活动一般都存在从中小城市到大城市，从内地城市向沿海沿江城市集中的趋势。

表 1　不同规模的城市经济效益比较

城市规模	百元固定资产原值提供/元		资金利税率/%	每一职工拥有固定资产原值/元	职工平均现价总产值/元	职工平均现价净产值/元	资金周转天数/d	销售百元商品开支费/元	销售百元商品提供利润/元
	总产值	利税							
200 万人口以上城市	152.12	39.14	39.40	12864	19568	6446	90.6	5.84	3.21
100 万～200 万人口城市	93.51	21.77	4.95	15278	14294	4766	111.5	7.68	2.09
50 万～100 万人口城市	90.36	19.44	21.25	13239	11993	3972	107.6	6.11	1.59
266 个城市平均值	106.13	24.45	26.21	13338	14174	4707	104.5	6.51	2.42

表 2　沿海沿江及内陆一些城市部分经济效益比较

城市分类		百元固定资产原值提供/元		资金利税率/%	每一职工拥有固定资产原值/元	职工平均现价总产值/元	职工平均现价净产值/元	资金周转天数/d	销售百元商品开支费/元	销售百元商品提供利润/元
		总产值	利税							
沿海城市	上海	262.04	77.10	73.08	10，445	27，371	9，610	65.3	5.59	5.06
	广州	175.49	40.94	36.12	9，975	17，506	5，752	102.5	7.12	2.69
	青岛	163，25	38.56	40.14	10，410	16，995	5，893	19.8	6.82	5.58

续表

城市分类		百元固定资产原值提供/元		资金利税率/%	每一职工拥有固定资产原值/元	职工平均现价总产值/元	职工平均现价净产值/元	资金周转天数/d	销售百元商品开支费/元	销售百元商品提供利润/元
		总产值	利税							
长江流域城市	武汉	91.42	19.54	19.43	17，804	16，277	5，101	124.9	5.13	2.58
	重庆	93.44	19.12	20.63	12，854	12，012	3，856	106.9	12.04	3.62
	南京	119.48	26.83	29.17	13，509	16，142	5，327	100.0	3.89	0.80
内陆城市	西安	89.83	14.83	14.27	12，276	11，108	3，063	100.8	8.72	1.08
	太原	70.90	12.92	15.30	18，048	12，650	4，009	131，3	7.34	2.81
	哈尔滨	83.93	14.56	14.79	13，817	11，602	3，047	182.0	6，69	0.96

我们将全国百万人口以上的9个城市的65项生活指标进行了对比分析，通过特尔斐（Delf）专家评估法，得出10项分项综合指数和总指数（表3）。从中可以看出，长江流域及沿海一带城市（广州、南京、大连、成都、上海、青岛、武汉、天津、重庆）的社会环境质量比其他11个内陆城市要高（平均位次前者为8.8，后者为11.1），其中沿海城市的社会环境质量又比沿江城市要高（平均位次分别为8和9.8）。这正是沿海沿江城市向心力比内地城市大，城市中市区向心力比郊区大，近郊向心力比远郊大的社会原因之一。

表3　全国百万人口以上城市社会环境质量对比分析

项目	上海	北京	天津	沈阳	武汉	广州	哈尔滨	重庆	南京	西安	成都	长春	太原	大连	兰州	青岛	济南	鞍山	抚顺
人口指数	2	10	4	8		3					6		11		12	7	9	13	
人类活动强度指数	−1	−5	−4	−6	−2	−7	−10	−8	−16	−18	−14	−19	−11	−13	−12	−17	−15	−3	−9
物质生活指数	3	2	14	15	9	10	4	19	10	6	17	5	18	8	7	13	12	11	16
居住指数	17	6	14	7	13	12	18	19	2	16	9	1	10	5	8	4	15	3	11
教育服务能力	2	4	9	15	7	8	12	13	1	10	14	3	11	6	17	17	5	18	19
医疗服务能力	S	2	14	18	13	11	7	9	2	14	12	1	4	6	8	16	10	5	3
交通便利度	11		19	15	3	4	18	2	5	13	14	8	7	9	16	6	10	16	12
文娱便利度	8	1	13	12		7	9	10	3	11	16	2	14	15	6	19	5	18	17
环境污染指数	5	8	10	–	6	1	12	16	11	4	2	14	19	7	17	3	9	18	13
安全指数	1S	19	17	18	13	11	7	9	2	14	12	1	4	6	8	16	10	5	3
综合排序	8	2	15	19	11	1	13	17	4	9	7	3	12	6	14	10	5	18	16

参 考 文 献

马世骏. 1981. 生物环境系统中的相生相克. 见：自然辩证法讲义. 北京：科学出版社：74-83.

马世骏，王如松. 1984. 社会–经济–自然复合生态系统. 生态学报，4（1）：1-9.

王如松，马世骏. 1985. 边缘效应及其在经济生态学中的应用. 生态学杂志，(2)：38-42.

走向生态城——城市生态学及其发展策略*

王如松

（中国科学院生态环境研究中心系统生态室，北京 100085）

摘要 人类生态演替过程大致可分为三个历史阶段，即主要靠自然生态系统谋生的游牧生活阶段，主要靠农田生态系统谋生的田园生活阶段以及主要靠城市生态系统谋生的工业化、城市化阶段。如果把地球上自有人类以来的历史当作 24 小时，也就是当作一天计算，则工业革命以来的城市化过程还不到“16 秒”。而只在 20 世纪这短短的“5 秒”钟内，世界城市人口就从 2.2 亿增至 22 亿。正是在这短短的“5 秒”内，人类文明和生活方式经历了巨大的变化，我们的生物圈也发生了巨大的变化。当前威胁地球上每个公民的温室效应、酸雨、臭氧层耗损以及人口、资源、环境、能源和粮食危机都无一不和城市化、工业化过程密切相关。著名德国哲学家 O. Spengler 在《西方的没落》一书中写道：“世界史就是人类城市的发展史，国家、政府、政治、宗教等无一不是从人类生存的这一基本形式——城市中发展起来并附着其上的”。因此，作为研究包括人在内的生物与其周围环境之间相互关系的生态科学，正逐渐从以自然生态研究为中心，转向以人类活动为中心。特别是研究占世界人口 40%（20 世纪末达 50%）、国民生产总值占 90% 和辅助能源消耗占 80% 以上的城市——这个物质能量集聚、人类活动密集、环境变化剧烈的热点，已成为当今世界的紧迫任务。城市生态学正是这种形势下茁壮成长起来的一株幼苗。

关键词 生态城 城市生态系统

一、城市生态学的兴起

尽管城市生态学在生态学领域的各个分支中比较年轻，但城市生态学的思想自城市问题一出现就有了。如古希腊哲学家柏拉图的“理想国”，16 世纪英国 T. More 的《乌托邦》，19 世纪 E. Howard 的《花园城》等著作中都蕴含有一定的城市生态学哲理。对城市问题的系统研究和深入调查还是 20 世纪以来的事情，其中经历了两大高潮。

第一个高潮从赫胥黎的学生、英国生物学家 P. Geddes 的《进化中的城市》（1915）开始，他把生态学的原理和方法运用到城市，将卫生、环境、住宅、市政工程、城镇规划等综合起来研究。到 20 世纪 20 ~ 30 年代，芝加哥人类生态学派将城市生态研究推向了顶峰。该学派的创始人有 R. E. Park、E. W. Burgess、R. D. Mckenzie 及 C. Booth 等。他们以城市为研究对象，以社会调查及文献分析为主要方法，以社区［即自然生态学中的群落（community）］、邻里（neighborhood）为研究单元，研究城市的集聚、分散、

* 原载于：都市计划，1991，18（1）：1-17.

入侵、分隔及演替过程，城市的竞争、共生现象、空间分布格局、社会结构和调控机理。他们运用系统的观点去看待城市，将城市视为一个有机体，一种复杂的人类社会关系，认为它是人与自然、人与人相互作用的产物，其最终产物表现为它所培养出的各种新型人格。芝加哥学派的代表作是1925年由R. E. Park等合著的《城市》，其中既有鲜明的生态学理论观点，又有详尽的城市生活中各个侧面的案例研究，尤其是书中涉及的许多生态学观点和方法，至今仍有指导意义。书中还系统地阐述了有关城市概念、历史、类型、腹地、格局、设施、动态、人口、生活、城乡关系及研究方法等几百篇论文和专著，使人们能对城市生态学有一系统的、全面的了解。

20世纪30年代以后，由于世界经济的萧条及第二次世界大战的爆发，城市生态研究逐渐走向低潮。但自60年代以来，随着世界经济的复苏和城市化的迅猛发展，以及随之而来的严重的城市能源和环境危机，使冷落的城市生态研究又逐渐走向第二个高潮。以罗马俱乐部《增长的极限》(Meadows et al.，1972)、1974年英国的Goldsmith等的《生命的蓝图》以及1962年R. Carson的《寂静的春天》为代表的著作，阐述了经济学家和生态学家们对世界城市化、工业化前景的估计和担忧，从而激起了人们系统研究城市生态的兴趣。特别是1971年联合国教科文组织的人与生物圈（MAB）计划，提出了开展城市生态系统研究课题，内容涉及城市人类活动与城市气候、生物、代谢、迁移、空间、污染、住宅、生活方式、城市压力及演替过程等的复杂关系。根据这一计划，罗马、墨西哥、东京、莫斯科、香港、汉城、法兰克福、布达佩斯等许多城市在城市生态理论和实践的探讨方面都开展了很多工作并已初见成效。

进入80年代，城市生态研究更是异军突起，城市生态系统被UNESCO定为14项人与生物圈研究计划中的重点项目（其中第10项、11项、12项和14项都与城市生态有关）。各种出版物、论文集和国际学术会如雨后春笋。仅1987年9～10月，在伦敦、雅加达、北京及荷兰的德尔夫特（Delft）就先后召开了4次国际城市生态学术讨论会，分别就城市生态学的一些理论、方法、应用问题及城市案例研究，进行了广泛深入的讨论和交流。中国也自80年代初先后成立了中国生态学会城市生态专业委员会、中国城市生态经济研究会等全国性的城市生态学术团体，每年都有全国性学术会议研讨城市生态问题。这些活动开创了城市的跨学科研究，推动了社会科学与自然科学的渗透及结合，加强了科研人员与城市规划、管理、决策部门的联系（Dicastri，1984；Holling et al.，1971）。

然而，蓬勃发展的城市生态研究并不意味着这门学科的成熟。相反，由于参与城市生态问题研究人员的专业背景不同，研究重点各异，因此他们对城市生态学的理解也不一定相同。很难对城市生态学下一个统一、准确的定义。但这些研究都是以人类活动密集的城市为研究对象，探讨其发生与发展、组合与分布、结构与功能、调节与控制的生态学机理与方法，并将其适用到城市规划、管理和建设中去，为城市环境、经济的持续发展和居民生活的健康、幸福寻找对策和出路。

二、城市研究中的几种生态学观点

城市生态研究的主要对象是城市生态系统。从不同的专业背景出发，对城市系统有不同的看法，因而有不同的侧重点，但总的来说可以分为三类。

（一）自然生态观

这种观点把城市视为以生物为主体，包括非生物环境在内的受城市人类活动干扰并反作用于人类的自然生态系统。研究在城市这类特殊栖境中动物、植物、微生物等生物以及景观、气候、水文、大气、土地、水体等物理环境的演变过程及其对人类的影响，以及城市人类活动对区域生态系统乃至整个生物圈的影响。传统的自然生态学家、自然地理学家及环境学家大都是从这些结构组分出发去研究城市生态关系。

城市自然生态研究中最活跃的有以下几个领域：

（1）城市人类活动与城市气候关系的研究。科学家们早在17世纪，就已开始对城市密集的人类活动与城市气候关系进行研究。人们注意到，由于城市建筑和设施的人工表面改变了地表的热交换与大气动力学特征，由于城市人类活动所释放出来的巨额热量，如德国汉堡因煤、油燃烧平均产生的热量为40卡每平方厘米（注：1卡≈4.18焦），而冬季一天中来自太阳和天空的辐射热为42卡每平方厘米），以及城市代谢放出来的CO_2、SO_2、水及其他颗粒物改变了城市大气的组成，从而引起城市温、湿、风、雨、光、热、尘、雾等气候及大气条件的较大变化，产生了局部范围内的热岛效应、气候穹隆、逆温层、雨影；区域范围内的温室效应、酸雨、臭氧层损耗以及全球范围内的能量交换和氮碳循环失调等（Landsberg，1970；SMIC，1971）。这些变化反过来对人类的生产和生活活动带来一系列消极影响（中野尊正等，1978；Stearns et al.，1974）。

（2）城市化过程对植物的影响及其功效和规划研究。涉足城市问题最早的是植物生态学家。城市密集的人类活动对本底生态系统改变最大的莫过于植被。人们通过城市植被类型分布、生活型、物候、遗传、生理功能及区系的变化来探讨城市的演替过程，测度城市人类活动的强度；通过城市生物对污染物的忍耐性、吸附性、富集性和指示性，来监测和防治环境污染；通过城市植被的功效和研究绿地规划，来调整和改善城市生态功能。这方面欧洲、日本研究较多，如西柏林（Sukopp，1987）、维也纳（Burian，1976）、东京（Numata，1984）、罗马（Bonnes，1987）、及西班牙的巴伦西亚（Guyot，1987）等的研究都试图把大自然“请”回城市，让人与自然融为一体。

（3）城市及工业区自然环境容量、自净能力及生态规划研究。城市人类活动对水体、大气、土地的污染是环境科学的研究内容。但是，几十年来的环境研究表明，必须弄清其生态演替的动因、生态自净的机理，把污染问题放进更大的生物地化循环、时空分布格局及生态行为调控中去，从积极角度入手进行生态工程建设和土地利用的生态规划，以增强整个自然支持系统的自我调节功能，才能从根本上解决环境问题。如汉城（今首尔）的研究（Kim，1987）从城市规划及管理中的风险评价入手，讨论环境污染问题；墨西哥城及其邻近地区的城市生态研究（Carmona，1984）从跟踪环境污染源入手（工业污染、交通污染和尘暴）分析影响墨西哥城环境变迁的主导因素（人口压力、土地利用、资源消费方式），把城区与周围9600平方千米的谷地当成一个大的生态系统进行统一规划（如功能分区、调整布局、人口疏导、改善基础设施等），试图从调节人类活动和资源利用方式入手，解决这个世界第三大城市的环境问题；罗马城的研究（Bonnes，1987）将整个城市视为一个生物地理群落，分为39个子课题，动员全社会各方面的研究人员和规划人员参与研究，旨在使整个城市更富有生命力，更满足人的生理和心理需要（Giacomini et al.，1981）。

（二）经济生态观

这种观点把城市模拟成一个以高强度的物流能流为特征，不断进行新陈代谢，经历着发生、发展、兴盛、衰亡演替过程的人工生态系统。通过对城市各种生产、生活活动中，物质代谢、能量转换、水循环和货币流通等过程的研究，探讨城市复合体的动力学机制、功能原理、生态经济效益和调控方法。人与生物圈计划的第11项研究就集中在城市生态系统的能流分析上。20世纪70年代以来，由Odum（1983）所倡导的生态系统能量学导致一系列城市能量分析模型的出现，其中尤以澳大利亚的Newcombe等（1980）、Boyden（1981）等，对香港、悉尼及巴布亚新几内亚的莱城等市的能量利用研究较为全面。这些研究详细分析了城市各部门间能量流动的规律、需求关系、对外界的依赖性及随时间和空间变化的趋势、对城市环境的影响、提高能量利用效率和寻求可能再生性能源的途径等。Jansson等（1978）将系统内自然能与矿物能之比，用作系统内人类活动强度对外界依赖性及经济发展潜力的指示器，成功地剖析了能源在瑞典哥得兰岛的经济效应及环境效应。Zucchetto（1975）曾对美国佛罗里达州迈阿密城市地区能量流动的经济效应及环境效应作了系统研究。

流经城市生态系统的物质除极少数转变为生物量或为生物利用外，大多数以产品及废物的形式输出，因而，其物质流通量远比自然生态系统大得多。有关城市物质代谢的研究重点在于资源（水、食物、原材料）的来源、利用、分配以及废物（废热、废水、废气、废渣）的排放、扩散、处理、再生这两方面，包括负载能力、环境容量、营养物质和污染物质的流动规律及对人和物理环境的影响等问题。如Boyden等以香港的物质流为线索，研究了人类生存所必需的基本要素：蛋白质、脂肪、热量、钙、磷、铁等和水的输入、输出以及使用、流动过程，从中揭示了香港生态系统各因素间的功能关系。

香港能源的综合研究中，还提出了关于城市能源政策的见解。在城市发展与能源问题的关系上，曾经并还在流行着两种对立的观点：一是“多多益善论”即认为发展城乡经济必须相应增加体外能量的投入，愈多愈好，根据这一盛行于发达国家的观点，美国能源委员会称：“按照我们现在和将来的生活标准，今后30年内，每10年能量消耗要加倍”；另一种观点是“零增长论”，即认为能量消费的指数增长已造成严重的生态破坏，决不能持续下去，否则会带来人类的毁灭，必须先严格把能量消耗限制在现有水平，不能再增长，以求合理调整寻求新的出路。该研究不同意这两种极端的能源政策，认为：在这两者之间还可能有一条更合理的出路，这就是加快改造能源结构，积极开发无污染和商业价值更大的新能源，认真开发并合理利用能够提高能效的新技术。这样，人类就有可能在不是无限增加人均体外能量消耗的情况下，仍然可以保持社会经济持续增长，使人的生活质量逐步改善。

（三）社会生态观

这种观点认为城市是人类集聚的结果，是人性的产物。Mumford曾说过，城市研究的核心应是人的需求、人的相互作用以及人的反应（Stearns et al.，1974）。前面述及的芝加哥学派正是这类观点的代表。20 世纪 70 年代以来，这类研究集中探讨了人的生物特征、行为特征和社会特征在城市过程中的地位和作用，如对人口密度、分布、生殖率、死亡率、人口流动、职业、文化、生活水平等都有大量研究，其中尤以对城市人口密度的研究为数最多。有个体生理学模型、行为模型、健康状况模型、心理学模型、拥挤度模型、人口发展史模型、系统生态模型、经济效益模型及运输形式模型等。针对人口密度的高低对城市系统的利弊，存在两派截然相反的观点：一派从传统的生理、心理和社会学观点出发，认为人口密度的增加将加重人的生理和精神压力，降低生活水平，恶化环境质量，使犯罪率上升等；而另一系统生态、经济生态学派却认为，适当增加人口密度将有助于降低按人口平均的资源消耗和环境影响，减少运输量，节约能源，充分发挥城市功能，提高经济效益。

对城市生活质量的研究是有关城市人口问题研究的另一热门。怎样衡量城市生活水平，牵涉到人的价值观念、生活方式等社会文化因素，这是一个复杂而又有争议的问题。Liu Ban-chieh（Ott，1978）曾用加权方法将城市经济、政治、环境、文教卫生和社会 5 个因子缩合成 1 个单一的生活质量指数（QOL），并按此指数将美国 65 个主要城市的生活质量逐一排序，结果萨克拉门托获第一，匹兹堡获最末，这在美国引起强烈反响。这种加权法带有很大的主观成分，不是一个好方法。Rapoport（1978）指出，生活质量的标准是多维的、主观的和变化的，可从积极和消极两个方面来衡量。国际生态学会主办的《城市生态学》杂志，1978 年出了一期特辑，专门讨论生活质量问题。Ott（1978）对环境指数及其设计原理作了详尽的介绍。

1975 年 6 月，MAB 有关城市生态研究的巴黎协调会议曾对加强城市的社会文化生态研究给出了如下建议：①研究对象应从城市系统扩大为人类聚居地；②人类聚居地是一类文化生态系统，具有社会和自然两大属性，文化因素是该系统的主导因子；③人类聚居地是动态系统，应研究其历史演变过程；④人类聚居地的研究应包括物理的、生物的和社会的变量及其相互关系，评价其功能好坏的标准是人的生活质量；⑤城市研究的目的是为决策者提供科学指导；⑥要用各种方式将研究结果向机关首长、群众及其他科学工作者宣传、普及；⑦应让尽可能广泛的公众参与整个研究过程，及时把他们的反映吸收到研究结果中去；⑧应加强世界各地城市研究的信息交流，以共享研究方法和成果。

（四）复合生态观

以上这些研究有一个共同特点，即都注意到了城市集中人类活动给环境和城市本身带来的消极影响，都把城市在其研究范围内当成一个生态系统来对待。但是，由于受研究者学科背景及研究条件的限制，这些研究大都只限于单个子系统的研究，对子系统间相生相克关系研究不够。而且，在研究中，对城市的描述分析较多，提出的调控方法较少；对城市的消极影响研究较多，对其积极效益研究较少；对系统的能流、物流研究较多，对系统的信息反馈研究较少。

其实，城市生态系统既有其自然地理属性也有其社会文化属性，是一类复合生态系统（简称 SENCE），认为城市的自然及物理组分是其赖以生存的基础；城市各部门的经济活动和代谢过程是城市生存发展的活力和命脉；而城市人的社会行为及文化观念则是城市演替与进化的动力泵。

这三部分之间不是简单的加和，而是融和与综合，是自然科学与社会科学的交叉，是时间（历史）和空间（地理）的交叉。城市复合生态研究应以物质能量的高效利用，社会、自然的协调发展，系统动态的自我调节为城市生态调控的目标。围绕这种观点，5 年来，中国许多城市开展了一系列各种类型的城市生态系统研究（中国生态学会，1987）。前联邦德国法兰克福城市生态研究（Vester et al. ，1980）所建立的灵敏度模型也是围绕这一复合系统的思路建立的。

墨西哥城市生态工作大纲将城市分为自然系统（包括物理资源和生物资源）、城市系统（经济基础、社会关系、文化技术及生活环境）来研究。但由于受条件的限制，他们最终也只是研究了其中城市供水、土地利用和食物问题 3 个子系统（Carmona，1984）。

三、城市生态系统的结构与功能

按 1963 年 Ratzel 的定义，“城市是指地处交通便利的环境、占有一定地域面积的密集的人群和建筑设施的集合体”，可以把建成区当作城市研究的边界。但是，城市的人类活动、物质代谢、信息集散及环境影响要远远超出建成区、近郊区、远郊区甚至其腹地的范围。若以功能流的强弱划界，不能不包括城区外的很多地区，但把过大的区域当作城市生态系统研究的范围，是既不必要也不可行的。因此，城市生态系统边界的确定一直是人们关心的问题。

我们认为，城市生态系统不只是一个自然地理实体，也是一个社会事理实体，其边界包括空间边界、时间边界和事理边界。它既是具体的又是抽象的，既是明确的又是模糊的。

从广义上讲，城市生态系统应是一个无穷维的生态关系空间，其物流、能流、信息流、人口流和资金流有着较大的空间或时间跨度，在地理分布上也不一定是连续的，因而其空间边界是模糊的、抽象的。但是，事物的性质又往往由其中少量的主导因子所决定，由一些主要关系所代表。因而在实际研究中，可以根据所要解决问题的性质，所要研究的目标及现实可行性，确定具体的空间、时间界限和事理范围。如选择建成区、市区加近郊区、远郊县或生态经济区等不同的功能实体，或政治影响、商品销售、资源获取等不同事理范围，以及短期、中期或长期的时间范围进行研究。

城市生态系统可分为社会、经济、自然三个次系统。它们交织在一起，相辅相成，相生相克，导致了城市这个复合体复杂的矛盾运动。社会生态次系统以人口为中心，包括基本人口、服务人口、抚养人口、流动人口等。该系统以满足城市居民的就业、居住、交通、供应、文娱、医疗、教育及生活环境等需求为目标，为经济系统提供劳力和智力。它以高密度的人口和高强度的生活消费为特征。经济生态次系统以资源为核心，由工业、农业、建筑、交通、贸易、金融、信息、科教等子系统组成。它以物资从分散向集中的高密度运转，能量从低质向高质的高强度集聚，信息从低序向高序的连续积累为特征。自然生态次系统以生物结构和物理结构为主线，包括植物、动物、微生物、人工设施和自然环境等。它以生物环境的协同共生及环境对城市活动的支持、容纳、缓冲及净化为特征。

城市生态系统有三种功能：一是生产。为社会提供丰富的物质和信息产品，包括第一性生产、第二性生产、流通服务及信息生产四类。城市生产活动的特点是：空间利用率高，能流、物流高强度密集，系统输入、输出量大，主要消耗不可再生性能源，且利用率低，系统的总生产量与自我消耗量之比大于1，“食物链”呈线状而不是呈网状，系统对外界的依赖性较大。二是生活。为市民提供方便的生活条件和舒适的栖息环境。即一方面满足居民基本的物质、能量和空间需求，保证人体新陈代谢的正常进行和人类种群的持续繁衍；另一方面满足居民丰富的精神、信息和时间需求，让人们从繁重的体力和脑力劳动中解放出来。三是还原。保证城乡自然资源的永续利用和社会、经济、环境的平衡发展。即一方面必须具备消除和缓冲自身发展给自然造成不良影响的能力；另一方面在自然界发生不良变化时，能尽快使其恢复到良好状态，包括自然净化和人工调节两类还原功能。

城市生态系统的功能是靠其中连续的物流、能流、信息流、货币流及人口流来维持的。它们将城市的生产与生活，资源与环境，时间与空间，结构与功能，以人为中心串联起来。弄清了这些流的动力学机制和调控方法，就能基本掌握城市这个复合体复杂的生态关系。

四、城市生态演替的动力学机制和控制论方法

城市人类聚落的发生、发展、组合、分布及兴盛、衰亡是一种复杂的人工生态演替现象，是城市人类活动对环境的趋势、开拓、竞争和共生的结果，受到当地自然地理及社会经济条件的促成或制约。其产业结构和城市化过程有规律地朝一定方向发展，直到接近某一生态因子的门槛时达到平衡。20世纪初以来，人们从各个不同角度对城市演替的动力学机制进行了深入研究，主要理论如下。

（一）城市发生学

对城市发生的动因，众说不一。有的认为农业产品和农村劳动力的剩余以及第二、第三产业的兴起是城市产生和发展的基本动力；有的认为城市的原动力是资本的扩大；有的认为城市是政治统治、军事冲突的结果；还有的认为城市是伴随人类精神需求、个性解放及其他文化需求而产生的深刻变革的产物。值得一提的是边缘效应。纵观古今中外的城市，无论是尼罗河流域的埃及，两河流域的美索不达米亚，还是恒河、印度河流域的印度以及黄河中下游的中国等，其城市大都是在一些河口、海湾等边缘地带处发展起来的。那里既是各类水陆自然生态系统的交接处，也是各类人工生态系统通过水陆交通网络及政治、经济、文化关系连接起来的边缘地带，具有密集的人类活动和较高的生态经济效率。城市生态演替史正是一部人类不断开拓边缘、利用边缘和调控边缘的城市开发史。从我国一些主要城市的边缘特征中可以看出，城市的边缘效应越强，城市的规模也就越大，城市的经济效益也就越高。

（二）城市引力理论

最早提出城市引力理论的是芝加哥学派的 Colby（1933），他提出了著名向心-离心力学说，指出城市发展中有很多力在作用，但最基本的是向心力和离心力。他阐述了这两种力的作用过程和表现形式。

城市对周围的吸引力主要表现在对生产和生活的吸引力，不同城市的不同吸引力的叠加形成引力场。多年来，人们摸索出各种引力模型，如 1931 年 Reilly 提出的零售引力理论认为，城市对周围地区的引力与它的人口规模成正比，与距离成反比；1955 年 Green 根据流动人员、报纸、电话及企业负责人的办公地点，测定了纽约和波士顿的相互作用边界；1949 年 Converse 提出计算两个城市间分界点的断裂点理论。后来，人们将引力理论公式中的城市人口规模，根据城市的不同性质进行加权，距离指数也由 1 或 2 改为 0～4 的实数。Sharpe 等（1982）提出一种城市最优化模型（OPUS），运用数学规划和博奕论的知识，探讨城市间的引力关系。

（三）城市空间扩展理论

城市扩展的方式是多种多样的，有环幅形、棋盘形、楔形、条带形及组团形等。有关其形成的机理有许多假说、模式和理论，其中著名的有 1923 年芝加哥学派 Burgess 提出的同心圆学说，认为城市人口流动形成了同心、离心、专业化、分离及向心性离心等多种作用力，从而产生了其空间自内向外同心圆式的推进；1939 年 Hoyt 总结了美国城市住宅沿交通线等方向扩展的 9 种趋势，提出城市空间扩展的扇形学说；1945 年 Harris 总结了城市生产和生活活动的四种交互作用过程，根据演替过程中各种职能的结节作用，提出了城市空间扩展的多核心学说。

（四）中心地理论

中心地理论是德国地理学家 W. Christaller 在 20 世纪 30 年代初，通过研究德国南部的聚落分布所发现的地域分布规律。克氏理论的基本点是：在一定假设条件下，聚落在地域上呈三角形分布，其吸引范围为六边形。在中心地体系中，城市可以分为不同的等级，同级中心之间形成相互竞争的关系，不同级中心之间形成相互竞争又相互依赖的关系，从而形成镶嵌的网络系统。根据市场原则、交通原则、行政原则，可以形成三种不同的网络系统和城市的等级体系。

1940 年另一位学者 Losch 对六边形市场区的形成作了严密的经济及几何论证，提出了 Losch 景观理论。

（五）生态位势理论

城市是一个多属性、多因子、多目标的复杂系统，其组分间的相互作用远不像上述各种模型那样，只由一两种生态因子所决定。其物流、能流和信息传播、人口的迁移、资金的周转等是由不同地点生态位势的差异造成的。由于人类的生产和生活活动对城市生态位的趋势、开拓、竞争和平衡效应，推动了城市的生态演替，导致了城市各自不同的性质、结构和功能，以及各自昌盛、衰亡或再生的命运。这里所说的城市生态位，是指城市提供给人们的或可被人们所利用的各种生态因子和生态关系总和，是一个包括自然地理、社会经济及心理、观念在内的多维偏序向量（王如松，1988）。城市生态位对不同的人群和企业有着不同的吸引力。不同城市间生态位的差异形成生态位势。

1976 年，联邦德国 Vester 教授在《危机中的城市系统》中提出了城市生物控制论的八条原则，即①负反馈超过正反馈；②系统演替的目标在于功能的完善，而不是组分的增长；③系统生产的目标在于产品的服务功效，而不是产品的数量；④善于利用一切可以利用的甚至对抗性的力量，为系统服务；⑤产品的多重利用原则；⑥物质再生循环原则；⑦共生原则；⑧生物设计原则。

生态系统功能正当与否的关键在于自我调节能力的强弱。自然生态系统靠竞争、共生、自然选择来自我调控各种生态关系，达到系统整体功能最优。以市场经济为主的人工生态系统以价格、利润为杠杆，通过竞争、吞并等各种手段，自发实现系统功能的平衡和稳定。而以计划经济为主的人工生态系统，则是靠计划和决策部门的行政命令和指令性计划，对各子系统进行等级梯阶控制。其成败的关键在于其各个等级子系统的人工信息反馈的灵敏度和决策部门的决策手段。当反馈信息失真，反馈强度不够，反馈相位延滞或决策手段跟不上时，就起不到自我调节作用，导致生态平衡失调。

根据生态控制论原理，城市生态调控的目标有二：一是高效，即高的经济效益和发展速度；二是和谐，即和谐的社会关系和稳定性。经济高效与社会和谐是相辅相成的两个侧面，前者是正反馈过程，强调发展的速度；后者是负反馈过程，强调发展的稳定。二者既是矛盾的又是统一的。联合国世界发展与环境委员会称其为持续发展（sustainable development）。城市生态调控的目的，在于利用一切可以利用的机会，充分提高物质能量利用效率，使系统风险最小，而综合效益最高，从而使社会、经济、环境得到协调发展。

城市生态调控的途径有三种：

（1）生态科技的设计与改造。根据自然生态最优化原理设计和改造城市工农业生产和生活系统的科技流程，疏浚物质、能量流通渠道，开拓未被有效占用的生态位，以提高系统的经济、生态效益。其基本内容包括：能源结构的改造，生物资源的利用，物质循环与再生，共生结构的设计，资源开发管理对策，化学生态科技以及景观生态设计等。

（2）生态关系的规划与协调。运用系统科学方法、计算器工具和专家的经济知识，对城市生态系的结构与功能、优势与劣势、问题与潜力，进行辨识、模拟和调控，为城市规划、建设和管理提供决策支持的一种软科学研究过程。常用的系统分析方法有统计分析法、模型仿真法、数学规划法等传统硬方法及近年发展起来的一些软方法，如系统动态（System Dynamics）、层次分析法（Analytic Hierarchy Process）、环分析和专家系统等。

生态规划的最终目标是要调整、改革城市管理体制，增强和完善城市共生功能并改善城市决策手段，建立灵敏有效的决策支持系统。

（3）生态意识的普及与提高。城市系统受人的行为所支配，而人的行为又受其观念、意识所支配。因此，在城市管理部门及市民中普及和提高生态意识（包括系统意识、资源意识、环境意识和持续发展的意识等），倡导生态哲学和生态美学，最终克服决策、经营及管理行为的短期性、盲目性、片面性及主观性，从根本上提高城市的自组织、自调节能力，是城市生态调控最迫切、最重要的一环。

以上三方面的观点都在于面对城市这个综合体怎样进行综合。

MAB1984 年 Suzdal 会议纪要中就指出，“综合”二字有三方面的含义：一是组织上的综合，研究的组织自始至终都要有决策者、技术人员、研究人员及公众等多学科人员参加；二是方法上的综合，要从自然科学、社会科学等各个领域吸取营养，从系统的横向关系、过程（流）及网络结构入手进行深入全面的探讨；三是成果上的综合，在方法上、技术上要有普遍性、可比性和可行性，要促进各类城市课题之间的情报交流和信息共享，相互了解怎样确定问题和解释结果。

在内容上，MAB 在报告中还建议开发以下 11 个方面的综合研究：①将城区、近郊和农村作为一个复合系统，研究大范围内的城市分布格局；②必须与区域规划相结合，研究城市问题；③应把环境数据纳入经济决策方程；④应建立一套可行、可比的评价社会、经济和自然价值的生态指标体系；⑤应将一些无形的，难以定量的生态因子综合进去；⑥不能只根据现状作静态研究，而要考虑 5～20 年的中长期尺度作动态研究；⑦应开展跨行业、跨部门的子系统间相互关系及相互冲突目标的研究；⑧规划及进行过程中，自始至终要将社会、经济和自然变量综合考虑，进行全局性判断，而不是偏向某一具体部门；⑨系统分析和模拟，是使决策者不通过实际试验就能预测发展趋势的有力工具，应大力提倡；⑩研究结果应向决策者提供一系列可供选择的替代方案，并将其向公众宣传，以发动群众参加决策咨询；⑪应将人的价值观、创造性、直觉等主观因素综合进去。

五、我国城市生态研究进展

我国是世界上城市起源最早的国家之一。早在五千多年前，我们的祖先就在黄河流域建立了商城、殷墟及洛邑、成周等京城。但城市化的迅速发展还是 20 世纪以来的事情。中国的城市从 1949 年的 69 座增至 1990 年的 460 座；城市人口从 1949 年的 5800 万增至 1990 年的 29350 万。城市化过程促进了社会经济的繁荣和人民生活水平的提高，但也给城乡环境及区域生态系统带来了一系列严重的生态破坏，主要表现在：

（1）生产和生活活动所排出的废水、废气、废渣、废热及噪声对物理环境的污染，严重影响城市及周围地区居民的身心健康。

（2）城市化过程中对区域自然资源如水、矿石、森林、耕地的不合理开发和利用，导致这些资源的枯竭和区域生态系统的破坏。

（3）城市人口的急剧膨胀导致城市住房、交通、供应及各种基础及服务设施的短缺，造成了一系列的城市问题。

1973 年以来，我国各级城市相继建立了环境保护、监测研究和教学机构。各级领导和群众的环境意识逐渐提高，许多城市和地区开发了城市环境与城市生态研究。其进展情况大致可分为三个阶段：

（1）环境觉悟阶段（1973～1980 年）。斯德哥尔摩宣言发表以来，特别是《寂静的春天》一书发表以后，在我国城乡引起了强烈反响，人们对城市生产和生活活动所带来的环境影响和生态破坏再也不能视若无睹了，一些大中城市相继开展了环境影响评价工作。但主要还是停留在对水、气、渣、噪声污染状况的研究上，如北京西郊环境质量调查、天津市环境质量评价等。

(2) 综合治理和系统研究阶段 (1981 ~ 1985 年)。这是中国城市生态研究蓬勃发展的兴盛时期。在联合国教科文组织人与生物圈计划关于开展城市及人类居住区生态系统研究倡导下，中国“六五”科技攻关项目中开展了京津地区、太湖流域等一大批城市生态系统及污染综合治理研究，人们从能源—大气，环境—经济以及水资源—水环境之间的系统关系出发，探讨了城市生态系统中污染物质迁移转化规律及相应的综合治理对策，取得了一大批重要研究成果。

(3) 城乡生态建设阶段 (1986 ~ 1990 年)。自 1986 年以来，中国城市生态研究从大中城市扩展到了中小城市和村镇，研究内容也从单纯的环境生态评价转到包括生态工程、生态规划和生态管理在内的城市及乡村生态建设上。在联合国教科文组织人与生物圈计划委员会的协调下，1987 年在北京召开了一次国际城市生态学术讨论会。前联邦德国城市生态研究专家同中国科学院的科学家们共同开展的生态学合作研究计划 (CERP)，将生态控制论、灵敏度模型、复合生态系统理论等与中国城市的实际情况相结合，在理论、方法和应用研究中取得了重要进展。全国性的学术会议也逐渐从讨论城市生态问题转移到探讨软硬结合、宏微结合、研究人员和管理决策人员结合的可行性对策探讨上。一些城市开始研究工矿生态科技的设计与改造，生态城、健康城、卫生城的规划与建设以及城市、城市群，城市与郊区、城市与腹地的自我调节与管理等。

但是，也应该指出，中国当前城市生态研究的队伍还十分薄弱，力量也很分散，还未形成统一的方法论，研究成果的实施在很多地方也还遇到重重阻力。要发展一门有坚实的理论基础和成熟的研究队伍的城市生态学，我国还有很长的路要走。

六、我国城市生态学发展策略及近期主攻方向

1990 年 8 月在日本横滨举行的第 5 届国际生态学大会上，前国际生态学会主席 F. B. Golley 在开幕词中所指出的未来国际生态学会的三大重要任务之一就是发展城市生态学。因为当前人类面临的六大挑战 (即人口、食物、资源、能源、工业发展及城市膨胀) 都是与占人口 40% 以上的城市人口分不开的 (Golley，1990)。我国城镇人口预计到 20 世纪末将超过 5 亿，随着国民生产总值的加倍和城市人口的进一步集聚，许多城市问题还将进一步加剧，传统的城市规划及管理的理论和方法已远远不能适应发展着的新形势了。因此，研究城市和人类聚居地人类活动与周围环境关系的城市生态学已成为摆在各级规划、决策、管理部门以及科学工作者面前的一项重大战略任务。因此，今后几十年城市生态学的重点将放在以下几方面。

(一) 城市生态教育

应在有关高等和中等专业学校设置城市生态系、科和专业，讲授城市生态科技学、城市生态规划学、城市生态管理学等有关课程，培养城市生态学的学士、硕士、博士。

为此，需要超前培养一批城市生态教学骨干。应有计划、有步骤地举办各种类型的城市生态学理论和技术培训班，提高各级规划、管理和决策人员的生态学专业水平。要利用各种宣传渠道和教育手段向全社会宣传和普及城市生态知识，提高各级领导和群众的生态意识，让城市居民都能理解到城市生态学是与自己的衣食住行、生活、工作休戚相关的福利科学，诱导其关心、爱护和建设生态城的自觉性。

（二）城市生态研究

应在一些大中城市有计划地建立一批城市生态研究中心或院、所，组织起一支跨学科的综合性城市生态研究队伍，从理论上开展城市生态动力学、城市生态系统论、城市生态控制论、城市生态科技学及城市生态管理学的研究；在应用上开展城市生活质量、城市生态效益、城市灾害、城市资源持续利用、城市生态恢复、旧城的生态改造及新城的生态建设等研究。

（三）城市生态管理

城市生态学研究的最终目的是要诱导全体城市居民按照城市生态控制论的规律去自觉地规划、管理和建设城市，实现城市生产、生活和调节功能的协调、持续发展。因此，需要在管理体制、法规、政策上进行相应的变革，调整产业结构、空间布局和发展战略，诱导城市竞争和共生机制，在决策方法、手段上进行革新，研制一套灵活的既适应客观规律又满足城市发展需求的决策支持系统。

20 世纪 90 年代，我国城市生态研究急需开展以下各项工作：

（1）工矿生态科技技术研究，包括无公害型产品、无废或低废物科技、可再生资源的永续和高效利用、废弃物的循环再生科技、被破坏土地的生态恢复技术研究等。

（2）居住区生态工程研究，包括生活质量、城市景观、立体绿化、生活垃圾及污水的循环利用等。

（3）镇化过程的诱导性调控研究，包括大城市群（如辽南、京津、沪宁及珠江三角洲城市群）、中小城市和小城镇人口及人类活动规模的控制以及农村剩余劳力去向和集镇化趋势的研究等。

（4）旧城改造的生态对策研究，包括为改善旧城的经济、社会和环境效益进行的生态城或健康城的系统研究以及针对城市住宅、交通及服务设施等问题进行的人类生态研究。

（5）新建工矿及城镇的生态规划研究。

（6）城市时间、空间、信息、资金、劳力有效利用的生态管理研究。

（7）城市特殊区域（如市场、街道、车站、医院、工厂、机关或拥挤的公共汽车或火车上）的个体生理和心理生态及疾病防治的生态医学研究。

（8）城市与其郊区及腹地自然和经济支持关系的研究。

（9）城市灾害评估、预防和控制研究，包括自然灾害和人为灾害，常发性灾害和偶发性灾害，可预见性灾害和不可预见性灾害等。

（10）国内外不同规模城市的比较研究，包括横向和纵向比较，重点是发展一套可行的评价指标体系。

（11）城市生态决策支持系统研究，包括信息系统（数据库、图库、知识库），方法系统（各种定性、定量的方法、模型）和人机交互界面，可为不同层次的城市规划、管理、决策部门服务。

七、人类的归宿：走向生态城

生态城（ecopolis 或 ecoville）是前苏联城市生态学家 Yanitskiy（1987）提出的一种理想城模式，旨在建设一种理想栖境。其中，技术和自然充分融合，人的创造力和生产力得到最大限度的发挥，而居民的身心健康和环境质量得到最大限度的保护。换句话说，就是按生态学原理建立起来的一类社会、经济、自然协调发展，物质、能量、信息高效利用，生态良性循环的人类聚居地，即高效、和谐的人类栖境。生态城的生态，包括人与自然环境的协调关系以及人与社会环境的协调关系两层含义。生态城的“城”指的是一个自组织、自调节的共生系统。MAB（1984）报告中提出生态城规划的五项原则是：①生态保护策略（包括自然保护，动、植物区系及资源保护和污染防治）；②生态基础设施（自然景观和腹地对城市的持久支持能力）；③居民的生活标准；④文化历史的保护；⑤将自然融入城市。

Yanitsky 将生态城的设计与实施分成三种知识层次和五个行动阶段，即时-空层次、社会-功能层次、文化层次，以及基础研究、应用研究、设计规划、建设实施和有机组织结构的形成五个阶段。

生态城的概念包括三个层次的内容：第一层次应为自然地理层。这一层次是城市人类活动的自发层次，是城市生态位的趋势、开拓、竞争和平衡过程，最后达到地尽其能，物尽其用；第二层次是社会功能层，重在调整城市的组织结构及功能，改善子系统之间的冲突关系，增强城市这个有机体的共生能力；第三层次即文化-意识层，旨在增强人的生态意识，变外在控制为内在调节，变自发为自为。

生态城的衡量指标：一是生态滞竭系数，测度城市物质能量的流畅程度；二是生态协调系数，测度城市的组织合理程度；三是自我调节能力，测度城市的生态成熟度。世界卫生组织所开展的建设健康城运动，也是生态城的一种。其基本宗旨就是要根据各国城市的不同实际，调节生态系统的结构和功能，使其朝健康（包括城市居民的健康和城市系统的健康两层含义）方向发展。

生态城并不是一个不可企及、尽善尽美的理想意境，而是一种可望可及的持续发展过程，一场破旧立新的生态革命。它不仅涉及对城市自然和经济系统的改造和建设，还涉及人们的观念、意识、伦理和生活方式。

由于历史的原因，中国的城市在相当长的一段时间内，还很难赶上西方发达国家城市的发展水平，但通过生态城建设，我们可以在现有的资源环境条件下，充分挖掘潜力，实现一种既非传统式又非西方化的生产和生活方式，达到高效、和谐、健康、殷实的目标。

参考文献

王如松 . 1988. 高效 · 和谐——城市生态调控原则与方法 . 长沙：湖南教育出版社 .

中国生态学会 . 1987. 第二次全国城市生态学术讨论会特刊 .

中野专正、沼田真，等 . 1978. 都市生态学 . 共立出版株式会社 .

Bonnes M. 1987. Urban Ecology Applied to the City of Rome, Progress Report No. 3. Istituto de Psicolagia, Consiglio Nazionale delle Ricereche, Rome. 90.

Boyden S. 1981. The Ecology of a City and its People, The Case of Hong Kong. Australian National University Press.

Burian K. 1976. The Vienna Urban Ecology Project, in MAB report No. 42 Amsterdam.

Colby C C. 1933. Centrifugal and centriperal process in urban geography, Annals of the Association of American Geographers, 23: 1-20.

Dicastri F. 1984. Ecology in Practice. Natural Resources and Environment Series, Tycooly International Publishing limited, Dublin. UNESCO, Paris.

Geddes P. 1915. Cities in Evolution: an Introduction to the Town Planning Movement and the Study of Civicis, Howard Fertig, NewYork.

Giacomini V, Hinrihser D. 1981. New Perspecties on the Eternal City. Ambio, 10 (2and3): 79-85.

Golley F B. 1990. The Role of INTECOL in Global Environmental Activities. Plenary address at the V International Congress of Ecology, Yokohama.

Guyot A. 1987. Le. Vegetal et Iarchitecture. Ajuntament de Valencia. Valencia, 450.

Holling C S, Orians C. 1971. Towards an Urban Ecology, Ecological Society of America Bulletin, 52 (2): 2-6.

Jansson A. 1978. Energy, Economic and Ecological Relationships for Gotland, Swedeny, a Regional Systems Study. Ecol. Bull, 28: 154.

Kim KwiGo. 1978. Risk Assessment in Urban Planning and Management, The Case of Seoul Univ of Seoul, Secul.

Landsberg H E. 1970. Climates and Urban Planning, WHO, Tech. Note, 108: 364-367.

MAB. 1984. International Expert Meeting on Ecological Approaches to Urban Planning, Suzdal, MAB Report Series No. 57.

Meadows D H. et al. 1972. The Limits to growth. London: Potomac Associates Book: 205.

Newcombe K, et al. 1980. Energy for Development: The Energy Policy Papers of the Lae Project. MAB Report Series No. 4.

Numata M. 1984. A Water Oriented Approach to Management of Urban Ecosystem, in MAB Report Series No. 57. Suzdal.

Odum H T. 1983. Systems Ecology. NewYork: John and Wiley and Sons.

Ott W R. 1978. Environmental Indices: Theory and Practice, Ann Arbor Science Publishers. Inc.

Park R E, Burgess E W, Mckenzie R D. 1925. The City, The University of Chicago Press, Chicago.

Rapoport A. 1978. Culture and the Subjective Effects of Stress, Urban Ecol. , 3: 241-261.

Sharpe R, Roy J R, Taylor M A P. 1982. Optimizing Urban Futures, Environment and Planning B, 9: 209-220.

SMIC. 1971. Inadvertent Climatic Modificationt, MITPress.

Stearns F, Montag T. 1974. The Urban Ecosystem: A Holistic Approach Dowedn, Hutchinson and Ross, Stroudsberg Pa.

Sukopp H. 1987. Stadtokologische Forschung and Deren Anwendung in Europa, Dusseldorfer Geobot, Kolloq. , 4: 3-28.

Vester F, Hesler A V. 1980. Sensitivitatsmodell, Regionale Pianungs gemeinwchaft Untermain.

Yanitskiy O. 1987. The City and Ecology, Nauka, Moskow, (Vol. 1): 174, (Vol. 2): 167.

Zucchetto J. 1975. Energy Economic Theory and Mathematical Models for Combining the Systems of Man and Nature Case Study: the Urban Region of Miami, Florida, Ecol. Model, 1: 241-268.

TOWARD ECOPOLIS: URBAN ECOLOGY AND ITS DEVELOPMENT STRATEGY

Wang Rusong

(Department of Systems Ecology, Research Center for Eco-Environmental Sciences, Chinese Academy of Sciences, Beijing 100085)

Abstract The succession of human ecology can be divided into three stages, namely the hunting and gathering society that depended on natural ecosystem, the rural society that relied on agricultural ecosystem, and the industrialized urban ecosystem. If we regard the human history as 24 hours, then the time since the industrial revolution is less than 16 seconds. Within 5 seconds of this century, the world population increased from 220 million to 2. 2 billion, the human culture, life style and the biosphere have also undergone catastrophic changes. The currently threatening greenhouse effect, acid deposition, and ozone depletion, and the crisis of population, resources, environment, energy and food are related to the processes of urbanization and industrialization. The discipline of ecology, the study of the interrelationships between organisms and their environment, has been shifted from nature oriented toward the emphasis of human activity. The study of cities, which reside 40% of the world population, amount 90% of gross national products, and consume 80% of subsidized energy, has become the immediate global concern. Urban ecology has also become a new discipline.

Key words ecopolis, urban ecology

现代化的挑战——中国大陆都市发展的人类生态过程及对策分析*

王如松

（中国科学院生态环境研究中心，北京 100085）

城市是人类技术进步、经济发展和社会文明的结晶。城市人口的集聚给社会提供了高效的生产环境、便利的生活条件和丰富的信息来源。但是城市的物质文明是以对自然的大规模改造和破坏为代价而实现的。随着城市人类活动强度的急剧增大，人与自然的矛盾日益加剧，20 世纪 80 年代以来，中国大陆特别是沿海地区城镇化过程以异乎寻常的速度发展着，大批农村剩余劳力弃农务工，进入 500 多个城市及 14 000 多个大小集镇。它给中国社会带来的影响举世瞩目。面对现代化的挑战，人们不得不重新思考城市发展的人类生态过程和持续发展对策。

一、都市人类生态演替过程及空间分布格局

20 世纪 70 年代以前，我国大城市和特大城市人口的实际增长率是相当低的，不仅低于全国城市人口的平均增长率，而且低于全国人口的自然增长率；城市规模越大、增长速度越低。进入 80 年代以来，在对外开放、体制改革和市场机制激励下振兴起来的大城市才开始了量与质的飞跃。城市人口平均增长速度加快 1 倍，城市数量从 1978 年的 193 座增至 1993 年年底的 570 座；建制镇数量从 2176 个增至 1992 年年底的 14 539 个；城市人口从 1978 年的 17 245 万人增至 1990 年的 30 191 万人。与 60 ~ 70 年代相比，这一时期特大城市人口的相对增长率比中等城市高 3 倍。以城郊型乡镇企业为龙头，城市人口向有条件的大城市集聚；向自然条件优越、经济发达地区集聚；向主要水陆交通线集聚。这一集聚趋势导致了城市群的出现，如长江三角洲苏（州）、锡（无锡）、常（州）地区，珠江三角洲，闽南三角洲，辽中南，京津唐，胶东半岛，新兴了一大批各具特色的经济地带和城市群。我们将中国大陆 30 个省、市、自治区的城市按其发展程度分为三个大区、九个亚区，即沿海地区（包括东南沿海，东部沿海及北部沿海三个区），以 13.4% 的面积拥有全国 49% 的人口，工业产值占 62%，农业产值占 48%；内陆地区（包括东北地区、长江中部地区及黄河中部地区），其土地面积占全国的 25%，人口占 41%，工业产值占 32%，农业产值占 42%；边远地区（包括西北地区、青藏高原及云贵高原），其土地面积占全国的 62%，人口占 10%，工业占 6%，农业占 10%。从表 1 不难看出，城市密度以沿海地区最大而边远地区最稀。根据 1990

---

* 原载于：城市发展研究，1994：30-35.

年国家环保局对32个大中城市20项环境质量指标综合考察结果，前10名绝大多数在沿海地区，而后10名绝大多数在边远地区，反映出沿海大中城市环境质量优于内陆地区，内陆地区优于边远地区，正好与区域发展水平以及环境投资能力成正比。

表1　中国城市分区统计要览

指标	沿海地区				内陆地区				边远地区			
	总计	1区	2区	3区	总计	4区	5区	6区	总计	7区	8区	9区
人口/百万	448	134	199	115	504	57	307	140	135	61	6.5	67
面积/千平方公里	1289	564	364	361	2454	658	1269	527	5807	3497	1739	571
密度/(人/平方公里)	348	238	547	319	205	87	242	266	23	17	4	117
城市人口/百万	68.8	12.3	27.9	28.7	57.0	15.7	28.1	13.3	14.5	9.6	0.75	4.1
城市数：	172	48	81	43	204	46	49	109	73	49	5	19
100万人口以上	14	1	5	8	11	3	5	3	3	2		1
50万人口以上	16	5	5	6	10	6	2	2	4	2	1	1
20万人口以上	47	12	20	15	51	12	29	10	12	9		3
20万人口以下	95	30	51	14	132	35	13	94	54	36	4	14
建制镇数	889	300	298	291	1092	161	576	355	518	226	103	189
人均国民收入/元	1681	1265	1571	1568	897	1290	879	774	762	898	885	628
工业总产值比例/%	62.3	11.4	33.1	17.8	31.7	6.1	17.4	8.2	6，0	3.5	0.3	2.3
农业总产值比例/%	47.7	15.8	22.0	9.8	41.9	4.5	26.6	10.8	10.4	5.5	0.5	4.4
社会劳动生产率/(元/人)	5134				5027				3724			
人均耗电/千瓦	82.1				80.0				14.9			
万元产值耗电/千瓦·时	5247				7190				8586			
万元产值耗水/吨	544				554				1091			
工业废水处理率/%	29.6				21.2				26.5			
市区二氧化硫排放量/吨	36.7				21.9				27.8			
绿地覆盖率/%	16.6				19.5				19.5			

注：根据中国统计年鉴1990年计算，其中，1区：广东、广西、福建、海南；2区：浙江、江苏、上海、山东；3区：北京、天津、河北、辽宁；4区：吉林、黑龙江；5区：安徽、江西、湖北、湖南、四川；6区：河南、山西、陕西；7区：内蒙古、宁夏、甘肃、新疆；8区：青海、西藏；9区：贵州、云南

二、城市发展过程中的生态问题

20世纪80年代以来，在市场机制激励下振兴起来的大陆城镇发生了质的变革，城乡百废俱兴，社会全方位开放，城市化、工业化以前所未有的速度迅猛发展，对城市的自然生态和社会生态环境造成强烈的冲击。为适应城市建设的需要，各级城市都相继开展了城市环境质量综合整治、小流域综合治理，实行污染总量控制以及排污许可证制度和鼓励清洁生产工艺等一系列措施，使得大中城市物理环境恶化的趋势得以控制，污染物排放总量增长速度远远低于经济增长速度（表2）。但从整体来看，中小城

镇和乡镇企业的面源污染仍在继续扩展，矿区生态破坏局面未从根本上扭转，多数城市人口拥挤和交通过载现象有增无减。从1981～1990年的环境监测数据及社会调查资料的综合分析可以看出：

表2 中国大陆城市历年能源、产值、"三废"排放统计

年份	能耗总量/万吨标准煤	能源构成/%				工农业总产值/亿元	"三废"排放量		
		原煤	原油	天然气	水电		废水/万吨	废气/亿米^3	固体废弃物/万吨
1981	59 447	72.7	20.0	2.8	4.5	7 581	3 026 588		43 055
1982	62 067	73.7	18.9	2.5	4.9	8 294	3 099 613		40 501
1983	66 040	74.2	18.14	2.44	5.26	9 211	3 093 359	63 106	41 185
1984	70 904	75.27	17.45	2.37	4.91	10 831	3 239 497	68 501	45 000
1985	77 020	75.8	17.1	2.2	4.9	13 335	3 415 420	73 971	48 000
1986	81 665	75.8	17.2	2.3	4.7	15 207	3 387 874	69 679	60 000
1987	85 943	76.2	17	2.1	4.7	18 489	3 486 094	77 275	52 916
1988	92 997	76.2	17	2.1	4.7	24 089	3 672 611	82 382	56 132
1989	96 934	76	17.1	2	4.9	28 552	3 534 527	83 065	57 173
1990	98 000	75.6	17	2.1	5.3	31 586	3 540 000	85 000	58 000

资料来源：《国民经济统计提要》（1949～1990），国家统计局，1991.

（1）城市大气以煤烟型污染为主；

（2）水环境污染恶化趋势有所抑制，但前景并不乐观；

（3）城市噪声危害仍然存在，尤其是区域环境噪声十年来呈加重趋势；

（4）固体废弃物污染治理欠账多、污染重，对环境的压力越来越大；

（5）水资源短缺、过量开采与地面沉降；

（6）居住环境有待改善，城市密集的人类活动所造成的环境污染、热岛效应及局部环境问题对城市居民生理和心理健康已形成不良影响和潜在威胁。一些常见病，特别是呼吸道疾病率也随污染增加而增高。

根据1989年对全国187个地区级以上城市的人口结构、人口素质、经济效益、生活质量、环境质量和社会秩序等39项人类生态指标的综合调查和排序结果，特大城市、沿海及省会城市由于多年来政策的倾斜和区位优势，综合排序一般都居前列。表3列出了排前30名城市的各项二级指标得分，其中除昆明、呼和浩特和乌鲁木齐三市位于边远地区，6个城市位于内陆地区外，其余21个城市均位于沿海地区。

表3 1989年187个地级以上城市人类生态指标综合排序（前30名）

排序	项目	总计	社会结构	人口素质	经济效益	生活质量	社会秩序
	标准分	100	20	18	18	34	10
	187个市平均	51.7	9.6	7.9	10.7	16.9	6.6
1	上海	68.1	11.4	10.8	16.5	22.3	7.1
2	深圳	67.9	10.9	8.4	17.7	28.5	2.4
3	北京	67.7	11.4	11.9	14.1	23.9	6.4

续表

排序	项目	总计	社会结构	人口素质	经济效益	生活质量	社会秩序
	标准分	100	20	18	18	34	10
	187 个市平均	51. 7	9. 6	7. 9	10. 7	16. 9	6. 6
4	珠海	64. 3	9. 2	7. 1	16. 1	26. 7	5. 2
5	佛山	64. 0	11. 8	7. 1	15. 9	24. 7	4. 5
6	南京	63. 4	10. 7	10. 9	13. 4	21. 0	7. 4
7	苏州	62. 9	10. 5	9. 9	14. 9	19. 9	7. 7
8	长沙	62. 6	12	12. 1	13. 3	19. 2	6
9	昆明	62. 6	10. 3	11. 7	15. 4	18. 3	6. 9
10	杭州	62. 5	10. 2	9. 8	16. 2	20. 3	6
11	广州	61. 8	10. 3	8. 3	16. 3	22. 8	4. 1
12	合肥	61. 5	10. 3	11	13. 8	10. 2	7. 2
13	江门	61. 3	11. 4	6. 6	15. 9	21. 1	6. 3
14	呼和浩特	61. 1	10. 4	11. 1	12	20. 2	7. 4
15	南通	60. 9	10. 3	8. 4	15	18. 5	8. 7
16	大庆	60. 7	9. 7	8. 9	13. 6	21. 7	6. 8
17	保定	60. 6	10. 1	10. 4	13. 5	18. 0	8. 6
18	青岛	60. 4	9. 5	9. 6	14. 9	19. 0	7. 4
19	无锡	59. 6	11. 1	7. 7	15. 4	18. 9	6. 5
20	石家庄	50. 6	11. 9	7. 6	13	19. 6	7. 5
21	三明	59. 5	10	9. 1	14. 5	19. 0	6. 9
22	秦皇岛	59. 3	9. 5	8. 2	12. 6	22. 2	6. 8
23	乌鲁木齐	59. 3	10. 8	9. 4	12. 4	21. 6	5. 1
24	天津	59. 1	10. 4	9. 2	139	19. 5	6. 1
25	厦门	59. 0	9. 9	6. 2	15. 8	21. 3	5. 8
26	成都	58. 9	9. 7	12. 6	11. 9	18. 9	5. 8
27	常州	58. 8	10. 9	8. 4	15. 3	18. 5	5. 7
28	芜湖	58. 7	11. 2	8. 0	15. 4	17. 2	6. 9
29	济南	58. 6	9. 9	9. 6	12. 9	18. 5	7. 7
30	长春	58. 6	11. 2	9. 7	12. 4	18. 1	7. 2

从 1981 ~ 1990 年中国大陆城市环境动态可以看出，许多主要环境问题依然存在。多数城市生态系统调节功能脆弱，系统呈外源式不稳定性演化。系统演变的动力主要有三：一是体制改革所激发出来的强大的经济发展活力；二是乡村多余劳动力向城市及乡镇企业的转移；三是城镇居民迫切的现代化需求和西方发展模式的影响。

三、促进城市持续发展的生态建设途径

以上城市问题的生态学实质是人与自然间系统关系的失调：

一是“流”或过程的失调。城乡环境污染及区域资源耗竭的根源在于低的资源利用效率和不合理的资源开发行为，导致或者过多的物质能量释放到或滞留在环境中，或者投入少，产出多，自然生态系统得不到足够的补偿、缓冲和休养生息，导致严重的环境和生态问题。

二是“网”或结构的失调。人类社会是一个通过各种复杂的物理网络、经济网络和社会文化网络交织而成的时、空、量、序的复合系统。系统组分关系的不均衡耦合，如不合理的产业结构、布局、资源配置、土地利用格局，不谐调的城乡关系、供需关系，经济建设与环境保护关系、基础设施与社会发展的关系等正是目前城乡发展中各种尖锐矛盾的系统根源之一。

三是“序”或功能的失调：一个和谐的人类生态系统，必须具备完善的生产、生活和生态调节功能。传统决策管理只注重社会的生产和生活功能，而忽略了资源、环境、自然及人的供给、接纳、缓冲及调控功能，顶多只把它们当作外部条件来处理。协调的生态功能包括持续的资源供给能力、环境容纳能力、自然缓冲能力、经济协调能力和社会组织能力。它有赖于政府的宏观调控行为、企业的协同共生行为及民众的监督自理行为，其中任何一方面能力的削弱都会导致系统功能的紊乱。

20 世纪 80 年代以来，各级政府投入了大量人力物力，开展城市环境及城市生态系统规划、管理、研究及监测工作。特别是推行城市环境综合整治定量考核制度，推广型煤、发展煤气、分流截污、整治河湖、建设烟尘控制区、控制噪声小区，在许多城市分别兴建供水排水设施，采取污水处理、集中供热（有 73 个城市实行了集中供热），垃圾处理、城市绿化以及住房、交通等基础设施的建设等措施，都对城市环境的保护和改善起了明显作用。环保法规和体制不断完善和健全，一大批城市环境及生态的研究成果在改善城市环境面貌、提高市民环境意识、推动城市生态建设方面发挥了积极作用，其中尤以对城市生态系统动力学机制和控制论方法的理论研究及城乡生态建设的应用研究引起国内外同行的注目。

城市社会是一类以人的行为为主导，自然环境为依托，资源流动为命脉，社会体制为经络的人工生态系统。马世骏等（1984）称其为社会-经济-自然复合生态系统。其结构可以理解为人的栖息劳作环境（包括地理环境、生物环境和人工环境）、区域生态环境（包括物资供应的源、产品废物的汇及调节缓冲的库）及文化社会环境（包括文化、组织、技术等）的耦合。其功能包括生产、生活、供给、接纳、控制和缓冲，它们相生相克，构成了错综复杂的城市生态关系。包括人与自然之间的促进、抑制、适应、改造关系，人对资源的开发、利用、保护、扬弃关系以及人类生产、生活活动中的竞争、共生、隶属、乘补关系。城市生态系统的生产功能不仅包括物质和精神产品的生产，还包括人的生产，不仅包含成品的生产，还包含废物的生产；城市生态系统的消费功能不仅包括商品的消费基础设施的占用，还包括无“劳动”价值的资源与环境的消费。尤其重要的是，在城市生产、生活活动后面，还有着一只看不见的手，

即大自然的“鬼斧神工”或系统反馈在发挥作用，我们称其为生态调节功能，人的主动控制与自然的反馈调节构成城市生态过程的主要动因。

早在2000多年前，我国就已形成了一套“观乎天文以察时变，观乎人文以化成天下”的“天人合一”的人类生态理论体系，包括道理（即自然规律，如天文、地理、物理等）、事理（即对人类活动的合理规划管理，如政事、农事、军事、家事等）、义理（即社会行为的准则，如伦理、法制、“三纲五常”等）及情理（即心理活动规律，如人情、事故、观念、习俗等）。中国封建社会正是靠着对这些天时、地利、人和之间关系的正确认识，靠着物质循环再生、社会协调共生和修身养性自我调节的生态观，维持着其3000年较稳定的社会结构，形成了独特的华夏文明。中国城市生态工作者根据这一理论体系总结出10条生态控制论原理、包括优胜劣汰原理、开拓适应原理、相生相克原理、反馈耦合原理、相乘相补原理、组合S形增长原理、循环再生原理、多样性主导性原理、功能演替原理及机巧原理等。

城市生态建设的最终目的，就是要依据以上生态控制论原理去调节系统内部各种不合理的生态关系，提高系统的自我调节能力，在外部投入有限的情况下，通过各种技术的、行政的和行为诱导的手段去实现因地制宜的持续发展。

生态建设的目标是效率（EF）、公平性（EQ）及可持续性（SB）。可以通过生态工程建设、生态体制建设和生态文化建设来实现。

（1）生态工程建设。根据生态控制论原理设计和改造城乡工农业生产和生活的工艺流程，疏浚物质、能量流通渠道，开拓未被有效占用的生态位，以提高系统的经济生态效率。

（2）生态体制建设。即按照生态控制论原理、方法和系统科学的手段去辨识、模拟、设计城市生态系统内的各种生态关系，打破传统的条块分割、信息闭塞和决策失误的管理体制，健全各种法规。建立一个能综合调控经济生产、社会生活和自然生态功能，信息反馈灵敏、决策水平高的管理体制，其主要目标是促进系统内各种时、空、量、序关系的公平性。

（3）生态文化建设。从普及生态意识，改变传统的资源利用观念、价值观念和小农经济观念入手，规范、调节和诱导决策、规划、管理人员和民众的决策行为、经营行为、环境行为、生育行为和生活方式。其核心是持续自生能力建设。

效率、公平性与可持续性组成城市复合生态系统的生态序，高的生态序是实现城市持续发展的必要条件。

当前，中国经济蓬勃发展，城乡一派生机盎然。但机会总是伴随着风险，顺利孕育着危机。如何调节好城市的眼前与长远、局部与整体、效益与效率、环境与发展以及政府、企业、个人行为间复杂的生态冲突关系，实现一种生产高效、环境合理、系统和谐、行为合拍的持续、稳定、健康的综合发展，需要从技术、体制、行为及价值观上进行大的变革，这正是现代化对城市工作者的要求和挑战。

参考文献

国家统计局. 1991. 国民经济统计提要（1949—1990）. 北京：统计出版社.

马世骏，王如松. 1993. 复合生态系统与持续发展. 见：中国科学院《复杂性研究》编委会. 复杂性研究．北京：科学出版社：230-239.
汪晶．1993. 北京市大气污染对居民健康影响的研究．中华流行病学杂志，13（2）：89.
王如松．1988. 高效．和谐-城市生态调控原则与方法．长沙：湖南教育出版社．
王如松．1991. 走向生态城-城市生态学及其发展战略．Journal of City and Planning，18（1）：1-17.
王如松．1993. 城市持续发展的人类生态学研究方法探讨．见：陈昌笃等．持续发展与生态学．北京：中国科学技术出版社：121-126.
杨邦杰，王如松，等．1992. 城市生态调控的决策支持系统．北京：中国科学技术出版社．
中国科学院生态环境研究中心．1992. 中国资源、生态环境预警研究报告．第一号 U990—1991.
Vester F，Hesler A V. 1980. Sensitivitatsmodell，Regionale Planungsge —mein wehaft，Untermain.

城镇可持续发展的生态学方法*

王如松

（中国科学院生态环境研究中心，北京 100085）

一、可持续发展是城乡环境保护的必由之路

即将过去的20世纪是人类历史上迄今为止最惊心动魄的世纪。长足的科技进步，激烈的世界大战，深刻的社会革命，严峻的人口危机和空前的生态浩劫都曾发生过。经历了一个世纪的上下求索，有识之士终于意识到，我们所处的系统是一类社会、经济、自然的复合生态体，单一的技术革命、社会革命或环境运动解决不了复杂的发展问题。世界正从自然经济的农业社会以及市场经济的城市社会向生态经济的可持续发展社会过渡。可持续发展已成为世界各国共同发展的方向。

从斯德哥尔摩的人类环境宣言到里约热内卢的21世纪议程，人类对自身命运的认识实现了一个从消极的环境保护到积极的生态建设，从线性思维到系统思维，从预警性的环境运动到自觉的社会行动的质的飞跃。可持续发展不仅是一种保护环境的口号，而且是一个跨世纪的政治、经济、技术、文化和社会发展的行动纲领，是对传统价值观和方法论的挑战。其内涵包括了经济的持续增长、资源的永续利用、体制的公平合理、社会的和谐共生、传统文化的延续及自然活力的维系。探寻一种跨世纪、跨国界、跨领域、跨行业、跨意识形态的先进适宜的生产力、生产关系、生活方式、生命素质及生态秩序，是各国历代科学家、革命家梦寐以求的目标，也是人类社会发展的必然归宿。

可持续发展的实质是时、空、量、序四层次上的系统发展，其目标是由人口、资源、环境组成的人类生态系统。其科学问题的实质可分三个层次：一是认识论层次，即揭示系统的动力学机制与控制论规律；二是方法论层次，即辨识系统的结构、功能与过程，测度系统的复杂性、多样性和可持续性；三是技术管理层次，即组织、协调与建设可持续的生态技术、生态体制与生态文化。可持续发展包括引进和推广先进实用的生态技术，改革和建立可持续的社会经济管理体制，弘扬可持续的社区文化并培养造就一代具备强的竞争能力、共生意识和自强不息精神的新人。

二、复合生态系统生态学是城镇及人类活动密集区可持续发展的科学基础

新的发展需要新的思维，新的思维需要新的科学，城镇及人类活动密集区生态学

---

* 原载于：科技导报，1996，97（7）：55-58.

正是这样一门可持续发展的基础科学。人类对其环境关系的探讨，是一门既古老又年轻，既通俗又深奥的议题。自有人类以来，人就在其生存斗争中孜孜不倦地探索、学习和积累着人与自然关系的生态知识，并形成了一套朴素的人类生态观。但作为一门独立的科学，它只是起步于20世纪二三十年代的城市生态学研究，复兴于六七十年代的环境和资源危机引起的系统生态学研究，繁荣于八九十年代的全球变化的持续发展研究。

当今生态学的重心已逐渐从纯自然生态向人类活动影响下的生态学过渡。其实，人类文明史就是一部人与其自然环境、社会环境及心理环境竞争与共生、改造与适应的发展史或生态史。持续发展的目的就是要处理好眼前与长远、局部与整体、效率与效益、环境与发展、自然与社会间以及政府、企业、个人行为间复杂的生态冲突关系，实现一种生态高效、环境合理、系统和谐、行为合拍的持续、稳定、健康的综合发展。其中既包含技术、体制问题，又有认识、观念问题。其系统的复杂性、多样性、异质性、有机性，矛盾的冲突性及学科的交叉性是任何一门自然科学、社会科学和系统科学都不能单独处理的。韦尔斯（H. G. Wells）指出："生态学是经济学向整个世界的延伸，而经济学只是人类的生态学。"可以说，复合生态系统生态学同源于经济学和社会学（芝加哥学派），复兴于人口学与环境学，繁荣于系统学与工程学。其研究内容为人与自然关系间各个不同层次（从个人、家庭到地区、国家、全球）的"流"或过程问题，"网"或结构问题，以及"序"或功能问题的动力学机制、控制论方法和工程学手段。

城镇生态学就是要探索不同层次复合生态系统的动力学机制、控制论方法，辨识系统中各种局部与整体、眼前和长远、环境与发展、人与自然的矛盾冲突关系，寻找调和这些矛盾的技术手段、规划方法和管理工具。它与工业革命以来发展起来的传统自然科学不同，其研究的重心是系统的事理关系和功能过程而不是组分的因果关联和物理结构，目的是系统辨识而非系统控制，方法是综合而不是分析，途径是人的学习过程而非物的优化过程。

城镇是一类以人的行为为主导，自然环境为依托，资源流动为命脉，社会体制为经络的人工生态系统。我国已故著名生态学专家马世骏等称其为社会-经济-自然复合生态系统。传统发展观念把城市功能分为经济生产和社会生活两大类，而忽略了其资源、环境、人口、自然的供给、接纳、控制和缓冲功能。其实，复合生态系统的生产功能不仅包括物质和精神产品的生产，还包括人类自身的生产（"成品"生产和"废物"生产），复合生态系统的消费功能不仅包括商品的消费，基础设施的占用，还包括无劳动价值的资源与环境的消费，时间与空间的耗费，信息以及作为社会属性的人的心灵和感情的耗费。尤其重要的是，在人类生产、生活活动的后面，还有另一只看不见的"手"，即大自然的"鬼斧神工"或系统反馈的作用，我们称其为系统调节功能。它包括资源的持续供给能力、环境的持续容纳能力、自然的持续缓冲能力及人类社会的自组织自调节活力。正是由于这种功能的调节，社会得以安定，自然得以平衡。

城镇复合生态系统的动力学机制来源于自然和社会两种作用力。自然力的源泉是各种形式的太阳能，它们导致生态系统产生各种物理、化学、生物过程和自然变迁。社会力的源泉来自于经济杠杆资金、社会杠杆权力和文化杠杆精神。资金刺激竞争，权力推动共生，而精神孕育自生。三者相辅相成，构成社会系统的原动力。自然力和社会力的耦合导致不同层次复合生态系统特殊的运动规律。能量是地球上一切地质、地理、水文、气候乃至生命过程的基础，生态系统在其形成、发育、代谢、生产、消费及还原过程中，始终伴随着能量的流动与转化。能量流经生态系统的结果并不是简单的生死循环，而是一种信息积累过程，其中大多数能量虽以热的形式耗散了，却以质的形式储存下来，记下了生物与环境世代斗争的信息。20 世纪 80 年代以来，围绕能量环境、能量代谢、能量生产及能量流动开展的生态能基础研究及全球变化的应用研究在世界上十分活跃。它是进化生态学、生理生态学、系统生态学和全球生态学研究的核心议题，也是污染生态学、经济生态学、生态工程学及城市生态学的热门议题。

货币是复合生态系统中一种奇妙的组合力。它是商品社会的产物。在自给自足的农业社会里，人们以土地为本，以食物生产为纲，人与自然关系密切，货币的能动作用有限。工业革命以来的商品社会逐渐将人与自然分离，货币成为测度商品生产、消费效果以及全球性资产流通、支付和储藏的唯一手段，而掩盖了人与环境之间的其他生态关系。产值、利润、税收、收入分别成为企业、政府及个人活动的主要目标。自从马克思揭示了资本的剩余价值秘密以来，社会对产品中人的劳动价值及其交换过程的公平性给予了较大关注，而对产品中凝聚的自然“劳动”或生态价值及其开发利用的公平性却很少问津。而后者正是导致当今全球资源枯竭、生态环境恶化、南北差距悬殊和世界贸易不公平性的根本原因。货币是调节复合生态系统生产、生活、生态功能的重要手段。改革和完善一种包括劳动价值、生态价值及社会价值在内的价值体系，使其成为诱导全社会实现持续发展的积极动力，是当今生态经济学家努力求索的重要目标。

无规矩不成方圆。权力是维持复合生态系统组织及功能有序度的必要工具。它通过组织管理、规章制度、政策计划及法律条令等形式体现公众的意志和系统的整体利益。权力的正确导向将导致生态关系的和谐及社会的发达昌盛。新加坡 20 世纪 70 年代以来的经济腾飞和生态建设是正确运用系统权力实施管理的成功例子之一。权力的滥用将导致系统的生态经济灾难乃至毁灭，希特勒第三帝国的崩溃及其对全球生态带来的破坏就是一例。权力的运作一般是通过管理及阈值控制法来实现的。被管理者的行为超过一定的阈限允许范围，权力就会通过一定形式的强制手段，如行政的、经济的、法律的，甚至军事的手段进行抑制，使其就范，并起到惩一儆百的作用。当权力的运作不能有效地促进甚至破坏系统的可持续发展，系统的无序程度超过一定的阈值时，系统就会产生结构的重组和权力的更迭，以新权力机构恢复其应有的职能。传统的权力一般只限于政治、军事等人与人之间的社会关系，而复合生态系统的权力还应包括处理人与自然生态关系的权力。掌权者不仅应代表和平衡选民的社会权益，还应该反映自然生态系统持续生存发展的客观要求并服务于后代人及其他地区人的生态权益。

同权力相反，精神是通过自觉的内在行为，而不是外在的强制手段去诱导系统的自组织自调节的共生协和力，缓和各类不协调的生态关系，推动系统的持续发展。人的精神取决于特定时间、空间内的文化传统、人口素质和社会风尚。一般通过伦理道德、宗教信仰等方式诱导，涉及人与自然、功利、道德和天地四种境界的不同耦合方式。当前城乡建设中出现的大量环境污染、资源枯竭及生态系统退化等问题，都是与决策者、经营者和普通民众薄弱的环境意识、共生意识及短期的开发行为、经营行为及消费行为相关联的。20 世纪 70 年代以来，国际上文化生态学、伦理生态学、环境伦理学等方兴未艾，其核心就是要倡导一种“天人合一”的世界观，增强人的生态责任感，诱导一种生态合理的生产观、消费观及环境共生观。

能、钱、权、“神”的合理耦合和系统搭配是复合生态系统持续演替的关键，偏废其中任一方面都可能导致灾难性的恶果。当然，这种灾难性的突变本身也是复合生态系统负反馈调节机制的一种，其结果必然促进人类更明智地认清自己的系统，调整管理策略，但其代价是巨大的。早在 3000 多年前，中华民族就形成了一套鲜为人知的“观乎天文以察时变，观乎人文以化成天下”的人类生态理论体系，包括道理、事理、义理及情理。从这种意义上说，我国封建社会正是靠着这些天时、地利及人和关系的正确认识，靠着物质循环再生、社会协调共生和修身养性自我调节的生态观，维持了 3000 年较稳定的生态关系和社会结构，养活了近 1/4 的世界人口，形成了独特的华夏文明。考察各类自然和人工生态系统，可以发现以下控制论原理。

1. 胜汰原理

系统的资源承载力、环境容纳总量在一定时空范围内是恒定的，但其分布是不均匀的。差异导致竞争，竞争促进发展。优胜劣汰是自然及人类社会发展的普遍规律。

2. 拓适原理

任一企业、地区或部门的发展都有其特定的资源生态位。成功的发展必须善于拓展资源生态位和调整需求生态位，以改造和适应环境。只开拓不适应缺乏发展的稳度和柔度，只适应不开拓缺乏发展的速度和力度。

3. 生克原理

任一系统都有某种利导因子主导其发展，都有某种限制因子抑制其发展；资源的稀缺性导致系统内的竞争和共生机制。这种相生相克作用是提高资源利用效率、增强系统自身活力、实现持续发展的必要条件，缺乏其中任何一种机制的系统都是没有生命力的系统。

4. 反馈原理

复合生态系统的发展受两种反馈机制控制。一是作用和反作用彼此促进、相互放大的正反馈，导致系统的无止境增长或衰退；另一种是作用和反作用彼此抑制、相互抵消的负反馈，使系统维持在稳态附近。正反馈导致发展，负反馈维持稳定。系统发育的初期一般正反馈占优势，晚期负反馈占优势。持续发展的系统中正负反馈机制相互平衡。

5. 乘补原理

当整体功能失调时，系统中某些组分会乘机膨胀成为主导组分，使系统改变；而有些组分则能自动补偿或代替系统的原有功能，使整体功能趋于稳定。系统调控中要特别注意这种相乘相补作用。要稳定一个系统时，使补胜于乘；要改变一个系统时，使乘强于补。

6. 扩颈原理

复合生态系统的发展初期需要开拓与发展环境，速度较慢；继而达到最适应环境，成长速度呈指数式上升；最后受环境容量或瓶颈的限制，速度放慢，越接近某个阈值水平，发展越滞缓。系统呈S形增长。但人能改造环境，扩展瓶颈，系统又会出现新的S形增长，并出现新的限制因子或瓶颈。复合生态系统正是在这种不断逼近和扩展瓶颈的过程中波浪式前进，实现持续发展的。

7. 循环原理

世间一切产品最终都要变成废物，世间任一“废物”必然是对生物圈中某一生态过程或生态功能有用的“原料”或缓冲剂；世间一切开发行为最终都要通过反馈作用到人类本身，只是时间的早晚和强度的大小差异而已。物质的循环再生和信息的反馈调节是复合生态系统持续发展的根本动因。

8. 多样性和主导性原理

系统必须以优势种和拳头产品为主导，才会有发展的实力；必须以多元化的结构和多样化的产品为基础，才能分散风险，增强稳定性。主导性和多样性的合理匹配是实现持续发展的前提。

9. 生态发展原理

发展是一种渐进的有序的系统发育和功能完善过程。系统演替的目标在于功能的完善，而非结构或组分的增长；系统生产的目的在于对社会的服务功效，而非产品的数量或质量。

10. 机巧原理

系统发展的风险和机会是均衡的，大的机会往往伴随高的风险。强的生命系统善于抓住一切适宜的机会，利用一切可以利用的甚至对抗性、危害性的力量为系统服务，变害为利；善于利用中庸思想和半好对策避开风险，减缓危机，化险为夷。

三、巧夺天工是城乡可持续发展的生态建设手段

城乡生态建设的最终目的就是要依据上述生态控制论原理，调节系统内部各种不合理的生态关系，提高系统的自我调节能力。在外部投入有限的情况下，通过各种技术的、行政的和行为诱导的手段，因地制宜地实现环境与经济的协调持续发展。

生态建设的目标是效率、公平性、可持续能力。它们组合在一起，构成复合生态系统的生态序。

1. 生态工程建设

根据生态控制论原理系统地设计、规划和调控各类生态系统的结构要素、工艺流程、信息反馈关系及控制机构。融传统的系统技术和现代的高新技术为一体，疏浚物质能量流通渠道，提高资源转化效率，开发利用可再生资源，建立一套合理的生态代谢链网，占领未被有效利用的生态位，提高系统的生态经济效率。寓消极的环境保护于积极的生态建设之中。

效率是18世纪工业革命的主要目标，人们通过先进的工业技术大大提高了物质能量和劳动力的利用效率，但这种效率是基于资源承载力无穷，环境容量无限的观念的产品投入产出效率。如果将资源的、环境的和区域的长期代价计入，则人们在考虑产品的投入产出效率的同时，还得考虑废弃物的投入产出以及资源开采过程中的生态恢复代价。生态效率包括物质、能量、资金、劳力和信息的利用效率。

生态工程的关键在于生态技术的系统开发与组装。它不同于传统环保技术（末端治理）与清洁生产技术（改革工艺流程）。生态技术着眼于生态系统整体功能与效率，而不是单个产品、单个行业、单种废弃物或单个问题的解决；强调当地资源和环境的有效开发以及外部条件的利用，而不是对外部高强度投入的依赖；强调技（技艺）与术（谋术）的结合、纵与横的交叉以及天与人的和谐。

2. 生态体制建设

按照生态控制论原理和系统科学方法辨识、模拟和调控复合生态系统内各种生态关系，改革传统的条块分割、信息闭塞和决策失误的管理体制，健全各种法规，建立一个能综合调控生产、生活及生态功能，信息反馈灵敏、决策水平高的管理体制。其主要目标是促进系统内各种时、空、量、序关系的公平性及和谐性。

公平性旨在改善人际间生产关系的社会公平性。而在世代间生存关系、时间公平、区域资源分享的公平性、部门间协调共生的组织和谐性及生态过程的动态平衡等方面恰恰进展不大，而后者正是生态调控的第二大目标。生态公平性正是世代公平性、区域公平性、体制公平性及过程平稳性的组合。

其中，世代公平性包括人类活动的过去对现在的生产和生活环境的累积影响，以及现在的资源开发行为对未来子孙后代的潜在影响；区域公平性包括人类活动对当地的、区域的、资源产地和市场腹地的直接或间接的环境影响；体制公平性包括部门内各生产环节之间的纵向耦合、部门间横向共生关系以及外部的协调共生关系；过程稳定性包括正负反馈强度的匹配性、发展的速度与波动的幅度、主导性与多样性、依赖性与独立性之间的平衡等。

3. 生态文化建设

从普及生态意识，改变传统的资源利用观念、环境价值观念和小农经济观念入手，规范、调节和诱导决策、规划管理人员和民众的决策行为、经营行为、环境行为、生育行为和生活方式。其核心是持续自生能力的建设。

持续自生能力是20世纪70年代以来兴起的环境保护运动的主要目标，旨在恢复自然生态系统本身的活力，主张人类必须融入自然而非驾驭自然。其实，人类要发展就必然会改变自然，维持绝对的自然状态是不可能的。这里的持续能力应指人与自然复合生态系统的生存活力。它包括自然、经济及社会三个子系统的活力。其中，自然系统的活力包括水的流动性、气的畅通性、土壤的活性、植被的覆盖率及生物的多样性等；经济的活力包括可再生资源的利用率、市场竞争力、资金周转率、技术进步贡献率、生产工艺的可塑性和产品功能的多样性；社会活力包括决策者的生态成熟度、群众的生态意识、信息反馈的灵敏度和体制的灵活性等。

效率、公平性与持续自生能力组成生态系统的生态序，高的生态序是实现系统持续发展的充分必要条件。21世纪是一个生产、生活、生态功能协调发展，物质、能量、信息充分利用的时代。社会在注重效率和公平性的同时，将集中精力增强人与自然关系的可持续性。

城镇生态建设的关键在于生态综合。它将整体论与还原论，定量分析与定性分析，理性与悟性，客观评价与主观感受，纵向的链式调控与横向的网状协调，内禀的竞争潜力和系统的共生能力，硬方法与软方法，科学、哲学与工程学方法相结合。其整体目标就是要诱导复合生态系统中物质、能量、信息的整体代谢与反馈，竞争、共生、自生的演化机制，生产、生活、生态的和谐功能，人口、资源、环境的协调发展，工、农、建、交、商相关产业的横向融合，资源生产、加工、消费与还原的闭路循环，时、空、量、序指标的系统调控，财富、健康与文明目标的综合，技术、体制与行为手段的耦合，城镇与乡村以及人与自然关系的和谐共生。

经过近一个世纪动乱频繁的中国正在进入小康发展阶段。未来的“大同”社会，既不是传统的“小桥、流水、人家”的田园社会，也非高楼林立、道路密布、钢筋水泥的城市社会，而是一种顺应生态、合乎国情的持续发展社会。在大力发展市场经济的同时，加强企业的生态意识、政府的生态调控及民众的生态监督，探讨合理、合法、合情、合意的调控手段，是实现有中国特色的城镇持续发展的关键。

参考文献

刘建国 . 1988. 生态库原理及其在城市生态学研究中的应用 . 城市环境与城市生态，1（2）：20-25.

马世骏，等 . 1984. 社会-经济-自然复合生态系统 . 生态学报，4（1）：1-9.

马世骏，等 . 复合生态系统与持续发展 . 见：中国科学院《复杂性研究》编委会 . 复杂性研究 . 北京：科学出版社 .

马世骏 . 1990. 现代生态学透视 . 北京：科学出版社 .

王珏，等 . 1988. 基于神经元网络原理的一种生态评价方法 . 城市人口规划的智能决策支持系统研究论文汇编 .

转型期城市生态学前沿研究进展*

王如松

（中国科学院生态环境研究中心系统生态开放研究室，北京 100085）

摘要 城市是一类以人类活动为中心的社会-经济-自然复合生态系统。城市人类活动对局地、区域和全球环境的胁迫效应，自然生态系统的响应机制，城市时、空、量、构、序的耦合规律动力学机制和控制论方法是当前国际社会和学术界关注的热点。本文介绍了转型期城市人类生态影响研究的一些主要国际科学计划，如 SCOPE 及 IHDP 等，综述了城市生态学研究三大前沿领域的国际研究动向和案例，即人居生态学、产业生态学和城镇生命支持系统生态学。介绍了城市生态影响评价的几种重要的新方法，如生命周期评价、生态能值分析及生态足迹评估等。最后，扼要总结了我国城市生态学研究进展以及未来城市复合生态系统的研究框架。

关键词 城市生态学 产业转型 人居生态学 产业生态学 生命支持系统生态学

1 产业转型期的城市人类生态影响研究

城市人类活动究竟是怎样影响区域环境和受环境所影响的？其后果如何？个人和社会怎样减缓和适应环境的这些变化？决策者针对这些变化所选取的政策如何影响现在和未来的社会、经济发展？这是目前国际社会对全球环境变化与人类活动关系研究的一个核心问题。随着环境影响的日益加剧，社会对环境的响应也在日益升级，要求科学界提供人类活动的生态影响机理和调控方法的呼声越来越高（表 1）。为此，国际科联（ICSU）和国际社科联（ISSC）发起了有关全球环境变化研究的几个主要计划，其中与人类活动密切相关的有 SCOPE 及 IHDP 计划。

表 1 社会对环境响应的 4 个发展阶段（根据 Winsemius[1] 等修改）

Tab. 1 4development stages in social response to environmental change

阶段	Stages	I	II	III	IV
响应性质	Response phase	被动响应	接受现实	建设性	预防性
注意的焦点	Focus of attention	末端治理	过程控制	产品及产业结构	系统功能
主要行动者	Actors of attention	专业人员	管理人员	行业和地区	全社会
优化目标	Optimization goals	最小污染	最小排放	最优结构	最适功能
生态对策	Ecological strategies	污染防治	清洁生产	生态产业	生态社区

* 原载于：生态学报，2000，20（5）：830-840.

国际科联环境问题科学委员会（SCOPE）由 40 个国家或地区的科研机构以及 22 个国际学术团体组成。旨在对工业化、城市化带来的环境问题开展跨学科的前沿综合研究。30 年来它一直致力于对自然和人工环境变化及其对人类影响的信息进行综合研究、科学分析及系统评价，组织了一系列大型国际研究计划。目前正在开展的科学计划包括以下三大领域：①人文和自然资源管理，促进科学与决策的高层次对话，为政策咨询、规划及决策制定人员提供系统分析工具，促进有效的环境管理和政策实施。其研究项目包括：可持续生物圈计划；经济与环境；生态工程与生态系统恢复；入侵种研究计划；地球系统服务功能及人类种群；全球信息化社会中的环境；环境科学在农业生产中的作用；城市废弃物管理；人类社会的物质流分析；淡水与海水养殖对生物多样性及生态系统过程的影响。②生态系统过程和生物多样性，集中在对人类活动与生态系统过程的相互关系及其对生物多样性和生态系统功能影响的研究。其研究项目包括：地下水污染；氮的迁移转换；地球表面过程、物质利用及城市发展；土壤及其沉积对生物多样性和生态系统功能的影响；林草复合系统动力学；大尺度生态系统的行为；利用稳定同位素研究生物地化循环与全球变化的关系；陆地海洋营养流中的硅循环；几个生物地化循环间的相互作用；分子生物学在环境研究中的应用。③健康与环境，旨在研究化学物质对人及生物风险的评价方法并利用已有环境污染的案例去评估某些化学物质对人体健康及环境的风险。其项目包括：燃烧过程排放的颗粒物及其挥发物对人体健康影响的评价方法；核试验的放射性污染；汞的迁移转换规律；环境中的镉；核试验基地的放射性污染；环境变化与菌源性疾病；内分泌激素平衡机制的破坏与调节等。

全球环境变化的人类影响国际研究计划（IHDP）定义人类影响是个人和社会对环境变化的影响方式和途径；受环境变化影响的程度和过程；以及减缓和适应环境变化的对策和行动。IHDP 组织了以下四大科学领域的研究：土地利用与土地覆盖变化（LUCC）；全球环境变化和人类安全（GECHS）；全球环境变化的体制因素（IDGEC）和产业转型（IT）。IT 计划是其中最活跃的一组，过去一年中先后在世界各地召开了 9 次有关产业转型的区域性会议，并在此基础上制订了产业转型与人类影响的科学研究计划[2]，提出了产业转型研究中与城市生态系统有关的一系列关键科学问题（表 2）。该计划认为，为了满足世界人口增长的需要而可持续地利用环境资源，生产、生活体制及行为方式的改变是必需的。IT 的目标是理解复杂的社会经济相互作用，辨识变化的动力学机制，探索能显著减少环境影响的发展途径。IT 研究就是要以产业为突破口，将生产者和消费者相关联，研究城市社会经济-环境变化间的系统关系，及其与全球环境有关的系统变化，如水、交通、居住、食物、能源、物质利用、信息与通讯、金融服务、娱乐旅游等。其实质就是人类生态关系的系统研究。其内涵远远超过生产过程、效率或产品的“绿化”，或单个部门或行业的改造，它是一种系统创新（技术加体制）；不能只靠单个行动者或单个部门，涉及大的地理尺度（跨国、跨洲）和时间及行业范围，要求多学科的系统研究。

表 2 城市产业转型研究中与城市生态系统有关的关键科学问题[2]

Tab. 2 Key scientific questions in urban ecosystem research for industrial transformation

研究重点 Research focus	关键科学问题 Key scientific questions
能流物流 Energy & materials	• 从地域、行业和公司尺度看，导致能源和物质有效利用的技术更新和经济发展的动力和性质是什么？ • 国际公约（如气候变化的框架性公约、WTO 等）将怎样影响国际能源贸易，能源基础设施的投资以及相关的物能流？ • 民营能源部门开发低碳排放技术和市场的技术、经济和社会动因是什么？ • 拉动能源和物质消费需求和选择的动因是什么？什么样的体制、社会心理和技术安排会影响购买力、投资和生活方式以显著降低环境影响？
食物 Food	• 可否在满足不断增长的食物数量、质量及种类需求的同时减少环境影响？ • 各种食物— 消费—生产系统（FCPS）可持续能力的区域差异是什么？FCPS 在区域发展中起什么作用？ • 全球食物变化趋势及可预见的解决办法有哪些？ • FC PS 可持续能力的测度手段，区域政策是怎样影响不同 FCPS 对全球环境变化的贡献率的？怎样去调整这些政策？
城市交通与水 Urban transportation& water	• 在发展交通运输的同时减少或不增加碳排放的机会与约束是什么？ • 为什么不同城市的交通系统其碳排放通量不同？ • 怎样从技术、空间和体制层面去重新设计系统以使局域和远距离环境影响最小？ • 怎样才能在满足不断增加的水需求的同时不加剧区域水文循环的负担？ • 为什么这些影响因城而异？ • 技术、空间和体制的重新设计将怎样帮助降低水利用的环境负影响？
信息与通信 Information & communication	• 全球环境变化对电子、信息和通信产业部门的大公司的战略决策有何影响？ • 新技术将以何种方式改变全球生产和消费系统，从而在提高物质利用效率和减少全球环境负担的同时提高生活水平？ • 信息和通信技术将怎样通过改变环境资源的利用方式去影响社会和生活方式？ • 信息和通信技术在何种程度上将通过向全社会以及学术团体、决策者传播全球环境变化的知识，促进国际文明社会的发展。
管理与转型过程 Governance and transformation process	• 社会-环境的关系历史上和当前是如何发生系统变化的？社会经济活动与自然环境的生态关系是由什么样的过程决定的？ • 为达到系统调控社会-环境关系的目的，哪种现代转型过程应该严格控制？ • 影响全球环境变化的最强的超国家及非政府级的动力是什么？ • 国家在全球环境变化中的全球化作用是什么？ • 通过政策或社会干预促进生态建设的成功模式是什么？

IT 计划包括宏观环境经济、激励与调控政策、生产、消费四大研究方向及转型过程；分析方法与工具；管理、监测与体制；城市和产业转型；能源；食物；信息与通信 7 个研究领域，1999 年 10 月在日本神户召开的 IHDP 城市环境与产业转型项目立题会上确定了以下 5 类优先项目：碳及主要生物地化循环元素在城市中的代谢途径；人类活动密集区及沿海地区城市化过程的环境影响；全球气候变化对城市的影响及人的

适应过程——对城市理化、生物及人文复合过程的综合模拟；亚洲城市温室气体排放通量及代谢过程；城市碳排放、就业机会和成本效益间社会-经济-自然耦合关系的优化方法研究。IT 计划还辨识了不同类型国家的转型重点。OECD 国家：经济增长的同时如何减低环境影响；中、东欧国家：政治、经济、产业和环境的同步转型；快速发展中国家：高速经济增长速率不以可再生资源的退化和不可再生资源的耗竭为代价；超级发展中国家：快速的城市化过程、多元化的产业转型和地域多样性的关系；而对欠发达国家则要满足生态脆弱和政治敏感环境下的生存需求。

当前，各国城市生态系统研究特别注重城市各种自然生态因素、技术物理因素和社会文化因素耦合体的等级性、异质性和多样性；注意城市物质代谢过程、信息反馈过程和生态演替过程的健康程度；以及城市的经济生产、社会生活及自然调节功能的强弱和活力[3]。其中生态资产、生态健康和生态服务功能是当前城市生态系统研究的热点。这些研究正逐渐形成几门城市可持续发展的应用生态学分支：一是产业生态学（Industrial ecology），研究产业及流通、消费活动中资源、产品及废物的代谢规律和耦合方法，促进资源的有效利用和环境正面影响的生态建设方法。二是人居生态学（Built ecology），研究按生态学原理将城市住宅、交通、基础设施及消费过程与自然生态系统融为一体，为城市居民提供适宜的人居环境（包括居室环境、交通环境和社区环境）并最大限度减少环境影响的生态学措施。三是城镇生命支持系统生态学（Lifesupport systemecology），研究城镇发展的区域生命支持系统的网络关联、景观格局、风水过程、生态秩序、生态基础设施及生态服务功能等（图 1）。

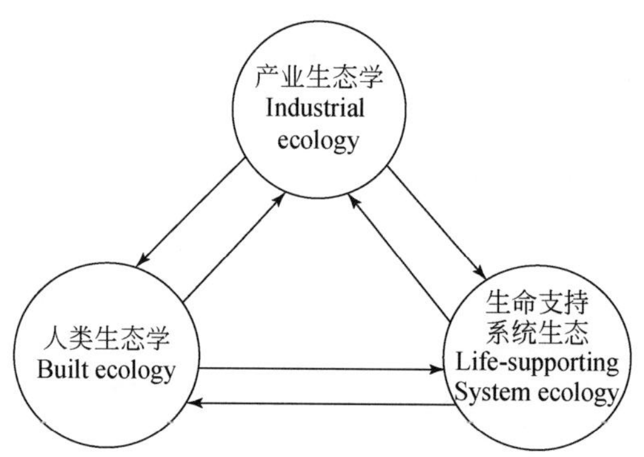

图 1　城市生态学的三大前沿领域

Fig. 1　The three research frontiers in urban ecology

2　城市人居生态学（Built ecology）

尽管国际城市生态学的启蒙研究归功于美国的芝加哥人类生态学派[3]，但国际城市生态学研究的主流却一直在欧洲。自 19 世纪末叶以来，快速的工业化城市化过程和高的人口密度迫使欧洲人不得不认真研究城市化、工业化带来的生态问题、过程、对策与技术手段。从霍华德的田园城运动到德国法兰克福的灵敏度模型，特别是 20 世纪 70 年代以来以“增长的极限”为催化剂的环境运动和联合国教科文组织人与生物圈计划（MAB）倡导的城市生态研究，为西方国家城市环境的改善和生态功能的强化奠定了科学基础。进入90年代以来，城市生态学已成为城市可持续发展及制定21世纪议程的科学基础，各种类型的国际城市生态学术讨论会如火如荼，仅1991年以来在美洲、澳洲、欧洲和非洲就举行了20余次国际生态城市学术讨论会。1996年6月的土耳其联合国人居环境大会专门制定了人居环境议程，提出城市可持续发展的目标为："将社会经济发展和环境保护相融合，在生态系统承载能力内去改变生产和消费方式、发展政策和生态格局，减少环境压力，促进有效的和持续的自然资源利用（水、土、气、生、林、能），为所有居民，特别是贫困和弱小群体提供健康、安全、殷实的生活环境，减少人居环境的生态痕迹，使其与自然和文化遗产相和谐，同时对国家的可持续发展目标作出贡献。"

美国国家自然科学基金委员会将城市生态学列为今后重点支持领域之一，并重点支持了凤凰城和巴尔的摩城市生态系统研究。其领域研究内容包括：①初级生产格局和调控方法；②营养物质流的时空分布规律；③表层和底层有机质积累的格局与调控；④土壤、地下水和地表水中污染物的迁移转化规律；⑤人类对生态系统干扰的格局和频率；⑥人类对城乡土地利用和地表变化的影响及其与生态系统动态的关系；⑦监测城乡生态系统中人与环境相互作用和效应；社会经济及环境复合生态系统数据的收集分析方法（如GIS）；人与自然耦合关系的系统综合方法；⑧将研究结果与学校及社会的生态教育结合的对策和措施。

从可持续发展的口号走向生态建设的具体行动，这是当今国际城市人居生态研究的主流。研究对象主要集中在生态城（村、镇）生态住宅、生态交通、生态代谢、生态能源、雨水资源利用、生态恢复以及生态产业的设计、规划、试验和管理的示范研究上。近年来，欧洲、美洲、大洋洲（如澳大利亚的Halifax和Whyalla）和亚洲都涌现出一批生态示范社区或村镇。其工作主要是引进一批高效、实用、先进的生态示范技术，建设一类人与自然和谐共生、有一定超前性的典型生态社区，诱导一种整体、协调、循环、自生的生态文明。示范的指标包括发达的生产力、先进的生产关系、满意的生活质量、良好的生命素质及和谐的生态秩序。其中和谐的生态秩序包括区域生命支持系统的生态服务功能是否正常与稳定，土地、水体、大气、景观、气候、动植物及微生物所构成的人类生命支持系统是否健康，是否有一个天蓝、水清、地绿、景美的充满活力的环境，生态资产是否持续积累与盈余是衡量自然生态秩序高低的准绳；而社会的贫富差距及安定满意程度则是衡量社会生态秩序的标准[4]。

澳大利亚的Halifax生态城是在Adelaide市外60km的一片17hm^{2}的退化的农田上建设的。当地居民通过社区自助性开发方式进行生态恢复、治理水土流失，并向传统房地产商挑战。首期开发了一片2.4hm^{2}混合功能居住区，居民800余人，90%的技术是对区内及区域环境友好的，70%的植物种是当地种。区内综合开发了各种节水、节能、节物的生态建筑技术，包括太阳能供热水、制冷、取暖、自然采光、中水及雨水利用技术，选用对人体无毒、无过敏、节能、低温室气体排放的建筑材料等。其发起人JoanBourne太太患癌症30年，通过这种生态建设活动及健康的人居环境，其生理和心理健康明显增强。Whyall生态市在Adelaide市北400km，占地15hm^2，居民26万人。该地原是一个废弃的钢铁工业基地，建设者们通过各种生态恢复措施，如人工湿地，废水回用，垃圾堆肥，太阳能的利用以及生态建筑的规划设计与社区参与型管理等进行生态建设。城市形态和格局一反澳大利亚传统方格式的殖民地形态的城市布局，按 Kevin Lynch 提出的三种城市形态进行生态设计。其生态建设的 12 条原则是：退化生态系统的恢复；适应当地生态型；在环境容量限度内开发；防止城镇“摊大饼”式外延；优化能源结构和效率；创造和促进新的经济增长点；提供卫生、安全的人居环境；社区共生；基础设施及社区服务共享；历史文化的延续性；突出多样性的文化景观，修复和支持生态基础设施[5]。

人类聚居地生态学研究围绕当前困扰城市各级部门的环境问题、交通问题、居住问题和生活质量问题，逐渐聚焦在 3M 目标：物质代谢（Metabolism）、交通过程（Mobility）和生态基础设施的维护（Maintenance）和 3I+3M 方法：影响评价（Impact assessment）、关系整合（Interaction synthesis）、体制调控（Institutional regulation）、指标测度（Measuring），动态监控（Monitoring）及系统模拟（Modeling）上[5]。

城市的核心是人，发展的动力和阻力也是人。正确处理好人与土地（包括地表的水、土、气、生物和人工构筑物）的生态关系是人居生态研究的核心任务。城市的表现形式是社区的格局、形态，而其神或魂却是生态的“生”字，包括生存能力（示范区的吸引力、离心力和竞争力）、生产实力（从第一性生产到废弃物的处置）、生活魅力（方便适宜的设施，丰富多彩的环境）及生境活力（风、水、花、鸟等自然生境和生物活力）。人作为复合生态系统的主体，其日常生活活动对城市生态系统功能的好坏起着重要作用。以往对产业活动和城乡建设对物理环境的单项影响研究较多，而对生活消费活动对生态系统的影响研究较少。家居生态学将家庭视为一个生态系统，隶属于更大的社区、村镇或区域，研究其可持续的生活方式、生产过程和生态对策[6]。Christensen 在《Home Ecology》一书中从食物、能量、水、光、空气、消耗品、健康、辐射、绿化等不同层面论述了人居生态系统的代谢过程及其和动物、植物与人的关系，但还只是停留在描述性而非机理性的研究上[4]。

3 产业生态学（Industrial ecology）

当今城市面临的挑战是产业转型，而产业转型的方法论基础就是产业生态学。它是一门研究社会生产活动中自然资源从源、流到汇的全代谢过程，组织管理体制以及生产、消费、调控行为的动力学机制、控制论方法及其与生命支持系统相互关系的系统科学，被列为美国 21 世纪环境研究的优先学科。产业生态学起源于 20 世纪 80 年代末，Frosch 等[7]模拟生物新陈代谢和生态系统循环再生过程所开展的“工业代谢”研究[7]。他们认为现代工业生产是一个将原料、能源和劳动力转化为产品和废物的代谢过程。并进一步提出了“产业生态系统”和“产业生态学”的概念。1991 年美国科学院与贝尔实验室共同组织了首次“产业生态学”论坛，对其概念、内容和方法以及应用前景进行了系统的总结，基本形成了产业生态学的概念框架。如贝尔实验室的 Kumar 认为：“产业生态学是对各种产业活动及其产品与环境之间相互关系的跨学科研究”[8]。90 年代以来，产业生态学发展非常迅速，产业界、环境科学和生态学界纷纷介入其理论和实践的探索。国际电力与电子工程研究所（IEEE）在一份题为“持续发展与产业生态学白皮书”的报告中指出：“产业生态学是一门探讨产业系统与经济系统以及它们同自然系统相互关系的跨学科研究，涉及诸多学科领域，包括能源供应与利用，新材料、新技术，基础科学，经济学，法律学，管理科学以及社会科学等”，是一门“研究可持续能力的科学”[9]。近年来，以 AT&T 、Lucent GM 、Motorola 等公司为龙头的产业界纷纷投巨资推进产业生态学的理论研究和实践，成为产业生态学的首批试验基地[10]。1997 年由耶鲁大学和 MIT 共同合作创刊了《产业生态学杂志》[11]（图 2）。

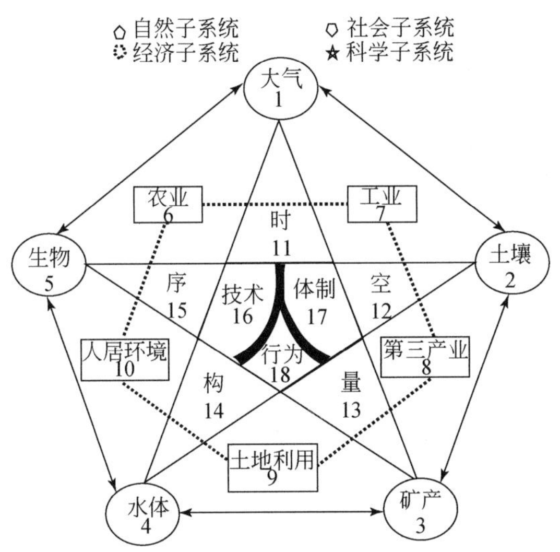

图 2 城市社会-经济-自然复合生态系统关系示意图

Fig. 2 City：A social-economic-natural complex ecosystem

1. Air；2. Soil；3. Mineral；4. Water；5. Life；6. Farming；7. Industry；8. Service；9. Land use；10. Settlement；11. Time；12. Space；13. Quantity；14. Coupling；15. Order；16. Technique；17. Institution；18. Behavior

产业生态学涉及 3 个层次：宏观上，它是国家产业政策的重要理论依据，即围绕产业发展，如何将生态学的理论与原则融入国家法律、经济和社会发展纲要中，以促进国家及全球尺度的生态安全和经济繁荣；中观上，它是部门和地区生产能力建设及产业结构调整的重要方法论基础，通过生态产业将区域国土规划、城市建设规划、生态环境规划和社会经济发展规划融为一体，促进城乡结合、工农结合、环境保护和经济建设结合。微观上，则为企业提供具体产品和工艺的生态评价、生态设计、生态工程与生态管理方法，涉及企业的竞争能力、管理体制、发展战略，行动方针，包括企业的“绿色核算体系”、“生态产品规格与标准”等[12]。

生态产业是按生态经济原理和知识经济规律组织起来的基于生态系统承载能力、具有高效的经济过程及和谐的生态功能的网络型、进化型产业。它通过两个或两个以上的生产体系或环节之间的系统耦合，使物质、能量能多级利用、高效产出，资源、环境能系统开发、持续利用企业发展的多样性与优势度，开放度与自主度，力度与柔度，速度与稳度达到有机的结合，污染负效益变为经济正效益（表 3）。

表3　生态产业不同于传统产业的特点

Tab. 3　The difference between ecological industry and traditional industry

类别 Items	特征 Qiamcteristics
1. 横向耦合 Horizontal coupling	不同工艺流程间的横向耦合及资源共享，变污染负效益为资源正效益
2. 纵向闭合 Vertical coupling	从源到汇再到源的纵向耦合，集生产、流通、消费、回收、环境保护及能力建设于一体，第一、第二、第三产业在企业内部形成完备的功能组合
3. 区域耦合 Regional coupling	厂内生产区与厂外相关的自然及人工环境构成产业生态系统或复合生态体，逐步实现有害污染物在系统内的全回收和向系统外的零排放
4. 功能导向 Functional orientation	以企业对社会的服务功能而不是以产品或利润为经营目标，谋求工艺流程和产品的多样化
5. 柔性结构 Structure flexibility	灵活多样、面向功能的结构与体制，可随时根据环境的随机波动调整产品、产业结构及工艺流程
6. 软硬结合 Combination of hardware &softwaie	配套的硬件、软件和心件研究及开发体系，配合默契的决策管理、工程技术和营销开发人员
7. 自我调节 Self-regulation	以生态控制论为基础，能自我调节的决策管理机制、进化策略和完善的风险防范对策
8. 增加就业 Increasing employment	合理安排和充分利用劳力资源，增加而不是减少就业机会
9. 人类生态 Human ecology	工人一专多能，是产业过程自觉的设计者和调控者而不是机器的奴隶

丹麦 Kalundborg 镇的工业综合体可以说是一个典型的高效、和谐的产业生态系统。20 世纪 80 年代初，以燃煤发电厂向炼油厂和制药厂供应余热为起点，进行工厂之间的废弃物再利用的合作。经过 10 多年的滚动发展和优化组合，目前该系统已成为一个包括发电厂、炼油厂、生物技术制品厂、塑料板厂、硫酸厂、水泥厂、种植业、养殖业和园艺业，以及 Kalundborg 镇的供热系统在内的复合生态系统。各个系统单元（企业）之间通过利用彼此的余热、净化后的废水、废气，以及硫、硫化钙等副产品作为原材料等，一方面实现了整个镇的废弃物产生最小化；另一方面，各个系统单元均从相互合作中降低了生产成本，获得了直接的经济效益。这种合作模式并没有通过政府渠道干预，工厂之间的交换或者贸易都是通过民间谈判和协商解决的。有些合作基于经济利益，有些则基于基础设施的共享。各企业在合作的初期主要追求经济利益，但近年来却更多地考虑了环境及生态效益[13]。

美国生态学会前主席 J. Meyer 在 1996 年全美生态学年会述职报告中将生态工程、生态经济、生态设计、产业生态学及环境伦理学列为未来生态学研究的五大前沿方向，其中生态工程名列榜首。生态工程概念是著名生态学家 H. T. Odum 及马世骏教授分别于 20 世纪 60 年代及 70 年代提出来的，但各自的侧重点却不同。西方生态工程理论强调自然生态恢复，强调环境效益和自然调控。中国生态工程则强调人工生态建设，追求经济和生态效益的统一和人的主动改造与建设，强调资源的综合利用、技术的系统组合、学科的边缘交叉和产业的横向结合，是中国传统文化与西方现代技术有机结合的产物，被认为是发展中国家可持续发展的方法论基础。70 年代以来，我国生态工程理论和实践研究取得长足进展，成为我国生态学跻身国际前沿的少数几个领域之一。

4 城镇生命支持系统生态学（Life supporting system ecology）

城市生态系统的生存与发展取决于其生命支持系统的活力，包括区域生态基础设施（光、热、水、气候、土壤、生物）的承载能力及生态服务功能的强弱，城乡物质代谢链的闭合与滞竭程度，以及景观生态的时、空、量、构、序的整合性。马世骏、王如松 1984 年提出城市是一类以人类的技术和社会行为为主导，生态代谢过程为经络，受自然生命支持系统所供养的“社会-经济-自然复合生态系统”（图 2）[14]。城市可持续能力的维系有赖于对城市环境、经济、社会和文化因子间复杂的人类生态关系的深刻理解、综合规划及系统管理。从中国几千年传统的人类生态哲学中可以总结出 10 条生态控制论原理[15]。它们可以归结为 3 类：一是对有效资源及可利用的生态位的竞争或效率原则；二是人与自然间、不同人类活动间以及个体与整体间的共生或公平性原则；三是通过循环再生与自组织行为维持系统结构功能和过程稳定性的自生或生命力原则。三者的有机结合才能推进有中国特色的（自生），社会主义（共生）市场经济（竞争）条件下的城市可持续发展。城市社会-经济-自然复合生态系统理论目前已被各国同行所采用并得到好评[16]。Tayler 提出城市复合生态系统设计的四因子模型：功能、结构、行为和内部关系。它们通过能流、物流、生境、群落演替，营养结构及纵横等级关系变化等生态过程影响城市的形态（多样性、耦合度及复杂性）[17]。

美国巴尔的摩与凤凰城城市生态系统研究是美国自然科学基金支持的 21 个长期生态系统定位站中的两个。主要集中在对城镇生命支持系统这些复杂的生态关系的探索上。其研究周期至少 20 年。第 1 期 6 年，基金委资助额度各为 430 万美元，地方政府配套多于此额度的启动资金。由马里兰大学等单位承担的巴尔的摩城市生态研究主要基于城市是一类社会、经济、生态及物理因素相互关联的人类复合生态系统的理念。其主要科学问题是：①各种社会、经济、生态因子是怎样相互关联，城市空间结构和时间过程是怎样演变的；②城市能流、物流、资金流、人口流的规律和动态变化过程；③怎样发展和运用城市生态系统理论与方法，从而改善城市环境质量，减少对区域和流域环境的影响。其主要假设为：城市生态系统的社会、经济和生态格局控制着其生态功能，特别是水文、生物和社会经济的异质性；高城市人口密度比低城市人口密度下人均环境影响小，穷人比富人对环境影响的总贡献小；城市生态系统物流（N、P、K、Ca、Mg）强度远远大于自然生态系统，而其输入输出平衡远远低于后者，如氮循环中只有 20% 留下而非 90%；城市生态系统的社会和生态格局是相互关联的，对临近区域和下游的生态系统有强烈影响；优势种为外来种的生态系统具有较高的生产力，短的营养物循环，更多的土壤碳，以及高的人类价值，其生物多样性格局和水、气物质交换不同于本地种为优势种的生态系统；对于生态服务功能弱的城市生态系统，生态恢复可以作为一种催化剂去激励其生态和社会活力；城市生态系统研究可以促进和推动科学、人文及环境教育，并对城市和区域环境保育产生积极作用。

亚利桑那州凤凰城是另一类处于干旱条件下的城市生态系统，主要由亚利桑那州立大学承担。其研究目标为：①探讨并检验一般生态学理论在城市生态系统研究中的适宜性。②深化城市生态学的研究，包括初级生产、种群和群落动态，有机质的储存和迁移，物流以及各种人为和自然干扰下的格局研究。③辨识城市生态和社会经济因子间的相互反馈关系（自然生态条件怎样影响土地利用决策以及生态系统对人类活动的响应和反馈又怎样改变未来的土地利用决策）。④鼓励学生积极参与城市生态研究。

城镇生命支持系统生态学的一个关键科学问题是生态影响评价。常用的评价方法有：Odum 提出的能值分析法（Emergy analysis）[18]，环境毒理和化学学会（SETAC）提出的物质代谢全过程的生命周期分析法（life cycle assessment）[19]，F. Vester 提出的基于反馈机制的生态控制论分析法（Ecocybernetics）[20]，Daily 等提出的生态系统服务功能[21]和 Costanza 等提出的自然资产评价法[22]，以及 Boulding 等提出的生态经济方法[23]，Rees 等提出的基于土地利用的生态足迹法（Ecological footprint）[24]，以及 Bartell、Suter 等的生态风险分析法[25,26]，前景展望法（Scenario，包括趋势外推，目标反演，替代方案和对照遴选等）[27]。它们分别从能流、物流、信息流、资金流以及空间、时间尺度上评价和分析人类活动影响下的生态过程。

面对还原论与整体论，物理学与生态学，经济学与环境学，工程学与生物学的矛盾，城市生态研究的方法论正在面临一场新的革命：从过程的量化走向关系的序化；从数学优化走向生态进化；从人工智能走向生态智能。人们通过测度城市复合生态系统的属性、过程、结构与功能去辨识系统的时（届际、代际、世际）、空（地域、流域、区域）、量（各种物质、能量代谢过程）、构（产业、体制、景观）及序（竞争、共生与自生序）的生态持续能力[15]。

能值分析（Emergy 或 Embodiedenergy analysis）理论和方法是著名系统生态学家 Odum 提出来的一种重要的生态价值测度理论[18]。他定义生态系统某一层次中流动或储存的能量 a 所隐含的经过上几层生态链直接或间接转换所需的另一种类别能量 b 的数值，为该层次能量 a 的 b 能值（一般以太阳能为标准，故称太阳能值）。这一方法在生态学中具有较为广泛的适用性，尤其对传统市场方法难以估价的许多自然资源不失为一种有效途径，国内外众多学者将其应用于生态经济系统的价值分析和可持续发展政策制定，并取得了可喜的成果。在生态影响评价中引入能值分析，有利于比较不同产品、过程和活动的总能耗及其影响[28]。

Vester 等 1980 年提出 8 条生物控制论的基本原理，并建立了基于生物控制论信息反馈机制的灵敏度模型，用于法兰克福地区城市生态系统的研究，取得了很好的效果[20]。后来该模型又在中国得到了改善和发展，将生物控制论发展为生态控制论，与中国的复合生态系统模型相结合，形成了一类城市可持续发展的复合生态模型。

Rees 和 Wackernagel 探讨了自然资本占用的空间测度问题，提出了生态足迹（Ecological footprint）的概念[24]。生态足迹被定义为在现有技术条件下，按空间面积计量的支持一个特定地区的经济和人口的物质、能源消费和废弃物处理所要求的土地和水等自然资本的数量。他们最早估计了典型城市工业区（人口大于 300 人/km^2）要占用比其所包含的区域面积大 10～20 倍的土地（包括水域）面积，由此外推，人类的物质需求现在已超过了地球的承载力。受他们的先驱工作的推动，国际上一些生态经济学家也开始从事这方面的研究。Lasson 等估计了哥伦沿岸地区密集的养虾农场的发展对生态系统支持的占用，它占用了比农场大 35～190 倍的地表面积，大约 80% 所需的养虾饲料来源于农场外的自然生态系统。CarlFolke 等估计了北欧波罗的海地区和全球城市发展的生态足迹。研究表明，波罗的海地区的 29 个大城市因对自然资本的消费占用了比该地区的城市面积大 565～1130 倍的自然生态系统面积，全球 774 个大城市（人口占全球的 20%）因海产品消费占用了 25% 的全球可得到的具有生产力的海洋生态系统面积。同时，为降低这些城市的温室效应，需要比作为碳库的全球 10% 还多的森林面积来吸收 CO_2。Wackernagel 等在他们早期工作的基础上，完成了 52 个国家（占全球人口的 80%）的 1992 年的生态足迹研究报告。他们的报告表明，在 1992 年，人类过度使用了全球当年所生产的自然资本总量的大约 1/3 强[29]。Jeroen 等关于这一概念及其方法作了详细的评述，对该方法中的不足之处，如所使用的累加办法、权重确定、矿物能土地概念、自然资本贸易在生态足迹计算中的特殊意义、不同地区土地的生物生产力的差异对生态足迹计算值的影响、生态足迹分析对区域政策和公众行动的实际意义等提出了中肯的批评，并提出了一些建设性的建议或改进意见[30]。

生命周期评价是对某种物质、过程或产品从产生到扔弃乃至再生的整个“生命”周期内的资源、环境、经济和技术评估。1990 年环境毒理学与化学学会（SETAC）将生命周期评价定义为“生命周期评价是一种对产品、生产工艺以及活动对环境的压力进行评价的客观过程，它是通过对能量和物质利用以及由此造成的环境废物排放进行辨识和量化来进行的。其目的在于评估能量和物质利用，以及废物排放对环境的影响，寻求改善环境影响的机会以及如何利用这种机会。这种评价贯穿于产品、工艺和消费活动的整个生命周期，包括原材料提取与加工、产品制造、运输以及销售、产品的使用、再利用和维护，以及废物循环和最终废物的处置”[20]。目前生命周期评价（LCA）已经形成了基本的概念框架、技术步骤和系统软件，其基本结构可归纳为 4 个有机联系的部分：定义目标与确定范围；清查分析；影响评价和改善评价等。欧盟于 1996 年起组织了 5 个国家 7 个科研院所在华开展了工业生产过程的生态持续能力研究，主要以夏利汽车为例开展工业产品的生命周期评价并取得了可喜的成果。国际标准化组织（ISO）将生命周期评价方法规定为 ISO14000 认证的基本方法。有关产品生态设计的理论尽管尚不完善，但在实践上发展很快，生命周期设计（LCD），生命周期工程（LCE），为环境而设计（DfE），为拆解再生而设计（DfD），为再循环而设计（DfR）等一系列新的设计理念和方法正在成为产业生态学的新方法。

5　我国城市复合生态系统研究

中国城市生态研究比西方国家晚近一个世纪。20 世纪 80 年代初，迫于我国一些经济发达城市化地区，如京津地区、长江三角洲和珠江三角洲环境污染日益恶化，在联合国人与生物圈计划对香港及法兰克福城市生态研究成果的推动，国家有关部委的支持及老一辈生态学家的倡导下，城市生态研究在北京、上海等地的科研院校悄然兴起。

中国城市生态学是针对紧迫的城市环境和发展压力应运而生的，其发展不同于西方国家城市生态学的特点是：①强调发展而不是平衡：西方国家以追求回归自然的理想化栖境为目标，中国则以人为中心、发展为主题，追求人与自然的协调发展；②强调高效率适度投入：西方国家城市生态研究是在城市资本积累和基本建设初具规模情况下开始的，以高投入、高环境效益为目标，一般不考虑外部经济成本，中国则强调通过资源的高效利用来自我维持和补偿城市生态建设费用，化环境负担为生态效益；③强调硬技术的软组装和软科学的硬着陆，实现传统技术的现代化和现代技术的生态化，其中整体、循环、协调、自生是灵魂；④强调技术、体制、行为的结合，倡导研究、技术、管理及决策人员的结合，而不是单一的学术研究。许多城市以市长为课题负责人，研究结果的可行性较高。但是，也应该看到，由于中国城市生态学起步晚、压力大、积累少，人才缺，其发展尚属幼年时期，存在以下问题：①技术手段滞后于理论研究；②教育落后，无专业人才培养渠道；③受传统自然科学分类体系所束缚，学科发展举步维艰；④受管理体制束缚，城市生态调控在各级城市中尚无其对口的管理部门及资金、技术渠道。

西方发达国家经过两个多世纪的产业革命和社会发展，以掠夺殖民地生态资产为代价，实现了农业社会向工业社会、乡村社会向城市社会的过渡。发展中国家既没有全球广阔的殖民地提供生态资源，也没有两个多世纪的时间跨度与资金积累去治理污染。西方发达国家高能耗、高投入的环境治理和研究模式是发展中国家所难以承担的。中国城市发展不应简单效仿西方国家的生产和消费模式，而应摸索出一条有中国特色的融中国传统文化与现代技术为一体的生态建设新模式。城市环境问题的实质是资源代谢在时间、空间尺度上的滞留或耗竭，系统耦合在结构、功能关系上的错位和失谐，社会行为在经济和生态关系上的冲突和失调。人们只看到产业的物理过程，而忽视其生态过程；只重视产品的社会服务功能，而忽视其生态服务功能；只注意企业的经济成本而无视其生态成本；只看到污染物质的环境负价值而忽视其资源可再生利用的正价值。社会的生产、生活与生态管理职能条块分割，以产量产值为主的政绩考核指标和短期行为，以及生态意识低下、生态教育落后的国民素质，是我国城市环境整体继续恶化的根本原因。因此，加强城市复合生态系统的理论、方法和应用研究迫在眉睫。

1999 年 8 月昆明全国城市生态学术讨论会总结了近年来我国城市生态理论和应用研究的进展，提出了城市复合生态系统研究框架，建议城市生态研究对象上要从以物与事为中心转向以人为中心，空间尺度上要重视区域和流域研究，时间尺度上要重视中跨度间接影响的研究，研究方法上要从描述性转向机理性，研究目的上要从应急型、消耗型转向预防型、效益型（表4）。

表4 城市复合生态系统研究框架

Tab. 4 The research framework of urban complex ecosystem

基础研究 Fundemental research	生态资产动态（盈与亏，价值核算、指标体系） 生态服务功能（强与弱，序的测度、冲突分析） 生态代谢过程（滞与竭，水、能、土、木、矿）

续表

应用研究 Applied research	生态调控机制（乘与补，反馈控制，竞争、共生、自生） 系统综合方法（时空量构序的综合，硬件、软件、心件的整合） 生态产业与产业生态工程（纵横耦合，影响评价，产业孵化机制） 生态社区与生态建筑（形与神的融合，价值准则、规划设计手段） 生态景观与城郊边缘效应（构与序的协同，宏微调和对策、远近补偿机制） 生态健康与生态文化（生理与心理健康、文化和历史的延续，能力建设方法） 区域及流域的生态规划、生态恢复和生态管理方法及绩效评价指标

当前，城市建设已经从一维的社会经济繁荣走向三维的复合生态繁荣：一是财富，包括经济资产和生态资产的持续增长与正向积累；二是健康，包括人的生理和心理健康及生态系统服务功能与代谢过程的健康[31]；三是文明，包括物质文明、精神文明和生态文明。这三者中，财富是形，健康是神，文明则是本。生态建设必须从本抓起，促进形与神的统一[32]。近年来，我国自上而下和自下而上分别开展了一系列生态示范区和城镇生态建设案例研究。政府推动、科技催化、市民参与和社会兴办是这些示范区建设的基本动力。城市生态工作者应积极配合这些示范研究，通过生态规划、生态设计与生态管理，将单一的生物环节、物理环节、经济环节和社会环节组装成一个生命力强的生态系统，从技术革新、体制改革和行为诱导入手，调节系统的结构与功能，使生态学的竞争、共生、再生和自生原理得到充分的体现，促进资源的综合利用，环境的综合整治及人的综合发展。

参 考 文 献

[1] Winsemius P, Guntram L. Responding to the Environmental Challeiige. B usiness Horizons, Indiana Lniversity, Graduate School of Business, March-April, 1992, 35 (2): 12-20.

[2] Vellinga P, Herb N. Industrial Transformation Project IT Science Plan. IHDP Report No. 12, Bonn, Germany. 1999.

[3] Park R E. Human Ecology. American Journal of Sociology. 1936 (24): 15-39.

[4] Hough M. Cities and Natural Process. Rowtledge, London, 1995.

[5] Christensen K. Home Ecology. Fulcrum Publishing, Golden, Colorado. 1990.

[6] Breuste J, Feldmann H, Lhlmann O. Urban Ecology. Berlin: Springe-Verlag, 1998.

[7] Gilbert O L. The Ecology of Urban Habitats. New York: Chapman and Hall, 1989.

[8] Fnrosch R A, Gallopoulos N E. Strategies for manufacturing. Sci Am, 1989, 26 (3): 144-153.

[9] Kumar C, Patel N. Industrial Ecology. Proc National Acad Sci USA. 1991, 89: 798-799.

[10] IEEE TAB, Environm ent, Health and Safety Committee, White paper on sustainable development and industrial ecology, 1995.

[11] Graedel T E, Allenby B R. Industrial Ecology, New York: Prentice Hall Press, 1995.

[12] Lifset R. Journal of In dustrial Ecology. Published by MIT Press, 1997, 1 (1) .

[13] Allenby B R. Industrial Ecology: Policy Framework and Implementation. New Jersey: Prentice Hall, 1999.

[14] Ehrenfeld J, Nicholas Gertler. Industrial ecology in practice the evolution of interdependence at

kalundbo rg. Industrial Ecology, 1997, 1.

[15] 马世骏，王如松. 复合生态系统与持续发展//何祚庥，张焘. 复杂性研究. 北京：科学出版社，1993：239-250.

[16] 王如松，欧阳志云. 生态整合——人类可持续发展的科学方法. 科学通报，1996，41（增刊）：47-67.

[17] Mitsch W J, Yan J S. Ecological Engineeiing-Contrasting Ex peiiences in China with the West, editorial paper. Ecological Engineering, 1993, 2: 177-191.

[18] Tayler M E A, Perks W T. A Normative Model for L rban Ecology Practice Establishing Performance Propositions for Ecological Planning and Design//Breuste J, Feldmann H, Lhlmann O. Urban Ecology, Berlin: Springer-Verlag, 1998.

[19] Odum H T, Odum E C. Ecology and Economy. Emergy Analysis and Public. Policy in Texas Lyndon B. Johnson School of Public Affairs, Policy Research Project Report, 1987: 78.

[20] Society of Environmental Toxicology and Chemistry. A Technical Framework for life Cycle Assessment. Washington DC: SET AC, 1991.

[21] Vester F, Hesler A V. Sensitivitatsmodell: Ökologie und Planung in Verdichiungsgebieten, *UN ESCO Man and Biosphere Project* 11 *Report. Frankfurt*: Regi onale Planungs gemeinw chaft Lntemain, 1980.

[22] Daily G C, Alexander Ehrlich S P R, et al. Ecosystem Services Benefits Supplied to Human Societies by Natural Ecosystems. Issues in Ecology, the Ecological Society of America, 1997, 2.

[23] Costanza R, et al. The value of the world s ecosystem services and natural capital. Nature, 1997: 387.

[24] Boulding K. Economics as an Ecological Science. In: Economics as a Science. New York, McGraw Hill, 1970: 23-52.

[25] Rees W E, Wackernagel M. Ecological Footprints and Appropriated Carrying Capacity: Measuring the Natural Capital Requirements of the Human Economy. In: Investing in Natural Capital': The Ecological Economics Approach to Sustainable Development. Washington, D G: Island Press, 1994: 362-390.

[26] Bartell S M, Brenkert A L, Neill R VO′, et al. Ecological Risk Estimation. Lew is Publishers, Chelsea, Michigan, 1992.

[27] Suter G W. Ecological Risk Assessment. Chelsea, Michigan: Lewis Publishers, 1993.

[28] Simon K H, Anna Musinszki. ScenarioTechniques as a tool for Supporting Endeavours to Analyse Complex Problems in Lrban Ecology In: Breuste J, Feldmann H, Lhlmann O. Urban Ecology, Berlin: Springer Verlag, 1998.

[29] Doherty S J, Odum H T, et al. Emergy Synthesis Perspectives, Sustainable Development, and Public Policy Options for Papua New Guinea, Center for Wetlands, Univ of Florida, USA, 1992.

[30] Wackemage lM, et al. National natural capital accounting with the ecological footprint concept. Ecological Economics, 1999, 29: 375-390.

[31] Jeroen C J M, et al. Spatial Sustainability, Trade and indictors An Evaluation of the ' Ecological Footprint'. Ecological Economics. 1999, 29: 61-72.

[32] Norton B G. Ecological integrity and social values at what scale? Ecosystem Health, 1995, 1: 228-241.

[33] Wang R S, Zhao J Z, Ouyang Z Y. Wealth, Health and Faith-Sustainability Study in China. Beiing: China Environmental Science Press, 1996: 184.

THE FRONTIERS OF URBAN ECOLOGICAL RESEARCH IN INDUSTRIAL TRANSFORMATION

Wang Rusong

(Research Center for Eco-Environmental Sciences, Chinese Academy of Sciences, Beijing 100085)

Abstract City is a kind o f social-economic-natural complex ecosystem, dominated by human activities. The increasing local, regional and global environmental stresses induced by urbanization and industrialization, the responses of natural ecosystem to human disturbance, the coupling rules of urban ecosystem in time, space, process, structure and function, and the dynamics and cybernetics of human dimension in production and consumption are the hot issues in urban ecological study. This paper has reviewed some of the main international scientific projects on human ecological impacts such as SCOPE and THDP. Three main research frontiers in contemporary urban ecology are introduced with some cases built ecology, industrial ecology and life support system ecology. A few new methodologies for urban ecological impact assessment such as the life cycle assessment, embodied energy analysis and ecological footprint analysis are unfolded. Finally, a brief review of the development in China's urban ecology study and a frame work of urban complex ecosystem study in China are presented.

Key words urban ecology, industrial transformation, built ecology, industrial ecology, life support system ecology

系统化、自然化、经济化、人性化——城市人居环境规划方法的生态转型*

王如松

（中国科学院生态环境研究中心，北京 100085）

摘要 本文讨论了城市环境问题的生态学实质，国际城市人居环境生态学研究动向，以及城市人居环境建设的生态转型方法。重点介绍了城市人居环境规划中的系统化、自然化、经济化、人性化趋势，并从观念与目标的转型，规划与设计的转型和技术与材料革新等方面探讨了城市生态建设的转型方法。

关键词 城市 人居环境 生态规划 转型 方法

1 城市环境问题的生态学实质

世纪之交，我国城乡正在开展大规模的人居环境建设。随着经济实力的增强和生活水平的提高，人们对城市在景观、人文、经济、建筑、交通、环境和生活质量方面的要求越来越高。城市建设不仅要体现科技进步，更要注重以人为本，创造更多的适宜环境，满足城市居民的生理、心理需求和人居环境的可持续发展。

综观当今城市的生态景观，在人们赖以栖息的建筑物外面，满目水泥森林、芜（屋）顶景观、五彩阳台、塞车景观、垃圾景观和污水景观。掩藏在高楼大厦背后的却是危害城市居民身心健康的生态负效应：建材污染效应、能量耗散效应、气候热岛效应、水分流失效应、环境污染效应、建筑拥挤效应、景观压抑效应等。城市环境问题的实质是：

（1）资源代谢在时间、空间尺度上的滞留（人们从大自然索取的资源只有少部分变成产品并参与生态循环，多数滞留在环境中形成污染，如水体富营养化、大气污染、垃圾污染等）和耗竭（人们从大自然索取过多而投入、返回过少，导致生态系统的耗竭，如水土流失、地表沉降、湿地退化、景观破坏等）。

（2）系统耦合在结构、功能关系上的破碎（如条块分割、学科分割、景观破碎、过程断续等）和板结（如人口集聚、交通拥挤、土壤板结、热岛效应等）。

（3）社会行为在经济和生态关系上的短见（如行为的短期化、局部化和部门化）和调控机制上的缺损（如体制、法规、政策、计划的战略评价、社会监督、信息反馈、绩效评估和能力建设等）。

城市的核心是人，发展的动力和阻力也是人。正确处理好人与土地（包括地表的水、土、气、生物和人工构筑物）的生态关系是人居生态研究的核心任务。城市的表

---

* 原载于：城市环境与城市生态，2001，14（3）：1-5.

现形式是社区的格局、形态，而其神或魂却是生态的“生”字，包括生存能力（示范区的吸引力、离心力和竞争力）、生产实力（从第一性生产到废弃物的处置）、生活魅力（方便适宜的设施，丰富多彩的环境）及生境活力（风、水、花、鸟等自然生境和生物活力）。人作为城市复合生态系统的主体，其日常生活活动对城市生态系统功能的好坏起着重要作用。人们往往只看到城市活动的物理过程，而忽视其生态过程；只重视城市设施的社会服务功能，而忽视其生态服务功能；只注意城市经济的生产效益而无视其生态效益；只看到污染物质的环境负价值而忽视其资源可再生利用的正价值。城市的生产、生活与生态管理职能条块分割，以产量产值为主的政绩考核指标和短期行为，以及生态意识不强、生态教育落后的国民素质，是我国城市环境恶化趋势得不到扭转的根本原因。

2　城市人居环境生态学的研究动向

当前，各国城市生态系统研究特别注重城市各种自然生态因素、技术物理因素和社会文化因素耦合体的等级性、异质性和多样性；注意城市物质代谢过程、信息反馈过程和生态演替过程的健康程度；以及城市的经济生产、社会生活及自然调节功能的强弱和活力。其中生态资产、生态健康和生态服务功能是当前城市生态系统研究的热点。这些研究正逐渐形成几门城市可持续发展的应用生态学分支：一是产业生态学，研究产业及流通、消费活动中资源、产品及废物的代谢规律和耦合方法，促进资源的有效利用和环境正面影响的生态建设方法。二是人居生态学，研究按生态学原理将城市住宅、交通、基础设施及消费过程与自然生态系统融为一体，为城市居民提供适宜的人居环境（包括居室环境、交通环境和社区环境）并最大限度减少环境影响的生态学措施。三是城镇生命支持系统生态学，研究城镇发展的区域生命支持系统的网络关联、景观格局、风水过程、生态秩序、生态基础设施及生态服务功能等[1]。

尽管国际城市生态学的启蒙研究归功于美国的芝加哥人类生态学派[2]，但国际城市生态学研究的主流却一直在欧洲。自 19 世纪末叶以来，快速的工业化城市化过程和高的人口密度迫使欧洲人不得不认真研究城市化、工业化带来的生态问题、过程、对策与技术手段。从霍华德的田园城运动到德国法兰克福的灵敏度模型，特别是 20 世纪 70 年代以来以“增长的极限”为催化剂的环境运动和联合国教科文组织人与生物圈计划（MAB）倡导的城市生态研究，为西方国家城市环境的改善和生态功能的强化奠定了科学基础。进入 90 年代以来，城市生态学已成为城市可持续发展及制定 21 世纪议程的科学基础，各种类型的国际城市生态学术讨论会如火如荼，仅 1991 年以来在美洲、澳洲、欧洲和非洲举办了 20 余次学术讨论会[3]。1996 年 6 月的土耳其联合国人居环境大会专门制定了人居环境议程，提出城市可持续发展的目标为：“将社会经济发展和环境保护相融合，在生态系统承载能力内去改变生产和消费方式、发展政策和生态格局，减少环境压力，促进有效的和持续的自然资源利用（水、土、气、生、林、能）。为所有居民，特别是贫困和弱小群体提供健康、安全、殷实的生活环境，减少人居环境的生态痕迹，使其与自然和文化遗产相和谐，同时对国家的可持续发展目标作出贡献”。

澳大利亚的 Halifax 生态城是在 Adelaide 市外 60km 的一片 $17hm^2$ 退化的农田上建设

的。当地居民通过社区自助性开发方式进行生态恢复、治理水土流失，并向传统房地产商挑战。首期开发了一片 2.4hm^2 混合功能居住区，居民 800 余人，90% 的技术是对区内及区域环境良好的，70% 的植物种是当地种。区内综合开发了各种节水、节能、节物的生态建筑技术，包括太阳能供热水、制冷、取暖、自然采光、中水及雨水利用技术，选用对人体无毒、无过敏、节能、低温室气体排放的建筑材料等。其发起人 Joan Bourne 太太患癌症 30 年，通过这种生态建设活动及健康的人居环境，其生理和心理健康明显增强。Whyalla 生态市在 Adelaide 市北 400km，占地 15hm^2，居民 2.6 万人。该地原是一个废弃的钢铁工业基地，建设者通过各种生态恢复措施，如人工湿地，废水回用，垃圾堆肥，太阳能的利用以及生态建筑的规划设计与社区参与型管理等进行生态建设。城市形态和格局一反澳大利亚传统方格式的殖民地形态的城市布局，按 Kevin Lynch 提出的三种城市形态进行生态设计。其生态建设的 12 条原则是：退化生态系统的恢复；适应当地生态型；在环境容量限度内开发；防止城镇“摊大饼”式外延；优化能源结构和效率；创造和促进新的经济增长点；提供卫生、安全的人居环境；社区共生；基础设施及社区服务共享；历史文化的延续性；突出多样性的文化景观，修复和支持生态基础设施[4]。

生态建设中的“生态”是人与环境间高效和谐的生态关系的简称。它既是一种竞争、共生和自生的生存发展机制，又是一种追求时间、空间、数量、结构和秩序持续与和谐的系统功能；既是一种着眼于富裕、健康、文明目标的高效开拓过程，也是一种整体、谐调、循环、自生的进化适应能力；既是长远战略举措，也是一场旨在发展生产力的技术、体制、文化领域的社会革命，是一种走向可持续发展的具体行动。

城市生态建设的生态不是回归自然的原始生态，也不是人间仙境式的理想生态，而是积极意义上的发展生态。生态建设既要立足于生存环境的保护，又要着眼于企业经济和当地社区的可持续发展。现阶段我国生态建设的重心应放在力度和稳度并重的发展上。有别于环境保护主义和环境掠夺主义，城市可持续能力包括生存适应能力、生产进化能力和生态整合能力，三者缺一不可（图 1）。

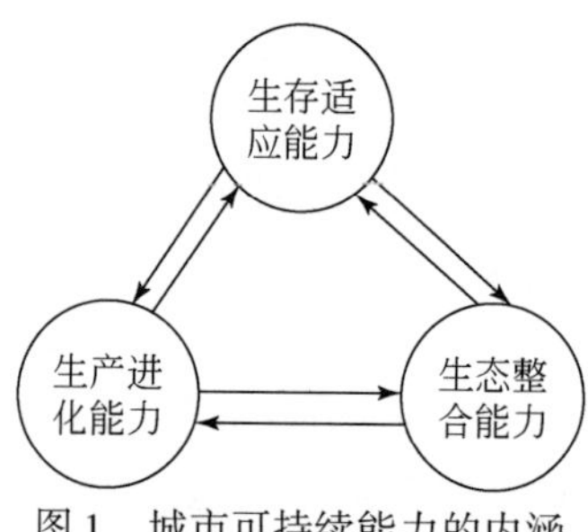

图 1　城市可持续能力的内涵

城市生态建设的宗旨是通过生态规划、生态设计与生态管理，将单一的生物环节、物理环节、经济环节和社会环节组装成一个生命力强的生态系统，从技术革新、体制改革和行为诱导入手，调节系统的结构与功能，促进全市社会、经济、自然的协调发展，物质、能量、信息的高效利用，技术和自然的充分融合，人的创造力和生产力得到最大限度的发挥，生命支持系统功能和居民的身心健康得到最大限度的保护，经济、生态和文化得以持续、健康的发展，促进资源的综合利用，环境的综合整治及人的综合发展[5]。

我国城市生态建设的目标包括：

(1) 促进传统农业经济向资源型、知识型和网络型高效持续生态经济的转型，以生态产业为龙头带动区域经济的腾飞；

(2) 促进城乡及区域生态环境向绿化、净化、美化、活化的可持续的生态系统演变，为社会经济发展奠定良好的生态基础；

(3) 促进城乡居民传统生产、生活方式及价值观念向环境良好、资源高效、系统和谐、社会融洽的生态文化转型，培育一代有文化、有理想、高素质的生态社会建设者。

3 城市人居环境建设的生态转型方法

我国城市生态建设急需四类生态转型：从物理空间需求转向生活质量需求转型；从污染治理需求转向生态服务功能需求转型；从面向形象的城市美化转向面向过程的居民身心健康和城市可持续发展的转型。推动城市的生态转型就是要促进城市产业从产品经济走向服务经济，都市景观从均一性的物理景观走向多样化的生态景观，城市文化从“人定胜天”的掠夺文化走向“天人合一”的共生文化，实现有中国特色的社会主义市场经济条件下城市的可持续发展。

当前，一个生态城市建设的热潮正在我国兴起。其实，任何一个居住城市都是自然和人文生态结合的“生态”城市，只不过有些城市生态合理，有些城市生态恶化而已。居住区不只是一类避雨遮阴御寒的人类栖息地，也是一类人与物理环境（地理、水文、气候、景观）、代谢环境（物质流、能量流）、生物环境（有益、有害生物）、社会环境（服务设施与水平）、经济环境（就业环境、房产市场）和文化环境（历史的延续性、标识性）的生态关系[6]。

城市人居环境建设的主要任务就是要调节其自然生态和人文生态基本要素间的生态关系，包括水（水量、水质、水灾、水利）；火（能量、能值、大气、气象）；土（土壤、土地、景观、地理）；木（植被、作物及其他生命有机体）；金（矿产、营养物、产品及废品流）等自然生态要素以及人口（数量、质量、供给、需求）；人力（劳力、智力）；人文（技术、体制、文化）；人心（价值、信仰、伦理、道德）；人气（购买力、集聚效应、环境）等人类生态要素。

城市人居环境建设的生态转型包括心件（mindware）、软件（software）和硬件（hardware）的转型[7]。

3.1 观念与目标的转型

首先要转变城市决策、规划、管理人员、企业家和普通市民的城市化、现代化观念，重建城市人居环境系统化、自然化、经济化和人性化的生态理念。

天人合一的系统观：针对传统城市建设中条块分割、学科分离、技术单干、行为割据的还原论趋势，引入生态学以及中国传统文化中的整体、协同、循环、自生的复合生态系统原理，重视景观整合性、代谢循环性、反馈灵敏性、技术交叉性、体制综合性和时空连续性。

道法自然的生命观：营建一种朴实无华、多样性高、适应性强、生命力活、能自我调节的人居环调水的流动性、风的畅通性、生物的活力、能源的自然性以及人对自然的适应性和低的风险。

巧夺天工的经济观：以尽可能小的物理空间容纳尽可能多的生态功能，以尽可能小的生态代价换取尽可能高的经济效益，以尽可能小的物理交通量换取尽可能大的生态交流量，实现资源利用效率的最优化。

以人为本的人文观：最大限度地满足居民身心健康的基本需求和交流、学习、健身、娱乐、美学及文化等社会需求，诱导和激发人们的自然境界、功利境界、道德境界、信仰境界和天地境界的融合与升华。

理想人居环境应实现以下的生态建设目标：

整合性（地理、水文、自然及人文生态系统的时空连续性、完整性）；

多样性（物种、景观、建筑、文化及生态系统的多样化和异质性）；

进化性（随自然和社会环境的变化以及人的需求及社会经济地位变化的进化适应、自组织、自调节能力）；

自然性（水、气的自净循环能力、环境安静度、土地和土壤自然度、生命活力）；

畅达性（水的流动、风的流通、物能流的滞竭再生和人的交流程度）；

标识性（自然生态与人文生态特性的显示度）；

和谐性（内与外、形与神、标与本、虚与实、近与远）；

经济性（资源利用效率、成本、市场竞争力）。

3.2　规划与设计的转型

生态规划与设计是人居环境建设的关键，人的空间生态需求包括了居住空间、活动空间、绿色空间和美学空间。计算容积率时不能只考虑居住空间容积率。绿是生命之道，城市绿化不止是一个乔、灌、草结合合理布局的植被绿，而且是一种包括技术、体制、行为的内在绿；结构、功能、过程的系统绿；以及竞争、共生、自生的机制绿在内的生态系统工程。实现小区物理空间、绿色空间（植被）、蓝色空间（水体）、白色空间（建筑）与灰色空间（道路与构筑物）、代谢空间（水、热、气、电、食物、废弃物）、服务空间（商饮、教育、医疗、娱乐）、交流空间（信息、交通、社交）和文化空间（文化氛围、社区安全、精神生活）等多维人文生态空间与自然生态规划的核心任务[8]。

生态规划的任务就是要以尽可能小的物理空间容纳尽可能多的生态功能，以尽可能小的生态代价换取尽可能高的经济效益，以尽可能小的物理交通量换取尽可能大的自然和人文生态交流量。以小区规划为例，城市人居环境建设正从传统的物理规划走向生态规划，实现以下几个转变：

从绿地到绿体：屋顶花园、中空花园、立面绿化、底层公园。

从占地到造地：恢复被占土地的部分生产和生态功能，改善小区的水文循环和局地气候。

从静态到动态：风与水的流动性、生物的多样性、小区建设的滚动发展及居民选择的灵活性。

从排污到用废：减少小区的物耗、能耗和水耗，达到废弃物在小区内最大限度的资源化，减小对城市生活污水和垃圾处理的市政压力。

从单调到多样：改善小区水泥景观、屋顶景观、阳台景观、交通景观、垃圾景观、污水景观、街市景观；维持城市的生物多样性，景观多样性、建筑多样性和文化多样性。

从结构到功能：从空间居住功能到自然及社会生态服务（自净再生、绿色生产、休闲养生、人际交流、示范工程）功能，提供适宜于人的室内外栖息环境，保障居民身心健康；强化小区的自然生态和社会生态安全、减小生态风险，诱导小区生态文明，加强社区人文生态交流，提高居民的生态意识和参与能力。

从形态到神态：建筑风格的整合性、与环境的融合性、风水及景观的自然生机、建筑物和构筑物的自然及人文生态内涵，从点（单体建筑、标识建筑和示范工程）、线（二龙戏珠、南北绿线加中轴线）、面（屋顶花园、底层公园、中空花园、立面绿化和边缘立面）、体（景观、建筑和生态系统的整体形象）四方面体现生态景观的灵与神。

从建筑设计到生态设计：充分尊重和利用小区的景观资源和生态资产，利用自然生态和人类生态的边缘效应原理和整体、协同、循环、自生原理进行设计。

3.3　技术与材料的革新

当前，人居环境建设正面临着一场技术与材料领域的重大革新。我国城市生态建设雅俗共赏、土洋结合、新老兼顾的一些重点技术包括：建筑结构、形态、功能的生态整合技术；建筑用地生产与服务及处理、循环再生技术；可再生资源、能源、水的开源与节流技术；健康建材（对人体和生态系统无害或有益）的研制、开发与推广技术；绿体的入户、上楼和屋顶景观、水泥景观的改造技术；室内外生命空间的活化、美化、自然化技术；以及小区环境的适应性进化式生态管理技术。与人居环境建设有关的生态工程也正在国内外兴起。例如：

（1）结构活化生态工程：将生态学原理应用于建筑结构设计中，赋予建筑以生命活力。使建筑具有当地文化特色，适应当地自然条件。充分体现自然通风、采光、隔热、制冷、绿化、美化及其他生态工程原理对建筑结构的要求。

（2）能源优化生态工程：充分利用太阳能、生物质能等可再生能源作为建筑能源，降低对矿物能源的消耗。以太阳能供热、制冷及动力系统为主要目标，生物质能可考虑作为太阳能供热的辅助能源。

（3）生态建材产业工程：生态型建筑材料主要指建筑材料来源的可再生性、本土化、易得性；建筑材料生产及使用工程中对环境影响的最小化；以及对人体健康的无害化。建筑材料对建筑本身的安全性、节能性、经济性、对内外环境设计的适应性等。

（4）生态智能系统工程：主要指按自然生态和人类生态原理及信息技术设计的居住小区的通信系统、控制系统、安全系统及服务系统等智能化综合服务网络。可按不同消费水平设计不同档次的生态智能系统。

（5）废弃物再生生态工程：垃圾处理分为干垃圾和湿垃圾处理两部分，干垃圾收集到小区外进行处理，湿垃圾采用庭院式小型发酵装置进行处理，生产的肥料用于小区绿化等方面。粪便可采用大、小便分离马桶系统（干式和沼气发酵式），特点是卫生、方便、节水、节能、经济。

（6）活水净水生态工程：采用卫生净水供应系统，保障人饮用水卫生安全。设计雨水利用系统，保证地下水的有效补充和水资源的充分利用。采用无动力厌氧及耗氧结合的分散式污水处理及中水回用系统，使水资源得到充分、合理的利用。变静水为动水，死水为活水、污水为净水、废水为利水。

（7）景观生态工程：建筑的外观标识性及生态空间的营造。如绿色空间和建筑绿化、动植物生境和生物多样性的营造、水景观和其他人工景观的特异性、外观的易维护性、公共空间的美化、对当地自然环境的亲和性、适应性等。充分体现地域特点，当地自然生态景观、建筑风貌和本土历史文化融为一体，独具特色。

（8）居室生态工程：建筑内部的光、温、湿、气的控制，内部环境及设施的舒适性、无害性、方便性、经济性及生态合理性（内部的美化、绿化、自然性的体现、废弃物处理设施的优化设计）。

（9）土地恢复与再造生态工程：在生态小区引进城市农业和庭院经济，对建筑的顶层、中层及立面营造绿色立体空间，在一定程度上对建筑占用土地的原有生物生产或生态服务功能进行恢复，对系统的生产经济效益进行补偿，为居民提供一种接近自然的居住环境。

（10）社区生态工程：以人体生态学、社会生态学、环境工程学、美学、心理学原理为基础，针对不同阶层和年龄人群的生态需求，进行社区人居环境的生态设计和管理。使人和自然、人和人得以和谐共生，使居民的生理、心理和文化需求都能得到满足，使建筑工程和自然生态及社会生态环境间达到高度的和谐。

参 考 文 献

[1] 王如松．转型期城市生态学前沿研究进展．生态学报，2000，20（5）：830-840.

[2] Park R E. Human Ecology. American Journal of Sociology，1936，24：15-39.

[3] 王如松．高效、和谐-城市生态调控原理与方法．长沙：湖南教育出版社，1998：278.

[4] Breuste J，Feldmann H，Uhlmam O. Urban Ecology. Berlin：Springer-Verlag，1998：249-253.

[5] 马世骏，王如松．复合生态系统与持续发展．复杂性研究．北京：科学出版社，1993：239-250.

[6] Wang Rusong，Yan Jingsong. Integrating hardware，software and mindware for sustainable ecosystem development. Principles andmethods of ecological engineering in China，Ecological Engineering，1998，11：277-290.

[7] 王如松．论复合生态系统与生态示范区．科技导报，2000，（6）：6-9.

[8] McHarg I. Design with Nature. New York：Natural History Press，1969：45-68.

A TRANSITION OF URBAN HUMAN SETTLEMENT PLANNING TOWARDS ECO-INTEGRITY，NATURALIZING，LOW COST AND HUMANITY ORIENTATION

Wang Rusong

（Research Center for Eco-Environmental Sciences，Chinese Academy of Sciences，Beijing 100085）

Abstract After a discussion of the ecological essence of current urban problems and a review of human settlement studies three ecological transitions for eco-planning and design methods improvement, and technology and material innovation. Focus are put on four principles of eco-planning: system integration, design with nature, economic efficiency and humanity orientation.

Key words urban, human settlement, ecological planning, transition method

北京景观生态建设的问题与模式*

王如松　吴　琼　包陆森

（中国科学院生态环境研究中心，北京 100085）

摘要　北京当前面临的主要问题是外来人口的高速增长和建成区面积不断蔓延。由此导致住房和商业等建成区在不断增加，城区内对休闲、交通和其他功能用地的需求也在增加。这些不断增加表明，目前的城市发展模式不再适合北京市未来可持续发展的要求，城市建设必须向全面的生态景观建设转型，实现北京空间发展和交通系统、景观体系等的整合。研究的主要目的是为未来北京城市景观建设提供建议，是中国科学院生态环境研究中心完成的有关北京生态建设情景分析研究项目的部分成果，该研究的一些关键性结论将综合到北京长期战略规划中。

关键词　北京市　生态景观　发展轴线　糖葫芦串模式　交通系统　城市景观体系

1　概　　述

北京市目前面临的主要问题是城市人口增加（主要源于外来人口）和城市不断蔓延（图 1）。一些发展预测表明，北京市人口数量将从 2001 年的 1380 万上升到 2020 年的 1500 万。也有一些预测认为，如不严格控制农村人口向城市的流动或者不严格控制土地利用，2020 年北京的人口也可能达到 2000 万。目前生态环境研究中心的一个基于

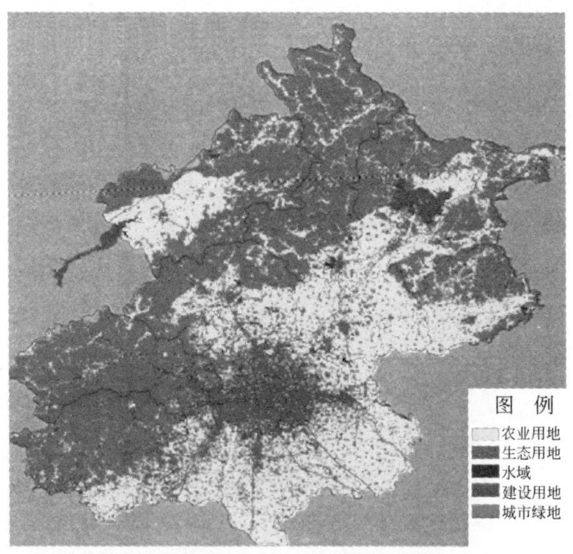

图 1　北京 2002 年土地利用遥感分类图

注：图下部中心浅灰色地区为建成区

* 原载于：城市规划汇刊，2004，(5)：37-43.

北京自然资源承载力的分析表明，北京市的人口不宜超过1750万。以上的有关人口的分析结果说明了一个问题：北京人口增长对城市建设的压力在未来会迅速增大。

北京的空间增长主要源于人口增加对土地的需求，这必然导致住房和商业等建成区不断增加，城区内对休闲、交通和其他功能用地的需求也在增加。国际上其他一些城市的建设经验表明，城市的空间发展和其基本城市模式、居民生活方式、城市交通方式以及生态系统结构都强烈联系在一起。在这种背景下，一个有关人口、空间发展和城市交通的综合性规划将是未来20年实现北京可持续发展的主要挑战。虽然北京内城的模式已经固定下来，但是郊区是目前城市扩展和城市化的主要地区，所以现在仍有机会修改和优化北京郊区的城镇体系。

2 生态景观（Ecoscape）与景观生态整合

2.1 生态景观概念

生态景观是社会-经济-自然复合生态系统的多维景观，包括自然景观（地理格局、水文过程、气候条件、生物活力）、经济景观（能源、交通、基础设施、土地利用、产业过程）、人文景观（人口、体制、文化、历史、风俗、风尚、伦理、信仰等）的格局、过程和功能的多维耦合，是由物理的、化学的、生物的、区域的、社会的、经济的及文化的组分在时、空、量、构、序范畴上相互作用形成的人与自然的复合生态体。其中每一层次都以前几层次为基础。它不仅包括有形的地理和生物景观，还包括无形的个体与整体、内部与外部、过去和未来以及主观与客观间的系统生态联系。它强调人类生态系统内部与外部环境之间的和谐，系统结构和功能的耦合，过去、现在和未来发展的关联，以及天、地、人之间的融洽性。

不同于传统的地理景观或生物群落，复合生态景观是一类以人的行为为主导、自然环境为依托、资源流动为命脉、社会体制为经络的社会-经济-自然复合生态系统。其动力学机制为能源、资金、权法和精神；其生态控制论原理可概括为整体、协同、循环、自生。复合生态景观遵守中国传统的风水整合的生态学原理，具有以下特点。①整合性：地理、水文、生态系统及文化传统的空间及时间连续性、完整性和一致性；②和谐性：结构与功能，内环境与外环境，形与神，客观实体与主观感受，物理联系与生态关系的和谐程度；③畅达性：水的流动性，风的畅通性，金（矿物质）、木（生物质）、水、火（能源）、土的纵向和横向滞留和耗竭程度；④生命力：动物、植物、微生物（包括土壤、水体和大气中的生物群落）的多度、丰度和活力；⑤淳朴性：水体和大气的纯净度、自然性，净化缓冲能力，景观及环境的幽静度和适宜度；⑥安全性：气候上、地形上、资源供给上、环境健康上及生理和心理影响上的安全性；⑦多样性：景观、生态系统、物种、社会、产业及文化的多样性；⑧可持续性：自组织自调节机制，生态效率与社会效用。

2.2 景观生态整合

复合生态系统理论的核心在于生态整合，包括结构整合：①各种自然生态因素、技术物理因素和社会文化因素耦合体的等级性、异质性和多样性；②过程整合：城市物质代谢、能量转换、信息反馈、生态演替和社会经济过程的畅达、健康程度；③功能整合：生产、流通、消费、还原和调控功能的效率及和谐程度。

景观生态整合的科学实质：一是认识论（哲学）层次：如何去认识人与环境关系的生态学实质，揭示其复杂的控制论机理；二是方法论（科学）层次：如何去评价、模拟与调控复杂的生态关系，如何去规划、建设与管理不同层次的复合生态系统，实现社会、经济、自然的协调发展；三是艺术创新（美学）层次：如何去模拟自然、塑造环境，创造一种天人合一、形神相融的环境技艺，满足居民不断增长的生理和心理需求。

景观生态整合在应用上就是要是通过生态规划、生态工程与生态管理，将单一的生物环节、物理环节、经济环节和社会环节组装成一个生命力强的生态经济系统，运用系统生态学原理去调节系统的主导性与多样性，开放性与自主性，灵活性与稳定性，发展的力度与稳度，促进竞争、共生和自生能力的综合；生产、消费与还原功能的协调；社会、经济与环境目标的耦合；使资源得以高效利用，人与自然和谐共生。景观生态规划包括自然和人类生态因子规划；生态关系规划；生态功能规划和生态网络规划。

笔者在分析北京生态景观主要问题的基础上，依据景观生态整合原理，探讨北京城市景观发展中绿地、居住区和交通系统的整合。

3　北京生态景观特点及主要问题

3.1　北京生态景观特点

3.1.1　环路城市

北京城市空间扩展过程遵循的是环形模式，由一个个同心环路构成。其中二环以内是旧城为主构成的城市中心区，为明、清王朝的国都。几个世纪以来，旧城一直是世界上最大的古都之一。1957～1959 年，北京总体发展确定了同心环路和矩形格状路网的基本发展模式。1959 年，北京市已经根据莫斯科高速环路的规模确定了外环路概念，该环路和现在的五环路规模大致相同，直径大约 30km，环路内部不仅包括大量的绿色空间，还包括大量的居住和生产发展区，此规划也包括北京的卫星城和内部绿化带。然而到 1980 年，城市空间发展远远超出预期规划。为了配合 20 世纪 80 年代和 20 世纪 90 年代初的城市快速发展，制定了 1983 年、1992 年两期城市发展总体规划，这两期规划延续了旧的同心环路和矩形路网的基本发展模式。从 80 年代中期开始，北京市城市空间一直是依照同心环路思想向外蔓延，这期间在 90 年代中期建成三环，2001 年建成四环，2003 年建成五环，现在北部和东北部的六环路已经建成通车。

图 2 表明，1992 年城市总体规划推行的是环状空间扩展，由两个绿化带和在绿化带之间排列成环状的卫星城组成。该总体规划的主要特点是：①环形基本发展模式推动同心增长；②沿五环布置 10 个卫星城；③两个绿化带，内部绿化带和外部绿化带。

这种发展模式寻求的是城市生态景观的协调同步发展，即主城区和各卫星城不仅具有自身生态景观特色，保持城市生态景观的多样性，而且在城市未来空间发展中，实现以绿地为主的自然景观和经济景观、人文景观之间的平衡。

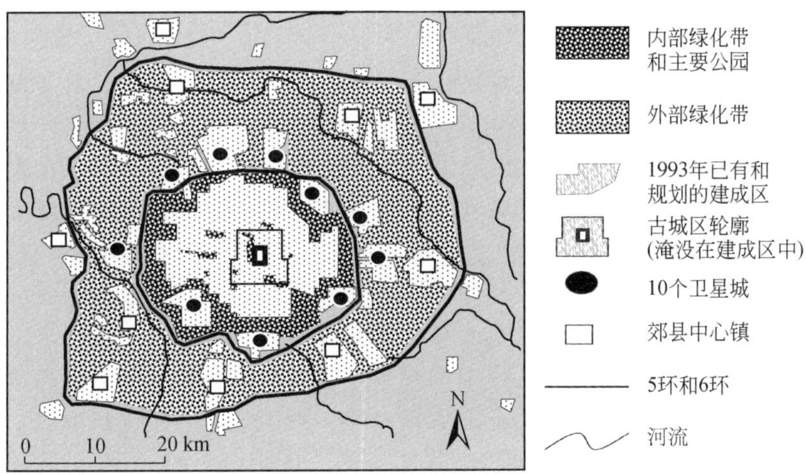

图 2　1992 年总体规划的基本发展模式

3.1.2　不断蔓延的城市

从目前北京市城市空间发展的现状（图 3）来看，1992 年总体规划的设想：自然景观和经济景观、人文景观平衡发展并未得到实现，处于绿化带之间绿地景观中的 10 个卫星城的规划实际上只是虚构。其原因很明确，即一方面是两种空间发展原则的重叠沿环路的环状发展，另一方面是沿着城区通向周边地区的主要放射道路的带状发展。这种发展的结果是无论城市中心区还是各个卫星城都在沿着交通线朝各个方向不断蔓延，城市中心区、郊区卫星城相互融合到一起，最后形成一个更大的单中心城市。到现在为止，规划中的内部绿化带的大部分地区和外部绿化带用地的 40% 以上地区都已经变成了建成区。绿地为主的自然景观退化，经济景观、人文景观和自然景观发展并不平衡，各卫星城不仅没有形成自身生态景观特色，反而和主城区融合，形成一个更大的单一生态景观。规划中自然景观中两个绿化带，尤其是外部绿化带，存在的另一个主要问题是没有形成明确的在城市建设管理中可以操作的边界，这导致自然景观对城市房地产开发的抵御能力非常脆弱。从目前的建设结果来看，绿色空间规划更像是促进了居住地向外部的扩展。

图 3　2001 年北京市建成区图

3.2　当前北京生态景观存在的主要问题

北京在“环路+格网”空间扩展过程中，不断地一环接着一环地向外扩展，而这种扩展并没有任何严格的限制或者采用其他的空间发展方式，导致城市实际上的“摊大饼”式扩展，自然景观不仅没有得到保护和完善，反而让位于经济景观和人文景观的发展。当城市的格网状干道尤其是环路的发展模式过于固定和僵化时，城市绿化带和卫星城等其他发展要素的实施变得非常虚弱，生态景观各要素之间的发展非常不平衡。城市建成区、城市各功能区、公共交通系统和绿地系统的空间发展没有充分耦合；大量的居住用地和商业用地没有和大容量快速道路连接；私人小汽车数量迅速增长，对小汽车交通方式的依赖性增强；因交通问题导致的汽油消耗和大气污染凸显。北京另一个主要问题是城市中心地区的中心化职能过强，而卫星城的地位都很弱，这就导致卫星城在经济景观和人文景观上缺乏自身的特征，而且伴随中心城区扩展和自然景观退化，整个城市融合成一个更大的以经济景观和人文景观为主的生态景观。最后，很重要的一点是，目前的城市生态景观结构没有考虑到大气对流和水系分布等方面的问题。以上这些问题的解决都需要修改现在的城市空间发展方式，调整城市的生态景观结构。

根据时任市长王岐山的意见，北京面临的许多主要问题如交通等的根源都是旧的城市规划的不足。目前北京市政府计划改变过去的发展战略，即从强调现代化的速度转向重视发展质量和结构。城市应该在城区和农村之间、经济和社会之间、人类和自然之间协调发展[1]，其实质是实现自然景观、经济景观和人文景观的整合。

3.2.1　城市各区经济发展不平衡

依照理想的城市设计，北京应当在城市功能、社会标准、经济力量方面寻求平衡。而目前北京的实际状况是城市的功能发展很不平衡，在经济力量、住房标准和价格、教育设施、医疗设施、休闲、公众服务等方面，南部和西南部地区都大大落后于北部和东部地区。历史上，从北到南和从东到西的下降趋势可以追溯到明朝时期，当时富有的官员和贵族等居住在皇宫外的城北地区，而当地的贫苦百姓居住在南部地区。在20世纪，这一传统依然在延续，即主要在城市中心的北部、东北部和东部设立重要的城市功能区。几乎所有的大学，城市机场，外交使馆区，所有国外公司的分公司，商业中心区和2008年奥林匹克公园都位于北部和东部地区。

现在，城市功能区的布局存在严重的不足，城市的绝大部分次中心地区在城市设计中没有得到足够重视，未来北京存在内城功能退化和市民之间社会隔离性增大的问题。

3.2.2　城市公共交通不完善

交通是城市代谢的血脉，而北京的交通已经成为公众现在最为关心的主要问题。北京城市公共交通的主要方式是公共汽车。虽然公共交通系统一直在进行改革，但仍有许多不足，有待提高。包括：①城市公共汽车系统和地铁系统耦合不好；②公交汽车的停车站的数量较少，乘客等待时间长，换乘不便；③步行道路和自行车道路在不断减少。实际上，因为市区的地势平缓，北京对于自行车交通方式来说是一个天堂，自行车交通方式应当得到鼓励而不是限制。到2008年及更远的未来，地铁系统的运力和辐射面积将会大大增加，许多地铁线路将通车。在奥运行动规划中，到2008年，将有148.5km的轨道交通投入运营，使轨道交通的总数达到202km，届时地铁系统将承担10%的客流量[2]，高密度的住宅区和商业区可以支持高效率的公共交通体系。

3.2.3　城市空间发展和城市交通不平衡

目前，北京高效的公共交通系统的建设远远落后于城市建成区的扩展。大多数城市边缘的房地产开发地区没有和公共交通系统充分衔接，交通保障能力不足，这就导致私人小汽车成为受欢迎的通勤、购物、休闲的交通工具。北京城市私人小汽车的保有量急剧增加，从1990年的0.5万辆到2003年的80万辆[3]。从机动车交通水平很高的许多国家的发展经验很容易得出结论，这种情形构成了一个因果链，增加私人小汽车的拥有量一方面导致对能源、道路、停车场的需求上升，另一方面导致建筑密度降低。宽阔的道路、停车场和低密度的建筑会增加土地消耗并最终加速城市蔓延，最终增加控制城市蔓延的难度。在一个有着大面积、低密度边缘的城市中，大容量公共交通系统并不能以经济、高效的方式运行，所以私人小汽车成了唯一可供选择的满足日常生活的交通方式。这样，整个城市和居民就会陷入对小汽车的依赖当中。美国绝大多数城市的经验表明，这种过程是不可逆的[4]。

小汽车的所有权和小汽车的使用虽然是相关的，但是高程度的所有权必然不可避免地导致高强度的小汽车使用。东京都市区和欧洲城市聚集区的例子都说明，许多拥有小汽车的人仍然以公共交通和非机动车辆交通为主要出行方式。另外，以公共交通和步行为主的交通方式也并不意味着小汽车拥有数量的降低。

一个平衡发展的城市交通结构的前提是制定强有力的政策，把城市空间发展和城市交通联系起来，目前已经证明有效的政策包括：①规划居住区的密度和结构能够促进公共交通的高水平利用；②各种交通方式的良好连接；③次中心的步行交通方式；④商业区限制小汽车使用和停泊。

3.2.4　自然景观没有得到保护和完善

绿地为主的自然景观在城市发展历程中一直没有得到充分的保护和完善，并且为经济景观和人文景观的扩展所侵蚀，导致城市在整体上的发展失衡，生态景观趋向单一化。

4　北京未来城市景观生态建设提议：城市交通、城市景观的整合

北京可以借鉴国际上其他大城市的经验，在保持其自身特色的同时，修改其空间发展方式。转变的第一步就是由“摊大饼”式发展转向多样的生态景观建设，将特定的景观和交通系统整合起来。.

4.1　从“摊大饼”式发展到“星形”发展和网络状发展（图4）

现在的城市发展是“摊大饼”式的发展，从环境学的角度来看，这种发展会带来很多环境问题，如会使城市过分蔓延，中心地区绿色空间减少，热岛效应，内城空气污染物的过分聚集等。北京目前每个区都存在的交通拥堵的状况，实际上和“摊大饼式”发展有很密切的关系，即高速增长的机动车交通方式也在城市各处蔓延，甚至私

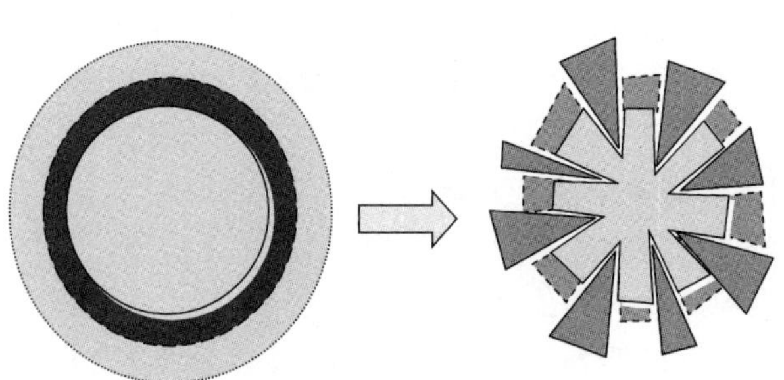

图4　从“摊大饼”式发展到“星形”发展

人小汽车交通的车速和世界其他大都市相比也很慢，交通堵塞已经成为目前公众最关心问题之一与“摊大饼”式发展不同，“星形”结构由若干纵横交叉的发展轴线构成，各发展轴以交通线为脉络，在城市中心地区相交，沿着各个发展轴布置高密度住区。这种模式有利于形成高效的运输脉络，如地铁、轻轨等，而且新建的城市交通线可以首先服务于一些人口密度最高的发展轴。实际上，星形发展模式结合楔形绿地的城市空间布局是世界上许多大城市的基本空间发展模式。星形布局可以构成环境良好的城市形态，有利于疏解交通，控制城市扩展，提供更多的城市绿地，减轻热岛效应和空气污染。

4.2　三种基本发展模式

考虑到未来北京的城市组团的空间结构和住区、绿色空间、交通系统之间的关系，在未来城市空间发展中可采用三类基本模式（图5）。

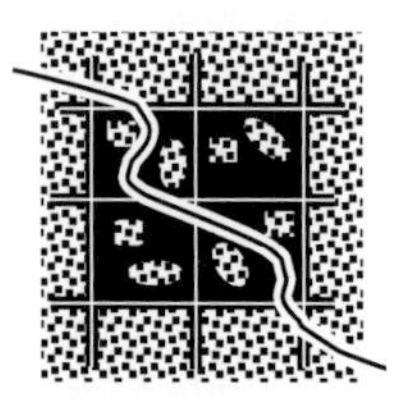

内城“矩形格网”模式

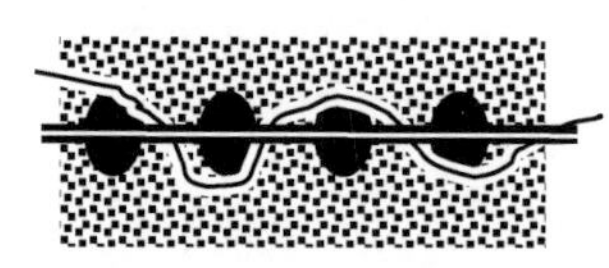

城郊“糖葫芦串”模式

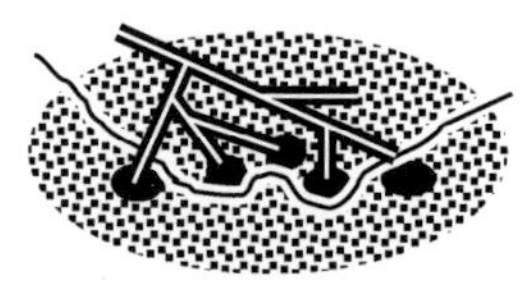

农村“葡萄串”模式

图5　城市空间结构的三种基本模式

4.2.1　“矩形格网”模式

该模式是北京内城的基本空间模式，前面论述的这种模式的不足可以采用下面几种手段加以改进：①引入一些线性要素，如河边人行道等，将各个独立的公园连接起来；②在主要的街区内部修建方便的步行和自行车路；③控制小汽车的使用和停泊。

在格网内部，各种交通方式应当均衡发展，但小汽车交通方式的比重应当最小。

4.2.2　“糖葫芦串”模式

它主要用于城郊和城乡边缘的发展上，形成沿城市高效公共交通系统布局的住区轴线。用于服务这些住区轴上的公共交通系统应当有较高的标准，如铁路、轻铁、地铁、高效公共汽车系统等。在住区轴线上应当尽量减少私人小汽车的使用，在客流的高峰期（如早晨）限制小汽车进入内城，防止内城交通堵塞。

各个居住轴线之间和各个“糖葫芦串”住区之间的绿色缓冲地带可以作为绿色景观休闲场所，各休闲场所间以公共交通衔接（例如维也纳多瑙河公园）。

4.2.3 “葡萄串”模式

在住区发展轴线的末端，远郊地区与农村景观衔接的低密度人口地区采用“葡萄串”模式。主要交通方式为公共汽车、出租车、租赁汽车、私人小汽车、自行车等。

4.3 以“糖葫芦串”模式为基础的可持续城市景观体系

图6、图7所示为住区和绿地的耦合方式。城市只有一个主要建成区中心，各个放射状交通线从中心引出，构成城市物流、人流脉络，各个住区沿交通线脉络布设。绿色空间由内、外两个绿带，放射状交通线间的绿楔、公园和绿色廊道组成。绿楔和廊道由绿带连接，构成生态网络系统，其中包括公园、林荫路、农田、河流、湿地等。

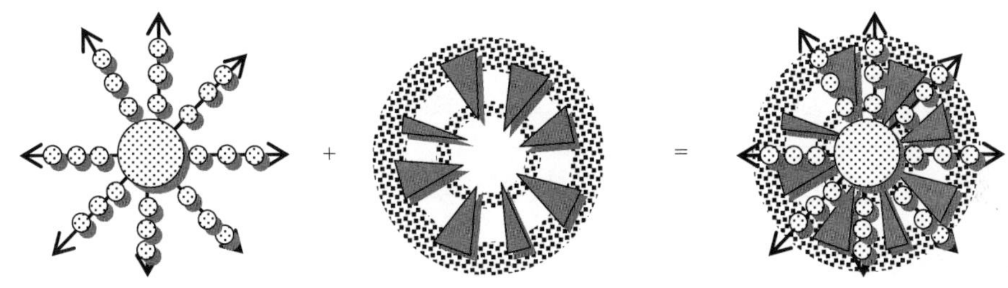

图6 “糖葫芦串”模式和绿地系统的整合

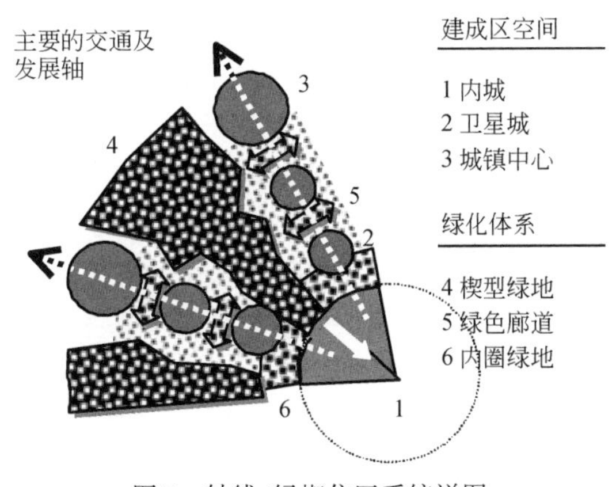

图7 轴线/绿楔住区系统详图

4.3.1 北京的基本景观结构

图8所示为北京城市景观体系的基本结构，即环路、放射轴线和绿楔构成的网络。

4.3.2 “糖葫芦串”模式为基础的生态城镇体系

“星形”城市发展由“糖葫芦串”形状的发展轴线构成，每个轴线都包括许多构成“糖葫芦串”的生态城镇，依照基本的绿色系统结构和对绿色空间的要求平衡发展，每个生态城镇都有其自身的环绕绿带，可以称为“微型绿带”，以区别于北京主城的绿带。

未来北京“糖葫芦串"模式还需解决几方面问题：①星形轴线的数量；②每个轴

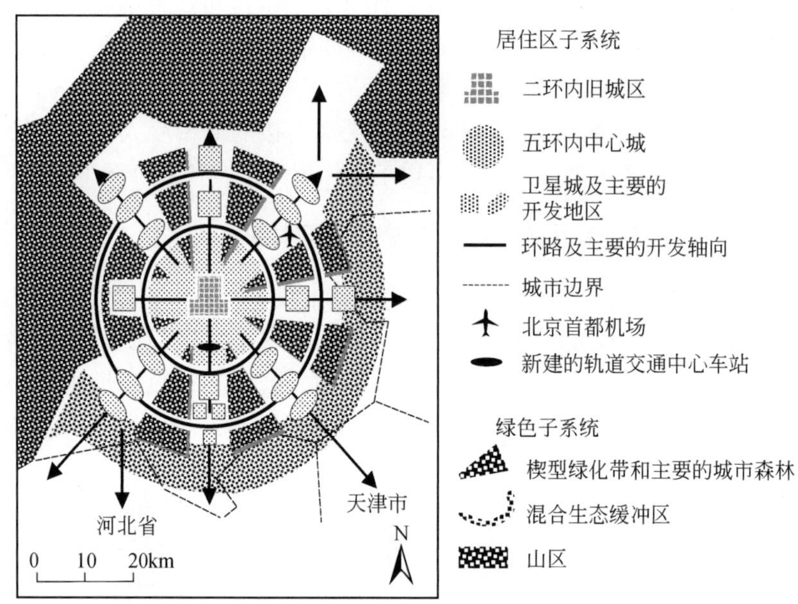

图 8　未来北京发展规划的由环路、放射轴线和绿楔构成的绿色网络系统

线上生态城镇的数量；③总共的生态城镇数量；④每个生态城镇的平均人口规模和人口密度；⑤相邻生态城镇间的平均距离；⑥公共交通系统形式（公共交通系统是轴线的骨架）；⑦发展整个“星形”城市所需要的和可获得的空间大小等。

如果每个生态城镇平均居住 5 万人，每个轴线上布置 2 ~ 4 个城镇，整个北京共发展 8 个轴线，则所有 24 个生态城镇总共可以容纳 120 万人居住。

4.3.3　轴线设计和生态城镇之间的距离

轴线上各生态城镇间的距离主要由各城镇的直径和其周围绿化带的宽度决定，理想情况下，各城镇中心间的距离为 2.7km，各椭圆形城镇的长半轴为 1.8km，短半轴为 0.9km，2.7km 是高速轻型轨道交通两站之间的距离（图 9）。轴线上任意两个生态城镇的绿化带相互重叠，但是不与居住区混合。以规模大一些的生态城镇对绿化带宽度的需求决定它到下一个较小的城镇的距离。

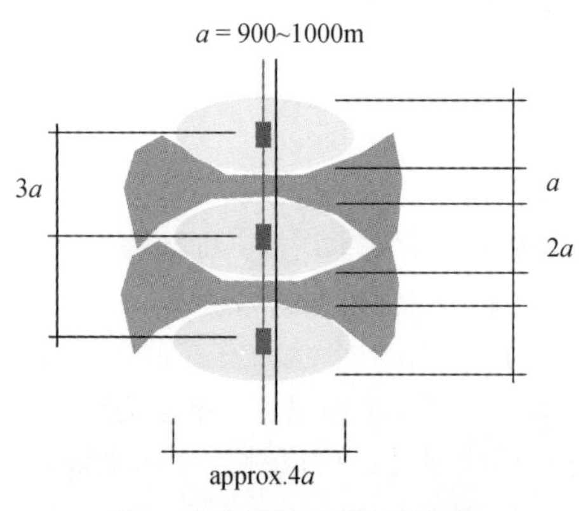

图 9　生态城镇及其绿地系统

4.3.4 “糖葫芦串”模式的基本单元：生态城镇

“糖葫芦串”模式发展的基本要素是各轴线上的新型“生态城镇”，这些城镇是以整体生态学原理为基础的可自我维系的单元，不仅解决了城市的居住需求，而且为北京市不断增长的城市组团提供劳动就业机会。

4.4 未来景观体系建设的国际经验和未来挑战

前面阐述的建议的最基本的思想是建立新的住区，而不是扩大已有住区，实际上这一思想并非新的思想。在20世纪，人们就曾经无数次尝试在大城市边缘建立“新城镇”或者“卫星城”，这些尝试的理论依据大部分是霍华德的田园城市思想，其主要目标是建立社会、经济方面独立的居住单元，减轻中心城的压力。事实证明，绝大多数这类尝试都过于雄心勃勃，许多建设都只是具有部分功能，无法令人满意。一些卫星城在后来城市中心扩展中纳入中心城。鉴于以上经验，顾及到全球环境恶化的现状，“生态新镇”概念和规划目标应当综合以下各个特征：①迎接全球环境恶化的挑战；②城镇居民健康、财产、信仰和生活质量等与生态环境质量的平衡发展；③减少居民生产、生活方式对生态环境的胁迫，如减量和循环利用等；④提倡步行生活方式；⑤加强整个地区各城镇功能、经济上的联系；⑥土地利用、土地分布合理。

新型生态城镇是为了制止以牺牲当地、区域甚至全球生态为代价的人类城市发展方式，提供城市生态可持续发展的示范。具体实施中生态城镇应与当地特点结合，在规模、设计和功能上都有所不同。

4.5 示范“生态城镇”要点

为了强调未来空间发展的目标和指导规划设计，图10给出了生态城镇尺度，表1列出了示范生态城镇的主要特点。

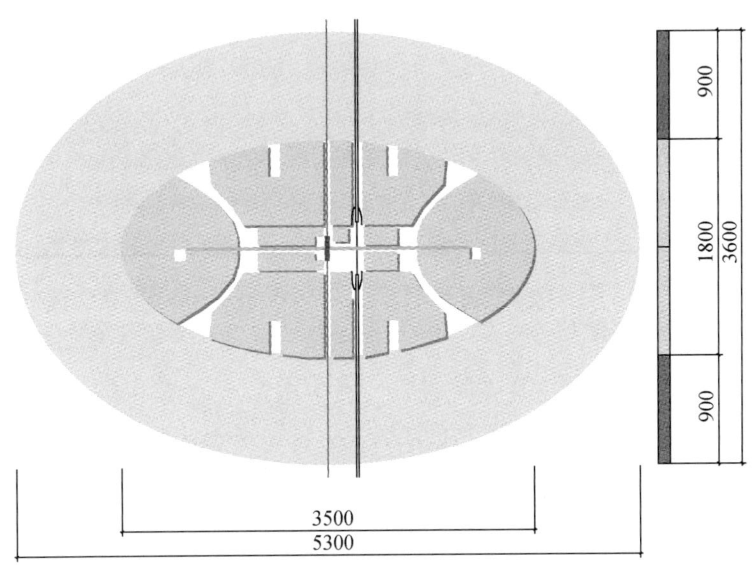

图10 示范生态城镇外形和基本尺度（单位：m）

表 1　示范“生态城镇”特点

项目	特点
1 外形与尺度	
1. 1 外形	椭圆或圆角矩形
1. 2 宽：长	（1∶1. 5）～（1∶2）
1. 3 适合的宽度和长度	
中心到绿地边缘的时间	步行 15min
内城到边缘的最大距离	骑自行车 4～6min
最大宽度	2km
最大长度	4km
1. 4 建筑区面积	
椭圆（推荐）	5 km^2
矩形	8 km^2
1. 5 周围绿地（微型绿带）	两倍于建筑区面积
2 生态城镇内部结构	
2. 1 人口数量和密度	
建设区人口密度	10000 人/km^2
包括绿带的整个城镇人口密度	4000～6000 人/km^2
5km^2示范城镇总人口	50000 人
2. 2 混合土地利用方式，混合功能	
2. 3 就业	
就业占当地总人口比率	50%
在当地就业的人口数量	7500 人
往返于城镇和市中心的就业人口数量	12500 人
2. 4 教育、文化和政府用地面积	20hm^2
2. 5 工商区和生态工业园面积	100hm^2
劳动力密度	100/hm^2
工商区和生态工业园提供的就业机会	>6000
工商区和生态工业园实际面积	60 hm^2
为地方就业增长预留用地面积	40 hm^2
2. 6 居住用地面积	20hm^2
2. 7 推荐的建筑类型和结构	多种混合结构

4.6　交通系统设计和容置

表 2 所示为生态城镇的交通系统设计。在生态示范城镇中大约每天通勤人口为 17 500人。其中 15 000 人去往北京中心城区，少量往来于各城镇之间，这些人口在交通系统设计中不予考虑。实际操作中，可以采用适当方式扩大通勤时间段，如更加灵活的工作时间，改变习惯等减少高峰时期乘客数量。

表 2　交通系统设计

每个镇区通勤人口	数量
通勤人口总量	17 500 人
去往城市中心	15 000 人
小汽车交通方式	3 000 人
公共交通方式	12 000 人
上午高峰时期每小时通勤人口	9 000 人
高峰时期每个轴线上市中心方向的通勤人口	数量
每个镇区数量	9 000 人
每个轴线平均生态城镇数	3
每个轴线上	18 000 人
每个轴线上来自其他地区乘客数量	22 000 人
高峰时期总数	40 000 人
每列地铁容量	1 000 人
高峰时期每小时地铁列数	40
地铁运行时间间隔	1 ~ 5min

5 讨　　论

笔者提议的景观建设战略，即通过空间发展和交通、绿地系统的耦合发展生态城市，其认识过程应当是逐步的，从“摊大饼”到“星形”再到网络形发展。关键要素是“糖葫芦串”模式和“生态城镇”。其实施需要一些必需的前提：①高质量大容量城市公共交通系统的引人；②城市空间发展和交通体系的和谐；③正视日常生活中的机动车交通需求的增加；④功能分散；⑤城市各部分均衡发展，如加强南部地区发展。

鉴于城市整体的生态景观尤其是绿地系统现状，北京在实现未来城市景观建设前，急需解决一些问题：①辨识和确定禁止建设区；②提升促进多功能的生态绿地；③整合城市农业。

参 考 文 献

[1] BOCOG. Beijing Organizing Committee for the Gaines of the XXIX Olympiad (BOCOG): Beijing Olympic Action Plan, 2003, Chapter III.

[2] Li J. Mayor: Urban Planning Needs Balance. China Daily, February 18, 2004: 3.

[3] http: //www. bjbusiness. com. cn/20040203/car2926. htm.

[4] Newman P. Sustainable Transportation; In from the cold? Australia: Perth, 1998.

以五个统筹力度综合规划首都生态交通*

王如松

（中国科学院生态环境研究中心，北京 100085）

摘要 造成北京交通问题的原因是多方面的，交通问题不只是路与车，通与达的物理问题或经济问题，更是一个由车、路、土地、能源、环境和人组成的复合生态系统问题。生态交通不只是一个福利交通，而且要成为为城市经济发展服务的效益交通，要从治本而不是治标出发疏导交通网络。

关键词 生态交通 福利交通 效益交通

城市交通是一个城市的经济动脉、生态廊道和文化景观。城市交通问题涉及每一个市民、家庭、企业的切身利益，是社会安定、经济繁荣、环境适宜程度的试金石，是引导或制约一个城市的社会发展、经济代谢、环境质量、文化氛围和对外形象的生态支持网络。

随着奥运建设的全面铺开，北京城市发展凸显了前所未有的生机。但大规模的城市建设所带来的流动人口，特别是私家车进入家庭却给先天不足、统筹不够、空间布局不合理、主动脉发育不健全的首都交通造成了前所未有的冲击。尽管管理部门为疏导交通作出了最大的努力，但局部道路拓展的结果却导致更多的车流和堵塞，过低的车速又导致更多的尾气污染，影响市民的工作、生活和身心健康，成为社会广泛关注的热点、政府施政的难点和绿色奥运的焦点。

车水马龙、人丁兴旺其实是一个城市繁荣昌盛的标志。2003 年以来，有关部门采取了强有力的措施，着手编制北京市交通发展纲要，并集中财力物力建设轨道交通。计划到 2010 年，北京市轨道交通里程将达 300km，虽然与欧洲特大城市相比，人均轨道交通里程差距仍很大（北京：巴黎：伦敦：柏林为 1：3：4：7）。但是，也应该看到，北京市目前的交通建设基本上还是问题导向型、应急预后型交通，奥运建设拉动了房地产业的高速发展，但由于交通规划滞后，交通基础设施建设只是成了补台、应急、围绕开发商转的被动型交通。如围绕奥运村周边以及天通苑、回龙观等特大型单功能居住区及京北遍地开花的居住区建设服务的轨道交通就是如此，主要是为奥运和房地产商服务，没有起到拉动相关经济园区建设的作用。

其实，交通问题不只是路与车、通与达的物理问题或经济问题，更是一个由车、路、土地、能源、环境和人组成的复合生态系统问题（图 1）。它是交通流量在局部空间和时间上的堵塞，交通网络在系统结构和功能上的失衡，交通对象在行为方式和价值取向上的错位。城市的同心圆形布局和中心城区向心力过大（国家及市属行政机构

* 原载于：中国特色社会主义研究，2004，(4)：32-34.

集中，著名商业、文化、医疗单位和旅游景点集中），轨道交通过少，主交通动脉不健全。上、下班过分依赖汽车交通，且峰值同相，生产、生活园区及道路网络间匹配及布局不合理，交通管理的手段和方法落后和部分市民的生态意识低下等都是北京交通堵塞的基本原因。

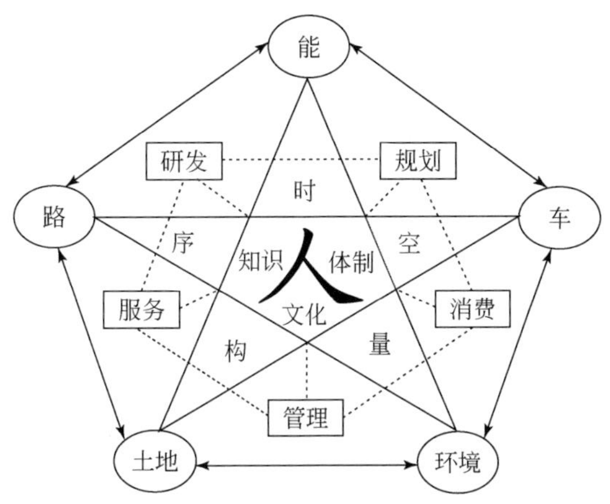

图1 生态交通复合系统示意图

一个城市的交通系统涉及区域物流人流的规划问题、城乡土地利用的布局问题，社会与经济效益的权衡问题，人与自然的协调问题，以及内部调控与外部诱导的关系问题（图2），需要从五个统筹的高度去系统规划、建设和管理生态合理的交通。

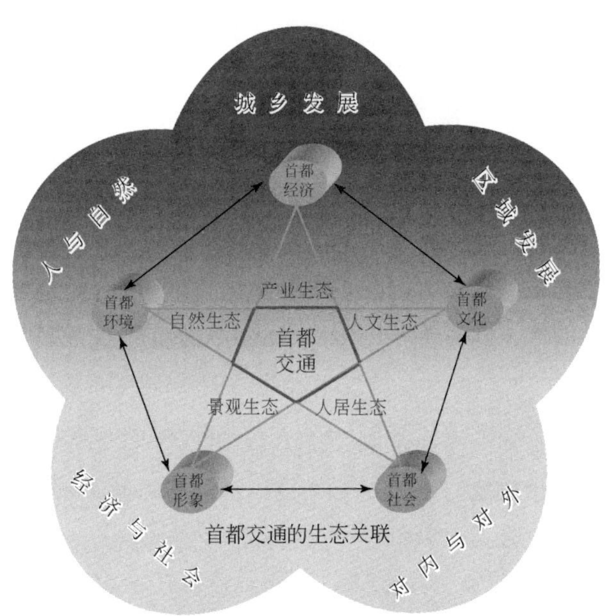

图2 生态交通示意图

生态交通是指按自然生态、人文生态和经济生态原理规划、建设和管理的由交通网络、交通工具、交通对象和交通环境组成的生态型复合交通系统，生态合理的交通应是能拉动经济、改善环境、美化城市、方便市民的一道风景线。交通系统规划不只是路、车、站、场的基础设施和物理流规划，更是流、势、网、序的人类生态和经济生态规划。生态交通应是超前性、进化式、适应性和自组织的系统。其衡量标准是：

（1）经济拉动型——通过先导性的交通动脉和网络建设，拉动经济的增长和新兴园区的建设；

（2）资源高效型——道路使用率高，工具共享公用，投资回报率高；

（3）能源清洁型——可更新能源利用率高，化石能源的清洁利用，不超过能源可供给能力；

（4）环境友好型——生物多样性保育，野生动物廊道，无污染、低噪声；

（5）生态健康型车内外、路内外环境的健康、舒适、安全；

（6）行为文明型——互利互助、启迪知识、陶冶情操；

（7）景观美化型——怡神悦目、美观和谐、生机勃勃。

要通过研究与开发、规划与管理、监督与服务，从时、空、量、构、序等方面优化交通系统的社会、经济和环境效益。

总之，生态交通不只是一个福利交通，而是要为城市经济发展服务的效益交通，要从治本而不是治标出发疏导交通网络。北京交通不应只瞄准奥运或后奥运，要为首都经济、国际化可持续发展大都市建设超前规划与建设。具体建议如下：

（1）编制区域生态交通发展规划。在对全市未来不同时段和不同发展水平的人口、经济、资源、环境和交通需求量进行模拟的基础上，借鉴国内外经验教训，尽早编制全市及邻近地区的交通网络、交通工具、交通对象和交通环境的社会生态和自然生态规划，作出效益代价和风险分析，并和城市总规划及各专项和分区规划衔接，尽快付诸实施。要在宏观上继续吸引城市需要的职业人口，这是生机所在；微观上实施“空间反磁力”和“生态逆摊饼”布局战略，以交通网络为骨架向四周伸展、活化。

（2）凸显为拉动首都经济服务的交通主动脉。大多数欧洲和日本的特大城市，其由地铁和轨道交通系统形成的生态主动脉承担了2/3以上的高峰人流量，且沿途布局混合功能的城镇社区，1/3以上的就业人口可以就近上班。而北京除长安街外，尚未形成主导城市经济功能流的生态主动脉网络。本次规划修编应以规划中的轨道交通为基础，形成有一定产业特色的几条生态主动脉，沿线以“糖葫芦串”格局布置生产和生活混合功能园区，各园区之间布置城市农林业和生态缓冲林带或休闲公园，确保社会、经济、环境效益的三赢。

（3）重点建设轨道交通和巴士交通（metrobus）联运的动脉网络。以目前规划的轨道系统为基础，配以类似巴西库里提巴型的捷运巴士（成本为轻轨的1/3～1/4），将各个孤立的线路连成有机网络，发挥“1+1>2”的效果。承担市区及城近郊75%左右的出行量。应抢先在郊区未大面积建设之前先行建设或预留地表轨道交通用地。

（4）在封闭型主干道发展大容量捷运交通。建议在全市封闭型主干道（如三环、四环和京昌、京顺、京廊等）大流量主动脉的中间隔离带建设大容量轻轨或巴士交通，并与城市轻轨网络相衔接，承担全市一半左右的公共交通运载任务。部分替代目前十分拥堵的公交车和私人小汽车，以减缓主干道的交通压力。

（5）空间减压。要通过旧城改造和新区建设将三环内吸引力大、交通发生量高的行政、商业和外向型社会服务部门逐步疏散到三环以外交通疏导能力强的地域，并通过经济杠杆提高市区机动车停泊和行驶的税费标准。

（6）时间交叉。统筹规划和错开各企业、工厂、机关、商店的上、下班或营业时间，错开周末和节假日休息日期，使全天和整周交通量能均衡发生，鼓励有条件的单位和个人实行弹性工作制和远程在线上班。

（7）行为诱导。通过激励和诱导相结合的方法，引导市民尽量避免使用私家车去或经由交通拥堵地区上、下班和购物，倡导和补贴轿车共享公用，倡导绿色出行、绿色交通工具和绿色交通管理并强化相应的服务系统，设立满载车专用车道。

（8）强化研究与开发。北京交通综合研究滞后。要加大投入力度和综合研究队伍建设，花大力气研究和开发新型可更新能源驱动汽车、小体型经济汽车、高速城市列车、电动助力车、无污染健康车以及相应的软件管理系统，使首都交通能尽早脱离与地方城市传统制造业的恶性竞争，并逐步形成引领全国交通的生态产业，为绿色奥运的生态交通模式作出表率。

（9）数字化管理。尽快建成全市交通卫星导航系统，实现交通管理的数字化，使司机能随时掌握各街口、路段的流量饱和情况，自动调节交通拥堵路段和节点的流量。

（10）人类生态。要将城市高架路、立交桥和沿街水泥构筑物人性化、生态化、文明化，整治视觉污染，使行驶过程和周边的生产、生活活动成为一种美学享受和文明潜移默化过程而不是在水泥森林中的一种无奈穿行或忍耐。

生态安全·生态经济·生态城市*

王如松

（中国科学院生态环境研究中心，北京 100085）

摘要 城市环境问题的生态学实质在于：资源代谢在时间、空间尺度上的滞留和耗竭，系统耦合在结构、功能关系上的破碎和板结，社会行为在局部和整体关系上的短见和调控机制上的缺损。城市是一个社会-经济-自然复合生态系统。生态城市是人们对按生态学规律规划、建设和管理城市的简称。其三个支撑点是生态安全、循环经济、和谐社会。生态安全是对包括人在内的生物与环境关系稳定程度、生存和发展的风险和区域生态系统可持续支撑能力的评价，包括生态风险、生态脆弱性和生态服务功能，用刚性、弹性、开拓进化性和自组织性来测度。和谐社会包括：人和水、土、气、生以及地球化学循环等自然生态因子的自然生态和谐；人的社会生产、流通、消费、还原和调控方式的经济生态和谐；人的温饱、功利、道德、信仰、天地等人类生态境界的和谐，社会的技术、体制、文化在时、空、量、构、序层面的系统生态和谐。和谐的核心是开拓、适应、反馈、整合。

关键词 复合生态系统 生态城市 生态安全 生态经济 和谐社会

生态城市，是人们对按生态学规律（包括自然生态、经济生态和人类生态）规划、建设和管理一个行政单元（可以是一个省、一个市、一个地区、一个县或一个乡镇）的简称。它是指在生态系统承载能力范围内，运用生态经济学原理和系统工程的方法去改变城市的生产和消费方式、决策和管理方法，挖掘市内外一切可以利用的资源潜力，建设一个经济高效、社会和谐、生态安全的可持续发展社区。其技术途径是从技术革新、体制改革和行为诱导入手，调节系统的结构与功能，促进区域社会、经济、自然的协调发展，物质、能量、信息的高效利用，技术和自然的充分融合，人的创造力和生产力得到最大限度的发挥，生命支持系统功能和居民的身心健康得到最大限度的保护，经济、生态和文化得以持续、健康的发展，促进资源的综合利用，环境的综合整治及人的综合发展。生态城市建设的三个支撑点是生态安全、循环经济与和谐社会。

一、快速城镇化中的生态挑战

城市是一个以人类行为为主导、自然生态系统为依托、生态过程所驱动的社会-经济-自然复合生态系统。城市的“城”原指城池，是一个密集的人工景观格局和基础设施。它离不开水（上水的源，下水的汇，雨水的补，空气水的润），离不开能和气

* 原载于：学术月刊，2007，39（7）：5-11.

(煤、油、气、电、太阳能以及受其驱动的大气和气候)，离不开土（土壤、土地、景观)，离不开生物（植物、动物、微生物)，离不开矿（有色、黑色金属，建材，化工原料)。城市自然子系统就是由这五类自然生态因子构成。而城市的“市”即集市，指一定区域范围内物质、能量、信息、资金、人口的集散地，是人类交易、交流、交通等经济、社会活动场所，包括生产、消费、还原、流通和调控等行为，它们组成城市经济子系统。城市的核心是人，发展的动力和阻力也是人。城市是群体的人经过长期对环境的开拓和适应所形成的组织、机构、体制、文化、伦理、道德、认知、技术的社会网络和生态关系，它们组成城市社会子系统（图1)。弄清三个子系统及其相互间在时间、空间、过程、结构和功能层面的耦合关系，统筹城市复合生态系统内部与外部、局部与整体、近期与远期的冲突关系，促进城市效率、公平性与活力的协调发展，是城市可持续发展的根本任务。城市环境问题的生态症结有三：一是物，即资源代谢问题；二是事，即系统结构和功能的问题；三是人，即人的行为和信息反馈机制问题。

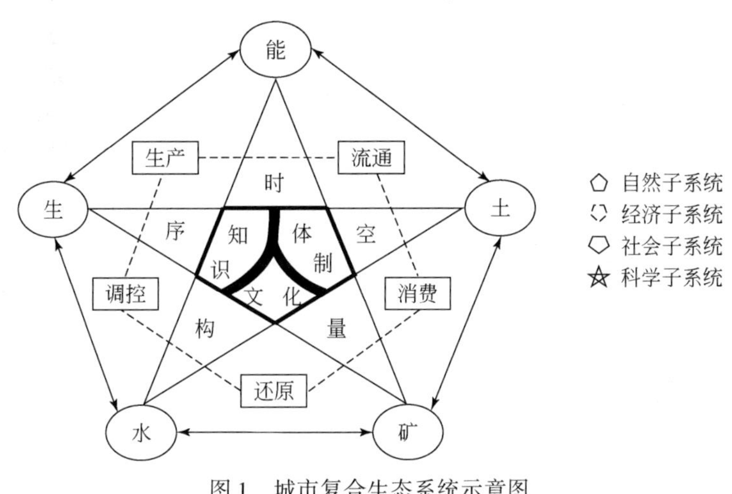

图1　城市复合生态系统示意图

(1) 资源代谢在时间、空间尺度上的滞留和耗竭。环境污染的实质是资源浪费，它是资源在错误的时间、错误的空间上的错误利用。这里包括两种情况：一方面，城市每天都在输入大量的资源、物资，而变成产品的却只有一小部分，大部分流失到水体、空气和土壤中造成污染，这种输入远远大于输出的现象即所谓生态滞留；另一方面，人们从自然生态系统（如海洋、淡水、草原、农田、森林）中拿出大量的资源，但是用于修复和保护的投入却很少，生态系统持续供给的资源能力降低了。这种输入远远少于输出的现象即所谓生态耗竭。生态滞留与耗竭导致了物质代谢的失衡，由此产生了一系列发展中的环境问题。

(2) 系统在结构功能关系上的破碎和板结。随着城市化的无序扩展，使得流经城市的水系断流、地下水位下降、生境破碎、群落退化、城乡分割、风水断裂及功能分化，这种水系、土地、绿地和生态系统的结构四分五裂现象在生态学上称为景观破碎。它导致生态承载力下降、生态系统结构和功能退化、生态代谢过程失调，最终影响到城市的生态服务功能，包括城市气候、水文和生物多样性的变化。例如，“热岛效应”

之所以出现，就是由于城市过度密集的人类活动以及不合理的建筑、交通和景观格局，尤其是地表全部被水泥、柏油密封，雨水渗不到地下去，在城区形成一个吸热能力强而释热能力弱的下垫面；而“灰霾现象”的出现，则是局地气候、城市下垫面以及人类活动排放的尘埃联合作用的结果，它使得整个城市好像被罩在一口大锅底下。其他如“温室气体效应”、“水分流失效应”、“交通堵塞效应”、“建筑拥挤效应”、“景观压抑效应”等，都和生态系统结构的破碎和功能的板结有关。

（3）社会行为在局部和整体关系上的短见和反馈机制上的开环和时滞。社会上有一种观点认为，“先污染后治理，先规模后效益，先建设后规划”是发达国家资本积累初期不可避免的代价，也是当前中国经济发展的无奈之举。其实，这种观点忽略了第三维，就是社会维。一些早期资本主义国家，虽然它们是先污染、后治理，环境好了，经济也好了，但它们是以全球的资源掠夺、发展中国家人民利益的丧失为代价换来的。而中国追求的“可持续发展”是社会-经济-环境目标、竞生-共生-自生机制以及硬件-软件-心件手段的三赢。从机制上讲，市场经济依靠竞争，社会主义强调共生，中国传统文化强调自力更生，三者合一才能和谐，少一个都不行。光是市场经济不行，所以西方出现了“有道德的资本主义（ethical capitalism）”；光是共生，“吃大锅饭”也不行，缺乏市场竞争机制会导致社会发展活力不足；光是自力更生，回到原来闭关自守的小循环、低效益、低影响的传统农业经济也不行。从目标上讲，我们既要丰衣足食、积累物质财富，又要人体人群、人居环境和区域生命支持系统的生态健康，还要有文化、精神生活的现代文明。从手段上讲，社会的全面、协调、持续发展既要依靠硬件（科学、技术、资源、资金），又要依靠软件（体制、规划、组织、管理），还要提高人的素质即心件（思想、伦理、认知、信仰）。总之，只是环境和经济双赢不是可持续发展，“发展是硬道理”中的“发展”包括经济、人和环境的发展。当然，这里还有一个信息反馈机制的问题：一是反馈渠道不通，二是反馈速度缓慢。部门之间缺乏沟通机制，内部组织的自主调节机制比较弱，反馈信息或者传不到作用者本身，或者反馈过程太慢，传到作用者本身时已为时过晚。

为此，当前国内外环境研究的焦点正从浅层的环境问题（环境污染，资源耗竭，交通拥堵，健康下降）向深层的生态问题（生态安全，生态健康，城市的代谢，整合规划和系统管理）过渡，急需观念、体制和技术的生态转型——从问题导向走向功能导向，从末端堵截走向过程调控，从消极保护走向积极建设，从物理工程走向生态工程，从纵向管理走向系统整合。

二、区域生态安全与城镇生态管理

经过20余年的快速发展，中国经济已步入了发达国家所经历过的事故高发、生态响应和环境还债阶段。生态安全问题已在区域水、土、气、生、矿等自然生态尺度和城乡居民生理、心理、生殖、发育健康等人类生态尺度凸显出来。生态环境的退化和自然资源的耗竭削弱了经济可持续发展的支撑能力，食物、饮水、空气和人居环境的污染威胁着人民生命财产的安全，使生活质量下降、环境诱发型疾病上升甚至局部环境难民的产生，影响社会稳定。以城市生态风险为例，城市是生态胁迫始作俑者的

“源”和生态响应归宿的“汇”。当前，大多数城市普遍遭遇水体富营养化的“绿”、气候热岛效应的“红”、沙尘暴或酸雨的“黄”、城市灰霾的“灰”四色效应的现实生态尴尬和水资源枯竭、化石能源短缺、气候变暖和海平面上升的长期生态威胁。

关注生态安全，首先是关注自然子系统为人类活动提供的承载、缓冲、孕育、支持、供给能力的安全，主要体现在人与水、土、能、生物、地球化学循环等五类生态因子相互耦合形成的生态过程的安全，包括环境容量是否溢出、战略性自然资源承载力是否超载、重大生态灾害是否得到防范等。其次是作为人类生存发展基础的经济子系统为人类提供的生产、流通、消费、还原和调控功能的安全。最后是社会生态关系的安全，涉及个体和群体的生理、心理、生殖、发育健康以及社会关系健康的人口生态安全。

区域生态安全是国家安全和社会可持续发展的基础。区域生态安全的客观属性有三个方面：一是生态风险，二是生态脆弱性，三是生态服务功能。生态风险是指在一定区域内，具有不确定性的事故或灾害对生态系统及其组分可能产生的不利作用，包括生态系统结构和功能的损害，从而危及生态系统的安全和健康。生态风险是各种自然和人为灾害导致人居环境和人类赖以生存的生态支持系统（水文、土壤、空气、气候、生物、地质）及人群生态健康损害的连锁反应型风险。这种风险引起的生态灾难是各类生态因子从量变到质变长期积累、集中爆发或慢性释放的结果，不只是直接的单因单果关系，它能跨越大的时间尺度（累积性）、空间尺度（区域性）、管理尺度（行业、部门），产生多种复合的生态效应（化学的、物理的、生物的、生理的、心理的、社会的、经济的）和多环节的链式反应，打破正常的生态平衡，最终导致生物和人的致病、致残、致畸、致癌，给区域、部门和行业的社会经济发展带来直接和间接的负面影响。生态风险是对生态安全危及程度的逆向测度，由自然退化和人工胁迫两部分原因造成。生态风险包括资源承载风险、环境容纳风险、灾害危害风险。但生态安全不等同于生态风险，它还有正向测度，由自然进化和人工建设两部分结果组成，我们用生态服务来衡量。生态安全不仅需要防护，还可以建设。生态风险越小，生态服务功能越强，生态关系就越安全。

生态安全是动态、进取的而不是回归、保守的。生态安全不仅需要环境本身有一定的刚性和柔性，还需要环境与经济的协同进化和可持续发展。生态安全取决于资源承载能力、环境恢复能力、协同进化能力和社会自调节能力的大小。其科学内涵有四：一是生态系统结构、功能和过程对外界干扰的稳定程度（刚性）；二是生境受破坏后恢复平衡的能力（弹性）；三是开拓生态位、与外部环境协同进化的能力（开拓进化性）；四是生态系统内部的自调节自组织能力（自组织性）（图2）。

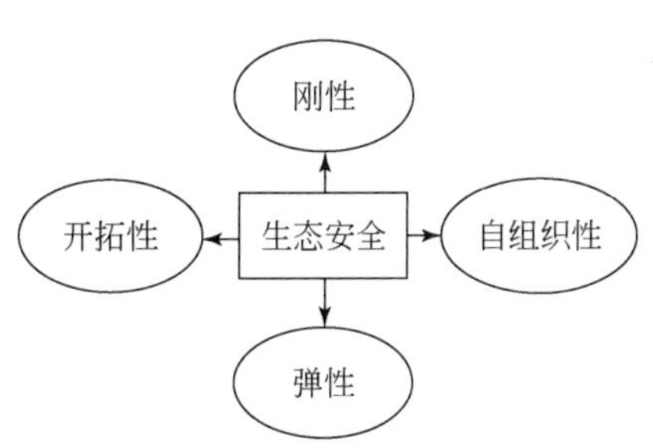

图2 生态安全的科学内涵

安全的动力学机制有客观和主观两方面：瘠薄脆弱的生态环境，“僧多粥少”的自然资源，积重难返的历史问题，违背生态规律的人类活动，是生态安全失衡的客观原因；“还原论”的思想方法和科学技术，条块分割的管理体制和考核指标，资本积累早期的暴发投机心理，形式主义的口号文化，是生态风险经久不息的人文土壤。

生态安全管理需要从深入了解风险的生态动力学机制出发，运用生态控制论方法调理系统结构、功能，诱导健康的物质代谢和信息反馈过程，建设和强化生态服务功能，把生态风险降到最低程度。城市生态管理是对城市各类自然生态、经济生态和人文生态关系的基于生态承载能力的系统管理。它大体经历了四个阶段：20 世纪六七十年代，以末端治理为特征，对环境污染和生态破坏实行应急环境管理。70 年代末到 80 年代，兴起了清洁生产，促进环境污染管理向工艺流程管理过渡，通过对污染物最小排放的环境管理减轻环境的源头压力。90 年代，发展起了产品生命周期分析和产业生态管理，将不同部门和地区之间的资源开发、加工、流通、消费和废弃物再生过程进行系统组合，优化系统结构和资源利用的生态效率。90 年代末，兴起了系统生态管理，旨在动员全社会的力量优化系统功能，变企业产品价值导向为社会服务功能导向，化环境行为为企业、政府和民众的联合行为，将内部的技术、体制、文化与外部的资源、环境、政策融为一体，使资源得以高效利用，人与自然高度和谐，社会经济持续发展。

城市生态管理包括对城市生态资产、生态代谢和生态服务的系统管理：①城市生态资产管理。城市生态资产指城市的生存、发展、进化所依赖的有形或无形的自然支持条件和环境耦合关系，它是城市生态系统赖以生存的基本条件。所谓有形生态资产，是指诸如太阳能、大气、水文、土地、生物、矿产和景观等自然生态资产和附加有人类劳动的水利、环保设施、道路、绿地等人工生态资产；所谓无形生态资产，是指包括生态区位、风水组合、气候组合等自然生态资产及交通、市场、文化等人工生态资产。生态资产审计、监测和管理是城市生态管理的重要环节。城市植被和动物、微生物是一种重要的生态资产，在城市生态调控中起着关键的作用，规划管理得好，能为城市提供积极的生态服务，规划管理得不好，则会破坏甚至摧毁人们的生存发展环境。②城市生态代谢管理。城市生态代谢是流入和流出城市的食物、原材料、产品、能流、水流及废弃物的生命周期全过程，它既是城市生长、繁荣的必要条件，也是导致城市环境问题甚至衰败的病因，具有正、负两方面的生态效益和生态影响。城市生态代谢管理需要揭示城市人类活动中物质流、能量流的数量与质量规模，展示构成工业活动全部物质（不仅仅是能量的）流动与储存，需要建立物质结算表，估算物质流动与储存的数量，描绘其行进的路线和复杂的动力学机制；同时，也指出它们的物理、化学或生物富集形态。一般通过生命周期评价和投入产出分析来测度。③城市生态服务管理。城市生态服务是指为维持城市的生产、消费、流通、还原和调控功能所需要的有形或无形的自然产品和环境公益。它是城市生态支持系统的一种产出和功效，如合成生物质，维持生物多样性，涵养水分与稳定水文，调节气候，保护土壤与维持土壤肥力，对环境污染的净化与缓冲贮存必需的营养元素，促进元素循环，维持城市大气的平衡与稳定等。城市生态管理的核心就是要处理好城市人类活动与自然生态系统间的服务关系：一方面是区域生命支持系统为城市提供的生态服务和对城市超越其承载能力的人类活动的生态响应（往往表现为自然灾害、热岛效应、污染效应、光化学污染）；另一方面则是城市人类活动对区域的环境胁迫和生态破坏，以及正面的生态建设。

城市生态管理包括区域、产业、人居三个层次：一是区域生态管理，是对城镇及乡村生态支持系统的景观格局、风水过程、生态秩序、环境承载力及生态服务功能以及生态基础设施的管理，如对水、能源、生物多样性的跨部门综合管理；二是产业生态管理，是对城市生产活动中各类资源、产品及废物的代谢规律和耦合调控方法，探讨促进资源的有效利用和环境的正面影响的管理手段；三是人居生态管理，是按生态学原理将城乡住宅、交通、基础设施及消费过程与自然生态系统融为一体，为居民提供适宜的人居环境（包括居室环境、交通环境和社区环境）的系统调控方法。

三、循环经济建设与产业生态转型

传统农业经济本质上是一种封闭式的自生经济，是一种小规模、低效益和低污染的循环经济；而传统工业经济本质上是一种掠夺式的竞争经济，循环机制太弱。生态经济则是一种融自生、共生和竞争经济为一体的循环经济，是物态、事态、生态和人态的整合与运筹。循环经济其实是生态经济的俗称，是基于系统生态原理和市场经济规律组织起来的，具有高效的资源代谢过程、完整的系统耦合结构及整体协同、循环、自生功能的网络型及进化型的复合生态经济。它的循环不仅是废弃物循环（废弃物循环仅属于产业生态的小循环），还包括社会生态的中循环和自然生态的大循环。其中，社会生态的中循环包括规划、管理、研究、教育、消费等，自然生态的大循环包括水、土、气、生、矿等生态因子从摇篮到坟墓再到摇篮的全代谢过程。循环经济的循环是物质循环、能量更新、信息反馈、空间和谐、时间连贯、资金流通以及人力进化过程的生态循环。

生态循环不是简单的周而复始或闭路循环。资源合理利用和物质循环再生的“3R”原则（Reduce 减量化，Reuse 再利用，Recycle 再循环）是循环经济的重要原则，但不是全部原则。在推行“3R”原则前，首要任务是促进社会和产业的观念更新（Rethinking）、体制革新（Reform）和技术创新（Renovation），可称为循环经济建设的“三新”原则或“大 3R”原则。所谓观念更新（Rethinking），就是从还原论走向整体论，从掠夺型走向共生型，从开环经济走向闭环经济，从资源经济走向知识经济，从产品导向走向功能导向，从外控型走向自生型，促进生产、消费、流通、还原和调控理念的更新，促进决策者、经营者、消费者、科技工作者和社会传媒的观念转型。所谓体制革新（Reform），就是从基于产值与利润的物流型部门经济小循环走向面向社会与自然的服务型区域经济大循环，引进催化、孵化机制，促进产业结构、产品结构、景观结构、管理体制和科技结构的横向、纵向、区域和社会耦合，完善区域统筹、城乡统筹、人与自然统筹、社会经济统筹、内生与外延统筹的规划、管理体制、法规和政策。所谓技术创新（Renovation），首先是从工艺革新、产品革新走向功能革新、系统革新，从物态、事态走向人态，强化规划与孵化、研究与开发、服务与培训的技术主导作用，软件和硬件的协同效应；其次是从产品导向走向功能导向，从刚性生产走向柔性生产，从减员增效走向增员增效，从谋生型被动受控行为到学习型自主自生行为，促进从微观、中观和宏观等不同时、空、量、构、序尺度的功能整合和规划、建设、管理领域的技术更新。

循环经济涉及四个方面的创新：一个是生态效率（eco-efficiency）的创新，即怎样把产品生产工艺改进得更好，以生态和经济上最合理的方式利用资源；二是生态效用（eco-effectiveness）的创新，即怎样设计一种生态和经济上更合理的产品，以最大限度地满足市场的需求；三是生态服务（eco-service）的创新，即企业经营目标从产品导向变为服务导向，减少中间环节，为社会和区域自然环境提供一条龙的功能性服务；四是生态文化（eco-culture）的创新，即企业经营目标进一步从物、事转向人，聚焦于员工、用户、周边社区居民以及全社会的观念、技术、能力、境界的培训，培育一种新型的企业和社区文化。在这几个类型中，工艺改革可提高效率两倍，产品创新有5倍的效率，功能创新有10倍的效率，系统革新则有十几倍到二十倍的效率，关键要实现产业生态整合。

面向循环经济的产业生态转型主要包括九种途径：一是横向联合，从竞争经济走向共生经济。它包括不同工艺流程、生产环节和生产部门间的横向耦合、废弃物交易及资源共享，变污染负效益为资源正效益。二是纵向闭合，从链式经济走向循环经济。第一、第二、第三产业在企业内部形成完备的功能组合，产品和废弃物在其从摇篮到坟墓的生命周期全过程实施系统管理。三是区域耦合，从厂区经济走向园区经济。厂内生产区与厂外相关的自然及人工环境构成空间一体化的产业生态复合体，逐步实现有害污染物向区域外的零排放，保障区域生态资产的正向积累、国土生产功能和生态服务功效的正常发挥。四是社会复合，从部门经济走向网络经济。企业将社会的生产、流通、消费、生态服务和能力建设的功能融为一体，为辖地和周边居民提供就业机会和宜居环境，培育一种新型的企业和社区文化。五是功能导向，从产品经济走向服务经济。以企业对社会和自然的生态经济服务功效而不是以产品或利润为经营目标，谋求经济物质和精神产品、社会和自然服务及生产和消费文化的三维产出。六是结构柔化，从刚性生产走向柔性生产。灵活多样的柔性产品和产业结构、管理体制、进化策略和完善的风险防范对策，可随时根据资源、市场和外部环境的随机波动调整产品、产业结构及工艺流程。七是增加就业，从减员增效走向增员增效。一线生产的两头，即研究与开发、服务与培训环节的劳力和智力需求将大大增加。企业内第三产业的智力和劳力从业人员将急剧增加。提高劳动生产率的结果是增加而不是减少就业机会。八是人性化生产，从务工谋生走向生态乐生。劳动不只是一种成本，也是劳动者实现自身价值的一种享受，员工一专多能，是产业过程自觉的设计者、调控者和所有者，而不是机器的奴隶。九是能力组合，从自然经济走向知识经济。配套的硬件、软件和心件能力建设，决策管理、工程技术、研究开发和服务培训能力相匹配，学科的边缘交叉和技术的横向组合。企业信息及技术网络的畅通性、灵敏性、前沿性和开放性。

四、生态城市规划与和谐社会建设

生态城市的内涵远不是经济发达和环境优美，其根本宗旨在于树立统筹兼顾的系统观、天人合一的自然观、巧夺天工的经济观和以人为本的人文观，实现不同发展水平下城乡建设的系统化、自然化、经济化和人性化，推进和谐社会建设。和谐社会是人与人（民主法治、公平正义、诚信友爱、充满活力、安定有序）、人与自然（整体、协同、循环、自生）的和谐相处。和谐社会的核心是机制、活力、序理的和谐。

和谐社会的内涵有四层：第一层是人和自然环境的和谐，包括水、土、气、生、矿等自然生态因子、生态过程和生态服务功能的自然生态和谐。第二层是人的社会生产、流通、消费、还原和调控方式的经济生态和谐。第三层是人的境界，即温饱境界、功利境界、道德境界、信仰境界、天地境界等人类生态境界的和谐。第四层是社会的技术、体制、文化在时、空、量、构、序层面的系统生态管理方法的和谐。

和谐社会的核心是人，即“以人为本”。要整合和平衡人与天、地、事、物之间的系统关系。“天”指气候、天文、大气等空间环境，“地”指土地、土壤、地理等地表环境，“事”指事情组织运筹和行为规范诱导的社会过程，“物”指物质循环、能量转换和生物新陈代谢的生态过程。要处理好自然与社会，结构与功能、局部与整体、机会与风险间的共轭关系。

和谐的核心是四个词：一是开拓。开拓生态位，必须要有发展的力度。二是适应。适应环境，不能超越环境去发展。三是反馈，即信息的正负反馈和物质的循环再生。四是整合，即结构、功能、格局、过程的多维生态整合。

生态城市中的物、事、人三者分别是由现代科技、政治和文化子系统来支撑的。科技推动经济发展，它是格物的，设计的是物理空间，主要强调物质文明；政治是主事的，是管理众人之事，调控的是事理空间，要创造一种政治文明；文化是育人的，化育的是心灵空间，要倡导一种精神文明。和谐社会的目标是通过生态关系的调控把这几方面穿针引线，促进一种精神文明、物质文明和政治文明和谐的生态文明，它强调的是一种多维生态关系的统筹。

生态城市的测度指标是过程的健康程度而不是目标的绝对数量，必须看趋势、看进步、看活力、看阈值（饱和度）、看公平性、看和谐度、看满意度。经济富裕的不一定都是生态合理的，发展滞后不一定生态落后。生态城市的目标是生态和谐而不是环境优美，自然条件较差地区也可以通过生态建设实现关系和谐。目前在创建生态城市的过程中，人们过分看重生态城市评估的绝对指标而忽视相对指标，着重结构指标而忽视功能指标，着重静态指标而忽视动态指标，导致中西部欠发达地区创建生态城市的积极性不高。今后除国家级的评估考核指标要逐步完善、科研部门的重点要有所倾斜、体制改革要相应配套外，各地区的思想解放、观念转型十分重要。

生态城市建设包括各类自然、社会和经济生态关系的建设，需要从体制、技术、行为多方面全面规划、设计与管理，资金可以加速硬件环境的建设，而软件和心件环境的建设光靠资金是不行的。必须以认知文化和体制文化为切入点，通过观念转型、体制改革、科技创新强化完善生态规划、活化整合生态资产、催化孵化生态产业、优化升华文化品位来培育。才有可能引来项目、资金、技术、人才，改善硬件环境。

天人合一、和谐共生的生态文化是生态城市的灵魂。生态文化是物质文明与精神文明在自然与社会生态关系上的具体表现，是天人关系的文化，涉及体制文化（管理人与自然、人与人、局部与整体关系的体制、制度、政策、法规、机构、组织等）、认知文化（对自然生态、人文生态以及天人关系的系统生态的认知，包括生态哲学、生态科学、生态技术、生态美学的教育和传播）、物态文化（人类改造自然、适应环境的物质生产方式和生活消费行为，以及有关自然和人文生态关系的物质产品，如建筑、景观、古迹、艺术产品等）、心态文化（人类行为及精神生活的规范，如道德、伦理、信仰、价值观等，以及有关自然和人文生态关系的精神产品如文学、音乐、美术、声像等）。其核心是改造人、增强人类种群利用资源、适应环境，与自然和谐共生、协同进化的能力，而不只是狭义的文物保护、景观塑造意义上的视觉文化。

生态城市建设规划不同于城市生态环境规划，它是一种综合型的可持续发展规划，是包括生态环境、生态产业和生态文化以及三者相互关系在内的战略发展规划。“生态城市”中的生态不是简单的天蓝地绿、山清水秀，而是一种竞争、共生、自生的生存发展机制，一种具有开拓性、适应性和可持续性的活力结构，一种时间、空间、数量和秩序持续与和谐的服务功能，一种不断进化与完善的通向可持续发展的过程，一种发展生产力同时又保育生存环境的战略举措，一场技术、体制、文化领域的社会变革。

生态城市规划包括生态概念规划、生态工程规划和生态管理规划。其中，生态概念规划包括自然和人类生态因子规划、生态关系规划、生态功能规划和生态网络规划。它是一种新思路、大手笔、粗线条的战略规划、目标规划和概念规划。它不是代替，而是引导、促进、补充、协调城市总体规划、环境规划和社会经济发展计划，为这些规划的制定和修编提供战略指导和生态协同方法。其功能在于指明方向、孕育机制、推荐方法、控制进程。它主张一种逆向思维：不是怎样才能可持续发展，而是不这样发展就不可能持续。生态工程规划包括水生态工程、能源生态工程、景观生态工程、交通生态工程、建筑生态工程以及废弃资源利用的生态工程等的系统设计、规划与管理。生态管理规划包括城市生态资产、生态服务、生态代谢、生态体制、生态文明的管理。

ECO-SECURITY ECO-ECONOMY AND ECO-CITY

Wang Rusong

(Research Center for Eco-Environmental Sciences, Chinese Academy of Sciences, Beijing 100085)

Abstract The ecological essence of urban environmental problem is: stagnancy and exhaustion of resource metabolism, fragmentation and agglomeration in urban ecosystem's structure and function shortsighted view and feedback lacking in dealing with the relationship between parts and whole. City is a kind of social-economic-natural compound ecosystem and eco-city development means planning designing construction and management of the urban system according to eco logical principles. Eco-security, circular economic and harmonious society, which make up of three fulcrums of eco-city, are described respectively in this paper for eco-city development. Ecological security measures the relationship stability between living organism including man and nature, including eco logical risk, ecological resilience and ecological service. The main principles of eco-industry incubation and design are: food web coupling (horizontal); life cycle coupling (vertical) ecosystem coupling (regional) social symbiosis; function rather than products orientation; flexible and adaptive structure; employment enhancement; respecting human dignity; knowledge-based and participatory capacity building. Harmonious society includes harmonious relations hip between man and nature, between hum an activities and between man and his/her mind. The core of harmony is exploitation adaptation, feedback and integrity.

Key words compound ecosystem, eco-city, eco-security, eco-economic, harmonious society

绿韵红脉的交响曲：城市共轭生态规划方法探讨*

王如松

（中国科学院生态环境研究中心，北京 100085）

摘要 本文从生态学视野探讨了城市问题的代谢失衡、系统无序和管理失调的动力学机制，介绍了城市社会-经济-自然复合生态系统的耦合关系，剖析了城市生态的关系、学问与和谐状态的内涵，探讨了处理城市共轭生态关系的生态控制论原理和共生态规划方法。共轭生态规划是协调城市人与自然、资源与环境、生产与生活以及城市与乡村、外拓与内生之间共轭关系的复合生态系统规划，是平衡城市人与环境间开拓竞生、整合共生、循环再生、适应自生关系的规划，其核心理念是城市生态服务和生态建设。以北京总规修编的共轭生态规划研究为例，介绍了9类共轭生态关系和北京共轭生态规划六个层次中的部分内容和方法。

关键词 城市问题 城市生态 城市复合生态系统 城市共轭生态系统 生态服务 生态建设

1 城市问题与城市复合生态系统

我国城市化、现代化、全球化、生态化的有些趋势是需要反思的。一些城市物质形态上在进化，生活方式上在现代化，而生态适应能力上却在退化。当今的城市化，输入的是化石能源，使用的是化工产品，大规模建设的结果是地表硬化、水体绿化，空气酸化和生物退化。一些地区的全球化，其实是高能耗、高消费、高环境影响的生活方式“美国化”；很多城市大广场、大绿地、大树进城的景观生态化，其实是违背科学原理的生态大退化。人们感受最深刻的负面效应有红色的热岛效应、绿色的水华效应、灰色的雾霾效应、黄色的沙尘效应和白色的秃斑效应（由于城市建材的需要，在城市周边地区大量开山、炸石、挖沙，造成一块块的秃斑）。这些城市问题的深层原因是代谢的失衡、系统的无序和管理的失调，是资源代谢在时间、空间尺度上的滞留和耗竭，系统耦合在结构、功能关系上的破碎和板结，社会行为在局部和整体关系上的短见和调控机制上的缺损，即物、事、人在城市发展过程中生态关联的失衡。其中与城市规划有关的有物理结构的板结、地表结构的硬化、生物生境的破碎，以及环境和经济的脱节、生产和消费的分离、城市和乡村的分割。这种水、土、绿地和生态系统的结构四分五裂以及体制条块分割、决策就事论事、认知支离破碎的现象叫生态破碎，它导致生态承载力下降，生态功能退化，生态代谢失调，最终影响到城市的生态服务

---

* 原载于：城市规划学刊，2008，（1）：8-17.

功能。北京郊区的平原地带原来都是山、水、湿地的有机组合，而现在被群星璀璨的村庄、道路所切割，各类景观星罗棋布，生态支离破碎，功能萎缩退化。北京的河道历史上大多是从西北往东南流的，城郊边缘带有大量的生态缓冲湿地。由于城市的扩展，大多数河道上游都被水库截流，城郊湿地和城区河道大都被改成了建设用地，地下水位逐年下降。

我国东部地区大多数城市除了风雨过后的少数晴朗天气可以看到蓝天外，大多数时日总是被灰蒙蒙、雾茫茫的灰霾笼罩着。这是局地气候、城市下垫面以及人类活动排放的尘埃联合作用的结果，整个城市好像被罩在一口大锅底下。热岛效应是指由于城市过度密集的人类活动以及不合理的建筑、交通和景观格局形成城区温度比郊区高 3～5℃的现象。原因就是地表全部被水泥、柏油密封，在城区形成一个吸热能力强而释热能力弱的下垫面。为了防止地表水的泄漏，城市沟渠和湖泊很多都是用水泥、石头封衬的。道路绿化带的地面高于路面，雨水渗不到地下却都变成污水流失到区域水体中。这种土地、水文、大气的结构硬化和功能退化被称为生态板结。城市局地气候热岛效应，水分的流失效应，交通堵塞效应，建筑的拥挤，景观的压抑等异常现象都是由于生态板结的结果。城市生态规划的一个重要目标就是要减缓和抑制生态破碎和生态板结。

从生态学视野看，城市是地球表层一类具有高强度社会、经济、自然集聚效应和大尺度人口、资源、环境影响的微缩生态景观，是一类以密集的人流、物流、能流和高强度的区域环境影响为特征的社会-经济-自然复合生态系统（马世骏和王如松，1984，图 1）。其自然子系统由中国传统的五行元素水（上水的源、下水的汇、雨水的补、空气水的润）、火（煤、油、气、电、太阳能）、土（土壤、土地、景观）、木（植物、动物、微生物）、金（有色、黑色金属，建材、化工原料及其他地球化学循环元素）所构成：①水：水资源，水环境，水景观，水灾害，有利有弊，既能成灾，也能造福；②火：火就是能源，太阳能以及太阳能转化成的化学能，由于能的流动导致了一系列空气流动和气候变化，提供了生命生存的气候条件，也导致了各种气象灾害、环境灾害。每个人、每种生命活动、每一个生态层次时时处处都需要能，都要面对火的问题；③土：我们依靠土壤、土地、地形、地景、区位等提供食物、纤维，支持社会经济活动，土是人类生存之本；④木：即植物、动物、微生物，特别是人们赖以生存的农作物，还有灾害性生物，比如病虫害甚至流行病毒，与人们的生产和生活都密切相关；⑤金：即生物地球化学循环，人类活动从地下、山里、海洋开采大量的建材、冶金、化工原料，但人们开采、加工、使用过程中只用了其中很少一部分，大多以废弃物的形式出现，产品用完了又都扔到土地上造成污染，还有很多对生命活动至关重要的微量元素。以上这些都是人类赖以生存的自然子系统。这些生态因子数量的过多或过少都会发生问题，比如水多、水少、水浑、水脏就会发生水旱灾害和环境事故。

以人类物质能量代谢活动为主体的经济生态子系统，包括生产、消费、还原、流通和调控五个部分。人类能主动为自身的生存和发展组织有目的的生产、流通、消费、还原和调控活动：①人们将自然界的物质和能量变成人类所需要的产品，满足眼前和长远发展的需要，就形成了生产系统；②生产规模大了，就会出现交换和流通，包括

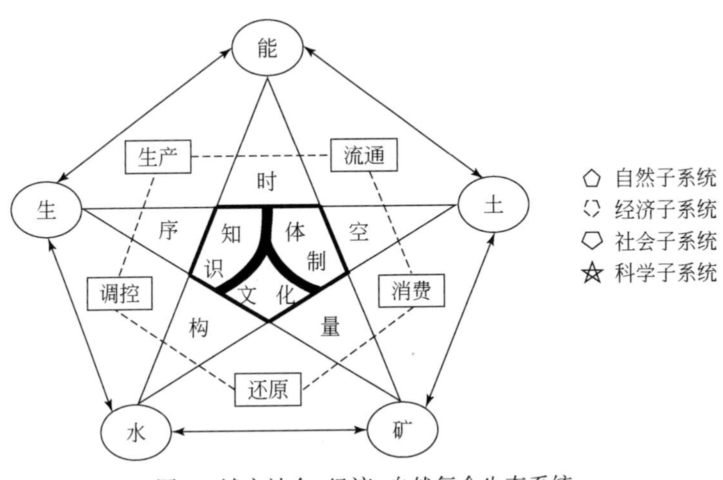

图 1 城市社会–经济–自然复合生态系统

金融流通、商贸物资流通及信息和人员流通，形成流通系统；③消费系统，包括物质的消费，精神的享受，以及固定资产的耗费；④还原系统，城市和人类社会的物质总是不断地从有用的东西变成没用的东西，再还原到我们的自然生态系统中去，为生态循环所用，也包括我们生病的还原以及人的还原，例如人生病就医，罪犯的劳动改造都是一种还原，让他变好；⑤调控系统，调控有几种途径，一是政府的行政调控，二是市场的经济调控，三是自然的响应和灾害，自然能通过各种正、负反馈来进行强制性调控，四是人的行为和精神调控。这些部分的协同作用就形成了经济生态子系统。

社会的核心是人，人的科技、体制和文化构成社会生态子系统：①人的认知系统，包括哲学、科学、技术等；②体制，由社会组织、法规、政策等形成；③文化，是人在长期进化过程中形成的观念、伦理、信仰和文脉等。三足鼎立，构成社会生态子系统中的核心控制系统。

这些子系统相互之间是相生相克、相辅相成的。城市研究、规划和管理人员的职责就是要了解每一个子系统内部以及不同子系统之间在时间、空间、数量、结构、秩序方面的生态耦合关系。其中：①时间关系包括地质演化、地理变迁、生物进化、文化传承、城市建设和经济发展等不同尺度；②空间关系包括大的区域、流域、政域、甚至小街区；③数量关系包括规模、速度、密度、容量、足迹、承载力等量化关系；④结构关系包括人口结构、产业结构、景观结构、资源结构、社会结构等；⑤重要的序，每个子系统都有自己的序，包括竞争序、共生序、自生序、再生序和进化序。城市可持续发展的关键是辨识与综合三个子系统内部及其相互间在时、空、量、构和序五个层面的耦合关系。

城市生态规划的主要目标是如何使退化变成进化。一个生态进化型的城市需要的是净化（干净、安静、卫生、安全）、强化（富强、健康、和谐、持续）、绿化（景观、产业、行为、机制）、活化（水欢、风畅、土肥、生茂）和美化（文脉、肌理、建筑、心灵）。

2　城市生态与城市共轭生态关系

“城市”一词，“城”源于城池，指一类密集的人工景观格局和自然基础设施，是安全、权力、财富、吸引力、标识和文明的象征；“市”源于集市，指一定区域范围内物质、能量、信息、资金、人口的集散地，是人类交易、交流、交通等经济、社会活动场所。城和市是人类文明赖以发展的两条腿，结构与功能、环境与经济相辅相成。

“生态”一词在国内外都很流行。美国著名的生态学之父 E. P. Odum 写了一本书，《生态学——科学与社会的桥梁》（Odum，1997）。他认为生态学不只是一门生物科学，也不光是一门自然科学，还是科学联系社会的桥梁。生态学是天地生灵和人类福祉的纽带，是自然和人的纽带，是社会科学和自然科学融合的桥梁，也是决策管理和科学技术联姻的一种方法。当前，生态学研究正从传统生物生态学向可持续发展生态学，从经验生态学向管理决策生态学，从自然生态学向社会生态学，从恢复生态学向工程生态学扩展、升华和转型。国际科联未来十年的任务就是要建立一门可持续发展的科学。国际科联环境问题科学委员会（SCOPE）提出世界前沿的生态议题是自然与社会的资源管理、生物多样性和生态系统、环境和健康。

美国从20 世纪90 年代开始推进生态工业、城市生态和可持续发展科学的研究，在2000 年提出“生物-自然-社会”复杂系统的研究，而中国学者早在1984 年就提出了“社会-经济-自然”复合生态系统的理论（马世骏和王如松，1984）。2004 年美国生态学会组织了一批顶级专家开展了21 世纪生态学前景的研究，他们提出未来生态学的三大走向：①研究重点从纯自然系统研究转向人类活动为主导的生态系统；②研究方法从单学科纵深型个体研究转向多学科横向型集团研究；③研究目的从描述性、保护性生态学转向决策性、创建性生态学。传统的生态学只注重消极保护和恢复，现在生态学界逐渐认识到生态学还必须有创建性、决策性的主动一面（Palmer et al.，2004）。

2007 年5 月22 ~27 日，由20 多个国际生态学组织和十余个国际生态学术期刊支持和发起、70 多个国家的1400 余名代表参加的第三届世界生态高峰会在北京举行。大会主题为生态复杂性与可持续发展。13 位世界著名生态学家应邀作大会主旨报告。会议发表了推进全球可持续发展的“北京生态宣言”。全球生态安全、区域生态服务和人群生态健康被认为是21 世纪当代生态学最紧迫的三大前沿议题。而这些议题都和城市化、工业化密切相关，也是当前生态学从郊野走向城市、从经院走向社会的标志。

生态在社会上有不同的认识，一般认为天蓝、地绿、多种草、多种树就是生态。其实，生态有三种内涵：它既是一种关系，也是一种学问，有时也代表一种和谐状态。

首先，生态是包括人在内的生物和环境，生命个体和整体间相互作用的系统关系，这些关系普遍存在于生物世界和人类社会中，每个人、每个企业、每个城市，时时处处都要处理这些关系。生态，是生命的生存、发展、繁衍、进化所依存的各种必要的环境条件和主客体间相互作用的关系。这些关系包括：①物理和生物生态，水、土、气、生物、地球化学循环之间的关系；②事理生态；③人类生产、流通、消费、还原、调控活动间的关系，怎么把这些事情运筹好；④智理生态；⑤认知、体制、伦理、信仰、科技等人类组织、行为、意识间的关系；⑥系统生态；⑦各子系统之间在时、空、数、构和序范畴的耦合关系。

其次，生态学作为一门学问有以下几个层次：①第一层是人类认识自然、改造环境的一门世界观和方法论或自然哲学，是个体和整体，有和无，形和神，生和灭，分和整之间关系的学问，是有关生物和环境之间关系的认识论、宇宙观、人生观、得失观的学问；②第二层是包括人在内的生物与环境之间关系的一门系统科学，包括自然生态学和人类生态学，前者有动物、植物、微生物生态学，个体、种群、群落、生态系统和景观生态学，还有不同的类型，如草原、湿地、森林、农田、海洋、流域生态系统生态学等。后者包括心理生态学、社会生态学、经济生态学、产业生态学、城市生态学与文化生态学等人和环境之间关系的学问；③第三层是人类塑造环境、模拟自然的一门工程技术。比如一只小鸟在空中飞，它的结构并不复杂，但是它能飞翔自如，它如果有什么病，也不会突然爆炸或解体，但是飞机，只要里面某一个部件出问题，很可能会爆炸或突然掉下来，因为它是刚性的不是柔性的，所以有一门学问叫仿生学，研究怎么把生物的这些功能、结构引入到人类社会中来，应用到生产、生活中去；④第四层是人类养心、悦目、怡神、品性的一门自然美学，其美的内涵包括了整体和谐美、协同进化美、循环反馈美、自生适应美。生态美学包括它的哲学视野，系统方法，工程技艺，文化传承和审美品位。它能使人怡神悦目，陶冶情操。例如我国的桂林、张家界、黄山自然景观，非常漂亮，与此对照，现在很多城市建筑例如瓷砖贴面、玻璃幕墙、粗制滥造的仿欧、仿古建筑等，人们看多了觉得很丑，并不自然。

科学的城市规划方法有赖于对城市环境、经济、社会和文化因子间复杂的人类生态关系的深刻理解、综合规划及生态管理。这就需要：①在时、空、量、构、序的范畴和结构、功能、过程层面上的生态整合，包括结构整合；②城市各种自然生态因素、技术物理因素和社会文化因素耦合体的等级性、异质性和多样性；③过程整合；④城市物质代谢、能量转换、信息反馈、生态演替和社会经济过程的畅达、健康程度；⑤功能整合，城市的生产、流通、消费、还原和调控功能的效率及和谐程度；⑥在交通、建筑、社区、景观领域的方法整合；⑦从技术、体制、行为三层次上开展生态系统的综合评价、规划、设计、建设、管理和调控。

再次，生态还是一个形容词，是“生态关系和谐的”或“生态良性循环的”这一复合词的简称。表示人和环境在时间空间演化过程中形成的一种文脉、机理、组织和秩序，一种理想状态，如生态城市、生态旅游、生态文化、生态建筑、生态卫生等。根据词义学上约定俗成和从众原则，这类含义已逐渐被社会所公认。

总的来说，生态的“生”是开拓竞生、整合共生、循环再生和适应自生。“态”是物态的谐和、事态的祥和、心态的平和以及世态（社会关系）的亲和。概括起来就是中国传统人类生态学思想与西方现代自然生态科学结合的“物竞天择、道法自然、事共人为、心和文化”。

竞争、共生、再生和自生机制的完美结合、整合与复合，就是坚持有中国特色的社会主义市场经济条件下资源节约、环境友好型的可持续发展。其中，中国特色是自生，社会主义是共生，市场经济是竞生。这里的整合包括结构整合、过程整合、功能整合和方法整合。复合包括对象的复合、学科的复合、方法的复合、体制的复合、人员的复合。

生态是辩证的。和谐而不均衡，开拓而不耗竭，适应而不保守，循环而不回归：①一般人认为生态是强弱均衡、回归保守的。其实不然，生态强调的是和谐而不是均衡，生态食物链中，捕食者和被捕食者，寄生者和被寄生者之间的关系，大多不是平等的，但却是和谐、稳定、持续的。②开拓，生态学很重要的原理就是开拓，尽可能把资源开拓出来、占领可利用的生态位为自己所用，但是这种开拓是有原则的，不是光为一个物种、一个个体用，它只用其中一部分，其余的留给食物链下一个环节再接着用，并不把它的资源耗竭殆尽，而使系统不能持续生存，这是生态学的第二个原则。③适应，就是和环境一起协同进化，一方面改造环境，另一方面也要改造自己，使自己能够更好地适应环境。适应是生态学中一个非常重要的原则。但这种适应不是保守的单方面适应；环境，本身还要改造环境，实现生物与环境的协同进化；④循环反馈，生态系统中的各种物质都是在生产者、消费者和分解者之间不断地无限循环下去，但是这种循环不是简单地回归到原地，而是一种螺旋式上升的过程。它在循环过程中促进了生物的进化，能够积累和反馈更多的信息到生物的信息系统或遗传基因里，实现生物种群的螺旋式发展和生态系统的渐进式演化，这是物质循环和信息反馈协同作用的结果。

生态系统的整合过程，不仅仅是趋同、适应，还存在不断的分异、进化，整合是一个趋同的问题，但只有通过变异，系统才能进步，生态学强调竞争和共生的结合，开拓和适应的结合，乘侮和替补的结合。所谓乘侮，就是当一个系统在环境变化时出现某些整合功能失调的情况下，系统中某些组分会突然疯长或畸变，乘机膨胀为主导组分，比如蝗虫种群的爆发、人体癌细胞的扩散、水葫芦的疯长等，就是在外部条件变化的情况下，内部机制的一种乘侮。还有一个是替补，就是当一个系统由于环境变化出现某些整合功能失调的情况下，一些组分能自动补偿或代替系统的原有功能，维持系统的正常运行使整体功能趋于稳定。比如血液系统如遇外部侵扰，白细胞会大量增加，以提高免疫功能，使整体回到正常状态，生态系统演替过程中经常要用到乘侮和替补现象，要推进一个系统的演化，应使乘强于补；要维持一个系统的稳定，应使补胜于乘。另外生态系统进化过程中，在某些情况下，往往也会出现一些局部退化而保证全局进化的现象。还有滞留和耗竭，局部地方一些物质和能量会有滞留，输入大于输出，如水体富营养化和热岛效应；在另外一些地方则出现耗竭，输出大于输入，如草场退化、渔场枯竭等这是宏观的盈亏，但怎么从生态过程的角度去调节它，这是生态学要解决的问题。

过去35年，人类在环境与发展关系的处理上经历了“或（or)”,“和（and)”,“合（in)”认识的三个飞跃。1972年斯德哥尔摩的世界环境大会提出了“只有一个地球”,“要环境”或是“要发展”的两难选择中，人类必须选择环境。但是对于发展中国家来说，光要环境不讲发展永远也走不出“越穷越破坏，越破坏越穷”的怪圈。为此，中国著名生态学家马世骏院士等提出环境、经济和社会协调发展的复合生态观，被挪威首相布伦特兰夫人所接受，作为世界环境与发展委员会的核心成员共同撰写了《我们共同的未来》一书，提出了可持续发展的理念，并在巴西里约热内卢的世界高峰会上得到各国元首无一反对的认可，其核心思想是将环境与发展的关系从“或”变为“和”，两条腿走路。但是，两条腿总要一前一后，怎么处理好这两者的关系，十年后的约翰内斯堡峰会，人们又提出了环境与发展都是生态系统连续统的有机组分而不是平行关系，必须融环境于发展之中，变“和（and)”为“合（in)”，通过生态系统管理来解决问题。

生态是复杂的，人们要从生态哲学的高度去认识、理解复杂性，从生态科学的量度去简化、模拟复杂性，从生态技术的深度去规划、管理复杂性，从生态美学的广度去品味、建设复杂性，将生态复杂性转变为社会可持续性。要简化复杂性，人们需要建立一系列相关的机理学习、过程模拟和关系调控模型，包括诊断模型、动力学模型、控制论模型和可持续发展能力模型等。

当前，系统方法论正面临一场新的革命：①从物态到生态，从机械控制论到生态控制论，兼顾到系统的静态和动态，考虑到生物的能动性和自组织性；②从量化到序化，科学方法的理想状态就是所有的东西都定量化，但是世间一切事物不一定都能够完全量化，一些问题我们只要掌握它的序和纲，也可迎刃而解。“序化”是系统尺度上的高级量化，是对复杂关系的简化与整合的一种系统辨识过程；③从优化到进化。现实生活中很多精美的数学优化模型交给决策者后往往不可行，原因就在于生态系统是一类柔性的自组织型系统，生态过程是一种自适应、自寻优的过程。传统数学规划是在一系列严格的初始值、边界值和耦合参数以及优化规则假设下的刚性规划，优化结果只是全部前提假设的函数，而不是系统的真实情景。由于人们辨识的系统是不完全的，数据是粗糙的，很多变化是不确定的，不可能把一些未来的发展全部固化。科学研究是要寻适，而不是寻优，要采取进化式的策略，让决策者、管理者在管理实践中利用现代计算机模拟、空间技术和认知科学的工具，不断获取和修正数据、不断辨识和学习其控制论机理，在系统控制过程中渐进地摸索出一种适应环境的进化式路径，这可能不是最优的路径，可能是次优的，但它是逐渐走向最终目标的进化式策略。

科学工作者不光要认识世界、改造世界，还要品味世界、享受自然，从悦目到怡神，从养身到养心。现在我国很多城市的建设，强调物质世界的建设，而人的需求，人的控制，人的正面和负面的影响，考虑得比较少。一些城市的政绩工程，往往在物态上、形态上很摩登，但神态上、文化上却缺少生态的内涵，往往是“悦目”而不是“悦神”。

生态建设有三类：①生态保护。如封山、休渔、禁牧、风水林和自然保护区等。传统生态学强调的是对自然生态系统的保护，不主张改变或破坏自然生态系统的原有功能。其代表观点来自绿色和平组织，强调世界上任何一种生物都有它生活的权利，保护其生存权利是每个地球公民的责任。②生态修复。破坏了怎么去修复，恢复其原有的生态功能，包括矿山恢复，森林草地恢复、水体修复等。③生态创建，通过人工措施去设计和建设人工生态系统，为人类提供更好的生态服务，比如桑基鱼塘、稻田养鱼、沼气及庭院生态工程、坝地、人工湿地等。美国生态学界近年来开始强调创建性生态学研究，而在这方面中国是有几千年传统的。城市生态规划需要从科学层次认识生态，从系统层次管理生态，从工程层次建设生态，从社会层次宣传生态和从美学层次品味生态。

3　生态服务与城市共轭生态规划

2002～2005 年联合国秘书长安南在世界范围内组织了一项全球千年生态系统研究。该研究报告指出，传统生态学家只研究自然生态系统，而社会学家只研究人类福利问题。这两者之间表现为四类关系：自然给人类提供的生态服务；人类对自然的生态胁迫，生态胁迫到了一定程度，自然就有一定的生态响应，通过各种灾害、各种负面的影响来反馈给城市，最后人还可以用主观能动性，可以用正面的建设来减缓这些响应、建设人类的环境（图 2）。在城市化过程中，人们从大自然中得到各种食物、矿产、水、能源等，并以废水、废气、废渣、粪便的形式排到大自然中去，导致了生态的耗竭和滞留现象。自然生态系统为城市提供了很多自然生态服务。而城市化又为维持区域生命支持系统提供了社会生态服务，这两者应该是和谐的，但是城市在生态服务方面能力很弱，这就是久居城市的人向往回归自然的原因。

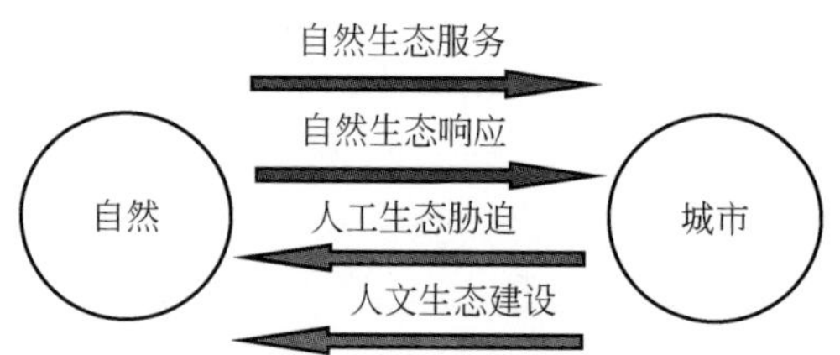

图 2　城市共轭生态规划的核心内容

城市生态服务是指为维持城市的生产、消费、流通、还原和调控功能所需要的有形或无形的自然产品和环境公益。它是城市生态支持系统的一种产出和功效，如合成生物质，维持生物多样性，涵养水分与稳定水文，调节气候，保护土壤与维持土壤肥力，对环境污染的净化与缓冲，储存必需的营养元素，促进元素循环，维持城市大气的平衡与稳定等。城市生态服务有时折合为生态足迹来计算。城市生态代谢是流入和流出城市的食物、原材料、产品、能流、水流及废弃物的生命周期全过程，具有正、负两方面的生态效益和生态影响。可以通过生命周期评价和投入产出分析来测度。城市生态代谢评价是城市产业发展和市政建设的基础和依据。

生态服务的类型主要有以下几种：①供给功能，为城市生产和生活提供水、能、气、土、矿产、生物质等代谢物质和能量；②涵养功能，活化土壤、稳定大气、保持水土、调节水文、孕育生境；③调节功能，调节局地气候、净化环境、减缓灾害、有害生物防治、生物多样性维持；④流通功能，养分循环、废弃物循环再生、传授花粉、基因遗传、污染物扩散；⑤支持功能，为经济建设、社会发展、科研教育、文化精神生活等提供承载、容纳、欣赏、休闲的物理空间、生态景观和美学环境。同时，自然生态也会以负面胁迫的方式迫使人类进行改变，胁迫的方式主要是各种自然灾难。与之对应，人类生态中就包括有生态建设，研究如何去修复、治理和保育自然生态环境（王如松等，2004）。

城市管理部门往往考虑城市的工业用水、农业用水、生活用水较多，而生态用水考虑得少。由于工农业生产和城市生活占用了大量的自然生态用水（包括土壤、植被、空气和地下水，以及上、下游水资源的占用），城市水生态服务功能在急剧降低。2007年5月笔者到京城北郊的沙河水库周边考察。由于沙河水库蓄有水，周边生物多样性很高，小气候也比较适宜，一阵微风吹过，人体感到很舒适，但20min以后来到东边潮白河两岸，河床是干的，只有一些污水排进去，河两边几十口水井一天24h在抽地下水往水源厂输送，周边野生植被全都没有了，河床干枯裸露，土地沙化严重，同样一阵微风吹过，就飞沙走石，人十分烦躁，嗓子也感觉呛得慌，这就是水生态服务功能低下的缘故。城市居民需要一定湿度的空气和土壤、一定面积的湿地和野生植被提供适宜的生态服务，有好多北京学生到国外留学，再回到北京就不适应了，易患呼吸道病，就是缺乏适宜的大气生态服务。国外对波罗的海沿岸29个大城市生态足迹的一项研究表明，维持$1km^2$的城区，平均大约需要$18km^2$的森林、$30km^2$的耕地、$133km^2$的海洋供给资源；同时还要大约$20km^2$的耕地、$48km^2$的水域、$50km^2$的湿地和$500km^2$余的森林才能净化和降解掉这$1km^2$城市所产生的环境影响。

城市是一类双向进化型的生态系统，物理上沿着熵增方向耗散而生物上却朝着负熵或能值增加的方向进化，生产上朝着内部效益最大化而外部环境效益最小化方向进化，社会上朝着公平性方向均衡而财富上却按马太效应向富者倾斜；城市经济因乡村廉价劳动力的涌入获益而城市社会环境却因此而受累。城市规划与管理的主要任务就是要辨识、模拟和平衡好这些冲突关系。

在北京总规修编研究中，笔者提出和发展了处理城市冲突关系的一种共轭生态规划方法。共轭生态规划是指协调人与自然、资源与环境、生产与生活以及城市与乡村、外拓与内生之间共轭关系的复合生态系统规划。这里的共轭是指矛盾的双方相辅相成、协同共生，特别是社会服务和生态服务的平衡、经济生产和自然生产的平衡、空间关联与时间关联的协调、物态环境和心态环境的和谐。

“轭”是马车行驶时套在马颈上用于拉车的人字形马具，要求左右两轮平衡，车马前后默契，节奏快慢和谐，车马一体共生。如果共轭关系调控不当，就会翻车或偏离前进方向。传统城市规划主要是建设用地规划，注重资源的供给和土地利用的控制，而对非建设用地，对区域生态关联考虑较少。环境只当作一种限制条件在专项规划中出现，对城市生态服务功能以及城乡生态耦合关系等总规中基本不涉及。共轭生态规划从以下九方面考虑如何处理、规划和管理好区域、城乡、人与自然、社会与经济以及内部与外部的统筹关系。

第一是与市镇建设规划相对应的区域、流域和腹地生态系统建设规划，包括区域水、土、气（含能源）、生、矿五大自然生态要素的时空分异规律及其可持续开发、利用与保护规划；区域农、林、牧、渔系统，水资源、水环境、水生境、水景观和水安全网络，以及自然保护区、森林公园、风景名胜区、开放空间的生态整合规划。

第二是与环境敏感区、生态脆弱带、自然保护区控制性规划相对应的风水廊道、生态网络、边缘效应、城市农林业等生态服务空间的诱导规划；一方面控制城市发展不能干什么，另一方面诱导城市发展可以干什么。即一方面要辨识和避开那些不宜建设的生态敏感用地或生态脆弱带，包括水源涵养区、洪水调蓄区、土壤侵蚀、土地沙化、土壤盐渍化，地下水敏感区以及地质灾害敏感区等；另一方面还要在城乡建设过程中充分利用、有意营建和精心保育生态系统本身的调节能力，如土壤、湿地、水网、廊道、荒地、地上及地下空间以及建筑物、构筑物表面为人类活动可能提供的服务功能，实施近自然的生态调节。

第三是与传统基本农田、文物古迹、风景名胜和自然保护区的单项保护规划相对应的城市生态肌理、社会文脉和基本生态服务功能整体保育规划。过去很多保护规划往往只保护单个景点、单栋房屋、单个文物，似从生态系统尺度上对城市的自然和人文的风水、文脉、肌理、特征的整合性保护与系统管理很不够。

第四是与建设用地规划相对应的非建设用地（农、林、草、水、园、废弃物堆放场及开放空间）的结构和功能规划。我们把北京的空间分为绿色空间（有植被覆盖的农田、林地、灌丛、草地、园林等）、蓝色空间（河流、湖泊、水库和湿地等）、红色空间（建成区内的人工建筑物、构筑物所占用的非开阔空间）和灰色空间（无植被覆盖的开阔工程用地、矿山、废弃地、蓄洪用地和交通廊道等）四类。灰色空间具有两重性，可转变成绿色空间，也可转变成红色空间。如交通廊道在交通拥堵时是污染滞留的廊道（研究表明，城市交通干线近地表污染的浓度是城市公园的 2～5 倍）。但在交通稀少和气候条件较好时又是污染扩散的通道。又如蓄洪区，洪水来了能起到蓄洪的作用，洪水过后，可能变为绿地，北方的绿色空间到冬天就变成了灰色空间。共轭生态规划考虑怎么有效安排四类空间有机耦合，使“绿韵”、“蓝脉”、“红斑”和“灰廊”相辅相成。城市绿业（园林）、农业、林业、水业和（废弃）物业等综合生态服务业协调发展，实现每一生态基本单元都有共轭的生产、生活与生态服务的复合空间，使其人流物流发生量最小而平均享受的自然生态服务功能最强，达到经济生产、社会生活与自然服务功能的共轭（图 3）。

第五是与传统二维土地利用规划相对应的地下和近地空间的三维资源利用、环境保护和环境容量规划，将有限的二维土地扩展到三维空间，确保被占用的土地的原有生物质生产潜力、五大自然生态要素的生态服务功能以及原住地居民的社会福利和发展机会不减少或有所增加；城市的文脉、肌理和生态特征得到保存或改善。

第六是与工农业生产用水、生活用水、城市用水相对应的自然生态用水规划。城市人类活动占用和污染了大量的自然生态用水，包括上、下游自然生态用水的占用、对地下水的过度开采、对地表水的污染和城市过度密集的硬化地表对地表水的过量蒸发和蒸腾，导致城市水脉的破坏、水文的紊乱、水质的恶化和湿地生态系统的退化。据估计，城市对自然生态用水的占用相当于工业用水、生活用水、城市用水以及部分农业用水的总和。而传统城市规划除少量景观补水外，很少考虑自然生态用水问题。自然生态用水还包括野生生物需水、水温循环需水、蒸发蒸腾需水、郊野景观需水、气候调节需水等。北京的自然生态需水被人为占用达60%以上。相当于建成区土地2.5倍的水资源全被人用了，植被退化、空气干燥，居民生活就很不舒服了。北京的水生态足迹为人均232m^2，北京水文面积总计3.2万km^2，为城市面积的两倍或建成区面积的32倍。建设中的南水北调中线工程从长江流域的丹江口水库调水，每年将给北京补水10亿m^3，基本上能解决平水年北京的生产、生活用水和水安全的缺口问题，但要补齐首都的自然生态占水36.57亿m^3，这无论在生态和经济上都是个天文数字，单靠从丹江口水库调水是解决不了的，这就是为什么北京的人口承载力不能超过1800万的主

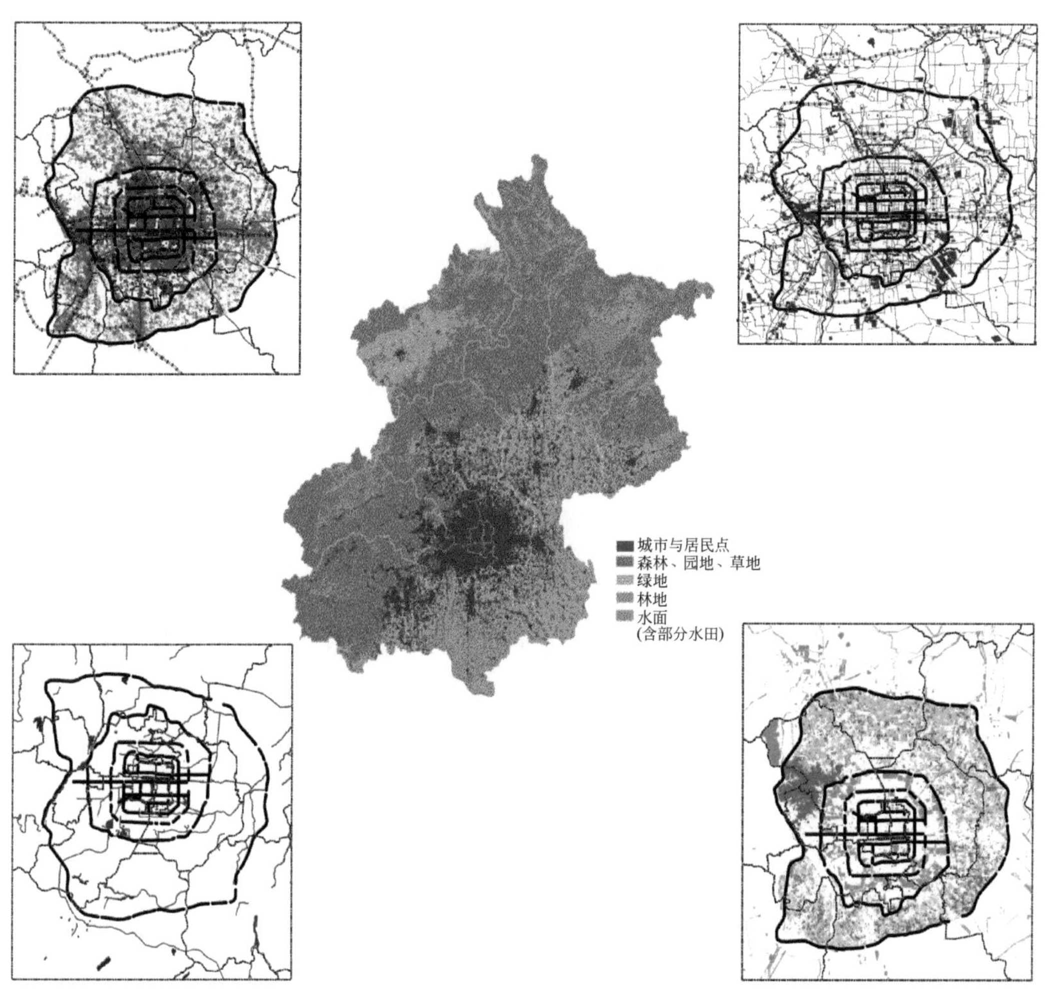

图3　北京市域四色空间共轭生态规划图

要原因。水的共轭生态需要权衡上水（水资源）与下水（水环境）、径流水与地下水、防渗与回灌、抗旱与防洪、生产生活用水与生态服务用水，污水的集中与分散处理，人工与自然处理等冲突关系。

第七是与能源开发、利用、节约规划相对应的能源耗散、更新和影响减缓规划。现行的城市能源专项规划只计算需要多少化石能和配套的基础设施建设，不仅缺乏对可更新能源的利用规划，对于能源使用后变成废热形成的热岛效应、污染效应、温室效应和扰民效应却不考虑。环保部门只对主要物态型污染排放有控制方案，却缺乏能源利用的整个生命周期过程的研究和相应的减缓环境影响的规划。

第八是与城市物流、人流、交通流和资源能源供给的生态动脉（维持城市复合生态系统生产和生活功能的资源流，如水、电、热、气、原材料、成品、半成品等及人流通道）规划相对应的下游废弃物循环再生的生态静脉规划（城市污水、垃圾、粪便、固体和危险废弃物代谢的运输、储存、净化、处理和循环再生通道），包括污水资源的集中和分散处理相结合的净化、再生、循环利用规划，固体废弃物和粪便的无害化、资源化和生态工程建设规划。将传统水利管理改为包括水资源、水环境、水生境、水景观、水安全在内的水务管理，垃圾清运和化粪池管理改为生态卫生和经脉产业管理。

第九是与纵向、树状管理体制建设相对应的横向耦合、综合决策、系统监测、信息反馈和能力建设的复合生态整合规划。举个例子，中国大多数城市道路中间的绿地都高于两边路面，雨水一来，将地表污染物冲到路面，由路面再通过地下水沟汇集到地表水体中，增加了水体的污染负担，同时水又回渗不到地下，阻断了地下水的正常补给途径。城市给水排水的概念已从传统的给水改为补水（补齐循环利用周期的损失部分、补齐地下和自然生态占水），传统的排水改为净水和滞水（尽可能把水变干净、留下来、回渗到地下）。绿地的功能也从单纯怡神悦目的景观功能向涵养水资源、净化水环境、调节微气候的复合生态功能转化。所以国外很多城市的绿化带一般比周边路面要低一些，下设湿地生态工程和溢流管，既有景观功能，又有雨水净化、水源涵养、湿地回渗、减灾防灾和气候调节等生态服务功能，可大大减少头道雨水对地表水体的污染负荷、减少雨洪灾害。但现行城市管理体制，环卫、绿化、水利、建设部门各司其职，各尽其责，单个部门似乎都没问题，但整体效率却很低下。

城市共轭生态规划包括生态概念规划、生态工程规划和生态管理规划。城市生态概念规划包括自然和人类生态因子规划、生态关系规划、生态功能规划、生态网络规划。

（1）自然生态因子规划。水（水量、水质、水生、水景、水灾）；火（太阳能、化石能、气候、大气）；土（土壤、土地、地质、地理、景观）；木（植被、作物、动物、微生物及其他生命有机体）；金（矿产、建材、营养物、废弃物）。

（2）人类生态因子规划。人口（数量、质量、结构、动态）；人力（劳力、智力、购买力）；人文（技术、体制、文化）；人心（价值、信仰、伦理、道德、风尚）；人气（集聚效应、环境影响）。

（3）生态关系规划空间：区域、流域、政域、城域、街区；时间：地质、地理、城建、经济、人文；数量：规模、速度、密度、容量、足迹；结构：人口、产业、景观、社会、基础设施；序理：竞争、共生、自生、再生、进化。

（4）生态功能规划。生产功能（物质和精神产品）；生活功能（就业、消费、居住、游憩）；流通功能（人、财、物、信息）；还原功能（环境净化缓冲、废物循环再生、医疗保健、教育改造）；调节功能（人工管理和自然调节）。

（5）生态网络规划。物质代谢网络（输入、排出）；能源聚散网络（供需、耗散）；水代谢网络（量与质、自然与人工）；交通运输网络（人、物、信息）；城市景观肌理（风、水、形、神）；城市社会文脉（商贾、人文、邻里）；城市管理体制（社会、经济、环境）；城市安全网络（治安、急救、防灾）。

（6）生态工程规划。包括水、能源、景观、交通和建筑等的系统工程规划。

（7）生态管理规划。包括生态资产、生态服务、生态代谢、生态体制、生态文明的管理。

4　北京："逆摊大饼"的共轭生态规划

北京共轭生态规划共分六个层次（王如松，2004）：

（1）京津冀北区域及流域共轭生态规划。重点处理区域-市域、坝上-坝下、河网-海涂，以及京津两市和周边7个地级市的共轭生态关系。

（2）市域生态区划与规划。重点处理山区-平原、郊区-市区，以及18个区县的共轭生态关系。

（3）山区生态涵养带规划。重点处理山、水、林、田、路、矿、村、舍的格局与过程，沟谷与廊道的共轭生态关系。

（4）北京湾平原区生态规划。重点处理主动脉和"糖葫芦串"，基本生态用地和城乡建设用地，以及水路网络和村镇斑块的共扼生态关系。

（5）京东新城发展带生态规划。重点处理新城和绿带、城市发展用地和生态服务用地及三个重点新城间的共轭生态关系。

（6）中心区"逆摊大饼"生态建设规划的共轭关系，重点处理新区建设和旧城改造、功能紧凑与展肢瘦身、文脉保护和舒筋活络的共轭生态关系。

北京、天津以及周边河北省的7个城市，面积16.8万km^2，城市化水平达45%。但九市分属三个不同的行政区域，各自为政，在复合生态管理方面缺乏有效的沟通和协调机制。一方面，北京和天津两市利用其优势竞争地位，加速从冀北获取资源，使得冀北七市自然生态耗竭和环境污染严重，人才、资金、技术等生产要素向北京、天津集聚；另一方面，受行政区利益的驱动，北京和天津两市的产业扩散和生态涵养又主要集中在行政区内进行，对冀北七市没有形成持续和强有力的辐射带动作用，使得冀北七市生态建设、经济发展和城市化进程都受到一定程度的抑制，并反过来制约了京津两市的可持续发展，使得北京城市发展呈"摊大饼"的畸形格局。解决北京生态问题的关键在于区域协调、城乡协调、人和自然协调，经济与社会协调，对内和对外的协调。

城市建设的"摊大饼"格局已成为中国城市化进程的一种无奈模式，是城市一定历史发展阶段的必然产物，具有一定的社会经济合理性，反映了紧凑型城市发展的需求。"摊大饼"式有利也有弊：其单位边缘线服务人口最多，经济成本最低；但单位面积享受的与自然交融的边缘线最短，因而生态效应最差；政府对边缘地带的环境管理最薄弱，基础设施建设滞后，污染物处置成本低廉；"摊大饼"式的社会边缘效应最适合低收入流动人口寄宿、废弃物的转运和边缘带农民的致富；边缘地带的环境变化剧烈，社会稳定性差，经济生产力高。

未来的生态北京建设将以绿色和红色空间的犬牙交融关系为主线，以蓝色和灰色脉道活化为经络，切红楔绿，为生态服务功能楔入城市提供系统方法，让自然融入城市、让社区充满生机、让市民享受自然。"逆摊饼"过程通过切红楔绿生态工程将区域生态服务功能逆向楔入建成区内，破解热岛效应、灰霾效应、污染效应和阳伞效应，逐步改造人居环境的生态功能而又不大动筋骨（图4）。

展肢瘦身：北京中心城区化石能源消耗和硬化地表热辐射的人均直接生态影响相

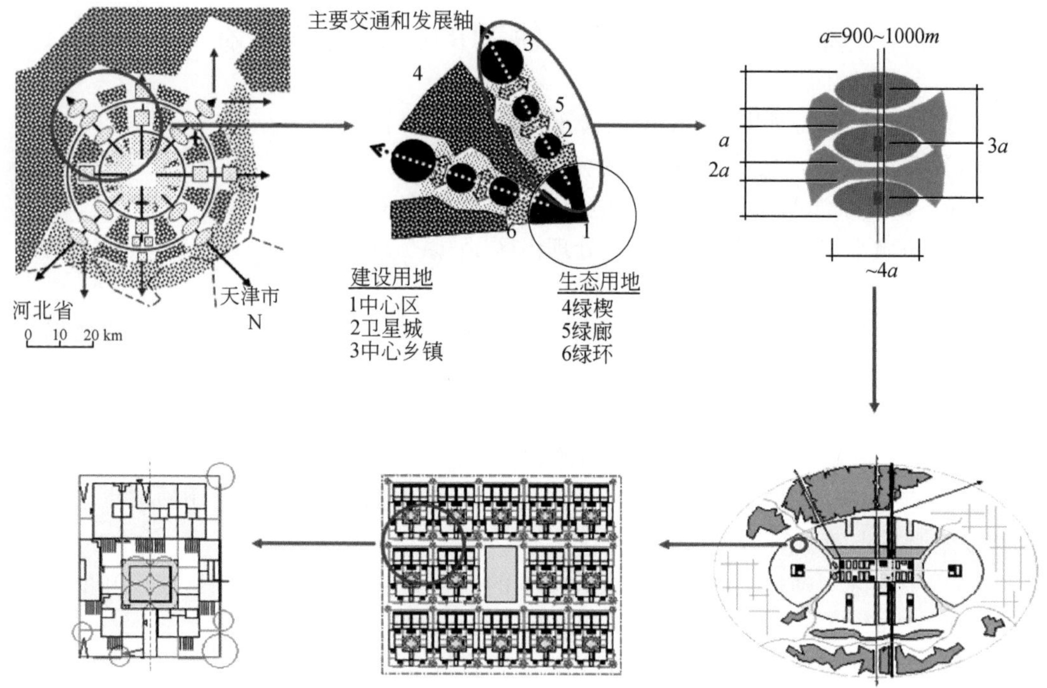

图4　北京不同尺度土地利用的“逆摊饼”共轭生态设计

当于2.4倍于人均占地面积的太阳能辐射量全部散射到近地表，加上交通堵塞和大气灰霾现象，形成显著的热岛效应。必须从功能上调整，让板块的“饼”长出肢体、沿城市主动脉朝既定方向伸展、活化而不是蔓延平铺。但是这个胳膊一定要交通非常方便的轻轨和公交主动脉，沿线布局“糖葫芦串”型多功能复合城市社区，以达到既节约和优化用地，又强化生态服务功能、减少环境负面效应的目的，疏散、缓解三环内过大的人类活动压力。北京城区内部是四方形的，城郊结合部是“糖葫芦串”形的，农村是“葡萄串”形的，还有基本农田的四方网络，形成一套北京独特的景观格局。关键是从“饼”到“星”怎么把它切开，特别是从北京、廊坊到天津的廊道，一定要超越行政的界限，凸显“糖葫芦串”形的复合型生态主动脉，至少1/3的劳动力人口能就地就业，每个节点到城中心的时间最快为30min，这样就有可能把人吸引过去。

舒筋活络：舒浚、活化城市人、物、气、水的流通网络，特别是城区的风道、水道、交通和静脉网线；改造、优化城市不同等级的交通枢纽、节点和物质、人员转运站点。比如，把断了的河流重新接通，把低下的阴沟恢复为地表的河流，让静态的水流动起来。

外楔内插：旧城改造除少量必要更新改建部分外，大多是不可逆的。适应型共轭生态规划除少数影响城市功能的必要廊道和节点外，主要是利用现有的高压线廊道、交通廊道以及水路河道等见缝插针、切红楔绿、改灰复蓝，以外向内楔入一个有一定生态和经济效益的绿蓝空间。

入地上天：从平面生态建设向空中和地下生态建设发展，在环境容量许可的前提下拓展空中和地下的生态服务空间，充分利用和合理规划地表上、下的物理空间、能量空间、生物生产潜力和环境净化潜力，减少由于建筑格局不合理导致的热岛效应、灰霾效应、污染效应、拥堵效应和景观效应。有条件的地方，立体绿化面积应超过建设占地面积。

首都东部发展带的顺义、通州、亦庄三个新城人口将达250万。未来城市“大饼”会不会继续东摊，导致三城之间连片发展？为此我们设置了现状趋势外推、土地严格控制和土地柔性生态管理三种情景分析模式，模拟了未来20年东部发展带不同土地管理模式的社会经济和自然生态效应（图5）。结果表明：现状土地利用趋势外推的“大饼”东摊模式虽然其经济效益最大，但自然生态效益和社会生态效益在三者中处于最低；土地总量和结构严格控制的刚性管理模式具有较好的自然生态和社会生态效益，但其经济效益在三者中最低，土地的经济生态潜力未得到合理利用；基于土地生态经济服务功能并沿主动脉轴向发展的柔性管理模式兼顾了社会、经济、环境效益，复合生态功效最高。三种情景模式2024年城市建设用地在模拟区域中的比重将分别为36%、26%和29%（2004年为20%）。三者的复合生态功效分别为0.290、0.518和0.782（图6）。

要保障第三方案的实现，北京土地管理的重心必须从土地的一次性审批和数量控制扩展到所有建设和非建设用地的连续性生态经济功能管理；变土地的单目标地籍管理为多目标的社会、经济、环境复合生态管理；建立科学的生态经济功能评估、监测体系和审计制度；对新开发利用的土地实行社会、经济和生态功能总量的科学控制，开发后的土地生物质生产潜力应高于或至少不低于原土地以备国家粮食安全受到威胁时能生产出相当于原产量的粮食，表层熟土总量，地表及地下水文平衡状态，温湿调节能力，可更新能源利用率，环境净化能力，废弃物流出量以及生物多样性维持能力等应优于或至少不低于原土地的生态功能；同时，原住地居民的工作安置、经济收入的稳定性、原社区的文脉等至少不低于原有的水平。对已建成区，也实行常规的年度审计与奖惩制度，并将考核结果作为衡量土地利用单位生态经济绩效的重要指标。现代生态工程和生态管理技术的创新可以实现在维持原有土地生物生产潜力和强化生态服务功能的前提下满足一定比例的建设用地需求，实现以质量保数量、以技术换土地、以管理换功能、以生态促经济的社会、经济、环境三赢目标。

城郊土地除基本农田外，还要保证城市基本活动所需要的最小生态服务用地。城市基本生态用地包括斑块、廊道、楔条、环带等，以及一些边缘界面，如建城区“摊大饼”式建筑用地和相邻郊野土地的界面、主要出入城交通干线表面硬化土地与沿线两侧农田、建筑用地的界面、主要出入城水道及沿岸生物群落与周边自然及人工环境的界面、郊区不同类型工业园、站、场、厂与周边农田生态系统的界面、郊区不同档次居民点与周边自然及社会环境的界面、城市垃圾堆置处理场与周边自然及社会环境的界面、沙石泥土开采场站与周边环境的界面、高档休闲飞地与周边环境的界面及其他社会、经济、自然子系统交互作用的界面等。

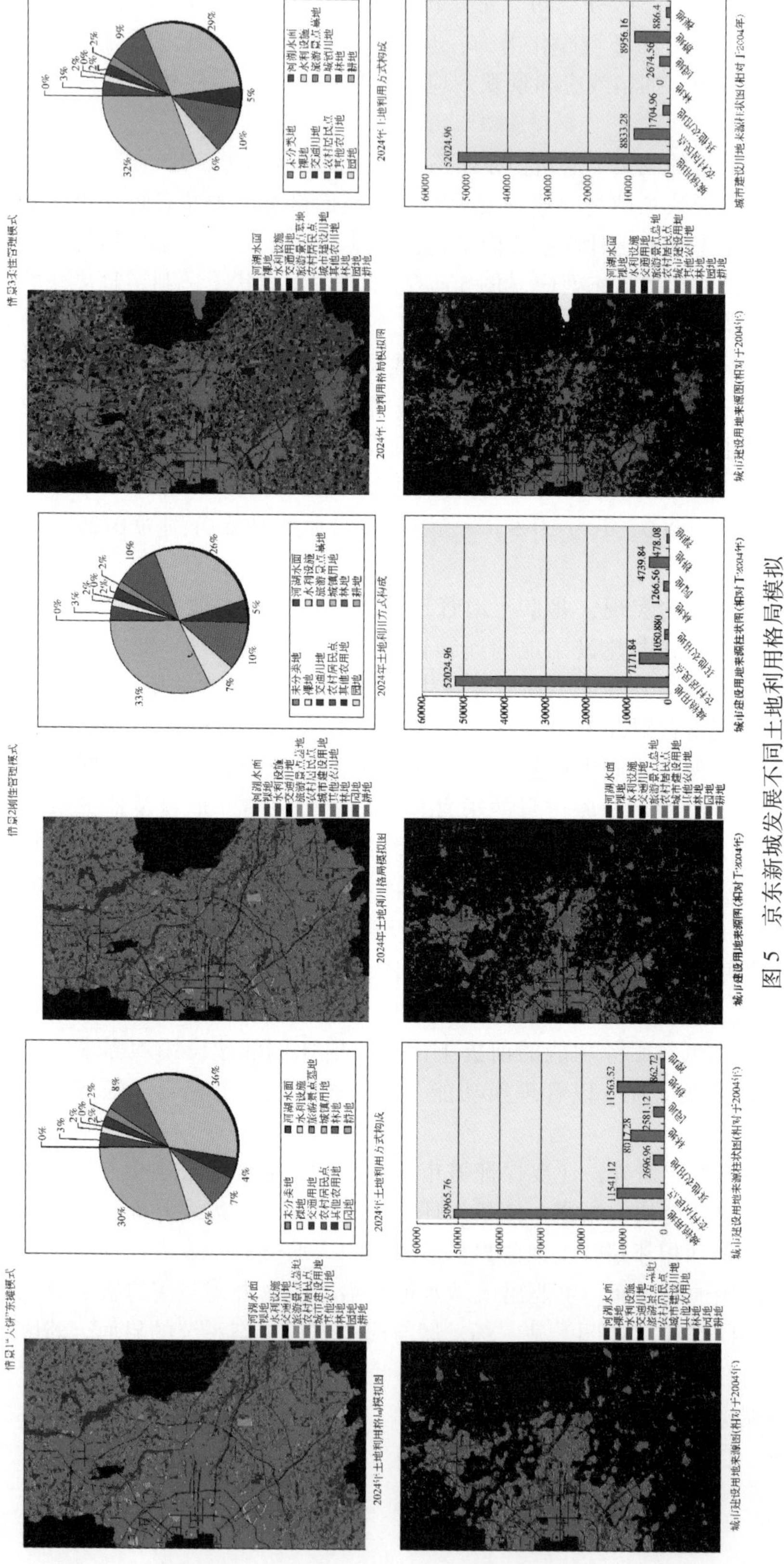

图 5　京东新城发展不同土地利用格局模拟

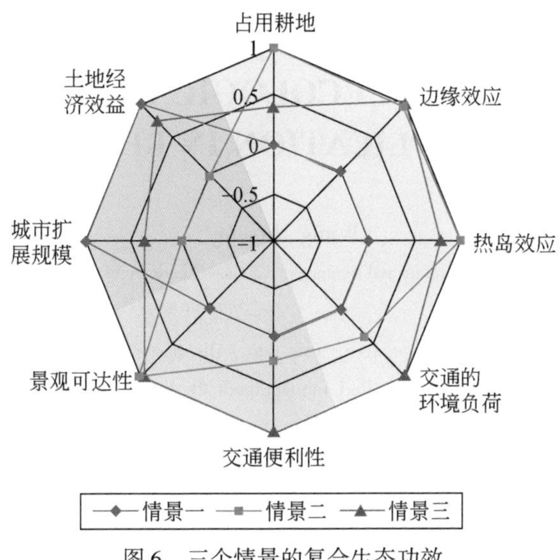

图6　三个情景的复合生态功效

结论

共轭生态规划是协调人与自然、资源与环境、生产与生活以及城市与乡村、外拓与内生之间共轭关系的复合生态系统规划，是平衡城市人与环境间开拓竞生、整合共生、循环再生、适应自生关系的规划，特别是社会服务和生态服务的平衡经济生产和自然生产的平衡、空间关联与时间关联的协调、物态环境和心态环境的和谐。城市生态规划首先要从众多表象问题（环境污染、资源破坏、健康下降等）的辨识开始，审视其生态学本征，了解其科学症结（生态滞留与耗竭、结构破碎与功能板结、行为短见与机制缺损），进而了解它的机理（动力学机制、控制论原理、系统关系等），并从区域生态规划、人居生态管理、产业生态建设的层次来综合指导城市的规划、建设和管理。

参 考 文 献

马世骏，王如松．1984．社会-经济-自然复合生态系统．生态学报，4（1）：1-9．

王如松，胡聃，王祥荣，等．2004．城市生态服务功能．北京：气象出版社：254．

王如松．2004．北京共轭生态规划研究．中国科学院生态环境研究中心，北京城市规划设计研究院研究报告．

Larry L，Wang R S，Guest E. 2007．EcoSummit 2007 and beyond，Frontiers in Ecology and the Environment，5（6）：287．

Odum E P. 1997. Ecology：a bridge between science and society. Sinaucr Associate，Inc.

Palmer，et al. 2004. Ecology for a crowded Planet. Science，28：1251-1252.

URBAN CONJUGATE ECOLOGICAL PLANNING AND ITS APPLICATION IN BEIJING

Wang Rusong

(Research Center for Eco-Environmental Sciences, Chinese Academy of Sciences, Beijing 100085)

Abstract　From an ecological perspective, this paper discusses unbalanced metabolism of urban issaes, disordered system and uncontrolled management. It also introduces the conjugate relation among urban society, economy and natural system, demonstrates the urban-ecorelationship, knowledge and the meaning of harmonious status and discusses the eco-control principles of urban conjugate ecological relationship and conjugate ecological planning. Conjugate ecological planning is a kind of planning to harmonize the relation among cities, human beings and nature, the relation between resources and environment, between production and living, between cities and countryside, extending and entad development. It is a method to balance issues among cities, human beings, environment, and coexistence, renew, and adapting relations. Its core idea is urban ecological service and ecological construction. This paper is a case study on the conjugate ecological planning during the revision of Beijing Master Plan which has introduced 9 types of conjugate ecological relation and some contents of the 6 layers in Beijing conjugate ecological planning as well as methods.

Key words　urban issue, urban ecology, urban compound ecological system, urban conjugate ecological system, eco-service, eco-construction

ECO-SERVICE ENHANCEMENT IN PERI-URBAN AREA OF COAL MINING CITY OF HUAIBEI IN EAST CHINA*

Wang Rusong　Li Feng　Yang Wenrui　Zhang Xiaofei

(State Key Laboratory of Urban and Regional Ecology, Research Center for Eco-Environmental Sciences, Chinese Academy of Sciences, Beijing 100085)

Abstract　After 50 years of coal mining, Huaibei Mine, located at 50 km southeast of Xuzhou City in East China, has grown to a middle-size city of 600, 000 people from a small village of 2000 farmers. The Zhahe Valley, with 400 km^2 of a built-up area and more than 100 km^2 of subsided peri-urban wetland at the city center, is surrounded by eight exhausted old mines and communities. In cooperation with the local city government, an ecological landuse change assessment and eco-city planning project has been carried out with a focus on the assessment, restoration and enhancement of the wetland as an eco-service to the community. The assessment includes relationships to Green House Gas emissions and heat island effects, as well as measures for a livable, workable, affordable and sustainable human settlement development through industrial transition, landscape design and capacity building. This paper will briefly introduce the main ecological approaches and results of the assessment, including measures such as changing the car-dominated transportation network to a rail-dominated network, transforming the coal-oriented high-carbon industry to a service-oriented low-carbon industry, the C-shape urban form to an O-shape with a green-blue core at the center, and the fragmentized collapsed land to integrative eco-service land.

Key words　peri-urban, eco-service, coal mining, city, huaibei

1　Introduction

Huaibei city is now a middle-size coal mining city in the North ofAnhui Province witha population of 1. 22 million in a 753. 5 km^2 urban areas. It is located at 58 km southwest of Xuzhou in East China at the joint between Beijing-Shanghai railway and the Asia-Europe Continental Rail Bridge connecting The Hague in the Atlantic to Lianyungang at Huanghai Sea. Following 50 years' of development, the downtown area has become a middle-size modern city with 600,000 citizens and diversified industries[1]. However, as the coal resource will soon be exhausted after 50 years mining, and local coal-dependent industry is suffering. Huaibei city is in serious and timely need of ecosystem restoration and economic transition.

* 原载于：Acta Ecologica Sinica, 2009, 29 (1): 1-6.

2 Drivers and pressures: the mining edge effects

Modern industry is characterized by a large scale exploitation and utilization of fossil energy. To meet the increasing demand of fossil energy, Huaibei city was established in 1958 and has rapidly expanded to a middle–size city since then. The downtown area of the city was only a small village of less than 2000 people in 1958, when the first mine started to produce coal. Before the1980s, there were eight isolated mines and one large power station separately located in the Zhahe Valley each surrounded by subsided land, coal gangue hills and residential areas of mine workers. In the 1990s, in accordance with the development policy, various industries have been developed around the downtown area of Xiangshan district, where the city government is located. Since 2000, along with the rise of coal prices, the city sprawled very rapidly along the northern and western areas, with most of the mines expanding, adjacent to each other, with more than 100 km^2 of subsided and subsiding wetland in the center (Fig. 1) .

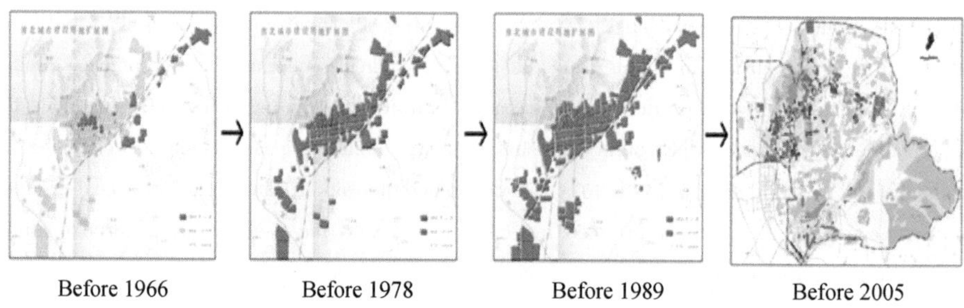

Fig. 1　The Urban sprawling of Huanbei city (1966-2005)

Like most coal mining industry towns, the city's development reflects the significant characteristics of edge effects between resource exploitation and environment conservation; underground mining and surface subsiding; traffic line and adjacent area; industrial landuse and rural development; and agricultural and industrial civilization. Starting from each mine, the edge effect is limited to a small-scale peri-urban area with some shops, slums, small factories and service facilities installed around each mine. Gradually, some of these peri-urban areas spread out and formulated larger urban and peri-urban areas along the main roads and railways. Before 1990, the old downtown area of the city was between the Xiangshan Mountain in the north and the railway in the south, and later the new town developed to the south of the railway extending over the subsiding wetlands, while along the railway and under the electrical transmission lines slums of the poor and migrant workers were established (Fig. 2) . The periurban pattern of the central town sprawls like a sandwich (Fig. 3) consisting of two kinds of peri-urban edge effects: one is the ecotone between new development areas and the subsiding wetlands in the south, another is the ecotone between the old town and new town with some slums and brown spaces in it. Along with frantic real estate business development, a fast-growing urban sprawl has descended from the northwest to southeast in the recent years by filling the subsided wetlands.

Fig. 2　Peri-urban area along the railway and electricity transform line

The landscape of a peri-urban area in a coal mining city is characterized by a large area of subsided land, huge piles of coal gan-gues and the massive relocation of farmers from less developed areas into the city. While relocated farmers take on underground coal mining jobs, large numbers of local farmers also lose their farmland.

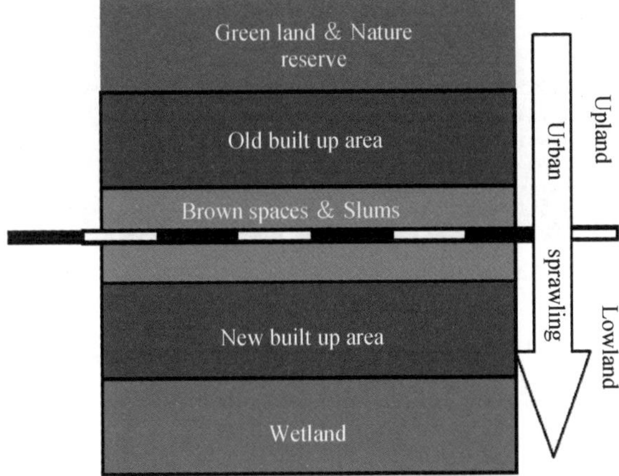

Fig. 3　Urban sprawling pattern of Huaibei city with a peri-urban area between the old and new area

According to the statistics of the Huaibei MineCompany, for each 10, 000 tons of coal production in Huaibei, 0. 28 ~ 0. 30 hectares of land is destroyed, further producing 700 tons of coal gangues. During the past 50 years, 300, 000 farmers have lost their farmland, 160 km^2 ofland has subsided or is subsiding and more than 30 million tons of coal gangues waste has been produced. Over 600, 000 migrants have settled in the vicinity of the eight mines and the central town around the subsided wetlands. Agriculture has suffered dramatic declines over the past 50 years.

3　The impacts and benefits: the eco-service change in peri-urban areas

The Zhahe Valley, where the Huaibei city is located, used to be grain producing farmland with annual precipitation around 863 mm and an average temperature 14.5℃[1]. Three main rivers, the Shuihe, Longdaihe and Zha he all flow through the city. As most of the farmland is covered by saline-alkali soil, and although the ground water is plentiful, productivity is not high, biodiversity is not rich and the vegetation in most areas was destroyed leaving most hills desert during 1950s and 1960s. To provide the coal mining and other related industries with urban construction building materials, a large area of green land became quarry sites and local ecosystems were severely deteriorated in some places.

During the past 50 years, more than 160 km^2 was lost to mines for production or subsidence land. Most of the subsided areas have since become wetlands, providing an important eco-service function and economic value to the city's future development (Fig. 4). Approximately 300,000 land-less farmers have been transferred to factory or service industries.

Fig. 4　Subsiding land in the peri-urban area city

Coal mining has resulted in many negative impacts on ecosystem service in some regions, especially in peri-urban areas, including landscape destruction; farmland loss and subsiding terrain; declines in food productivity; air pollution; increased carbon release; watershed eutrophication; heat island effects and weakening of the hydrological cycle[3,5,6,9-11].

Ecosystem services refers to a wide range of conditions and processes through which natural ecosystems, and the species that are part of them, help sustain and fulfill human life[2,4]. Ecosystem services are the benefits people obtain from ecosystems[8,12-14]. However, not all ecological conditions processes are beneficial, some are restrictive or even detrimental to a certain extent, such as flood, storm, heat island effect[13]; some are either beneficial or detrimental to different time, space and target groups. As man is not superior to nature nor nature a servant of man, we should also discuss the service man provides to nature. So we define ecological services as a mutual interaction between people and nature, providing each other with promoting or restricting conditions and processes through which sustainable relationships can be maintained[7,12].

Types of eco-service from nature-to-man include product provisioning (the renewable goods produced or provided by nature for people, including water, fire, food, wood and minerals); infrastructure supporting (the natural infrastructure conditions for life on earth supported by nature to people including land, habitat and scenery); habitat cultivating (the circumstances cultivated through soil formation, atmosphere and habitat maintenance, water and soil retention); bio-geo-chemical circulating (the fundamental ecological processes critical to life including the nutrients and hydraulic cycles, biological regeneration, pollination and genetic resources); functional regulating (these are the services that regulate and sustain the environment, including climate regulation, environment purification, biological control and disaster buffering)[13,14].

The type of eco-service from man-to-nature includes production (the semi-artificial goods produced by humans in harmony with or partly beneficial to nature such as agriculture, horticulture, forestry, livestock, fishery and industry); construction (the conservation and protection of natural infrastructure within urbanization and industrialization, such as greening, waste treatment, disaster control, and other eco-engineering); restoration (the actions to return disturbed land/ecosystems to a sustainable state, including nature reserves, re-forestation, water and soil retention, and disease control); transportation (the human cultivated ecological processes critical to life such as the cycling of water, energy, materials, biological regeneration, pollination and genetic resources); cultural regulation (the services provided by humans to regulate and sustain nature such as institutional enforcement, spiritual enrichment, cognitive development, and eco-tourism).

During the past 50 years, coal mining in Huaibei city has put a severe environmental load on local and regional ecosystem[1] services such as:

Destruction of landscape: The subsiding area of Huaibei totals about 72 km^2, and will increase into 100 km^2 in the next 10 years. The coal stone waste produced from mining totals about 30 million tons[1]. Landscape destruction is one of the significant effects of coal resource exploitation and processing, with many exposed coal piles covering farmland and destroying the neighbouring landscape. In addition, the coal dust from mining operations is blown far and wide, covering plants and affecting their photosynthesis and production.

Subsiding terrain and farmland loss: Due to the effects of coal mining, the area of productive farmlands in Huaibei city has been reduced by about 60 km^2 in the past 50 years.

Decline in food productivity: The exploitation of coal has reduced the vegetation coverage and decreased food productivity. Sulfur in the coal dust has affected the respiration of the crops and reduced the photosynthesis activity and crop outputs. Food loss per year due to mining is about 18, 144 t/a. Mining also produces air pollution and an increase in carbon release.

Increase in carbon release: According to the research reports, coal exploitation in Huaibei city amounted to about 60 million tons since 1978. According to the average carbon dioxide release from burning coal, approx. −2. 6 t CO_2 per ton-coal exploitation in Huaibei city has released about 156 million tons of CO_2 in its contribution to the greenhouse effect and global climate change[1].

Weakened hydrological cycle: Underground exploitation of coal mining and the drainage of mine pit water brought about the decline of underground water levels and resulted in a funnel area. Mining also changed the natural flow of the groundwater and its sources and drainage. The eluviation and penetration of mining wastes brought harmful effects to the regional water environment in the rainy seasons, with mining effluents also leading to watershed eutrophication.

Heat island effects: Many factors, such as urbanization, industry, population and built-up area result in heat island effects. In other words, the air temperature of urban area is higher than that of the rural areas. The population in built-up area of Huaibei city is about 620, 000, in an area of more than 12 million m^2, contributing to the urban heat island effect.

At the same time, coal mining has brought about many positive benefits to local and regional ecosystem service, such as:

Energy supply: With coal exploitation in Huaibei City amounting to about 60 million tons since 1978, and calculating based on the average selling price of coal resource in 2008-at 600 Yuan RMB per ton, it could be suggested that the indirect economic value of coal exploitation was nearly 36 billion Yuan RMB over 30 years[1].

Income and revenue increases: The average annual income per urban resident rose from 1407 Yuan RMB in 1990–8603 Yuan RMB in 2005 increasing more than 5 times. The average annual revenue per capita enhanced from 206 Yuan RMB in 1990 ~ 1267 Yuan RMB in 2005 and also increased more than five times (Tab. 1).

Tab. 1　Change of main economic indicators in Huaibei city from 1990 to 2005

	1990	1995	2000	2005
Total population (10, 000 person)	60. 9	72. 1	79. 5	92. 3
Urban population (10, 000 person)	36. 7	53. 3	59. 6	67. 4
Urban built-up area/km①	23	37	45	58
GDP per capita/Yuan RMB	1740	4055	5336	10252
Average annual income per urbanresident	1407	3311	5311	8603
Average annual revenue per capita	206	346	638	1267
GDP ratio of industry/%	67. 1	70. 0	61. 6	65. 1
GDP ratio of service industry/%	27. 3	27. 2	34. 7	32. 0

Employment opportunities: In 2005, Huaibei city offered 921 employment opportunities for people. Employment streets and industrial parks were constructed for people to initiate their company. The urban unemployment ratio was kept under 3. 5%.

Wetland creation: Coal mining activity in Huaibei city has led to a large subsiding area of 72 km^2, but at the same time, filling with water and creating a blue water landscape, more than 10 km^2 of wetlands, including South lake, Middle lake, North lake and East lake. The creation of wetlands provides many ecosystem services for citizen's quality of life and eco-city development.

---

① Combine restrictive control planning for ecologically sensitive, fragile and nature conservation areas with eco-service inducement planning of the Feng-Shui (wind corridor and water artery), ecological web, urban agriculture, etc., draw red line for built-up area control, blue line for wetland restoration, and green corridor and patches for further development.

Nature conservation and infrastructure enhancement: Green coverage in the urban is this a built-up area is 37% , with 11 m^2 of public urban green space per person. In the built-up area of the city there are 9 m^2 of road area per person, with 12 public busses per 10,000 persons. The popularization ratio of urban water use is 90% reflecting nature conservation and infrastructure improvements in the past few years[4].

Cultural restoration: Stone Figures from the Han dynasty are typical cultural items in Huaibei city with many cultural artifacts stored in Huaibei's Museum. Coal mining culture can also be reviewed, restored and celebrated through establishing a coal Museum.

Urban prosperity: The GDP per capita rose from 1740 Yuan RMB in 1990 to 10,252 Yuan RMB in 2005 increasing nearly five times. The GDP ratio of the service industry rose from 27.3% in 1990 to 32.0% in 2005 increasing by only 17%. From 1990 to today, the leading industry remains coal mining and related industries (Tab. 1). Industrial transition from the traditional sector to ecological and service sector is urgently required in Huaibei city to avoid serious social, economic and environmental problems.

4 The responses and prospects: conjugate ecological planning and management

The Mayor of Huaibei City, Mr. Chongxin XU, was the president of Huaibei Coal Mining Corporation before he was elected as the mayor. As president he dedicated himself to the coal mining industry of Huaibei for more than 40 years. Surveying the destroyed landscape, he felt guilty about the past exploitation of nature and promised to transition of his role from destroying, to the conservation of nature and dedicated the second half of his life to compensating for, and restoring the deteriorated ecosystem. Mr. XU has committed to building a new eco-city encompassing an ecological civilization, strong ecosystem service, low-carbon release and a circular economy. The mayor has invited foreign and domestic researchers and experts from International Council on Ecopolis Development and Chinese Academy of Sciences to work together with local people in the wetland restoration and ecopolis planning and management.

A series of actions have been taken to promote the city's natural, economic and social ecological restoration since Mr. Xu has taken on the Mayor's position. A concept plan for eco-city development, an action plan for wetland restoration and a strategic plan for industrial transition towards circular economy and low-carbon economy are being developed by a large group of international and domestic scientists and experts. An international forum on integrative ecosystem restoration and ecopolis development will be held in Huaibei in May. 2009.

Recently, preliminary system identification and simulations have been carried out. Some primary results have emerged from the Scenarios of 3 alternative city development strategies with a focus on eco-service enhancement. Indicators studied include the positive benefits and negative impacts related to flooding control, water supply, food production, habitat cultivation, environment purification, carbon reduction, soil cultivation, ecotone edge effects, landscape scenery, heat island effects, traffic accessibility, and economic efficiency.

4.1 Scenario 1: C-shape urban expansion according to the city's 2006–2020 Urban Master Plan

According to the 2006–2020 urban master plans, a new city will develop at the foot of Longji Mountain in the southeast Huaibei, and at the same time, the old city will extend its area to the southand connect with the new city, forming a C-shape urban configuration. Under the landuse policy, the badlands and the destroyed mining lands will be rehabilitated for urban development and parts of the water area and subsiding areas will be reclaimed for urban development and agriculture–however most of water areas will be protected from urban development. The urban industries encouraged will be coal, chemical industries and real estate. The urban traffic systems connect via an outside ring road and urban artery, based on serving bus and car traffic. The comprehensive eco-service index of this scheme is 0.42.

4.2 Scenario 2: Rapid land development to meet the challenge of economic development

Economic development over nature's ecological service. In order to satisfy the pressure to develop the urban economy, most of subsided areas will be restored for urban construction, financed by developers, with present wetlands occupied by urban development and high profit agriculture. The coal and chemical industries continue to dominate the urban economy. The natural ecological services supply to the city will decline. It can be foreseen that the city will expand its area to south and east, and the traffic systems will be optimized to inside and outside of the city. Urban transport is centered on bus and car traffic. The comprehensive eco–service index of this scheme is 0.25.

4.3 Scenario 3: O-shape development with simultaneous natural and human eco-service restoration and industrial transition towards circular economy

This scheme encourages the system restoration of natural and urban landscape and circular economy transition, with focus on wetland and vegetation restoration, eco-mobility and compact urban development, as well as a industrial transition from high-carbon to low-carbon release but high value added industry, encouraging intangible industry development. The city will develop along a new eco-artery by using the existing mines' railways and form an O-shape urban configuration. Compact landuse and urban renewal will be planned. Most agricultural lands are protected and the subsiding areas occupied by agriculture will be restored for both food production and eco-service to the city. The urban traffic systems are inter-connected with tram railways, trains and buses as dominant transport systems. The comprehensive eco-service index of this scheme is 0.83, ranking first among the three scenarios. Fig. 5 shows the final result of the scenarios with Scenario 3 as the best and Scenario 2 as the worst.

A conjugate ecological planning process has been initiated. It is a kind of social-economic-natural complex ecosystem planning to balance and/or reach compromises in the relationship between environmental and economic development; social and natural service; physical and

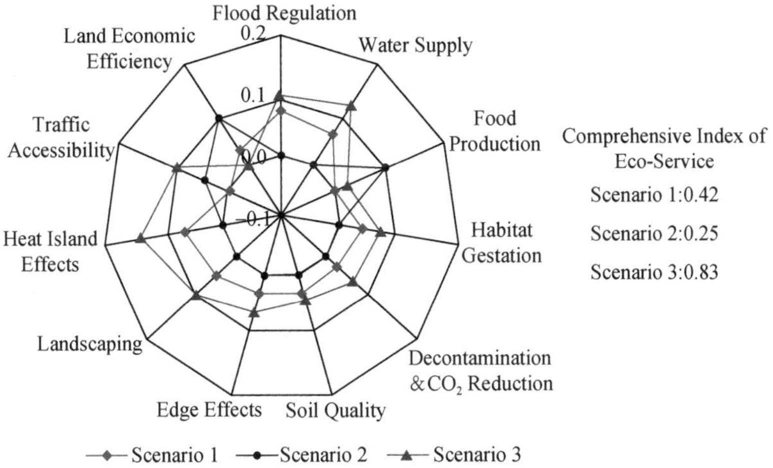

Fig. 5　Scenario results of Peri-urban restoration

ecological infrastructure; local and regional development; historical and future contexts; tangible and intangible, positive and negative ecological impacts (Fig. 6).

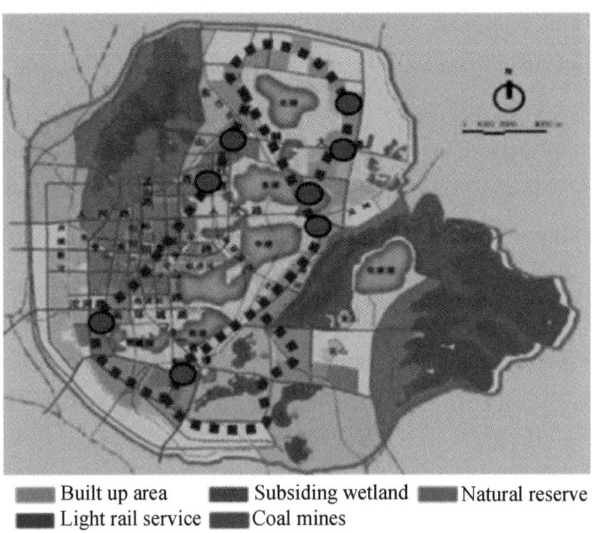

Fig. 6　Urban ecological mining with light rail networking, peri-urban ecosystem restoration and low-carbon industrial transition

(1) Combine town planning with three scales of Zhahe Valley ecosystem, Suihe river watershed, and Xuzhou regional economic complex planning to promote sustainable exploitation, use and maintenance of the five natural elements of water, fire, wood, soil and mineral in the region.

(2) Combine restrictive control planning for ecologically sensitive, fragile and nature conservation areas with eco-service inducement planning of the Feng-Shui (wind corridor and water artery), ecological web, urban agriculture, etc., draw red line for built-up area

control, blue line for wetland restoration, and green corridor and patches for further development.

(3) Combine built-up area (red space) planning with nonbuilt-up area planning (green, blue space, brown corridors and patches) to develop a comprehensive eco-service management plan to restore and efficient use the urban agriculture, forestry, gardening, wetland and wastes regeneration, with an ambitious goal to build the city as beautiful as that of the lake city of Hangzhou and garden city of Yangzhou.

(4) Switch two-dimensional landuse planning to three-dimensional ecoscape planning including underground wasted mine space and aboveground physical space considering ecological carrying capacity planning.

(5) Combine water use for human consumption and production with water use for natural ecosystem maintenance; water pollutants treatment planning and hydro-engineering planning with water ecological engineering and productive wetland restoration with a focus on integrative water management of rain water, runoff water, ground water and grey water.

(6) Combine intensive energy exploitation and utilization planning with extensive energy dissipation and renewal energy use planning, with a focus on low-carbon industry transition; and pollution control and treatment planning with eco-service conservation and development to reduce heat island effects, pollution effects, greenhouse effects and citizen disturbance effects.

(7) Combine supply-oriented urban metabolism and eco-mobility planning with eco-vein planning for wastes recycling and regeneration and eco-sanitation development.

(8) Combine cultural heritage conservation of the Grand Canal culture with ecological texture, social arteries and veins, and human ecological integrity.

(9) Combine traditional vertical, top-down and tree-shape institutional management with horizontal coupling, bottom-up, integrative decision making, information feedback and system supervision, with a focus on stakeholders participation and eco-city mapping.

Acknowledgements

This research was financially supported by the Knowledge Innovation Project of the Chinese Academy of Sciences (KZCX2-YW-324, 422), the National Natural Science Foundation of China (70433001) and the Key Supporting Project of Ministry of Science and Technology of P. R. China (2007BAC28B04). We are grateful to the Huaibei government for providing information on their urban planning and development initiatives. Finally, we thank Philip McMaster for correcting and polishing the manuscript.

References

[1] Huaibei Statistical Bureau. 2006 Huaibei Statistical Yearbook, Beijing: China Statistics Press. 2006.

[2] Daily G C. Nature's Services: Social Dependence on Natural Ecosystem, Island Press, Washington, DC, 1997: 1-1010.

[3] Gettings M E, Bultman MW, Fisher FS. A complex systems model approach to quantified mineral resource appraisal. Environmental Management, 2004, 33 (1): 87-98.

[4] R. Costanza R, d'Arge R, de Groot S, et al. The value of the world's ecosystem services and natural capital. Nature, 1997, 387 (15): 253-260.

[5] Lacitignola D, Petrosillo I, Cataldi M, et al. Modelling socio-ecological tourism-based systems for sustainability. Ecological Modelling, 2007, 206: 191-204.

[6] Loomis J, Kent P, Strange L, et al. Measuring the total economic value of restoring ecosystem services in an impaired river basin: results from a contingent valuation survey. Ecological Economics, 2000, 33 (1): 103 ~ 117.

[7] Ma S J, Wang R S, Social-economic-natural complex ecosystem. Acta Ecologica Sinica, 1984, 4 (1): 1-9.

[8] Norberg J. Linking Nature's service to ecosystems: Some general ecological concepts. Ecological Economics, 1999, 9: 83-202.

[9] OECD. The Economic Appraisal of Environmental Protects and Policies: A Practical Guide, Paris, 1995.

[10] Rodriguez XA, Arias C. The effects of resource depletion on coal mining productivity, Energy Economics, 2008, 30: 397-408.

[11] Tiwary R K. Environmental impact of coal mining on water regime and its management. Water, Air, and Soil Pollution, 2001, 132: 185-199.

[12] Wang R S. The frontiers of urban ecological research in industrial transformation. Acta Ecological Sinica, 2000, 20 (5): 830-840.

[13] Wang R S, Hu D, Wang X R, et al. Urban Eco-services. Beijing: China Meteorological Press, 2004: 1-20 (in Chinese).

[14] Wang R S, Xu H X. A comprehensive approach for Yangzhou eco-city development. Beijing: China Science and Technology Press, 2005: 3-20 (in Chinese)

CONJUGATE ECOPOLIS PLANNING BALANCING ECOSERVICE AND HUMAN WELL-BEING IN BEIJING*

Wang Rusong Li Feng Juergen Paulussen

(State Key Laboratory of Urban and Regional Ecology Research Center for Eco-Environmental Sciences, Chinese Academy of Sciences, Beijing 100085)

Address for correspondence: Feng Li, State Key Laboratory of Urban and Regional Ecology Research Center for Eco-Environmental Sciences, Chinese Academy of Sciences, Shuangqing Road 18, Beijing 100085. Voice: +86-10-62849103; fax: +86-10-62849103. lifeng@ rcees. ac. cn

Abstract On the basis of the ancient Chinese human ecological principles, conjugate ecological planning is a kind of social-economic-natural complex ecosystem planning to balance and/or compromise the relationship between environmental and economic development. Eight conjugate planning issues were investigated. It was used in the ecological planning research for Beijing Master Plan revision. The results of East Beijing land-use scenario were shown and ecoservice-based land management strategies were proposed. The executive summary of conjugate ecological planning of Beijing urban ecosystem was introduced in the end.

Key words conjugate ecopolis planning, ecocity, ecopolis, ecoservice, Beijing

Introduction

People used to see physical "being" rather than ecological "becoming," and pay much attention to engineering construction, economic growth, and social service by neglecting its ecoservice function and man's role in it. Planning in Chinese means a kind of integrative learning process for planners, policy makers, and the public to reach a vision of how the ecoscape is coupling, functioning, and vitalizing in time, space, quantity, and order; a kind of integrative design process for physical, ecological, and esthetical innovation; and a kind of interactive adaptation process for looking environmentally sound, economically productive and behaviorally feasible way of implementation. Here the key is to make tradeoff between ecosystem service and human well-being through integration of "hardware" (technological innovation and integrative design), "software" (institutional reform and system planning), and "mindware" (behavioral inducement and capacity building) (Wang and Yan, 1998). On the basis of ancient Chinese human ecological principles, such as the Yin and Yang (negative and positive forces play upon each other and formulate all ecological relationships), Wuxing (five fundamental elements and movements within any ecosystem promoted and restrained with each other), ZhongYong (things should not go to their extremes

* 原载于：Annals of the New York Academy of Sciences, 2010, (1195): E131-E144.

but keep equal distance from them or take a moderate way) and Feng-Shui theory (Wind-Water theory expressing the geographical and ecological relationship between human settlements and their natural environment) (Wang and Qi, 1991), a conjugate ecological planning was carried out for Beijing capital ecopolis planning. The main goal is to promote ecosustainability at four levels of natural, economic, human, and systems ecologyfrom five kinds of contexts: time, space, quantity, configuration, and order.

Conjugate ecological planning

Conjugate ecological planning is a kind of social-economic-natural complex ecosystem planning to balance and/or compromise the relationship between environmental and economic development, between social and natural service, between physical and ecological infrastructure, between local and regional development, between historical and future contexts, between tangible and intangible, positive and negative ecological impacts (Wang and Paulussen, 2004). It includes:

(1) Combine town planning with regional/ watershed/hinterland planning to promote sustainable exploitation, use and maintenance of the five natural elements of water, fire, wood, soil, and mineral;

(2) Combine restrictive control planning for ecologically sensitive, fragile, and nature conservation areas with ecoservice inducement planning of the Feng-Shui (wind corridor and water artery), ecological web, urban agriculture, etc., such as red line control with green corridor cultivation, population quantity planning with life quality planning.

(3) Combine built-up area (red space) planning with none-built-up area planning (green, blue space and brown corridors and patches) to develop a comprehensive ecoservice management business from urban agriculture, forestry, gardening, wetland to wastes regeneration;

(4) Switch two-dimensional land-use planning to three-dimensional ecoscape planning including underground and aboveground physical space and ecological carrying capacity (water/air/heat/green) planning;

(5) Combine water use for human consumption and production with water use for natural ecosystem maintenance; water pollutants treatment planning, and hydroengineering planning with water ecological engineering and productive wetland restoration.

(6) Combine intensive energy exploitation and utilization planning with extensive energy dissipation and renewal-energyuse planning; and pollution control and treatment planning with ecoservice conservation and development to reduce heat island effects, pollution effects, greenhouse effects, and citizen disturbance effects;

(7) Combine supply-oriented urban metabolism and traffic planning with ecoartery planning for wastes recycling and regeneration and ecosanitation planning;

(8) Combine cultural heritage conservation with ecological texture, social arteries and veins, and human ecological integrity;

(9) Switch traditional vertical and tree-shape institutional planning to ecoweb, horizontal coupling, comprehensive decision making, system supervision, information feedback, and capacity building planning.

Conjugate ecological planning includes structural control and functional inducement planning. On one hand, ecological planning should identify and avoid disturbing fragile and sensitive areas, to protect the ecosystem components from deterioration in the urban development, to reduce or buffer the negative impacts of limiting ecological factors and minimize the development risks; On the other, in spite of "no," ecological planning should also say "yes" through inducement of people to make appropriate use of favorable factors, to cultivate ecosystem service of gestating, supply, supporting, regulation and circulation, and coordinating various functional relationship or Feng-Shui, including waterveins, soilvigor, air channel, biodiversity, geochemical cycling, productivity, attractiveness, landscape, civilization, and large-scale environ, so as to ensure the cleaning, greening, vitalizing, and beautification of the urban environment.

The ultimate goal of the conjugate ecological planning is comprehensive wealth, health, and faith. Wealth measures the structural state of the monetary assets, natural assets (mineral, water, forestry, soil, air, and biodiversity), human resource (man powers and intellects), and social resource (institution, arts, etc.); Health measures the functional state: human health, ecosystem health, and risks and opportunities on human being and their life support system; Faith measures the behavioral mode: values, material attitudes (life style, consumption customs, recycling tradition, and ecoethics) and spiritual relations (perceptions, concepts, and believes toward the totality or supernatural forces) (Wang et al. 1996). The temporal, spatial, quantitative, structural, and functional contexts are the main contents for the systematically responsible planning.

Countermeasures for fighting urban sprawl in Beijing

As the capital of China, Beijing is one of the world's truly imposing cities, with a 3000-year history and 14 million people. Covering 16, 808 square kilometers in area, it is the political, cultural, and economic center of the People's Republic. Situated in northeast China, Beijing adjoins the Inner Mongolian Highland to the northwest and the Great Northern Plain to the south. Two main rivers run through the city, connecting it to the eastern Bohai Sea. The climate in Beijing is of the continental type, with cold and dry winters and hot summers.

Beijing is a fast-growing, dynamic metropolis that, while courting foreign businesses and visitors, maintains a firm grip on its rich cultural heritage and a strictly Communist social order. Beijing is a modern city with high-rise buildings, shopping malls, and vast international hotels connected by an intricate freeway system crisscrossing the city. In the rush hour, traffic jams can match those of any major city around the world and the ringing of mobile phones is incessant. However, the modern buildings conceal traditional hutongs, parks, numerous architectural treasure, and exquisite yellow-tiled temples whose prayer flags and wind chimes move in the breeze created by the passing traffic (Tab. 1).

Tab. 1　Land coverage of different types in Beijing plain area

Land type	km^2	%
Green space	4067. 2	63. 9
Blue space	76. 2	1. 2
Brown space	548. 7	8. 7
Red space	1668. 8	26. 2
Total plain area	6361. 2	100

Rich inhistory, Beijing has been China's primary capital for more than seven centuries. The old city walls have been replaced by ring roads, and many of the old residential districts of alleys and courtyard houses have been turned into high-rise hotels, office buildings, and department stores. Beijing is a city of broad boulevards, now full of traffic and pulsating to the rhythms of commerce and entertainment.

The conjugate ecological planning method has been used in the ecological planning research for Beijing master plan (2005- 2020). Its key points are: coordinating urban development with Beijing-Tianjin regional development; the ecofragile area control and ecoservice functional development; the urban sprawl control and urban artery stretch; and the urban gardening and urban agroforests development; urban ground greening and vertical/facet greening; water user for urban use and water for nature use; the heat island effects reducing and urban cooling bridge; tree-shape vertical management and horizontal networking management. The research results suggested following countermeasures for fighting urban sprawl.

(1) Insert Green buffering wedge and reform brown corridors, break down heat island through insert green and blue corridors and wedges to enhance its ecological and economic benefits.

(2) Reduce inner city density and stretch along main city artery with a mode so-called "string of haw apple (multifunctional towns separated by urban forests and agriculture) with a stick (express traffic line).

(3) Vitalizing water and wind channels and optimizing traffic roads and nodes to reduce effects of heat island and pollution and enhance ecoservice;

(4) Horizontal shrinking and ecovertical sprawling up to air and down to underground through greening and exploitation of the spatial carrying capacity.

The inner urban area between second and fourth ring road has been already completely densely built-up. Some main problems are:

(1) lack and fragmentation of inner city green space,

(2) unbalance between building mass and green mass,

(3) heat island effect,

(4) old city restoration, and

(5) over population—balance inner city population.

Fig. 1 shows the Beijing Heat Island Effect in 1987 and 2001. The inner City "heat core" (red and orange) extended considerably, while "cool areas" (blue) became smaller. The data are obtained from Beijing Municipal Institute of Planning and Design.

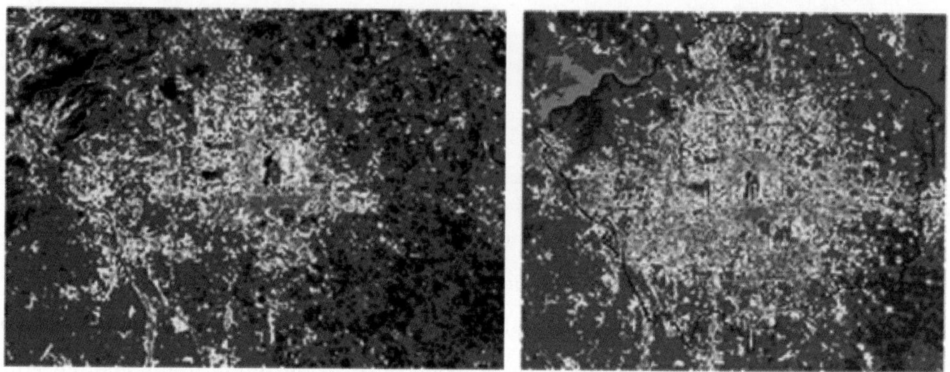

Fig. 1 The green space and "heat island" effect of Beijing in 1987 (*left*) and 2001 (*right*)

Ecocorridors support the ecological service of a city in manifold ways. In case of the high densely built-up inner city area of Beijing, a diverse system of ecocorridors should be implemented, using any available way and niche.

Outside of the fourth second ring road, most of the proposed Ecocorridors follow the main "Ecodirection" of Beijing, the Northwest-Southeast-direction.

Inside of second ring road, in the area of the former old city, the Ecocorridors are adjusted to the historic rectangular grid. Two very important existing exceptions from the grid are used to support the main NW-SE-direction: (a) the Houhai-Lake-Area, and (b) the irregular urban structure of old Beijing south of Tiananmen Square.

Between second and fourth ring road, the ecocorridors follow the natural direction as much as possible. Partly they are adjusted to the already fixed rectangular grid.

The ultimate goal of Conjugate goals of Beijing old town renewal and new town development is torealize a vivid physical, biological, and cultural landscape combing by flowing water, clearing corridor, transparent atmosphere, fertile soil; by greenwedge, red artery, cool bridge, and hot town pattern; cultural conservation, old street pattern, market prosperous and vivid community (Fig. 2).

Considering the future spatial structure of Beijing urban agglomeration and the relationship between settlements, green space, and transportation areas, three basic patterns can be identified (Fig. 3).

The rectangular grid

The rectangular grid is the basic pattern of Beijing's inner city area. Considering the above-mentioned disadvantages of the grid, some improvement can be proposed:

(1) Introduction of linear elements, such as riverside walks, connecting isolated parks.

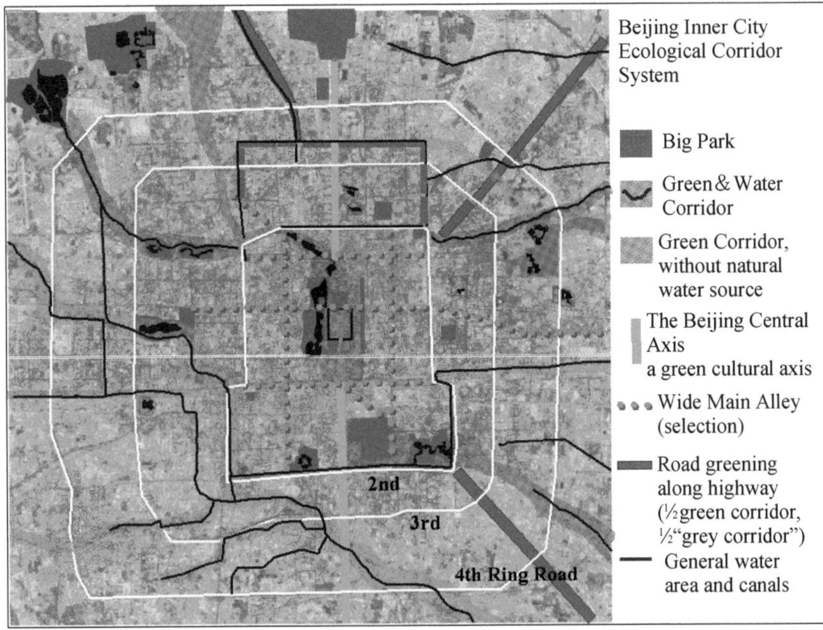

Fig. 2 Main ecological corridors in the inner city of Beijing

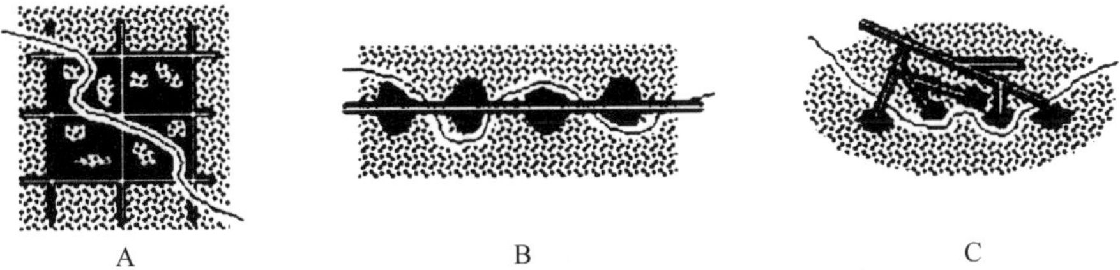

Fig. 3 Three basic patterns of spatial structure development in Beijing

(2) Improvement of convenient minor routes for pedestrians and bicycles inside the major blocks.

(3) Regulation of parking and car use.

In the grid, all modes of passenger transport should be used in a balanced way. Car transport plays a minor role.

The "Tang Hu Lu" or axis pattern

"Tang Hu Lu" is a popular Chinese sweet: ballshaped red fruits (hawthorn) on a stick. It can be used as a pattern to organize Beijing, s suburban and periurban development, performing settlement axis along the tracks of high-quality public transport systems. Appropriate public urban transport (PUT) systems to serve the axis should be high standard, for example: rail, light rail, metro, high standard express bus systems. Private car use along the axis is to be reduced. "Gateways" to the inner city regulate car inflow in the morning, in order to prevent or linder traffic combustion in the inner city (Fig. 4).

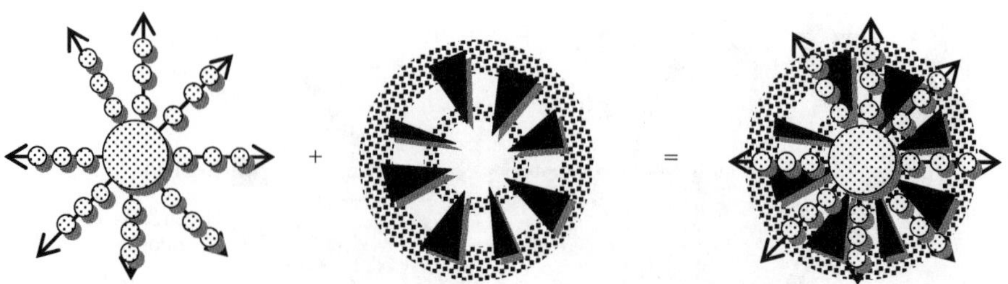

Fig. 4　Combining the Tang Hu Lu pattern with a green system

The green buffer zones between the settlements are appropriate to be developed as green-landscaperecreation areas, connected by public transport (Example: Vienna Danube Park).

The "star" system consists of "Tang Hu Lu" axis. Each "Tang Hu Lu" axis consists of a number of basic elements, the "ecotown." According to the basic green scheme and the need for green space to balance urban development, each ecotown should be surrounded by its own green belt—called "mini-green-belt" in order to distinguish them from the projected large green belts of Beijing.

For further determination of the "Tang Hu Lu" pattern, the following aspects are relevant:

(1) Number of axis: According to the basic scheme, eight axes are to be developed.

(2) Length of each axis. Measured from fourth ring road to outside, the length should not extend 20 km.

(3) Number of ecotowns per axis (already existing satellite towns are to be integrated).

(4) Resulting total number of elements.

(5) Average size of an ecotown, mainly determined by number and density of population.

(6) Average distance between two ecotowns.

(7) Public transport system, backbone of the axis.

(8) Available space to develop the entire system.

It also occurs at the end of a development axis, meeting natural landscape areas with low population

density. Appropriate modes for passenger transport are: bus, bus-on-demand, taxi, private car, and bicycle. Developing a basic spatial scheme for sustainable future development, using "Tang Hu Lu" pattern (Fig. 5).

Proposed combination of settlement and green structure of Beijing is shown. There is one urban center from where several traffic patterns radiate. The settlements follow these traffic lines. The green space is composed of two greenbelts, several green wedges, some parks and corridors. The green wedges are located between the traffic axes. The green wedges and corridors are connected with greenbelts to form an ecological network system, including parks, greenways, farmlands, rivers, and wetlands.

On the spatial level of Beijing Bay area, the comprehensive strategy is focusing on:

(1) Reorganization of settlement system and city expansion according to the

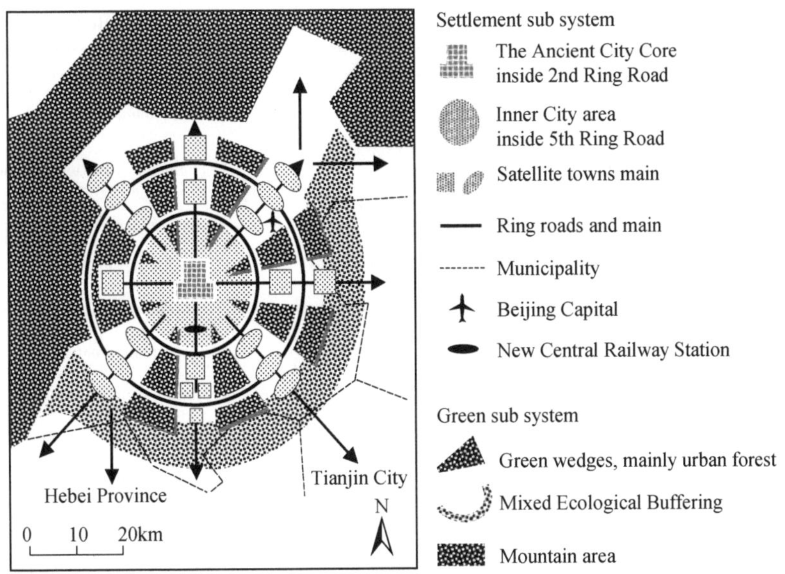

Fig. 5 Basic scheme of settlement subsystem and green subsystem for future development of Beijing

"Tanghulu" -System,

(2) Establishing a comprehensive landscape system including green wedges, corridors, landscape protection areas, water and other natural areas.

(3) Coupling urban transport, settlement development, and urban green space development.

Scenarios of east Beijing land use

The new master plan laid from 2005 to 2020 draw out a new urban pattern of "Two axis (Chang-an Street axis from east to west and cultural axis from north to south through Forbidden city and across each other at Tiananmen square), Two regions (east new town development region and west ecoconservation region), and multisatellite towns around the city. According to the new master plan, there will be three new towns in east: Shunyi, Tongzhou, and Yizhuang with total population of 2. 5 million by 2020. Will the pie-cake urban sprawling continue eastward to formulate a new agglomeration area? We have constructed three scenarios for policy analysis: Scenario one is for "business as usual," which has biggest economic benefits but minimum ecological and social benefit with a comprehensive sustainability index of 0. 290; Scenario two is a rigid one with strict land control according to the master plan, which has better social and ecological benefit at first, but gradually declined due to the minimum economic benefit with a comprehensive sustainability index of 0. 518; Scenario three is flexible one with intensive land use and compact urban development along the urban artery stretching out to suburbs in a mode of so-called "TanghuluChuan (a stick of fruits)" while strictly control development at areas away from the artery, which has better economic, social, and ecological benefits and won a score of 0. 782 (Tab. 2).

Tab. 2　Three kinds of scenario simulation of land use in East Beijing

Scenariol	Scenario 2	Scenario 3
Span cake model, land-use trend at present, expanding to the east.	Rigid managing model, the whole area and structure of land are strictly controlled.	Flexible managing model, based on the ecological function of land.
According to the expanding speed of urban land of Beijing city, moreover, based on the land-use level and population scale in the Master Plan of Beijing City, it can be foreseen that the city will still sprawl in order to meet the need of housing, traffic, and basic infrastructure of increasing population. The plain region of east Beijing city will develop to group-like configuration.	The farmland, green belts, and green wedges are not allowed to be invaded. And using some important land resources, such as farmland, forest, and wetland is strictly controlled. At the same time, the land must be cleared up and land-use efficiency must be promoted because of low centralizing level of land use, overusing of viHages5' residential land and wasting of land in factories and mine plants.	Ecomanagement of land concludes: on the one hand, elements of ecosystem must be protected from city developments, ecological-sensitive zone and ecological fragile structure that not feasible for development must be recognized and avoided, the possible ecological risk must be reduced at the lowest level to conquer or reduce the passive impacts of ecolimiting factors. On the other hand, service functions for human activities provided from the ecosystem, such as supporting, gestation, supply, modu-lation, and circulation, must be sufficiently used, intentionally cultivated and actively conserved. Positive effects of advancing ecological factors should be induced and intensified, to promising a cleaning, beautifying, and activating urban-country environment, as well as the evolution of culture.
Controlling factors: river and other water resources, land use for landscape	Controlling factors: rivers and other water resources, land use for landscape, forest, second layer of green belts, and reserves	Controlling factors: rivers and other water resources, land use for landscape, forest, second layer of green belts, and reserves for basic farmland.
Guiding factors: centralize, and developing model named concentric circle.	Guiding factors: closely complied to the Master Plan of Beijing City (2004-2020)	Guiding factors: intensive land use of the area near the city principal axis, while strictly controlling land use in the place far from the principal axis of the city.
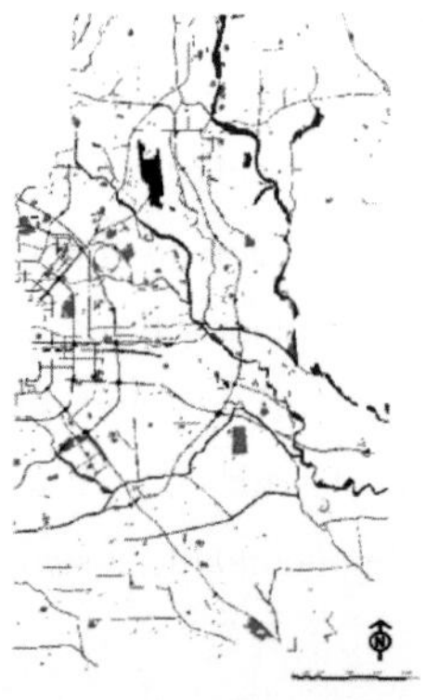	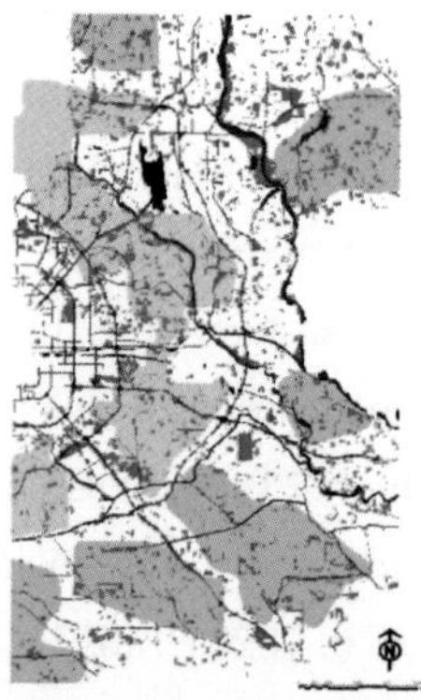	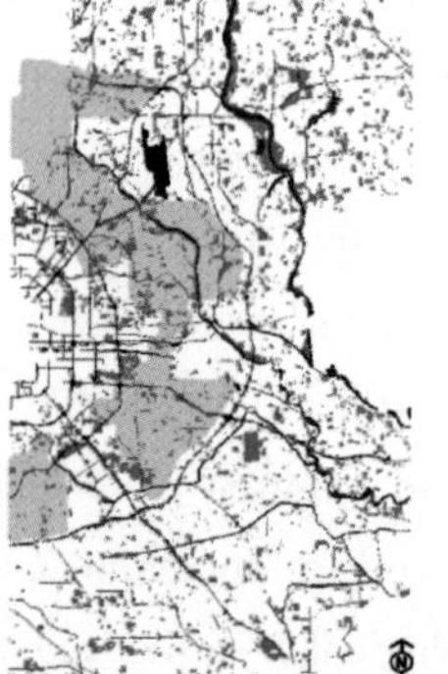

Through the ecological service function estimating high ecological stress region in the east plain zone, the results are: the region has more farmland and forest, and has better soil quality, its ecological service function is better. The region has more industrial land, worse traffic pollutions, and harder soil surface, and hasworse soil quality, its ecological service function is worse.

The estimation can be used as the frame of reference to manage land-use in the future, to dynamic audit, and to evaluate achievement of the land-use sections. Considering the possibility of acquiring the datum, limitation in time and economy, east Beijing was not chosen as an evaluating region. The result of evaluation is a measure provided to land ecological service function management, that is: in the phase of recognizing, to recognize the managed region; in the phase of evaluating, to evaluate the ecological service function of the managed region by the means of some plants; in the phase of management, every grid has a certain value of ecological service function, it should be ascertained that, according to the evaluation of results, the ecological service functions are changed in the positive way, or at least not betray the positive way in the future land management. The quantity-oriented management of land use should be changed to the function-oriented management, to promise the ecosecurity of the state estate.

The conjugate ecological management of land is a complex ecological control method of co-ordinating the conjugate relations of man and nature, resources and environment, production and life, between urban and rural areas as well as space and time. The conjugation refers to the contraryboth complement and synergies symbiotic.

The ecologyincludes three meanings that are natural ecosystem (water, land, air, health, mining, and other natural elements of the system), economic ecology (the system relations between economic ecology activities, such as production, consumption, circulation, reduction, controlling), and human ecology (the system relations between cognition, structure, and culture and other superstructures). While the management means standardizing the system according to the overall, coordination, and circulation and self-regulating system principles, controlling the development, utilization, protection and disruptive activities to the ecological support system on which the human survival depends, from time, space, size, structure and sequence, so the structure, function, pattern and process of the complex ecological system can operate efficiently, harmoniously and sustainably.

The conjugate ecological functional management of land is to coordinate complexs ystems coupled relations between human and nature, economy and environment, partial and the whole at the time, space, size, structure, and sequence through the use of tools and systems engineering principles and ecology principles, to promote the efficient use of material, energy, and information, the full integration of technology and natural, and to give full play to the creativity and productivity of human and the production, ecological and human services of land.

Consequently, the following strategy must be taken for Beijing's land management:

(1) From land plane structure resource management to the three-dimensional space ecological management.

(2) From the land area balance in different regions to land functional balance in the same land use.

(3) From the basic farmland ecological protection to basic city ecoland protection.

(4) From cakyland use to "Tanghulu-System" and functional optimization of land use.

(5) From the most strict land quantitative management to the most reasonable functional management of land.

(6) The implementation of monitoring of ecological and economic functions of land and auditing of ecological assets.

Executive summary of most important key issues in conjugate ecological planning of Beijing urban ecosystem

Population

Determination of the appropriate number of future population by assessment of ecological carrying capacity and urban density.

Analysis

China's overall targets in population policy are:

(1) Consolidate nationwide population number.

(2) Enhance and control urbanization process. Increase urbanization level from currently approximately 36% ~50% in 2020, and about 70% in the mid of this century.

(3) Balance the serious differences between rural and urban population on one hand and different regions on the other.

(4) Improve conditions of migrant workers and focus on Beijing City as well as Beijing-Tianjin agglomeration area. Determining the population carrying capacity of Beijing is very difficult, because all estimates are based on a number of parameters that are not sufficiently known, and are likely to change in future.

Options

For the long-term development of 2020 time horizon, three main population scenarios have been considered in this study. They are based on several available population data and forecasts:

(1) Stabilization on "low level" = about 15 millions total population in the entire Beijing in 2020. Assumption: a very restrictive immigration policy, reduction of floating population in Beijing, integration of a part of floating population into permanent population.

(2) Stabilization on "medium high level" = about 18 million inhabitants in entire Beijing in 2020, including a considerable share of "floating people." Assumption: a moderate restrictive immigration policy until 2010, the gradual integration of floating population into permanent population, and the reduction of floating population in Beijing in the long run to less than 1 million.

(3) Further growth of Beijing population without any restrictions on immigration during the next two to three decades, toward a final population of at least 20 millions, to be reached around year 2030.

Key recommendation

Follow the "Middle Way" of population number and density. Improve land-use control.

Orientation figures

Recommendations and further orientation figures given in the framework of this study are based on an estimated total population number of 17.518 millions, living in Beijing Administrative Area after 2020.

Space request for settlement development

Analysis

Under precondition of the population forecast (stabilizing Beijing's population on a level of 18 million inhabitants after 2020), and a long-term average increase of living space per inhabitant of 0.5 m^2 per capita, three scenarios of future space request for built-up area have been carried out, considering three general density cases:

Case 1: Moderate increase of average population density.

Case 2: Status quo of average population density.

Case 3: Moderate decrease of average population density.

The estimates show, that Beijing cannot afford a decrease of average population density in build up area. In this case, in 2050, 60% of the entire Beijing Bay Area would be covered by settlement. Even with a status quo in average density, the space occupation by settlement area will increase from currently 26.2% to 35.8% in 2050.

Options

According to the density models, there are the general options:

option A, the compact city, with a low number of compact new towns;

option B, the medium dense city development; and

option C, the low dense development.

Key recommendation

From ecological and urban-functional point of view, Beijing cannot effort settlement density patterns that promote urban sprawl. To avoid exhaustion of land resources and nature in Beijing Bay Area, a serious "space turn" is necessary, and a planning policy incorporating:

(1) Consolidation of outer growth of Beijing until 2015.

(2) Reduction of population density in overcrowded parts of inner city area with a density of more than 20, 000 capita/km^2.

(3) Targeting an average population density of not less than 10,000 capita/km^2 gross settlement area.

(4) Don't allow land-consuming, sprawling settlement patterns.

Space development patterns

Analysis

Currently, Beijing's urban development pattern follows a kind of "pancake" model: the outer limit of built-up area extends year by year. From an environmental viewpoint, this pattern is problematic as it can result in excessive sprawl, lack of green space inside the city, "heat island" effect, and extraordinary concentration of air pollutants in the inner city.

Urban sprawl is a serious problem of Beijing, because it

(1) Destroys or disturbs high valuable landscape areas.

(2) Makes implementation of city infrastructure more difficult and more costly than in a compact development scheme.

(3) Promotes individual (car-) traffic, which (in its current form) produces again a range of problems (space consumption, air pollution, deterioration of quarters).

The spatial development is only linked to the road-network, enhancing increase of motorized (car-and bus) traffic, which leads to serious air pollution and traffic congestion. Linkages of the settlement development with public transport—a key precondition to attract commuters for public transport—is very weak. The new Metro lines are built too late to influence settlement development directions.

Besides the mountain area, which is a kind of natural border for settlement development, there are few landscape elements structuring and directing settlement development.

Options

Option A: Continue with current demand-oriented land-use policy. Just try to prohibit worst cases of sprawl and landscape degradation.

Option B: Revise the current development pattern into a mode of conjugate spatial planning, consisting of axis and wedge development, and new-town development coupled with, new commercial and ecoindustrial base, main public transportation and green system ("Tanghulu" -pattern with "Eco-New-Towns").

Key recommendation

Develop a sustainable spatial development strategy, following option B. Revise the ring system. Implement an integrative system coupling settlement development, public transportation infrastructure, and landscape development.

Steps to be taken:

(1) Revise current spatial development, particu-larlyparts that increase car-dependency of the inhabitants.

(2) Identify Green Areas not to be built-up.

(3) Identify main development directions, linked to PUT.

(4) Harmonize settlement-development and development of public transport infrastructure,

for example, an "axis-concept."

(5) Direct by legal permissions, infrastructure, and participation.

(6) Involve public by participation.

(7) Implement industrial ecology incubation parks.

Orientation figures

"Tanghulu" -axis-system and "Eco-New-Towns" (data outside of sixth ring road):

(1) Number and length of Tanghulu-axis: 7 axis, 150 km in total.

(2) Number of "Eco-New-Towns": 19-20.

(3) Area appropriate for eco-new-town-development: 280 km^2.

(4) Proposed gross settlement area of Tanghulu-System: 100 km^2

(5) Attached green area of Tanghulu-System: 200 km^2

(6) Population living in Tanghulu-System: 1 million.

(7) Targeted employment in Tanghulu-System: 300, 000.

(8) Commuters of Tanghulu-system: ca. 100. 000 (to different destinations).

Transport

Analysis

Current patterns of motorized private transport are affecting key aspects of urban sustainability, namely by high space request for vehicles and road infrastructure, consumption of fossil energy, air pollution, cutline-effects, and high financial costs.

The general layout of transport system determines basic quality and future opportunities. The details are crucial for user's acceptance, real quality, and final success.

Beijing, s current and near-future pattern of motorized (car-and bus) traffic leads to serious air pollution and traffic congestion. The new metro lines are built too late to influence settlement development directions. The current bus system works, but it cannot be competent.

Options

(1) Avoid forced mobility and traffic, by optimizing allocation of functions, mix of land-use, and urban density.

(2) Support public transport modes: network, high urban density along the axes of public transport network of bicycle routes.

(3) Implement traffic calming areas.

(4) Promote new engine and fuel systems: less-polluting cars/no-polluting cars.

(5) Promote less space consuming cars. Currently not very promising because of general trends and cultural background.

(6) Introduce new technological systems of fast and convenient public transport, including surface rail systems (light rail) and fast bus systems.

Key recommendation

Develop an integrated strategy, considering all modes of urban transport. Set preferences according to the local situation.

Proposal for future network of Metro, light rail, and other modes of PUT are included in report.

Goods transport on road: avoid surplus rides, reconsider transport on road, and improve interlinkage.

Orientation figures

China should limit the fuel consumption of all cars imported to China and produced in the country to a maximum of 5 L/100 km, with 4 L in the next step after 2008. Beijing should do the first step in this direction. This is technically realistic and economics reasonable. It even would reduce China's dependency on oil imports and the competition with other oil-importing countries, such as the USA.

At least in 2020, a minimum of 90% of all cars should be powered by renewable energy systems, for example, hydrogen or electricity generated by solar energy use or biogas.

Urban green space

Analysis

While the cities great parks are large in dimension, there is no strong inner city green structure underlying and unsufficient interlinkage. Targeted schemes to improve—such as the Inner Green belts—can only be realized partly, because most of the land has already been occupied by settlement development.

Options

A. Keep the very general model of two "green belts," even they are not very realistic.

B. Implement a comprehensive landscape system, incorporating existing elements of urban greening as well as new types, more adapted to Beijing situation.

Key recommendation

Use a strong landscape system to organize spatial development. Develop green space in a "positive" meaning-not restricting, but quality-supporting. Strengthen the Landscape pattern by functional and logic integration of functions. Built a comprehensive and interlinked green system, consisting of

(1) Green belt and green wedges (mainly outside the fourth ring road).

(2) Mountain foot landscape protection and ecological buffer zone.

(3) Several types of green corridors, combined with inner-urban canals and rivers (par-

ticularly in inner city).

(4) Large landscape parks and forest parks.

(5) Inner city green alley.

(6) Nature and water protection areas.

(7) Greening of buildings (with plants appropriate for Beijing's specific climate and water shortage).

Orientation figures

(1) The width of green wedge should be more than 1 km. The area of green wedge should be more than 10 km^2. Green area should be more than 90% (including agriculture). Built-up area, including rural villages, roads, rail, airports, and other built infrastructure should be less than 10%.

(2) Greening intensity: at least 20% of the entire wedge should be covered by intensive vegetation (forest, landscape parks), or natural areas of high ecological value, such as wetlands, natural forest, and shrub. At least 30% should be agriculture (organic agriculture). Outside intensive greened area and built-up area, coverage by linear green elements, such as alleys, tree-lines along small water canals and field-borderlines should be at least 4 km/km^2.

Balance development

Analysis

Currently, the southern quarters of Beijing lack behind in almost all aspects of sustainable urban development, including environmental quality, economy and employment, social structure, and public infrastructure.

According to the goals and basic scheme of urban master plan, the City of Beijing should be well balanced in terms of function, social standard and economic power. In fact, the functional development of the city is not well balanced. Currently, there are serious deficits in the allocation of urban functions. Most of the functional subcenters are not reflected in urban design. A future challenge is the deterioration of urban quarters, and the increasing social segregation among Beijing citizens. Main problems are overcentralization, unbalance between North and South development, increasing discrepancies in economic, social, ecological, and institutional aspect, and large-scale spatial conflicts in land use.

Options

Option A: Continue with current pattern, leaving South and South-west behind in comparison with other areas.

Option B: Targeting better balance by well-set initiating measures.

Key recommendation

Follow option B. Use strong functions to balance North and South, for example:

(1) Built a new location of central government facilities at the southern end of the central axis;

(2) Built a new central Railway Station at South fourth ring road;

(3) Implement an "Eco-Expo" in 2010;

(4) Implement new institutes and institute branches for higher education, research, and development in south area

(5) Limit spatial development of Zhongguancun area, in order to protect its environment as the main factor.

Energy use, air pollution, and urban climate

Analysis

Beijing's air quality problems are notorious. But compared with the situation some years before, Beijing's air quality has been improved. Particularly, coal combustion on local level—cooking and heating—has been reduced. By replacing the use of coal fuel in the old city quarters, introduction of natural gas use in cooking and district heating, and translocation of emitting industry out of Beijing, some reduction of SO_2-emission has been achieved.

The following industries are the main source of air pollution in Beijing, including steel industry, chemistry industry, cement industry, and electric power generation.

A new serious source of air pollution is the rapidly increasing car traffic, causing a sharp rise of local Nox-, CO-, and Cox-emissions. Like in many other countries, they are due to replace the emissions from local coal combustion and old industry, with the result, that overall achievement in pollution-prevention is low. The emissions of motorized road traffic are a serious threat to the health of urban population, because they occur locally, on ground level and a few meters above. Particularly pedestrians, bicyclists, and children are affected, but even the passengers of cars and busses, and the people working and living along main roads.

Countermeasures already taken in Beijing are: the introduction of Taxis and busses fueled by nature gas, and the strict restriction of number and use of motorbikes and three wheelers in the inner city.

Options

Measures for clean air and healthy urban climate can be identified in two groups:

a) measures at the pollution source, in order to reduce amount of pollutants—ideally toward zero-air pollution and

b) Structural measures, supporting a healthy climate in the city and its surrounding area.

In order to achieve real improvement of urban air quality in the long run, measures at the pollution sources are to be combined with a partial modification of the city's structure, particularly regarding:

(1) The city's transportation system and modal split pattern.

(2) The share of polluting power plants in the city's energy supply and consumption pattern (coal-based electric power generation is a main contributor to air pollution in China. See the "Energy" section).

(3) The location of polluting industry.

(4) The relationship between built-up area and urban greening area.

(5) The climatic framework of the city.

Structure-related countermeasures against further deterioration of urban climate are to be taken in time, particularly in the fast-growing, high dense urban fringe. Most important are:

(1) Save guarding and improving the natural ability of the urban landscape to balance the climate, for example, by exchange of warm and cold air.

(2) Keeping climatic-sensitive areas free from building construction, particularly fresh air production areas on hilltops and slopes, and the areas where the fresh air moves into the inner city (fresh air cuts), for example, mountain feet area, valleys, and open plains with a slight slope.

(3) Avoid blocking of fresh air cuts by road—and railway dams, buildings, and dense forest plantations.

Separating polluting industry from residential areas and settle industrial pollution sources due to main wind direction are classical strategies of urban planning. Settling polluters at the city's border, and counting on the wind-blowing emissions to the neighbor city, is not a modern way to solve the problem. Particularly in high-dense, fast-growing regions, such as Beijing-Tianjin area, a comprehensive approach on regional level is necessary.

Key recommendation

The following specific recommendations have been selected among a number of opportune single measures.

(1) Modernize or relocate chemical industry.

(2) Strictly control cement industry and other building material industry.

(3) Modernize or close coal industry (Mentugou District).

(4) Control amount and pollution of motorized traffic.

(5) Rise share of clean PUT in entire transportation, particularly by improving and extending the existing metro and bus system, and by introducing new modes of high-capacity and high-quality PUT.

(6) Find solutions for increasing motorized inner city goods transport.

(7) Separate punctual and linear pollution sources (main roads) from fresh air cuts.

Conclusion

Ecopolis is not a utopian, but an accessible goal, an adaptive process, an applicable strategy and technology, a philosophy about survival and development for all people, and an approach for comprehensive planning and management for sustainable human settlement.

Efficiency, equity, and vitality are the three dominating agents in ecopolis development. Its main driving forces are energy, money, power, and spirit. Competition, symbiosis, and self-reliance are the main mechanism to maintain the sustainability. The key instrument for ecopolis planning is ecointegration in total metabolism of material and energy; total cultivation of ecoindustry, ecoscape, and ecoculture; total coordination of system contexts in time, space, quantity, structure, and order; total design of development goals in wealth, health, and faith; total cooperation between decision makers, entrepreneurs, researchers, and the publics. Sustainable development requires systematically responsible planning, totally functioning design, and ecologically vivid management, which combine hardware, software, and mindware into an integrative implementation system, and encourage bottom-up and flexible rather than top-down and rigid institution, and help local people to help themselves through capacity building. An ecologically sound planning should help local people to set up a vision about how the ecoscape is coupling, functioning, and vitalizing systematically and ecologically, and how their action is connected with their social, economic, and long-term ecological interests.

Acknowledgments

This research was financially supported by the Knowledge Innovation Project of the Chinese

Academy of Sciences (KZCX2-YW- 324, KZCX2-YW- 422), the National Natural Science Foundation of China (70803050), and the Key Supporting Project of Ministry of Science and Technology of P. R. China (2007BAC28B04, 2008BAJ10B05). We are grateful to colleagues in our research group and the Beijing Municipal Institute of City Planning and Design for providing information on urban planning and development.

Conflicts of interest

The authors declare no conflicts of interest.

References

Attwell K. 2000. Urban land resources and urban planting-case studies from Denmark. Landscape Urban Plan, 52: 145-163.

Bolund P, Hunhammar S. 1999. Ecosystem services in urban areas. Ecol Econ, 29: 293-301.

Buchecker M, Hunziker M, Kienast F. 2003. Participatory landscape development: overcoming social barriers to public involvement. Landscape Urban Plan, 64: 29-46.

Cairns, J. P. 1997. Protecting the delivery of ecosystem service. Ecosys Health, 3: 185-194.

Costanza R, d'Arge R, de Groot R, et al. 1997. The value of the world's ecosystem services and natural capital. Nature, 387: 253-260.

Daily G C. 1997. Nature's Services: Social Dependence on Natural Ecosystem. Island Press.

Washington D C, Diamantini C B, Zanon. 2000. Planning the urban sustainable development the case of the plan for the province of Trento, Italy. Environ Impact Ass Rev, 20: 299-310.

Ewel K, Cressa C, Kneib R T, et al. 2001. Managing critical transition zones. Ecosystems, 4: 452-460.

Gomez F, Tamarit N, Jabaloyes J. 2001. Green zones, bioclimatic studies and human comfort in the future development of urban planning. Landscape Urban Plan, 55: 151-161.

Heal G. 2000. Valuing ecosystem services. Ecosystems, 3: 24-30.

Hens L, Boon E K. 1999. Institutional, legal, and economic instruments in Ghana's environmental policy. Environ Mgmt, 24: 337-351.

Holling C S. 2001. Understanding the complexity of economic, ecological, and social system. Ecosystems, 4: 390-405.

Kline J D, Moses A, Alig R J. 2001. Integrating urbanization into landscape-level ecological assessments. Ecosystems, 4: 3-18.

Landelma R, Salminen P, Hokkanen J. 2000. Using multicriteria methods in environmental planning and management. Environ Mgmt, 26: 595-605.

Leitao A B, Ahern J. 2002. Applying landscape ecological concepts and metrics in sustainable landscape planning. Landscape Urban Plan, 59: 65-93.

Li F, Wang R, Juergen P, et al. 2005. Comprehensive concept planning of urban greening based on ecological principles: a case study in Beijing, China. Landscape Urban Plan, 72: 325-336.

Ma S J, Wang R S. 1984. Social-economic-natural complex ecosystem. Acta Ecologica Sinica, 4: 1-9.

Wang R S. 2004. Ecopolis Planning of Yangzhou. Beijing: China Science and Technology Press.

Wang R S, Lin S K, Ouyang Z Y. 2004. The Theory and Practice of Hainan Eco-province Development. Beijing: Chemical Engineering Press.

Wang R S, Zhao J Z, Dai X L. 1989. Beijing: Human Ecology in China. China Science and Technology Press.

Wang R S, Yan J S. 1998, Integrating hard ware, Software and mindware for swstainable. ecosystem development: Principles and methods of ecoloical engineering in China. Ecological Engineering, 11 (1998): 277-289.

Wang R S, Qi Y. 1991. Human Ecology in China: Its past, present and prospest. In: Suzuki S. et al. Human Ecology-Coming of age: An. Internationaloverview, Freeuniversity Brussels press; Brussels; 183-200.

Wang R S. Paulussen J. 2004, Beijing Conjugate Ecologi cal planning; Final Report, Chinese Academy of Sciences.

Wang R S, Zhao J Z, Ougarg Z Y, 1996, Wealth, health and faith-sustainability studies in China, China's science and Technology press, Beijing.

城市生态与生态人居建设*

王如松　刘晶茹

（中国科学院生态环境研究中心，北京 100085）

摘要　系统论述了生态的“耦合关系”、“系统学问”与“和谐状态”三种内涵；阐明了城市生态的社会行为、物质代谢和自然环境三层结构。生态城市建设的核心是要强化城市的肺（森林、绿地、城市农业）、肾（湿地、水体）、皮（城市地表和土壤）、口（废弃物排泄口）和脉（水、能、物、人的通道）。这些生态基础设施的服务功能，实现城市的净化、绿化、活化和美化；另外，生态城市不仅要有自然生态的绿韵（蓝天、绿野、沃土、碧水），还要有人文生态的红脉（产业、交通、城镇、文脉）及其相互的融合，而不只是保护城市环境或生物。还阐述了生态城市的安全生态、循环经济与和谐社会三大基础架构，以及生态人居建设的10项要求和生态规划的一些基本方法。

关键词　生态　生态城市　人居环境　生态建设

1　生态与城市生态

生态是一个多义词，有耦合关系、系统知识、和谐状态三种内涵。首先，生态是包括人在内的生物与环境、生命个体与整体间的一种相互作用的关系，是生命生存、发展、繁衍、进化所依存的各种必要条件和主客体间相互作用的总和。其次，生态是一种学问，是人们认识自然、改造环境的世界观和方法论或自然哲学，是包括人在内的生物与环境之间关系的系统科学，是人类塑造环境、模拟自然、巧夺天工的一门工程技术，还是人类怡神悦目、修身养性、品味自然、感悟天工的一门自然美学。再次，生态还是描述人类生存、发展环境的和谐或理想状态的形容词，表示生命和环境关系间的一种整体、协同、循环、自生的良好文脉、肌理、组织和秩序。

“生态”一词中，“生”由人和土构成，表示生命、生产、生活、生存。其动力学机制一是“竞争衍生”，只有开拓、竞争，物种才能生存繁衍；二是“整合共生”，不同生物个体之间、种群之间必须求同存异、相生相扶、互利共赢、整合协调，系统才能进化；三是“循环再生”，包括物质的循环再生、信息的反馈更新、生命的新陈代谢，以生生不息，螺旋上升；四是“适应自生”，既要改造自己适应环境，又要改造环境适应自己，有强的抵御外部风险和受干扰后迅速恢复的能力，以及强的自组织、自调节、自力更生的系统活力。“态”的繁体字是“態”，由自然的“能”加人文的“心”组成，表示状态、动态、过程、格局，其控制论机理一是“物态和谐”，输入输

* 原载于：现代城市研究，2010，(3)：28-31.

出要平衡，数量质量要协调；二是“事态祥和”，局部整体要兼顾，时–空–量–构–序要统筹；三是“心态平和”，哲学、科学、工学、美学天人一统，功利、道德、信仰，天地境界圆融；四是“世态亲和”，群体关系融洽、亲情友情诚挚、民心思进、世风淳朴。总之，生态就是达尔文的物竞天择、老子的道法自然，以及绿韵红脉的天人合一。绿韵指蓝天、绿野、沃土、碧水；红脉则包括产业、交通、城镇、文脉。

原始文明以采摘狩猎为特征，以发明用火和金属工具为标志，是一种自生式的社会形态；农业文明以种植养殖为特征，以灌溉和施肥育种为标志，是一种再生式的社会形态；工业文明以市场经济为特征，以大规模使用化石能源和机械化工产品为标志，是一种竞生式的社会形态；社会主义以社会公平为特征，是一种共生式的社会形态。从原始文明、农耕文明到工业文明，人类经历了畏惧自然、顺应自然到征服自然、驾驭自然的历史演变，还原论和“人定胜天”的思想占了主导地位，人越来越脱离自然但又不得不依赖自然。生态文化则要把工业文明拉回天人合一的可持续生态文脉中来，处理好局部与整体、眼前与长远、竞争与共生、开发与保育间的生态关系。生态文明以可持续发展为特征，是基于前述几类文明基础上的集竞生、共生、再生、自生功能于一体的高级社会形态。中国特色社会主义市场经济条件下的持续发展就是要建设一类以生态经济、信息技术及和谐社会为标志，基于前述几类文明的，集竞生、共生、再生、自生机制于一体的红绿交错而非一色纯绿的生态文明社会。

城市是一类以环境为体、经济为用、生态为纲、文化为常的具有高强度社会经济集聚效应和大尺度人口、资源、环境影响的地球表层微缩生态景观，是一类社会–经济–自然复合生态系统。其自然子系统由 5 类自然生态要素（水、土、气、生、矿）所构成；经济子系统包括开发、生产、消费、流通和还原 5 个部分；社会子系统包括人口、人文、人治。城市复合生态系统的结构和功能可以由元、形、神、构、数、气、位、势、序和流 10 个指标来描述，其可持续发展的关键是 3 个子系统在时、空、量、构和序 5 个层面的耦合关系。

城市生态退化可用五色生态效应，即红色的热岛效应（图 1）、绿色的水华效应、灰色的灰霾效应、黄色的沙尘效应（图 2）以及郊区白色的秃斑效应（图 3）来反映，其生态不文明根源是城市代谢的失衡、系统的无序和管理的失调，包括资源代谢在时间、空间尺度上的滞留和耗竭（物）、系统耦合在结构、功能关系上的破碎和板结（事），社会行为在局部和整体关系上的短见和反馈机制上的缺损（人），即物、事、人在城市发展过程中生态关联的失衡（图 4）。城市生态包括人类行为的社会生态、物质代谢的经济生态和环境友好的自然生态三个层次，是绿韵和红脉的融合，是天、地、人的和谐，而不是回归自然。和谐的城市生态关系包括城市人类活动和区域自然环境之间的服务、胁迫、响应和建设关系，城市环境保育和经济建设之间在时、空、量、构、序范畴的耦合关系，以及城市人与人、局部与整体、眼前和长远之间的整合关系。城市生态建设要求的不仅是消极的环境污染防治，更需要积极的自然生态服务；不仅要保障物质代谢的高效率和低排放，还要关注能量代谢的可再生和热效应；不仅要关注物理环境的耦合与反馈，还要关注经济生态的繁荣和社会生态的和谐。城市生态基础设施包括服务功能健全的肾（湖泊、池塘、溪流、河滩、海滨等各类湿地）、肺（森林、灌丛、草地、农田、公园等绿地）、皮（可渗水透绿的地表、路面、河床、堤坝和立体绿化的建筑物表层）、口（废水、废气、废渣等废弃物的排泄口或弃置终端）和脉（水、能、物、人的流通渠道，如山脉、水脉、路脉、动脉、静脉等）。生态城市建设的最终目标是要建设一类天蓝、地绿、水清、人和、宜居、宜业、繁荣、文明、和谐、生机勃勃的人居环境。

图1 红色的热岛效应

图2 黄色的沙尘效应

图3 白色的斑秃效应

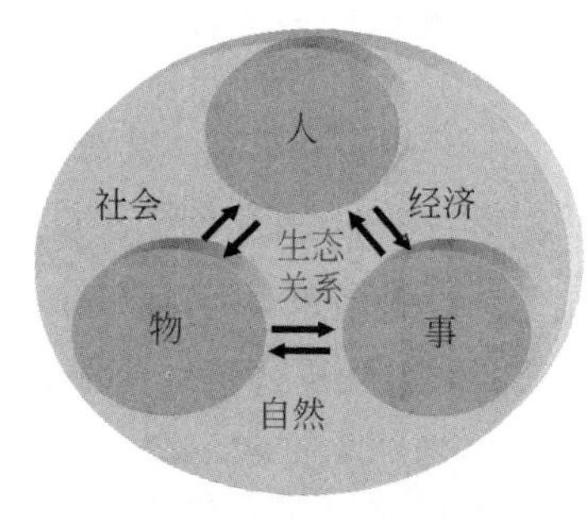

图4 现代城市生态关系

2 生态城市及其三角支撑体系

生态城市是人们对按生态学规律（包括自然生态、经济生态和人类生态）统筹规划、建设和管理市域范围内的人口、资源和环境，逐步形成可持续发展机制、体制、技术和行为的市级行政单元的简称。旨在通过观念更新、体制革新和技术创新，在生态系统承能力范围内运用生态经济学原理和系统工程方法去改变城市的生产和消费方式、决策和管理方法，挖掘可以利用的资源潜力，逐步建设一类经济发达、生态高效的产业，生态健康、景观适宜的环境，体制合理、社会和谐的文化，以及人与自然和谐共生的健康、文明的生态社区。生态城市建设是基于城市及其周围地区生态系统承载能力走向可持续发展的一种自适应过程，旨在促进生态卫生、生态安全、生态景观、生态产业和生态文化等不同层面的进化，实现环境、经济和人的协调发展。

生态城市建设的三大支柱（图 5）是安全生态、循环经济与和谐社会。安全生态指饮水、食物、空气、交通、住宿、防灾的安全；循环经济是指资源节约、环境友好、经济高效的生产消费、流通、还原、调控活动；和谐社会则体现为社会公平、景观和谐、政治稳定、民心安定、文化传承，安全的城市生态要求以化石能源、化工产品。地表硬化、水体绿化、空气酸化、生物退化为特征的工业景观向以净化（干净、安静、卫生、安全）、绿化（景观、产业、行为、体制）、强化（政通、人和、自强）、活化（水欢、风畅、土肥、生茂）及美化为特征的生态文明景观进化。水华、灰霾、热岛、疾病是城市生态安全的四大瓶颈。流域生态管理、土地生态修复、生态工程建设、产业生态转型和生态文明建设是保障城市生态服务的抓手，高效的循环经济急需通过纵向闭合、横向联合、区域融合与社会整合，推进资源耗竭、环境破坏型工业经济向资源节约、环境友好型的生态经济转型，发展以竞生、共生、再生和自生机制为特征的服务经济、循环经济和知识经济，推进传统生产方式从产品导向向功能导向转型、资源掠夺型向循环共生型转型、厂区经济向园区经济转型、部门经济向网络经济转型、自然经济向知识经济转型、刚性生产向柔性生产转型、减员增效向增员增效转型、职业谋生向生态乐业的循环经济转型。

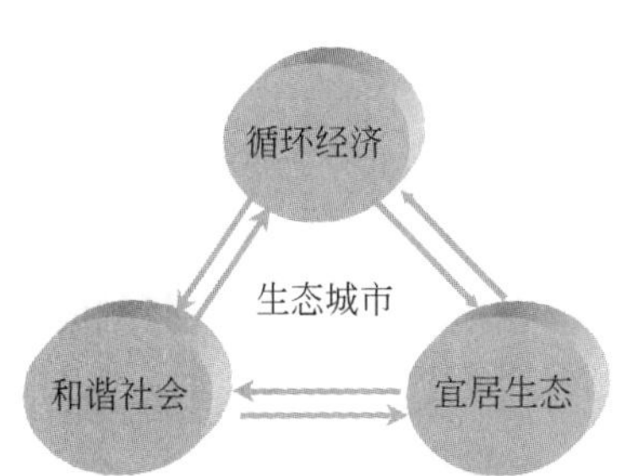

图 5　生态城市的三角支撑体系

生态城市的社会转型，急需推进决策方式从线性思维向系统思维转型。生活方式从物态文明向生态文明转型，能力建设从个体经济人向群体生态人的社会转型；运用科学发展观去认识、简化、调控、欣赏复杂性；运用生态工程手段去规划、建设、管理和宣传可持续性。具体的行动路线应包括制定生态城市发展纲要，强化生态城市体制建设，实施生态工程建设，加强生态知识教育，推广生态城市文明地图、组建生态城市志愿军团等政府、企业、社会上下结合的活动。

3　生态人居建设与生态城市规划

当前，国际生态城市建设倡导的良好生态人居环境应当满足下列要求：

（1）紧凑的空间格局。即从平面建设向空中和地下空间发展，进行街道及地下空间的立体开发。推荐 6 ~ 10 层联体互动型居住小区，社区人口密度不低于 1 万人/km^2，容积率不低于 2。

（2）宽松的红绿边缘。即破解“摊大饼”的城市格局，建设用地和生态服务用地的边缘效应带要尽可能大；城市绿地率、绿视率、绿线率高；居民步行到最近的大片绿地的时间不超过 10min。

（3）健康的代谢环境。即安全适宜的饮食、住行环境；较低的热岛效应和尽量少的灰霾日数；社区分散式污水处理和节水设施；高效的生态卫生工程。

（4）健全的生态服务功能。即城市非工程空旷地表 100% 可渗水透绿；屋顶和立面绿化，绿地兼湿地功能，湿地兼生态给排水功能；社区内及近邻城市农业、林业、绿地、湿地等生态服务用地面积不低于建设用地面积的 3 倍。

（5）主动脉凸显。即城镇和产业园沿轻轨和大容量快速公交主轴“糖葫芦串”形布局。城镇间由生态服务用地隔开，两城相聚约 900m；由轻轨、快速大容量交通、自行车及步行方式组成的生态交通网络覆盖人口超过城市人口的 80%，从主动脉上任何一站乘快速直达公交到城市中心不超过半小时。

（6）混合多样的生态功能。即居住、工商、行政和生态服务功能混合，城市第一、第二、第三产业配套。以业定城，以生产带生活；1/3 以上职工能就近上班，从家到工作地点乘公交车正常情况下不超过 20min。

（7）低能耗、低废弃、高能效。即建筑空调和供热的能源 80% 靠地热、太阳能、生物质能和热电气冷联合供应，80% 以上生活垃圾就地减量化和资源化。

（8）鲜明的自然和人文生态标识。即凸显当地自然生态和人文生态优势特征，标识、文脉、肌理，以及顺应本土不利生态条件和外部环境变化的适应能力；城市的色调、天际线、生物多样性和优势度，土特产特色鲜明。

（9）民本公交。即居民高峰期出行 90% 以上是公交、自行车或步行，步行到最近公交站不超过 10min。

（10）民风淳朴，邻里交融。即社区和睦、治安良好、文体设施与场所健全，2/3 以上居民能天天见面、周围交流。

生态城市建设有赖于 5 种动力：政府引导、科技催化、企业赞助、公众参与和舆论监督。生态城市建设可分为理念策划与概念规划、详细规划和立法、生态工程设计与建设、生态系统调控与管理 4 个阶段。生态城市规划包括生态概念规划、生态工程规划和生态管理规划。生态城市规划要从对传统空间规划的反思中强调区域环境尺度上的多维生态整合、物质生产方式的改革、人的素质观念的升华，实现人、物、境三层次的协调持续发展。生态城市规划首先要从众多表象问题（环境污染、资源破坏、健康下降等）的辨识开始，审视其生态学本质特征，了解其科学症结，包括生态滞留与耗竭、结构破碎与功能板结、行为短见与机制缺损，进而了解它的机理，如动力学机制、控制论原理、系统关系等，并从区域生态、人居生态和产业生态的层次来综合指导城市的规划、建设和管理。规划对象上要从以物与事为中心转向以人类行为的调控为中心，空间尺度上要重视区域和流域研究，时间尺度上要重视中跨度间接影响的研究，规划方法上要从描述性转向机理性，规划目标上要从应急型、消耗型转向预防型、效益型，技术路线上要重视自下而上的生态单元研究，如生态建筑、生态企业、生态社区等。

“生态城市”中的生态不是简单的天蓝地绿、山清水秀，也不是一种可望而不可即的乌托邦，而是一种竞争、共生、再生、自生的生存发展机制；一种具有多样性、适应性、可持续性的活力结构；一种时间、空间、数量和秩序上持续与和谐的服务功能；一种不断进化与完善的通向可持续发展的健康过程；一种发展生产力同时又保育生存环境的战略举措，而不是一种终极的目标。

生态城市建设是一个长期、艰巨的历史任务和走向可持续发展的渐进过程，是一场技术、体制、文化领域的社会变革，需要强化完善生态规划、活化整合生态资产、孵化诱导生态产业、优化升华文化品位，统筹兼顾分步实施、典型示范、滚动发展，其抓手是观念的更新、体制的革新和技术的创新。

参 考 文 献

王如松，胡聃．2007．城市生态管理：整合与适应．见：中国环境与发展国际合作委员会．中共中央党校国际战略研究所．中国环境与发展：世纪挑战与战略抉择．北京：中国环境科学出版社：220-260.

王如松．2008．绿韵红脉的交响曲：城市共轭生态规划方法探讨．城市规划学，(1)：8-17.

王如松，胡聃．王祥荣，唐礼俊．2004．城市生态系统服务．北京：气象出版社：254.

王如松．徐洪喜．2005．扬州生态市规划方法研究．北京：中国科技出版社：232.

王如松．1988．高效·和谐—城市生态调控原理与方法．长沙：湖南教育出版社：278.

ECOLOGY ECOPOLIS AND ECO-SETTLEMENT

Wang Rusong　Liu Jingru

(Research Center for Eco-Environmental Sciences, Chinese Academy of Sciences, Beijing 100085)

Abstract　The article systematically deals with three connotations including the coupling relations between organisms including human being and theirs environment, the systematic science and art about the relationship, and the harmonious state of their development. Urban ecology includes social ecology of human behavior, economic ecology of substance metabolism and physical ecology of nature habitat. One of the key tasks of ecopolis development is to enhance urban ecosystem service, especially the service of lung (urban green, forests and agriculture land), kidney (water body and wetland), skin (surface ground and soils), exit (wastes discharge outlets), and artery (channels, roads and metabolism networks) so as to realize a state of purification, greening, vitalization and beautification. On the other hand, the goal of ecopolis is not only the "green" of natural ecosystem, but also the "red" of human ecosystem. The "eco" in ecopolis is neither a return to primitive nature or only environment protection, nor a conquer over nature, but a integration of green rhythm (blue sky, green field, fertile land, green water) and red network (industry, transportation, city and town, culture vein), a tradeoff between environment and economy and a harmony among heaven, earth and human. It also brings up three pillars of ecopolis development (safe ecology, circular economy and harmonious society), ten indexes of ecological habitat construction, and approaches of ecopolis planning.

Key words　ecology, ecopolis, human settlement, eco-development

浅议我国区域和城乡生态建设中的几个问题*

王如松

（中国科学院生态环境研究中心，北京 100085）

当今世界存在以气候变化、经济震荡和社会冲突为标志的全球生态安全问题，以资源耗竭、环境污染和生态胁迫为特征的区域生态服务问题，以及以贫穷落后、过度消费和复合污染为诱因的人群生态健康问题等三大生态危机。城市环境的五色效应（红色的热岛效应、绿色的水华效应、灰色的灰霾效应、黄色的沙尘效应以及郊区白色的秃斑效应）的生态学实质是资源代谢在时间、空间尺度上的滞留和耗竭，系统耦合在结构、功能关系上的破碎和板结，社会行为在局部和整体关系上的短见和反馈机制上的缺损，即物、事、人和环境间生态耦合关系的失衡。如何辨识、模拟和调控错综复杂的生态关系，并在城乡规划、建设与管理工作中通过生态建设把复杂性变为可持续性，是顺应世界三大生态挑战、保障国泰民安的重要手段。

一、生态建设的内涵

在今年的政府工作报告中，温家宝总理 8 次提到生态建设和生态保护，并将资源节约和环境保护列为“十二五”期间的七项主要任务之一。生态建设是区域“社会-经济-自然”生态耦合关系的协调、改造、营建与管理。“生态”有耦合关系、整合机理与和谐状态三种内涵。首先，生态是包括人在内的生物与环境、生命个体与整体间的一种相互作用关系，是生命生存、发展、繁衍、进化所依存的各种必要条件和主客体间相互作用的总和。其次，生态是一种学问，是人们认识自然、改造环境的世界观和方法论或自然哲学，是包括人在内的生物与环境之间竞生、共生、再生、自生关系的系统科学，是人类塑造环境、模拟自然、巧夺天工的一门工程技术，也是人类怡神悦目、修身养性、品味自然、感悟天工的一门自然美学。再次，生态还是描述人类生存、发展环境的和谐或理想状态的形容词，表示生命和环境关系间的一种开拓、适应、反馈与整合的文脉、肌理、组织和秩序。通俗地说，生态学是一种观念、一类方法、一门艺术，是联结科学与社会的桥梁和纽带。

传统生物学家认为，生态系统只能保护、不能建设。2004 年，一个由 M. Palmer 等 20 名著名生态学家组成的美国生态学会生态远景委员会完成的战略研究报告肯定了生态建设的提法，指出：“我们未来的环境由人类为主体的、人类有意或无意管理的生态系统所组成；一个可持续发展的未来将包括维持性、恢复性和创建性的综合生态系统”。

---

* 原载于：前进论坛，2011，(4)：37-40.

生态建设旨在通过生态环境、生态产业和生态文化建设培育一类天蓝、水清、地绿、景美、生机勃勃、吸引力高的生态景观，诱导一种整体、协同、循环、自生的融传统文化与现代技术为一体的生态文明，孵化一批经济高效、环境和谐、社会适用的生态产业技术，建设一批人与自然和谐共生的康实、健康、文明的生态社区。

生态建设主要包括区域生态建设、城市生态建设、产业生态建设和农村生态建设四项主要内容。生态建设的目标包括：①促进城乡及区域生态环境向绿化、净化、美化、活化的可持续的生态系统演变，为社会经济发展建造良好的生态基础；②促进传统农业经济向资源型、知识型和网络型高效持续生态经济的转型，以生态产业为龙头带动区域经济的腾飞；③促进城乡居民传统生产、生活方式及价值观念向环境友好、资源高效、系统和谐、社会融洽的生态文化转型，培育一代有文化、有理想、高素质的生态社会建设者。

二、主体功能区和区域生态建设

制定并实施主体功能区规划和政策，是加强宏观调控、促进区域协调发展、保护生态环境的重要举措。但目前的重点开发、优化开发、限制开发和禁止开发四类主体功能区划分主要是以经济开发，特别是工业和城市开发的适宜性为依据，对于生态保护用地只是简单地去限制和禁止其上的开发活动，对食物安全和生态建设的主体功能未能涉及。建议在目前的经济开发主体功能区的基础上增设食物生产和生态涵养两类主体功能区，分别承担国家及各省份经济生产、食物供给和生态安全、民生保障的任务。以在推进工业化、城市化建设的同时，使经济发展惠及全体国民，生态涵养覆盖全部国土，食物安全保障国计民生的需求。

食物生产主体功能区：以发展粮食和其他作物生产，保障事关国计民生的食物安全为主体功能，可分为：①重点粮食生产区；②城郊农田保值区；③基本农田保护区；④潜势农业发展区。

生态涵养主体功能区：以环境安全和生态服务为主体功能，通过生态建设确保国家重点区域、流域和重要生态系统的生态缓冲和调节能力，包括：①国家生态保育区；②自然生态涵养区；③污染生态修复区；④生态脆弱带建设区。四类生态建设主体功能区均需要一定额度的生态建设资金投入，建设计划应纳入国家五年规划统一部署，建设效果纳入各级政府的绩效考核内容，与经济发展指标同等对待。

国家有关部门应根据三类主体功能区的划分统筹编制建设规划、安排建设项目和投资预算，制定相关政策和实施细则。这些年林业、农业、水利、环保、科技等部门都在生态建设和环境保护上投入了巨额资金，安排了诸如天然林保护、退耕还林、水资源、水环境保护以及社会主义新农村建设等领域的重大项目，各部门都取得了显著效果。但由于缺乏区域生态系统层次的部门间协调机制，资金综合利用效率不高。今后各部门各地区的生态建设项目和环境保护投资应以三类主体功能区为依据，实行统一安排、科学规划和系统管理。

三、农业的生态经济转型和农村生态建设

农业的产出不仅体现在其最终产品的市场价值，还以隐形和效益外部化的形式为区域社会经济发展贡献了生态服务功效，而本身却得不到或很少得到回报。为此，国家有关部门将按其贡献大小给农业的生态公益服务以一定的财政补偿和政策倾斜，减小工农与城乡间的剪刀差。

“十二五”规划制定了一系列促进农业发展和解决“三农”问题的措施，但我国现存的“三农”问题和农村及区域生态环境问题仍未得到根本改善，尤其体现在由于农业龙头企业群体规模小、实力弱、产业集中度低、产业链条短、利益联结机制不完善所造成的农业产业体系不健全，及其背后潜在的食品安全隐患问题。研究表明，我国化肥施用量每公顷达到367kg，平均施用量是发达国家化肥安全使用上限的2倍，是美国的4倍。化肥肥料养分结构比例不合理，化肥有效利用率仅为30%～40%。没有有效利用的部分进入环境，导致土壤肥力下降，湖泊和海洋富营养化等，不仅污染生态环境，而且通过多种途径危害人体健康。只有通过以工业带农业、以公司带农户、以科技惠农艺、以贸易活农市、以农区哺城区、以农场补工厂的共生模式，才能从根本上解决中国“农民—农业—农村—农田”的生态经济发展、工业增长方式的转变、城乡劳动力就业、区域环境污染治理和生态服务功能的强化等问题。

我国各类科研院所的科研实力近年来空前增长，但科研和生产环节之间的耦合尚缺乏有效的转化机制和抓手；社会关注工业发展多、关注农业发展少，企业对工商投入多、对农村投入少，环境管理对城区关注多、对农区关注少，科技创新对工业产品研究多、涉农产品研究少。我国城乡企业特别是农村的技术人员短缺，但社会闲散智力劳力却待业。目前我国东西部差别、城乡差别和工农差别较大，如何在保证这一群体自身利益的前提下，组织和使用这批人才，将其引向涉农产业这一广阔天地去孵化、建设与管理，大有潜力可挖。

发展“农—工—贸—科”复合生态产业园，可以整合四方面的共生潜力，凝聚社会闲散智力劳力，让他们落足城市而服务乡村，利用农村的资源潜力、环境容量和市场内需发展现代化的规模企业，实现社会经济、环境保护和人类生态的多赢。依靠“农—工—贸—科”复合生态产业园的现代化管理能力，把环境管理业和生态服务业当作园区分内的事，利用市场机制去实施适应性自组织管理，为国家减轻负担，为企业谋取利益，为社会承担责任。

四、城镇生态基础设施、生态品质及生态文明建设

城市生态建设包括城市生物和环境演化的自然生态、城市生产和消费代谢的经济生态、城市社会和文化行为的人类生态，以及城市结构与功能调控的系统生态四层耦合关系的建设。主要表现在城镇生态基础设施、城市生态品质和城市生态文明建设三个方面。

1. 城市生态基础设施建设

城市生态基础设施包括城市有机体的肾（城市河流、湖泊、池塘、沼泽等的净化与活化）；肺（城市自然植被、园林植被、城市林业、城市农业及道路的绿化与美化）；皮（城市地表、建筑物、构筑物表面及道路等工程用地表面的软化与活化）；口（污染物排放口及其周边影响范围、缓冲区和处置设施还原净化功能的完善）；脉络（山形水系、风水、生态廊道及交通动脉的通达与活络）。其生态服务功能的强弱决定了城市生活质量的高低。

城市生态基础设施涉及流域汇水系统和城市排水系统；区域能源供给和光热耗散系统；城市土壤活力和土地渗滤系统；城市生态服务和生物多样性网络；城市物质代谢和静脉循环系统；区域大气流场和下垫面生态格局。生态基础设施建设的测度指标包括：①生态需水占用率，指城市生产、生活活动用水量与维持本土自然生态系统基本功能所需要的常年平均水资源量的比例，一般应低于35%；②生态服务用地率，指建成区内城市农业、林业、绿地、湿地及自然保护地面积与城市建设用地面积之比，一般应不低于建设用地的两倍；③生态能源利用率，指地热、太阳能、风能、生物质能等可再生能源利用率，一般不低于10%，强热岛效应地区（温差超过2℃）面积率，一般不超过10%；④生态安全保障率，指本地物种比例，一般不低于65%，景观多样性逐年上升、灾害发生频率逐年下降。

2. 城市生态品质建设

城市生态品质是对城市“社会-经济-自然”复合生态系统的形态、结构、适应能力和演化过程良好程度的测度，反映该系统的山形水系、文脉肌理、标识品位的和谐性与可持续性。评价一个城市生态品质高低，不仅看其木桶的长边效应，还要看其短边效应。

城市生态品质的范畴包括城市规划品质（眼前和长远统筹、城市和乡村统筹、局部和整体统筹、结构和功能统筹）；城市工程品质（物理工程、化学工程、生物工程、生态工程相得益彰）；城市美学品质（形态、秩序、匀称、节奏、韵律、多样、色彩、线条、形状、位置和声音）和城市管理品质（物、事、人、财、环境）。

（1）自然生态品质：水、土、气、生、矿等生态因子和肾、肺、皮、体、脉的健康状态及其生态服务功能的强弱，包括生态涵养用水、生态服务用地、可再生能源利用、生态营养循环、生态风险程度和生态多样性的适宜度。

（2）景观生态品质：净化（干净、安静、卫生、安全）；绿化（景观、产业、行为、机制）；活化（水欢、风畅、土肥、生茂）、特化（形态、特征、标识、风貌）、美化（文脉、秩序、肌理、韵律）。

（3）产业生态品质：社会生产、流通、消费、还原和调控活动的多样性、主导性、开放性、可持续性、资源承载力、环境容纳量、创新能力和风险防范能力，产业耦合关系的和谐程度、生态经济效率、生态足迹及生态服务功能的强弱。

（4）人居生态品质：人居环境的“居住—出行—从业—购物—休闲”五类基本活动的方便度和成熟度，包括生态卫生、生态安全、生态代谢、生态景观、生态文明设施和功能的完整性与包容性。

3. 城市生态文明建设

生态文明是集竞生、共生、再生、自生机制于一体，以面向可持续发展的知识交叉、技术集成、体制统筹与行为整合为特征的资源节约、环境友好、生态和谐的认知、体制、物态和心态文明形式。生态文明拓展和提升了既有的物质文明、政治文明、精神文明发展路径：生态文明理念下的物质文明，致力于消除人类活动对自然界稳定与和谐构成的威胁，逐步形成与生态相协调的生产方式和生活方式；生态文明理念下的政治文明，尊重利益和需求的多元化，协调平衡各种社会关系，实行避免生态破坏的制度安排；生态文明理念下的精神文明，提倡尊重自然规律，抑制人们对物欲的过分追求，建立促进人自身全面发展的文化氛围。本着这样的理念建设生态文明城市，就不仅仅是控制污染和恢复生态，而具有了更深刻、更丰富的内涵。

城市生态文明建设过程是城市生态基础设施和循环再生功能渐进完善、自然生态和人文生态服务功能的渐进熟化过程。旨在通过体制机制的转化、循环经济的孵化、自然生态的演化和人文生态的进化，弘扬一种和谐的管理体制、高效的生态技术和文明的社会行为，让自然融入城市、让文明恢复生机、让市民享受自然、让环境休养生息。

城市生态文明建设的一个重要任务是培育全社会的生态审美情趣。生态美是自然特有的形、神、构、序、气、韵的生态整合，能使人怡神、悦目、清心、节欲、冶情。要在全社会大力普及城市生态美学，灌输审美知识，培育审美情趣，构建城市的生态格局美、文脉肌理美、环境形态美、人居意境美、景观多样美和精神风貌美。

第三篇

产业生态与生态工程

边缘效应及其在经济生态学中的应用*

王如松　马世骏

（中国科学院生态学研究中心，北京　100085）

在两个或者多个不同生物地理群落交界处，往往结构复杂、出现不同生境的种类共生，种群密度变化较大，某些物种特别活跃，生产力亦相应较高，1942 年 Beecher 称这种现象为边缘效应。

边缘效应是一种既普遍而又不大受人们重视的自然现象。比如，在某些森林和草原交接处，鸟的种类较多；在海湾、河口处，鱼类等水生生物种类复杂亦最活跃；旱涝交替的湖滨草滩，是蝗虫大发生的理想栖境，生长在水陆交替地带的生物，适应不良环境的能力亦较强；有机污水注入江湖引起水体富营养化是藻类“开花”的适宜场所。

其实，边缘效应不仅是自然生态系统中的普遍现象，也是人类生态系统中的普遍现象。人类社会本身就是从沿河、沿海地域等水陆交界处繁荣昌盛起来的。林区的村庄常常坐落在林间草地上，而平原的村镇则是一簇簇绿树遮掩的“森林”。水稻栽培中不同生长期的排水、灌水，遗传育种中杂交优势等都是人类在自觉或不自觉地利用边缘效应的表现。

边缘效应对人类有何利弊？它的机理何在？怎样利用边缘效应为人类工农业生产服务？这些都是有待于生态学工作者探讨的课题，也是本文的宗旨之所在。

一、边缘效应的特点

首先，我们把边缘效应的定义从单纯地域性概念拓展为：在两个或多个不同性质的生态系统（或其他系统）交互作用处，由于某些生态因子（可能是物质、能量、信息、时机或地域）或系统属性的差异和协合作用而引起系统某些组分及行为（如种群密度、生产力、多样性等）的较大变化，称为边缘效应。

边缘效应的一些主要特征有：

边缘效应带的群落结构复杂，某些物种特别活跃。人们发现，许多鸣禽在村庄、校园、居民区等自然和人工生态系统交接处密度及活跃程度都比人迹稀少的单种森林和草原中要大，鹿、野兔、野鸡等种类更喜欢植被镶嵌大的边缘栖境（Odum，1983）。Beecher（1942）比较了各群落鸟的分布后发现鸟的密度与每单位面积群落的边缘长度呈正相关。人类生态系统中，沿河沿海地域及河口三角洲等水陆边缘地区人口密集，

* 原载于：生态学杂志，1985，85（2）：38-42.

经济发达，也是这种现象的反映。

边缘效应带的生产力相对较高，海洋生态系统的高生产力带都集中在大陆和岛屿边缘的海洋带及河口湾地区；适当采伐森林，牧用草地甚至有控制地火烧植被（人为地制造边缘效应）是促进树木和牧草生产的有效途径；农舍周围的宅基地比大田高产；城市近郊比远郊富裕；沿海地区比内陆地区发达；历史上，资本主义生产的“繁荣”也正是从掠夺殖民地边缘地带实现的。今日淡水和海洋渔业的下降，污染和滥捕固然是其重要原因，但密集的人类活动对江河湖海边缘生境的其他改变（如围湖、筑坝、修建水库等），不能不是渔业生产力下降的重要原因。

鼠害、虫害、流行病等常常就是钻某些边缘效应的空隙而暴发和蔓延的。

边缘效应以强烈竞争开始，以和谐的共生结束。生态系统演替的过程就是一个不断竞争边缘生态位的过程。以森林为例，其演替过程就是各种植物不断地用枝叶竞争边缘空间（争夺阳光和空气）、用根茎竞争边缘土壤（争夺养分和水）的过程，靠近地表层，各种小型节肢动物、爬行动物，直至土壤微生物等竞争更为激烈，等到全部边缘空间和土壤被争夺完毕，系统演替成熟，各种乔灌木、杂草、地衣以及各种动物、微生物等各司其能，各得其所，相生相克，连环相依，形成一个多层次、高效率的物质、能量共生网络，这时，旧的边缘效应即告停止。城市是各类自然和人工生态系统的交接点，也是人类活动密集、竞争激烈的地方。

边缘效应的稳定性。边缘效应按边缘性质一般可分为动态边缘和静态边缘两类。动态边缘是移动型生态系统的边缘（如海湾、河口等）。由于外界有持久的物质能量输入，系统保持在演替的“青春期”，边缘效应相对稳定，能长期维持其高生产力。如海岸潮间带借助潮汐加速营养物质的循环而保持其旺盛的生产力；某些沼泽地带，水位的周期性升降给某些物种如鸟类、昆虫等提供了最适宜生长和繁殖的栖境。静态边缘是相对静止型生态系统的边缘（如森林、草原等），除了阳光、雨水等外，外界无稳定的物质能量输入，边缘效应是暂时的，不稳定的。随着空余生态位的不断占领和新种的不断侵入，这种边缘地带逐渐演替成较匀质的成熟系统，其内部的边缘效应即行消失。人类生态系统的交接地带，如城市等大多是动态边缘，可以通过人的活动来维持其高的生产力和相对稳定性。

二、边缘效应的机理

（1）加成效应。每一生物都在多维生态空间中占有一定的位置，即生态位（Nich）。由于环境条件的限制，生物实际占有的生态位一般要差于理想生态位即基础位。其间的差距使得生物潜在一种从实际位向基础位靠拢的趋势，边缘效应的结果给边缘带的物种提高实际位创造了条件。为简便起见，考虑两个不同性质的生态系统 A、B，均含两个生态因子 a、b，但 A 中 a 因子较丰富，B 中 b 因子较丰富（图 1），生存在 A 中的种 α，其实际生态位（Ⅰ区）的 a 水平较高，而 b 水平较低，B 中的种 β 正好相反（Ⅱ区），如果这两个系统都不是贫瘠（即未被过量利用）的，则其边缘地带（Ⅲ区）的 a、b 水平均比较高，因而生活在Ⅲ区的种 α、β 将有较优裕的生态位，从而有较高的生产力，种群亦特别活跃。

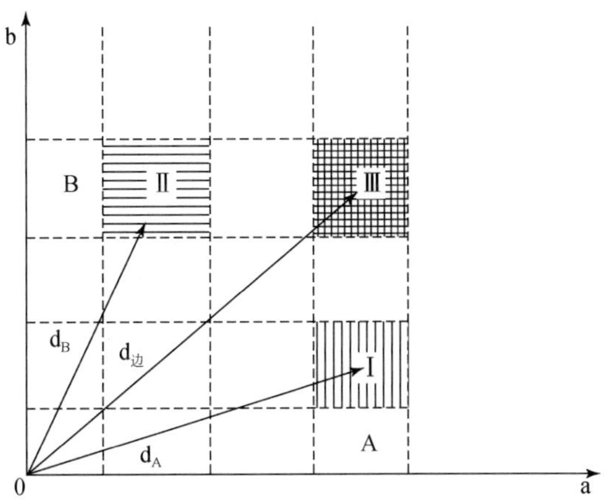

图 1　边缘地带的加成效应；生境，适宜度 $d_{边}>d_A$，$d_{边}>d_B$

（2）协同效应。在相同积温下，昆虫在变温作用下通常比恒温（即使是“最适温度”）作用下发育要快；在相同营养供给水平下，鱼在动水中比在静水中长得快；鸟在晃动的笼子里比在静止的笼子里长得好；许多沙漠一年生植物的种子需要一定的雨量冲淋才能发芽，如果把它置于湿润的土壤中，即使土壤含水量符合其生理需求，也不发芽。这些都说明某些生物对同一种生态因子的利用强度与其他生态因子的现有水平有关，边缘地带的各种因子并不是简单的加成关系。对于特定的种来说，其固有的生态习性都是在长期演替过程（即不断地占领边缘、利用边缘的过程）中进化而来的，它们一旦与边界异质环境处合适的生态位相“谐振”，各个因子之间就会产生强烈的协合效应。蝗虫的大发生就是如此，其合适的边缘生态条件导致其猖獗时的密度，要比平常年份高几十倍甚至几百倍。图 2 中设生境适宜度 d 是生态因子 a_1，a_2，…，a_n 的函数。

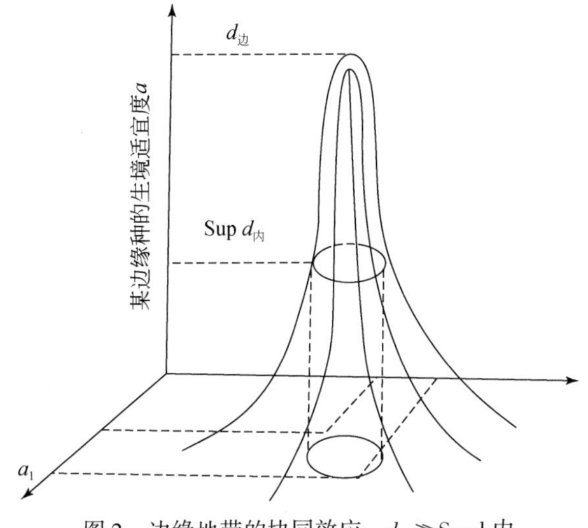

图 2　边缘地带的协同效应：$d_{边}\gg$Supd 内

$d=F(a_1, a_2, \cdots, a_n)$ 则在 a_1，a_2，…，a_n 相空间的边缘地带 E 中其 d 值往往大大高于各系统内部的 d 值。

$$d_{边} \gg \mathrm{Sup}\ d_{内}$$

或

$$\left.\frac{\partial F(a_1, a_2, \cdots, a_n)}{\partial a_i}\right|_{a_{i边}} \gg 1$$

$$i \in \{1, \cdots, n\}$$

(3) “集肤效应”。生物的信息需求是生态系统有别于物理系统的主要特征之一。上述例子中，物质、能量并没有增加，变化的只是生物吸取这些物质能量的方式或环境信息。边缘地带是多种“应力”交叉作用的地带，一般比各子系统更为复杂、异质和多变，信息量较丰富，因而刺激了各子系统中信息需求高的种群甚至外系统的种群向边缘区集结，类似于电学中的“集肤效应”。

从热力学观点来看，生态系统演替的目的是通过外界能量的不断输入排除内部的“无序”，以达到内部结构均匀性和功能的稳定性。由于边界环境的异质性、不稳定性和来自外部系统的各种干扰，这种有序化趋势和控制能力越靠近系统边缘越弱，即边界处系统组分的熵较大，有较高的自由度和选择余地，因而密度增加，活动强度及生产力也较大。

三、利用边缘效应的几个实例

(1) 东亚飞蝗种群动态。东亚飞蝗是自然生态系统中善于利用边缘效应的一种典型害虫。其四类栖地（沿湖、滨海、河泛区及内涝地）都是水陆交错的边缘地带，其主要发生基地黄淮平原是历史上水旱灾害交替，草滩裸地相嵌、温湿变幅大等边缘效应强烈的地区。而且水旱灾害交替越频繁、植被覆盖度越适中（即镶嵌程度越高），蝗情越重。考察前2500年间黄河26次较大改道与蝗情发生的关系，可以发现其大发生的时间、地域与黄河改道的时间、地域基本同步（其中除3次未见史载有蝗灾外，其余23次均在改道流域继发蝗灾）（马世骏等，1965），这是由于黄河泛滥给蝗虫造成了特殊的边缘生境的缘故。新中国成立后，研究工作者摸索出飞蝗的这种边缘习性，采取了一系列根除边缘效应的防治措施，例如，控制水位，以稳定水生态环境，压缩水陆边缘地域；全面绿化，增加植被覆盖度以改变杂草与裸地镶嵌的边缘地带；改造农田生态系统（如变麦后撩荒一年一熟为麦稻两熟等）；变复杂的草甸生态系统为较简单的人工生态系统，减少边缘作用强度等，终于控制住了为害几千年的蝗灾。据洪泽湖地区1973～1979年飞蝗发生期间的调查，除干旱年退水短草稀苇地这类边缘地带虫口较高（10.63头/m^2）外，其余地带密度均不高，不需防治（陈永林等，1981）。

(2) 城市发展。城市是一类特殊的人工生态系统，其发生和发展过程是人类自觉利用边缘效应的典型事例。我国城市大都是在黄河、长江等流域及沿海的一些河口、海湾处先发展起来的。它们既是水陆生态系统的交接处，也是各类自然和人工生态系统通过水陆交通及政治、经济、文化等关系联结起来的边缘地带，具有密集的人类活动和较高的生产力，且其边缘效应越大，城市就越繁荣。十五个沿海城市（大连、营口、秦皇岛、天津、威海、烟台、青岛、连云港、上海、杭州、宁波、福州、厦门、汕头、广州）面积和人口分别占全国城市（不包括市辖县）的5.35%和17.52%，但其工业总产值和利税分别为全国城市的32.20%和36.54%（1979年统计数）。

以京津唐地区为例，它是华北平原及太行山和燕山山脉交接地带；是大陆和海洋的交接地带；是暖温带季风气候和温带季风气候交接地带；也是汉族和满蒙等少数民族地区过渡地带；在历史上还是帝国主义势力最早侵入和影响我国的边缘地区之一。它通过交通枢纽将东北、内蒙古与内地交接起来，将山西能源基地与华东工业区联结起来，因而形成全国重要的政治、经济和文化中心，全区工农业总产值比全国按人口平均计算高2.7倍，按单位面积计算高13.5倍，《畿辅通志》上称天津“地当九河津要，路通七省舟车……当海河之要冲，畿辅之门户”，道出了天津为“七省九河”边缘地带的实质，这正是该地区繁荣昌盛的原因之一。但其生产效率比起我国长江三角洲地区（另一不同类型的边缘地区）来还低得多，1980年人均工农业总产值和单位面积工农业总产值分别是长江三角洲地区的84%和74%。究其原因，工业布局过于集中在京、津、唐三市，“边缘”面较小，沿海边缘带未充分利用，城乡边缘效应也发挥得不好（工业总产值占全区的91%）。相反，长江三角洲地区，布局较均匀，沿海地带得到较好的开发，城乡协调关系也较好（郊区及农村经济较活跃）。因此，充分利用边缘效应是开发京津唐地区的关键。例如，积极建设远郊中小城镇，扩大城乡及工农边缘面；大力发展沿海工商业，以有效地利用水陆边缘；充分利用交通枢纽的边缘效应，就近就便发展各种工商旅游事业；充分发挥该区雄厚科学技术力量的边缘效应，发展技术密集和智力密集型工业；利用该区丰富的矿物资源和劳力与引进的技术、资金相结合产生的边缘效应，搞好特区建设，使全区经济尽快实现飞跃。

（3）生态工程。几千年来，人类传统的食物生产都是以单一经营的粮食生产或单种养殖的牧业生产为主。这种单一结构的生态系统，与某些边缘性自然生态系统（如海岸潮间带的红树林，热带海洋中珊瑚虫-藻类共生形成的珊瑚礁等）相比，其生产力要低得多，并且不可能有大幅度的增长。原因就在于食物生产的各个部门之间，工农业各个环节之间以及城乡生产、生活之间缺少必要的交叉联系和共生关系。近年来，人们逐渐领悟到这一点而开展的生态工程研究，正是设法开拓和利用这些环节之间的边缘效应，疏浚生产过程中物质、能量流通渠道，从根本上增加生产的有效途径。其中，如区域生态结构和功能的最优调控（开拓和调控各功能区之间边缘效应的性质和强度）；边缘能源（如沼气能、自然能等）的开发；边缘资源（野生动植物、微生物、不可食秸秆、粪便、腐屑、废物利用等）的利用；共生结构（多行业共生，食物链多级共生、多种经营等）的开发等在各地都在进行，受到应用部门的好评。

四、利用边缘效应为人类兴利除害

边缘效应规律是自然和人类生态系统的普遍规律。经济生态学的任务是要去开拓边缘、调控边缘和搞活边缘，充分利用边缘规律为人类兴利除害。

1. 开拓边缘

人类生态系统是一个多种因子交互作用的高维网络，其中每个人所面临或管理的子系统都有着复杂的内外部边缘关系，利用边缘规律管理好这一复合生态系统，首先要注意开拓和利用该网络的一些边缘点、线、面：

（1）抓好一些边缘结点，如港湾、河口、城市、农村集镇等。

（2）疏通一些边缘网线，如沿河、沿海流域，水陆交通沿线，物质、能量流通渠道等。

（3）重视一些边缘界面，如城市郊区，工业与农副业交接面，经济区和自然保护区或生产区和生活区的镶嵌格局，乃至不同学科、不同学术思想交叉形成的边缘学科等。

2. 调控边缘

边缘地带不一定都能产生边缘效应，这一方面需要形成某些合适的生态位，另一方面要有能利用这些生态位的合适的边缘种或边缘组分。同时，边缘效应既可以为人类造福，也可以同人类为害，其作用性质要靠人来调控。如河口、海湾处由内陆流来的含各种营养物质的水流，是形成河口、海湾处水产丰富的重要原因。但有机质太多就会引起藻类等“开花”，窒息鱼类，太少则不产生边缘效应，即水域贫瘠；蝗区植被覆盖度过大或过小都对蝗虫孳生不利。城市建设中，城郊比例，生产区、生活区、公园区的比例，过大或过小都收不到高的经济生态效益。因此，对边缘作用强度的最优控制，是充分利用边缘效应规律为人类兴利除害的关键。

在动物与植物、有机物和无机物以及生产与消费之间的边缘关系中最值得重视的是微生物，这是生态工程设计中的重要“边缘种”。而在经济建设中，竞争能力强、生产发展快的企业、单位或个体专业户，则是社会经济边缘效应中最活跃的边缘组分。

3. 搞活边缘

边缘地带常常是不稳定的，要维持或避免高的边缘效应，重要的是要保持或消除边缘的动态特性。一条江河，一个湖泊，其丰富的农渔业生产是由流域或沿岸的边缘生境决定的。在进行重大的工程建设时，要注意保持其动态边缘的稳定性；同样，一个城市、一个企业的生存环境，都是在各个特殊的经济、地理等边缘条件下形成的，要维持高的生产力，必须巩固和发展其边缘交接强度，即保持与外部系统不断的人才流动，技术更新，商品流通和信息交换。

有时，某些边缘效应的消失是不可避免的，（如某些濒于绝种的稀有动物所需要的特殊边缘生境，随着人类活动强度的增加及自然地理条件的变化，将越来越少），这就要求我们不断地去创造新的边缘地带，保持边缘效应的生命力。

参考文献

陈永林，等．1981．生态学报，1（1）：37-48．

马世骏，等．1965．中国东亚飞蝗蝗区的研究．北京：科学出版社：264-277．

Odum E P. 1983. Basic Ecology. Saunders，Philadelphia：435-437.

Edge Effect and Its Application in Economic Ecology

Wang Rusong　Ma Shijun
(Research Center for Eco-Environmental Sciences, Chinese Academy of Sciences, Beijing 100085)

Edge effect is an important phenomenon commonly present in ecosystems and other systems. This paper deals with the mechanism of its formation, such as the utilization of niche, the synergism in neterogeneous environment and the "surface - towards effect" in ecosystem succession etc.. Various examples of edge effect are presented to show its potential use in economic ecology and some recommendations are put forward.

产业生态学和生态产业转型*

王如松　杨建新

（中国科学院生态环境研究中心，北京 100085）

摘要　本文分析了产业生态学出现的背景，详述了产业生态学的基本概念、研究方法和研究热点，提出生态产业是按生态经济原理和知识经济规律组织起来的基于生态系统承载能力、具有高效的经济过程及和谐的生态功能的网络型、进化型产业。它通过两个或两个以上的生产体系或环节之间的系统耦合，使物质、能量可多级利用、高效产出，资源、环境可系统开发、持续利用。本文还提出了生态产业建设的 8 个原则和方法。并提出了产业生态管理的 5 种方法：生命周期评价（面向产品环境管理）；产品生态设计（面向绿色产品开发）；生态产业园规划（面向区域的规划）；生态产业孵化（面向生态产业开发）；生态管理（面向可持续发展）。

关键词　产业生态学　生态产业　生态管理

人类生产方式和消费模式究竟是怎样影响区域环境和受环境所影响的？其后果如何？企业和个人应怎样减缓和适应环境的这些变化？针对这些变化所选取的产业政策和生产工艺将如何影响现在和未来的社会、经济发展？这些正是目前国际社会对全球环境变化的人类影响研究的核心议题。随着社会对减缓和适应环境变化压力的加大，要求科学界提供人类生产活动的生态影响机理和管理方法的呼声越来越高。为此，全球环境变化的人类影响国际研究计划（简称 IHDP）专门组织了有关产业转型和人类影响的系统研究，包括宏观尺度下经济与环境的联系；建立调节生产和消费过程、环境管理规则及激励机制，包括影响环境的物质流的分析；生产系统和产业生态学；消费系统，包括消费者的需求、要求、偏好及其表达方式。1998 年以来产业转型研究组先后在东欧、南亚、东亚、东南亚、北美、西欧、拉丁美洲及非洲召开了 8 次有关产业转型的区域性会议，并于 1999 年 2 月 24～26 日在荷兰召开了扩大的科学会议，在 8 个区域会议的基础上制订了产业转型与人类影响的科学研究计划。该计划提出了宏观环境经济、激励与调控政策、产业生态、消费模式等四大研究方向以及转型过程、分析方法与工具、管理监测与体制、城市和产业转型、能源、食物、信息与通讯等 7 个研究领域。该计划认为，为了满足世界人口增长的需要而可持续地利用环境资源，生产、生活体制及行为方式的改变是必需的。其目标在于理解复杂的社会经济相互作用，辨识变化的动力学机制，探索能显著减少环境影响的发展途径。旨在以产业为突破口将生产者和消费者相关联，研究城市社会–经济–环境变化间的系统关系，及其与全球环境有关的系统变化，如水、交通、居住、食物、能源、物质利用、信息与通讯、金融

＊　原载于：世界科技研究与发展，2000，22（5）：24-32.

服务、娱乐旅游等。其实质就是人类生态关系的系统研究。其内涵远远超过生产过程、效率或产品的“绿化”，或单个部门或行业的改造，它是一种系统创新（技术加体制）；不能只靠单个行动者或单个部门，涉及大的地理尺度（跨国、跨洲）和时间及行业范围，要求多学科的系统研究。

人们一般都认为电子工业是清洁产业。其实不然，如果从电子器件生产的源头算起，电子工业是全球单位产品污染最严重的行业之一。仅以硅代谢为例，目前世界工业硅年产量 80 万 t，其中只有 4% 可变成超纯净电子硅，0. 4% 变为光电池，0. 093% 做成微电子芯片，而且其加工过程中还要耗氯 10 万 t 以上、酸及各种溶剂 20 万 t。如果 20 年后全球电子产品需求扩大 1000 倍以上，即装备的光电容量从现在的 50MW/a 增长至 500 亿 W/a，其全行业的污染将是触目惊心的。

生态农业技术和管理方法是我国农业几千年长久不衰，并以占全世界 7% 的耕地和水资源养活了 1/5 到 1/4 世界人口的秘诀。但是，我国生态农业还一直在低技术、低效益、低规模、低循环的传统生态农业层次上徘徊。生态农业在一些沿海富裕地区正在萎缩。只有从农业小循环走向工农商结合的产业大循环，从小农经济走向城乡结合的网络和知识经济，从“小桥、流水、人家”的田园社会走向规模化、知识化、现代化的生态社会，中国农村才能实现可持续发展。而实现这一战略性转变的关键正是产业生态管理的理论、方法和技术。

中国加入 WTO 以后，将享受多边关税减让，各种费税壁垒也将逐步减少。但由于 WTO 将环保作为有限考虑的任务，允许各成员国采取相应的措施加强环境保护，因此，绿色壁垒将依然存在，WTO 在近一两年内将出台一大批环保公约，意味着未来的生态产业将是最有前景的产业。WTO 一些成员国已建立了“生态标志”制度，如德国的“蓝色天使”，加拿大的“环境选择”、日本的“生态标志”、欧盟的“欧洲环保标志”等计划，企业要对以上国家出口产品，就必须申请和审查合格并拿到“绿色通行证”以后才能进行。即将全面推行的 ISO14000 环境管理体系国际标准，明确规定，一切不符合该标准的产品，任何国家都有权拒绝进口。因此发展生态产业，生产生态（绿色）产品，冲破绿色壁垒，回避环境风险，成为新一轮国际贸易竞争的焦点，也成为生态产业发展的动力。

产业生态学将为产业转型、企业重组、产品重构提供方法论基础；促进国有企业和乡镇企业的转型升级；创造新的社会就业机会；从根本上扭转产业发展中环境污染的被动局面；为全球环境变化、生态产品推广和生态企业孵化提供数据和信息支持。

产业生态管理涉及三个层次：宏观上，它是国家产业政策的重要理论依据，即围绕产业发展，如何将生态学的理论与原则融入国家法律、经济和社会发展纲要中，以促进国家及全球尺度的生态安全和经济繁荣；中观上，它是部门和地区生产能力建设及产业结构调整的重要方法论基础，通过生态产业将区域国土规划、城市建设规划、生态环境规划和社会经济发展规划融为一体，促进城乡结合、工农结合、环境保护和经济建设结合；微观上，则为企业提供具体产品和工艺的生态评价、生态设计、生态工程与生态管理方法，涉及企业的竞争能力、管理体制、发展战略，行动方针，包括企业的“绿色核算体系”，“生态产品规格与标准”等。

一、产业生态学

当今城乡可持续发展所面临的一个严重挑战是产业转型，产业转型的方法论基础就是产业生态学。它是一门研究社会生产活动中自然资源从源、流到汇的全代谢过程，组织管理体制以及生产、消费、调控行为的动力学机制、控制论方法及其与生命支持系统相互关系的系统科学，被列为美国21世纪环境研究的优先学科。

传统的末端治理走的是“先污染后治理”的路，所带来的结果只是污染物从一种介质向另一种介质的转移，并没有真正地消除污染，而且也无法解决复杂的、系统的环境问题，如能源、资源的过度消耗以及治理费用过高等一系列问题。20世纪70年代兴起的清洁生产是关于产品生产过程的一种新的、创造性的思维方式，通过对生产过程和产品持续运用整体预防的环境战略以达到降低人类和环境风险的目的。但是清洁生产只关注产品的生产工艺过程，而不考虑不同生产过程之间的连接，因此只能解决局部问题，而对日益紧迫的全球性、地区性的重大环境影响则显得力不从心，作为对清洁生产的一种升华和补充，产业生态学在80年代末迅速发展起来。

产业生态学起源于20世纪80年代末 Frosch 等模拟生物的新陈代谢过程和生态系统的循环再生过程所开展的“工业代谢”研究[1]。他们认为现代工业生产过程就是一个将原料、能源和劳动力转化为产品和废物的代谢过程。并与 Gallopoulos 等进一步从生态系统角度提出了“产业生态系统”和“产业生态学”概念[2]。1991年美国国家科学院与贝尔实验室共同组织了首次“产业生态学”论坛，对产业生态学的概念、内容和方法以及应用前景进行了全面、系统的总结，基本形成了产业生态学的概念框架，认为产业生态学是对各种产业活动及其产品与环境之间相互关系的跨学科研究。Tibbs 提供产业生态学是“产业界的环境议程”，是解决全球环境问题的有力手段[3]。

20世纪90年代以来，产业生态学发展非常迅速，产业界、环境科学和生态学界纷纷介入其理论和实践探索。国际电力与电子工程研究所（IEEE）在一份题为“持续发展与产业生态学白皮书”的报告中指出：“产业生态学是一门探讨产业系统与经济系统以及它们同自然系统相互关系的跨学科研究，涉及诸多学科领域，包括能源供应与利用，新材料、新技术，基础科学，经济学，法律学，管理科学以及社会科学等”，是一门“研究可持续能力的科学”[4]。近年来，以 AT&T、Lucent、GM、Motorola 等公司为龙头的产业界纷纷投巨资推进产业生态学的理论研究和实践，成为产业生态学的首批试验基地。1997年由耶鲁大学和 MIT 共同合作出版了《产业生态学杂志》。标志着产业生态学作为一门独立的学科逐渐为世人所接受。

二、生 态 产 业

生态产业是按生态经济原理和知识经济规律组织起来的基于生态系统承载能力、具有高效的经济过程及和谐的生态功能的网络型进化型产业。它通过两个或两个以上的生产体系或环节之间的系统耦合，使物质、能量可多级利用、高效产出，资源、环境可系统开发、持续利用。企业发展的多样性与优势度，开放度与自主度，力度与柔度，速度与稳度达到有机的结合，污染负效益变为经济正效益（表1）。新一轮产业革命将为我国产业转型、企业重组、产品重构提供方法论基础；促进国有企业和乡镇企业的转轨升级；创造新的社会就业机会；从根本上扭转产业发展中环境污染的被动局面；为全球环境变化、生态产品推广和生态企业孵化提供数据和信息支持。

表1　生态产业传统产业的比较

类别	传统产业	生态产业
目标	单一利润、产品导向	综合效益、功能导向
结构	链式、刚性	网状、自适应型
规模化趋势	产业单一化、大型化	产业多样化、网络化
系统耦合关系	纵向、部门经济	横向，复合生态经济
功能	产品生产对产品销售市场负责	产品+社会服务+生态服务+能力建设对产品生命周期的全过程负责
经济效益	局部效益高，整体效益低	综合效益高、整体效益大
废弃物	向环境排放，负效益	系统内资源化、正效益
调节机制	上部控制、正反馈为主	内部调节、正负反馈平衡
环境保护	末端治理、高投入、无回报	过程控制、低投入、正回报
社会效益	减少就业机会	增加就业机会
行为生态	被动，分工专门化、行为机械化	主动，一专多能，行为人性化
自然生态	厂内生产与厂外环境分离	与厂外相关环境构成复合生态体
稳定性	对外部依赖性高	抗外部干扰能力强
进化策略	更新换代难、代价大	协同进化快、代价小
可持续能力	低	高
决策管理机制	人治，自我调节能力弱	生态控制，自我调节能力强
研究与开发能力	低、封闭性	高，开放性
工业景观	灰色、破碎、反差大	绿色、和谐、生机勃勃

生态产业的组合、孵化及设计原则有：

- 横向耦合：不同工艺流程间的横向耦合及资源共享，变污染负效益为资源正效益。
- 纵向闭合：从源到汇再到源的纵向耦合，集生产、流通、消费、回收、环境保护及能力建设于一体，第一、第二、第三产业在企业内部形成完备的功能组合。
- 区域耦合：厂内生产区与厂外相关的自然及人工环境构成产业生态系统或复合生态体，逐步实现废弃物在系统内的全回收和向系统的外的零排放。
- 柔性结构：灵活多样、面向功能的结构与体制，可能时根据资源、市场和外部环境的随机波动调整产品、产业结构及工艺流程。
- 功能导向：以企业对社会的服务功能而不是以产品为经营目标，谋求工艺流程和产品的多样化。
- 软硬结合：配套的硬件、软件和心件研究开发体系，决策咨询体系，管理服务体系及人才培训体系，配合默契的决策管理、工程技术和营销开发人员。

• 自我调节：以生态控制论为基础，能自我调节的决策管理机制、进化策略和完善的风险防范对策。

• 增加就业：合理安排和充分利用劳力资源，增加而不是减少就业机会。

• 人类生态：工人一专多能，是产业过程自觉的设计者和调控者，而不是机器的奴隶。

• 信息网络：内外信息及技术网络的畅通性、灵敏性、前沿性和高覆盖度。下面仅就其中几个特点作一介绍。

1. 企业和行业间的横向共生

自然生态系统是一个稳定、高效的系统，通过复杂的食物链和食物网，系统中一切可以利用的物质和能源都能够得到充分利用。传统的产业生产过程是互相独立的，物质的流动是一种从原材料到产品到废物的线性过程，因此造成废弃物的过量堆积，产生严重的环境污染问题。产业生态学是在比拟自然生态系统的基础上提出的，强调系统中物质的闭环循环。其中一个重要的方式就是建立产业系统中不同工艺流程和不同行业之间的横向共生，为废弃物找到下游的“分解者”，建立产业生态系统的“食物链”或“食物网”，从而实现物质的再生循环和分层利用，去除一些内源和外源的污染物，达到变污染负效益为资源正效益的目的。这种思想在我国的生态农业中发展比较成熟，已经有许多很成功的例子。其中利用稻田养鱼就是一个很好的例子，单独种植水稻需要施用大量的化肥和除草剂，而单独喂养鱼，则需要大量的饵料。但是如果将稻和鱼这两个本来互不联结的两个种连接起来，就可以发挥鱼和稻的互利共生作用，形成网络，使物质流和循环及能量流动更为合理。在稻田中养殖的草鱼、鲤鱼等草食性鱼类，可以啜食杂草，从而减少了杂草与水稻争肥、争光，促进水稻的增产。同时鱼在稻田中排出大量的粪便，这些粪便中含有丰富的氨和磷，又可以作为水稻肥料。据资料统计，没有养鱼的水稻田且然经过三次中耕除草，到割稻时田中杂草量仍达每亩 30 435kg，造成水稻减产 10. 3%。又如在我国有悠久历史的桑基鱼塘模式，是利用桑基的落叶和桑葚养蚕，蚕的粪便作为鱼饵投入鱼塘，而鱼塘的底泥因为含有丰富的营养元素和有机质被作为桑田的肥料。因此通过模拟自然生态系统，建立一种互利共生的网络，既可以减少原材料的消耗，又可以减少对环境的排放，达到经济效益与环境效益双赢的目的。

20 世纪三菱电机在日本经济的振兴中曾发挥了不可磨灭的作用。90 年代以来，该公司在生态产业革命的第三次浪潮中先后建立了 46 个废弃物和副产品再循环中心，并开发了一系列产业代谢和为环境而设计的分析软件，还推出了一个从摇篮到坟墓的产品反思计划，将质量管理和环境管理合而为一，公司效益与规模成倍增加。由于他们在产业可持续发展的实践中作出的突出成绩，联合国授予该公司人居环境Ⅱ奖。

2. 从摇篮到坟墓的纵向闭合

生态产业区别于传统产业的重要一点就是它系统地考虑产品从“摇篮”、“坟墓”到“再生”的过程，实现物质从源到汇的纵向闭合，永续循环利用。传统的观点将废弃的产品看成是无用的、等待处置的东西，因此来源于自然环境的原材料经过一次生产过程后，就变成了废弃物排放到环境中，这样的线性过程打破了自然界的物质平衡，产生了生态耗竭和生态滞留问题。因此目前许多国家纷纷制定政策，要求将产品进行回收利用，目的就是实现物质的“封闭循环”。产业生态学认为自然界并没有真正的“废物”，任何一种有潜在利用价值的物质都可作为“原料”加以利用。产业生态不要求从产品的设计阶段起就考虑产品使用后的处置和再循环问题。为此，各国政府和企业界都积极地采取了一些相应措施。例如，德国1991年实施的包装法令，规定产品的制造商和配送商必须将产品的包装进行回收，并为包装的再恢复、再利用和再循环做准备。为此，各企业建立了相应的包装回收体系；1996年德国的闭环物质循环和废物管理法开始实施，开始强调建立一种“闭环经济”。另外，一些大的跨国公司也通过对产品管理努力实现物质的封闭循环，如IBM公司应用生态产品设计的原则，从产品的整个生命周期过程来考虑产品的环境影响问题。具体地说，在原材料选择阶段强调使用经济和技术合理的可再循环材料，在产品生产阶段关注生产过程中的能量消耗、水资源消耗以及对环境的排放，并强调生产过程应该对人体和生态系统没有重大的危害。在产品的销售和使用阶段强调尽量减少运输及运输所引起的排放，减少产品的包装，使用可再利用或再循环包装材料并强调在产品使用过程中节省能量，对使用者和生态环境没有严重危害等。在产品使用后处置阶段对产品进行回收，并按照减量、再利用、再循环、物质或化学处理、处置等优先顺序对其进行合理处置。

3. 在区域生态系统范围内组织生产

产业生态学不仅仅研究产业系统，更关注的是产业系统与自然系统的一种相互关系，目的就是在自然系统的承载能力内，充分利用自然资源。通过对一定地域空间内不同工业企业间，以及工业企业、居民和自然生态系统之间的物质、能源的输入与输出进行优化，从而在该地域内对物质与能量进行综合平衡，形成内部资源、能源高效利用，外部废物最小化排放的可持续的地域综合体。具体来说，就是指通过企业之间、企业与社区之间的密切合作，合理、有效地利用当地资源（信息、物质、水、能量、基础设施和自然栖息地），以达到经济获利、环境质量改善和人力资源提高的目的，这就是产业生态学中的生态产业园的概念。

生态产业园通过模拟自然系统建立产业系统中“生产者—消费者—分解者”的循环途径，实现物质闭路循环和能量多级利用。通过分析产业园区内的物流和能流，可以模拟自然生态系统建立产业生态系统的“食物链”和“食物网”，形成互利共生网络，实现物流的“闭路再循环”，达到物质能量的最大利用。在这样的体系中，不存在着“废物”，因为一个企业的“废物”同时也是另一个企业的原料，因此可以实现整个体系向系统外的零排放。

丹麦的卡伦堡镇（Kalundborg）工业综合体可以说是一个典型的高效、和谐的产业生态园。20世纪80年代初，以燃煤发电厂向炼油厂和制药厂供应余热为起点，进行工厂之间的废弃物再利用的合作。1982年起发电厂就把多余的工业用热水变成蒸汽提供给炼油厂。在同一年里发电厂又通过蒸汽管道与卡伦堡的生物技术企业集团连接起来，这些热水对生物反应器起到消毒杀菌作用，同时发电厂通过一个远距离供热网为卡伦堡镇的家庭取暖提供热量。燃煤发电厂1993年开始使用脱硫设备，产生的硫酸钙直接卖给石膏板厂，用来代替天然的硫酸钙生产石膏。炼油厂把用过的冷却水提供给发电厂，用作预热锅炉的水，炼油厂在生产过程中形成的液化气被送到发电厂和生产石膏的工厂。经过10多年的滚动发展和优化组合，目前该系统已成为一个包括发电厂，炼油厂，生物技术制品厂，塑料板厂，硫酸厂，水泥厂，种植业、养殖业和园艺业，以及Kalundborg镇的供热系统在内的复合系统。各个系统单元（企业）之间通过利用彼此的余热、净化后的废水、废气，以及硫、硫化钙等副产品作为原材料等。一方面，实现了整个镇的废弃物产生最小化；另一方面，各个系统单元均从相互合作中降低了生产成本，获得了直接的经济效益。这种合作模式并没有通过政府渠道干预，工厂之间的交换或者贸易都是通过民间谈判和协商解决的。有些合作基于经济利益，有些则基于基础设施的共享。通过企业之间的横向合作，节省了10倍的开支。年节约石油45 000t，煤15 000t，水60万t，减排二氧化碳17.5万t，二氧化硫10 200t，每年有13万t粉煤灰，4500t硫，9万t石膏，1440t氮和600t磷被再生利用。20年间16项废弃物再生工程投资6000万美元，年增效益1000万美元。各企业在合作的初期主要追求经济利益，但近年来却更多地考虑生态环境效益和社会效益，促进了邻里合作、企业共生、社会和睦。当然在某些情况下，环境管理制度的制约也刺激了对废弃物的再利用，最终促成了各方合作的可能性。

目前世界有几十个生态产业园的项目在规划或建设，其中多数在美国。1994年，生态产业园概念开始在美国受到关注。为此，美国国家环保局为生态产业园的发展提供了大量的财政支持。康奈尔大学等为生态产业园的建设提供信息与规划服务，美国总统可持续发展理事会还专门成立了研究生态产业园的特别工作组，并设立了4个示范点。加拿大生态产业园的发展还处于初期，但是在实践上和理论上都取得了一些成果。例如，伯恩赛德生态产业园属于典型的原有工业园改造项目。该园区是加拿大最大的工业园之一，占地1300多亩，有1300多家企业和18 000人。该工业园鼓励园区内企业使用和出售环境友好产品，对管理者和员工进行环境意识培训。近年来，又引进了一些再利用、恢复、再制造和再循环物质的企业。1995年伯恩赛德生态产业园成立了伯恩赛德清洁生产中心，为园区内的企业提供有关废物最小化、污染预防和清洁生产的信息。生态产业园在亚洲也受到关注，印度尼西亚、菲律宾、泰国、印度等国家正在开展生态产业园的项目；日本是最早开展生态产业研究、规划与设计的国家之一。我国目前还没有建立生态产业园，但在一些新的工业园区规划与建设中已经开始考虑产业发展与环境的关系。

4. 从产品生产导向走向功能服务导向

传统企业一直以产品生产及其利润作为经营目标，其实消费者所需要的往往只是产品所提供的功能，而不是产品本身。例如消费者购买空调的目的是为了获得空调的温度调节功能，而空调本身对于消费者并没有什么意义。因此，产业生态学倡导一种“功能经济”，即鼓励消费者购买产品的服务功能而不是产品本身，鼓励企业以对社会的服务功能而不是以产品或利润作为经营目标。功能经济认为，生产的目的应该是使产品的“服务功能”。而不是产品的数量达到最大。在功能经济条件下，产品仍由生产者所拥有，生产者可以在适当时间将产品回收进行再加工，因此实现了由产品的再利用代替物质的再循环。例如，轿车制造商在轿车的使用过程和使用寿命结束后仍然拥有轿车的所有权，这促使制造商在生产轿车时不但要考虑尽量延长产品的使用寿命，还要保证产品使用后有最大的再利用价值。功能经济的基本原理就是增加财富，但并不扩大生产，通过优化产品和服务的使用与功能，来优化现有财富（产品、知识和自然）的管理，从而减少自然资源的使用和废物的产生。功能经济的目标是最充分、最长时间地利用产品的使用价值，同时消耗最少的物质资源和能量。荷兰、瑞士及欧美一些国家的社区曾进行过一项“小轿车共享”试验，即建议消费者不再购买小轿车，而是同小区的其他人共享轿车的使用权。试验结果表明，轿车的数量减少了50%，轿车行驶里程也下降了37%，可见功能经济的效益还是很明显的。目前许多企业也已经开始通过优化产品的服务而获得巨大的经济效益。例如施乐公司现在已经不再通过生产“新的”复印机，而是通过服务，即提供高质量的复印。施乐所销售的复印机，可以定期得到技术人员的保养和维护。如果机器的某个部件出现问题，这个部件将被送到附近的维修点进行维修，修复后再装到其他机器中继续使用。如果由于技术的进步，出现了新的部件的话，施乐也只是对机器中相应的旧的部件进行更换，而并不改变机器的其他部分。因此从某种意义上说，“新产品”的概念已经很模糊了，因为施乐公司经济运行过程的出发点不是生产新设备，而是对已经售出复印机的维护、保养和加强队伍的能力建设。为此，10万员工上岗培训，学习怎样诊断问题、分析问题、探索潜在的替代方案、规划设计、后评估等。施乐公司的这一战略为其带来了很大的效益，1992年施乐公司在美国市场上节省了5000万美元的原材料购置、后勤服务和库存等费用，当年节省费用超过1亿美元。目前其年经济效益达到20亿美元以上，同时，污染物减排95%。再如作为世界上最大的地毯生产企业之一的界面地毯公司，自1973年起为用户提供永久性的地毯“常绿租赁”服务，出租并负责安装、保养、清洗、选择性更换磨损或损坏部分并回收破旧地毯，使其循环再生，并能根据用户的主观和客观要求自由拼接地毯。使地毯的使用寿命延长了5倍，成本降低为原来的1/4，而经济效益却提高了10倍，废弃物排放则减少了90%以上，企业营业额和经营规模连年翻番，产生了巨大的社会影响。

5. 根据市场及环境变化随时调整生产和工艺结构

产业生态学所倡导的功能经济与传统产品经济的区别在于前者的经济价值来源于产品的表现和实际使用功效，而后者的经济价值来源于以物质形式存在的产品为媒介的社会服务。在功能经济体制下，生产商生产的目的是为消费者提供某种功能，而不是某种固定的产品，因此有利于企业建立灵活多样、面向功能的生产结构与体制，并且可以随时根据市场及环境的变化调整产品、产业结构及工艺流程，实现产品的升级换代。可持续的产品在设计时除了考虑传统的基本设计原则，如产品的实用性、成本等外，还要考虑的重要的一点就是产品的可升级性，以保证在市场或环境法规变化时，可以很快地适应新的情况。

新的生态经济生产过程是建立在不断增长的经济规模上。较大的经济规模使任何改变都很困难。过去50年来，产业界为寻找较低的边际成本，导致了一种高度复杂、集约资本、集中化和不易改变的生产系统。企业的效益成本比在这一时期大约提高了50～100倍。需要重建我们今天所建的工业，包括那些进一步和也许最后冲击向集中的生产，这些生产通常意味着关闭工厂，解雇雇员。这种方式不是工业发展的可持续形式。

可口可乐是适度规模经营的典范，而宝洁（P&G）公司却是一个大规模经济的典型例子。10 年前，由于不适应市场需要，宝洁公司关闭了 300 多家工厂，计划解雇 1 万多名职工。这两个公司的明显差异见表 2。

表 2　适度规模经济与大规模经济的比较

宝洁公司	可口可乐公司
1. 高资本强度	1. 低资强度
2. 高损益平衡点	2. 低损益平衡点
3. 高风险	3. 低风险
4. 对变化反应慢	4. 对变化反应中等
5. 操作复杂	5. 操作简单
6. 中央控制	6. 分散决策
7. 环境困难	7. 持续发展方式服务关系
8. 地方伙伴少	8. 许多地方伙伴
9. 减少就业	9. 增加就业
10. 在 20 世纪 90 年代关闭工厂	10. 20 世纪 90 年代开办工厂
11. 失去市场份额	11. 增加市场份额

1994 年 1 月《财运》（fortune）杂志报道了美国最富有的创造者。可口可乐公司名列第二，增加了 1989～1994 年的股票价值。可口可乐公司增加市场价值是宝洁公司的两倍多。可口可乐的资本回报是 285%，而宝洁公司仅为 62%。这对宝洁公司是一个警醒。这以后，宝洁公司推行了将全面质量管理与产业生态设计相结合的发展战略，推行了一套包括废弃物评价、过程评价、生命周期分析、影响分析和革新方案在内的产业再建议程，以下属各工厂为单位，进行体制改革，效益明显增加。如其所属宾洲的一个厂通过调整工艺结构减排废弃物 75%，年增效益 2500 万美元。

6. 创造更多的就业机会

在传统工业经济情况下，随着技术的进步，机器替代了人力劳动，在效率提高的同时造成劳动力的大量失业。过去 30 年，工业界主要集中在削减劳动量和降低劳动成本上，甚至一些工厂在没有任何工人的情况下也能运转且仍具有竞争力。但在全世界有 8 亿失业者的今天和 10 年内将有 10 亿人加入到劳动力市场的情况下，削减劳动力不是工业的目标。过去 40 年世界劳动生产率提高了 100 倍，但在今天，很难想象它再能增加另一个 100 倍。产业生态认为技术的进步和就业并不是互相矛盾的。相反，产业生态革命可以为社会创造许多新的就业机会，而且通过合理的安排和充分利用劳动资源，可以增加而不是减少每个企业的劳动力需求。通过增加企业内部第一和第三产业的比例，特别是售后服务、循环再生、研究及开发及教育培训业务的扩大，增加了对劳力和智力的需求，既提高了物质和能量的利用率、保护了环境，又为企业创造了利润，同时也增加了就业机会。界面地毯公司的地毯“常绿租赁”业务使得其售后服务及研究、开发人员大大增加，不仅没有因生产线自动化而裁员，反而扩大了员工规模，给社会创造了大量的就业机会。1989 年，共和钢铁公司面临着破产的财政危机，最后被员工购买，企业每年需要削减 8000 万美元的支出才能继续生存。为了鼓励员工的参与，公司实施一个员工建议项目，要求员工为企业减少生产过程的废物提建议，从而实现每年减少 8000 万元费用的目标。在这一项目实施的头 20 个月中，员工共提出 1000 多项建议，其中 500 项被采纳，为公司节省 4500 万美元的费用，使公司效益明显好转，员工也受益匪浅。因为公司原计划解聘 600 多名员工，由于这个建议项目的成功实施，使被解聘的人数降到 100 人。

7. 灵敏的信息网络

生态产业时代是一个信息时代，它要求企业内外信息及技术网络必须具有畅通性、灵敏性、前沿性和高覆盖度。因为生态产业是一种信息强度很大的产业，无论是进行生命周期分析还是进行生态产业园的建设，所需要的信息量都是巨大的，而这些信息不可能由某一单一的企业或组织独立完成，因此为了节省费用，必须利用现在的网络技术，建立灵敏的信息网络。例如，在生态产业园建设中需要的信息量要比传统的工业园大得多，因为它需要企业在相互充分了解的基础上进行密切的合作。仅在生态产业园的规划阶段所需要的信息就包括：①产业系统的边界和系统中的成员。了解系统边界和成员后，才能发现潜在的产品及废物的供应商和使用者，因此园区的建设的第一步就是收集园区内的企业信息，在此基础上才能将相关企业进行组合。②物质的流动和能量的代谢过程。企业之间物质和能量的交换首先需要了解企业的输入输出情况。③数量和时空分布。生产的情况会受到时空的影响，如啤酒厂在夏天的产量就会高于冬天，产生的副产品或废物的量也会随着季节而变化，因此利用副产品或废物的企业要及时了解上游企业的变化，以便做好必要的准备。④法律法规。即生态产业园中的企业必须遵守有关的法律法规。

8. 工人是产业过程自觉的设计者、改进者和参与调控者

现代工业的发展使工人越来越沦为机器的奴隶，人的创造力、生命力和灵活性完全被机器所取代。在生态产业过程中，人性和人的尊严被逐渐恢复。工人在完成本职工作的同时，也是产业过程自觉的设计者、改进者和参与调控者。这不仅体现在企业内部新增加的大量服务业、培训业和研究与开发等第三产业上，同时也体现在第一线生产管理上。Baxter 保健用品制造公司通过一项工人参与的产业生态管理计划，每年从其 2500 员工中获得 4000 条以上的合理化建议，其中 80% 被采纳。1982 ~ 1992 年仅废弃物再生一项该公司就获利 800 万美元，废弃物减排 90%。1992 年仅包装品改进一项就减少物耗 116 万 t，盈利 590 万美元。USS 化工公司推行了一项职工参与管理计划，每年采纳职工建议约 400 条，创收 500 万美元以上，其中有一项建议提高效率 20 倍，盈利 10 万美元。

三、产业生态管理方法

产业生态管理的实质是变环境投入为生态产出，将生态资产转化为经济资产，将生态基础设施转化为生产基础设施，将生态服务功能转化为社会服务功能。产业生态管理的焦点包括各种自然生态因素、技术物理因素和社会文化因素耦合体的等级性、异质性和多样性；物质代谢过程、信息反馈过程和生态演替过程的健康程度；经济生产、社会生活及自然调节功能的强弱和活力。

产业生态管理的一个关键科学问题是生态影响辨识和生态综合。常用的影响辨识方法有：Odum 提出的能值分析法（Emergy Analysis）、生命周期分析法（Life Cycle Assess-ment），Vester 提出的基于反馈机制的生态控制论分析法（eco-cybernetics），Daily 等提出的生态系统服务功能和 Costanza 等提出的自然资产评价法，Rees 等提出的基于土地利用的生态足迹法（ecological footprint），以及生态风险分析法（Ecological Risk Assessment）、情景展望法（Scenario 包括趋势外推、目标反演、替代方案和对照遴选等），它们分别从能流、物流、信息流、资金流以及空间、时间尺度上评价和分析产业生态过程，提出相应生态管理办法。

生态综合的实质是要将整体论与还原论、定量分析与定性分析、理性与悟性、客观评价与主观感受、纵向的链式调控与横向的网状协调、内禀的竞争潜力和系统的共生能力、硬方法与软方法相结合，强调物质、能量和信息三类关系的综合；竞争、共生和自生能力的综合；生产、消费与还原功能的协调；社会、经济与环境目标的耦合；时、空、量、构与序的统筹；科学、哲学与工程学方法的联姻。

产业生态管理的方法论转型：决策方式从线性思维转向系统思维，生产方式从链式产业转向生态产业，生活方式从物质文明转向生态文明，思维方式从个体人转向生态人。通过生态规划、生态设计、生态工程与生态管理，将单一的生物环节、物理环节、经济环节和社会环节组装成一个有强大生命力的生命系统，从技术革新、体制改革和行为诱导入手，调节系统的主导性与多样性，开放性与自主性，灵活性与稳定性，使生态学的竞争、共生、再生和自生原理得到充分的体现，资源得以高效利用，人与自然高度和谐。

产业生态管理方法可分为五类：一是面向产品环境管理的方法，即生命周期评价；二是面向绿色产品开发的方法，即产品生态设计；三是面向区域的规划方法，生态产业园规划；四是面向生态产业开发的方法，生态产业孵化；五是面向可持续发展的生态管理。

产品生态设计首先是产业观念的创新，包括生态效率（Eco-fficiency）创新：怎样把产品生产工艺改进得更好，以生态经济上最合理的方式利用资源；生态效用（Eco-effectiveness）创新：怎样设计一个生态和经济上更合理的产品，以最大限度地满足社会的需求。生态产品开发的战略步骤包括：改善材料质量，减少材料消耗，优化工艺流程，优化流通渠道，延长生命周期，减少环境负担，优化废物处置，优化系统功能。这里仅就生命周期评价方法作一简要介绍。

生命周期评价是对某种物质、过程或产品从产生到扔弃乃至再生的整个“生命”周期内的资源、环境、经济和技术评估。1990 年环境毒理学与化学学会（SETAC）将生命周期评价定义为“生命周期评价是一种对产品、生产工艺以及活动对环境的压力进行评价的客观过程，它是通过对能量和物质利用以及由此造成的环境废物排放进行辨识和量化来进行的。其目的在于评估能量和物质利用，以及废物排放对环境的影响，寻求改善环境影响的机会以及如何利用这种机会。这种评价贯穿于产品、工艺和消费活动的整个生命周期，包括原材料提取与加工、产品、制造、运输和销售、产品的使用、再利用和维护，以及废物循环和最终废物的处置”。

目前生命周期评价（LCA）已形成了基本的概念框架、技术步骤和系统软件。欧盟于 1996 年起组织了 5 个国家 6 个科研院所在华开展了工业生产过程的生态持续能力研究。主要以夏利汽车为例，开展工业产品的生命周期评价并取得了可喜的成果。国际标准化组织（ISO）将生命周期评价方法规定为 JSO14000 认证的基本方法。其基本结构可归纳为 4 个有机联系的步骤：目的与范围确定、清单分析、影响评价和结果解释。目前已颁布的有关生命周期评价的标准有：KO14040（环境管理—生命周期评价—目的与范围确定，清单分析）我国政府已将上述两个标准同等转化为我国的国家标准并颁布实施，其他的后续标准正在制定中。尽管应用生命周期评价进行的产品生态设计的理论尚不完善，但在实践上发展很快，生命周期设计（LCD），生命周期工程（LCE），为环境而设计（DfE），为拆解再生而设计（DfD），为再循环而设计（ODR）等一系列新的设计理念和方法正在成为产业生态管理的新方法。

生命周期评价作为一种环境管理工具，其应用范围十分广泛。首先可应用于工业企业内部。生命周期评价起源于企业内部，也最先在企业部门得到了广泛的应用。以一些国际著名的跨国企业为龙头，如 EP、BM、AT&T、德国西门子公司等，一方面开展生命周期评价方法论的研究，另一方面积极对其产品进行生命周期评价。主要应用领域可归结为以下 4 个方面。

1）产品系统的生态辨识与诊断

通过从摇篮到坟墓的分析，识别对环境影响最大的工艺过程和产品寿命阶段。不同产品不同的生命周期阶段的环境影响是不同的。例如，电冰箱的主要环境影响阶段是用后处理阶段，即 CFC 释放对臭氧层损耗和全球变暖的影响非常严重，而彩电的主要影响阶段是使用阶段。另外，也可评估产品（包括新产品）的资源效益，即对能耗、物耗进行全面平衡，一方面降低能耗、物耗从而降低产品成本，另一方面，帮助设计人员尽可能采用有利于环境的原材料和能源。

2）产品环境影响评价与比较

以环境影响最小化为目标，分析比较某一产品系统内的不同方案或者对替代产品（或工艺）进行比较。例如，通过分析燃油汽车和电力汽车，发现电力汽车的环境影响并不像通常认为的那样小，而是要大于燃油汽车。

3）生态产品设计与新产品开发

直接将生命周期评价应用于新产品的开发与设计中。例如，丹麦的著名电冰箱厂 GMM 通过对其原有产品进行生命周期评价，发现电冰箱的使用阶段对资源和能源的消耗最大，而在用后处理阶段对臭氧层损耗和全球变暖影响最大。在此基础上，设计出了低能耗、无 CFC 的新一代电冰箱 LER200，在市场上取得了很好的经济效益。

4）再循环工艺设计

大量生命周期评价工作结果表明，产品用后处理阶段的问题十分严重。解决这一问题需要从产品的设计阶段就考虑产品用后的拆解和资源的回收利用。因而迅速出现了一大批“为再循环而设计”或“为拆解而设计”的企业和研究机构。其次，政府和环境管理部门可借助于生命周期评价进行环境立法、制定环境标准和产品生态标志。

（1）制定环境法律、政策与建立环境产品标准。在环境政策与立法上，很多发达国家已经借助于生命周期评价制定“面向产品的环境政策”，北欧以及欧盟已制定了一些“从摇篮到坟墓”的环境产品政策。近年来，一些国家相继在环境立法上开始反映产品和产品系统相关联的环境影响。如 1995 年，荷兰国家环境部出版了有关荷兰产品环境政策的备忘录。丹麦也在 1996 年相应提出了一份有关以环境产品为导向的建议书。在具体的行动方案上，德国、瑞典和荷兰正在建立一个回收电子产品废物的系统，而欧盟也规定必须对包装品进行全过程的环境影响评价。目前，比较有影响的环境管理标准有英国 BS7750（Britsh 标准，1992）欧盟生态管理和审计计划（EMAS）（EEG1993）。

（2）实施生态标志计划。1992 年欧盟颁布了“欧盟产品生态标志计划”，到 1997 年 10 月，已有 38 类，涉及 20 个制造业，共 166 种产品获得了“欧盟产品生态标志”。相应地，一些国家生态标志计划也纷纷出台，如德国“蓝色天使计划”，北欧“白天鹅计划”，加拿大“环境选择”，日本“生态标记”，美国“绿色印章”，新加坡“绿色标签”以及美国的“能源之星”等。这些计划客观上促进了生态产品的设计、制造技术的创新，为评估和区别普通产品与生态标志产品提供了具体的指标，同时，也刺激了生态产品的消费。

（3）优化政府的能源、运输和废物管理方案。生命周期评价能够很好地支持政府的环境规划。荷兰政府从 1989 年起开展“国家废弃物管理计划”，通过对固体废弃物进行生命周期评价，一方面发展了生命周期评价的方法论，另一方面提出了综合废弃物管理规划。废弃物的循环利用一般被认为是对环境有利的，但废弃物在收集、筛选和用于产品加工过程中也可能带来明显的环境影响，究竟循环利用好，还是直接处理（如焚烧或填埋）好，将取决于这两个系统整个生命周期产生的环境影响和经济效益。英国环境部也采用生命周期评价方法支持废弃物管理决策。目前，污染防治在政府和企业内部都得到了高度的重视，但以前的决策过程都把环境影响重点放在生产阶段，而不是系统的整个生命周期阶段，采取的污染防治措施也都是针对这个阶段，显然对系统环境影响的全貌缺乏了解，难免会带来决策的失误或不理想，因而采取的防治措施也达不到理想的效果。而将生命周期评价用于污染防治措施，能在决策过程中提供系统整个的环境影响信息，有利于选择理想的污染防治方法。

（4）向公众提供有关产品和原材料的资源信息与产品。有关的环境数据和信息全球尚无统一来源，各国都在积极开展有关数据的收集、整理工作。美国国家环保局开展了大量的生命周期评价研究，已经积累了一些主要化学品的大量数据，成为产品设计和使用的第一手科学背景资料。荷兰资源环境部支持 Leiden 大学和 PRE 咨询公司共同开发了“生态指标”计划，目前已经提出了 100 种原材料和工艺的生态指标，直接为设计人员选择原材料和生态工艺提供定量化的支持。

（5）国际环境管理体系的建立。产品生命周期评价直接促进了国际环境管理体系 ISO14000 的制定和实施。

最后，消费者组织主要利用生命周期评价指导消费者进行生态产品消费以及对公众行动进行从摇篮到坟墓的环境评价。总之，生命周期评价仍然十分年轻，随着不断地积累经验，将会对更多的产品、工艺和材料进行分析。不同工业部门的产品均有不同的特性、维护条件、生命期，对环境的影响也不同。一方面生命周期评价会变得越来越复杂，另一方面会变得越来越重要。生命周期评价将成为 21 世纪最有生命力和发展前途的环境管理工具之一。

参考文献

[1] Frosch R. A. 1991, Industrial ecology: a philosophical introduction, Proc. National Acad. Sci. USA. 1992, 89.

[2] Frosch R. A. &Gallopoulos, N. E. Sci. Am. 1989, 260: 144.

[3] Hardin Tibbs, Industrial Ecology: an environmental agenda for industry, Published by Arthur D. Little, Inc. 1991.

[4] IEEE TAB Environment, Health and safety committee, white paper on sustainable development and industrial.

[5] John Ehrenfeld and Nicholas Gertler, Industrial ecology in practice: the evolution of interdependence at kalundborg. Industrial ecology 1997, 1 (1): 67-79.

INDUSTRIAL ECOLOGY AND TRANSITION TO ECO-INDUSTRY

Wang Rusong　Yang Jianxin

(Research Center for Eco-Environmental Sciences, Chinese Academy of Sciences, Beijing 100085)

Abstract It analyses the background of industrial ecology and explicates its concept, methodologies and hot-point. The eco-industry is a network-and-evolution industry based on the capacity of ecosystem, which has highly economic process and harmonious ecological function. Within the eco-industry, two or more processes are linked, the energy and materials are used in a cascade. As a result, the high output comes out, resources and environment are sustainable in eco-industry, Additionally, some principles and metrologies for eco-industry construction are summarized. The management metrologies for eco-industry includes life-cycle assessment, ecological product design, planning for ecological industrial park, and hatching for eco-industry as well as eco-management.

Key words industrial ecology, ecological industry, ecological management

从生态农业到生态产业

——论中国农业的生态转型*

王如松　蒋菊生

（中国科学院生态环境研究中心，北京 100085）

摘要　本文论述中国农业的传统生态观和技术体系，指出了在转型时期的中国农业从生态农业向生态产业发展的必然趋势。介绍了农村产业生态建设的基本原理。最后提出了中国农业生态转型的几种模式，即知识型、服务型、网络型、规模型。

关键词　生态农业　生态产业　生态转型　产业生态学原理

1　老传统，新趋势

中国生态农业区别于一般农业的重要特点在于用系统论和生态学原理去指导农业的生产与发展。其技术体系要求其在更广阔的时空范围和各种相互关系中去理解、利用与保护农业资源，注重社会、经济、自然生态效益的最佳复合。在注重物质与能量投入的同时，也注重人的智力和科技的投入；在解决环境与发展的矛盾时，注重在保育自然的过程中获取经济效益。

中国生态农业技术汇集了有7000多年历史的中国传统农业的精华。中国农民悠久的农业实践创造了源远流长的人与自然关系的一种系统思维、系统方法和系统技术。与工业革命以来出现的其他科学方法不同，中国生态农业更重视综合，重视系统关系，重视思辨方法，因而更符合东方人的思维方式。作为四大文明古国之一的中国，早在3000多年前就已形成了一套鲜为人知的“观乎天文以察时变，观乎人文以化成天下”的生态理论体系，包括道理（即自然规律，如天文、地理、物候等）、事理（即对人类活动的合理规划管理，如政事、农事、医事等）、义理（即社会行为的准则，如伦理、法制、三纲五常等）和情理（人情枢机，如心理、生理、七情六欲等）；中国农业社会正是靠着对这些天时、地利、人和之间关系的正确认识，靠着物质循环再生、社会协调共生和修身养性自我调节的生态观，维持着其3000年超稳定的社会结构，以占世界仅7%的耕地和7%的水资源养活着近1/4的世界人口而地力经久不衰，其秘密就在于中国农民朴实的系统生态观。

---

* 原载于：中国农业科技导报，2001，3（5）：7-12.

- 养用结合，地力常新

早在战国时代中国就有了自然土壤和农业土壤的概念，把“万物自生”的地称作“土”，把“人”所耕而树艺的地称为“壤”，强调人在成壤方面的主导作用。农民在土壤上连种、轮作、间作、套种、多熟种植、充分利用地力的同时，采取与豆科作物或绿肥间作、连作、轮作、增施有机肥等综合措施，积极养地，使土地肥力经久不衰（《论衡》）。

- 因地因时因物制宜

2000 多年前的《淮南子》一书就已系统总结了因地制宜（“水处者渔，山处者木，谷处者牧，陆处者农”），因时制宜（用 24 节气指导农事活动），因种制宜的栽培经验。

- 农林牧渔副综合发展

早在战国时期的《管子·牧民》篇中就有“务五谷，则食足”；“养桑麻，育六畜，则民富”的论述。这种由多种产业联合，物质充分循环，依靠可再生能源的农村生产工艺，虽然生产力不高，但由于各业之间“相继而生成，相资以利用”，对农业自然资源转化利用效率较高。

- 合理开发利用可再生资源

中国农民历来注重保护可再生资源的再生能力，早在战国时代，孟轲就提出“数罟不人夸池，鱼鳖不可胜食”、“斧斤以时人山林，材木不可胜用”（《孟子·梁惠王上》）。《淮南子·主训》篇主张“孕育不得杀，壳卵不得探，鱼不长尺不得取，彘不期年不得食”，都是提倡保护和合理利用资源的。

- 精耕细作，综合防治

我国农民素有五耕五薅，精耕细作的习惯。宋代江南水稻产量已达 1650kg/hm^2，明清时已高达 5250～6000kg/hm^2。对于轮作防病，抗虫选种，生物防治，植物性农药，综合防治等也多有记载，据晋代《南方草木状》记载，1600 多年前已开始用黄京蚁防治柑橘害虫。

20 世纪 90 年代以来，中国的经济体制、社会结构、自然面貌及人际关系都发生了深刻的变化。面对沉重的人口压力、有限的资源储备和脆弱的生态环境，以及农业现代化、农村城镇化、农民知识化浪潮和加入 WTO 后中国农业面临的强烈冲击，中国农业必须实现从传统产业向生态产业的历史跨越，这是转型期中国农村可持续发展和参与国际竞争的必然趋势（图 1）。

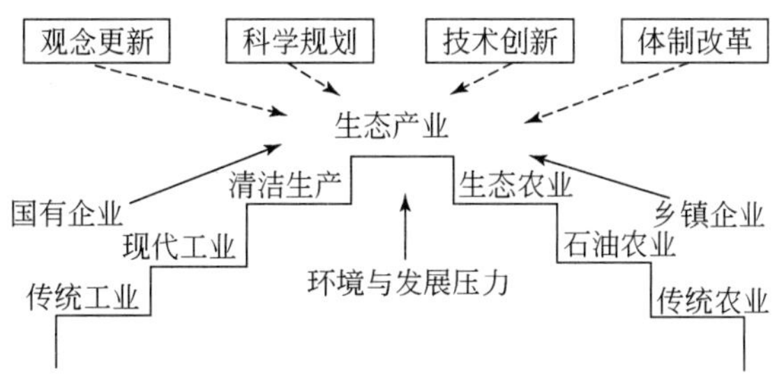

图 1　生态产业：新一轮产业革命

2 产业生态原理

2.1 产业生态学的渊源

产业生态学是一门研究社会生产活动中自然资源从源、流到汇的全代谢过程，组织管理体制以及生产、消费、调控行为的动力学机制、控制论方法及其与生命支持系统相互关系的系统科学。它被列为美国21世纪环境科学研究的优先领域。产业生态学起源于20世纪80年代末Frosch等模拟生物的新陈代谢过程和生态系统的循环再生过程所开展的“工业代谢”研究。“工业代谢”名称是将“生态学”的生物代谢的概念引入到产业生态学中来所出现的新名词。工业代谢是模拟生物和自然生态系统代谢功能的一种系统分析方法。与自然生态系统相似，产业生态系统同样包括四个基本组分，即“生产者”、“消费者”、“再生者”和“外部环境”。通过分析系统结构变化，进行功能模拟和分析产业流（输入流、产出流）来研究产业生态系统的代谢机理和控制方法。通常采用的方法有“供给链网”分析（类似食物链网）和物料平衡核算。他们认为现代工业生产过程就是一个将原料、能源和劳动力转化为产品和废物的代谢过程。他们与Gallopoulos等进一步从生态系统角度提出了“产业生态系统”和“产业生态学”的概念。1991年美国国家科学院与贝尔实验室共同组织了首次“产业生态学”论坛，对产业生态学的概念、内容和方法以及应用前景进行了全面、系统的总结，基本形成了产业生态学的概念框架。1991年贝尔实验室的Kumar认为：“产业生态学是对各种产业活动及其产品与环境之间相互关系的跨学科研究”。

2.2 生态产业的设计原则

生态产业是按生态经济原理和知识经济规律组织起来的基于生态系统承载能力、具有高效的经济过程及和谐的生态功能的网络型、进化型产业。它通过两个或两个以上的生产体系或环节之间的系统耦合，使物质、能量可多级利用、高效产出，资源、环境可系统开发、持续利用。企业发展的多样性与优势度，开放度与自主度，力度与柔度，速度与稳度达到有机的结合，污染负效益变为经济正效益。

生态产业的组合、孵化及设计原则有：

- 横向耦合

不同工艺流程间的横向耦合及资源共享，变污染负效益为资源正效益。

- 纵向闭合

从源到汇再到源的纵向耦合，集生产、流通、消费、回收、环境保护及能力建设于一体，第一、第二、第三产业在企业内部形成完备的功能组合。

- 区域耦合

厂内生产区与厂外相关的自然及人工环境构成产业生态系统或复合生态体，逐步实现废弃物在系统内的全回收和向系统外的零排放。

- 柔性结构

灵活多样、面向功能的结构与体制，可随时根据资源、市场和外部环境的随机波动调整产品、产业结构及工艺流程。

- 功能导向

以企业对社会的服务功能而不是以产品为经营目标，谋求工艺流程和产品的多样化。

- 软硬结合

配套的硬件、软件和心件研究开发体系，决策咨询体系，管理服务体系及人才培训体系，配合默契的决策管理、工程技术和营销开发人员。

- 自我调节

以生态控制论为基础，能自我调节的决策管理机制、进化策略和完善的风险防范对策。

- 增加就业

合理安排和充分利用劳力资源，增加而不是减少就业机会。

- 人类生态

工人一专多能，是产业过程自觉的设计者和调控者，而不是机器的奴隶。

- 信息网络

内外信息及技术网络的畅通性、灵敏性、前沿性和高覆盖度。

3 中国农业的生态转型

近20年来，我国生态农业系统技术和管理方法在广大农村得到了长足发展，在振兴农村经济、改善生态环境和促进社会发展中取得了显著的社会、经济和环境效益，也受到国际同行的好评。但是，也应该看到，我国生态农业还一直在低技术、低效益、低规模、低循环的传统生态农业层面上徘徊，与产业规模化和农村现代化的差距还很大。生态农业在一些沿海富裕地区正在萎缩。只有从农业小循环走向工、农、商结合的产业大循环，从小农经济走向城乡、脑体、工农结合的网络和知识经济，从“小桥、流水、人家”的田园社会走向规模化、知识化、现代化的生态社会，中国农村才能实现可持续发展。

生态的实质是以人为主体的生命与其环境间的相互关系。包括物质代谢关系、能量转换关系及信息反馈关系，以及结构、功能和过程的关系。这里所说的环境包括人的栖息劳作环境（地理环境、生物环境、构筑设施环境）、区域生态环境（原材料供给的源、产品和废弃物消纳的汇及缓冲调节的库）及文化环境（体制、组织、文化、技术等）。它们与作为主体的人一起构成社会。农田、农业、农村构成一类“社会-经济-自然”复合生态系统，具有生产、生活、供给、接纳、控制和缓冲功能，构成错综复杂的人类生态关系。包括人与自然之间的促进、抑制、适应、改造关系，人对资源的开发、利用、储存、扬弃关系，以及人类生产、生活活动中的竞争、共生、隶属、乘补关系。中国农业的生态转型就是要在持续利用农业生态资产的基础上调整这些生态关系，促进农业经营理念、经营目标和经营方式从传统小农经济向现代生态产业的转型。

3.1　农业经营理念的转型

农业发展有赖于自然生态及人文生态两类资产。前者包括水（水量、水质、水灾、水利）、火（能量、能值、大气、气候）、土（土壤、土地、景观、地理）、木（植被、作物及其他生命有机体）、金（矿产、营养物、产品及废品流）等五大类来自自然生态系统的，在地球表层经过长期演替和进化形成的生态资产；后者包括人力（劳力、智力）、资金（流动与固定）、技术（硬技术与软技术）、基础设施（交通、设施、构筑物与建筑物）和系统环境（区位、市场、政策及文化环境）等来自人工生态系统的，由前人或他人的辛勤劳动积累下来的生态资产。传统农村发展观念只看到农业的经济过程而忽视其生态过程，只重视农产品的社会服务功能而忽视其生态服务功能。其实，农业有社会经济服务和自然生态服务两类功能，前者旨在为全社会提供充足优质的食物、纤维和其他生物质产品；后者旨在为城市及区域社会的生产、消费、流通、还原和调控提供环境公益。生态农业在活跃地方经济、稳定农业生产的同时，一个重要贡献就是为城市及区域发展提供生态服务保障。它们具有两类服务功能：一类是提供人、财、物直接服务的社会经济服务功能；另一类是维持区域生命支持系统及社会经济持续发展的自然生态服务功能。如稳定大气、调节气候，对干扰的缓冲，水文调节、水土保持，土壤熟化与维持土壤肥力，营养元素循环，对水体、大气及土壤环境污染物的降解和净化作用，传授花粉，生物控制，维护生境及生物多样性，基因遗传，以及科研、教育、美学、艺术及休闲用途等。

未来的生态产业就是要在维持生态资产正向积累的前提下，为人类及其生命支持系统提供尽可能多的生态服务。包括高的生态效率（生产过程中所依赖的上述自然生态资产和人文生态资产的利用效率），强的生态整合力（对地理、水文、生物、工程、经济及人文生态过程的时空连续性、完整性的调控能力），小的生态足迹（提供产业生存与发展所需要的生态资产和服务功能的支持空间及其环境影响的范围），丰富的生态多样性（产业和产品结构、功能和工艺过程的多样性，原材料的可替代性）和低的生态风险（产品生产、销售、消费及回收或废弃过程对自然及社会环境的潜在消极影响）等。

3.2　农业发展目标的转型

农业的产出不仅体现在其最终产品的市场价值，还以隐形和效益外部化的形式为区域社会经济发展贡献生态公益，而本身却得不到或很少得到回报。为此，国家有关部门应按其贡献大小给农业的生态公益服务以一定的财政补偿和政策倾斜，减小工农与城乡间的剪刀差。同时，农民也要依靠自己的力量发展生态产业，促进整体、协同、循环、自生的大生态良性循环。要在 20 ~ 30 年时间内，逐步实现农业生产从以量为主到以质为主，从以生产碳水化合物为主到以生产蛋白质为主，从大田生产为主到以工厂和庭园生产为主，从以生物质产品导向到以社会和自然服务功能导向的转型，在保障全社会的食物安全（优质高产）、生态安全（生态资产的正向积累和生态服务功能的持续改善）和农村社会安全（富足、健康、文明）的基础上，争取把一半以上的国土从粮食生产的压力下解放出来，为国民生活的现代化提供净化、绿化、美化、活化的区域生态环境。

产业转型的关键是“工”，“无工不富”在一定程度上反映了当前的社会现实，让整个农村都富起来是党和政府的一贯主张。如果“工”只是狭义的第二产业，则其发展余地是有限的，不一定每个农村发展工业都能“富”起来。但是如果把“工”拓展为包括三大产业以及研究、开发和能力建设在内的广义产业并赋予其产业生态的内涵，则“无工不富”将成为振兴中国农村的普遍规律。这里的“富”包括三层含义：一是财富，包括经济资产和生态资产的持续增长与积累效果；二是健康，包括人的生理和心理健康及生态系统功能与过程的健康；三是文明，包括物质文明、精神文明和生态文明。这三者中，财富是“形”，健康是“神”，文明则是“本”。农业生态转型必须从本抓起，通过能力建设促进形与神的统一。

3.3 产业经营方式的转型

农村产业生态转型的宗旨就是要通过生产方式、生活模式和价值观念的改变去合理、系统、持续地开发、利用和保育这些生态资产，为社会提供高效和谐的生态服务，建立一种整体、和谐、公平、持续的自然和人文生态秩序。

- 从物到人：生态产业的核心是植入竞争、共生、再生、自生的生态活力。其经营目的对外主要不是生产物品而是为社会提供一条龙的系统服务，研究开发、跟踪服务、咨询培训、还原再生等软件和副件产值将大大超过硬件和主件产值。对内主要不是物力的开发而是人力的建设，企业不仅是一个车间，也是一个学校，将提高劳动生产率和工人的技术创新能力相结合，工作将成为员工的人生需求而不只是一种谋生的手段。
- 从链到环：物流的纵向闭合与横向耦合，矿物能源向可再生能源的转移，产品的产销环节管理转向生命周期全过程管理，废弃物从污染的源变为资源的汇。厂区将从单一产品生产的工业基地转向包括周边自然环境在内的生产、生活及自然保育一体化的具有独立的全代谢功能（或零排放）的复合生态基地。
- 从刚到柔：传统生产中产品导向的刚性结构将转向功能导向的柔性生态结构，其工艺结构、产业结构和产品结构将随环境和市场的变化随时更新。主导生产过程将从简单的物理、化学、生物过程转向复杂的社会、经济和自然生态发育与进化过程。主导因子将从劳力、资金和原材料等硬资源转向内外生态耦合关系等软资源。企业具有高的灵活性、多样性和应变创新、开拓适应、协同进化的生命活力。
- 从量到序：衡量一个企业效益大小的标准不再是传统的产量、产值和利润，而是其所提供的自然、经济和社会服务功能及生态系统的整体性、和谐性、公平性、持续性秩序。企业规划和优化的目标也不再是单项或多项的物理指标，而是寻求一种与企业的社会、经济和自然环境相适应的生态进化过程。

目前，摆在中国农村面前的产业转型有四条路：

- 传统农业向传统工业的转型，发展低技术、高污染、资源和劳力密集型的第二产业。这是珠江三角洲及其早期乡镇企业的发展模式，在改革初期特定的社会经济和政策环境下是可行的。但在当前国家严格的环境保护政策和可持续发展战略控制下，此类发展举步维艰，淮河流域15类污染行业的强行关闭敲响了这类工业的警钟。

● 传统农业向现代工业的转型，发展高技术、低就业、知识和资金密集型产业。少数早期创业的优秀乡镇企业正在实现着这种转型。但是，资金、技术和人才的制约因素是大多数后期发展的农村所难以跨越的，其与大中城市高新技术企业竞争的难度也是可想而知的。

● 传统农业向生态农业的转型，发展低技术、低污染、小循环、劳力密集型的第一产业和生态保育业。由于其高的边际成本和低的比较效益，在产业规模化、集成化和现代化进程中正在逐渐丧失其比较优势。

● 传统农业向生态产业的转型，其特点是低技术+高技术、硬投入+软投入、深加工+大市场、低污染+大循环型经济（三大产业+能力建设）。这是中国农村任何地区都可以从不同起点起步的发展模式，是未来中国农业转型的主流。生态合理的体制、政策、法规和科学的规划、计划和产业孵化机制是生态产业转型的前提和保障。而转型成败的关键则是农民及经营管理人员的素质、知识技术的整合以及市场信息的灵敏程度。

3.4　中国农业生态转型的特点

3.4.1　知识型

知识型生态产业是未来经济腾飞的一大支柱，以知识密集为其主要特点。主要有以纵向高新技术为主线的知识密集型产业和新兴产业中试示范区，如农业生物工程研究与开发、海洋生物工程等；以横向生态技术为主线的关系耦合型产业和网络产业孵化基地；以市场及环境信息为主线的信息咨询、技术转移和软件服务基地；以人类生态产品、信息交流及农业教育产业为目标的生态文化产业基地等。但是鉴于现阶段我国农村的科技力量、人才素质、经济实力、市场环境以及国内外合作关系，最近几年内，上述第一类知识型产业还只能处于起步或准备阶段，主要依靠国家有关部门或有条件的大中型企业加大农业领域 R&D 的投入，建立中试基地，增强农业科技的创新能力。而后几类产业的资金和硬件投入需求较低，主要是通过外部的科技催化和产业孵化，以及灵敏的市场信息、专家网络和管理机制，有条件的农村都可以发展。

3.4.2　服务型

服务型生态产业是未来农村产业的一个重要组成部分，如生活消费服务、信息咨询服务、社会公益服务和生态公益服务等。服务对象将不从企业购买任何产品，而只与其签订定期服务合同，享受企业按用户要求的功能服务，服务质量将实行全过程监控。不符合质量的服务，用户将拒付或扣付服务费乃至解除服务合同。

生活消费服务指以生物质生产为龙头的生态产业，包括食物和各类光合物质的生产、加工、流通及循环再生的系统服务。如超级市场的配送业，生活垃圾、秸秆、人畜粪便及各类食品工业废弃物的深层利用，循环再生，为社会提供生态合理的饲料、燃料、肥料和工业原料的系列服务等。

社会公益服务通过对自然及人文景观的保育、生态示范基地的建设、科学技术的推广和人才培训途径等向社会提供教育、科研、观光、信息等公益性服务。

生态公益服务指为本地及区域生命支持系统、自然保护区、生态公益林等积累生态资产，为相关城市和地区社会经济的持续发展提供自然生态服务。国家及有关部门将通过生态资产和生态服务功能评估给其一定的生态补偿。

3.4.3 网络型

网络型生态产业是未来中国农业的主要发展方向，以第一、第二、第三产业联结，城乡结合为其主要特征。以农、工、贸相结合，产、学、研一体化为主要模式。如融农业生态产业孵化、信息技术服务及生态保育为一体的综合型庄园型产业（融第一、第二产业于第三产业之中），产销联盟、以销定产。随着生活水平的逐渐提高，人们对食品的要求越来越高，不但要求吃饱，而且要求吃得安全、健康。绿色食品的生长地区要求无环境污染和公害；在食品的生产、加工、储运过程中严禁使用化学农药、肥料、保鲜剂等不利于人体健康的化学品。由于对绿色食品实行“从土地到餐桌”的全程质量管理，因此绿色食品的质量和卫生指标要优于普通食品。所谓绿色食品并不是指绿颜色的食品，其内涵是指生态健康的食品，即其生产和加工过程对人体、对生物和对环境都无毒、无害、无污染、低环境影响的粮食、肉类、瓜果、蔬菜、副食、饮料及其加工品等健康食物。绿色食品生产的关键是生产基地本底的无污染，生产过程中不使用对环境和作物本身有副作用的化肥农药，加工生产过程中不使用对环境和人有毒有害的添加剂、防腐剂。并提供相应的软硬件服务。全过程进行生态监测和生命周期评价与管理，并将评价结果如实反映在产品说明书上。

为确保绿色食品的生产，未来的生态肥料业将发展一类可替代传统化肥的以有机肥为主体，以废弃物为原料（人畜粪便、有机垃圾、秸秆、野生和废弃的各种生物质）、复合以各类菌肥和适量无机肥的、速效与长效相结合，既能充分满足作物生长需要而又不污染土壤和水体的专用和通用肥，以及相应的软硬件一条龙服务，实现土壤肥力的持续增长。

3.4.4 规模型

规模型生态产业讲究社会效益、经济效益和生态效益的统一，是我国农业长期为之奋斗的主要目标。其显著特点就是分工专门化、经营集约化、管理现代化、产品多样化和市场主导化。我国目前各地区农村均实行了家庭联产承包责任制，在过去的20年中，为解决中国的近13亿人口的温饱问题作出了巨大的贡献。然而，这种家庭性小农生产管理模式，规模小，属于自给自足性生产，农业结构单一，带有单纯追求农业增长和区域封闭性。显然，在产业转型时期，这种模式必然会发生根本的转变。家庭型小规模生产将向专业化规模化生产转变、自给自足性生产将向商品化生产转变、区域封闭性生产将向区域开放性转变、单一农业结构将向多元农业结构转变、单纯农业生产将向“种养加、产供销”一体化转变、单纯农业增长将向农业可持续发展转变。要实现上述多个转变和农业规模化生产，在我国当前的形势下，公司+农户将是一个比较理想的模式，由公司连接千万个农户。其主导或特色产品应在一定的区域市场内无竞争对手，或起垄断作用。

中国社会正在从自然经济的农业社会、市场经济的城市社会向生态经济的可持续发展社会过渡，占全国人口70%的农村产业转型是这种过渡成功与否的关键。近年来，越来越多的农业科学、生态科学及社会科学工作者投入到产业生态和生态产业示范基地的研究中，传统农业、工业和第三产业的界限正在打破，一个以规模化、网络化、知识化和生态化为特征的新一轮产业革命正在兴起（图 1）。这场革命的实质是逆转农业生态与自然生态的退化趋势，恢复人和自然的生态潜能，从技术、体制、文化及认识领域重新调节社会的生产关系、生活方式、生态意识和生态秩序，在资源承载能力和环境容量许可的前提下，促进人与自然在时间、空间、数量、结构及功能关系上的可持续发展。

参 考 文 献

成升魁 . 1997. 区域农业持续发展规划若干问题研究 . 中国农业可持续发展研究 . 中国农业科技出版社：41-44.

骆世明 . 1995. 中国生态农业技术体系 . 自然资源学报，(3)：20-25.

马世骏 . 1984. 生态工程 . 北京农业科学，(4)：1-2.

马世骏，王如松 . 1984. 社会-经济-自然复合生态系统 . 生态学报，4 (1)：1-9.

马世骏，王如松 . 1993. 复合生态系统与持续发展 . 复杂性研究. 北京：科学出版社：239-250.

王如松，刘建国 . 1988. 生态库原理及其在城市生态学研究中的应用 . 城市环境与城市生态，1 (2)：20-25.

王如松 . 1991. 自然科学与社会科学的桥梁-人类生态学研究进展 . 中国生态学发展战略研究. 北京：中国经济出版社：405-466.

王如松 . 1999. 可持续发展的生态学思考 . 赵景柱等 . 社会-经济-自然复合生态系统可持续发展研究. 北京：中国环境科学出版社：1-32.

王如松，欧阳志云 . 1996. 生态整合-人类可持续发展的科学方法 · 科学通报，41 (增刊)：47-67.

Allenby B R. 1999. Industrial Ecology：Policy Framework and Implementation. Prentice Hall，New Jersey.

Bartell S M，Brenkert A L，O'Neill R V et al. 1992. Ecological Risk Estimation. Lewis Publishers，Chelsea，Michigan.

Boulding K. 1970. Economics as an Ecological Science. Economics as a Science. New York：McGraw Hill：23-52.

Ehrenfeld J，Nicholas Gertler. 1997. Industrial ecology in practice：The evolution of interdependence at kalundborg. Industrial ecology，Vol. 1 No. 1.

Frosch R A，Gallopoulos N E. 1989. Strategies for manufacturing. Sci，Am，26 (3)：144-153.

Gilbert O L. 1989. The Ecology of Urban Habitats. New York：Chapman and Hall.

Graedel T E，Allenby B R. 1995. Industrial Ecology. New York：Prentice Hall Press.

Hu D，Wang R，Yan J，et al. 1998. A pilot ecological engineering project for municipal solid waste reduction，disinfection，regeneration and industrization in Guanghan City，China.

Kumar C，Patel N. 1991. Industrial Ecology. Proc National Acad Sci USA，89：798-799.

Liang W. 1998. Farming system as an approach to agro — ecological engineering. Ecol，Eng，11 (91-4)：27-36.

Lifset R. 1997. Journal of Industrial Ecology. Published by MIT Press，1 (1).

Lu B，Yan J，Wang R. 1998. Integrated ecological engineering of corn utilization in Zhaodong Country. Ecol Eng，11 (1-4)：139-146.

Ma S J，Yan J. 1989. Ecological engineering for treatment and utilization of wastewater//Mitsch J W，Jorgensen S E. Ecological Engineering：An introduction to Eco technology. John Wiley Sons，New York：185-217.

Ma S，Wang R. 1990. Social-Economic-Natural complex ecosystem and sustainable development//Wang

R. Human Ecology in China. Beijing: China Sci & Technol Press, 1999.

Ma S. 1985. Ecological engineering: Application of ecosystem principles. Environ. Conservation, 12 (1): 331-335.

Mitsch W J, Yan Jingsong. 1993. Ecological Engineering-Contrasting Experiences in China with the West, editorial paper5 Ecological Engineering, 2: 177-191.

Odum E P. 1997. Ecology: A Bridge between Science and Society. Sinauer Associate, Inc.

Odum H T. 1989. Ecological engineering and self organization//Mitsch W J, Jorgense S E. Ecological Engineering: An Introduction to Ecotechnology. New York: John Wiley and Sons, 79-101.

Staw B M, et al. 1981. Threat rigidity effects in organizational behavior: a multilevel analysis. Admin. Scil Quart, 26: 501-524.

Suzuki S. 1991. Human Ecology—Coming of Age: An International Overview. Brussels VUB Press.

Vellinga P, Herb N. 1999. Industrial Transformation Project: IT Science Plan, IHDP Report No, 12, Bonn, Germany.

Wang R S, Yan J. 1998. Integrating hardware, software and mindware for sustainable ecosystem development: Principles and methods of ecological engineering in China. Ecol Eng, 11 (1-4): 277-290.

Wang R S, Zhao J Z, Dai X L. 1989. Human Ecology in China. Beijing China Science and Technology Press: 251.

Wang R S, Zhao J Z, Ouyang Z Y. 1996. Wealth, Health and Faith —Sustainability Study in China. China Environmental Science Press: 184.

Wang Z, Ye X, Li Q. 1999. Chinese Ecological Agriculture and Intensive Farming System. Beijing: China Environment Sci Press.

Young G L. 1989. A Conceptural Framework for an Inter disciplinary Human Ecology. Acta Oecologiae Hominis—International Monographs in Human Ecology, 1: 1-136.

Zhang R. 1998. Emergence and development of agro-ecological engineering in China. Ecol Eng, 11 (1-4): 17-26.

FROM ECO-AGRICULTURE TO ECO-INDUSTRY—ECOLOGICAL TRANSFORMATION OF CHINA's AGRICULTURE

Wang Rusong　Jiang Jusheng

(Research Center for Eco-Environmental Sciences, Chinese Academy of Sciences, Beijing 100085)

Abstract In the view of Chinese traditional eco-agriculture and technical systems, the trend of China's agriculture development from eco-agriculture to eco-industry was pointed out in this paper. The main principles and characteristics of the ecological industry were introduced, four patterns of China's agricultural transformation had been put out, namely knowledge-based production pattern, function-oriented pattern, networking pattern, and large-scale pattern.

Key words eco-agriculture, eco-industry, eco-transformation, the principle of industrial ecology

循环经济建设的产业生态学方法*

王如松

（中国科学院生态环境研究中心，北京 100085）

摘要 循环经济是按生态学原理和系统工程方法运行的具有整体、协同、循环、自生功能的复合生态经济。生态产业是一类按循环经济规律组织起来的基于生态系统承载能力，具有完整的生命周期、高效的代谢过程及和谐的生态功能的网络型、进化型、复合型产业。从传统工业经济向循环经济的转型需要一场生产方式、消费模式和生态影响方式的产业生态革命，其理论基础是经济生态、人类生态、景观生态和复合生态。产业生态转型的实质是变产品经济为功能经济，变环境投入为生态产出，促进生态资产与经济资产、生态基础设施与生产基础设施、生态服务功能与社会服务功能的平衡与协调发展。生态产业设计的原则包括横向耦合、纵向闭合、区域耦合、社会整合、功能导向、结构柔化、能力组合、信息开放、人类生态。产业生态系统是一类社会-经济-自然复合生态系统，具有生产、生活、供给、接纳、控制和缓冲的整合功能和错综复杂的人类生态关系，其方法论的核心在于时、空、量、构、序的生态整合。生态文化是循环经济的灵魂，指人与环境和谐共处、持续生存、稳定发展的文化，包括体制文化、认知文化、物态文化和心态文化。

世纪之交，国际社会经济格局正朝着全球化、多元化、信息化和生态化方向演变。经历过一个世纪惊心动魄的政治动乱、军事纷争和经济危机以及长足的科技进步、经济腾飞和社会发展奇迹的人类社会，正面临着发展与环境问题的严峻挑战。尤其是迅速崛起的发展中国家，如东南亚国家及中国，强烈的现代化需求，密集的人类开发活动，大规模的基础设施建设和高物耗、高污染型的产业发展，给区域生态系统造成了强烈的生态胁迫效应。几乎所有早期工业化国家的环境污染和殖民地国家的生态破坏问题在这些转型期国家都不同程度地存在。其实质是资源代谢在时间、空间尺度上的滞留或耗竭，系统耦合在结构、功能关系上的破碎和板结，社会行为在经济和生态关系上的冲突和失调。

西方发达国家经过两个多世纪的产业革命和社会发展，以掠夺殖民地生态资产为代价，实现了农业社会向工业社会、乡村社会向城市社会的过渡。而中国要在 50 年左右时间内达到中等发达国家的经济水平，还要避免走早期工业化国家环境污染和殖民地国家生态破坏的老路，任重而道远。然而，有着几千年“天人合一”人类生态优良传统的中华民族必须也一定能够走一条非常规的现代化道路，开展一场中国式的产业革命和环境革命，实现有中国特色的社会主义市场经济条件下的可持续发展。其科学基础就是复合生态、产业生态和人类生态。

---

* 原载于：产业与环境，2003，（增刊）：48-52.

一、基于产业生态学的循环经济理论

产业生态学兴起的四大前沿理论包括生态经济学或循环经济学（产业的生态转型和生产，流通消费，还原和调控环节间的横向、纵向、区域和社会耦合）；人类生态学或社会生态学（以人为本、天人合一的道理、事理、哲理和情理，生态现代化及社会转型理论）；景观生态学（地理、生物、气候、经济、人文生态的格局、功能与过程，及其时、空、量、构、序多维耦合关系）；复合生态系统生态学（整体、协同、循环、自生的生态控制论和辨识、模拟、调控以及规划、设计管理的生态整合方法）（图1）。

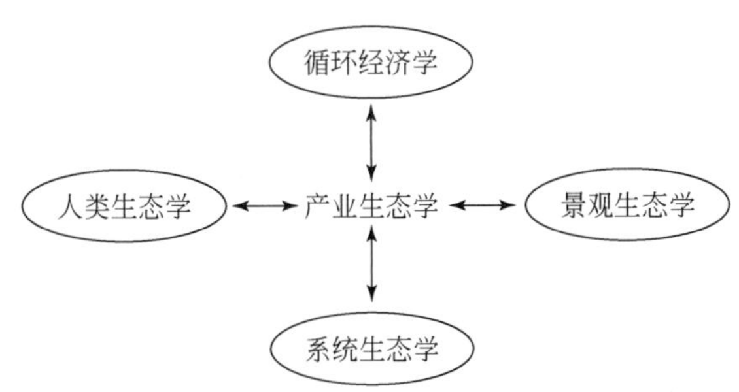

图1　产业生态学的四大基础理论

循环经济是按生态学原理和系统工程方法运行的具有高效的资源代谢过程，完整的系统耦合结构及整体、协同、循环、自生功能的网络型、进化型复合生态经济。促进传统资源掠夺和环境耗竭型产品经济向新兴的循环经济转型，需要开展循环经济理论基础上的产业重组，建设生态产业，变开环为闭环，使物质、能量可多级利用、高效产出，自然资产和生态服务功能可正向积累、持续利用，污染负效益变为经济正效益。

循环生态是自然生态系统生存发展的基本对策。信息的反馈和物质的循环是自然及人工生态系统的基本规律。只不过有的循环慢，有的循环快，有的是主动循环，有的是被动循环而已。世间一切产品最终都要变成废物，世间任一“废物”必然是对生物圈中某一组分或生态过程有用的“原料”或缓冲剂；人类一切行为最终都会以某种信息的形式反馈到作用者本身，或者有利或者有害。物资的循环再生和信息的反馈调节是复合生态系统持续发展的根本动因。生态动力学总是正负反馈、双向作用的，资源的廉价开发以自然生态资产的耗竭为代价，废弃物的低成本排放以自然生态服务功能的衰竭为代价。

传统农业经济本质上是一类封闭式、自生型的小循环经济，它以可更新能源和可再生资源为基础，在当地资源承载力和环境容量许可的范围内循环，效率低下而系统稳定；传统工业经济本质上是一类掠夺式的竞争经济，它以不可更新能源和不可再生资源为基础，在大尺度的资源环境范围内慢节奏的小循环，如塑料、化工产品等分解极慢，要几十、几百年才能还原或根本不能还原，其高效率的经济产出是以大自然对人类的报复和反馈为代价而获得的（如灾害、疾病等）。

而生态经济则是一类融自生、共生和竞争经济为一体的循环经济，兼有工业经济的效率、知识经济的灵敏、田园经济的韧性和自然生态的活力，其可更新能源利用的比例最大，不可再生资源的废弃量最小，信息反馈最灵敏而生态关系又最和谐。循环经济是人主动模仿大自然的整体、协同、循环、自生功能去高效、和谐地规划、组织和管理人类的生产、消费、流通、还原和调控活动。循环不是简单的周而复始，而是一种螺旋式的有机进化和系统发育过程，包括物质的循环再生，可更新能源的开发利用，信息的灵敏反馈，空间格局和过程的和谐耦合，过去、现在、未来的时间连贯性和平稳性，资金的有效融通，人力的继往开来，以及自组织、自适应、自调节的协同进化功能等。

循环是系统的一种生态整合机制，循环经济是相对传统线性生产、单向消费、线性思维型的传统工业经济而言的。循环经济导向的产业生态转型需要在技术、体制和文化领域开展一场深刻的革命。产业生态转型的实质是变产品经济为功能经济，变环境投入为生态产出，促进生态资产与经济资产、生态基础设施与生产基础设施、生态服务功能与社会服务功能的平衡与协调发展。它涉及两方面的创新：

一是生态效率（Eco-efficiency）的创新：怎样把产品生产工艺改进得更好，以生态和经济上最合理的方式利用资源。

二是生态效用（Eco-effectiveness）的创新：怎样设计一类生态和经济上更合理的产品，以最大限度地满足社会的需求。生态产品开发的战略管理包括改善材料质量，减少材料消耗，优化工艺流程，优化流通渠道，延长生命周期，减少环境负担，优化废物处置和优化系统功能等（图2）。

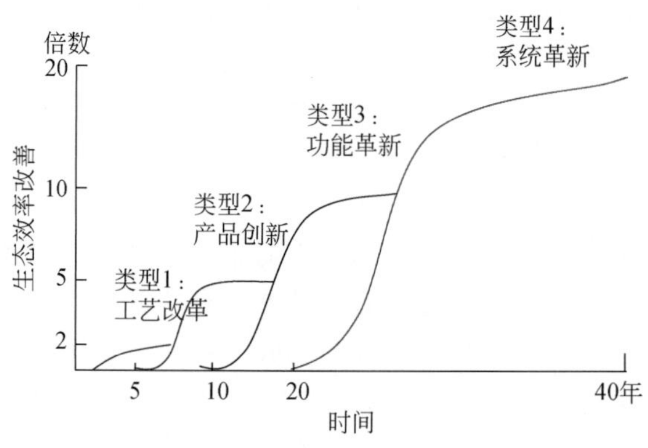

图2 生态设计的四种类型

单一产业不能构成产业生态系统，完成产业的生态转型。我国生态农业和多数传统工业还一直在低技术、低效益、低规模、低循环的传统产业层次上徘徊。生态农业在一些沿海富裕地区正在萎缩，传统产业在入世浪潮的冲击下也在大起大落。只有从农业小循环走向工农商结合的产业大循环，从小农经济走向城乡、脑体结合的网络和知识经济，从生态农业、生态工业走向生态产业，中国产业界才能完成21世纪的产业转型，走向可持续的健康发展。

生态产业是一类按循环经济规律组织起来的基于生态系统承载能力，具有完整的生命周期、高效的代谢过程及和谐的生态功能的网络型、进化型、复合型产业。生态产业运作的基本单元是产业生态系统，它以环境为体、经济为用、生态为纲、文化为常。它以对社会的服务功能而不是以产品为经营目标，将生产、流通、消费、回收、环境保护及能力建设纵向结合，将不同行业的生产工艺横向耦合，将生产基地与周边环境包括生物质的第一性生产、社区发展和区域环境保护纳入生态产业园统一管理，谋求资源的高效利用、社会的充分就业和有害废弃物向系统外的零排放。生态产业的产出包括产品（物质产品、信息产品和人才产品）、服务（售前服务、售后服务和生态还原服务）和文化（企业文化、消费文化和认知文化）。生态产业设计的原则（王如松等，2002）包括：

◆ 横向耦合：不同工艺流程、生产环节和生产部门间的横向耦合及资源共享，变污染负效益为资源正效益。

◆ 纵向闭合：第一、第二、第三产业在企业内部形成完备的功能组合，产品在其从摇篮到坟墓的生命周期全过程实施系统管理。

◆ 区域耦合：厂内生产区与厂外相关的自然及人工环境构成空间一体化的产业生态复合体，逐步实现有害污染物在系统内的全回收和向系统外的零排放。

◆ 社会整合：企业将社会的生产、流通、消费、回收、环境保育及能力建设功能融为一体，在提供生产功效的同时，培育一种新型的社区文化并提供正向的生态服务。

◆ 功能导向：以企业对社会的服务功能而不是以产品或产值为经营目标，产品只是企业资产的一部分，通过其服务功能、社会信誉、更新程度的最优化来实现价值。

◆ 结构柔化：灵活多样、面向功能的生产结构、管理体制、进化策略和完善的风险防范对策，可随时根据资源、市场和外部环境的随机波动调整产品、产业结构及工艺流程。

◆ 能力组合：配套的硬件、软件和心件能力建设，决策管理、工程技术、研究开发和服务培训能力相匹配。

◆ 信息开放：企业信息及技术网络的畅通性、灵敏性、前沿性和大的开放度。

◆ 人类生态：劳动不只是一种成本，也是劳动者实现自身价值的一种享受。提高劳动生产率的结果是增加而不是减少就业机会，员工一专多能，是产业过程自觉的设计者和调控者，而不是机器的奴隶。

二、循环经济的复合生态系统基础

循环经济过程已从传统小作坊和大工业生产的资源–产品链生产转向以全生命周期管理为基础的网络生产，具有生产、生活、供给、接纳、控制和缓冲的整合功能和错综复杂的人类生态关系，包括人与自然之间的促进、抑制、适应、改造关系；人对资源的开发、利用、储存、扬弃关系，以及人类生产和生活活动中的竞争、共生、隶属、乘补关系。这里的环境包括人的栖息劳作环境（包括地理环境、生物环境、构筑设施环境）、区域生态环境（包括原材料供给的源、产品和废弃物消纳的汇及缓冲调节的库）及文化环境（包括体制、组织、文化、技术等）。它们与作为主体的人一起被称为“社会–经济–自然”复合生态系统（图3）。

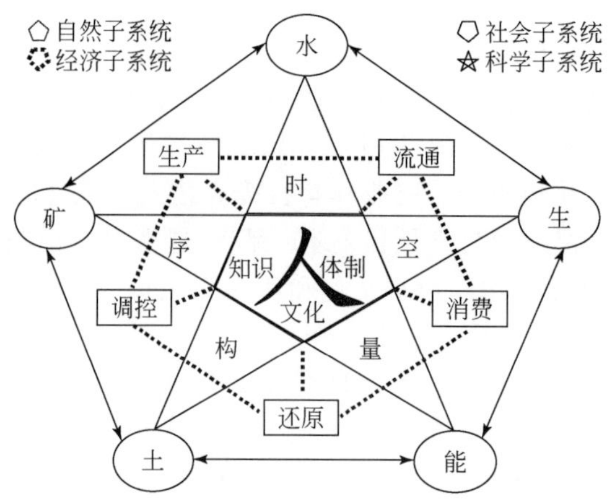

图 3　产业复合生态系统示意图

产业生态系统演替的动力学机制来源于自然和社会两种作用力。自然力的源泉是各种形式的太阳能，它们流经系统的结果导致各种物理、化学、生物过程和自然变迁，特别是从个体、种群、群落到生态系统等不同层次生物组织的系统变化。社会力的源泉有三：一是经济杠杆——资金；二是社会杠杆——权力；三是文化杠杆——精神。资金刺激竞争，权力推动共生，而精神孕育自生。三者相辅相成构成产业生态系统的原动力。自然力和社会力的耦合控制导致不同层次产业生态系统特殊的运动规律。

产业生态系统的行为遵循生态控制论规律。马世骏、王如松从中国几千年优秀的人类生态哲学中总结出 8 条生态控制论原理：开拓适应原理；竞争共生原理；连锁反馈原理；乘补协同原理；循坏再生原理；多样性主导性原理；生态发育原理；最小风险原理（王如松等，1996）。这些原理可以归结为三类：一是对有效资源及可利用的生态位的竞争或效率原则；二是人与自然间、不同人类活动间以及个体与整体间的共生或公平性原则；三是通过循环再生与自组织行为维持系统结构、功能和过程稳定性的自生或生命力原则。

竞争是促进生态系统演化的一种正反馈机制，在社会发展中就是市场经济机制。它强调发展的效率、力度和速度，强调资源的合理利用，潜力的充分发挥，倡导优胜劣汰，鼓励开拓进取。竞争是产业进化过程中的一种生命力和催化剂。

共生是维持生态系统稳定的一种负反馈机制，在经济发展中就是坚持社会主义道路。它强调发展的整体性、平稳性与和谐性，注意协调局部利益和整体利益、眼前利益和长远利益、经济建设与环境保护，物质文明和精神文明间的相互关系，强调体制、法规和规划的权威性，倡导合作共生，鼓励协同进化。共生是社会冲突的一种缓冲力和磨合剂。

自生是生物的生存本能，是生态系统应付环境变化的一种自我调节能力。早在 3000 多年前，中华民族就形成了一套鲜为人知的“观乎天文以察时变，观乎人文以化成天下”的人类生态理论体系，包括道理、事理、义理及情理。中国封建社会正是靠着这些天时、地利及人和关系的正确认识，靠着阴阳消长、五行相通、风水谐和、中庸辨证以及修身养性自我调节的生态观，维持着其 3000 多年稳定的生态关系和社会结构，养活了近四分之一的世界人口，使中华民族在高强度的人类活动、频繁的自然灾害以及脆弱的生态环境胁迫下能得以自我维持、经久不衰。自生的基础是生态系统的承载能力、服务功能和可持续程度，而自生的动力则是天人合一的生态文化。

循环经济就是要融传统文化与现代技术为一体，吸取东、西方国家发展的经验与教训，综合以往产业革命、社会革命和环境革命所未完全实现的理想并以生态建设模式去促进竞争、共生和自生机制的完美结合，推动一类有中国特色的社会主义市场经济条件下的可持续发展。其最终目标是促进一种环境合理、经济合算、行为合拍、系统和谐的协调发展。

循环经济理论的核心在于生态综合，它不同于传统科学分析方法之处在于将整体论与还原论、定量分析与定性分析、理性与悟性、客观评价与主观感受、纵向的链式调控与横向的网状协调、内禀的竞争潜力和系统的共生能力、硬方法与软方法相结合，强调物质、能量和信息三类关系的综合；竞争、共生和自生能力的综合；生产、消费与还原功能的协调；社会、经济与环境目标的耦合；时、空、量、构与序的统筹；科学、哲学与工程学方法的联姻。循环经济管理的一个关键科学问题是生态耦合关系辨识。常用的辨识方法有：Odum 提出的能值分析法（Emergy Analysis），SETAC 提出的物质代谢全过程的生命周期分析法（Life Cycle Assessment），Vester 提出的基于反馈机制的生态控制论分析法（Ecocybemetics），Daily 等提出的生态系统服务功能和 Costanza 等提出的自然资产评价法，Rees 等提出的基于土地利用的生态足迹法（Ecological Footprint），以及生态风险分析法（Ecological Risk Assessment）、情景展望法（Scenario），包括趋势外推，目标反演，替代方案和对照遴选等。它们分别从能流、物流、信息流、资金流以及空间、时间尺度上评价和分析人类活动影响下的生态过程，提出相应的生态管理办法。

三、生态文化：循环经济建设的社会依托

循环经济的依托是循环社会。循环经济建设需要根植于全社会的生态文化的支持，生态文化是循环经济建设的灵魂。当今世界，人对地球环境的控制能力已达到登峰造极的地步。人类似乎可以全面脱离自然，控制自然，改造自然。但是，人们在欢庆征服大自然的胜利的时候，也发现了自然生态与人类生态的惊人退化。随着生物多样性的降低，全球环境的变化、自然灾害的频繁、淡水资源的枯竭，以及沙漠化盐渍化的加剧，自然生态系统为人类生存与发展提供的服务功能越来越弱。随着现代化提供给人的物质享受水平的提高，化石能逐渐替代了自然能，人工控制代替了自然调节，个体人变得能力越来越弱。离开了电，离开了自来水，离开了交通工具，离开了高能耗的基础设施和服务体系，都市生活就要瘫痪，现代化城市就要崩溃。在传统工业化模式所造成的物质文明背后是生态野蛮。

东方“天人合一”的自然观，简朴和谐的消费方式和整体、协同、循环、自生的生态控制论手段，是发展中国家一种宝贵的生态财富。循环经济建设就是要把这种生态观与现代科学技术相结合，摸索出一条非传统的现代化道路。其核心是如何影响人的价值取向、行为模式，启迪一种融合东方“天人合一”思想的生态境界，诱导一种健康、文明的生产、消费方式，即生态文化。

生态文化是人与环境和谐共处、持续生存、稳定发展的文化，包括体制文化、认

知文化、物态文化和心态文化。这里的“文”指人（包括个体人与群体）与环境（包括自然、经济与社会环境）关系的纹理或规律，“化”指育化、教化或进化。自然的人化加上社会的自然化就是生态文化。从神本文化、人本文化到生态文化，是人类社会发展的必然结果。生态文化不同于传统文化之处在于其综合性、整体性、适应性、俭朴性和历史延续性。

生态文化建设包括以下领域：

◆ 对天人关系的认知（哲学、科学、教育）；
◆ 对人类行为的规范（道德、法规、宗教）；
◆ 社会经济体制（制度、机构、组织）；
◆ 生产消费行为（生产、生活方式、环境行为）；
◆ 有关天人关系的物态产品（建筑、景观、产品）；
◆ 有关天人关系的心态产品（文学、美术、声像）；
◆ 社会精神面貌（意识、信仰、价值观、风俗、习惯）；
◆ 生态保健方法（体育、健身、养生、医疗、卫生）。

生态文化不是返朴文化，它在扬弃当今工业文化弊病的同时，强调发展的力度、速度、资源利用的效率和效益，强调竞争、共生与自生机制，特别是自组织、自调节的活力，强调人类文明的连续性。这里关键就在于生态教育，包括学校教育、社会教育、职业教育；教育对象包括决策者、企业家、科技人员、民众和中小学生；教育方式包括课堂教育、实验启发、媒体宣传、野外体验、案例示范、公众参与等；教育内容包括生态系统、生态健康、生态安全、生态价值、生态哲学、生态伦理、生态工艺、生态标识、生态美学、生态文明等。行动主体包括政府、企业、学校、家庭、宣传出版部门、群众团体等。

生态文化建设的总体目标：改革不合理的管理体制，培育可持续发展的运行机制，使生态文化在宏观上逐步影响和诱导决策管理行为和社会风尚，在微观上逐渐诱导人们的价值取向（从金钱、功利取向转向社会的富足、健康与文明）、生产方式（从产品导向转向功能导向，矿物能源转向可再生能源，资源掠夺型向保育再生型转变）和消费行为（从高能耗、高消费、负影响向低能耗、适度消费、正影响过度），促进全社会从物的现代化向天人关系的现代化转变，塑造一类新型的企业文化、社区文化和生态智人（王如松等，2001）。

结论

循环经济旨在通过生态环境、生态产业和生态文化建设，培育一类天蓝、水清、地绿、景美、生机勃勃、吸引力高的生态景观，诱导一种整体、协同、循环、自生的融传统文化与现代技术于一体的生态文明，孵化一批经济高效、环境和谐、社会适用的生态产业技术，建设一批人与自然和谐共生的康乐、文明的生态社区。循环经济建设的科学实质是通过生态规划、生态工程与生态管理，将单一的生物环节、物理环节、经济环节和社会环节组装成一个生命力强的生态经济系统，运用生态学的竞争、共生、再生和自生原理调节系统的主导性与多样性，开放性与自主性，灵活性与稳定性，发展的力度与稳度，使资源得以高效利用，人与自然和谐共生。

参考文献

马世骏，王如松．1993. 复合生态系统与持续发展. 见：何祚庥. 何复杂性研究．北京：科学出版社：239-250.

王如松，杨建新．2002. 产业生态学：从褐色工业到绿色文明．上海：上海科学技术出版社：162.

王如松，蒋菊生．2001. 从生态农业到生态产业：论中国农业的生态转型．中国农业科技导报，3（5）：7-12.

王如松，迟计，欧阳志云．2001. 中小城镇可持续发展的先进适用技术：规划管理篇．北京：中国科技出版社：379.

王如松，欧阳志云．1996. 生态整合——人类可持续发展的科学方法．科学通报，41（增刊）：47-67.

Graedel T E，Allenby B R. 1995. Industrial Ecology. Engilewood Cliffs，New Jersey：Prentice Hall.

APPROACH OF INDUSTRIAL ECOLOGY FOR THE DEVELOPMENT OF RECYCLING ECONOMY

Wang Rusong

(Research Center for Eco-Environmental Sciences，Chinese Academy of Sciences，Beijing 100085)

Abstract Recycling economy is the abbreviation of ecological economy by industries. It is based on ecological principles and systems engineering having a function of totality，symbiosis recycling and self-reliance. Eco-industry is a kind of evolutionary，networking and multi-functionary industry organized according to recycling economy and based on the carrying rapacity of local life support system，having total life cycle process，high efficiency of resource metabolism while providing eco-service. The transition from traditional industrial economy to recycling economy needs a revolution in production mode，life style，and ecological behavior. The theoretical frontiers root in economic ecology，human ecology，landscape ecology and complex ecosystem ecology. The essence of eco-oriented industrial transition is to switch the traditional products oriented economy to function oriented economy，to become the environmental investment as economy output，and to balance the relationship between ecological，and economic capitals，ecological and economic infrastructure，the ecological and social services. The design principles of industrial ecology include：food web horizontal coupling，life cycle vertical coupling，regional landscape coupling，social multi-functional coupling，functional orientation production，flexible and adaptive structure，comprehensive capacity building，knowledge based networking and human ecological design. Industrial ecosystem is a kind of social-economic-natural complex ecosystem. Its structure is expressed as an eco-complex between human being and its working and living settlement，its regional environment and its social networks and economic networks. Its natural subsystem consists of the Chinese traditional five elements：metal（minerals），wood（living organism），water（source and sink），fire（energy），soil（nutrients and land）. Its function includes production，consumption，supply，as simulation，steering and buffering，which play a key role in sustaining the complication human ecological relationships. The main task of scientific research is to probe its ecological contexts in time，space，quantity，configuration and order. Eco-culture is the soul of recycling economy，which includes the institutional，cognitional，tangible and intangible culture. Its main function is to maintain the harmonious relationship between man and nature.

发展循环经济的“六个误区”*

王如松

（中国生态学学会）

编者按 6月20日，中国科协书记处书记冯长根在《科技工作者建议》第12期上就中国生态学学会理事长王如松提出的《发展循环经济的“六个误区”》批示：“发展循环经济的‘六个误区’一文，言之有物，主题突出。各地送来的《科技工作者建议》常有这样的好文章。北京市科协为了办好《科技工作者建议》，作了很好的努力。建议此文在《学会》杂志上转载。”

误区一：循环经济是从国外引入的生态理念，不一定符合中国国情

“循环经济”是国际社会在追求从工业可持续发展到社会经济可持续发展过程中倡导的一种可持续生产和消费的理念，也是中华民族几千年行之有效的、有待进一步更新的生产消费方式。应当说，循环经济是中国人的创造。

我国7000年的传统农业就是一种典型的循环经济。城乡居民的粪便，以及潲水、垃圾、秸秆、沼液等是农田宝贵的肥源，农家饲养的猪、牛、鸡、狗、鱼、桑、蚕等和菜地、农田、鱼塘、风水林、村落构成了和谐的农村生态系统，轮作、间作、湿地净化、生物降解等时空生态位被充分利用，可更新资源在低生产力水平和小的时空尺度上循环，以世界7%的耕地和水资源养活了世界1/4的人口，并维持了中国封建社会超稳定的经济形态。但这种循环是封闭保守的，环境风险虽低，经济效益不高，遏制了中国社会的进步。西方发达国家经过两个多世纪的产业革命和社会发展，以掠夺殖民地生态资产的方式，实现了农业社会向工业社会的过渡，中国无法复制该模式，因此必须改变目前的社会经济增长和自然生态保育方式，促进传统循环经济的跨越式发展，引领世界可持续发展的潮流。

误区二：循环经济的生态学基础是3R原则

3R原则（减量化、再利用、再循环）是循环经济的重要原则但不是全部原则。循环经济的经济内涵是广义的，覆盖了社会、经济和自然三大领域。马世骏先生曾将其总结为整体、协同、循环、自生，循环只是其中的1/4。循环不是简单的周而复始或闭路循环，而是一种螺旋式的有机进化和系统发育过程，而且根据热力学和技术经济原

* 原载于：学会月刊，2005，(7)：55-56.

理，物质流很难在一个企业甚至一群企业中实现闭路循环和零废物排放。全面体现整体、协同、循环、自生的生态整合机理是发展循环经济的关键。

误区三：循环经济是对物质闭环流动型经济的简称

循环经济是一种市场经济，遵守竞争原则、效率原则和效用原则。如果只强调物质的闭路循环而忽视产业发展的力度，全面建成小康社会的步伐会十分缓慢，只有两条腿走路，才是完整的循环经济。循环经济依托于自然生态的大循环（水、土、气、矿的全代谢过程），社会生态的中循环（规划、管理、研究、教育、消费）和产业生态的小循环（研发、生产、营销、废弃物管理和培训）。

高效率的物质循环和高价值的产品生产只是循环经济建设的一个目标，与自然生态和社会生态循环的整合是循环经济更具挑战的发展目标。未来循环经济的焦点正从运筹物态（优质畅销的物质产品）向事态（多功能的社会系统服务）、生态（无形的自然生态公益）和人态（企业和社区文化与人的能力建设）转型。

误区四：循环经济严禁发展高物耗、高能耗、重污染型的产业发展循环经济

首先不能简单淘汰或挤走这些产业，而应从更大尺度上进行纵向、横向、区域、社会和技术的整合，从体制、机制和全过程整合方法上解决这些产业和常规技术的更新换代问题，而不要也不可能都去搞高新技术。对于社会必需的高物耗、高能耗、重污染型产品，应当优先考虑布局在环境容量大、技术水平高、环境法规严格、社会生态意识高的地区集中发展、系统整改。

误区五：循环链越长，生态效益越好

实践证明，产业生态链不是越长越好，产业生态网也不是越复杂越好。一定程度的多样性和复杂性可能导致稳定性，但过多的多样性和复杂性也可能导致不稳定性。生态网链的稳定性取决于系统组分的优势度和多样性的平衡、开放度与自组织能力的平衡、结构的刚性和柔性的平衡。通过长链将废弃物“吃干榨尽”和零排放，即使在技术上、经济上可行，由于系统可靠性差，生态上往往也是不合理的。

误区六：衡量循环经济型城市产业结构合理程度的指标是第三产业的比例

从理论上讲，以任何一类产业为核心，都可以合纵连横，结链成网，发展循环经济。但单一的企业、单功能的行业很难形成规模型循环经济。三大产业的界限在未来的循环经济中将被彻底打破。一方面，每个循环经济企业内部都将有从第一、第二到第三产业的全生命周期循环过程，企业内部研究与开发，服务与培训的从业人员将大

大超过在第一线生产工地上的从业人员；另一方面，第一产业必须将种植业、养殖业发展为加工业、物流业和服务业，第二产业必须向第一、第三产业的两头延伸才能融入循环经济的大圈，而第三产业如不和第一、第二产业联姻，也是没有前途的。

衡量循环经济型城市产业结构合理程度的指标不是第三产业比例的高低，而是企业和行业内部及相互间生态耦合程度的高低、经济规模效应的大小以及系统主导性和多样性、开放度与自主度，刚性与柔性的协调程度的高低。

循环经济建设的生态误区、整合途径和潜势产业辨析*

王如松

（中国科学院生态环境研究中心，北京 100085）

摘要 本文运用复合生态系统方法剖析了我国发展循环经济在规划、建设和管理上的各种右的和左的偏差，分析了认识上的8个误区，提出了观念转型、体制改革和功能重组的循环经济建设大3R原则，探讨了产业转型的横向耦合、纵向闭合、功能导向、结构柔化、区域耦合、社会整合、能力组合、增加就业和人性化生产等9类生态整合途径，展望了当前循环经济建设中诸如化肥农药工业向农田生态系统保育业转型等10类复合型潜势生态产业。

关键词 循环经济 生态误区 产业转型 生态整合 潜势生态产业

1 引 言

循环经济是生态经济的俗称，是基于系统生态原理和市场经济规律组织起来的具有高效的资源代谢过程、完整的系统耦合结构及整体、协同、循环、自生功能的网络型、进化型复合生态经济。2005年温家宝总理在政府工作报告中提及的改革开放、循环经济、和谐社会和生态建设4个关键词构成国家可持续发展目标的系统框架，完整地体现了竞争、再生、共生和自生“四位一体”的生态和谐原理。

经济（economy）和生态（ecology）两词均源于希腊词“oikos”，意为“房子”。nomy的希腊词词根为nemein，意为“管理”，经济不仅有“家庭管理”，而且有“节约”、“指示”、“行政”、“运筹”等含义。Economy这个词最早约记载在1440年发表的一篇文章中，意指僧院日常事务的管理。直到19世纪或20世纪，才逐渐演变为“国家或地区的经济体系”的含义。生态学一词中的logy是学问的意思，指有关生物和人的“房子”（栖境）的学问。

经济学有很多定义，韦伯斯特辞典将其解释为财富的生产、流通、消费系统。由此扩展，循环经济的定义应增加还原（时空错置资源的还原、破损生态系统的修复和产品消费后最终废弃物的还原）和调控（自然调控、市场调控、行政调控和行为的调控）的内容，是人类模仿自然生态系统的整体、协同、循环、自生功能去规划、组织和管理的人工生产、消费、流通、还原和调控系统。循环经济兼有工业经济的效率、知识经济的灵敏、田园经济的韧性和自然生态的活力，其可更新能源利用的比例大，

* 原载于：应用生态学报，2005，16（12）：2439-2446.

不可再生资源的废弃量小，信息反馈灵敏而生态关系和谐。

循环经济是对传统资源掠夺型和环境末端治理型线性经济发展模式的反思。传统工业经济本质上是一类掠夺式的链式经济，以不可更新资源为资本，其高效率的经济产出是以当代和后代人赖以生存的腹地生态资产的耗竭、生产地域环境的破坏以及随之而来的环境响应和自然报复为代价而获得的（如灾害、疾病等）。其弊端在于物质循环的断裂、能量利用的耗竭、信息反馈的滞后、资金融通的囤积、人力资源的断层，以及时空关系的破碎。

当前，在全面推进循环经济的大好形势下，社会上对循环经济有着不少误解。要么不屑一顾，只把循环经济当作一个时髦的口号和环境保护的标签去给传统经济增长方式“涂脂抹粉”；要么把循环经济单纯理解为环境理想主义的乌托邦，一切工艺、一切废弃物全部闭路循环、实现污染物的零排放。这些做法把经济和生态割裂开来，都不利于可持续发展。本文力图从生态学的角度分析当前我国发展循环经济在认识、规划、建设和管理上的各种右的和左的偏差，探讨产业转型的生态整合途径。

2 循环经济建设的认识误区

2.1 循环经济的生态理念不是从国外引入的

“循环经济”是国际社会在追求从工业可持续发展到社会经济可持续发展过程中倡导的一种可持续生产和消费的理念，也是中华民族几千年行之有效但有待进一步更新的生产消费方式。国外普遍认为循环经济的英文冠名“Circular Economy”是 T. Cooper 博士于 1999 年在《Journal of Sustainable Product Design》上发表的“创造一种为可持续生产设计服务的经济基础设施”一文中提出的。他认为，所有生产过程产生的和最终消费后弃置的废弃物都应当重新用于其他产品或工艺的生产过程中去，并称将所有资源均纳入生命周期闭路循环的行为为“ Circular Economy”，中文直译为“循环经济”。后来其内涵扩大了很多，从生产消费过程中物质闭路循环的理念上升到一种新型的生态经济结构、社会服务功能和文化演替过程。

1994 年 9 月，德国政府颁布了面向物流闭路循环经济的废弃物管理法（Kreislaufwirtschafts—/Abfallgesetz），英文译为“Circular Flow Economy/wastes management”。目的是彻底改造废弃物管理体系，建立产品责任（延伸）制度，将废弃物的最终安全处置向生产部门的资源循环利用延伸（www. simul-conf. com/mega/pdf—abs/t-sterr. pdf）。而日本人提倡的是循环社会。日本由于国土面积狭小、自然资源紧缺，而社会消费又十分庞大，如何有效利用各种有限资源，是该国经济可持续发展面临的严重挑战。为此，2000 年日本政府颁布了面向废弃物管理的《循环型社会形成推进基本法》，旨在改变社会消费模式，倡导废弃物的减量化和资源化。

其实，循环经济一词用得最多的地方是中国。世界银行 2004 年一篇有关循环经济的综述报告发现：Google 上有 9 篇介绍循环经济的顶级文章除一篇是德国人写的外，其余都是中国人写的。说明循环经济是“出口转内销”的中国货。应当说，循环经济是中国人的创造。我国有7000年悠久历史的传统农业就是一种典型的循环经济。城乡居民的粪便、溜水、垃圾和秸秆、绿肥、沼液是农田宝贵的肥源，农家的猪、牛、鸡、狗、鱼、桑、蚕、蚯蚓、沼气和菜地、农田、鱼塘、风水林、村落构成和谐的农村生态系统，轮作、间作、湿地净化、生物降解等时空生态位被充分利用，可更新资源在低生产力水平和小的时空尺度上循环，以世界7%的耕地和水资源养活了1/4的世界人口，并维持了中国封建社会超稳定的经济形态。但这种循环是封闭保守的，其社会基础是封建体制，认识论基础是顺天承运，技术手段是小农经营，环境风险低，经济效益不高。这种低技术、低效益、低规模、低影响的传统循环经济遏制了中国的社会进步，只有从农业小循环走向工、农、商、研结合，生产、消费、流通、还原融通的产业大循环，从小农经济走向城乡一体，脑体结合的网络型和知识型经济，从“小桥、流水、人家”的田园社会走向规模化、系统化、生态化的和谐社会，“三农”问题才能得到根本解决，中国农村才能实现可持续发展。应当说，中国循环经济在理念和实践上是先进的，但近百年来，在体制和技术上却落后了，传统生态农业技术在沿海地区正在萎缩。

西方发达国家经过两个多世纪的产业革命和社会发展，以掠夺殖民地生态资产为代价，实现了农业社会向工业社会、乡村社会向城市社会的过渡。中国要在50年左右时间内达到中等发达国家的经济水平。我们既没有西方国家那样的殖民地提供生态资源，也没有两个多世纪的时间缓冲去治理污染。早期工业化国家环境污染和殖民地国家生态破坏的代价是我们的子孙后代难以承受的。前车之鉴，不可不思。无论是未雨绸缪还是亡羊补牢，中国都需要改变自己的社会经济增长和自然生态保育方式，古为今用，洋为中用，促进传统循环经济的跨越式发展，引领世界可持续发展的潮流。

2.2 循环经济的生态学基础不只是3R原则（减量化、再利用、再循环）

资源合理利用和物质循环再生的3R原则（减量化、再利用、再循环）是循环经济的重要原则但不是全部原则。马世骏曾将其总结为“整体、协同、循环、自生”8个字，循环只是其中的1/4。循环是系统功能的一种生态整合机制，循环经济是针对传统线性生产、单向消费、线性思维型的传统工业经济而言的。循环不是简单的周而复始或闭路循环，而是一种螺旋式的有机进化和系统发育过程，包括物质的循环利用和再生（将时空错置的废弃物资源重新纳入代谢循环中）能源的清洁利用和永续更新；信息的灵敏反馈和知识创新；人力的培育、繁衍和继往开来；资金的高效融通和增值；空间格局和过程的整合而非破碎，融通而非板结，平衡而非滞竭；过去、现在、未来的时间连贯性、代际公平性和过程平稳性；以及自组织、自适应、自调节的协同进化功能（进化而非优化，柔化而非刚化，人化而非物化）。循环经济导向的产业生态转型需要在技术、体制和文化领域开展一场深刻的革命。

根据热力学和技术经济原理，物质流很难在一个企业甚至一群企业中实现闭路循环和零废物排放。由于技术水平、经济成本、社会需求和认识能力的原因，一般企业生产过程的废弃物不可能通过企业或企业群内部的产业生态小循环全部消纳。

循环经济一词在我国已经很流行，其经济的内涵是广义的，覆盖了社会、经济和自然三大领域，是产业转型以及经济、环境和社会耦合的一种机制、体制、观念、方法和技术。全面体现整体、协同、循环、自生的生态整合机理是发展循环经济的关键。循环经济不只是物质的闭路循环，而且是一场技术、体制、行为领域有关生产要素、生产关系和生产方式的革命和结构、功能的重组。与资源合理利用和物质循环再生的3R 小循环相对应，当前我国循环经济转型的首要任务是促进观念转型、体制改革和功能重组的3R 大循环：

Rethinking（观念转型）：从还原论走向整体论，从掠夺型走向共生型。促进决策者、经营者、消费者、科技工作者和社会传媒在生产、消费、流通、还原和调控方面以信息反馈为核心的理念更新和观念转型。

Reform（体制改革）：从基于产值与利润的物流型部门经济小循环走向面向社会与自然的服务型区域经济大循环，引入催化、孵化机制，促进产业结构、产品结构、景观结构、管理体制和科技结构的横向、纵向、区域和社会耦合。

Refunction（功能重组）：从谋生型被动受控行为到学习型自主自生行为，从物态、事态走向人类生态，促进从微观、中观到宏观等不同时、空、量、构、序尺度的功能整合和规划、建设、管理领域的技术更新，促进自然、经济和社会的功能健康型循环。3R 大循环的核心是运用产业生态学方法，通过横向耦合、纵向闭合、区域耦合、社会整合、功能导向、结构柔化、能力组合、增加就业和人性化生产等手段促进传统产业的生态转型，变产品经济为功能经济，促进生态资产与经济资产、生态基础设施与生产基础设施、生态服务功能与社会服务功能的平衡与协调发展。

2.3 循环经济不是对物质闭环流动型经济的简称

循环经济首先是一种市场经济，遵守竞争原则、效率原则和效用原则。现代循环经济应是传统循环经济和现代竞争经济嫁接的产物，既要求宏观尺度上资源利用的效率，又要求微观尺度上经济发展的效用。我国整体上尚处在工业化的初期，我们的建设既需要发展的稳度，又需要发展的力度；既需要节流，又需要开源；既需要循环再生和自力更生，又需要开拓竞争和外向共生。现代化的循环经济必须在吸取传统农业生态经济再生和自生精华的基础上推进改革开放，发展竞争经济和共生经济，在自然生态承载力允许范围内实现线性与循环叠加的螺旋形增长。如果只强调物质的闭路循环而忽视产业发展的力度，全面建成小康社会的步伐会十分缓慢，两条腿走路，才是完整的循环经济。

生态循环是自然生态系统生存发展的基本对策，也是人类社会持续发展的基本对策。物资的循环再生和信息的反馈调节是自然及人工生态系统的运行的基本规律，只不过有的循环慢，有的循环快；有的是主动循环，有的是被动循环而已。循环经济依托于自然生态的大循环（水、土、气、生、矿，从摇篮到坟墓再到摇篮的全代谢过程），社会生态的中循环（规划、管理、研究、教育、消费）和产业生态的小循环（研发、生产、营销、废弃物管理和培训）。

高效率的物质循环和高价值的产品生产只是循环经济建设的一个目标，与自然生态和社会生态循环的整合是循环经济更具挑战性的发展目标。未来循环经济的焦点正从运筹物态（优质畅销的物质产品）向事态（多功能的社会系统服务）、生态（无形的自然生态公益）和人态（企业和社区文化与人的能力建设）转型（图1）。

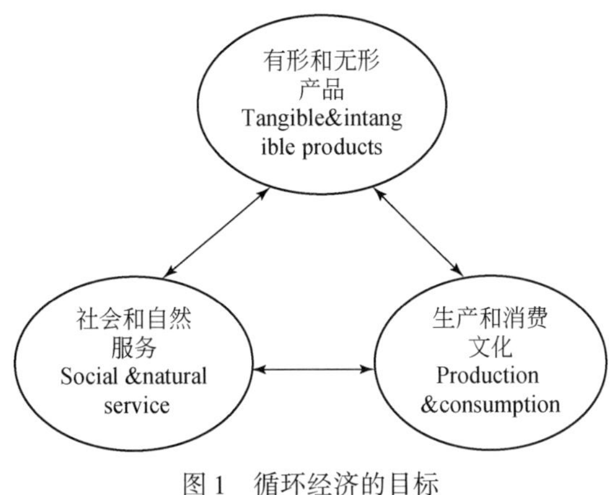

图1　循环经济的目标

Fig. 1　Goals of circular economy

2.4　循环经济不简单否决高物耗、高能耗、重污染型的产业

发展循环经济首先必须严禁发展那些高物耗、高能耗、重污染型产业的提法值得商榷。这个口号喊了几十年，但“过街老鼠”却是越打越多，这类企业并没有真正被砍掉或改掉，而只是向欠发达地区转移而已。那里生态脆弱、环境管理不严、治理技术落后、社会生态意识低下，其环境成本要比发达地区高，环境污染后果要严重得多。其实，对于社会必需的高物耗、高能耗、重污染型产品，应当优先考虑布局在环境容量大、技术水平高、环境法规严格、社会生态意识高的地区，集中发展、系统整改。

发展循环经济，首先要做的不是从末端一刀切，简单地淘汰或挤走这些产业，而应从更大尺度上进行纵向、横向、区域、社会和技术的整合，从体制、机制和全过程整合方法上解决这些产业和常规技术的更新换代问题，而不要也不可能一窝蜂都去搞高新技术。

产业转型中有两类主导技术：一类是纵深领域的前沿高新技术（如信息技术、生物技术、材料技术、电子技术等）；另一类是横向组合的系统技术（如具有完整的生命周期、高效的代谢过程、和谐的服务功能、与环境和谐共生的生态技术）。循环经济欢迎并尽可能引进和发展高新技术，但城乡循环经济建设的主流和特色却在于传统技术的系统整合，在于硬技术的软组装和软科学的硬着陆。循环经济既要“阳春白雪”更要“下里巴人”。后一类循环经济，无论在发达地区还是落后地区，无论是高新技术产业园区还是第一性生产的传统农庄，无论在生产领域还是消费领域，都可以蓬勃发展，其前提是政府、企业和社会对循环经济内涵、机理和转型方法的深入理解。必须有产业催化、孵化、活化和进化的组织手段和科学方法，有产业生态规划、建设和管理的技术手段和能力建设措施。

2.5　循环链越长，生态效益不一定越好

丹麦卡伦堡生态产业园的形成是一个自发的过程，是在商业运作基础上逐步形成

的，所有企业都从彼此利用“废物”中获得了好处。但我们在参观卡伦堡时，园区负责人就坦诚地告诉我们园区耦合链的苦恼：当市场某些产品滞销、原材料价格波动（如天然气价格低于废热供应价格）或某一工艺环节出现事故时，整个系统运行就会失调，效率和效益比单个运行时要低。

实践证明，产业生态链不是越长越好，产业生态网也不是越复杂越好，一定程度的多样性和复杂性可能导致稳定性，但过多的多样性和复杂性也可能导致不稳定性。May（1978）曾从数学上证明了这一点。生态网链的稳定性取决于系统组分的优势度和多样性的平衡、开放度与自组织能力的平衡、结构的刚性和柔性的平衡。通过长链将废弃物“吃干榨尽”和零排放，即使在技术上、经济上可行，由于系统可靠性差，生态上往往也是不合理的。

传统工业的产品经济与产业生态学所倡导的功能经济的区别在于前者的经济价值来源于以物质形式存在的产品的交换，而后者的经济价值来源于系统的服务和实际效果。在功能经济条件下，生产商生产的目的是满足消费者的某种功能需求，而不是提供某种包装精美的固定产品。

循环经济涉及四个方面的创新：一是生态效率（eco-efficiency）的创新：怎样把产品生产工艺改进得更好，以生态和经济上最合理的方式利用资源；二是生态效用（eco-effectiveness）的创新：怎样设计一类生态和经济上更合理的产品，以最大限度地满足市场的需求；三是生态服务（eco-service）的创新：企业经营目标的创新，变产品导向为服务导向，减少中间环节，为社会和区域自然环境提供一条龙的功能性服务；四是生态文化（eco-culture）的创新：企业经营目标进一步从物、事转向人，聚焦于员工、用户和周边社区居民的观念、技术、能力的培训，培育一类新型的企业和社区生态文化。产业生态转型的战略管理包括改善材料质量，减少材料消耗，改革工艺流程，优化流通渠道，延长生命周期，减少环境负担，优化废物处置和优化系统功能等。国外有人估计，通过工艺革新，可以提高效率 1～2 倍，通过产品创新，可以提高效率 4～6 倍，通过服务功能的革新，可以提高效率 8～10 倍，通过系统重组和体制革新，可以提高效率 10～20 倍。

2.6 第三产业的比例不是衡量城市产业结构合理程度的循环经济标准

从理论上讲，以任何一类产业为核心，都可以合纵连横，结链成网，发展循环经济。但单一的企业、单功能的行业很难形成规模型循环经济。三大产业的界限在未来的循环经济中将被彻底打破，单一功能的 industry 的含义将从工业转为产业。一方面，每个循环经济企业内部都将有从第一、第二产业到第三产业的全生命周期循环过程，企业内部研究与开发（R&D）、服务与培训（S&T）的从业人员将大大超过在第一线生产工地上的从业人员；另一方面，如前所述，第一产业必须将种植业、养殖业发展为加工业、物流业和服务业；第二产业必须向第一、第三产业的两头延伸才能融入循环经济的大圈；而第三产业如不和第一、第二产业联姻，也是没有前途的。以第二产业的重化工业为例，未来的化肥和农药厂应向农田营养配送业和作物安全保障业转型。企业针对农田土壤、作物和气候的生态条件，因地、因时制宜地利用当地可更新资源配置生产有机、无机复合肥或生物肥料，使作物吸收量最大、环境流失量最小，而土壤肥力增长又最快。同样，通过对农田生态过程的在线监控，企业可以随时掌握田间害虫信息并采取 相应的植保措施，配送和提供适宜的生物、物理和化学农药，使其对症下药，杀虫效果最好而环境毒害又最小。这种农田生态管理业不仅能解除农民的后顾之忧，又为化肥和农药企业带来了巨大的发展空间，减少了中间大量的流通环节。企业生产的最终目标是农田的生态健康而不是化肥农药。

单一产业不能构成产业生态系统，完成产业的生态转型。在循环经济中，第三产业可分为三类：以提供社会服务为目的的人类生态服务业；以研究、开发、咨询、教育与管理为目的的智力服务业；以物资还原、环境保育和生态建设为目的的自然生态服务业。

衡量循环经济型城市产业结构合理程度的指标不是第三产业比例的高低，而是企业和行业内部及相互间生态耦合程度的高低（结构上的匹配程度，功能上的协调程度，过程上的衔接程度）、经济规模效应的大小以及系统主导性和多样性、开放度与自主度，刚性与柔性的协调程度的高低。

2.7　循环经济型城市和生态产业园区不是自上而下规划出来的

我国当前很多纯粹由规划师规划出来的生态产业园或循环经济型城市，往往只是完成了规划任务，显示了园区或城市领导的政绩和理念的先进性，但大多数是不可行性的。丹麦卡伦堡生态产业园发展20多年的经验和教训表明，一个成功的生态产业园不是由政府或规划师自上而下规划出来的，而是在市场竞争中由相关企业自组织磨合而成的。既要有主导产业链、主导产业集团、主导技术、主导资源、主导资金、主导市场和主导人才形成的生长核，以确保产业园的经济活力，又要有工艺、产品、市场和技术的多样性和柔性，以确保园区抵御风险的能力和发展的稳度，同时还要在资源利用效率、环境影响、生态服务功效、原住地居民利益和区域生态平衡等方面长期磨合进化。这里自组织自调节是生态产业园生命力茁壮与否的关键。生态产业园的规划和孵化必须上下结合、内外结合、软硬结合、长短结合，通过工艺改革、产品创新、功能革新和系统更新，通过滚动式的修改和完善逐渐形成，不能一蹴而就。

2.8　后发达地区切忌盲目招商引资，要注意全球循环的资源和市场承载能力

招商引资、出口加工、参与全球经济大循环是过去15年来珠江三角洲和长江三角洲地区经济腾飞的秘诀。今天，价廉物美的“中国造”品牌已充满世界各个角落，在给各国居民带来实惠的同时，也引发了全球范围贸易保护和反倾销的硝烟以及国内同室操戈的恶性竞争。应当指出，这一模式是20世纪70年代以来东南亚地区和中国特定的历史条件下的成功的经济开发模式，但在内地各省份后发达地区群起效仿，甚至竞相降低门槛、恶性竞争时，其收效并不理想，少数成功，多数流产，一大批开发区门庭冷落、风声鹤唳。

其实，世界的资源承载力和市场消纳能力毕竟是有限的。经济热往往有一定的时滞，当人类不能主动调节这一流量时，社会就会通过经济危机等方式来调控这一恶性循环。资源无限、市场无限是该模式的根基。一个最好的反例是伴随资本主义诞生风行全球几个世纪，一次又一次让有投机心理的善良百姓上当的“传销链游戏”。这种貌

似道德的游戏的实质是生态关系上的不道德，即前代人欠了后代人的债。

当前，一些后发达地区的盲目招商引资热也类似于这种游戏。招商者总认为，资源足够多，市场足够大，只要能找到资金，生产出来就必定卖得掉。还有方兴未艾的国内房地产业也是如此。房地产的建设、供给能力与社会的真实需求及购买能力严重失调。很多买主的购房目的是资本运作，认为房地产是硬通货，只会升不会降，不止是企业家，连有一定储蓄的普通市民也加入到这一抢购大军，人人都在做房产增值的“雪球梦”。循环经济的规律是残酷的，如果你对循环的源、汇没有一个清醒的估算，对流量的供给和需求没有一个精明的预景分析，你注定会被循环经济的大潮所吞噬。循环的前提是畅通，是产品的源（资源）和汇（市场）的承载能力、供需保障和1∶1的流量平衡，而不可能人人都以一赚十。

3　产业转型的生态耦合途径

3.1　产业转型的生态学内涵

一般人认为，生态学只是生物学的一个分支，提倡保护环境、回归自然。其实，现代生态学早就超出了生物学甚至自然科学的范畴，是人类认识自然、改造环境的一门世界观和方法论或自然哲学；是包括人在内的生物与环境之间关系的一门系统科学；是人类塑造环境、模拟自然的一门工程学和美学，是人与环境关系的一种观念、一类方法、一门艺术。生态控制论强调和谐而不均衡、开拓而不耗竭、适应而不保守、循环而不回归。生态学既倡导保护、均衡、适应，也提倡开拓、进取、创造。生态产业、人工湿地和生态建筑就是创造性生态工程的例子。

美国生态学会2004年发表了由20多名顶级生态学家经过一年多研究完成的题为“拥挤地球可持续能力的生态科学”的有关21世纪前沿生态学展望和行动方略的战略报告。报告指出：我们未来的环境由人类为主体的、人类有意或无意管理的生态系统所组成；一个可持续发展的未来将包括维持性、恢复性和创建性的综合生态系统；生态学注定会成为制定可持续发展规划与决策过程中的重要组成部分；为了更好地开展生态学研究和有效地利用生态学知识，科学家、政府、企业界和公众必须在区域以至全球范围内结成前所未有的合作关系。长期以来，生态学家一直热衷于对原生生态系统的研究，21世纪的生态学研究将把重点转移到生态系统和人类关系的可持续能力上，未来的发展要求生态学家不仅是一流的研究人员，而且是决策制定过程中生态信息的提供者。

产业生态系统的演替受多种生态因子影响，其中主要有两类因子在起作用：一类是利导因子，一类是限制因子。当利导因子起主要作用时，各组分竞相占用有利生态位，在环境约束很小时系统呈指数增长；但随着生态位的迅速被占用，一些短缺性生态因子逐渐发展为限制因子，优势组分的发展受到抑制，速度放慢，系统呈S形增长。但生态系统有其能动的适应环境、改造环境、突破限制因子束缚的趋向。通过改变优势种，调整内部结构或改善环境条件等措施，旧的限制因子又逐渐让位于新的利导因子和限制因子，系统出现新的S形增长。

面向循环经济的产业生态转型就是要通过生产方式、生活模式和价值观念的改革，合理、系统、持续地开发、利用和保育这些生态资产，为社会提供高效和谐的生态服务，建立一种整体、和谐、公平、持续的自然和人文生态秩序，而不是急功近利地去追求产量、产值和利润。其宗旨是要促进以下几类转型：

从物到人：生态产业的核心是植入竞争、共生、再生、自生的生态活力。其经营目的对外主要不是生产物品而是为社会提供一条龙的系统服务，研究开发、跟踪服务、咨询培训、还原再生等软件和副件产值将大大超过硬件和主件产值。对内主要不是物力的开发而是人力的建设，企业不仅是一个车间，也是一个学校，将提高劳动生产率和工人的技术创新能力相结合，工作将成为员工的人生需求而不只是一种谋生的手段。

从链到环：物流的纵向闭合与横向耦合，矿物能源向可再生能源的转移，产品的产销环节管理向生命周期全过程管理，废弃物从污染的源变为资源的汇。厂区将从单一产品生产的工业基地转向包括周边自然环境在内的生产、生活及自然保育一体化的具有独立的全代谢功能（或零排放）的复合生态基地。

从刚到柔：传统工厂的刚性机械结构将转向功能导向的柔性生态结构，其工艺结构、产业结构和产品结构将随环境和市场的变化随时更新。主导生产过程将从简单的物理、化学、生物过程转向复杂的社会、经济和自然生态发育与进化过程。主导因子将从劳力、资金和原材料等硬资源转向内外生态耦合关系等软资源。企业具有高的灵活性、多样性和应变创新、开拓适应、协同进化的生命活力。

从量到序：衡量一个企业效益大小的标准不再是传统的产量、产值和利润，而是其所提供的自然、经济和社会服务功能和生态系统的整体性、和谐性、公平性、持续性秩序。企业规划和优化的目标也不再是单项或多项的物理指标，而是寻求一种与企业的社会、经济和自然环境相适应的生态进化过程。

3.2　生态产业的耦合途径

生态产业是一类按循环经济规律组织起来的基于生态系统承载能力，具有完整的生命周期、高效的代谢过程及和谐的生态功能的网络型、进化型、复合型产业。生态产业运作的基本单元是产业生态系统，它以环境为体、经济为用、生态为纲、文化为常。它以对社会的服务功能而不是以产品为经营目标，将生产、流通、消费、回收、环境保护及能力建设纵向结合，将不同行业的生产工艺横向耦合，将生产基地与周边环境包括生物质的第一性生产、社区发展和区域环境保护纳入生态产业园统一管理，谋求资源的高效利用、社会的充分就业和有害废弃物向系统外的零排放。生态产业的产出包括产品（物质产品、信息产品和人才产品）服务（售前服务、售后服务和生态还原服务）和文化（企业文化、消费文化和认知文化）（图 1）。其产业转型的途径包括：

横向耦合：不同工艺流程、生产环节和生产部门间的横向耦合废弃物交易及资源共享，变污染负效益为资源正效益。

纵向闭合：第一、第二、第三产业在企业内部形成完备的功能组合，产品和废弃物在其从摇篮到坟墓的生命周期全过程实施系统管理。

功能导向：以企业对社会的服务功能而不是以产品或产值为经营目标，产品只是企业资产的一部分，通过其服务功能、社会信誉、更新程度的最优化来实现价值。

结构柔化：灵活多样的柔性产品和产业结构、管理体制、进化策略和完善的风险防范对策，可随时根据资源、市场和外部环境的随机波动调整产品、产业结构及工艺流程。

区域耦合：厂内生产区与厂外相关的自然及人工环境构成空间一体化的产业生态复合体，逐步实现有害污染物在区域内的全回收和向区域外的零排放，保障区域生态资产的正向积累和国土生产和生态服务功效的正常发挥。

社会整合：企业将社会的生产、流通、消费、生态服务和能力建设的功能融为一体，为辖地和周边居民提供就业机会和宜居环境，培育一种新型的企业和社区文化。

能力组合：配套的硬件、软件和心件能力建设，决策管理、工程技术、研究开发和服务培训能力相匹配。学科的边缘交叉和技术的横向组合。企业信息及技术网络的畅通性、灵敏性、前沿性和开放性。

增加就业：一线生产的两头，即研究与开发，服务与培训环节的劳力和智力需求将大大增加。企业内第三产业的智力和劳力从业人员将急剧增加。提高劳动生产率的结果是增加而不是减少就业机会。

人性化生产：劳动不只是一种成本，也是劳动者实现自身价值的一种享受；员工一专多能，是产业过程自觉的设计者、调控者和所有者，而不是机器的奴隶。

4 面向循环经济的传统产业转型和新型产业孵化

未来的生态产业就是要在维持生态资产正向积累的前提下，为人类及其生命支持系统提供尽可能多的生态服务。包括高的生态效率（生产过程中所依赖的上述自然生态资产和人文生态资产的利用效率）、强的生态整合力（对地理、水文、生物、工程、经济及人文生态过程的时空连续性、完整性的调控能力）、小的生态足迹（提供产业生存与发展所需要的生态资产和服务功能的支持空间及其环境影响的范围）、丰富的生态多样性（产业和产品结构、功能和工艺过程的多样性，原材料的可替代性）和低的生态风险（产品生产、销售、消费及回收或废弃过程对自然及社会环境的潜在消极影响）。以下介绍当前中国循环经济建设很有潜力的十大产业。

4.1 汽车产业向生态交通产业的转型

交通问题是一类由车、路、土地、能源、环境和人组成的复合生态系统问题。产业将按自然生态、人文生态和经济生态原理规划、建设和管理由交通网络、交通工具、交通对象和交通环境组成的生态型复合交通系统。其衡量标准是：资源高效型（道路使用率高，工具共享公用，投资回报率高）、能源清洁型（可更新能源利用率高，化石能源的清洁利用，不超过能源可供给能力）、环境友好型（生物多样性保育，野生动物廊道，无污染、低噪声）、生态健康型（车内外、路内外环境的健康、舒适、安全）、行为文明型（互利互助、启迪知识、陶冶情操）和景观美化型（怡神悦目、美观和谐、生机勃勃），其中蕴含着巨大的商机。当前急需在研究与开发、咨询与服务、网络与市场上入手，从节能、减排和服务等系统尺度引导和推动交通制造业的生态转型，研制、开发适合我国国情的混合燃料、低物料、低能耗、低物耗、低污染、高效率、高便利、智能调度、汽车共享、各种交通车辆联运的交通工具、交通网络及相应的软硬件服务。如天然气、电或太阳能与汽油、甲醇组合驱动汽车、用户共享合用的汽车合作社等。如欧洲大量种植转基因油菜籽，通过菜籽油与甲醇的酯交换反应，生产生物柴油，用生物柴油燃料驱动汽车，尾气排放是清洁的，其CO_2排放量要少于菜籽油种植中植物吸收的CO_2量，生物柴油目前在欧洲已经形成了每年百万吨的生产规模，成为最成功的可再生能源之一。

4.2　房地产业向生态人居产业的转型

生态房产业：适应当地自然及人文生态条件，融净化、绿化、美化、活化和文化等社会和自然生态服务功能为一体，建设能耗低、绿量高、建材安全、废弃物就地资源化的，方便、适宜、和谐、经济、实用、节能、节地、节料的生态住宅、生态小区和生态城镇，发展规划、设计、施工、建设、管理、租赁、咨询一条龙的人居环境建设业。

生态建材业：在原料选取、产品制造、使用及废弃物处理等环节，生产对环境无危害或危害极少，并对人类健康有利的建筑材料，即资源、能源消耗少，对环境排放少，并且有利于健康，可提高人类生活卫生质量的建筑材料，包括节能、节料、抗菌吸臭、无毒、无害和生物型。

生态地产业：包括建设用地和非建设用地、二维平面和三维空中和地下、陆地和海洋。在荒山、荒坡、滩涂、湿地及矿山废弃地等未被利用的退化生态系统，根据当地生态条件，利用生态技术恢复生境、植被和生物多样性，发展草业、牧业、林业及其相应产品及副产品加工业和服务业，恢复土地的自然生态服务功能，同时提供社会生态服务。

4.3　化肥农药工业向农田生态保育业的转型

化肥农药产业的主要功能是为农田配送营养和防治病虫害。工厂要发展一类可替代传统化肥和农药的，以有机肥为主体，以废弃物为原料（人畜粪便、有机垃圾、秸秆、野生和废弃的各种生物质），复合以各类菌肥和适量无机肥的、速效与长效相结合，因地制宜、就地生产的，既能充分满足作物生长需要而又不污染土壤和水体的专用和通用肥，以及生物与理化方法结合的生态农药；要将产品生产业务扩展到农田“水、肥、土、种、密、保、管、工”规模化、集约化、信息化的农田生态监测、咨询、管理和技术一条龙的系统服务，将农民、农田和农业纳入企业生产的一部分来系统经营，保障农田生产、区域生态、企业经济和农民社会效益的“四赢”。

4.4　造纸印刷出版业向无纸耗的IT产业的转型

未来的生态出版业将从物业发展为IT业，减少或不用纸张。报纸上印刷的是非化学墨迹，只显影几天（如一周）就会自动消影，再在原纸上印刷，多次重复使用。同时，消费者有信息选择权，订报时指定所需要的栏目印刷，或干脆由家用打印机每天自行印刷、自行销迹。同样，传统的图书出版业也会萎缩，代之以电子出版业。一张新型光盘可以储存数千本图书并有普通纸质出版物的可视效果。IT 阅读器取代了书架和档案。

4.5 观光旅游业向生态休闲产业的转型

在人类生活水平不断提高、人类生态需求不断更新、职工非工作时间越来越多(国家法定上班时间不到全年自然总时间的1/4)，伴随人口老龄化而出现的闲散人口越来越多，以及人们的社会服务需求越来越多的形势下，一类面向综合型社会服务的新型人类生态服务业正在脱颖而出。这是一类集居住、休闲、出行、游乐、保健、体育、教育、文化、研修、社交、博览和生态保育等多种功能于一体的修身养性型服务经济，包括身、心、性、德的人文生态修养和时、空、景、物的自然生态修行。

4.6 城乡环境建设的商机——生态卫生产业

生态卫生产业的宗旨是依据生态学的整体、协同、循环、自生原理，改水、改厕、改房、改路、改人，促进城乡生态现代化。通过集中性规划管理与分散式家庭责任制相结合，集中处理和分散处理相结合，理化处理和生态处理相结合，推进城乡垃圾、污水、人畜粪便、秸秆的卫生、经济处理和减量化、无害化、资源化、产业化和系统化的生态工程。废弃物的就地处理是生态卫生设计的一个基本原则，只有在家居范围内无法处理的废弃物才需要输出到邻近地区，八亿农民的现代化和旧城改造的历史任务有赖于生态卫生产业的兴起，其中隐含有巨大的商机。鼓励企业生产规模化的生态卫生设施、器具，提供设计、施工、咨询和社会化维修服务，以降低投资和维护费。

4.7 让百姓享受安全、健康、便捷的商贸服务的生态物流产业

中国超市的商机还有95%的潜力没有开发。生产者和消费者之间还没有建立灵敏的信息反馈关系，产品滞销、市场囤积、热线产品短缺等现象造成了物质能量的极大浪费和经济的波动。消费者对产品的生态、经济和安全性能缺乏，不利于社会对产品质量和生态影响的监督。未来的生态物流业将变传统产品营销为产品生产流通消费全过程的系统管理；变物质主导型运输为信息主导型流通；变随机型生产为以需定产、按需订货；变货币中介型服务为网络链接型服务；变物资囤积型的量的消费（越多越好）为服务满意型质的品味（适中为好）；变产品生产、流通的“黑箱操作”为产品生命周期全过程生态经济性能的公开监督。

4.8 生物质能与阳光能源产业

地球上每年生产的粮食作物只有8%的生物量最终成为餐桌上的食品。每年 5.0×10^{7} hm^2森林砍伐量中最终成为木材产品的也不超过35%，其余大多被焚烧了。棕榈油只占棕榈树产量的4%，麻棉纤维利用量只占麻棉生物量的4%。绿色生物量的浪费表明，仅在不扩大耕地、森林和草原面积和产量的前提下，资源利用效率的提高仍有很大潜力可挖。以生物物质为主要原材料的生态产业将利用地球上各类可以获取太阳能的陆地、海洋和立体空间，为社会提供生态合理的绿色食物、纤维、饲料、燃料、肥料和工业原料的系列服务。

把各类成熟的可更新能源和能源清洁利用技术在不同用户尺度上组合利用、系统优化，为全社会提供能效高而环境影响小、适度规模、可持续利用的能源服务，太阳能、生物质能、风能、地热及化石能源的清洁和安全利用，最终目标是不用化石能源，如在城镇普遍推广利用太阳能、工厂余热，常规能源结合的热、电、气、冷四联供工程，在乡村普遍推广利用秸秆、粪便、有机垃圾等生物质来生产沼气、燃气和肥料，以及太阳能供热、风能发电等技术，在交通行业普遍推广生物酒精、生物甲醇及氢气替代石油的技术。同时，加快传统能源的清洁利用和节能技术。利用这些生态技术可望在一二十年内把我国能源供应能力翻两番，而环境影响大幅度降低。

4.9　软硬兼施的管理咨询业

我国大多数亏损企业的通病都是管理不善、信息不灵、人才不力、体制不顺。人们十分重视资金、土地、设备等硬件建设，一线生产力量强势配置，而研究与开发、咨询与培训、营销与信息反馈等环节却是“弱势群体”。管理咨询业最早是从美国发展起来的。当它在 19 世纪末出现时，着重解决的是生产管理中的一些基本问题。德国咨询业始于 20 世纪 50 年代，目前已有各种形式的咨询机构 1 万余家。进入 80 年代后，西方国家管理咨询业发生了较大变化。管理咨询方式不断改进，咨询服务质量不断提高，管理咨询人员不再仅仅提供咨询建议，而是常常协助客户实施咨询建议。尤其是许多大型咨询公司积极致力于全球性组织建设与新市场的开发。2001 年销售额排序前 100 名的我国特大型企业中，至少有一半以上的企业请咨询公司为其战略规划提供专业咨询。80 年代后期，欧美管理咨询业以每年 20% ~30% 的速度增长，到 1995 年全球管理咨询业的年收入超过 500 亿美元。据业内人士统计分析，2000 年全球战略咨询市场的营业额为 2840 亿美元，到 2003 年达到 4100 亿美元，年度综合增长率为 13. 2%，预计 2010 年全球战略咨询市场的营业额将超过 10 000 亿美元，其中 1/4 以上将在亚太地区，中国至少应达到 1000 亿美元。

4.10　化险为夷的绿色化学工业

化学工业对改善居民物质生活质量做出了巨大贡献。世界上每年有 1000 ~2000 种化学品进入市场。化学品数量和种类的不断增加，导致新的污染源不断出现，对人类健康和生态系统安全的威胁也不断加大。绿色化工旨在研制、开发和生产各种对人、生物和环境都无毒、无害，且可自然降解或循环利用的化学合成方法和化工产品。未来的绿色化工业具有以下特征：产品的起始原料尽可能来自可再生的原料，如农业废弃物等；产品本身不应造成环境或健康问题，包括不会对野生动物、植物、有益昆虫造成损害；生产过程中应尽可能减少废弃物排放，并逐步达到零排放和全循环；提高材料、能源和水的使用效率，大量使用再生材料，更多依靠可再生资源特别是生物资源；运输和使用过程中环境风险最小，对消费者无副作用；产品使用完毕后容易回收、再循环、再生或易 于在环境中较快降解为无害物质；减少产品在整个生命周期内的资源消耗及环境影响，负责产品整个生命周期内的跟踪管理；每种产品都进行生命周期评价，并将评价结果如实反 映在产品说明书上。

5 结　语

循环经济建设需要变有为为无为，无为而治，不是无所作为，也不是无所不为，而是无形之为，重点在为“无”不是为“物”，即改造、设计、规划、建设与管理好那些看不见的生态资产、经济潜力、社会行为和系统关系，维持城市和区域社会经济的循环、整合、高效、和谐发展与自然生态服务活力。

生态产业的出现，宣告了传统小农经济、传统链式加工业、传统单功能服务业的衰退。就像发达国家城乡差别越来越小，甚至乡村更优于城市一样，工农差别、城乡差别将在新一轮产业生态革命中逐步消失。未来的农场主、工厂主和银行家将是一些同时经营各类物资、能量、信息的生产、加工、流通、还原和自然保育事业的综合型企业家。产业生态建设不只是一种公益型的奉献行为，更重要的是与每一个企业、每一个家庭乃至每个人的切身利益密切相关的经济行为，也是人类生理和心理自调节、自平衡的一种社会需求。有着几千年“天人合一”人类生态优良传统的中华民族，必须也一定能够摸索出一条非常规的现代化循环经济道路，在生产、消费模式和生态行为方面，开展一场有中国特色的产业革命和环境革命，实现有中国特色的社会主义市场经济条件下的可持续发展。

参考文献

Anastas P T，Kirchhoff M M. 2002. Ori-gins current status and future challenges of green chemistry. *Acc Chem* Res，35（9）：686-694.

Clark J H. 1999. Green chemistry Challenges and opportunities. Green Chem，1（1）：1-8.

Cooper T. 1999. Creating an economic infrastructure for sustainable product design. J Sustainable Product Design，8：7-17.

Graedel T E，Allenby B R. 1995. Industrial Eology Englewood Cliffs NJ：Prentice Hall：325-338.

Kibert C，Sendzimir J，Guy J，et al. 2001. Construction Ecology：Nature as the Basis for Green Buildings London：Spon Press：35-48.

Li W H（李文华）. 2004. Ecological Agricultural Theories and Practices of China's Sustainable Agriculture. Beijing：Chemical Industry Press：8-19.

Lowe E A. 2001. Eco-Industrial Park Handbook for Asian Developing Countries. A Report to Asian Development Bank，Environment Department. Oakland CA：Indigo Development. 10-35.

Ma S J（马世骏）. 1995. Ma Shijun Collection. Beijing：China Science and Technology Press：315-321.

Odum E P. 1997. Ecology A Bridge between Science and Society. Sunderland，MA：Sinauer Associate Inc.

Palmer M，Chornesky E，Bernhardt E，et al. 2004. Ecology for a crowded planet. Science，304：1251-1252.

Petersen M. 1992. Auto-Leasing und Car-Sharing//Hesse M. Verkehrswirtschaft auf Neuen Wegen. M arburg：Unternehmenspolitik vor derokologischen Herausforderung：156-174.

Scheer H. 1999. Solare Weltwirtschaft：Strategie fur die okologische Moderne. Munchen：Verlag Antje Kunstmann GmbH：20-150.

Schmidt W P. 2001. Strategies for environmentally sustainable products and services. Corporate Environ Strategy，8（2）：118-125.

Thomas M S. 2004. Information and communication for a circular economy on the regional level. www. simul-conf. com/mega/pdf abs/t-sterr. pdf.

Wang R S（王如松），Yang J X（杨建新）. 2002. Industrial Ecology：From Brown Industry to Green Culture. Shanghai：Shanghai Science and Technology Press：131-162.

Wang R S，Yan J S. 1998. Integrating hardware software and mindware for sustainable ecosystem development：Principles and methods of ecological engineering in China Ecol Eng，11：277-290.

Wang R S（王如松）. 2003. Complex Ecology and Circular Economy. Beijing：Meteorological Press：154-169.

Wang R S（王如松），Jiang J S（蒋菊生）. 2001. Frome eco-agriculture to eco-industry：The eco-transformation of China's agriculture. Review Chin Agric Sci Technol，3（5）：7-12.

Wang R S（王如松）. 2003. Industrial ecology approach for circular economy//Jin Y（金涌）. Eco-industry：Principles and Applications. Beijing：Tshinghua University Press：77-102.

Wang R S，Simeone G. 2005. Circular Economy：Principles and Practices in Europe and China Beijing：China Science and Technology Press：3-19.

World Bank. 2004. Circular Economy-An interpretation，ECONMemo no 2004-053，Project no 20116 Public HVe/cjo，HLi 30. August 2004，ECONAnalysis，http：//www. econ. no.

ECOLOGICAL MISUNDERSTANDING，INTEGRATIVE APPROACH AND POTENTIAL INDUSTRIES IN CIRCULAR ECONOMY TRANSITION

Wang Rusong

（Research Center for Eco-Environmental Sciences，Chinese Academy of Sciences，Beijing 100085）

Abstract　Based on the Social-Economic-Natural Complex Ecosystem theory，this paper questioned 8 kinds of misunderstandings in current planning incubation development and management of circular economy，which had led to either ultra-right or ultra-left actions in ecological and economic development. Rather than concentrated only on the 3-r micro-principles of "reduce-reuse-recycle"，this paper suggested 3-R macro-principles of " Rethinking-Reform-Refunction" for circular economy development. Nine kinds of eco-integrative strategies in industrial transition were put forward，i. e，food web-based horizontal，parallel coupling，life cycle-oriented vertical serial coupling，functional service rather than products—oriented production，flexible and adaptive structure，ecosystem-based regional coupling，social integrity，comprehensive capacity building，employment enhancement and respecting human dignity. Ten promising potential eco-industries in China's near-future circular economy development were proposed such as the transition of traditional chemical fertilizer and pesticide industry to a new kind of industrial complex for agro-ecosystem management.

Key words　circular economy，ecological misunderstanding，industrial transition，eco-logical integrity，potential eco-industries.

INTEGRATING HARDWARE, SOFTWARE AND MINDWARE FOR SUSTAINABLE ECOSYSTEM DEVELOPMENT: PRINCIPLES AND METHODS OF ECOLOGICAL ENGINEERING IN CHINA*

Wang Rusong* Yan Jingsong

(Research Center for Eco-Environmental Sciences, Chinese Academy of Sciences, Beijing 100085)

Abstract Grounded in human ecological philosophy, ecological engineering in China seeks to find an alternative way to realize sustainable development at ecosystem level through total metabolism of resources, systematic coupling of technologies and cultivation of people's behavior. Here the key is integration of 'hardware', 'software' and 'mindware'. Eight design principles of ecological engineering based on eco-cybernetics are discussed, which fall into three categories: competition, symbiosis and self-reliance. The fundamental tasks of ecological engineering are to develop a sustainable ecosystem through the integrative planning of its structure, function and processes by encouraging totally functioning technology, systematically responsible institutions and ecologically vivid culture. A campaign of ecological engineering development in China is introduced, including 29 national comprehensive experimental communities for sustainable development, 51 pilot studies of eco-county development, and 100 ecological demonstration districts. Some fruitful theoretical and applied results have been gained and the case of Dafeng eco-county development is introduced.

Key words Hardware, Software, Mindware, Sustainable ecosystem development, Ecological cybernetics, Ecopolis

1 Ecological engineering: an integration of hardware, software and mindware

Traditional engineering, according to the Webster's Dictionary, is the planning, designing, construction, or management of machinery, roads, bridges, buildings, fortifications, waterways, etc. Though playing a key role in industrialization and modernization, physical engineering has the shortcoming of ignoring its systematic and ecological context. It is oriented to mono-objective, open loops of material flow, and rigid products and technological process. It is a kind of hardware or mechanical engineering, which pays little attention to its environmental, social and long term and large scale impacts.

Based on operational research and optimization theory, systems engineering has played an

* 原载于：Ecological Engineering, 1998, 11 (1-4): 277-289.

important role in optimizing planning, design and management, but it is only a physical instrument suitable mostly to well structured and closed systems. Its optimization is based on the constraints of the inner and outer environment while the ecological cybernetics and anthropocentric role can hardly be taken into consideration.

The human-dominated ecosystem, unlike wild biological communities, is dominated by technological and social behavior, sustained by natural life support systems, and vitalized by ecological processes. It was named a Social-Economic-Natural Complex Ecosystem by Shijun Ma (Ma and Wang, 1984). Ecological engineering aims to foster its 3-M-structure and function, which consist of materials metabolism (physical process), matters management (institutional coupling), and man's motivation (social dynamics).

Grounded in human ecological philosophy, ecological engineering in China aims to find an environmentally sound, economically productive, and systematically responsible way of constructing and maintaining a sustainable ecosystem through planning, design, reform and enhancement of totally functioning technology, systematically responsible institutions and ecologically vivid culture, in order to benefit society while sustaining nature. It aims at design and remaking of the physical structure, technological process, institutional and behavioral contexts of human ecosystem through reasonable exploitation, utilization and management of local resources; setting up an ecologically sound institution, and helping local people to help themselves through inducement of their capacity of competition, symbiosis, regeneration and self-reliance (Ma et al., 1984). Here the key is integration of 'hardware' (technological innovation and integrative design), 'software' (institutional reform and system optimization) and 'mindware' (behavioral inducement and capacity building). This comprehensive engineering needs a close co-operation among physical engineers, system engineers and human ecological engineers (Fig. 1). Experience in China showed that where the hardware (technology) does not match the software (institution) and mindware (behavior), the ecological engineering there will collapse as it happened in the Peal River Delta, where originally the mulberry grove-fishpond systems were well developed but disappeared since 1980s after the rapid urbanization and modernization began to prosperous in that area. The declination of rural bio-gas utilization is the same cases, which were popular in Jiangsu province before the area became prosperous in 1980s (Yan and Zhang, 1992).

The ultimate goals of the ecological engineering are comprehensive wealth, health and faith. Wealth measures the structural state of the monetary assets, natural assets (mineral, water, forestry, soil, air and biodiversity), human resources (man powers and intellects) and social resource (institution, arts, culture, etc.) of the target ecosystem; Health measures the functional state of human being, his settlement and surrounding life support system; Faith measures the behavioral mode: values, material attitudes (life style, consumption customs, recycling tradition, and eco-ethics) and spiritual relations (perceptions, concepts and believes towards the total cybernetic forces) of the system's controllers.

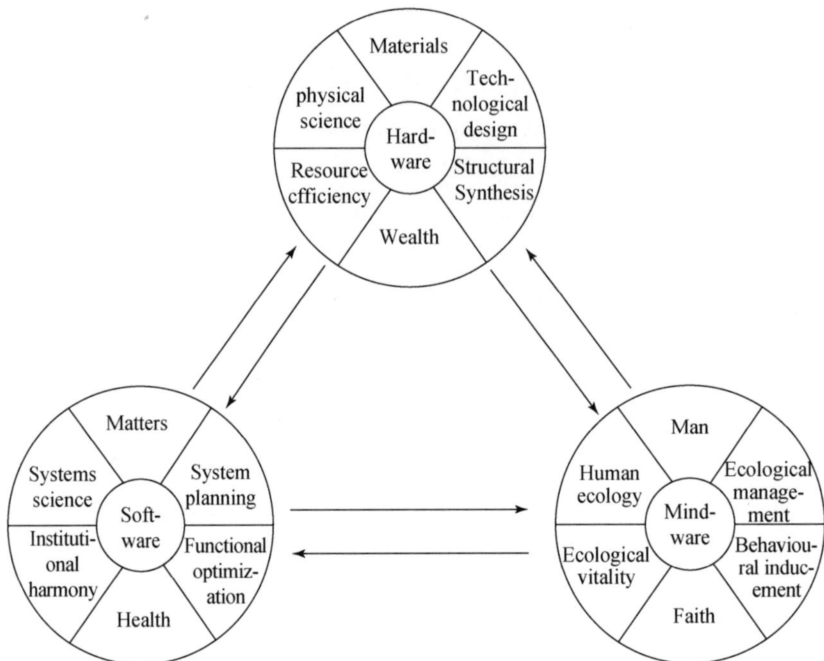

Fig. 1　Framework of ecological engineering

2　Design principles of ecological engineering

Though the term ecological engineering has been formally used in China for only two decades (Ma, 1979), the application of ecological technique can be traced back 3000 years. For thousands of years Chinese philosophers have investigated the harmonious relationship among Tian (heaven or universe), Di (earth or resource) and Ren (people or society), which formed the basis of the Chinese ecological engineering. The most fruitful period was from Chun-Qiu (Spring and Autumn) to Warring States (720-221 B. C.), when various schools, including Confucianism, Taoism, Legalism, Yin-Yang, Logicianism, etc. flourished (Wang and Qi, 1991). The result is a systematic set of principles for managing the relationships between man and his environment, including Dao-Li (natural relationship with the universe, geography, climate, etc.), Shi-Li (planning and management of human activities, such as and others), and Qing-Li (ecological ethics, psychological feelings, motives and values agriculture, warfare, politics, family towards the environment). The Yin and Yang theory (negative and positive forces play upon each other and formulate all ecological relationships), Wuxing theory (five fundamental elements and movements within any ecosystem promoted and restrained with each other), Zhong Yong (things should not go to their extremes but keep equal distance from them or take a moderate way) and Feng-Shui theory (Wind-Water theory expressing the geographical and ecological relationship between human settlements and their natural environment) are some of these principles (Wang et al., 1989). An excellent example of its application is traditional Chinese medicine, in which the human body is considered as a functional entity closely connected with its physical and social environment. Patients are cured ecologically, through regulating the Yin and Yang relationship between the human body and its environment and between the different functional units of the body (Wang and Qi, 1991).

In contrast to the mechanical engineering methods that dominate modern technology, eight eco-cybernetic principles have been working in the practice of ecological engineering in China for centuries:

(1) Principle of exploitation and adaptation: Any ecosystem always has some favorable factors to drive its development, and some limiting factors to restrain its growth. The pressure of resource shortage leads to exploitation through reform of its environment and enlarging its carrying capacity. The stress of a severe environment leads to adaptation through changing its eco-niche and adapting itself to alternative resources. A successful development should be the one maximizing its available eco-niche and optimizing its life strategy in order to adapt itself to, and make full use of, its environment.

(2) Principle of competition and symbiosis: All natural creatures survive through competition for resources as well as symbiosis for sustainability. Competition stimulates high efficiency of resource use and symbiosis, encouraging sustainability of the ecosystem. Those species poor in either competition or symbiosis are weaker in vitality and will eventually be replaced by others. This principle is a common rule which exists in both natural and human eco-systems.

(3) Principle of interlocking positive and negative feedback: The evolution of an ecosystem is regulated through two kinds of feedback mechanisms: one is positive feedback, in which the action and reaction are reinforced by each other and lead continuously to enhancement or declination of the system; the other is negative feedback, in which the action and reaction are counteracted by each other and therefore lead to maintaining the system at its current status. The positive feedback usually assumes a dominant role at the initial stage of an ecosystem to ensure its survival and development; while negative feedback has a dominant position at the late stage of its development to ensure its stability. The mechanism of positive and negative feedback should balance in a sustainable ecosystem to optimize its favorable development.

(4) Principle of proliferation and self-compensation: When the functioning of an ecosystem is disturbed, some of its components might take the chance to expand or proliferate unusually so as to dominate the system and disturb its operation in a manner similar to the growth of cancer in an animal body. While other components might make up the missing function or substitute automatically the malfunctioned components so as to maintain the original function of the system. An ecosystem may benefit or suffer from these proliferation and compensation mechanisms. To stabilize a system, compensation mechanisms should be encouraged, whereas to raise the productivity of a system, proliferation may play a key role.

(5) Principle of circulation between wastes and products: Any product created by man

will inevitably be turned into waste in the end; yet every 'waste' is bound to be a 'resource' useful elsewhere in the biosphere. Any action is bound to have a feedback or retribution upon itself either beneficial or detrimental. The mechanisms of the material cycling and information feedback are certainly the essential drives or 'engines' for sustainable development of an ecosystem.

(6) Principle of diversity and dominance: The development intensity of an ecosystem depends mainly on the behavior of its dominating components like 'dominating species' in a biological community; yet the stability of its development depends mainly on its structural diversity and the variability of products. Thus an ecological design should be facilitated through a reasonable compromise between dominance and diversity.

(7) Principle of structural growth and functional development: The ecological succession is oriented towards functional maturing rather than structural growth. Viable systems show a tendency that its production is to serve the whole system rather than maximizing the quantity of its products. An ecosystem may develop in an exponential way showing a structural or quantitative growth, but eventually will slow down showing a functional or qualitative development, on which most of its energy is spent.

(8) Principle of keeping away from extreme risk and opportunity: To sustain an ecosystem, one has to head for opportunity and turn risk into chance. Bigger opportunity is always accompanied by higher risk. The Chinese word 'crisis' (Wei Ji) has both meaning of risk (wei) and opportunity (ji). To be good at seizing opportunity available and taking advantage of all adverse and antagonistic forces to serve the system, one has to remember the ancient Chinese thoughts of 'the meaner, the better' or 'keeping equal distance from both risk and opportunity' (Yang, 1968).

These cybernetic principles for ecological engineering may fall into three categories: competition for efficient resource and available eco-niche; symbiosis between man and nature, among different groups of human being, and between any human ecological unit and its upper level ecosystem; self-reliance to sustain its structural, functional and process stability through self-organization and recycling.

3 Planning procedures of ecological engineering

The fundamental tasks of ecological engineering are to develop a sustainable ecosystem through integrative planning of its structure, function and processes through encouraging totally functioning technology, systematically responsible institution, ecologically vivid culture.

3.1 Totally functioning technology

There are several kinds of technology which involve the relationship between man and his environment: environmental technology, cleaner technology, nature conservation technology and ecological technology. Environmental technology is a technology through various physical, chemical and biological treatment methods to reduce the end-pipe pollutants emitted to the environment to a permitted level; Cleaner technology is a technology which is to design and reform the production process and adjust the products structure so as to minimize the pollutants generation within the production process; While ecological technology is a comprehensive technology to enhance an optimum function of the total ecosystem through coordinating in an ecological way the whole human dominated process from resource exploitation, production, consumption, dumping to recycling in the target ecosystem (Tab. 1).

Tab. 1　A comparison between environmental technology, cleaner technology and eco-technology

	Environmental technology	Cleaner technology	Ecological technology
Goals	Pollutants reduction	Pollution minimizing	Optimum function
Basic unit	Point of emission	Technological chain	Ecological system
Orientation	Environmental impacts	Technological process	Ecological function
Strategy	Repair	Prevention	Capacity building
Regulation instrument	Technical	Technological and institutional	Tech+institutional+behavioral
Main process	Physical	Man+machine	Man+nature
Human involvement	From outside	Friendly participation	Intensively involved
Costs	High	High	Reasonable
Energy basis	Fossil fuel based	Fossil fuel based	Solar based
History	History	Decades	3000 years
Recycling	Acceptable	Desirable	Absolutely required
Symbiosis	Little	Recommended	Strong recommended
Design principle	Artificial restoration	Partly simulating nature	Design with nature
Depend on	Large input	Moderate input	Local resource
Zero emission possibility	Hard to treat all pollutants	Hard to realise within one process	Possible within an ecosystem

The main characteristic of ecological engineering is the ecosystem orientation, or totally functioning technology (TFT) characterized by:

(1) comprehensive technology through integration of various single technology, high technology and traditional low technology, of transindustrial, intersectional and interdisciplinary technology, and of environmental technology, cleaner technology and ecosystem technology.

(2) ecologically adaptive technology through turning the open loop of material metabolism into closing in ecosystem scale, and enhancing the structural and functional flexibility of production and consumption so as to have high adaptability to the changing environment.

(3) Economically efficient technology through encouraging deeper processing and higher efficient using of local resources, and decentralized and cost-effective methods of wastes treatment so as to turn the negative environmental impacts into positive economic benefit.

The essence of environmental pollution is the inefficient use and unreasonable exploitation of resources driven by human behavior. There are two significant ecological deterioration processes in human dominated ecosystem: one is the ecosystem exhaustion due to the resource exploitation, where the output from the system is much higher than the input into it which is far away from the minimum cost for restoring the local ecosystem's function such as the soil fertility, watershed function, biodiversity and indigent heritage etc. Here the ratio of I/O is much lower than 1. Another is ecological stagnancy, the input into the system is much higher than the output from it with much materials and energy in the production and consumption process leaking into the environment. Here the I/O ratio is much larger than 1. While in a totally functioning ecosystem, the I/O ratio is appropriately 1 (Wang et al., 1990).

TFT can be measured by the efficiency of material, energy and man power utilization, the sensitivity of information dissemination, the products diversity and flexibility, the long term and large scale ecological impacts, and the service function to market and ecosystem (Yan and Ma, 1991).

3.2 Systematically responsible institution

The existing land use pattern, production structure and management institution of any human dominated ecosystem may be productive to a local or other mono-objective oriented observer but destructive from an ecological and systematic point of view. Modern capital-dominating society rooted from industrial revolution seems run well under the current institution, which is based on the assumption that the carrying capacity of natural resource and environment is infinite, and that the effects of any economic activity can be measured by monetary terms and remedied from the profits. Therefore, industries are pursuing the strategy of 'pollution first and treatment followed'. Administrators are used to short-term, small scale, cause effect chain reasoning and mono-objective management methods, attempt to manage a complicated ecological network through a simple chain-linked institution. They don't or can't understand and manage the effects of time-lags, regional impacts and information feedback characteristics of a dynamic, diversified, and large scale ecosystem. Furthermore, they often remain in a given position for only a few years and have only a limited responsibility.

To implement ecological engineering, systematically responsible institution is absolutely necessary (Wang and Hu, 1994).

System here means should pay much attention to not only its parts but a whole unity; not only its troubles and symptoms but also its dynamics and cybernetics; not only structural growth but also functional development; not only its economic profits but also ecological service function; not only immediate effects, but also accumulated and long-term feedback.

Responsibility here means the obligation to not only yourself, your family or your employer, but also the ecosystem as a whole which you are relying on; not only this sector or region but also other sectors and regions; not only today, this century or this generation, but also tomorrow, next century and successive generations.

Institution is an organizational, legislative and cultural network of all ecological relationships, which people formulate in their production, consumption and social activities with Nature.

Ecological evaluation, planning and designare a key for institutional reform in ecological engineering. Faced with a sharp contradiction between reductionism and holism approaches, a methodological transition from physical optimization to ecological integration is taking place in China and is characterized by:

(1) from numerical quantification to relationship identification: quantity is only one of the ecosystem measurements, ecological engineering measures the attribute, the process, the structure and the function of a human dominated ecosystem in tracing its ecological contexts of time, space, quantity, configuration and functional order (Wang and Ouyang, 1996);

(2) from mono-objective optimization to ecological adaptation: man is only a small part of any human dominated ecosystem and cannot optimize and drive the open and dynamic system according to man's desire, instead of traditional mathematical optimization, ecological engineering takes the functional adaptation as the development goal to encourage the balance between dominance and diversity, between openness and self-reliance, between stability and flexibility (Wang, 1988).

3.3 Ecologically vivid culture

The consciousness, creativity and capability of policy makers, entrepreneurs and the public are the key for implementation of ecological engineering. Generally speaking, human society today is an inefficient, immoral, unhealthy, counter-cybernetic and less ecologically viable habitat. Its efficiency of resource use is much lower than that of a natural ecosystem. It exploits resources through degradation of hinterland ecosystems and imposes environmental impacts on its surroundings. Its people are estranged and competitive rather than intimate and cooperative. Its artificial living and working environment is far away from the real needs of human health. People more and more rely on electricity, water, cars and chemicals to survive, more and more depart from the biome and from nature.

Influenced by modern technology and life style, which more and more relies on machines to substitute for hands, cars to substitute for legs, and computers to substitute for heads, man is departing far away from nature. What ecological engineering really needs is not an artificial intelligence but an Intelligent Man or ecological intelligent, which is not an individual but a social Man, not a biological but an ecological Man, having interdisciplinary and integrated knowledge, thinking systematically and ecologically. Only when people are ecologically induced from lazy to diligent, from foolish to intelligent, from clumsy to prompt, from individually concerned to systematically responsible, and from departing from, to intimate with, nature, can sustainable development be expected to be realized.

In order to jump from this ecologically decaying culture, a refinement of people's concepts, thoughts, values, manners, emotions, tastes, customs and habits should be encouraged. The good human ecological tradition of eating, cooking, heating, clothing, housing, excreting, exercising and medicine should be restored. The bad anti-ecological habits of drinking, smoking, intensive-fossil-energy-cost air conditioning, advertising, packaging, washing, gaming and travelling should be abandoned.

A cultivation of ecological vivid culture needs a subversive revolution in social development including education, marketing, tourism, transportation, health care, urban planning, design and construction environmental management, information service, religion, arts and publications. Only when the life style is harmonious with nature in metabolism process, structural pattern and functional development, and human activities are enhancing rather than depleting the life supporting system, that a sustainable development is expected to be realized (Wang and Ouyang, 1996).

4 Ecological engineering development in China

In recent years, a campaign of ecological engineering development was spontaneously initiated in some towns and counties in China. The essential idea is to plan, design, manage and construct the ecosystem's function according to ecological cybernetics. Three types of ecological engineering in China have emerged: industrial ecological engineering combining farms, factories and firms (Yan and Zhang, 1992); human settlements ecological engineering for cities, towns and villages (Wang, 1991); and regional ecosystem engineering such as watershed, mine, natural reserves, forestry parks and other landscape development (Ma, 1990). The main characteristics of these ecological engineering types are:

- strong connection with economic benefit, and spontaneous development to meet the demand for alternative resources in production and consumption;
- spontaneous development from bottom up and well cooperation between experts and the public's with a strong support from government agencies;
- stress on multi-layer and multi-purpose utilization of resource and wastes;
- focus on comprehensive design of material and energy flow through encouraging symbiotic relationship between different walks, sectors and regions;
- stress on integration of traditional eco-technology with modern high-tech, natural science with social science;
- better developed in rural areas than urban areas, small scale than large scale, less developed areas than rapidly developed areas.

4.1 Comprehensive experimental community for sustainable development (CECSD)

In order to promote sustainable development at community level, 29 national comprehensive experimental communities for sustainable development, 51 pilot studies of eco-county development, and 100 ecological demonstration districts have been initiated by 27 state commissions and ministries together with research institutes and local communities. Some fruitful theoretical and applied results have been gained, and some sustainability measurements and recommendations adopted by local engineers, planners, and managers, which will be the model for other area's development. The focus of these pilot studies is placed on comprehensive utilization of natural resources, comprehensive management of environment and comprehensive development of people through introducing total functioning technology, developing systematically responsible institutions, and cultivating ecologically vivid culture.

The aim of CECSD is to promote an integration that encourages a synthesis of the bio-physical, techno-economic and psycho-cultural factors, of the production, consumption and sustaining functions, of the long-term, large scale and holistic policy making, of the technological, institutional and cultural instruments; a cultivation of the mechanism of competition, symbiosis and self-organization; a compromise between decision makers, entre-preneurs, experts and the public; and an exploitation of external and internal potentials. The evaluate indicators are:

(1) production efficiency: growth rate of economy, productivity (per capita output, profits and taxes etc.), resource use efficiency (water, energy, main raw materials and capital), wastes emission and regeneration (air, sewage, solid wastes), resource potentials utilized ratio;

(2) life quality: People's satisfaction with income, housing, traffic, food, education, recreation, environmental quality and other basic conditions and facilities, social security, life expectancy, health state, and cultural diversity;

(3) institutional harmony: compromise between dominance and diversity of the structure of industry and products; between self-reliance and openness to external system; and between the social governance ability and individual or sectorial creativity;

(4) people's capability: the capability of decision makers (policy appropriateness, sensitivity of information feedback, ecological responsibility), entrepreneurs (creativity, eco-awareness and vitality) and citizens (literacy, values and attitudes);

(5) ecological order: including social order (social mode, security and morality), economic order (sustainable resource supply, inflation rate, unemployment etc.) and natural order (landscape, waterbody, atmosphere, biodiversity etc.).

Integration, demonstration, people's participation and scientists and technicians' catalysing are the key in CECSD development.

So far, five pilot demonstration systems are being tested in the framework of CECSD including: ecological engineering for forage-fuel-fertilizer production in village level in Yuanjiang, Hunan province (Yan and Ma, 1991); comprehensive processing of crop stalks for alternative fodder, fuels, fertilizer and factory materials; integrative technology for economically affordable sewage treatment of small towns in Mengzhung, Henan province; systematic technology for domestic garbage sorting, disposal and regeneration in Guanghan city, Sichuan province (Yan et al., 1993); combined clean energy supply of electricity, gas, cooling and heating in Yangxunqiao, Zhejiang province; technology of urban greening and ecological restoration in Maanshan city.

4.2 Dafeng eco-county development

Dafeng County is less developed in comparison with counties in the southern part of Jiangsu province, where rapid industrialization started in 1978 and has brought economic prosperity, as well as severe problems of environmental contamination and ecological deterioration. This warned Dafeng people to search for a better way of realising industrialization while maintaining a harmonious relationship with nature by initiating an eco-county development movement. It is to enhance sustainable capacity of a county ecosystem by establishing ecologically sound production system and management mechanism through ecological engineering, ecological planning and ecological management (Wang et al., 1991a, 1991b, 1991c).

So far 22 demonstration sites for ecological engineering have been organized in the county including ecological agriculture, ecological industry, ecosystem conservation and community development. Considerable progress has been achieved in social, economic and environmental development since Dafeng eco-county planning was adopted by the Yancheng municipal government in 1989. The county's gross domestic production in 1996 is eight times higher than that of 1986 before the planning was made, while the environmental quality is improved or maintained at the same level as that of 1980 when there were few industries. The main measures and results are:

(1) As the result of implementing series eco-techniques such as interplanting and intercropping to efficiently use of local heat, space and nutrients, integrative pest management, and related irrigation projects, the increase of organic manure use, and the establishment of forest shelter-belts, the average grain yield increased by 30%, while the average soil organic content goes up from 1.19% in 1986 to 1.23% in 1996. At the same time, the forest coverage has been increased by 15.7% (Wang et al., 1996).

(2) The transfer of traditional agriculture to modern methods with higher efficiency is encouraged, as are high levels of technical skills and low pollution. Through the activity 'every village has its own dominating product', a modern economically productive and ecologically sound agricultural system has been set up in 249 villages.

(3) Ten comprehensive ecological engineering which aim at deep processing and effective use of agricultural resources have been developed under the eco-principles of holism, symbiosis, circulation and self-reliance. More than 150 township and village enterprises (TVE) were developed by the ten projects.

(4) The ecological industries aiming at comprehensive wastes treatment, effective use of resources and energy while reducing cost of per unit economic output have been set up. For example, Dafeng Chemical Fertilizer Factory develops a closed recycling system where the comprehensive resource recycling usage ratio is as high as 95%.

(5) Much attention was paid to the development of seabeach. Six different kinds of ecological models aiming at the comprehensive use of seabeach wetland have been established.

(6) The cooperation between Dafeng and outside research institutes, enterprises and relevant agencies is well developed. Both self-reliant and opening up policies have made the county well-known in the country as the model of sustainable development.

(7) Taking advantages of its high quality environment, Dafeng county built up four green food production bases to produce and supply clean fruit, vegetable, aquatic products and wild poultry to nearby cities.

(8) Enhancement of conservation of red-crowned crane and David's deer, and coastal wetland through establishing two of the national natural reserves in the county.

(9) Enhancing capacity building through various training courses, vocational education, technical consultations and NGO activities. There are 100 technological societies and ten technological service networks initiated and 22000 technicians trained in Dafeng county during the past 10 years.

(10) A special office of eco-development was set up responsible for and played critical role in institutional reform, systematic planning, reasonable decision-making, democracy, and behavioural inducement led directly by the county mayor.

Zhenfeng Group's 'Barley-Beer' ecological engineering is one example of this development. Characterized by ecological integration of barley production, husbandry, processing industry and fishery, where all the waste water and organic wastes are turned into useful resources. After being pre-treated by the environmental engineering facilities which consume no or little energy, the waste water is used to breed hydrophyte and fishes in a comprehensive biological pond. The hydrophyte is used as green forage for husbandry. The pond sludge and pig manure are returned to the field ultimately as organic fertilizer. The comprehensive biological ponds were transformed from five existing fishing ponds from facultative pond, biological purifying pond, buffering ponds to fish pond. The COD eliminating rate is above 95%, TN and TP reduced from 61 and 92%, to 59.5 and 82.7% respectively. Around 2000 pigs and 8 tons of fishes have been harvested every year.

References

Ma S J. 1979. The development of environmental system theory and its significance, a keynote speech at the first national conference of environmental science, in Paper Collection of Ma Shijun. Beijing: China Environmental Science Press: 188-193.

Ma S J. 1990. A Perspective of Modern Ecology. Beijing: Science Press.

Ma S J. Li D M, Wang R S. 1984. Design and action with Nature: the future of ecological engineering in: The Ecological Engineering in China towards 2000. Beijing: Science Press: 95-99.

Ma S J. Wang R S. 1984. Social-Economic-Natural Complex Ecosystem. Acta Ecol. Sinica, 4 (1): 1-9.

Wang R S. 1988. High Efficiency and Harmonious Relationship: The Principles and Methodology of Urban Ecological Regulation. Changsha: Hunan Educational Press: 276.

Wang R S. 1991. Toward ecopolis: Urban ecology and its Development Strategy. J City Plan, 18 (1): 1-17.

Wang R S, Hu D, 1994. From economic prosperity to ecological sustainability—a theoretical and practical concern of sustainable development in China. J Environ. Sci. (China), 6 (4): 389-401.

Wang R S, Jia J Y, Fong Y Y, 1991c. Eco-county: its scientific connotation and evaluation index-a case study of human ecological planning of Dafeng eco-county. Acta Ecol Sinica, 11 (2): 182-188.

Wang R S, Ouyang Z Y, 1996. Ecological integration: the methodology of human sustainable development, 41: 47-67.

Wang R S, Ouyang Z Y, Zhao Q T. 1990. On Ecological Construction. J. Environ. Sci. (China), 12 (3): 1-12.

Wang R S, Qi Y. 1991. Human Ecology in China: Its Past, Present and prospect. In: Suzuki S, et al. Human Ecology—Coming of age: An International Overview. Free University Brussels Press, Brussels: 183-200.

Wang R S, Yang B J, Lu Y L. 1991. Pan-Objective Ecological Programming and Its Application to Ecological Research//Korhonen P, et al. Multiple Criteria Decision Support, Lecture Notes in Economics and Mathematical Systems, Vol. 356, Springer-Verlag, Berlin.

Wang R S, Zhao J Z, Dai XL, 1989. Human Ecology in China. Beijing: China Science and Technology Press: 251.

Wang R S, Zhao J Z, Ouyang Z Y, 1991b. Human Systems Ecology. Beijing: China Science and Technology Press: 240.

Wang R S, Zhao J Z, Ouyang Z Y, 1996. Wealth, Health and Faith—Sustainability Studies in China. Beijing: China's Science and Technology Press.

Yan J S, Ma S J. 1991. The Function of Ecological Engineering in Environmental Conservation with some Case Studies from China//Etnier C, Guterstam B. Ecological Engineering for Wastewater Treatment, Proc Int Conf. 24-28 March 1991, Stensund Folk College. Bokskogen Gothenburg, Sweden: 80-94.

Yan J S, Zhang Y S, 1992. Ecological techniques and their application with some case studies in China. Ecol Eng, 1: 261-285.

Yan J S, Zhang Y S, Ding S, et al. 1993. The study on the ecological engineering for treating and purifying the wastewater from township and village enterprise. In: EPAC (Environmental Protection Agency of China) (Ed.), Technology for Wastewater Control and Treatment with Utilisation Municipal Wastewater. Science Press, Beijing: 979-988.

Yang J L, 1968. Truth and Nature. Hong Kong: International Publishing Company.

ECOLOGICAL ENGINEERING: A PROMISING APPROACH TOWARDS SUSTAINABLE DEVELOPMENT IN DEVELOPING COUNTRIES *

Wang Rusong[1] Yan Jingsong[1] William J. Mitsch[2]

(1 Research Center for Eco-Environmental Science, Chinese Academy of Sciences, 19 Zhongguancun Road, Beijing 100080, People's Republic of China; 2 School of Natural Resources, The Ohio State University, Columbus, OH 43210, USA)

1 Introduction

Nowadays everybody is talking about the environmental 'crisis', referred to as the 'WEI' (risk) and 'JI' (opportunity) in Chinese. In fact, pollutants or wastes have been rightly referred to as resources in the wrong place, wrong time and wrong quantity. Resource shortages are only confined within traditional production processes and traditional values. Out of the chain, it might be resource abundance! Ecological engineering includes just the kind of views, instruments, institutions and technological processes that can search for new opportunities, take advantage of waste, and lead to a new style of production and consumption.

According to the Millennium Project Report from the United Nations' University entitled '1998 State of the Future' (Glenn and Gordon, 1998), ecological engineering is ranked as eighth among the 20 most important and most likely to happen developments in the world in next century. This is particularly important for developing countries, where economic development for survival is an overwhelming environmental concern under the high pressure of population explosion, resource depletion and environment deterioration, and the traditional industrialization way in Western countries is no longer suitable to them. China, for example, would have consumed one and half times the earth, s resources if their per capita resource use was at the same level as that of the USA. Fortunately, ecological engineering provides developing countries with an important instrument for exploring alternative resources to meet the demand of survival and development while sustaining its environment.

This importance was recognized by SCOPE (Scientific Committee on Problem of the Environment of the International Council of Science Unions) when it approved a SCOPE project on ecological engineering and ecosystem restoration in Paris in 1994. This project specifically called for an investigation into ecological engineering in three different economies: transitional

* 原载于：Ecological Engineering，1998，11（1998）：1-16.

economies, e. g. Central and Eastern Europe, the industrialized world, and developing countries. This SCOPE project led to the International Conference on Ecological Engineering, held in Beijing on 7-11 October 1996, supported by the International Ecological Engineering Society, the Chinese Academy of Sciences, the Chinese government and SCOPE-CAST (Chinese Association for Science and Technology). The conference was to facilitate communication and sharing of experiences and lessons in the research and development of ecological engineering between Chinese and foreign participants. There were 171 participants from 23 countries participating in the conference. During the conference, eight plenary addresses, 80 contributed papers and 22 posters were presented in eight sessions. Most of the abstracts and part of the papers were sent to the Internet for discussion. Twenty-six demonstration videos of different kinds of ecological engineering were shown at the conference and 11 cases had received awards from the conference and International Ecological Engineering Society (IEES) for their distinguished contributions to ecological engineering. A post-meeting excursion was organized to visit different kinds of ecological engineering including hilly ecosystem restoration, plain area comprehensive farming, aquatic waste water treatment system, and waste disposal from urban ecosystems.

This special issue of Ecological Engineering represents a combination of the SCOPE project and the meeting in China to produce a volume on 'Ecological Engineering in Developing Countries'. This special issue includes 25 papers selected from the original 88 abstracts submitted to the 1996 Beijing conference. They represent a good cross-section of applications and methodologies appropriate to the developing world, covering agricultural and aquacultural eco-engineering, urban and industrial eco-engineering, and landscape and regional eco-engineering, as well as the theoretical and methodological discussion. This is the second special issue of Ecological Engineering in the past 5 years to feature ecological engineering in China. A previous issue was published in 1993 (Mitsch et al., 1993).

2 Understanding and characteristics of ecological engineering in developing countries

Based on world-wide resource exploitation, industrialized countries realized their modernization in two centuries, but most developing countries have not had enough resource to realize their industrialization and urbanization while maintaining ecological order in a short time. Faced with the following common pressing issues, developing countries can neither pursue the way of 'pollution first and treatment followed', nor exploit world-wide resources:

- economic growth is overwhelming ecological services;
- rapid transition from rural society to urban society;
- institutional inefficiency;
- decentralized, resource-intensive industrialization;
- population exploding and poverty pressing;

- resource shortages, especially fresh water and renewable energy;
- large-scale urban and rural construction;
- heavy environmental pollution and sharp ecosystem deterioration;
- backward technology and low capacity for updating;
- weak capacity in environmental treatment;
- low eco-awareness of decision makers, industries and the public.

Although some urgent environmental problems in developing countries have obviously been detected, the essence of the ecological process, the degradation of the service function of the life-support ecosystem, the reduction of ecological assets, and the low ecological awareness are hardly understood and accepted by policy makers, industries and citizens (Tab. 1). Due to economic and methodological reasons, policy makers usually deal with environmental issues in an emergency treatment way, often creating new environmental problems after solving the old ones. Fortunately, ecological engineering is just one of the instruments that is able to make trade-offs between economy and ecology, between present and future, and between local and regional development.

Tab. 1 Ecological impacts and strategies for solutions of rapid economic development in developing countries

Environmental pollution
Visible symptoms—water, air, noise, solid waste, soil
Ecological degradation
Indirect but recognizable impacts—ecosystem degradation, human health, resource exhaustion
Irreversible change
Implied and long-term impacts—climate and landscape change, biodiversity loss, natural disaster
SENCE metabolism[a]
Eco-processes—ecological exhaustion and stagnancy
SENCE dynamics
Driving forces—energy, money, power, spirit
SENCE cybernetics
Contexts—eco-assets, ecological service functions,
eco-awareness
Ecological engineering
Strategies
Totally functioning technology
Systematically responsible institutions
Ecologically compatible behavior

a. SENCE, social-economic-natural complex ecosystem.

With different social and economic background and pressing issues, the concept of ecological engineering in developing countries is slightly different from that in industrialized countries as defined by Odum: "environmental manipulation by man using small amounts of supplementary energy to control systems in which the main energy drives are still coming from natural sources" (Odum, 1962) or "the techniques of designing and operating the economy with nature" (Odum, 1989). In developing countries, ecological engineering is understood as an efficient instrument for exploring alternative resources to meet the demands of survival and promoting sustainable development. This may be called artificial eco-engineering, as represented by Ma (1978): "an integrative study of material and energy metabolism and geo-chemical cycles in a social, economic and natural complex ecosystem, which should lead to the effective transformation and utilization of domestic and industrial wastes, and to sustain and safeguard the modern urban environment and to support modern suburban agriculture". Later, Ma, Li and Wang defined the ecological engineering as "the system analysis, design, planning and regulating of the structure, process, feedback and engine of the artificial ecosystem according to natural ecosystem principles of holism, symbiosis, circulation and self-regulation in order to gain as much as possible benefits in long term and large scale for human being" (Ma et al., 1984). This concept expanded the traditional norm of ecological engineering from technological design to institutional reform and behavioral management. Summarizing these two different points of understanding, a more general definition of the ecological engineering was developed by Mitsch and Jorgensen (1989) and Mitsch (1993) and was later slightly modified at a May 1993 workshop sponsored by the USA National Research Council on ecological engineering issues as "the design of sustainable ecosystems that integrate human society with its natural environment for the benefit of both" (Mitsch, 1996, 1998).

The fundamental task of ecological engineering is to develop sustainable ecosystems through integrative planning of their structure, function and processes by encouraging totally functioning technology, systematically responsible institution, and ecologically vivid culture. Different from either traditional end-of-pipe technology of waste treatment or cleaner technology within one production process, ecological engineering in developing countries tries to promote a kind of wealthy, healthy and ethical development by taking advantages of long traditions of resource saving, low levels of consumption, large amounts of waste resource recycling, and cheaper manpower through a total functioning of resource metabolism, systematically responsible institutional reform and ecologically vivid behavior. Experience in these countries shows that positive economic gain is the key to convincing decision makers, industries and local people to pursue ecological engineering. Cases in China show that where the system is less productive in ecological engineering, there will be a decline or collapse as described in some papers of this issue.

The essence of environmental pollution and ecological deterioration is the inefficient use of resources, irrational coupling of institutions and counter-cybernetics behavior of people. Ecological integration is the core method to realize totality, harmony, recycling and self-reliance (Ma and Wang, 1984). This is most important to developing countries, where industrialization means replacing natural ecosystems with chain-link and mono-objective production with an orientation to short-term and local scale benefits. Here means a holistic (long-term and large-scale), evolutionary, efficient and harmonious interconnection between humans and their physical and social environment that maintains a vigorous development through self-organization. Ecological integration means integrative identification and learning eco-dynamics and eco-cybernetics; integrative planning and the design of structure, function and processes of the target ecosystem; and integrative management and capacity building of peoples' behavior (Wang and Hu, 1994). Through case studies, Wang and Ouyang (1996) described a methodological transition in ecological engineering from numerical quantification to relationship identification, and from mono-objective optimization to ecological adaptation interacted among decision makers, entrepreneurs, technicians and the public within the category of time, space, quantity, configuration and order.

3 Ecological engineering for rural sustainable development

There are thousands of agro-ecological engineering projects in developing countries, categorized into three groups: farmland eco-engineering through inter-cropping, inter-planting, integrative pest management and landscape restoration to increase the primary production and natural service function; agro-industrial eco-engineering through intersectional cooperation among planting, husbandry, forestry, fishery, processing production and the service sector to make full use of the unused or wasted resources; and household and village ecological engineering through development of eco-house, eco-yard, eco-village, eco-county and capacity building to encourage comprehensive resource use, institutional reform and behavioral inducement (Ma and Li, 1987).

3.1 Farmland ecological engineering

This kind of farming practice is also called three-dimensional agriculture. The classic examples include: (a) intercropping crops with cotton and wheat, corn and soybean, corn and winter wheat, crops with green manure and so on; (b) interplanting crops and forest or fruit trees, such as intercropping paulownia trees with arid crops, metasequoia trees with rice, fruit trees with tea, and cultured edible fungi under trees; (c) multilayer raising in aquaculture such as raising silver carp on the top stratum, grass carp in the middle, and black carp in the bottom; (d) integrative pest management combining biological control, habitat regulation and genetic engineering. Farmland ecological engineering is a promising instrument for green food production.

The mulberry grove-fish-pond system is an effective, multi-objective measure in agriculture in the Guangdong area of China. The white mulberry (*Morus alba*) tree produces organic substances (e. g. mulberry leaves) through photosynthesis. The leaves of mulberry are used to feed silkworms (Bombyx mori), which in turn produce silk and chrysalides. The withered and fallen parts of the mulberry tree, as well as the excrement of the silkworms, are applied to fish-ponds, where they are converted into fish biomass through other food-chains. The excrement of the fish, as well as other unused organic matter and bottom mud, after being broken down by benthic microorganisms, are returned to the mulberry grove as fertilizer. This type of exchanging and complementing nutrients between water and land is extensively used in the marshy areas of China.

Having worked on agro-ecological engineering for two decades in China, Zhang et al. (1998) state that the field of ecological agriculture began in the 1980s; this became known as agricultural eco-engineering or agro-ecological engineering. Based on the experience and lessons of organizing eco-agricultural county development in China, the authors present agro-ecological engineering as a procedure by which we can try to achieve sustainable development. Liang (1998) argues that farming systems, defined as "the existing structure and management of an agricultural systems dynamically arranged by the farmer" are a bridge between traditional agriculture and agro-ecological engineering. Integrated pest management (IPM) is designed to create and maintain a kind of habitat for crop community which is unsuitable for pest population growth and reproduction, such as protecting and increasing pest natural enemy population, altering the key environmental factors to limit pest reproductive capacity. Li et al. (1998) describe the integrated pest management, a key component and advanced frontier in agro-ecological engineering and illustrate an information system model for IPM in order to equip traditional ecological engineering with modern instruments. Saltwater intrusion is another threat to in coastal area's agro-ecological engineering. provides a series of approaches for preventing and dealing with this disaster through planting, saline soil resisting, water saving, and moisture preserving.

3.2 Aquatic ecological engineering

Water pollution and a sharp decline of aquatic productivity are two severe problems faced by aquaculture and the aquatic environment in developing countries. Five papers here deal with the issue. Working on integrative aquaculture for decades, Liu and Cai (1998) summarize its underlying principles, benefits and prospects for development. They review the comprehensive measures for raising fishery production and vitalizing aquatic ecosystems without supplementary feeding and in paddy fields that are beneficial to both rice and fish production. Li (1998) presents a case of comprehensive carp farming in shallow lakes through converting aquatic macrophytes to fish. While producing large amounts of valuable fishes, the method also protects the lake from silting-up by over-growing macrophyte, and eutrophication. The use of municipal wastewater to fertilize fishing ponds has long been a tradition in India. Jana (1998) reviews their sewage fed aquaculture in terms of source, chemical nature, diversity pattern, recycling practices, production potential of aquaculture, environmental issues and safety measures. Guterstam et al. (1998) summarize their seven-year aquaculture study on treatment and recycling of domestic wastewater resources in Sweden. Special concerns were given to the reduction of heavy metals by microorganisms and the optimization of the wastewater aquaculture. Jiang and Zhu (1998) present an example of removal of nutrients from polluted lakes by aquatic macrophyte systems, with significant economic and social benefits.

3.3 Integrative agro-industrial eco-engineering

Simulating a food-chain structure of ecosystems, integrative agro-industrial ecological engineering is designed through the whole metabolism process of primary production, secondary production, processing industry, and decomposition and recycling processes. This ecological engineering is very popular in Chinese rural areas. Examples, found in all of China, including cropping-poultry-fish-processing industry-cropping systems, cropping-domestic animals-biogas-fish-processing industry-cropping systems, domestic animals-fish-edible fungus-processing industry systems, and domestic animal-biogas-fish-forest (fruit, vegetables, feed and other crops) -processing industry systems. Here the processing industry plays a key role in the engineering, transformation and leaving of all agricultural residues on the farmland, bringing huge economic and ecological benefits to local farmers.

As a classic example, crop stalks are used as forage for breeding livestock, for fertilizer after fermentation, and as fuels from emitted biogas. Livestock excretions culture edible fungi. Fungus beds can be reused by earthworms, and then used residues are returned to farmlands. This technology of gradational utilization of substances not only maintains the manure's efficiency of the stalks but also increases the direct economic benefit derived from the production of edible fungi and earthworms.

3.4 Household and village level eco-engineering

Household ecological engineering has become an important part in rural ecological engineering in China since 1978, when rural economic reform started. Based on thousands of years of experience in sustainable agriculture, household ecological engineering is very popular in south China. An ideal model of the general structure of an agro-industrial combined production system includes farming, forestry, animal husbandry, sideline production, and fish-ponds, as well as the planning of the village. The quantity of products from farming, fishery, forestry, animal husbandry, and processing industry are kept properly proportional to the human population and planned output values. In the Dongting Lake area, for example, each family on average has five people, 500 m^2 vegetable and fruits garden, 500 m^2 fish-pond, 0.5 ha (7 mu) farmland (1 hectare equal to 15 mu) producing annually 7 t of grains, seven pigs, and 7 m^3 of biogas. The fertilizer, forage, fuels, farm and family are harmoniously connected. Chemicals and fossil energy are seldom used. A total functioning production, consumption and decomposition system is realized with high efficiency, harmonious relationship and self-organization. Though farmers in the area are not economically rich, their life quality and sustainability is certainly higher than those living in urban and suburb areas.

Ma Changling, a farmer in the Xinjiang Uygur Autonomous Region, raises livestock through material recycling and integrated plant cultivation with animal farming. She raised 29 cows; contracted for more than 7 ha (100 mu) of land to grow cash crops, e. g. wheat, paddy rice, oil-bearing, and maize, lucerne and beet for use as fodder. By making use of the natural reed pond behind her dwelling, she dug a 0. 53 ha fish-pond and raised 20000 fish. In addition, sherose over 100 chickens and ducks, contracted for 3. 3 ha of trees, planted 110 grape and fruit trees, cultivated 11000 saplings and established a sound re-cycling production system. In 1984, Ma provided to the market 31000 kg of milk, six beef cattle, 12000 kg of grain, 1000 kg of edible oil and 4000 kg of fish.

Eco-villages integrate primary production, husbandry, aquatic culture and biogas into a self-regulating sustainable system through ecological engineering. Liu Miny-ing, situated in the southeastern suburb of Beijing, is an example of an eco-village. There are 240 families with a total population of 892 people in the village. Its total area is 14. 7 ha, of which 11. 6 ha is farmland. Liu Minying used to be an area of saline-alkaline wild land. Peasants could not earn enough to support their families and had to depend on the government help. An eco-farming design and planning has been implemented in the village since 1983 to integrate crops cultivation, husbandry, process industry and biogas generation with multiple energy utilization and residues recycling. Some new eco-industries have been initiated. The total agricultural and industrial output and personal income increased by 24 and 19 times, respectively, in 14 years. Liu Minying is now one of the important agricultural bases and eco-village models in the suburbs of Beijing.

4 Ecological engineering for urban and industrial development

Urban and industrial ecological engineering encourages a healthy urban and industrial metabolism that is designed and managed according to ecosystem principles of totality, symbiosis, recycling and self-organization. In this approach there are no wastes or at least no harmful wastes produced from the urban or industrial ecosystem, and environmental protection for the system is no longer a negative but a positive profitable career. Examples of such systems include recycling of cooling water, use of waste heat of power plants for heating greenhouse and other buildings, retrieval of rare waste metal by chemical and biological processes in film manufacturing, collecting proteins from waste water of food production factory, and use of solid waste from a soda factory to produce concrete. For example, a new comprehensive corn product processing factory, built in Anyang, China, was producing only corn flour 5 years ago and faced bankruptcy due to low profits and high pollution. By expanding its production process from corn flour to alcohol, forage, medicine, meat, fish, agriculture, husbandry and biogas through different kinds of food-chain additions, the factory realized a comprehensive use of all wasted biomass, heat and water. Within 5 years, its output increased eight times. Its profit from the by-products is ten times higher than that of its main products. The past dirty factory has now become a model environmental factory in Henan province.

4.1 Waste and resource recycling

Sun et al. (1998a) describe a pilot project of wastewater reclamation and reuse system in Northeast China where domestic wastewater is treated by an underground capillary seepage system, after which the water can be used for lawn watering and similar purposes. They found the system to be one-sixth to one-half the cost of activated sludge treatment with removal of COD and BOD well over 90% . COD and BOD refer to Chemical Oxygen Demand and Biochemical Oxygen Demand. Crop residues are becoming disaster in rural area nowadays in China because farmers can only use a little part of them and have to burn them in the field, which causes severe air pollution and resource wastage. Except for the use of forage, fuel and fertilizer, straw is used to produce paper, accounting for 74% of total raw pulp production in China. But the pulp waste, high in silicate and pH, is difficult to treat. Instead of a conventional alkaline process, provide a new method of ammonia sulfite pulping. The discharged neutral effluent has high concentrations of nitrogen, phosphorus, potassium, sulfur and organic matter, making it a potential fertilizer and water resource for agricultural production. The impacts of effluent from ammonia sulfite pulping on rice growth and yield was investigated in the paper. Municipal solid waste (MSW) is a common pressing issue faced by nearly all cities in developing countries. Hu et al. (1998) show a decentralized pilot ecological engineering for MSW, by combining reduction, disinfection, regeneration and industrialization from technological innovation, institutional reform and behavioral inducement. Two industries were stimulated from the new MSW treatment.

To deal with the agricultural residues problem, Lu et al. (1998) developed an integrated ecological engineering for corn residue utilization. The conversion, reuse and recycling of products, by-products and wastes from the processing of corn, straw, cob and root have been designed and put into practice, combining chemical, biological and physical process. So far, significant economic, social and environmental benefits have been realized. Nature also produces lots of biomass. *Spartina* is one of the wild resources which used to process *Spartina* green food. Their ecological engineering approach led to a biomineral liquid that has health care implications in addition to being a medium for mushroom culture.

4.2 Urban ecological engineering

Energy, waste, greening, mobility and space are the five most important elements in urban ecosystems. Most cities in developing countries have high population density, bad quality and low efficiency of energy supply, simple suburb-dumping-away garbage disposal methods, poor sewage discharges and treatment systems (in many developing countries, urban sewage treatment facilities are not fully operated due to high operating costs), low percentages of green coverage, limited budgets for urban infrastructure development, large numbers of non-permanent residents (in large cities such as Beijing, this accounts for 50% of the permanent residents), and low eco-awareness and less participation of residents. Urban ecological engineering in these cities is going the decentralized, economical and behavioral inducing way. Solar energy and bio-gas are used more and more by citizens. Small-scale multifunctional community power supply systems combining electricity, heat, gas and cooling supply are being developed in some countries. Low cost and decentralized sewage treatment systems are partly replacing traditional large sewage treatment plants. Ecological treatment of municipal solid waste is replacing incineration or landfill systems. Facet and roof greening is being developed in many developing cities. But most of this progress has developed separately. Urban ecological engineering has a long way to go for full realization in the developing world.

Urban vegetation provides multiple functions of pollutant reduction, climate regulation, atmosphere purification, disaster prevention and environment preservation. Green surfaces in cities are 25-30 times less than in forest ecosystems. In his paper on restoration of urban green environments based on the theory of vegetation ecology, Miyawaki (1998) proposes ecological restoration of native forests in urban and pre-urban areas. He cites 600 successful cases in Japan, China, Southeast Asia and South America. In recent years, campaigns of ecopolis development were spontaneously initiated in some Chinese cities and counties to achieve sustainable development in a town or any human settlement through ingenious exploitation, utilization and management of local resources, setting up an ecologically sound institutions and influencing people's behavior. Hu and Wang (1998) introduce a case study of eco-village development in Grand Shandu, China. Takeuchi et al. (1998) explain how to model eco-villages with their natural environment, involving low and sustainable inputs of material flow and urban and rural interaction. Three types of typical eco-village models are designed respectively in urban fringe areas, in typical rural areas, and in remote mountainous areas. A case study is presented for Chiba, Japan.

Urbanization has caused habitat fragmentation due to roads and traffic construction. van Bohemen (1998) gives an overview of the experiences with the Second Transport Structure Plan in The Netherlands and presents a strategy to reduce the impacts through ecological engineering, which had been incorporated in policy and practice.

5 Ecological engineering for landscape and watershed restoration

Watershed management, which is closely connected with water resource supply and disaster control, is a common issue in developing countries. For example, the Yellow River, the second largest river in China, began to stop flowing first in 1972 due to the intensive human activities in the upper and middle reaches. The frequency, duration, and distance of flow stopping have increased year by year, and the starting date of no flow has become earlier and earlier each year since 1972. The average annual stopping duration was 21 days in the 1970s, 36 days in the 1980s, 122 days in 1995, 133 days in 1996, and 226 days in 1997. The stopping started 85 and 102 days earlier in 1996 and 1997, respectively, than that of 1995. As a result, the water for sustaining ecosystems and agricultural have given way to urban and industrial use, causing severe problems of regional ecosystem degradation. In another major river basin in China, the soil erosion ratio in the Yangtze river basin, which was 20% in 1957, increased to 41% in 1982; this is the real reason for the high frequency and heavy consequences of the flooding disasters in the area in the 1990s. Increased water shortages and flooding losses are only the surface problems. The realreason for these problems is deforestation and the declining water retaining capacity in the upstream watersheds.

To work against ecological deterioration, great efforts to control desertification, soil erosion and natural conservation were made in the past 40 years. Several large scale ecological engineering projects for ecological restoration and environmental conservation were carried out. One major ecological engineering project is the Three North Shelter-Forest System program. This project covers 400 million ha in 13 provinces in Northeast, North and Northwest China with harsh environmental conditions and fragile ecosystems. The program's objective is to establish a protective shelter-forest network across these regions to improve the natural eco-environment. Begun in 1978, this program will continue until 2050. By 1990, about 10 million ha of land had been reforested. The forest cover in these areas increased to 7. 1 from 5. 2% in 1977. Eight million ha of farmland was protected and reclaimed, and 9 million ha of pasture were protected and restored.

Begun in 1990, the Yangtze River Shelter-Forest System program is another major ecological engineering project developed as a measure against soil erosion and more frequent flooding in the upper reaches of the river. The project was designed to increase forest areas by 20 million ha in 40 years.

A third ecological engineering project is the Coastal Forest System project, which has been under way for 5 years. Nearly 50000 ha of shelter-forests and wind-breaks have caused sand-binding to occur along 8000 km of coastline. More than 1. 3 million ha of farmland is under protection of the shelter-forest networks. Upon completion of the project in 2021, 3. 56 million ha of land will be reforested and a forest cover increase from 24. 9 to 39% of the area is expected.

Sun et al. (1998b) presented a case of eco-restoration engineering and techniques for reservoir watershed management in Shandong, China. An eco-restoration engineering model and forest-agronomy-livestock-fishery integrated shelter system was set up, consisting of eco-orchard engineering and techniques, IPM methods in integrated fruit farming system, agro-forestry techniques in land run-off eco-engineering and terrestrial-aquatic integrated farm eco-engineering and techniques. Mining is a significant human activity accelerating ecosystem degradation in developing countries. Gao et al. (1998) gave an example of ecological restoration in an aluminum mine, China, which integrated physical and biological reclamation, and advanced farming techniques and biotechnology to more quickly restore the wasted land.

Wetlands are another rich resource in developing countries. Most wetlands in developing countries are cultivated into cropland because of population pressure. This causes a sharp decline of regional ecological services. For example, during the past three decades, the wetlands of three-river plain in Heilongjiang province decreased by 60%, while 38% of the chernozem soil belt suffered from soil erosion. The wetlands in Liao River delta decreased by 50%. The total lake area in the middle and lower reaches of the Yangtze River decreased by 34%; the area of Dongting Lake, the largest lake in China, decreased by 50%. The frequency of flooding disasters in the Dongting watershed was only once every 41 years from 285-1868, while in the most recent four decades, eight floods have occurred. Bruins et al. (1998) investigate the wetlands in four lake areas along the middle reach of the Yangtze River, assessing the relationship between wetland reclamation and flood damage, and providing ecological engineering strategies for improvement.

Kato (1998) describes a large (55000 ha) farmland 'improvement' project in river basins on the Ariake coast of Kyushu, Japan, that has led to changes in creek networks in the river basin. He investigated thefunctions of creeks in these watersheds as they relate to principles of environmental conservation and water control, and, ultimately, to the application of ecological engineering for the benefit of nature and humans alike. He called for creation of 'an ecological and human spatial order... rather than an excessive modern and homogeneous spatial order.'

6 Theory and methodology

Most papers in this issue are written by Chinese authors, where ecological engineering has a long tradition. Wang and Yan (1998) summarized the framework of ecological engineering as an integration of 'hardware' (technological innovation and integrative design), 'software' (institutional reform and system optimization) and 'mindware' (behavioral inducement and capacity building). In contrast to mechanical engineering methods, dominant in modern technology, eight eco-cybernetic principles, which fall into three categories, have been in practice for centuries in China:

(1) competition for efficient resource and available eco-niche;

(2) symbiosis between man and nature, among different groups of humans, and between any human ecological unit and its upper level ecosystem;

(3) self-reliance to sustain its structural, functional and process stability through self-organization and recycling.

Ecological interaction regulation is the key for ecological engineering. Material, energy and information are the three main elements in linking ecological processes. Most papers in this issue are concentrated in material recycling among different processes and components evaluated by various dynamic, analytical and synthetic methods. Ton et al. (1998) and An et al. (1998) provide their ecological-economic evaluation cases by using emergy flow analysis developed by Odum to combine material, energy and information assessment in two human-influenced wetland ecosystems. From both micro and macro perspectives, Ton et al. (1998) evaluated the benefits of wetland ecosystem restoration from Pb contamination. Detailed benefits were calculated through an emergy-based ecological-economic evaluation, revealing that restoration of the wetland was the most beneficial option. Based on 11-year field data, An et al. (1998) modeled the dynamics of emergy efficiency, buffering capacity and life quality in two social-economic-natural compound ecosystems in the Taihu Lake area of China. Related strategies of ecological engineering are discussed.

7 Conclusions

A normative scenario made by the 1998 State of the Future Millennium Project projected that: "By 2050 the world had finally achieved a global economy that appears to be environmentally sustainable while providing nearly all people with the basic necessities of life and the majority with a comfortable living. The resulting social stability has created a world in relative peace, exploring possible futures for the second half of the 21st century" (Glenn and Gordon, 1998). Although there is still disagreement about this scenario, one thing is certain. Ecological engineering is a promising instrument which can help developing countries speed their economic and ecological development and march towards sustainable wealth, health and faith.

Acknowledgements

We appreciate the editorial assistance of Sarah Harter for many papers in this special issue. Support for the 1996 China conference from which the special issue developed was provided by SCOPE-CAST and the International Society of Ecological Engineering.

References

An S, Bao H, Zou C. 1998. Studies of emergy flow in a compound agro-ecosystem in Taihu Lake area, Jiangsu Province, China. Ecol Eng, 11: 303-313.

Bruins R J F, Shuming C, Shijian C, et al. 1998. Ecological engineering strategies to reduce flood damage to wetland crops in central China. Ecol Eng, 11: 231-259.

Gao L, Bai Z, Miao Z, et al. 1998. A case study of ecological restoration at the Xiaoyi Bauxite Mine, Shanxi province, China. Ecol Eng, 11: 221-231.

Glenn J, Gordon T. 1998. 1998 State of the Future: The Millennium Project Report. United Nations University, Washington DC.

Guterstam B, Forsberg L E, Buczynska A, et al. 1998. Stensund wastewater aquaculture: studies of key factors for its optimization. Ecol Eng, 11: 87-100.

Hu D, Wang R. 1998. Exploring eco-construction for local sustainability: An eco-village case study in China. Ecol Eng, 11: 167-176.

Hu D, Yan J, Wang R, et al. 1998. A pilot ecological engineering project for municipal solid wastes reduction, disinfection, regeneration and industrialization in Guanghan city, China. Ecol Eng, 11:

129-138.

Jana B B. 1998. Sewage-fed aquaculture: the Calcutta model. Ecol Eng, 11: 73-85.

Jiang Z, Zhu X. 1998. Treatment and utilization of wastewater in Beijing Zoo by an aquatic macrophyte system. Ecol Eng, 11: 101-110.

Kato H M. 1998. Control and conservation of the water environment in the creek region on the Ariake Coast of Japan. Ecol Eng, 11: 261-276.

Li W. 1998. Utilization of aquatic macrophytes in grass carp farming in Chinese shallow lakes. Ecol Eng, 11: 61-72.

Li Z, Shen Z, Yang M, et al. 1998. Computer-aided technology for regional pest management: towards agricultural sustainability. Ecol Eng, 11: 37-43.

Liang W. 1998. Farming systems as an approach to agroecological engineering. Ecol Eng, 11: 27-35.

Liu J, Cai Q. 1998. Integrated aquaculture in Chinese lakes and paddy fields. Ecol Eng, 11: 49-59.

Lu B, Yan J, Wang R. 1998. Integrated ecological engineering of corn utilization in Zhaodong County, China. Ecol Eng, 11: 139-146.

Ma S. 1978. The development of environmental system theory and its significance. A report of the Inaugural Meeting of the Environmental Science Society of China (in Chinese).

Ma S, Li D, Wang R. 1984. Design with nature—a perspective of ecological engineering, China in 2000. Chin Assoc Sci Technol, 20: 95-99 (in Chinese).

Ma S, Li S. 1987. Chinese Agro-ecological engineering. Beijing: Science Press.

Ma S, Wang R. 1984. Social-economic-natural complex ecosystem. Acta Ecol Sin, 4 (1): 1-9 (in Chinese).

Mitsch W J. 1993. Ecological engineering: a cooperative role with the planetary life-support system. Environ Sci Technol, 27: 438-445.

Mitsch W J. 1996. Ecological engineering: a new paradigm for engineers and ecologists//Schulze P C. Engineering within Ecological Constraints. National Academy Press, Washington, D C: 111-128.

Mitsch W J. 1998. Ecological engineering—the seven-year itch. Ecol Eng, 10: 119-130.

Mitsch W J, Jorgensen S E. 1989. Ecological Engineering: an Introduction to Ecotechnology. New York: Wiley: 472.

Mitsch W J, Yan J, Cronk J K. 1993. Ecological engineering in China. Special Issue of Ecological Engineering, 2: 177-307.

Miyawaki A. 1998. Restoration of urban green environments based on the theories of vegetation ecology. Ecol Eng, 11: 157-165.

Odum H T. 1962. Man in the ecosystem. Proceedings of the Lockwood Conference on the Suburban Forest and Ecology. Bull. Conn. Agric. Station, 652: 57-75.

Odum H T. 1989. Ecological engineering and self organization//Mitsch W J, Jorgensen S E. Ecological Engineering: an Introduction to Ecotechnology. New York: Wiley, 79-101.

Sun T, He Y, Ou Z, et al. 1998a. Treatment of domestic wastewater by an underground capillary seepage system. Ecol Eng, 11: 111-119.

Sun Z, Pang H, Li W. 1998b. Eco-restoration engineering and techniques in the Muyu reservoir watershed in Shandong, China. Ecol Eng, 11: 209-219.

Takeuchi K, Namiki Y, Tanaka H. 1998. Designing eco-villages for revitalizing Japanese rural areas. Ecol Eng, 11: 177-198.

Ton S, Odum H T, Delfino J J. 1998. Ecological-economic evaluation of wetland management alternatives. Ecol

Eng，11：291-302.

van Bohemen H D. 1998. Habitat fragmentation，infrastructure and ecological engineering. Ecol Eng，11：199-207.

Wang R，Hu D. 1994. From economic prosperity to ecological sustainability—a theoretical and practical concern of sustainable development in China. J Environ Sci（China），6（4）：389-401（in Chinese）.

Wang R，Ouyang Z. 1996. Ecological integration — probing the scientific methodology of human sustainable development. Spec Iss Chin Sci Bull，41：47-67（in Chinese）.

Wang R，Yan J，1998. Integrating hardware，software and mindware for sustainable ecosystem development. Ecol Eng，11：277-289.

Zhang R，Ji W，Lu B. 1998. Emergence and development of agro-ecological engineering in China. Ecol Eng，11：17-26.

城市生活垃圾处理利用生态工程技术*

王如松　颜京松　徐　成　胡　聃　欧阳志云　唐鸿寿　刘　平

（中国科学院生态环境研究中心，北京 100085）

摘要　城市垃圾处置是城市环境管理中的一大难题。后工业化国家普遍采用的末端治理技术不适合我国国情。运用生态工程技术，将城市垃圾处理与利用相结合，寓处理于利用之中，寓环境保护于产业生产之中，发展垃圾处理利用生态产业是解决这一难题的可行之路。广汉市的研究与探索表明：通过硬件、软件、心件的结合，政府引导、科技支持、企业经营、居民参与，使城市垃圾减量化、无害化、资源化，处理利用产业化、系统化，可以达到环境效益与经济效益、社会效益的统一。

关键词　城市环境　生态工程　城市垃圾　固体废物处理

城市生活垃圾处置问题是困扰我国大、中、小城市的市政建设与环境管理难题之一。目前，我国生活垃圾的年产生量已达 8500 万 t，随着人口的增加和生活水平的提高，产生量还将增大。寻找适合我国国情的处置模式是关系各级城市持续发展的大事之一。

城市生活垃圾处理方法大体上有卫生填埋、焚烧及堆肥三类。国内外经验表明：这些方法在发达国家大致可行，但在我国和其他发展中国家，或者因投资过大、运行费用过高，或者因技术不成熟，或者因政策、体制上不配套，或者因人口素质等社会行为原因，这些方法几乎没有一个取得完全成功。

1996 年以来，在国家“九五”科技攻关项目的支持下，我们与广汉市等地方政府、有关企业合作，探索适合我国国情的生活垃圾处理模式，通过系统分析，研究和筛选了各种处理技术，评估其在我国各级城市应用的技术、经济、环境、社会及市场的可行性。以城市生活垃圾的生命周期分析为科学基础，开展了城市生活垃圾减量化、无害化、资源化、产业化、系统化的生态工程优化设计。这些研究成果的应用在广汉市及其他城市已部分实现或即将实现。实践初步证明，城市生活垃圾生态工程技术适合我国国情，是技术上先进、经济上划算、环境上合理的可持续发展技术。

1　生态工程概念

生态工程概念是著名生态学家 Odum 和马世骏教授分别在 20 世纪 60 年代和 70 年代提出的。生态工程是依据生态系统中物种共生与循环再生原理，结构与功能协调原则，结合系统最优化方法设计的分层多级利用物质的生产工艺系统。其目标是在促进良性循环的前提下，充分发挥物质的生产潜力，防止环境污染，达到经济和生态环境

* 原载于：农村生态环境，1999，15（3）：1-5.

效益的同步发展，为了人类社会及其自然环境双双受益而对人类社会及其自然环境进行设计。它提供了保护自然环境，同时又解决难以处理的环境污染问题的途径[1~3]。我国学者在系统生态学理论的基础上，吸收中国传统哲学中有益的部分，根据我国朴素的生态工程实践经验，把生态工程原理总结为整体协调、自生、再生循环等原则[1,4~7]。我国生态工程强调人工生态建设，追求经济效益与生态效益的统一，将人为的改造与建设作为可持续发展的方法论基础。我国生态工程一般是常规、实用技术（也可包括高新技术）的系统组合，投资少、周期短，技术要求较简易。

2　设计原则

城市垃圾处理生态工程牵涉到政府、居民、企业和科研单位，与社会、经济、环境效益有关。它包括规划、管理、建设、设备、技术在内的复杂系统。其总体设计的目标是有利于城市的可持续发展。因此，城市垃圾处理生态工程必须同时满足技术先进、经济合理、环境允许、社会可行等约束条件。

2.1　处理与利用相结合

城市垃圾处理生态工程要做到经济上合理，必须把垃圾的处理与利用结合起来。城市垃圾包括城市居民的生活垃圾、商业垃圾、市政维护和管理中产生的垃圾。主要组成有食品废弃物、纸、金属、塑料、灰渣、玻璃及其他废弃物。其中富含能源与资源，弃之则为废，用之则为宝。

在长期积累的后工业化国家，一般采用末端治理的办法处理城市垃圾，如填埋、焚化、堆肥、压缩处理、辐射处理等。末端控制的环境管理思想与方法是将消费者、产业 A 与产业 B（再生者）作为相互独立的封闭系统，对其过程产生的废弃物分别进行处理。这种模式投资多，能耗大，运行成本高，虽能取得明显的环境效益，但对发展中国家来说，这种模式在经济上负担太重，不符合国情。

城市垃圾处理利用生态工程以整体、循环、协调、再生为基本原则，模拟自然生态系统，将生产者、消费者、分解者通过“食物（生产）链网”相互联系，形成一个闭合的、相对稳定的高效循环系统（图 1）

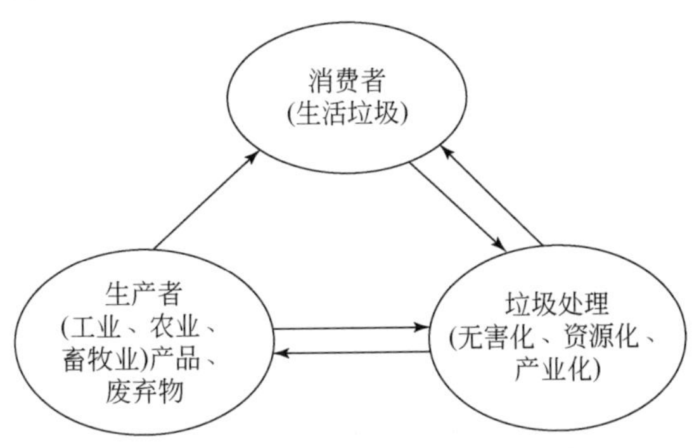

图 1　城市垃圾处理利用生态工程示意图

Fig. 1　The schematic map of ecological engineering for the treatment and utilization of municipal refuse

2.2　硬件、软件、心件相配合

城市垃圾处理利用生态工程追求经济效益、环境效益、社会效益相统一的目标，欲达此目标必须硬件、软件、心件三者相互配合，缺一不可。硬件指技术设备的改进与创新，工程设计优化等技术手段；软件指有关方针、政策、法律、条例的执行，体制的改革和综合规划等社会保障；心件指思想、意识及行为的诱导，能力建设等行为措施。三者关系如图 2 所示。

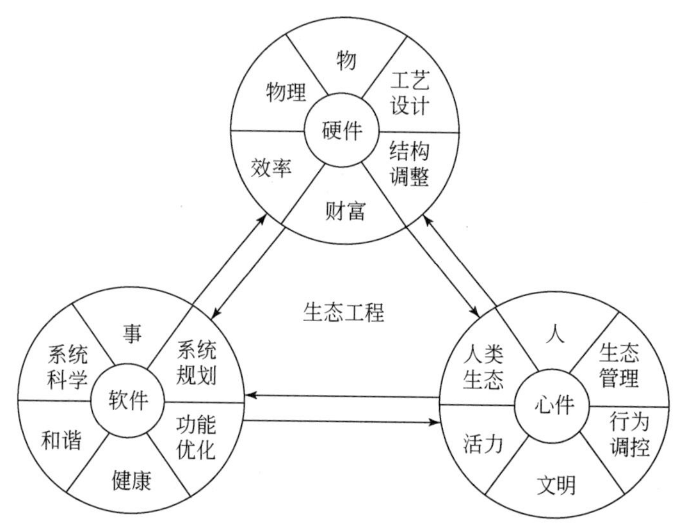

图 2　生态工程的硬件、软件、心件结构的关系

Fig. 2　The structures of "hardware", "software" and "mind-ware" of the ecological engineering

2.3　政府、科技企业和居民联手

城市垃圾处理利用生态工程的实施离不开政府引导、科技支撑企业经营和居民参与。城市政府的规划、组织协调管理是保障这一系统共同完成其处理利用功能的前提；对城市垃圾生命周期的正确分析，处理利用技术的合理采用，优化的工程设计是系统成功的基础；收集运输分类利用、处理全过程的企业化经营是城市垃圾处理利用生态工程正常运行的关键；所有这些工作都需要城市居民的积极参与和自觉配合，居民环境意识的提高是事业成功的保证。上述四方面工作做好了，城市垃圾处理利用生态工程方能顺利实施。

2.4　减量化、无害化、资源化、产业化和系统化

具体在实施城市垃圾处理利用生态工程的过程中，要解决好减量化、无害化、资源化、产业化、系统化 5 个环节中的实际问题。

3　工程措施与设计

城市垃圾处理利用生态工程由减量化、无害化、资源化、产业化、系统化 5 个子

系统组成（图 3）。工程措施与设计分述如下：

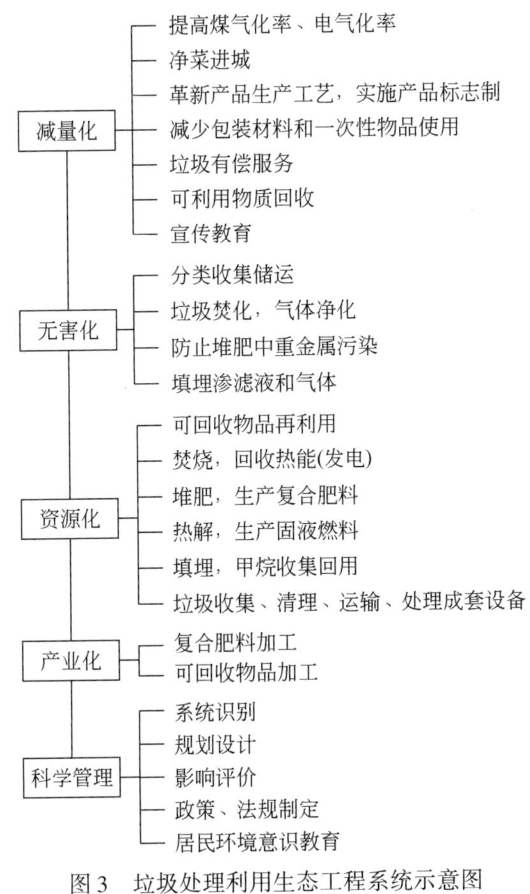

图 3　垃圾处理利用生态工程系统示意图

Fig. 3　The ecological engineering system for treatment and utilization of municipal refuse

3.1　城市垃圾减量化

城市垃圾减量化是指在垃圾生命周期中从源头到末端，包括产生、收集、清运、回收、利用和最终处理的全过程，采取各种有效措施减小垃圾数量与体积，城市居民的参与、配合是垃圾减量化这一环节的关键所在。

（1）城市生活用能结构向燃气化、电气化发展。提高燃气普及率，减少生活燃煤量，既能减少灰渣等无机垃圾的产生量，又可提高大气环境质量。燃气普及率提高 10%，一般可减少垃圾量 3% 左右。广汉市的调查表明，燃气居民区垃圾产生量比燃煤居民区少 18%。

（2）组织净菜进城、净菜销售。在一般情况下可使生活垃圾产生量降低 5%。但目前净菜销售量较小，原因有三：一是销售部门缺乏积极性；二是少数居民认为净菜不新鲜；三是净菜价格稍贵。因此，应成立相应机构来协调净菜加工、销售部门的经济利益，组织净菜进城；通过宣传教育，改变居民的消费观念；通过净菜就地加工剩余物的综合利用，降低成本。

（3）限制一次性物品的使用。一次性物品的使用给日常生活带来很大方便，是文明进步的一种标志，但其负面影响是浪费资源，使垃圾量增加，造成环境污染。必须采取经济手段，如通过立法，课以环境税，限制一次性物品（特别是塑料制品）的使用，提高居民的环境意识，少用或不用一次性物品。

（4）倡导适度消费模式。推行城市垃圾收费制度。根据“谁污染，谁治理；谁排放，谁负担”的原则，通过地方立法，开征垃圾处置费。规范计量方法，按垃圾的量与质核收服务费。韩国经验表明，实施垃圾袋收费制度后，垃圾量减少了 37%，资源回收量增加了 40%。

（5）限制商品外包装。许多商品的包装最终都成为垃圾，商品的过度包装，既浪费资源，又增加垃圾量。可借鉴国外的经验，制定有关限制商品包装的法令、法规，限制商品特别是消耗品的过度包装，鼓励回收再利用。

（6）发展废品回收业。采取优惠政策，增设收购网点，鼓励废品回收业的发展；开发、推广回收利用新技术，扩大与增加可利用废品的品种与数量。

3.2 城市垃圾无害化

垃圾无害化是垃圾处理的基本目的之一。垃圾无害化就是采取一定的措施，使垃圾不损害人体健康，不污染周围（原生、次生）环境。目前，废物无害化处理工程已经发展成为一门崭新的工程技术。正确选用相应的无害化技术可事半功倍。

（1）控制垃圾流向生活垃圾，从源头分类收集，分别处理。目前在我国垃圾大多混装的情况下，处理前必须进行有毒有害物品分选，如电池、日光灯管等，应单独处理利用。特种垃圾，如医院、涉外宾馆垃圾，也应另行妥善处理。

（2）开发、推广新一代垃圾收集、清运设备。如垃圾分类袋装，地下集装箱收集，封闭中转、运输等。

3.3 城市垃圾资源化及产业化

资源化是城市垃圾处理利用生态工程寓处理于利用的具体体现，是一种积极的垃圾处理方法。城市垃圾的可利用性为其处理利用产业化提供了经济驱动的可能性，但把可能转变为现实，谈何容易。也可以说，能否实现产业化是城市垃圾处理利用生态工程的难点，成败的关键。实现产业化，不但需要实实在在的可行性论证和投资风险评价，还需要经营企业的观念转变，而企业观念的转变只能来源于经济利益的驱动，舍此别无他法。

（1）堆肥，制造复合肥料。堆肥是我国传统的有机垃圾处理方式，但由于肥效低，费工多，难保存，有异味等原因，已不适应现代农业生产状况。将堆肥与化肥相结合，制造有机无机复合肥料，是堆肥产业化的方向。广汉市垃圾产生量为 75t/d，其中有机垃圾占 49%，目前已建成一家日处理垃圾 100t，年产量 3 万 t 的有机无机复合肥料厂。

（2）废纸再生造纸。1000t 废纸回收再生，可生产 800t 好纸，可节约木材 4000m^3，是一项大有可为的产业。

（3）废塑料生产液态、气态燃料。

（4）废玻璃再利用。碎玻璃经过清洗、破碎、加工，可生产硅系列化工原料。

（5）垃圾处理利用的机器设备产业。是不同于传统产业的新型的生态产业，它应当具有生态产业的一般特点（表1）。

表1　生态产业与传统产业的比较

Tab. 1　Comparis on of ecolog ical industry and conventional industry

类别	传统产业	生态产业
目标	单一利润，产品导向	综合效益，功能导向
结构	链式、刚性	网状，自适应型
规模化趋势	产业单一化，大型化	产业多样化，组合化
系统耦合关系	纵向，部门经济	横向，复合生态经济
功能	产品生产	产品+社会服务+生态服务+能力建设
经济效益	局部效益高、整体效益低	长期效益高、整体效益大
废弃物	向环境排放、负效益	系统内资源化，正效益
调节机制	外部控制，正反馈为主	内部调节，正负反馈平衡
环境保护	末端治理，高投入，无回报	过程控制，低投入，正回报
社会效益	减少就业机会	增加就业机会
行为生态	被动，分工专门化，行为机械化	主动，一专多能，行为人性化
自然生态	厂内生产与厂外环境分离	与厂外相关环境构成复合生态体
稳定性	对外部依赖性高	抗外部干扰能力强
进化策略	更新换代难，代价大	协同进化快，代价小
可持续能力	弱	强
决策管理机制	人治，自我调节能力弱	生态控制，自我调节能力强
研究开发能力	弱，封闭性	强，开放性
工业景观	灰色，破碎，反差大	绿色，和谐，生机勃勃

3.4　城市垃圾处理利用系统化

系统化是将与垃圾处理、利用有关的机构组织起来，协调各自的功能，形成一个系统。系统是由相互联系、相互作用的若干组分构成的具有特定功能的有机整体。这个系统本身又是一个更大系统的组成部分。

（1）在系统辨识、科学分析城市垃圾生命周期的基础上，制订处理、利用、实施的计划、方案和合理设计。

（2）成立协调、管理及监督机构，建立执法、监督队伍。

（3）环境立法与监督。

（4）宣传教育。

参考文献

马世骏．中国农业生态工程．北京：科学出版社，1984.

颜京松．污水资源化生态工程原理及类型．农村生态环境，1986（4）：19-23，14.

Ma S，Yan J. Ecological engineering for treatment and utilization of waste water//Mitsch W J，Jorgensen S E.

Ecological engineering. New York: Welley. 1989: 185-218.
Mitsch W J. Ecological engineering and ecotechnology with wetlands: application of systems approaches// Marani A. Advances in environmental modeling. Elsevier Amsterdam, 1988: 185-218.
Mitsch W J, Jorgensen S E. Ecological engineering: an introduction to ecotechnology. New York: J Welley and Sons, 1989.
Wang R, Yan J. Integrating hardware, software and mindware for sustainable ecosystem development: principals and methods of ecological engineering in China. Ecol Eng, 1998, 11 (1): 277-290.
Yan J, Zhang Y. Ecological techniques and their application with some case studied in China. Ecol Eng, 1992, 1 (3): 261-285.

ECOLOGICAL ENGINEERING FOR TREATMENT AND UTILIZATION OF MUNICIPAL REFUSE

(Research Center for Eco-Environmental Sciences, Chinese Academy of Sciences, Beijing 100085)

Abstract The continuous increasing of municipal refuse has led to the difficulty in their complete treatment solely by traditional means. By using ecological engineering technologies to develop municipal refuse treatment and utilization ecological industry so as to internalize treatment and environmental protection into utilization and industrial production is an appropriate way of solving this problem. The results of a pilot study in Guang han City showed that the connecting of hardware (innovation of techniques and equipment, etc.), software (revision of laws and policies, reform of institutions, etc.) and mind-ware (be havioural inducement and education), the leading of the government, the support of scientific technology, the involvement of the enterprises, and the participation of the local residents are the key factors for the minimization, innocuity and resourcification of municipal refuse, and for the industrialization and systemization of its disposal. By taking those measures, social, economic and ecological benefits could all be obtained. The principles, the practical measures and the designing for ecological engineering of municipal refuse treatment and utilization have been discussed.

Key words urban environment, ecological engineering, municipal refuse, solid waste treatment

中国生态卫生建设的潜力、挑战与对策*

王如松　周传斌

（中国科学院生态环境研究中心，城市与区域生态国家重点实验室，北京 100085）

摘要　立足于社会-经济-自然复合生态系统结构与功能框架，以中国农村卫生系统为重点，在分析卫生系统现状水平的基础上，结合地理布局和社会经济发展状况，划分了中国发展生态卫生的6类分区，并研究了各分区现状、4类卫生系统的人口分布。目前尚缺乏基本卫生设施的地区是未来中国发展生态卫生的最大潜力地区。这些地区包括严重缺乏投入资金的4682万农村人口，主要集中在中西部和西南部地区，占67.8%。若在这些区域推广生态卫生，可能产生的社会、经济及环境效益如下：带动新兴产业，增加5万～10万人的直接就业机会；降低疾病感染率；回收沼气56万 m^3；卫生厕所投入控制在可接受的600～750元/户；促进生态农业循环；降低污染物排放、保障生态安全。本文还探讨了中国生态卫生的分区发展对策和系统瓶颈。

关键词　生态卫生　潜力　挑战　对策

中国城市和农村都面临着资源短缺和环境污染问题，尤其是农村，由于基本的卫生设施大量缺乏，部分居民面临着较严峻的健康风险。1993～2003年，中国农村的卫生厕所普及率由7.5%上升至48.7%，肠道寄生虫感染率虽由62.6%下降至19.6%（王俊起，2005）。但由于人口基数大，中国农村仍有1.29亿人感染肠道疾病，有3.2亿人得不到安全的饮用水源（蓝楠，2007）。城市环境和卫生问题同样严峻，113个环保重点城市的222个地表水饮用水源平均水质达标率只有72%，42%的城市缺乏污水处理设施（孙钰，2007）。

生态卫生是解决城乡环境、公共卫生和人体健康问题的一种有效途径，是循环经济、和谐社会和生态安全建设的初级目标。其本质在于尊重生态完整性，无害化处理和循环利用废弃物（Langejgmber and Muellegger，2005；雨诺·温布拉特和梅林·辛普生-赫勃特，2006）。其首要任务是提供基本的卫生条件和清洁水源，保障贫困人口的基本生存需求。发展生态卫生有助于缓解中国现阶段的区域、城乡发展不平衡矛盾；有助于解决人口基数大带来的水资源和粮食供给问题，同时也可控制由于卫生体系薄弱带来的生态环境安全事件。目前，中国生态卫生系统的实践主要集中在农村，偏重于改水、改厕和粪便无害化处理（王效琴等，2006）。

本文以农村卫生系统为重点，在分析中国农村卫生系统现状水平的基础上，划分了中国发展生态卫生的6个分区。通过研究各分区卫生系统的4个类型，剖析中国发展生态卫生的潜力和可能带来的社会、经济与环境效益；探讨了系统瓶颈和具有一定

* 原载于：生态学杂志，2008，27（7）：1200-1206.

适宜性分区发展对策。

1 生态卫生系统原理与研究方法

1.1 生态卫生系统的结构和功能

生态卫生是“生态关系合理的卫生系统”的简称。狭义的生态卫生指人的生活废弃物的处置、管理和再生系统。广义的生态卫生是一个由主体的人（包括技术、组织、行为、观念、文化等）与其工作和生活环境（包括提供食物、水、能量和其他物质的源，吸收或同化气味、粪便、蚊蝇、病原和各种污染物的汇，以及容纳、缓冲和维持这些活动的库，如居室、厨房、浴室、厕所等）共同组成的复合生态系统。其结构和功能见图 1。生态卫生是硬件、软件和心件相结合的科学工具，其内核包括硬件（基础设施、装置器件以及相关的资金和技术）、软件（规划、管理、服务和政策）和心件（使用、管理生态卫生系统的人的观念、习俗和行为），缺一不可。

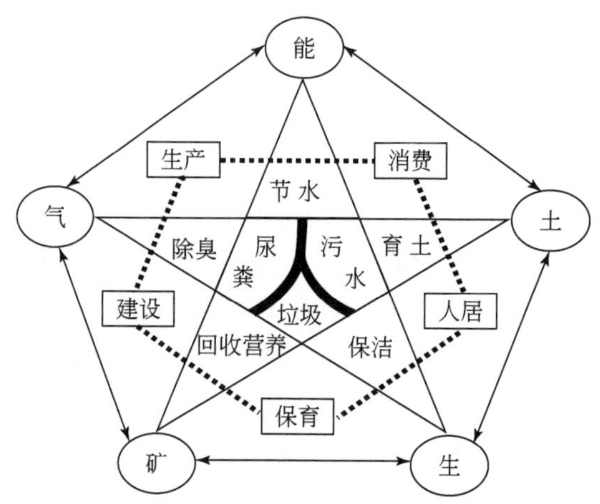

图 1 生态卫生系统结构与功能示意图

Fig. 1 The systemic structure and functions of ecological sanitation

生态卫生系统有三大功能：社会生态功能（健康、清洁、卫生、方便、私密）、经济生态功能（低投入、低运行费、节水、节土、节能、节省资源、增产增收）以及自然生态调节功能（熟化土壤、净化空气、防治水体富营养化，防疫消毒，减排增产）。包括以下内容：①污水处理与洁水供给：污水无害化处理与节水、中水回用相结合；②粪便无害化与土壤改良：粪便无害化处理与肥料生产相结合；③清洁能源利用：沼气利用，风能、太阳能替代常规能源等；④病原体控制：人体排泄物与传播途径相隔离；⑤生活垃圾处理与利用。

1.2 研究方法

1.2.1 生态卫生需求水平评价指标体系

衡量生态卫生需求水平的相关指标分类包括现状卫生设施水平、资源水平和卫生系统的投入能力（表1）。由于农村居民直接暴露于粪便、污水的健康风险远高于城市居民，因此农村是中国发展生态卫生的重点，生态卫生需求水平应以农村的相关指标作评价。农村控制生活垃圾污染带来的健康风险也是生态卫生系统的重要组成部分，但在中国农村尚缺乏可在全国范围内进行比较研究的调研资料和统计数据，因此在指标选定时未作考虑。

表1　中国发展生态卫生的需求分析指标

Tab.1　Indices of Chinese demands of ecosan

目标层	亚目标层	指标层	单位
卫生水平（S）	如厕卫生	农村卫生厕所覆盖率（S1）	%
	饮用水卫生	农村改水累积受益率（S2）	%
	粪便无害化	粪便无害化处理率（S3）	%
资源水平（R）	水资源	人均水资源占有量（R1）	m^3/人
投入能力（E）	卫生投入力度	无卫生厕所人口的人均改厕投入（E1）	元/人

根据各指标及分项指标，按照平均权重确定综合指标I，计算方法如式（1）所示。

$$I_i = \sqrt[5]{\frac{S_{1i}}{100} \times \frac{S_{2i}}{100} \times \frac{S_{3i}}{100} \times \frac{R_{1i}}{R_{max}} \times \frac{E_{1i}}{E_{max}}} \tag{1}$$

式中，I_i为i省人居卫生水平指标（无量纲）；S_{1i}为i省农村卫生厕所覆盖率（%）；S_{2i}为i省农村改水累计收益率（%）；S_{3i}为i省粪便无害化处理率（%）；R_{1i}为i省人均水资源占有量（m^3/人）；R_{max}为当年最大人均水资源占有量（m^3/人）；E_{1i}为i省无卫生厕所人口人的均改厕投入（元/人）；E_{max}为无卫生厕所人口最大改厕投入（元/人）；根据统计数据，北京、天津和上海农村的卫生厕所覆盖率已达到100%，其E_{1i}/E_{max}值取1。

1.2.2　发展生态卫生潜力分析

可根据中国农村的卫生系统设施水平和投入能力可大致将中国农村卫生系统分为4类：①有卫生设施，且无严重派生的环境问题（以粪便是否无害化处理衡量）；②有卫生设施，但存在一定的派生环境问题；③无卫生设施，但具有建设卫生设施的条件；④无卫生设施，且短期内难以配套相应的卫生设施。其中，第④类卫生系统应是中国发展生态卫生潜力最大的重点区域。

1.2.3　效益评价体系结构

生态卫生的综合效益评价的体系结构包括：①社会效益（相关产业和就业机会、居民健康和清洁能源）；②经济效益（投入和运行成本）；③环境效益（人居环境、农业生态循环和生态安全）。

2　生态卫生建设的发展潜力和效益

2.1　农村卫生系统现状评价与需求

图2～图6分别说明了中国各省份的卫生厕所水平、饮用水卫生水平、粪便无害化

处理水平、水资源水平及农村卫生设施投入水平的分级情况。从图中可以看出：①就农村卫生设施水平（卫生厕所覆盖率、累计改水收益率和粪便无害化处理率）而言，西部的新疆、西藏、宁夏、内蒙古等最低，西部和中部省份的总体水平也远低于东部沿海地区；②西北部省份的卫生投入力度远低于全国其他地区；③图 7 所示为上述 5 个因素平均权重叠加，反映了中国发展生态卫生的需求分布。

2.2　生态卫生发展分区分析

由图 2 ~ 图 7 分析可以大致将按地理位置、社会、经济、自然条件和生态卫生现状水平划分中国发展生态卫生的 6 个分区（表 2、图 8）。

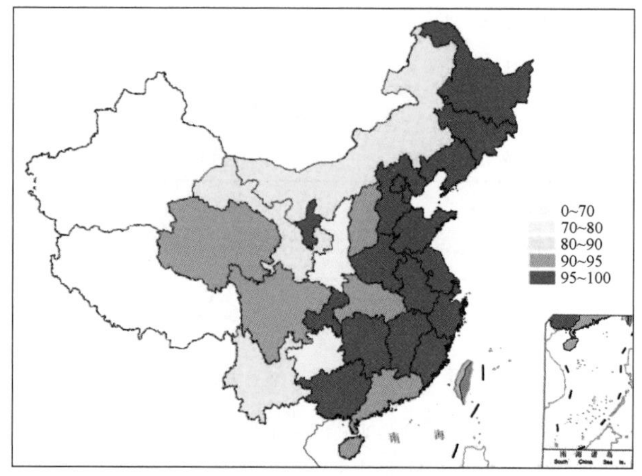

图 2　各省份卫生厕所覆盖率现状示意图（单位：%）

Fig. 2　Coverage rate of sanitary toilet of different provinces

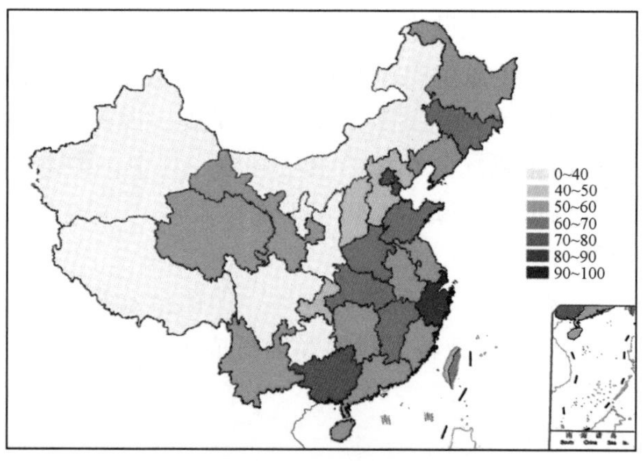

图 3　清洁饮用水覆盖率分省现状示意图（单位:%）

Fig. 3　Accessing rate of clean drinking water of different Drovinces

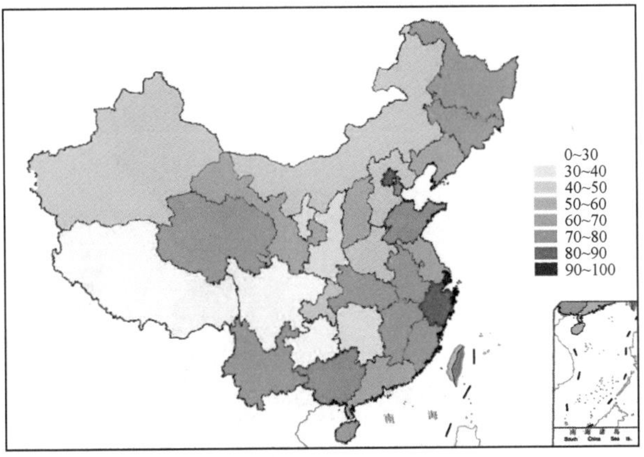

图4　各省份粪便无害化处理率现状示意图（单位:%）

Fig. 4　Harmless treating rate of faeces of different provinces

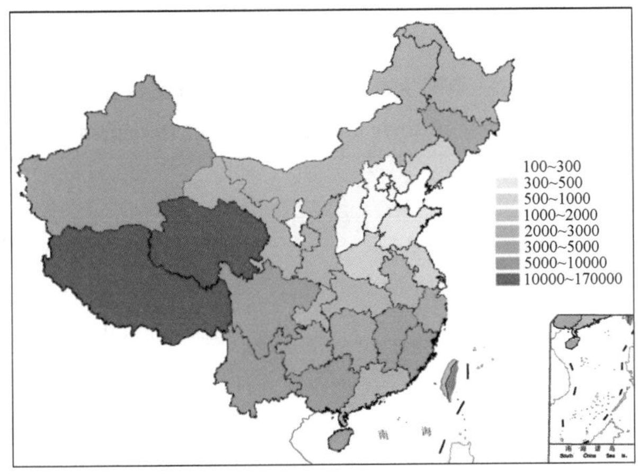

图5　人均水资源量现状示意图（单位：m^3/人）

Fig. 5　Average water resources of different provinces

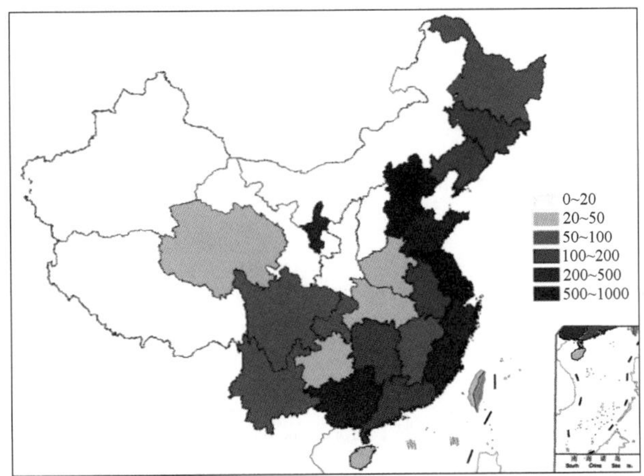

图6　各省份人均卫生设施经济投入现状示意图（单位：元/人）

Fig. 6　Average investment on sanitary facilities of different provinces

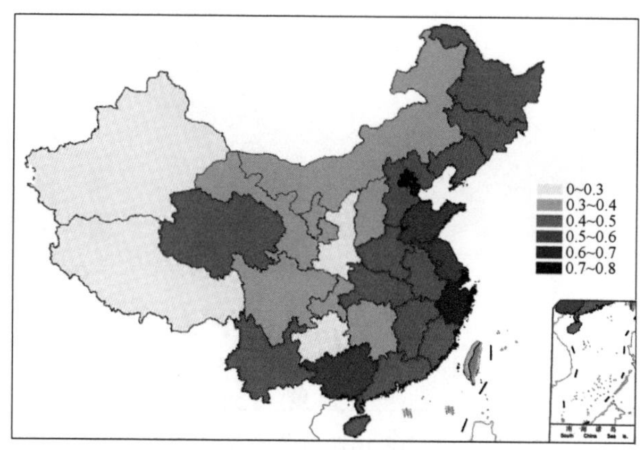

图 7　生态卫生系统现状与发展需求分布示意图

Fig. 7　Comprehensive assessment on sanitary system of different provinces

表 2　中国生态卫生发展分区及分区特征

Tab. 2　Regional districts and their characteristics of developing ecosan in China

分区编号	分区名称	包含省份	分区特征		
			自然条件	社会、经济发展水平	卫生系统
分区 1	东部及沿海城镇密集区	北京、天津、上海、江苏、浙江、山东、广东、福建、海南	四季分明，雨量充沛	经济发展快速，环保投入充足	卫生厕所、饮水条件较高，农村卫生条件较优
分区 2	中部平原区	河北、河南、湖北、湖南、安徽、江西	四季分明，雨量充沛，土壤肥沃	经济发展中等，环保投入一般	卫生厕所覆盖率一般，基本享有清洁水源
分区 3	东北寒冷区	黑龙江、吉林、辽宁	冬季寒冷，冰冻期长	经济发展中等，环保投入一般	卫生厕所覆盖率一般，基本享有清洁水源
分区 4	中西部半干旱区	内蒙古、陕西、山西、宁夏、甘肃	干旱，缺水，土壤贫瘠	经济发展较缓，环保投入不足	缺乏卫生厕所和清洁用水
分区 5	西南部温热潮湿区	四川、重庆、贵州、广西、云南	气候温热、潮湿，水资源丰富	经济发展较缓，环保投入不足	缺乏卫生厕所，气候条件易流行疾病传播
分区 6	西部少数民族聚居区	新疆、西藏、青海	典型高原、荒漠	经济发展缓慢，环保投入不足	缺乏卫生厕所，基本享有清洁水源

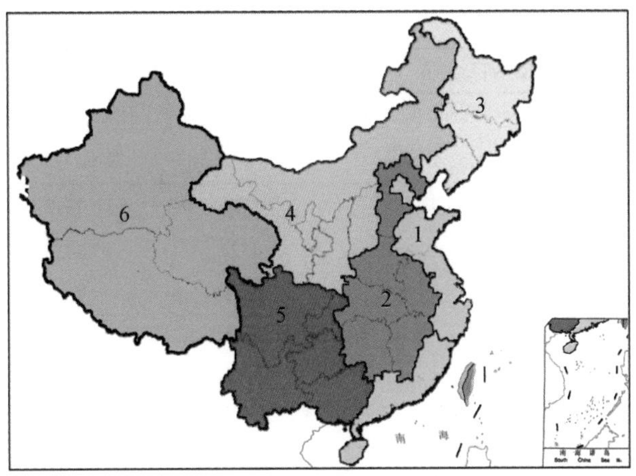

图8　生态卫生发展分区示意图

Fig. 8　Regional districts of developing ecosan in China

2.3　发展生态卫生的潜力分析

从表3可知，中国没有卫生设施且短期内难以配套相关设施的人口有4682万人（Ⅱ类卫生系统），为中国发展生态卫生潜力最大的重点区域，其人口分布如图9所示。Ⅱ类卫生系统主要集中在分区4（中西部半干旱区）和分区5（西南部温热潮湿区），占67.8%。

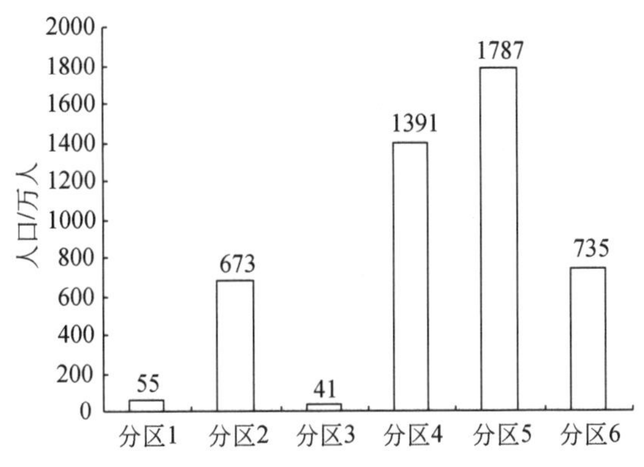

图9　发展生态卫生重点区域的人口分布

Fig. 9　Distribution of the population with urgent ecosan demands of different districts

表3　中国各类卫生系统覆盖人口的分布

Tab. 3　Population distribution of different sanitary systems in China

分区	没有卫生设施的人口/万人			有卫生设施的人口/万人		
	其中：	投入充足（Ⅰ类）	投入不足（Ⅱ类）	其中：	达到无害化处理要求（Ⅲ类）	未达到无害化处理要求（Ⅳ类）
分区1	697	642	55	16723	7307	24030
分区2	958	285	673	15896	13592	29488

续表

分区	没有卫生设施的人口/万人			有卫生设施的人口/万人		
	其中:	投入充足（Ⅰ类）	投入不足（Ⅱ类）	其中:	达到无害化处理要求（Ⅲ类）	未达到无害化处理要求（Ⅳ类）
分区3	119	78	41	3756	2318	6074
分区4	1410	19	1391	4327	3455	7782
分区5	1871	84	1787	10713	9624	20336
分区6	735	0	735	737	263	1000
合计	5790	1108	4682	52151	36559	88710

2.4　中国发展生态卫生的效益分析

2.4.1　社会效益

发展城乡生态卫生可以衍生出一批新兴的生态卫生相关产业，例如：①生态物流业：生活垃圾中回收的物资、有机垃圾堆肥产品、粪便和尿液无害化处理后的资源需要物流业的支持，以发挥其最大的效益。②生态物业管理：包括水资源再生、垃圾分类利用、有机质处理与回用等新型物业管理。③有机肥加工业：传统的垃圾堆肥业和粪便处理业的主要目标都是垃圾和粪便的无害化处理，基于生态卫生理念构建的城市社区，将产生大量的有机质，可作为堆肥原料。④城市农业：城市农业包括蔬菜、水果、粮食种植、观赏苗圃栽植、景观水体渔业等。城市农业不仅是城市生态卫生营养物和水闭合循环的一部分，同时也起到社区绿化和景观布置的作用。⑤技术咨询、服务业：城乡生态卫生社区和卫生系统的规划、设计、建设、维护，需要新型的专业团队配置，需要生态学、给排水、环境工程、建筑学、能源、景观、园林等多学科队伍相互配合，提供一批就业机会。据测算，若在城市或农村社区内设置生活污水处理、净化回用设施、粪便与生活垃圾无害化处理设施，每1万人需要配备10～20名专职人员，用于设施日常运行、维护和管理。据此估算城乡生态卫生社区可解决1‰～2‰的人口的就业问题。以中国发展生态卫生重点区域（Ⅱ类卫生系统）为例，可带来5万～10万人的农村直接就业岗位。更重要的是，生态卫生的建设会带动一批产业的发展，从而带来更多的间接就业机会，如物流业、物业管理、有机肥料加工业、技术咨询服务业、城市农、林业等，增加就业岗位的潜力巨大。

改善贫困地区农村居民卫生条件、减少疾病传播。卫生条件不良的厕所可能引发腹泻疾病和蛔虫、肝炎、脑炎等流行疾病。有研究表明，改厕覆盖率高则肠道寄生虫感染率低（孙玉东等，2003）；蠕虫卵感染率与卫生厕所普及率、粪便无害化处理率呈显著负相关（r=0.987）（潘玉钦和张美霞，2002）。根据该数据建立的二元线性回归模型估算［见式（2）］，若在Ⅱ类卫生系统所在的地区推广生态卫生厕所，其卫生厕所普及率和粪便无害化处理率均可达到90%，则可将蠕虫卵感染率降低至8.8%，受益人数约为3418万人（其中儿童684万人和妇女1367万人），使他们能享受到清洁隐秘的卫生厕所，改善贫困农村地区人们的生活条件。

$$蠕虫卵感染率=0.791-0.00542\times 卫生厕所普及率-0.00239\times 粪便无害化处理率 \quad (2)$$

发展清洁能源。中国的许多农村都面临薪柴能源使用过度的问题。发展生态卫生，可以提供清洁的生物质能源。这对于中国广大农村尤其是温热潮湿的西南部农村具有重要的意义。研究表明：8 m^3沼气池每年产气475 m^3，可解决3～5口人的农村家庭生活用能问题。若在重点区域发展基于沼气利用的生态卫生技术，每年可回收沼气56万m^3，可以折合3000 t的薪柴资源，保护森林面积约200万hm^2。

2.4.2　经济效益

在条件适宜的地方采用分散式处理技术，可将基建投资和运行费用降低50%左右。在陕西和广西试点的10万个以上的卫生厕所的案例研究表明，改建农村卫生厕所的实际成本为600～750元/户；改建后的卫生厕所为回用尿液和粪便堆肥创造了条件，改建投入在1年左右即可通过肥料收益收回。

2.4.3　环境效益

改善人居环境，提高生活质量。农村的生活污水往往不经处理直接排放，根据王俊起等（2004）的调查，农村生活垃圾总量已达到0.2～3.0kg/(人·d)，且成分复杂，其中有4.7%～7.0%的难降解成分和有毒有害成分。农村的生活污水、粪便和垃圾问题，不仅影响村容观瞻，更重要的是，还会造成地表水、地下水、农业灌溉水污染。研究表明，对粪便和积肥无隔离控制的农村，每10万人中食管癌死亡率将增加30～150例（徐致祥等，2003）。传统的集中式污水处理管网系统、垃圾处理和粪便处理技术目前较难在中国农村大范围推行，农村人居环境污染物治理需要发展具有一定适宜性的分散型技术。研究和示范工程表明，地表漫流、人工湿地等技术都能将生活污水处理后达到二级标准排放（Wilderer and Schreff，2000），BOD、氨氮和磷的去除率可分别达到90%、90%和85%（Hecht and Alfen，2006），而生态旱厕技术更能实现冲厕用水的零排放。

促进农业生态循环。中国人均资源匮乏，人均土地和耕地面积均仅为世界平均水平的1/3，人均水资源量为世界平均水平的1/4，化肥年使用量约为4000万t，平均每公顷施用量达400 kg以上。人居环境是各类资源消耗的终端，可再生的水资源、营养元素资源大量排出人居系统，很难得到循环利用。经核算，中国年排放约5亿t尿液（包括500万t N、50万t P和112万t K）、3000万～6000万t粪便（包括66万t N、22万t P和44万t K），如果这些营养元素全部回归农田，则每公顷农田可回用56kg N、7.2 kg P和15.6 kg K。无论是基于沼气设施的厌氧技术，还是生态旱厕技术，都可回收排泄物中的营养元素，促进当地农业循环经济的发展。

保障区域生态安全。①水安全：据估算，采用分散式污水处理的社区，其BOD_5排放总量远低于集中式处理社区（伦斯等，2004），如采用尿粪分离干式厕所的社区，BOD_5排放总量可削减90%以上（周传斌等，2008），而节水率也可达20%左右。中国缺水城市占60%，而水源平均达标率仅为72%，采用生态卫生技术对保障城乡水资源供给安全将起到重要的作用。②粮食与耕地安全：发达国家每公顷农田使用化肥的安全上限是225 kg（Norse，2003），目前中国的平均水平已超过了1倍左右。生态卫生系统中各类营养元素（N、P、K）回用后，可占到目前农田化肥使用量的20%。采用有机肥料替代化肥可缓解农田负荷、改善土壤质量、保障可持续的粮食供应。③降低健康风险：在现有技术、经济和管理条件下，控制污染排放并保障城乡居民的身心健康是一项非常艰巨的任务。生态卫生为解决城乡居民生态健康问题提供了一个全新的渠道。

3 中国生态卫生的系统瓶颈与发展对策

3.1 分区对策

在全国大多数地区普及成本低、效益好、服务配套的基本生态卫生设施，在有条件的地区发展高水平的生态卫生体系。根据中国发展生态卫生的分区分析，制定适宜各分区的发展对策（表4）。

表4 中国发展生态卫生的分区对策

Tab. 4 The strategies of developing ecosan of different districts

分区	分区名称	分区发展对策
分区1	东部及沿海城镇密集区	提高城乡卫生设施和家用设备（洗浴、便器）的舒适和外观水平； 带动一批生态卫生设备制造、技术咨询服务及生态物流产业； 系统整合城市和农村生态卫生系统与农产品种植、加工业
分区2	中部平原区	逐步提高城乡卫生设施水平，尽快解决农村居民的饮水和如厕问题； 重点发展营养物回用及增产的生态卫生技术，研究人居生态卫生与农业循环经济的关联与耦合
分区3	东北寒冷区	发展可越冬的生态卫生技术，如寒区的尿液储存技术、潜流式湿地技术等； 加大农作物与卫生系统回收营养物的综合利用
分区4	中西部半干旱区	在适宜的城镇和农村推广生态旱厕技术； 增强农村居民的卫生和健康意识，唤起居民承担部分生态卫生建设所需的启动资金和劳动力投入
分区5	西南部温热潮湿区	借助国债项目重点发展家用沼气技术，同时推广“沼-猪-果”等人居-农业耦合的生态工程技术，完善沼气技术的技术服务体系； 在适宜的地区重点推广生态旱厕技术； 加强农村居民的流行病控制教育和卫生知识普及
分区6	西部少数民族聚居区	针对聚居区分散的特点，重点发展分散式生态卫生技术； 研发、诱导、示范、推广适合少数民族文化的生态卫生系统

3.2 系统瓶颈

生态卫生是一场生产、生活和生态关系领域的革命，在中国发展生态卫生仍存在一定的系统瓶颈。

（1）生态卫生体系还没有相对独立的政策、规范和标准体系，同时缺乏相关的鼓励政策，难以吸引启动资金，也难以吸引企业和科研单位进行相关的研究。需将国家“三农”补贴、生态补偿、扶贫、公共卫生、环境保护、区域生态和社会主义新农村建设等领域的政策和资金用到生态卫生事业中，制定相关的法规条例，将生态卫生指标纳入地方支付政绩考核指标体系，将生态卫生纳入各级社会经济发展规划中，强化生态卫生管理、监督和服务工作。

（2）缺乏配套的服务支撑体系，包括技术咨询服务、操作培训服务、居民宣传与培训服务、公用设施与家用设备维护服务等。由于社区人员流动频繁，因此需建立长期的宣传培训服务机制。宣传、培训也应多元化，例如报纸、网络、电视、广播的宣传，也需要通过示范工程的建设增强各方对生态卫生的信心和了解。

（3）生态卫生系统的整体成本虽然仅为传统卫生系统的一半左右，但是生态卫生系统仍然需要一定的启动资金，在农村的生态卫生建设中的瓶颈作用尤为明显。由于中国农村的经济发展水平相对较低，因此目前农村的许多环保、节能项目的启动资金只能依靠政府扶持，如“沼气国债项目”。发展生态卫生的地区、区域甚至是国际补偿机制需要进一步的研究。

（4）目前学术界、科研单位、企业对生态卫生的工艺设计、设备开发、人体工程学和心理行为学的研究、复合生态效益核算等方面的研究才刚刚起步。技术研发中，应促进东方文化与西方技术、现代工艺与传统习俗、高新技术与普通适用技术的充分融合，大力推广硬技术软组装的生态工程。

（5）生态卫生系统不是一项单纯的技术，而是多学科的技术和跨部门的管理的综合集成。生态卫生的发展不仅需要管理部门、研究机构及其他各方面的通力协作，同时也要涉及新机构的建立和设置。建设一个能协调各相关单位行动的机构，统筹管理本地区生态卫生系统的决策、研发、设计、制造和维修服务，沟通各职能管理机构、系统产物和使用者的关系。应建立一套城乡生态卫生管理的全新体制，建立和完善生态卫生的管理和服务网络体系，维持系统的高效运转和可持续发展。

参考文献

蓝楠．2007. 关注我国农村饮用水源安全．环境保护，(01A)：31-34.

伦斯 P，泽曼 G，莱廷格 G. 2004. 分散式污水处理和再利用—概念、系统和实施．王晓昌，彭聪党，黄廷林 译．北京：化学工业出版社．

潘玉钦，张美霞．2002. 农村改厕与卫生防病效果分析．环境与健康杂志，19（3）：223-224.

孙玉东，马小燕，王欲圣，等．2003. 改厕对农村居民肠道寄生虫感染的影响．疾病控制杂志，7（4）：326-328.

孙钰．2007. 切实保障饮用水安全，全面推进水污染防治——访国家环境保护总局局长周生贤．环境保护，(01B)：4-8.

王俊起．2005. 粪尿分集技术的研究与应用．中国卫生工程学，4（2）：68-70.

王俊起，王友斌，李筱翠，等．2004. 乡镇生活垃圾与生活污水排放及处理现状．中国卫生工程学，3（4）：202-205.

王效琴，王启山，胡晓亮．2006. 生态卫生系统——面向中国水资源可持续性利用．中国给水排水，22（z1）：198-201.

徐致祥，谭家驹，陈凤兰，等．2003. 农肥、污水与食管癌．北京：科学出版社：90-91.

雨诺·温布拉特，梅林·辛普生-赫勃特．2006. 生态卫生—原则，方法和应用．朱强，肖钧 译．北京：中国建筑工业出版社．

中华人民共和国国家统计局．2005. 中国统计年鉴 2005. 北京：中国统计出版社．

中华人民共和国卫生部．2005. 中国卫生统计年鉴 2005. 北京：中国协和医科大学出版社．

周传斌，王如松，阳文锐，等．2008. 生态卫生适应性优化技术及其复合生态效益．应用生态学报，19（2）：1-8.

Hecht M, Alfen H W. 2006. Ecological sanitation in urban areas of China. China Water and Wastewater, 22 (23): 103-108.

Langergraber G, Muellegger E, 2005. Ecological sanitation--a way to solve global sanitation problems? Environment International, 31: 433-444.

Norse D. 2003. Fertilizers and world food demand implications for environmental stresses. Proc. IFA-FAO agriculture conference: Global Food Security and the Role of Sustainable Fertilization, Rome, Italy.

Sun L X, Li R, Rosemarin A, et al. 2007. China-Sweden Erdos Eco-town Project, Dongsheng, Inner Mongolia, China [EB/OL] . http: //www. ecosanres. org/pdf_files/Fact_sheets/Fact_Sheet_11ls. pdf [2007-05-14] .

Wilderer P A, Schreff D. 2000. Decentralized and centralized wastewater management: a challenge for technology developers. Water Science and Technology, 41: 1-8.

ECOLOGICAL SANITATION DEVELOPMENT IN CHINA: POTENTIAL, CHALLENGES AND STRATEGIES

Wang Rusong　Zhou Chuanbin

(State Key Lab of Urban and Regional Ecology, Research Center for Eco-Environmental Sciences, Chinese Academy of Sciences, Beijing 100085)

Abstract Based on the framework of the structure and function of social-economic-natural complex ecosystem, and with the focuson the rural sanitation system of China, the current status of China rural sanitation was analyzed. Six districts for developing ecological sanitation (ecosan) in this country were divided, with the consideration of geographic distribution and social-economic status, and four categories of rural sanitation system of the six districts and their population distribution were studied. The districts with the highest potential of developing ecosan were those without basic sanitation and lacking of investment capacity, which carried a population of 468. 2 million, and 67. 8% of the population was mainly in the middle-vest and southwest of China. If the ecosan would be developed there, new industries could be promoted and 50- 100 thousands of employing opportunities could be created, incidence rate of diseases could be reduced, 560 thousand cubic meters of methane could be recycled, investment of sanitary toilet could be reduced to an acceptable price, i e., 600- 750 RMB yuan per house, ecological agriculture could be developed, and pollutants discharge could be reduced while ecological security could be guaranteed. The strategy of developing ecosan in each district and the system bottlenecks were also discussed in this paper.

Key words ecological sanitation, potentials, challenges, strategies

第四篇

生态文明与生态管理

从物质文明到生态文明

——人类社会可持续发展的生态学*

王如松

（中国科学院生态环境研究中心，北京 100085）

摘要 20 世纪是走向物质文明的世纪，也是自然生态和人类生态退化的世纪。一场面向可持续发展的生态革命正在各国悄然兴起，旨在倡导一种高效率、低消耗、高活力的生产关系、生活方式和生态文明。其方法论的基础是作为科学和社会的桥梁的生态学。本文介绍了社会-经济-自然复合生态系统的综合调控方法。介绍了从过程的量化走向关系的序化，从数学优化走向生态进化，从机器智能走向生态智能的可持续发展的方法论革命。介绍了国际产业生态学、城市生态学和人类生态学的渊源、动态和发展趋势，以及产业生态工程、城市生态规划和生态文明教育的前沿动向。

关键词 生态文明 可持续发展 产业生态学 城市生态学 人类生态学

从斯德哥尔摩的《人类环境宣言》到里约热内卢的《21 世纪议程》，人类对自身命运的认识实现了一个从消极的环境保护到积极的生态建设，从线性思维到系统思维，从预警性的环境运动到自觉的社会行动的质的飞跃。可持续发展不仅是一种保护环境的口号，而且是一个跨世纪的政治、经济、技术、文化和社会发展的行动纲领，是向传统生产方式、价值观念和科学方法挑战的一场生态革命。其内涵包括了经济的持续增长、资源的永续利用、体制的公平合理、社会的和谐共生、传统文化的延续及自然活力的维系。旨在探讨一种跨世纪、跨国界、跨领域、跨行业、跨意识形态的先进适宜的生产力、生产关系、生活方式、生命素质及生态秩序。这是各国历代科学家、革命家及环境运动人士所梦寐追求的目标，也是人类社会发展的必然归宿。发展的英文“development”是指一种渐进的有序的系统发育和功能完善过程。其对象是由人口、资源、环境组成的人类生态系统。其科学问题的实质可分 3 个层次：一是认识论层次。如何去把握系统的生态学实质，揭示其复杂的动力学机制与控制论规律；二是方法论层次。如何去辨识系统的结构、功能与过程，如何测试系统的复杂性、多样性和可持续性；三是技术及管理层次。如何去组织、协调与建设可持续的生态社区、生态产业与生态文化。

一、面向可持续发展的生态革命

世纪之交，世界社会经济格局正向着全球化、多元化和生态化方向演变。经历过

* 原载于：世界科技研究与发展，1998，20（2）：87-98.

一个世纪惊心动魄的政治动乱、军事纷争和经济危机以及长足的科技进步、经济腾飞和社会发展奇迹的人类社会，正面临着严峻的人口、资源和环境问题的挑战。尤其是迅速崛起中的发展中国家，如东南亚国家及中国，强烈的现代化需求，密集的人类开发活动，大规模的基础设施建设和高物耗、高污染型的产业发展，给区域生态系统造成了强烈的生态胁迫效应。几乎所有早期工业化国家的环境污染和殖民地国家的生态破坏问题在这些转型期的国家都不同程度地存在。以中国内地为例，20 世纪 80 年代以来，随着各地社会经济快速增长，城市化工业化进程超常进展，国民生活质量明显改善，生态危机也日益加剧。水体、大气、土壤和生境严重污染；环境事故、生态灾难、生态难民及自然灾害频率的不断增加；生物多样性、水源涵养能力、生态服务功能及生态系统健康的持续下降给人民身心健康、国家环境安全和经济的持续发展造成了严重的威胁。例如，黄河自 1972 年首次断流以来的 25 年中 18 年断流，且断流时间和长度逐年增加；桂林地区 60 多条河流减少到 34 条，漓江游程由 83km 缩短到 20 多 km；河南驻马店地区 1975 年的特大洪水及上海市 1988 年 30 万人甲肝爆发等环境事件，人们仍记忆犹新。

为此，国家不得不明令取缔、关闭和停产 15 类污染严重的乡镇工业。这些企业所蒙受的昂贵的经济损失宣告了传统的“先污染、后治理，先规模、后效益”的工业化模式在 20 世纪 90 年代中国的不可行性。

为了改善城镇生态环境，一些大中城镇投巨资兴建了一批污水、垃圾烟尘治理工程，一些老大难的环境污染企业也被责令限期治理其环境问题。这种投资多、能耗大、运营成本高且在有长期积累的后工业化国家行之有效的末端治理工程，虽可取得明显的局部环境效益，但对长期亏损的国有企业、粗放型乡镇企业和包袱沉重的各级城市基础设施建设来说却是一个沉重的经济包袱。

西方发达国家经过两个多世纪的产业革命和社会发展，以掠夺殖民地生态资产为代价，实现了农业社会向工业社会、乡村社会向城市社会的过渡。发展中国家既没有全球广阔的殖民地提供生态资源，也没有两个多世纪的时间跨度去治理污染。早期工业化国家环境污染和殖民地国家生态破坏的环境代价是我们的子孙后代所难以承担的。

环境污染及其所造成的生态破坏是工业革命和殖民主义的副产品。随着大工业的发展，专业化分工越来越细，经济效益成为企业生产的唯一目标。企业从遍布全球的自然生态系统中无偿或低偿地索取资源，并将生产和消费过程中未被有效利用的大量副产品以污染物或废弃物的形式排出厂外，形成环境问题。其实质是资源代谢在时间、空间尺度上的滞留或耗竭，系统耦合在结构、功能关系上的错位和失谐，社会行为在经济和生态关系上的冲突和失调。人们只看到产业的物理过程，而忽视其生态过程；只重视产品的社会服务功能，而忽视其生态服务功能；只注意企业的经济成本而无视其生态成本；只看到污染物质的环境负价值而忽视其资源可再生利用的正价值。社会的生产、生活与生态管理职能条块分割，以产量产值为主的政绩考核指标和短期行为，以及生态意识低下、生态教育落后的国民素质，是整体环境持续恶化的根本原因。“现代化”的发展目标往往集中于工程结构、经济过程及社会功效，而忽视生态资产的流失和生态服务功能的退化。而正是这些生态因素与状态，构成了人类社会持续发展的机会与风险。这里的生态资产是指诸如水源、土壤、气候、景观、植被、生物多样性及适宜的生态位等生态支持基础；生态服务功能是指生态系统为城市人类活动所提供的资源供给、废弃物处理、空间支持、水源涵养、土壤熟化、气候调节、干扰缓冲、污染物净化等服务功能（图1）。

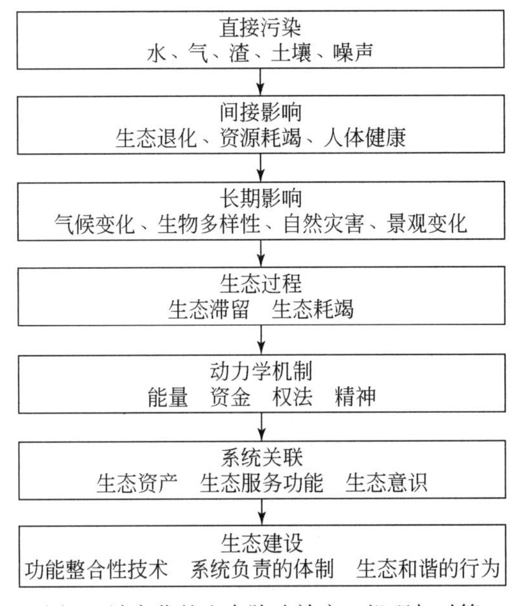

图1　城市化的生态胁迫效应、机理与对策

世界环境与发展委员会的《我们共同的未来》一书指出："在过去我们关心的是经济发展对环境带来的影响，而我们现在则更迫切地感到生态的压力，如土壤、水、大气、森林的退化对我们经济发展所带来的影响。在不久以前我们感到国家之间在经济方面相互联系的重要性。而我们现在则感到在国家之间的生态学方面的相互依赖的重要性。生态与经济从来没有像现在这样互相紧密地联结在一个互为因果的网络之中。"（WCED，1987）

人类社会迄今发生的几次大的天人关系的革命，都是人类征服自然的革命。它们一次比一次征服自然的强度更大，影响面更广。人类从游牧时代向农耕时代过渡的农业革命在使人类安居乐业，男耕女织的同时，将大片森林、湿地夷为农田，但其影响范围基本上限于二维的局部地表。工业革命开拓了资源，用机器解放了人的劳动，使人类从农村走向城市，巨额的化石能源和矿产资源被从地下挖掘出来，其废弃物又排入地表水体和大气，污染环境，其影响扩展到地下与空中，呈三维胁迫效应。信息革命和生物技术革命解放了人的脑力、视力和听力，将空间和时间也缩到人类可达的尺度，特别是3S技术、空间技术和Internet技术的出现，使人坐在家里就可以观察地球上任何一个地方的细微变化；遗传工程使人可以在短时间内随意克隆新的生命体。至此，人对地球环境的控制从三维升至多维，"宏达天宇，细入丝微"，其驾驭自然的能力达到登峰造极的地步。人类似乎可以全面脱离自然，控制自然，改造向然。具有讽刺意义的是，这个技术发达、经济腾飞的时代，也是一个生态退化、文明滞后的时代。人们在欢庆征服大自然的胜利的时候也发现了自然生态与人类生态的惊人退化。随着生物多样性的降低、全球环境的变化、自然灾害的频繁、淡水资源的枯竭以及沙漠化盐渍化的加剧，自然生态系统为人类生存与发展提供的服务功能越来越弱。随着现代化提供给人的物质享受水平的提高，化石能源逐渐替代了自然能源，人工控制代替了自然调节，个体人越来越懒，越来越笨，越来越贪，越来越弱。离开了电，离开了自来水，离开了交通工具，离开了高能耗的基础设施和服务体系，都市生活就要瘫痪，现代化城市就要崩溃。在传统工业模式所造成的物质文明背后是生态野蛮。如此以往，人类社会将一步步走向“生态沙漠”。

而对人类生态和自然生态的这种“荒漠化”趋势，人类在即将进入公元第三个千年之际，不得不深刻反思和重新审度我们“现代化”的生产方式、消费行为、价值观念和科学方法。为此，20 世纪 80 年代末以来，以可持续发展为口号，一场社会、经济、环境和科学领域的生态革命正在各国悄悄兴起。在新一轮生态革命中，现代化的内涵不是解放人们体力和智力的高能耗、高消费、高自动化、高生态影响的物质文明，而是高效率、低消耗、高活力的生态文明。其生态足迹（ecological footprint）将从消极的污染型、破坏型向积极的恢复型、建设型演变。现代化的目标已从一维的社会经济繁荣走向三维的复合生态繁荣：一是财富，包括经济资产和生态资产的持续增长与积累效果，两者是相乘而非相加的关系。即其中任何一方变为负值或者零值，总体财富将会亏损或耗竭；二是健康，包括人的生理和心理健康及生态系统服务功能与代谢过程的健康。一个健康的生态系统具备雄厚的发展潜力，其面临的风险将降至最低限度，而安全感将升至最大；三是文明，包括物质文明、精神文明和生态文明。决策者、企业家和普通民众的行为心态和价值取向是检验社会文明程度的试金石。这三者中，财富是形，健康是神，文明则是本。生态建设必须从本抓起，促进形与神的统一。这场革命的实质是逆转人类生态与自然生态的退化趋势，恢复人和自然的生态潜能，从技术、体制、文化及认识领域重新调节社会的生产关系、生活方式、生态意识和生态秩序，在资源承载能力和环境容量许可的前提下，促进人与自然在时间、空间、数量、结构及功能关系上的可持续发展，实现从自然经济的农业社会、市场经济的城市社会向生态经济的可持续发展社会的过渡。

二、复合生态系统与生态综合

可持续发展问题的实质是以人为主体的生命与其环境相互关系的协调发展。包括物质代谢关系，能量转换关系及信息反馈关系，以及结构、功能和过程的关系。这里的环境包括人的栖息劳作环境（包括地理环境、生物环境、构筑设施环境）、区域生态环境（包括原材料供给的源、产品和废弃物消纳的汇及缓冲调节的库）及文化环境（包括体制、组织、文化、技术等）。它们与作为主体的人一起构成“社会-经济-自然”复合生态系统，具有生产、生活、供给、接纳、控制和缓冲功能，构成错综复杂的人类生态关系（马世骏，1993）。包括人与自然之间的促进、抑制、适应、改造关系；人对资源的开发、利用、储存、扬弃关系，以及人类生产和生活活动中的竞争、共生、隶属、乘补关系。传统发展观念只是把人类社会的功能分为经济生产和社会生活两大类，而忽略了其资源、环境、人口与自然的供给、接纳、控制和缓冲功能。其实复合生态系统的生产功能不仅包括物质和精神产品的生产，还包括人的生产；不仅包括成品的生产，还包括废物的生产。其消费功能不仅包括商品的消费、基础设施的占用，还包括了无劳动价值的资源与环境、时间与空间的耗费；尤其重要的是：在人类生产和生活活动后面，还有一只看不见的手即系统反馈在起作用，我们称其为生态服务功能，包括资源的持续供给能力，环境的持续容纳能力，自然的持续缓冲能力及人类的自组织自调节活力。生态建设的任务就是要增强的这种生态服务功能，使经济得以持续，社会得以稳定，自然得以平衡。国际生态经济学会主席 Costanza 等（1997）将生态系统服务功能分为：稳定大气、调节气候、对干扰的缓冲、水文调节、水资源供应、防止土壤侵蚀、土壤熟化、营养元素循环、废弃物处理、传授花粉、生物控制、提供生境、食物生产、原材料供应、遗传资源库、休闲娱乐场所以及科研、教育、美学、艺术用途等 17 种。并按全球 16 类生态系统估算其经济价值的下限每年约 33 万亿美元。大约为全世界年国民生产总值的 2 倍，表明每年全球经济资产的所得是以生态资产的 2 倍量的投入换来的。

驱动城镇及人类活动密集区复合生态系统的动力学机制来源于自然和社会两种作用力。自然力的源泉是各种形式的太阳能，它们流经系统的结果导致各种物理、化学、生物过程和自然变迁。社会力的源泉有三：一是经济杠杆——资金；二是社会杠杆——权力；三是文化杠杆——精神。资金刺激竞争，权力推动共生，而精神孕育自生。三者相辅相成构成社会系统的原动力。自然力和社会力的耦合导致不同层次复合生态系统特殊的运动规律。早在 3000 多年前，中华民族就形成了一套鲜为人知的“观乎天文以察时变，观乎人文以化成天下”的人类生态理论体系，包括道理、事理、义理及情理。中国封建社会正是靠着这些天时、地利及人和关系的正确认识，靠着物质循环再生，社会协调共生和修身养性自我调节的生态观，维持着其 3000 年稳定的生态关系和社会结构，养活了近 1/4 的世界人口，形成了独特的华夏文明。

工业革命以来的几个世纪，可以说是自然科学的世纪。以物理学为主导的自然科学对物理世界的动力学过程及结构规律的“分门别类”的研究，以及生物科学对生命形态、过程和组织机理的揭示，为人类认识和改造世界提供了强有力的方法与手段，而对于生命与环境、人与自然间复杂的系统关系的研究却是相形见绌。100 多年来，其方法论一直没有跳出物理学和生物学的圈子。Lindeman（1940）指出“生态学是物理学和生物学遗留下来的并在社会科学中开始成长的中间地带”。只是到了 20 世纪 90 年代以后，其方法论才呈现出一些新的革命性进展。著名生态学家 Odum（1997）最新出版的《生态学：科学和社会的桥梁》一书称生态学是一门独立于生物学甚至自然科学之外的，联结生命、环境和人类社会的有关可持续发展的系统科学。也是一门认识天人关系的系统哲学，改造自然的系统工程学和欣赏自然的系统美学。面对还原论与整体论、物理学与生态学、经济学与环境学、工程学与生物学的矛盾，生态科学的方法论正在面临一场新的革命：从过程的量化走向关系的序化；从数学优化走向生态进化；从人工智能走向生态智能。人们通过测度城市生态系统的属性、过程、结构与功能去辨识系统的时（届际、代际、世际）、空（地域、流域、区域）、量（各种物质、能量代谢过程）、构（产业、体制、景观）及序（竞争、共生与自生序）的生态持续能力（图 2）；探索不同层次复合生态系统的动力学机制，控制论方法，辨识系统中各种局部与整体、眼前和长远、环境与发展、人与自然的矛盾冲突关系，寻找调和这些矛盾的技术手段、规划方法和管理工具是可持续发展研究的基本任务。围绕可持续发展的系统调控，一场深刻的方法论革命正在各国兴起。它与传统科学方法不同之处在于：

（1）测度标准从量到序，着眼于对生态过程的关系的调节及复合生态序的诱导而非系统产出或组分数量的多少。从定性到定量是人类认识世界、揭示自然规律的一大进步。物理、化学中定量方法的成功使得量化程度成为衡量研究方法科学性的准绳。因此，人们在认识世界的过程中，总试图把一切都量化。一个明显的例子就是货币，在当今这个市场经济的社会一切似乎都可以用货币来衡量。学术界就很怀疑 Costanza 等（1997）计算的下限每年 33 万亿美元的全球生态系统服务功能。值的客观性、可靠性与可操作性。其实，数量只是客观现象和系统属性的一种表现形式，事物的很多属性不是都能用量来测度的，如信息，尽管从香农指数开始，出现过形形色色的量化方法，但没有一个是在生态系统分析中行之有效的。其原因就在于它没有一般数量的可加性、可比较性和守恒性。其实，客观事物的属性是多元的，很难用一个量来概括，如一张黑白的人物照片，固然可以用组成其影响的每个单元的黑白灰度来辨识，但一般人不需深入的量化，只要看一眼其结构耦合的关系，就立即可以辨识出是谁的照片，曾经在全世界风行一时的系统动力学模拟方法，虽然其结构关系的每一环都可以通过差分方程或经验关系实施量化，但其模拟结果却因因果关系模拟的微小差别而往往呈现出相反的结果，使人怀疑其方法的随意性和量化的实用性（图 2）。

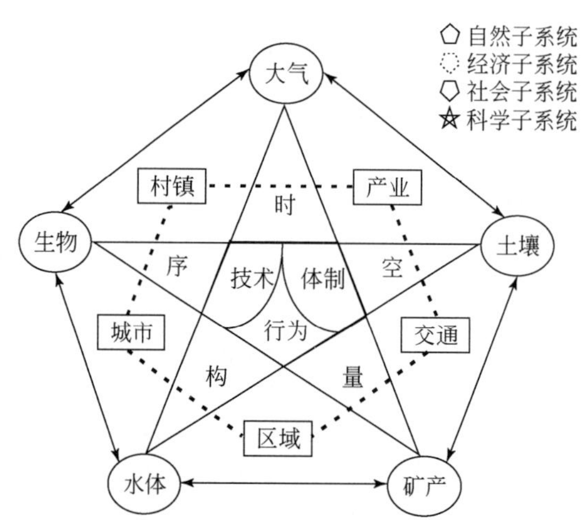

图 2　社会-经济-自然复合生态系统关系研究示意图

在生态系统研究中，人们在分析其数量特征的同时，更关心系统的序，包括时间序、空间序、结构序、过程序和功能序。它们主要是一种生态关系的耦合方式，如功能序包括了竞争序、共生序和自生序，其中没有一个是可以用单一的数字来测度的。从量化到序化、是生态学领域中思维方式和研究方法的革命。

为此，生态系统分析已从物流能流的数量关系转向序量关系，从三维空间的物理流转向多维空间的生态流，研究信息在生态过程中的输入、转换、加工、累积、输出机理。由于信息的非消耗性和非守恒性，传统的流分析方法已不适应。多年来人们一直在尝试打开有关生态及生命系统中信息传播机理的大门，如 Miller 的信息输入的过载原理，Rapoport 等的信息加工网络的结构模型，Odum 的最大有效能原理，Mountcastle 能量输入输出的 Weber 动力学模型，Leontief 关于区域、国家及世界社会、经济、资源系统的投入产出模型，Lewis 对系统冲突性决策过程的模拟，Marchetti 对社会系统中信息积累规律的发现，Lewis 有关生态系统定性研究的环分析方法以及 Staw 等关于外部信息对系统应变能力的胁迫效应的研究等都是有关信息研究的有益尝试。

系统特性的评判已不再是对单属性或可转换成单属性的全序关系的评判，而是对多属性的偏序关系的评判。其评判标准也不再是纯客观的、唯一的，而是掺有主观偏好，因情景而异的。王珏等提出一种运用神经元网络原理进行生态评价的计算机评判方法，改进了传统的专家打分、加权的综合指数法。其基本思路是一种智能辨识过程，通过计算机从人们对事物评判的一些案例中去学习、去模拟人的思维，对系统作出智能型评判，而不是严格的数学运算。

针对生态系统的信息模糊性和结构不良性，其研究方法需从传统的硬方法转向软方法，从追求数学分析的解析性、严谨性和完美性转向生态思维的灵活性、模糊性和实用性。研究对象从白箱转变为黑箱或灰箱。模糊数学、灰色系统理论为此开拓了一条好的思路，但方法论尚未突破传统数学的束缚，如模糊数学最终还是落入了概率论［0，1］区间的陷井。

（2）发展的目标从优到适，通过进化式的规划，去充分利用和创造适宜的生境条件，引导一种实现可持续发展的进化过程。传统优化方法将复杂的对象系统从多元空间压缩到一维数轴或简单的树状关系，使其有可能比较相互的优劣或高低，而系统分析的任务就是要为每一事件、每一过程、每一结构及每一功能找出其最优解，以作为人们行动的准绳。尽管系统科学为生态系统研究提供了各种各样的优化算法，但要么是优化的假设条件过多，系统优化的结果只适合简化后的模拟系统而无可操性，要么就是根本找不到适合复合生态系统的优化算法。

其实，根据生态控制论原理，生命有机体总是在与环境协同进化中不断地调整其开拓、适应、竞争与共生能力，达到生物与环境关系的和谐。其结果不同于物理方法的一个显著特点是生态系统中没有最优可言，各目标之间不存在全序关系，其目标空间是一个超体积的球，球面上没有哪一点是绝对最优，对其相对优劣的评判依赖于系统的演替过程和个体的情景。现实生态系统中永远没有最优的结构、最优的功能，但却有适应性的进化策略。因此，生态科学的方法也应从优化走向进化，从“最优化控制”走向“适应性调节”。

当前国内外发展迅速的生态信息系统就是这种研究的一部分。它包括管理型、逻辑型、解析型 3 类子系统，通过人机对话不断去观察、解释、诊断系统，探索、评价和选择对策，并在不断地执行跟踪中调整方案，增进对系统过程的学习，了解和探索合理发展的途径。

Checkland（1984）提出系统分析的最终目标不是优化，而是学习；不是解决问题，而是弄清问题；不是获取某种灵丹妙药，而是去组织一种辨识过程。Simon 提出无最终目标的规划观点。他指出，人的认识能力是有限的，规划实施的每一步都产生着新情况，而新情况又为新的规划提供了出发点。这同绘画是很相似的，绘画过程是画家与画布之间相互反馈的过程，敷在画布上的每一个新色点都不断使画家产生新的灵感去创造新的画面，引导画家去涂上新的颜色，而逐渐变化的模式又不断改变着画家的构思……。生态学的研究也必须遵循这种进化式策略，与环境相互反馈，从中不断得到一些有益的启迪，而不是终极的结论。Vester 等（1980）提出的法兰克福城市生态研究的灵敏度模型就是这种学习模式。

Miller、Ehrlich 和 Odum 等一直致力于运用社会科学和自然科学交叉学科的方法研究具体与抽象的生命及生态系统，试图建立进行综合分析的一般系统理论框架的方法论基础。Miller（1978）将细胞、器官、个体、群体、组织、国家及跨国家系统等不同层次的生命系统，按物质、能量、信息的输入、输出、转换、储藏的不同功能分解成 19 个子系统。通过对大量研究结果的分析，提出了一系列有关其组织和演替机制的假说。Odum 分析了从以自然为主到以人类活动为主的生态系统中各种相互作用的基本关系（累加、放大、缩小）、自催化作用、环关系、并联、串联关系及网络关系等，提出了一般生态系统的设计原理，发展了一套以符号及流图形式分析生态系统的方法论。

（3）研究对象从物到人，着眼于人的动力学机制，人的生态效应，人的社会需求，人的自组织自调节能力，以及整个复合生态系统的生命力。生态系统的自组织特征决定了系统生态研究的重点不在于寻求外部的最优控制，而在于依靠生物的能动性去进行内部关系的自我调节。今天，人在生态系统中的作用已从外在的人变成内在的人。可持续发展研究涉及人类的长远利益和系统发展的眼前利益的矛盾，涉及对多个相互冲突、不可调和的多元目标的协调。有人提出把系统从硬件、软件发展到心件（mindware），意指把人的行为作为内部组分、涉及组织管理的软方法，主要强调人在系统中的斡旋作用和自组织方法（图 3）。20 世纪 60 年代以来，以数字计算机为支撑体，以符号处理作为表现智能行为的载体，在 Turing 对机器智能思维活动研究的基础上，一门由计算机科学与脑科学联姻的人工智能技术迅速发展，特别是在计算机下棋系统战胜了国际特级棋师后，世人对机器智能表示了空前的热忱，人工智能技术迅速扩展包括生态学及环境科学在内的各个学科。

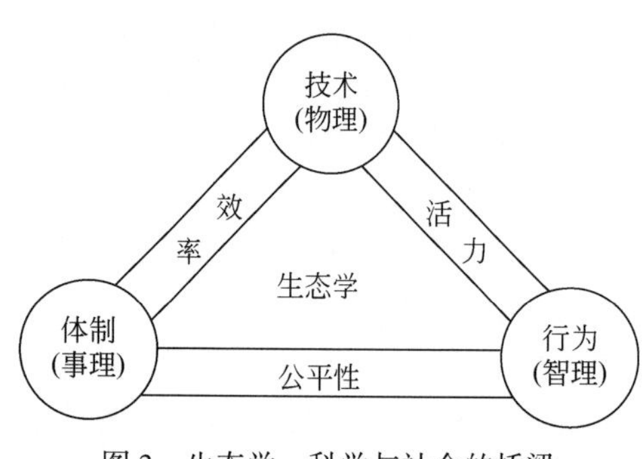

图 3　生态学：科学与社会的桥梁

机器智能设计思想遵循的一种传统物理学思维。著名人工智能大师 Minsky 说得好：“我们应该从生物学而不是物理学受到启示，因为所谓思维并不直接来源于几个像波函数那样规整漂亮规则的基本原理，精神活动也不是一类可以使用几个逻辑公理的运算就能描述的生物进化的结果”。其实，计算机的最大优点是其巨大的储存能力和运算速度。其逻辑思维能力完全取决于设计者对人脑思维机制的理解和抽象，而人在社会活动中处理事情的方式要远比二人对弈过程中的 if-then 的树状判数要复杂得多。生态系统分析中机器智能开发的实质是要将人类复杂的生态智能简化压缩为机器智能，让计算机代替人脑去完成高速度大容量的智能劳动。其实，随着现代科学技术的发展，作为地球上最聪明物种的整体人（HomoSapians）的生态素质日渐退化，人对自然的反应越来越迟钝。今天人们需要的是从个体生理智能向群众生态智能的整合与进化，而非个体智能向机器智能的退化。当然，在某些领域利用计算机的长处开发有某些特殊专长的机器智能是必要的，但它们只能像算盘一样作为人的工具而绝不可能替代人的思维。

生态智能的实质是生态综合，即按照生态控制论原理去辨识、学习和调控系统的结构、功能与过程，通过多学科、多层次、多专家的知识和经验交流使个体人变成群体人，生物人变成智能人，社会人变成生态人。这里，计算机辅助信息系统的开发是绝对必要的，但其主要的功能应是决策者学习知识获得信息的辅助工具而非规划管理及决策优化的替代智囊。

生态综合不同于传统科学分析方法之处在于：它将整体论与还原论、定量分析与定性分析、理性与悟性、客观评价与主观感受、纵向的链式调控与横向的网状协调、内禀的竞争潜力和系统的共生能力、硬方法与软方法相结合（图4），强调物质、能量和信息三类关系的综合；竞争、共生和自生能力的综合；生产、消费与还原功能的协调；社会、经济与环境目标的耦合；时、空、量、构与序的统筹；科学、哲学与工程学方法的联姻（王如松等，1996）。这里的生态综合包括人力的综合（即如何把科学家的知识、专家的经验、决策人员的意图及群众的意愿结合到规划过程中）、知识的综合（自然科学、社会科学、工程学、系统科学、哲学以及计算机科学）、数据的综合（定性、定量数据；图形、图像数据；静态、动态数据）、决策方法的综合（理性实证与感性推理结合，模拟优化与专家咨询相结合，局部定量与整体定性相结合，各种不同的评价模拟优化方法相结合）及计算机手段的综合（各种不同的语言交叉使用，各种软硬件环境的结合，人脑与计算机通过界面的交互等）。协调包括在各个相互矛盾的目标间进行冲突分析和调解，包括“舒经”（抓住主导因子解决瓶颈问题），“活骨”（调整系统结构、功能），“化淤”（疏浚堵塞的生态流），“运气”（增强系统自组织调节的活力）等。

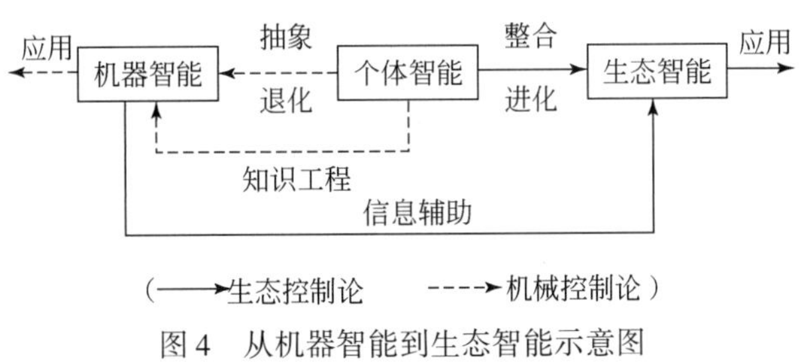

图4　从机器智能到生态智能示意图

三、产业生态学与生态工程

从经典物理学发展起来的自然科学及其工程技术在推动产业革命、促进现代化进程方面立下了不朽功勋。但正是其还原论的学科分类将学科之间、部门之间、企业之间以及人与自然间的联系割裂开来，使现代产业形成链状而非网状结构、开环而非闭环代谢，造成了当代严峻的环境污染与生态破坏问题。传统环境工程也是脱离生态系统的整体代谢过程，通过高投入、高能耗方式对废弃物进行末端治理。而20世纪80年代以来兴起的清洁生产技术，从改革内部工艺着手，使废弃物减量化和环境影响最小化，但对于部门外及部门间的共生关系却涉及甚少（Socolow et al.，1994）。

20 世纪 90 年代兴起的产业生态学正是在这种形势下脱颖而出的一门研究社会生产活动中自然资源从源、流到汇的全代谢过程，组织管理体制以及生产、消费、调控行为的动力学机制、控制论方法及其与生命支持系统相互关系的系统科学，它被列为美国 21 世纪环境科学研究的优先领域。产业生态学起源于 20 世纪 80 年代末 Frosch 等（1989，1991）模拟生物的新陈代谢过程和生态系统的循环再生过程所开展的“工业代谢”研究。他们认为现代工业生产过程就是一个将原料、能源和劳动力转化为产品和废弃物的代谢过程。并与 Gallopoulos 等进一步从生态系统的角度提出了“产业生态系统”和“产业生态学”的概念。1991 年美国国家科学院与贝尔实验室共同组织了首次“产业生态学”论坛，对产业生态学的概念、内容和方法以及应用前景进行了全面、系统的总结，基本形成了产业生态学的概念框架。例如，贝尔实验室的 Kumar（1991），认为：“产业生态学是对各种产业活动及其产品与环境之间相互关系的跨学科研究”。90 年代以来，产业生态学发展非常迅速，尤其是在可持续发展思想日益普及的背景下，产业界、环境学界、生态学界纷纷开展产业生态学理论、方法的研究和实践探索。Tibbs（1991）提出产业生态学是“产业界的环境议程”，是解决全球环境问题的有力手段。国际电力与电子工程研究所（IEEE）（1995）在一份称为《持续发展与产业生态学白皮书》的报告中进一步指出：“产业生态学是一门探讨产业系统与经济系统以及它们同自然系统相互关系的跨学科研究，涉及诸多学科领域，包括能源供应与利用、新材料、新技术、基础科学、经济学、法律学、管理科学以及社会科学等”，是一门“研究可持续能力的科学”。

近年来，以 ATA&T 公司、Lucent 公司、通用汽车公司、Motorola 公司等企业为龙头的产业界纷纷投巨资积极推进产业生态学的理论研究和实践，成为产业生态学最先的试验基地。尤其是国际性的跨国公司纷纷将产业生态学研究作为公司未来发展战略的支柱（Graedel，1995）。由 AT&T 和 Lucent 公司资助，美国国家基金委每年设立“产业生态学奖励基金”，奖励在产业生态学领域作出突出贡献的科学家和企业界人士。同时美国国家基金委也正在考虑设立产业生态学专项研究基金。

国际组织和非官方组织也在积极促进产业生态学的研究和实践。以国际标准化组织为代表，正在制定和完善 ISO1400 系列环境管理体系。该体系基本上是建立在产业生态学的理论框架上，为引导和规范未来的产业发展提供一个全球统一的管理模式。一系列有关生态产品消费的国际和国家行动计划也在推行（ISO/DIS，1996）。例如，1992 年欧盟颁布了“欧盟产品生态标志计划”。到 1997 年 10 月，已有 38 类，涉及 20 个制造业，共 166 种产品获得了“欧盟产品生态标志”。相应的一些国家生态标志计划也纷纷出台，如德国“蓝色天使计划”，北欧“白天鹅计划”，加拿大“环境选择”，日本“生态标记”，美国“绿色印章”，新加坡“绿色标签”，以及美国的“能源之星”等。这些计划促进了生态产品的设计、制造技术的发展，为评估和区别普通产品与生态标志产品提供了具体的指标，客观上也刺激了生态产品的消费和生态意识的提高。

1997 年由耶鲁大学和 MIT 共同合作出版了全球第一本《产业生态学杂志》，该刊主编 Lifset（1997）在发刊词中进一步明确了产业生态学的性质、研究对象和内容，认为“产业生态学是一门迅速发展的系统科学分支，它从局地、地区和全球三个层次上系统地研究产品、工艺、产业部门和经济部门中的能流和物流，其焦点是研究产业界怎样在产品生命周期过程中降低环境影响。产品生命周期包括原材料的采掘与生产、产品制造、产品使用和废弃物管理等”。

产业生态学涉及三个层次：宏观上，它是国家产业政策的重要理论依据，即围绕产业发展，如何将生态学的理论与原则融入国家法律、经济和社会发展纲要中，促进国家以及全球生态产业的发展；中观上，它是企业生产能力建设的主要途径和方法，涉及企业的竞争能力、管理水平、发展方案等，如企业的“绿色核算体系”，“生态产品规格与标准”等；微观上，则为企业提供具体产品和工艺的生态评价与生态设计。目前生命周期评价（LCA）已形成了基本的概念框架、技术步骤和系统软件，包括定义目标、确定范围、清查分析、影响评价和改善计划与步骤等。国际标准化组织（ISO）也正在积极推行生命周期评价方法的国际标准化工作。有关产品生态设计的理论尽管尚不完善，但在实践上发展很快，生命周期设计（LCD），生命周期工程（LCE），为环境而设计（DfE），为拆解再生而设计（DfD），为再循环而设计（DfR）等一系列新的设计理念和方法正在成为产业界的热点。

丹麦 Kalundborg 镇的工业综合体可以说是一个典型的高效、和谐的产业生态系统。20 世纪 80 年代初，以燃煤发电厂向炼油厂和制药厂供应余热为起点，进行工厂之间的废弃物再利用的使用。经过 10 多年的滚动发展和优化组合，目前该系统已成为一个包括发电厂、炼油厂、生物技术制品厂、塑料板厂、硫酸厂、水泥厂、种植业、养殖业和园艺业，以及 Kalundborg 镇的供热系统在内的复合生态系统（图 5）。各个系统单元（企业）之间通过利用彼此的余热、净化后的废水、废气，以及硫、硫化钙等副产品作为原材料等，一方面实现了整个镇的废弃物产生最小化；另一方面，各个系统单元均从相互合作中降低了生产成本，获得了直接的经济效益。这种合作模式并没有通过政府渠道干预，工厂之间的交换或者贸易都是通过民间谈判和协商解决的。有些合作基于经济利益，有些则基于基础设施的共享。当然在某些情况下，环境管理制度的制约也刺激了对废弃物的再利用，最终促成了各方合作的可能性。各企业在合作的初期主要追求经济利益，但近年来却更多地考虑了环境及生态效益（Ihernfeld et al.，1997）

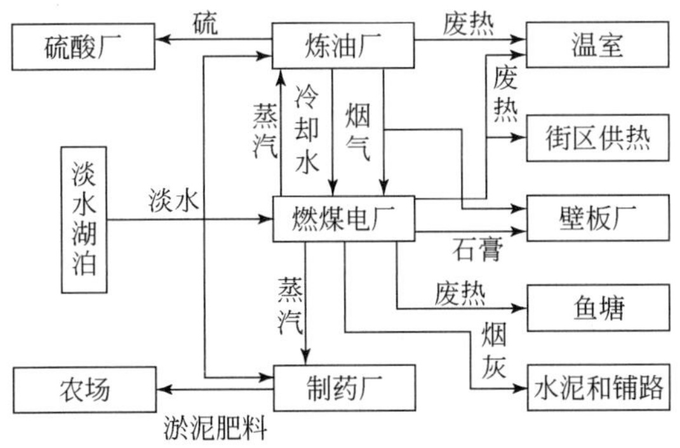

图 5　Kalundborg 镇产业生态系统结构与物流图

生态工程是近年来异军突起的一门着眼于生态系统持续发展能力的整合工程技术。它根据整体、协调、循环、再生的生态控制论原理去系统设计、规划和调控人工生态系统的结构要素、工艺流程、信息反馈关系及控制机构，在系统范围内获取高的经济和生态效益。不同于传统末端治理的环境工程技术和单一部门内污染物最小化的清洁生产技术，生态工程强调资源的综合利用、技术的系统组合、学科的边缘交叉和产业的横向结合，是中国传统文化与西方现代技术有机结合的产物（图6）。

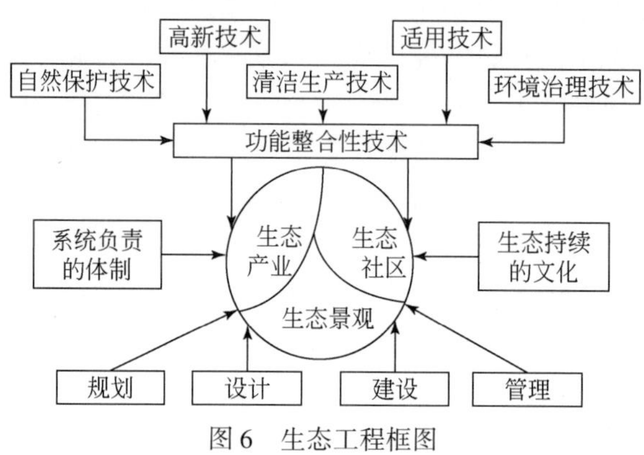

图6　生态工程框图

美国生态学会前主席Meyer在1996年全美生态学年会述职报告中将生态工程、生态经济、生态设计、产业生态学及环境伦理学列为未来生态学研究的五大前沿方向，其中生态工程名列榜首。

生态工程概念是著名生态学家Odum及马世骏教授于20世纪60年代及70年代分别提出来的。但各自的侧重点却不同。西方生态工程理论强调自然生态恢复，强调环境效益和自然调控。中国生态工程则强调人工生态建设，追求经济和生态效益的统一和人的主动改造与建设，被认为是发展中国家可持续发展的方法论基础。70年代以来，我国生态工程理论和实践研究取得长足进展，成为我国生态学领先国际前沿的少数几个领域之一。

与高新技术相比，生态工程是常规、适用技术的系统组装，其投资少、周期短、技术要求和人员素质不必高、精、尖。其实质是用经济手段解决环境问题，从系统整合中获取资源效益。生态工程研究与开发对于我国乡镇企业的更新换代，国有大中型企业的改造转轨无疑是一个重大的机会，也将为发展中国家提供一条依靠本地资源，促进城乡环境与经济持续发展的新路。

当前，生态工程研究在国际上相当活跃，国际科联环境问题科学委员会（SCOPE）专门成立了生态工程科学顾问委员会。仅1996年以来，国际生态工程学会就在瑞士、瑞典、爱沙尼亚、中国、奥地利、美国等先后召开了多次国际生态工程学术讨论会，国际生态技术网络也连续举办了多次全球INTENET网络会议。总结各国的生态工程研究，可以看出以下10类最活跃的生态工程。

（1）生物质循环利用生态工程。将生活垃圾、秸秆、人畜粪便及各类食品工业的废弃物深层利用，循环再生，为社会提供生态合理的饲料、燃料、肥料和工业原料的系列服务。

（2）废弃水分散治理、系统回用生态工程。将雨水、污水、地表水、地下水、海水的合理开发利用形成一个系统工程，从源、流、汇的各个层次进行废弃水资源分散处理，系统回用的生态规划、设计、管理及建设。

（3）清洁能源系统开发组合利用工程。将可利用的太阳能、生物能、风能及矿物能在不同用户尺度上组合利用、系统优化，为全社会提供能效高而环境影响小、可持续利用的能源服务，如热、电、气、冷四联供工程等。

（4）生态复合肥料工程。发展一类可替代传统化肥的以有机肥为主体，复合以各类菌肥和适量无机肥的、速效与长效相结合而又不污染土壤和水体的专用和通用肥及相应的软硬件一条龙服务，实现土壤肥力的持续增长。

（5）绿色化学工程。研制和生产各种可自然降解，于环境无害且可循环利用的塑料包装品、洗涤剂、化妆品等人工合成材料。

（6）绿色食品工程。为城乡居民生产、加工各种无污染、低环境影响的粮食、肉类、瓜果、蔬菜、副食、饮料及其加工品等健康食物，并提供相应的软硬件服务。

（7）生态交通工程。研制、开发、建设适合我国国情的低能耗、低污染、高效率、全便捷的交通工具、交通网络及相应的软硬件服务。例如，天然气、电或太阳能与汽油组合驱动汽车、用户共享合用的私人汽车等。

（8）生态住宅及生态城镇建设工程。充分利用本地生态资源，能耗低、绿量高、废弃物就地资源化的，方便、舒适、和谐、经济的生态住宅、生态小区和生态城镇。

（9）废弃地生态恢复工程。在荒山、荒坡、滩涂、湿地及矿山废弃地等未被利用的退化生态系统，根据当地生态条件，利用生态技术恢复植被，发展草业、牧业或林业，恢复其生态服务功能。

（10）生物多样性保护和持续利用工程。自然保护区大多是贫困地区，只有帮助当地居民及企业合理开发、持续利用本地丰富的生物多样性资源，才能促进有效的自然保护。通过与保护区外企业和民众组织的合作开发、系统规划和生态管理，促进保护区生态、经济和社会效益的同步增长。

这些工程大多数不是高新技术，而是一些常规适用技术的系统组合，但却为全社会日常生产生活所急需。它将第一、第二、第三产业相结合，将环境保护融于产业工程建设之中。这些工程建设将有利于扭转环境恶化趋势、改观城乡生态面貌，形成新的产业，给社会提供大量的就业机会和可观的经济效益，实现社会、经济和生态效益的统一。

四、城市生态学与生态规划

城市的核心是人，发展的动力和阻力也是人。人参与和主导的复合生态系统不同于一般系统的最大特点就在于系统的有机性、主动性、组织性和文化关联性。起源于19世纪末、繁荣于20世纪70年代的城市生态学，以人类活动主导下的生态系统为研究对象，研究生命与环境系统中的生死过程、生克关系及局部与整体之间的耦合关系和控制论方法。它是城乡可持续发展的方法论基础。

进入20世纪90年代以来，城市生态学已成为城市可持续发展及制定21世纪议程的科学基础。1996年6月的土耳其联合国人居环境大会专门制定了人居环境议程，提出城市可持续发展的目标为："将社会经济发展和环境保护相融和，在生态系统承载能力内去改变生产和消费方式、发展政策和生态格局，减少环境压力，促进有效的和持续的自然资源利用（水、土、气、生、林、能）。为所有居民，特别是贫困和弱小群组提供健康、安全、殷实的生活环境，减少人居环境的生态痕迹，使其与自然和文化遗产相和谐，同时对国家的可持续发展目标作出贡献”。美国国家自然科学基金委员会将城市生态学列为今后重点支持领域之一，其研究内容包括：①初级生产格局和调控方法；②营养物质流的时空分布规律；③表层和底层有机质积累的格局与调控；④土壤、地下水和地表水中污染物的迁移转化规律；⑤人类对生态系统干扰的格局和频率；⑥人类对城市土地利用和地表变化的影响及其与生态系统动态的关系；⑦监测城市生态系统中人与环境相互作用和效应；社会经济及环境复合生态系统数据的收集分析方法（如 GIS）；人与自然耦合关系的系统综合方法；⑧将研究结果与学校及社会的生态教育结合的对策和措施。

联合国人居环境大会是对城市可持续发展研究的全面检阅，大量的城市生态研究论文在各个论坛（Forum）和大会上讨论和宣讲。20 世纪 90 年代以来，各种类型的国际城市生态学术讨论会如火如荼，仅 1991 年以来在美洲、大洋洲、欧洲和非洲就举行了 20 余次国际生态城市学术讨论会。

当前各国城市复合生态系统研究特别注重城市各种自然生态因素、技术物理因素和社会文化因素耦合体的等级性、异质性和多样性；注意城市物质代谢过程、信息反馈过程和生态演替过程的健康程度；以及城市的经济生产、社会生活及自然调节功能的强弱和活力。其中生态资产、生态健康和生态服务功能是当前城市复合生态系统研究的热点。

围绕当前困扰各级城市的环境问题、交通问题和生活质量问题，城市生态学研究逐渐聚焦在城市代谢（metabolism）、城市交通（mobility）和城乡生态关系的维护（maintenance）这 3M 目标上；方法集中在影响评价（impact assessment）、关系整合（interaction synthesis）和体制调控方法（institutional regulation）；通过加强指标测度（measuring）、动态监控（monitoring）及系统模拟（modeling）强化宏观生态调控。目前这些研究正逐渐形成几门城市应用生态学的分支：一是前述的产业生态学（industrial ecology），研究工农业生产中资源、产品及废弃物的代谢规律和耦合方法，促进资源的有效利用和环境正面影响；二是人居生态学（built ecology），研究按生态学原理将城市住宅、交通、基础设施及消费过程与自然生态统融为一体，为城市居民提供适宜的人居环境（包括居室环境、交通环境和社区环境）；三是景观生态学（landscape ecology），研究城区、城郊及城市生态支持系统的景观格局、风水过程、生态秩序、环境承载力及生态服务功能等。这些分支学科的共同特点是：都强调城市与乡村、环境与经济、自然科学与社会科学的有机结合，强调宏观与微观、软科学与硬技术以及传统文化和现代科学的结合。

从可持续发展的口号走向生态建设的具体行动，这是当今国际城市生态研究的主流。各国生态学家的行动主要集中在生态城（村、镇）、生态住宅、生态交通、生态代谢、生态能源、雨水资源利用、生态恢复以及生态产业的设计、规划、试验和管理的示范研究上。近年来，欧洲、美洲、大洋洲和亚洲都涌现出一批生态示范社区或村镇，其工作主要是引进一批高效、实用、先进的生态示范技术，建设一类人与自然和谐共生的、有一定超前性的典型生态社区，诱导一种整体、协调、循环、自生的生态文明。

示范的指标包括发达的生产力、先进的生产关系、满意的生活质量、良好的生命素质及和谐的生态秩序。其中，和谐的生态秩序包括区域生命支持系统的生态服务功能是否正常与稳定，土地、水体、大气、景观、气候、动植物及微生物所构成的人类生命支持系统是否健康，是否有一个天蓝、水清、地绿、景美的充满活力的生态环境，生态资产是否持续积累与盈余是衡量自然生态秩序高低的准绳；而社会的贫富差距及安定满意程度则是衡量社会生态秩序的标准。城市生态建设的任务就是通过生态规划、生态设计与生态管理。将单一的生物环节、物理环节、经济环节和社会环节组装成一个有强生命力的生命系统，从技术革新、体制改革和行为诱导入手，调节系统的主导性与多样性、开放性与自主性、灵活性与稳定性，使生态学的竞争、共生、再生和自生原理得到充分的体现，资源得以高效利用，人与自然高度和谐（图7）。

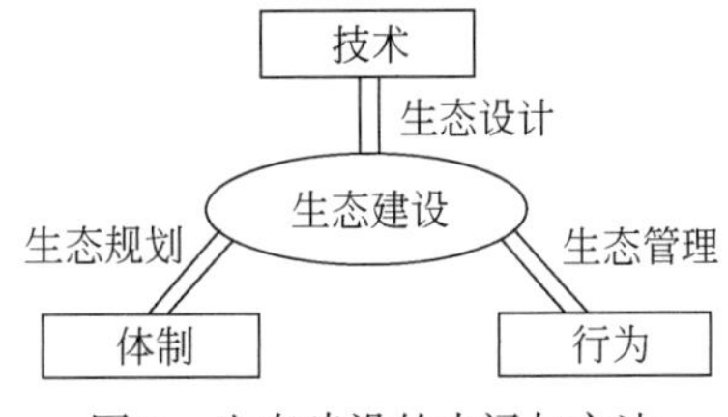

图7 生态建设的内涵与方法

19世纪下半叶Marsh（1864），Powell（1879）和Geddes等的工作被认为是生态规划的奠基作。他们有关土地生态恢复、生态评价、生态勘测（Survey）和综合规划的理论和实践为20世纪的生态规划开了先路；Howard（1902）发起的花园城运动及20年代前后美国芝加哥学派有关城市景观、功能、开阔空间的生态规划热是20世纪生态规划的第一高潮。其中Manning所倡导的生态信息叠置法为后来的McHarg规划法和地理信息系统（GIS）的发展奠定了基础；第二个高潮以美国区域规划协会20世纪40年代前后的规划工作为代表（如田纳西河流域规划、绿带新城建设等），旨在探索生态规划的最优单元、城乡交互作用、土壤及其他自然资源的保护等。其中以Mackaye和Mumford等的工作影响最大，他们既是生态学家，规划师，又是作家。后者也是著名城市生态规划学家、被誉为3代伟人的生态学家之一的Geddes的学生。他们将生态规划定义为：综合协调某一地区可能的或潜在的自然流（水）、经济流（商品）和社会流（人），以为该地区居民的最适生活奠定适宜的自然基础。Mumford对整个自然和文化环境及其相互关系的生态学实质的透彻理解给他的创作注入了无穷的活力。这期间，Leopold将生态伦理学与土地利用、管理和保护规划相结合的工作也是令人注目的，第二次世界大战后，生态规划进入低潮，直到60年代全球性环境危机以后，在Odum家族（H. W. Odum，H. T. Odum，E. P. Odum）及I. McHarg等的倡导下，生态规划得以复兴，这期间，生态规划的文章明显增加，涉及面增大，社会对生态规划的激情渐涨。生态规划已从地学领域进入了人类生态学领域。McHarg（1969）在《Design With Nature》一书中所提出的综合评价和规划方法在海岸带开发、城市开阔空间规划、农田保炉、高速公路建设等领域取得了很大的成功，并在以后的20年间经久不衰，还培养出一大批交叉学科的生态规划人员。80年代以来，随着全球生态意识的提高和计算机技术的发展，生态规划的理论和方法在可持续发展的理论、复合生态系统思想和地理信息系统（GIS）的推动下又有了新的开拓，特别是在发展中国家得到了广泛的应用（欧阳志云等，1995）。

城市的核心是人，正确处理好人与土地（包括地表的水、土、气、生物和人工构筑物）的生态关系是生态规划的根本任务。人加土等于“生”，规划表现形式是社区的格局、形态，而实质却是生态的“生”字，包括生存能力（示范区的吸引力，离心力和竞争力），生产实力（从第一性生产到废弃物的处置），生活魅力（方便适宜的设施，丰富多彩的环境），生境活力（风、水、花、鸟等自然生境和生物活力）。

生态规划的具体步骤如图 8 所示。

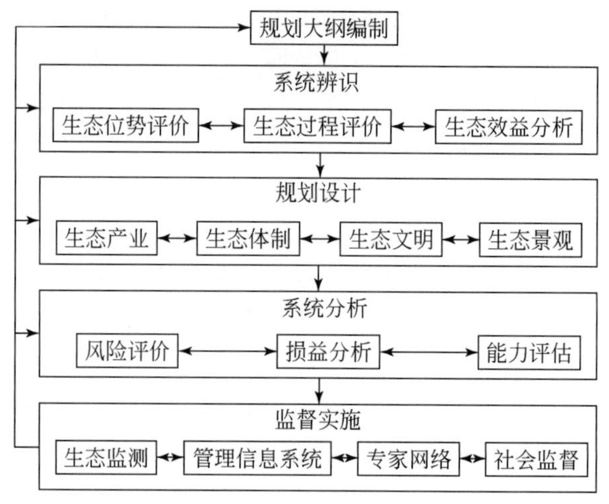

图 8　生态规划流程图

目前，中华人民共和国国家科学技术委员会等 27 个部委共同发起的国家社会发展综合实验区已发展至 29 个，农业部发起的生态农业县 51 个，国家环境保护局发起的生态示范区有 100 个。这些示范研究基本是自下而上兴起，又得到国家有关部门的支持和科研部门的参与。其基本思路是通过技术更新、体制改革和能力建设去促进资源的综合利用、环境的综合整治及人的综合发展，使环境污染不转嫁邻居，生态影响不波及后代；生态资产必须有正积累，系统调控有负反馈；实现环境废弃物的资源化、环境工程的生态化和生态技术的产业化。变环境治理的政府行为为企业、民众、政府联合的社会行为。政府推动、科技催化、市民参与和社会兴办是这些示范区建设的基本动力。许多示范区研究已取得了显著的理论和应用成果，一些研究建议与措施已被当地技术、规划、管理人员所采纳，研究结果无疑会对其他城市的持续发展起到示范作用（图 9）。

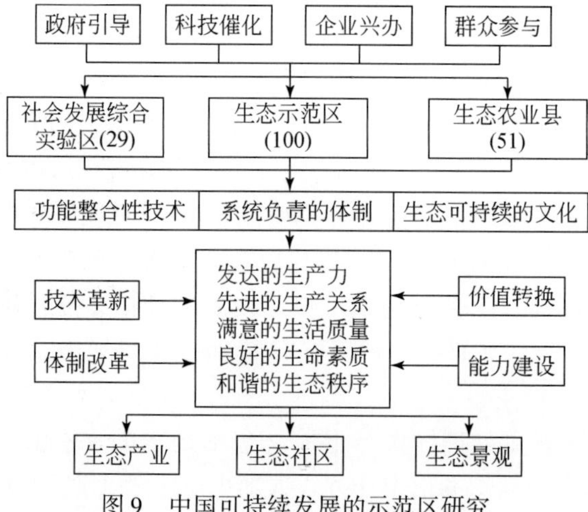

图 9　中国可持续发展的示范区研究

五、人类生态学与生态教育

生态学一词与经济学同源，起源于希腊词根“oikos”，意指“住所”或栖息环境的科学。根据大不列颠百科全书的解释，它是一门有关生命有机体和环境之间关系的科学，也是一门人与环境关系的世界观和方法论。

生态学定义中的“环境”组分既给这门学科带来了广泛的应用前景，也决定了这门学科界限的广域性和模糊性。当今世界，人人都要和环境打交道，人人都要受环境所影响，到处都在谈环境或生态。

生态学在19世纪末和20世纪初的发展，是与环境问题、自然资源保护、土地利用、公园和保护区建立，以及城市及区域规划等方面的广泛增长的兴趣相一致的。人类生态学就是在这个时期中萌芽的。1905年Clements认为人类活动改变了地球并影响了生态演替，同时他认为社会学“就是一种特种动物的生态学，因而它与植物生态学有着同样紧密的联系”。

在20世纪20年代前后是人类生态学的黄金时代。芝加哥学派Park（1936）、Burgess和McKenzie（1934）等的人类生态学研究曾风靡一时，他们认为人类生态学是研究人类在其环境的选择力、分配力和调节力影响所形成的在空间和时间上的联系科学。1923年Barrows在就任美国地理学会主席的就职演说中指出地理学就是人类生态学。英国生态学会在其1914年的第一届夏季会议上，宣布生态学“包括着人类生态学，并要求它的成员在小学和大学中都采用这种观点，即“把生态学基本内容和范围扩大到人类事务”。Adams指出，人类生态学是一个使人类生活得更好的工具，人类的经济学是人类生态学的一个侧面。Tansley（1939）在他的第三届英国生态学会主席致辞中认为人类群落“只能在他们适当的环境背景下理智地加以研究”。他预言，由于“日益增长的相互依赖性”，会导致一个世界范围的生态系统的实现。近一个世纪以来，各国生态学研究在农业、牧业、林业、沙漠化和害虫控制方面取得了长足进展，揭示了人类对自然生态系统的错误认识而引起的生态学后果，并导致了生态技术在这些领域的应用。尽管生态学家常常认为，生态学对人类事务会有很大贡献，但在20世纪60年代以前，生态学很少得到专业之外的各界人士的承认。人类生态学这一术语在社会上的使用，基本上是一个宣传技巧，它很少借鉴生态学家和他们的思想。地理学、社会学和其他学科，都与人类、人类文化、以及人类与环境的关系有关，但往往仅采用这一名称，而很少触及生态学实质（McIntosh，1985）。

20世纪60年代以来，面对世界性的人口、资源、粮食、能源和环境危机，蕾切尔·卡逊的《寂静的春天》和罗马俱乐部《增长的极限》敲响了全球生态危机的警种。人类生态学以其特有的异源性、综合性和实用性向世界展现了其解决人类生存发展问题的巨大潜力和其交叉学科的顽强生命力，各国人类生态学会如英联邦人类生态学会、美国人类生态学会、北欧人类生态学会等如雨后春笋相继成立。

按生态经济学家Boulding（1970）的观点，“人类”的知识可以缓解它对“自然资产”的依赖。人类生态学的历史责任，不得不与人类对自然资产的利用和误用相联系，人类无权凌驾于他的自然资产之上，而被要求有效地和永久地利用这份资产。

今天的人类生态学，正是社会学和生物学、经济学和地理学、人类学和生态学、心理学、医学和生物学、哲学和系统学等在不同层次上联姻的结果。虽然其起源不同，名词各异，重点有别，但殊途同归，都涉及人与自然关系这一共同主题，都要使用系统的、综合的、进化的生态学方法。

工业化国家和发展中国家的最大差距是人口素质和人类生态关系的差距。前者在工业化的时间进程上已超前发展中国家两个世纪，在空间范围上曾有全世界范围的生态殖民地为其提供资源，在数量关系上仅15%的世界人口消费着世界85%的资源，而且人口素质高，基础设施好，法制、金融、管理体制健全。相反，发展中国家时空回旋余地小、人口基数高、素质低、生态环境脆弱，基础设施薄弱，如果重蹈发达国家工业化过程的覆辙，差距还会越拉越大。但是也应当看到，发达国家企业目前以利润为目标的生产过程，高消费的生活方式，以及以人为中心的环境控制论手段也正面临着走向生态荒漠化的风险。

相反，东方天人合一的自然观，简朴和谐的消费方式，和整体、协调、循环、自生的生态控制论手段，是发展中国家一种宝贵的生态财富。如果能摸索出一条反传统的现代化道路，将有可能脱离坠入生态荒漠的厄运。其关键就在于人类生态关系的诱导。其核心是如何影响人的价值导向、行为方式，启迪一种融合东方天人合一思想的生态境界，诱导一种健康、文明的生产方式。这里关键就在于生态教育，包括学校教育、社会教育、职业教育；教育对象，包括决策者、企业家、科技人员、普通国民和中小学生；教育方式包括课堂教育、实验启发、媒介宣传、野外体验、案例示范、公众参与等；教育内容包括生态知识、生态健康、生态安全、生态价值、生态哲学、生态伦理、生态工艺、生态标识、生态美学、生态文明等。行动主体包括政府、企业、学校、家庭、宣传出版部门、群众团体等。

经历了一个世纪的风风雨雨，以可持续发展研究为转机，生态学正从自然生态研究的重心逐渐走向人类生态。这是一门颠覆性的、充满生机、前途无量、同时又遍地荆棘的、跨越自然科学和社会科学的新兴交叉学科。世界上没有哪一门学科像人类生态学那样来源于如此众多的分支学科，能吸引如此众多的自然科学与社会科学家和社会上的仁人智士并有能力面对从宏观到微观、从哲学到工程的如此纷繁的社会难题。然而，同样不容忽视的是在人类生态学的各领域中，还存在着许多含义不清、界限不明、甚至用法相互对立的概念，各种理论和方法之间尚缺乏有机的联系和共容的基础，在很大程度上人类生态学还像是各不同学科分割占据的“殖民地”。从传统科学的定义看来，今天的人类生态学也许还不能称为一门独立的“科学”。它既不属于传统自然科学，也不属于传统社会科学，有人将其称为可持续发展的交叉科学。毋庸置疑的是，任何一种学问，只要它有能力解释人与自然可持续发展的动力学机理，有能力解决人类生存发展的实际问题，就是一门有生命力的学问，从某种意义上说，“混血儿”的杂交优势是任何一个分支学科都不能比拟的。

参考文献

马世骏，王如松．1993．复合生态系统与持续发展，见：中国科学院《复杂性研究》编委会．复杂性研究：北京：科学出版社：239-250.

王如松，欧阳志云．1996．生态整合-人类可持续发展的科学方法，科学通报，(增刊)：47-67.

欧阳志云，王如松．1995．生态规划的回顾与展，自然资源学报，10（3）：203-215.

Boulding K. 1970. Economics as an Ecological Science. In：Economics as an Science. New York：McGraw Hill，23-52.

Checkland P. 1984. Rethinking a Sytem Approach//Tomlison R. Rethinking the Process of Operational Research and System Analysis. New York：Pergamon Press.

Costanza R，et al. 1997. The value of the world's ecosystem Services and natural capital. Nature，387（30）：253-260.

Frosch R A. 1991. Industrial ecology：Apbilosophical introduction.

Frosch R A，Gallopoulos N E. 1989. Sci，Ain，26（3）：144-152.

Graedel T E，Allenby B R. 1995. Industrial Ecology. Engilewtood Cliffs，New Jersey：Prentice Hall.

IEEF，TAB，1995. Environment，Health and Safety Commontee. White paper on sustainable development and industrial ecology.

Iherenfeld J，Gertler N. 1997，Industrial ecology in practice：the evolution of interdependence at kalundborg. Industrial ecology，1（1）.

ISO/DIS. 1996. 14040（Committee Draft），1996，Environmental maganegeml-Life cycle assessment principles and framework.

Kumar C，Patel N. 1991. Industrial Ecology，Proc. National Acad. Sci. USA，89：798-799.

Lifsel R. 1997. Journal of Industrial Ecology. MIT Press，1（1）.

Lindeman E C. 1940. Ecology：An instrument for the integration of science and phliosophy. Ecological Monographs，10：367-372.

McHarg I. 1969. Design with Nature. Garden City，N Y：Natural History Press.

McIntosh R P. 1985. The Background of Ecology：Theores and concept，Cambridge Univ，Press London.

McKenzie R. 1934. Readings in Human Ecology，Athr Arbor Wahr.

Miller J G. 1978. Living Systems. New York：McGraw Hill.

Odum E P. 1997. Ecology：A Bridge between Science and Society. Smauer Associate，Inc.

Park R E. 1936. Human Ecology. American Journal of Sociology，24：15-39.

Socolow R ，Andrews C，Berkhout F. 1994. Industrial Ecology and Global change：London：Cambridge Univ Press.

Tansley A. 1939. British ecology during the past quarter century：The plant community and the ecosystem. Journal of Ecology，27：513-530.

Tibbs H. 1991. Industrial Ecology：An Environmental Agenda for Industry. Arthur D Little，Inc.

Vester F，Hesler A V. 1980. Sensitivetätsmodell：Ökologirund Planung in Verdichtungsgebieten. UNESCO Man and Biosphere Project 11 Report. Frankfurt Regionale Planungs gemeinw chaft L ntemain，1980.

WCED. 1987. Our Common Future. Oxford：Oxford University Press.

FROM MATERIALIZED CIVILIZATION TO ECOLOGICAL CIVILIZATION ECOLOGY FOR SUSTAINABLE DEVELOPMENT

Wang Rusong

(Research Center for Eco-Environmental Sciences, Chinese Academy of Sciences, Beijing 100085)

Abstract The 20th Century is a century of materialized civilization, and yet a century of natural ecodegradation and human eco-deterioration. Emerged in the world is an eco-revolution towards sustainable development, which aims at encouraging a new kind of production mode, life style and ecological order with high efficiency of resource utilization, low consumption of nonregenerationable goods and high vitality of life support system. Its fundamental methodology is ecology, a bridge between science and society. This paper introduced the ecological integration method for identification and regulation of social-economic-natural complex ecosystem, which is undergoing a deep transition from numerical quantification to relationship identification, from mathematical optimization to ecological adaptation and from material orientation and artificial intelligence to humanity orientation and ecological intelligence. The origins, progress, the state-of-the-art, and the perspectives of industrial ecology urban ecology and human ecology are introduced with some examples in ecological engineerings ecological planning and ecological education.

Key words eco-civilization, sustainable development, industrial ecology, urban ecology, human ecology

从农业文明到生态文明

——转型期农村可持续发展的生态学方法*

王如松

（中国科学院生态环境研究中心，北京 100085）

从斯德哥尔摩的《人类环境宣言》到里约热内卢的《21 世纪议程》，人类对自身命运的认识实现了一个从消极的环境保护到积极的生态建设，从线性思维到系统思维，从预警性的环境运动到自觉的社会行动的质的飞跃。可持续发展不仅是一种保护环境的口号，而且是一个跨世纪的政治、经济、技术、文化和社会发展的行动纲领，是向传统生产方式、价值观念和科学方法挑战的一场生态革命。其内涵包括了经济的持续增长、资源的永续利用、体制的公平合理、社会的和谐共生、传统文化的延续及自然活力的维系。旨在探讨一种跨世纪、跨国界、跨领域、跨行业、跨意识形态的先进适宜的生产力、生产关系、生活方式、生命素质及生态秩序。这是各国历代科学家、革命家及环境运动人士所梦寐追求的目标，也是人类社会发展的必然归宿。发展的英文“development”是指一种渐进的有序的系统发育和功能完善过程。其对象是由人口、资源、环境组成的人类生态系统。其科学问题的实质可分 3 个层次：一是认识论层次，如何去把握系统的生态学实质，揭示其复杂的动力学机制与控制论规律；二是方法论层次，如何去辨识系统的结构、功能与过程，如何测试系统的复杂性、多样性和可持续性；三是技术及管理层次，如何去组织、协调与建设可持续生态社区、生态产业与生态文化。

一、面向可持续发展的生态革命

世纪之交，世界社会经济格局正向着全球化、多元化和生态方向演变。经历过一个世纪惊心动魄的政治动乱、军事纷争和经济危机以及长足的科技进步、经济腾飞和社会发展奇迹的人类社会，正面临着严峻的人口、资源和环境问题的挑战。尤其是迅速崛起中的发展中国家，如东南亚国家及中国，强烈的现代化需求，密集的人类开发活动，大规模的基础设施建设和高物耗、高污染的产业发展，给区域生态系统造成了强烈的生态胁迫效应。几乎所有早期工业化国家的污染和殖民地国家的生态破坏问题在这些转型期的国家都不同程度地存在。

西方发达国家经过两个多世纪的产业革命和社会发展，以掠夺殖民地生态资产为代价，实现了农业社会向工业社会、乡村社会向城市社会的过渡。发展中国家既没有

---

* 原载于：人文杂志，1999，（6）：53-57，59.

全球广阔的殖民地提供生态资源，也没有两个多世纪的时间跨度去治理污染。早期工业化国家环境污染和殖民地国家生态破坏的环境代价是我们的子孙后代所难以承担的。

环境污染及其所造成的生态破坏是工业革命和殖民主义的副产品。随着大工业的发展，专业化分工越来越细，经济效益成为企业的唯一目标。企业从遍布全球的自然生态系统中无偿或低偿地索取资源，并将生产的消费过程中未被有效利用的大量副产品以污染物或废弃物的形式排出厂外，形成环境问题。其实质是资源代谢在时间、空间尺度上的滞留或耗竭，系统耦合在结构、功能关系上的错位和失谐，社会行为在经济和生态关系上的冲突和失调。人们只看到产业的物理过程，而忽视其生态过程；只重视产品的社会服务功能，而忽视其生态服务功能；只注意企业的经济成本而无视其生态成本；只看到污染物质的环境负价值而忽视其资源可再生利用的价值。社会的生产、生活与生态管理职能条块分割，以产量产值为主的政绩考核指标和短期行为，以及生态意识低下，生态教育落后的国民素质，是整体环境持续恶化的根本原因。“现代化”的发展目标往往集中于工程结构、经济过程及社会功效，而忽视生态资产的流失和生态服务功能的退化。而正是这些生态因素与状态，构成了人类社会持续发展的机会与风险。这里的生态资产是指诸如水源、土壤、气候、景观、植被、生物多样性及适宜的生态位等生态支持基础；生态服务功能是指生态系统为城市人类活动所提供的资源供给、废弃物处理、空间支持、水源涵养、土壤熟化、气候调节、干扰缓冲、污染物净化等服务功能（图1）。

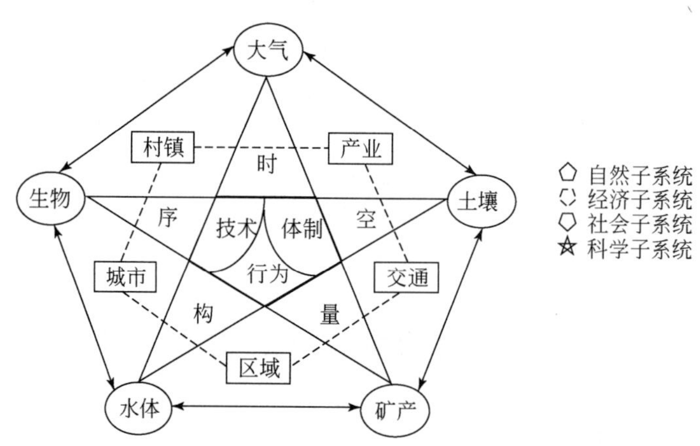

图1　农村社会-经济-自然复合生存系统关系示意图

人类社会迄今发生的几次大的天人关系的革命，都是人类征服自然的革命，它们一次比一次征服自然的强度更大，影响面更广。人们在欢庆征服大自然的胜利的时候也发现了自然生态与人类生态的惊人退化。随着生物多样性的降低、全球环境的变化、自然灾害的频繁、淡水资源的枯竭及沙漠化盐渍化的加剧，自然生态系统为人类生存与发展提供的服务功能越来越弱。随着现代化提供给人的物质享受水平的提高，化石能源逐渐替代了自然能源，人工控制代替了自然调节，个体人越来越懒，越来越笨，越来越贪，越来越弱。离开了电、离开了自来水、离开了交通工具，离开了高能耗的基础设施和服务体系，都市生活就要瘫痪，现代化城市就要崩溃。在传统工业化模式所造成的物质文明背后是生态野蛮。如此以往，人类社会将一步步走向“生态沙漠”。

面对人类生态和自然生态的这种“沙漠化”趋势，人类在即将进入公元第三个千年之际，不得不深刻反思和重新审度我们“现代化”的生产方式、消费行为、价值观念和科学方法。为此，20 世纪 80 年代末以来，以可持续发展为口号，一场社会、经济、环境和科学领域的生态革命正在各国悄悄兴起。在新一轮生态革命中，现代化的内涵不是解放人们体力和智力的高能耗、高消费、高自动化、高生态影响的物质文明，而是高效率、低消耗、高活力的生态文明。其生态足迹（ecological footprint）将从消极的污染型、破坏型向积极的恢复型、建设型演变。现代化的目标已从一维的社会经济繁荣走向三维的复合生态繁荣；一是财富，包括经济资产和生态资产的持续增长与积累效果，两者是相乘而非相加的关系。其中任何一方变为负值或者零值，总体财富将会亏损或耗竭；二是健康，包括人的生理和心理健康及生态系统服务功能与代谢过程的健康。一个健康的生态系统具备雄厚的发展潜力，其面临的风险将降至最低限度，而安全感将升至最大；三是文明，包括物质文明、精神文明和生态文明。决策者、企业家和普通民众的行为心态和价值取向是检验社会文明程度的试金石。这三者中，财富是形、健康是神，文明则是本。生态建设必须从本抓起，促进形与神的统一。这场革命的实质是逆转人类生态与自然生态的退化趋势，恢复人和自然经济的生态潜能，从技术、体制、文化及认识领域重新调节社会的生产关系、生活方式、生态意识和生态秩序，在资源承载能力和环境容量许可的前提下，促进人与自然在时间、空间、数量、结构及功能关系上的可持续发展，实现从自然的农业社会、市场经济的城市社会向生态经济的可持续发展社会的过渡。

二、复合生态系统与生态综合

可持续发展问题的实质是以人为主体的生命与其环境间相互关系的协调发展。包括物质代谢关系，能量转换关系及信息反馈关系，以及结构、功能和过程的关系。这里的环境包括人的栖息劳作环境（包括地理环境、生物环境、构筑设施环境）、区域生态环境（包括原材料供给的源、产品和废弃物消纳的汇及缓冲调节的库）及文化环境（包括体制、组织、文化、技术等）。它们与作为主体的人一起构成“社会-经济-自然”复合生态系统，具有生产、生活、供给、接纳、控制和缓冲功能，构成错综复杂的人类生态关系（马世骏和王如松，1993）。包括人与自然之间的促进、抑制、适应、改造关系；人对资源的开发、利用、储存、扬弃关系，以及人类生产和生活活动中的竞争、适应、共生、隶属、乘补关系。传统发展观念只是把人类社会的功能分为经济生产和社会生活两大类，而忽略了其资源、环境、人口与自然的供给、接纳、控制和缓冲功能。其实复合生态系统的生产功能不仅包括物质和精神产品的生产，还包括人的生产；不仅包括成品的生产，还包括废弃物的生产。其消费功能不仅包括商品的消费、基础设施的占用，还包括了无劳动价值的资源与环境、时间与空间的耗费；尤其重要的是，在人类生产和生活活动后面，还有一只看不见的手即系统反馈在起作用，我们称其为生态服务功能，包括资源的持续供给能力，环境的持续容纳能力，自然的持续缓冲能力及人类的自组织自调节活力。生态建设的任务就是要增强这种生态服务功能，使经济得以持续，社会得以稳定，自然得以平衡。国际生态经济学会主席

Costanza 等（1997）将生态系统服务功能分为：稳定大气、调节气候、对干扰的缓冲、水文调节、水资源供应、防止土壤侵蚀、土壤熟化、营养元素循环、废弃物处理、传授花粉、生物控制、提供生境、食物生产、原材料供应、遗传资源库、休闲娱乐场所，以及科研、教育、美学、艺术用途等17 种，并按全球16 类生态系统估算其经济价值的下限每年约33 万亿美元。大约为全世界年国民生产总值的2 倍，表明每年全球经济资产的所得是以生态资产的2 倍量的投入换来的。

驱动城镇及人类活动密集区复合生态系统的动力学机制来源于自然和社会两种作用力。自然力的源泉是各种形式的太阳能，它们流经系统的结果导致各种物理、化学、生物过程和自然变迁。社会力的源泉有三：一是经济杠杆——资金；二是社会杠杆——权力；三是文化杠杆——精神。资金刺激竞争，权力推动共生，而精神孕育自生，三者相辅相成构成社会系统的原动力。自然力和社会力的耦合导致不同层次复合生态系统特殊的运动规律。早在3000 多年前，中华民族就形成了一套鲜为人知的“观乎天文以察时变，观乎人文以化成天下”的人类生态理论体系，包括道理、事理、义理及情理。中国封建社会正是靠着这些天时、地利及人和关系的正确认识，靠着物质循环再生，社会协调共生和修身养性自我调节的生态观，维持着其3000 年稳定的生态关系和社会结构，养活了近1/4 的世界人口，形成了独特的华夏文明。

工业革命以来的几个世纪，可以说是自然科学的世纪。以物理学为主导的自然科学对物理世界的动力学的过程及结构规律的“分门别类”的研究，以及生物科学对生命形态、过程和组织机理的揭示，为人类认识和改造世界提供了强有力的方法与手段。而对于生命与环境、人与自然间复杂的系统关系的研究却是相形见拙。100 多年来，其方法论一直没有跳出物理学和生物学的圈子。Lindeman（1940）指出“生态学是物理学和生物学遗留下来的并在社会科学中开始成长的中间地带”。只是到了20 世纪90 年代以后，其方法论才呈现出一些新的革命性进展。1997 年著名生态学家Odum 最新出版的“生态学：科学和社会的桥梁”一书称生态学是一门独立于生物学甚至自然科学之外的，联结生命、环境和人类社会的有关可持续发展的系统科学。也是一门认识天人关系的系统哲学，改造自然的系统工程学和欣赏自然的系统美学。面对还原论与整体论，物理学与生态学，经济学与环境学，工程学与生物学的矛盾，一场深刻的方法论革命正在各国兴起。人们通过测度城市生态系统的属性、过程、结构与功能去辨识系统的时（届际、代际、世际）、空（地域、流域、区域）、量（各种物质、能量代谢过程）、构（产业、体制、景观）及序（竞争、共生与自生序）的生态持续能力（图1）。它与传统科学方法不同之处在于：①测度标准从量到序，着眼于对生态过程和关系的调节及复合生态序的诱导而非系统产出或组分数量的多少。②发展的目标从优到适，通过进化式规划，去充分利用和创造适宜的生境条件，引导一种实现可持续发展的进化过程。③研究对象对从物到人，着眼于人的动力学机制，人的生态效应，人的社会需求，人的自组织自调节能力，以及整个复合生态系统的生命力。

生态综合不同于传统科学分析方法之处在于：它将整体论与还原论、定量分析与定性分析、理性与悟性、客观评价与主观感受、纵向的链式调控与横向的网状协调、内禀的竞争潜力和系统的共生能力、硬方法与软方法相结合（图2），强调物质、能量和信息三类关系的综合；竞争、共生和自生能力的综合；生产、消费与还原功能的协调；社会、经济与环境目标的耦合；时、空、量、构与序的统筹；科学、哲学与工程学方法的联姻（王如松等，1996）。

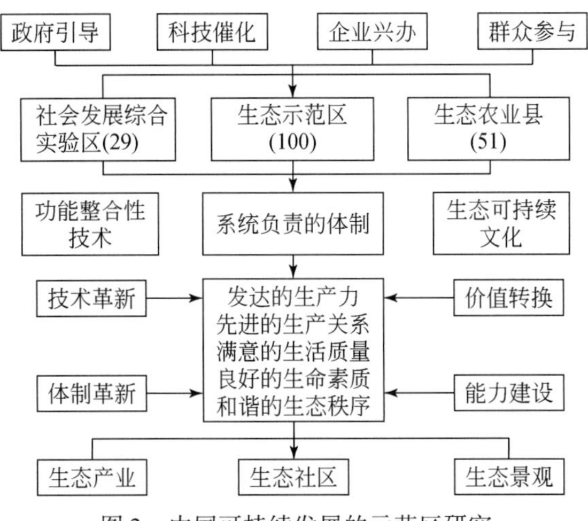

图2　中国可持续发展的示范区研究

三、从生态农业走向生态产业

农村包括农田、农业和农庄：20世纪70年代以来，我国生态农业取得突飞猛进的发展。全国城乡涌现出一大批生态农业典型和生态户、村、场、乡、县和地区。在农田、农业和农庄几个层次上均取得了较大的生态和经济效益。但是，也应该看到，我国生态 农业还一直在低技术、低效益、低规模、低循环的传统生态农业层次上徘徊。生态农业在一些沿海富裕地区正在萎缩。只有从农业小循环走向工农结合的产业大循环，从小农经济走向城乡结合的知识经济，从“小桥、流水、人家”的田园社会走向规模化、知识化、现代化的生态社会，中国农村才能实现可持续发展。

从传统农业经历（或跨越）石油农业走向生态农业、从生态农业走向生态产业、从产业社会走向生态社会，这是中国农村未来可持续发展的必由之路（图3）。

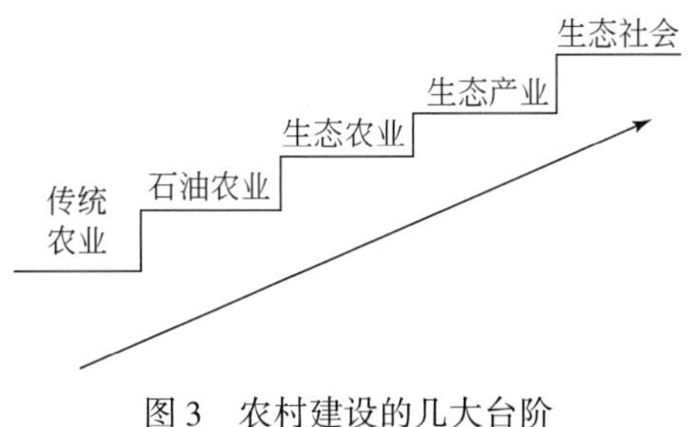

图3　农村建设的几大台阶

从经典物理学家发展起来的自然科学及其工程技术在推动产业革命，促进现代化进程方面立下了不朽功勋。但正是其还原论的学科分类将学科之间、部门之间、企业之间以及人与自然间的联系割裂开来，使现代产业形成链状而非网状结构、开环而非闭环代谢，造成了当代严峻的环境污染与生态破坏问题。传统环境工程也是脱离生态系统的整体代谢过程，通过高投入、高能耗方式对废弃物进行末端治理。20 世纪 80 年代以来兴起的清洁生产技术，从改革内部工艺着手，使废弃物减量化和环境影响最小化，但对于部门外及部门间的共生关系却涉及甚少（Soclow et al.，1994）。

20 世纪 90 年代兴起的产业生态学正是这种形势下脱颖而出的一门研究社会生产活动中自然资源从源、流到汇的全代谢过程，组织管理体制以及生产、消费、调控行为的动力学机制、控制论方法及其与生命支持系统相互关系的系统科学，它被列为美国 21 世纪环境科学研究的优先领域。产业生态学起源于 80 年代末 Frosch 等（1989，1991）模拟生物的新陈代谢过程和生态系统的循环再生过程所开展的“工业代谢”研究。他们认为现代工业生产过程就是一个将原料、能源和劳动力转化为产品和废弃物的代谢过程，并与 Gallopoulos 等进一步从生态系统的角度提出了“产业生态系统”和“产业生态学”的概念。1991 年美国国家科学院与贝尔实验室共同组织了首次“产业生态学”论坛，对产业生态学的概念、内容和方法以及应用背景进行了全面、系统的总结，基本形成了产业生态学的概念框架。例如，贝尔实验室的 Kumar 等（1991），认为：“产业生态学是对各种产业活动及其产品与环境之间相互关系的跨学科研究”。90 年代以来，产业生态学发展非常迅速，尤其是在可持续发展思想日益普及的背景下，产业界、环境学界、生态学界纷纷开展产业生态学理论、方法的研究和实践探索。Tibbs（1991）提出产业生态学是“产业界的环境议程”，是解决全球环境问题的有力手段。国际电力与电子工程研究所（IEEE）（1995）在一份称为“持续发展与产业生态学白皮书”的报告中进一步指出：“产业生态学是一门探讨产业系统与经济系统以及它们同自然系统相互关系的跨学科研究，涉及诸多学科领域，包括能源供应与利用、新材料、新技术、基础科学、经济学、法律学、管理科学以及社会科学等”，是一门“研究可持续能力的科学”。

生态产业是按生态经济原理和知识经济规律组织起来的基于生态系统承载能力、具有高效的经济过程及和谐的生态功能的网络型进化型产业。它通过两个或两个以上的生产体系或生产环节之间的系统耦合，使物质、能量能多级利用、高效产出，资源、环境能系统开发、持续利用。企业发展的多样性与优势度、开放度与自主度、力度与柔度、速度与稳度达到有机结合，污染负效益变为经济正效益。

产业生态学涉及三个层次：宏观上，它是国家产业政策的重要理论依据，即围绕产业发展，如何将生态学的理论与原则融入国家法律、经济和社会发展纲要中，促进国家以及全球生态产业的发展；中观上，它是企业生产能力建设的主要途径和方法，涉及企业的竞争能力、管理水平、发展方案等，如企业的“绿色核算体系”，“生态产品规格与标准”等；微观上，则为企业提供具体产品和工艺的生态评价与生态设计。目前生命周期评价（LCA）已形成了基本的概念框架、技术步骤和系统软件，包括定义目标、确定范围、清查分析、影响评价和改善计划与步骤等。国际标准化组织（ISO）也正在积极推行生命周期评价方法的国际标准化工作。有关产品生产设计的理论尽管不完善，但在实践上发展很快，生命周期设计（LCD），生命周期工程（ICE），为环境而设计（DFE），为拆解再生而设计（DFD），为再循环而设计（DFR）等一系列新的设计理念和方法正在成为产业界的热点。

生态工程是近几年来异军突起的一门着眼于生态系统持续发展能力的整合工程技术。它根据整体、协调、循环、自生的生态控制论原理去系统设计、规划和调控人工生态系统的结构要素、工艺流程、信息反馈关系及控制机构，在系统范围内获取高的经济和生态效益。不同于传统末端治理的环境工程技术和单一部门内污染物最小化的清洁生产技术，生态工程强调资源的综合利用、技术的系统组合、学科的边缘交叉和产业的横向结合，是中国传统文化与西方现代技术有机结合的产物。

四、从田园社会走向生态社会

农村可持续发展的最终目标是从“小桥、流水、人家”的田园社会走向规模化、知识化、现代化的生态社会，为乡村居民提供方便舒适的城市基础设施，高效实惠的产业环境以及稳定和谐的社会氛围。

1996 年 6 月的土耳其联合国人居环境大会专门制定了人居环境议程，提出城乡人居环境可持续发展的目标为：“将社会经济发展和环境保护相融和，在生态系统承载能力内去改变生产和消费方式、发展政策和生态格局，减少环境压力，促进有效的和持续的自然资源利用（水、土、气、生、林、能）。为所有居民，特别是贫困和弱小群组提供健康、安全、殷实的生活环境，减少人居环境的生态足迹，使其与自然和文化遗产相和谐，同时对国家的可持续发展目标作出贡献。”美国国家自然科学基金委员会将城市生态学列为今后重点支持领域之一，其研究内容包括：①初级生产格局和调控方法；②营养物质流的时空分布规律；③表层和底层有机质积累的格局与调控；④土壤、地下水和地表水中的污染物的迁移转化规律；⑤人类对生态系统干扰的格局和频率；⑥人类对城乡土地利用和地表变化的影响及其与生态系统动态的关系；⑦监测城乡生态系统中人与环境相互作用和效应；社会经济及环境复合生态系统数据的收集分析方法如（GIS）；人与自然耦合关系的系统综合方法；⑧将研究结果与学校及社会的生态教育结合的对策和措施。

近年来，欧洲、美洲、大洋洲和亚洲都涌现出一批生态示范社区或村镇，其工作主要是引进一批高效、实用、先进的生态示范技术，建设一种人与自然和谐共生的、有一定超前性的典型生态社区，诱导一种整体、协调、循环、自生的生态文明。示范的指标包括发达的生产力、先进的生产关系、满意的生活质量、良好的生命素质及和谐生态秩序。其中和谐的生态秩序包括区域生命支持系统的生态服务功能是否正常与稳定，土地、水体、大气、景观、气候、动植物及微生物构成的人类生命支持系统是否健康，是否有一个天蓝、水清、地绿、景美的充满活力的生态环境，生态资产是否持续积累与盈余是衡量自然生态秩序高低的准绳；而社会的贫富差距及安定满意程度则是衡量社会生态秩序的标准。

目前，国家科委等 27 个部委共同发起的国家社会发展综合实验区已发展至 29 个，农业部发起的生态农业县 51 个，国家环保局发起的生态示范区有 100 个。许多示范区研究已取得了显著的理论和应用成果。一些研究建议与措施已被当地技术、规划、管理人员所采纳。研究结果无疑会对其他地区的持续发展起到示范作用（图 2）。

参考文献

马世骏，王如松. 1993. 复合生态系统与持续发展. 见：中国科学院《复杂性研究》编委会. 复杂性研究. 北京：科学出版社：239-250.

王如松，欧阳志云 . 1996. 生态整合——人类可持续发展和科学方法 . 科学通报，41（增刊）：47-67.

欧阳志云，王如松 . 1995. 生态规划的回顾与展望. 自然资源学报，10（3）：203-215.

Boulding K. 1970. Economics as an Ecological//Economics as a Science. New York：McGaw hill：23-52.

Checkland P. 1984. Rethinking a System Approach//Tomlison Red. Rethinking the Process of Operational Research and Systems Analysis. New York：Pergamon Press.

Costanza R，et al. 1997. The value of the sord's ecosystem Services and natural capital. Nature，vol. 387，15 May.

Ehrenfeld J，Nicholas Gerder. 1997. Industrial ecology in Practice：the evolution of interdependence at kalundborg. Industrial ecology，Vol. 1 No. 1.

Frosch R A. 1991. Industrial ecology：Aphilo-sophical introduction.

Frosch R A，Gallopoulos N E. 1989. Sci. Am，26（3）：144-152.

Graedel T E，Allenby B R. 1995. Industrial Ecology，Prentice Hall，Engilewood Cliffs，New Jersey.

IEEE TAB. 1995. Environment. Health and Safety Commitree，White paper on sustainable developement and industrial ecology.

ISO/DIS 14040（Commiaee Draft）. 1996. Environmental Maganegemt—Life cycle assessment Priciples and framework.

Kumar C，Patel N. 1991. Industrial Eco-logy，Proc. National Acad，Sci USA. 89：798-799.

Lifset R. 1997. Journal of Industrial Ecology. MIT Press：1（1）.

Lindeman E C. 1940. Ecology：An instrument for the integration of science and philosophy. Ecological Monographs，10：367-372.

McHarg I. 1969. Design with Nature，Garden City，N Y：Natural History Press：

Mcintosh R P. 1985. The Background of Ecology：Theories and concept. Cambridge Univ. Press London.

McKenzie R D. 1934. Readings in Human Ecology. Alhr. Arbor. Wahr.

Miller J G. 1978. Living Sysicms. New York：McGraw Hill.

Park R E. 1936. Human Ecology. American Journal of Scoiology，24：15-39.

Socolow R，Andrews C，Berkhout F. et al. 1994. Industrial Ecology and Global change. London：Cambridge Univ Press.

Tanslcy A. 1939. British ecology during the past quater century：The plant community and the ecosystem. Journal of Ecology，27：513-530.

Tibbs H. 1991. Industrial Ecology：An Environmental Agenda for Industry. Published by Arthur D. Litle，Inc.

Vester F，Hesler A V. 1980. Sensitivetätsmodell：Ökologie and Planung in Verdichtungsgebieten. UN ESCO Man and Biosphere Project 11 Report. Frankfurt：Regionale Planungs gemein wchafl untemain.

WCED. 1987. Our Common Future. London：Oxford University Press.

和谐社会的生态文化基础与培育途径*

王如松　李　锋

（中国科学院生态环境研究中心城市与区域生态国家重点实验室，北京 100085）

人是生活在一定的物理、生物、社会经济和文化环境中的有理想、有理智、有境界的动物。通过一定的生产关系和生活方式如家庭、单位、社团等组成社会群体并形成一定的文化。生态文化是物质文明与精神文明在自然与社会生态关系上的具体表现，是人与环境和谐共处、持续生存、稳定发展的文化。

1　文化与和谐社会

文化是当前我国社会可持续发展的一个软肋。改革开放以来，我们引进了市场经济的竞争机制，但是传统社会的自生和共生机制有所削弱。西方有宗教在平衡市场机制条件下的社会心态。中国人本质上是不信宗教的，但我们却有 2000 多年儒释道诸子百家文化荟萃的中华文化，维持社会的稳定持续，人的家庭观念，社会共生能力很强。新形势下如何恢复弘扬中华民族传统的认知文化、体制文化、物态文化和心态文化的精华，是中国现代化面临的严峻挑战，应该说我们发展的正面形象是“政通人和、百废俱兴、市场繁荣、社会安定”，但是我们也有局部的负面影响，一些地方“物欲横流、生态滞竭、心浮气躁、假冒伪劣”。

“刚柔交错，天文也。文明以止，人文也。观乎天文，以察时变。观乎人文，以化成天下。”“化、教、行也，教成于上而易俗于下，谓文化。从蒙昧文化、农耕文化到工业文化，人类经历了畏惧自然、顺应自然到征服自然驾驭自然的历史演变，还原论和人定胜天的思想占了主导地位。人越来越脱离自然但又不得不依赖自然。生态文化则要在人类文明的肌体中注入生态的内涵，把人类拉回天人合一的可持续生态系统中来。这里的生态反映人与环境间的物质代谢能量转换、信息反馈关系中的生、克、拓、适、乘、补、滞、竭关系。它是人与环境和谐共处、持续生存稳定发展的文化。这里的文指人（包括个体人与群体人）与环境（包括自然、经济与社会环境）关系的纹理网络或指育化、教化或进化，包括自然的人化与社会的自然化。从顺天承运的神本文化、人定胜天的人本文化、金钱至上的资本文化到天人合一的生态文化，是人类社会发展的必然结果。生态文化旨在处理好局部与整体、眼前与长远、竞争与共生、开发与补偿间的生态关系。

和谐社会是人与人（民主法治、公平正义、诚信友爱、充满活力、安定有序）、人

---

* 原载于：中国城市林业，2007，5（2）：6-9.

与自然（整体协同、循环自生）的和谐相处。和谐社会的生态内涵包括人与自然环境中的水、土、气、生、矿（地球化学循环）生态过程和生态服务功能的自然生态和谐；人的社会生产流通、消费、还原和调控方式的经济生态和谐；人的温饱境界、功利境界、道德境界、信仰境界和天地境界等人类生态境界的和谐；社会的技术、体制文化在时空、量、构、序层面的系统生态方法的和谐。

和谐的核心是八个字。一个是开拓，开拓生态位，必须要有发展的力度；第二是适应，适应环境，不能超越环境去发展；第三要有反馈，信息的正负反馈和物质的循环再生；第四是整合，结构功能格局，过程的多维生态整合。

和谐社会的核心是人，即"以人为本"，要处理人和天、地、事、物之间的关系。天是指气候、能源这种大的环境。地是指土地、土壤。事是指事情的结构。物是指物质的循环，要将自然和社会，有形和无形进行调和。

现代社会的系统关联由科技、政治、文化三维支撑。科技主要强调推动经济发展，主要是强调物质文明，设计的是物理空间；政治是主事的，是管理众人之事，要创造一种政治文明，是一种事理空间；文化是育人的，是精神文明，强调调节心灵空间；而和谐社会的目标则必须通过生态关系的调控把这几方面穿针引线，促进一种精神文明、物质文明和政治文明和谐的生态文明，它强调的是一种多维生态关系的统筹。

2 生态的科学内涵

生态学作为一门学问，只在生态学工作者圈子里使用。1967 年 Darling 指出，生态学作为一门研究生物与其环境之间关系的科学，是一个超出初创者想象的意义更为重大的思想。英文中只有 ecology（生态学）和 ecological（生态的或生态学的）两单词，没有作为名词的"生态"一词。著名生态学家 H. T. Odum 教授 1988 年访问中科院生态环境研究中心时，我们曾讨论过此事。他认为 ecology 也可以表示生态关系，但最好像经济（economy）和经济学（economics）的区别一样，将 ecology 解释为生态，而另为生态学创造一个新词，如 ecologics 以代替 ecology，这在汉语中就没有这种歧义。生态的词义本身是中性的，但作为一个形容词的生态（ecological）与名词连用时，常常变成一个褒义词，如生态旅游、生态城市、生态产业等，其实是"生态合理或和谐的"的简称。

我们曾在北京作过有关生态认知的调查。大多数人认为：生态是天蓝地绿、山清水秀，是自然本底或绿化效果的体现，是环境状态好坏的表征。一些人认为：生态是一个生物学术语，生态是一个哲学名词，生态是一种政治口号，生态是一种环境伦理。这些回答都对都不对，生态有三种内涵：一是生态关系，二是生态科学，三是生态哲学。

学术上讲生态是一种哲学、一种科学、一种美学和工艺学，是人类认识环境，改造环境的一门世界观和方法论或自然哲学，是包括人在内的生物与环境之间关系的一门系统科学，还是人类塑造环境、模拟自然的一门工程美学，是科学与社会的桥梁、天地生灵和人类福祉的纽带。

通俗地讲，生态是联结生物与环境、生命个体与整体、人与自然、个人与社会间的一种主客体关系，是与寻常百姓的生存和社会经济发展密切相关的待人、接物、处事的生计、谋术，是人类社会的生存之道、生产之术、生活之理和生命之魂。在生物世界和人类社会中无处不在，无时不有，每个人都要处理这些关系。

理想地讲，生态是工业化以来人们对掠夺型生产方式和耗竭型生活方式的反动以及回归和谐自然生境的憧憬，表示生存发展环境和主客体关系的一种理想状态，是形容词“生态关系和谐的”简称，如生态旅游、生态卫生、生态城市、生态产业、生态文化等，实际上是生态保育性的旅游、生态合理的卫生设施、生态和谐的城市、生态高效的产业、生态和谐的文化的简称。使用初期，其概念是不完整的，但天长日久被人们叫习惯后，遵从约定俗成的原则被社会所公认了。

随着人类开发自然规模和强度的不断加大，生态概念正在迅速社会化、普及化。很多生态学工作者愤愤不平，埋怨整个社会都在讲生态，每个与环境有关的学科都在讲生态，把生态学给庸俗化、泛科学化了。这要一分为二地看。一方面，社会上大多数人讲的实际上是生态关系而不是生态学。人人注重生态关系，处处宣传生态文明，这本身是一件好事，是社会在一定程度上的生态觉醒，有助于提高全民族的生态意识、普及生态知识、推进生态保护、加速生态建设。各个相关学科如地学、环境科学讲生态，正是生态思维、生态方法和生态艺术渗透到相关学科的表现，不仅说明生态关系研究的必要性、紧迫性，更说明我们的生态学理论和方法研究还跟不上社会发展的需求，给生态学工作者提出了挑战。

另一方面，确实有一些人只是在赶时髦、跟潮流，做表面文章，甚至打着生态的招牌谋取私利或破坏生态，如很多地方的生态旅游，实际上是破坏生态、亵渎生态的旅游。一些生态居住小区建设是违背生态规律、浪费物质能量的豪宅建设。一些生态示范政绩是违背生态经济原则，用金钱堆出来的政绩。这里少数是道德问题，但大多数还是认识问题。全社会缺乏正确的生态知识教育、生态行为引导和生态科学方法。我们需要生态哲学、生态伦理、生态知识的普及和生态美学的修养。

生态学作为一门交叉学科，与各相关学科有着千丝万缕的必然联系。但作为一门独立学科，不是某一学科的内容冠以一个生态的前缀就变成生态科学了。生态学植根于各类环境科学和生物学，但作为一门严格的学问，生态学必须有自己特有的界限、对象方法。物理环境和生物有机体本身不是生态学研究的主要对象，生态研究的对象是无、是间、是桥、是关系，是化育、是多维的耦合关系，是有生物网络（个体、种群、群落）、有生命活力、有空间格局、有生态过程（代谢、繁衍、进化）的多维空间，是人类及万物生灵得以生存、发展、繁衍、进化的生存环境。野外调查、室内或田间实验统计分析和经验模拟是生态学研究的重要方法，但不是生态学特有的研究方法。生态学的核心是处理生态系统中类似数学中微分（dx）和积分（$\int$）的功能耦合与尺度变换关系，而不是单个生物或环境组分本身，也不是简单的加和（Σ）与乘积（Π）的数学运算。它通过生态整合发现上层系统新的性质［类似于不定积分中从 $f(X)$ 到 $F(X)$ 的转变］，通过生态反演发现不同时空尺度的进化规律、耦合关系。尽管生态学研究的方法论还是一片急待开发的处女地，涉及生命科学和地学、环境科学的交叉，系统科学和生物学、社会学、经济学的联姻。

生态一词自20世纪初引进中国以来，其天生的整体论学科性质很快就与中国传统的天人合一思想相共鸣，在生态农业、生态工程、自然保护等领域得到广泛的应用。中国人多地薄、历史悠久的国情，也决定了中国生态学研究的亲民特色和人文关联。早在20世纪80年代初，马世骏等就提出了人类社会是一类以人的行为为主导、自然环境为依托、资源流动为命脉、社会体制为经络的社会-经济-自然复合生态系统。

一个由 M. Palmer 等 20 名著名生态学家组成的美国生态学会生态远景委员会 2004 年完成了一个生态学战略研究报告（www. esa. org/ecovisions），该报告的简介以“拥挤地球的生态学”为名刊登在《科学》杂志 2004 年 5 月 28 第 304 卷 1251 ~ 1252 页上。报告中提出促进生态科学与决策管理的联姻，推进以生态学为基础的科学决策；深化面向可持续发展的多尺度、预测性、创新性、信息化的生态学研究；营建跨领域、跨学科、前瞻性和国际性的生态文化氛围等三大战略和相应的行动计划。报告中提出的生态服务、生态设计、生态信息和生态文化研究已为生态学前沿的几朵奇葩，对快速经济发展中的我国城乡环境保护、生态建设和生态科学发展有着重要的参考价值。

作为世界上会员最多、实力最强的美国生态学会发表的这一报告是划时代的。它标明世界生态学在继续深化现有研究领域的同时，正从传统生物生态学向人类可持续发展生态学、经院生态学向管理决策生态学、自然生态学向社会生态学、恢复生态学向工程生态学的拓展和升华。

生态是辩证的，和谐而不均衡、开拓而不耗竭、适应而不保守、循环而不回归。生态文化不是返朴文化，它在扬弃当今工业文化弊病的同时亦强调发展的力度、速度，资源利用的效率和效益。强调竞争、共生与自生机制，特别是自组织、自调节的活力，强调传统文化的延续和继承。一个可持续发展的和谐社会应以环境为体、经济为用、生态为纲、文化为常，遵循对有效资源及可利用的生态位的竞争或效率原则（市场机制）；人与自然之间、不同人类活动整体间的共生或公平性原则（社会主义）；通过循环再生与自组织行为维持系统结构、功能和过程稳定性的自生或生命力原则（中国文化）。竞争、共生和自生机制的完美结合，就是融传统文化与现代技术为一体，吸取东西方发展的经验与教训，综合历代产业革命、社会革命和环境革命所未完全实现的理想，并以生态建设模式去推动有中国特色的社会主义市场经济下的可持续发展。

3　生态文化的内涵与培育途径

生态文化是物质文明与精神文明在自然与社会生态关系上的具体表现，是天人关系的文化。生态文化中的“生态”是人与环境间高效和谐的生态关系的简称。它既是一种竞争、共生和自生的生存发展机制，又是一种追求时间、空间、数量、结构和秩序持续与和谐的系统功能；既是一种着眼于富裕、健康、文明目标的开拓竞争过程，也是一种整体、协同、循环、自生的进化适应能力；既是保护生存环境、保护生产力、保育生命支持系统的长远战略举措，也是一场旨在发展生产力的技术、体制、文化领域的社会革命，是一种走向可持续发展的具体行动。生态文化可分为四类：①体制文化-管理社会、经济和自然生态关系的体制、制度、政策、法规、机构、组织等；②认知文化——对自然和人文生态以及天人关系的认知和知识的延续（哲学、科学、技术、教育、医疗、卫生）；③物态文化——人类改造自然适应自然的物质生产和生活方式及消费行为，以及有关自然和人文生态关系的物质产品（建筑、景观、古迹、物化的艺术品）等；④心态文化——人类行为及精神生活的规范（道德、伦理、信仰、价值观等），以及有关自然和人文生态关系的精神产品（文学、音乐、美术、声像等）。

生态文化的核心在于天人合一的系统观、道法自然的天然观、巧夺天工的经济观和以人为本的人文观。具体表现在管理体制、政策法规、价值观念、道德规范、生产方式及消费行为等方面的体制合理性、决策科学性、资源节约性、环境友好性、生活俭朴性、行为自觉性、公众参与性和系统和谐性，启迪一种将温饱、功利、道德、信仰和天地境界融合为一的生态境界，将个体的动物人、经济人改造为群体的生态人、智能人。

生态文化建设在宏观上要逐步影响和诱导决策管理行为和社会风尚，在微观上逐渐诱导人们的价值取向（从金钱、功利取向转向社会的富足、健康与文明）。生产方式（从产品导向转向功能导向、资源掠夺型向保育再生型转变）和消费行为（从高能耗、高消费、负影响向低能耗、适度消费、正影响过度）的转型。增强科学决策能力，培育可持续发展的运行机制。促进全社会从物的现代化向天人关系的现代化转变。塑造一类新型的企业文化、消费文化、决策文化、社区文化、媒体文化和科技文化。

以企业文化为例，生态文化旨在推动传统工业的生态转型，实现产业代谢的纵向闭合：从链式经济走向循环经济；横向联合：从竞争经济走向共生经济；区域耦合：从厂区经济走向园区经济；社会复合：从部门经济走向网络经济；功能导向：从产品经济走向服务经济；软硬结合：从自然经济走向知识经济；结构灵活：从刚性生产走向柔性生产；增加就业：从减员增效走向增员增效；人类生态：从职业谋生走向生态乐生。劳动成为就业者主动实现自身价值的第一生态需求而不是谋求生存的被动手段。

参考文献

马世骏. 1995. 马世骏文集. 北京：中国科学技术出版社.
王如松. 2005. 生态环境内涵的回顾与思考. 科技术语研究，7（2）：28-31.
王如松. 2005. 生态政区规划与建设的冷思考. 环境保护，（10）：28-33.
王如松，林顺坤，欧阳志云. 2004. 海南生态省建设的理论与实践. 北京：化学工业出版社.
王如松，徐洪喜. 2004. 扬州生态市规划方法研究. 北京：中国科技出版社.
Palmer. 2004. Ecology for a Crowded Planet. Science，304：1251-1252.

弘扬生态文明 深化学科建设*

王如松 胡 聃

（中国科学院生态环境研究中心城市与区域生态国家重点实验室，北京 100085）

摘要 阐述了“生态”的“耦合关系、整合功能与和谐状态”三大内涵；提出了以气候变化、经济振荡和社会冲突为标志的全球生态安全问题，以资源耗竭、环境污染和生态胁迫为特征的区域生态服务问题，以及以贫穷落后、超常消费和野蛮开发为诱因的人群生态健康和社会生态福祉下降等世界三大生态焦点议题；探讨了生态文明的认知、体制、物态和心态内涵及其研究、发展和管理战略。提出了深化与创新基础生态学和应用生态学研究、献身生态学教育与科普工作、参与生态学决策与管理的对策和倡议。

关键词 生态 生态文明 生态科学

1 生态：机遇与挑战

1.1 生态的内涵探讨

“生态”一词是近年来国内外报刊媒体、政府文件乃至街谈巷议中出现频率最高的一个名词之一。可是对于什么是生态，人们却理解不一，说法各异。汉语里的生态是一个多义词，有关系、学问与和谐状态三种内涵。

首先，生态是包括人在内的生物与环境、生命个体与整体间的一种相互作用关系，在生物世界和人类社会中无处不在，无时不有，每个人都要处理这些关系。民间泛谈的生态是生命生存、发展、繁衍、进化所依存的各种必要条件和主客体间相互作用的关系。

其次，生态是一种学问，是人们认识自然、改造环境的世界观和方法论或自然哲学；是包括人在内的生物与环境之间关系的一门系统科学；是人类塑造环境、模拟自然、巧夺天工的一门工程技术；还是人类怡神悦目、修身养性、品味自然、感悟天工的一门自然美学。

第三，生态还是描述人类生存、发展环境的和谐或理想状态的形容词，表示生命和环境关系间的一种整体、协同、循环、自生的良好文脉、肌理、组织和秩序。例如，生态城市、生态旅游、生态卫生等，实际上是偏正词组“生态合理的城市”“生态和谐的旅游”“生态良性循环的卫生”的简称，是约定俗成后经权威组织认可、被社会所公认的用语。

---

* 原载于：生态学报，2009，29（3）：1054-1067.

可见，生态既是名词又是形容词，作为一种中性词，有时又可当褒义词组的简约形式，必须通过上下文的分析才能区别。

“生态”二字中，“生”的中文由人和土构成，表示生命、生产、生活、生存，其动力学机制一是，“竞争衍生”只有开拓、竞争，物种才能生存、繁衍；二是“整合共生”不同生物个体之间、种群之间必须求同存异、相生相扶、互利共赢、整合协调，系统才能进化；三是“循环再生”包括物质的循环再生、信息的反馈更新、生命的新陈代谢，生命系统才能生生不息螺旋上升；四是“适应自生”生物既要改造自己适应环境，又要改造环境适应自己，有强的抵御外部风险和受干扰后迅速恢复的能力，以及强的自组织、自调节、自力更生的系统活力，世代才可自强不息、持续发展。

“态”的中文繁体由自然的“能”加人文的“心”组成，表示状态、动态、过程、格局，其控制论机理一是“物态谐和”，输入输出要平衡、数量质量要协调；二是“事态祥和”局部整体要兼顾，时、构、序要统筹，三是“心态平和”哲学、科学、工学、美学天人一统，功利、道德、信仰、天地境界圆融；四是“世态亲和”群体关系融洽、亲情友情诚挚，民心思进、世风淳朴。

生加态就是达尔文的物竞天择、老子的道法自然、人类生态的绿韵红脉、以及天人合一的心同文化。

1.2　世界三大生态焦点议题

2007 年北京世界生态高峰会，来自世界各大洲 70 多个国家和 20 多个国际和地区的与生态相关学术团体的 1400 余名代表忧心忡忡、踌躇满怀，呼吁世界各族民众和各国政府紧急行动起来，用人类的智慧和行动拯救自然、拯救人类、调养生态、绿化经济，发表了弘扬“生态”这一“认识世界、改善环境、美化生活的强力工具”的北京生态宣言。会上人们关注的焦点集中在以下三个尺度的生态问题上：以气候变化、经济振荡和社会冲突为标志的全球生态安全问题；以资源耗竭、环境污染和生态胁迫为特征的区域生态服务问题；以及以贫穷落后、超常消费和野蛮开发为诱因的人群生态健康和社会生态福祉问题。

1.2.1　全球环境变化和生态安全

人口拥挤和石油沸腾的地球正遭遇着剧烈的环境变化、经济动荡和社会冲突。急遽加速的城市化、工业化、全球化和信息化在显著改善人类福祉的同时，对区域和全球环境以及人类健康和生存的负面影响和证据已清楚地摆在人们面前。以气候变化、经济振荡和社会冲突为标志的全球生态安全问题正引起各国学术界、政界、产业界、媒体以及全社会的广泛关注。但是，无论对生态复杂性的科学机理和方法，还是对生态持续性的理论、技术、手段和方法的研究和应用都还远远跟不上时代的需求。

生态安全是对包括人在内的生物与环境关系稳定程度和生态系统可持续支撑能力的测度。生态安全具有时间上的累积性（历史的开发行为决定现时的安全状态，而现时的开发行为又影响着未来的生态安全）、空间上的耦合性（流域上下游之间、上下风向之间、城乡、水陆、山区和平原之间都是相互影响、交叉作用的，一个地区的生态安全与邻近地区戚戚相关）、数量上的临界性超过一定的临界值，系统就会发生不可逆的结构性变化和功能性退化）、结构上的多维复合性（由社会、经济、自然等多方面的生态关系交织而成）和序理上的共轭性（社会与自然、风险与机会、生存与发展）。工业文明的一个显著特点是化石能源的无节制消费和化工产品的大规模生产，全球生态安全不仅取决于温室气体的排放总量，更与地球水、土、气、生和地球生物化学循环间复合生态效应，以及不同时空尺度生态系统间的耦合关系密切相关。

生态安全的动力学机制有客观和主观两方面，瘠薄脆弱的生态环境、僧多粥少的自然资源、积重难返的历史问题，和粗放的经济增长方式是生态安全失衡的客观原因；还原论的思想方法和科学技术、条块分割的管理体制和考核指标、资本积累早期的暴富投机心理和社会主义初级阶段的文化是生态风险经久不下的人文土壤。随着我国经济的强势发展，人们对全球环境变化的贡献越来越大，如何从全球生态学的高度推进生态科学建设，寻找减缓和适应全球变化的生态保育、规划、建设和管理的方法和技术，是中国生态学面临的一个重大挑战。

1.2.2　区域经济发展与生态服务

前联合国秘书长安南 2002 ~2005 年在世界范围内组织了一个全球千年生态系统研究。该研究报告指出，传统生态学家只研究自然生态系统，而社会学家只研究人类福祉问题。这两者之间的关系表现为自然生态系统给人类提供生态服务，人类建设生态系统、胁迫生态系统，同时生态系统超过它的承载能力以后，往往以灾难的形式，对人类行为做出反馈和响应。协调自然生态系统与人类福祉之间的服务、胁迫、响应、建设关系已成为当今生态学研究的一个核心议题。人类福祉不仅需要物质文明的进步，更需要自然生态的服务，包括产品供给（为人类生产和生活提供水、能、气、土、矿产、生物质等代谢物质和能量）、生境涵养（活化土壤、稳定大气、保持水土、调节水文、孕育生境）、环境调节（局地气候调节、净化环境、减缓灾害、有害生物防治、生物多样性维持）、循环流通养分循环、废弃物再生、传授花粉、基因遗传、污染物扩散）、载体服务（为经济建设、社会发展、科研教育、文化生活等提供承载、容纳、欣赏、休闲的物理空间、生态景观和美学环境）等功能[1]。

我国城乡环境问题的一个重要原因是区域生态服务功能的退化。例如，灰霾不只是 SO_2、NOx、TSP、IM 的环境排放问题，而是水、土、气象、景观、多维界面和三维空间流场的多因素、多动力的复合生态迁移、富集、净化和扰动过程（upwelling）；水华不只是点源污染问题，面源、体源、线源、内源都有，是水文、大气、土壤、生物交互作用的结果，不是点状的污水处理厂就可以解决问题的，而要社区、土地、区域协同处理，环境和生态工程并用，自然和人文协同作用；绿化不只是种树种草的问题，而是生态系统结构与功能过程以及景观、产业、行为整合的生态活力问题。如何在环境污染控治的同时，从正面诱导大自然的生态净化能力、改善区域生态系统服务功能，增强不同类型生态系统的活力，是改善中国环境质量的关键，也是中国生态学界应对全球环境变化的战略重点。

1.2.3　社会福祉与生态健康

2007 年 5 月 26 日于北京召开的第三届世界生态高峰会通过的北京生态宣言指出，生态是人们日常关注问题的核心，是解决人与自然系统关系问题、确保世上所有人拥有健康的生命，让子孙后代拥有良好生存环境的关键；没有对人与环境复杂多变生态关系的深刻理解，人们的决策就有可能出现严重失误，给未来留下诸如土地功能退化、动植物生境丧失以及全球气候继续恶化等众多生态风险[2]。

生态健康是测度人的生产、生活环境及其赖以生存的生命支持系统的耦合关系、代谢过程和服务功能完好程度的系统状态指标，包括人体生理与心理环境的健康、人居代谢和栖息环境的健康、人群家庭和社会关系的健康及区域社会经济自然复合生态系统的健康。生态健康的反面是环境病、生态功能衰弱或生态关系的紧张。包括代谢过程的不健康，即物流能流的滞留、堵塞与耗竭；系统结构的不健康，即发育形态的破碎、板结与冗余；以及进化功能的不健康，即生态关系的和谐、活力与持续能力的低下[3]。

我国既存在早期工业化国家的环境污染、资源耗竭的贫困病；又有后工业化国家的资源浪费、消费过度的富裕病。各类新老环境问题正威胁着城乡居民的身心健康和区域生态服务功能的正常发挥。现行医疗体系基本上是医药维护而不是健康保育；是消极防治而不是积极保健；环境整治是末端治理而不是过程调控。中国传统的人类生态思想和自我保健的系统调理方法并未得到很好的承继，国民的健康安全还没有得到有效的保障。以环境与健康的生态关系为突破口，研究生态健康的动力学机制和系统调控方法，保障居民的身心健康和生活福祉，是国际科联环境问题科学委员会三大重点研究方向，也是中国生态学关注的重点领域。

2　生态文明：内涵与战略

“文明”一词，最早见于《周易·乾·文言》中的“见龙在田，天下文明”。尚书·舜典》称“经纬天地曰文，照临四方曰明”。文，通纹，为纹理、纹脉，是一种时间、空间的生态联系。明，喻日月，《周易·系辞下》有“日月相推而明生焉”，指从暗向亮，愚昧向睿智的开化过程。《周易·贲卦·彖传》指出：“刚柔交错，天文也。文明以止，人文也。观乎天文，以察时变。观乎人文，以化成天下。”英文中的 civilization 一词是工业革命的产物，汉语译作“文明”，英文辞海中诠释为“人类社会的智力、文化和物质生活的发展和进步状态，以先进的人文和自然科学、广泛的文字记载、精巧的政治管理能力和社会组织形态为特征”。文明和文化在 18 世纪欧洲各国通常作为同义语使用，都是知识、信念、艺术、伦理、法律、习俗、风尚等的综合体。

生态文明是物质文明、精神文明与政治文明在自然与社会生态关系上的具体表现，涉及体制文明、认知文明、物态文明和心态文明（图 1）。具体表现在人与环境关系的管理体制、政策法规、价值观念、道德规范、生产方式及消费行为等方面的体制合理性、决策科学性、资源节约性、环境友好性、生活俭朴性、行为自觉性、公众参与性和系统和谐性，展现一种竞生、共生、再生、自生合一的生态风尚。

狭义的生态文明是人们改造自然、顺应自然的明智行为、观念和意识，是和蒙昧、野蛮相对应的人类开化和进步的一种天人合一的生存和发展状态；广义的生态文明则指人类在改造自然、适应自然、保育自然、品味自然的实践中所创造的人与自然和谐共生的物质生产和消费方式、社会组织和管理体制、价值观念和伦理道德、以及资源开发和环境影响方式的总和，包括对天人关系的认知（哲学、科学、教育、医疗、卫生）、对生产方式的组织产品的纵向、横向和区域组织方式）、对人类行为的规范

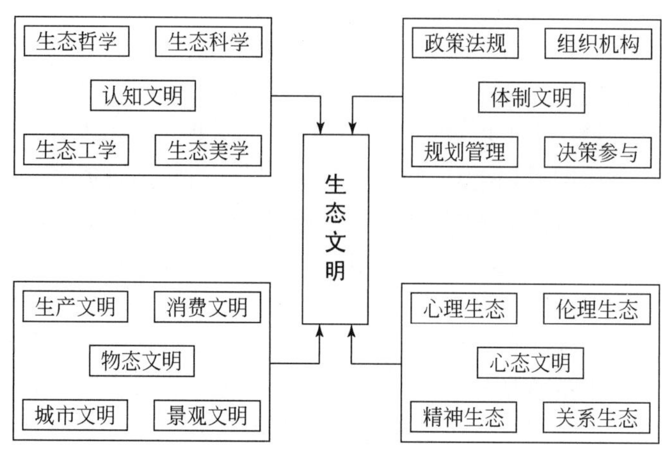

图 1　生态文明的科学内涵和研究框架

Fig. 1　The connotation and research framework of ecological civilization

(道德、伦理、信仰、消费行为、价值观)、对社会关系的调控（制度、法规、机构、组织）及有关天人关系的物态和心态产品（建筑、景观、产品、文学、艺术、声像）等。

原始文明以采摘狩猎为特征，以发明用火和金属工具为标志，是一种自生式的社会形态；农业文明以种植养殖为特征，以发明灌溉和施肥育种为标志，是一种再生式的社会形态；工业文明以市场经济为特征，以大规模使用化石能源和机械化工产品为标志，是一种竞生式的社会形态；社会主义以社会公平为特征，是一种共生式的社会形态。从原始文明、农耕文明到工业文明，人类经历了畏惧自然、顺应自然到征服自然、驾驭自然的历史演变，还原论和人定胜天的思想占了主导地位，人越来越脱离自然但又不得不依赖自然。生态文化则要把工业文明拉回天人合一的可持续生态文脉中来，处理好局部与整体、眼前与长远，竞争与共生，开发与保育间的生态关系。生态文明以可持续发展为特征，是基于前述几类文明基础上的集竞生、共生、再生、自生功能为一体的高级社会形态。中国特色社会主义市场经济下的持续发展就是要建设一类以生态经济、信息技术及和谐社会为标志，基于前述几类文明的、集竞生、共生、再生、自生机制为一体的红绿交错而非一色纯绿的生态文明社会。

尽管近代对生态文明研究较多的是西方人，历史上生态文明主要是由四大文明古国创造、弘扬和延续下来的。我们的祖先早在5000多年前就已形成了一套鲜为人知的人类生态理论体系，包括道理（即自然规律，如天文、地理、物候、气象等)、事理(即对人类活动的合理规划管理，如政事、农事、军事、医事等)、义理（即社会关系的规范，如道德、伦理、法制、纲常等）和情理（即个体行为的准则，如信仰、心理、习俗、风尚等)。中国封建社会正是靠着对这些天时、地利、人和之间关系的正确认识，靠着物质循环再生、社会协调共生和修身养性自我调节的生态观，维持着其长久超稳定的社会整合结构，以世界7%的耕地和水资源养活了世界21%的人口，形成了独特的华夏农业生态文明。

历史上东西方的生态文明观在处理人与自然关系上的立场是截然不同的。《圣经》

在描述人与自然关系时主张人主宰一切，上帝造人是让人来管理动物、植物、森林、山河的，自然隶属于人。西方绘画以人和神为中心（上帝其实是神化了的人），教堂高耸云天、威慑远近，城堡雄踞山巅，俯视山川河流、草木鸟兽，显示神和人的权威和力量。而中国画一般以山水自然为本，人融合于自然之中且在画面中不居主要地位；中国的庙宇更是“躲”在山谷、树丛中，从不张扬，与自然山水很好地融合。仁者乐山、智者乐水，对待人与自然主从关系的不同认知分别形成了中国5000年封闭循环、低效稳定、自力更生的传统农业文明和西方近200年来以巧取豪夺自然、高效高速高环境影响为特征的工业文明。

自工业革命以来，闭关自守的中国不仅科学上落后，传统生态文明也在衰败。过去100年，中国经历了翻天覆地的变化，各种传统的、现代的、西方的、东方的文化交相作用，华夏自然生态及人文生态正在经历着剧烈的改变。在引进市场经济的竞争机制和工业革命的科学基础的同时也引进了人类中心主义的生态观，在扬弃封建文化糟粕的同时也在扬弃传统生态文明中天人合一的自生、共生和再生机制。

生态文明在国外属于人类生态学范畴。20世纪20年代美国芝加哥学派将生态学原理引入人类社会管理，形成了人类生态学。他们提出把自然生态的一些原理应用到城市中，管理好城市社会，这是城市的生态文明。美国著名动物学家利奥波德1949年出版的《沙乡年鉴》中创造了一种新的伦理学——土地伦理学，把土地、水、植物和动物看成是一个完整的生态系统，反对“人类沙文主义”和以人为中心的伦理准则，即人只是大自然家庭中的普通一员，不应该使人作为自然的主宰。他把人类伦理演进的过程划分为三个阶段：第一阶段是处理有关个人与个人之间的关系，第二阶段是处理个人和社会之间的关系，第三阶段则是处理人与自然的关系。至今人们还没有处理关于人对土地、对动物以及对生长在土地上的植物的关系方面的伦理。人与自然的关系不仅有权利，更有义务，而且只有尽了义务奉献，才有资格索取。土地伦理学提出在农、牧、渔等农业活动中应善待自然、善待土地、善待牧场、善待海洋，使其能够持续利用[4]。

美国著名海洋生态学家蕾切尔·卡逊1962年出版的《寂静的春天》一书是近代生态文明的发展一个重要的里程碑。蕾切尔·卡逊呼吁人类不要残酷地对待自然，要恢复理性，倡导一种生态的、合理的文明。这本书在国际社会引起从政府到民众对环境问题的关注。1972年在瑞典斯德哥尔摩召开的联合国人类环境会议是生态文明的又一个里程碑。当时国际社会关注的问题是要环境还是要发展？结论是：人类只有一个地球，人类要善待地球、善待环境，保护环境应该是第一位的，回答了一个“或（or）”字。1992年在巴西里约热内卢举行的联合国环境与发展大会上，国际社会关注的问题是环境和发展要平衡，强调了一个“和（and）”字。但实际上，环境和经济发展不可能绝对平衡。在2002年南非约翰内斯堡召开的里约十年环境高峰会又提出融环境保护于经济建设之中、构建基于生态系统的有机发展理念，突出了一个“合（in）”字，这种环境与经济的融合观才是新时期更高层次的生态文明观。

2.1 生态学与认知文明

人与自然关系的认知文明是人类在认识、感悟和品味自然，保护、改造和管理环境过程中从感性认识到理性认识、从必然王国到自由王国所积累的知识、技术、经验和系统方法在社会上的普及、宣传效果、观念意识的升华和风尚习俗的进步，包括生态哲学、生态科学、生态工学和生态美学。

生态是辩证的：和谐而不均衡，开拓而不耗竭，适应而不保守，循环而不回归。生态学是个体和整体，有和无，形和神，生和灭，分和整之间关系的学问。生态学的核心是处理生态系统中的复杂关系。这些关系无处不在，无时不有，但却是无形、无界、无量、无为的。人们常说的无为而治所包含的就是一种生态哲理。“无为而治”实际上不是无所作为，而是为所不为，做那些人家没有做的，看不到的东西，实际上是反过来的“为无而治”。生态文明的核心是建立在天人合一理念基础上的生态整合观，是有关人与自然、人与社会和人体内部关系的系统观。人“与天地合其德，与日月合其明，与四时合其序，与鬼神合其吉凶，先天下而天弗违，后天而奉天时”。“裁成天地之道，辅相天地之宜”和“范围天地之化而不过，曲成万物而不遗”，就是将天、地、人作为一个统一整体，人只要顺应自然，尊重规律，就可以物茂财丰、平安祥和。

生态科学是研究包括人在内的生物与其自然和社会环境间相互关系的系统科学，包括自然生态学和人类生态学，前者有动物、植物、微生物生态学，个体、种群、群落、生态系统和景观生态学，还有不同类型生态系统，如草原、湿地、森林、农田、海洋、流域生态系统的生态学等。后者包括心理生态学，伦理生态学，经济生态学，产业生态学，城市生态学与文化生态学等人和环境之间关系的学问。总的说来，自然生态研究的学科比较成熟和深入，而人类生态研究则比较薄弱。

生态学还是一门工程学，是一种设计工艺，一种生存艺术。研究怎样把自然生态的原理应用到人工生态系统的建设中。生态工程学是近年来异军突起的一门着眼于生态系统持续发展能力的整合工程技术。中国台湾叫生态工法，日本则叫生态工学。生态工程是模拟自然生态的整体、协同、循环、自生原理，并运用系统工程方法去分析、设计、规划和调控人工生态系统的结构要素、工艺流程、信息反馈关系及控制机构，疏通物质、能量、信息流通渠道，开拓未被有效利用的生态位，使人与自然双双受益的系统工程技术。不同于传统末端治理的工程技术和单一部门内污染物最小化的清洁生产技术，生态工程强调资源的综合利用、技术的系统组合、学科的边缘交叉和产业的横纵结合，是中国传统文化与西方现代技术有机结合的产物。

美学研究人与现实（自然、社会、艺术）的审美关系。生态学和美学的结合点在于人与自然关系的和谐，是对人类理性的必然性和功利性的挑战和超越。生态美学研究生物、环境与人类社会间相互关系的审美状态与自然潜在的审美性，其美的内涵包括了整体和谐美、协同进化美、循环反馈美、自生自然美。形态、格局、秩序、色彩、对称、均衡、节奏、韵律，多样统一，是生态审美的共同规律。用生态美学去格物、处世、待人，你会发现，大自然既是美的，也是理性的。自然以她特有的色彩、线条、形状、位置和声音，以她特有的有序、和谐与统一，在人们心中唤起了美的形象，美的愉悦，美的追求和美的感悟，使人怡神、悦目、清心、节欲，陶冶情操。生态美学在揭示自然美的实质和规律的同时，还向人们介绍如何创造一个适合于人类身心健康的环境，包括自然环境的保护，城市生态的安全与健康，人居环境的美化，园林庭院的绿化与美化，人的衣着、服饰，环境中色彩的搭配、形与神的融合等。

2.2　生态管理与体制文明

基于生态管理的体制文明是对协调人口、资源、环境关系的管理制度、政策、法规、机构、组织的开拓、适应、反馈、整合能力与和谐程度的测度。传统工业文明的一个重要顽疾是社会的生产、生活与生态管理职能条块分割、环境经济脱节、生产消费分离、城市乡村分治、厂矿和周边环境脱节，废弃物制造和循环利用脱节，企业间横向耦合关系松散，部门之间缺乏沟通机制，内部组织的自调节机制薄弱，决策就事论事，管理基本上是救火，哪里有问题就扑向哪里，结果往往是按下葫芦浮起瓢。一些地区各职能部门、各分管领导之间都缺乏沟通协调机制。例如，水污染问题，水利、环保、规划、城建、城管、环卫、农业、工业、卫生，九龙治水，各显神通。体制的条块分割是我国太湖、淮河等流域水污染治理多年来投入不少，效果不大的一个重要原因。

工业革命以来，科学对于社会的物质文明确实起到了极大的推进作用，但是认知的支离破碎、科学的还原论主导，人与自然的分离和学科的封建割据却阻碍了生态文明的进步。汉语中，“科学”这个词的英文（science）翻译得非常确切，就是分科别类的学问。学科越分越细以后，彼此缺乏交叉融合，虽然在某些点上可能取得重大突破，但对于系统性、全局性、特别是人与自然交叉的复合生态问题却是力不从心。

人工生态系统的一个重要弊端是信息反馈渠道不通，反馈速度缓慢，正负反馈不匹配。例如，20世纪五六十年代的大炼钢铁、歼灭麻雀、围湖造田、陡坡开荒运动，就是因为生态破坏的正反馈信息，没有生态文明的负反馈信息所制约，反馈路径又不畅，等到出现灾难性的后果再挽救已为时过晚。

人与自然关系的体制文明建设目标就是要从根本上转变“先污染后治理、先规模后效益、先建设后规划、先经济后生态”的发展阶段论思想，推进从基于资源承载力无限、环境容纳能力无限的链式生产到从摇篮到坟墓再到摇篮、生产消费还原一条龙、信息反馈灵敏的循环经济转型，完善生态规划、建设和管理的政策法规，建立基于科学发展观的绩效考核制度，逐步实现从体制条块分割的纵向管理走向合纵联横的生态系统管理，保障生态资产（水、土、气、生、矿）、生态服务、生态网络和生态安全的科学管理。

体制文明建设的根本任务就是要为贯彻落实党的十七大报告提出的“统筹城乡发展、区域发展、经济社会发展、人与自然和谐发展、国内发展和对外开放，统筹中央和地方关系、个人利益和集体利益、局部利益和整体利益、当前利益和长远利益”等九个统筹提供科学方法。以城乡统筹为例，解决三农问题的关键就是要完善生态文明体制。农民有两种贡献，一是提供食物、纤维及工业原料等生物质产品，二是为区域和城市提供水源涵养、土壤熟化、保持水土、接纳污染、净化环境、调节气候、减缓灾害、保护生物多样性等多种生态服务功能，为城市、工业和野生生物提供适宜的生产和栖息环境。但社会只以很低的价格来交换农产品，而对其环境容纳和生态服务的能力认为是无需补偿的。结果导致城乡剪刀差的扩大和农田、农业、农民、农村的贫困，贫困的结果又导致农业生态资源的耗竭。生态补偿机制的不健全和城乡二元化管理体制的不合理是城乡统筹问题的症结。

再以区域统筹为例，我国的体制文明还有待进一步完善。我国城市规划法已实施18年，新的城乡规划法也已颁布实施。但城乡规划法规范的只是各级行政区域的城镇体系规划和城市总体规划，控制的是建设用地和农用耕地，而对跨行政区域的生态服务用地、自然保护地、流域生态缓冲地却缺乏区域层面上的法规管控。各省、市、县行政负责人完全可以在自己管辖的政域范围内规划社会经济活动而无上位区域规划法所约束，完善区域生态规划的相关法规势在必行。

1987年起，笔者先后在江苏大丰、扬州和海南等县、市、省开展了以生态安全、生态经济和生态社区为骨架的生态政区建设、规划和管理的试点研究，生态文明建设是其重要的抓手。通过20年来的跟踪研究，发现了体制性的障碍，能力性的瓶颈和知识性的贫乏，使生态文明建设遭遇了很多矛盾：一是面向循环经济与和谐社会的生态整合要求与现实条块分割的传统管理体制间的矛盾；二是生态规划缺乏法律基础支撑；三是政绩考核缺乏可持续性，生态激励机制不健全；四是政府主要官员调动频繁，政策缺乏连续性；五是生态资源缺乏统筹管理；六是生态基础设施投入过低，建设不足；七是信息反馈和生态补偿机制匮缺；八是生态建设人才奇缺，培训机制不健全；九是科技投入、科普教育、技术孵化、催化和集成化的能力不足。体制文明已成为中国生态文明建设的关键[5]。

2.3　循环经济与物态文明

物态文明是人类改造自然、适应环境的物质生产、生活方式及消费行为，以及有关自然和人文生态关系的物质产品的发展态势，包括生产文明和消费文明。

我国传统的农业文明是环境友好、生态持续的，其认识论基础是顺天承运，生态学基础是循环再生和自力更生，但这种持续是在低技术、低效益、低规模、低影响基础上的持续；以大规模的化石能源消耗、化工产品生产以及自然生态系统退化为特征的工业文明推行的是一类掠夺式、耗竭型、高经济效益、高环境影响的生产方式，其认识论基础是还原论，追求的是局部的、眼前的经济效益，生产力虽高、可持续能力却很低。

产业生态文明在吸取传统农业生态文明再生和自生机制以及工业文明高效活力的基础上推进资源耗竭、环境破坏型工业文明向资源节约、环境友好型的生态转型，发展以竞生、共生、再生和自生机制为特征的生态经济，推进传统生产方式从产品导向向功能导向、资源掠夺型向循环共生型、厂区经济向园区经济、部门经济向网络经济、自然经济向知识经济、刚性生产向柔性生产、职业谋生走向生态乐生的循环经济转型[6]。循环经济是人类模仿自然生态系统的整体、协同、循环、自生功能去规划、组织和管理的人工生产、消费、流通、还原和调控系统组织起来的具有高效的资源代谢过程和完整的系统耦合结构的网络型、进化型复合生态经济。资源合理利用和物质循环再生的3R原则（减量化、再利用、再循环）是循环经济的重要原则但不是全部原则。从传统循环经济的废弃物循环走向现代生态经济的信息反馈，需要从观念更新（rethinking）、体制革新（reform）和技术创新（renovation）的大3R原则入手，调整系统结构与功能。这里的循环不是简单的周而复始或闭路循环，而是一种螺旋式的有机进化和系统发育过程，包括物质的循环利用和再生（将时空错置的废弃物资源重新纳入代谢循环中）；能源的清洁利用和永续更新；信息的灵敏反馈和知识创新；人力的培育、繁衍和继往开来；资金的高效融通和增值；空间格局和过程的整合而非破碎，融通而非板结，平衡而非滞竭；过去、现在、未来的时间连贯性、代际公平性和过程平稳性；以及自组织、自适应、自调节的协同进化功能（进化而非优化，柔化而非刚化，人化而非物化）。

消费文明旨在弘扬一种勤俭节约、低环境影响、有益健康的适度消费模式，倡导从以金钱为中心的富裕生活向以健康为中心的和谐生活、从以数量多多的占有型消费到以功效优化为特征的适宜型消费、从以外显为中心的摩登消费到以内需为中心的科学消费过渡，涉及每个人的居息、代谢、行游、交往活动以及水、气、土、生物、废弃物等环境影响方式。美国式高物耗、高能耗、高环境影响的消费和生活方式是与中国的资源环境承载能力和人文生态传统格格不入的。

2.4　和谐社会与心态文明

和谐社会的生态内涵有四层，一是人和自然环境的和谐，包括水、土、气、生、矿等自然生态因子、生态过程和生态服务功能的自然生态和谐；二是人与其社会生产、流通、消费、还原和调控等物质生产环境的经济生态和谐；三是人与人之间竞争、合作、集群、分异关系的社会生态和谐；四是人类社会的技术、体制、文化在时、空、量、构、序管理层面的系统生态和谐。

和谐社会的核心是人，要处理人和天、地、事、物之间的关系。天是指气候、可更新能源等外部环境；地是指土地、土壤和景观；事是指人类的生产、生活、流通、服务及决策管理活动的运筹；物是指水、土、气、生、矿等物质的开发、利用和循环。要协调、整合好自然和社会、有形和无形、物态和生态间的系统关系。

心态文明是人对待和处理其自然生态和人文生态关系的精神境界，包括五类：一是温饱境界，这是人的动物本性和生存本能；二是功利境界，是市场竞争和社会发展的经济动力；三是道德境界，能妥善处理人与自然、人与人间的伦理关系，惩恶行善、扶弱育生，是人的社会性；四是信仰境界，有明确的超越物质需求的人生奋斗目标和精神追求；五是天地境界，有能超越自我、超越环境，融时间与空间、有限与无限于一体的生态整合观。五类境界相辅相成，才是一个物态、事态、心态和谐的文明人。

心态文明是当前我国社会可持续发展的一个软肋。改革开放以来，我们引进了市场经济的竞争机制，但是传统农业文明的自生和共生机制有所削弱。西方有宗教在平衡市场机制条件下的社会心态，中国人本质上是不信宗教的。但我们却有两千多年儒释道诸子百家文化荟萃的中华文化，维持社会的稳定持续，人的家庭观念，社会共生能力很强。新形势下如何恢复弘扬中华民族天人合一心态文化的精华是中国现代化面临的严峻挑战。

生态文明建设是一项长期、艰巨的历史任务和走向可持续发展的渐进过程，是一场技术、体制、文化领域的社会变革，需要全社会自上而下和自下而上的通力协作、潜心学习、锐意奉献和持续推进。坚信，有 5000 多年生态文明优良传统的中华民族，既能创造连续 30 年年均 9.67% 经济增长的奇迹，也一定能在今后 30 年重振生态文明雄风，实现中国社会主义生态经济的持续、协调发展。

3 生态科学：深化与创新

3.1 知识创新：深化生态学基础与应用研究

过去 140 年，现代生态学在从微观到宏观的不同层次、不同分支学科中都取得了长足的进展，生态学的多学科交叉及其与社会发展紧密相关的学科特点使其成为一门当代最有潜力也最具挑战的新兴学科。从基因到生物圈的地球生命系统各层次错综复杂的时空耦合关系及其人为干扰胁迫机理和复合生态效应已成为生态学及其相关学科乃至全社会关注、研究和管理的核心内容。生态学被认为是应付全球变化挑战、改善天人关系、惠荫人类福祉、推进地球可持续发展的重要理论、方法及规划、建设与管理的系统工具。

交叉、融合、适应、进化是现代生态学的显著特征。15 世纪欧洲大陆的文艺复兴运动使自然科学获得新生，一场科学革命冲破了中世纪封建势力和经院哲学的层层罗网，物理学的突飞猛进为工业革命的辉煌奠定了理论基础。18 世纪的博物学、19 世纪的进化论以及 20 世纪的人类生态学与生物控制论奠定了生态科学发展的理论基础。20 世纪末国际生态学研究的焦点集中在全球变化、生物多样性和可持续发展等议题上。当前，生态科学研究正从传统生物生态学向可持续发展生态学，从经验生态学向管理决策生态学，从自然生态学向社会生态学，从恢复生态学向工程生态学扩展。国际科联的发展战略提出未来十年的任务就是要建立一门可持续发展的科学，其真核就是生态学。

生态关系涉及复杂的生态因子、生态格局、生态功能、动力学过程和控制论机理，其时间的累积性、空间的交互性、尺度的多层性、行动主体的能动性，以及科学方法的不成熟性决定了生态研究的复杂性。还原论的认知方法，因果链的处事手段，条块分割的管理体制，行政的短期和局地行为，使得这些生态关系“斩不断、理还乱”，对生态学工作者是一个严峻的挑战。

如果说，传统生态学研究的是生物与环境间的二元关系，现代生态学研究的则是多维生态空间的系统结构、功能、动力学机制和控制论方法，是如何搭起从认识复杂性（哲学）、简化复杂性（科学）、调控复杂性（工程）、欣赏复杂性（美学）到规划可持续性（软件）、建设可持续性（硬件）、管理可持续性（心件）和宣传可持续性（媒体）的科学桥梁。

当前基础生态学研究的潜势领域有：复杂性与可持续性的动力学机理和控制论方法；不同空间尺度局部与整体的协同关系；不同发展速度的近期和远期耦合关系；不同生物组分的生、克、乘、补关系；不同范畴物质、能量、信息的多属性、多目标的系统辨识方法，以及整合与分析、适应与开拓、循环反馈与线性增长、协同进化与突变退化关系的系统研究。生态胁迫与生态响应；生态服务与生态建设；生态健康与生活福祉；生物入侵与生物多样性保护；生态信息学与生态信息网络；各类海洋、山地、草原、森林、流域生态系统、自然保护区以及各类水文、能源、气候、土壤等生态因子的开发、保育、涵养和建设的系统方法；长期自然及人文生态系统的定位观测研究等。

当前应用生态学研究的热点领域有：生态修复与景观生态设计；生态评价的指标体系、生态规划的系统方法、生态工程的设计技术和生态管理的综合方法；生态旅游、生态卫生、生态建筑和生态产业的策划、规划、催化和孵化技术；各类农、林、牧、渔、矿业生态系统的生态保育和建设方法；以及循环经济与产业生态、和谐社会与文化生态、生态政区（ecopolis）与区域生态建设的典型示范技术等。

Odum 认为生态学不止是一门生物科学，也不光是一门自然科学，还是科学联系社会的桥梁，是天地生灵和人类福祉的纽带，是社会科学和自然科学融合的桥梁，也是决策管理和科学技术联姻的一种方法[7]。英文的生态科学“Ecobgical Sciences”是一个复数，表明生态学从事的是多学科交叉的系统研究。中国生态学会创始人马世骏院士认为生态学是“研究有机体的生死过程，物的生灭过程，事的兴衰过程与环境关系的系统科学”。德国前国际生态学会主席 Haber 提出生态学是“研究自然界中自组织原理的科学”。前国际人类生态学会主席 Young 则认为“生态学是个体和整体关系的学问”。

与传统分门别类、纵深发展的自然科学不同，生态学方法是一门综合运用各类生物科学、环境科学、地学、物理、化学、数学方法的交叉科学，与各相关学科有着千丝万缕的联系。但作为一门独立学科，不是某一学科的内容冠以一个生态的前缀就变成生态科学了。生态学方法借鉴于各类环境调查、生物试验、对比观察、统计分析、数理模型、空间技术、长期监测和生化实验方法，但作为一门严格的学问，生态学研究又有着自己特有的研究对象和方法。物理环境和生物有机体本身不是生态学研究的主要对象，生态学研究的对象是有生物网络、有生命活力、有空间格局、有生态过程（代谢、繁衍、进化）的多维关系空间。就像作为研究数与形抽象关系的数学从物理学中脱颖而出，又推动了物理学的突飞猛进一样，20 世纪后半叶的环境运动催生了自然科学和社会科学交叉的可持续发展科学，而作为其基础之一的从生物学、地学和环境科学的实体抽象出来的研究生物、环境、社会和文化间的时、空、量、构、序耦合关系的生态学将在 21 世纪大放异彩，形成一门超越传统生物科学的科学整合工具而又推动人和自然永续发展的基础科学。

3.2　观念更新：献身生态学教育与科普宣传

随着人类开发自然规模和强度的不断加大，生态概念正在迅速社会化、普及化。为此，很多生态学工作者愤愤不平，埋怨生态学的庸俗化和泛科学化。这要一分为二地看。一方面，社会上大多数人讲的实际上是生态关系而不是生态学。人人注重生态关系，处处宣传生态文明，这本身是一件好事，是社会在一定程度上的生态觉醒。有助于提高全民族的生态意识、普及生态知识、推进生态保护、加速生态建设。各个相关学科讲生态，正是生态思维、生态方法和生态艺术渗透到相关学科的表现，说明生态学研究对象的交叉性、广泛性以及生态关系研究的必要性、紧迫性，同时生态概念在社会上的误用也说明生态学理论和方法研究和宣传还跟不上社会发展的需求，社会经济的发展已给生态学工作者提出了挑战。Adams 早在 1912 年就指出：如果你偶尔发现一位生物学家介入了哲学或政治领域，或插手于人类教育，你用不着为此着急。因为归根结底那是他领域的一部分，只不过曾经被故意放弃而已。诚如 Odum 所言，生态学是科学和社会的桥梁，自然生态学家可以从桥的一头走向社会，而社会工作者也可以从桥的另一头走向科学，殊途同归，关键在于我们的引导。

另一方面，确实有一些人只是在赶时髦、跟潮流，做表面文章，甚至打着生态的招牌谋取私利或破坏生态。例如，一些地方的生态旅游实际上是破坏生态、亵渎生态的旅游，一些生态居住小区建设是违背生态规律、浪费物质能量的豪宅建设，一些生态示范政绩是违背生态经济原则高物耗高能耗堆出来的政绩。这里有道德问题，但大多数还是认识问题，全社会缺乏正确的生态知识教育、生态行为引导和生态科学方法。一些人认为种树就是生态、地绿就是生态、污水处理厂就是生态、垃圾焚烧炉就是生态。这更说明了社会急需从认知、体制、技术和行为诸方面去普及生态知识、宣传生态科学、强化生态伦理和诱导生态文明。生态教育与科普已成为生态学工作者义不容辞的任务。社会需要从科学层次认识生态，系统层次管理生态，工程层次建设生态，社会层次宣传生态和美学层次品味生态。生态学工作者也可以通过科普接近社会、接近决策者、企业家和普通群众，了解社会的生态需求，反过来能推动生态科学的学科建设和人才培养。

一个由 Palmer 等 20 名著名生态学家组成的美国生态学会生态远景委员会 2004 年完成的一个战略研究报告（www. esa org/ecovisions）指出，长期以来，生态学家一直热衷于对原生生态系统的研究，21 世纪的生态学研究将把重点转移到生态系统和人类的共存关系及可持续能力建设上，强调从生态系统角度发展生态服务科学，从人类活动角度发展生态设计科学；我们未来的环境由人类为主体的、人类有意或无意管理的生态系统所组成；一个可持续发展的未来将包括维持性、恢复性和创建性的综合生态系统；生态学注定会成为制定可持续发展规划与决策过程中的重要组成部分；为了更好地开展生态学研究和有效地利用生态学知识，科学家，政府，企业界和公众必须在区域以至全球范围内结成前所未有的合作关系；未来的发展要求生态学家不仅仅是一流的研究人员，而且是决策制定过程中生态信息的提供者。该报告的简介以“拥挤地球的生态学”为名刊登在《科学》杂志 2004 年 5 月 28 第 304 卷 1251 ~ 1252 页上[8]。《生态学与环境科学前沿》杂志 2005 年 2 月出版“生态可持续发展未来之展望”专辑，专门介绍了该报告总纲的详细内容和相关领域的行动方略。

该报告指出，过去一个优秀的科学家只想做两件事：一是从事一流的科学研究工作，二是把研究结果发表在一流的学术期刊上与同行共享。美国生态学会的报告却指出，生态学家还必须从事第三种活动：向公众，尤其是纳税人、决策者和企业家宣传生态学的重要性和生态建设的方法。生态学家在普及生态学知识时一方面要积极主动、深入浅出，另一方面还要听取公众意见、回答公众问题并提出可行的解决方案。目前生态学家还不能或不愿回答许多这些“下里巴人”的问题，因为这些问题不是“阳春白雪”，还没有引起科学界足够的重视，对这些问题的研究也很难在著名杂志上发表。

作为世界上会员最多、实力最强的美国生态学会发表的这一报告是划时代的。它表明世界生态学在继续深化现有研究领域的同时，正从传统生物生态学向人类可持续发展生态学、经院生态学向管理决策生态学、自然生态学向社会生态学、恢复生态学向工程生态学的拓展和升华。报告中建议的促进生态科学与决策管理的联姻、推进以生态学为基础的科学决策；深化面向可持续发展的多尺度、前瞻性、创新性、信息化的生态学研究；营建跨领域、跨学科、前瞻性和国际性的生态文化交融氛围等三大战略和相应的行动计划，对快速经济发展中的我国城乡环境保护、生态建设和生态科学发展有着重要的参考价值。报告中提出的生态服务、生态设计、生态信息和生态文化研究已成为生态学前沿的几朵奇葩，也是当前中国生态学研究的热点①。

生态不仅需要呵护，更需要建设。生态建设不单是要从负面去控制、约束人的行为，按法规条例去呵护环境、保育自然、防治生态破坏；还要从正面去诱导人的良知，激励人的能力，按生态规律去孕育生态活力，设计、创建和管理人工生境。生态建设是指对各类生态关系的调控、规划、管理、修复与重建，简称生态建设。英文可译为ecobgical development。如何处理人与自然关系，国际上有生态掠夺、生态建设和生态回归三大派：生态掠夺不可持续，生态回归过于保守[3]，而面向循环经济与和谐社会的生态建设才是发展中国家环境保护的正确途径。生态建设有三类，一类是生态保护，如封山、休渔、禁牧、风水林和自然保护区等。传统生态学强调的是对自然生态系统的保护，不主张改变或破坏自然生态系统的原有功能，特别是“绿色和平组织”，强调世界上任何一种生物都有它生活的权利，保护其生存权利是每个地球公民的责任，在人类疯狂掠夺自然的今天，这种保护有一定的积极意义；第二是生态修复，破坏了怎么去修复，恢复其原有地生态功能，包括矿山恢复，景观恢复、植被恢复、水体修复、湿地恢复、污染土壤的修复等。第三是生态创建，通过人工措施去设计和建设人工生态系统，为人类提供更好的生态服务，如桑基鱼塘、稻田养鱼、沼气及庭院生态工程、屋顶和立面绿化、坝地、人工湿地等。例如，我们与前国际生态学会主席宫胁昭在马鞍山开展的矿山植被快速恢复的合作研究，就是利用城市本地乔灌草种快速营造多样性次生植被开展人工生态系统建设的成功案例。浙江金华屋顶人工绿地生态工程建设，广西南宁农村生态卫生系统建设，四川雅安等一些地方将自然恢复与生态经济建设紧密结合的成功的退耕还林等都是主动型生态建设的成功案例，在这一方面中国是有几千年传统的。中国生态学工作者有责任、有义务也有能力在全国广泛宣传国内外生态建设的经验和教训，扶持各地自下而上的生态建设示范推广工作，推动生态文明运动的健康发展。

3.3　文化革新：参与生态学决策与管理咨询

生态学研究不仅要潜心理论、认识机理，更要锐意实践、改造环境、推动社会的进步；生态学研究成果不仅要学术文章，更要实践效果，要把生态文章写到地上、融到心里，变成决策、规划、管理人员自己的工作语言。生态建设和生态科普的社会效果是衡量生态学研究业绩的重要内容。

未来的生态学将是一门充满新思想，新理论，新方法，新技术的创新性、前瞻性和面向可持续发展的新科学。面对新的挑战，生态学家需要改变其传统单挑独斗和经院研究的思维方式，建立一种生态研究的新型文化氛围。要强化自身的科学合作能力、

---

① 中华海外生态者协会，生态学未来之展望，北京：中国生态学会，2005.

系统整合能力、社会亲和能力和组织协调能力，建立多元化的合作伙伴关系和多样性的学科支撑体系。任何一位生态学家都不可能精通所有领域并熟悉全部方法与技术，生态学家只能携手合作，去共同理解、揭示和解决世界面临的环境问题。生态学家需要将自己视为市场环境中的企业家，不断地寻求战略合作伙伴和做出快速反应。生态学科要从事的是包容性而非排他性的研究，要不断地吸取外部学科的营养，营建生态学自己的文化氛围去达到不断创新的目的。这些生态学知识的深度与广度，以及与其他学科交叉融合的盖度，将使生态学家在影响地球可持续性的多层次决策中起到关键的作用[8]。

美国生态学会对未来生态学的展望认为[8]：生态学研究已为了解自然以及人类对自然的影响做出了巨大贡献；生态学的研究重点应放在自然与人类共存和可持续发展的方法上；生态服务和生态设计是未来生态研究的热点领域；生态学的一个发展方向是将自然生态学拓展到人类生态学以及其他交叉学科。生态学工作者肩负着在生态学研究、环境政策和决策管理之间进行沟通的重大使命，为了完成这个使命，生态学家必须在不同范围以不同形式寻找非传统的合作伙伴；要制定一个加快研究项目开发、便于开展大规模试验、数据收集以及把研究与解决方案结合起来的初步计划；建立一种旨在加强科学家，管理者和决策人员之间交流互动的机制和平台；向公众宣传对生态系统服务和人类福祉关系的了解。

生态学是横向耦合的科学，它的系统方法需要整体论和还原论的结合，而不是排斥还原论。现代科学的基础还是还原论，没有还原论科学不能进步，社会不能进步，但是还原论必须和整体论相辅相成，硬技术必须和软方法结合，定性和定量结合，分析和综合结合，主观和客观结合，网状和链状的关系结合。生态学和系统科学是最有资格和潜力进入决策管理领域的两个学科。管理一词原意是人与自然关系的调理：竹加官等于管，要靠人去约束、控制；王加田加土等于理，要靠王法、体制去疏导、规范和调谐自然和经济行为。生态管理的“生态”有三层含义：一是作为管理工具的生态学理念、方法、技术，包括生态动力学、生态控制论和生态系统学；二是作为管理主体的人与其环境（物理、化学、生物、经济、社会、文化）间的共轭生态关系生产、流通、消费、还原、进化)；三是作为管理客体的各类生态因子（水、土、气、生、矿）和生态系统（如森林、草原、湿地、海洋、农田、海洋）的功能状态。生态管理科学就是要运用系统工程的手段和人类生态学原理去探讨这类复合生态系统的动力学机制和控制论方法，协调人与自然、经济与环境、局部与整体间在时间、空间、数量、结构、序理上复杂的系统耦合关系，促进物质、能量、信息的高效利用，技术和自然的充分融合，人的创造力和生产力得到最大限度的发挥，生态系统功能和居民身心健康得到最大限度的保护，经济、自然和文化得以持续、健康的发展。

认识、简化和转化复杂性的最终目的是要调控、保育和营建人类生存环境的可持续性。环境问题的解决需要通过技术、体制、行为三层次上的生态整合，将复杂的生态关系简化和转化为社会经济自然协调的可持续发展能力。生态学是其中强有力的催化剂。

变复杂性为可持续性，需要认识论领域一场天人生态关系的深刻变革：包括待人接物的哲学视野、资源代谢的生产方式、影响环境的消费行为的转型，以及以财富为中心的经济发展观向财富、健康、文明协调发展的生态发展观的更新。为推进线性思维、物理思维、还原论向系统思维、生态思维和整体论的观念更新，社会需要一种全新的生态哲学。

变复杂性为可持续性，需要生态学研究与管理体制的革新：需要一座沟通人与自然、科学与社会的桥梁；需要一条联系生存和发展、穷国和富国、东方与西方以及传统文化和现代技术的科学纽带；需要一种融汇生物科学、环境科学、工程科学和自然科学各分支学科及自然科学和社会科学的共同语言；需要一类能化繁杂为简单、理论为行动，规划、管理人员与研究和教学工作者共生的多元文化，生态学工作者当仁不让是承担这一历史使命的中坚力量。

变复杂性为可持续性，需要生态学研究、生态保育和生态建设方法和技术的创新：需要从测量到测序、寻优到寻适、整形到整神的方法论转型；需要辨识、模拟和调控好时间、空间、数量、结构、序理间复杂的生态动力学机制，运用生态控制论方法，处理好个体和整体、眼前和长远、局地和区域间复杂的生态耦合关系。了解、参与、协助决策管理部门的科学管理，培养具有高水平生态知识和生态意识的决策管理人员，是生态学工作者义不容辞的社会职责和科学本分。

欲穷千里目、更上一层楼，21 世纪的生态学既要深化原有学科的深度研究，又要走出经院、走出自然、影响经济、影响社会，要充分发挥其交叉学科的桥梁、纽带、宣传队、播种机作用，为我们拥挤、脆弱地球家园的持续发展、为达到联合国千年发展目标以及 60 多亿地球村村民的健康文明保驾护航。

参考文献

[1] Millennium Ecosystem Assessment Ecosystems and Human Well-being：Synthesis. Washington DC：Island Press，2005.

[2] Wang R S. World ecology summit conference and global summit ecology. Bulletin of Chinese Academy of Sciences，2007，22（4）：330-333.

[3] Wang R S. The scientific connote of eco-heath and its system approach. Science & Technology Review，2005，23（3）：4-7.

[4] Aldo L，CharlesW S，Robert F. A sand countyalmanac. Oxford：Oxford University Press，1949.

[5] Li F，Wang R S. Ecocity-Sustainable development pattern：Da feng 30years Chinese Population. Resources and Environment，2006，S：841-846.

[6] Wang R S，Zhou T，Chen L，et al. Fundamentals of Industrial ecology. Beijing：Xinhua Express，2006：468.

[7] Odum E P. Basic Ecology. Saunders College Publishing，1983.

[8] Palmer M，*et al.* Ecology for a crowded planet. Science，2004，304：1251 -1252.

IMPLEMENTATION ECLOLGICAL CIVILIZATION AND PROMOTING DEVELOPMENT OF ECOLOGICAL SCIENCES

Wang Ru Song* Hu Dan

(State Key Lab of Urban and Regional Ecology, Research Center for Eco-Environmental Sciences, Chinese Academy of Sciences, Beijing 100085)

Abstract This paper discusses the interactive relationships of coupling, integrating and harmonizing in Ecology. We present three significant world-wide concerned ecological issues as global ecological security indicated by climate changes, economic fluctuations and social conflicts; regional ecological services degradation characterized by resources exploitation, environmental pollution and ecological stresses; losses of human ecological health and socio-ecological welfare caused by poverty, over-consumption and brutal exploitation Furthermore, we explore the connotation of ecological civilization as cognitive, institutional, physical andmental dimensions, and discuss its research, development and strategic management. Finally, we present some strategic suggestions on developing ecological civilization as strengthening the research on fundamental and applied ecology, promoting the activities of ecological education and ecological knowledge popularization, and implementing public participation in ecological decision-making and management

Key words ecological, ecological civilization, ecological science

生态文明与绿色北京的科学内涵和建设方略*

王如松

（中国科学院生态环境研究中心，北京 100085）

摘要 本文系统论述了生态、生态文明和绿色北京的科学内涵，阐明了城市生态包括人类行为的社会生态、物质代谢的经济生态和环境友好的自然生态三个层次，是绿韵（蓝天、绿野、沃土、碧水）和红脉（产业、交通、城镇、文脉）的融和，是天、地、人关系的和谐。提出绿色北京建设的三大支柱（安全生态、循环经济与和谐社会）、绿色北京建设当前急需搭建的十大生态服务平台及其相应的建设方略。

关键词 生态 生态文明 绿色北京

北京生态建设速度之快和环境改善力度之大，举世瞩目，保障了奥运会无与伦比的成功，也提升了北京的国际形象。市委、市政府及时推进从绿色奥运向绿色北京的战略转移，是落实科学发展观、培育和展现首善之区的活力、效率、开放与和谐风采的重大举措。

绿色北京的建设过程是运用科学发展观去改变生产和消费方式、决策和管理方法，建设一类经济发达、生态高效的产业，体制合理、社会和谐的文化以及生态健康、景观适宜的环境的通向可持续发展的生态文明演化过程。绿色北京的“绿（greening）”是个动词，它是走向可持续发展的一种过程、一种动力、一种行为、一种生机、一种文化。绿色北京不仅需要形态结构的景观绿（天更蓝、地更绿、水更清），还需要过程功能的机制绿（拼搏竞生、协同共生、循环再生、自力更生）。

生态是一个多义词，有关系、学问与和谐状态三种内涵。首先，生态是包括人在内的生物与环境、生命个体与整体间的一种相互作用关系，是生命生存、发展、繁衍、进化所依存的各种必要条件和主客体间相互作用的总和。其次，生态是一种学问，是人们认识自然、改造环境的世界观和方法论或自然哲学，是包括人在内的生物与环境之间关系的系统科学，是人类塑造环境、模拟自然、巧夺天工的一门工程技术，还是人类怡神悦目、修身养性、品味自然、感悟天工的一门自然美学。第三，生态还是描述人类生存、发展环境的和谐或理想状态的形容词，表示生命和环境关系间的一种整体、协同、循环、自生的良好文脉、肌理、组织和秩序。

生态文明是物质文明、精神文明与政治文明在自然与社会生态关系上的具体表现，体现在人与环境关系的体制合理、决策科学、资源节约、环境友好、生活俭朴、行为自觉、公众参与和系统和谐，展现一种天人合一的生态风尚，涉及体制文明、认知文明、物态文明和心态文明。生态文明包括对天人关系的认知（哲学、科学、教育、医

---

* 原载于：中国特色社会主义研究，2009，（3）：52-54.

疗、卫生)、对生产方式的组织（产品的纵向、横向和区域组织方式)、对人类行为的规范（道德、伦理、信仰、消费行为、价值观)、对社会关系的调控（制度、法规、机构、组织）以及有关天人关系的物态和心态产品（建筑、景观、产品、文学、艺术、声像）等。

城市问题的生态不文明根源是代谢的失衡、系统的无序和管理的失调，包括资源代谢在时间、空间尺度上的滞留和耗竭，系统耦合在结构、功能关系上的破碎和板结，社会行为在局部和整体关系上的短见和反馈机制上的缺损，即物、事、人在城市发展过程中生态关联的失衡。城市生态退化的五色生态效应，即红色的热岛效应、绿色的水华效应、灰色的灰霾效应、黄色的沙尘效应以及郊区白色的秃斑效应，在北京都不同程度地存在。北京与一些后工业化国家发达城市的最大差距是社会发展阶段和生态文明素养的差距，包括认知文明、体制文明、物态文明和心态文明的差距。全社会的生态知识还不够普及，群众的生态意识还不强，特别是城乡结合部的脏乱差和城市交通等问题还没有得到根本整治，流动人口的行为还缺乏规范，生态管理体制还不健全，社会监督管理的机制还不健全。

城市生态包括人类行为的社会生态、物质代谢的经济生态和环境友好的自然生态三个层次，是绿韵（蓝天、绿野、沃土、碧水）和红脉（产业、交通、城镇、文脉）的融和，是天地人的和谐，而不是回归自然或绝对的生态平衡。和谐的城市生态关系包括城市人类活动和区域自然环境之间的服务、胁迫、响应和建设关系，城市环境保育和经济建设之间在时、空、量、构、序范畴的耦合关系，以及城市人与人、局部与整体、眼前和长远之间的整合关系。绿色北京、人文北京和科技北京建设的最终目标都是要改善人与环境的自然生态、经济生态和人文生态关系。三者合一，就是要建设一个繁荣、文明、和谐、宜居的生态北京，树立社会主义市场经济的国际形象，当好五大统筹持续发展的国内表率，传承天人合一的中华文脉，营建一个天蓝、地绿、水清、人和、宜居、宜业的首善之都。

绿色北京建设要从对传统双赢战略的反思中强调区域环境尺度上的生态整合；物质生产方式的改革；人的素质观念的升华，实现人、物、境三层次的协调持续发展。绿色北京建设的三大支柱是安全生态（饮水、食物、空气、交通、住宿、防灾的安全)、循环经济（资源节约、环境友好、经济高效的生产、消费、流通、还原、调控活动）与和谐社会（社会公平、景观和谐、政治稳定、民心安定、文化传承)，旨在通过生态产业的孵化、生态景观的培育和生态文化的诱导去弘扬一种高效的生态技术、和谐的管理体制和系统负责的社会行为，促进经济和环境协调发展的生态建设新模式。

绿色北京建设旨在通过观念更新、体制革新和技术创新推进城市建设和管理从以化石能源、化工产品、地表硬化、水体绿化、空气酸化、生物退化为特征的工业景观向以净化（干净、安静、卫生、安全)、绿化（景观、产业、行为、机制)、强化（富强、健康、和谐、持续)、美化（文脉、肌理、形态、标识)、活化（水欢、风畅、土肥、生茂）及文化（体制、认知、物态、心态）为特征的生态景观进化，建设一类宜居（适宜的家居环境和生态服务)、宜业（1/3 就业居民能就近上班)、宜行（方便步行、自行车和公交)、宜俭（经济实用、大多数居民能承担得起)、宜久（生物多样、环境友好、可持续）的人居环境。

生态用水、城市灰霾是首都生态安全的两大瓶颈。流域生态管理、湿地生态修复、生态工程建设、产业生态转型和生态文明建设是保障北京水生态服务、建设宜居北京的抓手。灰霾不只是城市 SO_2、NO_x、TSP、PM 的环境排放问题，更是区域气候条件、景观格局、城市下垫面、城乡工业、农业、建筑、交通活动相互作用的复合生态系统问题。需要从生态规划、建设与管理入手，最大限度地增大自然植被特别是平原林灌木覆盖面积，改变农业耕作技术和生产方式，调整工业产业结构、土地利用格局和粗放的经济增长方式，在京津地区城乡系统推广清洁生产、生态交通、健康代谢和生态卫生技术，减少人类活动对三维流场的扰动。

绿色北京的景观建设需要进一步强化两轴两带多中心的景观格局，做好东西景观轴两极通州、门头沟的生态设计以及南北文化轴两端昌平、大兴的文化拓展。东部发展带要融入河北、天津滨海地区，沿糖葫芦串式 U 形东进，凸显区域城市发展主动脉；西部涵养带要绿化永定、潮白两河流域及山区生态涵养，按自然–经济–社会三维模式受损生态系统，保障西北生态屏障的服务功能。基于生态服务功能的北京共轭生态规划研究以绿色和红色空间的犬牙交融关系为主线，以蓝色和灰色脉道活化为经络，展肢瘦身（诱导、延伸城市社会经济发展的糖葫芦串型多功能生态主动脉，凸显城市生长轴；疏散、缓解三环内过大的人类活动压力），舒筋活络（疏浚、活化城市人、物、气、水的流通网络，特别是城区的风道、水道、交通和静脉网线；改造、优化城市不同等级的交通枢纽、节点和物质、人员转运站点），外楔内插（从外向内楔入有一定经济效益的绿蓝空间，内部见缝插针，切红缀绿、改灰复蓝），以及入地上天（从平面生态建设向空中和地下生态建设发展，推进建筑物的屋顶和立面绿化、街道及地下空间的立体发以及地表水可渗透地面）。通过逆摊饼生态工程强化区域生态服务功能，提高土地利用效率，破解热岛效应、灰霾效应、污染效应和阳伞效应，让自然融入城市、让社区充满生机、让市民享受自然。

绿色北京建设，要逐步实现国际化大都市的生态建设目标。当前，国际生态城市建设倡导紧凑的空间格局（6～12 层互动型居住小区）、宽松的绿地边缘（居民步行到最近的大片绿地时间不超过 10 分钟）、健康代谢（安全的饮、食、住、行环境）、肾肺兼效（绿地与湿地、城市农业、林业与水业）、主动脉凸显（城市沿轻轨和大容量快速公交轴向糖葫芦串型外拓，轴上任何一站到城市中心快速直达公交不超过半小时）、混合功能（居住、工商、行政和绿蓝空间混合）、低耗高效（低能耗、低污染、低碳排放）、生态标识（凸显当地自然生态和人文生态特征与标识）、民风淳朴（社会风尚和治安良好）和民本公交（高峰期出行 80% 以上是公交、自行车或步行）。

绿色北京的产业转型，急需促进传统产品经济向服务经济、循环经济和知识经济的转型，促进首都经济从外向型产品经济走向内向型服务经济，从物态产品向生态产品，从以物为本、以钱为本，向以天为本、以人为本的转变。北京山川秀丽、景观多样、气候适宜、人杰地灵，全国科技教育顶尖队伍云集京城，是国内信息最灵敏、国际交流最发达的信息港，有得天独厚的政治、文化、社会和经济区位，京津冀（北）地区拥有 4000 万城市人口的服务市场，发展知识型、服务型、生态型首都经济、建设首善之都潜力非凡。

绿色北京的社会转型，急需推进决策方式从线性思维向系统思维、生产方式从链式经济向循环经济、生活方式从物态文明向生态文明、能力建设从个体经济人向群体生态人的社会转型。绿色北京建设需要运用科学发展观去认识、简化、调控、欣赏复杂性，运用生态工程手段去规划、建设、管理和宣传可持续性。具体的行动路线应包括制定绿色北京发展纲要、强化绿色北京体制建设、实施绿色北京工程建设、加强绿色北京宣教系统、推广绿色北京文明地图、组建绿色北京自愿军团等政府、企业、社会上下结合的活动。绿色北京的创建过程是全社会参与的一项改善城市生态关系、推进生态文明建设的群众运动，需要政府引导、科技催化、企业赞助、公众参与和舆论监督五种合力的推动。

绿色北京建设当前急需搭建十大生态服务平台：由政府、企业、社区共同参与的城市垃圾减量化、无害化、资源化、产业化和社会化生态工程发展平台；城市工矿土地生态功能审计监控平台；区域生态系统和环境质量监测与数字化平台；生态产业与循环经济策划、规划、催化和孵化咨询产业发展平台；居民身、心、德、智、趣的生态修学、修养、休闲产业发展平台；城市水、土、气、生、矿的自然生态修复、涵养、保育的景观和土地生态修复平台；产品生态安全监控与认证平台；城市生态风险监管和环境影响评价服务平台；农田生态服务产业发展平台（以公司带农户、工厂带农村、工业带农业，生态服务带污染防治，将与农田生物质生产有关的生产、加工、流通等产业整合，推进农业产业化、农民城镇化、农田生态化、农村现代化）；农村人居生态卫生和生态能源服务业发展平台（农村生活垃圾、污水、清洁能源建设的规范化、规模化、网络化的生态工程设计、施工、建设、维修和物业管理一条龙的工程服务）。

城市是一类以环境为体、经济为用、生态为纲、文化为常的具有高强度社会经济集聚效应和大尺度人口、资源、环境影响的地球表层微缩生态景观，是一类社会-经济-自然复合生态系统。“绿色北京”中的绿色不是简单的天蓝地绿、山清水秀，也不是一种可望而不可即的乌托邦，而是一种竞争、共生、再生、自生的生存发展机制，一种具有多样性、适应性、可持续性的活力结构，一种时间、空间、数量和秩序持续与和谐的服务功能，一种不断进化与完善的通向可持续发展的过程，一种发展生产力同时又保育生存环境的战略举措。绿色北京建设是一个长期、艰巨的历史任务和走向可持续发展的渐进过程，是一场技术、体制、文化领域的社会变革，需要强化完善生态规划、活化整合生态资产、孵化诱导生态产业、优化升华文化品位、统筹兼顾分步实施、典型示范滚动发展。

生态文明建设的控制论机理、认识误区与融贯路径*

王如松

（中国科学院生态环境研究中心城市与区域生态国家重点实验室，北京 100085）

摘要 文章探讨了发展问题的生态学根源，生态文明建设的科学内涵；剖析了生态文明的生态是人与环境间的耦合关系、整合学问、和谐状态与进化过程；指出生态文明的主要特征是以可持续发展为宗旨，以知识经济和生态技术为标志，集自生、共生、再生、竞生生态控制论机理为一体；讨论了当前生态文明建设的8个认识论误区和从物态、事态到生态，从技术、信息到智慧，从还原论、整体论到融合论的科学方法；以及将生态文明融入经济、政治、文化和社会建设的各方面和全过程的科学途径。

关键词 生态文明 社会-经济-自然复合生态系统 生态控制论 认识误区

1 生态与生态文明的科学内涵

党的十八大提出把生态文明建设放在突出地位，明确了把生态文明建设融入经济建设、政治建设、文化建设、社会建设中的“五位一体”中国特色社会主义事业的总体布局，并将其写入党章，把生态文明建设提到前所未有的高度。五位一体，是科学发展观的升华，是社会-经济-自然生态系统的整合，是中国特色社会主义的进化。报告将生态的内涵从生态环境保护上升到生产关系、消费行为、体制机制、上层建筑和思想意识高度，上升到为经济、政治、文化、社会穿针引线、合纵连横的高度，标志着中华民族生态振兴的转折点。

2011年中国经济总量（GDP）排世界第二，而碳排放总量跃居世界第一，人类发展指数（HDI）却排世界第101位，2010年中国发表的SCI论文总量排世界第二，但被引用率只及世界平均值的58%。市场经济提高了效率、推动了发展，但也蹂躏了自然、分割了社会。

当今世界面临以气候变化、经济振荡和社会冲突为标志的全球生态安全问题；以资源耗竭、环境污染和生态胁迫为特征的区域生态服务问题；以及以环境病加剧、适应力降低、人类基因退化为诱因的人群生态健康问题三大生态风险[1]。这些危机以及城乡建设中各类不平衡、不协调、不可持续问题都是有关人与自然、局部与整体、人与人之间的经济生态、政治生态、人文生态和社会生态关系失衡、失序和失调问题。工业化初级阶段的中国与后工业化国家的最大差距就在这些生态关系的物态文明、心态文明、认知文明和体制文明的差距。

---

* 原载于：中国科学院院刊，2013，28（2）：173-181.

发展问题的生态学根源在于环境与经济脱节、生产与消费分离、体制条块分割、认知支离破碎、科学还原论主导、决策就事论事，导致资源代谢在时间、空间尺度上的滞留和耗竭，系统耦合在结构、功能关系上的破碎和板结，社会行为在局部、整体关系上的短见和反馈机制的缺损。只有将生态文明建设深深融入和全面贯穿经济建设、政治建设、文化建设与社会建设的各方面和全过程，才能从机制体制出发，将还原论与整体论相结合，系统解决这些矛盾（图1）。

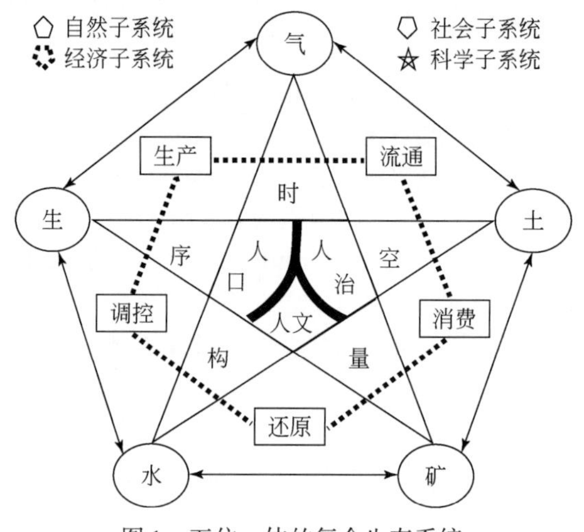

图1　五位一体的复合生态系统

党的十八大报告中39次提到“生态”，15次提到“生态文明”。生态和生态文明已成为中国社会生活中频频出现的新名词。生态是生命生存、发展、繁衍、进化所依存的各种环境条件和生命主体间相互作用的耦合关系，是“生态关系和谐”这一复合词的简称，表示人和环境在时空演替过程中形成的一种自然文脉、肌理、组织和秩序；还是一种自组织、自调节、自适应的定向进化过程，具有低的物质流通量、高的能值转换率、畅通的信息反馈、闭路的生命周期、发达的共生关系、强的自组织能力和生命力、高的应变力和多样性。而生态学则是人类认识环境、改造环境的一门世界观和方法论或自然哲学，是包括人在内的生物与环境之间关系的一门系统科学，塑造环境、模拟自然的一门工程技术和养心、悦目、怡神、品性的一门自然美学。人类社会的任何组织单元都是一类以人类行为为主导，自然生态为依托，经济活动为命脉，由能量、资金、权力和精神所驱动的社会-经济-自然复合生态系统[2]。

人类社会以环境为依托，包括五大基本生态因子：水、土、气、生、矿。水是水资源、水环境；土是土壤、土地；气包括气候资源、空气以及能源在使用过程中的热耗散导致的气候变化、大气运动等；生包括植物、动物、微生物等；矿是人类从地球表层开发出来的大量冶金、化工、建材等原材料，有宏量和微量元素，进入人类消费系统，为人所利用或弃置。我们赖以生存的这5个基本生态因子组成“环境为体”。

人是一种高级动物，具有主观能动性，可以顺应自然规律、调节生态关系、培育生命活力、建设生态环境，主动为自身的生存和发展组织有目的的生产、流通、消费、还原和调控活动，将自然界的物质和能量变成人类所需要的产品，满足眼前和长远发展的需要，从自然获得更好的生态服务，即“经济为用”。

再次，人类社会靠其主观能动性而作用于自然生态系统，第一是人口，由人的人力、智力、人知和人气，构成社会发展的基本动力；第二是人治，由社会组织、法规、制度、政策等构成政治管理系统；第三是人文，是人在长期进化过程中形成的观念、伦理、信仰和文脉等构成文化的纲常系统。人类社会通过长期人与环境相磨合的文化演变，积累经验和智慧，从中获取资源、改变环境、调节生态，实现由低级向高级，由必然向自由的文明进化。自由的发展加上必然的约束，成为生态文明的“自然”，这就是“文化为常”。

自然支撑、经济代谢和社会调控这 3 个子系统内部以及各子系统之间在时间、空间、数量、结构、序理方面的耦合关系，组成了社会-经济-自然复合生态系统。其中时间关系包括地质演化、地理变迁、生物进化、文化传承、城乡建设和经济发展等不同尺度；空间关系包括大的区域、流域、政域、直至街区等不同尺度空间的生态关系；数量关系包括规模、速度、密度、容量、足迹、承载力等量化关系；结构关系包括人口结构、产业结构、景观结构、资源结构、社会结构等；还有很重要的生态序，每个子系统都有它自己的序，包括竞争序、共生序、自生序、再生序和进化序等。生态文明建设的目标，就是要认识、管理和改造自然支撑子系统、经济代谢子系统和社会调控子系统内部以及各子系统之间在时、空、量、构、序范畴的相生相克、相反相成关系，就是“生态为纲”。

环境为体、经济为用、文化为常、生态为纲、体用共荣、纲常相济，这就是生态文明的社会内涵和科学框架。发展是硬道理，这个发展包括经济的发展，人的发展和环境的发展。经济富强是可持续发展的基本前提，环境活力是可持续发展的必要条件，而生态健康是可持续发展的根本目标。从目标上讲，我们既要丰衣足食、物质财富的民富国强（wealth），又要人体、人群、人居和区域生命支持系统的生态健康（health），还要有社会关系、精神生活、文化品位的文明诚信（faith）。富强-健康-文明就是中国特色社会主义的基本特征和话语体系。

生态的“生”，是开拓竞生、整合共生、循环再生和适应自生“态”，是物态谐和、事态祥和、心态平和、智态悟和；“文”，是指人（包括个体人与群体人）与环境（包括自然、经济与社会环境）关系的纹理、脉络或规律，是一种时间、空间的生态关联；日加月为“明”，是指从暗向亮，从愚昧向睿智的开化、教化和进化过程。

原始文明以采摘狩猎为特征，以发明用火和金属工具为标志，是一种适应自生式的社会形态；农业文明以种植养殖为特征，以发明灌溉和施肥育种为标志，是一种循环再生式的社会形态；工业文明以市场经济为特征，以大规模使用化石能源和机械化产品为标志，是一种开拓竞生式的社会形态；社会主义以社会公平与生态和谐为理想，以社会公德和行政管理为手段，是一种协同共生式的社会形态。但是，以上任何一种机制的单独作用都不是可持续的，当今世界经济危机和气候谈判走向死结证明了这点。生态文明是以可持续发展为特征，以知识经济和生态技术为标志，集自生、共生、再生、竞生功能为一体的高级社会形态。生态文明的生态，实际上是人的生态，是“绿韵”与“红脉”之间的有机关联。“绿韵”是光合作用赋予的生命力，植物大都是绿色的，自然的本色是绿，生命的活力表现在绿，人们都喜欢绿，人类活动的基础就是绿。还有“红”，人和高级动物的血液都是红的，人类社会赖以生存的太阳能及其转化储存而来的化石能，其开发利用的做功过程和热耗散表现出的是红色，它是生命的血脉，社会的基色。一个可持续发展的社会，就是绿韵与红脉关系协调的社会。

2　生态文明建设的 8 个认识论误区

当前，社会大众对生态文明建设还存在一些误区，在这里讨论如下：

（1）生态文明建设就是绿化美化或生态环境建设吗?

不！生态不等于生物，也不等于景观，生态文明建设不等同于生态环境建设！生态环境是发展的物质基础，包括物质代谢环境（水-空气-生物质-矿物质）、生态服务环境（土壤-气候-水文-陆域-空域）、生物共生环境（植物-动物-微生物）、社会生态环境（经济-社会-政治-文化）、区域发展环境（资源-市场-环境-政策-人才）。而生态文明则是发展的上层建筑，包括人与环境的耦合关系、进化过程、融合机理、和谐状态，以及生产关系、生活方式、交往方式和思维方式等。

（2）低碳发展就是生态文明吗?

不全面！低碳发展包括低碳生产和低碳消费。低碳消费是生态合理的，但低碳生产不一定是文明的，有可能建立在其上游高碳生产的基础上。而高碳生产在一定的发展阶段、社会分工条件和环境容量条件下也不一定是不文明的。低碳和高碳是可再生能源还是化石能源主导经济的标志。但生态文明的社会不只是低碳能源的问题，社会经济发展的环境影响也不只是碳排放和气候变暖的问题，而是包括全球环境变化、区域生态退化和人群生态健康的多元复合生态风险问题。绿色发展过程的实质是一种生态发育过程，包括以可再生能源和能源清洁利用为特征的低碳发展（能流过程）、以资源利用的生命周期循环再生和可持续消费为特征的循环发展（物流过程）、以智慧城市、智慧产业、智慧管理为特征的智慧发展（信息过程）、以高的经济产出和低的环境影响为特征的高效发展（资金流通过程）、以区域统筹、城乡统筹、工农统筹、社会与经济统筹为特征的和谐发展（人口流动过程）。

（3）生态文明理念只是尊重自然、顺应自然、保护自然吗?

不！完整的生态文明理念应包括人对自然的开拓、适应、反馈、整合四大控制论机制。

一是开拓，每一种生物，每一个生命有机体都有其内禀生长率，都能千方百计拓展生态位，获取更多的资源和更适宜的环境，为其生存、发展、繁衍和安全服务；二是适应，具有强的顺应环境变化的生存发展机制和应变能力，既能不失时机地抓住一切发展机会，高效利用一切可以利用的资源，又能根据环境变化，通过多样化和灵活的结构调整和功能转型调整自己的生态位，创造有利其发展的生存环境；三是反馈，包括物质循环和信息反馈，物质通过生产者、消费者和分解者最后回到大自然中去，保持相对稳定的资源承载力，使世间一切资源都能物尽其用。任何生物的行为通过生态链网形成信息链，层级传递，最后反馈到它本身，进一步促进或者抑制其行为；四是整合，生命-环境系统遵循特有的整合机制和进化规律，具有自组织、自适应、自调节的协同进化功能，能扭转传统发展中条块分割、学科分离、技术单一、行为割据的还原论趋势，实现景观整合性、代谢闭合性、反馈灵敏性、技术交叉性、体制综合性和时空连续性，营建一种多样性高、适应性强、生命力活、能自我调节的生态关系。

（4）生态文明建设只是节约优先、保护优先、自然恢复为主吗?

不！发展是硬道理，需要在尊重自然规律的前提下适度改造自然、建设环境、发展生产力。节约优先、保护优先、自然恢复只是针对目前的资源耗竭、低效和忽略自然恢复能力的人定胜天哲学和环境工程手段的反思结果。循环经济不仅需要节约，更需要效率；城乡生态不仅需要保护，也需要培育；保护优先的前提是整体生产力和生态服务功能的提高。受损自然生态系统要尽可能利用其内禀生命力自然恢复，但人工或半人工生态系统也需要一定程度的人工抚育，提高其自生、再生、竞生和共生能力，实现绿色发展或生态建设。

生态学是一门保护性、描述性的生物科学还是一门建设性、指导性的系统关系学。由 M. Palmer 等 20 名著名生态学家组成的美国生态学会生态远景委员会 2004 年完成的一个战略研究报告，回答了这个问题[3]。报告指出，长期以来，生态学家一直热衷于对原生生态系统的研究，21 世纪的生态学研究将把重点转移到生态系统和人类的共存关系及可持续能力建设上，强调从生态系统角度发展生态服务科学，从人类活动角度发展生态设计科学；我们未来的环境由人类为主体的、人类有意或无意管理的生态系统所组成；一个可持续发展的未来将包括维持性、恢复性和创建性的综合生态系统；生态学注定会成为制定可持续发展规划与决策过程中的重要组成部分；为了更好地开展生态学研究和有效地利用生态学知识，科学家、政府、企业界和公众必须在区域以至全球范围内结成前所未有的合作关系。

生态建设是对各类生态关系的调控、规划、管理、修复与重建过程的简称。如何处理人与自然关系，国际上有生态掠夺、生态建设和生态回归三大派：生态掠夺不可持续，生态回归过于保守，而面向循环经济与和谐社会的生态建设才是发展中国家环境保护的正确途径。生态建设有 3 类，一是生态保护，如封山、休渔、禁牧、风水林和自然保护区等，强调对自然生态系统的自然恢复，不主张改变或破坏自然生态系统的原有功能；二是生态修复，生态系统被破坏后怎么去修复，恢复其原有地块的生态功能，包括矿山恢复、景观恢复、植被恢复、水体修复、湿地恢复、污染土壤的修复等；三是生态创建，通过人工措施去设计和建设人工生态系统，为人类提供更好的生态服务，如桑基鱼塘、稻田养鱼、沼气及庭院生态工程、屋顶和立面绿化、坝地、人工湿地等。

（5）生产空间、生活空间、生态空间是非此即彼、功能单一的吗?

不！三者是相互渗透、功能可以重叠但大小不一的。任何人类活动空间都应具有生态服务功能，因而都是生态空间；虽然任何生态服务空间都具有一定的生活支持功能，但只有具备综合生态服务功能的空间才能成为生活空间，而只有在一定的资源承载力和环境容量支持条件下的生态空间才能成为生产空间，生产和生活空间一般不重叠，但有时也可以立体交叉，相辅相成。生态文明建设的一个主要任务就是要通过生态规划、建设与管理调节好三大空间的交叉耦合关系，达到“1+1>2”的系统目标。

（6）生态文明建设与社会、经济、政治、文化建设的关系是平行的吗？

不！经济建设是中心、社会发展为目标、政治协调是保障、文化传创为灵魂；生态文明则是生命力、应变力、承载力和整合力的融入和开拓、适应、反馈、整合精神的贯穿，前者是纲，后者是常，前者是横，后者是纵。需要纲贯穿常、纵联合横，五位一体的纵横交错、融会贯通，是指社会、经济、政治和文化建设的任何一项都要以生态文明为前提。以经济建设为中心是解决我国所有问题的关键和兴国之要，是脱贫致富、跨越发展的助推剂；而生态则是自然环境与经济、社会、文化和政治的黏合剂，二者是两个不同范畴两种不同性质的战略，互不矛盾。

（7）生态文明是对工业文明的否定和扬弃吗？

不！工业文明是人类社会发展的一个灿烂阶段，它在农耕文明的基础上大大推进了人类的物质文明，为人类进化创造了史无前例的科学技术和先进强势的生产力，但其最大的弊病在于对资源环境的掠夺和生态文化的退化。生态文明则要在弘扬工业文明先进生产力和开拓竞生活力的基础上扬弃其人与自然分离的发展观，将物质循环、信息反馈、能源低碳的生态文化和共生、再生、自生的生命活力重新植入人类发展的进程中，实现区域发展的统筹及代际关系的公平。这是人类社会发展的一种必然的进化和升华，事关人类种群生存、繁衍、发展和进化。但目前是叫一种新的社会形态还是将其看成工业文明的一个新阶段都无关紧要，重要的是：在社会经济发展中如何把植根于欧美早期工业化国家的工业文明思想、还原论方法和开拓竞生精神与天人合一的传统东方文明思维、整合论方法和共生自生精神相嫁接，创造一种新型的生产、生活方式和生态耦合关系，将源于西方的不可持续发展模式改造为适合中国以及大多数发展中国家国情的富强-健康-文明发展模式，凸显中国特色社会主义天人合一的生态文明内涵。

（8）小康社会的目标就是GDP和人均收入翻一番吗？

不全是！目标应包括经济殷实、生态健康和社会文明三大内涵，即五位一体的中国特色社会主义。受人口、资源、环境和发展阶段的限制，我国近期的发展目标还只能是社会小康、生态中和、科学大智的社会。小康是指生产生活繁荣、机制体制健康、结构功能高效、供给需求平衡、生命周期循环；生态中和的“中”是指中正与庸常，任何生态因子过多过少、任何生态过程过激过缓、任何生态结构过单过多、任何生态机制过强过弱都是对系统有害的，利导和限制关系要取中，“和”是指整合与和谐，关系、结构、过程、功能要整合，合纵连横、纲举目张，变混沌为有序、浮躁为平和，正负反馈机制平衡、时空耦合关系谐调；科学大智指是从个体到群体、从物态到生态、从分割到整合、从信息、知识、科学到生态智慧的升华，实现“竞生-共生-再生-自生”四生共济；“社会-经济-政治-文化-自然”五位一体；“物质-能量-信息-人口-资金”五流一统；“政-产-研-学-民”整合；“农-工-科-贸-文”共生；“时-空-量-构-序”协调；“温饱-功利-道德-信仰-天地”和而不同“污染防治-清洁生产-产业生态-生态基础设施-生态政区”的同步建设。

未来的小康社会，其经济过程将从物流主导型转向信息主导型；空间格局将从集聚型转向适度分散型；生产潜力将从单项技术型转向智慧集成型、生活质量从资金导向的富裕型转向福祉导向的健康型；管理模式从树链型转向网络型；社会诉求从公平转向和谐。社会小康、科学大智、生态中和、文化复兴，这就是生态文明新时代的中国形象！

3　五位一体的科学融贯路径

生态文明建设包括经济建设中生产和消费的物态文明、政治建设中组织和管理的体制文明、文化建设中知识和智慧的认知文明，以及社会建设中道德和精神的心态文明（图2）。

图2　五位一体的融贯途径

生态文明对社会、经济和政治、文化的融入和贯穿，其实是被分割的经济与环境、政治与生态、文化与进化、社会与自然向生态经济、生态制度、生态文化和生态社会合二为一的回归，是还原论与整体论的融合，科学思想、科学机理、科学方法和科学技术与生态观念、生态体制、生态社会和生态文化的联姻。

生态文明的动力系统包括科技、政治、文化等杠杆。科技是格物的，强调物质世界的调节，推进的是物质文明，设计的是物理空间；政治是主事的，负责管理众人之事，推进的是体制文明，运筹的是事理空间；文化是育人的，是认知文明、行为文明，强调调节心灵空间；而生态关系的整合就是要穿针引线，促进一种精神文明、物质文明和政治文明和谐的生态文明，它调节的是一种多维的生态关系空间。生态文明建设需要将工业文明的线性思维进行生态整合，将经济目标的“资金”、政治目标的“权法”、自然演化的“能源”、社会发展的“文化”以及生命活力的“精神”统一在人与自然和谐的大生态框架下将自生、竞生、共生、再生的生态规律与开拓、适应、反馈、整合的生态精神根植于新型工业化、区域城镇化、社会信息化和农业现代化的发展过程之中，推进生产高效循环、生活幸福低碳、生态绿色和谐的可持续发展。

现代市场经济体系将社会生产的多维目标压缩为一维的产值和利润，并用世界范围的货币流通来统筹一切资源的和环境的、自然的和人文的、眼前的和长远的、局部的和整体的生产活动，在快速推进人类物质文明进步的同时也造成了社会的、经济的、自然的和生态的不公平、不和谐、不可持续现象以及全球性生态经济危机及资源环境风险。生态文明融入经济建设，就是要给从人类发展中分离出来的工业文明重新注入生命的活力，处理好经济建设中生产、流通、消费、还原、调控活动与资源、市场、环境、政策和科技的生态关系，将传统单目标的物态经济转为生态经济、利润经济转为福祉经济，促进生产方式和消费模式的根本转变，通过生命周期设计和生命周期管理将条块分割的传统产业，合纵连横为生产、生活、生态建设一体化的复合生态产业体系。

政治是人们在安排公共事务中表达个人意志和利益的一种活动，政治的目标是制定政策，处理公共事务。“政”主要指国家的权力、制度、秩序和法令；“治”则主要指管理人民、教化人民，调节物–事–人之间、局部和整体、眼前和长远之间的生态关系，实现人口、资源、环境的和谐持续发展。当前我国公共事务的政治管理中有几个缺失：一是公共事务中生态资产和生态服务管理的缺失，二是代表自然一方的权力主体是弱势群体，无强有力利益相关者代表，三是信息传播和反馈环节的缺损、反馈效率的低下。生态文明融入政治建设，就是要处理好制度建设中眼前和长远、局部和整体、效率与公平、分割与整合的生态关系，引入生态学的循环反馈和协同整合机制，将环境与经济、计划与市场对立的二元论转变为五位一体的融合论，促进区域与区域、城市与乡村、社会与经济、绿韵与红脉的统筹，疏通信息反馈渠道，强化和完善生态物业管理、生态占用补偿、生态绩效问责和战略环境评价等法规政策。

文化是人类在认识自然、顺应自然、改造自然、与自然协同进化的过程中所创造的物质财富和精神财富的总和。文化是生命衍生的具有人文意味的现象或生态关系的表征。生态文明融入文化建设，就是要推进科学与文化的联姻，处理好价值观念、思想境界、道德情操、精神信仰、行为规范、生活方式、风俗习惯、学术思想、文学艺术、科学技术等领域人与自然、人与人以及局部与整体的生态关系，将生态学的竞生、共生、再生、自生机制融入人与自然关系的功利、道德、信仰和天地境界，引导认知文化、物态文化、行为文化和心态文化的健康发展。

生态文明融入社会建设，就是要处理好城乡建设和社会生活中自然生态涵养、生态基础设施保障、人居生态建设和社会生态服务的系统关系，通过复合污染防治、清洁生产管理、产业生态发展、生态政区建设和人口文明品质提升，推进生态服务功能的完善和城乡环境的净化（干净、安静、卫生、安全）、绿化（景观、产业、行为、机制）、活化（水欢、风畅、土肥、生茂）和美化（文脉、肌理、物态、心灵），建设融形态美、神态美、机制美、体制美和心灵美于一体的美丽家园[4]。目前，一门新兴的人工生态设计科学正在世界各地兴起。生态工程就是其中一种，它是模拟自然生态系统的整体、协同、循环、自生原理，并运用系统工程方法去分析、设计、规划和调控人工生态系统的结构要素、工艺流程、信息反馈关系及控制机构，疏通物质、能量、信息流通渠道，开拓未被有效利用的生态位，使人与自然双双受益的系统工程技术。例如，污水处理工程师、能源工程师与生态学家享有共同的科学兴趣，但很少彼此对话。现在可以坐到一起，探讨怎样恢复水、土、气、生、能的自然服务功能，怎样设计和开发各种可更新能源和清洁能源混合的生态服务系统，怎样恢复和设计人工调控河流和湿地的自然水流，怎样规划和设计、切割和减缓城市热岛效应和灰霾现象的景观和建筑生态工程，怎样建设生活污水的集中和分散处理相结合的生态工程等。

1940 年 E. C. Lindeman 指出，“生态学是物理学和生物学遗留下来的并在社会科学中开始成长的中间地带”。但直到 20 世纪 80 年代后，生态学方法论才呈现出一些新的革命性进展。马世骏等[2]提出的社会-经济-自然复合生态系统理论体系是将生态学带回整体论框架，回归人与自然整合发展的先声。Odum[5]的“生态学：科学和社会的桥梁”一书称生态学是一门独立于生物学甚至自然科学之外的，联结生命、环境和人类社会的有关可持续发展的系统科学。面对还原论与整体论，物理学与生物学，经济学与环境学，工程学与社会学的矛盾，现代生态学正从传统生物生态学向可持续发展生态学，从经验生态学向管理决策生态学，从自然生态学向社会生态学，从恢复生态学向工程生态学扩展、升华和转型，逐渐从古代整体论、近代还原论回归到未来的还原-

整体融合论进化，并逐渐成为一门独立于生物学、自然科学的继自然哲学和数学之后的一门新型方法论学科，成为人类社会、经济、政治和文化协同交叉的可持续发展科学，也为贯彻落实党的十八大“五位一体”的中国特色社会主义建设总布局准备了科学方法。

生态科学的方法论正在面临一场新的革命：研究对象从物理实体的格物走向生态关系的格无，辨识方法从物理属性的数量测度走向系统属性的功序测度；调节过程从控制性优化走向适应性进化。通过测度复合生态系统的属性、过程、结构与功能去辨识、模拟和调控系统的时（届际、代际、世际）、空（地域、流域、区域）、量（各种物质、能量代谢过程）、构（产业、体制、景观）及序（竞争、共生与自生序）间的生态耦合关系，将物质、能量、信息、资金、人口统筹到复合生态系统化生态复杂性为社会经济的可持续性[6]。从物态、事态到生态，从技术、信息到智慧，从还原论、整体论到融合论，这就是科学与社会联姻的结果。可以预测，同17世纪的数学从物理学研究和工业革命需求中发展和分离出来一样，21世纪植根于生物学、地学和环境科学研究及可持续发展需要而异军突起的生态学也必将从传统分科别类的实验科学中成长起来，成为研究人与自然全面、协调、持续发展的机理、方法、技术、体制的方法论科学。

参考文献

[1] 王如松．世界生态高峰会与全球高峰生态学．中国科学院院刊，2007，22（4）：330-333.

[2] 马世骏，王如松．社会-经济-自然复合生态系统．生态学报，1984，4（1）：1-9.

[3] Palmer M A, Morse J, Bernhardt E, et al. Ecological Science and Sustainability for a Crowded Planet: 21st Century Vision and Ac-tion Plan for the Ecological Society of America (2004); Science, 2004, 34: 1251-1252.

[4] 王如松．高效、和谐——城市生态调控原则与方法．长沙：湖南教育出版社，1988.

[5] Odum E P. Basic Ecology. Saunders College Publishing, 1983.

[6] 王如松．生态整合与文明发展．生态学报，2013，33（1）：1-11.

ECO-CYBERNETICS AND ROAD MAP OF INTEGRATION TOWARDS ECOLOGICAL CIVILIZATION WITH A DISCUSSION ON MISUNDERSTANDINGS

Wang Rusong

(State Key Lab of Urban and Regional Ecology, Research Center for Eco-Environmental Sciences, Chinese Academy of Sciences, Beijing 100085)

Abstract This paper investigated the ecological cause of the current development problems, and discussed the scientific connotation of ecological civilization. The core of ecology is the components coupling, integrative cybernetics, harmonious state, and evolutionary process. Eco-civilization is characterized by sustainable development, knowledge economy, and ecological technology driven by the ecological cybernetics of competition, symbiosis, recycling, and self－reliance. After discussed 8 misunderstandings in eco-civilization development, the paper explored the scientific approach transition from material, matter to ecology, from technology, information to intelligence, and from reductionism, holism to trans-disciplinary integration, as well as the road map of incorporating ecological civilization into all aspects and the whole process of advancing economic, political, cultural, and social development.

Key words　ecological civilization, social-economic-natural complex ecosystem, eco-cybernetics, misunderstandin

生态整合与文明发展*

王如松

（中国科学院生态环境研究中心，北京 100085）

摘要 探讨了快速发展中“不平衡、不协调、不可持续”问题的生态学成因，总结了社会-经济-自然复合生态系统概念提出30年来理论和方法的研究进展，阐述了生态整合的内涵、方法和将生态文明融入经济、政治、文化和社会建设的各方面和全过程的科学基础、系统方法和整合技术，指出新时期生态学的研究对象正从组分到关系、从物质到信息、从结构到功能、从学苑到社会转型；生态学的研究方法正从测量向测序、寻优向寻适的方向演化。提出社会小康、生态中和、科学大智是生态文明新时代美丽中国的新形象。

关键词 生态整合 生态文明 社会-经济-自然复合生态系统

1 快速发展中“不平衡、不协调、不可持续”问题的生态学成因

改革开放30多年来，中国社会政通人和、百废俱兴。中华民族正从农业经济走向工业经济，田园社会走向城市社会，神本文化走向人本文化，人民的物质生活水平大大提高，但是目前这种经济、社会和文化还不是可持续的经济、社会和文化。2011年中国的经济总量（GDP）已排世界第二位，城市化率已超过50%，而碳排放总量也跃居世界第一位，中国的人类发展指数（HDI）只排世界第101位，中国2010年发表的SCI论文总量排世界第2，但被引用率只及世界平均值的58%。市场经济提高了效率、推动了发展，但也蹂躏了自然、分割了社会，悲喜交加。党的十八大报告指出的各类不平衡、不协调、不可持续问题，都是有关人与自然、局部与整体、人与人之间的经济生态、政治生态、人文生态和社会生态关系失衡、失序和失调的问题。其问题的生态根源就在于环境与经济脱节、生产与消费分离、体制条块分割、认知支离破碎、科学还原论主导、决策就事论事，导致资源代谢在时间、空间尺度上的滞留和耗竭，系统耦合在结构、功能关系上的破碎和板结，社会行为在局部、整体关系上的短见和反馈机制的缺损。

为此，党的十八大提出把生态文明建设放在突出地位，号召全党全民把生态文明建设融入经济建设、政治建设、文化建设和社会建设的各方面和全过程。报告将生态的内涵从生态环境保护上升到生产关系、消费行为、体制机制、思想意识和上层建筑高度，上升到为经济、政治、文化、社会穿针引线、合纵连横的高度，标志着中华民族生态振兴的转折点。工业化初级阶段的中国与后工业化国家的最大差距就在处理这

---

* 原载于：生态学报，2013，33（1）：0001-0011.

些生态关系的物态文明、心态文明、认知文明和体制文明的差距。要真正实现把生态文明深深融入到四大建设的各方面和全过程，还需要科学的精神、科学的方法、科学的技术和科学的管理。

原始文明以采摘狩猎为特征，以发明用火和金属工具为标志，是一种适应自生式的社会形态；农业文明以种植养殖为特征，以发明灌溉和施肥育种为标志，是一种循环再生式的社会形态；工业文明以市场经济为特征，以大规模使用化石能源和机械化工产品为标志，是一种掠夺竞生式的社会形态；社会主义以社会公平与生态和谐为理想，以社会公德和行政管理为手段，是一种协同共生式的社会形态。但是，以上任何一种单一的机制都是不可持续的。生态文明以可持续发展为特征，以知识经济和生态技术为标志，集自生、共生、再生、竞生功能为一体，通过时、空、量、构、序的系统耦合与智力整合，以期达到必然规律约束下的自由发展，即自然演化（表 1）[1]。

表 1　人类文明的生态进化历程

Tab. 1　Human ecological evolution of different civilization

文明类型 Civilization type	原始文明 Primitive civilization	农耕文明 Agricultural civilization	工业文明 Industrial civilization	社会主义 Socialism civilization	生态文明 Ecological civilization
调控机制 Regulation mechanism	适应自生	循环再生	开拓竞生	协同共生	四生合一
经济形态	采集狩猎攫取型自然经济	种植与养殖分散型农牧经济	工矿与金融集约型市场经济	产业与社会合作型计划经济	环境与文化进化型生态经济
核心生产力 Productivity	水与火金属工具	育种、栽培与灌溉	化石能源矿产与机电	伦理道德行政管理	信息与智慧
生活方式 Life style	游牧、群居分散、融于自然	村社定居自给自足、依托自然	高的流动性大规模集聚、征服自然	组织严密等级管理、挑战自然	高信息流通低人流物流、顺应自然
进化特征 Evolution characteristics	猎获更多食物的能力与动物分离	更稳定的息作环境，绿色革命	高效、高耗解放体力工业革命	精明管治阶级斗争社会革命	解放时空整合智力生态革命
主要矛盾 Principle contradiction	低生态足迹高生存风险	高稳定性低生产效率	高效率、高足迹、高贫富差异	社会公平高生产效率低	自由与必然的矛盾
系统关系 Systematic relationship	种群耦合离散的点	环状耦合四季循环	链状耦合供需关联	树状耦合社会关联	系统耦合生态关联

当今世界面临以气候变化、经济振荡和社会冲突为标志的全球生态安全问题；以资源耗竭、环境污染和生态胁迫为特征的区域生态服务问题；以及以环境病加剧、适应力降低、人类基因退化为诱因的人群生态健康问题三大生态危机[2]，只有把四生机制融入和贯穿到社会经济和政治文化建设的各方面和全过程，将还原论与整体论相结

合，合纵连横，开拓适应，反馈整合，才有望解决这些矛盾。马世骏等30年前提出的社会-经济-自然复合生态系统理论，正是要通过社会、经济、自然的生态整合，系统解决这些问题。

2　生态文明建设的复合生态法

2.1　复合生态系统概念的提出

1982年春天，在一次讨论我博士论文研究方向的时候，马世骏先生提出首先要明确科学目的和科学方法。一是生物学和数学，科学和哲学，自然科学和社会科学的交叉，学习如何从简单到复杂、再从复杂到科学的简单，从定性到定量、再从定量到高级的定性或序的科学方法；二是科学问题的辨识，博士论文研究的目的不是发表文章赚取功名，而是在推动科学发展和解决社会问题上建功立业，敢于挑战和解决硬骨头的理论和应用问题，让我从硕士期间的昆虫数学生态转向城市系统生态，主攻由此及彼、由表及里、古为今用、洋为中用的系统整合方法和城市生态调控技术。最后选定了城市生态系统作为研究对象，研究城市生物和环境演化的自然生态、城市生产和消费代谢的经济生态、城市社会和文化行为的人类生态，以及城市结构与功能调控的系统生态之间的生态耦合关系。当时马先生正与许涤新先生合作筹备成立中国生态经济学会，就把城市称为生态经济系统。后来由于城市不光有“市（即经济）”还有“城（即人文）”，而且社会的人是矛盾的主导方面，就改叫“社会经济生态系统”。又考虑到生态是耦合关系，与社会、经济词义上不匹配，改为社会-经济-自然系统，并加上了复合生态四个字，强调时、空、量、序的生态整合方法，还将其从城市拓展到农业、区域、病虫防治等系统中，于1983年春天在中国科学院“京津地区城市生态系统和污染综合防治”研讨会上正式提出了社会-经济-自然复合生态系统框架，并整理成文提交《生态学报》，于1984年第1期正式发表[3]。

也就在1984年，马先生代表中国参加了以挪威前首相布伦特兰夫人为首的世界环境与发展委员会，历时三年共同起草了著名的Brundtland宣言《我们共同的未来》，提出了可持续发展的概念。Brundtland首相在马世骏逝世后发来的唁电中对他的工作给予了高度的评价：“从马世骏教授在世界发展委员会的合作，使我了解到他最可爱的人格而尊敬这位亲密的朋友，他对我们的工作做出了极其重要的贡献”[4]。这里“极其重要的贡献”指的就是马世骏先生基于中国古代天人合一的思想为发展中国家据理力争的社会-经济-自然协调发展的理念[3]。先生每次从国外讨论《我们共同的未来》文稿回来都催我一定要在方法论上有所突破，为发展中国家争光，还特别聘请了著名运筹学家许国志先生和经济学泰斗许涤新先生共同指导我的博士论文，最终导致了复合生态系统理论和方法在城市生态建设中的应用。

2.2　社会-经济-自然复合生态系统的结构与功能

荀子曰：“金石有形而无气，水火有气而无生，草木有生而无知，禽兽有知而无义，人有气、有生、有知、亦且有义，故最为天下贵也!”当然，人是不是“最为天下贵”值得商榷，但作为最有创造性和破坏性的高级动物，人类是地球上最文明、最聪明、也最野蛮、最自私的生灵。荀子在这里把整个人类生态系统从环境到人都描述出来了：金、石、水、火、草、木、禽、兽、天、地构成绚丽多彩的生态景观，再加上人气、人生、人知、人义、人文，就构成了生机盎然的生态社会。人类社会正是一类以人类行为为主导，自然生态系统为依托，经济活动为命脉，能量、资金、权力和精神所驱动的社会-经济-自然复合生态系统，它包括以下几个子系统（图1）。

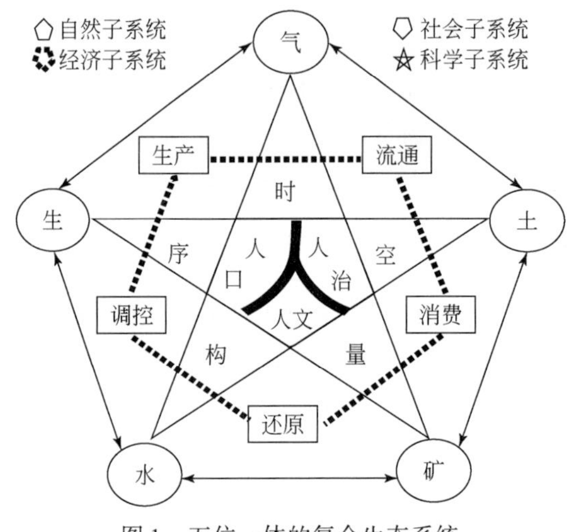

图1　五位一体的复合生态系统

Fig. 1　Social-Economic-Natural Complex ecosystem incorporating ecological civilization with economic, political, cultural and social development

2.2.1　自然生态子系统

纵观人的生存环境，可以用水、土、气、生、矿或者用中国传统的五行元素水、土、火、木、金及其间的相互关系来描述人类赖以生存、繁衍的自然生态子系统。第一是水，包括水资源，水环境，水景观，水生境和水灾害；第二是气，气包括气候资源、空气以及能源在使用过程中的热耗散导致的气候变化、大气运动等。气来源于火，火就是能源，太阳能以及由太阳能转化成的各种可再生能源和化石能源，由于能的耗散导致一系列大气组成的物理化学变化和动态的气候现象，提供了生命生存的物候条件，也导致了各种气象灾害、环境灾害；第三是土，我们依靠土壤、土地、地形、地景、区位等提供食物、纤维，支持社会经济活动，土是人类生存之本；第四是生物，即植物、动物、微生物，特别是我们赖以生存的农作物，还有灾害性生物，如病虫害甚至流行病毒，与我们的生产和生活都戚戚相关；第五是矿，即生物地球化学循环，人类活动从地下、山区、海洋开采大量的建材、冶金、化工和生物质原料，还有很多对生命活动至关重要的微量元素。但开采、加工、使用过程中人类只用了其中很少一部分，大多数以难降解的废弃物形式被扔到大气、水体、土地上造成污染。根据生态学中的耐性定律，这些生态因子数量的过多或过少，都会发生问题，如水多、水少、水浑、水脏就会发生水旱灾害和环境事故。一个可持续生态系统的生存和发展，取决于其水、土、气、生、矿生态因子之间复杂的时、空、量、构、序的生态耦合关系。

2.2.2　经济生态子系统

人不只是一种高级动物，他还有主观能动性和超级智慧，有生产、消费、流通、还原、调控能力，善于把地球上资源和环境利用起来为自己的生存和发展服务。人类能主动为自身的生存和发展组织有目的生产、流通、消费、还原和调控活动，将自然界的物质和能量变成人类所需要的产品，满足眼前和长远发展的需要，就形成了生产系统；生产规模大了，就会出现交换和流通，包括金融流通、商贸物质流通、以及信息和人员流通，形成流通系统；第三是消费系统，包括物质的消费，精神的享受，以及固定资产的耗费；第四是还原系统，城市和人类社会的物质总是不断地从有用的东西变成没用的东西，再还原到我们的自然生态系统中为生态循环所用；第五是调控系统，调控有几种途径，一是政府的行政调控，二是市场的经济调控，三是自然的响应和灾害，自然能通过各种正负反馈来进行强制性调控，四是人的行为和精神调控。

2.2.3　社会生态子系统

社会的核心是人，人口、人治和人文，构成社会生态子系统。第一是人口，由人的人力、智力、人知和人气，构成社会发展的基本动力；第二是人治，由社会组织、法规、制度、政策等构成政治管理系统；第三是人文，是人在长期进化过程中形成的观念、伦理、信仰和文脉等构成文化的纲常系统。人类社会通过长期人与环境磨合的文化演变，积累经验和智慧，从中获取资源，改变环境，调节生态，由低级走向高级，由必然走向自然。自由的发展加必然的约束成为生态文明的“自然”。

自然支撑、经济代谢和社会调控这三个子系统内部以及各子系统之间在时间、空间、数量、结构、序理方面的相生相克、相反相成关系，就组成了社会-经济-自然复合生态系统，它是由图 1 中连接各个组分的线条，而不只是各个组分耦合而成的，我们称其“生态为纲”。复合生态研究的核心内容就是这些关系，其中时间关系包括地质演化、地理变迁、生物进化、文化传承、城市建设和经济发展等不同尺度；空间关系包括大的区域、流域、政域、直至街区等不同尺度空间的生态关系；数量关系包括规模、速度、密度、容量、足迹、承载力等量化关系；结构关系包括人口结构、产业结构、景观结构、资源结构、社会结构等；还有很重要的序，每个子系统都有它自己的序，包括竞争序，共生序，自生序，再生序和进化序等[5]。

2.3　复合生态动力学机制、控制论原理和研究框架

复合生态系统的演替受多种生态因子所影响，其中主要有两类因子在起作用：一类是利导因子，一类是限制因子。当利导因子起主要作用时，各物种竞相占用有利生态位，系统近乎指数式增长；但随着生态位的迅速被占用，一些短缺性生态因子逐渐成长为限制因子。优势种的发展受到抑制，系统趋于平稳，呈 S 形增长。但生态系统有其能动的适应环境、改造环境、突破限制因子束缚的趋向。通过改变优势种、调整内部结构或改善环境条件等措施拓展生态位，系统旧的利导因子和限制因子逐渐让给新的利导因子和限制因子，出现新一轮的 S 形增长。复合生态系统就是在这种组合 S 形的交替增长中不断演替进化，不断打破旧的平衡，出现新的平衡（图 2）。从稳定性

的传统定义看，这种过程是发散、不稳定的。但从长期演替趋势看，它却可以视为一种发展过程的定向稳定性，它是对生态系统跟踪环境、适应环境、改造环境的发展过程的平稳程度的测度。它包括发展进化的速度和波动程度两方面的含义。图 2 中 Logistic 增长型系统只有平衡而无发展，是一种没有生命力的发展过程，迟早会被新的过程所取代；指数增长型系统只有发展而无平衡机制，是一种不能持久的过程，迟早也会由于限制因子的作用受阻或崩溃。这两种系统都是可持续性较差的系统。组合 Logistic 增长型系统具有持续的螺旋式发展能力，又具备一定的自我调节功能，能自动跟踪其不断演变的生态环境，实现组合 S 形增长，因而其过程稳定性较好。其二维动力学方程可用下式表述：

$$dP/dt_i = r_i(P - K_{i-1})(k_i - P)/k_i, \quad K_i = \sum_{j=1}^{i} k_j \quad dr_i/dt = r_i \quad (i = 1, 2, \cdots, m)$$

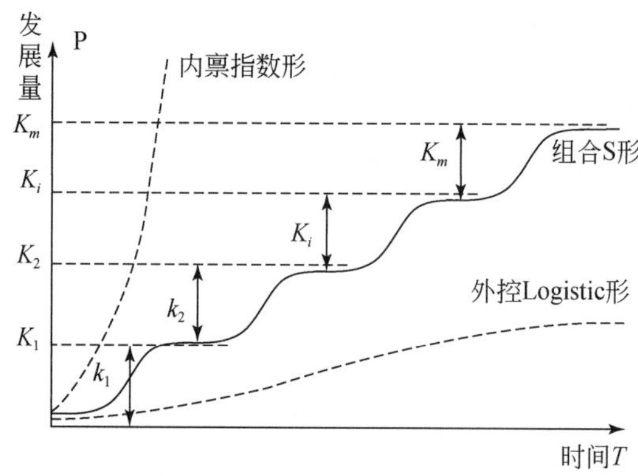

图 2　复合生态系统演替的不同方式比较

Fig. 2　A comparison of different evolution patterns of complex ecosystem

健康的生态系统是一类能保育生物多样性的环境、功能相对稳定、受外部干扰后能迅速恢复的系统。它有四个主要特征：内禀生命活力、资源承载力、环境应变力与自组织协调力。

内禀生命 r：包括生产竞争力、消费购买力、科技推动力、政策激励力、优势度，以及开发新的利导因子，拓宽老的限制因子、培育新兴优势组分的能力。其功效是拉动系统快速增长，在环境约束很小的状态下呈指数增长，主要作用在图 2 中 Logistic 曲线的中段。

资源承载力 K：包括自然生态的资源承载能力、环境接纳容量、经济生态的资产存量、技术水平、融资能力、市场消纳能力；社会生态的人力资源、文化素质、社会关系、政策空间、体制包容性等；其功效是稳定系统，使其尽量避开风险，主要作用在图 2 中 Logistic 曲线的前后两段，在发展启动期以利导因子为主导，正向拉动系统发展，在后发展期以限制因子为主，逆向抑制系统过度发展。环境支持能力从 K_{i-1} 向 K_i 的扩展取决于新的利导因子的开发，老的限制因子的拓展，系统结构及其耦合关系的转型。其核心是系统协同进化能的强化。

系统协调力 I：包括体制整合力、科技整合力、产业整合力、景观整合力、文化整合力。解决环境污染及其造成的生态破坏问题，需要技术、体制、行为和景观层次上的生态整合，包括循环疏浚的闭合能力、外引内联的整合能力及时空协同的调和能力。r、K、I 的辨识、模拟和优化是三赢战略实施的关键。

环境应变力 R：是对外部干扰或胁迫的抵抗能力，包括适应力、多样性、抗变力、恢复力、生态位宽度等。环境应变力越强，抵抗胁迫能力强，不易受损，受损后也恢复得快。

生态学有很多规律，将其用于社会经济和政治文化发展，其最基本的控制论原理可以用拓、适、馈、整四个字来概括：

一是"拓"开拓的拓，每一种生物，每一个生命有机体都有其内秉生长率，都能千方百计拓展生态位，获取更多的资源和更适宜的环境，为其生存、发展、繁衍和安全服务；

二是"适"，适应的适，具有强的顺应环境变化的生存发展机制和应变能力，既能不失时机地抓住一切发展机会，高效利用一切可以利用的资源，又能根据环境变化，通过多样化和灵活的结构调整和功能转型调整自己的生态位，创造有利其发展的生存环境；

三是"馈"，反馈的馈，包括物质循环和信息反馈，物质通过生产者、消费者和分解者最后回到大自然中去，保持相对稳定的资源承载力，使世间一切资源都能物尽其用；任何生物的行为通过生态链网形成信息链，层级传递，最后反馈到它本身，进一步促进或者抑制其行为，实现一种螺旋式的系统进化；

四是"整"，整合的整，生命-环境系统遵循特有的整合机制和进化规律，具有自组织、自适应、自调节的协同进化功能，能扭转传统发展中条块分割、学科分离、技术单干、行为割据的还原论趋势，实现景观整合性、代谢闭合性、反馈灵敏性、技术交叉性、体制综合性和时空连续性；营建一种多样性高、适应性强、生命力活、能自我调节的生态关系。

表 2 从一维基本原理，二维共轭关系，三维系统构架，四维动力学与控制论，五维耦合过程与能力建设的层次，构建了复合生态系统的整合框架，阐释了复合生态系统的科学内涵与社会内涵，学术目标和应用目标。

表 2　复合生态系统的科学与社会整合框架

Tab. 2　Scientific and applied research framework of social-economic-natural complex ecosystem

项目	科学整合与学术目标 Scientific integration and academic aim	社会整合与应用目标 Social integration and applied aim
发展生态学 Ecological targets	复杂性的辨识、模拟和调控	可持续能力的规划、建设和管理
基本任务 Basic tasks	主体与客体的共轭生态博弈：局部与整体眼前与长远	人与环境关系的共轭生态管理：环境与经济社会与自然
基础构架 Basic framework	关系辨识-过程模拟-功能调控物（硬件）-事（软件）-人（心件） 社会-经济-自然复合生态	生态规划-生态工程-生态管理　观念更新-体制革新-技术创新　生产高效-生活适宜-生态和谐

续表

项目	科学整合与学术目标 Scientific integration and academic aim	社会整合与应用目标 Social integration and applied aim
动力学与控制论 Dynamics and Cybernation	资源–资金–权法–精神 竞生–共生–再生–自生 胁迫–服务–响应–建设 开拓–适应–反馈–整合	自然环境–经济环境–社会环境–系统环境（环境） 身心健康–人居健康–产业健康–区域健康（社会） 横向耦合–纵向闭合–区域整合–社会融合（产业） 认知文明–体制文明–物态文明–心态文明（文化）
耦合方法与能力建设 *Contexts coupling & capacity building*	元–连–环–网–场 水–土–气–生–矿 生产–流通–消费–还原–调控 物质–能量–信息–人口–资金 时间–空间–数量–结构–功序	净化–绿化–活化–美化–进化功能完善的生态景观 肺–肾–皮–口–脉结构完整的生态基础设施 污染防治–清洁生产–生态产业–生态政区–生态文明 温饱境界–功利境界–道德境界–信仰境界–天地境界 经济建设–政治建设–文化建设–社会建设–环境建设

3 生态整合：社会–经济–自然–政治–文化五位一体的科学方法

虽然生态学自 Haeckel 1866 年给出其定义以来作为一门科学才一个多世纪，但生态学的系统思维、系统方法和系统技术却源远流长。早在 3000 多年前，中华民族就形成了一套“观乎天文以察时变，观乎人文以化成天下”的人类生态理论体系，包括道理（即自然规律，如天文、地理、物理、生物等），事理（即对人类活动的合理规划管理，如政事、农事、军事、家事等）和情理（即人的信仰及行为准则，如心理、伦理、道德、宗教等）。中国封建社会正是靠着这些天时、地利及人和关系的正确认识，靠着物质循环再生，社会协调共生和修身养性自我调节的生态观，维持着其 3000 年稳定的生态关系和社会结构，养活了近 1/4 的世界人口，形成了独特的华夏文明[6]。

工业革命以来的几个世纪，可以说是自然科学的世纪，以物理学为主导的自然科学从自然哲学中分了出来。数学物理化学对物质世界的动力学过程及结构规律“分科别类”的还原论研究，以及生物科学对生命形态、过程和组织机理的揭示，为人类认识和改造世界提供了强有力的方法与手段，大大推进了工业革命和人类物质生活的改善。而对于生命与环境、人与自然间复杂的系统关系研究的方法论却一直没有跳出机械论和还原论的框架，传统中华文化的系统论方法也没有得到很好地继承与拓展。

面对还原论与整体论，物理学与生物学，经济学与环境学，工程学与社会学的矛盾，现代生态学正从传统生物生态学向可持续发展生态学，从经验生态学向管理决策生态学，从自然生态学向社会生态学，从恢复生态学向工程生态学扩展、升华和转型，逐渐从古代整体论、近代还原论回归到未来的还原-整体融合论进化，并逐渐成为一门独立于生物学、自然科学的继自然哲学和数学之后的一门新兴方法论学科，成为人类社会、经济、政治和文化协同交叉的可持续发展科学，也为贯彻落实党的十八大社会-经济-自然-政治-文化“五位一体”的中国特色社会主义建设总布局准备了科学方法。

3.1 可持续发展的方法论革命

半个多世纪以来，数学方法在生态学研究中得到了广泛的运用，如统计学方法、动力学方法和数学规划方法等。它们对于推动生态关系（时空分布关系、代谢关系及结构关系）的定量研究，验证生态学的一些理论、假设起了重要的作用。但是，人们逐渐感到“过分数学化”、“过分模型化”的危机。面对复杂的生态系统，现有的数学方法要么因所需假设太多不可用；要么用现有的数学方法难以描述和处理，不够用；要么参数多、方法复杂，难以掌握且缺乏普遍性，不敢用。有人甚至抱怨说：人们往往不是让模型去适应问题，而是让问题去适应模型，其实质不是解决问题，而是在做数学游戏。这种指责也许过于尖刻，但也确实反映了数学在生态关系研究中存在的问题。

其实，现代数学方法基本上是17世纪以来从伽利略、牛顿的经典力学中发展起来的。其研究对象是物理系统，其组分间存在着一定的因果链关系和数量变动规律（显的或隐的、确定的或有一定随机分布规律的，线性的或非线性的）。传统物理学方法认为只要知道了系统关系f和初始条件，就能知道系统的现在和未来状态。其中无论x和y怎样变化，因果关系f和常数c总是不变的。与机械系统不同，生态系统是一个自组织、自调节的主动系统、一个与环境协同进化的开放系统。研究者不可能获得足够的微观信息来完全确定它未来的状态，已有对因果关系链的数学描述，不管其怎样复杂和精致，都不足以解释发生在生态系统中复杂的相互作用。但这并不表明生态学除了还原论别无他路可走。

Lindeman指出“生态学是物理学和生物学遗留下来的并在社会科学中开始成长的中间地带”。只是到了20世纪80年代以后，其方法论才呈现出一些新的革命性进展。Odum在基础生态学一书中称生态学是一门独立于生物学甚至自然科学之外的，联结生命、环境和人类社会的有关可持续发展的系统科学[7]。Odum兄弟的系统生态学[8]与马世骏等的社会-经济-自然复合生态系统将生态学带回整体论框架，成为回归人与自然整合发展的先声[3]。

不同的研究对象需要不同的调理方法。伴随地球生态问题的日益尖锐，生态学研究的对象正从二元关系链转向多维关系网。其组分之间已不是泾渭分明的因果关系，而是多因多果、连锁反馈的网状关系。生态科学的方法论正在经历一场从物态到生态、从技术到智慧、从还原论、整体论到二者融合的系统论的革命：研究对象从物理实体的格“物”走向生态关系的格“无”，辨识方法从物理属性的数量测度走向系统属性的功序测度；调节过程从控制性优化走向适应性进化，分析方法从微分到整合，通过测度复合生态系统的属性、过程、结构与功能去辨识、模拟和调控系统的时、空、量、构、序间的生态耦合关系，化生态复杂性为社会经济的可持续性。人类从认识自然、改造自然、役使自然到保护自然、顺应自然、品味自然，从悦目到怡神、从感知到感悟，其方法论也在逐渐从单学科跨到多学科的融合。

生态学研究和物理学研究的区别如同西医与中医一样，中医不像西医那样把人体看成一个被动的因果实体，头痛医头，脚痛医脚，利用维生素、抗生素等药物及各种外科手术来消极治病，而是把人体看成一个功能实体，其五脏六腑相互滋生、相互制约，气血、津液、经络、筋骨浑然一体，身体的病变是由于六因七情的变化而引起的功能失调，通过望、闻、问、切等手段，运用八纲、脏腑、六因、六经及卫气营血等“辨证”方法辨识清楚人体的功能状况及主要矛盾，并根据审因论治、正治反治、标本缓急等原则，对病体进行系统的调理即施治，扶助人体内部的“正气”来压倒“邪气”，使系统恢复正常功能。中医对人体的组织结构及病变细节不一定如西医利用现代化手段掌握得那样清楚，但在许多场合却比西医更能解决实际问题。

当前，生态学研究方法正从追求数学推理的解析性、严谨性和完美性转向生态辨识、模拟和调控的灵活性、模糊性和系统性，从经院研究格物致知的二元关系的分析走向可持续发展的规划、建设与管理的系统生态整合。通过人机对话不断去观察、解释、诊断系统，探索、评价和选择对策，并在不断地执行跟踪中调整方案，增进对系统过程的学习，了解和探索合理发展的途径。

如何使生态学方法从单尺度、描述性发展为多尺度、前瞻性、机理性和信息化的智能集成，化复杂性为可持续性，需要观念整合、学科整合、景观整合、产业整合、文化整合，需要综合利用各种时间、空间、数量、格局和序理的、定量和定性的、自然科学和社会科学的分析方法，需要建立一系列相关的机理学习、过程模拟和关系调控模型。近年来，我们正在研制和开发一套复合生态系统辨识、模拟和调控的组合模型平台。包括学习型机理模型：竞争、共生、再生、自生的动力学机制与开拓-反馈-适应-整合的生态控制论方法；SWOT 诊断模型：结构诊断（主因子分析，多样性分析），功能诊断（主导问题辨识，发展趋势分析），环境诊断（生态位势分析，机会风险分析）；动力学模拟模型：理化过程（能源）、生物过程（多样性）、景观过程（风水）、经济过程（资金）、政治过程（权法）、文化过程（精神）的耦合关系；适应性规划与管理模型：关键、限制、利导、缓冲因子和主导组分、主导回路的辨识模型，问题诊断、过程跟踪、政策试验的情景模拟模型，泛目标生态规划与共轭生态管理模型；以及参与性可持续能力建设模型：开放式生态产业孵化模型，适应型生态政区管理模型，诱导型生态文化建设模型，自主型生态社会参与模型，以及走向财富、健康、文明的美丽未来推进模型。其中财富是对货币资产、自然资产（矿物、水、土、气、生物）和人文资产（劳力、智力与科技）的测度；健康是对人群身心健康，人居环境健康、生态系统健康，产业代谢健康和社会关系健康功能状态的测度；文明则是对社会秩序、文化传统、人类行为、价值观念、生产方式、消费方式、社会伦理、精神信仰等的测度。

当代生态学的功用早已超越了纯科学去伪存真的范畴，不只是反映自然、社会、思维等领域的客观规律的博物学知识体系，而且是一门睿智的自然哲学，敛财的自然经济学、善事的系统工程学、怡神的环境美学。可以预测，像 17 世纪数学从物理学研究和工业革命的需求中发展和分离出来一样，21 世纪植根于生物学、地学和环境科学研究以及基于可持续发展需要而异军突起的生态学也必将从传统分科别类的实验科学中分离出来，成为研究人与自然全面、协调、持续发展的机理、方法、技术、体制的方法论科学。

3.2　生态整合

复合生态系统方法的核心是生态整合。生态整合的概念最先是 Aldo Leopold 在他的生态伦理学名著《沙乡年鉴》中提出来的[10]。他认为土地作为开发商赚钱的工具，是一个包括其中土壤、水、植物和动物等在内的有生命有灵性的生态整合体，应予以理性和伦理的善待。James Lovelock 和 Lynn Margulis 于 20 世纪 60 年代提出的大地女神（GAIA）假说[11]，认为地球表面的温度、酸碱度、氧化还原电位势及气体构成等理化环境与生命体通过环境选择生物，生物改造环境实现动态平衡、协同进化的结果，形成一种生态整合力，使得地球环境维持在最适合现有生物生存的状态。E. P. Odum 提出生态学是生物、环境和人类社会整合关系的科学，需要从生态整合的视野去调节[7]。F. Vester 提出 8 条生态控制论定律[12]，解释了人类活动影响下的城市生态耦合关系与调控方法。马世骏提出生态学是研究有机体的生死过程、物质的生灭过程、事物的兴衰过程与环境关系的系统科学，提出生态整合的五大规律：物质循环再生和动态平衡规律、相互制约和依存的互生规律、相互补偿和协调的共生规律、相互适应和选择的协同进化规律、环境资源的有效极限规律[3]。G. Young[13] 指出生态学是一门研究生命与环境系统局部和整体关系和整合方法的科学[13]。Laura Westral 认为生态整合力是将生态系统的结构、组成和功能及其和谐、稳定和美丽状态保持在自然和历史波动范围内的能力[14,15]。

生态整合的要旨是生物和非生物环境的相互适应，形成一定程度的生态多样性和对环境扰动下维持稳定生态关系的应变能力，有开放式的能流输入和一定的资源承载能力，存在于一种非平衡态的时间过程中，有定向、不可逆的演化过程。生态整合机制有两种，一是自然生态整合，即生物种群及其生境在世代生存选择的斗争中协同进化而来的聚合能力和耦合规则；二是社会生态整合，指人类种群及其生境在世代适应自然、改造自然的生存发展过程中积累的文化和智慧。前者有近 40 亿年的历史，后者充其量不过几百万年。但人类不能等待亿万年的时日通过自然选择来实现生态整合。如何发挥人的主观能动性，在自然生态整合力的约束下推进和加速社会生态的智慧整合，是人类面临的严峻挑战。

生态整合的目标是达到生态中和的状态，是指中正平和的生态关系。这里的“中”是指中正与庸常，认为任何生态因子过多过少、任何生态过程过激过缓、任何生态结构过单过多、任何生态机制过强过弱都是对系统有害的，利导和限制关系要取中；“和”即整合与和谐，关系、结构、过程、功能要整合，合纵连横、纲举目张，变混沌为有序、浮躁为平和，正负反馈机制平衡、时空耦合关系谐调。生态中和的“生”是开拓竞生、整合共生、循环再生、适应自生的生命活力；“和”是物态谐和、事态祥和、心态平和、智态悟和的整合行为。

生态整合方法不同于传统科学分析方法之处在于：将整体论与还原论、定量分析与定性分析、理性与悟性、客观评价与主观感受、纵向的链式调控与横向的网状协调、内禀的竞争潜力和系统的共生能力、硬方法与软方法相结合，强调物质、能量、信息、人口、资金的综合；科学、哲学与工程学方法的联姻。常用的生态整合方法包括能值分析法、生命周期分析法；生态控制论分析法、生态服务功能、生态资产评估、生态足迹法、生态风险分析法、系统动力学、空间遥感分析及地理信息系统分析法；情景分析法；以及复合生态序分析法（通过测度复合生态系统的属性、过程、结构与功能去辨识系统的生态功能序和可持续能力）等。

理、制、脉、气、数、形、神是生态整合的核心内容和精髓。理，是指生态整合的哲学和科学基础，包括道理、事理、情理；制，是指生态整合的制度和组织保障，包括体制、机制、法制；气，是指推动和平衡生态系统功能和谐与结构整合的生命活力，包括天气、地气、人气；脉，是指生态系统代谢完整性和过程畅通性的自然、经济和社会通道，包括水脉、路脉、文脉；数，是指物质、能量、信息、资金、人口等生态功能流在时空尺度的平衡规则，包括法则、定数、阈值等；形，是指生态系统的元、链、环、网间的耦合关系，包括形态、结构和格局；神，是指生态系统的竞争、共生、再生、自生秩序和隐含的关系[9]。

4 将生态文明融入经济、政治、文化和社会建设的各方面和全过程

生态是生命生存、发展、繁衍、进化所依存的各种环境条件和生命主体间相互作用的耦合关系，而生态学则是人类认识环境、改造环境的一门世界观和方法论或自然哲学，是包括人在内的生物与环境之间关系的一门系统科学，塑造环境、模拟自然的一门工程技术和养心、悦目、怡神、品性的一门自然美学。“生态”还是“生态关系和谐”这一复合词的简称，表示人和环境在时空演替过程中形成的一种自然文脉、肌理、组织和秩序；“生态”还是一种自组织、自调节、自适应的定向进化过程，其演替目标是低的物质流通量、高的能值转换率、畅通的信息反馈、闭路的生命周期、发达的共生关系、强的自组织能力和生命力、高的应变力和多样性。生态演化，必须有生物主体、支撑环境、多样性的结构和遗传进化过程，必须具备开拓竞生、循环再生、适应自生和整合共生的动力学机制与正负反馈的自调节能力。这是区别社会上滥用生态口号的伪生态从真实生态以及区分开来的标尺。

生态文明的生态，实际上是人的生态，是人与环境间的耦合关系、整合学问、和谐状态与进化过程；是“绿韵”与“红脉”之间的关联。“绿韵”是光合作用赋予的生命力。植物大都是绿色的，自然的本色是绿，生命的活力表现在绿，人类活动的基础就是绿。还有“红”，人和高级动物的血液都是红的，人类社会能源开发利用的做功过程和热耗散表现出的是红色，它是生命的血脉，社会的基色。我们要发展绿色经济，建设绿色景观，运筹绿色社会，传承绿色文化，其实就是要协调绿韵与红脉的耦合关系。

生态文明的“文”，是指人（包括个体人与群体人）与环境（包括自然、经济与社会环境）关系的纹理、脉络或规律，是一种时间、空间的生态关联。日加月为“明”，是指从暗向亮，从愚昧向睿智的开化、教化和进化过程。

生态文明建设包括生态环境的物质基础建设和生态文化的上层建筑建设。

生态环境是人类生存发展的物质基础，包括物质代谢环境（水-空气-生物质-矿物质），生态服务环境（土壤-气候-水文-陆域-空域），生物共生环境（植物-动物-微生物），社会生态环境（经济-社会-政治-文化）以及区域发展环境（资源-市场-环境-政策-人才），表现在社会发展的形态、结构和服务效果上。

生态文化是社会持续发展的上层建筑，包括生态观念、生产关系、生活方式、生态制度、生态经济、生态哲学、生态美学等领域的物态、心态、体制和认知文明，涉及物质代谢、事权运筹、人情调理间的系统耦合关系、人文进化过程、环境融合机理及社会管理状态，表现在社会发展的机制、体制和进化功能上。

生态文明建设包括经济建设中生产和消费的物态文明、政治建设中组织和管理的体制文明、文化建设中知识和智慧的认知文明，以及社会建设中道德和精神的心态文明。

生态文明融入经济建设，就是要处理好经济建设中生产、流通、消费、还原、调控活动与资源、市场、环境、政策和科技的生态关系，将传统单目标的物态经济转为生态经济、利润经济转为福祉经济，促进生产方式和消费模式的根本转变，通过生命周期设计和生命周期管理将条块分割的传统产业，合纵连横为生产、服务、生态建设一体化的复合生态体系。

生态文明融入政治建设，就是要处理好制度建设中眼前和长远、局部和整体、效率与公平、分割与整合的生态关系，引入生态学的开拓竞生、适应自生、循环再生和整合共生机制，将环境与经济、计划与市场对立的二元论转变为五位一体的融合论，促进区域与区域、城市与乡村、社会与经济、绿韵与红脉的统筹，强化和完善生态物业管理、生态占用补偿、生态绩效问责、生态控制性详规和战略环境影响评价等法规政策。

生态文明融入文化建设，就是要处理好价值观念、思想境界、道德情操、精神信仰、行为规范、生活方式、风俗习惯、学术思想、文学艺术、科学技术等领域人与自然、人与人以及局部与整体的认知文明和心态文明问题，引导生态文化的传承与创新、人与自然关系的功利、道德、信仰和天地境界的健康发展。

生态文明融入社会建设，就是要处理好城乡建设中自然生态涵养、生态基础设施保障、人居生态建设和社会生态服务的系统关系，通过复合污染防治、清洁生产管理、产业生态建设、生态政区建设和生态文明品质提升一体化的规划、建设与管理，强化肾肺皮口脉生态基础设施建设、推进生态服务功能的完善和城乡环境的净化（干净、安静、卫生、安全）、绿化（景观、产业、行为、机制）、活化（水欢、风畅、土肥、生茂）和美化（文脉、肌理、物态、心灵），建设融形态美、神态美、机制美、体制美和心灵美于一体的美丽家园（表3）。

表3　环境问题的复合生态调控对策与技术

Tab. 3　SENCE based integrative environmental regulation strategies and technology

	调控目标 Regulation aim	调控方式 Regulation pattern	核心生态技术 Core-ecological technology	发展趋势 Development tendency
环境污染治理 Pollution treatment	过程优化	节能减排	产品、工艺和环境的生态设计	从末端治理走向过程减排

续表

	调控目标 Regulation aim	调控方式 Regulation pattern	核心生态技术 Core-ecological technology	发展趋势 Development tendency
清洁生产工艺 Cleaner production technology	产业共生	合纵连横	产业生态转型、整合与孵化	从链环、网络到园区
产业生态整合 Industrial ecology	区域统筹	系统优化	复合生态规划、工程与管理	从产区、社区到区域
生态政区建设 Ecopolis development	文明提升	规范与激励	观念更新-体制革新-文化创新	从物态、生态到心态
生态文明建设 Eco-civilization enhancement	观念行为文化	天人合一	行为规范与激励	从硬件、软件到心件

生态文明的这种“融”和“贯”将自生、竞生、共生、再生的生态演化机制与开拓、适应、反馈、整合的人文创新精神根植于新型城市化、工业化、信息化和农业现代化的人类发展过程之中，努力建设美丽中国，推进生产高效循环、生活幸福低碳、生态绿色和谐的可持续发展。

生态文明建设与社会、经济、政治和文化建设的地位不是平行的，经济建设为中心、社会发展为目标、政治协调为保障、文化传创为根本；生态文明的融贯是生命力、应变力、承载力和整合力的融入和开拓、适应、反馈、整合精神的贯穿，前者是纲，后者是常，前者是横，后者是纵。需要纲贯穿常、纵联合横，五位一体的潜移默化、融会贯通，才是有中国特色的社会主义。循环发展侧重物流代谢过程，强调资源的循环再生和可持续消费，核心是生物链和矿物链的高生态经济效率；低碳发展更强调能源耗散的碳生态效应，核心是化石能源的清洁利用、高效利用、生态利用，以及可再生能源的合理开发、有机替代和永续利用；绿色发展的绿色不只是一种颜色、一种形态，更是一种开拓、适应、反馈、整合的生态机制，一种自生、共生、再生、竞生的生命活力，一种高效、和谐、健康、持续的进化过程，一种功利、道德、信仰、天地合一的人文境界。绿色发展的实质是人类活动的红脉与自然生态的绿韵间的科学整合，是以人为本，按照生态学规律推进的全面、协调、可持续发展，即科学发展。

生态文明新时代的新是观念更新、体制革新、技术创新，是新型工业化、区域城镇化、社会信息化和农业现代化，未来的美丽中国，其经济过程将从物流主导型转向信息主导型，空间格局将从集聚型转向适度分散型，生产潜力将从单项技术型转向智慧集成型、生活质量从资金导向的富裕型转向福祉导向的健康型，管理模式从树链型转向网络型，社会诉求从公平转向和谐。

《礼记·礼运篇》曾将中国社会的进化分为三个阶段，即“乱世-小康-大同”。经过一个多世纪动乱的中国正在从乱世进入小康。未来的“大同”社会，既不是传统的“小桥、流水、人家”的田园社会，也非高楼林立，道路密布的城市社会，而是一种顺应生态、合乎国情的永续发展社会。其基本特征是：①社会小康。机制体制健康、结构功能高效、供给需求平衡、生命周期闭合。②生态中和。竞生、共生、再生、自生共济；社会-经济-政治-文化-自然一体；净化-绿化-活化-美化普育；污染防治-清洁生产-产业生态-生态基础设施-生态政区同步。③科学大智。政-产-研-学-民整合；农-工-科-贸-文一体；时-空-量-构-序协调；物质-能量-信息-人口-资金；温饱-功利-道德-信仰-天地同境，其中生态文明将发挥决定性的作用。社会小康、科学大智、生态中和，这就是生态文明新时代的美丽中国新形象。

参考文献

[1] Wang R S. The bridge of natural and social science—Progress of human ecology research. Study on development strategy for ecology in China. Beijing: China Economy Press, 1991: 405-466.

[2] Wang R S. The world eco-summit and global summit ecology. Bulletin of Chinese Academy of Sciences, 2007, 22 (4): 330-333.

[3] Ma S J, Wang R S. Social-economic-natural complex ecosystems. Acta Ecologica. Sinica, 1984, 4 (1): 1-9.

[4] Ma S J. Ma Shijun's proceedings Introduction. Beijing: China Environmental Science Press, 1995.

[5] Wang R S. High efficiency and harmony—Principles and approaches for urban eco-regulation. Changsha: Hunan Education Press, 1988.

[6] Wang Rusong. 1990. Human Ecology in China. Beijing: China Science and Technology Press, 251.

[7] Odum E P. Basic Ecology, Saunders College Publishing, 1983.

[8] Odum H T. Systems Ecology: An introduction. New York: John Wiley & Sons, 1982.

[9] Wang R S, Ouyang Z Y. 1996. Ecological integration probing the scientific methodology of human sustainable development. Chinese Science Bulletin, 1996, 41 (special issue): 47-67.

[10] Leopold A. A Sand County Almanac, and Sketches Here and There. New York: Oxford University Press, 1949.

[11] Lovelock J. GAIA As Seen Through the Atmosphere, Atmospheric Environment, 1972, 6: 579-580.

[12] Vester F, Von Hesler A. Sensitivitatsmodell, Regionale Planungsgemeinwchaft Untermain, Frankfurt-am Main, 1980.

[13] Young G L. A Conceptural Framework for an Interdisciplinary Human Ecology. Acta Oecologiae Hominis—International Monographs in Human Ecology, 1989, 1: 1-136.

[14] Westral L. Encyclopedia of Science, Technology, and Ethics. Ed. Carl Mitcham. Vol. 2: D-K. Detroit: Macmillan Reference USA, 2005: 574-578.

[15] Pimentel D L, Westra R F. Noss. Ecological Integrity: Integrating Environment, Conservation, and Health. Island Press, 2000: 448

INTEGRATING ECOLOGICAL CIVILIZATION INTO SOCIAL-ECONOMIC DEVELOPMENT

Wang Rusong

(Research Center for Eco-Environmental Sciences, Chinese Academy of Sciences, Beijing 100085)

Abstract This paper investigated the ecological reason of unbalanced, inharmonious and unsustainable problems existed in China's fast social-economic development, and summarized the theoretical and methodological progress in Social-Economic-Natural Complex Ecosystem Study after its emergence 30 years ago. The paper explained the concept and approach of ecological integrity, and the scientific foundation, system approach and integrative technology for incorporating ecological civilization into all aspects and the whole process of advancing economic, political, cultural, and social progress. The study also pointed out that the target of ecological research is transformed from components to contexts, from material to information, from structure to function and from academic interests to social wellbeing; and the approach is transformed from quantity measurement to functional order measurement, from optimization to adaptation. Moderately prosperous society, ecological harmonization, and great scientific wisdom are the objectives of China's ecological civilization by 2020.

Key words ecological integration, ecological civilization, social-economic-natural complex ecosystem

资源、环境与产业转型的复合生态管理*

王如松

（中国科学院生态环境研究中心，北京 100085）

摘要 中国环境污染与生态破坏问题的症结在于管理问题，其实质是资源代谢在时间、空间尺度上的滞留或耗竭，系统耦合在结构、功能关系上的破碎和板结，社会行为在经济和生态管理上的冲突和失调。生态管理科学旨在运用系统工程的手段和生态学原理去探讨这类复合生态系统的动力学机制和控制论方法，协调人与自然、经济与环境、局部与整体间在时间、空间、数量、结构、序理间的系统耦合关系，使资源得以高效利用，人与自然高度和谐，环境经济持续发展。为解决国家、地区及部门重大生态环境问题提供决策支持、科学依据和管理方法。复合生态系统管理的热点是生态资产、生态健康和生态服务功能管理，应用生态管理学包括产业生态管理，城镇生态管理和区域生态管理，综述了当前国内外区域生命支持系统管理和产业转型的生态管理方法，如生命周期分析、生态足迹分析等。

关键词 资源 环境 生态管理 复合生态系统 区域 产业转型 生命周期评价 生态足迹

1 中国环境污染与生态破坏问题的症结在于管理问题

世纪之交，世界社会经济格局正向着全球化（一体化多元化）信息化（经济生产与社会生活）和生态化（产业、景观、文化）方向演变。经历过一个世纪惊心动魄的政治动乱、军事纷争和经济危机以及长足的科技进步、经济腾飞和社会发展奇迹的中国，正面临着严峻的人口、资源和环境问题的挑战。强烈的现代化需求，密集的人类开发活动，大规模的基础设施建设和高物耗高污染型的产业发展，给区域生态系统造成了强烈的生态胁迫效应。几乎所有早期工业化国家的环境污染和殖民地国家的生态破坏问题在一些地区都不同程度地存在，生态危机日益加剧，水体、大气、土壤和生境严重污染；环境事故、生态灾难、生态难民及自然灾害频率的不断增加；生物多样性、水源涵养能力、生态服务功能及生态系统健康的持续下降给人民身心健康、国家环境安全和经济的持续发展造成了严重的威胁。为此，国家不得不明令取缔、关闭和停产 15 类污染严重的乡镇工业。这些企业所蒙受的昂贵的经济损失宣告了传统的“先污染后治理、先规模后效益”的经济管理模式在 20 世纪 90 年代的中国不可行性。

环境污染及其所造成的生态破坏是工业革命和殖民主义的副产品。随着大工业的

* 原载于：系统工程理论与实践，2003，（2）：125-132，138.

发展，专业化分工越来越细，经济效益成为企业生产的唯一目标。企业从遍布全球的自然生态系统中无偿或低偿地索取资源，并将生产和消费过程中未被有效利用的大量副产品以污染物或废弃物的形式排出厂外，形成环境问题，其实质是资源代谢在时间、空间尺度上的滞留或耗竭，系统耦合在结构、功能关系上的破碎和板结，社会行为在经济和生态管理上的冲突和失调。人们只看到产业的物理过程，而忽视其生态过程；只重视产品的社会服务功能，而忽视其生态服务功能；只注意企业的经济成本而无视生态成本；只强调过程末端的环境管理而忽视系统功能的生态管理。社会的生产、生活与生态管理职能条块分割，以产量产值为主的政绩指标和短期行为，以及生态意识低下、管理方法落后的国民素质，是整体环境持续恶化的根本原因。“现代化”的发展目标往往集中于工程结构、经济过程及社会功效的管理，而忽视了对生态资产和生态服务功能的管理。

人类社会是一类以自然生态系统为基础，人类行为为主导，物质、能量信息、资金等经济流为命脉的社会经济自然复合生态系统。生态管理科学就是要运用系统工程的手段和生态学原理去探讨这类复合生态系统的动力学机制和控制论方法，协调人与自然、经济与环境、局部与整体间在时间、空间、数量、结构、序理上复杂的系统耦合关系，促进物质、能量、信息的高效利用，技术和自然的充分融合，人的创造力和生产力得到最大限度的发挥，生态系统功能和居民身心健康得到最大限度的保护，经济、自然和社会得以持续、健康的发展。

生态管理的前身是20世纪六七十年代以末端治理为特征的对环境污染和生态破坏的应急环境管理。70年代末到80年代兴起的清洁生产，促进了环境污染管理向工艺流程管理过渡，通过对污染物最小排放的环境管理减轻环境的源头压力。90年代发展起来的产品生命周期分析和产业生态管理将不同部门和地区之间的资源开发、加工、流通、消费和废弃物再生过程进行系统组合，优化系统结构和资源利用的生态效率。90年代末兴起的系统生态管理旨在动员全社会的力量优化系统功能，变企业产品价值导向为社会服务功能导向，化环境行为为企业、政府和民众的联合行为，将内部的技术、体制、文化与外部的资源、环境、政策融为一体，使资源得以高效利用，人与自然高度和谐、社会经济持续发展（表1）。生态管理将为解决国家、地区及部门重大生态环境问题提供决策支持，科学依据和管理方法。

表1　生态管理的4个发展阶段

阶段	Ⅰ 应急环境管理	Ⅱ 工艺流程管理	Ⅲ 产业生态管理	Ⅳ 系统生态管理
管理理念	被动响应	内部整改	部门调控	系统综合
管理方法	末端治理	过程控制	结构耦合	功能整合
主要行动者	环保部门	生产部门	行业和地区	全社会
优化目标	最小污染	最小排放	最优结构	最适功能
管理对策	污染防治	清洁生产	生态产业	生态社区

复合生态管理旨在倡导一种将决策方式从线性思维转向系统思维，生产方式从链式产业转向生态产业，生活方式从物质文明转向生态文明，思维方式从个体人转向生

态人的方法论转型。通过复合生态管理将单一的生物环节、物理环节、经济环节和社会环节组装成一个有强生命力的生态系统，从技术革新、体制改革和行为诱导入手，调节系统的主导性与多样性，开放性与自主性，灵活性与稳定、共生、再生和自生原理得到充分的体现，资源得以高效利用，人与自然高度和谐。

2 复合生态管理的研究动态

人类究竟是怎样影响区域环境和受环境所影响的？其后果如何？个人和社会怎样减缓和适应环境的这些变化？决策者针对这些变化所选取的政策如何影响现在和未来的社会、经济发展？这些都是目前国际社会对全球环境变化的人类影响研究的核心问题。随着社会对减缓和适应环境变化的压力的加大，要求科学界提供人类活动的生态影响机理和管理方法的呼声越来越高。为此，国际科联（ICSU）和国际社科联（ISSC）发起了有关全球环境变化研究的几个主要计划，其中与人类活动管理密切相关的有 SCOPE 及 IHDP 计划。国际科联环境问题科学委员会（SCOPE）正在开展的科学计划包括人文和自然资源管理，生态系统过程和生物多样性管理，健康与环境的生态安全管理等三大领域。全球环境变化的人类影响国际研究计划（简称 IHDP）定义人类影响是“个人和社会对环境变化的影响方式和途径；受环境变化影响的程度和过程；以及减缓和适应环境变化的对策和行动”，并组织了以下四大科学领域的研究：①土地利用管理与土地覆盖变化（LUCC）；②全球环境变化和人类安全管理（GECHS），包括环境和人类安全的概念和理论框架；环境变化、资源利用和人类安全；人口、环境和人类安全；区域性环境胁迫和人类脆弱性的模型；环境安全的体制和政策建设；③全球环境变化的体制因素（IDGEC）；④产业转型（IT），包括宏观环境经济、激励与调控政策、生产、消费等四大研究方向以及转型过程、分析方法与工具、管理、监测与体制、城市和产业转型、能源、食物、信息与通信等 7 个研究领域。产业转型（IT）计划是其中最活跃的一组，过去一年中先后在世界各地召开了 9 次有关产业转型的区域性会议，并在此基础上制定了产业转型与人类影响的科学研究计划（Vellinga and Herb，1999），提出了产业转型研究中与城市生态系统有关的一系列关键科学问题。该计划认为，为了满足世界人口增长的需要而可持续地利用环境资源，生产、生活、体制及行为方式的改变是必需的。IT 的目标是理解复杂的社会经济相互作用，辨识变化的动力学机制，探索能显著减少环境影响的发展途径。IT 研究就是要以产业为突破口，将生产者和消费者相关联，研究城市社会经济环境变化间的系统关系，及其与全球环境有关的系统变化，如水、交通、居住、食物能源、物质利用、信息与通信、金融服务、娱乐旅游等。其实质就是人类生态关系的系统研究，其内涵远远超过生产过程、效率或产品的“绿化”，或单个部门或行业的改造，它是一种系统创新（技术加体制），不能只靠单个行动者或单个部门，涉及大的地理尺度（跨国、跨洲）和时间及行业范围，要求多学科的系统研究。

自维纳 20 世纪 40 年代提出生物控制论以来，系统科学方法论取得了长足的进步，但对于生命系统及社会经济系统，特别是人与自然复合生态系统，其控制论方法尚未找到有效的系统工具。Prigogine（1984）的耗散结构理论和 Haken（1978）的协同学理论为社会经济系统和生态系统分析开辟了一个新的思路，但在具体应用上其定量分析方法却一直未取得突破性进展。Laszlo（1996）在其“世界之系统观”一书中指出，生命系统不同于传统物理系统，它有能力自我生长，自我发育，自我创造，并在变化的环境中适应开拓，持续发展。Miller（1978）总结了 19 种不同尺度的生命系统的结构与功能。德国著名的生物控制论专家 Vester（1981）总结出生物控制论的八条定律。Odum（1987）提出生态系统中的能值（emergy）的概念，用于测度太阳能在生态系统不同营养层次中的累积效应和生态复杂性。作为对环境工程硬方法的一种革命，Checkland（1981，1990）提出了 Soft Systems Methodology（SSM），它在定量与定性数据、主观与客观信息的结合上以及系统与环境间的适应性策略方面有了新的突破，其本质上是一种环境反馈式或认识进化式系统学习过程。但 SSM 在软硬方法的接口上，特别是不同时、空、量、构、序的系统关系辨识和调控管理机制尚停留在经验性而非机理性探索上。

- 自 20 世纪 80 年代初，马世骏和王如松（1984）提出社会-经济-自然复合生态系统理论和相应的生态规划方法以来，我国各类复合生态系统的应用研究及单项理论研究均取得了长足进展，但对复合生态系统管理的机理性研究一直是个薄弱环节，特别是对以下几个问题尚缺深入系统的探索：
- 复合生态系统的动力学机制是自然，是人还是二者的复合，怎样复合？
- 生态控制论的竞争（市场机制）共生（社会主义）和自生（有中国特色的自力更生）机制是怎样相互作用的？怎样测度？
- 复合生态系统管理中怎样简化关系的复杂性？怎样从传统的量的测度转向序的测度？
- 针对复合生态系统发展在时、空、量、构、序上的不均匀性和与环境关系的协同进化性，其优化方法应采取怎样一种进化式策略？
- 区域资源环境的生态整合机制和生态安全管理方法；
- 人类活动胁迫下流域水资源、水环境和水灾害综合调控的复合生态管理方法；
- 产业转型和功能创新的生态管理方法。

为此，各国复合生态系统管理特别注重区域各种自然生态因素，技术物理因素和社会文化因素耦合的等级性、异质性和多样性；注意城乡物质代谢过程、信息反馈过程和生态演替过程的健康程度；以及系统的经济生产、社会生活及自然调节功能的强弱和活力。其中生态资产、生态健康和生态服务功能是当前复合生态系统管理的热点。为此，几门可持续发展的应用生态管理学分支正逐渐形成：一是产业生态管理，研究工农业生产中资源、产品及废弃物的代谢规律和耦合调控方法，探讨促进资源的有效利用和环境的正面影响的管理手段；二是城镇生态管理，研究按生态学原理将城乡住宅、交通、基础设施及消费过程与自然生态系统融为一体，为居民提供适宜的人居环境（包括居室环境、交通环境和社区环境）；三是区域生态管理，研究城镇及乡村生命支持系统的景观格局、风水过程、生态秩序环境承载力及生态服务功能的管理等；四是生态资产管理，如水、能源、生物多样性的跨行业、跨地区、跨学科的系统综合管理等。

3　区域资源环境经济的复合生态管理

应当说，各级政府及社会各界近年来对环境问题给予了一定的重视和投入，全社会的环境意识比前些年有一定的提高，环境建设经费有所增加，城乡环境局部有所改善，但区域环境整体继续恶化、前途令人担忧的趋势改观并不明显。究其原因，一些地区和部门的环境管理重污染表象轻生态机理，重理化过程轻生态关联，重分析描述轻系统综合，重投入轻效率，重硬件轻软件，重盲目跟踪轻因地制宜，重技术科学轻管理科学的偏向不能不令人担忧。这里，关键在于缺乏良好的区域生态管理机制、方法与技术手段。

西方发达国家经过两个多世纪的产业革命和社会发展，以掠夺殖民地生态资产为代价，实现了农业社会向工业社会、乡村社会向城市社会的过渡。我国既没有全球广阔的殖民地提供生态资产，也没有两个多世纪的时间跨度与资金积累去治理污染。西方发达国家高能耗、高投入的环境治理和管理模式是发展中国家所难以效仿的。沿海发达地区最近20年以来城镇经济发达、社会繁荣与区域环境污染生态破坏的强烈反差警醒我们：中国环境管理不应跟在西方国家后面被动应战，应摸索出一条有中国特色的融中国传统文化与现代技术为一体的社会主义市场经济下的生态管理模式，开展一场技术、体制、行为及学术领域的革命。区域生态管理将从以物为中心转向以人为中心，空间尺度上要从点线管理转向重视区域和流域生态系统的管理，时间尺度上要重视对中跨度环境间接影响的管理，管理方法上要从表象型转向机理型，应急型转向预防型、消耗型转向效益型、开展跨地区、跨部门、跨学科的系统生态管理方法研究既是实施国家可持续发展战略、维护国家生态安全的急需，也是当前沿海发达地区环境整治的急需，更是西部大开发之急需。

区域生命支持系统管理的一个关键科学问题是生态影响评价，常用的评价方法有：H. T. Odum 提出的能值分析法（emergy analysis），环境毒理和化学学会（SETAC，1991）提出的物质代谢全过程的生命周期分析法（life cycle assessment），Vester（1981）提出的基于反馈机制的生态控制论分析法（eco-cybernetics），Daily（1997）等提出的生态系统服务功能和 Costanza 等（1997）提出的自然资产评价法，以及 Boulding 等（1970）提出的生态经济方法，Rees 等（1994）提出的基于土地利用的生态足迹法（ecological footprint），以及 Bartell（1992），Suter 等（1993）的生态风险分析法，前景展望法（Scenario，包括趋势外推、目标反演、替代方案和对照遴选等）。它们分别从能流、物流、信息流、资金流以及空间、时间尺度上评价和分析人类活动影响下的生态过程。面对还原论与整体论、物理学与生态学、经济学与环境学、工程学与生物学的矛盾，生态管理研究的方法论正在面临一场新的革命：从过程的量化走向关系的序化；从数学优化走向生态进化；从人工智能走向生态智能。人们通过测度城市复合生态系统的关系、过程、结构与功能去辨识系统的时（届际、代际、世际）、空（地域、流域、区域）、量（各种物质、能量代谢过程）、构（产业、体制、景观）及序（竞争共生与自生序）的生态持续能力。Rees 和 Wackernagel（1994）探讨了自然资本占用的空间测度问题，提出了生态足迹（ecological footprint）的概念。生态足迹被定义为在现有技术条件下，按空间面积计量的支持一个特定地区的经济和人口的物质、能源消费和废弃物处理所要求的土地和水等自然资本的数量。他们最早估计了典型城市工业区（人口大于 300 人/km^2）要占用比其所包含的区域面积大 10 ~ 20 倍的土地（包括水域）面积，由此外推，人类的物质需求现在已超过了地球的承载力。受他们的先驱工作的推动，国际上一些生态经济学家也开始从事这方面的研究。Lasson 等估计了哥伦比亚加勒比海沿岸地区半密集的养虾农场的发展对生态系统支持的占用，它占用了比农场大 35 ~ 190 倍的地表面积，大约 80% 所需的养虾饲料来源于农场外的自然生态系统。Carl Folke 等估计了北欧波罗的海地区和全球城市发展的生态足迹，研究表明，波罗的海地区的 29 个大城市因对自然资本的消费占用了比该地区的城市面积大 565 ~ 1130 倍的自然生态系统面积。全球 774 个大城市（人口占全球的 20%）因海产品消费占用了 25% 的全球可得到的具有生产力的海洋生态系统面积，同时，为降低这些城市的温室效应，需要比作为碳库的全球 10% 还多的森林面积来吸收 CO_2。M. Wackemagel 等在他们早期工作的基础上，完成了 52 个国家（占全球人口的 80%）1992 年的生态足迹研究报告，他们的报告表明，在 1992 年，人类过度使用了全球当年所生产的自然资本总量的大约 1/3 强。Jeroen 等关于这一概念及其方法作了详细的评述，对该方法中的不足之处，如所使用的累加办法、权重确定、矿物能土地概念、自然资本贸易在生态足迹计算中的特殊意义、不同地区土地的生物生产力的差异对生态足迹计算值的影响、生态足迹分析对区域政策和公众行动的实际意义等作了中肯的批评，提出了一些建设性的建议或改进意见。

复合生态系统的生存与发展取决于其生命支持系统的活力，包括区域生态基础设施（光、热、水、气候、土壤、生物）的承载能力及生态服务功能的强弱，城乡物质代谢链的闭合与滞竭程度，以及景观生态的时空量构序的整合性。马世骏和王如松于 1984 年提出城市是一类以人类的技术和社会行为为主导，生态代谢过程为经络，受自然生命支持系统所供养的“社会-经济-自然复合生态系统”。复合生态系统可持续能力的维系有赖于对其环境、经济、社会和文化因子间复杂的人类生态关系的深刻理解、综合规划及系统管理。从中国几千年传统的人类生态哲学中可以总结出 10 条生态控制论原理，它们可以归结为三条原则：一是对有效资源及可利用的生态位的竞争或效率原则；二是人与自然之间、不同人类活动间以及个体与整体间的共生或公平性原则；三是通过循环再生与自组织行为维持系统结构、功能和过程稳定的自生或生命力原则。三者的有机结合才能推进有中国特色的（自生），社会主义（共生）市场经济（竞争）条件下的城乡可持续发展。Tayler 等（1998）提出复合生态系统设计的四因子模型：功能、结构、行为和内部关系，它们通过能流、物流、生境、群落演替、营养结构及纵横等级关系变化等生态过程影响社会的形态（多样性、耦合度及复杂性）。

美国巴尔的摩与凤凰城城市生态系统研究是美国自然科学基金支持的 21 个长期生态系统定位站中的两个，主要就集中在对城镇生命支持系统这些复杂的生态关系的探索上，其研究周期至少 20 年。第 1 期 6 年，基金委资助额度各为 430 万美元，地方政府配套多于此额度的启动资金，由马里兰大学等单位承担的巴尔的摩城市生态研究主要基于城市是一类社会、经济、自然、生态及物理因素相互关联的人类复合生态系统的理念。其主要科学问题是：①各种社会、经济、生态因子是怎样相互关联，城市空间结构和时间过程是怎样演变的，即自然生态条件怎样影响土地利用决策以及生态系统对人类活动的响应和反馈又怎样改变未来的土地利用决策；②城市能流、物流、资金流、人口流的规律和动态变化过程及其生态管理的方法；③怎样发展和运用生态理论与方法改善城市环境管理，减少对区域和流域环境的影响。初步研究结果表明，城市生态系统的社会、经济和自然生态格局控制着其生态功能，特别是水文生物和社会经济的多样性和异质性，区域生态系统管理可以促进和推动科学、人文及环境教育，并对城市和区域环境保育产生积极作用。

围绕当前困扰城乡各级部门的环境问题、交通问题和生活质量问题，生态管理研究聚集在物质代谢（metabolism）管理、交通（mobility）管理和城乡生态关系维护（maintenance）的管理这3M目标上；方法集中在影响评价（impact assessment），关系整合（interaction synthesis）和体制调控（institutional regulation）的3I方法上；通过加强指标测度（measuring）、动态监控（monitoring）及系统模拟（modeling）强化宏观生态管理。

区域生态管理研究的焦点是：各种自然生态因素，技术物理因素和社会文化因素耦合体的等级性、异质性和多样性；区域物质代谢过程、信息反馈过程和生态演替过程的健康程度；区域的经济生产、社会生活及自然调节功能的强弱和活力。其中生态资产、生态健康和生态服务功能是当前区域生态管理的核心，其科学问题包括：

1）基础理论研究

- 生态资产管理（盈与亏，价值核算指标体系）；
- 生态服务功能管理（强与弱，序的测度、冲突分析）；
- 生态代谢过程管理（滞与竭，水、能、土、木、矿）；
- 生态安全机制管理（乘与补，水、食物、健康、生物多样性、人居环境）；
- 生态系统综合管理（乱与治，时、空、量、构、序）。

2）应用基础研究

- 产业生态管理（纵与横的耦合，创业机制、孵化方法）；
- 城市生态管理（形与神的融合，价值准则、规划设计手段）；
- 流域生态管理（构与序的协同，宏微调和对策、远近补偿机制）；
- 区域可持续能力管理（财富、健康、文明目标，能力建设方法）；
- 水、能源、土壤、生物矿产的复合生态管理（过程管理、目标管理、功能管理）。

4　产业转型的生态管理方法

当今城乡可持续发展问题所面临的一个严重挑战是产业转型，而产业转型的方法论基础就是产业生态学。它是一门研究社会生产活动中自然资源从源流到汇的全代谢过程，组织管理体制以及生产、消费、调控行为的动力学机制、控制论方法及其与生命支持系统相互关系的管理科学，被列为美国21世纪环境研究的优先学科。产业生态学起源于20世纪80年代末Frosch等（1991）模拟生物新陈代谢和生态系统循环再生过程所开展的“工业代谢”研究，他们认为现代工业生产是一个将原料、能源和劳动力转化为产品和废弃物的代谢过程，并进一步提出了“产业生态系统”和“产业生态学”的概念。1991 年美国科学院与贝尔实验室共同组织了首次“产业生态学”论坛，对其概念、内容和方法以及应用前景进行了系统的总结，基本形成了产业生态学的概念框架。例如，贝尔实验室的 Kumar 认为：“产业生态学是对各种产业活动及其产品与环境之间相互关系的跨学科研究”，90 年代以来，产业生态学发展非常迅速，产业界、环境科学和生态学界纷纷介入其理论和实践的探索。国际电力与电子工程研究所（IEEE，1995）在一份称为“可持续发展与产业生态学白皮书”的报告中指出：“产业生态学是一门探讨产业系统与经济系统以及他们同自然系统相互关系的跨学科研究，涉及诸多学科领域，包括能源供应与利用、新材料、新技术基础科学、经济学、法律学、管理科学以及社会科学等”，是一门“研究可持续能力的科学”。近年来，以 AT&T、Lucent、GM、Motorola 等公司为龙头的产业界纷纷投巨资推进产业生态学的理论研究和实践，成为产业生态学的首批试验基地。1997 年由耶鲁大学和 MIT 共同合作出版了《产业生态学杂志》。

生态农业技术和管理方法是我国农业几千年长久不衰，并以占全世界 7% 的耕地和水资源养活了 1/5 到 1/4 世界人口的秘诀。但是，我国生态农业还一直在低技术低效益、低规模、低循环的传统生态农业层次上徘徊。生态农业在一些沿海富裕地区正在萎缩，只有从农业小循环走向工农商结合的产业大循环，从小农经济管理走向城乡、脑体结合的网络和知识经济管理，从“小桥、流水、人家”的田园社会走向规模化、知识化、现代化的生态社会，中国农村才能实现可持续发展，而实现这一战略性转变的关键正是产业生态管理的理论、方法和技术的引进。

产业生态管理的实质是变环境投入为生态产出，促进生态资产与经济资产、生态基础设施、生产基础设施、生态服务功能与社会服务功能的平衡与协调发展。它涉及两方面的创新：一是生态效率（eco-efficiency）的创新，即怎样把产品生产工艺改进得更好，以生态和经济上最合理的方式利用资源；二是生态效用（eco-effectiveness）创新，即怎样设计一类生态和经济上更合理的产品，以最大限度地满足社会的需求。生态产品开发的战略管理包括改善材料质量，减少材料消耗，优化工艺流程，优化流通渠道，延长生命周期，减少环境负担，优化废弃物处置和优化系统功能等。

产业生态管理涉及三个层次：宏观上，它是国家产业政策的重要理论依据，即围绕产业发展，如何将生态学的理论与原则融入国家法律、经济和社会发展纲要中，以促进国家及全球尺度的生态安全和经济繁荣；中观上，它是部门和地区生产力建设及产业结构调整的重要方法论基础，通过生态产业建设将区域国土规划、城市建设规划、生态环境规划和社会经经发展规划融为一体，促进城乡结合、工农结合、环境保护和经济建设结合；微观上，则为企业提供具体产品和工艺的生态评价、生态设计和生态工程建设的组织管理方法，涉及企业的竞争能力、管理体制、发展战略，行动方针，包括企业的“绿色核算体系”、“生态产品规格与标准”等。

生态产业是按生态经济原理和知识经济规律组织起来的基于生态系统承载能力、具有高效的经济过程及和谐的生态功能的网络型、进化型产业。它通过两个或两个以上的生产体系或环节之间的系统耦合，使物质、能量能多级利用高效产出，资源、环境能系统开发、持续利用，产业生态管理的主要科学议题有：

从产品经济向服务经济、链式经济向网络经济、资源经济向知识经济转型的生态控制论方法、宏观调控体制与行业融合政策；集生产、流通、消费、回收、环境保护及能力建设为一体，第一、第二、第三产业在企业内部形成完备的功能组合的生命周期管理方法；不同工艺流程间的横向耦合机理及变污染负效益为资源正效益的资源共享管理体制与政策；不同企业间以及厂内生产区与厂外相关的自然及人工环境构成生态产业园区或复合生态体，以逐步实现废弃物在系统内的全回收和向系统外零排放的区域生态管理方法；产业发展的多样性与优势度，开放度与自主度，力度与柔度，速度与稳度有机结合的软硬件协同管理方法；强化企业研究与开发体系、孵化咨询体系、社会服务体系及人才培训体系以增加就业机会的管理体制与政策；不同层次生态产业管理的信息系统和咨询网络，强化内外信息及技术网络的畅通性、灵敏性、前沿性和高覆盖度。

美国生态学会前主席 J. Meyer 在 1996 年全美生态学年会述职报告中将生态工程、生态经济、生态设计、产业生态学及环境伦理学列为未来生态管理科学的五大前沿方向，其中生态工程名列榜首。生态工程概念是著名生态学家 H. T. Odum 及马世骏教授于 20 世纪 60 年代及 70 年代分别提出来的，但各自的侧重点却不同。西方生态工程理论强调自然生态恢复，强调环境效益和自然调控。中国生态工程则强调人工生态建设，追求经济和生态效益的统一和人的主动改造与建设，强调资源的综合利用、技术的系统组合、学科的边缘交叉和产业的横向结合，是中国传统文化与西方现代技术有机结合的产物，被认为是发展中国家可持续发展的方法论基础。20 世纪 70 年代以来，我国生态工程理论和实践研究取得长足进展，成为我国生态学跻身国际前沿的少数几个领域之一。

丹麦 Kalundborg 镇的工业综合体可以说是一个典型的高效、和谐的产业生态系统。1980 年年初，以燃煤发电厂向炼油厂和制药厂供应余热为起点，进行工厂之间的废弃物再利用的合作。经过 10 多年的滚动发展和优化组合，目前该系统已成为一个包括发电厂、炼油厂、生物技术制品厂、塑料板厂、硫酸厂、水泥厂、种植业、养殖业和园艺业，以及 Kalundborg 的供热系统在内的复合生态系统。各个系统单元（企业）之间通过利用彼此的余热净化后的废水、废气，以及硫、硫化钙等副产品作为原材料等，一方面实现了整个镇的废弃物产生最小化；另一方面，各个系统单元均从相互合作中降低了生产成本，获得了直接的经济效益。这种合作模式并没有通过政府渠道干预，工厂之间的废弃物交换或者贸易都是通过民间谈判和协商解决的。有些合作基于经济利益有些则基于基础设施的共享。各企业在合作的初期主要追求经济利益，但近年来却更多地考虑了环境及生态效益。20 年间 16 项工程投资 6000 万美元，年增收效益 1000 万美元，所节约石油 45 000 t、煤 15 000 t、水 60 万 t，减排 17. 6 万 tCO_2 和 10 200 t SO_2。废弃物再生：13 万 t 粉煤灰、4500 t 硫、9 万 t 石膏、1440 t 氮、600 t 磷，并促进了邻里合作、企业共生和社会和睦。

生命周期评价是对某种物质、过程或产品从产生到扔弃乃至再生的整个“生命”周期内的资源、环境、经济和技术评估。1990 年环境毒理学与化学学会（SETAC）将生命周期评价定义为“生命周期评价是一种对产品、生产工艺以及人类活动对环境的压力进行评价的客观过程，它是通过对能量和物质利用以及由此造成的环境废弃物排放进行辨识和量化来进行的。其目的在于评估能量和物质利用，以及废弃物排放对环境的影响，寻求改善环境影响的机会以及如何利用这种机会。这种评价贯穿于产品、工艺和消费活动的整个生命周期，包括原材料提取与加工、产品制造、运输以及销售、产品的使用、再利用和维护，以及废弃物循环和最终废弃物的处置”。目前生命周期评价（LCA）已构成了基本的概念框架、技术步骤和系统软件，其基本结构可归纳为四个有机联系的部分：定义目标与确定范围；清单分析；影响评价和改善评价等。欧盟于1996年起组织了5个国家7个科研院所在中国开展了工业生产过程的生态持续能力研究，主要以意大利的熊猫汽车及中国的夏利汽车为例开展工业产品的生命周期评价并取得了可喜的成果。国际标准化组织（ISO）将生命周期评价方法规定为ISO14000认证的基本方法，有关产品生态设计的理论尽管尚不完善，但在实践上发展很快，生命周期设计（LCD），生命周期工程（LCE），为环境而设计（DfE），为拆解再生而设计（DfD），为再循环而设计（DfR）等一系列新的设计理念和方法正在成为产业生态管理的新方法。

通过生命周期管理可以发现一些不被世人所重视的现象，如人们一般都认为电子工业是清洁产业，其实不然，如果从电子器件生产的源头算起，电子工业是全球单位产品污染最严重的行业之一。仅以硅代谢为例，目前世界工业硅年产量80万t，其中只有4%可变成超纯净电子硅，0.4%变为光电池，只有0.093%做成微电子芯片，而且其加工过程中还要耗氯10万t以上，酸及各种溶剂20万t。如果20年后全球电子产品需求扩大1000倍以上，即装备的光电容量从现在的50兆瓦年增长至500亿瓦年，其全行业的污染将是触目惊心的。

产业生态管理将为城乡产业转型、企业重组、产品重构提供方法论基础和新的生长点；促进国营和乡镇企业的转轨升级；创造新的社会就业机会；从根本上扭转产业发展中环境污染的被动局面；为全球环境变化、生态产品推广和生态企业孵化提供科学方法、决策依据和信息支持。

参考文献

马世骏，王如松．复合生态系统与持续发展．见：中国科学院《复杂性研究》编委会．复杂性研究．北京：科学出版社，1993：239-250.

欧阳志云，王如松．生态规划的回顾与展望．自然资源学报，1995，10（3）：203-215.

王如松，欧阳志云．生态整合——人类可持续发展的科学方法．科学通报，1996，41（增刊）：47-67.

Allenby B R. Industrial Ecology：Policy Framework and Implementation. New Jersey：Prentice Hall，1999.

Bar tell S M，Brenkert，A L，O Neill R V，Gardner R H. Ecological Risk Estimation. Chelsea，Michigan Lewis Publishers，1992.

Checkland P. Rethinking a System Approach. Tomlison Red. Rethinking the Process of Operational Research and Systems Analysis. New York：Pergamon Press：1-28.

Costanza R，et al. The value of the world's ecosystem services and natural capital. Nature，1997，387（5）：15.

Daily G C，Alexander S，Ehrlich P R，et al. Ecosystem Services：Benefits Supplied to Human Societies by Natural Ecosystems. Issues in Ecology，The Ecological Society of America.，1991.

Ehrenfeld J，Nicholas Gertler. Industrial ecology in practice the evolution of interdependence at kalundborg. Industrial Ecology，1997，1（1）：67-80.

Frosch R A, Gallo poulos N E. Strategies for manufacturing. Sci, Am, 1989, 26 (3): 144-153.

Graedel T B Allenby B R. Industrial Ecology. Engilewood Cliffs, New Jersey: Prentice Hall, 1995.

Haken H, Synergetics-an introduction; Berlin: springer Verlag, 1978.

IEEE TAB. Environment, Health and Safety Committee, White paper on sustainable development and industrial ecology.

ISO/DIS 14040 (Committee Draft), Environmental Management-Life Cycle Assessment Priciples and Frame work, 1996.

Kumar C, Patel N. Industrial Ecology. Proc. National Acad Sci USA, 1991, 89: 798-799.

Laszlo E, The systemsview of the world: A holistic vision for our time, Hampton press, 1996.

Lifset R. A metaphor, a field, and a Journal. Journal of Industrial Ecology. Published by M IT Press, 1997, 1 (1): 1-3.

McHarg I. Design with Nature. Garden City, N Y: Natural History Press, 1969.

Miller J G. Living Systems. New York: McGraw Hill, 1978.

Odum E P. Ecology A Bridge between Science and Society. Sinauer Associate, Lie, 1997.

Odum H T. Systems Ecology an Introduction. New York: John Wiley& Sons, 1982.

Odum H T, Odum E C. Ecology systems in economy. Maden G Singh (Ed). Systems& Control Encyclopedia The-ory, Technology, Applications. Oxford Pergamon Press, 1987: 1458-1462.

Prigogine I, Stengers I, order out of chaos: Man's dialogne with nature, NewYork: Bantam 1984.

Rees W E, Wackernagel M. Ecological footprints and appropriated carrying capacity: measuring the natural capital requirements of the human economy. In: Jansson A, et al. Investing in Natural Capital: The Ecological Economics Approach to Sustainable Development. Washington, D C: Island Press, 1994: 362-390.

Suter G W. Ecological Risk Assessment. Chelsea, Michigan Lewis Publishers, 1993.

Society of Environmental Toxicology and Chemistry. A Technical Framework for Life-cycle Assessment. Washington DG SETAC, 1991.

Suter G W. II and Loar J M. Weighing the ecological risk. Environ. Sci. Technol, 1992, 26: 433-438.

Tayler M E, Perks W T. A normative model for urban ecology practice establishing performance propositions for ecological planning and design. In: Breuste J, Feldmann H, Uhlmanno. Urban Ecology. Berline: Springer-Verlag, 1998.

Tibbs H, Industrial Ecology: an Environmental Agenda for Industry. Arthur D. Little, Inc, 1991.

Vellinga P, Herb N. Industrial Transformation Project: IT Science Plan. IHDP Report No. 12, Bonn, Germany, 1999.

Vester F, Hesler A V. Sensitivitatsmodell: Okologirund Plomung in Verdichtungsgebieten. UNESCO Man and Biosphere Project 11 Repot. Frankfurt Regionale Planungsgemrinwchaft Untemain.

INTEGRATIVE ECO—MANAGEMENT FOR RESOURCE, ENVIRONMENT AND INDUSTRIAL TRANSFORMATION

Wang Rusong

(Research Center for Eco-Environmental Sciences, Chinese Academy of Sciences, Beijing 100085)

Abstract　The eo-essence of environmental pollution and ecological deterioration is the temporal and spatial stagnancy and exhaustion of resource input-output, the structural and functional fragmentation and agglomeration in system coupling, and the conflicts and mechanism lacking in economic and ecological management-Ecological management is to understand the dynamics and cybernetics of the social-economic-natural complex ecosystem, to coordinate the spatial, temporal, quantitative, structural and functional contexts between man nature, development and environment, parts and whole according to the approach of system engineering and ecological principles. The key methodological issues are the management of eco-assets, eco-health and eco-service. While the industrial, urban and regional eco-management are the hot issues in applied ecological management. Some management approaches for regional life support system management and industrial transformation are introduced, such as that of life cycle assessment and eco-footprint.

Key words resource, environment, eco-management, social-economic-natural complex ecosystem, region, industrial transformation, life cycle assessment, eco-footprint

论城市生态管理*

王如松　李　锋

（中国科学院生态环境研究中心，北京 100085）

城市是一类以环境为体、经济为用、生态为纲、文化为常的社会、经济、自然复合生态体。城市生态管理是基于城市及其周围地区生态系统承载能力的走向可持续发展的一种自整合、自适应过程，旨在促进城乡及区域生态环境向绿化、净化、美化、活化的可持续的生态系统演变。城市生态管理包括对城市生态资产、生态代谢和生态服务三大范畴，区域、产业、人居三个尺度，以及生态卫生、生态安全、生态景观、生态产业和生态文化等五个层面的系统管理和能力建设。

1　城市生态管理的内涵

城市是地球表层一类具有高强度社会、经济、自然集聚效应和大尺度人口、资源、环境影响的微缩生态景观。城市生态环境包括人居环境（居住、交通、服务、游息、市政）；发展环境（资源、市场、人才、技术、政策）和区域环境（水域、土地、气候、生物、灾害）。城市环境问题的生态学实质在于资源代谢在时间、空间尺度上的滞留和耗竭，系统耦合在结构、功能关系上的破碎和板结，社会行为在局部和整体关系上的短见和调控机制上的缺损，即物、事、人在城市发展过程中生态关联的失衡。人们在解决城市环境问题时往往就事论事，结果往往是按下葫芦浮起瓢，事与愿违。

其实，城市是一个以人类行为为主导、自然生态系统为依托、生态过程所驱动的社会-经济-自然复合生态系统。城市的城原指城池，是一类密集的人工景观格局和基础设施，它离不开水（上水的源、下水的汇、雨水的补、空气水的润）、离不开能和气（煤、油、气、电、太阳能以及受其驱动的大气和气候）、离不开土（土壤、土地、景观）、离不开生物（植物、动物、微生物）、离不开矿（有色、黑色金属、建材、化工原料），城市自然子系统就是由这五类自然生态因子所构成；而城市的市即集市，指一定区域范围内物质、能量、信息、资金、人口的集散地，是人类交易、交流、交通等经济、社会活动场所，包括了生产、消费、还原、流通和调控等行为，它们组成城市经济子系统。城市的核心是人，发展的动力和阻力都是人，城市是群体的人经过长期对环境的开拓和适应所形成的组织、机构、体制、文化、伦理、道德、认知、技术的社会网络和生态关系，它们组成城市社会子系统。辨识三个子系统及其相互间在时间、空间、过程、结构和功能层面的耦合关系，统筹城市复合生态系统内部与外部、局部

* 原载于：中国城市林业，2006，4（2）：8-13.

与整体、近期与远期的冲突关系，促进城市效率、公平性与活力的协调发展，是城市生态学研究的根本任务。

起源于19世纪末、繁荣于20世纪70年代的城市生态学，以人类活动主导下的生态系统为研究对象，探讨城市人群、生物与环境系统的动力学机制和控制论方法。这里的生态是联结人、生物与环境的一种动态关系，是一种竞争、共生、再生和自生的生存发展机制，是一种具有多样性、适应性、可持续性的活性结构，是一种时间、空间、数量和秩序持续与和谐的服务功能，也是表述人们的生产、生活活动与生境关系的一种语言。经过一个多世纪的发展，城市生态学已逐渐成为人类认识、适应和改造城市环境的一门世界观和方法论或自然哲学，一门包括人在内的生物与城市环境关系的系统科学，一门人类塑造城市、模拟自然的工程美学。

城市生态管理是对城市各类自然生态、经济生态和人文生态关系的基于生态承载能力的系统管理。其前身是20世纪六七十年代以末端治理为特征的对环境污染和生态破坏的应急环境管理。70年代末到80年代兴起的清洁生产促进环境污染管理向工艺流程管理过渡，通过对污染物最小排放的环境管理减轻环境的源头压力。90年代发展起来的产品生命周期分析和产业生态管理将不同部门和地区之间的资源开发、加工、流通、消费和废弃物再生过程进行系统组合，优化系统结构和资源利用的生态效率。90年代末兴起的系统生态管理旨在动员全社会的力量优化系统功能，变企业产品价值导向为社会服务功能导向，化环境行为为企业、政府、和民众的联合行为，将内部的技术、体制、文化与外部的资源、环境、政策融为一体，使资源得以高效利用，人与自然高度和谐、社会经济持续发展。

城市生态管理旨在将单一的生物环节、物理环节、经济环节和社会环节组装成一个有强生命力的生态系统，从技术革新、体制改革和行为诱导入手，调节系统的结构与功能，促进全市社会、经济、自然的协调发展，物质、能量、信息的高效利用，技术和自然的充分融合，人的创造力和生产力得到最大限度的发挥，生命支持系统功能和居民的身心健康得到最大限度的保护，促进城乡及区域生态环境向绿化、净化、美化、活化的可持续的生态系统演变，经济、生态和文化得以持续、健康的发展，实现资源的综合利用，环境的综合整治及人的综合发展。城市生态管理必须体现生态学天人合一的系统观，道法天然的自然观，巧夺天工的经济观和以人为本的人文观，推进整合、适应、循环、自生型的生态调控。

城市生态管理的焦点是各种自然生态因素，技术物理因素和社会文化因素耦合体的等级性、异质性和多样性；区域物质代谢过程、信息反馈过程和生态演替过程的健康程度；区域的经济生产、社会生活及自然调节功能的强弱和活力。城市生态管理包括对城市生态资产、生态代谢和生态服务的系统管理。

（1）城市生态资产管理。城市生态资产是指城市的生存、发展、进化所依赖的有形或无形的自然支持条件和环境耦合关系，它是城市生态系统赖以生存的基本条件，有形生态资产如太阳能、大气、水文、土地、生物、矿产和景观等自然生态资产和附加有人类劳动的水利、环保设施、道路、绿地等人工生态资产；无形生态资产包括生态区位、风水组合、气候组合等自然生态资产及交通、市场、文化等人工生态资产。生态资产审计、监测和管理是城市生态管理的重要环节。城市植被和动物、微生物是一类重要的生态资产，在城市生态调控中起着关键的作用，规划管理得好，能为城市提供积极的生态服务，规划管理得不好，则会破坏甚至摧毁人们的生存发展环境，如中世纪横行欧洲城市的瘟疫和2003年横行亚洲城市的“非典”。

（2）城市生态服务管理。城市生态服务是指为维持城市的生产、消费、流通、还原和调控功能所需要的有形或无形的自然产品和环境公益。它是城市生态支持系统的一种产出和功效，如合成生物质，维持生物多样性，涵养水分与稳定水文，调节气候，保护土壤与维持土壤肥力，对环境污染的净化与缓冲，储存必需的营养元素，促进元素循环，维持城市大气的平衡与稳定等。城市生态管理的核心就是要处理好城市人类活动与自然生态系统间的服务关系：一方面是区域生命支持系统为城市提供的生态服务和对城市超越其承载能力的人类活动的生态响应（往往以自然灾害、热岛效应、污染效应、光化学污染表现出来），另一方面则是城市人类活动对区域的环境胁迫和生态破坏，以及正面的生态建设。

（3）城市生态代谢管理。城市生态代谢是流入和流出城市的食物、原材料、产品、能流、水流及废弃物的生命周期全过程，它既是城市生长、繁荣的必要条件，也是导致城市环境问题甚至衰败的病因，具有正负两方面的生态效益和生态影响。城市生态代谢管理需要揭示城市人类活动中物质流、能量流的数量与质量规模，展示构成工业活动全部物质（不仅仅是能量的）流动与储存，需要建立物质结算表，估算物质流动与储存的数量，描绘其行进的路线和复杂的动力学机制，同时也指出它们的物理、化学或生物富集形态。一般通过生命周期评价和投入产出分析来测度。

城市生态管理包括区域、产业、人居三个层次：区域生态管理是对城镇及乡村生态支持系统的景观格局、风水过程、生态秩序、环境承载力及生态服务功能以及生态基础设施管理，如水、能源、生物多样性的跨部门综合管理；产业生态管理是对城市生产活动中各类资源、产品及废弃物的代谢规律和耦合调控方法，探讨促进资源的有效利用和环境的正面影响的管理手段；人居生态管理是按生态学原理将城乡住宅、交通、基础设施及消费过程与自然生态系统融为一体，为居民提供适宜的人居环境（包括居室环境、交通环境和社区环境）的系统调控方法。

以居住小区的生态管理为例，人的空间生态需求包括了居住空间、活动空间、绿色空间和美学空间。绿是生命之道，城市绿化不止是一个乔、灌、草合理布局的植被绿，而且是一种包括技术、体制、行为的内在绿；结构、功能、过程的系统绿；以及竞争、共生、自生的机制绿在内的景观生态工程。当前我国城市生态管理应积极推进建设用地生产与生态功能的恢复与再造；废弃物的就地经济处理、循环再生；可再生水资源、能源的开源与节流；健康建材（对人体和生态系统无害或有益）的研制、开发与推广；绿体的入户、上楼和屋顶景观、水泥景观的改造；人类生态公共空间的营造；交通、建筑和居住拥挤状况的缓解；小区环境的适应性进化式生态管理，以减轻城市热岛效应、灰霾效应、水文效应、拥挤效应、温室效应和污染效应等环境影响。

城市自然生态的两个关键因素是水与土。城市生态因水而荣，因水而衰，因土而成，因土而败。改革开放以来，我国土地政策左右摇摆，脉冲波动激烈，一松就乱，一紧就死。每次土地政策宽松的结果，都伴随着生态的破坏，每次土地政策紧缩的结果，都伴随着经济的紧缩，随之而来的是政策的松绑和更大的生态破坏。近年来实施的土地数量异地占补平衡的政策需要改进：新开土地的生产力远远低于被占的熟地，且发挥不了熟地原有的生态服务功能，将失去土地的原住地农民被排除在老地和新地之外，也造成了一系列新的社会问题。

城市土生态的科学管理必须改变土地管理与经济、生态脱节的正反馈控制政策，变土地数量的易地占补平衡为土地生产和生态服务功能的就地占补平衡，变土地的单目标地籍管理为多目标的社会、经济、环境复合生态管理。有关部门应尽快出台区域规划法并编制相关实施条例；各级政府要尽快组织生态功能区划，核定每个生态功能区的生物质生产力、生态服务功能和人文生态资产，实施对各生态功能区土地利用的生产和生态功能总量的科学控制，开发后的土地生物质生产力应高于或至少不低于原土地；鼓励开发商与当地政府和农民合作，按生态功能单元对国土进行综合开发和整体管理，各级城市主要负责人调动不要过于频繁。

水多、水缺、水脏、水浑是近年来困扰城乡发展的一个最迫切的生态管理问题。其症结在于条块分割的水生态管理体制：行政管理与流域管理、部门管理与系统管理、资源管理与环境管理、工程建设管理与经济发展管理的分割；低下的系统生态意识：水的物理属性与生态属性的分割，自然属性与社会属性的分割，还原论的机械控制方法：以水为中心的单目标单属性因果链关系的风险评价和管理办法而非以人为中心的生态安全综合评价与管理。一些部门处理水问题的杀手锏就是集资兴建更多的水利工程和大型污水处理厂，而缺乏对水资源-水环境-水经济-水景观-水安全的综合管理。

2000 年 3 月在荷兰海牙举行的第二届世界水大会号召各国政府、企业界和科学家将水、环境、生命与发展当成一个复合系统来对待，将水资源、水环境、水工程、水经济管理综合为水系统管理，从技术、体制、行为诸方面研究其可持续管理的科学方法。城市水复合生态管理的主要问题包括：水的资源形态、环境形态、生命形态、经济形态和文化形态间的耦合关系；水在城市生产、生活及生态服务过程中从源到汇再到源的代谢规律和生命周期管理；城市人类活动对水复合生态系统的胁迫效应及区域生态环境用水的系统评价及管理方法；区域水资源承载能力、水环境容量、及水生态安全阈值间的动态耦合关系和风险防范方法、水管理体制、价格、产权和水生态意识的综合管理方法。

2　城市生态管理的 5 个层面

城市生态管理是基于城市及其周围地区生态系统承载能力的走向可持续发展的一种整合、适应、反馈、自生过程，必须通过政府引导、科技催化、企业兴办和社会参与，促进生态卫生、生态安全、生态景观、生态产业和生态文化等不同层面的进化式发展，实现环境、经济和人的协调发展。2002 年 8 月在深圳举行的第五届国际生态城市大会发表的深圳宣言将这 5 个层面定义为生态城市建设的基本目标。其中每一层都是一类五边形的社会-经济-自然复合生态系统问题，而五层之间又是相互联系、相互制约的。

2.1　生态卫生管理

污水横流、垃圾遍野、蚊蝇滋生、异味冲鼻是大多数发展中城镇特别是其城郊结合部的通病。改善卫生状况、促进生态循环和保障环境健康是生态城市建设的首要任务。

生态卫生通过鼓励采用生态导向、经济可行和与人友好的生态工程方法处理和回收生活废弃物、污水和垃圾，减少空气和噪声污染，以便为城镇居民提供一个整洁健康的环境。生态卫生是由技术和社会行为所控制，自然生命支持系统所维持，生态过程给予活力的人与自然间一类生态代谢系统，它由相互影响、相互制约的人居环境系统，废弃物管理系统，卫生保健系统，农田生产系统共同组成。生态卫生系统是人类与其工作、生活环境（包括食物、水、能量和其他物资的源；臭气、粪便、苍蝇、病原体和肥料的汇；具有物理、化学、生物和工程净化功能的流；以及具有缓冲和储存厨房、洗澡间、厕所污水功能的库等）及其社会网络（包括文化、组织、技术等）组成的生态复合体系。

生态卫生要融合系统思维和线性思维、东方传统和西方技术、低技术和高技术、还原论和整体论。生态卫生应该闭合生态系统中的养分循环，但应切断水因性疾病的生态循环。依照生态卫生的整体、协同、循环、自生原理改水、改厕、改房、改路、改人，促进城乡生态现代化。生态卫生需要自下而上与自上而下结合激励与规范结合；示范与咨询结合；硬件建设与软件服务结合国内外经验与当地实际结合；集中性规划管理与分散式家庭责任制相结合；只有在家居范围内无法处理的废弃物才需要输出到邻近地区。这不仅适用于粪便，也同样适合于污水、垃圾以及诸如冰箱、空调、汽车等释放废弃物的装置。

2.2　生态安全管理

城市生态管理的第二个基本目标是为市民提供基本生活的安全保障：清洁安全的饮水、食物、服务、住房及减灾防灾等。生态城市建设中的生态安全包括水安全（饮用水、生产用水和生态系统服务用水的质量、数量和持续供给能力的保障程度）；食物安全（动植物食品、蔬菜、水果的充足性、易获取性及其污染程度）；居住区安全（空气、水、土壤的面源、点源和内源污染）；减灾（地质、水文、流行病及人为灾难）；生命安全（生理、心理健康保健，社会治安和交通事故）。这些问题在发展中国家城市，尤其是城郊结合部的边缘地带和贫困家庭中尤其突出。

生态安全是指自然生态（从个体、种群、群落到生态系统）和人类生态（从个人、集体、地区到国家甚至全球）意义上生存和发展的风险大小，包括环境安全、生物安全、食物安全、人体安全到企业及社会生态系统安全。城市生态安全包括城市生态系统结构、功能、过程（城市人类活动对水、土、气、生物和矿产的开发、利用和保护过程）的失调和外围生命支持系统的退化给城市人类活动带来的威胁。其一是由于生命支持系统结构功能的破坏对生物生存的威胁和食物网的瓦解；其二是由于生态环境的退化或资源的紧缺对经济基础构成的威胁，主要是指环境质量状况和自然资源的减少和退化削弱了经济可持续发展的支撑能力；其三是环境破坏或资源短缺引发的社会问题如人体健康、环境难民、贸易壁垒、环境外交等，从而影响社会稳定。其四是突发灾害如洪涝、地震、火灾、流行病等对城市居民生命财产的直接威胁等。我国城市生态安全问题已在水、土地、能源、气候、健康和生物多样性等几方面突出表现出来。

2.3　产业生态管理

城市是资源从自然流向城市再回到自然的循环过程，以及能量从太阳能及其转化而来的化石能的消费及耗散过程，其主要活动包括生产、流通、消费、还原和调控。循环是系统功能的一种生态整合机制，循环经济是针对传统线性生产、单向消费、线性思维型的传统工业经济而言的。循环经济导向的产业生态转型需要在技术、体制和文化领域开展一场深刻的革命。产业的生态转型强调产业通过生产、消费、运输、还原、调控之间的系统耦合，从传统利益导向的产品生产转向功能导向的过程闭合式的生产。这对于那些具有一定的产业基础，需要进行提高和改革而又缺乏经济增长动力的城市尤其紧迫。产业生态管理的原则包括：横向耦合、纵向闭合、区域耦合、功能导向、结构柔化、信息组合、就业增容、价值转型。

2.4　景观生态管理

城市生态景观是一类由物理景观（地质、地形、地貌、水文、气象）、生物功能（动物、植物、微生物）、经济过程（生产、消费、流通、还原、调控）、社会网络（体制、法规、机构、组织），在时间（过去、现在和未来）及空间（与周边环境、区域生态系统乃至资源和市场腹地的关系）范畴上相互作用形成的多维生态关系复合体。它不仅包括有形的地理和生物景观，还包括了无形的个体与整体、内部与外部、过去和未来以及主观与客观间的系统生态联系。城市生态景观的动力学机制和控制论原理可以归纳为：

（1）整合性。地理、水文、生态系统及文化传统的空间及时间连续性、完整性和一致性。

（2）和谐性。结构与功能，内环境与外环境，形与神，客观实体与主观感受，物理联系与生态关系的和谐程度。

（3）畅达性。水的流动性，风的畅通性，金（矿物质）、木（生物质）、水、火（能源）、土的纵向和横向滞留和耗竭程度。

（4）生命力。动物、植物、微生物（包括土壤、水体和大气中的生物群落）的多度、丰度和活力。

（5）淳朴性。水体和大气的纯净度、自然性，净化缓冲能力，景观及环境的幽静度和适宜度。

（6）安全性。气候上、地形上、资源供给上、环境健康上及生理和心理影响上的安全性。

（7）多样性。景观、生态系统、物种、社会、产业及文化的多样性。

（8）可持续性。自组织自调节机制，生态效率与社会效用。

面向功能的城市生态景观设计强调系统物质能量代谢的整体平衡性；竞争、共生、自生机制的协调性生产、消费和还原的完整性；社会、经济和自然发展的和谐性；第一、第二、第三产业以及废弃物再生业耦合的闭环性；财富、健康和文明目标的兼顾性；技术革新、体制改革和行为诱导能力的互动性。其核心是自然生态活力与人文生态创造力的结合，也是物理、事理和情理综合方法的结合。

2.5　文化生态管理

衡量城市生态管理绩效的指标可分为三类：财富、健康、文明，三者缺一不可。财富是形，健康是神，文明则是本。城市生态管理必须从本抓起，促进城市的形与文化的神的统一。生态文化是物质文明与精神文明在自然与社会生态关系上的具体表现，涉及人的意识、观念、信仰、行为、组织、体制、法规以及其他各种形式的文化形态。这里的文是指人（包括个体人与群体）与环境（包括自然、经济与社会环境）关系的纹理、网络或规律，化指育化、教化或进化，包括自然的人化与社会的自然化。这里的“生态”反映人与环境间的物质代谢、能量转换、信息反馈关系中的生、克、拓、适、乘、补、滞、竭关系。生态文化建设在宏观上要逐步影响和诱导决策行为、管理体制和社会风尚，在微观上逐渐诱导人们的价值取向、生产方式和消费行为的转型，塑造一类新型的企业文化、消费文化、决策文化、社区文化、媒体文化和科技文化。生态文化包括体制文化（管理社会、经济和自然生态关系的体制、制度、政策、法规、机构、组织等）、认知文化（对自然和人文生态以及天人关系的认知和知识的延续）、物态文化（人类改造自然适应自然的物质生产和生活方式及消费行为，以及有关自然和人文生态关系的物质产品）、心态文化（人类行为及精神生活的规范，如道德、伦理、信仰、价值观等，以及有关自然和人文生态关系的精神产品，如文学、音乐、美术、声像等）。

城市生态管理的前提是要促进硬件（资源、技术、资金、人才），软件（规划、管理、政策、体制、法规），心件（人的能力、素质、行为、观念）能力的三件合一。面对还原论与整体论、物理学与生态学、经济学与环境学、工程学与生物学的矛盾，21世纪的城市生态管理对象上要从以物与事为中心转向以人为中心，空间尺度上要重视区域和流域研究，时间尺度上要重视中跨度间接影响的研究，管理方法上要从描述性转向机理性，管理目标上要从应急型转向预防型；技术路线上要重视自下而上的生态单元研究（如生态建筑、生态企业、生态社区等），从过程的量化走向关系的序化、从数学优化走向生态进化。人们通过测度城市复合生态系统的属性、过程、结构与功能去辨识系统的时（届际、代际、世际）、空（地域、流域、区域）、量（各种物质、能量代谢过程）、构（产业、体制、景观）及序（竞争、共生与自生序）的生态耦合关系，调控可持续能力。常用的评价方法有：H. T. Odum 提出的能值分析法，环境毒理和化学学会（SETAC）提出的物质代谢全过程的生命周期分析法，F. Vester 提出的基于反馈机制的生态控制论分析法，Daily 等提出的生态系统服务功能和 Costanza 等提出的自然资产评价法，以及 Boulding 等提出的生态经济方法，W. Rees 等提出的基于土地利用的生态足迹法，以及 Bartell 等的生态风险分析法，前景展望法包括趋势外推，目标反演，替代方案和对照遴选等。它们分别从能流、物流、信息流、资金流以及空间、时间尺度上评价和分析人类活动影响下的生态过程。

生态是复杂的，我们要从生态哲学的高度去认识、理解复杂性，从生态科学的量度去简化、模拟复杂性，从生态技术的深度去规划、管理复杂性，从生态美学的广度去品味、建设复杂性，将生态复杂性转变为生态可持续性。生态管理必须实行无为而治、为所不为，调理那些看不见的、没人管的时间、空间、容量、结构和序理间的无形关系，为社会经济的快速稳定持续发展奠定科学基础。

参考文献

马世骏，王如松. 1984. 社会-经济-自然复合生态系统. 生态学报，4（1）：1-9.

王如松，欧阳志云. 1996. 生态整合：人类可持续发展的科学方法. 科学通报，41：47-67.

王如松，杨建新. 2002. 产业生态学：从褐色工业到绿色文明. 上海：上海科学技术出版社.

Bartell S M，Brenkert A L，O′Neill R V. et al. 1992. Ecological Risk Estimation. Lewis Publishers，Chelsea，Michigan.

Costanza R，et al. 1997. The value of the world's ecosystem Services and natural capital. Nature，387：15.

Daily G C，Alexander S，Ehrlich P R，et al. 1997. Ecosystem Services：Benefits Supplied to Human Societies by Natural Ecosystems. Issues in Ecology，the Ecological Society of America.

Graedel T E，Allenby B R. 1995. Industrial Ecology. Engilewood Cliffs，New Jersey：Prentice Hall.

ISO/DIS 14040（Committee Draft）. 1996. Environmental Management-Life cycle assessment Priciples and framework.

Odum H T，Odum E C，1987. Ecology and Economy：Emergy Analysis and Public Policy in Texas Lyndon B. Johnson School of Public Affairs，Policy Research Project Report：78.

Rees W E，Wackernagel M. 1994. Ecological footprints and appropriated carrying capacity：measuring the natural capital requirements of the human economy. In：Jansson A，et al. Investing in Natural Capital：The Ecological Economics Approach to Sustainable Development. Washington，DC：Island Press：362-390.

Suter G W. 1993. Ecological Risk Assessment. Lewis Publishers，Chelsea，Michigan.

Vester F，Hesler A V. Sensitivetätsmodell：Ökologirund Planung in Verdichtungsgebieten. UN ESCO Man and Biosphere Project 11 Report. Frankfurt Regionale Planungs gemeinw chaft L ntemain，1980.

Wang R S，Yan J S. 1998. Integrating hardware，software and mindware for sustainable ecosystem development：principles and methods of ecological engineering in China. Ecological Engineering. 11：277-290.

URBAN ECOLOGICAL MANAGEMENT

Wang Rusong，Li Feng

（Research Center for Eco-Environmental Sciences，Chinese Academy of Sciences，Beijing 100085）

Abstract City is a kind of social-economic-natural complex ecosystem. It regards environment as body，economy as use，ecology as outline and culture as routine. Urban ecological management is a self-integration and self-adaption process towards sustainable development based on ecosystem capacity of urban and regional area. Its goal is to promote city and county ecosystem changing towards greening，purifying，beautifying and activating. Urban ecological management involves ecological capital，ecological metabolization and eco-services. It includes system management and capacity building of ecological sanitation，ecological security，ecological landscape，ecological industry and ecological culture from regional，industry and human settlement scales.

Key words City，Green space，Ecological planning，Ecosystem services

对我国生态安全的若干科学思考*

王如松　欧阳志云

（中国科学院生态环境研究中心城市与区域生态国家重点实验室，北京 100085）

摘要　本文从分析生态安全的共轭内涵、系统框架、动力学机制和控制论方法入手，探讨区域、城乡和人口生态安全的战略管理和建设方法。认为生态安全的内涵不只是生存稳定性还有发展的支撑能力，不只是环境结构的安全还有生态关系的健全，生态安全不能只用自然生态风险和人类生态胁迫的负面威胁来测度，还要用自然生态服务的正面调节来测度，生态安全不仅可以通过防护修复来保障，还可以通过人工建设来强化。

关键词　生态安全　生态风险　生态服务　生态建设

高速的城市化、工业化过程在显著提高人民物质生活水平的同时，也给区域和人类生态带来了一定的负面影响。生态安全已经与国防安全、经济安全共同成为国家安全的重要基石[1]。

1　生态安全的共轭内涵与测度

生态安全的概念有多种阐释，国内外学者对其有过不同的定义[1~3]。本文认为，生态安全的内涵不只是生存稳定性还有发展的支撑能力，不只是环境结构的安全还有生态关系的健全，不能只用自然生态风险和人类生态胁迫的负面威胁来测度，还要用自然生态服务和人工生态建设的正面调节来测度。

生态安全是对包括人在内的生物与环境关系稳定程度和生态系统可持续支撑能力的测度。一个安全的生态系统其结构、功能和过程处在良好的生存和发展状态并能支撑社会经济的持续发展。本文所讨论的生态安全主要是指人类生态安全，是在自然生态（从个体、种群、群落到生态系统）和人类生态（从个人、集体、地区到国家甚至全球）双重意义上一定尺度人类生态系统生存和发展的风险与机会的大小，是对人与自然关系稳定程度和可持续支撑能力的测度，包括资源承载能力、环境容纳能力、灾害应变能力以及支持、缓冲、孕育、净化、调节等基本生态服务和建设能力。生态安全的主体是人，目标是人的生存和发展，范围是一定尺度的自然和人文生态关系，内涵则是负面的风险和正面的机遇。

发展总要改造环境、酝酿风险、破坏旧秩序、建设新秩序、不断地胁迫或强化安全。没有风险就没有发展，没有发展就没有安全。贫困也是对生态安全的威胁，我国80%以上的贫困县都属风沙区或生态脆弱带。风险越过一定的阈值，系统就会发生不

---

* 原载于：中国科学院院刊，2007，22（3）：223-229.

可逆的变化，经济的繁荣和社会的稳定就会功亏一篑。问题在于如何在发展中掌握阈值、驾驭风险、化解风险。生态安全具有强烈的目的性：安全是对生物主体而言的，涉及主体与其物理、生物和社会环境的关系；系统性：生态安全不等于环境安全，不是简单的因果关系，不由环境状态来唯一决定，而是生物与多维环境因子组成的关系网链的系统功能状态；层次性：生态安全是一定尺度生态系统的安全，从全球及区域生态安全、工矿及农场生态安全，到人群及人体生态安全；以及相对性：生态安全的程度由主体的主观满足程度和参照系来决定。

生态安全具有时间上的累积性（历史的开发行为决定现时的安全状态，而现时的开发行为又影响着未来的生态安全）、空间上的耦合性（流域上下游之间、上下风向之间以及城乡、水陆、山区和平原之间都是相互影响、交叉作用的，一个地区的生态安全与邻近地区戚戚相关）、数量上的临界性（超过一定的临界值，系统就会发生不可逆的结构性变化和功能性退化）、结构上的多维复合性（由社会、经济、自然等多方面的生态关系交织而成）以及序理上的共轭性（人为与自然、风险与机会、生存与发展）。

生态安全的动力学机制有客观和主观两方面。瘠薄脆弱的生态环境、僧多粥少的自然资源、积重难返的历史问题和超常规的经济增长是生态安全失衡的客观原因；还原论的思想方法和科学技术、条块分割的管理体制和考核指标、资本积累早期的暴发投机心理和社会主义初级阶段的口号文化是生态风险经久不下的人文土壤。

生态安全问题的科学实质是资源代谢在时间、空间尺度上的滞留和耗竭，系统耦合在结构、功能关系上的破碎和板结，社会行为在局部和整体关系上的短见和调控机制上的缺损。生态安全管理的宗旨不是单纯头痛医头地治理污染、强化控制，而是从深入了解风险的生态动力学机制出发，运用生态控制论方法调理系统结构、功能，诱导健康的物质代谢和信息反馈过程，建设和强化生态服务功能，把生态风险降到最低。生态安全是动态、进取的，而不是回归、保守的。生态安全不仅需要环境本身有一定的刚性和柔性，还需要生物主体有一定的开拓性、适应性和自组织性。生态安全要求环境的稳定与系统的发展，要求环境与经济的协同进化或可持续发展。其科学内涵，一是生态系统结构、功能和过程对外界干扰的稳定程度（刚性）；二是生境受破坏后恢复平衡的能力（弹性）；三是生态系统与外部环境协同进化的能力（进化性）；四是生态系统内部的自调节自组织能力（自组织性）（图 1）。

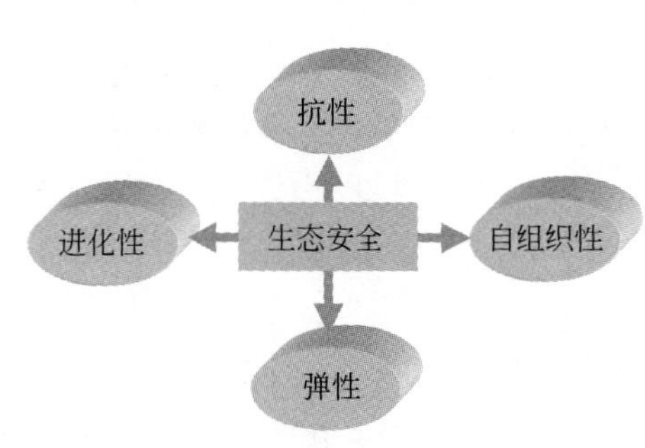

图 1　生态安全的科学内涵

人类生态安全=资源承载能力（刚性）+环境恢复能力（柔性）+协同进化能力（开拓性）+社会自调节能力（适应性）

2　生态安全与生态服务

生态风险是对生态安全危及程度的逆向测度，由自然退化和人工胁迫两部分原因造成。但生态安全不等同于生态风险，它还有正向测度，由自然进化和人工建设两部分结果组成，可以用生态服务和生态建设效果来衡量。

联合国秘书长安南2001～2005年发起组织了一个新千年全球生态系统评估研究，在世界范围首次开展了生态系统与人类福祉关系的现状与发展趋势、情景分析以及响应机制的系统研究。该研究报告指出自然生态系统为人类提供生态服务，人类生产生活活动对自然生态系统的胁迫，同时生态系统在人类胁迫超过它的承载能力以后，往往以灾难的形式，对人类行为做出反馈和响应，人类又通过各种有意识的活动保育、恢复和建设生态系统，维系天人关系的持续发展(图2)。

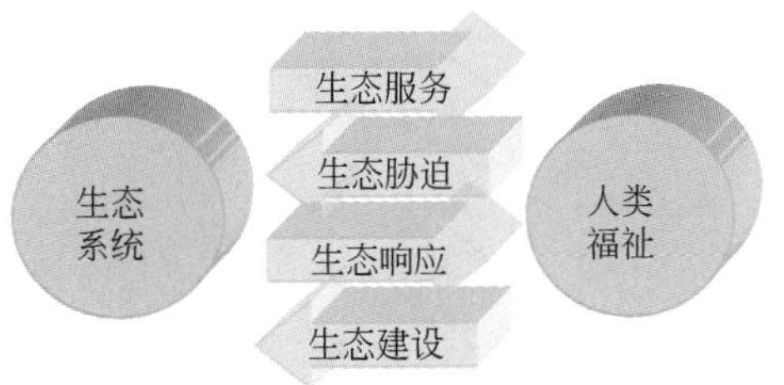

图2　人与自然关系的生态安全状态

生态安全的核心正是对自然生态系统与人类福祉之间的胁迫、响应、服务、建设关系的评价。包括人工生态胁迫和自然生态响应的负面威胁，以及自然生态服务和人工生态建设的正面发展。

生态服务功能是指自然生态系统为人类社会的生产、消费、流通、还原和调控活动提供有形或无形的自然产品、直接或间接地支撑生境以及缓冲或调节环境条件的能力。新千年全球生态系统评估报告定义生态系统服务为“人类从生态系统获得的效益，包括供给、调节、文化以及支持功能”。

相应地，生态安全也包括稀缺性的生态资产供给安全（如淡水、能源、矿产、生物质等)，由资源过载程度表达；环境污染物容纳净化和生境的支撑安全（如水体、大气、土地、景观等)，由环境负荷与恢复能力来表达；以及维系生态过程平衡的缓冲调节安全，包括自然调节（如碳氧平衡、气候调节、水文循环等）和社会调节（经济的开拓发展和社会自调节能力)，由生态服务功能（自然对人和人对自然的双向服务）来表达。

3　生态安全的系统框架

人类生态安全是人与自然、经济、社会环境组成的复合生态系统安全（图3)。例如，淮河污染不止是沿河工厂偷排污水的法制问题，滇池污染也不是只靠户户截污、村村建污水处理厂就能见效的问题，而是流域社会经济环境的综合发展问题，点、线、面源和内源复合污染的科学技术问题，以及区域生态系统中地理、水文、物理、化学、生物以及社会经济关系的综合规划管理问题。

生态安全第一个子系统是自然子系统，该系统为人类活动提供承载、缓冲、孕育、

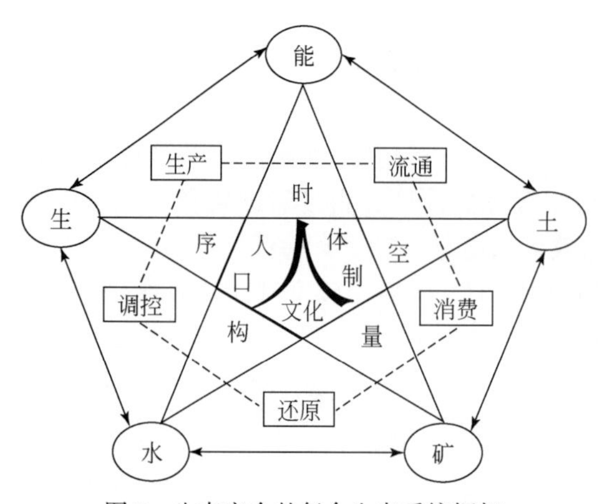

图 3　生态安全的复合生态系统框架

支持、供给能力的安全，主要是人与水、土、能、生物、地球化学循环等 5 类生态因子耦合形成的生态过程的安全。包括环境容量是否溢出、战略性自然资源承载力是否超载、重大生态灾害是否得到防范等。其中第一类生态因子是水，水资源、水环境、水生境、水景观，水灾害，有利有弊，既能造福，也能成灾；尤其是水多造成的洪灾、水少造成的旱灾、水脏造成的污染和水资源枯竭造成的一系列地质、生物和荒漠化等灾害以及对工农业生产和城乡建设的制约。第二类生态因子是能，包括太阳能以及太阳能转化成的化学能，由于能的流动导致了一系列空气流动和气候变化，提供了生命生存的气候条件也导致了各种气象和环境灾害，有限的化石能储备及其开采利用对环境的破坏是影响生态安全的重要因素。第三类生态因子是土，我们依靠土壤、土地、地形、地景、区位等提供食物、纤维，支持社会经济活动，土是人类生存之本，但土壤侵蚀、湿地衰竭、荒漠化、盐渍化也给人类社会带来灾害。第四类生态因子是生物，即植物、动物、微生物，特别是人与生物赖以生存的森林、草地、海岸带生态系统的退化，还有灾害性生物和生物入侵，如病虫鼠害甚至人畜禽流行病的爆发，与我们的生产和生活都密切相关。第五类生态因子是矿物质，即生物地球化学循环，人类活动从地下、山区、海洋开采大量的建材、冶金、化工原料，在开采、加工、使用过程中只用了其中很少一部分，大部分成为废弃物，产品用完了也大都随意弃置造成污染。以上这些都是人类赖以生存的生态因子，其数量的过多或过少、过程的滞留和耗竭都会危及生态安全。

第二个子系统是作为人类生存发展基础的经济子系统，该系统为人类提供的生产、流通、消费、还原和调控 5 类生态功能的安全，它们组成以物质能量代谢活动为主体的经济生态子系统。人们将自然界的物质和能量变成人类所需要的产品，满足眼前和长远发展的需要，就形成了生产系统，对自然资源产生耗竭并对周边环境产生污染效应；生产规模大了、剩余产品多了，就会出现交换和流通，包括金融、商贸物资以及信息和人员的流通，形成流通系统，交换流通的结果把盈利赚给了企业，亏损留给了环境；三是消费系统包括物资消费、精神享受以及固定资产耗费，由于一般产品不计环境成本，企业为追求最大利润而大批量单功能生产、廉价倾销，结果产品只有一小分部分有用，大多数物质以不可降解的形态弃置在环境中形成污染；四是还原系统，城市和人类社会的物资总是不断地从有用的东西变成没用的东西，再还原到自然生态系统中去为生态循环所用，污水、垃圾处理和大气环境治理都是这种行为，但大多是被动的、义务的、循环不完全的；五是调控系统，经济调控有几种途径：①政府的行政和法规调控；②市场的经济杠杆调控；③自然的响应和灾害，自然能通过各种正负反馈来进行强制性调控；④个体和群体人的行为调控。由于人的短期行为和局部利益导向，调控是经济子系统中发育最不完全和最不和谐的功能。

第三个子系统是社会生态关系的安全，涉及个体和群体的生理、心理、生殖、发育以及社会关系健康的人口生态安全。社会的核心是人，人口、体制和文化构成社会生态子系统。一是人口的数量、素质、结构、分布等；二是体制，是由社会组织、法规、政策等形成生态安全的基础；三是文化，是人在长期进化过程中形成的知识、伦理、信仰和文脉等，决定了生态安全的刚度，构成社会生态安全的核心控制系统。

上述三个子系统相生相克，相辅相成。生态安全管理的目的就是要掌握和调节好每一个子系统内部以及三个子系统之间在时间、空间、数量、结构、秩序方面的生态耦合关系。其中时间关系包括地质演化、地理变迁、生物进化、文化传承、城市建设和经济发展等不同尺度；空间关系包括大的区域、流域、政域、甚至小街区；数量关系包括规模、速度、密度、容量、足迹、承载力等量化关系；结构关系包括人口结构、产业结构、景观结构、资源结构、社会结构等；还有很重要的序理关系，包括竞争序，共生序，自生序，再生序和进化序，其序理关系决定了生态安全的态势[4]。

4　区域生态安全与生态系统管理

区域生态安全是国家安全和社会安全的基础。区域生态安全的客观属性有三个方面，一是生态风险，二是生态脆弱性，三是生态服务功能。生态风险是指在一定区域内，具有不确定性的事故或灾害对生态系统及其组分可能产生的不利作用，包括生态系统结构和功能的损害，从而危及生态系统的安全和健康。生态脆弱性是指一定社会政治、经济、文化背景下，某一系统对环境变化和自然灾害表现出的易于受到伤害和损失的性质，这种性质是系统自然环境与各种人类活动相互作用的综合产物。对于生态安全来说，生态风险表征了环境压力造成危害的概率和可能后果；而通过脆弱性分析和生态服务功能评价，可以知道生态安全的威胁因子有哪些，它们是怎样起作用的，以及人类可以采取怎样的应对和适应战略。

环境污染与经济贫困交织，资源枯竭与发展滞后共轭，生态脆弱与素质低下孪生，这是所有生态退化地区的共同特征。淮河流域污染的反弹说明区域生态安全不能只从单个环境因子或单项控制措施出发去治标，而要同时从经济建设和社会调控出发实施复合生态管理，从根子上铲除生态破坏的土壤。

“生态系统方法”是近年来国际可持续发展领域大力提倡的一种人与自然复合的战略管理和系统综合方法，强调环境问题的各组成要素与人、社会、经济的关系，要求在资源环境管理中应更多地关注该生态因子所在的系统而不是单个的因子和因果链关系。新千年生态系统评估的主要特征就是采用了人与自然复合的生态系统分析方法：①广泛分析人类对生态系统功能及产出能力的影响；②重点分析整个生态系统，而不是依照传统方法局限于部门或管辖范围；③以长期意义上的生态健康为出发点；④考察的是一个生态系统的整体生产潜力；⑤强调各组成部分之间的相互联系，而不是单一部门或单一的产出；⑥把人类作为生态系统的一部分来考虑。“生态系统方法”提供了对生态安全进行综合管理的生态策略，在该策略中保护与可持续利用同等重要。

生态安全管理涉及生态资产管理、生态服务功能管理、生态代谢过程管理、生态健康状态管理以及复合生态关系的综合管理。生态建设模式应遵循资产的正向积累、经济的持续增长、环境的稳步改善、体制的公平合理、社会的和谐共生、传统文化的延续及自然活力的维系。要处理好生态资产与经济资产、自然服务与社会服务、生存能力与发展能力、工程建设与生态建设、硬件开发与软件开发和心件管理的生态控制论关系。

区域生态安全评价可以为区域生态环境管理、决策提供科学的依据。常用的区域生态安全评价方法有：比较法、部门产出法、最优综合评价法、千年生态系统评价等。由于对区域生态安全涵义理解的差异，不同学者通常采用的评价方法、指标体系也各有不同，大都基于区域生态条件和空间格局或压力-状态-响应等框架建立评价指标模型。例如，林彰平等利用土壤类型、风力、农药施用量、植被覆盖率、生物多样性指数、保护区面积率、水域面积率、农田灌溉率等作为镇赉县生态安全评估指标体系，并建立相应的生态安全模式决策分析模型，得出该区土地利用生态安全模式[5]。

5　城市生态安全与人口生态健康

经过 20 余年的快速发展，中国经济已到了事故高发、生态响应和环境还债阶段。进入“十一五”第一年的头 6 个月，我国环境污染总量不仅未按计划削减 1%，主要污染物 COD 和 SO_2 总量反而增加了 3.7% 和 4.2%。

现代城市的物理结构和生态过程是脆弱的，对外界的依赖性过大，现代工业的生态代谢链过长，危险环节过多，抵御各种自然和人为灾害的能力低下，而系统操作、管理者的风险意识、技术水平和应变能力又很弱，一旦系统链的某个环节失灵，整个系统就会无序甚至崩溃。以城市生态风险为例，城市是生态胁迫始作俑者的源和生态响应归宿报应的汇。当前我国大多数城市普遍遭遇水体富营养化的“绿”、气候热岛效应的“红”、沙尘暴或酸雨的“黄”、城市灰霾的“灰”四色效应的现实生态尴尬和水资源枯竭、化石能源短缺、气候变暖和海平面上升的长期生态威胁。

自然和人为灾难既是偶然的，也是必然的。灾难发生的具体时间和地点是随机的，但灾难迟早总会发生及其连环后果却是确定性的。现代技术在给人类带来福利的同时，也埋下了生态风险的定时炸弹。生态风险是各种自然和人为灾害导致人居环境和人类赖以生存的生态支持系统（水文、土壤、空气、气候、生物、地质）及人群生态健康损害的连锁反应型风险。这种风险引起的生态灾难是各类生态因子从量变到质变长期积累、集中爆发或慢性释放的结果，不只是直接的单因单果关系，它能跨越大的时间尺度（累积性）、空间尺度（区域性）、管理尺度（行业、部门），产生多种复合的生态效应（化学的、物理的、生物的、生理的、心理的、社会的、经济的）和多环节的链式反应，打破正常的生态平衡，最终导致生物和人致病、致残、致畸、致癌，给区域、部门和行业的社会经济发展带来直接和间接的负面影响。其中作为人类活动密集区的城市和工矿的生态风险尤其令人担忧：

（1）有毒、有害、易燃、易爆化学物质生产、运输、储存、处置过程中突发事件引发的化学生态风险。

（2）城市水、电、油、气、热开采、供应和动力系统失灵等突发事件引发的动脉生态风险。

（3）城市垃圾、污水、废气和工业固体废弃物排放、弃置和处理引发的静脉生态风险。

（4）重金属、持久性有机化学品、农药及各类激素在生物和人体富集的食物链生态风险。

（5）汽车行驶、停放和恶性交通事故引发的对车内外人体健康和交通环境影响，以及交通堵塞通道上汽车尾气和极端气候条件复合形成光化学烟雾的交通生态风险。

（6）因地质、气象、人为灾害（如水火灾）和恐怖事件造成城市瘫痪间接引发的灾祸生态风险。

（7）人工环境和人体免疫功能下降导致的有害生物传播和疾病流行的生物生态风险。

（8）豆腐渣工程建设的结构性隐患和劣质建材的功能性污染间接引发的人体健康伤害的工程生态风险。

（9）科研、生产、医疗单位生物试剂、辐射品和危险废弃物管理不严、处置不当间接引起的管理生态风险。

（10）以上影响通过河流输送、大气扩散、生物传播、人员流动、物资贸易、交通运输等途径波及邻近地区甚至全球的区域生态风险。

生态健康是指居民的衣食住行环境及其赖以生存的生命支持系统的代谢过程和服务功能的健康程度，包括居民的生理和心理生态健康，产业系统和城市系统代谢过程的健康；景观和区域生态系统格局和生态服务功能的健康；以及人类生态意识、理念、伦理和文化的健康。生态健康失调到一定阈值就危及生态安全。

生态健康是人与环境关系的健康，不仅包括个体的生理和心理健康，还包括人居物理环境、生物环境和代谢环境的健康，以及产业、城市和区域生态系统的健康。人居环境健康威胁主要来自室外和室内的空气污染、饮用水和食物的污染、过分拥挤和不安全的住房等。室内环境污染已经引起全球35.7%的呼吸道疾病，22%的慢性肺病和15%的气管炎、支气管炎和肺癌。全世界涂料和装修工业每年把1100万t有机溶剂排到大气中，是空气中仅次于汽车尾气的第二大污染源。美国对建筑涂料的有机挥发物的限制做出了更为明确的限制，其有关法规从66项发展到现在的1133项。汽车排放是城市主要空气污染源之一，研究表明，城市平均污染水平与路边行人、骑自行车的人、公交车乘客和坐轿车的人对于接受挥发性有机污染物的比例为1∶2∶4∶6，车内污染物浓度可以比车外高2～10倍。

人类社会是一个不断改造环境、适应环境、与环境协同进化，从必然王国走向自由王国的发展过程。风险并不可怕，生态也不神秘。可怕的是对生态风险和系统反馈的麻痹、无知和失措。生态安全的强化需要全社会的观念转型、体制改革、技术创新和科学的生态系统管理。

参考文献

[1] 林彰平，刘湘南．东北农牧交错带土地利用生态安全模式案例研究．生态学杂志，2002，21（6）：15-19.

[2] 曲格平．关注生态安全之一：生态环境问题已经成为国家安全的热门话题．环境保护，2002，（5）：3-5.

[3] 王如松．城乡生态建设的三大理论支柱：复合生态、循环经济、生态文化//李文华，王如松．生态安全与生态建设．北京：气象出版社，2002：139-144.

[4] 肖笃宁，陈文波，郭福良．论生态安全的基本概念和研究内容．应用生态学报，2002，13（3）：354-358.

[5] Westing，Arthur. The Environmental Component of Comprehensive Security. Bulletin of Peace Proposals，1989，20（2）：129-134.

SOME CONSIDERATIONS WITH SCIENTIFIC VIEWS ON ECOLOGICAL SECURITY IN CHINA

Wang Rusong　Ouyang Zhiyun

(Research Center for Eco-Environmental Sciences，Chinese Academy of Sciences，Beijing 100085)

Abstract　By anlyzing the conjugate concept，system framework dynamic mechanism and cybernetics of the ecological security，this paper discusses the research approach on strategic management and construction of regional，urban and rural，and population ecological security. It argues that ecological security means not only the survival stability but also development sustainability，not only the safety of environmental structure but also the harmony of ecological relationship. Besides the measurement through natural ecological risk and negative threat from human ecological stress，ecological security should also be measured by positive regulation of natural ecological service. Eco-security could also be enhanced through human construction besides safeguarding by natural restoration and conservation.

Key words　ecological security，ecological risk，ecological service，ecological construction

城市复合生态及生态空间管理*

王如松[1]*　李　锋[1]　韩宝龙[1]　黄和平[1,2]　尹　科[1]

（1. 中国科学院生态环境研究中心，城市与区域生态国家重点实验室，北京 100085；
2. 江西财经大学鄱阳湖生态经济研究院，南昌 330032）

摘要　城市是一类基于区域水-土-气-生-矿五类生态因子，生产-流通-消费-还原-调控五类生态过程，以及经济-政治-文化-社会-环境五类生态功能，在时间-空间-数量-结构-功序范畴耦合的复合生态系统。阐述了城市复合生态的整合机制、体制、结构、功能的内涵，提出以净化、绿化、活化、美化、进化型安全生态保障目标，生物链-矿物链-服务链-静脉链-智慧链五链合一的循环经济耦合构架，以及污染防治、清洁生产、产业生态、生态社区和生态文明五位一体的和谐社会建设模式为城市生态管理的 3 个支柱。城市生态管理是对城市涵养、调节、流通、供给和支持五类生态服务功能的调节、修复和建设而不只是保护城市生物。城市生态空间是指城市生态系统结构所占据的物理空间、其代谢所依赖的区域腹地空间，以及其功能所涉及的多维关系空间。通过天津、扬州、淮北、合肥等市复合生态规划与建设的案例，阐述了区域、市域、城域和社区/园区 4 尺度城市生态空间的管理方略。最后以延庆和北京主城关系的演变探讨了复合生态位势在城市生态管理中的应用。

关键词　城市　复合生态　生态管理　生态空间　城市生态位势

城市与文明同源。城市化过程就是人类文明的演化过程。文明的英文单词“civilization”的词根“civil”表示人的行为文明礼貌，以及对他人的关心，与拉丁文“civitas（城市）”属于同一词源[1]。因此，城市复合生态管理的实质就是生态文明管理。

“管理”一词中的“管”是约束、控制的意思，“理”是疏导、调谐的意思。传统管理是通过计划、组织、领导和控制，协调以人为中心的资源组织与职能活动，以有效实现目标的社会活动[2]。而城市生态管理则是运用系统工程的手段和复合生态学原理去协调人与自然、经济与环境、局部与整体间在时间、空间、数量、结构、功序上复杂的系统耦合关系，对人的资源环境开发、利用、破坏和保育活动的系统管制、诱导、协调和监理，促进物质、能量、信息的高效利用，技术和自然的充分融合，人和自然的生命活力得到最大限度的发挥，生态服务功能和居民身心健康得到最大限度的自我保护，经济、自然和社会得以持续、健康的发展[3]。

党的十八届三中全会号召“紧紧围绕建设美丽中国，深化生态文明体制改革，加快建立生态文明制度，健全国土空间开发、资源节约利用、生态环境保护的体制机制。完善城镇化健康发展体制机制，优化城市空间结构和管理格局，增强城市综合承载能

---

* 原载于：生态学报，2014，34（1）：1-11.

力”[4]。勾绘出了新时期城市生态管理与能力建设的蓝图。

1 城市复合生态管理

1.1 城市复合生态管理的内涵与演变

城市是地球表层一种具有高强度社会、经济、自然集聚效应和大尺度人口、资源、环境影响的微缩生态景观[5]。城即城池，指一类密集的人工景观格局和适宜的自然基础设施，是安全、权利、财富、吸引力、标识和文明的象征，本文用水、土、气、生、矿等自然生态因子来描述城市赖以生存、繁衍的自然生态子系统；市即集市，指一定区域范围内物质、能量、信息、资金、人口的集散地，是人类交易、交流、交通等经济、社会活动场所，本文用生产、流通、消费、还原和调控等物质代谢和信息交流等经济生态过程来表征城市兴衰的经济生态子系统；城与市的融合，形成一类特殊的人类群落，具有世间任何生物群落都没有的开拓和扩张资源、改造和破坏环境、整合与繁衍自身的非凡能力，本文用人口、人治、人文等社会生态网链来表征城市的社会生态子系统，它们是城市生存与发展的核心控制系统。这 3 个子系统之间相生相克、相辅相成，形成城市社会-经济-自然复合生态系统[6]。城市生态包括人类行为的社会生态、物质代谢的经济生态和环境演变的自然生态 3 个层次，是绿韵（蓝天、绿野、沃土、碧水）和红脉（产业、交通、城镇、文脉）的融和[7]。

当今城市管理是一类条块分割的还原论管理，如经济流通的是资金、政治运筹的是权法、自然演化的是物能、社会关注的是功利、人文归宿的是精神（图 1)。甚至环境管理也只是对极少数关键环境因子的还原论管控。这种管理方式对城市综合管理的评价或考核有时会带来假象或矛盾，如尹科等[8]对全国 76 个环保模范城市以及全国 30 个省会城市的数据分析中发现处在沿海的经济发达的城市整体评价表现突出，其生态效率与所在地区的经济发展水平呈正相关关系，人均 GDP 越高，地方政府治理 SO_2、COD 等主要环境的投入就越大，环境绩效就越好，居民的生态意识也越高。国家环保部命名的 55 个生态示范市（区）中，52 个都是在沿海经济发达地区、特大省会城市或石油城市等经济极发达的直辖区、市。这似乎证实了流行地方政府数十年的“先污染、后治理”以及“GDP 越高、环境绩效就越好”悖论的合理性。该悖论成立之假象的背后是生态经济监管的缺失：经济绩效没有扣除资源破坏、环境污染、生态服务退化与人群健康下降的负效益，环境绩效也只抓了几项关键环境因子的“达标”，而非生态服务的达标和进化。例如，北京一旦把包括 PM2.5 大气环境质量纳入考核，其环境绩效就会明显下降。

现代城市生态管理始于 20 世纪六七十年代以末端治理为特征的对环境污染和生态破坏的应急环境管理和联合国教科文组织（UNESCO）人与生物圈计划倡导的城市生态系统研究，如法兰克福城市生态规划研究的灵敏度模型和生物控制论方法[9]。70 年代末到 80 年代兴起的清洁生产促进了环境污染管理向工艺流程管理过渡，通过对污染物最小排放的环境管理减轻环境的源头压力。90 年代发展起来的产品生命周期分析（LCA）和产业链管理将不同部门和地区之间的资源开发、加工、流通、消费和废弃物再生过程进行系统组合，优化系统结构和资源利用的生态效率。90 年代末至 21 世纪初兴起的人与自然耦合系统或复合生态系统管理[10,11]，旨在动员全社会的力量优化系统功能，变企业产品价值导向为社会服务功能导向，化环境行为为企业、政府、科研和民众的联合行为，将内部的技术、体制、文化与外部的资源、环境、政策融为一体，使资源得以高效利用，人与自然高度和谐、社会经济持续发展。

因此，基于五位一体建设生态文明的城市复合生态管理，是集农耕文明的再生、工业文明的竞生、社会主义的共生和自然生态的自生机制于一体，将经济管理、环境管理和社会管理三重职能齐抓共管，旨在破除以上悖论成立的基础，推进被分割的经济与环境、政治与生态、文化与进化、社会与自然向生态经济、生态制度、生态文化和生态社会合二为一的回归，将发散的资金–权法–物能–功利–精神整合到五位一体的资源–环境–时间–空间的自然生态建设、物态文明的经济环境建设、体制文明的政治环境建设、认知文明的文化环境建设和心态文明的社会环境建设中去（图 1）。这正是党的十八大“五位一体”总体布局的精髓。

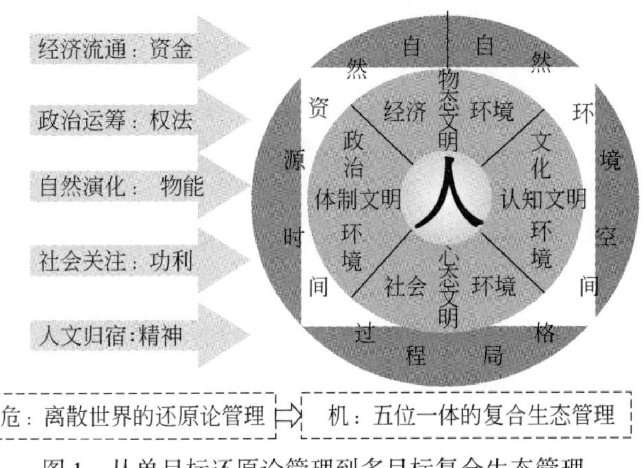

图 1　从单目标还原论管理到多目标复合生态管理

Fig. 1　From reductionism management for single-object to eco-complex management for multi-object

1.2　城市复合生态管理的目标与手段

城市复合生态管理的实质是人类生态关系的管理，其三大目标或支柱是生态安全（饮水、食物、空气、交通、住宿、防灾的安全），循环经济（资源节约、环境友好、经济高效的生产、消费、流通、还原、调控活动），与和谐社会（社会公平、景观和谐、政治稳定、民心安定、文化传承）（图 2）[5]。其手段是净化、绿化、活化、美化与进化。

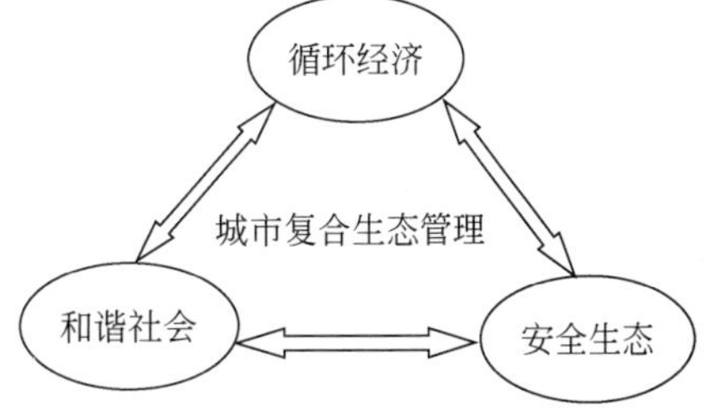

图 2　城市复合生态管理的三角支柱[5]

Fig. 2　Triangle-mainstay of urban eco-complex management

循环经济的核心是产业的复合与活力的振兴，它涉及四个方面的创新，一是生态效率的创新，就是怎样改革生产工艺使得在生产更多更好产品的同时资源消耗和环境影响降到最低，以生态和经济上最合理的方式发展生产；二是生态效用的创新，是怎样设计一类生态和经济上更合理的产品，以最大限度地满足市场的需求；三是社会和自然生态服务的创新，将企业经营目标从产品导向变为服务导向，为社会和区域自然环境提供持续的功能性服务[12]；四是生态智慧的创新，企业经营目标进一步从物、事转向人，从硬件、软件转向心件，聚焦于标准、技术、队伍、网络和管理体制，培育一类新型的企业和社区文化。这几个类型中工艺改革、产品创新、服务创新、智慧创新都可能提高效益数倍或数十倍。关键在于物资、能量、信息、人口、资金的时空组合、生产-流通-消费-还原-调控一体化的生命周期管理，以及生物链-矿物链-服务链-静脉链-智慧链螯合的生态链网设计。

和谐社会的测度是对人类改造环境的观念、意识、道德、行为、体制、法规的文明程度的测度。“和”即整合与和谐，社会生态关系、结构、过程、功能要整合，物态、事态、心态、世态要和谐。要处理好城市发展中人居生态建设和自然生态服务、经济生态效率和社会生态服务，人群身心健康和环境健康的系统关系，调理好人与环境关系的功利、道德、信仰和天地境界，传承和创新中国传统文化的儒-释-道包容和科学社会主义的真-善-美共荣，推进社会的殷实、健康、诚信发展。

水华、灰霾、热岛、疾病是城市生态安全的四大瓶颈。灰霾不只是城市 SO_2、NO_x、TSP、PM_x、POPs 等污染物的排放问题，更是区域气候条件、景观格局、城市下垫面、城乡工业、农业、建筑、交通活动相互作用的复合生态系统问题，除了污染防治外，还需要从产业生态格局、区域生态服务和生态文明建设入手，改变传统经济增长方式和消费模式，调整产业结构和布局，强化生态服务功能建设，改进和完善城市生态基础设施、生态交通、生态代谢和生态健康技术，减少人类活动对地球表层三维流场和生命系统的搅动。20 世纪 80 年代以来，笔者运用复合生态系统方法开展了中国第一批生态县、市、省的生态规划与建设的长期示范跟踪研究，探索了以发展生态产业、保育生态环境和建设生态文化为特征，融污染防治、清洁生产、产业生态、生态社区和生态文明于一体的生态政区建设模式（表 1）[13,14]。

表 1　城市环境问题的复合生态调控技术与对策

Tab. 1　Technologies and countermeasures of eco-complex regulation for urban environmental problems

管理方略 Management strategies	调控目标 Regulative aims	调控方式 Regulative methods	核心生态技术 Nucleus eco-technologies	发展趋势 Developmental trends
环境污染治理	污染治理	化废为宝	总量控制和工程治理	从环境工程走向生态工程
清洁生产工艺	过程控制	节能减排	产品和工艺的生态设计	从末端治理走向过程排放
产业生态整合	产业共生	合纵连横	产业生态转型与孵化	从链环、网络到园区
生态政区管理	区域统筹	功能复合	政区生态规划与管理	从产业、社区到区域
生态文明建设	观念行为文化	天人合一	行为规范与激励	从硬件、软件到心件

1.3　城市复合生态规划与管理案例

1.3.1　天津市生态规划

利用泛目标生态规划方法，从时间、空间、阈值、结构和功能序五方面对不同尺度、不同时段的天津城市复合生态系统的结构、功能、过程进行了辨识、模拟和政策实验，提出了包括机理学习、过程模拟、政策调控、发展管理组成的复合生态系统组合模型。所提出的生态经济区划、城市经济重心东移、塘汉–大滨海区统筹开发、哑铃状城市格局、水生态建设、老租界区改造、海河滨岸改造等研究建议都得到了实施并取得显著效益。利用复合生态管理方法，天津连续 11 年荣获全国城市环境综合定量考核十佳城市，全国唯一省级环保模范城市，为滨海区开发战略确立、天津城市发展和生态城建设奠定了科学基础。

1.3.2　扬州市生态规划

1999 年以来，在扬州生态市规划与管理研究中，从区域水生态保育、乡村面源污染防治、城镇人居环境的生态改造和循环经济建设切入，形成生态绿地与河网湿地有机交融、疏密有致的组团式城市生态格局，构建规划区地表和下垫面的冷桥体系。创建了以生态基础设施和生态文化建设为突破口，通过能力建设去净化、绿化、活化、美化城乡生态环境，推进产业、自然和人文生态的渐进协调发展的扬州地级生态市建设模式。扬州古城的生态改造不是大拆大建，而是一个细、活、慢、适、俭的生态设计过程，注重以生态基础设施的配套与生态活力、历史街区文脉肌理的生态整合性、旧厂坊的转型开发与混合街区职能，住宅外风貌修复和内生态品质改造，便利安全、外畅内幽的生态交通，净化活化、谨慎节俭的生态复兴，得到各界的好评，2006 年扬州市获联合国人居奖，在全省综合实力排名从第七跃升第二，所辖区县全部建成国家级生态示范区，成为我国地级生态市建设的典范[15]。

2　科学保护和建设城市生态空间

2.1　城市生态空间的内涵、分类与建设目标

城市生态空间是指城市生态系统结构所占据的物理空间、其代谢所依赖的区域腹地空间，以及其功能所涉及的多维关系空间。城市生态空间不只是植物、动物、微生物栖息、代谢的自然生境空间，它包括生物栖息、代谢的自然生态和人类生产、生活的社会生态两类空间，两类空间是相互重叠、相生相克、相反相成的。任何一个可持续的人类生产、生活空间都必须是有生物共存、具有一定生态服务功能的生物生态空间；任何一个自然生态空间都有为人类生产与生活活动提供服务的潜能，任何人类活动空间都应有一定的生态服务功能，因而都是生态空间。

虽然任何生态空间都具有一定的生产生活支持功能，但只有具备综合生态服务功能的空间才能成为生活空间。而只有在一定的资源承载力和环境容量支持条件下的生态空间才能成为生产空间，生产和生活空间一般不重叠，但有时也可以立体交叉，相辅相成（图 3）。

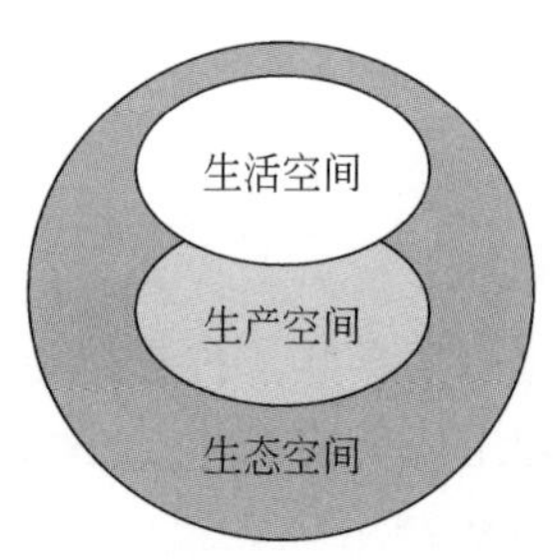

图 3　城市生态空间示意图

Fig. 3　Urban eco-space

在依法保护水流、森林、山岭、草原、荒地、滩涂等自然生态空间，维持自然保护区、生态脆弱带等结构、功能与生态过程的同时，更要强化生产、生活空间的生态服务功能。例如，去年以来徘徊我国华北和华东地区旷日持久的大气灰霾，一个重要原因就是人类生态空间与退化的自然生态空间耦合关系的失调（地表硬化、水体“绿化”、大气霾化、生物退化、废弃物滞留），而华南、西南地区特别是珠江三角洲地区虽然人类活动同样密集，但其生态系统活力较强，单位生态空间所提供的自然生态服务要比北方高，未形成持久的灰霾现象。因此，我们在管制好自然生态空间的同时，也要管制好人类生态空间中绿韵与红脉的耦合关系增强生态服务功能，搞好城镇、工矿和农村生态空间的基础设施建设。如果华北地区在自然生态保护和修复的同时能将其密集的交通、能源、基础工业、城乡生活和基础设施等进行高强度的生态改造和修复，提高单位生态空间的自然生态服务能力，灰霾现象会自然减轻。

城市生态空间的基础设施集成体系包括城市河流、湖泊、池塘、沼泽等湿地（简称肾）的净化与活化；城市自然、园林、道路植被，城市动物、微生物及农林业的多样性、丰富度及均匀度（简称肺）；山形、水系、路脉、风道等水、气、物、人流通、聚散脉道（简称脉）；城市地表、建筑物、构筑物及道路、沟渠等工程的活性表面（简称皮）；以及城市污染排放、处置口及其生态净化、缓冲、循环、再生设施（简称口）在生态系统尺度上的有机整合。应建立和完善国家和地区生态资产和生态服务的管理机制和体制，对生态空间实施统筹管理，把自然生态服务放在与社会经济服务同等甚至更重要的地位来抓。

城市生态空间管理可以从四个尺度研究：

（1）区域腹地和流域生命支持空间，其核心科学问题是资源承载力、环境容纳量以及区域城镇化的空间格局；

（2）市域城郊结合部的生态缓冲空间，其核心科学问题是边缘生态效应和城乡一体化管理；

（3）城域生产、生活和交通生态空间，其核心科学问题是绿韵（蓝天、绿野、沃土、碧水）和红脉（产业、交通、城镇、文脉）的生态格局与生态基础设施建设；

（4）社区园区建筑与工程生态空间，其核心科学问题是局地生态服务功能恢复和地表、建筑物表面的生态改造与修复。

城市尺度复合生态空间的功能可以通过以下五类指标来测度：

（1）自然需水占用率是指目标区域内城市生产、生活活动取用的原本用于维持本土和其他地区（包括上、下游和调水区）自然生态系统基本功能的水资源量（包括地下水、上游来水的占用量）占该区水资源量的比例；

（2）生态服务用地率是指目标区域内（或建成区，或小区）为城市生产、生活和自然保护提供土壤孕育、水文循环、气候调节、环境净化、生物多样性保育、生境涵养等综合生态服务功能的开敞空间和建筑物表面的面积与该区占地总面积之比，其理想值应接近或超过 100%；

（3）生态能源利用率是指目标区域内可开发利用的废热、地热、太阳能、风能及生物质能等在可再生能源中被实际利用的比率；

（4）生物多样性是指本地动物、植物、微生物的多样性、丰富度、绿地均匀度及景观品质；

（5）生态代谢循环率是指城市可循环再生废弃物资中实际被利用部分的比率，企业及园区全生命周期设计、管理率等。

2.2　城市生态空间的红线管理

国家主体功能区划就是有关区域和城乡生态空间区划、保障国家自然生态和社会生态安全的重要空间战略部署，旨在界定城市工矿发展的主体功能区、自然保护和生态敏感的主体功能区、粮食生态安全的主体功能区。划定生态保护红线是党的《十八届三中全会决定》中改革生态文明体制、强化生态空间功能的一项重要内容。鉴于生产、生活、生态空间是相互重叠、相生相克、相辅相成的，生态红线的实质应是生态系统管理落实到空间、时间、数量、结构、功序范畴的风险线，而不是简单的空间自然保护红线，其控制对象应是每一个生态系统服务的占用单位，而不只是政府。其主要内容应包括：

（1）自然生态保护的空间红线，给人类开发活动限定一定的空间范围，将有负面环境影响的开发活动从自然保护区、生态脆弱带等急需保护的地带分开；

（2）自然资源利用的时间红线，给人类开发活动限定一定的时间范围，如禁渔、禁猎、禁牧、禁行以及封山育林等资源可持续利用红线，给后代人留点储备资源和生存空间；

（3）区域资源承载力与环境容量超载的阈值红线，给人类生态足迹限以一定的门槛，将环境崩溃和生态破坏勒缰于悬崖之边；

（4）生态结构耦合的中庸红线。任何生态因子过多或过少、生态过程过激或过缓、生态结构过单或过多、生态机制过强或过弱都是不可持续的。要处理好产业结构、景观格局、区域发展中眼前和长远、局部和整体、保护与开发、环境和经济的矛盾，科学辨识、设计、监管和修复各类生态耦合关系，给社会经济发展培育一定的自稳机制，将人类开发的节律调节在生态适宜区；

（5）生态功能进化的功序红线，给生产与生活空间品质限定一定的功能底线，使红脉与绿韵有机融合，生态系统正向演化。

以上红线中，前三条是控制性约束红线，后两条是功能性诱导红线。要逐渐把生态红线管理从单一的空间或数量测度发展为系统的功序和过程测度，从自然生态空间的离散保护发展到社会-经济-自然复合生态空间的整体涵养，从生态系统的形态保护到功能机制的生态活力培育，从条块分割的部门管理到五位一体的生态文明诱导。

生态红线管理的难点是人类活动密集的生产与生活空间。要在观念更新、体制革新、技术创新和文化维新的基础上，通过五位一体的科学管理来规范和诱导城乡居民的生产、消费和环境行为。要引进市场机制，在政府和水、土、气、生物、矿物等生态资产使用和环境污染物排放单位中间孵化一层生态资产与生态服务管理产业，按生态功能分区负责业主所占用生态空间的结构功能变化动态的常规监测、定期审计和综合管理，将政府对环境和土地的行政管理从对污染排放和生态破坏的直接管理转到对区域环境质量与生态品质的间接管理；各企、事业单位对环境的占用、影响、破坏和建设行为；由各生态资产占用单位按其对生态资产、环境容量和生态服务的实际占用或增值程度缴纳生态占用费或获取生态建设奖励；政府与生态物业管理企业签订生态管理合同，并从收缴的生态占用费中支付其监测、监管和审计费用，作为该产业发展的市场基础。

各级城市新开发的建设用地大多占用的是肥沃的农田菜地，而建筑物的屋顶、工程设施及道路的表面却是水泥柏油硬化的“荒蛮之地”，如何通过屋顶绿化、地表软化、下沉式绿地、湿地生态工程等途径修复被占土地原有的生态服务功能，以保障其生物质生产、生态服务和原住民的生存和工作权益等功能的正向进化，是城市生态补偿的重要内容。城市生态补偿不仅要有生态损益的异地补偿，还需要生态服务功能退化和占用的就地补偿。包括对其水文循环、声光热和辐射环境、生物多样性、土壤营养物循环、水文循环、气候调节、生物质生产力、环境净化功能退化的经济赔偿、环境修复和生态建设，最终落实到受损生态系统本身的就地和即时修复、建设与管理。

2.3　环巢湖地区大合肥生态空间规划与管理研究

巢湖是安徽合肥市的内湖，环巢湖生态空间的规划与建设是城市生态建设、改造与修复的一大挑战。中国科学院生态环境研究中心等国内外 8 个单位联合开展了环巢湖生态空间的规划与建设，其具体目标和战略如下：环巢湖发展但不污染河湖水体(新巢湖条例：绿韵红珠、生态缓冲)、紧凑布局但不降低生态品质（新生态格局老城：严格控制土地扩张、切红楔绿、疏解职能、强化生态基础设施，保障生态用地；新城：以业带城、功能混合、轻轨拉动、有机集中、珠链拓展)、生态交通但不增加建运成本(糖葫芦串、低碳轻轨复合交通)、以城带乡但污染不上山下乡（农工商贸复合，生物链-矿物链-服务链-静脉链-智慧链一体)、招商引智但不盲目同构竞争（高端服务错位共生)、休闲生态但不降低土地产值（生态休闲业)、严格管地但不影响用地供给(生态地管业)、经营城市但不弱化生态服务（开拓性保护)、立体用地但不占用基本农田（基本农田零占用、污染对外零排放、农民民生零侵犯、城市交通零拥堵的新农村建设)。

其四个尺度的生态空间规划策略为：

（1）中心城区切红楔绿流水活土花瓣型高密格局。中心城区人口密度为 100 人/hm^2，总人口为600 万人，沿南淝河、十五里河呈花瓣型高密度、高容积率、高活性城市社区或园区。

（2）新干线绿肥红瘦有机生长糖葫芦串型紧凑格局。沿南北生态物流带和东西生态科智带轻轨糖葫芦型布局，按 New Vistas 生态新镇标准建设布局的农业型新市镇，每 5km 一个，之间用 1km 高效绿带隔离（都市农林业或湿地），不占用耕地做建设用地，污染零排放，25 人/hm^2，两条藤约容纳 172 万人。

（3）环巢湖绿带红星滨湖水乡小镇低碳交通格局。沿湖布局小体量的风情小镇和游艇码头，每镇人口 1 万人，游客 3 万人，常住人口 28 万，游客 84 万，生活垃圾、污水、粪便实现向区外的污染零排放。

（4）新农村绿茵红花生态庄园葡萄串型疏松格局。农村地区人口逐步向两条新城带自愿集中，到 2030 年约剩 100 万人留在农村，1 人/hm^2，但在原有基础上改造为具有现代生态农业规模并能接待观光和体验游客的生态旅游新村，基本接近或达到发达国家 90% 的城市化水平。

2.4　淮北市生态用地空间规划与管理

安徽淮北市是一座资源枯竭型能源城市，总面积 2741km^2，总人口 199 万人。过去 55 年中，煤城在为国民经济建设输送大量化石能源的同时，给自然生态系统造成了严重破坏，矿区总的地表沉陷面积为 172km^2，在主城区也形成和即将形成近 56km^2的湿地，为城市生态提供着重要的生态服务功能。淮北市生态用地建设规划，从蓝色、绿色、红色和灰色空间的生态控制指标确定、蓝线和绿线划定、重要生态斑块与生态廊道规划、生物多样性与树种规划、生态规划的情景分析入手。其生态用地主要由绿色空间、蓝色空间、裸地以及生态廊道等组成，其中绿色空间包括建成区的园林绿地、市区的农地、林地和牧草地等。1987～2007 年淮北市生态用地空间结构发生剧烈变化，生态用地占市区面积的比例由 91% 降低至 72%，市区正逐渐由生态用地为主的景观格局转变为以建设用地为主导的城市景观格局[15]。该规划通过立体生态建设（山、水、矿、城、居）；绿韵红脉融通（湖、林、路、园、文）；快速近自然生态修复（塌陷地、水域、石塘、荒山）；产业生态转型（能源、休闲、教育、农业）；生态文明建设（文明地图、培训、网络、管理、信息系统）等手段开展复合生态空间的建设与修复。

2.4.1　城市蓝色空间建设

淮北市规划研究区范围约 578km^2，蓝色空间占 12.1%，包括市域范围内的塌陷湖泊及其相互连通的河流、湿地，主要有北湖、中湖、南湖、东湖、化家湖及乾隆湖等湖泊及其外围具有生态缓冲功能的区域。在蓝色空间建设中需重点考虑自然需水占用率。在规划管理上一方面强调湿地景观的丰富与多样性，强化湿地的生态、文化与教育功能，另一方面，通过缓冲区划设，保障湿地功能，限制土地开发，为城市未来发展保留生态用地，维护蓝色空间生态完整性与服务功能。

2.4.2　城市绿色空间建设

淮北市绿色空间占 46.0%，包括具有水源涵养及休闲游憩功能的森林，及植被覆盖度相对良好的果园、集中成片的农田。在绿色空间建设中，需重点考虑生态服务用地率和生物多样性。龙脊山、相山顶的地下水补给口及化家湖水库为研究区重要的水资源涵养功能区，区内任何开发项目均需进行可行性研究和环境影响评价。强化不同生态空间的功能联系，提高城市生态服务功能。

2.4.3　城市红色空间建设

淮北市红色空间占 24.7%，指建成区内的人工建筑物、构筑物所占用的非开阔空间。在红色空间建设中，需重点考虑生态能源利用率和生态代谢循环率。未来淮北市红色空间发展应在保障自然与人居环境的前提下，利用自然优势与资源条件，引导城市向高质量、多元化的方式发展，以目前主城区和东部新城为主要节点呈“O”形发展格局。

2.4.4 城市灰色空间建设

淮北市灰色空间占17.1%，包括交通用地、矿山、无植被覆盖的开阔工程用地和废弃物弃置地等。规划要结合塌陷区地形增加水资源储备量，强化研究区生态服务功能。交通发展以公共交通为主并加以提升，推广绿色交通降低大气污染排放。灰色空间在一定条件下可以转化成蓝色、绿色和红色空间。例如，煤矿塌陷区经过生态修复可以改造为农田、绿地、湿地和建设用地等。高速公路在繁忙时段是污染线，而在车辆稀少且气候条件有利时又是污染物扩散稀释和环境净化的生态廊道。

3 城市生态位势与因势利导的复合生态管理

3.1 城市生态位势

生态位是生态学中的一个重要概念，表示生物与环境间双向耦合的结构、功能关系：环境对生物主体的支撑服务能力和生物主体对环境的影响和作用。Grinnell 定义一个物种或有机体的生态位为适于该物种或有机体生存的所有场所的集合（可称为地理生态位）[16]；而 Hutchinson 则定义一个物种或有机体的生态位为影响该物种或有机体生存繁衍的各种环境因子组成的多维空间（可称为生存生态位），并称物种可栖息的理论上最大空间为基础生态位，把有竞争者存在而实际上占有的空间称为实际生态位[17]。Elton 则定义一个物种的生态位为其在群落中扮演的功能地位和作用。生态位有双重性，一是生物赖以生存的环境因子的集合，包括其栖息地的理化、水文、地理、气象条件等物理栖境，食物和能量等代谢环境，以及它与天敌和盟友的生物环境；二是生物对周边环境的潜在影响和功能作用，包括物质的滞留、能量的耗散、生境的改造、信息的反馈，以及竞争、共生、捕食、寄生等链网关系[18]。Odum 给生态位下定义为“一个生物在群落和生态系统中的位置和状况，而这种位置和状况取决于该生物的形态适应、生理反应和特有行为”[19]。

城市生态位是群落尺度上的人类生态位，是城市赖以生存、发展、繁衍、进化的各种生态因子（如水、土、气、生物、能源、矿物等）、生态关系（如竞生、共生、再生、自生）和生态功能（如生产、流通、消费、还原和服务等）的总和，包括现实生态位和基础生态位[20]。现实生态位是城市在各类生态因子组成的多维生态空间梯度上的实际位置，以及在区域社会经济和环境保护中的实际功能地位。基础生态位反映该城市在一定时空范围内各类生态因子相对稳定条件下的固有优劣势，以及利导因子充分发挥、限制性因子尽可能克服条件下的最大发展潜力。基础生态位与现实生态位的差距构成该市未来发展的生态势，即生态因子、生态关系和生态功能调整的潜力[21,22]。不同城市之间生态位的差距构成城市间发展的生态势。生态位是动态的，随着外部环境的变化和内禀生长力的兴衰而浮动。条件生态位是多维生态位空间中某些内外条件变化下的假设生态位，该城市如能创造条件改善这些生态条件，有可能使其发展潜力大大改观，将条件生态位变为现实生态位。

3.2　北京-延庆生态位势研究

3.2.1　延庆县概况

北京延庆县位于北京市区西北74km，北、东、南三面环山，是连接华北、西北的重要交通枢纽，东西近邻密云、官厅两水库，境内有四级以上河流18条，水资源丰富、生态环境优良，是首都西北重要的生态屏障和水源涵养谷地，也是著名的休闲避暑胜地，还拥有国家自然保护区松山森林公园，国家级湿地保护区野鸭湖等丰富的生物多样性资源[23,24]。生态资产和生态服务功能在北京16个区县中首屈一指，但经济发展水平却排名最末。由于经济实力有限，其涵养流域生态资产、保障首都生态安全和满足京城生态服务功能需求方面也还有很大差距。

3.2.2　延庆城市生态位的指标选取和生态位的变化

基于数据的可获得性，延庆的城市复合生态位主要包括产业发展、社会建设、自然环境三个子生态位，每个子生态位包含2~3个指标。产业经济发展子生态位包括：建设用地面积、第二产业产值、第三产业产值；社会文化子生态位通过中学入学人数、医疗机构人员数、人口机械增加数、总人口数等表示；自然环境子生态位由2年内平均年优良空气天数、林地覆盖率体现。通过主成分分析确定每个指标在各生态位因子中的权重。在进行主成分分析前需对各指标数据进行归一化。最后由三个子生态位主成分得分采用等权加和的方法确定综合生态位。2005年到2011年延庆的产业经济处于退化水平，而自然环境生态位增长迅猛和社会文化生态位相对缓慢。延庆的城市发展短板在于产业经济发展（图4），城市复合生态位的提升应围绕如果通过协调生态、生产、生活关系在保障自然生态和文化生态品质不下降的前提下实现产业经济发展。

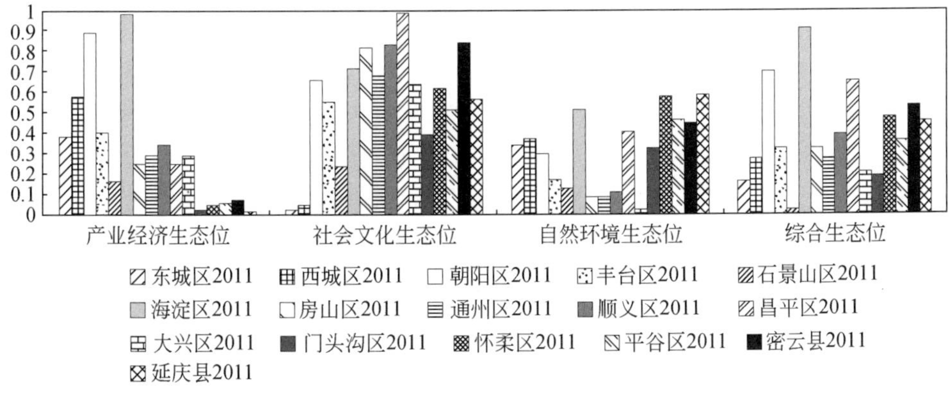

图4　2011年北京各城区复合生态位主要因子比较

Fig. 4　Comparison among the sub-eco-niches of each district in Beijing for 2011

产业经济生态位 Eco-niche of industry and economy；社会文化生态位 Eco-niche of society and culture；自然环境生态位 Eco-niche of natural environment；综合生态位 Comprehensive eco-niche

3.2.3 延庆及各区县在北京的现实生态位势

通过计算 2011 年延庆在北京 16 个区县中的复合生态位水平见图 4，延庆县 2011 年产业生态位居北京地区倒数第一，社会生态位居北京地区 16 区县中第 10 名，自然生态位居第 1 名。因此，延庆县除了自然子生态位占优外，其余均处于中低水平。此节生态位分析数据为了便于比较均采用归一化数据，数值 1 代表北京 16 区县 2011 年及延庆 2020 年（预估）中的最高水平，数值 0 代表最低水平。

3.2.4 延庆与北京主城关系的条件生态位和潜在生态势

延庆的潜在复合生态位主要由两方面的因素决定：

（1）延庆本身所具有但未充分开发利用的潜力。自然景观优势、文化遗产资源、水资源优势、土地资源优势、可再生能源优势、交通优势、生物多样性优势、地质资源优势、欠发达地区接受外援的优势；

（2）北京主城区的支撑潜力市场依托优势（休闲旅游市场、生态食品供给市场、苗木花卉市场、咨询产业市场）、资源供给优势（人才资源、信息资源、管理资源、文化资源、有机肥资源、科技资源）、环境优势（交通环境、基础设施建设、生态修复与环境治理投资、生态林建设投资）、政策优势（生态补偿政策、生产-生活-生态复合空间发展示范政策、新型城镇化及新农村建设政策）。

以延庆土地利用条件因子为例，如何实现延庆建设用地由 2011 年的 148km^2上升至 2020 年的 250km^2，在现有土地利用机制约束下，这个目标很难实现。但是，如果通过空间的复合利用，实现生产、生活、生态空间的重叠综合利用，则在保障生态服务功能持续上升的前提下，可以增加 100km^2的生产、生活空间，发展花卉、苗木和休闲、体验产业，利用自然生态位优势改善经济生态位的短板。这 100km^2中有 40 ~ 50km^2的多功能用地分布在妫河两侧和官厅水库淹没预留区，及松山、千家店等生态资源和生态景观丰富的区域，因地制宜设置合理的产业和生活空间，将带来各子生态位的加速提升，预期这 40 ~ 50km^2的邻水入林区域将在 10a 内提升延庆旅游收入 150% 左右，同时带来其他经济收入约 20 亿元。

在计算潜在生态位的过程中，条件生态位的实现是具有一定潜力与概率的，通过 2011 年延庆的各指标发展水平确定其 2020 年发展的马太效应潜力[13]，将考虑了实现概率的生态位称之为潜在生态位。潜在生态位（2020）与现实生态位（2011）的对比见图 5。此外，在不考虑马太效应潜力概率，假设所有生态位提升条件都 100% 实现的情况下有延庆可获得的最佳生态位，图 5 ~ 图 7 反映了延庆现实生态位（2005、2011）、潜在生态位（2020），最佳生态位（2020）在经济、自然、社会生态位及综合生态位 4 个方面的变化，2020 年延庆潜在产业经济生态位较 2011 年提升 98.9%，社会文化生态位提升 74.8%，自然环境生态位提升 69.5%，综合生态位将提升 79.8%。从图 7 可以看出，短短 10a 间，虽然 2020 年延庆产业生态位依旧没有到达高位水平，但在实现条件生态位后，延庆产业经济发展由退化变为进化发展。并且，如果延庆各项生态位提升条件能够落地实施，其生态位水平将更加接近 2020 年最佳生态位水平，较 2011 年实现综合生态位提升 119%。

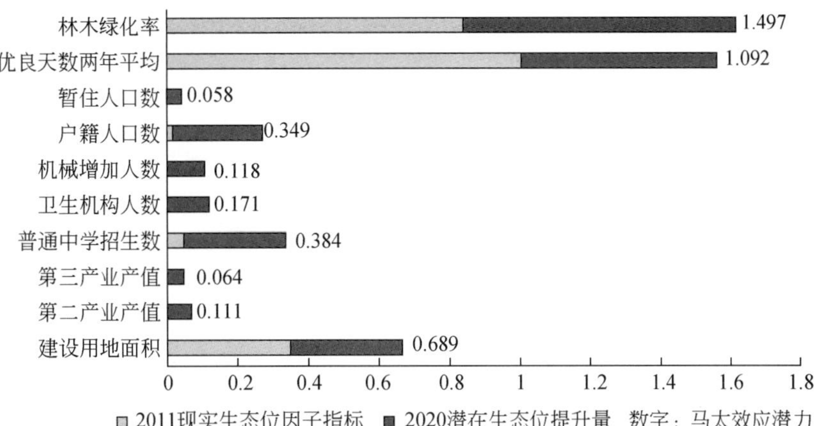

图 5　延庆现实生态因子（2011）与潜在生态因子（2020）主要指标对比

Fig. 5　Comparison between Yanqing's real eco-niche factors（2011）and its potential eco-niche factors（2020）

林木绿化率：Green rate；空气优良天数两年平均：Number of average air quanlified days in recent 2 years；暂住人口数：Temporary resident population；户籍人口数：Censos register population；人口机械增长量：mechanical growth of population；卫生机构人数：Health agency staff number；普通中学招生人员数：Number of students in middle school；第三产业产值：Tertiary industry outpot value；第二产业产值：Second industry output value；建设用地面积：Construction land area

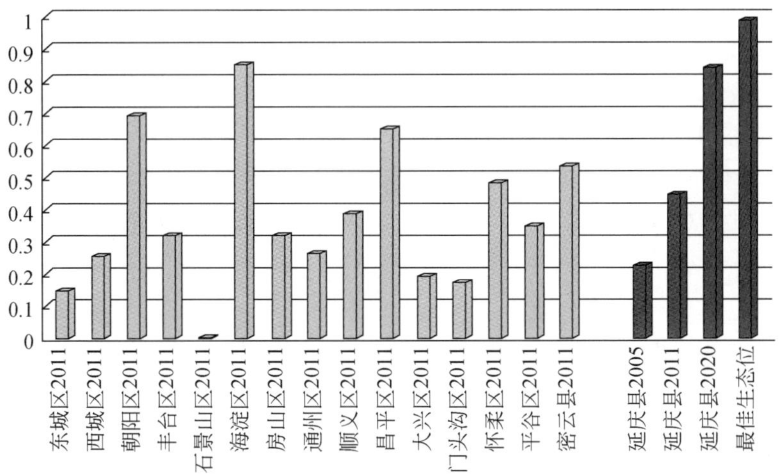

图 6　延庆县 2020 年潜在城市复合生态位与北京各区县现实生态位比较

Fig. 6　Comparison between each district's real eco-niche factors（2011）and Yanqing's potential eco-niche factors（2020）

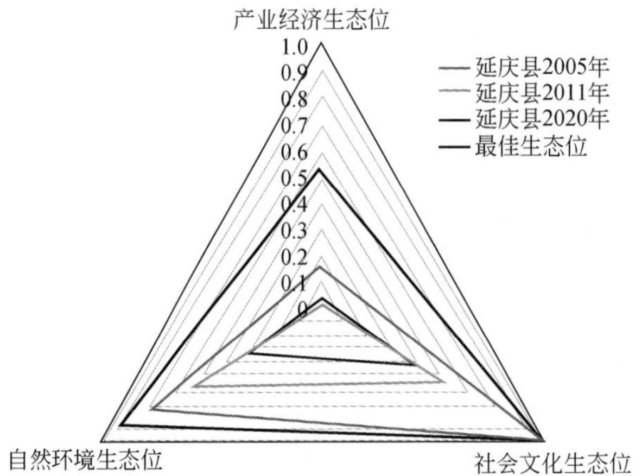

图 7　延庆县 2005～2020 年城市子生态位变化

Fig. 7　Changes of Yanqing's sub-eco-niches from 2005 to 2020

4　结　　语

人类社会的发展史是一个人与自然关系从必然王国向自然王国过渡的生态进化史，这里的“自然”包括自由和必然两层含义，人类对其赖以生存和发展的生态环境和生态关系的认识是逐步深化又不可能穷尽的，永远达不到自由王国的国度。城市复合生态管理旨在倡导一种将决策方式从线性思维转向系统思维，生产方式从链式产业转向生态产业，生活方式从物质文明转向生态文明，思维方式从个体人转向生态人的方法论转型。通过复合生态管理将城市单一的生物环节、物理环节、经济环节和社会环节组装成一个有强生命力的生命系统，从观念更新、体制革新、技术创新和行为诱导入手，调节系统的主导性与多样性，开放性与自主性，灵活性与稳定性，使生态学的竞争、共生、再生和自生原理得到充分的体现，生命支持系统功能和居民的身心健康得到最大限度的保护，促进资源的综合利用，环境的综合整治及人的综合发展。

参 考 文 献

[1] He P. Notion and edification of civilzation：China & Europe. Historiography Quarterly，2007，(4)：22-33.

[2] http：//baike. baidu. com/link？url = xghaVUnuzJlCljrKLrz7VnC Kxok3qI6fobC5NWF5UKYiLGDe1TqL-GpnaJ4pRYCnwSGCkIebH PX938b6GD5uuda.

[3] Wang R S，Li F. Urban ecological management. Journal of Chinese Urban Forestry，2006，4 (2)：8-13.

[4] http：//news. xinhuanet. com/house/suzhou/2013-11-12/c_118113773. htm.

[5] Wang R S，Hu D. Urban Eco-Management：Integration &Adaption//Institute of International Strategy of the Central Party School of CCP，ed. Chinese Environment & Development：Century Challenge & Strategic Choice. International Cooperation Committee of Chinese Environment & Development，2007：220-260.

[6] Ma S J，Wang R S. The social-economic-natural complex ecosystem. Acata Ecologica Sinica，1984，4

(1): 1-9.

[7] Wang R S. Urban conjugate ecological planning and it's application in Beijing. Urban Planning Forum, 2008, (1): 8-17.

[8] Yin K, Wang R S, Yao L, et al. The eco-efficiency evaluation of the model city for environmental protection in China. Acta Ecologica Sinica, 2011, 31 (19): 5588-5598.

[9] Vester F, Hesler A V. Sensitivetätsmodell: Ökologirund Planung in Verdichtungsgebieten. UN ESCO Man and Biosphere Project 11 Report. Frankfurt Regionale Planungs gemeinw chaft L ntemain, 1980.

[10] Liu J G, Dietz T, Carpenter S R, et al. Complexity of Coupled Human and Natural Systems. Science, 2007, 317 (5844): 1513-1516.

[11] Wang R S, Hu D, Li F, et al. Eco-Complex Management of Regional Development. Beijing: China Meteorological Press, 2010.

[12] Wang R S, Hu D, Wang X R, et al. Urban Eco-Service. Beijing: China Meteorological Press, 2007.

[13] Wang R S, Xu H X. Planning Method of Eco-City Construction for Yangzhou. Beijing: China Science and Technology Press, 2005.

[14] Wang R S, Lin S K, Ouyang Z Y. Theory and Practice for the Construction of Hainan Eco-Province. Beijing: Chemical Industry Press, 2004.

[15] Zhao D, Li F, Wang R S. Effects of land use change on ecosystem service value: a case study in Huaibei City, China. Acta Ecologica Sinica, 2013, 33 (8): 2343-2349.

[16] Grinnell J. The Niche-Relationships of the California Thrasher, The Auk, 1917: 427-433.

[17] Hutchinson G E. Concluding remarks in Population Studies: Animal Ecology and Demography. Cold Spring Harbor Symposia on Quantitative Biology, 1957, 22: 415-427.

[18] Elton C. Animal Ecology. London: Sidgwich & Jackson, 1927.

[19] Odum E P, Barrett G W. Fundamentals of Ecology. New York: Saunders, 1971: 574.

[20] Wang R S. Disscusion about urban ecological niche. Urban environment and urban ecology, 1988, (01): 20-24.

[21] Chen L, Wang R S, Wang Z L. Niche assessment of China provincial socia-l econom ic-natural complex ecosystems in 2003. Chinese Journal of Applied Ecology, 2007, 18 (08): 1794-1800.

[22] Ouyang Z Y, Wang R S, Fu G N. Ecological niche suitability model and its application in land suitability assessment. Acta EcologicaSinica, 1996, 16 (2): 113-120.

[23] Yu Y J, Liu H L, Gao L A. Thinking and Suggestions for the sustainable development of tourism in Yanqing county. Journal Beijing Second Foreign language Institute, 2005, 12: 35-40.

[24] Song K Y. Risk-return relationship and Matthew effect. Shanghai: Fudan University (Master degree paper), 2012: 37.

URBAN ECO-COMPLEX AND ECO-SPACE MANAGEMENT

Wang Rusong[1*], Li Feng[1], Han Baolong[1], Huang Heping[1,2], Yin Ke[1]

(1. State Key Lab of Urban and Regional Ecology, Research Center for Eco-Environmental Sciences, Chinese Academy of Sciences, Beijing 100085;

2. Institute of Poyang Lake Eco-economics, Jiangxi University of Finance and Economics, Nanchang 330032)

Abstract City is a kind of social-economic-natural complex ecosystem (SENCE), supported by 5 kinds of eco-factors (water, soil, fire, biome and minerals), 5 eco-processes (production, transportation, consumption, recycling and regulation), 5 kinds of function (economy, politics, culture, society and environment), and coupled in time, space, quantity, structure and function). This paper explained its integrative dynamics, cybernetics and systematic, three supporters of its development: eco-security (cleaning, greening, vitalizing, beautification and forward evolution), circular economy (coupling five chains of biological, mineral, service, recycling and wisdom), and harmonious society (with a integrative management model of pollution control, cleaner production, eco-industry, eco-polis and eco-civilization). Urban ecological management is rather a kind of regulation, restoration and creation process to enforce the urban ecological service of cultivation, regulation, circulation, supply and supporting than just nature conservation. Urban eco-space includes the physical space the city occupied, the hinterland ecosystem for city metabolism using, and the super eco niche for the city function. Through case studies of Tianjin, Yangzhou, Huaibei and Hefei, the paper has shown the approaches for urban eco-space planning and management. Finally, the application of integrative eco-niche and eco-potentials are discussed with a case of Yanqing County for its development relationship with its mother city of Beijing.

Key words city, eco-complex, eco-management, eco-space, urban eco-niche and eco-potentials

基于复合生态功能的城市土地共轭生态管理*

王如松[1]　尹　科[1]　姚　亮[1]　梁　菁[2]

（1. 中国科学院生态环境研究中心城市与区域生态国家重点实验室，北京 100085；
2. 湖南省环境监测中心站，长沙 410014）

摘要　随着改革开放，我国城市化、工业化进程加速，土地使用量急骤增长，大规模的土地开发在拉动经济、加速城市现代化和农村城镇化方面无疑起到了积极作用，但无序低效的土地扩张给生态安全、粮食安全、社会安定带来的负面影响已经成为国家可持续发展的瓶颈，影响社会的长治久安。传统的土地管理聚焦于土地的数量管理而忽略了土地的生态功能，行政干预过多而市场机制引入不足，土地管理与经济、生态严重脱节。据此，本文提出基于复合生态功能的城市土地共轭生态管理模式，将土地生态功能聚焦于以下几种：生物质生产功能、建设用地功能、农民生存保障功能以及其他生态服务功能（如涵养水源、土壤保持、调节气候等）。通过从土地的单属性、单目标管理朝土地的多属性、多目标管理转型，从传统的行政管理为主朝以市场机制为主的管理模式转变，从土地的控制性管理朝基于生态功能的调控管理转变，总结出土地共轭管理模式应从以下五个方面着手：①从土地平面结构的资源管理到土地立体空间的生态管理；②从土地利用的异地面积占补平衡到就地功能占补平衡；③从饼状集结用地到轴向“糖葫芦串型”结构集约和功能优化用地；④从最严格的土地数量管理到最合理的土地功能管理；⑤实施土地生态经济功能监测与生态资产审计。最后通过对典型生态工程分析，发现其社会、经济、自然复合生态效益远远大于传统土地利用模式。

关键词　土地　复合生态系统　共轭生态管理　生态工程

前　　言

随着中国的改革开放，城市化、工业化过程的飞速发展，土地管理中出现的各种问题，严重制约着经济的发展，并且带来一系列其他问题，成为制约我国社会、经济、自然协调发展的顽疾。一方面，需要坚守 18 亿亩耕地红线来保障 13.4 亿人口[1]的粮食安全；另一方面，快速城市化需要大量的建设用地作为保障，农民失地现象严重。《2011 年中国城市发展报告》[2]指出，中国目前失地农民的总量已经达到4000 万～5000 万人，有 60% 失地农民生活困难，农民上访中有 60% 与土地有关，其中 30% 又跟征地有关，造成了较为严重的社会安全问题；再者，城市化和工业化导致大量农田和生态用地被占用，不仅会危及粮食安全，更重要的是危害了土地提供的各种不可替代的生态服务功能，危及生态健康和生态安全[3]。

这一切都与我国现行的管理模式有关。中华人民共和国成立以来，在计划经济体

* 原载于：生态学报，2014，(01)：210-215.

制下，我国城市土地管理机构和职能处于不断变化当中，但管理模式基本都是单一的行政主导型[4]。近期，部分学者、专家、官员提出我国应从土地的资源管理向资产型管理转变。有的认为应该借鉴美国的城市土地管理的三大手段[5]：即行政分区、市场机制和规划，并且引入城市土地储备与流转制度[6]。

上述观点，都仅从土地自身的利用和增值为核心考虑出发点，忽略了土地作为自然因子，本身具有除生产建设等功能外，还有其自身的自然生态服务功能。从生态学视角分析，源于当前我国土地管理中出现的重数量轻质量、重结构轻功能、重后果轻过程、重物态轻生态、重堵截轻调节。其生态学实质是景观破碎、土壤板结；污染滞留、生态耗竭；行为短视、信息开环。其管理问题的症结是土地利用的社会经济需求与区域、流域土地生态承载力的失衡；人的自然生态足迹与绿色空间生态服务关系的失调；城区与郊区、农业与工业、建成区与非建成区的二元化规划管理体制的失衡；城市建设摊大饼的高土地利用效率与自然和人文生态板结的低社会效益的矛盾；外部大规模强制性投入和外向型土地开发行为占主导，而内部自组织、自调节功能薄弱。因此，需要从生态系统的角度出发，从土地结构、权属和用地性质的数量管理模式，朝基于土地复合生态功能的共轭生态管理模式转变。

1　土地复合生态功能辨识

土地是城市社会经济活动赖以生存的载体，也是提供自然生态服务、保障城市健康发展的基础。土地是一类社会—经济—自然复合生态系统[4,5]（图1），具有物理属性、生态属性、社会属性和经济属性，其主要功能如下：

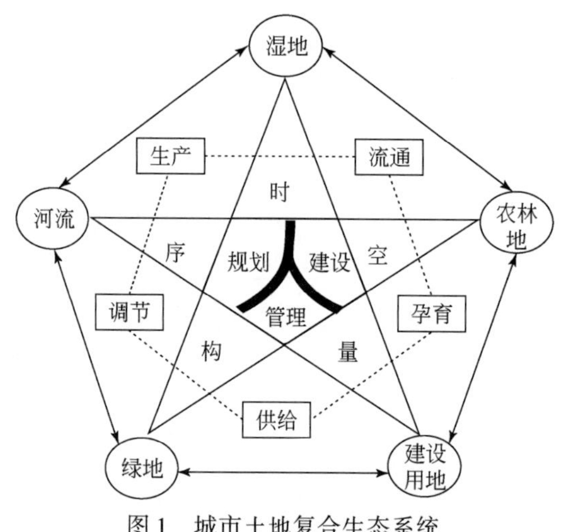

图1　城市土地复合生态系统

（1）生物质生产功能。城市土地的主要功能之一就是为人类提供各种产品如食物、燃料、纤维以及生物遗传资源等的效益。

（2）建设用地功能。土地的地质力学承载力的基础及不可移动、不可展延的稳定空间，成为人类活动、城市与工业建筑的空间。急速城市化、工业化进程下的中国，建设用地需求迅猛增长，耕地资源不断损失，自1978年以来，建设用地占用耕地每年

平均达到 $1.82\times10^5hm^2$。

（3）农民生存保障功能。土地是农民的安身立命之本，是农民生活最基本的保障，是农民赖以生存的基础。失去土地意味着失去生活的依托，同时也失去了基本的生存保障。农民在失去土地以后，发展环境不完善，发展能力较弱，发展权严重缺失，进而限制了农民的发展，甚至其后代生存发展也受到了前所未有的挑战。

（4）其他生态服务功能。此外，土地还具有为人类提供诸如维持水文循环、调节气候、控制侵蚀、控制病虫害，以及净化水源等调节性效益；土地还是其他服务功能的基础，如通过初级生产制造氧气、通过生物多样性熟化土壤以及为社会发展、经济建设、科研教育、旅游休闲、文化生活等提供土地、景观和美学环境。

2　土地共轭管理机制

共轭是一种以动态平衡为主要目的的控制方法。其在城市土地管理中主要体现在协调城市建设用地增长和非建设用地保护、城市土地生态服务正向服务和逆向服务、城市与乡村之间的共轭关系。其控制论基础是复合生态控制论原理，即开拓适应原理、竞争共生原理、连锁反馈原理、乘补协同原理、循环再生原理、多样性主导性原理、生态发育原理和最小风险原理。集中于以人为中心的社会—经济—自然复合生态系统发育、演化、兴衰的系统整合、协同、循环和自生。其机制转型主要包括：

（1）从土地的单属性、单目标管理向土地的多属性、多目标管理转型。城市土地是一类典型的复合生态系统，具有社会、经济、自然多种属性。改变土地管理与经济、生态脱节的正反馈控制政策，变土地数量的异地占补平衡为土地生产和生态服务功能的就地占补平衡，变土地的单目标地籍管理为多目标的社会、经济、环境复合生态管理。

（2）从传统的行政管理为主向以市场机制为主的管理模式转变。政府单纯依赖行政体制配置土地，惩罚和强制会成为必然的手段，造成了社会矛盾冲突的扩大、激化和政府执政效率的下降。改变土地管理的单纯行政化倾向，限制政府使用行政手段过多干预经济，向市场机制配置稀缺土地转型是必然趋势。

（3）从土地的控制性管理向基于生态功能的调控管理转变。通过建立土地的复合生态功能评价指标体系以及审核方法，建立基于土地生态功能的交易平台。开放商在获得土地开发权益时，在保证土地原有生态功能不降低的情况下，可自主选择土地的利用方式。对于某些确实无法就地恢复的功能，可以通过异地承包或租赁农田等方式来弥补其已占用的土地的功能额度。

3　土地共轭管理模式

面向生态服务功能的土地共轭管理，一方面要保护生态系统组分不被开发所破坏，辨识和避开那些不宜建设的生态敏感用地或生态脆弱结构，克服或减缓生态限制因子的消极影响，将可能发生的生态风险减缓到最低程度；另一方面还要在城市建设过程中充分利用、有意营建和积极保育生态系统为人类活动可能提供的孕育、供给、支持、调节和流通等服务功能，诱导和强化生态利导因子的积极作用，保证城乡环境的净化、美化、活化和文化层面的进化。其主要内容包括：

1）从土地平面结构的资源管理到土地立体空间的生态管理

城市是地球上土地最集约利用的场所，但也是土地生态功效最低的场所。随着科学技术的发展，传统生态服务空间如绿地、湿地等应从二维土地表面朝三维生态空间拓展，从而使得与城市用地面积相等的屋顶空间，以及数倍于建筑用地面积的内外里面空间得到合理利用。通过各种生态工程合理开发和利用城市地下、近地表、屋顶和建筑立面空间，提高土地的生产力和生态服务功能，缓解城市热导效应、水文效应、光温效应、污染效应的负面影响。

2）从土地利用的异地面积占补平衡到就地功能占补平衡

在开发利用土地时，必须综合考虑土地资源的社会、经济和生态属性，在获得经济效益的同时，要养护和提高土地的生态服务功能。鼓励开发商与当地政府和农民合作，按生态功能单元对土地进行整体开发和经营。开发商在确保强化或至少维持该功能区原有生物质生产量、原有生态服务功能和符合城市及区域规划要求的前提下可以自主安排区内的土地利用，组织包括第一、第二、第三产业在内的多功能生产，并把当地农民纳入功能区统一安置，通过土地的开发促进城乡共生、工农联营，从根本上解决“三农”问题，在区域内实现生产和生态服务功能的占补平衡。

3）从饼状集结用地到轴向糖葫芦串型结构集约和功能优化用地

糖葫芦串型的生态脉道以轻轨、地铁、快速大容量公共巴士系统等快捷交通干道为轴线，以绿、蓝空间为背景，镶以大小不等、功能混和型的居住区、产业园和卫星城镇，强调就近、适宜的人居、工作和休闲环境，以及便捷、配套的基础设施，人口密集、环境适宜。该类格局有三大组分：流通动脉（包括快速公交系统和各类物理生态和自然生态基础设施管网）；绿蓝生态服务空间（田园、森林、绿地、水域、湿地等）；多功能人文生态空间（居住、工作、休闲、商贸等葫芦型组团，人均与自然亲近的距离最小，接触面最大）。

4）从最严格的土地数量管理到最合理的土地功能管理，实施土地生态资产审计

传统的刚性土地管理模式已经无法适应市场经济条件下土地利用变化的柔性发展。要以控制土地生态服务功能总量不减少为前提，为城市发展提供合理的建设用地。土地管理的重心从增量和存量土地的一次性审批和数量控制扩展到现有建设和非建设用地的连续性生态评估、监测、审计、奖罚等功能性管理。

建立土地生态服务功能的生态监测体系和基于服务功能的土地生态管理评价考核指标体系，及基于服务功能的土地生态管理措施；建立完善的生态监测及管理系统；建立政府部门、专家小组等三个层次的监管体系。要以土地初始生态生产力为基准，按照土地生态审计指标对土地的生态经济进行审核。开展土地生态监测，及时掌握土地生态资产和服务功能的变化趋势，定期对土地进行生态审计与评估。

4 土地共轭生态管理模式探索

通过什么具体工程与措施才能在保证土地既有土地生态功能的基础上，同时满足人类发展中社会、经济、自然协调发展的需求，从土地的数量管理走向基于土地复合

生态功能的共轭生态管理模式？

Novatek 公司与中国科学院城市与区域生态国家重点实验室城市与产业组联合倡导的 New Vistas 项目，先后在湖州以及合肥城市规划中得到了很好的倡议。New Vistas 项目主要思路为，通过对土地从平面空间到立面空间复合功能的拓展应用，组成各种复合生态单元，通过企业化运作的模式，对占用土地内的物流、能流、人口、交通、环境等进行整合布局，以期实现该生态区块内物质资源的自给自足，生态服务功能得到最大程度的提升，对外界的生态足迹占用最少，整体生态效率最高。

具体土地利用模式为，在单位生态建筑内由三层构成，地下室为商业用地，可进行租赁、出售；一层为居住用地，在合理规划的前提下，满足生态单元内自住民的居住需求，同时也可出售或租赁给外来务工人员或者需要住房者；顶层为生态农业用地，用于农业生产。从而实现了土地的立体化利用，在不占用耕地的同时，满足了建设用地及居住用地的需求，极大地减轻了土地的生态负载。

本文以中国的现状为前提，对传统土地利用模式以及 New Vistas 项目进行了模拟对比。以我国每万人农村居民所需要的居住面积以及耕种面积之和为 New Vistas 的生态功能单元进行估算。根据《中国统计年鉴 2011》中的数据，推算得到每万人农村居民所需要的居住面积以及耕种面积之和为 2434.08hm^2，见表 1。以居住面积为评价单元（假设改变土地利用模式后，人均居住面积不做改变），New Vistas 与传统中国农村土地利用模式的复合生态效益对比分析见表 2。

表 1　每万人农村居民所需居住面积、耕种面积之和

Tab. 1　The sum of farming and living areas for rural residents per 10000 people

农村家庭年末平均住房面积[9] The average housing area of rural family at the and of the year	农村人均耕地面积[9] The average farmland per capital in rural area	人数 Person	需要总面积 Living areas
/(m^2/人)	/(hm^2/人)	/人	/hm^2
34.08	0.24	10 000	2434.08

表 2　New Vistas 生态单元与传统中国农村土地利用模式复合生态效益对比

Tab. 2　The land utilization complex ecological benefits analysis of New Vistas unit and traditional Chinese rural land use unit

用地方式 Land use model	居住用地面积 Living area	耕种面积 Farming area	经济效益 Economic benefits/万元				社会效益 Social effect	环境效益 Environmental benefit
	hm^2	hm^2	顶层农业[10] Rooftop agriculture	居住用地 Residential land	商业用地[11] Commercial land	总效益 The total benefits	就业人口 employed population	CO_2 吸收量/t the adoption of CO_2
			30 万元/(hm^2·a)[7]	—	2437 元/m^2[8]	万元	人数	43.5t/hm^2[7]
New Vistas	34.08	—	1022.40	—	83052.96	84075.36	远大于 10000	105882.48
传统模式	34.08	2400	5919.01	—	—	5919.01	10000	104400

注：表中传统模式农业产值 5919.01 万元；根据农村家庭人均年收入为 5919.01 元，假定这些收入都来自土地耕种所得

通过表 2 可知，在理想的状态下，New Vistas 项目仅利用 34. 08hm^2 的土地，就能够实现 84 075. 36 万元的总经济产值，远远超过传统农耕模式下的经济产出，并且可以对 2400hm^2 的其他土地进行重新规划和布局，实现土地生态服务功能的最大化。在社会效益方面，New Vistas 通过将第一、第二、第三产业的有机结合，在保证现有居民生产方式不变的情况下，还能提供其他多元的就业选择，良好的生活环境将吸引更多的劳动力前来就业，实现农村人口城市化的直接过渡；在环境效益方面，不但增加了 CO_2 的吸收量，还可以消除或者减轻“城市热岛”、“城市干岛”、“城市雨岛”等效应，将居民置于“生态绿岛”之中。

5 结　　语

土地共轭管理是指按生态学的整体、协同、循环、自生原理去系统规范，从时间、空间、数量、结构、序理五个方面去调控人类对其赖以生存的生态支持系统的各种开发、利用、保护和破坏活动，使复合生态系统的结构、功能、格局和过程得以高效、和谐、持续运行。要搞清楚土地演化的动力学机制、生态控制论方法、运用系统耦合的思想，实现土地的自生、共生、竞生、再生：通过对土地自然生态的保持与恢复，实现土地各种有机体与土壤环境的循环自生；通过合理规划设计和调控，实现土地与人类需求之间的共生；通过行政管理向市场机制的转换，实现土地与经济、社会发展之间的竞生；通过对土地生态因子、生态过程、生态系统的整合，实现土地复合生态系统的再生。此外，在复合生态系统中，土地只是自然因子中的一个类别，在研究土地复合功能的基础上，我们可以大胆的探索其他自然因子如水、气、生、矿、废弃物的复合生态管理模式，灵活的采取各种生态工程，转变利用模式，提升自然生态因子的整体服务功能，确保我国社会经济发展所需要的良好稳定环境，保障粮食安全、社会安全、生态安全。

参 考 文 献

[1] 刘芳清，周克艳，刘宇，等. 对提高粮食综合生产能力政策的思考. 农学学报，2011，1（10）：55-58.

[2] 潘家华，魏后凯，李红玉，等. 城市蓝皮书——中国城市发展报告（No. 1-No. 4）. 北京：社会科学文献出版社，2011.

[3] 周文华，王如松. 城市生态安全评价方法研究——以北京市为例. 生态学杂志，2005，24（7）：848-852.

[4] 王玉琼，卢海林，曹红. 从资源管理到资产经营——论我国城市土地管理模式的转变. 中国土地科学，2003，17（1）：52-56.

[5] 戚本超，周达. 美国城市土地管理及对北京的借鉴. 城市发展研究，2009，16（12）：114-117.

[6] 尤华. 城市土地储备制度存在的问题与风险. 科技情报开发与经济，2006，16（20）：78-80.

[7] 马世骏，王如松. 社会—经济—自然复合生态系统. 生态学报，1984，4（1）：1-9.

[8] 王如松，胡聃，李锋，等. 区域城市发展的复合生态管理. 北京：气象出版社，2010.

[9] 中华人民共和国国家统计局. 中国统计年鉴 2011. 北京：中国统计出版社，2012.

[10] 李伯钧，刘小丽，杨佩贞，等. 屋顶农业利用与城市新菜篮子工程探讨. 浙江农业科学，2012，

(5): 643-648.
[11] http: //money. 163. com/11 /0118 /02 /6QL6K9D300253B0H. html, 2012. 6. 4.

THE CONJUGATE ECOLOGICAL MANAGEMENT MODEL FOR URBAN LAND ADMINISTRATION BASED ON THE LAND COMPLEX ECLOLGICAL FUNCTION

Wang Rusong[1] Yin ke[1] Yao Liang[1] Liang Jing[2]
(1. State Key Lab of Urban and Regional Ecology, Research Center for Eco-Environmental Sciences, Chinese Academy of Sciences, Beijing 100085; 2. Hunan Environmental Monitoring Center, Changsha, 410014)

Abstract The process of Chinese urbanization and industrialization is accelerating rapidly with the reform and open to the outside world policy, which resulted in a huge consumption of the land. But the disorder and inefficient land development policy now has brought about negative effects, which being a menace to the sustainable development of the country, threaten the ecological security, food security, social stability. The traditional land management systems focus on the quantity of the land, but the function being neglected, what's more, administrative intervention too much and lack of market mechanism which lead to the divorce between land management and economic, ecological. According to these problems mentioned above, the article proposed a conjugate ecological management model for urban land administration based on the land complex ecological function, which divided the land function into four categories: biomass production function, support for land construction, provide security for farmer subsistence and the other functions (like water conservation, soil conservation, climatic regulation and so on). Then three ways of mechanism transformation were put forward: the land management systems should altered from single-attribute and simple target to multi-attribute and multi-target; changing into market mechanism from administrative management; give priority to the regulation and management system based upon land ecological function. Then, we conclude that the conjugate ecological management model should comprise the following five aspects: 1) changing from the resource management of the land plane structure to the ecological management of the land stereo space. 2) keep requisition-compensation balance within the development area according to the ecological function, but not in terms of land area which in different locations. 3) the land development should in accordance with the structure and function optimization followed a sugar-coated berry string type, but not expands like standing pancake. 4) Alter from the most strict land quantity management to the most reasonable land function management. 5) Take the land ecological-economic function monitoring and audit into practice. Finally, a typical ecological engineering is being analyzed, which prove that the social, economic and environmental complex ecological effects are more than the traditional land use model.

Key words land, complex ecological system, conjugate ecological management, ecological engineering

第五篇

媒体采访及撰文

城市生态转型与生态城市建设*

王如松

现代城市是一类脆弱的人工生态系统，它在生态过程上是耗竭性的，管理体制上是链状而非循环式；社会生态上也是不道德的。未来城市环境建设要实现几个转变：一是从对物理空间的需求上升到人的生活质量的需求。二是从污染治理的需求上升到人的生理和心理健康需求。三是从城市绿化需求到生态服务功能需求。四是从面向形象的城市美化到面向过程的城市可持续性发展。用一句话概括，就是要引进天人合一的系统观，道法天然的自然观，巧夺天工的经济观和以人为本的人文观，实现城市建设的系统化、自然化、经济化和人性化。

城市以环境为体，经济为用，生态为纲，文化为常。生态城市是指在生态系统承载能力范围内运用生态经济学原理和系统工程方法去改变生产和消费方式、决策和管理方法，挖掘城市域内外一切可以利用的资源潜力，建设一类经济发达、生态高效的产业，体制合理、社会和谐的文化以及生态健康、景观适宜的环境，实现社会主义市场经济条件下的经济腾飞与环境保护、物质文明与精神文明、自然生态与人类生态的高度统一和可持续发展。

生态城市建设是一种渐进、有序的系统发育和功能完善过程。生态城市的做法在各地有不同做法，但任何一种做法都要跨越五个阶段：即生态卫生、生态安全、生态整合、生态景观和生态文化。

（1）生态卫生通过鼓励采用生态导向、经济可行和与人友好的生态工程方法处理和回收生活废弃物、污水和垃圾，减少空气和噪声污染，以便为城镇居民提供一个整洁健康的环境。生态卫生系统是由技术和社会行为所控制，自然生命支持系统所维持的人与自然间一类生态代谢系统，它由相互影响、相互制约的人居环境系统、废弃物管理系统、卫生保健系统、农田生产系统共同组成。

（2）生态安全为居民提供安全的基本生活条件：清洁安全的饮水、食物、服务、住房及减灾防灾等。生态城市建设中的生态安全包括水安全（饮用水、生产用水和生态系统服务用水的质量和数量）；食物安全（动植物食品、蔬菜、水果的充足性、易获取性及其污染程度）；居住区安全（空气、水、土壤的面源、点源和内源污染）；减灾（地质、水文、流行病及人为灾难）；生命安全（生理、心理健康保健，社会治安和交通事故）。

（3）生态整合强调产业通过生产、消费、运输、还原、调控之间的系统耦合，从产品导向的生产转向功能导向的生产；企业及部门间形成食物网式的横向耦合；产品生命周期全过程的纵向耦合；工厂生产与周边农业生产及社会系统的区域耦合；具有

* 原载于：中国房地产报，2003-05-22.

多样性、灵活性和适应性的工艺和产品结构，硬件、软件与心件的协调开发，进化式的管理，增加研发和售后服务业的就业比例，实现增员增效而非减员增效，人格和人性得到最大的尊重等。

（4）生态景观强调通过景观生态规划与建设来优化景观格局及过程，减轻热岛效应、水资源耗竭及水环境恶化、温室效应等环境影响。生态景观是包括地理格局、水文过程、生物活力、人类影响和美学上的和谐程度在内的复合生态多维景观。生态景观规划是一种整体论的学习、设计过程，旨在达到物理形态、生态功能和美学效果上的创新，遵循整合性、和谐性、流通性、活力、自净能力、安全性、多样性和可持续性等科学原理。

（5）生态文化是物质文明与精神文明在自然与社会生态关系上的具体表现，是生态建设的原动力。它具体表现在管理体制、政策法规、价值观念、道德规范、生产方式及消费行为等方面的和谐性，将个体的动物人、经济人改造为群体的生态人、智能人。其核心是如何影响人的价值取向，行为模式，启迪一种融合东方天人合一思想的生态境界，诱导一种健康、文明的生产消费方式。生态文化的范畴包括认知文化、体制文化、物态文化和心态文化。

以上五个层面各个城市应根据自己的具体情况制定发展目标，基础比较差的发展中城市应从前三项抓起。而发达地区城市则应重点抓好后三项建设。

我国生态城市建设的目标应包括：促进传统农业经济向资源型、知识型和网络型高效持续生态经济的转型，以生态产业为龙头走出一条新兴工业化的道路；促进城乡及区域生态环境向绿化、净化、美化、活化的可持续的生态系统演变，为社会经济发展建造良好的生态基础；促进城乡居民传统生产、生活方式及价值观念向环境友好、资源高效、系统和谐、社会融洽的生态文化转型，培育一代有文化、有理想、高素质的生态社会建设者。

财富、健康、文明是衡量城市生态建设成就的重要指标，三者缺一不可。财富是形，健康是神，文明则是本。城市生态建设必须从本抓起，促进形与神的统一。城市生态建设的前提是要搞好生态规划，促进硬件（资源、技术、资金、人才），软件（规划、管理、政策、体制、法规），心件（人的能力、素质、行为、观念）能力的三件合一。

城市生态规划包括生态概念规划、生态工程规划和生态管理规划。生态概念规划包括自然和人文生态因子规划；空间、时间、数量、结构、序理的生态关系规划；生产、生活、流通、还原、调控的生态功能规划；物质代谢、能源聚散、水系统、交通运输、景观肌理、社会纹脉、管理体制、安全保障的生态网络规划。生态工程规划包括水、能源、景观、交通和建筑等的系统工程规划。生态资产管理、生态服务管理规划包括生态服务、生态代谢、生态体制、生态文明的管理。

海南、扬州、日照等省、市的生态规划中提出了通过生态产业的孵化，生态环境的培育和生态文化的诱导去弘扬一种高效的生态技术、和谐的管理体制和系统负责的社会行为，促进经济和环境协调发展的生态建设新模式，为各级可持续发展实验区与生态示范区建设提供了方法。这些规划特别注意了区域城镇化的生态规划与管理、城郊结合部的生态关系、城市自然生态与人类生态建设的关系、生态产业建设与生态环境建设的关系、人居环境建设与景观生态建设的关系。

土地管理如何走出“一松就乱，一紧就死”的怪圈*

王如松

改革开放以来，我国土地政策受社会经济冲击激烈，一松就乱，一紧就死。大规模的土地开发在拉动经济、加速城市现代化和农村城镇化方面无疑起到了积极作用，但无序低效的土地扩张给生态安全和社会安定带来的负面影响使有关部门又不得不紧急刹车，实行世界上最严格的土地管理。可一刀切的结果，又容易捆住一些真正需要土地的城市和企业的手脚，阻碍经济的快速健康发展。统计数据表明，每次土地政策宽松的结果，都伴随着生态的破坏，每次土地政策紧缩的结果，都伴随着经济的紧缩，随之而来的又是政策的松绑和更大的生态破坏，给社会发展带来硬伤。

其实，土地不是一种单一物理属性的商品，而是一类社会-经济-自然复合生态系统，具有很多自然生态服务功能和人文生态服务功能。土地问题不仅是耕地数量的下降和食物安全的农业问题，更是污染滞留、景观破碎、结构板结和功能退化的人居生态健康和区域生态安全问题。

科学的土地利用有赖于对区域环境、经济、社会和文化间复杂的人类生态关系的深刻理解、统筹规划及综合管理，需要变土地的单目标地籍管理为多目标的复合生态管理，变“最严格的土地数量管理”为“最有活力的土地功能管理”。具体建议如下：

（1）变土地数量的源头控制为土地功能的全过程监理。土地管理不能只停留在源头的土地审批和建设用地的数量控制上，而要深入监控土地利用的全过程，系统审计土地利用的社会、经济和环境功效，统筹管理土地的自然和人文生态服务功能。

（2）变土地管理主客体间的“猫鼠”关系为“鱼水”关系。土地管理的最终目的是“放水养鱼”使“鱼肥水清”而不是“竭池困鱼”，要变控制性的围堵惩罚为诱导性的疏导激励。我国正处于城市发展的快速期，应将土地规划与管理作为统筹区域发展、城乡发展、人与自然的发展、社会经济发展，解决“三农”问题，推进城市化、工业化和自然保护的动力而不是阻力。

（3）从基本农田保护到城市基本生态用地保护。城市基本生态用地是市区和城近郊为保障城市社会经济发展和居民生活质量所必需的供给、支持、流通、调节、孕育等基本生态服务功能的最小用地，包括城市水源涵养与城市湿地、城市农林业与园林绿地、城市高压走廊、气热管网和交通用地、城市废弃物处置消纳网络、城市洪涝灾害缓冲地和必要的空旷地，必须予以重点保护，严禁占用。

（4）从土地平面结构的资源管理到土地立体空间的生态建设。在抓紧土地环境保护和生态修复的同时，要鼓励对地下、屋顶和立面空间的立体开发，拓展和创建人工生态系统。

---

* 原载于：中国网，2006-01-10。

（5）变建设性用地的一次性数量审批为全部经济和生态用地的经常性生态审计。土地开发建设的环境影响评价应从传统的物理环境因子评价转向生产和生态服务功能的系统评价。政府部门可以把监管工作交给专业公司去承担，实行终身问责制，并通过行政指导和社会监督去确保其结果的公正性，以减少政府的负担。

另外，目前各级城市有关负责人工作调动过于频繁，不利于土地政策实施的连续性和五个统筹的推行。必须采取措施确保各级领导真正把土地的生态建设作为政府的重要工作来抓，不留后遗症。

北京应向“生态交通”方向发展*

王如松

近年来，北京的机动车迅速增长，轿车进入家庭给先天不足、统筹不够、空间布局不合理、主动脉发育不健全的北京交通造成了前所未有的冲击。尽管管理部门作出了最大努力，局部道路拓展的结果导致更多的车流和堵塞，过低的车速又导致更多的尾气污染，如何治理北京交通成为广泛关注的热点和政府施政的难点。

交通是个复合生态系统

交通问题不只是路与车、通与达的物理问题或经济问题，而是一个由车、路、土地、能源、环境和人组成的复合生态系统问题（见“五角图”）。交通问题是交通流量在局部空间和时间上的堵塞，交通网络在系统结构和功能上的失衡，交通对象在行为方式和价值取向上的错位。北京中心城区向心力过大（国家及市属行政机构集中，著名商业、文化、医疗单位和旅游景点集中），轨道交通过少，主交通动脉不健全。上下班过分依赖汽车交通，且峰值同相，生产、生活园区及道路网络间匹配及布局不合理，交通管理的手段和方法落后和部分市民低下的生态意识等都是北京交通堵塞的基本原因。

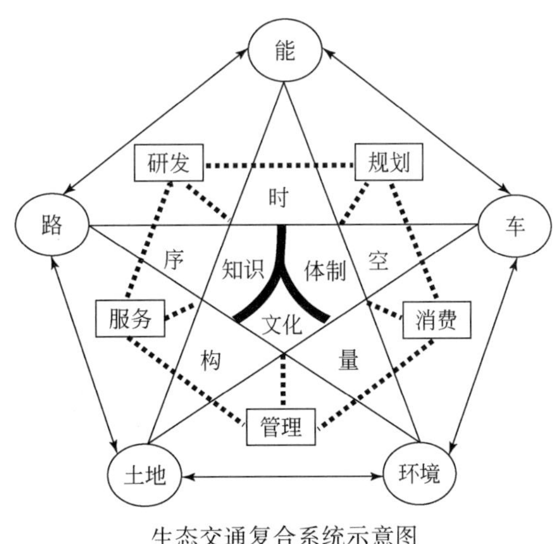

生态交通复合系统示意图

一个城市的交通系统涉及区域物流人流的规划问题、城乡土地利用的布局问题，

* 原载于：光明日报，2004-09-02.

社会与经济效益的权衡问题，人与自然的协调问题，以及内部调控与外部诱导的关系问题，需要从5个统筹的高度去系统规划、建设和管理生态合理的交通。生态交通是指按自然生态、人文生态和经济生态原理规划、建设和管理的，由交通网络、交通工具、交通对象与交通环境组成的生态型复合交通系统，其衡量标准是：资源高效型(道路使用率高，工具共享公用，投资回报率高)；能源清洁型（可更新能源利用率高，化石能源的清洁利用，不超过能源可供给能力)；环境友好型（生物多样性保育，野生动物廊道，无污染、低噪声)；生态健康型（车内外、路内外环境的健康、舒适、安全)；行为文明型（互利互助、能启迪知识、陶冶情操）和景观美化型（怡神悦目、美观和谐、生机勃勃)。要通过研究与开发、规划与管理、监督与服务，从时、空、量、构、序等方面优化交通系统的社会、经济和环境效益。

巴西生态交通经验值得借鉴

国际上，很多国家都在研究城市生态交通系统。我认为，巴西库里提巴市发展生态交通的经验，值得我们借鉴。20世纪70年代巴西城市私家车越来越多，严重污染空气，而公共汽车又行驶缓慢、拥挤不堪，使人难以放弃私人汽车改乘公交车。库里提巴市的规划者以人为本，研究空间和人与货物流通的关系，强调城市活动的人文特征，人们可以从区间公交线路转乘到快速公交线路并可以回到其他区间线路上。为此，该市建立了与大都市地铁相似的城市地面快速公交系统，整个系统包括公交线路布置，新型筒式站台，公交车辆设计及票价体系四个方面。虽然库里提巴市拥有50多万辆私人汽车，但是3/4的通勤者，每天超过130万的乘客搭乘公交车。库里提巴市人均油料消耗量与巴西各城市相比要低2%，而且是巴西空气污染最轻的城市之一。

库里提巴市公交路网具有三个不同服务层次的“大容量快速和支线公交系统”。其中，快速道路系统共有五条快速道路轴线，每条轴线有三条平行的道路，中间道路为两个快速公交专用车道，公交专用道的两侧变为供短途交通服务的地方车道。乘客一次购票就可以进入该系统。公交线路发车便利，准时、可靠。在主要线路上公交车驾驶员可直接操作交通信号灯，真正实行公交优先。

如何实现生态交通网络

我认为，北京未来的交通也应向生态交通方向发展。如何实施北京的“生态交通网络”？

首先要编制区域生态交通发展规划：在对全市未来不同时段和不同发展水平的人口、经济、资源、环境和交通需求量进行模拟的基础上，借鉴国内外经验教训，尽早编制全市及邻近地区的交通网络、交通工具、交通对象和交通环境的社会生态和自然生态规划，作出效益代价和风险分析，并和城市总规及各专项和分区规划衔接，尽快付诸实施。

重点建设交通动脉网络：以目前规划的轨道系统为基础，将各个孤立的线路联成有机网络，发挥一加一大于二的效果，并在一些瓶颈地区建设库里提巴式快速地面公交系统，逐步完善和尽快形成全市大容量多元主动脉捷运网络，承担市区及城近郊75%左右的出行量。要抢先在郊区未大面积建设之前先行建设或预留轻轨用地。新建主动脉沿线以糖葫芦串格局布置生产和生活混合功能园区，为住区居民就近上班提供机会，各园区之间布置城市农林业和生态缓冲林带或休闲公园。

空间减压：要通过旧城改造和新区建设将三环内吸引力大、交通发生量高的行政、商业和外向型社会服务部门逐步疏散到三环以外交通疏导能力强的地域，并通过经济杠杆提高市区机动车停泊和行驶的税费标准。

时间交叉：统筹规划和错开各企业、工厂、机关、商店的上下班或营业时间，叉开周末和节假日休息日期，使全天和整周交通量能均衡发生，鼓励有条件的单位和个人实行弹性工作制和远程在线上班。

行为诱导：通过经济杠杆和行为诱导相结合的方法，引导市民尽量避免使用私家车去或经过交通拥堵地区上下班和购物，倡导和补贴轿车共享公用，倡导绿色出行、绿色交通工具和绿色交通管理并强化相应的服务系统，设立满载车专用车道。

强化研究与开发：花大力气研究和开发新型可更新能源驱动汽车、小体型经济汽车、高速城市列车、电动助力车、无污染健康车以及相应的软件管理系统，使首都交通能尽早脱离与地方城市传统制造业的恶性竞争，并逐步形成引领全国交通的生态产业，为绿色奥运的生态交通模式作出表率。

数字化管理：尽快建成全市交通卫星导航系统，实现交通管理的数字化，使司机能随时掌握各街口、路段的流量饱和情况，自动调节交通拥堵路段和节点的流量。

人类生态：要将城市高架路、立交桥和沿街水泥构筑物人性化、生态化、文明化，整治视觉污染，使行驶过程成为一种美学享受和文明潜移默化过程而不是在水泥森林中的一种无奈穿行。

（作者系全国人大代表、农工民主党中央科技委副主任、中科院生态研究中心研究员）

解决环境问题不可忽视社区力量*

王如松

“非典”期间，北京城乡一片净土，街面上乱扔垃圾的很少，随地吐痰的现象也很少。但“非典”风一过，北京垃圾废弃物随地乱扔的现象又多起来，城郊餐馆、街道脏乱一如往昔。“十一”期间，仅天安门广场每天就要收集10余吨垃圾。

近年来，社区统筹管理功能有所减弱，污水、垃圾、粪便、绿化和市容完全依赖政府投入和管理。为解决环境问题北京市政府投入了大量人力物力，因没有很好地利用社区这支力量，成效不大。

城市环境卫生问题的实质，是涉及人的观念、技术、体制、行为的生态管理问题。其管理思路应从以物为中心的环境管理走向以人为中心的生态管理，从政府行政管理走向社区自治管理。要充分运用生态学的整体、协同、循环、自生的原理，利用社区各类闲散人力资源的优势，实现社区环境的自组织、自协调管理。抗击“非典”成功的经验之一就是全民动员保育公共卫生。

我认为：社区环境应分片包干，责任到户（厂、校、机关、工地），包干到人。做到每一个厕所，每一个垃圾站，每一段河沟，每一条街道，每一棵树木，每一片草地，每一个屋顶，每一个烟囱，每一个工地，每一个广场的水、尘、垃圾、粪便、绿化和市容景观都有专人负责、专人管理、专人监督，定期公布。生态管理要采取强制加诱导、赏罚分明的方法。要对进入小区的外来废弃物回收人员进行整编、培训，每个垃圾存放点固定专人负责分拣、回收、保洁，并逐渐将其中合格人员纳入社区物业管理的编制，实施企业化管理。

要把各社区所辖范围的学校师生发动起来参与社区环境的生态建设，有条件的社区可以组织民间环境组织，自觉为改善社区环境做贡献。

---

* 原载于：光明日报，2004-11-11.

循环经济：认识误区与整合途径*

王如松

当前，在积极推进循环经济的形势下，社会上对循环经济尚存不少误解。要么不屑一顾，只把循环经济当作一个时髦的口号和环境保护的标签，“循环随你循环，经济照旧经济”；要么把循环经济理解为环境理想主义的乌托邦，一切工艺、一切废弃物全部闭路循环，实现污染物的零排放。这些把经济和生态割裂开来的片面理解，对于发展循环经济是有害的。

循环经济建设的误区

误区之一：循环经济是国外引进的生态理念，不一定符合中国国情

“循环经济”是国际社会在追求从工业可持续发展到社会经济可持续发展过程中倡导的一种可持续生产和消费的理念，也是中华民族几千年行之有效但又有待进一步更新的生产消费方式，我国有数千年悠久历史的传统农业就是一种典型的循环经济。城乡居民的粪便、垃圾和秸秆、绿肥、沼液是农田宝贵的肥源，农家的猪、牛、鸡、狗、鱼、桑、蚕和菜地、农田、鱼塘、村落构成和谐的农村生态系统，轮作、间作、湿地净化、生物降解等被充分利用，可更新资源在低生产力水平和小的时空尺度上循环，以世界7%的耕地和水资源养活了1/4的世界人口并维持了中国封建社会超稳定的经济形态。但这种循环是封闭保守的，其社会基础是封建体制，认识论基础是顺天承运，技术手段是小农经营，环境风险虽低，但经济效益不高。这种低技术、低效益、低规模、低影响的传统循环经济遏制了中国社会的进步。只有从农业小循环走向工、农、商、研结合，形成生产、消费、流通、还原融通的产业大循环，从小农经济走向城、乡一体，脑、体结合的网络型和知识型经济，从“小桥、流水、人家”的田园社会走向规模化、系统化、生态化的和谐社会，“三农”问题才能得到根本解决，中国农村才能实现可持续发展。应当说，中国循环经济在理念和实践上是先进的。但近百年来，在体制和技术上却落后了，传统生态农业技术在沿海地区正在萎缩。

西方发达国家经过两个多世纪的产业革命和社会发展，以掠夺殖民地生态资源的行为方式，实现了农业社会向工业社会、乡村社会向城市社会的过渡。中国要在50年左右时间内达到中等发达国家的经济水平，我们既没有全球广阔的殖民地提供生态资源，也没有两个多世纪的缓冲时间去治理污染。早期工业化国家环境污染和殖民地国家生态破坏的代价是我们的子孙后代所难以承担的。前车之鉴，不可不思。无论是未

---

* 原载于：人民网　前线2005年第7期，2005-07-13.

雨绸缪还是亡羊补牢，中国都需要改变自己的社会经济增长和自然生态保育方式，推陈出新，洋为中用，促进传统循环经济的跨越式发展，引领世界可持续发展的潮流。

误区之二：循环经济严禁发展高物耗、高能耗、重污染型的产业

发展循环经济首先必须严禁发展那些高物耗、高能耗、重污染型产业的提法是值得商榷的。这个口号喊了几十年，但过街老鼠却是越打越多，这类企业并没有真正被砍掉或改掉，而只是向欠发达地区转移而已，那里生态脆弱，环境管理不严，治理技术落后，社会生态意识低下，其环境成本要比发达地区高，环境污染后果也要严重得多。其实，对于社会必需的高物耗、高能耗、重污染型产品，应当优先考虑布局在环境容量大、技术水平高、环境法规严格、社会生态意识高的地区集中发展、系统整改。

发展循环经济，首先要做的不是从末端一刀切，简单地淘汰或挤走这些产业，而应从更大尺度上进行纵向、横向、区域、社会和技术的整合，从体制、机制和全过程整合方法上解决这些产业和常规技术的更新换代问题，而不要也不可能一窝蜂都去搞高新技术。

产业转型中有两类主导技术：一类是纵深领域的前沿高新技术（如信息技术、生物技术、材料技术、电子技术等）；另一类是横向组合的系统技术（如具有完整的生命周期、高效的代谢过程、和谐的服务功能、与环境和谐共生的生态技术）。循环经济欢迎并尽可能引进和发展高新技术，但城乡循环经济建设的主流和特色却在于传统技术的系统整合，在于硬技术的软组装和软科学的硬着陆。循环经济既要阳春白雪，更要下里巴人。后一类循环经济，无论在发达地区还是落后地区，无论是高新技术产业园区还是传统农庄，无论在生产领域还是消费领域，都可以蓬勃发展，前提是政府、企业和社会对循环经济内涵、机理和转型方法的深入理解，有产业催化、孵化、活化和进化的组织手段和科学方法，有产业生态规划、建设和管理的技术手段和能力建设措施。

误区之三：循环链越长生态效益越好

丹麦著名的卡伦堡生态产业园的形成是一个自发的过程，是在商业运作基础上逐步形成的，所有企业都从彼此利用“废物”中获得了好处。但我们在参观卡伦堡时，园区负责人就坦诚地告诉我们园区耦合链的苦恼：当市场某些产品滞销、原材料价格波动（如天然气价格低于废热供应价格）或某一工艺环节出现事故时，整个系统运行就会失调，效率和效益比单个运行时要低。

实践证明，产业生态链不是越长越好，产业生态网也不是越复杂越好，一定程度的多样性和复杂性可能导致稳定性，但过多的多样性和复杂性也可能导致不稳定性，通过长链将废弃物吃干榨尽和零排放，即使在技术上、经济上可行，由于系统可靠性差，生态上往往也是不合理的。

循环经济涉及四个方面的创新。一是生态效率的创新：怎样把产品生产工艺改进得更好，以生态和经济上最合理的方式利用资源；二是生态效用的创新：怎样设计一类生态和经济上更合理的产品，以最大限度地满足市场的需求；三是生态服务的创新和企业经营目标的创新：变产品导向为服务导向，减少中间环节，为社会和区域自然环境提供一条龙的功能性服务；四是生态文化的创新：企业经营目标进一步从物、事转向人，聚焦于员工、用户和周边社区居民的观念、技术、能力的培训，培育一类新型的企业和社区生态文化。国外有人估计，通过工艺革新，可以提高效率1～2倍，通过产品创新，可以提高效率4～6倍，通过服务功能的革新，可以提高效率8～10倍，通过系统重组和体制革新，可以提高效率10～20倍。

误区之四：衡量循环经济型城市产业结构合理程度的指标是第三产业的比例

其实，从理论上讲，以任何一类产业为核心，都可以合纵连横，结链成网，发展循环经济。但单一的企业、单功能的行业很难形成规模型循环经济。三大产业的界限在未来的循环经济中将被彻底打破，单一功能的工业的涵义将转为产业。一方面，每个循环经济企业内部都将有从第一、第二到第三产业的全生命周期循环过程，企业内部研究与开发，服务与培训的从业人员将大大超过在第一线生产工地上的从业人员。另一方面，如前所述，第一产业必须将种植业、养殖业发展为加工业、物流业和服务业；第二产业必须向第一、第三产业的两头延伸才能融入循环经济的大圈；而第三产业如不和第一、第二产业联姻，也是没有前途的。以第二产业的重化工业为例，未来的化肥和农药厂应向农田营养配送业和作物安全保障业转型，企业针对农田土壤、作物和气候的生态条件，因地因时制宜地利用当地可更新资源，配制生产有机无机复合肥或生物肥料，使作物吸收量最大、环境流失量最小而土壤肥力增长又最快。同样，通过对农田生态过程的在线监控，企业可以随时掌握田间害虫信息并采取相应的植保措施，配送和提供适宜的生物、物理和化学农药，使其对症下药，杀虫效果最快而环境毒害又最小。这种农田生态管理业不仅能解除农民的后顾之忧，又为化肥和农药企业带来了巨大的发展空间，减少了中间大量的流通环节，企业生产的最终目标是农田的生态健康而不是化肥农药。

衡量循环经济型城市产业结构合理程度的指标不是第三产业比例的高低，而是企业和行业内部及相互间生态耦合程度的高低（结构上的匹配程度，功能上的协调程度，过程上的衔接程度）、经济规模效应的大小以及系统主导性和多样性、开放度与自主度、刚性与柔性的协调程度。

首都循环经济建设的整合途径

途径之一：建设大北京圈经济

京津地区加上7个河北省周边城市，人口总数超过六千万，将成为中国和世界上最大的城市群之一，可称之为“大北京生态经济区”。与珠江三角洲和长江三角洲区域经济相比，京津地区经济发展相对滞后。究其原因主要有以下方面：北京多项功能过度集中，抑制了周边地区经济特别是天津及冀北经济的发展，未形成循环共生机制；京津地区中小城镇发育不良，未形成有机的城镇体系；北京政治文化及科学教育发达，人才济济，但工程技术、商贸经营人员储备不足，形不成对周边经济的技术支撑和智力支撑系统；缺乏竞争意识和市场观念，小农经济和士大夫的保守意识浓厚。而在建设大北京圈经济的设想中，北京地区未来的发展应是首都经济与区域经济的有机结合；以北京为政治、文化、软件和咨询产业中心；以天津为经济、交通、商贸和物流中心；以冀北 7 市为区域支撑体系的一类特殊的首都圈生态经济区，形成区域生态经济的大循环。

途径之二：形成独具京华特色的首都经济

身负全国政治文化中心重任的北京不具备与单一经济功能的地区竞争基础工业的实力，但却具有一般大城市所不具备的、独一无二的首都优势，如政治优势、文化优势、科技优势、生态优势和信息优势以及资源动员能力、科技教育实力、国际交往实力、对各省市的凝聚力等。具备引导潮流、呼风唤雨、领导基础工业转型的整合潜力。北京循环经济发展的定位不应是区域经济、物流经济、产品经济和基础经济，而是面向全国的共生经济、服务经济、信息经济和人流经济。要利用首都经济腹地大、行政管理集中的特殊区位和科技人才储备多的智力优势，避开水资源、城镇体系不发达等劣势，集聚生产要素、整合资源优势，以全国各地生产基地为平台，联合国内外强手，孵化各类新兴产业，发展有自身特色的整合型跨越式首都经济。

北京的产业导向不应重复发展一般区域经济中心所厚爱的高物耗、高能耗、高水耗、高运量的制造业，而要扬长避短，形成独具京华特色的首都经济。首都应当绕过制造业的发家传统，破除 IT 业的泡沫神话，发展同样是高产值的咨询、孵化、教育、文化、旅游、休闲、保健、服务、博览等面向人类生态和自然生态的生态产业。要从以物态型、基础型、粗放型经济为主导的单一型产业向以生态型、复合型和知识型经济为主导的开放型循环经济转型；从与地方省市同型同构的跟踪式竞争经济向作为地方经济的互补共生型的首都经济转型；重点发展为各省市第一、第二产业服务的咨询、孵化、营销、研发、资源再生和环境保育的第三产业，为全国经济发展提供高层次的引领和推动。

途径之三：变筑巢引凤为联巢育凤

以汽车为龙头的制造业无疑是今后若干年我国许多城市的主导产业，但不一定是北京的主导产业。当然，这并不等于北京不需要去介入这一经济大潮，相反，我们却要积极引潮而不是消极赶潮，同国内外强手联合，分工合作，把握高端，放手低端，从研究与开发、咨询与服务、网络与市场上入手，从节能、减排、共享和服务等系统尺度引导全国的交通产业，推动制造业的生态转型，在振兴首都经济的同时又不过深地介入第二产业的恶性竞争。

面向全国市场，发展生态建筑和景观规划，发展设计、施工、建设、管理、租赁、咨询和生态服务功能一条龙的人居环境业，为社会提供净化、绿化、美化、活化及具有文化功能的宜居环境和生态服务。

北京是全国文化教育中心，文化资源得天独厚，集中了全国 15% 的高等学校、科研院所和文化事业机构。在世界各国瞄准和大举进军有 13 亿人口的中国教育市场时，北京大有作为。要大力倡导和兴办为各省市教育产业服务的教育咨询产业，联手全国业界兴办各种类型的文化、教育产业，开办各种专业技术学校和培训班，振兴和传播民族文化。

去年，北京市成立了将水生态建设和水环境保护融为一体进行管理的水务局，是生态建设和环境保护工作联姻的一个良好开端。希望将来能成立类似的能源与大气综合协调的能务局；土地的生产、生态和社会服务功能整合管理的土务局；矿山开采、冶炼、制造与废弃物还原综合调控的矿务局；林、草、园林、作物、生物多样性、生态安全和生态健康综合管理的生物局。真正将生态建设、经济发展、环境保护和社会公益事业融为一体。

首都循环经济腾飞的关键是决策管理层面、科学技术层面和行为观念层面的变革，要采用跨越式、非常规的竞争、整合、共生、自生策略，在体制、技术、文化层次上大力推进传统产业的生态转型和新型生态产业的孵化，促进首都循环经济的快速崛起。

（作者：中国科学院生态环境研究中心研究员）

略论生态文明建设*

王如松

生态文明是物质文明、精神文明与政治文明在自然与社会生态关系上的具体表现，是天人关系的文明，涉及体制文明、认知文明、物态文明和心态文明，在不同社会发展阶段有不同的表现形式。面对全球生态安全和区域生态健康的挑战，生态文明的振兴和生态知识的普及已刻不容缓。本文试图从生态文明的科学内涵出发，探讨如何在调节人文生态和自然生态关系中系统推进认知、体制、物态和心态范畴的生态文明建设。

1　生态学与认知文明

人与自然关系的认知文明是人类在认识、感悟和品味自然，保护、改造和管理环境过程中，从感性认识到理性认识、从必然王国到自由王国所积累的知识、技术、经验和系统方法在社会上的普及、宣传效果、观念意识的升华和风尚习俗的进步，包括生态哲学、生态科学、生态工学和生态美学。

生态是辩证的：和谐而不均衡，开拓而不耗竭，适应而不保守，循环而不回归。生态学是个体和整体、有和无、形和神、生和灭、分和整之间关系的学问。生态学的核心是处理生态系统中的复杂关系。生态文明的核心是建立在天人合一理念基础上的生态整合观，是有关人与自然、人与社会和人体内部关系的系统观。

生态科学是研究包括人在内的生物与其自然和社会环境间相互关系的系统科学。19 世纪的博物学、进化论以及 20 世纪的人类生态学与生物控制论奠定了生态科学发展的理论基础。在此基础上发展起来的生态科学，包括自然生态学和人类生态学，前者有动物、植物、微生物生态学，个体、种群、群落、生态系统和景观生态学，还有不同类型的生态系统，如草原、湿地、森林、农田、海洋、流域生态系统的生态学等。后者包括心理生态学、伦理生态学、经济生态学、产业生态学、城市生态学与文化生态学等人和环境之间关系的学问。总的说来，自然生态研究的学科比较齐全，而人类生态研究则比较薄弱。

生态学还是一门工程学，是一种设计工艺，一种生存艺术，研究怎样把自然生态的原理应用到人工生态系统的建设当中。生态工程学是近年来异军突起的一门着眼于生态系统持续发展能力的整合工程技术。生态工程是模拟自然生态的整体、协同、循环、自生原理，并运用系统工程方法去分析、设计、规划和调控人工生态系统的结构要素、工艺流程、信息反馈关系及控制机构，疏通物质、能量、信息流通渠道，开拓

---

* 原载于：光明日报，2008-04-20.

未被有效利用的生态位，使人与自然双双受益的系统工程技术。不同于传统末端治理的环境工程技术和单一部门内污染物最小化的清洁生产技术，生态工程强调资源的综合利用、技术的系统组合、学科的边缘交叉和产业的横向结合，是中国传统文化与西方现代技术有机结合的产物。

生态学和美学的结合点在于人与自然关系的和谐，是对人类理性的必然性和功利性的挑战和超越。生态美学研究生物、环境与人类社会间相互关系的审美状态与自然潜在的审美性，其美的内涵包括整体和谐美、协同进化美、循环反馈美、自生自然美。竞生、共生、再生、自生，对称、均衡、对比、秩序、节奏韵律，多样统一，是生态审美的共同规律。用生态美学去格物、处世、待人，你会发现，大自然既是美的，也是理性的。自然以她特有的色彩、线条、形状、位置和声音，以她特有的有序、和谐与统一，在人们心中唤起美的形象、美的愉悦、美的追求和美的感悟，使人怡神、悦目、清心、节欲，陶冶情操。生态美学在揭示自然美的实质和规律的同时，还向人们介绍如何创造一个适合于人类身心健康的环境，包括自然环境的保护，城市环境的布局，人居环境的美化，园林庭院的绿化与美化，人的衣着、服饰，环境中色彩的搭配、形与神的融合等。

2 生态管理与体制文明

人与自然关系的体制文明建设目标就是要从根本上转变“先污染后治理、先规模后效益、先建设后规划、先经济后生态”的发展阶段论思路，推进从基于资源承载力无限、环境容纳能力无限的链式生产到从摇篮到坟墓再到摇篮、生产—消费—还原一条龙、信息反馈灵敏的循环经济转型，完善生态规划、建设和管理的政策法规，建立基于科学发展观的绩效考核制度，逐步实现从体制条块分割的纵向管理走向合纵联横的生态系统管理，保障生态资产（水、土、气、生、矿）、生态服务、生态网络和生态安全的科学管理。

生态管理是运用生态系统方法对人的资源、环境开发、利用、破坏和保育活动的系统管制、诱导、协调和监理，营建人与环境（包括自然环境、经济环境和社会环境）的共生关系，孕育生态系统的整合、适应、循环、进化能力，维系天人生态关系的持续发展。

体制文明建设的根本任务就是要为贯彻落实党的十七大报告提出的“统筹城乡发展、区域发展、经济社会发展、人与自然和谐发展、国内发展和对外开放，统筹中央和地方关系，统筹个人利益和集体利益、局部利益和整体利益、当前利益和长远利益”等九个统筹提供科学方法。

3 循环经济与物态文明

物态文明是人类改造自然、适应环境的物质生产、生活方式及消费行为，以及有关自然和人文生态关系的物质产品的发展态势，包括生产文明和消费文明。

我国传统的农业文明是环境友好、生态持续的，其认识论基础是顺天承运，生态学基础是循环再生和自力更生，但这种持续是在低技术、低效益、低规模、低影响基础上的持续；以大规模的化石能源消耗、化工产品生产以及自然生态系统退化为特征的工业文明推行的是一类掠夺式、耗竭型、高经济效益、高环境影响的生产方式，其认识论基础是还原论，追求的是局部的、眼前的经济效益，生产力虽高，可持续能力却很低。

产业生态文明必须在吸取传统农业生态文明再生和自生机制以及工业文明高效活力的基础上推进资源耗竭、环境破坏型工业文明向资源节约、环境友好型的生态产业转型，发展以竞生、共生、再生和自生机制为特征的生态经济，推进传统生产方式从产品导向向功能导向、资源掠夺型向循环共生型、厂区经济向园区经济、部门经济向网络经济、自然经济向知识经济、刚性生产向柔性生产、从减员增效走向增员增效、职业谋生走向生态乐生的循环经济转型。

消费文明旨在弘扬一种勤俭节约、低环境影响、有益健康的适度消费模式，倡导从以金钱为中心的富裕生活向以健康为中心的和谐生活、从以数量多多的占有型消费到以功效优化为特征的适宜型消费、从以外显为中心的摩登消费到以内需为中心的科学消费过渡，涉及每个人的居息、代谢、行游、交往活动，以及水、气、土、生物、废弃物等环境影响方式。

经过近两百年工业化的正反教训，文明的生态消费方式已经在许多发达国家特别是人口密集、资源压力大的欧洲和日本、韩国等各国政府、企业和民众中蔚然成风。主要表现在生活方式的转型和价值观念的更新、体制法规的健全和生态管理方法和技术的创新，以及全社会生态知识的普及和生态意识的提高。

4　和谐社会与心态文明

和谐社会的生态内涵有四层：一是人和自然环境的和谐，包括水、土、气、生、矿等自然生态因子、生态过程和生态服务功能的自然生态和谐；二是人与其社会生产、流通、消费、还原和调控等物质生产环境的经济生态和谐；三是人与人之间竞争、合作、集群、分异关系的社会生态和谐；四是人类社会的技术、体制、文化在时、空、量、构、序管理层面的系统生态和谐。

和谐社会的核心是人，要处理人和天、地、事、物之间的关系。天是指气候、可更新能源等外部环境，地是指土地、土壤和景观，事是指人类的生产、生活、流通、服务及决策管理活动的运筹，物指水、土、气、生、矿等物质的开发、利用和循环。要协调、整合好自然和社会、有形和无形、物态和生态间的系统关系。

心态文明是人对待和处理其自然生态和人文生态关系的精神境界，包括五类：一是温饱境界，这是人的动物本性和生存本能；二是功利境界，是市场竞争和社会发展的经济动力；三是道德境界，能妥善处理人与自然、人与人之间的伦理关系，惩恶行善、扶弱育生，是人的社会性；四是信仰境界，有明确的超越物质需求的人生奋斗目标和精神追求；五是天地境界，有能超越自我、超越环境，融时间与空间、有限与无限于一体的生态整合观。五类境界相辅相成，才是一个物态、事态、心态和谐的文明人。

生态文明建设是一项长期、艰巨的历史任务和走向可持续发展的渐进过程，是一场技术、体制、文化领域的社会变革，需要全社会自上而下和自下而上的通力协作和持续推进。我们坚信，有着生态文明优良传统的中华民族，既能创造经济连续增长的奇迹，也一定能实现中国社会主义生态经济的持续、协调发展。

城市生态文明的科学内涵与建设指标*

王如松

一、城市生态与生态文明

城市“生态”包括城市生物和环境演化的自然生态、城市生产和消费代谢的经济生态、城市社会和文化行为的人类生态，以及城市结构与功能调控的系统生态四层耦合关系，是城市绿韵（蓝天、绿野、沃土、碧水）与红脉（产业、交通、城镇、文脉）的复合生态关联状态，是天、地、人、境间的和谐关系，而不是回归自然或城市生物生境的简单平衡。和谐的城市生态关系包括城市人类活动和区域自然环境之间的服务、胁迫、响应和建设关系，城市环境保育和经济建设之间在时、空、量、构、序范畴的耦合关系，以及城市人与人、局部与整体、眼前和长远之间的整合关系。

当今世界，人类正面临着以气候变化、经济振荡和社会冲突为标志的全球生态安全恶化；以资源耗竭、环境污染和生态退化为特征的区域生态服务退化；以贫穷落后、过度消费和复合污染为诱因的人群生态健康胁迫三大生态风险。工业文明是城市经济繁荣、物质文明和社会进步的引擎，也是全球环境变化和城市生态恶化的根源。城市，以其为害者与受害者的双重身份，正处于文明转型的十字路口。

生态文明是遵循人、自然、社会和谐发展客观规律而取得的物质成果和精神成果的总和，是以资源环境承载力为基础，以知识经济和生态技术为标志，以建立可持续的产业结构、发展方式和消费模式为主要内容，集工业文明的竞生、社会主义的共生、农业文明的再生和原始文明的自生于一体的高级文明形态。生态文明理念下的物质文明，致力于消除人类活动对自然界稳定与和谐构成的威胁，逐步形成与生态相协调的生产方式和生活方式；生态文明理念下的政治文明，尊重利益和需求的多元化，协调平衡各种社会关系，实行避免生态破坏的制度安排；生态文明理念下的精神文明，提倡尊重自然规律，抑制人们对物欲的过分追求，建立促进人自身全面发展的文化氛围。

二、生态城市及其文明演化进程

生态城市建设是人们对按生态学规律（包括自然生态、经济生态和人类生态）统筹规划、建设和管理城市的文明、健康过程的简称，旨在通过观念更新、体制革新和技术创新，调谐城市社会—经济—自然环境之间各类竞生、共生、再生、自生的生态关系，在生态系统承载能力范围内去改变生产和消费方式、决策和管理方法、文化和精神生活及生态和环境意识。

---

* 原载于：中国农工民主党网站专家论坛时间，2011-10-18.

生态文明是生态城市建设的灵魂。生态城市的文明演化过程是城市生态基础设施和城市循环再生功能渐进完善及自然生态和社区人文生态服务功能的渐进熟化过程，包括自然生态系统和物理环境的正向演化，经济增长方式和产业结构的功能性转型以及社会生活方式和管理体制的文明进化。

生态城市的环境演化：从以化石能源、化工产品、地表硬化、水体绿化、空气酸化、生物退化为特征的工业景观向以净化、绿化、活化及美化为特征的生态文明景观演化。变死水为活水，霾天为青天、硬化地表为活性地表、灰色景观为绿色景观，促进城市建设从满足市民的居住空间需求到生活质量需求、污染治理需求到生态健康需求、景观绿化需求到生态服务需求转型。

生态城市的产业转型：在传承传统农业文明的再生和自生机制、工业文明的竞生机制以及社会主义的共生机制基础上，推进资源耗竭、环境破坏型的物态经济向资源节约、环境友好型的生态经济方向演化，促进传统生产方式从产品导向向功能导向、链式经济向网络经济、自然经济向知识经济、厂区经济向园区经济、刚性生产向柔性生产、减员增效向增员增效、职业谋生走向生态乐生的循环经济转型。

生态城市的社会进化：推进决策方式从线性思维向系统思维、管理体制从条块分割走向区域统筹、城乡统筹、人与自然统筹、社会与经济统筹以及内涵与外延统筹方向演化；基础设施、居住社区和产业园区从单功能向各类服务功能完善的成熟社区演化；生活方式从以金钱为中心的富裕生活到以健康为中心的和谐生活、以数量多多为目标的占有型消费到以功效优化为目标的适宜型消费、从以外显为中心的摩登消费到以内需为中心的科学消费、从以利己为中心的物理型关爱到以爱它为中心的生态型关爱演化。

三、城市生态文明建设的指标体系

为了便于对生态文明的发展过程进行定量描述，需要建立生态文明建设的指标体系。对生态文明城市战略目标的制定，要充分考虑社会经济发展和生态环境建设的基础，从实际情况出发，提出适宜的生态文明发展战略、建设抓手和实施手段。定量方法必须与定性评价相结合，特别是在评价标准的确定上，只有依据定性分析才有可能正确把握量变转化为质变的“度”，才能对生态文明城市战略目标进行科学合理的把握。近年来我们与承德、淮北、杭州等市政府及相关研究机构合作，开展了生态文明城市建设的规划方法研究，将城市生态文明建设分为生态基础设施（文明支撑体系）、生态人居环境（文明彰显体系）、生态代谢网络（文明运作体系）和生态能力建设（文明保障体系）四大体系的建设并结合国内外城市生态建设的经验和教训，提出如下测度指标与建设标准的建议：

（一）生态文明支撑体系

包括城市的肺（绿地）、肾（湿地）、皮（地表及立体表面）、口（主要排污口）和脉（山形水系、交通主动脉等）。可以选择以下指标对其进行测度。

（1）生态用水占用率。城市生产、生活活动用水量与维持本土自然生态系统基本功能所需要的常年平均水资源量的比例，一般应低于 35%；

（2）生态服务用地率。建成区内城市农业、林业、绿地、湿地及自然保护地面积与城市建设用地面积之比，生态服务用地面积一般应不低于建设用地的 2 倍；

（3）生态能源利用率。地热、太阳能、风能、生物质能等可再生能源利用率一般不低于 10%，强热岛效应地区（温差超过 2℃）面积率，一般不超过 10%；

（4）生态安全保障率。本地物种比例一般不低于 65%、景观多样性逐年上升、灾害发生频率逐年下降。

（二）生态文明彰显体系

包括城市物态文明与心态文明的彰显，主要表现为宜居的人居环境的建设。城市人居和产业环境的适宜性取决于支撑体系的结构和功能的完好性。可以采用以下指标来进行评价。

（1）紧凑的空间格局。从平面建设向空中和地下空间发展，注重街道及地下空间的立体开发，倡导 6～10 层互动型居住小区，层数过低土地利用不经济，过高社会效益和环境效益不好，社区人口密度不低于 1 万人/km^2；

（2）凸显城市主动脉。新城和产业园沿轻轨和大容量快速公交主动脉呈糖葫芦串型布局与主城区相连，各组团间由绿地、湿地、城市农田、城市林地等生态服务用地隔开。生态交通网络覆盖人口超过城市人口的 80%，从主动脉上任何一站乘快速直达公交到城市中心不超过半小时；

（3）宽松的红绿边缘。破解摊大饼的城市格局，每个居住小区的绿缘要尽可能长，居民步行到最近的大片绿地时间不超过 10min；

（4）健全的肾肺生态。城市开旷地表 100% 可渗水透绿，屋顶和立面绿化、下沉式绿地兼湿地功能，湿地兼生态给排水功能；城区人均生态服务用地面积不低于 30m^2，其中人均湿地面积不小于 3m^2；

（5）混合功能就近上班。居住、工商、行政和生态服务功能混合，1/3 以上职工能就近上班，从居住点到工作地点乘公交车正常情况下不超过 30min；

（6）便民生态公交。居民高峰期出行 80% 以上是公交、轻轨或自行车，城市任何一点步行到最近公交站点不超过 10min；

（7）生态建筑比例。新建社区生态建筑占 70%，与传统建筑相比生态建筑节能 60%，碳减排 50%，化石能源消耗减少 15%～30%；

（8）彰显生态标识。通过标志性建筑、雕塑、生物和文化景观凸显当地自然生态和人文生态特征、文脉和肌理，生态标识满意度高于 80%；

（9）生态游憩廊道。在汽车和轻轨交通网络外为市民和游客提供无断点出行、游览观光及生态服务的游憩绿道，包括自行车+步道网络，休闲驿站及人文服务设施、生物绿篱及缓冲廊道。人均生态游憩廊道面积应不低于 5m^2，生态游憩绿道能覆盖和连接市域内每一个社区、乡村和景点；

（10）民风淳朴邻里交融。社区和睦、治安良好、积极参与、文体设施与场所健全，2/3 以上居民能天天见面、周周交流。

（三）生态文明运作体系

城市生态代谢网络是一类以高强度能流、物流、信息流、资金流、人口流为特征、不断进行新陈代谢、具备生产、流通、消费、还原、调控多功能，经历着孕育、发展、繁荣、熟化、衰落、复兴等演化历程的自组织和自调节系统。可以用以下指标来衡量其生态经济效率和环境影响：

（1）城市生态足迹。维持城市基本的消费水平并能消解其产生的废弃物所需要的土地面积的总量。通过提高自然资源单位面积的产量，高效利用现有资源存量及改变人们的生产和生活消费方式可以减小城市的生态足迹；

（2）城市生态服务。生态系统为维持城市社会的生产、消费、流通、还原和调控活动而提供的有形或无形的自然产品、环境资源和生态公益的能力。其核算框架包括空间测度、时间测度、当量测度、格局测度和序理测度；

（3）产业生态效率。产业系统生态资源满足城市需要的效率，是产品和服务的产出与资源和环境的投入的比值。评价时从生命周期的全过程出发，分析从自然资源开采、材料加工、产品生产、运输、消费及循环再生的所有环节，以寻求合适的经济方法或者政策手段来提高产业系统的生态效率；

（4）生态物流循环。本地食品生产和消费占城市总生产和消费需求的百分比不低于50%，高效率的污水处理和节水及中水设施，人均生活用水低于100L/d，普及城乡生态卫生工程，户均1m^{2}的社区堆肥池，70%的生活垃圾在社区内就地减量化和资源化。

（四）生态文明保障体系

保障体系建设强调城市生态的人文过程，通过利益相关者的行为调节和能力建设带动整个城市形态的彰显和神态的升华，促进物态谐和、业态祥和、心态平和与世态亲和的城市文明发展。可以选择以下指标来度量：

（1）生态认知指数。包括决策者、企业家、科技人员和普通民众的生态知识、生态意识和生态境界。

（2）生态统筹能力。是指城市各级管理部门对区域统筹、城乡统筹、人与自然统筹、社会与经济统筹及内涵与外延统筹的一种协调与管理水平及竞生、共生、再生、自生能力。

（3）经济发展活力。腹地自然资源的支撑能力和潜力，生态系统的承载和涵养能力，科技和人力资源的孵化和培育能力，产业结构和布局的生态合理性，研究与开发、服务与培训人员的比例，经济发展的力度、速度、多样性和稳定性。

（4）社会参与能力。是指城市为公众参与所提供的机制、体制和平台的完善程度，公众关心和参与重大决策的意愿、知识与技能，社会自下而上监督渠道和自愿者的参与力度。

四、生态文明的管理方法

城市管理的“生态”内涵有三层：一是作为管理工具的生态学理念、方法和技术，包括生态动力学、生态控制论和生态系统学；二是作为管理主体的人与环境（物理、化学、生物、经济、社会、文化）间的共轭生态关系（生产、流通、消费、还原、调控）；三是作为管理客体的各类生态因子（水、土、气、生、矿）和生态系统（如森林、草原、湿地、农田、海洋）的功能状态。生态管理不同于传统环境管理，它不是着眼于单个环境因子和环境问题的管理，而是更强调整合性、共轭性、进化性和自组织性的协调。

生态城市管理需要自上而下与自下而上两种方式的结合与全社会的积极参与，包括政府主导、科技催化、企业兴办、公众参与和社会监督。生态教育是能力建设的重要手段，要从观念更新认识到位、体制革新合纵连横、技术创新催化孵化、管理维新动态监控等多方面全面提高决策管理人员、生产经营人员、科学技术人员和城乡居民的生态意识和知识水平，启迪全市官、产、研、民运用科学发展观去认识、简化、调控和欣赏复杂性，运用生态工程手段去规划、建设、管理和宣传可持续性。具体的行动路线包括制定生态城市发展纲要、强化生态城市体制建设、实施生态城市工程建设、加强生态城市宣教系统，推广生态城市文明地图、组建生态城市自愿军团等。

生态城市不同于传统城市的主要特点在于其竞生、共生、再生、自生机制的生态耦合，在于其从链到网、从物到人、从优到适、从量到序的生态管理方法的转型。生态城市建设需要通过生态规划、生态工程、生态管理、生态教育和生态监督的科学手段系统推进生态文明的能力建设：

增强生态文明意识：生态文明意识是促进生态文明建设的文化底蕴和重要的智力支持。全面地、科学地认识和处理人与自然的关系，培养人们的生态文明意识，包括生态忧患意识、生态责任意识和生态道德与法律意识，使善待自然成为人们日常生活和工作的一种道德自觉。

培育生态文明行为：生态文明不仅是一种思想和观念，同时也是一种体现在社会行为中的过程。在进行生态文明建设的过程中，人类应该应用行为科学的理论指导自身的行为，协调人与自然以及人类自身的矛盾，促进生态文明建设的进行。

健全生态文明制度：生态文明在制度层面需充分考虑生态系统的要求，发展中始终贯彻“生态优先”的原则，通过完善制度和政策体系，规范人类的社会活动，实现传统市场体制和政府管理体制的转型。其核心是通过强化生态文化教育制度、落实生态环境保护法治和建立生态经济激励制度等途径，为人与自然的和谐共生提供制度和政策保障，实行严格的环境准入制度、节能减排制度、政绩考核制度和一票否决制度，以制度规范行为，引导发展。

孵化生态文明产业：主要包括第一、第二、第三产业和其他一切经济活动的绿色化、无害化以及生态环境保护产业化，以循环经济理念改造和发展工业，鼓励发展绿色农业和现代旅游业，以园区的形态发展高新技术产业，促进产业绿色环保，实现经济优质高效。

生态城市建设是一个长期、艰巨的历史任务和走向可持续发展的渐进过程，是一场技术、体制、文化领域的社会变革，需要强化完善生态规划、活化整合生态资产、孵化诱导生态产业、优化升华文化品位、统筹兼顾分步实施、典型示范滚动发展。（节选）

环保局长之痛：闯不过去的“两重门”*

韩义雷

环保局长是否有作为，很大程度上在于如何处理环保与 GDP 发展的关系。正是这种决定，生成“顶得住的站不住”、“站得住的顶不住”的怪现状，请看——

重金属污染，化学污染，水体污染……环境问题成了经济高速发展中中国的心病。

全国人民代表大会和中国人民政治协商会议

两会之前，环保部长周生贤在接受媒体采访时，慨叹环保工作生涯“如履薄冰”。

在“约束性指标‘没降反升’”的追问中，中科院生态环境研究中心研究员王如松代表没有过多指责，只是说了一件事：环保局长闯不过“两重门”。

站得住的顶不住：环保局成了招商局

环保局常常有头无脑，这是王如松内心的感受。

他讲了一个故事：某市委领导，被上级批评经济发展太慢，就带着干部到长江三角洲、珠江三角洲考察。回来之后，就大谈发展经济。于是，在全市指标控达基础上，每个楼盘不再考虑绿地规划。而后，该市大规模发展工业。

“谁讲保护区，谁讲绿化，他就跟谁急。”王如松说，“环保局长想说话却不敢说。没办法，这就是官场，都要服从长官意志。”

这正触及了相关的政府管理体制之弊——由于地方环保部门实行双重领导、以地方为主的管理体制，环保局长的“乌纱帽”，被紧紧攥在了地方决策者手中。

自然而然，王如松想到了怀宁“血铅事件”。

新年伊始，安徽省怀宁县高河镇新山社区部分儿童，被安徽省立儿童医院检测出血铅超标，其中 24 名儿童住院治疗。怀宁县委县政府随后通报，初步判断事件系由新山社区附近的博瑞电源有限公司“超时违规试生产”造成。认定了污染源，当问责才是。然而，顺藤摸瓜，人们发现：这家公司，竟由当地环保局招商引资而来。

本应对招商引资项目进行环保验收的环保局，居然干起了招商引资的活儿；环保局招商引资也罢，引进来的项目，居然是未通过环保验收的“带病”企业。

“很多事情，不是环保局一家的问题。很多时候，我们的政府官员，今天决定了上项目，明天就要求做，连环境评估的机会都没有。我听过很多环保局长诉苦，‘市长对

---

* 原载于：科技日报，2011-03-08.

我说，不引进企业，怎么搞发展？'” 王如松称。

顶得住的站不住：环保局长提升难

“全国环保部门，一把手提升的不多。” 王如松分析，“多是 GDP 惹的祸。”

时至今日，不少地方政府仍有 “宁可呛死，不能饿死” 的口号，甚至一谈起环保，只要 “金山银山” 和 “绿水青山” 发生矛盾，则多将后者弃之一边。

王如松认为，在此背景下，环保局长有所作为，就意味着与地方政府的 GDP 增长要求相悖。

“有环保局长告诉我，市长指着他说，‘你不同意，不好意思，立马换掉’。” 王如松认为，能够顶得住的环保局长，自然而然成了畸形政绩观的 “眼中钉”。

早有媒体报道：某市，一位负责干部管理的领导，从外地引进一个建设项目，并且自行给这个项目选定建设地址。当地环保部门经过评估，认为此项目应另外选址。当环保局长向引进此项目的领导提出重新选址建议时，该领导极为不悦，“你还想不想干了”。最终，这位被授予全省环保系统先进工作者的环保局长，被调出了环保局。

“生态环境是更大的 GDP，这个道理说起来很简单；但事到临头，有多少决策者会冷静去想？” 在王如松看来，“顶得住的站不住”、“站得住的顶不住”，一直以来是环保局长闯不过去的 “两重门”。

“环保局长有作为，搞得好，就可能妨碍地方经济发展，主管领导不高兴；环保局长没作为，搞不好，老百姓不高兴。他横竖难以提升。” 王如松认为，“政府管理体制不改革，问题不仅关乎环保局长的升迁，整个环境污染问题，恐怕短时期内也难以解决。”

保护生态要引入市场力量*

王 琦

2014年3月4日下午，全国人大代表、中国工程院院士王如松对记者坦言，现有主要依靠行政力量对生态环境的直接监管是低效的，生态环境的维护和修复工作要引入市场的力量，才能实现可持续的健康发展。

孵化生态物业管理企业，像物业管理楼盘一样管理我们的生态

在采访中，王如松代表给记者们讲了一个环境污染治理中的反例。

“2000年，国家开展淮河排污治理的‘零点行动’，12月31日零时把淮河流域的乡镇排污企业全都给关了，过了几个月，这些企业全部都死灰复燃了，因为它不符合市场规律。”

王如松代表说，在当前的城市建设中，许多单位征用原来为林地、草地的土地，转化为工业或住宅用地，这就造成了对环境和生态的占用。在他看来，占用生态而不修复、不补偿、不监管、不审计，是当前我国环境问题多发的病根所在。“当前，关于生态补偿讨论最多的是对受损地区经济建设和人员的补偿，缺乏对受损生态系统服务功能的就地补偿和修复。”

记者问，要想进行补偿和修复，就要知道对环境所欠下的“债务”，只有算清这笔账，才能知道应该怎么补偿，补偿多少。

王如松代表说，这正是问题的关键。对此，可以借鉴市场经济已有的经验和模式。例如，城市中大多数新建楼盘都有物业管理，但城市生态资产，如城市建设土地却缺乏物业管理机制，城市湿地或荒地是否被占用或改造，生态服务功能是否受损，这些都基本无人监测、审计和管理。对此，他建议可以引入市场力量，建立一批生态物业管理企业，负责对转化为城市建设用地的土地进行审计、管理，提供审计报告。

王如松代表有这样的一个设想，要用市场机制孵化出这样一批生态物业管理企业，这个企业是介于土地占用方和政府间的市场化主体，提供独立的生态审计报告。由该企业通过报告的形式审计出土地占用方对环境所欠下的“债务”，敦促占用方通过屋顶绿化、地表软化、下沉式绿地、湿地生态工程等途径，修复被占用土地的原有生态服务功能。如果占用一方没有能力进行环境修复，那就出钱找有关公司修复。

“如果全国每个地方每块建设用地都有类似物业管理部门的管理，知道家底，那么将来对环境补偿，就有补偿的依据了。”王如松代表说。

---

* 原载于：新华每日电讯，2014-03-04，7版.

“生态保护红线”不是一种限制，应将“红线”转化为红利

有记者问到，党的十八届三中全会决定中指出，“划定生态保护红线”，对水土资源、环境容量和海洋资源超载区域实行限制性措施。这是否就意味着，生态脆弱地区或生态保护区，应该以放慢发展速度的代价来维护环境生态呢？

对此，王如松代表认为，对这些地区划定红线，保护生态是必要的，但是红线划定之后，并不意味着当地的居民应该因为保护环境而失去从经济发展中受惠的机遇。恰恰相反，环境“红线”应该理解成环境红利，尽管可能因为政策原因失去了一些发展制造业的机会，但是完全可以发展一些不破坏环境的产业，如服务业等，来实现经济发展和环境保护的双赢。

“环境保护，政府要采取一种控制加诱导的复合方式来解决问题，控制是行政力量，诱导是市场机制，现在只有政府控制一项，而没有产业引导，依靠市场力量来发展当地的特色产业，这样怎么能可持续呢？”王如松代表说。

产业转移，不能把沿海的污染带到中西部地区

王如松代表注意到，在当前产业转移过程中，沿海发达地区的城市纷纷把高能耗、高污染的厂房迁往中西部地区，他对这一现象表示了担忧。

“中西部地区，不能再走东部地区先污染，后治理的老路子了。”

在他看来，产业转移，首先应该是人才、资金和管理经验的转移，经济发达地区应该与接纳产业转移地区加强合作，使得这些地区产业和环境保护协同发展。

王如松代表说，最近他们做了一项统计，全国的环保模范城市、生态示范市和生态文明城市等，都在沿海地区，这就给人一种印象，GDP与环境修复的投入成正比，投入越大，环境越好，这就是典型的“先污染，后治理”的老路子。中西部地区不应该再陷入这种发展“怪圈”了。

当前，环境保护主要实行的是“异地补偿”的方式，以长江流域为例，上海市每年通过财政资金转移支付，为长江流域中上游的省份提供资金，以补偿他们因为保护水源所付出的环境保护成本。对此，王如松代表认为，这种方式尽管有助于中上游地区的生态补偿，但只提供资金并非是最好的方式。中上游地区应该发展既符合当地情况，又能保护环境的产业，下游地区应该积极提供人力、规划、管理等方面的支持，形成中上游地区的“自我造血”功能。

新型城镇化生态要优先*

孙秀艳

2012年年底举行的中央经济工作会议上提出了“积极稳妥推进城镇化，着力提高城镇化质量”，“要把生态文明理念和原则全面融入城镇化全过程，走集约、智能、绿色、低碳的新型城镇化道路”，著名城市生态专家、中国科学院生态环境研究中心研究员王如松院士就此进行了解读，他指出，城市的净化、绿化、美化，需要完整的生态基础设施的支撑，包括“肾”、“肺”、“皮”、“口”以及“脉络”。

新型城镇要做到生态优先、文明发展

问：我国的快速城镇化已经持续了30年，当前城镇化进程中存在哪些生态环境方面的问题？

王如松：快速城镇化在显著改善人民生活水平的同时，也带来了一系列的环境问题，如城市生态的“多色效应”：红色的热岛效应、绿色的水华效应、灰色的灰霾效应、黄色的拥堵效应、白色的采石秃斑效应和杂色的垃圾效应等。一些城镇盲目追求高、快、宽、大、亮等形象工程，沿袭先污染后治理、先规模后效益、先建设后规划和摊大饼式扩张的发展途径，生态服务功能和生态文明建设被严重忽略。

问：如何理解“将生态文明理念和原则融入城镇化的全过程”？

王如松：李克强副总理曾经指出，城镇化不是简单的城市人口比例增加和面积扩张，而是要在产业支撑、人居环境、社会保障、生活方式等方面实现由“乡”到“城”的转变。新型城镇化的“新”，是指观念更新、体制革新、技术创新和文化复新，是新型工业化、区域城镇化、社会信息化和农业现代化的生态发育过程。“型”指转型，包括产业经济、城市交通、建设用地等方面的转型，环境保护也要从末端治理向“污染防治—清洁生产—生态产业—生态基础设施—生态政区”五同步的生态文明建设转型。

问：集约、智能、绿色、低碳的新型城镇化道路，应该体现在哪些方面？

王如松：集约、智能、绿色、低碳，应该贯彻到城镇化的生态文明过程与行动上，首先要改变的是人的观念、体制和行为。

强化城市和区域生态规划，处理好城市建设中眼前和长远、局部和整体、效率与公平、分割与整合的生态关系，强化和完善生态物业管理、生态占用补偿、生态绩效问责、战略环境影响评价、生态控制性详规等法规政策。

推进产业生态的转型。城镇化的核心是将农民变成产业工人，这需要以城市带农

---

* 原载于：中国建设报，2013-01-10，专题三.

村、工业融农业、公司带农户、生产促生态。要在弄清资源和市场、机会和风险的前提下策划、规划、孵化新兴园区、新兴产业、新型社区和新型城镇，将传统的招商引资模式改变为招贤引智模式。

注重生态基础设施和宜居生态工程建设。例如，汽车交通将转向生态交通，以最小的化石能源消耗和物流，实现城市流通功能的便利通达；将耗能建筑变为产能建筑；通过地表软化、屋顶绿化、下沉式绿地等生态工程措施，实现对生态占用的补偿，使建设用地兼有生态用地的功能。

集约、智能、绿色、低碳的生态方法和技术包括如下方面：

生态集约，包括生态资源、生产关系和经营方式的集约。特别是土地、水、生物资源的集约规划、集约建设和集约管理。要发展紧凑型城市，推进适度规模的城镇化。城市人口密度要控制在每公顷 100 人左右。

生态大智，在城市发展中，特别需要将传统技术方法和聪明才智融入规划、建设与管理中。

低碳循环，化石能源的清洁、高效、生态利用，可再生能源合理开发、有机替代，以及资源循环再生等等。

绿韵红脉融合，推进生产高效循环、生活幸福低碳、生态绿色和谐的可持续发展。

理想的生态城市建设应有目标和指标

问：生态城市一直是我们的理想，您认为理想的新型城镇应该是什么样？

王如松：生态城市是指在生态系统承载能力范围内去调整生产和消费方式、决策和管理方法，使人的创造力和生产力充分发挥，居民身心健康和自然生态系统得到充分保护。

近年来，生态城市已成为国内外生态建设的一个热门领域。国际上在规划建设与管理上都开展了很多研究，提出了很多原则和建议。

强调健全的生态服务功能。要求城市非工程开阔地表 100% 可渗水透绿，屋顶和立面绿化，绿地兼有湿地功能，湿地兼有生态给排水功能，社区内生态服务面积不低于建筑用地面积的 3 倍。

强调健康的代谢环境。要求安全适宜的衣、食、住、行环境、低的热岛效应和灰霾日数，社区分散式污水处理、生活垃圾堆肥、生态用水保障和生态卫生设施齐备。

强调合理布局。要求新区和产业园沿轻轨或大容量快速公交的“主动脉”，呈“糖葫芦串”型布局，小区之间由生态服务用地隔开，生态交通网络覆盖人口超过城市人口的 80%；要求生产、居住、商政和生态服务用地混合布局，1/3 以上市民能就近上班。

强调低能耗、低废弃、高效率。有条件的城市建筑空调和供热的能源 80% 靠地热、太阳能、生物质能、工业余热等可再生能源；80% 以上生活垃圾能在家庭和社区尺度减量化和资源化。居民高峰期出行 90% 以上是公交、自行车或步行。此外，城市要有鲜明的自然和人文生态标识、社区和睦，治安良好等。实践中需要全面理解基础设施的内涵问：走新型城镇化道路，我们还存在哪些困难？

王如松：要将生态文明理念贯穿城镇化全过程，我们面临诸多困难。例如，条块分割的管理体制；生态规划的法律基础还不完善；政绩考核缺乏可持续性，生态激励机制不健全；城市主要官员调动频繁，规划、政策缺乏连续性；生态资产缺乏统筹管理；生态基础设施投入过低，建设不足；信息反馈和生态补偿机制匮缺；生态建设人才奇缺，培训机制不健全；生态科技投入不足，技术含量不高等。

问：在实践中，如何避免以往城镇化过程中出现的一些突出问题？

王如松：生态基础设施的疲软和缺失也是当今城市建设面临的一个重大挑战。污水处理厂、垃圾填埋场和公园绿化并不是城市生态建设的全部。城市的净化、绿化、美化，需要完整的生态基础设施的支撑，包括“肾”（城市河流、湖泊、池塘、沼泽等的净化与活化）、“肺”（城市自然植被、园林植被、城市林业、城市农业及道路的绿化与美化）、“皮”（城市地表、建筑物、构筑物表面及道路等工程用地表面的软化与活化）、“口”（污染物排放口及其周边影响范围、缓冲区和处置设施还原净化功能的完善）、“脉络”（山形水系、风水、生态廊道及交通动脉的通达与活络）在内的生态要素的有机整合，才能为城市的生产、生活提供必要的生态系统服务。

城镇化过程中，还要注意土地的集约与高效。土地的使用要由数量拓展转向功能拓展，在保障粮食安全、生态安全和农民权益的前提下提供足量的城镇建设用地。

用生态品质构筑宜居生活*

斯　里

“十二五”刚刚展开建设蓝图，诸多城市已把生态建设列为工作重点，对此，中国科学院生态环境研究中心研究员王如松指出，生态表示人与环境关系的一种理想状态，是“生态关系和谐”这一复合词的简称。而生态城市是人类生态演替过程中形成的一种高效、和谐、繁荣、文明的社会文脉、景观肌理和经济秩序，是我国城市发展到现阶段理应发展的方向。

解决生态问题核心在于人

目前，全球普遍存在三个生态问题：以气候变化、经济振荡和社会冲突为标志的全球生态安全，以资源耗竭、环境污染和生态胁迫为特征的区域生态服务，以贫穷落后、超常消费和复合污染为诱因的人群生态健康。而这三大生态危机的根源在于城市。“城市问题的生态根源在于人，因此，更新人的观念、调节人际关系、诱导人的行为、提高人的素质、开化人的文明，是生态城市建设的核心。”王如松说。他指出，生态文明是指人类在改造、适应、保育和品味自然的实践中所创造的天人共生，局部和整体协调的物质生产和消费方式，社会组织和管理体制，价值观念和伦理道德以及资源开发和环境影响方式的总和。“城市生态品质是指对城市社会—经济—自然复合生态系统的形态、结构、适应能力和演化过程良好程度的测度，反映一个城市的山形水系、文脉肌理、标识品位的和谐性与可持续性。评价一个城市生态品质高低不仅看其‘木桶’的长边，还要看其短边。”王如松说，“所以，生态基础设施、生态人居环境、生态能力建设是城市生态文明的建设指标。”

城市人居环境的标准度量要准确

对于城市人居环境的建设标准，王如松认为有七点值得关注。

凸显城市主动脉。很多城市在建设新城和产业园，在布局规划上应沿轻轨和大容量快速公交主动脉呈“糖葫芦串型”与主城区相连；各组团间由绿地、湿地、城市农田、城市林地等生态服务用地隔开。“生态交通网络覆盖人口应超过城市人口的80%，从主动脉上任何一站乘快速直达公交到城市中心不超过半小时；同时，居民高峰期出行80%以上是公交、轻轨或自行车，城市从任何一点步行到最近公交、轻轨站点不超过10min。”王如松说。

---

* 原载于：中国建设报，2011-01-20.

要有宽松的“红绿”边缘。破解“摊大饼”的城市格局，每个居住小区与周边生态服务用地的绿缘要尽可能长，居民步行到最近的大片绿地时间不超过10min。

具有健全的生态。非工程设施建设的城市开阔地表100%可渗水透绿，屋顶和立面绿化、下沉式绿地兼湿地功能，湿地兼生态给排水功能；城区人均生态服务用地面积不低于30m²，其中人均湿地面积不小于3m²。

具有混合功能，方便居民出行。居住、工商、行政和生态服务功能混合，1/3以上的职工能就近上班，从居住点到工作地点乘公交车正常情况下不超过30min。

关于生态建筑和生态标识。新建社区生态建筑要达到70%。与传统建筑相比，生态建筑节能60%、碳减排50%、化石能源消耗减少15%～30%。同时，通过标志性建筑、雕塑和文化景观凸显当地自然生态和人文生态特征等，生态标识满意度高于80%。

建设生态游憩廊道。在汽车和轻轨交通网络外，为市民和游客提供无断点出行、游览观光及生态服务的游憩绿道，包括自行车步道网络，休闲驿站及人文服务设施、生物绿篱及缓冲廊道。人均生态游憩廊道面积应不低于5m²，生态游憩绿道能覆盖和连接市域内每个社区、乡村和景点。

构建民风淳朴、邻里交融的社区氛围。社区和睦、治安良好、文体设施与场所健全，2/3以上的居民能天天见面、周周交流。

同时，在生态基础设施建设方面，王如松提出，要建设好包括流域汇水系统和城市排水系统、区域能源供给和光热耗散系统、城市土壤活力和土地渗滤系统、城市生态服务和生物多样性网络、城市物质代谢和循环系统、区域大气流场和下垫面生态格局等；通过城市的水、土、气、生、矿五大生态要素的支撑能力，以及肾（湿地）、肺（绿地）、皮（地面及建筑物表面）、口（资源和废弃物进出口）、脉（交通和水系）五类生态设施的服务功能，维持城市生态系统的活力和可持续性。“如要对这几点进行测度，可用生态用水占用率、生态服务用地率、生态能源利用率、生态安全保障率作为参考标准。”此外，王如松特别强调了别墅型住宅要少占地。同时，他对现在风行的“农民上楼”并不认同，认为如果处理不当就会变相剥夺农民的土地使用权和宅基地所有权。“土地的集约利用，不能光看数量，更重要的是看土地的社会、经济和自然生态服务功效。”王如松说。

有生态品质才有生活品质

“近来，大家对城市生活品质的议论越来越多了，”王如松说，“事实上，衡量一个城市的生活品质，不能光看中央商务区（CBD）有多大、马路有多宽，还要看城市的生态品质，特别是对自然和人为灾害的抗御能力及市民生活工作的便利程度。例如，居民上班、孩子上学的时间成本有多少，购物、看病是不是方便等。”

王如松举例说，在珠三角地区，广东省正在推动绿道网的建设，意在给行人、骑自行车者以自然和人文生态服务空间，从而改变到处都是高速公路，以及城市交通以机动车为本而不是以人为本的局面。“广州市已建成1000多公里的绿道，这是有益民生、造福社会的生态建设事业。”王如松说。

王如松表示，虽然从短期来看，达到相对理想的生态城市人居环境建设标准还有一定难度，但从长期看，这是一个方向，有条件的地方要逐渐向这一方向过渡。“城市生态需要的是品质、效用第一，规模速度第二。”

让绿韵与红脉和谐共生*

黄抗生　李有军

美丽的彩虹桥与岸边的青山交相辉映，良好的生态环境使承德成为
第四届国际生态城市论坛举办地
黄抗生摄

2010 年 8 月 18 日，在河北承德举行的第四届国际生态城市论坛上，国际生态城市建设理事会副主席、中国科学院生态环境研究中心王如松研究员对生态城市的文明内涵、评价指标与科学标准作了具有独创性的阐述，引起与会专家和城市代表的强烈共鸣。

三大生态危机与城市生态品质

“当今世界面临三大生态危机：一是以气候变化、经济震荡和社会冲突为标志的全球生态安全问题，二是以资源耗竭、环境污染和生态胁迫为特征的区域生态服务问题，三是以贫穷落后、过度消费和复合污染为诱因的人群生态健康问题。”王如松说，这三大危机的根源在城市，城市既是受害者，也是危害者。

他认为，评价一个城市，不能光看它有多少高楼大厦，交通如何发达，还要看它能否经受住生态风险的考验。今年广州等一些城市遭受暴雨袭击，许多民房进了水，几百万辆车泡了汤，就反映了一个城市的生态品质问题。

王如松说，所谓生态品质，是对城市形态与结构关系良好程度的测度，包括城市系统的生态涵养用水、生态服务用地、可再生能源利用、生态营养物质循环（物流的耗竭与滞留程度）、生态多样性的额度或阈值，以及城市的山形水系、文脉肌理、标识

---

* 原载于：人民日报海外版，2010-08-28，第 03 版.

品位及精神风貌的和谐性。

城市的“绿韵”与“红脉”

什么是城市的“生态”？

王如松认为，城市生态包括城市生物和环境演化的自然生态、城市生产和消费代谢的经济生态、城市社会和文化行为的人类生态，以及城市结构与功能调控的系统生态四个方面。

“形象地说，就是‘绿韵’与‘红脉’的关联状态。”王如松说，“绿韵”是指蓝天、绿野、沃土、碧水等，“红脉”是指产业、交通、城镇、文脉等，它们之间形成的复合生态，是天、地、人、环境间的和谐关系，而不是回归自然或城市生物生境的简单平衡。

他说，建设生态城市，就是要按生态学规律（包括自然生态、经济生态和人类生态）统筹规划、建设和管理城市，旨在通过观念更新、体制革新和技术创新，调谐城市社会、经济与自然环境之间的各类竞生、共生、再生、自生的生态关系，在生态系统承载能力范围内去改变生产和消费方式、决策和管理方法、文化和精神生活及生态和环境意识。王如松强调，城市生态问题的根源在人，如何更新人的观念、调节人际关系、诱导人的行为、提高人的素质、开化人的文明，是生态城市建设的核心。

生态城市环境、产业、社会演化

王如松认为，生态城市建设是一个人与环境协同进化的渐进过程，是城市生态基础设施和循环再生功能渐进完善及自然生态和人文生态服务功能渐进熟化的过程。它包括自然生态系统和物理环境的正向演化，经济增长方式和产业结构的功能性转型以及社会生活方式和管理体制的文明进化。

一是环境演化。就是要从以化石能源、化工产品为主导，气候变化、地表硬化、水体绿化、空气酸化、生物退化为特征的工业景观向以净化（干净、安静、卫生、安全)、绿化（景观、产业、行为、体制），活化（水欢、风畅、土肥、生茂）及美化（文脉、肌理、韵律、标识）为特征的生态景观演化。

通俗地说，就是要变死水为活水、霾天为青天、硬化地表为活性地表、灰色景观为绿色景观，促进城市建设从满足市民的居住空间需求到生活品质需求、从污染治理需求到生态健康需求、从景观绿化需求到生态服务需求的成熟社区的转型。

二是产业转型。就是在传承传统农业和工业文明的基础上，推进资源耗竭、环境破坏型的物态经济向资源节约、环境友好型的生态经济方向演化；促进传统生产方式从产品经济向功能经济、链式经济向网络经济、自然经济向知识经济、厂区经济向园区经济、刚性生产向柔性生产、减员增效向增员增效、职业谋生向生态乐生的循环经济转型。

三是社会进化。就是要推进决策方式从线性思维向系统思维演化；管理体制从条块分割走向五个统筹，即向区域统筹、城乡统筹、人与自然统筹、社会与经济统筹以及内涵与外延统筹方向演化；基础设施、居住社区和产业园区从单功能向各类服务功能完善的成熟社区演化；生活方式从以金钱为中心的富裕生活到以健康为中心的和谐生活演化。

生态城市的四大指标体系

王如松认为，生态城市建设包括生态基础设施（文明支撑体系）、生态人居环境（文明彰显体系）、生态代谢网络（文明运作体系）和生态能力建设（文明保障体系）四大体系的建设。

生态基础设施包括流域汇水系统和城市排水系统、区域能源供给和光热耗散系统、城市土壤活力和土地渗滤系统、城市生态服务和生物多样性网络、城市物质代谢和静脉循环系统、区域大气流场和下垫面生态格局等。生态基础设施建设的目标是维持这些系统结构功能的完整性及生态活力，强化水、土、气、生物、矿物五大生态要素的支撑能力。

生态人居环境的适宜性取决于社区或园区环境的肺（绿地）、肾（湿地）、皮（地表及立体表面）、口（主要排污口）和脉（山形水系、交通主动脉等）的结构和功能的完好性。

王如松根据国内外生态城市建设研究的经验，提出了生态人居环境的10项内容：紧凑的空间格局，从平面建设向空中和地下空间发展；凸显城市主动脉，努力避免摊大饼式的城市扩张格局，根据城市自然生态和社会经济特点彰显由主要轻轨和BRT为轴心形成的城市人流物流主动脉；宽松的红绿边缘，根据生态边缘效应，设计每个居住区或产业园区与周边大片绿地的生态交错带；健全的肾肺生态，保证城市肺、肾、皮、口和脉等生态基础设施的结构完整性和功能完善性，保证适宜的生态服务用地规模和格局；混合功能就近上班，新区建设和旧城改造要混合布局生产、生活与生态功能，为驻地居民提供尽可能多的就地或就近就业的机会；便民生态公交，大力提倡公交、轻轨、自行车甚至步行的低碳、健康的生态交通方式；低碳生态建筑，大力推广比传统建筑节能60%、碳减排50%、化石能源消耗减少15%～30%、生态足迹最小化的生态建筑；彰显生态标识，通过标识性建筑、雕塑、生物和文化景观凸显当地自然生态和人文生态特征、文脉和肌理；生态游憩廊道，在汽车和轻轨交通网络外为市民和游客提供无断点出行、游览观光及生态服务的游憩绿道；民风淳朴邻里交融，社区和睦，治安良好，文体设施与场所健全。

此外，还要健全生态代谢网络，即建立以高强度能流、物流、信息流、资金流、人口流为特征，不断进行新陈代谢，具备生产、流通、消费、还原、调控多功能的自组织和自调节系统；要加强生态整合能力建设，通过利益相关者的行为调节和能力建设带动整个城市形态的彰显和神态的升华，促进物态谐和、业态祥和、心态平和与世态亲和的城市文明发展。

王如松强调，生态城市建设是一个长期、艰巨的历史任务和走向可持续发展的渐进过程，是一场技术、体制、文化领域的社会变革，需要强化完善生态规划、活化整合生态资产、孵化诱导生态产业、优化升华文化品位，通过统筹兼顾、分步实施、典型示范实现滚动发展。

绿色奥运生态是本必先行*

任生心

北京申奥成功后，党中央、国务院、国家奥委会及北京市政府迅速制定了实施“绿色奥运、科技奥运、人文奥运”的总体规划和具体方案。就如何将2008年北京奥运办成“绿色奥运”等有关问题，记者专访了国际科联环境问题科学委员会（SCOPE）第一副主席兼中国委员会副主席、联合国大学跨千年全球发展战略研究中心北京分部主任王如松。

记者：首先请您诠释一下“绿色奥运”的概念和意义。

王如松：“绿色奥运”旨在以2008年北京奥运为契机，通过生态建设促进人们观念的改变，全民生理、心理素质的提高和全社会的生态文明建设；促进城市环境的快速改善、城市生态资产的快速积累和区域生态服务功能的快速加强；激励城市产业的生态转型、城市经济的健康运行和社会可持续发展能力的培育。绿色奥运是走向可持续发展的一个过程、动力、行为、生机、一种文化。与悉尼奥运会不同，北京奥运是一种全球化、信息化时代的生态奥运，需要和谐的生态服务功能、资源节约型的高新科技和天人合一的东方传统文化来支撑。它的实施乃至成功举办，将是有中国特色的大手笔、划时代的生态奥运，其意义远远超过举办本身。生态建设是人类赖以生存的永久之计，我们要以营造“绿色奥运”为契机、为动力，长期做下去。

记者：为什么“绿色奥运”生态建设是本？

王如松：要实现“绿色奥运”，生态建设是根本。它不仅包括蓝天绿地、青山活水、鸟语花香、气候宜人等自然生态环境的建设，还包括物资、能源、资金、信息有效利用的生态产业的建设，是不断完善可持续发展的进化过程，更是政府、企业和市民的观念、意识、行为、文化、政策、法规等层面的社会生态功能的全民行为。要达到“绿色奥运”的目的，就要营造生态北京新模式。

生态北京不仅需要形态结构的表象绿，还要神态功能的内在绿，更要动态机制的潜在绿。生态北京建设的宗旨就是要改变传统的生产和消费方式、决策和管理方法，挖掘市域内、外一切可以利用的资源潜力，实现经济腾飞与环境保育、物质文明与精神文明、自然生态与人类生态的高度统一。

记者：请您谈谈生态环境目前存在的问题。

王如松：北京市政府在申奥成功前，多年来就经济发展、城市建设和环境改善等方面，投巨资做了大量实际工作，硬件方面如：蓝天工程、绿水工程、青山工程和绿城工程，旧城改造、整治脏乱差环境等。软件方面如：狠抓首都精神文明建设年年有规划、措施，并基本落到实处。但与“绿色奥运”的“达标”仍有差距。北京生态环

---

* 原载于：光明日报，2002-03-18.

境问题的表象是单个环境因子如大气污染、交通堵塞、水资源与水污染、垃圾和绿化建设等问题，实质是城市人类活动与自然环境关系长期失调形成的生态问题。

目前北京生态环境建设硬件投入多、治标应急多，可持续发展的规划、管理和能力建设相对不足。软件投入少，社会签名多、呼吁多，有实效的改善生态环境的行动相对少；这不只是一个投入问题、技术问题，根本上是人们转变观念的认识问题和管理问题、社会伦理道德问题。认识不够、责任不清、监督不力、管理不善、执法不严等软件问题要根本扭转。

记者：针对上述问题，您有何建议？

王如松：要尽快制定、实施北京市生态建设战略规划。必须以生态为纲、奥运为用、环境为体、发展为常，纲举目张。首先，强化各级政府的宏观调控能力和软件建设能力。促进决策、管理的科学化、民主化与系统化。与北京市“十五”计划等有机结合，制订、实施生态建设的标准、法规。将任务下达到各级政府责任部门并逐年落实，乃至分解到每个街区、单位和个人。

第二，诱导企业的生态转型。以 ISO14000 环境管理体系为宗旨，计算本行业对首都生态的贡献率，加速生态产业孵化、生态产业园的重组。建立企业的“绿色核算体系”，全面削减产品生产、加工、营销、使用及废弃过程中对环境的不良影响，甚至“关停并转迁”。积极引导和重点实施可再生能源及能源清洁利用工程等多种生态建设示范工程。2008 年前，全市企业 ISO14000 认证合格率应超过 50%。

第三，打一场持久的生态建设的“人民战争”。充分利用环保和生态建设的各级志愿者组织并发挥作用，积极扶持绿色学校、绿色医院等示范工程的建设。根据专业优势，制订、实施各单位建设生态北京的计划。“从我做起”，自觉改变不良传统生活方式和消费行为。落实分片包干制、举报制、义务巡逻制等。利用四大新闻体大力开展生态建设的宣传教育活动，编写生态北京建设手册等。

建议在4万亿投资中出台优惠政策建设十大生态服务平台*

刘晓星

导读 全国人大代表、中国科学院生态环境研究中心研究员王如松建议，利用4万亿元投资安排适当额度的启动资金和贷款，出台优惠政策，搭建10个自然生态和人文生态服务产业的咨询、孵化和管理支持平台，构建为经济平稳较快增长服务的生态基础软设施。

世界经济的大幅度振荡、4万亿元建设资金的大规模投放、社会经济格局的大范围调整以及全球气候变化的国际压力，给今年的环境保护和生态建设工作提出了新的挑战。全国人大代表、中国科学院生态环境研究中心研究员王如松建议，利用4万亿元投资安排适当额度的启动资金和贷款，出台优惠政策，搭建10个自然生态和人文生态服务产业的咨询、孵化和管理支持平台，构建为经济平稳较快增长服务的生态基础软设施，为生态文明建设和资源环境综合管理提供科学依据和监控手段。

王如松认为，《政府工作报告》中提出的开展生态补偿、生态建设、环境整治、生态修复等，以及“十二五”规划的制定，都需要大量的基础调查、科学规划、监理审计、评审论证和决策咨询工作，需要大批劳力、智力的投入。

王如松指出的十大生态服务产业发展平台为：

——农田生态服务产业发展平台。以公司带农户、工厂带农村、工业带农业，生态服务带污染防治，将与农田生物质生产有关的生产、加工、流通等产业整合，推进农业产业化、农民城镇化、农田生态化、农村现代化；

——农村人居生态卫生和生态能源服务业发展平台。农村生活垃圾、污水、清洁能源建设等，都需要规范化、规模化、网络化的生态工程设计、施工、建设、维修和物业管理一条龙的工程服务及政策资金扶持；

——城市垃圾减量化、无害化、资源化、产业化和社会化生态工程发展平台。由地方政府引导、基层社区参与，组织进城拾荒农民工从事城市生活垃圾的减量化、无害化、资源化、产业化和社会化上下游一体的静脉产业；推进城市生活垃圾、污水、粪便综合处理和技术集成，改善城市人居环境、提高外来民工素质、改善城郊结合部的社会管理；

——城市工矿土地生态功能审计监控平台。建议对每个用地单位所占土地的生物质生产力、自然生态服务和社会生态服务效果进行年度生态审计；可更新能源利用率、环境净化能力、废弃物流出量以及生物多样性维持能力等自然生态服务功能应优于或至少不低于原土地的功能；

---

* 原载于：中国环境报，2009-3-13.

——区域生态系统和环境质量调查与监控平台。为避免大规模基础设施和工程建设对生态环境的冲击，要加强对重大规划、政策和项目战略环境影响评价工作的监督；加强对区域、城乡、部门统筹和生态环境审计工作的监督，以及全国生态系统普查、生态资产审核和生态文明能力建设的系统调查；

——区域人文生态休闲产业发展平台。生态休闲业是一类融多功能为一体的创新型服务经济，包括水、土、气、生、矿的自然生态修复、涵养、保育业；身、心、德、智、趣的人文生态修学、修养、休闲业，以及经济生态的修整；

——生态产品安全监控与认证事业发展平台。产品质量安全事关百姓衣食住行、身心健康，对种养殖和加工食品以及日常生活用品的原材料生产、加工、流通、销售和废弃全过程的生态监管和生态产品认证是保证群众生态健康的重要环节，需要建立具有一定专业技术的监控队伍；

——城市生态风险监管和环境影响评价服务平台。城市生态风险是各种自然和人为灾害导致人居环境、人类赖以生存的生态支持系统以及人群生态健康损害的连锁反应型风险，给城市社会经济发展带来直接和间接的负面影响；

——生态产业孵化与循环经济咨询产业发展平台。建议乘生态产业建设之机，推进新型循环经济产业的策划、规划、催化和孵化；引导传统产业的转型、改造与升级；实现咨询产业的系统化、市场化和网络化，进行跨地区、跨行业、跨企业的链网生产；加强企业内部的研究与开发、服务与培训等。而目前面向中小企业的专业咨询和科技服务队伍十分紧缺；

——景观和土地生态修复产业发展平台。研究工业化、城市化的生态胁迫和生态退化机理，以及自然和人文生态重建的系统方法，为节能减排和宜居环境的生态建设提供科学依据和决策支撑，急需一大批专业研究人员、工程队伍和景观生态修复企业。

节能减排重在整个生态系统*

李 禾

据国家环保总局公布的“环境质量状况”，我国七大水系总体为轻度污染，主要污染物为高锰酸盐、氨氮等；《2007 中国海洋环境质量公报》显示，实施监测的 573 个入海排污口中，约 87.6% 的排污口超标排放污染物，主要超标污染物为化学需氧量、磷酸盐、悬浮物和氨氮等。

要从根本上完成环境治理目标，王如松认为，首先应观念更新，不能头痛医头，脚痛医脚，而是从整个生态的角度考虑并实施。当前国家环保总局提出了让松花江“休养生息”，“其实整个生态环境都需要休养生息。土地不但能生产粮食，还有涵养水源、调节气候、服务生态系统的作用。印度和我国的土地面积相近，但是印度 80% 的土地都是耕地，而我国的 2/3 的土地是山地，为了满足粮食需求，我国基本上每一块平地都被开垦利用，竭泽而渔不利于生态环境的良性循环。不过，随着高产、无土栽培等技术创新，我国土地的单产量将越来越高。今后，我国将能拿出 1/3 土地进行休耕，生态环境的改善步伐也会加快。”

“还要体制革新。部门和地域条块分割管理的‘九龙治水’局面，导致污染出现后，上下游互相指责、推诿扯皮。”王如松说，“国家出台大部委制，希望它能打破分割，建立流域管理、集中管理的体制”；此外，“我国工业化发展跨越了好几个阶段，各种落后和先进的技术并存。应加大技术创新投入，发展清洁生产、循环经济。”

除了休养生息外，王如松认为，还应加快战略环评的研究和实施。战略环评包括法规、政策、规划的环评，这是将环境因素置于重大宏观经济决策链的前端，并通过对环境资源承载能力的分析，对各类重大开发、生产力布局、资源配置等提出更为合理的战略安排，从开发建设活动的源头预防环境问题的产生。

---

* 原载于：科技日报，2008-03-15，009.

像抓经济一样经营生态健康*

任生心

SARS 疫情的传播，与气候环境、生物环境、物理环境、人居环境和人的行为方式密切相关。要想有效防治传染病，营建“生态健康网”至关重要。

记者：您多年来一直倡导国人要关注和研究生态健康的问题，这次的 SARS 疫情，是否又使您想到了什么……

王如松：是的，我确实在思考，也的确认为，SARS 疫情的传播，与气候环境、生物环境、物理环境、人居环境和人的行为方式密切相关。人们在征服大自然的同时，物质生活虽然丰富了，可由于科技的发达而带来空气、水、垃圾等污染公害和生态被破坏，使生态健康大大衰弱，生态卫生失去平衡，导致生态安全严重萎缩。科技的高速发展，在给社会带来巨大福利和舒适的同时，也打破了地球生物圈的生态平衡。所以最近我在各种场合多次建议，我们在应用高新技术研究 SARS 病毒的医学机理时，也要研究它的生态学成因、传播机理和调控手段。传染病在一些发达国家少有死亡病例，其中一个原因就是它们有较完善的生态健康机制，如城市环境较清洁，大气污染较轻，饮水较洁净，食品较符合标准，垃圾处理得较好，人们生活在绿色环境中，所以，传染病一旦出现，由于疫情传播的客观条件有限，也并不十分可怕，而且很快得到了有效控制。要想有效防治传染病，营建“生态健康网”至关重要。

记者：“生态健康网”是个新的提法，您为什么要强调这个“网”的概念呢？

王如松：SARS 疫情来势这么猛，严酷的现实给我们提出了严峻的问题：这个世界为什么越来越“不听话”，气候不正常，肥胖症等富贵病与日俱增，疯牛病、艾滋病等传染病、流行病不断出现？如上所说，许多传染病、流行病与动植物种大量灭绝、生态严重失衡有关。

人们要认识各种传染病的疫源、疫症、疫因，强化人体、社会的免疫能力，需要从病毒传播、感染的生态环境、生产方式和环境行为等多方面入手，找出它危害社会的关联性、病因的多样性、系统的复杂性和病毒的局限性。要想有效防治疫情，就必须将各种诱因转变为积极因素，并将其有机结合，形成“生态健康网”，最大限度地降低传染病病毒生存和传播的环境因素。

记者：那么从一个生态学者的视角来看，怎么才是健康的？又该怎样认识突然爆发的传染病、流行病等突发公共卫生事件？

王如松：何为生态？生态是指人和动物、植物、微生物、自然环境和社会环境，在一定自然条件下生存和发展的状态。何为健康？根据世界卫生组织定义，健康是一种完整的生理、心理和社会康宁状态，而不只是不生病或身体不虚弱。健康既是硬件，

---

* 原载于：光明日报，2003-06-27.

包括人的各器官、功能的完好程度；健康又是软件，是人与各类物理、生物、社会和自然环境的协同进化关系；健康还是一种文化，是人的物质文明、精神文明与大自然、社会的综合表象。

我们应当把传染病、流行病看成是天人搏击的双刃剑，它警示人们必须讲环境卫生，否则将给人类带来灾难。纵观历史，人类健康史就是不断与疾病作斗争、逐渐认识各类微生物，战胜疾病，与之和谐、进化的历史。例如，17 世纪英国的鼠疫大流行，推动了欧洲的工业革命、高科技发展，改变了人类社会的生产方式。我国商代就有“瘟疫”的文献记载：《小屯·殷墟文字乙编》，卜问殷王是否染上传染病，又卜问疫病是否会蔓延流传等。从汉代开始，医书里都把传染病作为重点项目加以关注。20 世纪以来加速的城市化进程，如 47% 以上的人拥有高楼、空调、汽车，垃圾、污水向郊外排放，人们过着近乎与大自然隔绝的现代化生活。我们必须从生态健康的角度，改进以往以牺牲生态为代价，只追求现代化，不注重保护生态的生活、工作方式，逐渐使生态得以恢复。

记者：按您的设想，您所倡导的“生态健康网”应该如何来建设呢？

王如松：近年来，全球出现的生物效应、热岛效应、温室效应等现象就足以说明“生态安全”受到了威胁。随着生物多样性的降低、全球环境的变化、自然灾害的频繁、淡水资源的枯竭，以及沙漠化的加剧，自然生态系统为人类生存与发展提供服务的功能越来越弱……

要想提高人和社会的免疫功能，就要研究、“管理”传染病，要从心理、生理、生态上调控它。有关部门应出台相关政策法规，制约那些破坏生态的违规行为，鼓励全社会从关爱生态健康、积极涵养城市安全做起，从政府到公民都像抓经济一样经营生态健康，形成全方位的生态健康网络，使我国全面进入可持续发展轨道。营建“生态健康网”，要有良好的生态卫生环境，尤其是农村的生态卫生要狠抓落实。生态卫生是营建生态健康网的前提和保障，这要从不适宜生态健康发展的观念、体制、行为改起，每个人从不随地吐痰、不乱扔废弃物等日常小事做起。

在科学轨道上建设生态文明*

谭　怡　史冬柏

核心提示

党的十八大报告明确了中国特色社会主义事业“五位一体”的总体布局，把生态文明建设提到前所未有的高度。生态文明建设是中国特色社会主义的题中应有之义，“五位一体”总体布局战略思想的提出是对中国特色社会主义的新贡献。近日，记者就生态文明建设相关问题特约中国科学院生态环境研究中心研究员、中国工程院院士王如松对党的十八大报告进行深入解读。

“合纵连横”融贯生态

辽宁日报：党的十八大报告首次把“大力推进生态文明建设”独立成章，突出了“五位一体”的总体布局。您怎样理解党的十八大报告的这一大亮点？

王如松：听了胡锦涛同志的十八大报告，我特别激动和振奋。整个报告体现了中国共产党人对社会主义的信念，对科学发展的信心。报告中有39次提到“生态”，15次提到“生态文明”。报告要求把生态文明建设放在突出地位，并提出走向社会主义生态文明新时代的新目标。

从党的十六大提出政治、经济、文化“三位一体”，到党的十七大提出政治、经济、文化、社会“四位一体”，再到党的十八大把生态文明深深融入经济建设、政治建设、文化建设和社会建设中去的“五位一体”，体现了科学发展观的升华和中国特色社会主义的进化。但是，在这“五位一体”的总布局中，生态文明建设与其他四个建设并不是平行的。生态文明是神态，而经济、政治、文化、社会是形态；前者是纲，后者是常。需要将神融入形、纲贯穿常，合纵连横、潜移默化。

党的十八大报告把生态的内涵从过去只注意生物生态、污染生态上升到科学前沿的人类生态、社会生态，上升到生产关系、消费行为、体制机制、上层建筑和思想意识的高度，上升到为经济、政治、文化、社会穿针引线、合纵连横的高度。生态文明建设把所有的目标相融贯，从而使五个建设具有了高度的统一性和内在的一致性。

当然，要真正把生态文明“深深融入”和“全面贯穿”到四大建设的各方面和全过程中去，我们还有一段很长的路要走。需要全党全民都来融贯生态文明，锐意绿色发展，凝练中国特色，推进小康建设。

---

* 原载于：辽宁日报，2012-12-04，007.

“绿韵红脉”认知生态

辽宁日报：生态文明这个提法，自党的十七大时就已经有了，现在更是全民热议，但往往“熟知非真知”。您如何定义和理解生态及生态文明?

王如松：现在全社会都在讲生态。什么是生态?有人认为生态就是生物，有人说生态就是天蓝、地绿、水清，应该说都不准确。生态文明的生态，实际上是人的生态。我有个形象的说法，就是“绿韵”与“红脉”之间的关联。“绿韵”是光合作用赋予的生命力。植物大都是绿色的，自然的本色是绿，生命的活力表现在绿，人们都喜欢绿，人类活动的基础就是绿。还有“红”，人和高级动物的血液都是红的，人类社会能源开发利用的做功过程和热耗散表现出的是红色。人类大规模开发利用化石能源，导致全球环境变化、城市热岛效应加剧，在遥感图上也呈现一片红色。当今社会经济发展中的问题，都是“绿韵”与“红脉”之间的关系没有协调好的缘故。我们要发展绿色经济，建设绿色景观，运筹绿色社会，传承绿色文化，其实就是要协调“绿韵”与“红脉”的耦合关系。

生态二字有着丰富的科学内涵。生态的“生”，就是开拓竞生、整合共生、循环再生和适应自生；“态”，就是物态谐和、事态祥和、心态平和、智态悟和。这里的悟是指人们的智慧思考。所以生态可以用十六个字来概括：物竞天择，道法自然，事共人为，心和文化。

那么生态文明呢?“文”，就是指人（包括个体人与群体人）与环境（包括自然、经济与社会环境）关系的纹理、脉络或规律，是一种时间、空间的生态关联。“明”，是指从暗向亮，从愚昧向睿智的开化、教化和进化过程。生态文明就是物质文明、精神文明、政治文明在自然、社会生态关系上的具体表现。生态文明建设包括经济建设中生产和消费的物态文明、政治建设中组织和管理的体制文明、文化建设中知识和智慧的认知文明，以及社会建设中道德和精神的心态文明，把这四个文明抓好，也就把生态文明贯穿到经济、政治、文化、社会建设中去了。

“体用纲常”品味生态

辽宁日报：党的十八大报告从优化开发格局、促进资源节约、加大保护力度、加强制度建设四个方面具体部署生态建设，其中蕴含了哪些深意?

王如松：报告运用生态的、系统的、文化的视野和方法，从四个方面部署生态建设方略，体现了“环境为体、经济为用、生态为纲、文化为常”的整体论思想。

首先，人类社会以环境为本底，包括五大基本生态因子：水、土、气、生、矿。水是水资源、水环境；土是土壤、土地；气包括气候资源、空气以及能源在使用过程中的热耗散导致的气候变化、大气运动等；生即生物，包括植物、动物、微生物等；矿就是人类从地球表层开发出来的大量冶金、化工、建材等原材料，有宏量和微量元素，进入人类消费系统，为人所利用或抛弃。我们赖以生存的这五个基本生态因子组成“环境为体”。

其次，人是一种高级动物，是有主观能动性的，有生产、流通、消费、还原、调控能力。人在了解自然规律以后，可以顺应自然规律、调节生态关系、培育生命活力、建设生态环境，以从自然获得更好的生态服务。人善于把地球上的资源和环境利用起来为自己的生存和发展服务，这就叫“经济为用”。

再次，人类社会的任何组织单元都是一类既有自然本底，也有经济活动，还有社会管理的“社会-经济-自然”复合生态系统。生态文明建设的目标，就是要认识、管理和改造自然支撑子系统、经济代谢子系统和社会调控子系统内部以及各子系统之间在时间、空间、数量、结构、序理等方面的相生相克、相反相成关系，实现绿韵红脉高效和谐的耦合，这就叫“生态为纲”。

最后，人类社会以人的知识、体制、文化为主导来调控自然生态系统，通过长期的人与环境相磨合的文化演变，积累经验和智慧，从中获取资源、改变环境、调节生态，实现由低级向高级、由必然向自由的文明进化。自由的发展加上必然的约束，成为生态文明的“自然”，这就叫“文化为常”。

“四生合一”构筑生态

辽宁日报：结合人类文明形态的演变和当前复杂的国内外形势，从历史和现实出发，我们应该怎样理解全球生态安全问题?

王如松：原始文明以采摘狩猎为特征，以发明用火和金属工具为标志，是一种自生式的社会形态；农业文明以种植养殖为特征，以发明灌溉和施肥育种为标志，是一种再生式的社会形态；工业文明以市场经济为特征，以大规模使用化石能源和机械化工产品为标志，是一种竞生式的社会形态；社会主义以社会公平与生态和谐为理想，以社会公德和行政管理为手段，是一种共生式的社会形态。市场经济依靠竞生，社会主义强调共生，小农经济依赖再生，中国传统文化强调自生。但是，依赖以上任何一种机制单独运行的社会都不是可持续的，也解决不了复杂的生态危机问题。

党的十八大报告首次提到全球生态安全，有八处提到全球问题，体现了中国以世界安全为己任的大国风范。当今世界，人类面临以气候变化、经济振荡和社会冲突为标志的全球生态安全问题；以资源耗竭、环境污染和生态胁迫为特征的区域生态服务问题；以及以环境病加剧、适应力降低、人口超集聚为诱因的人群生态健康问题等三大生态风险。“大敌”当前，传统农耕文明封闭保守、无能为力，欧美、日本等发达国家的工业文明更是回天乏术、望洋兴叹。唯有“四生合一”的中国特色社会主义风景这边独好，才有希望担负起全球生态安全的责任。生态文明是以可持续发展为特征，以知识经济和生态技术为标志，集自生、再生、竞生、共生四重功能为一体的高级社会形态。其核心就是要把这“四生”机制深深融入和全面贯穿到人的经济环境、政治环境、文化环境、社会环境建设中去，实现人和自然协调、持续发展的“五位一体”战略，将自生、再生、竞生、共生的生态规律与开拓、适应、反馈、整合的创新精神根植于新型城市化、工业化、信息化和农业现代化的发展过程之中，推进生产高效循环、生活幸福低碳、生态绿色和谐的可持续发展，这才是我们努力构建的高级社会形态。

“一以贯之”建设生态

辽宁日报：发挥生态价值，建设生态文明，我们该有哪些应对策略，侧重点在哪里？

王如松：我们尚处于社会主义初级阶段，人们往往把关注的重点放在改善物质生活、遵循市场经济的竞生和自生机制上，而共生与再生观却相对薄弱，利他、爱他之心还有待进一步培育。因此，必须大力提倡心态文明，让雷锋精神返回社会。心态文明是人对待和处理其自然生态和人文生态关系的精神境界，包括温饱境界、功利境界、道德境界、信仰境界和天地境界，要在这些方面多多给予正面引导和社会关注。

把生态文明融入和贯穿社会经济和政治文化建设，需要适宜的切入点。传统工业文明形成的产业基本上是链式产业，在这种产业生态关系中，每一个企业都设法获取最大的利润而不管资源的耗竭和环境的污染。未来的生态文明要把传统的资源耗竭型工业变成资源节约、环境友好型新兴生态产业。这就要求我们从过程上、结构上、功能上去改变产业生态关系，促进增长方式的改变和经济结构的转型。

学习、实践党的十八大精神，我们就要像报告中号召的那样，“一以贯之的接力探索”，把生态文明深深融入和全面贯穿到社会经济和政治文化建设中去，实现以下四个“一”：一是道法自然、绿韵红脉、天人合一的“一”，即建设中国特色社会主义生态文明；二是生产高效、生活适宜、生态美丽三生融一的“一”，即发展是硬道理，包括经济、环境和人的综合发展；三是新型工业化、信息化、城镇化、农业现代化四化归一的“一”，即城乡一体化；四是合纵连横、潜移默化，经济、政治、文化、社会与生态文明建设五位一体的“一”，即一以贯之地走向社会主义生态文明新时代。

本报记者/谭怡/史冬柏

生态文明与经济-政治-文化-社会五位一体的融贯关系图

生态文明渐行渐近*

刘维涛

嘉宾名片：中国科学院生态环境研究中心研究员，国际科联环境问题科学委员会副主席，中国生态学会理事长。第十届全国人大代表，北京市政协委员。

1月10日下午，冬日的北京的天空灰蒙蒙的，人车熙攘，走在街上一种莫名的不适油然而生。这在我国自主培养的第一个生态学博士、中科院生态环境研究中心研究员王如松看来，其实是生态服务功能的退化，他说："天也有'情'，你不善待自然，自然绝不会给你好'脸'。"

党的十七大报告首次提出"生态文明"的理念，并把它作为全面建设小康社会的新要求提出。什么是生态文明？怎样建设生态文明？2008，我们将实现民族的奥运梦想，北京在推进生态文明方面，面临怎样的机遇和挑战？带着问题，我们走进中科院生态环境研究中心，专访了王如松研究员。

记者：生态如今已成为社会高频词，能否从专业的角度阐释一下生态文明？

王如松：的确，生态一词已成为一个流行词，但很多人并不完全懂它的含义，以为天蓝、地绿、水清就是生态了，其实它的内涵要广得多。

首先，生态是一种关系，是包括人在内的生物与周围环境间的一种相互作用关系。

其次，生态是一门学问：是人们认识自然、改造自然的世界观和方法论；是包括人在内的生物与环境之间关系的系统科学；是人类塑造环境、模拟自然的一门工程技术；还是人类养心、悦目、怡神、品性的一门自然美学。

此外，生态在民间有时也作为形容词用，是"生态关系和谐的"或"生态良性循环的"一词的简称，如生态城市、生态旅游、生态文化等。根据词义学上约定俗成和从众原则，这类涵义已逐渐被国际社会所公认。

至于生态文明，是指物质文明、精神文明与政治文明在自然与社会生态关系上的具体表现，是天人关系的文明。具体表现在人与环境关系的管理体制、政策法规、价值观念、道德规范、生产方式及消费行为等方面的体制合理性、决策科学性、资源节约性、环境友好性、生活俭朴性、行为自觉性、公众参与性和系统和谐性，展现一种竞生、共生、再生、自生的生态风尚。

记者：建设生态文明需要全社会的参与，我们应该怎样有序推进生态文明的建设？

王如松：生态文明涉及认知文明、体制文明、物态文明和心态文明。

认知文明，是指人类在认识自然、改造环境、管理社会、品味生态过程中积累的知识、技术、经验和系统方法，往往是从上一代传予下一代，从单个个体传至社会群体。我国城乡居民的生态和环境知识与发达国家差距甚大，认知文明亟待普及与提高。

---

* 原载于：人民日报，2008-01-16. 016.

体制文明是协调自然和人文生态关系的管理制度、政策、法规、机构、组织以及科技体制的开拓、适应、反馈、整合能力。传统工业文明形成的体制条块分割、环境经济脱节、生产消费分离、城市乡村分治、认知还原论占主导，决策就事论事等问题是可持续发展的瓶颈，急需按生态学规律强化体制改革。

物态文明包括生产文明和消费文明。生产文明旨在推进传统生产方式从产品导向向功能导向、资源掠夺型向循环共生型、厂区经济向园区经济、部门经济向网络经济、自然经济向知识经济、刚性生产向柔性生产、从减员增效走向增员增效、职业谋生走向生态乐生的循环经济转型；消费文明涉及每个人的居息、代谢、行游、交往活动以及水、气、土、生物、废弃物等环境影响方式。美国式高物耗、高能耗、高环境影响的消费方式和生活方式是中国的资源环境和人文生态所承载不了的。文明的生态消费观倡导从以金钱为中心的富裕生活向以健康为中心的和谐生活、从以数量多多的占有型消费到以功效优化为特征的适宜型消费、从以外显为中心的摩登消费到以内需为中心的科学消费过渡。

心态文明是人对待和处理其自然和人文生态关系的精神境界，包括五类：一是温饱境界，这是人的动物本能；二是功利境界，是市场竞争的基础。但一个可持续发展的社会还必须有道德境界、信仰境界和天地境界。市场机制的引入解放了功利境界，但当前我们的道德境界、信仰境界和精神文明却相对滞后。

记者：作为北京市 2005 ~ 2020 年城市生态规划研究的首席科学家，您心目中有没有理想城市的范本，北京在生态环境方面存在哪些难题，怎样破解？

王如松：城市生态的一个重要原则是适应，没有一个超越自然条件的理想生态城市样板。一个生态合理的城市必须在对城市环境、经济、社会和文化因子间复杂的人类生态关系的深刻理解的基础上实施综合规划、能动建设及系统管理，探讨改造自己、适应环境和改造环境、实现持续发展的科学途径。

北京前挹九河、后拱万山、风水独特、生态适宜。西部是太行山余脉的西山，北部是燕山山脉的军都山，潮白河、永定河穿市而过，直下渤海，是国家首都的理想胜地。但快速发展的北京城市建设也面临着生态环境的严峻挑战。最大挑战是建设用地的“摊大饼”格局和水资源短缺导致的水生态服务功能的退化。

城市建设的“摊大饼”格局已成为中国城市化进程的一种无奈模式，是城市一定历史发展阶段的必然产物，具有一定的社会经济合理性，反映了紧凑型城市发展的需求。“摊大饼”虽然单位边缘线服务人口最多，经济成本最低；但其单位面积享受的与自然交融的边缘线最短，因而生态效应最差。

北京市 2005 ~ 2020 年城市总体规划的一个重要特色就是融入了生态涵养和生态系统管理的先进理念和方法。未来的生态北京建设将以西部和郊区的生态涵养及东部和城区的生态建设推进首善之区的科学发展，通过展肢瘦身、舒经活络、切红缀绿、改灰复蓝，将区域生态服务功能逆向楔入建成区内，破解和减缓城市热岛效应、灰霾效应、污染效应和阳伞效应。让自然融入城市、让社区充满生机、让市民享受自然。

水是生态服务功能恢复的关键，我们的大气、土壤都需要一定的湿度。多年来城市发展挤占了大量自然生态用水，虽然南水北调可以部分解决城市工业和生活用水，但生态用水的巨大赤字仅靠调水却很难填平。需要从观念更新、体制革新和技术创新出发，通过生态文明、循环经济与和谐社会建设系统解决问题。

绿色奥运是北京生态建设的一大机遇。应当指出，作为绿色奥运灵魂的生态文明亟待在全市蔚然成风。北京应把握绿色奥运机遇，充分调动群众的积极性，发动一场类似20世纪50年代的“爱国卫生运动”的生态文明运动。

以战略环评促进又好又快发展*

战略环境影响评价参与综合决策座谈会不久前在京召开。来自中国科学院、中国社会科学院、全国人大环境与资源保护委员会等单位的29位专家学者围绕重大经济政策、重要区域发展战略的环境影响等议题展开座谈，积极献计献策。本报今日特摘录部分专家学者发言，以飨读者。

要强调战略环评的战略性

中国科学院生态环境研究中心研究员王如松

去年，我参加了很多战略环评的评审工作。我认同战略环评首先是战略性的，现在很多环评没有摆脱项目环评的影子，但是重污染不重过程，重环境不重生态，所以我认为战略环评首先应该是战略性质的。

超前性问题。我们现行的标准包括政策有的是不得已的，如二氧化硫和COD减排标准，还有氮和磷的问题、大气灰霾等问题。不仅是这些，更重要的是生态系统的管理、各部分的耦合问题，要有一个超前性。生态系统的影响不只是20年、30年、50年，我们要做大的时间尺度、空间尺度，未来几十年的尺度一定要做。我们现在做得根本不够。现在上位的规划，如国民经济的发展规划，是非常重要的，特别是现在可行的，如化工行业、汽车行业等的规划环评可以先行启动。

规划环评要在很短时间内做完，但缺乏生态系统的详细数据。规划环评最重要的是要有生态系统调查的数据作为支撑，这次全国污染源普查花了很大力气，希望下一次能不能做环境质量和生态系统的全国普查，这样规划环评就有了底气。如果没有生态系统的调查，没有环境质量的调查，主体功能区的规划也是不完善的。现在国际上非常强调生态系统，但我们不太清楚生态系统的管理评价和模拟的方法。

现在环评的结果，有的政府部门不把它当回事，评价单位的主要负责人应该签字，实施问责制，因为战略环评不是针对30年或50年，时间可能还会更长，所以要追究有关负责人的责任。现在很多规划是地方部门给你钱，你写的报告就要按照他的要求改来改去，这就变成他的报告，而不是独立单位的报告了。包括参加评审的专家、地方的专家，很多都为地方说话，所以独立性很差。将来的环评应该由相关部门背靠背地组织评审，而不要涉及利益关系。

还有统筹性问题。党的十七大把5个统筹扩展到9个统筹，包括中央和地方的统筹、个人和集体的统筹、局部和整体的统筹、眼前和长远的统筹，后面4个统筹我觉得很重要，是战略环评的依据。

---

* 原载于：战略环境影响评价参与综合决策座谈会发言摘登，2008-02-25.

最后一点是公众参与的问题。现在很多公众参与是走过场，并没有真正做到公众参与，我觉得将来可以借助党的十七大提出的生态文明概念，把生态文明推进以后，让老百姓来推动相关单位或部门，战略环评必须做、规划环评必须做。只要群众起来监督、政府部门加强引导，就可以解决这个问题。

关注生态健康*

任生心

编者按：生态健康是一个涉及人类发展的重大话题。就此话题，日前，农工党中央专门邀请有关专家在京召开首届中国生态健康论坛。我们选编部分发言，以期引起全社会对生态健康的重视。

九三学社在广西积极推广生态卫生村，他们与政府合作，创造性地把生态卫生旱厕与沼气技术有机结合，开展厨房改造、垃圾集中处理、人畜分居、村道硬化、自来水进家、下水道建设、绿化美化环境，形成一种新型的可持续发展的人居环境模式——生态卫生村。这种模式投入少，见效快，群众欢迎。

生态健康须综合整治

王如松：生态健康是人与环境关系的健康，不仅包括个体的生理和心理健康，还包括人居物理环境、生物环境和代谢环境的健康，以及产业、城市和区域生态系统的健康。生态健康本质上是一种生态关系的健康。

健康问题的产生与环境的恶化密不可分。北京阜外医院的调查结果表明，10 年间我国男性冠心病的发病率增加了 42.2%，女性增加 12.5%。另外，目前我国有 4.25 亿人口生活在缺碘地区，30 个省（自治区、直辖市）1230 个县市的 2 亿多人口受地氟病威胁，15 个省（自治区、直辖市）321 个县市的 5000 万人口受克山病威胁，14 个省（自治区、直辖市）315 个县市 3400 万人口受大骨节病的威胁；霍乱、病毒性肝炎、钩体病、腹泻病、血吸虫病、疟疾出血热、乙型脑炎等传染病仍在危害着人们的健康。

一个关键性的挑战是建立生态系统功能失调划分等级的方法，以至于诊断、干扰和推断的研究能够获得成功，一个挑战是为偏离主要生态系统的参数可变性正常范围的识别设定标准。一方面拥有对生态系统崩溃的初期诊断和另一方面对生态系统从压力下的恢复初期诊断的信心是非常必要的，另一个挑战是不断变化的环境、人类健康和经济机会和公共政策的交叉链接。在一个高度相互依存的系统中，所有这些因素共同决定了环境状况，需要理解这些因素之间的主要连接关系。

生态健康既是一类硬件，是人的各级器官、组织、细胞、基因的结构、功能的完好程度；健康也是一类软件，是人与各类物理、生物、社会和自然环境的相生相克、开拓适应、滞留耗竭、协同进化关系；健康还是一类心件或文化，是人的物质文明、精神文明在天人关系上的具体体现，是人的温饱、功利、道德、信仰、天地境界的综

* 原载于：光明日报，2004-12-09.

合表象。

生态健康建设难点在于体制条块分割、管理短期行为、生态意识低下、技术手段落后。现实发展大多追求经济发展的数量和速度，把追求经济财富的积累、物质文明的增长和社会服务的改善视为硬道理，而把生态资产的增值、生态服务的保育和生态文明的建设视为软道理。在落实科学发展观中，必须把生态健康列入实施可持续发展的重要内容和各级政府、企业的绩效考核指标，要求经济资产和生态资产并重、社会服务和生态服务共建，财富、健康、文明齐抓，在物质文明、精神文明和政治文明建设中加入生态文明的内涵。

附　　件

年　谱

- **1947 年**
  - 出生于江苏省南京市。
- **1961 ~ 1965 年**
  - 就读于淮北市第一中学（原濉溪市中学），完成初中和高中阶段学习。
- **1965 年**
  - 考入安徽师范大学（原皖南大学）数学系。
- **1970 年**
  - 安徽师范大学数学系毕业，获学士学位。
- **1971 年**
  - 分配到淮北市矿务局一机厂，先后任技术员和工人大学教师。
- **1978 年**
  - 考入中国科学院研究生院，师从著名生态学家马世骏院士和蓝仲雄教授，攻读数学生态学硕士学位。
- **1981 年**
  - 获中国科学院研究生院理学硕士学位，任中国科学院动物研究所生态中心助理研究员。作为主要参加者承担国家六五攻关课题“京津地区生态系统污染及综合防治对策研究”和“天津城市生态系统与污染综合防治研究”。
- **1982 年**
  - 师从著名生态学家马世骏院士和系统工程学家许国志院士攻读系统生态学博士学位，并赴意大利国际理论物理中心进修系统生态学。
- **1983 年**
  - 主持国家攻关专题“天津市经济发展的生态对策研究”；作为主要参加者承担国家攻关课题“京津地区生态经济区划研究”。
- **1984 年**
  - 与马世骏院士合作，在《生态学报》发表“社会-经济-自然复合生态系统”论文，把生态学的研究范畴拓展到包括人在内的生物与环境之间的关系，该文在国内外具有重要影响并被广泛引用，成为中国可持续发展方法论研究的经典论著。
  - 组织第一届全国城市生态学术讨论会（上海），当选中国生态学学会城市生态专业委员会秘书长（1984—1993 年）。
- **1985 年**
  - 于中国科学院动物研究所生态中心获系统生态学博士学位，是我国自己培养的第一位生态学博士。
  - 主持国家攻关课题“宜昌市及其临近地区城市发展的环境容量研究”，并担任国家科委攻关项目“三峡工程的生态环境影响评价研究”二级课题负责人。

- **1986 年**
  - 中国科学院生态环境研究中心副研究员。
  - 任中国科学院系统生态开放实验室主任（1986—1996 年）。
  - 作为主要参加者承担的“天津城市生态系统与污染综合防治研究”，获国家环境保护局、国家科学技术委员会进步一等奖。
  - 主持的“天津市社会经济环境的研究”，获天津市科技进步二等奖。
  - 主持的“天津市经济发展趋势的生态对策研究”，获中科院科技的进步二等奖。
  - 被聘为中华人民共和国水利电力部“长江三峡工程生态环境专题论证专家组专家”。
  - 组织第一届全国青年生态学工作者学术讨论会（湖南大庸），任大会主席，当选中国生态学会青年研究会干事长（1986—1990 年）。
  - 当选中国城市科学研究会常务理事。
- **1987 年**
  - 任中国科学院生态环境研究中心学术委员会委员。
  - 当选中国生态学会第三届理事会理事。
  - 主持“京津地区生态系统特征与防治研究”获中科院科技进步一等奖。
  - 主持国家攻关课题“天津城市生态系统特征与污染综合防治研究”，获国家科技进步二等奖。
  - 主持的“天津市经济发展趋势的生态对策研究”，获中科院科学技术进步二等奖。
- **1988 年**
  - 撰写并出版我国第一部城市生态专著《高效、和谐——城市生态调控原理与方法》，系统研究了城市生态动力学、控制论和结构功能、过程的系统耦合方法。
  - 主持“中德合作：天津城市发展的生态对策研究”项目。
  - 主持国家环境保护局及国家科学技术委员会课题“大丰生态县规划与建设研究”。
  - 担任国家重大基金课题“工程建设中环境影响评价的决策支持系统研究”的二级课题负责人。
  - 应邀赴维也纳国际应用系统分析研究所（IIASA）做访问教授并合作研究。
  - 组织“中德国际城市生态学术讨论会”（天津），任中方主席，组织第二届全国城市生态学术讨论会（天津），任大会秘书长。
  - 任《环境科学学报》编委，《城市环境与城市生态》副主编。
- **1989 年**
  - 主持的“宜昌城市发展的环境容量研究”获中科院科技进步三等奖。
  - 参加国际应用系统分析研究院组织的多标准决策支持研讨会，做主题报告，当选维也纳国际应用系统分析研究所（IIASA）科学顾问。
  - 应邀赴德国柏林技术大学做访问教授并合作研究。
  - 任《生态学报》编委、副主编（1989-2011 年）和《环境科学学报》（英文版）编委。

➢ **1990 年**

- 任中国科学院生态环境研究中心研究员。
- 应邀赴美国华盛顿州立大学做访问教授并合作研究（1990-1992 年）。
- 组织第二届全国青年生态学工作者学术讨论会（江西庐山），任大会主席。

➢ **1991 年**

- 获国家教委、国务院学位委员会“做出突出贡献的中国博士学位获得者”荣誉称号。
- 组织“国际城市生态系统学术讨论会”（汉城），任大会副主席。
- 主持联合国教科文组织（UNESCO）“北京城市发展的生态风险研究”项目。
- 当选中国生态学会第四届理事会常务理事（1991—1995 年）。
- 任国际期刊 *Environmental and Resource Economics* 编委。

➢ **1992 年**

- 荣获国务院颁发“在科学技术事业中做出突出贡献的政府特殊津贴”。
- 参加第二届国际生态学大会（澳大利亚），并作主旨报告。
- 组织中德国际城市生态规划与发展学术讨论会（德国），任中方主席。
- 主持“中德合作：城市土地利用的生态规划方法研究”项目。

➢ **1993 年**

- 主持的“中德合作：天津城市发展的生态对策研究”，获中科院科技进步二等奖，以第一作者撰写的相关研究成果专著在德国出版，并被联合国教科文组织作为范例在全球宣传。
- 主持国际合作“联合国开发计划署（UNDP）：国家社会整合能力研究”课题。
- 组织太平洋西岸地区人类生态网络国际会议（菲律宾），任大会副主席，并做主题报告。
- 参加第四届国际人类生态学大会（英国），当选国际人类生态学会副主席。
- 任中国科学院生态环境研究中心学术委员会副主任。
- 当选中国生态学会城市生态专业委员会主任（1993—2004 年）。
- 当选中国可持续发展研究会常务理事、生态环境专业委员会秘书长、主任（1993—2014 年）。

➢ **1994 年**

- 主持国家自然科学基金课题“城市及人口密集区生态调控的方法论研究”。
- 主持的“城市生态调控的决策支持系统”研究课题获中国科学院科技进步三等奖。
- 获中国科学院“有突出贡献的中青年科学家”荣誉称号。
- 任国家自然科学基金委员会第五届学科评审组成员（1994—1996 年）。
- 组织第六届国际生态学大会第 15 分会（英国），任分会主席，并做大会报告。
- 应邀出席西太平洋周边地区人类生态学会议（菲律宾），并做主题报告。
- 应邀出席海峡两岸城市发展变迁与展望学术研讨会（台湾），并做大会主题报告。

- **1995 年**

• 主持国家八五及九五攻关课题“中小城镇可持续发展先进适用技术的系统研究”，出版了三卷160万字的“中小城镇可持续发展先进适用技术的系统集成”专著，在各类国家可持续发展综合示范区广泛应用。

• 主持中国科学院院长基金项目“社会-经济-自然复合生态系统整合方法研究”，主持福特基金会“中国可持续发展信息网络研究”项目。

• 应邀出席第六届国际科联环境问题科学委员会（SCOPE）年会，并做大会报告。

• 参加第五届全国生态学大会暨学术研讨会，并做大会报告。

• 当选中国生态学会第五届理事会常务理事、秘书长（1995-2000年）。

- **1996 年**

• 获中国科学院“优秀教师（博导）”荣誉称号。

• 研究专著《生态学与社会经济发展》，获中国科协、国家新闻出版署、广播电影电视部及中国科普作协第三届全国优秀科普作品三等奖。

• 主持欧盟项目“中国工业生产中初级产品生产过程的生态匹配能力研究”。

• 主持“中日合作：马鞍山矿山生态恢复方法研究”项目，主持国家九五攻关课题“肇东金字塔玉米生态工程研究”、“罗庄大气污染综合治理的蓝天生态工程”。

• 主持国家九五攻关课题“广汉中小城镇生活垃圾治理的系统工程研究”，成功开发了官-产-研结合的生活垃圾“五化”生态工程，由国家六部委向全国推广。

• 组织国际生态工程学术讨论会（北京），任大会副主席，并做主旨报告。

• 组织中“小城镇可持续发展先进实用技术高级研讨班”（北京），任秘书长。

• 任国家自然科学基金委员会第六届学科评审组成员。

• 任城市与区域生态国家重点实验室（原中科院系统生态重点实验室）学术委员会副主任（1996—2014年）。

• 被聘为华东师范大学（1996—2000年）、复旦大学（1996—2000年）和南京大学兼职教授（1996—1998年）。

- **1997 年**

• 获中国科学技术协会“全国优秀科技工作者”荣誉称号。

• 主持欧盟项目“工业初级产品生产过程的生态持续能力研究”。

• 主持“海南浆纸林基地建设工程对区域生态影响研究”项目，为大范围人工造林的区域环境影响评价提供了方法和案例。

• 任国务院学位委员会第四届学科评议组生态学组成员。

• 组织深圳-香港国际城市生态学术讨论会，任大会主席，并做主旨报告。

- **1998 年**

• 当选国际生态工程学会（IEES）执委、国际生态学会（INTECOL）执委（1998—2002年）。

• 当选北京市第九届政协委员（1998—2002年），所提出的《关于发展北京垃圾产业、系统解决城市生活垃圾问题》和《关于发展北京垃圾产业、系统解决城市生活垃圾问题》提案，获北京市政协优秀提案奖。

- 主持“中日合作：长江三角洲城镇环境管理的比较研究”项目。
- 主持完成海南生态省建设规划。
- 参加国际生态技术电子网络会议，并做特邀报告。
- 参加第七届国际生态学大会（意大利），任中国代表团团长，并做大会主题报告。
- 参加国际城市环境与工业持续学术讨论会（日本），并做大会特邀报告。
- 参加第34届国际城市及区域规划学术讨论会（葡萄牙），并做大会特邀报告。
- 出席中英城市环境建设与可持续发展学术讨论会（北京），并做大会报告。
- 参加中德城市及区域规划学术讨论会（北京），并做大会主题报告。

➢ **1999年**

- 当选国际科联环境问题科学委员会（SCOPE）执委（1999—2002年）。
- 当选国际人类生态学会副主席（1999—2004年）。
- 提出的《建设八大生态工程，保障首都生态安全》提案，获北京市政协优秀提案奖。
- 主持中国科学院知识创新项目“海南生态省建设的复合生态规划研究”。
- 参加第十届国际人类生态学大会（加拿大），并做大会主题报告。
- 参加第九届未来城市发展学术研讨会（华盛顿），并做大会主题报告。
- 参加中德农村可持续发展学术讨论会，做特邀报告。
- 参加国家生态示范区建设高级研讨会，并做特邀报告。
- 参加国家自然科学基金十五战略“区域可持续发展”研讨会，并做大会主题报告。

➢ **2000年**

- 获国际人类生态学会“国际人类生态学突出贡献奖”荣誉称号。
- 任国家自然科学基金委员会第八届学科评审组成员。
- 主持国家自然基金重点项目“沪嘉杭地区城镇发展的生态服务功能研究”。
- 组织中国生态学会第六届全国会员代表大会暨学科前沿报告会（扬州），并做大会特邀报告，当选中国生态学会第六届理事会秘书长（2000—2004年）。
- 组织珠海-澳门国际生态城市建设学术研讨会，任大会主席，并做特邀报告。
- 组织参加第二届全球水安全论坛（新西兰），任中方主席，并做大会报告。
- 应邀为扬州建设国家生态示范区四套班子干部做特邀报告。
- 应邀为广州建设国家生态示范区四套班子干部做特邀报告。
- 参加中国可持续发展能力建设国际研讨会（广州），并做大会特邀报告。
- 参加全球生态系统可持续发展国际会议（日本），并做主题报告。
- 参加国际产业生态学术研讨会（美国），并做大会报告。
- 参加第十一届国际人类生态学术会议（美国），并做大会主题报告。

➢ **2001年**

- 主持扬州市人民政府委托项目“扬州生态市建设规划”。
- 当选国际科联环境问题委员会（SCOPE）中国国家委员会副主席（2001—2009年）。

- 当选中国环境科学学会第五届常务理事（2001—2006 年）。
- 提出的《从建设生态北京的高度申办绿色奥运，用申办绿色奥运的动力推动首都生态建设》提案，获北京市政协优秀提案奖。
- 组织首届国际生态卫生学术讨论会（南宁），任大会秘书长，并做主题报告。
- 参加 CNRS-NSFC 社会和认知科学学术研讨会（法国），并做主题报告。
- 参加欧洲城市环境学术研讨会“21 世纪可持续发展议程：如何转向规划和环境法”（德国），并做大会报告。
- 参加走向 2008：奥运经济论坛（北京），做特邀报告。
- 参加全国政协 21 世纪论坛——绿色与环保国际会议，并做大会主题报告。

➢ **2002 年**

- 以第一作者完成并出版专著《产业生态学：从褐色工业到绿色文明》。
- 主持国家基金委项目“城郊结合部边缘效应和复合生调控机理研究”。
- 所提出的《重视城市生态五大台阶，全方位规划建设生态北京》提案，获北京市政协优秀提案奖。
- 所提出的《建设八大生态工程，保障首都生态安全案》提案，获北京市政协优秀提案奖。
- 当选国际生态城市建设理事会常务副主席（2002—2014 年），中国生态学会副理事长（2002—2004 年）。
- 任国家自然科学基金委员会管理学部第一届专家咨询委员会委员和第九届管理科学部评审组成员。
- 加入中国农工民主党，当选农工民主党中央委员（2002—2014 年）、科学技术委员会副主任（2002—2007 年），科学技术委员会主任（2008—2014 年）。
- 组织第五届国际生态城市大会（深圳），任大会主席，并做主旨报告，负责起草“生态城市建设深圳宣言”（The Shenzhen declaration on Ecocity Development），所提出的城市复合生态五个层面被作为国际生态城市建设的基本框架。
- 组织第 8 届国际生态学大会第 13 分会场（韩国），任中方主席，并做主题报告。

➢ **2003 年**

- 当选第十届全国人大代表（2003—2007 年）、北京市第十届政协委员（2003—2007 年）。
- 当选国际科联环境问题科学委员会（SCOPE）副主席（2003—2005 年）。
- 任中华人民共和国建设部城乡规划专家委员会委员。
- 被聘为国务院学位委员会第五届学科评议组（生物学）成员。
- 主持中国科学院知识创新工程方向性项目“北京城郊结合部社会、经济、生态功能与生态关系研究”。
- 主持北京市人民政府项目“北京市共轭生态规划研究”，提出了破解北京摊大饼格局的生态工程措施和共轭生态管理对策。
- 主持北京市环境保护局委托项目《北京城市综合生态规划》专题。
- 主持北京城市规划设计研究院委托《北京城市生态概念规划研究》。
- 组织首届中国生态健康论坛：生态健康与科学发展观（北京），任执行主席并做大会报告。

• 组织第一届全国复合生态与循环经济学术讨论会（海口），任大会主席，并做主旨报告。

• 参加两岸环境保护政策与区域经济发展研讨会（台湾），做主题报告。

• 参加香山科学会议《中国城市发展的科学问题》学术讨论会（北京），做主题报告。

• 参加第三届亚太环境与发展论坛（桂林），并做主题报告。

• 任《科技导报》编委（2003—2006 年）。

➢ **2004 年**

• 当选中国生态学会第七届理事会理事长（2004—2008 年）。

• 当选东亚生态学会联合会（EAFES）主席（2004—2005 年）。

• 主持完成的"复合生态系统理论在海南生态省建设中的应用"，获海南省科技进步一等奖。

• 以第一作者撰写出版《海南生态省建设的理论与实践》，为省域可持续发展提供了规划管理的方法。

• 主持完成"生态北京人口承载力分析研究"课题，获北京市规划委员会科学技术进步二等奖。

• 主持完成"扬州生态市规划方法研究"课题，获江苏省科技进步三等奖。

• 主持国际科联环境问题科学委员会（SCOPE）研究项目"Adaptive Ecopolis Development to meet the challenge of environmental change"。

• 主持国家人口计生委项目"中国人口发展战略研究"。

• 组织第一届国际生态城市建设论坛（宁波），任大会主席，做主旨报告。

• 担任国家人口与计划生育委员会国家人口发展战略研究课题组专家，北京绿色奥运绿色行动宣讲团专家。

• 组织第 2 届中国生态健康论坛（乌海），任学术委员会主席，并做主题报告。

• 获"农工民主党北京市优秀党员"和"为首都建设做出突出贡献的统一战线先进个人"荣誉称号。

➢ **2005 年**

• 主持国家自然科学基金重点项目"区域城市发展的复合生态管理"。

• 主持大丰市人民政府项目"大丰生态市建设规划回顾与修编"。

• 主持国家人口计生委项目"人口与发展决策支持系统"。

• 以第一作者出版专著《扬州生态市规划方法研究》，为地级生态市建设提供了方法论和可持续发展模式。

• 组织国际科联环境问题科学委员会（SCOPE）学术年会（印度），并做大会主旨报告。

• 组织第二届全国复合生态与循环经济学术讨论会（合肥），任大会主席，并做主旨报告"循环经济建设的生态误区和整合途径"。

• 组织第 9 届国际生态学大会暨第 90 届美国生态学大会第 7 分会场（加拿大），并做主旨报告。

- 参加国际循环经济与区域可持续发展学术讨论会（杭州），并做主旨报告。
- 参加首届北京国际生态建设学术讨论会，并做特邀报告。

➢ **2006 年**

- 当选国际科联环境问题科学委员会（SCOPE）第一副主席（2006—2008 年）。
- 任国家环境保护总局科学技术委员会委员。
- 以第一作者出版专著《产业生态学基础》，系统总结了传统产业转型和新兴产业孵化研究中的产业生态学评价、规划、管理和工程方法。
- 主持完成的《国家人口发展战略报告》荣获全国人口与计划生育软科学特等奖。
- 主持国家人口计生委项目“中国人口空间分布的生态动力学机制和调控方法研究”。
- 中国科学技术部国家可持续发展实验区专家指导委员会委员。
- 组织第二届国际生态城市建设论坛（重庆），任大会主席，并做主旨报告。
- 参加第六届国际生态城市大会（印度），并做主旨报告。
- 参加 US-SCOPE 城市环境会议（美国），并做特邀报告。
- 参加千年计划学术年会（加拿大），并做特邀报告。
- 参加 21 世纪议程十周年国际研讨会（越南），并做特邀报告。
- 参加第二届东亚生态学会联合会（EAFES）（日本），主持城市生态分会场，并作主旨报告。
- 参加国际可持续发展科学大会（日本），并做特邀报告。
- 参加 BASF Trend Scapes Workshop（德国），并做特邀报告。
- 参加第四届全国生态省论坛（海口），并做特邀报告。
- 参加第三届中国生态健康论坛主旨报告（桂林），并做大会主题报告。

➢ **2007 年**

- 任北京市人民政府参事（2007—2011 年）。
- 主持完成的“复合生态系统理论与可持续发展模式示范研究”，获国家科技进步二等奖。
- 出版专著《人类生态学理论与实践》，获云南省科学技术一等奖。
- 提出的《关于在城市突发公共事件应急体系中加强城市十大生态风险研究、监理与科普的建议》提案，获北京市政协优秀提案奖。
- 主持中国科学院知识创新工程重点方向性课题“城市发展的生态动力学机制和区域整合方法”和“城市复合生态系统控制论机制和决策支持平台”。
- 主持北京门头沟科委项目“门头沟区生态涵养、生态修复基地建设的技术孵化途径”。
- 组织第三届世界生态高峰论坛（北京），担任大会主席，做主旨报告，负责起草“北京生态宣言——生态：认识世界、改善环境、美化生活的强力工具”（Beijing Ecological Declaration—A World Role for Ecology：the Key to Life”。
- 任国家环境保护总局战略环境影响评价专家咨询会委员。
- 参加第 15 届国际人类生态学大会（巴西），并做主题报告。

• 参加国际应用系统研究35周年学术探讨会（奥地利），并做主题报告。

• 参加国际水管理调控和整合研讨会（瑞士），并做主题报告，任国际核心期刊《Ecological Indicators》编委（2007—2014年）。

➢ **2008年**

• 当选第十一届全国人民代表大会代表（2008—2012年）。

• 任国家自然科学基金委员会第十二届专家评审组成员。

• 任国家人口和计划生育委员会第七届专家委员会委员（2008—2012年）。

• 获“中国科学院研究生院杰出贡献教师”荣誉称号。

• 主持完成的《广州市生态区划政策指引》研究课题，获广东省城乡规划设计一等奖。

• 主持国家科技支撑计划项目“城市生态规划与生态修复关键技术综合研究与示范”。

• 主持淮北市人民政府委托项目“淮北中心城区生态城市建设规划”。

• 主持承德市人民政府委托项目“承德生态文明示范区建设规划”。

• 主持郑州经济技术开发区委托项目“郑州经济技术开发区国家生态工业示范区建设规划”。

• 主持北京市科委项目“门头沟区生态修复技术集成与产业化支撑体系建设”。

• 参加Ecocity World Summit国际会议（美国），并做大会报告。

• 组织门头沟生态修复国际会议（北京），做主题报告。

• 参加美国科学促进会学术年会（美国），并做主题报告。

➢ **2009年**

• 任中国生态学会第八届理事会名誉理事长（2009—2014年）。

• 当选东亚地区生态学会联合会（EAFES）主席（2009—2010年）。

• 主持安徽宁国市人民政府委托项目“安徽宁国市城市生态规划”。

• 组织第三届国际生态城市建设论坛（淮北），任大会主席，并做主旨报告，负责起草“应对全球变化挑战的城市生态修复宣言（Adeclaration of urban ecological restoration to meet the challenge of Global Change）”。

• 参加The International Conference on Sustainability Science 2009（日本），并作主旨报告。

• 参加The global change system for analysis, research and training international workshop（泰国），并作主旨报告。

• 参加国际人类学与民族学联合会第十六届大会，并做主题报告。

• 参加三生共赢发展论坛（北京），并作主旨报告“复合生态与生态文明”。

• 参加中国生态学会第八届全国会员代表大会暨学术年会（北京），并做特邀报告。

• 参加首届曹妃甸生态城市论坛，并做主题报告。

➢ **2010年**

• 任第一届中国环境保护部环境监察员。

• 以第一作者撰写并出版专著《区域城市发展的复合生态管理》。

- 组织第四届国际生态城市建设论坛（承德），任大会主席，并做大会主题报告，起草《城市生态文明建设宣言》。
- 参加城市未来与人类和生态系统的福祉国际会议（上海），做主题报告。
- 参加战略环境评价国际研讨会（北京），并做主题报告。
- 参加国家环保部第六届生态省论坛（南京），并做主题报告。

➢ **2011 年**

- 当选中国工程院院士。
- 主持国家自然科学基金重点项目“产业生态系统管理机制与方法研究”。
- 主持国家人口计生委项目“中国人口生态承载力及其调控对策研究”。
- 主持大丰市环境保护局委托项目“大丰生态市建设规划修编”。
- 组织香山科学会议第 409 次学术讨论会：城市生态系统健康，担任大会执行主席，并做主旨报告。

➢ **2012 年**

- 任中华人民共和国环境保护部国家咨询委员会委员。
- 任北京市人民政府参事（2012—2016 年）。
- 任《生态学报》主编。
- 主持中国工程院重点咨询项目“典型城市生态健康与调控对策”。
- 主持并完成合肥市人民政府委托项目“合肥市城市空间发展战略及环巢湖地区生态保护修复与旅游发展规划”。
- 组织可持续发展 20 周年暨复合生态系统研究 30 周年学术研讨会（北京），并作大会报告。
- 参加第四届世界生态高峰论坛（美国），并做特邀报告。
- 参加欧洲生态城市建设论坛（爱尔兰），并做主题报告。
- 参加城市生态系统与气候变化国际研讨会（韩国），并做主题报告。
- 参加第四届海峡两岸人工湿地研讨会（台湾），并做主题报告“城市生态与生态基础设施建设”。
- 参加中国工程院“新疆院士行”考察活动，并做学术报告。
- 参加国家环保部第七届全国生态省建设论坛（成都），并做大会主旨报告。

➢ **2013 年**

- 当选第十二届全国人大代表（2013—2017 年）。
- 组织召开第五届国际生态城市建设论坛暨工程科技发展战略高端论坛（北京），任大会主席，并做主题报告。
- 主持上海市城市化生态过程和生态恢复重点实验室学术年会（上海）。
- 参加中国环境保护 40 年高端论坛（香港），并做主题报告。
- 参加中国生态学会学术年会（南昌），并做特邀报告。
- 参加智慧城市建设与城市运行模拟高层论坛（北京），并做学术报告。

➢ **2014 年**

- 参加全国人大十二届二次会议，并提出“关于孵化环境监管与生态服务产业的建议”。

- 参加清华大学抚仙湖保护治理专家咨询会暨流域生态文明建设战略研究座谈会(玉溪)。
- 参加博鳌亚洲论坛，并出席生态·新型城镇化建设专家咨询会。
- 组织 Ecological Infrastructure Engineering for Sustainable Development of Chinese Cities 国际会议（北京），并做主旨报告。
- 组织首届生态管理学术沙龙（北京），并做主旨报告。
- 应邀为广东省人大四套班子干部做特邀报告“生态文明五位一体建设和环境保育”。

发表专著和论文目录

论　　著

1. 王如松，胡聃，李锋，刘晶茹，叶亚平著. 区域城市发展的复合生态管理. 北京：气象出版社，2010：481.
2. 欧阳志云，王如松，区域生态规划理论和方法 . 北京：化学工业出版社，2005.
3. 王如松，周涛，陈亮，刘晶茹，王震著. 产业生态学基础. 北京：新华出版社，2006：468.
4. 李锋，王如松著. 城市绿色空间服务功效评价与生态规划. 北京：气象出版社，2006：257.
5. 王如松（主编）. 循环、整合、和谐. 北京：中国科学技术出版社，2005：400.
6. Wang Rusong, Giancario Simeone (Eds). Circular Economy: Principles and Practices in Europe and China. 2005.
7. 王如松，林顺坤，欧阳志云. 海南生态省建设的理论与实践. 北京：化学工业出版社，2004：324.
8. 王如松，徐洪喜. 扬州生态市规划方法研究. 北京：中国科技出版社，2005：232.
9. 王如松，闵庆文等译. Gleen T. Godern 编. 2004 年未来展望. 中国财政经济出版社，2005.
10. 王如松，王祥荣，胡聃，唐礼俊. 城市生态服务功能. 北京：气象出版社，2004：254.
11. 王如松，王祥荣（主编）. 城市生存与发展的生态服务功能研究. 北京：气象出版社，2004：307.
12. 王如松，周鸿. 人与生态学. 昆明：云南人民出版社，2004：220.
13. 席焕久，王如松，关兴华. 医学人类学. 北京：人民卫生出版社，2004：330.
14. 蒋菊生，王如松. 海南橡胶产业生态. 北京：中国科学技术出版社，2004：235.
15. 王如松（主编）. 复合生态与循环经济. 北京：气象出版社，2003：378.
16. 王如松，闵庆文等译. Gleen T Godern 编. 2002 年未来展望. 北京：中国财政经济出版社，2003.
17. 王如松，杨建新. 产业生态学：从褐色工业到绿色文明. 上海：上海科学技术出版社，2002：162.
18. 王如松，胡聃（译）. 生态城市：建设与自然平衡的人居环境. 理查德 . 瑞吉斯特著. 北京：社会科学文献出版社，2002：292.
19. 王如松，闵庆文，胡莹，叶亚平等译. Gleen T Godern 编. 2001 年未来展望. 北京：中国财政经济出版社，2002.

20. 李文华，王如松（编）. 生态安全与生态建设. 北京：气象出版社，2002：258.
21. 杨建新，徐成，王如松. 产品生命周期评价方法及应用. 北京：气象出版社，2002：174.
22. 唐鸿寿，王如松. 城市生活垃圾处理和管理. 北京：气象出版社，2002：262.
23. 王建民，王如松. 中国生态资产概论. 南京：江苏科学技术出版社，2001：299.
24. 王如松，迟计，欧阳志云. 中小城镇可持续发展的先进适用技术：规划管理篇. 北京：中国科技出版社，2001：242.
25. 王如松，闵庆文，胡莹等译. J Gleen，T Godern 编. 千年时刻未来展望. 北京：中国财政经济出版社，2001.
26. Wang Rusong，Ren Hongzhun，Ouyang Zhiyun. China Water Vision：The Eco-sphere of Water，Life，Environment and Development. Beijing：China Meteorological Press，2000：190.
27. 王如松，周启星，胡聃. 城市生态调控方法. 北京：气象出版社，2000.
28. 甘师俊，王如松. 中小城镇可持续发展先进适用技术指南（系统工程篇）. 北京：中国科学技术出版社，1997：379.
29. Wang Rusong，J Krause. Towards A Sustainable City：Methods of Urban Ecological Planning and Its Application in Tianjin，China. UNESCO，Imprimerie Jouve，Mayenne. 1996.
30. 甘师俊，王如松. 中小城镇可持续发展先进适用技术指南，典型技术篇. 北京：中国科学技术出版社，1996：395.
31. 王如松，方精云，冯宗炜，高林. 现代生态学的热点问题研究（上、下册）. 北京：中国科学技术出版社，1996：703.
32. Wang Rusong，Zhao Jingzhu，Ouyang Zhiyun，Liu T. （Eds. ）. Wealth，Health and Faith-Sustainability Study in China. Beijing：China Environmental Science Press，184.
33. Wang Rusong，J Krause. Final report of the Cooperative Ecological Research Project（CERP）on Sustainable Urban Development，Tianjin. China：Berlin：Verlags & Medi-engesellschaft mbH，1995：191.
34. 王如松，吕永龙. Urban Ecological Development：Research and Application. Beijing：China Environmental Science Press，1994：243.
35. 杨邦杰，王如松，吕永龙等. 城市生态调控的决策支持系统. 北京：中国科学技术出版社，1992：117.
36. 刘建国，王如松，欧阳志云主编. 现代生态学博论. 北京：中国科学技术出版社，1992.
37. 王如松，赵景柱，欧阳志云. Human Systems Ecology. 北京：中国科技出版社，1991：240.
38. 王如松主编. 青年生态学论丛（一）. 北京：中国科学技术出版社，1991：334.
39. 孙儒泳，林特溟，尚玉昌，王如松，刘建国. 生态学与社会经济发展. 长沙：湖南科技出版社，1990：254.
40. 周纪伦，王如松，郑师章. 城市生态经济研究方法及实例. 上海：复旦大学出版社，1990：237.
41. 王如松，赵景柱，戴小龙．Human Ecology in China．北京：中国科技出版社，1989：251.
42. 王如松．高效、和谐—城市调控原理与方法．长沙：湖南教育出版社，1988：278.

论　文

2015 年

1. Gao Jie, Wang Rusong, Huang Jinlou. Ecological engineering for traditional Chinese agriculture—A case study of Beitang. Ecological Engineering. 2015, 76：7-13.
2. Han Baolong, Wang Rusong, Yao Liang, Liu Hongxiao, Wang Zhonghang. Life cycle assessment of ceramic facade material and its comparative analysis with three other common facade materials, Journal of Cleaner Production, 2015, (99)：86-93.
3. Gao Hui, Zhou Chuanbin, Wang Rusong, Li Xiuxia. Comparison and Evaluation of Co-composting Corn Stalk or Rice Husk with Swine Waste in China. Waste Biomass Valorization, 2015, (6)：699-710.
4. Yao Liang, Liu Jingru, Wang Rusong, Yin Ke, Han Baolong. A qualitative network model for understanding regional metabolism in the context of Social-Economic-Natural Complex Ecosystem theory. Ecological Informatics, 2015, 26 (1)：29-34.
5. Tao Yu, Li Feng, Wang Rusong, Zhao Dan. Effects of land use and cover change on terrestrial carbon stocks in urbanized areas：a study from Changzhou, China. Journal of Cleaner Production, 2015, (103)：651-657.
6. Li Feng, Ye Yaping, Song Bowen, Wang Rusong. Evaluation of urban suitable ecological land based on the minimum cumulative resistance model：A case study from Changzhou, China. Ecological Modelling, 2015, SI (318)：194-203.
7. Tao Yu, Li Feng, Wang Rusong, Zhao Dan. Effects of land use and cover change on terrestrial carbon stocks in urbanized areas：a study from Changzhou, China. Journal of Cleaner Production, 2015, 103：651-657.
8. Yao Liang, Liu Jingru, Wang Rusong, Yin Ke, Han Baolong. A qualitative network model for understanding regional metabolism in the context of Social-Economic-Natural Complex Ecosystem theory. Ecological Informatics, 2015, 26：29-34.
9. 高洁，王如松，周传斌，郜彗．基于 SUSTAIN 模型方法的社区暴雨径流管理 BMP 措施模拟与优化．给水排水，2015，S1：254-260.
10. 王中航，王如松．北京城市交通适应性管理——以定制公交为例．现代城市研究，2015，03：2-8.
11. 王中航，周传斌，王如松，林雅逢，孙晓．中国典型特大城市交通的生态足迹评价．生态学杂志，2015，04：1129-1135.
12. 徐琬莹，邵蕾，周传斌，王如松．基于减量与资源化家庭厨余垃圾堆肥参数研究．环境科学与技术，2015，05：95-101.

13. 高洁，周传斌，王如松，徐琬莹，韩宝龙. 典型全域旅游城市旅游环境容量测算与承载评价——以延庆县为例. 生态经济，2015，07：101-104，109.

2014 年

14. Chen Bin, Wang Rusong. Integrated ecological indicators for sustainable urban ecosystem evaluation and management. Ecological Indicators, 2014, 47: 1-4.
15. Han Baolong, Wang Rusong, Tao Yu, Gao Hui. Urban population agglomeration in view of complex ecological niche: A case study on Chinese prefecture cities. Ecological Indicators, 2014, 47: 128-136.
16. Li Feng, Wang Rusong, Hu Dan, Ye Yaping, Yang Wenrui, Liu Hongxiao. Measurement methods and applications for beneficial and detrimental effects of ecological services. Ecological Indicators, 2014, 47: 102-111.
17. Yao Liang, Liu Jingru, Wang Rusong, Yin Ke, Han Baolong. Effective green equivalent—A measure of public green spaces for cities. Ecological Indicators, 2014, 47: 123-127.
18. Yin Ke, Wang Rusong, Yao Liang, Liang Jing. Using eco-efficiency as an indicator for sustainable urban development: A case study of Chinese provincial capital cities. Ecological Indicators, 2014, 36: 665-671.
19. Zhou Chuanbin, Fang Wenjun, Xu Wanying, Cao Aixin, Wang Rusong. Characteristics and the recovery potential of plastic wastes obtained from landfill mining. Journal of Cleaner Production, 2014, 80: 80-86.
20. 程翠云，任景明，王如松. 我国农业生态效率的时空差异. 生态学报，2014，34(01)：142-148.
21. 王如松. 卷首语：复杂与永续，生态学报，2014，(01)：2-3.
22. 姚亮，王如松，尹科，韩宝龙. 城市生态系统灵敏度模型评述. 生态学报，2014，34(01)：23-32.
23. 尹科，王如松，姚亮，梁菁. 基于复合生态功能的城市土地共轭生态管理. 生态学报，2014 ，34 (01)：210-215.
24. 王如松，李锋，韩宝龙，黄和平，尹科. 城市复合生态及生态空间管理. 生态学报，2014，34 (1)：1-11.
25. 郜彗，王如松，周传斌，韩宝龙. 生态卫生系统研究进展. 生态学杂志，2014，33 (3)：791-798.
26. 李锋，王如松，赵丹. 基于生态系统服务的城市生态基础设施现状、问题与展望. 生态学报，2014，34 (1)：190-200.

2013 年

27. 王如松. 生态文明建设的控制论理论、认识误区与融贯路径. 中国科学院院刊，2013，28 (2)：173-181.
28. 王如松. 生态整合与文明发展. 生态学报，2013，33 (1)：0001-0011.
29. Liu Min, Zhou Chuanbin, Wang Rusong. Assessment of LID-BMPs for Urban Runoff Control in Newly Developing Zones: the Case of Yanming Lake Residential District,

China, DISASTER ADVANCES, 2013, 6 (9): 3-10.

30. 陶宇，李锋，王如松，赵丹. 城市绿色空间格局的定量化方法研究进展. 生态学报，2013，33 (8)：2330-2342.
31. 阳文锐，李锋，王如松，熊侠仙，刘安生. 城市土地利用的生态服务功效评价方法——以常州市为例. 生态学报，2013，33 (14)：4486-4494.
32. 姚亮，刘晶茹，王如松，尹科. 基于多区域投入产出（MRIO）的中国区域居民消费碳足迹分析. 环境科学学报，2013，33 (7)：2050-2058.
33. 徐琬莹，周传斌，陈永根，王如松. 农村户用沼气项目的碳减排效益核算——以湖北省恩施州为例. 生态与农村环境学报，2013，29 (4)：449-453.
34. 柳敏，王如松，蒋莹，王金辉，黄锦楼. 原位生物技术对城市重污染河道底泥的治理效果. 生态学报，2013，33 (8)：2358-2364.

2012 年

35. Shi Yao, Wang Rusong, Huang Jinlou, Yang Wenrui. An Analysis of the Spatial and Temporal Changes of Chinese Terrestrial Ecosystem Service Functions. Chinese Science Bulletin, 2012, 57 (17): 2120-2131.
36. Zhao Dan, Li Feng, Wang Rusong, Yang Qingrui, Ni Hongshan. Effect of soil sealing on the microbial biomass, transformation and related enzyme activities at variousdepths of soils in urban area of Beijing, China. Journal of Soils and Sediment, 2012, (12): 519-530.
37. Cheng Cuiyun, Ren Jingming, Wang Rusong, Liu Feng. Eco-efficiency assessment of farming activity in China. Advanced Materials Research, 2012, (361- 363): 1776-1779.
38. Shi Yao, Zhou Chuanbin*, Wang Rusong, Xu Wanying. Measuring China's regional ecological development through "EcoDP", Ecological Indicators, 2012, 15: 253-262.
39. 何永，王如松，曹型荣. 北京节水规划三十年. 城市发展研究，2012，19 (6)：78-85.
40. 何永，王如松，阳文锐，郭睿，高雅. 低碳城市规划中的技术界定与方法集成. 建设科技，2012，48-53.
41. 尹科，王如松，周传斌，梁菁. 国内外生态效率核算方法及其应用研究述评. 生态学报，2012，32 (11)：3595-3605.
42. 王如松，欧阳志云. 社会-经济-自然复合生态系统与可持续发展. 中国科学院院刊，2012，27 (3)：337-345.
43. 石垚，王如松，黄锦楼，石鑫. 生态修复产业化模式研究——以北京门头沟国家生态修复示范基地为例. 中国人口·资源与环境，2012，22 (4)：60-66.
44. 尹科，王如松，姚亮，梁菁. 生态足迹核算方法及其应用研究进展. 生态环境学报，2012，21 (3)：584-589.
45. 石垚，王如松，黄锦楼，阳文锐. 中国陆地生态系统服务功能的时空变化分析. 科学通报，2012，57 (9)：720-731.

2011 年

46. Wang Rusong, Li Feng, Hu Dan, et al. , Understanding eco-complexity: Social-Economic-Natural Complex Ecosystem approach Source, Ecological Complexity, 2011, 8 (1): 15-29.
47. Jin jiasheng, Wang Rusong, Li Feng, et al. Conjugate ecological restoration approach with a case study in Mentougou district, Beijing, Ecological Complexity, 2011, 8 (2): 161-170.
48. Yang Wenrui, Li Feng, et al. Ecological benefits assessment and spatial modeling of urban ecosystem for controlling urban sprawl in Eastern Beijing. China, Ecological Complexity, 2011, 8 (2): 153-160.
49. Zhou Chuanbin, Hu Dan, Wang Rusong, et al, Exergetic assessment of municipal solid waste management system in south Beijing. Ecological Complexity, 2011, 8 (2): 171-176.
50. Chang Haifei, Li Feng, et al. Urban landscape pattern design from the viewpoint of networks: A case study of Changzhou city in Southeast China. Ecological Complexity, 2011, 8 (1): 51-59.
51. Bai Yinglan, Wang Rusong. Water eco-service assessment and compensation in a coal mining region-A case study in the Mentougou District in Beijing. Ecological Complexity, 2011, 8 (2): 144-152.
52. Shi Yao, Wang Rusong, Liu Jingru, et al. The esitablish of EIPs-MFA model for the evaluation of material metabolism efficiency in industrial areas. Environmental Engineering and Management Journal, 2011, 6 (10): 761-767.
53. Li Feng, Liu Xusheng, Zhao Dan, Wang Beibei, Jin Jiasheng, Hu Dan. Evaluating and modeling ecosystem service loss of coal mining: Acase study of Mentougou district of Beijing, China. Ecological Complexity. 2011, 8 (2): 139-143.
54. 柏樱岚，王如松．基于水生态服务功能的门头沟煤矿采空区水生态补偿研究．安徽农业科学，2011，11（39）：6673-6676.
55. 王志理，王如松．中国流动人口带眷系数及其影响因素．人口与经济，2011，6：9-16.
56. 柏樱岚，王如松．北京城市生态占水研究．生态学报，2011，15（31）：4415-4426.
57. 戴欣，周传斌，王如松等．城市社区尺度的生态交通评价指标．生态学报，2011，31（19）：5616-5622.
58. 张小飞，王如松，李正国等．城市综合生态风险评价——以淮北市城区为例．生态学报，2011，31（20）：6204-6214.
59. 张海涛，王如松，胡聃等．煤矿固废资源化利用的生态效率与碳减排——以淮北市为例．生态学报，2011，31（19）：5638-5645.
60. 周传斌，戴欣，王如松等．生态社区评价指标体系研究进展．生态学报，2011，19（6）：4749-4759.

61. 尹科，王如松，姚亮等. 中国环保模范城市生态效率评. 生态学报，2011，31（19）：5588-5598.
62. 赵丹，李锋，王如松. 基于生态绿当量的城市土地利用结构优化——以宁国市为例. 生态学报，2011，31（20）：6242-6250.
63. 姚亮，刘晶茹，王如松. 中国居民消费隐含的碳排放量变化的驱动因素. 生态学报，2011，31（19）：5632-5637.
64. 柳敏，王如松，黄锦楼等. 北京市湿地面积动态变化及其驱动因子分析. 中国人口·资源与环境，2011，3（21）：571-574.
65. 姚亮，刘晶茹，王如松. 中国城乡居民消费隐含的碳排放对比分析. 中国人口·资源与环境，2011，（21）：25-29.

2010 年

66. Huang Jinlou, Wang Rusong, Shi Yao. Urban climate change: A comprehensive ecological analysis of the thermo-effects of major Chinese cities. Ecological Complexity, 2010, 7 (2): 188-197.
67. Liu Jingru, Wang Rusong, Yang Jianxin, Shi Yao. The relationship between consumption and production system and its implications for sustainable development of China. Ecological Complexity, 2010, 7 (2): 212-216.
68. Ren Jingming, Zhang Lei, Wang Rusong. Measuring the sustainability of policy scenarios: Emergy-based strategic environmental assessment of the Chinese paper industry. Ecological Complexity, 2010, 7 (2): 156-157.
69. Wang Rusong, Li Feng, Juergen Paulussen. Conjugate ecopolis planning: Balancing eco-service and human well being in Beijing. Annals of the New York Academy of Sciences, 2010, (1195): E131-E144.
70. Zhou Chuanbin, Liu Jingru, Wang Rusong, Yang Wenrui, Jin Jiasheng. Ecological-economic assessment of ecological sanitatio development in the cities of Chinese Loess Plateau. Ecological Complexity, 2010, 7 (2): 162-169.
71. Zhou Chuanbin, Wang Rusong, Zhang Yishan. Fertilizer efficiency and environmental risk of irrigating Impatiens withcomposting leachate in decentralized solid waste management. Waste Management, 2010, 30 (2010): 1000-1005.
72. Chen Liang, Wang Rusong, Yang Jianxin, Shi Yongliang. Structural complexity analysis for industrial ecosystems: A case study on LuBei industrial ecosystem in China. Ecological Complexity, 2010, 7 (2): 179-187.
73. 金家胜，王如松，黄锦楼. 城市生态共轭调控方法-门头沟共轭生态修复为例，中国人口·资源与环境，2010，（专刊）：391-395.
74. 石垚，杨建新，刘晶茹，陈波，王如松. 基于 MFA 的生态工业园区物质代谢研究方法探析. 生态学报，2010，30（1）：228-237.
75. 王如松，刘晶茹. 城市生态与生态人居建设. 现代城市研究，2010，（3）：28-31.
76. 张海涛，胡聃，王如松. 扬州城市绿地景观生态分析. 中国人口·资源与环境，2010，（专刊）：296-301.

77. 赵丹，李锋，王如松. 宁国市生态经济功能区划与可持续发展研究. 中国人口·资源与环境，2010，(专刊)：54-57.
78. 赵丹，李锋，王如松. 城市地表硬化对植物生理生态的影响研究进展. 生态学报，2010，30（14）：3923-3932.
79. 周传斌，曹爱新，王如松. 城市生活垃圾减量化管理模式及其减量效益研究. 中国人口·资源与环境，2010，(专刊)：228-232.
80. 周传斌，刘晶茹，王如松，张艺山. 城市社区生活垃圾减量化的集成技术研究. 环境科学，2010，3（11）：224-229.

2009 年

81. Hu Dan, Wang Rusong, Lei Kam-peng, Li Feng, et al. Expanding ecological appropriation approach: solar apace method and a case study in Yangzhou city, East China. Ecological Complexity, 2009, 6（4）: 473-483.
82. Huang Jinlou, Wang Rusong, Li Feng, Yang Wenrui, Zhou Chubin, Jin Jiasheng, Shi Yao. Simulation of thermal effects due to different amounts of urban vegetation within the built-up area of Beijing, China. International Journal of Sustainable Development and World Ecology, 2009, 16（1）: 67-76
83. Lei Kampeng, Hu Dan, Wang Zhen, Yu Ying-ying, ZhaoYanhua. An analysis of ecological footprint trade and sustainable carrying capacity of the population in Macao. International Journal of Sustainable Development and World Ecology, 2009, 16（2）: 127-136
84. Li Dong, Wang Rusong. Hybrid Emergy-LCA（HEML）based metabolic evaluation of urban residential areas: The case of Beijing, China. Ecological Complexity, 2009, 6（4）: 484-493.
85. Li Feng, Liu Xusheng, Hu Dan, Wang Rusong, Yang Wenrui, Li Dong, Zhao Dan. Measurement indicators and an evaluation approach for assessing urban sustainable development: A case study for China's Jining City. Landscape and Urban Planning, 2009, 90（3-4）: 134-142.
86. Liu Jingru, Wang Rusong, Yang Jian-xin. Environment consumption patterns of Chinese urban households and their policy implications. International Journal of Sustainable Development & World Ecology, 2009, 16（1）: 9-14
87. Wang Rusong, Li Feng, Yang Wenrui, Zhang Xiaofei. Eco-service enhancement in peri-urban area of coal mining city of Huaibei in East China. *Acta Ecologica Sinica*, 2009, 29（1）: 1-6.
88. Yang Wenrui, Wang Rusong, Zhou Chuanbin, Li Feng. Distribution and health risk assessment of organochlorine pesticides（OCPs）in industrial site soils: A case studyof urban renewal in Beijing, China. Jouranl of Environmental Sciences, 2009, 21（3）: 366-372.
89. 柏樱岚，王如松，刘晶茹. 基于 PSR 模型的淮北矿区坍塌湿地生态管理评价研究. 中国人口·资源与环境，2009，19（112）：322-328.

90. 黄一凡，李锋，王如松，黄锦楼，周传斌，阳文锐. 基于遥感信息的常州市热岛效应. 生态学杂志，2009，28（8）：1594-1599.
91. 李栋，王如松，周传斌. 基于LEAP的城市居住区能值评价与复合情景分析. 中国科学院研究生院学报，2009，26（1）：72-82.
92. 李锋，阳文锐，张小飞，王如松，赵丹. 常州城市生态用地及其服务功能优化方法. 中国人口·资源与环境，2009，19（112）：343-347.
93. 刘晶茹，吴琼，王如松，姚亮. 生态园区的景观建设–以郑州国家经济开发区为例. 中国人口·资源与环境，2009，19（112）：348-351.
94. 刘晶茹，吴琼，王如松. 生态园区的景观建设. 中国人口·资源与环境，2009，112（19）：348-351.
95. 任景明，曹凤中，王如松. 煤化工替代能源产业急需理性发展. 环境与可持续发展，2009，29（1）：61-63.
96. 任景明，曹凤中，王如松. 区域限批是环境保护法运行机制软化的突破. 环境与可持续发展，2009，29（5）：16-18.
97. 任景明，喻元秀，王如松. 中国农业政策环境影响初步分析. 中国农学通报，2009，25（15）：223-229.
98. 任景明，喻元秀，王如松. 我国农业环境问题及其防治对策. 生态学杂志，2009，28（7）：1399-1405.
99. 石垚，王如松，黄锦楼，刘晶茹. 区域产业生态转型与发展策略–基于承德市生态文明示范区建设规划的情景模式. 中国人口·资源与环境，2009，19（112）：258-264.
100. 王国新，王如松，毛春红. 杭州西溪国家湿地公园不良旅游行为及其对景区环境的影响. 应用生态学报，2009，20（6）：1423-1430.
101. 王如松，胡聃. 弘扬生态文明 深化学科建设. 生态学报，2009，29（3）：1054-1067.
102. 王如松. 生态文明与绿色北京的科学内涵和建设方略. 中国特色社会主义研究，2009，（3）：52-54.
103. 喻元秀，任景明，刘磊，王如松. 我国化肥污染的演变趋势及防治对策. 中国人口·资源与环境，2009，19（112）：410-414.
104. 喻元秀，任景明，王如松. 中国农业战略环境评价研究进展. 中国农学通报，2009，25（20）：292-297.
105. 张小飞，李正国，王如松，王仰麟，李锋，熊侠仙. 基于功能网络评价的城市生态安全格局研究——以常州市为例. 北京大学学报，2009，（1）：54-62.
106. 赵丹，李锋，王如松. 城市生态用地的概念及分类探讨. 中国人口·资源与环境，2009，19（112）：337-342.
107. 周涛，王如松. 生态资产管理方法初探. 生态经济，2009，（2）：65-68.

2008 年

108. Li Feng, Hu Dan, Liu Xusheng, Wang Rusong, Yang Wenrui, Paulussen Juergen. Comprehensive urban planning and management at multiple scales based on ecological

principles: a case study in Beijing, China. International Journal of Sustainable Development & World Ecology, 2008, 15 (2008): 524-533.

109. 黄锦楼，王如松，阳文锐，李锋，金家胜，周传斌. 基于生态服务功能的大丰市海岸带滩涂土地的开发与利用. 安徽农业科学，2008，(36) 21：9215-9218.

110. 翟宝辉，王如松，李博. 基于非建设用地的城市用地规模及布局. 城市规划学刊，2008，(4)：70-74.

111. 王如松. 绿韵红脉的交响曲：城市共轭生态规划方法探讨. 城市规划学刊，2008，(1)：8-17.

112. 史永亮，杨东峰，王如松，陈亮. 基于PSR模型的大丰市城市生态系统健康综合评价. 环境科学与技术，2008，31 (2)：120-123.

113. 周涛，王如松. 战略生态管理方法. 生态经济，2008，(6)：147-149.

114. 李栋，刘晶茹，王如松. 城市生态系统代谢分析方法与评价指标研究进展. 生态经济，2008，(6)：35-37.

115. 阳文锐，王如松，李锋. 废弃工业场地有机氯农药分布以及生态风险评价. 生态学报，2008，28 (11)：5454-5460.

116. 王如松，周传斌. 中国生态卫生建设的潜力、挑战与对策. 生态学杂志，2008，27 (7)：1200-1206.

117. 黄锦楼，欧金明，王如松，阳文锐. 北京市门头沟区生态修复模式探讨. 生态学杂志，2008，27 (2)：273-277.

118. 周传斌，王如松，阳文锐，金家胜. 生态卫生适应性优化技术及其复合生态效益. 应用生态学报，2008，19 (2)：387-393.

2007 年

119. 李锋，刘旭升，胡聃，王如松. 城市可持续发展评价方法及应用. 生态学报，2007，27 (11)：4793-4802.

120. 王如松，胡聃. 城市生态管理：整合与适应//中国环境与发展国际合作委员会，中共中央党校国际战略研究所主编. 中国环境与发展：世纪挑战与战略抉择，2007，220-260.

121. Liu Jingru, Wang Rusong, Yang Jianxin. A scenario analysis of Beijing's private traffic patterns. Journal of Cleaner Production, 2007, (15): 550-556.

122. 胡聃，文秋霞，王如松，奚增钧. 8种乡土树种在铁旷废弃地的定植与生长. 生态与农业环境学报，2007，23 (4)：86-89.

123. Chen Chunman, Wang Rusong, Jiangjusheng. Variation of soil fertility and carbon sequestration by planting Hevea brasiliensis in Hainan Island, China. Journal of Environmental Sciences, 2007, 19 (3): 348-352.

124. 李锋，刘旭升，胡聃，王如松. 生态市评价指标体系与方法——以江苏大丰为例. 应用生态学报，2007，18 (9)：2006-2012.

125. 阳文锐，王如松，黄锦楼，李锋，陈展. 生态风险评价及研究进展. 应用生态学报，2007，18 (8)：1869-1876.

126. 陈亮，王如松，王志理. 2003年中国省域社会-经济-自然复合生态系统生态位评价．应用生态学报，2007，18（8）：1794-1800.

127. Chen Min, Xu Chonggang, Wang Rusong. Key natural factors of China's human population distribution. Population and Environment, 2007, (28): 187-200.
128. Wang Rusong. Ecology: a role to the world and the key to life. China weekly, 2007, 52: 9-12.
129. 王如松．生态安全．生态经济．生态城市，学术月刊，2007，39（7）：5-11.
130. 王如松．世界生态高峰会与全球高峰生态学．中国科学院院刊，2007，22（4）：330-333.
131. 王如松．不可持续发展问题的生态学根源．绿叶，2007，（7）：30-31.
132. 史永亮，王如松，陈亮，何永．基于景观格局优化的北京市域生态环境保育途径．地域研究与开发，2007，26（2）：97-101.
133. 王如松．生态政区建设的系统框架-生态安全·循环经济·和谐社会．环境保护，2007，（3A）：44-47.
134. 欧金明，王如松，阳文锐，李锋．基于CA的城市形态扩展多解模型——以北京市东部平原区情景分析为例．城市环境与城市生态，2007，20（1）：5-8，20.
135. 王如松，陈亮．中国人口生态态势的系统分析和空间发展格局探讨．人口研究，2007，31（2）：1-14.
136. 王如松．绿色奥运：我们准备好了吗？北京农工，2007，（2）：10-13.
137. 王如松．绿色奥运，我们准备好了吗？前进论坛，2007，4.
138. 王如松，李锋．和谐社会的生态文化基础与培育途径．中国城市林业，2007，5（2）：6-9.
139. 王如松，欧阳志云．对我国生态安全的若干科学思考．中国科学院院刊，2007，22（3）：223-229.
140. 王如松．和谐社会的生态文化基础与培养途径．中国周刊，2007，（51）：21-23.
141. 王如松．认识生态复杂性　弘扬可持续发展生态科学．生态学报，2007，27（6）：2651-2654.

2006 年

142. 周文华，张克锋，王如松．城市水生态足迹研究——以北京市为例．环境科学学报，2006，26（9）：1524-1531.
143. 李锋，王如松．大丰生态市可持续发展模式：上下30年．中国人口·资源与环境，2006，（专刊）：841-846.
144. 史永亮，王如松，周海波，陈亮．南疆生态脆弱区土地利用变化及其生态影响评价——以新疆阿克苏市为例．生态学杂志，2006，25（7）：753-758.
145. 陈敏，王如松，张丽君，怀保光．中国2002年省域生态足迹分析．应用生态学报，2006，17（3）：424-428.
146. 刘晶茹，王如松，杨建新．中国城市家庭的物质代谢过程及其生态影响．生态经济学报，2006，4（2）：91-94.
147. 程春满，王如松，翟宝辉．区域发展生态转型的理论与实践．城市发展研究，2006，13（4）：83-86，92.

148. 李锋，王如松，闵庆文，黄锦楼. 济宁生态市规划与建设途径研究. 城市环境与城市生态，2006，19（6）：12-16.
149. 王如松，李锋. 论城市生态管理. 中国城市林业，2006，4（2）：8-13.
150. 王如松. 区域可持续发展的三角构架——生态安全、循环经济与和谐社会. 中国人口·资源与环境，2006，（专刊）：1-7.
151. 吴琼，王如松，李宏卿，Juergen Paulussen，何永，王碧辉. 土地利用/景观生态学研究中的马尔可夫链统计性质分析. 应用生态学报，2006，17（3）：434-437.
152. 王如松. 应重视城市和工矿密集区的生态风险. 人民日报，2006，33.
153. 程春满，王如松. 海南发展循环经济的背景及追求. 环境保护，2006，（1）：64-67.

2005 年

154. 王如松. 循环经济建设的生态误区、整合途径与潜势产业辨析. 应用生态学报，2005，16（12）：2439-2446.
155. 王如松. 发展循环经济的六个误区. 学会月刊，2005，（7）：55-56.
156. 王如松. 生态政区规划与建设的冷思考. 环境保护，2005，（10）：28-33.
157. 王如松. 循环经济：认识误区与整合途径，前线，2005，（7）：42-44.
158. 王如松. 生态环境内涵的回顾与思考. 科技术语研究，2005，7（2）：28-31.
159. 王如松. 生态健康的科学内涵和系统调理方法. 科技导报，2005，23（3）：4-7.
160. 王如松，圆明园塑膜防渗风波的生态学思考. 科技导报，2005，232（6）：4-6.
161. Paulussen Juergen，Wang Rusong. Clean Production and ecological industry：a key to Eco-city development. Chinese Journal of Population，resources and environment，2005，3（1）：3-8.
162. 翟宝辉，王如松，陈亮. 生态建筑学：传统建筑学思想与生态学理念融合的结晶. 城市发展研究，2005，12（4）：41-45.
163. 翟宝辉，王如松，陈亮. 中国生态城市发展面临的主要问题与对策. 中国建材，2005，（7）：31-33.
164. 陈亮，王如松，周文华，陈敏. 城市生态学与生态健康. 科技导报，2005，23（3）：12-15.
165. 陈亮，王如松，杨建新. 鲁北生态工业系统分析. 环境科学学报，2005，25（6）：721-726.
166. 刘晶茹，王如松，杨建新. 基于生命周期分析方法的家庭消费生态影响评价. 城市环境与城市生态，2005，2（2）：25-27.
167. 周文华，王如松. 基于熵权的北京城市生态系统健康模糊综合评价，2005，25（12）：3244-3251.
168. 周文华，王如松. 城市生态安全评价方法研究——以北京市为例. 生态学杂志，2005，24（7）：848-852.
169. 周文华，王如松，张克锋. 人类活动对北京城市空气质量影响的综合评价研究. 生态学报，2005，25（9）：2214-2220.
170. Liu Jingru，Wang Rusong，Yang Jianxin. Metabolism and driving forces of Chinese

urban households. Population and Environment, 2005, 26 (4): 325-341.

171. 陈敏，王如松. 退耕还林与土地生态服务功能管理. 中国人口·资源与环境，2005，15 (87)：32-35.

172. 陈敏，王如松. 1978-2003年中国生态足迹动态分析. 资源科学，2005，27 (6)：132-139.

173. 吴琼，王如松，李宏卿，徐晓波. 生态城市指标体系与评价方法. 生态学报，2005，25 (7)：2090-2095.

174. 刘小丽，杨建新，王如松. 中国主要电子废物产生量估计. 中国人口·资源与环境，2005，15 (5)：113-117.

175. Li Feng, Wang Rusong, Liu Xusheng, Zhang Xiaoli, Urban forest in China: development patterns, influencing factors and research prospects. The International Journal of Sustainable Development and World Ecology, 2005, (12): 197-204.

176. Li Feng, Wang Rusong, Paulussen Juergen, Liu Xusheng. Comprehensive concept planning of urban greening based on ecological principles: a case study in Beijing, China. Landscape and Urban Planning, 2005, (72): 325-336.

2004 年

177. Wang Rusong, Ye Yaping. Eco-city Development in China, Ambio, 2004, 33 (3): 341-342.

178. 王如松，李锋. 绿色奥运与生态北京. 北京规划建设，2004 (3)：129-131.

179. 颜京松，王如松. 生态市及城市生态建设内涵、目的和目标. 现代城市研究，2004，(3)：33-38.

180. 王如松. 以五个统筹力度综合规划首都生态交通. 中国特色社会主义研究，2004，(4)：32-34.

181. 王如松. 复合生态系统生态学. 李文华等，生态学研究回顾与展望. 气象出版社，2004：62-79.

182. 王如松. 城市生态学前沿研究进展. 李文华等，生态学研究回顾与展望. 气象出版社，2004：579-592.

183. 翟宝辉，王如松，王珏林. 开发区建设应考虑多方面平衡发展的需要. 人民日报内参，2004，(14)：14-22.

184. 王如松，叶亚平. 人·水与生态. 科学对社会的影响，2004，(2)：24-30.

185. 王如松，吴琼，包陆森. 北京景观生态建设的问题与模式. 城市规划汇刊，2004，(5)：37-43.

186. Wang Rusong. Towards Eco-integration. In: Hong, S. K. Lee, J. A. Ihm. B. S. Ecological Issues in A Change World. Kluwer Academic Publishers. 2004: 180-191.

187. Ye Yaping, Wang Rusong, Ren Jingming, Hu Dan, Yuan Shaojun, Wang Min. Ecological service assessment of human-dominated freshwater ecosystem with a case study in Yangzhou Prefecture, China. Journal of Environemtnal Sciences, 2004, (5): 755-761.

188. Yang Jianxin, Wang Rusong, Fu Hao, Liu Jingru. Life cycle Assessment of Mobile

Phone Housing. Journal of Environmental Sciences, 2004, 16 (1), 100-103.
189. 李锋，王如松. 城市绿色空间生态服务功能研究进展. 应用生态学报，2004，15 (3)：527-531.
190. 李锋，王如松. 城市绿色空间建设的内涵和存在问题. 中国城市林业，2004，(5)：1-4.

2003 年

191. 李锋，王如松. 北京市绿化隔离地区绿地的生态服务功能及调控对策. 北京规划建设，2003，(增刊)：199-201.
192. 颜京松，王如松. 生态住宅和生态住区 (I) 背景、概念和要求. 农村生态环境，2003，19 (4)：1-4.
193. 吴琼，李宏卿，王如松等. 长春市地下水污染及其调控. 城市环境与城市生态，2003，(16)：49-52.
194. 王如松. 资源、环境与产业转型的复合生态管理. 系统工程理论与实践，2003，(2)：125-132，138.
195. 王如松，翟宝辉. 生态建筑：新世纪人居环境建设的新理念（上). 住宅与房地产，2003，102 (3)：23-27.
196. 王如松. 2003. 循环经济建设的产业生态学方法，产业与环境，2003 (增刊)：48-52.
197. Wang Rusong. Transdisciplinary Research for Sustainable Development in China: Social-Economic-Natural Complex Ecosystem and Ecopolis Development, in Unity of Knowledge in Transdisciplinary Research for Sustainability edited by Gertrude Hirsch Hadorn, in Encyclopedia of Life Support Systems (EOLSS), Developed under the auspices of the UNESCO, Eolss Publishers, Oxford, UK, http://www. eolss. net/E6-49-toc. aspx, 2003: 30.
198. 李锋，王如松. 城市绿地系统的生态服务功能评价、规划与预测研究——以扬州市为例. 生态学报，2003，23 (9)：1929-1936.
199. 李锋，王如松，Paulussen Juergen，汪敏. 居住区绿色空间的生态规划与设计. 城市环境与城市生态，2003，16 (5)：67-69.
200. 叶亚平，王如松，任景明，杨建新，颜京松. 日照市生态产业园发展构想. 农村生态环境，2003，19 (3)：58-60.
201. 李锋，王如松. 城市绿色空间生态规划的方法与实践——以扬州市为例. 城市环境与城市生态，2003，16 (增刊)：46-48.
202. 叶亚平，王如松，任景明，王宇欣，刘平. 日照阳光生态市建设框架. 城市环境与城市生态，2003，16 (5)，80-83.
203. 刘晶茹，王如松. 两种家庭住宅类型的环境影响比较. 城市环境与城市生态，2003，16 (2)：34-35.
204. 刘晶茹，王如松，王震，杨建新. 中国城市家庭代谢及其影响因素分析. 生态学报，2003，23 (12)：226-230.
205. Paulussen J，王如松. 中国的生态城市建设及生态产业方法在其中的应用. 产业与环境，2003（增刊）：94-98.
206. 刘晶茹，王如松，杨建新．可持续发展研究新方向——家庭可持续消费研究．中国人口·资源与环境，2003，13（1）：6-8.
207. 李锋，王如松．中国西部城市复合生态系统特点与生态调控对策研究．中国人口．资源与环境，2003，13（6）：72-75.
208. 袁绍军，王如松，胡聃．水污染对扬州市水资源存量的影响评价．城市环境与城市生态，2003，16（6）：177-179.
209. 刘艳玲，王如松，欧阳志云．海南生态文化建设的战略．城市环境与城市生态，2003，16（6）：147-148.
210. 汪敏，胡聃，王如松．扬州生态市建设中景观生态规划的应用．城市环境与城市生态，2003，16（6）：175-176.
211. 李锋，刘旭升，王如松．城市森林研究进展与发展战略．生态学杂志，2003，22（4）：55 - 59.
212. 王如松．产业转型的生态学方法．金涌主编．生态工业原理及利用，第 7 章．清华大学出版社，2003．77-102.

2002 年

213. Wang Rusong. System Consideration of Eco-Sanitation in China, Keynote speech. Proceedings of the First International Conference on Ecological Sanitation, 5-8 November 2001 Nanning, China, www. adobe. com/products/acrobat/acrrasianfontpack. html, 2002.
214. 蒋菊生，王如松．橡胶林固定 CO_2 和释放 O_2 的服务功能及其价值估计．生态学报，2002，22（9）：1545-1551.
215. 叶亚平，王如松．颜京松．扬州市水复合生态协调问题的生态学实质及调控对策研究．城市环境与城市生态，2002，15（3）：12-16.
216. 刘晶茹，王如松．中国家庭消费的生态影响：以家庭生活用电为例．城市环境与城市生态，2002，15（3）：40-42.
217. 王如松．入世后我国城乡建设中的几类生态挑战．中国科协 2002 学术年会第 19 主会场“WTO 与中国生态学”大会报告．周光召：加入 WTO 和中国科技与可持续发展．中国科学技术出版社，2002：490.
218. Wang Rusong, Ouyang Zhiyun. A human ecological model for the Tianjin urban ecosystem: Integrating human ecology, ecosystem science and philosophical views into an urban eco-complex study, Chapter 14 of the book " Understanding Urban Ecosystems", edited by Berkowitz etc. , Springer-Verlag, 2002: 213-228.
219. Wang Rusong. Transformation of the concept of sustainability into planning and environmental law in China- Building a totally functioning and ecologically sound society, in Walter Bueckmann etc. 2002: 220-239.
220. Wang Rusong. Land and Transformation in China: 3000 years of Human Ecological History, 2002, 3: 430-435.
221. Wang Rusong. Eco-engineering to Promote Ecological Sustainability in China in an Era of Global Environmental Change, Responding to global environmental change, 2002,

4：548-550.

222. Tang Hongshou, Wang Rusong, Takeshi Izuta, Masatoshi, Aoki, Tsumugu Totsuka. Effects of red-yellow soil acidifycation on seed germination of Chinese pine. Journal of Envieonmental Sciences, 2002, 14 (1)：115-119.

2001 年

223. 王如松. 系统化、自然化、经济化、人性化——城市人居环境规划方法的生态转型. 城市环境与城市生态, 2001, 14 (3)：1-5.

224. 王如松, 蒋菊生. 从生态农业到生态产业：论中国农业的生态转型. 中国农业科技导报, 2001, 3 (5)：7-12.

225. 王如松. 转型期中国可持续发展的生态整合机理与能力建设方法. 中国可持续发展, 2001, (2)：2-10.

226. 杨建新, 王如松, 刘晶茹. 中国产品生命周期影响评价方法研究. 环境科学学报, 2001, 21 (2)：234-237.

227. 王如松, 王丰年. 北京绿色奥运的生态学研究. 清华大学学报, 2001, 16 (2)：68-71.

228. 刘平, 王如松, 唐鸿寿. 城市人居环境的生态设计方法探讨. 生态学报, 2001, 21 (6)：997-1002.

229. 刘平, 唐鸿寿, 王如松. 我国城市垃圾焚烧处理技术经济分析. 中国人口·资源与环境, 2001, 11 (2)：22-24.

230. 颜京松, 王如松. 近十年生态工程在中国的进展. 农村生态环境, 2001, 17 (1)：1-8.

231. 王如松. 生态产业、生态景观和生态文化. 中国可持续发展, 2001, (5)：13-22.

232. Wang Rusong. The Eco-origins, Actions and Demonstration of Beijing Green Olympic Games In 2008, Journal of Environmental Sciences, 2001, 13 (4)：514-519.

233. Wang Rusong, Yan Jingsong, Hu Dan, Yuan Shaojun. Study of water resources, water environment and water ecosystem in Taihu Lake Basin. In：Urban Environmental Challenge in Asia Current Situation and Management Strategies. Part III：Local Case Studies by Country. Urban Environmental Management Project Report. Institute for Global Environmental Strategies, Tokyo, 2001：319-375.

234. Wang Rusong, Hu Dan, Yuan Shaojun. Rural Industrialization and Regional Urbanization：Yangtze Delta and Jiangying City. In：Urban Environmental Challenge in Asia——Current Situation and Management Strategies. Part III：Local Case Studies by Country. Urban Environmental Management Project Report. Institute for Global Environmental Strategies, Japan, Tokyo, 2001：285-318.

235. Wang Rusong. Transdisciplinary Research for Sustainable Development in China：Social-Economic-Natural Complex Ecosystem and Ecopolis Development. Encyclopedia of Life Support Systems, UNESCO EOLSS Publishers Co. Ltd. 2001.

2000 年

236. 王如松. 转型期城市生态学前沿研究进展. 生态学报, 2000, 20 (5)：830-840.

237. 王如松. 论复合生态系统与生态示范区. 科技导报，2000，(6)：6-9.

238. 王如松. 从农业文明到生态文明. 中国农村观察，2000，(1)：2-8.

239. 王如松，胡聃. 整体、活力与流通：风水原则及其在长江三角洲城镇发展规划中的应用. Kempf H，Xue Zhonglin 等编. 中德城市规划和生存环境. 大恒电子出版社，北京，2000：209-211.

240. 王如松，杨建新. 产业生态学和生态产业转型. 世界科技研究与发展，2000，22 (5)：24-32.

241. 刘平，赵思平，王如松. 城市住区人居环境生态设计——海口市望海狮城生态小区设计实例. 城市环境与城市生态，2000，13 (4)：13-16.

242. 卢兵友，王如松，张壬午. 玉米生态工程建设综合评价. 城市环境与城市生态，2000，13 (2)：33-35.

243. 欧阳志云，王如松. 生态系统服务功能、生态价值与可持续发展. 世界科技研究与发展，2000，22 (5)：45-50.

244. 周启星，王如松. 城市居室大气污染及其生态调控. 世界科技研究与发展，2000，22 (5)：38-41.

245. Xu Cheng，Wang Rusong. Life Cycle Assessment for Municioal Solid Wastes Treatment and Utilization. In Jana B，Banerjee R，Guterstam B，Heeb J (eds.). Waste Recycling and Resource Management in the Developing World，2000：259- 265，University of Kalyani Press India (ISBN81-901208-0-8).

246. Wang Rusong. Book Review on "Village Inc. ：Chionese Rural Society in the 1990s". Hong Kong Journal of Social Sciences，No. 17，2000：197-201.

247. 王如松，欧阳志云. 西部开发应取生态安全第一. 周光召：西部大开发科教先行与可持续发展. 中国科学技术出版社，2000：212-213.

248. Wang Rusong，Ouyang Zhiyun. China Water Vision in the First Quarter of Twenty First Century. The Asian Journal of Transport and Infrastructure，2000，7 (4)：128-142.

249. 周启星，王如松. 乡村城镇化水污染的生态风险及背景警戒值的研究. 应用生态学报，2000，8 (3)：38-41.

1999 年

250. Wang Rusong，Hu Dan. Totality，Mobility and Vitality：Fengshui Principles and their Application to the Blue Network Development of Yangtze Delta. In：Land and Water：Integrated Planning for a Sustainable Future，ISBN 90-75524-11-0，IsoCaRP，Azores，Portugal，1999：36-47.

251. Ouyang Zhiyun，Wang Rusong，Wang Xiaoke，Xiao Han. Impacts of land cover change on plant and bird species diversity in Hainan Island. Journal of Environmental Sciences，1999，11 (2)：227-230.

252. Xu Cheng，Wang Rusong. Life Cycle Assessment for Municipal Solid Wastes Treatment and Utilization，in：B. B. Jana eds. "Promote Ecological Engineering for Environmentally Sustainable Wealth，health and Faith"，Calcutta. 1999.

253. 王如松. 复合生态系统与生态示范区建设. 国家环保总局自然生态保护司：建设

生态示范区，探索可持续发展之路. 中国环境科学出版社，1999：35-46.

254. 王如松，颜京松，徐成，胡聃等. 城市生活垃圾处理利用生态工程技术. 农村生态环境，1999，15（3）：1-5.

255. 王如松. 可持续发展的生态学思考. 社会—经济—自然复合生态系统可持续发展研究，1999：1-32.

256. 卢兵友，王如松. 生态工程的设计及其研究进展. 社会—经济—自然复合生态系统可持续发展研究，1999：101-113.

257. 孙玉军，王效科，王如松. 五指山保护区生态环境质量评价研究. 生态学报，1999，9（3）：365 - 370.

258. 欧阳志云，王如松，赵景柱. 生态系统服务功能及其生态经济价值评价. 应用生态学报，1999，10（5）：635-640.

259. 欧阳志云，王如松. 生态系统服务功能与可持续发展. 社会-经济-自然复合生态系统可持续发展研究，1999：60-75.

260. 徐成，王如松. 可持续城市固体废弃物的生命周期评价. 社会-经济-自然复合生态系统可持续发展研究，1999：114-123.

1998 年

261. Hu Dan, Wang Rusong, Exploring eco-construction for local sustainability: An eco-village case study in China. Ecological Engineering, 1998, 11（1-4）: 167-176.

262. Hu Dan, Wang Rusong, Yan Jingsong, Xu Cheng etc. A pilot ecological engineering project for municipal solid waste reduction, disinfection, regeneration and industrialization in Guanghan city, China. Ecological Engineering, 1998, 11: 129-138.

263. Lu Bingyou, Yan Jingsong, Wang Rusong. Integrated ecological Engineering of cornutilization in Zhaodong County. Ecological Engineering, 1998, 11（1- 4）: 139-146.

264. Wang Rusong, Yan Jingsong. Integrating hardware, software and mindware for sustainable ecosystem development: principles and methods of ecological engineering in China. Ecological Engineering, 1998,（1-4）: 277-290.

265. Wang Rusong, Yan Jingsong, Mitch W J. Ecological engineering: A promising approach towards sustainable development in developing countries. Ecological Engineering, 1998, 11（1-4）: 1-16.

266. Wang Rusong, Lu Bingyou, Xue Yuanli. From Physical Being to ecological Becoming: Pilot Studies of Sustainable Community Development in China. In: Hens L, Borden R, Suzuki S, Caravello G eds. Research in Human ecology: An Interdisciplinary Overview. VUB Press, 1998: 123-142.

267. Yan Jingsong, Wang Rusong, Wang Maizen. The fundamental principles and ecotechniques of wastewater aquaculture. Ecological Engineering, 1998, 10（2）: 191-208.

268. 王如松. 城乡可持续发展的生态学进展. 周光召编. 科学进步与学科发展. 中国科学技术出版社，北京，1998，172-175.

269. 卢兵友，王如松，颜京松. 国内外产业生态学理念和实践的比较分析. 农村生态环境，1998，14（4）：42-45.

270. 杨建新，王如松. 生命周期评价的回顾与展望. 环境科学进展，1998，6（2）：21-28.

271. 杨建新，王如松. 产业生态学基本理论探讨. 城市环境与城市生态，1998，11（2）：56-60.

272. 杨建新，王如松. 产业生态学的回顾与展望. 应用生态学学报，1998，9（5）：555-561.

273. 程春满，王如松. 城市发展：从工业化到生态化. 城市研究，1998，（5）：13-17.

274. 冯晓佳，王如松. 城市生态学兴起在中国. 中国科技信息，1998，（14）：17-18.

275. 王如松. 从物质文明到生态文明——人类社会可持续发展的生态学. 世界科技研究与发展，1998，20（2）：87-98.

1997 年

276. Wang Rusong, Yan Jingsong. A pilot ecological engineering for municipal slid wastes reduction, disinfection, regeneration and industrialisation in Guanghan City in China. In: Moser A ed. The Green Book of Eco-Tech. SUSTAIN, Chapter 3. 8, 1997: 160-167.

277. 王如松，欧阳志云. 社会发展综合实验区生态建设和科技引导途径. 中国人口·资源与环境，1997，7（3）：11-14.

278. Wang Rusong, Ouyang Zhiyun, Sustainability indicator and ecopolis development in China--A theoretical and practical concern, "Environment, Long-term Governanability and Democracy: 21st Century Prospective for the Environment", GERMES, Kluwer International, 1997.

279. 王如松. 城市化的生态协同效应及产业生态工程，可持续发展：人类关怀未来. 黑龙江教育出版社，1997：273-284.

280. Wang Rusong, Xue Yuanli. Positive Feedback and Positive Action: Challenges and Strategies of Urban Ecology in China. Keynote speech at the International Symposium on Ecology for Urban Sustainable Development, Hong Kong, Dec. 1997. 12-13.

281. 周启星，王如松. 城市居室大气污染及其生态调控. 世界科技研究与发展，1997，22（5）：309-313.

1996 年

282. 王如松. 开拓城市规划的人类生态新思维，城市更新与改造. 中国科学技术出版社，1996，113-116.

283. 王如松，欧阳志云. 生态整合-人类可持续发展的科学方法. 科学通报，1996，41（增刊）：47-67.

284. 王如松. 城镇可持续发展的生态学方法. 科技导报，1996，97（7）：55-58.

285. 胡聃，王如松. 城乡交错带的生态控制论分析——天津实例研究. 生态学报，1996，16（1）：50-57.

286. 韩博平，王如松. 论系统科学思想对生态学形成与发展的影响. 大自然探索，

1996, 15 (1): 102-105.

287. Wang Rusong. Human ecology interaction analysis, in Annotated Bibliography in Human Ecology, edited by Anna Siniarska and Federico Dickinson, Kamla-Raj Enterprises, Delhi. 1996: 21-121.

288. Wang Rusong. Systematisierung, Okologische Stategienund Wissenschaft—Neue Ldeen Okologie des Menschen fur die Stadtplanung, Verlag der Wissenschafe und Technik China, edited by Z. Xue, X. Yu, M. Kahn-Ackermann and W. Anderk. 1996: 183-190.

289. Wang Rusong. Thinking about urban interactions: A Chinese approach. Nature & Resources, 1996, (32): 7-8.

290. Wang Rusong, Niu Ting, Shi Yuying. Family transition and its human ecological interactions in China, "The Family as An Environment for Human Development", edited by N. Wolanski and B. Bogin, Kamla-Raj Enterprises, Delhi. 1996: 101-111.

291. Wang Rusong. Human Ecological Understanding of Sustainable Development in China. UNESCO MOST Project report, Frankfurt, 1996: 1-53.

292. Wang Rusong, Ouyang Zhiyun. State of the Art-Ecological Engineeing in China, Eco-Tech: The Technology Paradigm towards Sustainability, Elsevier Science, Amsterdam. 1996.

293. Wang Rusong, Ouyang Zhiyun. Sustainability indictor and Ecopolis Development in China-A theoretical and practical concern, Environment, Long-term Governability and Democracy 21st Century Prospectives for the Environment, Kluwer International. 1996.

294. 王如松, 欧阳志云. 天城合一: 生态城市建设的人类生态学原理. 城市研究, 1996, 56 (1): 13-17.

295. 王如松. 城镇及人类活动密集区环境与经济可持续发展的生态学方法. 国家环保局编. 迎接新世纪的挑战—环境与发展理论文集. 中国环境科学出版社, 1996: 139-145.

1995 年

296. 王如松. 系统化、生态化、科学化. 海峡城市, 1995, 95 (1): 36-37.

297. 王如松. 城镇及人类活动密集区可持续发展的系统方法. 走向21世纪的中国生态学, 中国生态学会第五届代表大会论文集, 1995: 53-62.

298. 马世骏, 王如松. 中国的可持续发展研究——从概念到行动, 青年生态学论丛 (三). 中国环境科学出版社, 1995: 2-8.

299. 欧阳志云, 王如松. 生态规划的回顾与展望. 自然资源学报, 1995, 10 (3): 203-215.

300. 欧阳志云, 王如松, 符贵南. 生态位适宜度模型及其在桃江土地利用生态规划中的应用. 生态学报, 1995, 16 (2): 113-119.

301. 胡聃, 王如松. 天津城乡交错带的生态控制分析. 生态学报, 1995, 16 (1): 50-57.

302. 欧阳志云, 王如松, 杨建新等. 中国生物多样性间接价值评估, 中国生物多样性国家报告. 环境科学出版社, 1995.

303. Wang Rusong, Ouyang Zhiyun. Taping the sustainability from Intelligent-Integration-The prospect for Ecological Engineering in China, Advanced technologies for resources and Environmental Enhancement, 1st SCH-CORE workshop Beijing, China, 1995, April 24-28.

304. Ouyang Zhiyun, Wang Rusong, Jason Weisman. Ecological planning for land use and rural development of Taojiang County. Journal of Environmental Seiences, 1995, 7 (3): 304-316.

305. Wang Rusong, Ouyang Zhiyun. Ecological Engineering for sustainable development—A review of its theory and application in China. Proceedings of Asian conference on eco-technology for sustainable development. United Nation's University Press, 1995, Tokyo.

306. Hu Dan, Wang Rusong, Tang Tinggui. Analysis of The Flora In Tianjin, Urban Ecology as the Basis of Urban Planning, 1995: 59-69.

1994 年

307. 王如松. 中国大陆都市发展的人类生态过程分析. 台湾空间学报, 1994, 59 (6): 72-78.

308. 王如松. 持续发展的人类生态学原理, 21 世纪中国的环境与发展研讨会论文集, 中国高等科学技术中心, 1994: 189-195.

309. 王如松. 城市持续发展的生态学, 持续发展的理论、方法及应用. 中国可持续发展研究会高级培训研讨班讲义, 1994, 21-32.

310. 王如松, 薛元立. 走向生态思维——系统生态方法论刍议, 数学生态学进展. 成都科技大学出版社, 1994: 18-22.

311. 李文华, 王如松. 社会持续发展理论与战略探讨. 中国社会发展科学研究会. 1994 年年会学术论文集: 1994: 25-35.

312. 王如松, 赵景柱. 大丰生态县建设指标体系研究. 中国社会发展科学研究会. 1994 年年会学术论文集, 1994: 40-49.

313. 王如松. 现代化的挑战——中国城市发展的人类生态对策分析. 城市发展研究, 1994: 30-35.

314. 王如松. 环境管理及环境工程部分词条 279 条. 曲格平主编. 环境科学辞典. 上海辞书出版社, 1994.

315. Breckling B, Wang Rusong. Dealing with ecological interactions (1): A comparison of European and Chinese concepts, presentation at the Symposium15A, VI INTECOL Congress, Manchester, UK, 1994.

316. Wang Rusong, Breckling B. Dealing with ecological interactions (2): Symposium, VI INTECOL Congress, Manchester, UK, 1994.

317. Lu Yonglong, Wang Rusong. Rural development with environmental sustainability. Journal of Environmental Sciences, 1994, 6 (4): 464-470.

318. Ouyang Zhiyun, Jason W, Wang Rusong. Ecological niche sustainability model with

and application in Taojiang land use planning. Journal of Environmental Sciences, 1994, 6 (4): 449-456.

319. Wang Rusong, Hu Dan. From economic prosperity to ecological sustainability-a theoretical and practical concern of sustainable development in China. Journal of Environmental Sciences (China), 1994, 6 (4): 389-401.

320. Wang Rusong, Hinman G. Striving for efficiency, harmony and vitality—a human ecological approach to urban sustainable development. Journal of Environmental Sciences (China), 1994, 6 (2): 129-139.

321. Wang Rusong. National Report on Social Integration of China, UNDP invited report for the "Human Development Report", UNDP, New York. 1994.

322. 王如松，赵秦涛. 山水城的人类生态规划. 鲍世行等编. 城市科学理论和山水城市. 中国建筑工业出版社，北京，1994：285-295.

1993 年

323. 王如松. 强化生态系统的第三功能，沿海地区可持续发展战略研讨会. 中国科学技术出版社，1993：292-298.

324. 王如松. 城市可持续发展的人类生态学方法，持续发展与生态学. 中国科学技术出版社，1993：121-136.

325. 王如松. 区域可持续发展的生态规划，持续发展与生态学. 中国科技出版社，1993：174-182.

326. 马世骏，王如松. 复合生态系统与持续发展，复杂性研究. 科学出版社，1993：239-250.

327. Wang Rusong, Li An, Weisman J. Integrative Risk Assessment on Beijing Urban Ecosystem Development, Proceedings of 13th Annual Meeting of the International Association for Impact Assessment, Shanghai, 1993: 125.

328. Wang Rusong. Ecopolis Planning in China: Principles and Practices of Urban Ecological Study, Proceedings of International Conference on Eco-city, Adelaide, South Australia University Press, 1993.

329. 欧阳志云，王如松，Jason Weisman. 生态规划是实现区域可持续发展的途径. 陈昌笃主编. 持续发展与生态学. 中国科学技术出版社，1993.

330. 王如松. 城市持续发展的人类生态学研究方法探讨，持续发展与生态学. 中国科学技术出版社，1993：121.

1992 年

331. Wang Rusong, Ouyang Zhiyun. Ecological strategy studies for Tianjin metropolitan development, Super Cities, Environmental Quality and Sustainable Development, 1992: 26-30.

332. Lv Yonglong, Wang Rusong. An interactive simulation model of urban ecosystem. Journal of Environmental Science (China), 1992, 4 (1): 15-22.

333. Wang Rusong, Ouyang Zhiyun. Chapter XII: Ecological strategy studies for Tianjin metropolitan development, Super Cities: Environmental Quality and Sustainable

Development, 1992: 79-88.

334. Wang Rusong. Probing the Nothingness—Human Ecological Interaction Analysis. in Lars O. Hansson eds. : Human Responsibility and Global Change: Strategies in Research, Education and Action, Goteborg University Press, Heidelberg, 1992: 306-315.

335. Wang Rusong. Final report of the Decision Support System for Urban Ecological Regulation (DSSUER), Key Project of National Scientific Foundation of China (NSFC), 1992.

1991 年

336. 王如松. 自然科学与社会科学的桥梁——人类生态学研究进展，中国生态学发展战略研究. 中国经济出版社，1991：405-444.

337. 王如松. 城市生态学及其发展战略研究，中国生态学发展战略研究. 中国经济出版社，1991：445-466.

338. 杨邦杰，胡晓林，宗跃光，吕永龙，王如松，邓秀芬. 城市生态调控的决策支持系统应用实例：天津市居住用地生态规划决策分析，工程建设中智能辅助决策系统文集（1991）. 中国建筑工业出版社，1991：138-145.

339. 王如松，贾敬业，冯永源等. 生态县的科学内涵及其指标体系. 生态学报，1991，1（2）：182-188.

340. 王如松. 3000 年来的中国人类生态观，青年生态学者论丛（一）. 中国科学技术出版社，1991：1-13.

341. 欧阳志云，王如松. 复合生态系统水生态过程分析，青年生态学者论丛（一）. 中国科学技术出版社，1991：51-57.

342. 赵秦涛，王如松. 城市工业持续发展的对策研究，青年生态学者论丛（一）. 中国科学技术出版社，1991：58-65.

343. 吕永龙，赵秦涛，王如松. 马鞍山市工业持续发展的生态对策，青年生态学者论丛（一）. 中国科学技术出版社，1991：72-78.

344. 吕永龙，杨邦杰，王如松等. 智能辅助决策支持系统在天津生态调控中的应用，工程建设中智能辅助决策系统文集（1990）. 同济大学出版社，1991：114-121.

345. 王如松. 走向生态城—城市生态及其发展战略，城市与规划，1991，18（1）：1-17.

346. 胡聃，王如松. 探讨改善城市生活质量的生态途径，青年生态学者论丛（一）. 中国科学技术出版社，1991：79-84.

347. 王如松，薛元立. 生态规划及其在生态建设中的应用，生态学研究进展. 中国科技出版社，1991：363-364.

348. 欧阳志云，王如松. 天津城市水系统分析及行为模拟，生态学研究进展. 中国科技出版社，1991：376-378.

349. Wang Rusong, Qi Ye. Human Ecology in China: Its Past, Present and prospect, in: Human Ecology-Coming of age: An International Overview, Eds. by S. Suzuki etc. , Free University Brussels Press, Brussels, 1991: 183-200.

350. Wang Rusong. An Integrative Ecological Value: Ecological & Economic Case Study of Rural Factories in China, paper provided to First International Conference on Entropy and Bioeconomics, Rome, 1991: 28-30.

351. Wang Rusong, Li An. Risk assessment study of Beijing urban metropolis, 1991.

1990 年

352. 王如松. 系统生态学——回顾与思考, 现代生态学透视. 科学出版社, 1990: 28-42.

353. 王如松. 城市生态学, 现代生态学透视. 科学出版社, 1990: 183-192.

354. 杨邦杰, 王如松, 吕永龙等. 城市生态调控决策支持系统, 工程建设中智能辅助决策系统文集 (1989). 电子工业出版社, 1990: 88-97.

355. Wang Rusong. Ecological Construction—An Alternative Developing Way for Developing Countries. Journal of Environmental Science (China), 1990, 12 (3): 1-12.

356. Wang Rusong. Prediction and Policy Analysis of 2000th Year's Environment of Tianjin. In: Ge X. (eds.). Prospective of 2000th Year's Environment of China, Qinghua University Press, Beijing, 1990: 333-371.

1989 年

357. 王如松, 赵景柱, 赵秦涛. 再生、共生、自生——生态调控三原则与持续发展. 生态学杂志, 1989, 8 (5): 33-36.

358. 王如松. 从物理规划到生态规划, 全国第四次多目标决策会议论文集. 中国系统工程学会, 1989, 2 (11): 1-15.

359. 王如松. 生态县科学内涵及其指标体系 . "大丰县生态县规划研究专题报告" (上), 1989: 1-12.

360. 王如松. 生态开发是农业发展后劲的激发剂. 农业现代化研究, 1989, 89 (6).

361. 王如松. 城市发展的环境动力学研究, 全国环境科学高级讲座. 中国环境科学学会, 1989.

362. 王如松. 应用生态学原理指导城市建设, 甘肃省 2000 年环境. 四川人民出版社, 1989.

363. 王如松. 城市生态系统分析方法及其应用, 城市发展的生态对策研讨班论文集. 中国生态学会, 1989: 14-19.

364. Wang Rusong. Pan-Objective Ecological Programming and Its Application to Ecological Research. In: Korhonen P et al. eds. Multiple Criteria Decision Support, Lecture Notes in Economics and Mathematical Systems, 1989, 356: 321-330.

365. Wang Rusong. Towards Ecopolis Principles and Practice. Proceedings of the 9'th Common wealth Conference on Human Ecology, China. London, 1989.

366. Wang Rusong. On Ecological Construction, Symposium on Environmental Protection and Ecology in Developing Countries. Beijing, 1989.

1988 年

367. 王如松. 生态库原理及其在城市生态研究中的应用. 城市环境与城市生态, 1988 (2): 20-25.

368. 王如松. 论生态意识. 农业现代化研究, 1988, (44): 9-12.
369. 王如松. 城市生态位. 城市环境与城市生态, 1988, 88 (1): 20-24.
370. 王如松. 过程规划的智能辅助决策系统. 城市人口规划的智能决策支持系统论文集, 1988, 8-1-16.
371. 王如松. 基于神经元网络原理一种生态评价方法. 城市人口规划的智能决策支持系统论文集, 1988: 5-1-13.
372. 王如松. 城市生态调控原则与对策探讨. 环境科学六五攻关论文集, 1988.
373. 王如松. 城市生态调控的新对策, 城市生态系统与污染综合防治. 环境科学出版社, 1988: 781-788.
374. 王如松. 天津行政区区域发展的生态对策分析, 城市生态系统与污染综合防治. 环境科学出版社, 1988: 789-799.
375. 王如松. 泛目标生态规划方法在天津市的应用研究, 城市生态系统与污染综合防治. 环境科学出版社, 1988: 800-809.
376. 王如松. 沿海城市生态环境对比研究, 公元2000年沿海环境预测论文集, 国家环保局编, 1988.
377. 王如松. 论城市生态系统辨识. 环境科学讨论会论文集, 1988.

1987 年

378. Wang Rusong. Analysis of the Sea shore Environment State of Chinese Coastal Cities, Proceedings of the First Pacific Environment Conference, Nagoya. Japan. 1987: 137-139.
379. 王如松, 笪庆生等. 宜昌市及其邻近地区城市发展的环境容量研究, 长江三峡工程对生态与环境的影响及其对策研究论文集. 科学出版社, 1987: 986-1003.
380. Wang Rusong. Pan-Objective Ecological Planning and Its Application to Urban Ecological Research, In: "Proceedings of the International Symposium on Urban-Periurban Ecosystems Research and Its Application to Planning and Development, Oct. 13-20," China Architecture & Building Press, Beijing, 1987: 440-445.
381. 王如松. 天津城市发展的区域生态对策研究. 国际城市生态学术讨论会论文集, 北京, 1987.
382. Wang Rusong. The Environment State of Chinese Coastal Cities. Proceedings of the First Pacific Environmental Conference, 1987: 154-156.

1986 年

383. 王如松. 生存与责任, 全国第一届青年生态学工作者学术讨论会论文集, 1986: 1-3.
384. 王如松. 向高效和谐进军——城市生态研究方法探讨. 全国第二届城市生态科学讨论会论文集, 天津, 1986.
385. 王如松. 生态调控的原理与方法——以天津为例, 中国科学院博士论文, 1986.
386. 王如松. 天津社会环境质量评价及预测. 环境咨询, 1986, (1): 1-3.

1985 年

387. 王如松, 马世骏. 边缘效应及其在经济生态学中的应用. 生态学杂志, 1985,

85 (2): 38-42.

388. 王如松. 论城市生态开发. 城市开发, 1985, 85 (1): 34-37.

1984 年

389. 王如松. 城市生态规划初步探讨, 中国生态经济问题研究. 杭州人民出版社, 1984, 97-108.

390. 王如松. 城市人口与城市生态位, 全国第一届城市生态科学讨论会论文集, 上海. 1984.

391. 马世骏, 王如松. 社会-经济-自然复合生态系统. 生态学报, 1984, 4 (1): 1-9.

392. 马世骏, 李典谟, 王如松. 巧夺天工——生态工程的未来, 2000 年中国的系统工程. 科学出版社, 北京: 1984: 95-99.

1982 年

393. 王如松. 昆虫发育与温度关系数学模型的研究. 生态学报, 1982, 2 (1): 57-64.

394. Wang Rusong. Perturbation methods and its use in population Ecology, Proceedings of the international Seminar on Mathematical Ecology, Trieste, Italy, 1982.

培养研究生以及博士后名单

姓名	性别	毕业时间	研究题目	学位	协助指导老师
欧阳志云	男	1990	复合生态系统水生态过程分析	硕士	
路　力	男	1990	论城市生态系统研究中的信息组织与管理	硕士	
孔红梅	女	1990	豫北地区农桐间作生态系统的生态经济效应分析与评价	硕士	任副导师，与冯宗炜院士共同指导
赵秦涛	男	1990	塘沽城市工业持续发展的生态对策研究	硕士	
胡　聃	男	1991	城乡交错带的生态问题分析与对策——天津案例研究	硕士	
于明捷	男	1991	生态位理论的进一步探讨及其在人类生态学中的应用	硕士	
安　力	男	1992	北京城市生态系统的风险评价研究	硕士	
师玉英	女	1996	城镇持续发展的生态风险评价研究——以天津市塘沽区为例	硕士	
牛　汀	男	1997	城市持续发展的生态服务功能研究	硕士	
杨志强	男	1997	复合生态系统可持续发展实证研究	硕士	
欧金明	男	2007	基于CA模型的城市增长复合生态功效模拟	硕士	
王中航	男	2015	北京城市交通生态辨识与生态交通发展的模拟研究	硕士	
宗跃光	男	1990	城市生态网络研究——以天津为例	博士	任副导师，与马世骏院士共同指导
赵景柱	男	1991	自然资源利用与可持续发展研究	博士	任副导师，与马世骏院士共同指导
胡　涛	男	1991	综合生态价值研究——以大丰为例	博士	任副导师，与马世骏院士共同指导
欧阳志云	男	1993	区域可持续发展方法论研究及其在桃江农村发展规划中的应用	博士	任副导师，与马世骏院士共同指导
杨　修	男	1997	农林复合系统优化结构模式的研究——以农桐复合系统为例	博士	任副导师，与李文华院士共同指导
卢兵友	男	1998	农村复合生态系统结构与可持续性研究	博士	
杨建新	男	1999	产品生态循环评价方法研究	博士	
徐　成	男	1999	城市生活垃圾处理与利用生态工程	博士	
闵庆文	男	1999	区域发展生态学研究——以山东省五莲县为例	博士	任副导师，与李文华院士共同指导
胡　聃	男	2001	生态资产核算的综合方法与应用——以太湖流域为例	博士	

续表

姓名	性别	毕业时间	研究题目	学位	协助指导老师
王寿兵	男	2001	夏利轿车的生命周期分析	博士	任副导师，与复旦大学吴千红教授共同指导
张　磊	女	2002	中国乡村工业生态化的系统研究	博士	与荷兰瓦格林根大学联合培养
蒋菊生	男	2002	海南天然橡胶产业可持续发展的生态系统工程研究	博士	
袁少军	男	2003	复合生态系统中水滞竭的评价方法与调控途径研究	博士	
程春满	男	2004	海南生态省产业转型的生态学机制、模式与方法研究	博士	
叶亚平	女	2004	区域水生态服务功能研究	博士	
李　锋	男	2004	城市绿色空间的生态评价与规划方法研究	博士	
汪　敏	男	2004	人居环境可持续发展的复合生态建设方法——以城市居住区为例	博士	
刘晶茹	女	2006	中国城市家庭消费行为的生态影响评价以及调控方法研究	博士	
吴　琼	男	2006	北京市景观格局演变及土地生态功能管理研究	博士	
王　震	男	2006	面向循环经济的区域产业转型的生态学方法研究	博士	
周文华	女	2006	城市生态健康评价方法研究	博士	
陈　敏	女	2006	中国人口资源社会经济时空作用机制研究	博士	
任景明	男	2007	基于复合生态管理的政策环境评价方法研究	博士	
翟宝辉	男	2007	基于复合生态承载力的城市人口规模研究	博士	
陈　亮	男	2007	区域人口产业自然耦合关系的复合生态研究	博士	
史永亮	男	2007	城市用地规划管理的共轭生态方法研究	博士	
李　栋	男	2008	城市人居环境能量代谢的生态学研究	博士	
黄锦搂	男	2008	城市土地利用的热效应与功能导向的土地复合生态管理研究	博士	
阳文锐	男	2008	城市生态服务用地管理研究	博士	
周传斌	男	2009	城市生活垃圾综合管理的生态工程研究	博士	
何　永	女	2010	超大城市快速发展中生态调控的规划手段研究——以北京为例	博士	
王志理	男	2011	中国人口空间分布的生态动力学机制及其调控方法研究	博士	
周　涛	男	2011	中国工业系统污染减排动力学机制及复合生态管理方法研究	博士	
金家胜	男	2011	矿区受损生态系统共轭生态修复规划方法研究——以北京市门头沟区为例	博士	

续表

姓名	性别	毕业时间	研究题目	学位	协助指导老师
柏樱岚	女	2011	基于生态占水的城市水复合生态管理研究	博士	
张海涛	男	2011	城市建筑的物能代谢及生态影响研究	博士	
石　垚	男	2011	中国典型产业园区的复合生态管理研究	博士	
赵　丹	女	2013	城市地表硬化的复合生态效应及生态化改造方法	博士	
柳　敏	女	2013	城市排水流域复合生态管理与生态基础设施工程研究	博士	
尹　科	男	2013	区域产业系统生态效率评估方法及其应用研究	博士	
姚　亮	男	2014	城市复合生态管理模型构建及实证研究	博士	
徐琬莹	女	2015	城市社区生活垃圾生态工程技术集成及全过程复合管理研究	博士	
韩宝龙	男	2015	典型欠发达城镇的产业生态管理与工程实践研究	博士	
高　洁	女	2015	不同尺度湿地基础设施整合生态管理方法研究	博士	
郜　彗	女	2015	典型北方农村人居生态关键技术基础设施与适应性管理	博士	
陶　宇	男	2016	中国地级市十年发展的生态环境影响综合评估与管理对策	博士	
郑善文	男	在读博士	生态城市规划理论、方法与应用——以北京为例	在读博士	
杨琰瑛	女	在读博士	基于区域承载力的京津冀城市群可持续发展机制研究	在读博士	
刘红晓	女	在读博士	大型城市公园的复合生态效应和生态健康的规划管理方法	在读博士	
贾举杰	男	在读博士	中国西部典型脆弱区复合生态管理研究	在读博士	
王丰年	男	1997	复合生态系统的人类行为及其生态调控研究	博士后	
苗泽伟	男	1998	县域尺度农业生态系统可持续发展运行机制研究	博士后	与高林教授共同指导
孙玉军	男	1999	五指山生物多样性保护和生态规划研究	博士后	
刘　平	男	2000	走向可持续发展的人居环境——城市居住区生态设计方法研究	博士后	
王宇欣	男	2002	能源生态工程研究	博士后	
喻元秀	女	2010	中国农业政策环境影响评价研究	博士后	
张小飞	女	2011	城市复合生态系统功能评价及空间优化	博士后	
王大伟	男	2011	皖南山地丘陵区生态城市规划与管理方法的研究	博士后	
程翠云	女	2015	我国农业政策环境影响评估	博士后	

编　后　语

期待已久的《王如松论文集》就要和读者见面了，我们在重温、整理和学习王如松院士学术成果和科研精神的过程中，一次次被他在复合生态系统理论、城市生态学、产业生态学、生态工程学、生态文明和生态管理等科学领域的精深造诣和杰出贡献所感动。

王如松院士的一生是伟大的一生、无私奉献的一生。他在有限的生命里，为我国生态学的科学研究、学科建设、人才培养、决策咨询、科普宣传等方面做出了无限超越性的工作。他的学术思想、人格魅力和精神风范永远是我们人生的楷模，永远激励我们潜心进取、开拓创新！

王如松院士的学术论文和著作很多，文集精选了本人为第一作者的代表性论文51篇，以及数篇重要的媒体专访。其中，每一部分文章均按照时间顺序编排，希望能够系统地反映王如松院士学术思想的发展历程，尽量保持王如松院士学术体系的相对完整。

在文集即将出版之际，非常感谢中国科学院生态环境研究中心、城市与区域生态国家重点实验室的大力支持。感谢江桂斌院士、欧阳志云研究员、吕永龙研究员、杨敏研究员、庄绪亮研究员、陈利顶研究员、杨克武研究员的大力支持。感谢薛元立老师在文集策划编辑整理过程中给予的指导和帮助。感谢李锋研究员，周传斌副研究员，曹爱新老师，韩宝龙、郜彗、高洁博士等为文集的资料收集、编辑出版所作的大量工作。感谢王如松院士的所有国内外学生、同仁和朋友对文集出版的热切关心！

最后，衷心感谢科学出版社的大力协助！

由于编者时间和能力所限，本书不完善之处，敬请批评和指正。

《王如松论文集》编写组李锋执笔

2016年12月于北京